이 책을 펴고 있는 그대를 환영합니다.

밑줄을 긋고
형광펜을 칠하고
메모를 하고
틀리고 맞고를 반복할 그대

쿵. 쿵. 쿵
알아가는 즐거움으로
심장이 벅차게 뛰기를

이 책을 펴고 있는 그대를 응원합니다.

BETTER CONTENT BETTER LIFE

통합과학1

WRITERS

강태욱 고대사대부고 교사
채규선 경기북과학고 교사
노동규 인창고 교사
권주리 광남고 교사
오현선 서울고 교사
최성원 진명여고 교사
최윤옥 부평여고 교사

COPYRIGHT

인쇄일 2024년 11월 4일(1판1쇄)
발행일 2024년 11월 4일

펴낸이 신광수
펴낸곳 ㈜미래엔
등록번호 제16-67호

교육개발1실장 하남규
개발책임 오진경
개발 최진경, 윤정은, 정지영, 정도윤

디자인실장 손현지
디자인책임 김기욱
디자인 페이퍼눈

CS본부장 강윤구
CS지원책임 강승훈

ISBN 979-11-7311-119-8

통합과학1

구성과 특징

강별 개념 학습

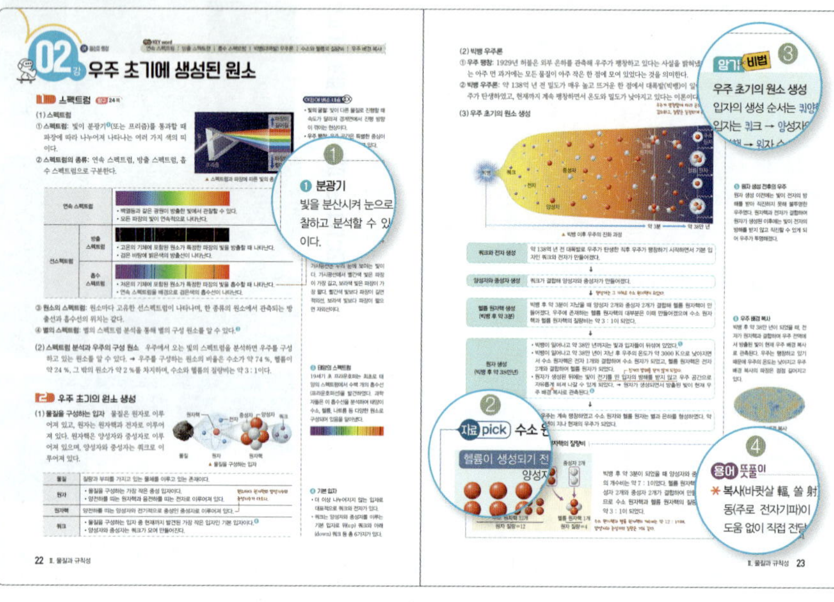

❶ 보충, 심화 설명

개념과 관련된 그림이나 보충, 심화 자료를 구성하였습니다.

❷ 자료 pick / 탐구 pick

교과서의 중요 자료와 탐구를 선별하여 집중 학습이 가능하도록 구성하였습니다.

❸ 암기 비법

꼭 암기해야 하는 개념의 암기 비법을 제시하였습니다.

❹ 용어 뜻풀이

용어의 의미를 쉽게 이해할 수 있도록 어려운 용어는 풀이를 제시하였습니다.

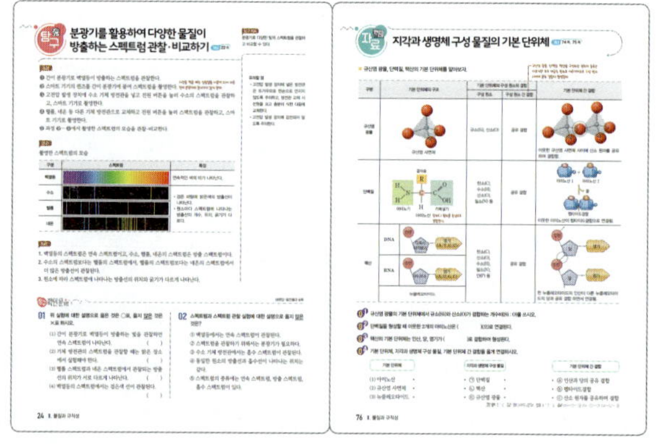

탐구

교과서의 중요 탐구를 선별하여 사진 자료와 함께 과정, 결과, 정리로 제시하였습니다. 또 탐구 활동을 이해했는지 점검할 수 있는 확인 문제를 구성하였습니다.

자료

개념 정리에서 학습한 내용 중 이해하기 어려운 내용은 자세하게 풀어 설명하였습니다. 또 핵심 개념을 바로 확인할 수있는 확인 문제를 구성하였습니다.

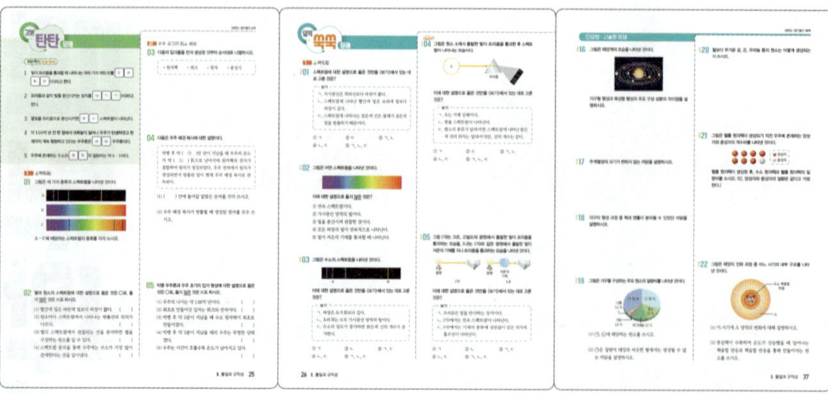

기본 탄탄 문제

학습한 기본 개념을 빠르게 확인할 수 있도록 빈칸 채우기, 선 연결 등 다양한 유형의 쉬운 문제로 구성하였습니다.

실력 쑥쑥 문제

중요한 개념을 다시 한 번 점검할 수 있는 다양한 실전 문제를 구성하였습니다. 또 학교 서술형 시험에 대비할 수 있도록 서술형 문제를 별도로 구성하였습니다.

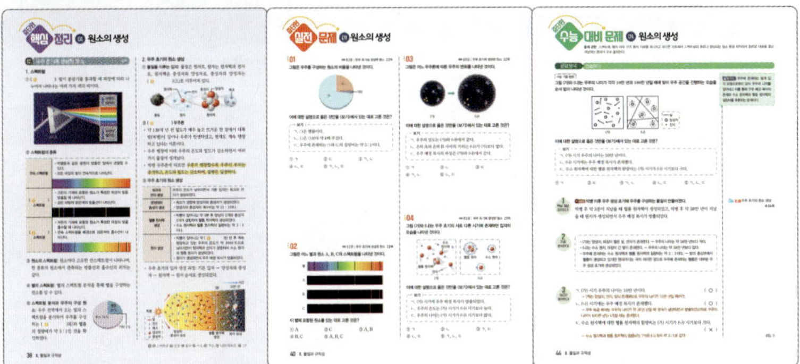

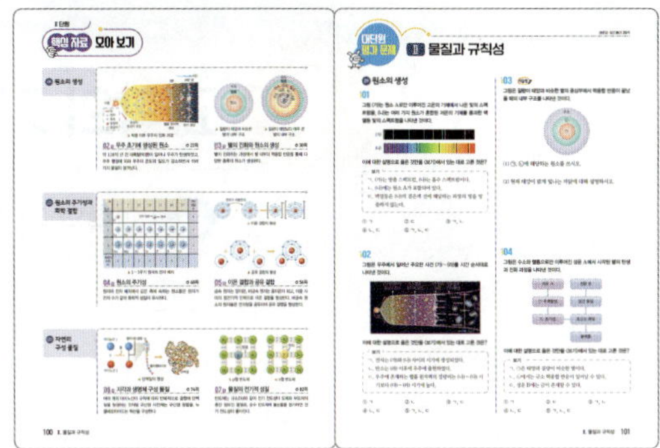

중단원 핵심 정리
중단원별 핵심 내용을 빠르게 확인할 수 있도록 요약 정리하였습니다. 또 중요 개념을 직접 써 볼 수 있도록 구성하였습니다.

중단원 실전 문제
중요한 개념을 다시 한 번 점검할 수 있는 다양한 실전 문제와 함께 서술형 문제를 구성하였습니다.

중단원 수능 대비 문제
수능 기출 문제를 활용한 수능 대비 문제를 제시하여 기출 경향을 확인하고, 수능 문제에 미리 도전해 볼 수 있습니다.

대단원별 핵심 자료를 한눈에 파악할 수 있도록 정리하였습니다. 또 대단원을 마무리하면서 꼭 알아야 할 개념을 문제로 확인할 수 있는 평가 문제를 구성하였습니다.

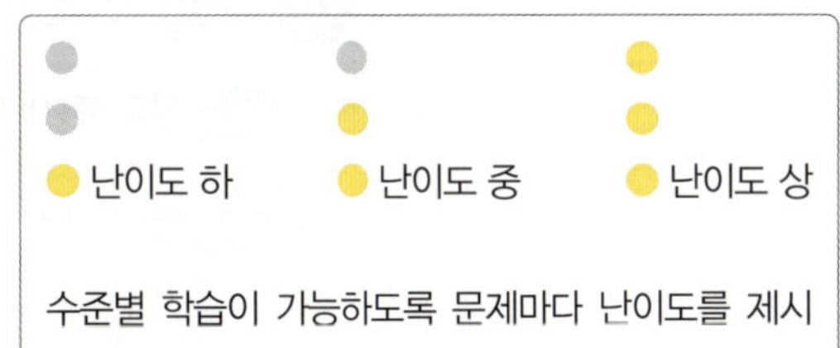

수준별 학습이 가능하도록 문제마다 난이도를 제시하였습니다.

개념 확인하기
강별 중요 개념이 무엇인지 빠르게 확인할 수 있으며, 쪽지 시험까지 대비할 수 있습니다.

실력 점검하기
학교 시험에 대비할 수 있도록 학교 시험 예상 문제를 난이도별로 제시하고, 서술형 문제를 구성하였습니다.

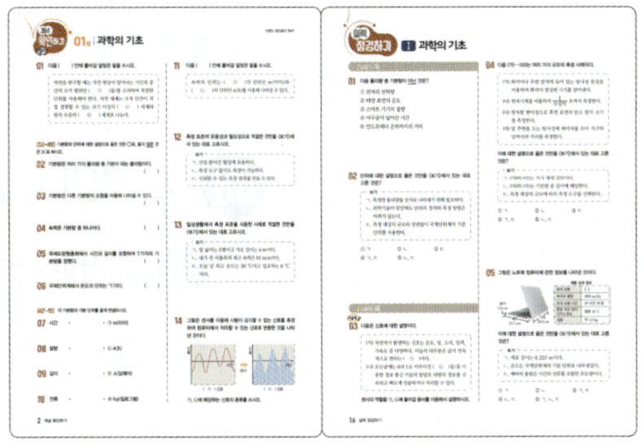

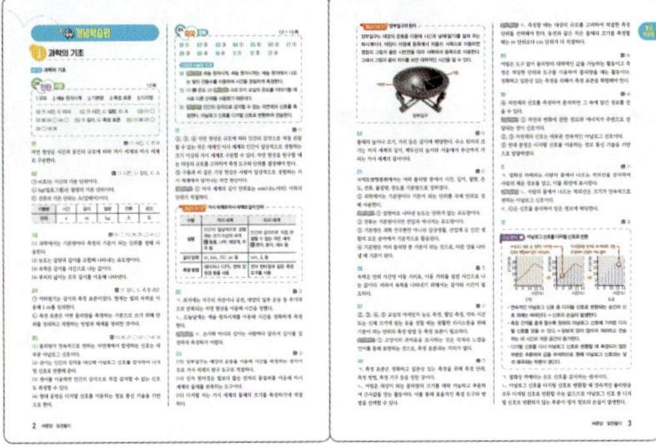

문제별 자세한 풀이와 오답 피하기를 통해 문제 풀이 과정을 쉽게 이해할 수 있습니다. 오답 피하기에는 옳지 않은 보기에 대한 해설을 제시하였습니다. 자료 분석하기, 개념 더하기 등을 통해 문제 해결 능력을 강화할 수 있습니다.

차례

엔픽 통합과학2에서는 무엇을 배울까요

미래엔	동아출판	비상교육	지학사	천재교과서
10~41	12~32	14~37	12~42	10~33
44~53	37~45	40~47	44~53	36~45
54~59	46~54	48~57	54~63	46~55
60~65	56~63	58~65	64~73	56~63
66~76	64~69	66~71	74~79	64~75
78~87	70~75	72~79	80~87	76~85
88~97	76~82	80~91	88~98	86~93
100~111	89~101	94~101	100~111	96~107
112~120	102~110	102~111	112~121	108~119
122~131	112~119	112~117	122~129	120~127
132~140	120~130	118~127	130~139	128~137
142~149	132~135, 140~145	128~129, 132~135	140~143, 148~151	138~141, 146~151
150~153	136~139	129~131	144~147	142~145
154~163	146~154	136~147	152~162	152~159

I 과학의 기초

이 단원 한 줄 요약 _______
자연 세계는 시간과 공간을 배경으로 한 기본량으로 설명할 수 있으며 기본량을 측정할 때에는 표준이 필요하다. 측정을 통해 얻은 정보는 디지털로 변환하여 정보 통신에 활용한다.

01강 과학의 기초

◆ 이 단원의 학습 연계

이 단원의 학습
• 시간과 공간
• 과학의 기본량
• 측정 표준
• 신호와 정보

후속 학습
고등학교 과학 교과(군)

01강 과학의 기초

1 시간과 공간

(1) 시공간과 규모 자연 현상은 시간과 공간의 규모가 매우 다양하다.

① **규모(scale)**: 자연 현상이 일어나는 시간과 공간의 크기 범위이다. → 규모에 맞는 단위를 사용한다. ❶ ❷

구분	안드로메다 은하	고양이	적혈구	세슘
시간 규모	나이: 100억 년	평균 수명: 15년	평균 수명: 120일	1회 진동: $\dfrac{1}{9192631770}$ 초
공간 규모	지름: 62 kpc	평균 몸길이: 0.6 m	지름: 7×10^{-6} m	원자 반지름: 260 pm

② **미시 세계와 거시 세계**: 원자처럼 인간의 감각으로 직접 관측할 수 없는 세계를 *미시 세계라 하고, 일상에서 경험하는 세계처럼 인간의 감각으로 관측이 가능한 세계를 *거시 세계라고 한다.

(2) 시간과 길이 측정 방법 과거부터 시간과 길이를 정확하게 측정하기 위해 노력해 왔다.

구분	시간 측정	길이 측정
과거	태양의 위치나 달의 모양 변화, 앙부일구	손가락 마디의 길이, 발걸음 폭, 일정한 길이의 막대
현대	세슘 원자시계 ❸	레이저로 빛을 쏘아 빛이 왕복한 시간을 이용, 위성 위치 확인 시스템(GPS)

2 기본량과 단위

시간, 온도, 거리, 질량과 같이 측정하여 대상을 숫자로 나타낼 수 있는 양

(1) 기본량 여러 가지 물리량 중에서 가장 기본이 되는 것으로, 다른 양을 나타낼 때 기본이 된다.

① **여러 가지 기본량**: 국제도량형총회에서 시간, 길이, 질량, 전류, 온도, 물질량, 광도의 7가지를 기본량으로 정하였다.

② **기본량의 단위**: 국제도량형총회에서 정한 국제단위계(SI)를 따른다. ❹

물질량의 SI 단위는 mol(몰)이고, 광도의 SI 단위는 cd(칸델라이다.

자료 pick 기본량을 나타내는 기본 단위

과학에서는 각 기본량마다 기본이 되는 동일한 단위를 정해 사용한다.

	시간	길이	질량	전류	온도
기본량					
단위	s(초)	m(미터)	kg(킬로그램)	A(암페어)	K(켈빈)

(2) 유도량과 단위 기본량을 조합해 유도하는 물리량으로 넓이, 부피, 속력, 농도 등이 있다. ❺

단위는 기본량의 단위를 조합하여 사용한다.

---

❶ 규모와 시공간의 단위
수소 원자, 물 분자와 같은 것을 다루는 미시 세계는 시간 규모로 나노초 이하의 단위를, 공간 규모로 나노미터 이하의 단위를 사용한다. 나무, 고래, 달과 같은 것을 다루는 거시 세계는 시간 규모로 초, 분, 시 등의 단위를, 공간 규모로 미터, 천문단위 등을 사용한다.

❷ 물체의 크기에 따른 측정 방법
- 미시 세계: 전자 현미경과 같은 측정 도구를 이용한다.
- 거시 세계: 레이저나 GPS, 천체 망원경 등을 이용한다.

❸ 세슘 원자시계
세슘 원자에서 나오는 빛의 진동수를 이용해 시간을 측정하는 정밀한 시계이다. 중력이나 온도 등 외부의 영향을 받지 않으며, 3000만 년이 지나야 1초의 오차가 날 만큼 매우 정밀하게 시간을 측정할 수 있다.

암기 비법

온도의 기본 단위
온도는 오케이
→ 온도의 단위는 켈빈(K)이다.

❹ 국제단위계(SI)
시간이 지나도 변하지 않는 빛의 속력, 기본 전하량, 플랑크 상수, 아보가드로 수와 같은 기본 상수를 구하는 실험 방법을 사용하여 정의한다.

❺ 유도량과 단위

유도량	단위
부피	m^3
속력	m/s
농도	mol/m^3
밀도	kg/m^3

∃ 측정 표준

(1) 측정과 어림
① **측정**: 적절한 측정 단위와 측정 도구를 사용하여 어떤 대상의 물리량을 재는 활동이다.
② **어림**: 측정 도구 없이 현재 알고 있는 정보를 이용해 그 양을 대략 가늠하고 논리적인 추론으로 근삿값을 얻는 일이다. ❻

(2) 측정 표준의 유용성과 필요성 ─측정 표준은 정확하고 일관성 있게 측정하려고 만든 과학적 기준이다.
① **측정 표준**: 어떤 양을 측정하는 기준으로 쓰기 위해 단위를 정의하고 이를 재현하는 방법과 체계를 정한 것으로, 표준화된 측정 단위, 측정 방법, 측정 도구, 표준 물질 등이 있다.
② **필요성**: 일상생활에서 신뢰할 수 있는 측정 결과를 얻을 수 있고, 원활한 의사소통과 공정한 거래를 할 수 있다. ❼

(3) 일상생활에서 측정 표준의 활용

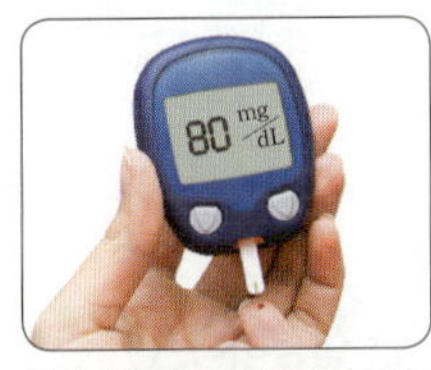
질량, 부피 등의 측정 표준을 활용해 혈당량을 측정한다.

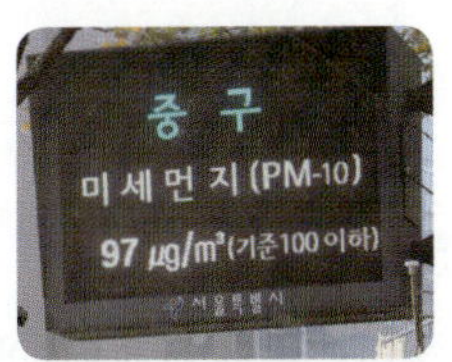

미세먼지 농도를 μg/m³ 단위로 측정한다.

층간 소음 측정 기준에 따라 층간 소음을 판단한다.

측정 표준을 활용해 정교한 부품을 만든다.

∐ 신호와 정보

(1) 신호와 정보
자연에서 발생하는 신호를 측정하고 분석하여 얻은 정보를 이용하여 여러 가지 문제를 해결하고 살아간다.
① **신호**: 자연계에서 변화가 여러 가지 형태로 전달되는 것 ─신호에는 빛, 소리, 열, 힘, 압력, 지진파 등 여러 가지 형태가 있다.
② **정보**: 신호를 사람의 감각 기관이나 다양한 도구를 이용하여 측정하고 분석하면 자연의 변화에 대한 정보를 얻을 수 있다.

(2) 아날로그 신호와 디지털 신호
① **아날로그 신호**: 물리량이 연속적으로 변하는 신호이다. 실제 현상을 더 정확하게 표현하는 장점이 있지만 전송이나 저장할 때 손상되기 쉽다. ─자연계에서 발생하는 대부분의 신호는 아날로그 신호이다.
② **디지털 신호**: 물리량이 불연속적인 값으로 나타나는 신호이다. 전송 과정에서 거의 손상되지 않고 오랫동안 보존할 수 있다. 또 많은 양의 정보를 가공하고 처리하기 쉽다.
③ **센서**: 인간의 감각을 대신해 아날로그 신호를 감지하여 디지털 신호로 변환하는 장치이다. ❽
　⑩ 광센서, 가속도 센서, 온도 센서, 소리 센서, 초음파 센서, 압력 센서, 가스 센서, 전자기 센서 등 ❾

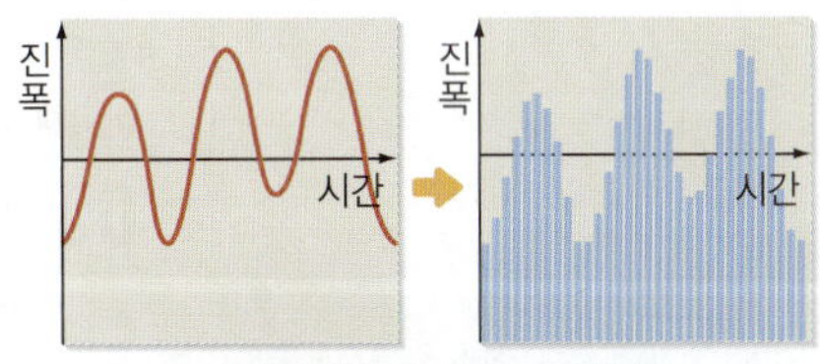
▲ 센서를 이용해 아날로그 신호를 디지털 신호로 변환

(3) 디지털 정보의 활용
① **디지털 정보와 현대 문명**: 정보를 디지털로 변환하는 기술을 정보 통신에 활용하면서 디지털 정보에 기반하여 변화와 혁신이 일어나고 있다.
② **디지털 정보의 활용 예** ─빅데이터, 사물 인터넷, 인공지능 등의 기술이 발달하면서 새로운 형태의 의사소통, 협업, 문제 해결을 가능하게 하고 있다.
　• 사회 관계망 서비스를 통해 사진과 영상들을 공유할 수 있다.
　• 인터넷을 통해 물건을 구입할 수 있다.
　• 로봇을 이용해 다양한 작업을 수행할 수 있다.

감각	자극	감각 기관	센서
시각	빛	눈	광센서
청각	소리	귀	소리 센서
촉각	압력, 열	피부	압력 센서, 온도 센서
후각	기체	코	가스 센서
미각	액체	혀	이온 센서

개념 확인 초성 Quiz

1 자연 현상이 일어나는 시간과 공간의 크기 범위를 ㄱ ㅁ (이)라고 한다.

2 현대에는 시간을 정밀하게 측정하기 위해 ㅅ ㅅ ㅇ ㅈ ㅅ ㄱ 을/를 이용한다.

3 국제도량형총회에서는 시간, 길이, 질량, 전류, 온도 등 7가지를 ㄱ ㅂ ㄹ (으)로 정하였다.

4 ㅊ ㅈ ㅍ ㅈ 은/는 어떤 양을 측정하는 기준으로 쓰는 단위를 정의하고 측정하는 방법과 체계를 정한 것이다.

5 ㄷ ㅈ ㅌ 신호는 물리량이 불연속적인 값으로 나타나는 신호이다.

▌ 시간과 공간

01 다음은 자연 현상의 규모에 대한 설명이다. (　　　) 안에 들어갈 알맞은 말을 쓰시오.

> 자연을 구성하는 물체의 크기나 자연에서 일어나는 현상들은 (　㉠　)와/과 공간의 규모가 매우 다양하다. 자연계의 규모는 우리가 일상적으로 경험하는 거시 세계와 원자보다 작은 (　㉡　) 세계로 구분할 수 있다.

▌ 기본량과 단위

02 표는 기본량과 단위를 나타낸 것이다. ㉠~㉢에 들어갈 기본량 또는 단위를 쓰시오.

기본량	㉠	길이	㉡	전류	온도
단위	s	m	kg	㉢	K

03 기본량과 유도량에 대한 설명으로 옳은 것은 ○표, 옳지 않은 것은 ×표 하시오.

(1) 기본량은 기본이 되는 동일한 단위를 사용한다.

(　　　)

(2) 농도는 단위가 없는 기본량이다. (　　　)

(3) 속력은 시간과 길이를 이용해 나타낸다. (　　　)

(4) 부피와 넓이는 같은 기본량을 이용해 나타낸다.

(　　　)

▌ 측정 표준

04 다음은 물리량을 측정하는 것에 대한 설명이다. (　　　) 안에 들어갈 알맞은 말을 쓰시오.

> 물리량을 측정할 때 기준이 되는 기본 단위에 대한 정의와 이를 확인할 수 있는 장치가 필요하다. 예를 들어 미터원기는 기본량 중 (　㉠　)을/를 정확하고 일관성 있게 측정하려고 만든 과학적 기준이다. 이처럼 정확하고 일관성 있게 측정하려고 만든 측정 단위, 측정 방법, 측정 도구, 표준 물질 등을 (　㉡　)(이)라고 한다.

▌ 신호와 정보

05 신호와 정보에 대한 설명으로 옳은 것은 ○표, 옳지 않은 것은 ×표 하시오.

(1) 자연계에서는 대부분 디지털 신호가 발생한다.

(　　　)

(2) 센서를 이용하면 아날로그 신호를 측정하여 디지털 신호로 저장할 수 있다. (　　　)

(3) 센서를 이용하면 인간의 감각으로는 감지할 수 없는 신호도 측정할 수 있다. (　　　)

(4) 현대 문명은 아날로그 신호를 이용하는 정보 통신 기술을 기반으로 한다. (　　　)

실력 쑥쑥 문제

1 시간과 공간

01 자연 현상의 시간과 공간에 대한 설명으로 옳지 <u>않은</u> 것은?

① 미시 세계의 길이 단위는 km가 적절하다.
② 규모에 따라 적절한 측정 도구를 사용한다.
③ 자연계는 미시 세계와 거시 세계로 나눌 수 있다.
④ 자연 현상을 탐구할 때는 대상의 규모를 고려한다.
⑤ 구름과 비는 거시 세계에서 일어나는 자연 현상이다.

중요
02 시간과 길이 측정에 대한 설명으로 옳은 것만을 〈보기〉에서 있는 대로 고른 것은?

보기
ㄱ. 과거에는 지구와 태양의 운동을 이용해 시간을 정했다.
ㄴ. 현대에는 세슘 원자시계를 이용해 시간을 측정한다.
ㄷ. 손가락 마디를 이용하면 길이를 일정하게 잴 수 있다.

① ㄱ　　　　② ㄷ　　　　③ ㄱ, ㄴ
④ ㄴ, ㄷ　　　⑤ ㄱ, ㄴ, ㄷ

03 그림 (가), (나), (다)는 다양한 범위의 자연 현상을 측정하는 도구를 나타낸 것이다.

(가) 앙부일구

(나) 전자 현미경

(다) 디지털 자

거시 세계의 탐구 도구로 적절한 것을 있는 대로 고른 것은?

① (가)　　　② (나)　　　③ (가), (다)
④ (나), (다)　　⑤ (가), (나), (다)

2 기본량과 단위

04 다음에서 설명하는 기본량은?

- 백두산의 높이
- 수소 원자의 크기
- 서울에서 부산까지 거리

① 길이　　　　② 시간　　　　③ 온도
④ 전류　　　　⑤ 질량

중요
05 기본량에 대한 설명으로 옳은 것은?

① 농도는 단위가 없는 기본량이다.
② 전류, 전압, 에너지는 기본량이다.
③ 기본량은 과학 연구에서만 쓰인다.
④ 기본량은 다른 기본량을 이용해 나타낼 수 있다.
⑤ 과학에서는 기본량마다 기본이 되는 단위를 정해 사용한다.

06 그림은 디지털 속력계로 자동차의 속력을 측정하는 것을 나타낸 것이다.

속력계에서 표시하는 물리량을 설명하기 위해 필요한 기본량만을 〈보기〉에서 있는 대로 고른 것은?

보기
ㄱ. 길이　　　　　　ㄴ. 질량
ㄷ. 시간　　　　　　ㄹ. 온도

① ㄱ, ㄴ　　　② ㄱ, ㄷ　　　③ ㄱ, ㄹ
④ ㄴ, ㄷ　　　⑤ ㄷ, ㄹ

ㄷ 측정 표준

07 측정 표준이 활용되는 사례로 가장 거리가 먼 것은?

① 고양이의 귀여움을 묘사하기
② 교실 미세먼지 농도 확인하기
③ 간이 혈압계로 혈압 측정하기
④ 친구와 여행갈 때 약속 시간 정하기
⑤ 옷 가게에서 신체 크기에 맞는 옷 구매하기

중요
08 측정과 어림에 대한 설명으로 옳은 것만을 〈보기〉에서 있는 대로 고른 것은?

> ─ 보기 ─
> ㄱ. 정확하고 일관성 있게 측정하려고 측정 표준을 정했다.
> ㄴ. 어림은 효율적인 측정 도구와 방법을 선택할 때 도움이 된다.
> ㄷ. 작은 물체의 크기를 측정할 때는 cm 단위보다 m 단위를 사용하면 더 정밀하게 측정할 수 있다.

① ㄱ　　　　② ㄴ　　　　③ ㄱ, ㄴ
④ ㄱ, ㄷ　　　⑤ ㄴ, ㄷ

09 다음 글의 (　　) 안에 들어갈 말을 옳게 짝 지은 것은?

> 도구를 이용하면 자연 현상이나 물체의 물리량을 (　⊙　)할 수 있다. 정확하고 일관성 있는 결과를 얻으려면 (　⊙　)의 기준이 되는 기본 단위와 방법을 정한 (　⊙　)이/가 필요하다.

	⊙	⊙
①	어림	기본량
②	어림	측정 표준
③	측정	기본량
④	측정	측정 표준
⑤	측정	국제단위계

ㄴ 신호와 정보

10 신호와 정보에 대한 설명으로 옳은 것은?

① 자연의 변화가 없어도 신호가 발생한다.
② 자연계의 신호는 대부분 디지털 신호이다.
③ 아날로그 신호는 불연속적인 값을 갖는다.
④ 신호를 분석해 유용한 자료로 만든 것을 정보라고 한다.
⑤ 아날로그 신호를 이용하는 정보 통신 기술을 기반으로 현대 문명이 발달하였다.

11 다음은 신호와 정보에 대한 자료이다.

> 사람이 많이 모이는 곳에서 ⊙열화상 카메라로 ⓛ사람의 몸에서 나오는 적외선을 측정, 분석하면 ⓒ체온이 높은 사람을 확인하여 격리할 수 있다.

이에 대한 설명으로 옳은 것만을 〈보기〉에서 있는 대로 고른 것은?

> ─ 보기 ─
> ㄱ. ⊙에는 적외선 센서가 포함되어 있다.
> ㄴ. ⓛ은 디지털 신호이다.
> ㄷ. ⓒ은 정보를 분석해 얻은 신호에 해당한다.

① ㄱ　　　　② ㄷ　　　　③ ㄱ, ㄴ
④ ㄴ, ㄷ　　　⑤ ㄱ, ㄴ, ㄷ

중요 ☆

12 그림은 어떤 센서 A로 아날로그 온도 신호 (가)를 측정하여 디지털 온도 정보 (나)로 바꾸는 것을 나타낸 것이다.

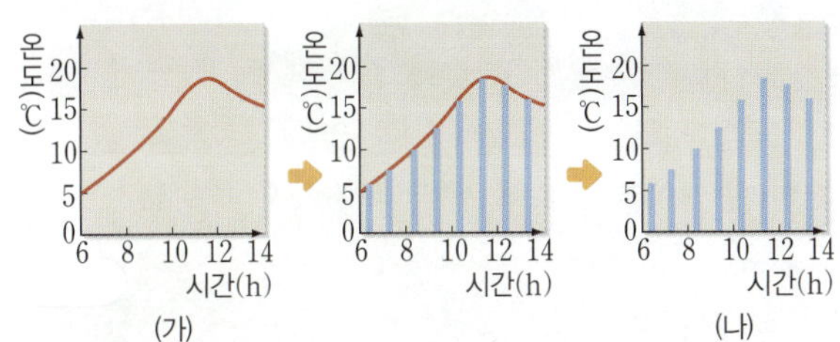

이에 대한 설명으로 옳은 것만을 〈보기〉에서 있는 대로 고른 것은?

> **보기**
>
> ㄱ. 열화상 카메라는 A로 적절하다.
> ㄴ. (가)에서 (나)로 바꿀 때 정보의 손실이 발생한다.
> ㄷ. (나)는 정보의 전달과 저장 과정에서 손실이 거의 없다.

① ㄱ   ② ㄴ   ③ ㄷ
④ ㄴ, ㄷ   ⑤ ㄱ, ㄴ, ㄷ

13 다음은 교통 정보가 일상생활에 활용되는 과정을 순서 없이 나타낸 것이다.

> (가) 외출 전 교통 정보를 확인한다.
> (나) CCTV를 이용해 교통 흐름을 관측한다.
> (다) 정보 통신을 이용해 실시간 교통 정보를 제공한다.
> (라) 교통 정보 관리 시스템을 활용하여 교통 정보를 수집하고 분석한다.

(가)~(라)를 순서대로 나열한 것으로 옳은 것은?

① (가) – (나) – (다) – (라)
② (가) – (나) – (라) – (다)
③ (나) – (다) – (가) – (라)
④ (나) – (라) – (다) – (가)
⑤ (라) – (나) – (다) – (가)

14 다음은 시간 측정 방법에 대한 세 학생의 대화이다.

> • 학생 A: 옛날에는 지구의 자전을 이용해 하루를 정했어.
> • 학생 B: 태양을 비롯한 천체의 운동을 고려하면 좀 더 정확하게 하루를 정할 수 있어.
> • 학생 C: 오늘날에는 (㉠)을/를 이용해 시간을 정밀하게 측정하고 있어.

현대에 시간을 측정하는 장치 ㉠이 무엇인지 쓰고, 측정 원리를 설명하시오.

15 다음은 교실에서 교사와 학생들이 나눈 대화이다.

> • 교사: 너무 춥지 않게 에어컨 온도를 맞춰 주세요.
> • 학생 A: 온도계에 68 ℉로 표시되니 더 내려야 겠어요.
> • 학생 B: 지금도 너무 추워요. 28 ℃ 이상이 되도록 더 올려야 해요.

(1) 이 대화에서 다루고 있는 기본량은 무엇인지 쓰시오.

(2) 교실 온도에 대한 A, B의 의견이 충돌하게 된 까닭을 설명하시오.

16 그림 (가)는 여러 가지 센서를 이용해 대기 환경 정보를 측정하고, (나)는 이를 국가 관리 시스템에서 수집, 분석하여 대기 환경 정보를 실시간으로 제공하는 것을 나타낸 것이다.

(가)   (나)

이 과정에서 센서의 역할을 2가지 설명하시오.

핵심 개념 QUIZ

제시된 질문에 알맞은 답을 골라 도착점까지 무사히 이동해 보자.

❶ "자연을 구성하는 물체의 크기나 다양한 현상은 시간과 공간의 규모가 다양하다."
㉠ ○ ⋯ 앞으로 1칸
㉡ × ⋯ 앞으로 2칸

앞으로 2칸 이동

뒤로 2칸 이동

❷ 온도의 기본 단위는 무엇인가?
㉠ ℃(섭씨도) ⋯ 앞으로 2칸
㉡ K(켈빈) ⋯ 앞으로 1칸

뒤로 2칸 이동

앞으로 2칸 이동

❸ "부피는 기본량 중에서 질량을 이용해 나타낼 수 있다."
㉠ ○ ⋯ 앞으로 1칸
㉡ × ⋯ 앞으로 2칸

뒤로 1칸 이동

뒤로 1칸 이동

앞으로 1칸 이동

앞으로 1칸 이동

❹ 물리량이 불연속적으로 나타나는 신호를 무엇이라고 하는가?
㉠ 아날로그 신호 ⋯ 앞으로 1칸
㉡ 디지털 신호 ⋯ 앞으로 2칸

도착

답 ❶ ㉠ ❷ ㉡ ❸ ㉡ ❹ ㉡

대단원 평가 문제 I 과학의 기초

01

다음은 시간을 측정하기 위한 인간의 노력에 관한 설명이다.

> 과거부터 사람들은 시간을 정확하게 측정하기 위해 노력해 왔다. 우리 선조들은 오랜 관측을 통해 (㉠)을/를 만들어 그림자의 길이와 위치로 시간을 측정했고, 현대에는 (㉡)(으)로 시간을 정밀하게 측정한다.
>
> 　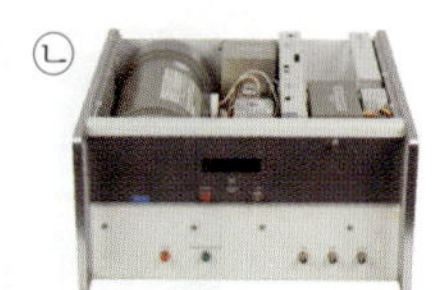

㉠과 ㉡에 대한 설명으로 옳지 <u>않은</u> 것은?

① ㉠은 태양의 운동을 이용한다.
② 지구 어디서나 동일한 ㉠으로 측정할 수 있다.
③ ㉡은 빛의 진동수를 이용한다.
④ ㉡은 측정 표준에 따라 시간을 측정한다.
⑤ ㉡이 ㉠보다 더 정밀하게 시간을 측정한다.

02

다음은 모르포 나비에 대한 설명이다.

> 모르포 나비 날개는 ㉠파랗게 보이지만 날개에는 파란색 색소가 없다. ㉡날개 표면의 독특한 구조가 파란색 빛만 반사하기 때문에 우리 눈에 파랗게 보인다.

이에 대한 설명으로 옳은 것만을 <보기>에서 있는 대로 고른 것은?

> **보기**
> ㄱ. ㉠은 거시 세계에서 나타난 현상이다.
> ㄴ. ㉡을 탐구할 때는 미시 세계 탐구 방법을 적용한다.
> ㄷ. 돋보기를 이용하면 ㉡을 관찰할 수 있다.

① ㄱ　　② ㄷ　　③ ㄱ, ㄴ
④ ㄴ, ㄷ　　⑤ ㄱ, ㄴ, ㄷ

03

다음은 어떤 물리량을 측정하는 단위에 대한 설명이다. ( ) 안에 들어갈 알맞은 말을 쓰시오.

> (㉠)은/는 물리량을 측정할 때 기준이 되는 기본 단위에 대한 정의이다. 이에 따라 (㉡)의 기본 단위인 1초는 세슘 원자에서 나온 빛이 9192631770번 진동한 시간으로 정한다.

04

여러 가지 물리량의 종류와 국제단위계에 따른 단위를 옳게 짝 지은 것은?

	물리량	종류	단위
①	길이	기본량	in
②	시간	유도량	s
③	전류	기본량	A
④	넓이	유도량	평
⑤	밀도	기본량	kg/m^3

05

오른쪽 그림은 고대 이집트에서 사용하던 단위 A를 나타낸 것이다. A의 크기는 파라오의 팔꿈치부터 가운뎃손가락 끝까지의 길이에 손바닥의 폭을 더해 정했다.
A에 대한 설명으로 옳은 것만을 <보기>에서 있는 대로 고른 것은?

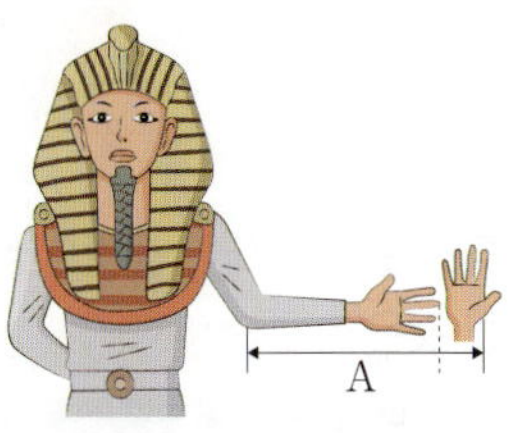

> **보기**
> ㄱ. A는 고대 이집트의 측정 표준이다.
> ㄴ. A는 기본량 중에서 시간의 단위이다.
> ㄷ. A를 이용하면 돌의 부피를 나타낼 수 있다.

① ㄴ　　② ㄷ　　③ ㄱ, ㄴ
④ ㄱ, ㄷ　　⑤ ㄱ, ㄴ, ㄷ

06

그림은 미세먼지의 농도를 실시간으로 안내하는 화면을 나타낸 것이다.

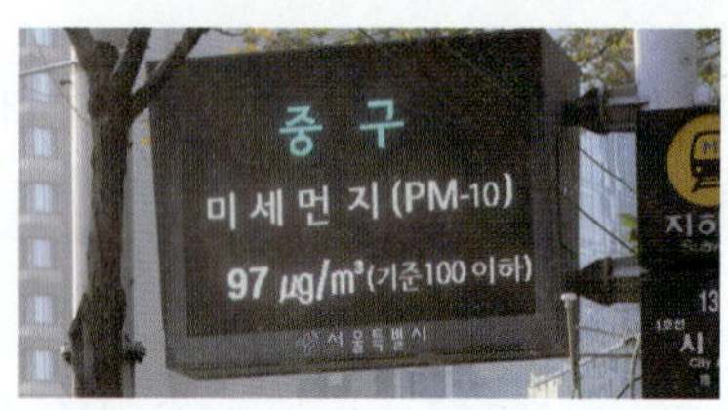

이에 대한 설명으로 옳은 것만을 〈보기〉에서 있는 대로 고른 것은?

> 보기
>
> ㄱ. 질량은 기본량 중 하나이다.
> ㄴ. μg은 국제단위계에서 질량의 기본 단위이다.
> ㄷ. 미세먼지의 농도는 기본량 중 질량과 부피를 이용해 나타낼 수 있다.

① ㄱ　　　　　② ㄷ　　　　　③ ㄱ, ㄴ
④ ㄱ, ㄷ　　　　⑤ ㄴ, ㄷ

07

그림은 기본량의 측정 표준에 따른 국제단위계(SI) 중 일부를 나타낸 것이다.

측정 표준에 대한 설명으로 옳은 것만을 〈보기〉에서 있는 대로 고른 것은?

> 보기
>
> ㄱ. 측정 표준은 기본량에 대해서만 정해져 있다.
> ㄴ. 측정 표준을 사용하면 신뢰할 수 있는 측정 결과를 얻을 수 있다.
> ㄷ. 측정 표준은 과학자나 산업 분야 사이의 협업에서 유용하게 활용된다.

① ㄱ　　　　　② ㄷ　　　　　③ ㄱ, ㄴ
④ ㄴ, ㄷ　　　　⑤ ㄱ, ㄴ, ㄷ

08

다음은 스마트 기기 생산을 위한 측정 표준에 관한 글이다.

스마트 기기는 여러 나라에 있는 기업들이 생산하는 수많은 부품을 정밀하게 조립해서 완제품으로 만든다. 스마트 기기는 높은 정밀도가 필요하므로 측정 기기들이 정확해야 한다. 조립하는 회사는 부품을 생산하는 회사가 있는 나라의 측정 능력을 신뢰할 수 있어야 부품 규격을 다시 측정하는 번거로움을 줄일 수 있다. 그래서 한 나라의 측정 표준 능력은 수출을 포함한 산업에서 매우 중요하다.

측정 표준 능력을 높이기 위한 노력으로 적절한 것만을 〈보기〉에서 있는 대로 고른 것은?

> 보기
>
> ㄱ. 측정 장비와 측정 방법을 표준화할 필요가 있다.
> ㄴ. 부품 제조사끼리 의사소통할 때 측정 표준을 이용한다.
> ㄷ. 국제단위계보다는 각 국가에서 일상적으로 사용하는 단위를 사용한다.

① ㄴ　　　　　② ㄷ　　　　　③ ㄱ, ㄴ
④ ㄱ, ㄷ　　　　⑤ ㄱ, ㄴ, ㄷ

09

자연계의 신호와 이를 감지하는 센서를 연결한 것으로 옳은 것만을 〈보기〉에서 있는 대로 고른 것은?

> 보기
>
> ㄱ. 공기의 떨림 – 가스 센서
> ㄴ. 화면을 누르는 힘 – 압력 센서
> ㄷ. 사람의 몸에서 나오는 적외선 – 광센서

① ㄴ　　　　　② ㄷ　　　　　③ ㄱ, ㄴ
④ ㄱ, ㄷ　　　　⑤ ㄴ, ㄷ

:10 서술형

다음은 디지털카메라로 사진을 찍을 때 신호가 전달되는 과정을 나타낸 것이다.

※ ADC: 아날로그 신호를 디지털 신호로 변환하는 장치

사진을 촬영할 때 신호가 변환되는 과정을 다음 용어를 모두 포함하여 설명하시오.

빛 신호, 광센서, 전기 신호, 디지털

:12 서술형

그림은 적외선 센서가 포함된 카메라로 체온을 측정하여 컴퓨터로 처리한 화면에 표현하는 모습을 나타낸 것이다.

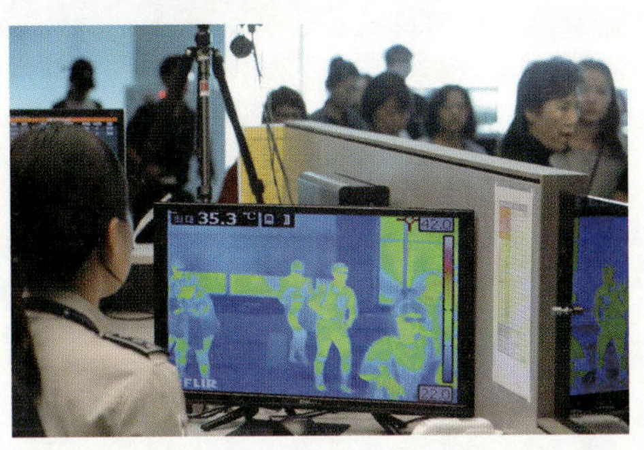

이처럼 센서를 이용하여 얻은 디지털 정보의 장점을 2가지 설명하시오.

:11

그림 (가), (나)는 소음 측정기로 어떤 장소의 소음을 측정하여 정보를 제공하는 것을 나타낸 것이다.

(가)
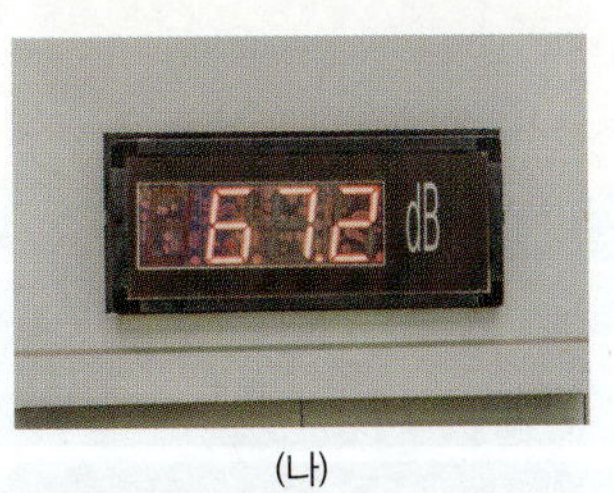
(나)

이에 대한 설명으로 옳은 것만을 〈보기〉에서 있는 대로 고른 것은?

보기
ㄱ. 이 장소에서 나는 소음은 불연속적인 신호이다.
ㄴ. (나)는 신호를 분석하여 얻은 정보를 나타낸 것이다.
ㄷ. 소음 측정기는 측정한 신호를 아날로그 형태로 바꾼다.

① ㄱ ② ㄴ ③ ㄱ, ㄷ
④ ㄴ, ㄷ ⑤ ㄱ, ㄴ, ㄷ

:13

그림은 버스를 탈 때 교통카드를 단말기 가까이 가져가 요금을 지불하는 모습을 나타낸 것이다.

이에 대한 설명으로 옳은 것만을 〈보기〉에서 있는 대로 고른 것은?

보기
ㄱ. 단말기는 디지털 정보를 처리한다.
ㄴ. 교통카드에는 전자기 센서가 들어 있다.
ㄷ. 단말기와 교통카드는 적외선 신호를 주고받는다.

① ㄱ ② ㄷ ③ ㄱ, ㄴ
④ ㄴ, ㄷ ⑤ ㄱ, ㄴ, ㄷ

Ⅱ 물질과 규칙성

이 단원 한 줄 요약

원소들은 별과 우주의 진화 과정에서 생성되었고, 규칙성을 가지고 서로 결합하며 자연을 구성하는 물질을 형성한다.

◆ 이 단원의 학습 연계

중학교
• 태양계
• 지권의 변화
• 물질의 구성

• 원소의 생성
• 별의 진화
• 원소의 주기성
• 화학 결합
• 규산염 광물
• 단백질과 핵산
• 도체, 부도체, 반도체

지구과학
• 태양계 천체와 별과 우주의 진화

지구시스템과학
• 지구 탄생과 생동하는 지구

행성우주과학
• 태양과 별의 관측

화학
• 물질의 구조와 성질

생명과학
• 생명의 연속성과 다양성

물리학
• 빛과 물질

이전에 배운 내용

통합과학1 이전에 배운 내용을 떠올리면서 빈칸에 들어갈 알맞은 말을 쓰시오.

1

우주 공간은 특별한 중심 없이 모든 방향으로 □□하고 있다.
02강 우주 초기에 생성된 원소

2

스스로 빛을 내는 천체를 □(이)라고 한다.
03강 별의 진화와 원소의 생성

3

물질을 이루는 기본 성분을 □□(이)라고 한다.
04강 원소의 주기성

4

□□은/는 원자가 전자를 잃거나 얻어서 생성되는 전하를 띤 입자이다.
05강 이온 결합과 공유 결합

5

지각은 암석으로 이루어져 있고, 암석은 □□(으)로 이루어져 있다.
06강 지각과 생명체 구성 물질

6

원자는 (+)전하를 띠는 원자핵과 (−)전하를 띠는 □□(으)로 이루어져 있다.
07강 물질의 전기적 성질

답 | 1 팽창 2 별 3 원소 4 이온 5 광물 6 전자

02강 01 원소의 생성

우주 초기에 생성된 원소

1 스펙트럼 탐구 24쪽

(1) 스펙트럼

① **스펙트럼**: 빛이 분광기❶(또는 프리즘)를 통과할 때 파장에 따라 나누어져 나타나는 여러 가지 색의 띠이다.

② **스펙트럼의 종류**: 연속 스펙트럼, 방출 스펙트럼, 흡수 스펙트럼으로 구분한다.

▲ 스펙트럼과 파장에 따른 빛의 종류❷

연속 스펙트럼		• 백열등과 같은 광원이 방출한 빛에서 관찰할 수 있다. • 모든 파장의 빛이 연속적으로 나타난다.
선스펙트럼	방출 스펙트럼	• 고온의 기체에 포함된 원소가 특정한 파장의 빛을 방출할 때 나타난다. • 검은 바탕에 밝은색의 방출선이 나타난다.
	흡수 스펙트럼	• 저온의 기체에 포함된 원소가 특정한 파장의 빛을 흡수할 때 나타난다. • 연속 스펙트럼을 배경으로 검은색의 흡수선이 나타난다.

③ **원소의 스펙트럼**: 원소마다 고유한 선스펙트럼이 나타나며, 한 종류의 원소에서 관측되는 방출선과 흡수선의 위치는 같다.

④ **별의 스펙트럼**: 별의 스펙트럼 분석을 통해 별의 구성 원소를 알 수 있다.❸

(2) 스펙트럼 분석과 우주의 구성 원소
우주에서 오는 빛의 스펙트럼을 분석하면 우주를 구성하고 있는 원소를 알 수 있다. → 우주를 구성하는 원소의 비율은 수소가 약 74 %, 헬륨이 약 24 %, 그 밖의 원소가 약 2 %를 차지하며, 수소와 헬륨의 질량비는 약 3 : 1이다.

2 우주 초기의 원소 생성

(1) 물질을 구성하는 입자
물질은 원자로 이루어서 있고, 원자는 원자핵과 전자로 이루어져 있다. 원자핵은 양성자와 중성자로 이루어져 있으며, 양성자와 중성자는 쿼크로 이루어져 있다.

▲ 물질을 구성하는 입자

물질	질량과 부피를 가지고 있는 물체를 이루고 있는 존재이다.
원자	• 물질을 구성하는 가장 작은 중성 입자이다. • 양전하를 띠는 원자핵과 음전하를 띠는 전자로 이루어져 있다.
원자핵	양전하를 띠는 양성자와 전기적으로 중성인 중성자로 이루어져 있다.
쿼크	• 물질을 구성하는 입자 중 현재까지 발견된 가장 작은 입자인 기본 입자이다.❹ • 양성자와 중성자는 쿼크가 모여 만들어진다.

원소마다 원자핵의 양성자수와 중성자수가 다르다.

• **빛의 굴절**: 빛이 다른 물질로 진행할 때 속도가 달라져 경계면에서 진행 방향이 꺾이는 현상이다.
• **우주 팽창**: 우주 공간은 특별한 중심이 없이 모든 방향으로 팽창하고 있다.

❶ **분광기**
빛을 분산시켜 눈으로 스펙트럼을 관찰하고 분석할 수 있게 해주는 장치이다.

별에서 나온 빛을 분광기로 관찰하면 별의 대기가 별의 표면에서 나온 빛을 흡수하여 흡수 스펙트럼이 나타난다.

❷ **빛의 파장**
가시광선은 우리 눈에 보이는 빛이다. 가시광선에서 빨간색 빛은 파장이 가장 길고, 보라색 빛은 파장이 가장 짧다. 빨간색 빛보다 파장이 길면 적외선, 보라색 빛보다 파장이 짧으면 자외선이다.

❸ **태양의 스펙트럼**
19세기 초 프라운호퍼는 최초로 태양의 스펙트럼에서 수백 개의 흡수선(프라운호퍼선)을 발견하였다. 과학자들은 이 흡수선을 분석하여 태양이 수소, 헬륨, 나트륨 등 다양한 원소로 구성되어 있음을 알아냈다.

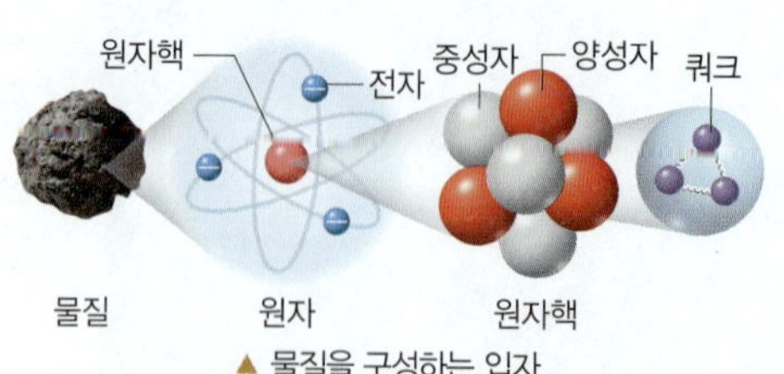

❹ **기본 입자**
• 더 이상 나누어지지 않는 입자로 대표적으로 쿼크와 전자가 있다.
• 쿼크는 양성자와 중성자를 이루는 기본 입자로 위(up) 쿼크와 아래(down) 쿼크 등 총 6가지가 있다.

(2) 빅뱅 우주론

① **우주 팽창**: 1929년 허블은 외부 은하를 관측해 우주가 팽창하고 있다는 사실을 밝혀냈다. 이는 아주 먼 과거에는 모든 물질이 아주 작은 한 점에 모여 있었다는 것을 의미한다.

② **빅뱅 우주론**: 약 138억 년 전 밀도가 매우 높고 뜨거운 한 점에서 대폭발(빅뱅)이 일어나 우주가 탄생하였고, 현재까지 계속 팽창하면서 온도와 밀도가 낮아지고 있다는 이론이다.

우주가 팽창함에 따라 온도와 밀도는 감소하고, 질량은 일정하게 유지된다.

(3) 우주 초기의 원소 생성

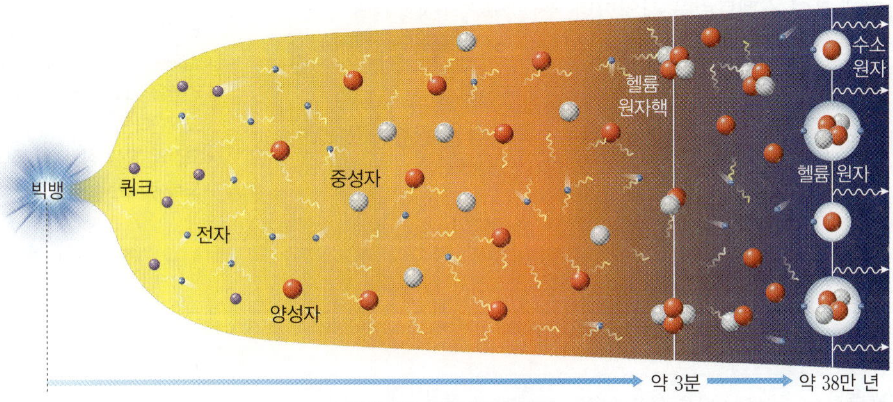

▲ 빅뱅 이후 우주의 진화 과정

| 쿼크와 전자 생성 | 약 138억 년 전 대폭발로 우주가 탄생한 직후 우주가 팽창하기 시작하면서 기본 입자인 쿼크와 전자가 만들어졌다. |

↓

| 양성자와 중성자 생성 | 쿼크가 결합해 양성자와 중성자가 만들어졌다. |

↓ 양성자는 그 자체로 수소 원자핵이 되었다.

| 헬륨 원자핵 생성 (빅뱅 후 약 3분) | 빅뱅 후 약 3분이 지났을 때 양성자 2개와 중성자 2개가 결합해 헬륨 원자핵이 만들어졌다. 우주에 존재하는 헬륨 원자핵의 대부분은 이때 만들어졌으며 수소 원자핵과 헬륨 원자핵의 질량비는 약 3 : 1이 되었다. |

↓

| 원자 생성 (빅뱅 후 약 38만년) | • 빅뱅이 일어나고 약 38만 년까지는 빛과 입자들이 뒤섞여 있었다. ❺
• 빅뱅이 일어나고 약 38만 년이 지난 후 우주의 온도가 약 3000 K으로 낮아지면서 수소 원자핵은 전자 1개와 결합하여 수소 원자가 되었고, 헬륨 원자핵은 전자 2개와 결합하여 헬륨 원자가 되었다. ┌ 전자의 방해를 받지 않게 되었다.
• 원자가 생성된 뒤에는 빛이 전기를 띤 입자의 방해를 받지 않고 우주 공간으로 자유롭게 퍼져 나갈 수 있게 되었다. → 원자가 생성되면서 방출된 빛이 현재 우주 배경 복사로 관측된다. ❻ |

↓

| 별과 은하의 형성 | 이후 우주는 계속 팽창하였고 수소 원자와 헬륨 원자는 별과 은하를 형성하였다. 약 138억 년이 지나 현재의 우주가 되었다. |

자료 pick 수소 원자핵과 헬륨 원자핵의 질량비

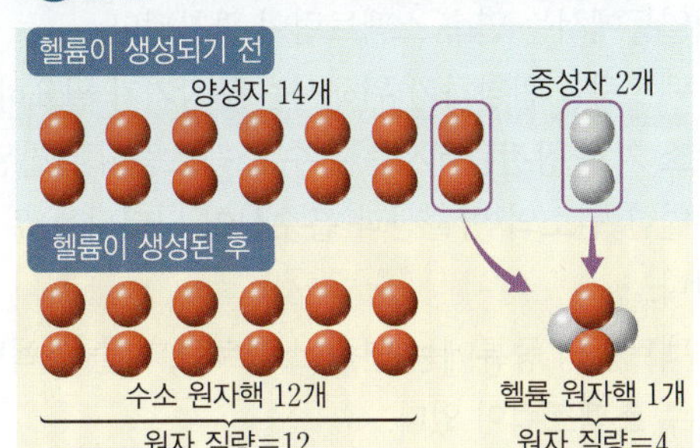

빅뱅 후 약 3분이 되었을 때 양성자와 중성자의 개수비는 약 7 : 1이었다. 헬륨 원자핵은 양성자 2개와 중성자 2개가 결합하여 만들어지므로 수소 원자핵과 헬륨 원자핵의 질량비가 약 3 : 1이 되었다.

수소 원자핵과 헬륨 원자핵의 개수비는 약 12 : 1이며, 양성자와 중성자의 질량은 거의 같다.

우주 초기의 원소 생성

입자의 생성 순서는 **쿼양핵원**이다. 입자는 쿼크 → 양성자와 중성자 → 원자핵 → 원자 순서로 생성된다.

❺ **원자 생성 전후의 우주**

원자 생성 이전에는 빛이 전자의 방해를 받아 직진하지 못해 불투명한 우주였다. 원자핵과 전자가 결합하여 원자가 생성된 이후에는 빛이 전자의 방해를 받지 않고 직진할 수 있게 되어 우주가 투명해졌다.

❻ **우주 배경 복사**

빅뱅 후 약 38만 년이 되었을 때, 전자가 원자핵과 결합하며 우주 전역에서 방출된 빛이 현재 우주 배경 복사로 관측된다. 우주는 팽창하고 있기 때문에 우주의 온도는 낮아지고 우주 배경 복사의 파장은 점점 길어지고 있다.

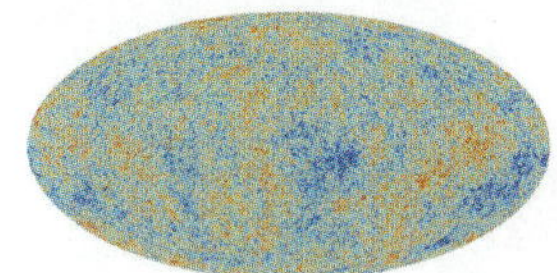

▲ 우주 배경 복사

✳ **복사**(바큇살 輻, 쏠 射): 열이나 파동(주로 전자기파)이 물질(매질)의 도움 없이 직접 전달되는 현상이다.

분광기를 활용하여 다양한 물질이 방출하는 스펙트럼 관찰·비교하기 개념 22쪽

탐구 목표
분광기로 다양한 빛의 스펙트럼을 관찰하고 비교할 수 있다.

과정

❶ 간이 분광기로 백열등이 방출하는 스펙트럼을 관찰한다.
❷ 스마트 기기의 렌즈를 간이 분광기에 붙여 스펙트럼을 촬영한다.

사진을 찍을 때는 실험실을 어둡게 하여 다른 빛이 분광기에 들어가지 않게 한다.

❸ 고전압 발생 장치에 수소 기체 방전관을 넣고 전원 버튼을 눌러 수소의 스펙트럼을 관찰하고, 스마트 기기로 촬영한다.
❹ 헬륨, 네온 등 다른 기체 방전관으로 교체하고 전원 버튼을 눌러 스펙트럼을 관찰하고, 스마트 기기로 촬영한다.
❺ 과정 ❷～❹에서 촬영한 스펙트럼의 모습을 관찰·비교한다.

유의할 점
- 고전압 발생 장치에 넣은 방전관은 뜨거우므로 맨손으로 만지지 않도록 주의하고, 방전관 교체 시 전원을 끄고 충분히 식힌 다음에 교체한다.
- 고전압 발생 장치에 감전되지 않도록 주의한다.

결과

촬영한 스펙트럼의 모습

구분	스펙트럼	특징
백열등		연속적인 색의 띠가 나타난다.
수소		• 검은 바탕에 밝은색의 방출선이 나타난다.
헬륨		• 원소마다 스펙트럼에 나타나는 방출선의 개수, 위치, 굵기가 다르다.
네온		

정리

1. 백열등의 스펙트럼은 연속 스펙트럼이고, 수소, 헬륨, 네온의 스펙트럼은 방출 스펙트럼이다.
2. 수소의 스펙트럼보다는 헬륨의 스펙트럼에서, 헬륨의 스펙트럼보다는 네온의 스펙트럼에서 더 많은 방출선이 관찰된다.
3. 원소에 따라 스펙트럼에 나타나는 방출선의 위치와 굵기가 다르게 나타난다.

탐구 확인문제

바른답·알찬풀이 6쪽

01 위 실험에 대한 설명으로 옳은 것은 ○표, 옳지 <u>않은</u> 것은 ✕표 하시오.

(1) 간이 분광기로 백열등이 방출하는 빛을 관찰하면 연속 스펙트럼이 나타난다. ( )
(2) 기체 방전관의 스펙트럼을 관찰할 때는 밝은 장소에서 실험해야 한다. ( )
(3) 헬륨 스펙트럼과 네온 스펙트럼에서 관찰되는 방출선의 위치가 서로 다르게 나타난다. ( )
(4) 백열등의 스펙트럼에서는 검은색 선이 관찰된다. ( )

02 스펙트럼과 스펙트럼 관찰 실험에 대한 설명으로 옳지 <u>않은</u> 것은?

① 백열등에서는 연속 스펙트럼이 관찰된다.
② 스펙트럼을 관찰하기 위해서는 분광기가 필요하다.
③ 수소 기체 방전관에서는 흡수 스펙트럼이 관찰된다.
④ 동일한 원소의 방출선과 흡수선이 나타나는 위치는 같다.
⑤ 스펙트럼의 종류에는 연속 스펙트럼, 방출 스펙트럼, 흡수 스펙트럼이 있다.

기본 탄탄 문제

1 빛이 프리즘을 통과할 때 나타나는 여러 가지 색의 띠를 ㅅ ㅍ ㅌ ㄹ (이)라고 한다.

2 프리즘과 같이 빛을 분산시키는 장치를 ㅂ ㄱ ㄱ (이)라고 한다.

3 별빛을 프리즘으로 분산시키면 ㅎ ㅅ 스펙트럼이 나타난다.

4 약 138억 년 전 한 점에서 대폭발이 일어나 우주가 탄생하였고 현재까지 계속 팽창하고 있다는 우주론은 ㅂ ㅂ 우주론이다.

5 우주에 존재하는 수소와 ㅎ ㄹ 의 질량비는 약 3 : 1이다.

1 스펙트럼

01 그림은 세 가지 종류의 스펙트럼을 나타낸 것이다.

A~C에 해당하는 스펙트럼의 종류를 각각 쓰시오.

02 별과 원소의 스펙트럼에 대한 설명으로 옳은 것은 ○표, 옳지 <u>않은</u> 것은 ✕표 하시오.

(1) 빨간색 빛은 파란색 빛보다 파장이 짧다. (　　)

(2) 원소마다 스펙트럼에서 나타나는 방출선의 위치가 다르다. (　　)

(3) 별의 스펙트럼에서 관찰되는 선을 분석하면 별을 구성하는 원소를 알 수 있다. (　　)

(4) 스펙트럼 분석을 통해 우주에는 수소가 가장 많이 존재한다는 것을 알아냈다. (　　)

2 우주 초기의 원소 생성

03 다음의 입자들을 먼저 생성된 것부터 순서대로 나열하시오.

> • 원자핵　　• 쿼크　　• 원자　　• 중성자

04 다음은 우주 배경 복사에 대한 설명이다.

> 빅뱅 후 약 (㉠)만 년이 지났을 때 우주의 온도가 약 (㉡) K으로 낮아지며 원자핵과 전자가 결합하여 원자가 생성되었다. 우주 전역에서 원자가 생성되면서 방출된 빛이 현재 우주 배경 복사로 관측된다.

(1) ( ) 안에 들어갈 알맞은 숫자를 각각 쓰시오.

(2) 우주 배경 복사가 방출될 때 생성된 원자를 모두 쓰시오.

05 빅뱅 우주론과 우주 초기의 입자 형성에 대한 설명으로 옳은 것은 ○표, 옳지 <u>않은</u> 것은 ✕표 하시오.

(1) 우주의 나이는 약 138억 년이다. (　　)

(2) 최초로 만들어진 입자는 쿼크와 전자이다. (　　)

(3) 빅뱅 후 약 3분이 지났을 때 수소 원자핵이 최초로 만들어졌다. (　　)

(4) 빅뱅 후 약 3분이 지났을 때의 우주는 투명한 상태였다. (　　)

(5) 우주는 시간이 흐를수록 온도가 낮아지고 있다. (　　)

🔴 스펙트럼

01 스펙트럼에 대한 설명으로 옳은 것만을 〈보기〉에서 있는 대로 고른 것은?

보기
ㄱ. 가시광선은 적외선보다 파장이 짧다.
ㄴ. 스펙트럼에 나타난 빨간색 빛은 보라색 빛보다 파장이 길다.
ㄷ. 스펙트럼에 나타나는 검은색 선은 물체가 검은색 빛을 방출하기 때문이다.

① ㄱ ② ㄷ ③ ㄱ, ㄴ
④ ㄴ, ㄷ ⑤ ㄱ, ㄴ, ㄷ

02 그림은 어떤 스펙트럼을 나타낸 것이다.

이에 대한 설명으로 옳지 <u>않은</u> 것은?

① 연속 스펙트럼이다.
② 가시광선 영역의 빛이다.
③ 빛을 분산시켜 관찰한 것이다.
④ 모든 파장의 빛이 연속적으로 나타난다.
⑤ 빛이 저온의 기체를 통과할 때 나타난다.

03 그림은 수소의 스펙트럼을 나타낸 것이다.

이에 대한 설명으로 옳은 것만을 〈보기〉에서 있는 대로 고른 것은?

보기
ㄱ. 파장은 A가 B보다 길다.
ㄴ. A와 B는 모두 가시광선 영역의 빛이다.
ㄷ. 수소의 밀도가 증가하면 밝은색 선의 개수가 증가한다.

① ㄱ ② ㄴ ③ ㄱ, ㄷ
④ ㄴ, ㄷ ⑤ ㄱ, ㄴ, ㄷ

중요 ☆
04 그림은 원소 A에서 출발한 빛이 프리즘을 통과한 후 스펙트럼이 나타나는 모습이다.

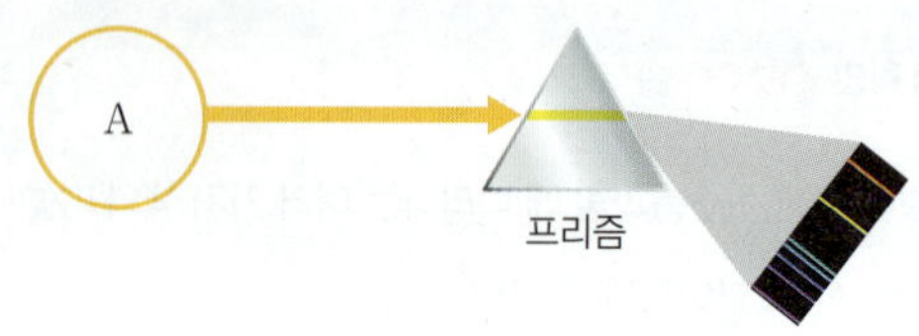

이에 대한 설명으로 옳은 것만을 〈보기〉에서 있는 대로 고른 것은?

보기
ㄱ. A는 기체 상태이다.
ㄴ. 방출 스펙트럼이 나타난다.
ㄷ. 원소의 종류가 달라지면 스펙트럼에 나타난 밝은색 선의 위치는 달라지지만, 선의 개수는 같다.

① ㄱ ② ㄷ ③ ㄱ, ㄴ
④ ㄴ, ㄷ ⑤ ㄱ, ㄴ, ㄷ

05 그림 (가)는 고온, 고밀도의 광원에서 출발한 빛이 프리즘을 통과하는 모습을, (나)는 (가)와 같은 광원에서 출발한 빛이 저온의 기체를 지나 프리즘을 통과하는 모습을 나타낸 것이다.

이에 대한 설명으로 옳은 것만을 〈보기〉에서 있는 대로 고른 것은?

보기
ㄱ. 프리즘은 빛을 반사하는 장치이다.
ㄴ. (가)에서는 연속 스펙트럼이 나타난다.
ㄷ. (나)에서는 기체의 종류에 상관없이 같은 위치에 흡수선이 나타난다.

① ㄱ ② ㄴ ③ ㄱ, ㄷ
④ ㄴ, ㄷ ⑤ ㄱ, ㄴ, ㄷ

중요 **06** 그림은 어느 별과 헬륨의 스펙트럼을 A와 B로 순서 없이 나타낸 것이다.

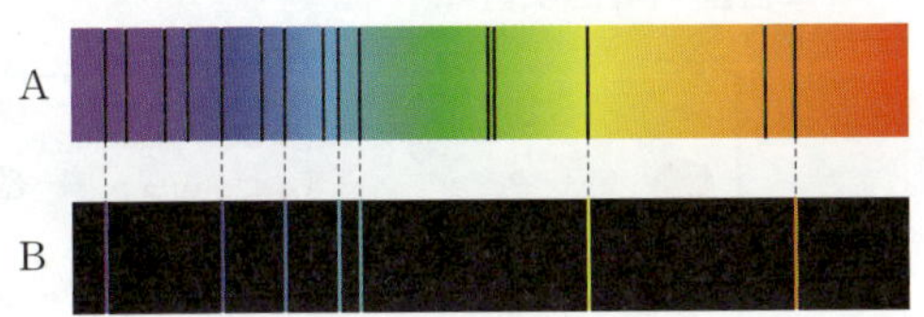

이에 대한 설명으로 옳은 것만을 〈보기〉에서 있는 대로 고른 것은?

> **보기**
> ㄱ. A는 별의 스펙트럼이다.
> ㄴ. 별에는 헬륨이 포함되어 있다.
> ㄷ. 별에는 헬륨 이외의 원소는 존재하지 않는다.

① ㄱ   ② ㄷ   ③ ㄱ, ㄴ
④ ㄴ, ㄷ   ⑤ ㄱ, ㄴ, ㄷ

07 그림 A와 B는 헬륨과 네온의 스펙트럼을 순서 없이 나타낸 것이다.

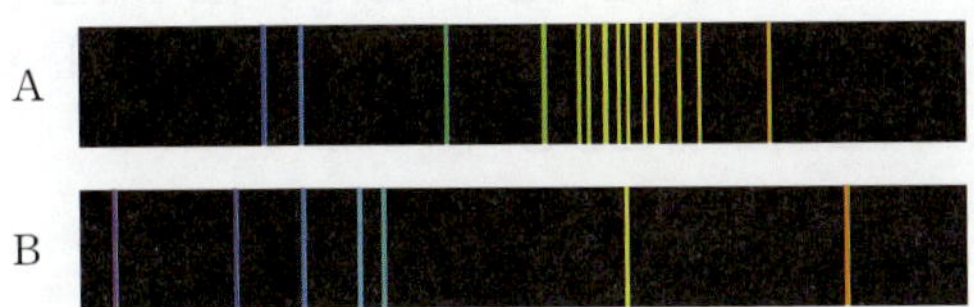

이에 대한 설명으로 옳은 것만을 〈보기〉에서 있는 대로 고른 것은?

> **보기**
> ㄱ. 헬륨의 스펙트럼은 B이다.
> ㄴ. 스펙트럼에 나타나는 선의 개수는 A가 B보다 많다.
> ㄷ. A와 B 스펙트럼은 헬륨과 네온 이외의 원소에서도 똑같이 관찰될 수 있다.

① ㄱ   ② ㄷ   ③ ㄱ, ㄴ
④ ㄴ, ㄷ   ⑤ ㄱ, ㄴ, ㄷ

2 우주 초기 원소의 생성

08 빅뱅 우주론에 대한 설명으로 옳지 <u>않은</u> 것은?

① 우주는 팽창하고 있다.
② 우주의 밀도는 일정하다.
③ 현재 우주의 나이는 약 138억 년이다.
④ 대폭발 이후 우주의 온도는 점점 낮아졌다.
⑤ 우주 초기에 방출된 빛의 파장은 점점 길어졌다.

09 그림 (가)와 (나)는 서로 다른 우주론의 모형을 나타낸 것이다.

이에 대한 설명으로 옳은 것만을 〈보기〉에서 있는 대로 고른 것은?

> **보기**
> ㄱ. (가)의 우주는 한 점에서 시작되었다.
> ㄴ. (나)에서는 새로운 물질이 계속 생겨나고 있다.
> ㄷ. (가)와 (나) 모두 우주가 팽창하고 있다.

① ㄱ   ② ㄷ   ③ ㄱ, ㄴ
④ ㄴ, ㄷ   ⑤ ㄱ, ㄴ, ㄷ

10 그림은 물질을 이루는 입자들을 나타낸 것이다.

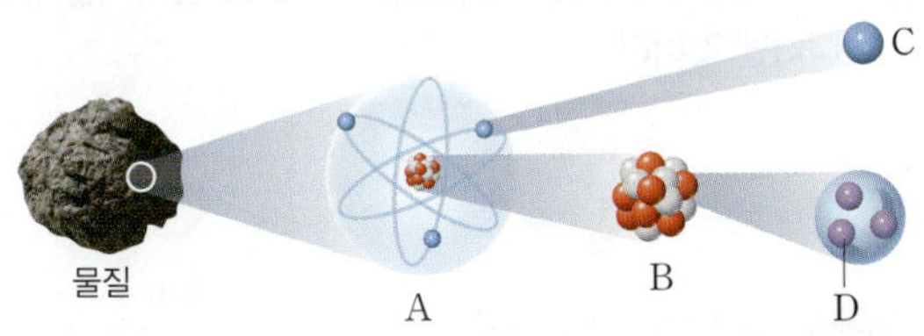

이에 대한 설명으로 옳은 것만을 〈보기〉에서 있는 대로 고른 것은?

> **보기**
> ㄱ. A는 원자이다.
> ㄴ. B는 양성자와 중성자로 이루어져 있다.
> ㄷ. C와 D는 물질을 구성하는 기본 입자이다.

① ㄱ   ② ㄷ   ③ ㄱ, ㄴ
④ ㄴ, ㄷ   ⑤ ㄱ, ㄴ, ㄷ

11 다음 (가)~(라)는 빅뱅 이후 우주에서 일어난 사건을 순서 없이 나타낸 것이다.

> (가) 원자가 생성되었다.
> (나) 쿼크와 전자가 생성되었다.
> (다) 헬륨 원자핵이 생성되었다.
> (라) 양성자와 중성자가 생성되었다.

(가)~(라)를 시간 순서대로 옳게 나열한 것은?

① (가)→(나)→(다)→(라)
② (나)→(라)→(다)→(가)
③ (나)→(다)→(라)→(가)
④ (라)→(다)→(나)→(가)
⑤ (라)→(나)→(다)→(가)

12 우주에 원소가 처음 생성되었을 때, 우주에서 가장 많은 양을 차지하는 원소와 두 번째로 많은 양을 차지하는 원소를 옳게 짝 지은 것은?

	가장 많은 원소	두 번째로 많은 원소
①	H	C
②	H	O
③	H	He
④	C	O
⑤	CH	H

13 그림 (가)와 (나)는 수소 원자핵과 헬륨 원자핵을 순서 없이 나타낸 것이다.

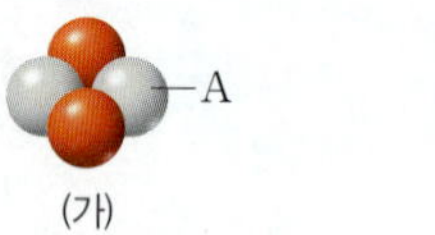

이에 대한 설명으로 옳은 것만을 〈보기〉에서 있는 대로 고른 것은?

> 보기
> ㄱ. A는 중성자, B는 양성자이다.
> ㄴ. (가)는 (나)보다 먼저 형성되었다.
> ㄷ. 현재 우주에서 (가)와 (나)의 질량비는 약 3 : 1이다.

① ㄱ   ② ㄴ   ③ ㄷ
④ ㄱ, ㄷ   ⑤ ㄴ, ㄷ

14 그림 (가)와 (나)는 각각 어느 시기에 우주에 존재하는 입자의 모습을 나타낸 것이다.

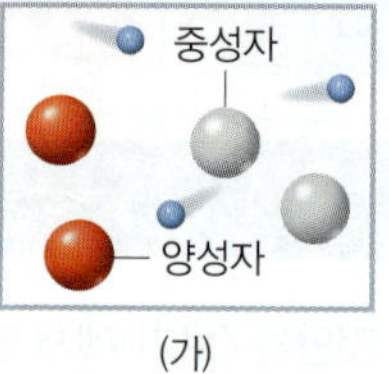

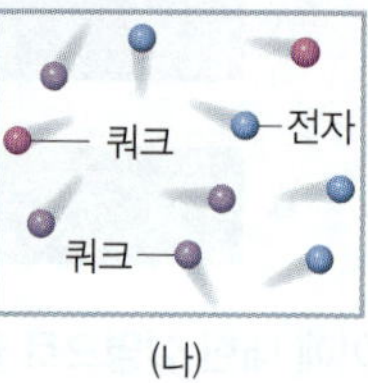

이에 대한 설명으로 옳은 것만을 〈보기〉에서 있는 대로 고른 것은?

> 보기
> ㄱ. (가) 시기에 우주 배경 복사가 방출되었다.
> ㄴ. (나) 시기는 빅뱅이 일어나고 약 3분 이후이다.
> ㄷ. 우주의 크기는 (가) 시기가 (나) 시기보다 크다.

① ㄱ   ② ㄴ   ③ ㄷ
④ ㄱ, ㄷ   ⑤ ㄴ, ㄷ

15 그림 (가)~(다)는 빅뱅 우주론에서 시간에 따른 우주의 물리량 A~C의 변화를 모식적으로 나타낸 것이다. A~C는 각각 온도, 부피, 질량 중 하나이다.

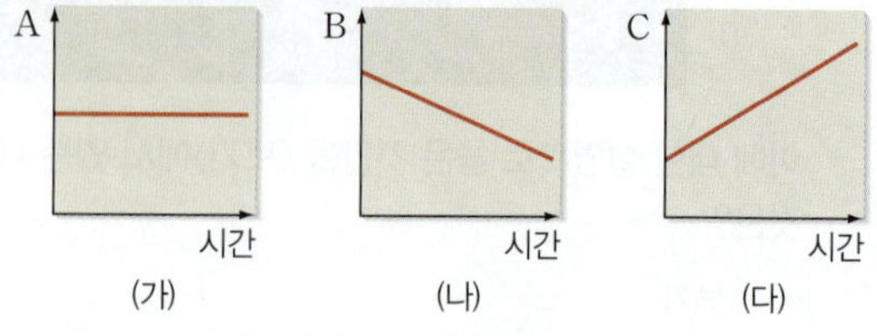

A~C에 해당하는 물리량을 옳게 짝 지은 것은?

	A	B	C
①	온도	부피	질량
②	온도	질량	부피
③	질량	온도	부피
④	질량	부피	온도
⑤	부피	온도	질량

단답형 · 서술형 문제

16 다음의 물질들을 크기가 큰 것부터 순서대로 나열하시오.

- 원자
- 쿼크
- 사과
- 중성자
- 원자핵

17 빅뱅 후 약 3분 무렵에 우주에 존재하는 수소 원자핵과 헬륨 원자핵의 질량비는 약 $3:1$이었다. 이때 수소 원자핵과 헬륨 원자핵의 개수비를 쓰고, 그렇게 생각한 까닭을 설명하시오. (단, 양성자와 중성자의 질량은 같다고 가정한다.)

18 그림은 시간에 따른 우주의 변화를 나타낸 것이다.

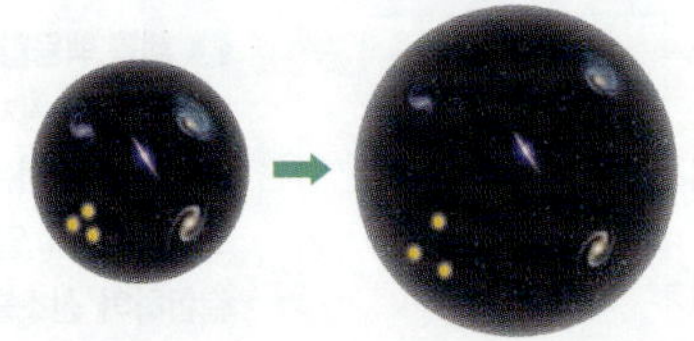

시간이 흐를수록 우주의 밀도가 감소하는 까닭을 우주의 부피와 질량의 변화와 관련지어 설명하시오.

19 그림은 2013년 플랑크 위성이 관측한 모습을 나타낸 것이다.

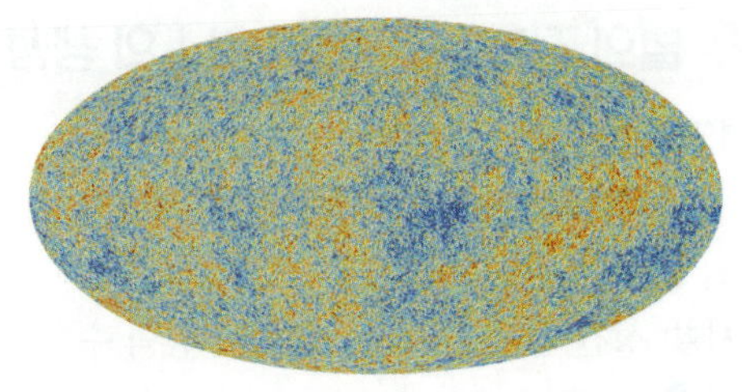

(1) 위 모습은 무엇을 관측한 것인지 쓰고, 이것이 만들어질 당시 우주의 온도는 대략 몇 K인지 쓰시오.

(2) 위 모습이 처음 만들어질 당시, 우주에 존재하는 원소를 모두 쓰시오.

20 그림 (가)~(다)는 우주 초기에 생성된 입자의 모형을 순서 없이 나타낸 것이다.

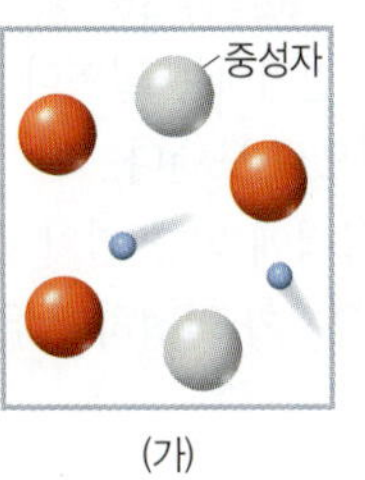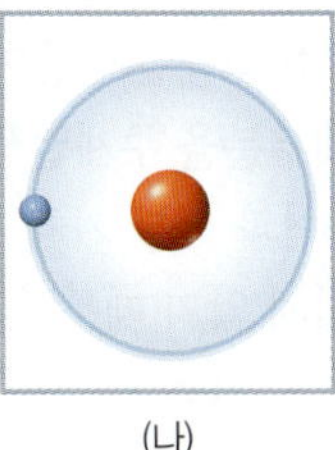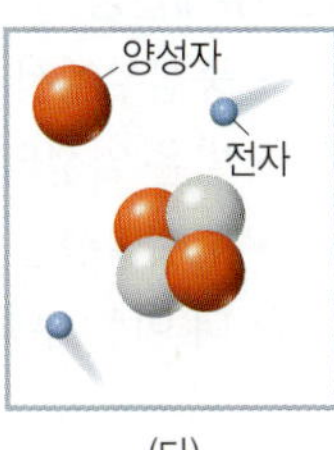

(가)~(다)를 우주 초기에 생성된 순서대로 나열하시오.

21 천체를 구성하는 원소를 알아낼 수 있는 방법에 대해 설명하시오.

03강 01 원소의 생성
별의 진화와 원소의 생성

▌ 별의 *진화 과정에서 원소의 생성

(1) 별의 탄생

① **성운**: 우주 공간에는 수소와 헬륨, 먼지 등으로 이루어진 성간 물질이 있고, 성간 물질이 구름처럼 모여 성운을 형성한다.

② **원시별**: 성간 물질이 계속 모여들면 중력 수축하면서 밀도와 온도가 높아져 원시별이 만들어진다. ❶

③ **별(주계열성)의 탄생**: 원시별이 중력 수축을 계속해 중심부의 온도가 1000만 K 이상이 되면 별의 중심부에서 수소*핵융합 반응을 하는 주계열성이 된다.

▲ 성운의 수축   ▲ 원시별 형성   ▲ 별의 탄생

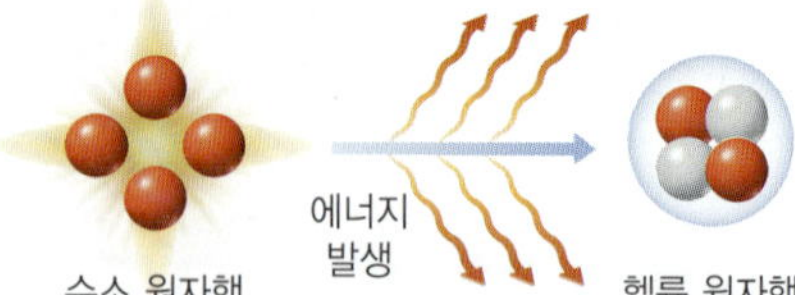

• 수소 핵융합 반응은 수소 원자핵 4개가 융합해 헬륨 원자핵 1개를 생성하는 반응이다.
• 수소 핵융합 반응 과정에서 질량 손실이 일어나고 손실된 질량만큼 에너지로 전환된다.

(2) 주계열성

주계열성은 질량이 클수록 수명이 짧다.

• 중심부에서 수소 핵융합 반응이 일어나는 별이다.
• 별은 일생의 대부분을 주계열성으로 보낸다.
• 주계열성은 중력과 내부 기체 압력에 의한 힘이 평형을 이루어 더 이상 수축하지 않기 때문에 크기가 일정하게 유지된다.

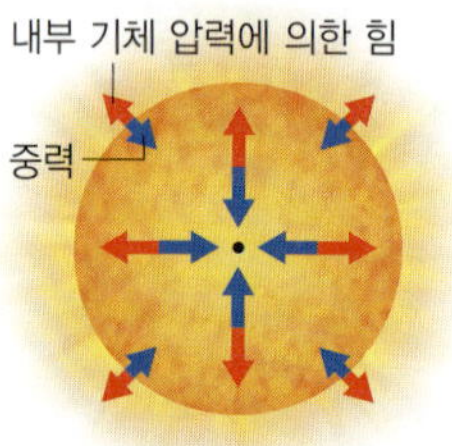

(3) 별의 진화와 무거운 원소의 생성

별이 진화하는 과정에서 별 내부의 핵융합 반응을 통해 다양한 종류의 원소가 생성된다. ➡ 별의 질량이 클수록 중심부의 온도가 높아져 더 무거운 원소가 생성된다.

① 질량이 태양과 비슷한 별

핵융합 반응	생성 원소
• 별의 중심부에 있던 수소가 수소 핵융합 반응에 의해 모두 헬륨으로 변하면 중심부가 수축하면서 열이 발생하고 중심부를 둘러싼 수소층 영역을 가열한다. • 가열된 수소층 영역에서는 핵융합 반응이 일어나고 내부 기체 압력에 의한 힘이 증가해 별의 바깥층이 팽창한다. ❷ 이 단계의 별을 거성이라고 한다. • 헬륨으로 이루어진 중심부는 계속 수축해 온도가 1억 K 이상이 되면 헬륨 핵융합 반응이 일어나 탄소가 만들어진다. ❸ • 중심부의 헬륨 핵융합 반응이 끝나면 별의 외곽은 팽창하여 행성상 성운이 되고, 중심부는 수축해 백색왜성이 된다.	헬륨, 탄소

❶ 중력 수축
천체가 자신의 질량에 의한 중력 때문에 수축하는 현상이다. 중력 수축에 의한 에너지는 별이 생성되는 초기 단계에서 에너지원으로 작용한다.

❷ 중심부에서 수소 핵융합 반응이 끝나고 다음 단계로 가는 과정에 있는 별의 모습

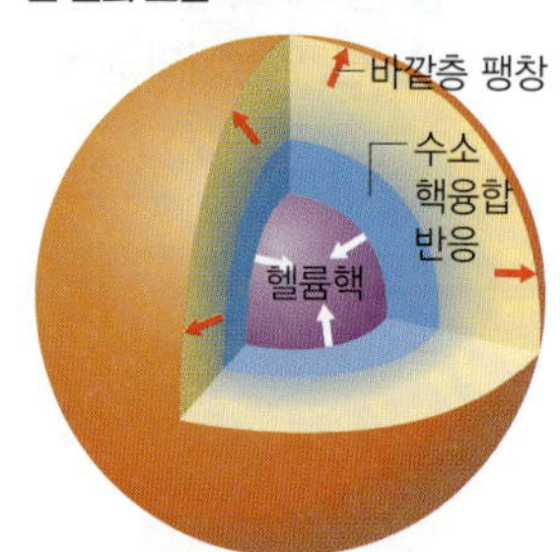

별의 중심부에서 수소 핵융합 반응이 끝나면 중심부에서는 수소가 모두 고갈되어 헬륨핵이 만들어진다. 헬륨핵이 수축하면서 발생한 열에 의해 중심부를 둘러싼 수소층 영역의 온도가 1000만 K 이상으로 올라가면 수소 핵융합 반응이 일어난다.

❸ 헬륨 핵융합 반응
3개의 헬륨 원자핵이 융합해 탄소 원자핵을 생성하는 반응이다. 이때 탄소 원자핵의 일부는 헬륨 원자핵과 결합하여 산소를 만들기도 한다. 헬륨 핵융합 반응이 일어날 때 발생하는 에너지는 수소 핵융합 반응의 에너지보다 훨씬 크다.

② 질량이 태양보다 매우 큰 별

질량이 커서 에너지원이 많기 때문이다.

핵융합 반응	생성 원소
• 질량이 태양보다 매우 큰 별은 중심부에서 탄소가 만들어진 이후에도 온도가 계속 높아져 연속적인 핵융합 반응이 일어난다. → 별의 중심부에서 탄소 핵융합 반응이 일어나 산소, 네온, 마그네슘이 만들어지고, 이후에도 계속 산소, 규소 핵융합 반응이 일어나 최종적으로 철이 만들어진다. • 별의 중심부에 철이 만들어지면 더 이상 핵융합 반응이 일어나지 않아 중심부가 급격히 수축하다가 붕괴해 초신성 폭발이 일어난다. ❹ • 초신성 폭발 과정에서 엄청난 양의 에너지가 발생해 철보다 무거운 원소인 금, 은, 우라늄 등이 만들어진다.	헬륨, 탄소, 산소, 질소, 네온, 마그네슘, 규소, 황, 철

자료 pick 질량에 따른 별의 내부 구조와 핵융합 반응으로 생성되는 원소

질량이 태양과 비슷한 별의 내부 구조	질량이 태양보다 매우 큰 별의 내부 구조
수소 헬륨 탄소	수소 헬륨 탄소, 산소, 질소 네온, 마그네슘 산소, 규소, 황 철

• 질량이 태양과 비슷한 별은 중심에 생성된 탄소핵이 수축해도 탄소 핵융합 반응이 일어날 만큼 온도가 상승하지 않기 때문에 더 이상 핵융합 반응이 일어나지 않는다. → 별 중심부에 탄소까지만 생성된다.

• 질량이 태양보다 매우 큰 별의 내부에서는 온도가 계속 상승할 수 있어 원소의 핵융합 반응이 연속적으로 일어날 수 있으므로 무거운 원소를 합성하여 철까지 생성된다. 철은 가장 안정한 원소로 더 이상 핵융합 반응이 일어나지 않는다. → 별 중심부에 철까지 생성된다.

• 철보다 무거운 원소는 초신성 폭발 에너지에 의해 생성된다.

2 태양계와 지구의 형성 과정

(1) 태양계의 형성 과정

태양계 성운에는 철, 금, 은 등 다양한 원소들이 포함되어 있었다.

❶ 태양계 성운의 수축과 회전	• 약 50억 년 전 초신성 폭발로 태양계 성운이 형성되었다. • 태양계 성운에서 밀도가 큰 부분을 중심으로 중력에 의해 수축하면서 서서히 회전하기 시작했다. 모든 태양계 행성이 같은 방향으로 회전하게 되었다.
❷ 원시 태양과 원시 원반 형성	성운의 회전이 빨라지면서 중심부에는 원시 태양이 형성되었고, 주변부에는 납작한 모양의 원시 원반이 형성되었다.
❸ 미행성체 형성	원시 원반에서 티끌 같은 고체 물질들이 뭉쳐 미행성체가 형성되었다. ❺
❹ 원시 행성 형성	미행성체가 서로 충돌하면서 점점 성장해 원시 행성이 형성되었다.
❺ 태양계 형성	• 원시 태양은 계속 수축해 수소 핵융합 반응이 시작되며 주계열성인 태양이 되었다. • 원시 행성도 성장해 행성이 되어 태양계가 형성되었다.

▲ 태양계 성운 형성   ▲ 원시 태양과 원시 원반 형성   ▲ 미행성체 형성   ▲ 원시 행성 형성

암기 비법

별의 진화와 원소 생성
• 핵융합 반응은 수모헬과 헬모탄이다.
→ 수소 핵융합 반응은 수소가 모여 헬륨이 되고, 헬륨 핵융합 반응은 헬륨이 모여 탄소가 된다.
• 별의 질량에 따라 생성되는 원소는 태탄태큰철이다.
→ 태양과 질량이 비슷한 별은 탄소까지, 태양보다 질량이 매우 큰 별은 철까지 생성된다.

❺ 미행성체
태양계 성운을 이루던 물질들이 충돌에 의해 점차 성장하여 만들어진 소행성 크기(보통 수 km)의 천체이다. 미행성체의 충돌에 의해 원시 행성이 만들어지고 원시 행성은 미행성체나 또 다른 원시 행성을 끌어당겨 행성으로 성장하였다.

용어 뜻풀이
* **진화**(나아갈 進, 될 化): 일이나 사물 따위가 점점 발달하여 가는 것이다.
* **핵융합**(씨 核, 녹을 融, 합할 合): 가벼운 몇 개의 원자핵이 결합하여 무거운 원자핵을 만드는 현상이다.
* **초신성**(뛰어넘을 超, 새로울 新, 별 星): 신성보다 에너지가 큰 별의 폭발이다.

(2) 지구형 행성과 목성형 행성의 형성

① **지구형 행성**: 태양과 가까운 곳에서는 주로 암석과 금속으로 이루어진 지구형 행성이 형성되었다.

② **목성형 행성**: 태양에서 먼 곳에서는 미행성체가 빠르게 성장한 다음 주변의 수소와 헬륨을 끌어들여 거대한 목성형 행성이 형성되었다.

지구형 행성	목성형 행성
• 수성, 금성, 지구, 화성 지구형 행성은 위성이 없거나 적다. • 상대적으로 반지름과 질량이 작고 밀도가 크다. • 단단한 암석 표면을 가지고 있으며, 표면은 주로 규산염 물질로 이루어져 있다. ❻	• 목성, 토성, 천왕성, 해왕성 목성형 행성은 위성이 많다. • 상대적으로 반지름과 질량이 크고 밀도가 작다. • 주로 수소와 헬륨 등 가벼운 물질로 이루어져 있다.

(3) 지구의 형성 과정

원시 지구 형성	약 46억 년 전 태양계 형성 과정에서 만들어진 미행성체의 충돌에 의해 원시 지구가 형성되었다.
마그마 바다의 형성	미행성체들의 충돌에 의한 열과 온실 효과로 인해 원시 지구의 표면이 녹아 마그마로 덮인 상태가 되었다. 마그마 바다의 주성분은 금속과 암석이다.
핵과 맨틀의 분리	마그마 바다에서 철, 니켈 등의 무거운 물질은 중심부로 가라앉아 핵이 형성되었고, 산소, 규소 등의 가벼운 물질은 위로 떠올라 맨틀로 분리되었다.
원시 지각과 바다의 형성	미행성체들의 충돌이 줄어들면서 지표면 온도가 낮아져 원시 지각이 형성되었고, ❼ 대기 중의 수증기가 응결하여 비로 내려 원시 바다가 형성되었다.
생명체 탄생 ❽	바다에서 탄소가 다른 원소와 결합해 여러 가지 화합물을 이루며 최초의 생명체가 탄생하였다.

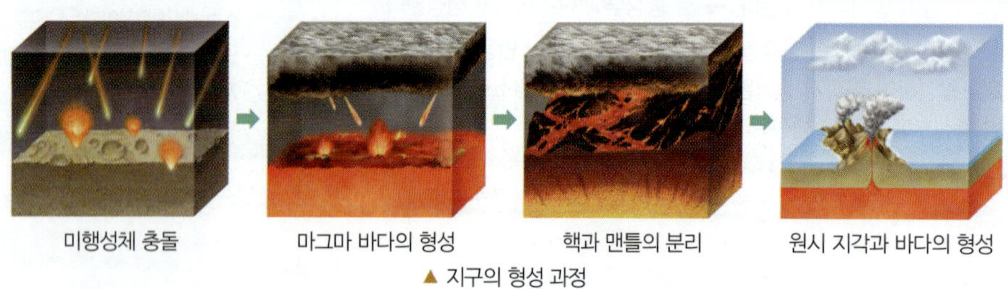

▲ 지구의 형성 과정

(4) 지구와 생명체의 구성 성분을 비교하고 성분의 유래 탐구하기 ❾ 탐구 pick

| 과정 및 결과 |

그림은 지구와 생명체(사람)를 구성하는 주요 성분의 질량비를 나타낸 것이다.

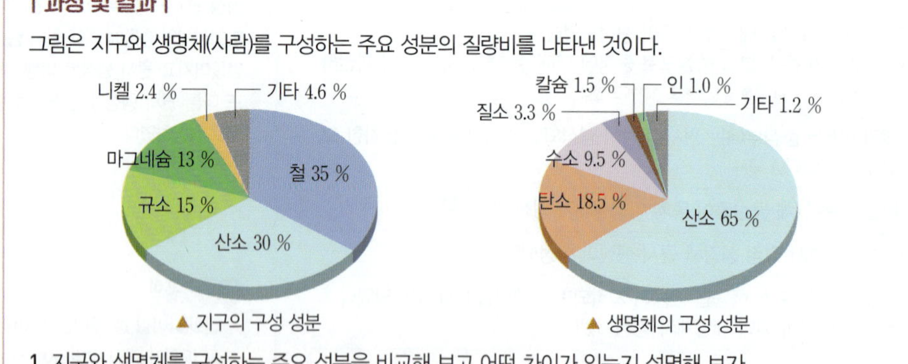

▲ 지구의 구성 성분　　　　▲ 생명체의 구성 성분

1. 지구와 생명체를 구성하는 주요 성분을 비교해 보고 어떤 차이가 있는지 설명해 보자.
2. 지구와 생명체의 주요 구성 성분이 우주에서 처음 생성되어 현재의 지구 또는 생명체에 존재하기까지의 과정을 이야기로 구성해 보자.

| 정리 |

• 지구의 주요 구성 성분은 철, 산소, 규소 등이고, 생명체의 주요 구성 성분은 산소, 탄소, 수소 등이다.
• 지구와 생명체를 구성하는 주요 원소는 우주와 별의 진화 과정에서 생성되었다.

---

❻ **규산염 물질**
주성분이 규소와 산소로 이루어진 물질이다. 지구형 행성의 지각이나 맨틀은 주로 규산염 물질로 이루어져 있다.

❼ **원시 지각**
처음 생성된 원시 지각은 지금보다 두께가 얇았고 아래에는 용융 상태의 맨틀이 있어 화산 활동이 매우 활발했다.

❽ **생명체의 존재 조건**
행성에서 생명체가 존재할 수 있는 가장 중요한 조건은 액체 상태의 물이다. 지구는 태양으로부터 적당한 거리에 위치해 있기 때문에 금성이나 화성과 달리 액체 상태의 물이 존재할 수 있었다.

❾ **구성 성분의 유래**
지구와 생명체를 이루고 있는 원소들은 대부분 태양계 성운에 포함되어 있던 원소이며, 이는 태양계가 형성되기 이전의 별의 진화 과정에서 생성된 것이다. 단, 수소는 별이 아닌 우주 생성 초기에 생성된 원소이다.

용어 뜻풀이

✳ **온실 효과**(따뜻할 溫, 집 室, 본받을 效, 열매 果): 대기 중의 온실 기체가 우주 공간으로 향하는 에너지를 흡수하여 지표의 온도를 비교적 높게 유지하는 작용이다.

✳ **응결**(엉길 凝, 맺을 結): 기체인 수증기가 액체인 물이 되는 현상이다.

기본 탄탄 문제

1 성간 물질이 한 곳에 밀집되어 구름처럼 보이는 것을 [ㅅ][ㅇ] (이)라고 한다.

2 수소 원자핵 4개가 모여 1개의 헬륨 원자핵이 생성되는 반응을 [ㅅ][ㅅ][ㅎ][ㅇ][ㅎ] 반응이라고 한다.

3 헬륨 핵융합 반응으로 [ㅌ][ㅅ] (이)가 만들어진다.

4 철보다 무거운 원소는 [ㅊ][ㅅ][ㅅ][ㅍ][ㅂ] 에 의해 생성된다.

5 생명체를 구성하는 원소 중 가장 많은 양을 차지하는 것은 [ㅅ][ㅅ] 이다.

■ 별의 진화 과정에서 원소의 생성

01 별의 진화 과정에서 원소의 생성에 대한 설명으로 옳은 것은 ◯표, 옳지 <u>않은</u> 것은 ✕표 하시오.

(1) 수소 핵융합 반응은 별의 중심부 온도가 1000 K이 되면 시작된다. ( )

(2) 질량이 태양과 비슷한 별은 중심부에서 철을 생성할 수 있다. ( )

(3) 별의 진화 경로는 질량에 따라 달라진다. ( )

(4) 원시별이 수축하면 별 내부의 온도는 상승한다. ( )

02 그림은 질량이 태양과 비슷한 별의 중심부에서 핵융합 반응이 끝났을 때 별의 내부 구조를 나타낸 것이다.

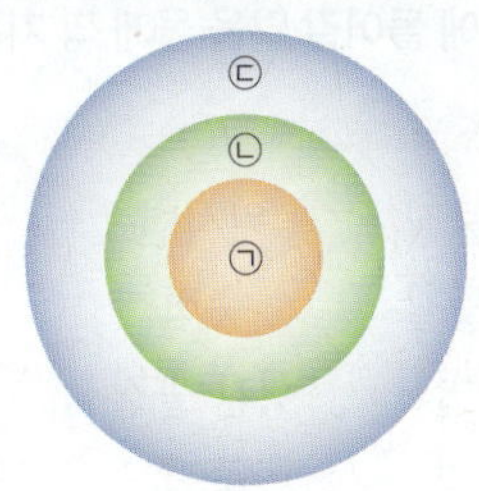

㉠~㉢ 영역에 가장 많이 존재하는 원소를 각각 쓰시오.

② 태양계와 지구의 형성 과정

03 다음은 태양계 형성 과정을 순서 없이 나열한 것이다.

> (가) 태양계 형성
> (나) 원시 태양의 형성
> (다) 태양계 성운의 수축과 회전
> (라) 미행성체와 원시 행성의 형성

(가)~(라)를 시간 순서대로 나열하시오.

04 지구형 행성과 목성형 행성의 크기와 밀도를 상대적으로 비교하시오.

05 다음은 지구의 형성 과정에서 일어난 사건을 순서 없이 나열한 것이다.

> (가) 마그마 바다 형성
> (나) 핵과 맨틀의 분리
> (다) 미행성체 충돌
> (라) 원시 지각과 바다의 형성

(가)~(라)를 시간 순서대로 나열하시오.

06 지구의 형성 과정과 지구와 생명체의 구성 성분에 대한 설명으로 옳은 것은 ◯표, 옳지 <u>않은</u> 것은 ✕표 하시오.

(1) 맨틀을 구성하는 물질은 핵을 구성하는 물질보다 무겁다. ( )

(2) 최초의 생명체는 바다에서 탄생하였다. ( )

(3) 지구를 구성하는 원소 중 가장 많은 질량을 차지하는 것은 산소이다. ( )

(4) 생명체를 구성하는 원소 중 가장 많은 질량을 차지하는 것은 산소이다. ( )

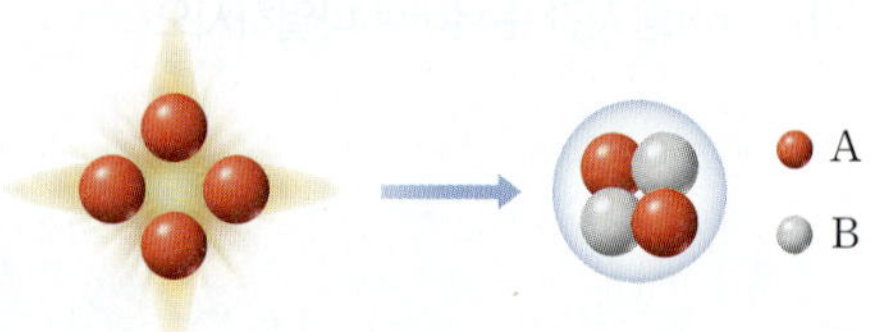

별의 진화 과정에서 원소의 생성

01 별이 탄생하는 과정에 대한 설명으로 옳지 <u>않은</u> 것은?

① 성간 물질이 모여 성운이 만들어진다.
② 성운이 수축하는 까닭은 중력 때문이다.
③ 원시별은 중심부에서 핵융합 반응을 한다.
④ 원시별이 수축하면 중심부의 온도가 상승한다.
⑤ 성운이 수축하면 중심부의 밀도는 대체로 증가한다.

02 주계열성에 대한 설명으로 옳은 것만을 〈보기〉에서 있는 대로 고른 것은?

> 보기
> ㄱ. 질량이 클수록 수명이 길다.
> ㄴ. 에너지를 빛의 형태로 방출하고 있다.
> ㄷ. 중심부에서 수소 핵융합 반응이 일어나고 있다.

① ㄱ　　　　② ㄴ　　　　③ ㄱ, ㄷ
④ ㄴ, ㄷ　　　⑤ ㄱ, ㄴ, ㄷ

03 그림은 수소 핵융합 반응을 나타낸 것이다.

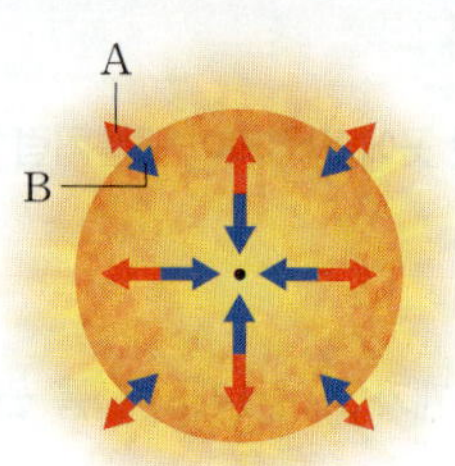

이에 대한 설명으로 옳은 것만을 〈보기〉에서 있는 대로 고른 것은?

> 보기
> ㄱ. A는 양성자, B는 중성자이다.
> ㄴ. 수소 핵융합 반응 과정에서 에너지를 흡수한다.
> ㄷ. 수소 원자핵 4개가 융합하여 헬륨 원자핵 1개가 만들어진다.

① ㄱ　　　　② ㄴ　　　　③ ㄱ, ㄷ
④ ㄴ, ㄷ　　　⑤ ㄱ, ㄴ, ㄷ

04 그림은 중심부에서 수소 핵융합 반응이 일어나는 별에 작용하는 힘 A, B를 나타낸 것이다. A와 B는 각각 중력과 내부 기체 압력에 의한 힘 중 하나이다.

이에 대한 설명으로 옳은 것만을 〈보기〉에서 있는 대로 고른 것은?

> 보기
> ㄱ. A는 내부 기체 압력에 의한 힘이다.
> ㄴ. A와 B의 크기는 같고 방향은 반대이다.
> ㄷ. 이 별의 크기는 일정하게 유지된다.

① ㄱ　　　　② ㄷ　　　　③ ㄱ, ㄴ
④ ㄴ, ㄷ　　　⑤ ㄱ, ㄴ, ㄷ

중요
05 다음은 별의 탄생 과정에 대한 설명이다.

> 우주 공간에는 수소와 헬륨, 먼지 등으로 이루어진 (㉠)이 존재하는데, 이들이 모여 구름처럼 보이는 것을 성운이라고 한다. 성운 내부에서 (㉡) 수축에 의해 밀도가 매우 큰 기체 덩어리들이 만들어지고, 이 기체 덩어리가 더욱 수축하여 (㉢)이 된다.

( ) 안에 들어갈 말을 옳게 짝 지은 것은?

	㉠	㉡	㉢
①	성간 물질	원시별	중력
②	성간 물질	중력	원시별
③	원시별	성간 물질	중력
④	원시별	중력	성간 물질
⑤	중력	성간 물질	원시별

06 그림은 성운이 수축하는 모습을 나타낸 것이다.

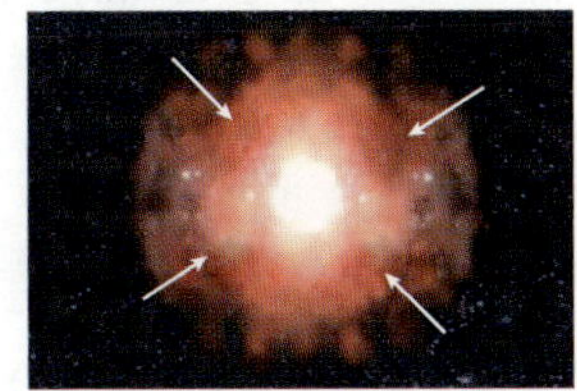

이에 대한 설명으로 옳은 것만을 〈보기〉에서 있는 대로 고른 것은?

보기
ㄱ. 성운은 주로 수소와 헬륨으로 이루어져 있다.
ㄴ. 성운에는 고체가 존재하지 않는다.
ㄷ. 성운 내부 중 밀도가 작은 영역에서 별이 주로 형성된다.

① ㄱ ② ㄷ ③ ㄱ, ㄴ
④ ㄴ, ㄷ ⑤ ㄱ, ㄴ, ㄷ

중요
07 그림은 진화 과정 중에 있는 어느 별의 내부 구조를 나타낸 것이다.

이 별에 대한 설명으로 옳은 것만을 〈보기〉에서 있는 대로 고른 것은?

보기
ㄱ. 질량이 태양보다 큰 별이다.
ㄴ. 중심부로 갈수록 온도가 높아진다.
ㄷ. 중심부의 철은 핵융합 반응을 하지 않는다.

① ㄱ ② ㄷ ③ ㄱ, ㄴ
④ ㄴ, ㄷ ⑤ ㄱ, ㄴ, ㄷ

08 별의 중심부에서 수소 핵융합 반응이 끝나고 헬륨 핵융합 반응이 일어나기 전 단계에 대한 설명으로 옳은 것만을 〈보기〉에서 있는 대로 고른 것은?

보기
ㄱ. 별 중심부의 수소는 모두 고갈되었다.
ㄴ. 중심부가 수축하는 과정에서 중심부를 둘러싼 수소층은 수소 핵융합 반응이 일어난다.
ㄷ. 별은 수축하여 주계열성보다 크기가 작아진다.

① ㄱ ② ㄷ ③ ㄱ, ㄴ
④ ㄴ, ㄷ ⑤ ㄱ, ㄴ, ㄷ

중요
09 별의 진화와 무거운 원소의 생성 과정에 대한 설명으로 옳은 것은?

① 별의 질량이 클수록 가벼운 원소가 생성된다.
② 모든 별의 진화는 동일한 과정으로 이루어진다.
③ 질량이 태양과 비슷한 별의 중심부에서는 탄소 핵융합 반응까지 일어난다.
④ 별 내부의 핵융합 반응으로 생성될 수 있는 가장 무거운 원소는 철이다.
⑤ 지구에서 발견되는 금이나 우라늄은 질량이 태양과 비슷한 별의 진화 과정에서 생성되었다.

10 다음은 태양의 진화 과정을 순서 없이 나타낸 것이다.

(가) 중심부에서 헬륨 핵융합 반응이 일어난다.
(나) 중심부에서 수소 핵융합 반응이 일어난다.
(다) 원시별이 중력 수축하여 중심부 온도가 높아진다.
(라) 중심부를 둘러싼 수소층에서 수소 핵융합 반응이 일어난다.

(가)~(라)를 시간 순서대로 옳게 나열한 것은?

① (가) → (나) → (다) → (라)
② (나) → (가) → (라) → (다)
③ (다) → (가) → (나) → (라)
④ (다) → (나) → (라) → (가)
⑤ (다) → (나) → (가) → (라)

2 태양계와 지구의 형성 과정

11 다음은 태양계의 형성 과정을 순서 없이 나타낸 것이다.

(가) 태양계 형성
(나) 원시 태양의 형성
(다) 태양계 성운의 수축과 회전
(라) 미행성체와 원시 행성의 형성

(가)~(라)를 시간 순서대로 옳게 나열한 것은?

① (나) → (다) → (라) → (가)
② (나) → (라) → (다) → (가)
③ (다) → (가) → (나) → (라)
④ (다) → (나) → (라) → (가)
⑤ (다) → (라) → (나) → (가)

12 태양계 행성의 형성 과정에 대한 설명으로 옳은 것만을 〈보기〉에서 있는 대로 고른 것은?

보기
ㄱ. 회전하는 성운의 중심부에서 원시 행성이 형성되었다.
ㄴ. 목성형 행성은 주로 암석과 금속 성분으로 이루어져 있다.
ㄷ. 지구형 행성은 목성형 행성보다 태양에서 가까운 곳에 형성되었다.

① ㄱ   ② ㄷ   ③ ㄱ, ㄴ
④ ㄴ, ㄷ   ⑤ ㄱ, ㄴ, ㄷ

13 지구의 형성 과정에 대한 설명으로 옳은 것은?

① 원시 지구는 현재보다 반지름이 컸다.
② 지구 표면은 항상 단단한 고체 상태였다.
③ 지구 중심부는 규산염 광물로 이루어져 있다.
④ 맨틀은 핵보다 가벼운 물질로 구성되어 있다.
⑤ 원시 지구가 형성된 이후로 지구의 온도가 계속 낮아졌다.

14 다음은 지구의 형성 과정 중 일부를 나타낸 것이다.

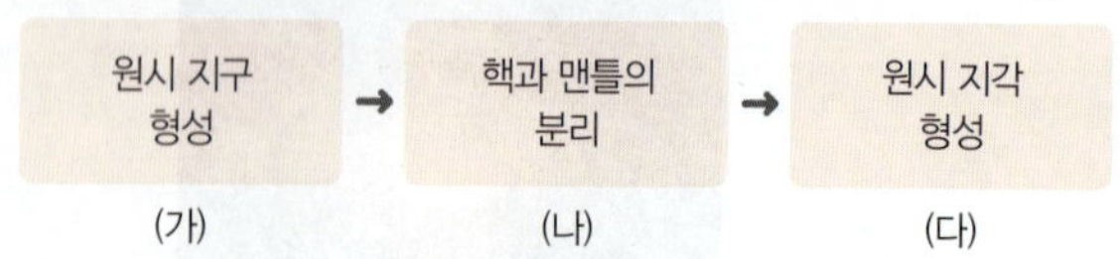

이에 대한 설명으로 옳은 것만을 〈보기〉에서 있는 대로 고른 것은?

보기
ㄱ. (가) → (나) 과정에서 지구의 온도는 대체로 상승하였다.
ㄴ. (나) → (다) 과정에서 최초의 생명체가 탄생하였다.
ㄷ. (다) 이후에 원시 바다가 형성되었다.

① ㄱ   ② ㄴ   ③ ㄱ, ㄷ
④ ㄴ, ㄷ   ⑤ ㄱ, ㄴ, ㄷ

15 그림은 생명체를 구성하는 주요 성분의 질량비를 나타낸 것이다.

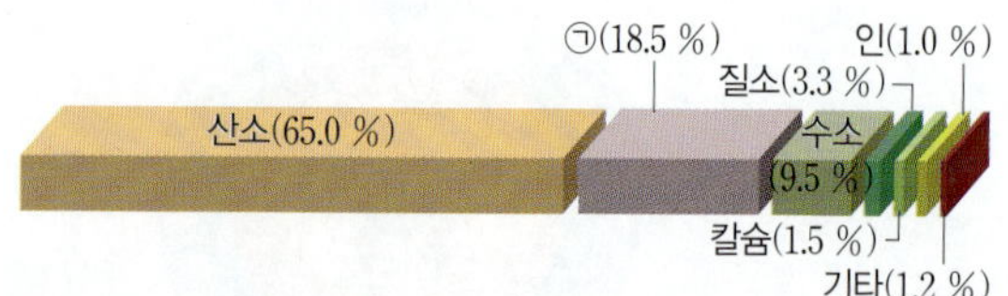

이에 대한 설명으로 옳은 것만을 〈보기〉에서 있는 대로 고른 것은?

보기
ㄱ. ㉠은 규소이다.
ㄴ. ㉠은 질량이 태양과 비슷한 별의 내부에서 만들어질 수 있다.
ㄷ. 생명체를 구성하는 주요 성분은 모두 핵융합 반응을 통해 만들어졌다.

① ㄱ   ② ㄴ   ③ ㄱ, ㄷ
④ ㄴ, ㄷ   ⑤ ㄱ, ㄴ, ㄷ

:05

∞ 03강 | 별의 진화와 원소의 생성 30쪽

그림 (가)와 (나)는 어느 별의 탄생 과정 중 서로 다른 시기의 모습을 나타낸 것이다.

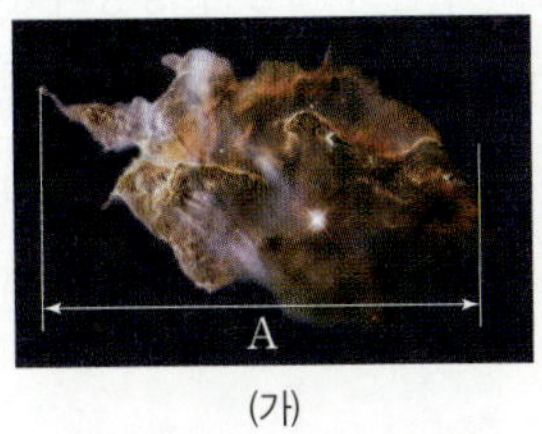
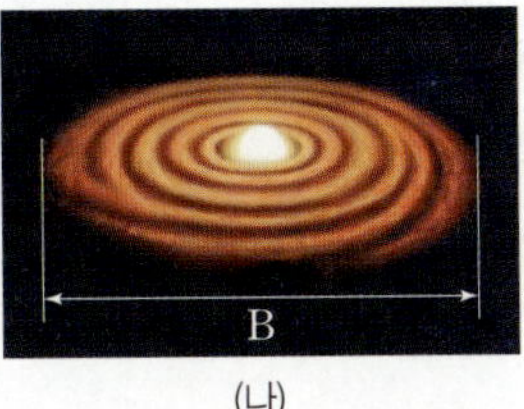

(가)　　　　　(나)

이에 대한 설명으로 옳은 것만을 〈보기〉에서 있는 대로 고른 것은?

보기
ㄱ. (가)는 주로 수소와 헬륨으로 이루어져 있다.
ㄴ. 시간 순서는 (가) → (나)이다.
ㄷ. A는 B보다 크다.

① ㄱ　　　　② ㄴ　　　　③ ㄱ, ㄷ
④ ㄴ, ㄷ　　　⑤ ㄱ, ㄴ, ㄷ

:06

∞ 03강 | 별의 진화와 원소의 생성 30쪽

그림은 중심부에서 핵융합 반응이 끝난 별 (가)와 (나)의 내부 구조를 나타낸 것이다. (가)와 (나)는 질량이 태양과 비슷한 별과 질량이 태양보다 매우 큰 별 중 하나이다.

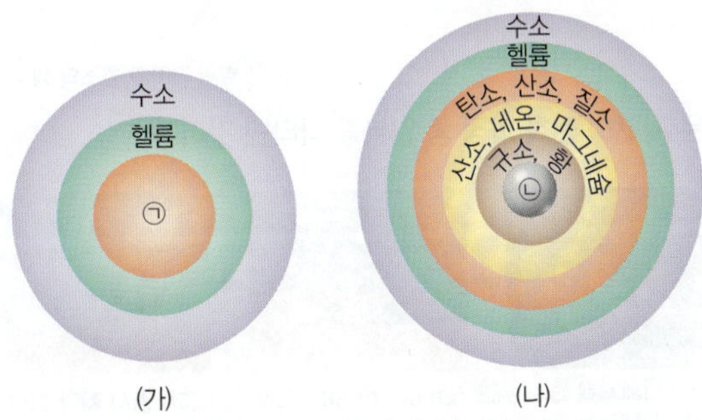

이에 대한 설명으로 옳은 것만을 〈보기〉에서 있는 대로 고른 것은?

보기
ㄱ. ㉡은 철이다.
ㄴ. ㉠은 ㉡보다 무거운 원소이다.
ㄷ. 별의 질량은 (가)가 (나)보다 크다.

① ㄱ　　　　② ㄷ　　　　③ ㄱ, ㄴ
④ ㄴ, ㄷ　　　⑤ ㄱ, ㄴ, ㄷ

:07

∞ 03강 | 별의 진화와 원소의 생성 30쪽

원시별과 주계열성에 작용하는 ㉠중력과 ㉡내부 기체 압력에 의한 힘 크기를 비교한 것으로 옳은 것은?

　　　원시별　　　　　주계열성
① ㉠>㉡　　　　㉠=㉡
② ㉠>㉡　　　　㉠<㉡
③ ㉠<㉡　　　　㉠=㉡
④ ㉠<㉡　　　　㉠>㉡
⑤ ㉠=㉡　　　　㉠=㉡

:08

∞ 03강 | 별의 진화와 원소의 생성 30쪽

다음은 성운에서 주계열성이 탄생하기까지의 과정을 나타낸 것이다.

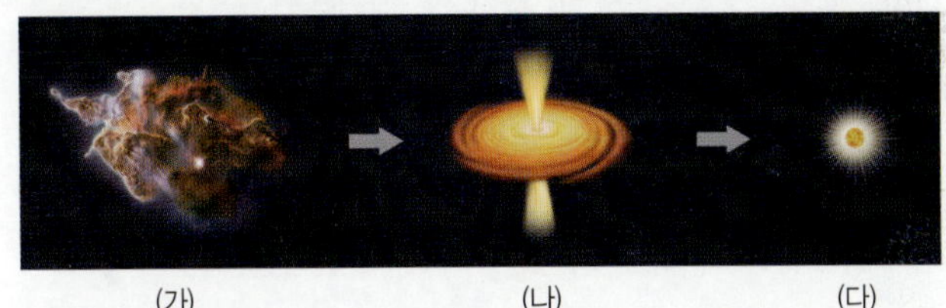

(가)　　　　　(나)　　　　　(다)

이에 대한 설명으로 옳은 것만을 〈보기〉에서 있는 대로 고른 것은?

보기
ㄱ. (가) 과정에서 성운 내부의 온도는 상승한다.
ㄴ. (나) 과정에서 원시별의 내부 기체 압력에 의한 힘은 증가한다.
ㄷ. (가)와 (나) 과정의 주요 에너지원은 핵융합 반응에 의해 방출되는 에너지이다.

① ㄱ　　　　② ㄷ　　　　③ ㄱ, ㄴ
④ ㄴ, ㄷ　　　⑤ ㄱ, ㄴ, ㄷ

:09

∞ 03강 | 별의 진화와 원소의 생성 30쪽

주계열성의 특징에 대한 설명으로 옳지 <u>않은</u> 것은?

① 별의 크기는 일정하게 유지된다.
② 태양은 주계열성 단계의 별이다.
③ 별의 질량이 클수록 수명이 짧다.
④ 별 전체에서 수소 핵융합 반응이 일어난다.
⑤ 별의 일생 중 가장 오랜 기간을 머무르는 단계이다.

10

∞ 03강 | 별의 진화와 원소의 생성 30쪽

그림은 어느 별의 중심부에서 일어나는 핵융합 반응을 나타낸 것이다.

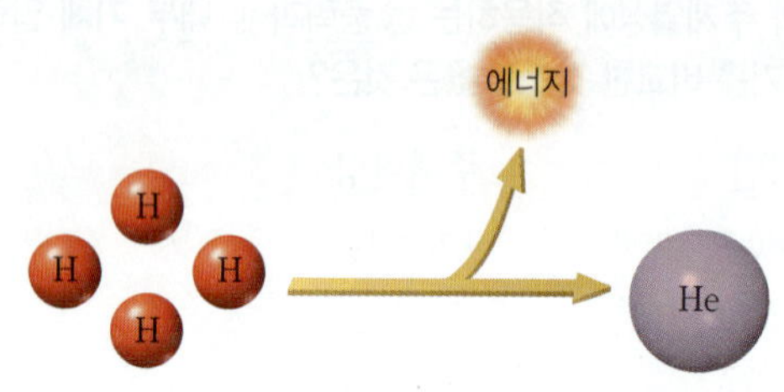

이에 대한 설명으로 옳은 것만을 〈보기〉에서 있는 대로 고른 것은?

보기
ㄱ. 중심부의 온도는 1000만 K 이상이다.
ㄴ. 원시별의 중심부에서 일어나는 반응이다.
ㄷ. 수소 4개의 질량과 헬륨 1개의 질량은 같다.

① ㄱ　　　　② ㄴ　　　　③ ㄱ, ㄷ
④ ㄴ, ㄷ　　　⑤ ㄱ, ㄴ, ㄷ

11

∞ 03강 | 별의 진화와 원소의 생성 30쪽

그림 (가)는 초신성 잔해를, (나)는 행성상 성운을 나타낸 것이다.

(가)　　　　　　　　　　　(나)

이에 대한 설명으로 옳은 것만을 〈보기〉에서 있는 대로 고른 것은?

보기
ㄱ. (가)는 태양보다 질량이 작은 별의 진화 단계에서 나타
난다.
ㄴ. (가)에는 철보다 무거운 원소가 존재한다.
ㄷ. 중심부에서 수축한 핵의 밀도는 (가)가 (나)보다 클 것
이다.

① ㄱ　　　　② ㄴ　　　　③ ㄱ, ㄷ
④ ㄴ, ㄷ　　　⑤ ㄱ, ㄴ, ㄷ

12

∞ 03강 | 별의 진화와 원소의 생성 30쪽

태양계의 형성 과정에 대한 설명으로 옳지 <u>않은</u> 것은?

① 회전하는 태양계 성운의 원반에서 미행성체가 형성되었다.
② 성운이 수축하면서 중심부의 밀도와 온도는 점점 높아졌다.
③ 태양계 성운이 수축하며 중심부에 원시 태양이 형성되었다.
④ 미행성체의 충돌로 원시 지구를 비롯한 원시 행성이 형성
되었다.
⑤ 태양계 행성들의 주요 구성 성분은 모든 행성에서 거의 동
일하게 나타난다.

13

∞ 03강 | 별의 진화와 원소의 생성 30쪽

태양계와 지구를 구성하는 원소의 기원에 대한 내용으로 옳은 것만
을 〈보기〉에서 있는 대로 고른 것은?

보기
ㄱ. 태양계 성운은 초신성 폭발 잔해에서 형성되었다.
ㄴ. 지구의 구성 원소 중에는 수소와 헬륨이 가장 많은 양
을 차지한다.
ㄷ. 지구를 구성하는 원소의 대부분은 별 내부의 핵융합 반
응으로 생성되었다.

① ㄱ　　　　② ㄴ　　　　③ ㄱ, ㄷ
④ ㄴ, ㄷ　　　⑤ ㄱ, ㄴ, ㄷ

14

∞ 03강 | 별의 진화와 원소의 생성 30쪽

그림은 지구의 진화 과정 중 일부를 나타낸 것이다.

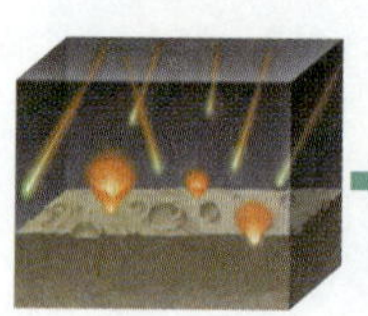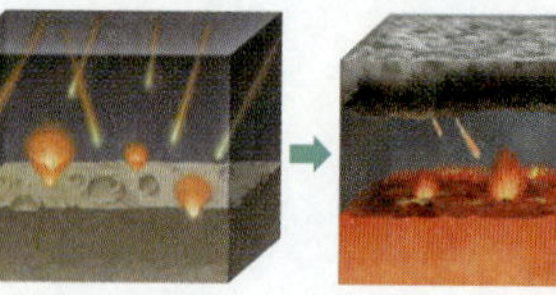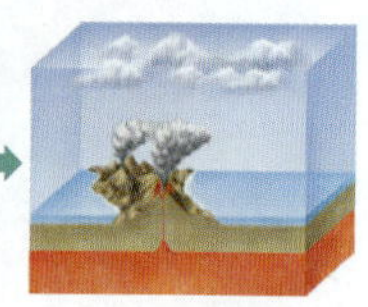

(가) 미행성체 충돌　　　(나) 마그마 바다 형성　　　(다) 원시 지각 형성

이에 대한 설명으로 옳은 것만을 〈보기〉에서 있는 대로 고른 것은?

보기
ㄱ. 지구 표면의 온도는 (나) 시기보다 (다) 시기에 낮다.
ㄴ. 지구 중심부의 밀도는 (나) 시기를 지나며 높아졌다.
ㄷ. 지구의 질량은 (가) → (나) → (다) 과정에서 증가하였다.

① ㄱ　　　　② ㄴ　　　　③ ㄱ, ㄷ
④ ㄴ, ㄷ　　　⑤ ㄱ, ㄴ, ㄷ

:15

∞ 02강 | 우주 초기에 생성된 원소 22쪽

그림은 고온, 고밀도의 광원을 프리즘에 통과시키는 모습을 나타낸 것이다.

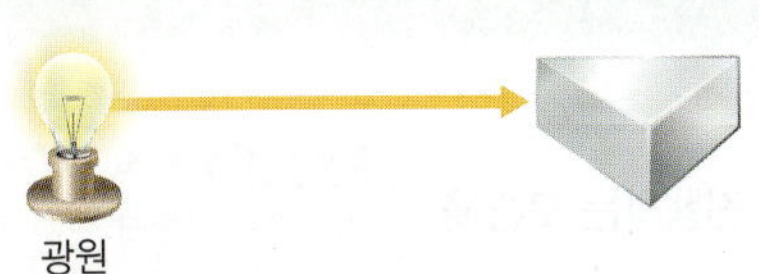

(1) 이때 관찰되는 스펙트럼의 종류를 쓰시오.

(2) 광원 앞에 저온의 기체를 위치시켰을 때 나타나는 스펙트럼의 변화에 대해 설명하시오.

:16

∞ 02강 | 우주 초기에 생성된 원소 22쪽

그림은 대폭발로 시작된 우주가 시간에 따라 팽창하는 모습을 나타낸 것이다.

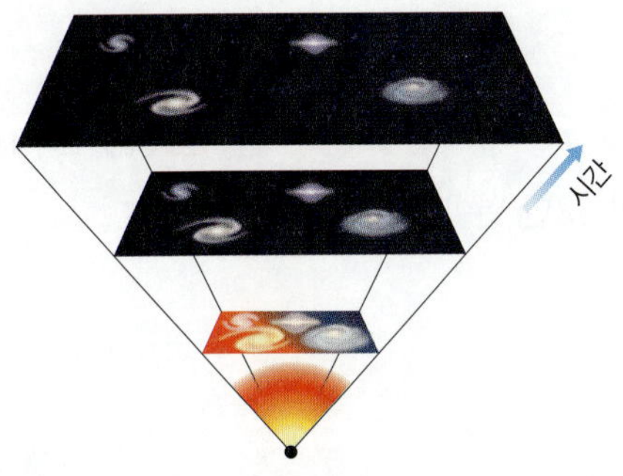

(1) 대폭발 이후 시간이 흐름에 따라 우주의 온도, 밀도, 질량이 어떻게 변화하는지 설명하시오.

(2) 빅뱅 후 약 38만 년이 지났을 때 우주에 존재하는 원소들을 모두 쓰시오.

:17

∞ 03강 | 별의 진화와 원소의 생성 30쪽

별의 수명을 결정하는 물리량을 쓰고, 물리량에 따라 별의 수명이 어떻게 다른지 설명하시오.

:18

∞ 03강 | 별의 진화와 원소의 생성 30쪽

그림은 태양의 스펙트럼을 나타낸 것이다.

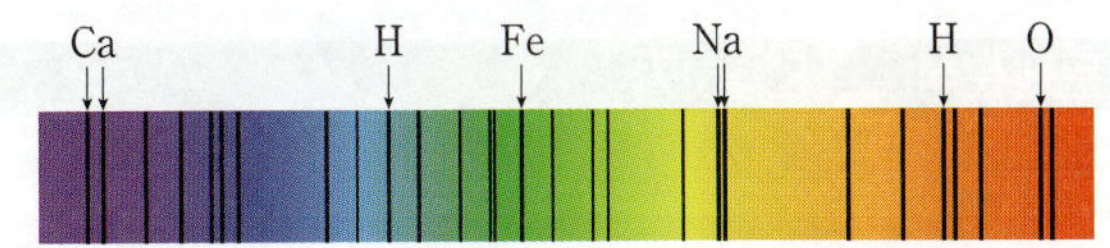

태양의 중심부에서는 헬륨이 만들어지고 있는데, 태양의 스펙트럼에서는 헬륨보다 무거운 원소들의 흡수선이 나타난다. 태양에 무거운 원소들이 존재하는 까닭을 설명하시오.

:19

∞ 03강 | 별의 진화와 원소의 생성 30쪽

표는 태양계 행성 A ~ D의 물리량을 나타낸 것이다.

행성	A	B	C	D
반지름 (지구=1)	0.53	0.95	9.45	11.21
질량 (지구=1)	0.11	0.85	95.31	318.26
밀도 (지구=1)	0.71	0.95	0.13	0.24

행성 A ~ D를 지구형 행성과 목성형 행성으로 구분하시오.

:20

∞ 03강 | 별의 진화와 원소의 생성 30쪽

그림은 생명체를 구성하는 주요 원소의 질량비를 나타낸 것이다.

(1) 생명체를 구성하는 주요 원소 중 산소, 탄소, 수소는 어떻게 생성되었는지 설명하시오.

(2) 최초의 생명체가 탄생한 권역을 쓰고, 그 권역이 생명체를 구성하는 주요 원소 중 어떤 원소와 관련되어 있는지 설명하시오.

출제 경향 스펙트럼, 별의 내부 구조 등의 자료를 제시하고 제시한 자료에서 스펙트럼의 종류나 생성되는 원소 등을 파악하여 관련된 내용을 묻는 개념적인 문제가 주로 출제된다.

문제 분석 · 연습하기

수능 기출 변형

그림 (가)와 (나)는 우주의 나이가 각각 10만 년과 100만 년일 때에 빛이 우주 공간을 진행하는 모습을 순서 없이 나타낸 것이다.

이에 대한 설명으로 옳은 것만을 〈보기〉에서 있는 대로 고른 것은?

> **보기**
> ㄱ. (가) 시기 우주의 나이는 10만 년이다.
> ㄴ. (나) 시기에는 우주 배경 복사가 존재했다.
> ㄷ. 수소 원자핵에 대한 헬륨 원자핵의 함량비는 (가) 시기가 (나) 시기보다 크다.

① ㄱ   ② ㄷ   ③ ㄱ, ㄴ   ④ ㄴ, ㄷ   ⑤ ㄱ, ㄴ, ㄷ

출제 의도 우주에 존재하는 빛과 입자 모형으로부터 당시 우주의 나이를 알아내고 이를 통해 우주 배경 복사의 존재와 수소 원자핵과 헬륨 원자핵의 질량비를 추론하는 문제이다.

1 핵심 개념 파악하기

Point 빅뱅 이후 우주 생성 초기에 우주를 구성하는 물질이 만들어졌다.

빅뱅 후 약 3분이 지났을 때 헬륨 원자핵이 생성되었고, 빅뱅 후 약 38만 년이 지났을 때 원자가 생성되면서 우주 배경 복사가 방출되었다.

02강 2 우주 초기의 원소 생성
↻ 24쪽

2 자료 분석하기

- (가)는 양성자, 파장이 짧은 빛, 전자가 존재한다. → 우주의 나이는 약 38만 년보다 적다.
- (나)는 수소 원자, 파장이 긴 빛이 존재한다. → 우주의 나이는 약 38만 년보다 많다.
- 우주에 존재하는 수소 원자핵과 헬륨 원자핵의 질량비는 약 3 : 1이다. → 별의 중심부에서 헬륨이 생성되고 있지만 현재까지는 극히 미미한 양으로 우주에 존재하는 헬륨은 대부분 우주 생성 초기에 생성되었다.

3 〈보기〉 분석하기

ㄱ. (가) 시기 우주의 나이는 10만 년이다.   (○)
→ (가)는 양성자, 전자, 빛이 존재하므로 우주의 나이가 10만 년일 때이다.

ㄴ. (나) 시기에는 우주 배경 복사가 존재했다.   (○)
→ 우주 배경 복사는 우주의 나이가 약 38만 년일 때 원자가 생성되면서 방출되었으므로 우주의 나이가 100만 년인 (나)일 때는 존재했다.

ㄷ. 수소 원자핵에 대한 헬륨 원자핵의 함량비는 (가) 시기가 (나) 시기보다 크다.
        (×)
→ 수소 원자핵과 헬륨 원자핵의 함량비는 (가)와 (나) 모두 약 3 : 1로 같다.

정답 ③

1　수능 기출 변형

그림은 빅뱅 우주론에 따라 팽창하는 우주에서 물질, 우주 배경 복사를 시간에 따라 나타낸 것이다.

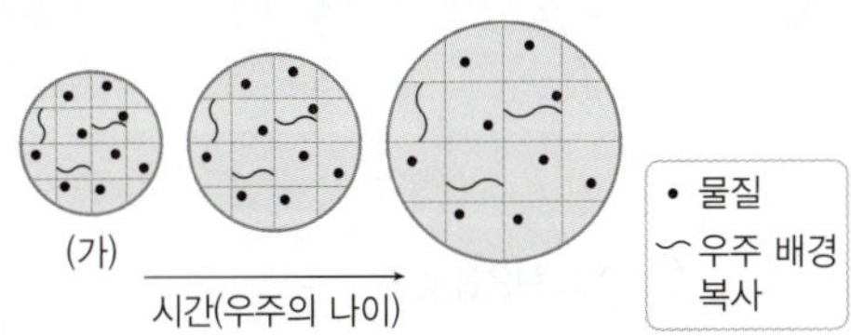

시간의 흐름에 따라 나타나는 우주의 변화에 대한 설명으로 옳은 것만을 〈보기〉에서 있는 대로 고른 것은?

┌ 보기 ┐
ㄱ. 물질의 밀도는 일정하다.
ㄴ. 우주 배경 복사의 파장은 일정하다.
ㄷ. (가) 시기에 우주의 나이는 38만 년보다 많다.

① ㄱ　　② ㄷ　　③ ㄱ, ㄴ　　④ ㄴ, ㄷ　　⑤ ㄱ, ㄴ, ㄷ

출제 의도　팽창하는 우주에서 물질과 우주 배경 복사를 통해 물질 밀도와 우주 배경 복사 파장 변화와 우주의 나이를 유추하는 문제이다.

자료 분석 Tip
우주 배경 복사가 관찰된다는 것은 우주에 원자가 생성된 이후라는 뜻이다.

2　교육청 기출 변형

오른쪽 그림은 고온, 고밀도의 광원에서 나온 빛을 분광기로 관찰하는 과정을 모식적으로 나타낸 것이다. 스펙트럼 ㉠은 방출 스펙트럼과 흡수 스펙트럼 중 하나이다. 이에 대한 설명으로 옳은 것만을 〈보기〉에서 있는 대로 고른 것은? (단, 수소 기체 이외에 다른 기체는 없으며, 빛은 슬릿을 통해서만 분광기 내부로 들어간다.)

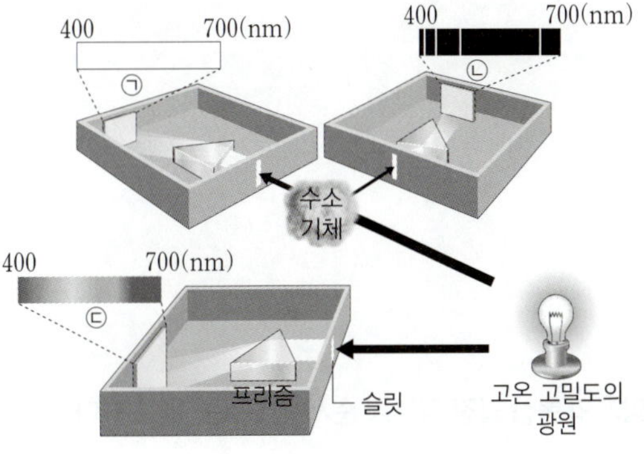

┌ 보기 ┐
ㄱ. ㉠은 ㉡과 같은 종류의 스펙트럼이 나타난다.
ㄴ. ㉠과 ㉡에 나타나는 선의 위치는 같다.
ㄷ. 지구에서 관찰하는 태양의 스펙트럼 종류는 ㉢과 같다.

① ㄱ　　② ㄴ　　③ ㄱ, ㄷ　　④ ㄴ, ㄷ　　⑤ ㄱ, ㄴ, ㄷ

이런 보기도 나온다!

ㄹ. ㉢은 연속 스펙트럼이다.　　　　　　　　　　（　　）
ㅁ. ㉡은 수소 기체가 저온일 때 관찰할 수 있다.　（　　）
ㅂ. 헬륨 기체 방전관에서 나온 빛의 스펙트럼에 나타나는 선의 위치는 ㉡과 같다.　　　　　　　　　　　　　　　　（　　）

출제 의도　광원에서 출발한 빛이 상황에 따라 어떤 종류의 스펙트럼으로 나타나는지를 파악하는 문제이다.

자료 분석 Tip
고온, 고밀도의 광원에서 방출된 에너지에 의해 수소 기체의 온도가 상승하면 수소 기체가 자체적으로 빛을 방출하여 ㉡과 같은 스펙트럼을 관찰할 수 있다.

3 평가원 기출 변형

그림 (가)와 (나)는 서로 다른 시기의 태양의 내부 구조를 나타낸 것이다.

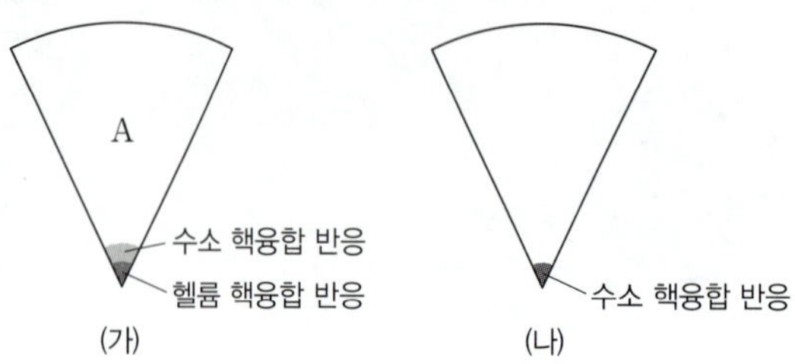

이에 대한 설명으로 옳은 것만을 〈보기〉에서 있는 대로 고른 것은?

보기

ㄱ. 태양의 나이는 (가)가 (나)보다 많다.

ㄴ. (가)에서는 탄소가 만들어지고 있다.

ㄷ. A 영역의 수소는 시간이 흐르면 수소 핵융합 반응을 한다.

① ㄱ   ② ㄷ   ③ ㄱ, ㄴ   ④ ㄴ, ㄷ   ⑤ ㄱ, ㄴ, ㄷ

이런 보기도 나온다!

ㄹ. 태양의 크기는 (가)가 (나)보다 크다.   (   )

ㅁ. 수소의 질량비는 (가)가 (나)보다 크다.   (   )

ㅂ. 현재 태양은 (나)와 같은 내부 구조를 가지고 있다.   (   )

출제 의도 태양 내부에서 일어나는 핵융합 반응을 보고 별의 진화 순서와 핵융합 반응으로 생성되는 원소를 찾을 수 있는지를 묻는 문제이다.

자료 분석 Tip
별은 주계열성 단계일 때 중심부에서 수소 핵융합 반응을 하며, 중심부의 수소가 모두 고갈되면 생성된 헬륨핵이 수축하다 온도가 1억 K 이상이 되었을 때 헬륨 핵융합 반응을 시작한다.

4 평가원 기출 변형

그림 (가), (나), (다)는 태양계의 형성 과정 일부를 순서 없이 나타낸 것이다.

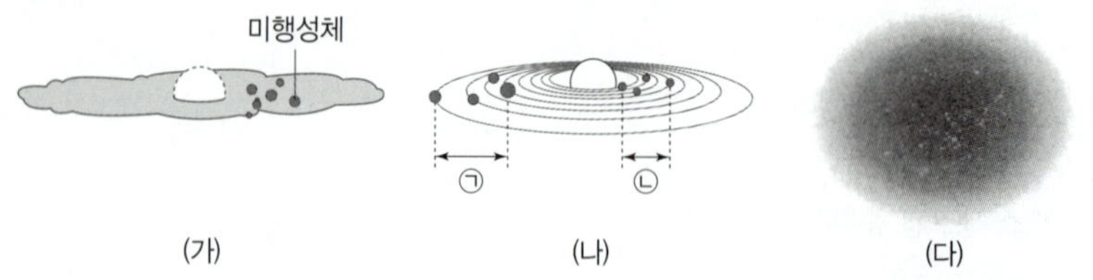

이에 대한 설명으로 옳은 것만을 〈보기〉에서 있는 대로 고른 것은?

보기

ㄱ. 태양계는 (가) → (나) → (다) 순으로 형성되었다.

ㄴ. (다)의 기체 성분은 주로 수소와 헬륨이다.

ㄷ. 행성의 평균 밀도는 ㉠이 ㉡보다 크다.

① ㄱ   ② ㄴ   ③ ㄱ, ㄷ   ④ ㄴ, ㄷ   ⑤ ㄱ, ㄴ, ㄷ

출제 의도 태양계의 형성 과정을 이해하고 성운의 주성분과 행성의 형성 과정에서 물리량의 변화를 추론하는 문제이다.

자료 분석 Tip
태양계는 성운이 회전, 수축하면서 원시 태양과 미행성체가 만들어지고, 미행성체가 모여 행성이 형성되었다.

5 교육청 기출 변형

그림은 지구 진화 과정의 일부를 A, B, C 단계로 순서 없이 나타낸 것이다.

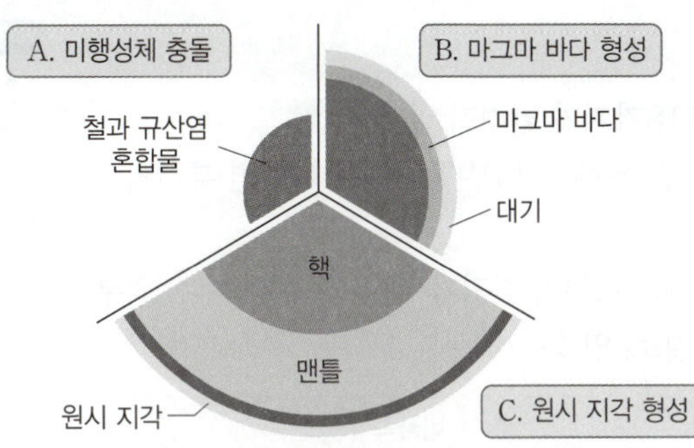

이에 대한 설명으로 옳은 것만을 〈보기〉에서 있는 대로 고른 것은?

보기
ㄱ. 지구의 질량은 A보다 B에서 작다.
ㄴ. 지구 표면의 온도는 B보다 C에서 높다.
ㄷ. 지구 진화 과정은 A → B → C이다.

① ㄱ ② ㄷ ③ ㄱ, ㄴ ④ ㄴ, ㄷ ⑤ ㄱ, ㄴ, ㄷ

6 교육청 기출 변형

그림 (가)와 (나)는 사람과 지각을 구성하는 원소의 질량비를 순서 없이 나타낸 것이다. ㉠~㉢은 각각 규소, 산소, 수소 중 하나이다.

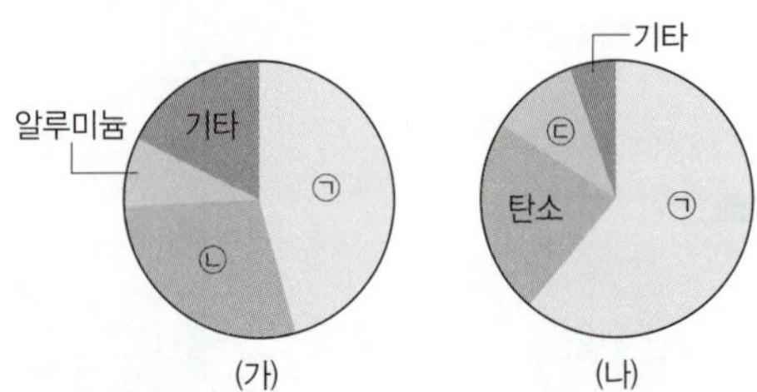

이에 대한 설명으로 옳은 것만을 〈보기〉에서 있는 대로 고른 것은?

보기
ㄱ. 사람을 구성하는 원소의 질량비를 나타낸 것은 (나)이다.
ㄴ. 규산염 사면체의 구성 원소는 ㉠과 ㉡이다.
ㄷ. ㉢의 원자가 전자는 4개이다.

① ㄱ ② ㄷ ③ ㄱ, ㄴ ④ ㄴ, ㄷ ⑤ ㄱ, ㄴ, ㄷ

이런 보기도 나온다!
ㄹ. 규산염 사면체는 ㉠ 1개와 ㉡ 4개로 이루어져 있다. ( )
ㅁ. 현재 우주에 가장 많은 원소는 ㉢이다. ( )
ㅂ. ㉠과 ㉢은 별의 내부에서 생성될 수 있다. ( )

원소의 주기성

1 주기율표

(1) **원소** 물질을 이루는 기본 성분으로, 현재까지 118가지가 알려져 있다.❶
① **금속 원소**: 광택이 있고, 열을 잘 전달하며, 전기가 잘 통한다. 외부에서 힘을 가하면 부서지지 않고 모양만 변한다. 예 철, 구리, 금 등
② **비금속 원소**: 광택이 없고, 대부분 열을 잘 전달하지 않으며, 전기가 잘 통하지 않는다. 외부에서 힘을 가하면 부서지거나 쪼개진다. 예 탄소, 질소, 인 등

금속			비금속		
철(Fe)	구리(Cu)	금(Au)	탄소(C)	질소(N)	인(P)
못, 나사, 건축 재료 등에 이용	전선, 황동 등에 이용	귀금속, 반도체 등에 이용	연필심, 다이아몬드 등의 성분	제품 포장용 기체, 요소수 등에 이용	성냥, 비료 등에 이용

(2) **주기율표** 성질이 유사한 원소가 주기적으로 나타나도록 원소들을 원자 번호(양성자수) 순서와 화학적 성질을 기준으로 배열한 표이다.❷
① **주기**: 주기율표의 가로줄로, 1～7주기로 구성된다.
② **족**: 주기율표의 세로줄로, 1～18족으로 구성된다.
   • 주기율표에 원소를 원자 번호 순서대로 나열하다가 화학적 성질이 유사한 원소가 같은 세로줄에 오도록 배열하였다. → 같은 족 원소들은 화학적 성질이 유사하다.
③ 주기율표에서 금속 원소는 왼쪽과 가운데에 위치하고, 비금속 원소는 대부분 오른쪽에 위치한다. 금속 원소와 비금속 원소 사이에는 금속 원소의 성질과 비금속 원소의 성질을 모두 갖는 준금속 원소가 있다.

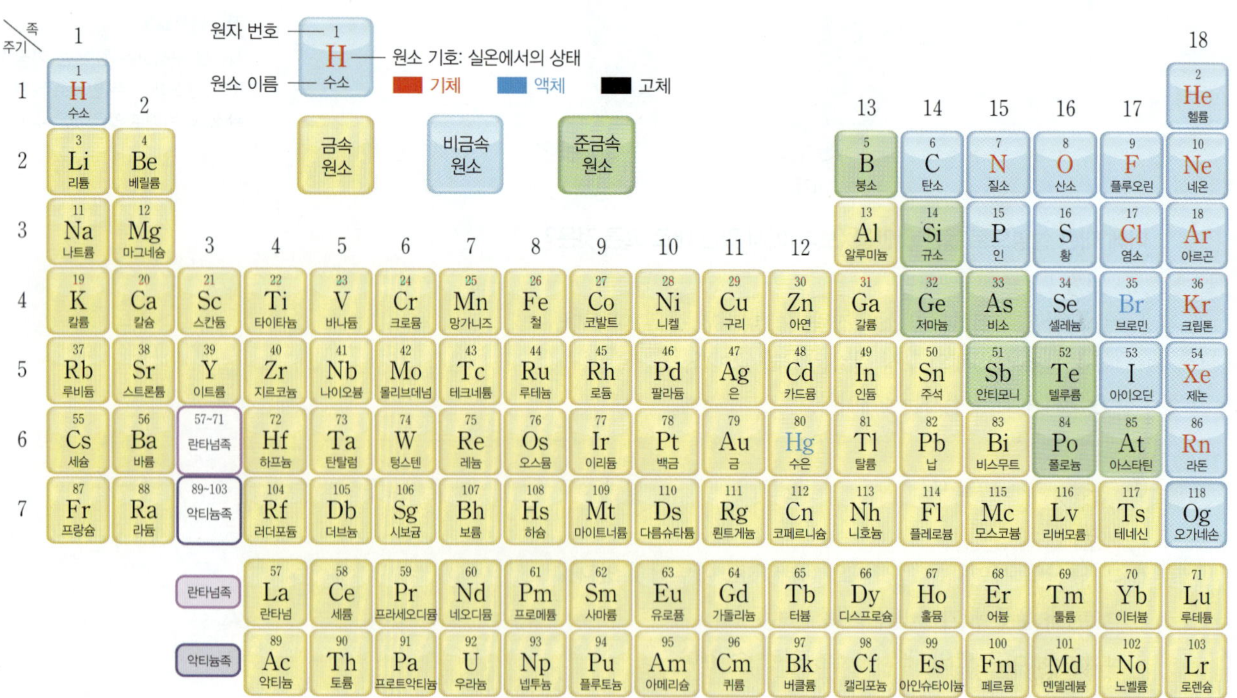

2 같은 족 원소의 유사성 _{탐구} 51쪽

(1) **알칼리 금속** 주기율표의 1족에서 수소(H)를 제외한 리튬(Li), 나트륨(Na), 칼륨(K) 등의 금속 원소이다. ➡ 알칼리 금속은 주기율표의 같은 족에 속하며 화학적 성질이 유사하다.

(2) **할로젠** 주기율표의 17족에 속하는 플루오린(F), 염소(Cl), 브로민(Br), 아이오딘(I) 등의 원소이다. ➡ 할로젠은 주기율표의 같은 족에 속하며 화학적 성질이 유사하다.

(3) **원소의 *주기성** 주기율표에서 유사한 화학적 성질을 가진 원소가 일정한 원자 번호의 간격으로 반복된다. ➡ 같은 족 원소들은 화학적 성질이 유사하다.

_{자료} pick 알칼리 금속과 할로젠의 반응성과 *유사성

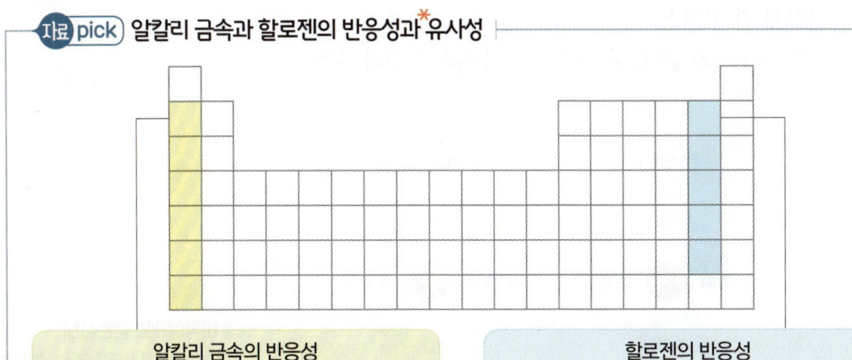

알칼리 금속의 반응성
• 알칼리 금속은 전자 1개를 잃어 안정해지려는 경향이 커서 반응성이 크다.
• 원자 번호가 클수록 전자를 잃기 쉬워 반응성이 크다. ➡ 반응성: Li < Na < K

할로젠의 반응성
• 할로젠은 전자 1개를 얻어 안정해지려는 경향이 커서 반응성이 크다.
• 원자 번호가 작을수록 전자를 얻기 쉬워 반응성이 크다. ➡ 반응성: $F_2 > Cl_2 > Br_2 > I_2$

알칼리 금속의 유사성
• 금속 중에서 녹는점이 비교적 낮다.❸
• 밀도가 작고, 칼로 자를 수 있을 정도로 무르다.
• 공기 중의 산소와 빠르게 반응하여 광택이 사라지고 색이 변한다.
• 물과 격렬하게 반응하여 수소 기체를 발생시키고, 반응 후 수용액은 염기성을 띤다. ➡ 페놀프탈레인 용액을 떨어뜨리면 수용액이 붉은색으로 변한다.❹❺

할로젠의 유사성
• 실온에서 2개의 원자가 결합한 분자로 존재한다.
• 특유의 색을 띠며, 원자 번호가 클수록 진해진다. ➡ F_2: 옅은 노란색, Cl_2: 황록색, Br_2: 적갈색, I_2: 보라색
• 수소(H_2)와 반응하여 할로젠화 수소(HX)를 생성하고, HX의 수용액은 산성을 띤다.❻
• 알칼리 금속과 격렬하게 반응하며 빛과 열을 낸다. ➡ 반응 후 이온 결합 물질을 생성한다.

3 원자의 전자 배치와 원소의 주기성

(1) **원자의 구조** 원자는 원자핵과 전자로 이루어지고, 원자핵은 양성자와 전자로 이루어진다.
① 원자는 양성자수와 전자 수가 같으므로 <u>전기적으로 중성</u>이다.
② 원자 번호는 양성자수와 같고 중성 원자의 전자 수와 같다.

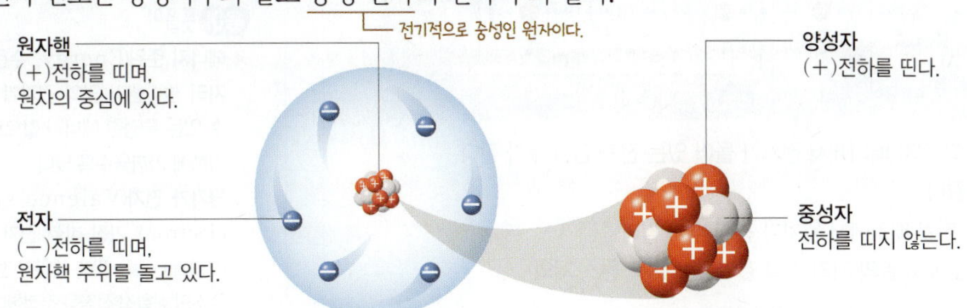

암기 ✚ 비법

알칼리 금속과 할로젠의 종류
알칼리는 리나칼이고, 할로젠은 풀염브아이다.
➡ 알칼리 금속의 종류는 리튬, 나트륨, 칼륨이고, 할로젠의 종류는 플루오린, 염소, 브로민, 아이오딘이다.

❸ **알칼리 금속의 녹는점**
알칼리 금속의 녹는점은 리튬 180 ℃, 나트륨 98 ℃, 칼륨 63 ℃ 정도로 일반적인 금속(예 구리: 1083 ℃)의 녹는점보다 낮다.

❹ **알칼리 금속(M)의 반응**
• 산소: 알칼리 금속이 산소와 반응할 때 알칼리 금속은 전자를 잃고 산소는 전자를 얻는다. 즉, 알칼리 금속에서 산소로 전자가 이동하며 산화물을 생성하고, 알칼리 금속이 광택을 잃는다.
$$4M + O_2 \longrightarrow 2M_2O$$
• 물: 알칼리 금속과 물이 반응하여 수소 기체를 발생시킨다.
$$2M + 2H_2O \longrightarrow 2MOH + H_2$$

❺ **알칼리 금속의 보관**
알칼리 금속이 산소나 물과 반응하는 것을 막기 위해 석유 또는 파라핀에 넣은 뒤 용기를 밀폐해서 보관한다.

❻ **할로젠(X)의 반응**
• 수소: 할로젠과 수소가 반응하여 할로젠화 수소를 생성한다.
$$H_2 + X_2 \longrightarrow 2HX$$
• 알칼리 금속: 할로젠은 −1의 전하를 띤 음이온이 되고, 알칼리 금속은 +1의 전하를 띤 양이온이 되어 이온 결합을 형성한다.
$$2M + X_2 \longrightarrow 2MX$$

용어 뜻풀이

＊ **주기성**(회전 週, 기약 期 성질 性): 일정한 간격으로 반복되어 나타나는 성질이다.

＊ **유사성**(무리 類, 같을 似, 성질 性): 서로 비슷한 성질이다.

(2) 원자의 전자 배치

① **전자 껍질**: 보어가 제안한 원자 모형에 따르면 전자는 특정한 *에너지 준위를 갖는 궤도를 따라 위치하는데, 전자가 위치하는 궤도를 전자 껍질이라고 한다. ❼

② **원자의 전자 배치 규칙**: 전자 껍질에 전자가 채워질 때 다음과 같은 규칙을 따른다.
- 전자는 원자핵과 가까운 전자 껍질부터 차례대로 채워진다. ❽ *에너지 준위가 낮은 전자 껍질부터 채워진다.*
- 첫 번째 전자 껍질에는 최대 2개의 전자가 채워진다.
- 원자 번호 3~18번에 해당하는 원자의 두 번째와 세 번째 전자 껍질에는 최대 8개의 전자가 채워진다.

③ ***원자가 전자**: 원자의 전자 배치에서 가장 바깥 전자 껍질에 들어 있는 전자이다.
- 원소의 화학적 성질을 결정하며 화학 결합에 관여한다.
- 원자가 전자 수는 원소의 족 번호에서 일의 자리 수와 같다. 예 **14**족 원소의 원자가 전자 수는 **4**이다.

구분	수소(H)	탄소(C)	마그네슘(Mg)
원자의 전자 배치	1+	6+	12+
양성자수	1	6	12
전자 수	1	6	12
전자 껍질 수	1	2	3
원자가 전자 수	1	4	2

(3) 원자의 전자 배치에서 나타나는 규칙성과 원소의 주기성

① **같은 주기 원소**: 원자의 전자 배치에서 전자가 들어 있는 전자 껍질 수가 같다.

② **같은 족 원소**: 원자의 전자 배치에서 원자가 전자 수가 같다. ➡ 원자가 전자는 원소의 화학적 성질을 결정하므로 같은 족 원소들은 유사한 화학적 성질을 가진다.

③ **원소의 주기성이 나타나는 까닭**: 원자 번호가 증가함에 따라 원자의 전자 배치가 달라지면서 원자가 전자 수가 주기적으로 변하기 때문이다.

> **자료 pick** 1~3주기 원자의 전자 배치
>
> | 주기 \ 족 | 1 | 2 | 13 | 14 | 15 | 16 | 17 | 전자 껍질 수 |
> |---|---|---|---|---|---|---|---|---|
> | 1 | H | | | | | | | 1 |
> | 2 | Li | Be | B | C | N | O | F | 2 |
> | 3 | Na | Mg | Al | Si | P | S | Cl | 3 |
> | 원자가 전자 수 | 1 | 2 | 3 | 4 | 5 | 6 | 7 | |
>
> - 같은 주기에 속하는 원소들은 원자의 전자 배치에서 전자가 들어 있는 전자 껍질 수가 같다.
>   - ➡ 전자 껍질 수는 원소의 주기와 같다.
> - 같은 족에 속하는 원소들은 원자의 전자 배치에서 원자가 전자 수가 같다.
>   - ➡ 원자가 전자 수는 원소의 족 번호에서 일의 자리 수와 같다.(단, 18족 원소 제외)

---

❼ 보어 원자 모형

보어 원자 모형에서 전자는 특정한 에너지 준위를 갖는 전자 껍질에만 존재하며, 전자 껍질 사이에는 존재하지 않는다.

❽ 바닥상태와 들뜬상태
- 원자가 가장 낮은 에너지를 가지는 안정한 상태를 바닥상태라 하고, 바닥상태보다 더 높은 에너지를 가지는 전자 껍질에 전자가 존재하는 상태를 들뜬 상태라고 한다.
- 전자가 낮은 에너지 준위에서 높은 에너지 준위로 전이할 때 에너지를 흡수하고, 전자가 높은 에너지 준위에서 낮은 에너지 준위로 전이할 때 에너지를 방출한다.

용어 뜻풀이

* **에너지 준위**(Energy, 수준 準, 자리 位): 원자 안의 전자가 가질 수 있는 특정한 에너지 값으로, 원자핵에 가까울수록 낮다.

* **원자가 전자**(Valence shell electron): 가장 바깥 전자 껍질(Valence shell)에 채워진 전자로, 원소의 화학적 성질을 결정한다.

같은 족 원소들의 유사성을 탐구하는 실험 설계하기 개념 49쪽

같은 족 원소들의 유사한 성질을 탐구하는 실험을 설계할 수 있다.

과정 및 결과

❶ 주기율표의 1족에 속하는 금속 원소인 알칼리 금속의 유사한 성질을 조사한다.

알칼리 금속의 유사한 성질	• 칼로 자를 수 있을 정도로 무르다. • 산소와 빠르게 반응하여 광택이 사라진다. • 물과 격렬하게 반응하며 수소 기체가 발생한다. • 물과 반응한 뒤 수용액은 염기성을 띤다.

❷ 알칼리 금속의 유사성을 탐구하는 실험의 가설을 세우고, 실험 과정을 설계한다.

구분	가설	실험 과정
실험 ❶	알칼리 금속은 공기 중의 산소와 빠르게 반응할 것이다.	알칼리 금속을 물기가 없는 페트리접시에 올려놓고 칼로 자른 뒤, 단면을 관찰한다.
실험 ❷	알칼리 금속과 물이 반응할 때 수소 기체가 발생할 것이다.	시험관에 물을 절반 정도 채우고 작은 크기로 자른 알칼리 금속 조각을 넣은 뒤, 시험관의 입구에 불꽃을 가까이 하고 관찰한다.
실험 ❸	알칼리 금속과 물이 반응한 뒤 수용액은 염기성을 띨 것이다.	시험관에 물을 절반 정도 채우고 페놀프탈레인 용액을 2~3방울 떨어뜨린 뒤, 작은 크기로 자른 알칼리 금속 조각을 넣고 관찰한다.

정리

1. 실험 ❶의 예상 결과: 리튬, 나트륨, 칼륨 모두 칼로 자른 단면의 광택이 사라진다. ➡ 알칼리 금속은 공기 중의 산소와 빠르게 반응한다.

2. 실험 ❷의 예상 결과: 리튬, 나트륨, 칼륨 모두 물과 반응할 때 기포가 발생하고, 시험관의 입구에 불꽃을 가까이 했을 때 '펑' 소리가 난다. ➡ 알칼리 금속과 물이 격렬하게 반응하며 수소 기체가 발생한다.

3. 실험 ❸의 예상 결과: 리튬, 나트륨, 칼륨 모두 수용액이 붉은색으로 변한다. ➡ 알칼리 금속과 물이 격렬하게 반응하며 반응 후 수용액은 염기성을 띤다.

4. 알칼리 금속이 유사한 화학적 성질을 가지는 까닭: 원자의 전자 배치에서 원자가 전자 수가 1로 같기 때문이다.

• 알칼리 금속을 다룰 때 유의할 점

알칼리 금속은 반응성이 매우 크므로 반드시 보호 장구를 착용한다. 또 알칼리 금속을 옮기거나 자를 때 물기가 묻지 않은 도구를 이용하고, 반응을 관찰할 때 얼굴을 가까이 하지 않는다.

• 페놀프탈레인 용액

산과 염기를 구분하는 지시약 중 하나로, 염기성 용액에 페놀프탈레인 용액을 떨어뜨리면 붉은색으로 변한다.

바른답·알찬풀이 16쪽

탐구 확인문제

01 위 실험에 대한 설명으로 옳은 것은 ○표, 옳지 않은 것은 × 표 하시오.

(1) 알칼리 금속은 공기 중의 산소와 반응한다. (　　)

(2) 리튬과 나트륨은 유사한 화학적 성질을 가진다. (　　)

(3) 알칼리 금속과 물이 반응할 때 산소 기체가 발생한다. (　　)

(4) 알칼리 금속이 유사한 화학적 성질을 가지는 까닭은 원자의 전자 배치에서 전자 껍질 수가 같기 때문이다. (　　)

02 실험 ❸에서 알 수 있는 알칼리 금속의 성질로 옳은 것만을 〈보기〉에서 있는 대로 고른 것은?

보기
ㄱ. 물과 격렬하게 반응한다. ㄴ. 단단하여 칼로 잘리지 않는다. ㄷ. 물과 반응한 뒤 수용액은 염기성을 띤다.

① ㄱ　　　　② ㄴ　　　　③ ㄷ
④ ㄱ, ㄷ　　　　⑤ ㄴ, ㄷ

개념 확인 초성 Quiz

1 원소들을 원자 번호 순서와 화학적 성질을 기준으로 배열한 원소 분류 표를 | ㅈ | ㄱ | ㅇ | ㅍ | (이)라고 한다.

2 주기율표의 세로줄을 | ㅈ | (이)라고 한다.

3 주기율표의 1족에 속하는 원소 중에서 수소(H)를 제외한 금속 원소를 | ㅇ | ㅋ | ㄹ | ㄱ | ㅅ | (이)라고 한다.

4 | ㅎ | ㄹ | ㅈ | 은/는 주기율표의 17족에 속하는 플루오린(F), 염소(Cl), 브로민(Br), 아이오딘(I) 등의 원소이다.

5 | ㅇ | ㅈ | ㄱ | ㅈ | ㅈ | 은/는 원자의 전자 배치에서 가장 바깥 전자 껍질에 들어 있는 전자로, 원소의 화학적 성질을 결정한다.

1 주기율표

01 그림은 주기율표의 일부를 나타낸 것이다.

주기＼족	1	2	13	14	15	16	17	18
1	A							
2						B		
3	C						D	

A ~ D를 금속 원소와 비금속 원소로 구분하시오. (단, **A ~ D**는 임의의 원소 기호이다.)

02 주기율표에 대한 설명으로 옳은 것은 ○표, 옳지 <u>않은</u> 것은 ✕표 하시오.

(1) 원소들을 원자량 순서대로 배열한 것이다. (   )

(2) 주기율표의 2주기에 위치한 원소는 총 2개이다. (   )

(3) 주기율표의 가로줄을 주기라고 하고, 세로줄을 족이라고 한다. (   )

(4) 화학적 성질이 유사한 원소들이 일정한 원자 번호의 간격으로 반복된다. (   )

2 같은 족 원소의 유사성

03 알칼리 금속에 대한 설명으로 옳은 것은 ○표, 옳지 <u>않은</u> 것은 ✕표 하시오.

(1) 주기율표의 1족에 속하는 금속 원소이다. (   )

(2) 다른 금속에 비해 단단하여 잘 잘리지 않는다. (   )

(3) 물과 반응하여 수소 기체를 발생시킨다. (   )

(4) 알칼리 금속을 보관할 때에는 물속에 넣어서 보관한다. (   )

04 다음은 어떤 같은 족 원소의 유사한 성질에 대한 설명이다.

> • 실온에서 2개의 원자가 결합한 분자로 존재하며 특유의 색을 띤다.
> • 반응성이 커서 수소, 알칼리 금속과 격렬하게 반응한다.

위 설명에 해당하는 같은 족 원소는 주기율표의 몇 족에 속하는지 쓰시오.

3 원자의 전자 배치와 원소의 주기성

05 표는 원자 **A ~ C**의 전자 배치에 대한 자료를 나타낸 것이다.

원자	A	B	C
전자 배치 모형			
원자 번호	1	㉠	14
전자 껍질 수	1	2	㉡
원자가 전자 수	㉢	3	4

㉠＋㉡＋㉢을 구하시오. (단, **A ~ C**는 임의의 원소 기호이다.)

실력 쑥쑥 문제

1 주기율표

01 비금속 원소에 대한 설명으로 옳지 <u>않은</u> 것은?

① 전기가 잘 통한다.
② 대부분 광택이 없다.
③ 대부분 열을 잘 전달하지 않는다.
④ 주기율표에서 대부분 오른쪽에 위치한다.
⑤ 비금속 원소의 종류에는 탄소, 질소, 산소 등이 있다.

02 그림은 주기율표의 일부를 나타낸 것이다.

주기＼족	1	2	13	14	15	16	17	18
1	A							
2	B						C	
3	D							E

이에 대한 설명으로 옳은 것만을 〈보기〉에서 있는 대로 고른 것은? (단, A~E는 임의의 원소 기호이다.)

보기
ㄱ. 비금속 원소는 3가지이다.
ㄴ. B와 D는 화학적 성질이 유사하다.
ㄷ. C와 E는 화학적 성질이 유사하다.

① ㄱ ② ㄷ ③ ㄱ, ㄴ
④ ㄴ, ㄷ ⑤ ㄱ, ㄴ, ㄷ

2 같은 족 원소의 유사성

03 주기율표의 같은 족 원소에 대한 설명으로 옳은 것만을 〈보기〉에서 있는 대로 고른 것은?

보기
ㄱ. 수소(H)는 알칼리 금속에 속한다.
ㄴ. 17족 원소는 전자를 얻어 음이온이 되기 쉽다.
ㄷ. 같은 족 원소들은 화학적 성질이 유사하다.

① ㄱ ② ㄴ ③ ㄱ, ㄷ
④ ㄴ, ㄷ ⑤ ㄱ, ㄴ, ㄷ

04 다음은 금속 리튬(Li)의 성질을 알아보기 위한 실험이다.

| 실험 과정 |
(가) 시험관에 물을 $\frac{1}{2}$ 정도 넣고 페놀프탈레인 용액 2~3방울을 떨어뜨린다.
(나) (가)의 시험관에 작게 자른 리튬(Li) 조각을 넣고 변화를 관찰한다.

| 실험 결과 |
수용액이 붉은색으로 변했다.

이에 대한 설명으로 옳은 것만을 〈보기〉에서 있는 대로 고른 것은?

보기
ㄱ. 리튬(Li)은 물과 반응한다.
ㄴ. 반응 후 수용액은 염기성을 띤다.
ㄷ. 리튬(Li) 대신 나트륨(Na)으로 실험해도 같은 결과를 얻을 수 있다.

① ㄱ ② ㄷ ③ ㄱ, ㄴ
④ ㄴ, ㄷ ⑤ ㄱ, ㄴ, ㄷ

05 그림과 같이 나트륨(Na)을 칼로 잘랐더니 나트륨의 단면이 반짝이다가 곧 광택을 잃었다.

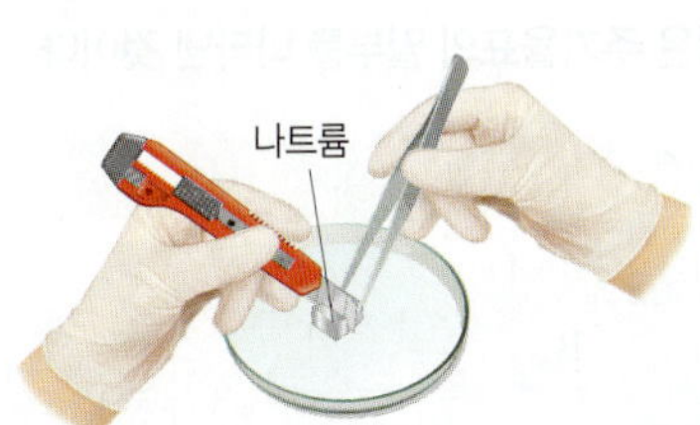

이에 대한 설명으로 옳은 것만을 〈보기〉에서 있는 대로 고른 것은?

보기
ㄱ. 나트륨(Na)은 칼로 잘릴 만큼 무르다.
ㄴ. 단면이 광택을 잃는 것은 물과 반응하기 때문이다.
ㄷ. 이 반응이 일어날 때 나트륨(Na)은 전자를 얻는다.

① ㄱ ② ㄴ ③ ㄱ, ㄷ
④ ㄴ, ㄷ ⑤ ㄱ, ㄴ, ㄷ

06 표는 4가지 물질에 대한 자료를 나타낸 것이다.

물질	(가)	(나)	(다)	(라)
화학식	F_2	Cl_2	Br_2	I_2
실온에서 용기에 들어 있는 모습				
색	옅은 노란색	황록색	적갈색	보라색
실온에서의 상태	기체	기체	액체	고체

이에 대한 설명으로 옳은 것만을 〈보기〉에서 있는 대로 고른 것은?

> 보기
> ㄱ. (가)~(라)를 이루는 원소는 모두 할로젠이다.
> ㄴ. 원소의 원자 번호는 (가)가 가장 작다.
> ㄷ. (다)와 (라)를 이루는 원소는 주기율표에서 같은 주기에 속한다.

① ㄱ   ② ㄷ   ③ ㄱ, ㄴ
④ ㄴ, ㄷ   ⑤ ㄱ, ㄴ, ㄷ

중요
07 그림은 주기율표의 일부를 나타낸 것이다.

이에 대한 설명으로 옳은 것은? (단, A~F는 임의의 원소 기호이다.)

① A와 D는 할로젠이다.
② B는 비금속 원소이다.
③ B와 E는 물과 반응하지 않는다.
④ C는 A와 반응하여 할로젠화 수소를 생성한다.
⑤ C와 F는 실온에서 2개의 원자가 결합한 분자로 존재하며 특유의 색을 띤다.

08 그림은 원자 A의 전자 배치를 모형으로 나타낸 것이다.

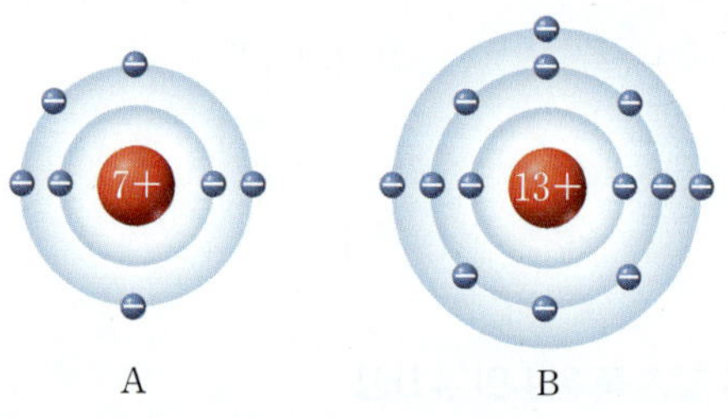

이에 대한 설명으로 옳은 것만을 〈보기〉에서 있는 대로 고른 것은? (단, A는 임의의 원소 기호이다.)

> 보기
> ㄱ. 2주기 원소이다.
> ㄴ. 알칼리 금속이다.
> ㄷ. 원자가 전자 수는 3이다.

① ㄱ   ② ㄴ   ③ ㄷ
④ ㄱ, ㄴ   ⑤ ㄴ, ㄷ

중요
09 그림은 원자 A와 B의 전자 배치를 모형으로 나타낸 것이다.

이에 대한 설명으로 옳은 것만을 〈보기〉에서 있는 대로 고른 것은? (단, A와 B는 임의의 원소 기호이다.)

> 보기
> ㄱ. A와 B는 같은 주기 원소이다.
> ㄴ. 원자가 전자 수는 A < B이다.
> ㄷ. A는 비금속 원소, B는 금속 원소이다

① ㄴ   ② ㄷ   ③ ㄱ, ㄴ
④ ㄱ, ㄷ   ⑤ ㄱ, ㄴ, ㄷ

탐구: 이온 결합 물질과 공유 결합 물질의 성질 비교하기 개념 58쪽

과정

❶ 6홈판의 4개의 홈에 각각 증류수, 설탕, 황산 구리(Ⅱ), 염화 나트륨을 넣는다.

❷ 간이 전기 전도성 측정기로 각각의 물질에 전류가 흐르는지 확인한다.

❸ 설탕, 황산 구리(Ⅱ), 염화 나트륨이 들어 있는 홈에 스포이트로 증류수를 떨어뜨린 뒤 유리 막대로 저어 고체를 녹인다.

❹ 간이 전기 전도성 측정기로 각각의 수용액에 전류가 흐르는지 확인한다. — 간이 전기 전도성 측정기에서 시약이 닿는 부분은 시약을 바꾸어 측정할 때마다 증류수로 씻어서 사용한다.

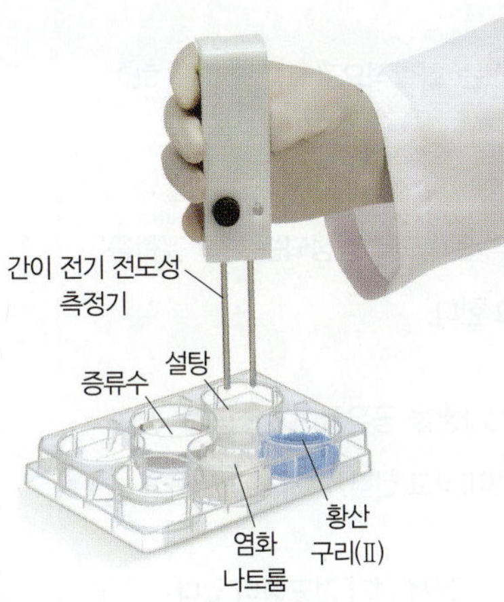

• 간이 전기 전도성 측정기
간이 전기 전도성 측정기는 전류가 흐르면 불이 켜지고 소리가 나는 장치이다.

결과

1. 과정 ❷에서 모든 물질에 전류가 흐르지 않는다.
2. 과정 ❹에서 황산 구리(Ⅱ) 수용액과 염화 나트륨 수용액은 전류가 흐르고, 설탕 수용액은 전류가 흐르지 않는다.

물질	증류수	설탕		황산 구리(Ⅱ)		염화 나트륨	
	액체	고체	수용액	고체	수용액	고체	수용액
전기 전도성	×	×	×	×	○	×	○

(○: 전류가 흐름, ×: 전류가 흐르지 않음.)

정리

1. 증류수(물)는 전기 전도성이 없다.
2. 설탕과 같은 공유 결합 물질은 고체 상태와 수용액에서 모두 전기 전도성이 없다.
3. 황산 구리(Ⅱ), 염화 나트륨과 같은 이온 결합 물질은 고체 상태에서 전기 전도성이 없지만 수용액에서 전기 전도성이 있다.
4. 물질을 이루는 결합의 종류에 따라 수용액에서 전기 전도성이 달라진다.

바른답·알찬풀이 19쪽

탐구 확인문제

01 위 실험에 대한 설명으로 옳은 것은 ○표, 옳지 <u>않은</u> 것은 ×표 하시오.

(1) 물은 전기 전도성이 있다. ( )

(2) 이온 결합 물질은 고체 상태에서 전기 전도성이 있다. ( )

(3) 공유 결합 물질은 고체 상태에서 전기 전도성이 없다. ( )

(4) 수용액에서 전기 전도성을 비교하여 공유 결합 물질과 이온 결합 물질을 구별할 수 있다. ( )

02 맛을 보지 않고 소금(염화 나트륨)과 설탕을 구별하는 방법에 대한 설명으로 옳은 것만을 〈보기〉에서 있는 대로 고른 것은?

〈보기〉
ㄱ. 눈으로 색을 비교한다.
ㄴ. 수용액의 전기 전도성을 비교한다.
ㄷ. 고체 상태에서 전기 전도성을 비교한다.

① ㄱ ② ㄴ ③ ㄷ
④ ㄱ, ㄷ ⑤ ㄴ, ㄷ

기본 탄탄 문제

개념 확인 초성 Quiz

1 주기율표의 18족에 속하는 원소는 화학적으로 ㅇ ㅈ 하여 다른 원소와 잘 반응하지 않는다.

2 양이온과 음이온 사이의 정전기적 인력으로 형성되는 화학 결합을 ㅇ ㅇ ㄱ ㅎ (이)라고 한다.

3 비금속 원소의 원자들 사이에 전자쌍을 공유하여 형성되는 화학 결합을 ㄱ ㅇ ㄱ ㅎ (이)라고 한다.

4 이온 결합 물질은 ㅅ ㅇ ㅇ 에서 전기 전도성이 있다.

5 물질을 이루는 ㅎ ㅎ ㄱ ㅎ 의 종류에 따라 물질의 성질이 다르다.

🔴 화학 결합의 원리

01 헬륨, 네온, 아르곤의 공통점에 대한 설명으로 옳은 것은 ○표, 옳지 <u>않은</u> 것은 ✕표 하시오.

(1) 주기율표의 18족 원소이다.　　　　（　　）

(2) 전자를 잃고 양이온이 되기 쉽다.　（　　）

(3) 다른 원소와 활발하게 반응한다.　（　　）

02 그림은 플루오린(F)과 마그네슘(Mg)의 전자 배치를 나타낸 것이다.

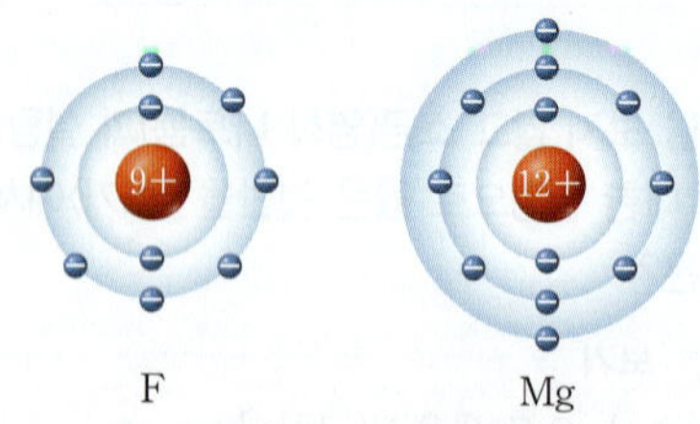

(1) 플루오린과 마그네슘 원자가 전자를 잃거나 얻어서 형성된 안정한 이온의 이온식을 각각 쓰시오.

(2) (1)에서 답한 이온과 전자 배치가 같은 18족 원소의 원소 기호를 각각 쓰시오.

🔴 이온 결합과 공유 결합

03 다음은 염화 나트륨의 형성에 대한 설명이다. (　　　) 안에 들어갈 알맞은 말을 쓰시오.

> 나트륨 원자는 전자 1개를 잃어 (　㉠　)이/가 되고, 염소 원자는 전자 1개를 얻어 (　㉡　)이/가 된다. 이들 이온 사이에 (　㉢　)이/가 작용하여 염화 나트륨이 형성된다.

04 그림은 물 분자의 화학 결합 모형을 나타낸 것이다.

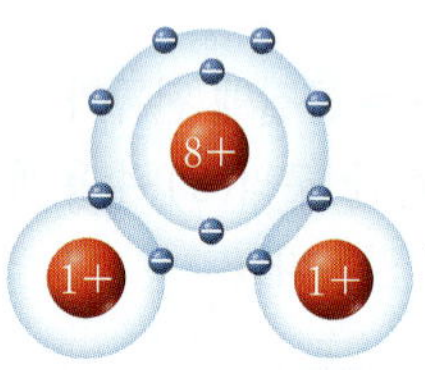

(1) 물의 화학식을 쓰시오.

(2) 물을 이루는 화학 결합의 종류를 쓰시오.

(3) 물 분자의 공유 전자쌍 수를 쓰시오.

🔴 이온 결합 물질과 공유 결합 물질의 성질

05 그림은 물질 X의 수용액에 전원 장치를 연결해 전류를 흘려 준 결과를 모형으로 나타낸 것이다.

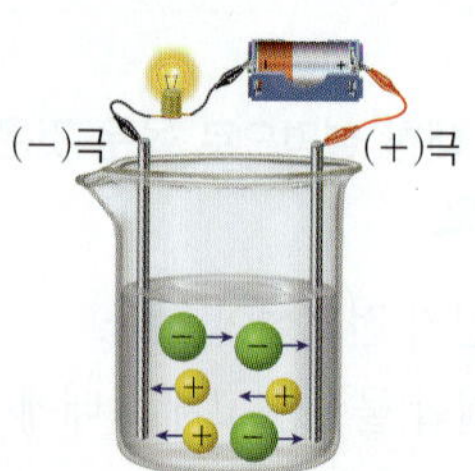

물질 X로 적절한 것만을 〈보기〉에서 있는 대로 고르시오.

> 보기
> ㄱ. 설탕　　　　　　ㄴ. 포도당
> ㄷ. 염화 나트륨　　　ㄹ. 질산 칼륨

화학 결합의 원리

01 18족 원소에 대한 설명으로 옳은 것만을 〈보기〉에서 있는 대로 고른 것은?

> **보기**
> ㄱ. 화학적으로 안정하다.
> ㄴ. 다른 원소와 잘 반응하지 않는다.
> ㄷ. 플루오린(F), 염소(Cl), 브로민(Br), 아이오딘(I) 등이 있다.

① ㄱ   ② ㄷ   ③ ㄱ, ㄴ
④ ㄴ, ㄷ   ⑤ ㄱ, ㄴ, ㄷ

02 그림은 주기율표의 일부를 나타낸 것이다.

이에 대한 설명으로 옳은 것만을 〈보기〉에서 있는 대로 고른 것은? (단, A~E는 임의의 원소 기호이다.)

> **보기**
> ㄱ. A는 다른 원소와 잘 반응하지 않는다.
> ㄴ. B가 전자 1개를 잃으면 A와 같은 전자 배치를 한다.
> ㄷ. D와 E는 화학 결합을 형성하여 모두 C와 같은 전자 배치를 한다.

① ㄱ   ② ㄷ   ③ ㄱ, ㄴ
④ ㄴ, ㄷ   ⑤ ㄱ, ㄴ, ㄷ

03 전자 2개를 얻어 네온(Ne)과 같은 전자 배치를 하는 원소는?

① O   ② F   ③ Mg
④ S   ⑤ Cl

② 이온 결합과 공유 결합

04 이온 결합에 대한 설명으로 옳은 것을 〈보기〉에서 있는 대로 고른 것은?

> **보기**
> ㄱ. 염화 나트륨은 이온 결합 물질이다.
> ㄴ. 금속 원소와 비금속 원소 사이의 화학 결합이다.
> ㄷ. 양이온과 음이온이 각각 1개씩 결합하여 분자를 이룬다.

① ㄱ   ② ㄷ   ③ ㄱ, ㄴ
④ ㄴ, ㄷ   ⑤ ㄱ, ㄴ, ㄷ

05 그림은 화합물 AB의 화학 결합 모형을 나타낸 것이다.

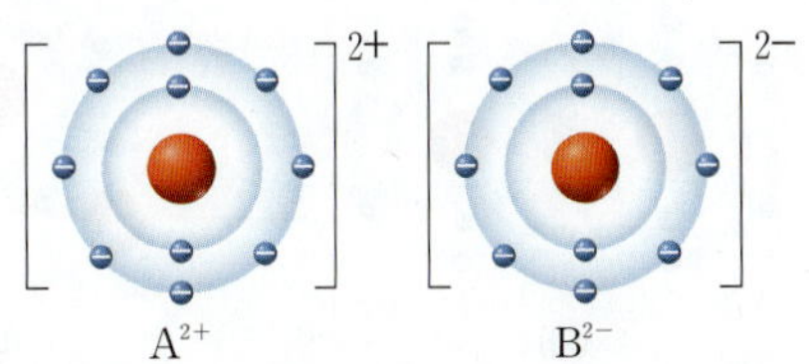

이에 대한 설명으로 옳은 것만을 〈보기〉에서 있는 대로 고른 것은? (단, A와 B는 임의의 원소 기호이다.)

> **보기**
> ㄱ. AB는 이온 결합 물질이다.
> ㄴ. A는 금속 원소, B는 비금속 원소이다.
> ㄷ. A와 B가 결합하여 AB를 형성할 때 B는 전자 2개를 얻는다.

① ㄱ   ② ㄴ   ③ ㄱ, ㄷ
④ ㄴ, ㄷ   ⑤ ㄱ, ㄴ, ㄷ

06 그림은 염화 나트륨(NaCl)의 구조를 나타낸 것이다. ㉠은 (−)전하를, ㉡은 (+)전하를 띤다.

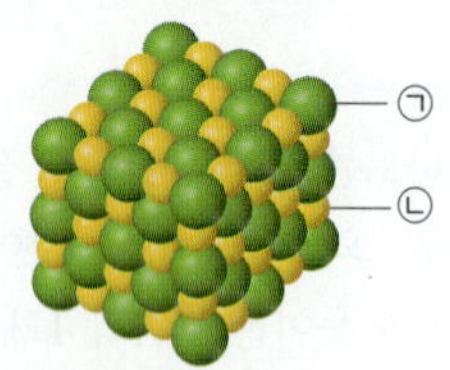

이에 대한 설명으로 옳은 것만을 〈보기〉에서 있는 대로 고른 것은?

보기
ㄱ. ㉠은 나트륨 이온이다.
ㄴ. ㉠과 ㉡은 1 : 1의 개수비로 결합한다.
ㄷ. ㉠과 ㉡ 사이에는 정전기적 인력이 작용한다.

① ㄱ   ② ㄴ   ③ ㄱ, ㄷ
④ ㄴ, ㄷ   ⑤ ㄱ, ㄴ, ㄷ

07 그림 (가)와 (나)는 물(H_2O) 분자와 산소(O_2) 분자의 화학 결합 모형을 순서 없이 나타낸 것이다

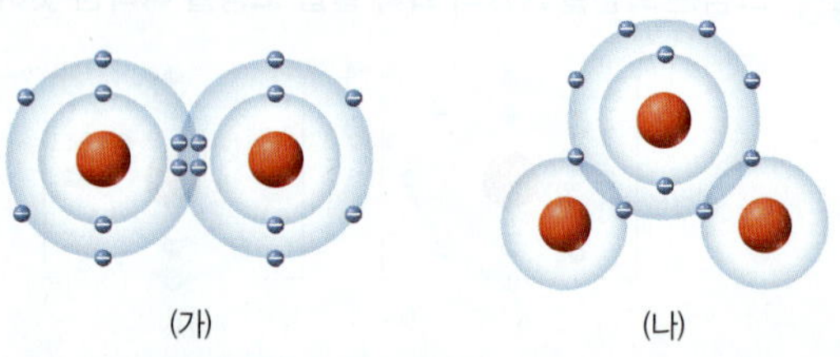

(가)   (나)

이에 대한 설명으로 옳은 것만을 〈보기〉에서 있는 대로 고른 것은?

보기
ㄱ. (가)는 산소(O_2)이다.
ㄴ. 공유 전자쌍 수는 (가) > (나)이다.
ㄷ. (가)와 (나)에서 모든 원자는 네온(Ne)과 같은 전자 배치를 한다.

① ㄱ   ② ㄴ   ③ ㄷ
④ ㄱ, ㄴ   ⑤ ㄴ, ㄷ

중요 08 그림은 원자 A와 B의 전자 배치를 모형으로 나타낸 것이다.

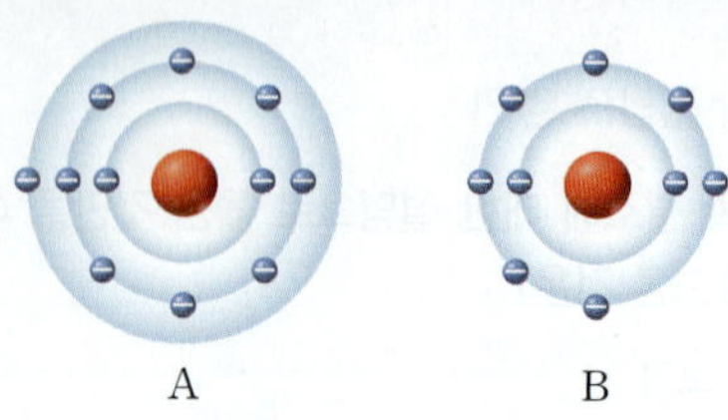

A   B

이에 대한 설명으로 옳은 것만을 〈보기〉에서 있는 대로 고른 것은? (단, A와 B는 임의의 원소 기호이다.)

보기
ㄱ. AB는 이온 결합 물질이다.
ㄴ. AB에서 A와 B는 모두 네온(Ne)과 같은 전자 배치를 한다.
ㄷ. B_2의 공유 전자쌍 수는 2이다.

① ㄱ   ② ㄷ   ③ ㄱ, ㄴ
④ ㄴ, ㄷ   ⑤ ㄱ, ㄴ, ㄷ

중요 09 그림은 화합물 AB와 CB의 화학 결합 모형을 나타낸 것이다.

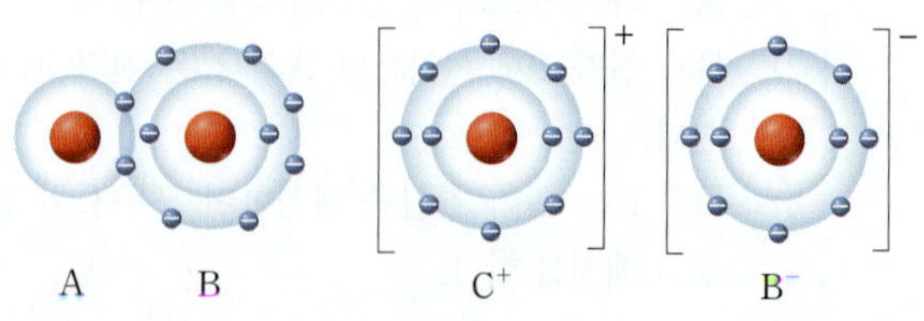

A   B C^+ B^-

이에 대한 설명으로 옳은 것만을 〈보기〉에서 있는 대로 고른 것은? (단, A~C는 임의의 원소 기호이다.)

보기
ㄱ. A와 B는 모두 비금속 원소이다.
ㄴ. A와 C는 원자가 전자 수가 같다.
ㄷ. AB는 공유 결합, CB는 이온 결합으로 이루어져 있다.

① ㄱ   ② ㄴ   ③ ㄱ, ㄷ
④ ㄴ, ㄷ   ⑤ ㄱ, ㄴ, ㄷ

E 이온 결합 물질과 공유 결합 물질의 성질

10 다음은 일상생활 속에서 볼 수 있는 3가지 물질이다.

> (가) 포도당($C_6H_{12}O_6$)
> (나) 설탕($C_{12}H_{22}O_{11}$)
> (다) 에탄올(C_2H_5OH)

(가)~(다)의 공통점으로 옳은 것만을 〈보기〉에서 있는 대로 고른 것은?

> 보기
> ㄱ. 공유 결합 물질이다.
> ㄴ. 비금속 원소로만 이루어져 있다.
> ㄷ. 수용액에서 전기 전도성이 없다.

① ㄱ   ② ㄷ   ③ ㄱ, ㄴ
④ ㄴ, ㄷ   ⑤ ㄱ, ㄴ, ㄷ

11 다음은 물질 A와 B의 전기 전도성을 비교하는 실험이다. A와 B는 각각 포도당과 염화 칼슘 중 하나이다.

> | 실험 과정 |
> (가) 고체 상태의 물질 A와 B에 각각 ⃞ ㉠ ⃞ 을/를 사용하여 전류가 흐르는지 확인하였다.
> (나) 물질 A와 B를 각각 증류수에 녹인 후 ⃞ ㉠ ⃞ 을/를 사용하여 전류가 흐르는지 확인하였다.
>
> | 실험 결과 |
> • (가)에서 A와 B에 모두 전류가 흐르지 않았다.
> • (나)에서 B 수용액에만 전류가 흘렀다.

이에 대한 설명으로 옳은 것만을 〈보기〉에서 있는 대로 고른 것은?

> 보기
> ㄱ. '전기 전도성 측정기'는 ㉠으로 적절하다.
> ㄴ. A는 염화 칼슘이다.
> ㄷ. B는 비금속 원소로만 이루어져 있다.

① ㄱ   ② ㄴ   ③ ㄷ
④ ㄱ, ㄷ   ⑤ ㄴ, ㄷ

12 (중요) 그림은 원자 A와 B의 전자 배치 모형이다.

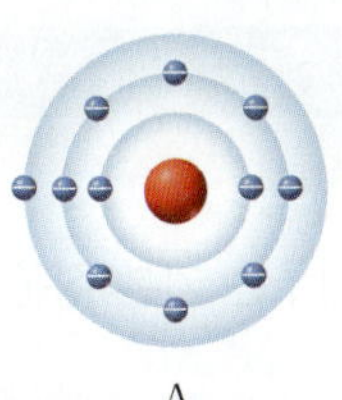 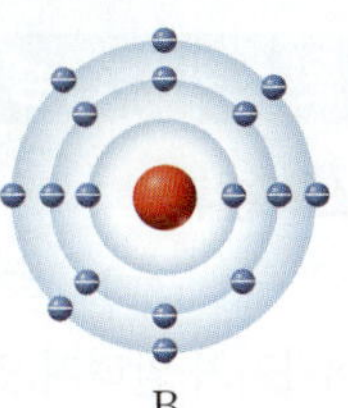

A와 B 사이에 화학 결합이 형성되는 과정을 설명하시오. (단, A와 B는 임의의 원소 기호이다.)

13 그림은 화합물 AB의 화학 결합 모형을 나타낸 것이다.

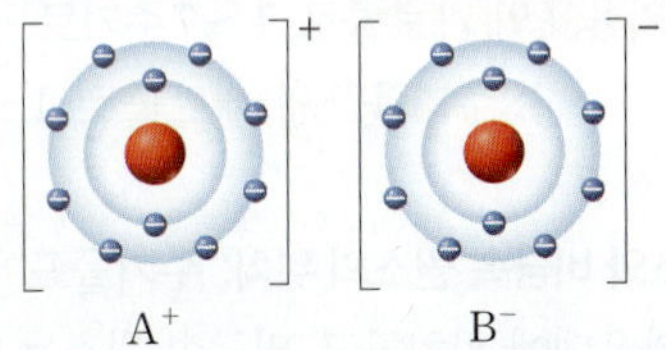

2개의 B 원자로 이루어진 분자의 화학식을 쓰고, 공유 전자쌍 수를 설명하시오. (단, A와 B는 임의의 원소 기호이다.)

14 그림은 염화 나트륨 수용액과 설탕 수용액을 각각 모형으로 나타낸 것이다.

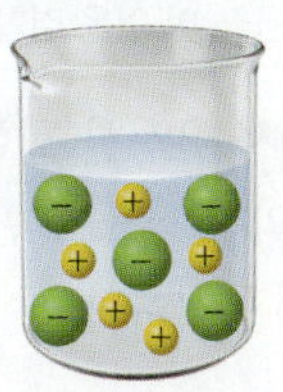 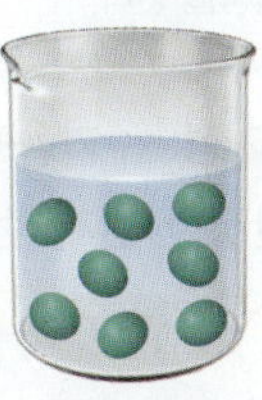

두 수용액의 전기 전도성을 비교하여 그 까닭과 함께 설명하시오.

04강 원소의 주기성
48쪽

1. 원소의 분류

① (**❶**): 물질을 이루는 기본 성분으로, 현재까지 118가지가 알려져 있다.

② **원소의 분류**: 원소는 크게 금속 원소와 비금속 원소로 분류할 수 있다.

금속 원소	(**❷**)
• 광택이 있고, 열을 잘 전달하며, 전기가 잘 통한다. • 외부에서 힘을 가하면 부서지지 않고 모양만 변한다.	• 광택이 없고, 대부분 열을 잘 전달하지 않으며, 전기가 잘 통하지 않는다. • 외부에서 힘을 가하면 부서지거나 쪼개진다.
예 철, 구리, 금 등	예 탄소, 질소, 인 등

2. 주기율표
원소들을 원자 번호 순서와 화학적 성질을 기준으로 배열한 표이다.

① **주기**: 주기율표의 가로줄로, 1~7주기로 구성된다.

② (**❸**): 주기율표의 세로줄로, 1~18족으로 구성된다.

③ **금속 원소와 비금속 원소의 위치**: 주기율표에서 금속 원소는 왼쪽과 가운데에 위치하고, 비금속 원소는 대부분 오른쪽에 위치한다.

3. 같은 족 원소의 유사성

① **알칼리 금속과 할로젠**

알칼리 금속	할로젠
• 주기율표의 1족에서 수소(H)를 제외한 리튬(Li), 나트륨(Na), 칼륨(K) 등의 금속 원소이다. • 밀도가 작고, 무르다. • 공기 중의 산소와 빠르게 반응하여 광택이 사라진다. • 물과 격렬하게 반응하여 수소 기체를 발생시키고, 반응 후 수용액은 염기성을 띤다.	• 주기율표의 17족에 속하는 플루오린(F), 염소(Cl), 브로민(Br), 아이오딘(I) 등의 원소이다. • 실온에서 2개의 원자가 결합한 분자 형태로 존재하며 특유의 색을 띤다. • 수소(H)와 반응하여 할로젠화 수소(HX)를 생성한다. • 알칼리 금속과 격렬하게 반응하여 이온 결합 물질을 생성한다.

② **원소의 주기성**: 주기율표에서 유사한 화학적 성질을 가진 원소가 일정한 원자 번호의 간격으로 반복된다. ➡ 같은 족 원소들은 화학적 성질이 유사하다.

4. 원자의 전자 배치

① **원자의 구조**: 원자는 원자핵과 (**❹**)(으)로 이루어지고, 원자핵은 양성자와 중성자로 이루어진다.

② **전자 껍질**: 원자 안의 전자는 특정한 에너지 준위를 갖는 궤도를 따라 위치하는데, 그 궤도를 전자 껍질이라고 한다.

③ **원자의 전자 배치**

• 전자는 원자핵과 가까운 전자 껍질부터 차례대로 채워진다.

• 원자의 첫 번째 전자 껍질에는 최대 (**❺**)개의 전자가 채워진다.

• 원자 번호 3~18번에 해당하는 원자의 두 번째와 세 번째 전자 껍질에는 최대 8개의 전자가 채워진다.

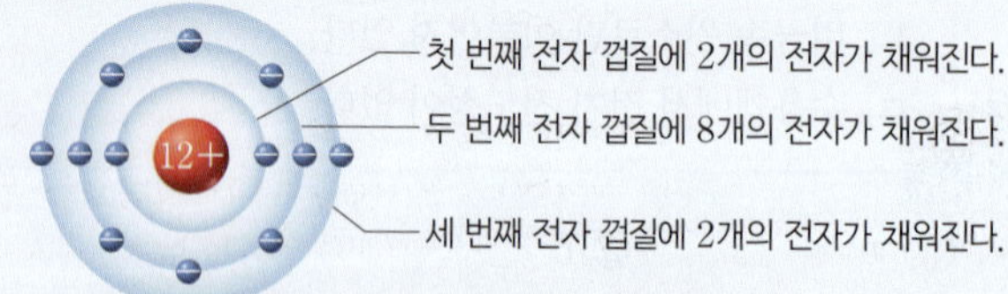

▲ 마그네슘 원자의 전자 배치

④ **원자가 전자**: 원자의 전자 배치에서 가장 바깥 전자 껍질에 들어 있는 전자로, 원소의 화학적 성질을 결정한다.

• 원자가 전자 수는 원소의 족 번호에서 일의 자리 숫자와 같다.(단, 18족 원소 제외)

5. 원자의 전자 배치의 규칙성과 원소의 주기성

① **원자의 전자 배치의 규칙성**

같은 주기 원소	같은 족 원소
원자의 전자 배치에서 전자가 들어 있는 전자 껍질 수가 같다.	원자의 전자 배치에서 원자가 전자의 수가 같다. ➡ 같은 족 원소들은 화학적 성질이 유사하다.

② **원소의 주기성이 나타나는 까닭**: 원자 번호가 증가함에 따라 원자의 전자 배치가 달라지면서 (**❻**) 수가 주기적으로 변하기 때문이다.

족 / 주기	1	2	13	14	15	16	17	전자 껍질 수
1	H	전자 껍질 — 전자						1
2	Li	Be	B	C	N	O	F	2
3	Na	Mg	Al	Si	P	S	Cl	3
원자가 전자 수	1	2	3	4	5	6	7	

▲ 1~3주기 원자의 전자 배치

답 ❶ 원소 ❷ 비금속 원소 ❸ 족 ❹ 전자 ❺ 2 ❻ 원자가 전자

1. 18족 원소의 특징

① **18족 원소**: 주기율표의 18족에 속하는 원소로, 헬륨(He), 네온(Ne), 아르곤(Ar) 등이 있다.

② **18족 원소의 특징**
- 가장 바깥 전자 껍질에 2개 또는 8개의 전자가 채워져 있다.
- 화학적으로 안정하여 다른 원소와 잘 반응하지 않는다. ➜ 대부분 원자 상태로 존재한다.

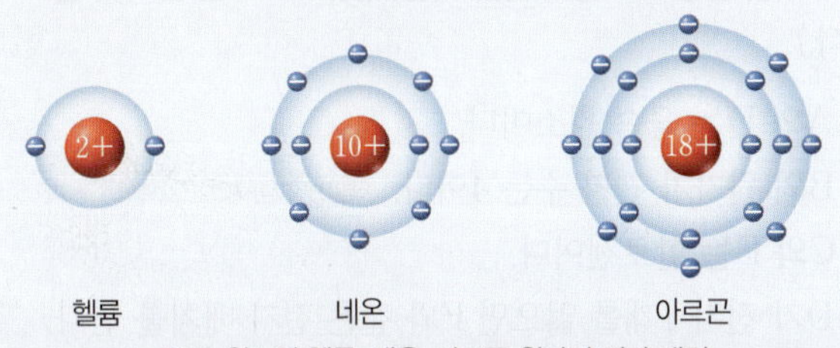

헬륨   네온   아르곤
▲ 18족 원소인 헬륨, 네온, 아르곤 원자의 전자 배치

2. 화학 결합이 형성되는 까닭

① **18족이 아닌 원소**: (❶)족 원소와 같은 전자 배치를 하여 안정해지려는 경향이 있다.

② **화학 결합의 형성**: 원자들이 전자를 잃거나 얻기도 하고, 원자들 사이에 전자를 공유하기도 하면서 화학 결합을 형성한다. ➜ 화학 결합을 통해 18족 원소와 같은 전자 배치를 하여 안정해진다.

3. 이온 결합의 형성

① **이온의 형성**

양이온의 형성	음이온의 형성
(❷) 원소의 원자는 전자를 잃어 양이온을 형성한다.	비금속 원소의 원자는 전자를 얻어 음이온을 형성한다.

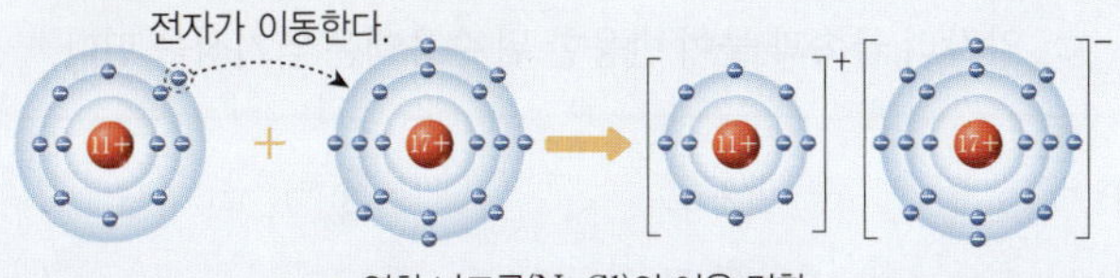

② (❸): 양이온과 음이온 사이의 정전기적 인력으로 형성되는 화학 결합이다.

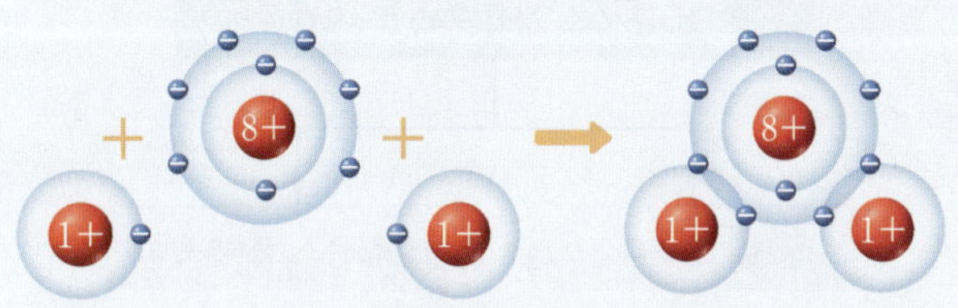

▲ 염화 나트륨(NaCl)의 이온 결합

4. 공유 결합의 형성

① (❹): 비금속 원소의 원자들이 전자쌍을 공유하여 형성되는 화학 결합이다. ➜ 원자들이 전자를 내놓아 전자쌍을 이루고, 그 전자쌍을 공유하여 결합을 형성한다.

▲ 물(H_2O)의 공유 결합

② **공유 전자쌍**: 공유 결합으로 이루어진 물질에서 원자들이 공유하고 있는 전자쌍이다. 예 물(H_2O) 분자에서 공유 전자쌍 수는 (❺)이다.

5. 이온 결합 물질과 공유 결합 물질의 성질

① **이온 결합 물질과 공유 결합 물질**

이온 결합 물질	공유 결합 물질
이온 결합으로 이루어진 물질 ➜ 금속 원소와 비금속 원소로 구성된다.	공유 결합으로 이루어진 물질 ➜ 비금속 원소로 구성된다.

② **이온 결합 물질의 전기 전도성**
- 고체 상태에서 양이온과 음이온이 강하게 결합하고 있으므로 전기 전도성이 없다.
- 액체 상태 및 수용액에서 양이온과 음이온이 자유롭게 이동할 수 있다. ➜ 전원을 연결하면 양이온은 (−)극, 음이온은 (❻)극 쪽으로 이동하며 전류가 흐른다.

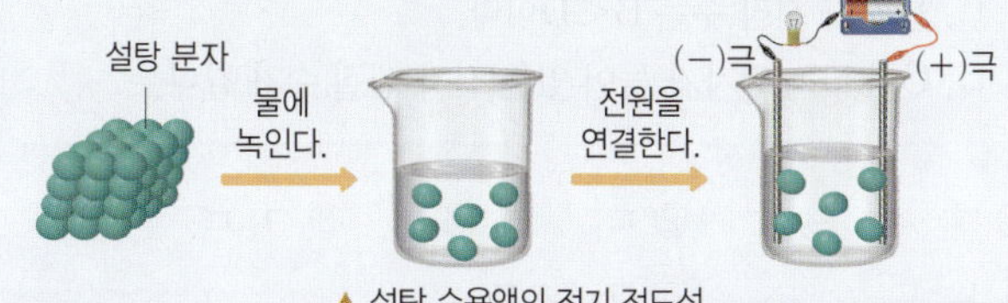

▲ 염화 나트륨(NaCl) 수용액의 전기 전도성

③ **공유 결합 물질의 전기 전도성**
- 고체 상태에서 전기적으로 중성인 분자로 이루어져 있으므로 전기 전도성이 없다.
- 액체 상태 및 수용액에서도 대부분 분자 상태로 존재하며 이온으로 나눠지지 않으므로 전기 전도성이 없다.

▲ 설탕 수용액의 전기 전도성

답 ❶ 18 ❷ 금속 ❸ 이온 결합 ❹ 공유 결합 ❺ 2 ❻ (+)

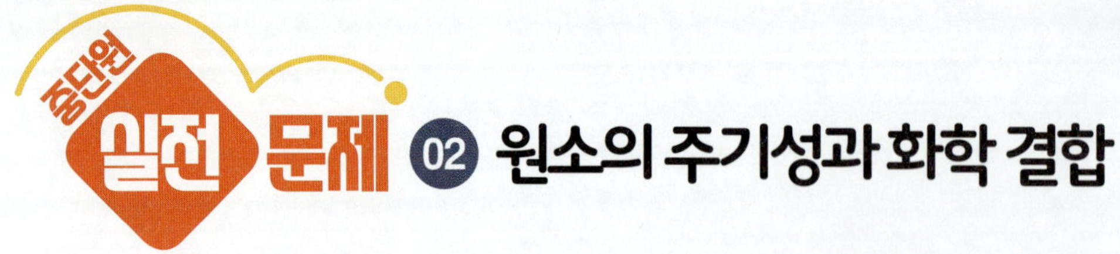

01

∞ 04강 | 원소의 주기성 48쪽

그림은 어떤 기준에 따라 6가지 원소를 (가)와 (나)로 구분한 결과를 나타낸 것이다.

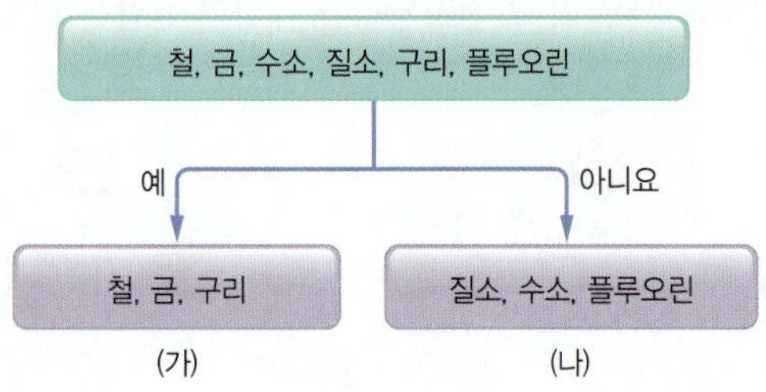

이에 대한 설명으로 옳은 것만을 〈보기〉에서 있는 대로 고른 것은?

보기

ㄱ. (가)의 원소들은 금속 원소이다.
ㄴ. (나)의 원소들은 대부분 전기가 잘 통한다.
ㄷ. '광택이 있는가?'는 원소를 (가)와 (나)로 구분하는 기준으로 적절하다.

① ㄱ　　　　② ㄴ　　　　③ ㄱ, ㄷ
④ ㄴ, ㄷ　　　⑤ ㄱ, ㄴ, ㄷ

02

∞ 04강 | 원소의 주기성 48쪽

그림은 주기율표의 일부를 나타낸 것이다.

주기 \ 족	1	2	13	14	15	16	17	18
1	A							
2						B		
3	C						D	

이에 대한 설명으로 옳은 것만을 〈보기〉에서 있는 대로 고른 것은? (단, A∼D는 임의의 원소 기호이다.)

보기

ㄱ. A와 C는 화학적 성질이 유사하다.
ㄴ. 원자가 전자 수는 B<D이다.
ㄷ. C와 D는 전자가 들어 있는 전자 껍질 수가 같다.

① ㄱ　　　　② ㄴ　　　　③ ㄱ, ㄷ
④ ㄴ, ㄷ　　　⑤ ㄱ, ㄴ, ㄷ

03

∞ 04강 | 원소의 주기성 48쪽

그림은 주기율표의 일부를 나타낸 것이다.

주기 \ 족	1	2	13	14	15	16	17	18
1								
2	A			B			C	
3	D						E	F

이에 대한 설명으로 옳지 <u>않은</u> 것은? (단, A∼F는 임의의 원소 기호이다.)

① A와 D는 금속 원소이다.
② B의 원자가 전자 수는 4이다.
③ C와 E는 할로젠이다.
④ D가 전자 1개를 잃으면 F와 같은 전자 배치를 한다.
⑤ A∼F 중 물과 반응하면 수소 기체가 발생하는 원소는 2가지이다.

04

∞ 04강 | 원소의 주기성 48쪽

다음은 알칼리 금속 X와 Y의 성질을 알아보는 실험이다.

| 실험 과정 |

(가) X를 칼로 자른 후 단면을 살펴보았더니 은백색의 광택이 곧 사라졌다.
(나) 증류수가 들어 있는 비커에 작게 자른 X 조각을 넣었더니 기체가 발생하면서 격렬하게 반응하였다.
(다) (나)의 비커에 페놀프탈레인 용액을 떨어뜨렸더니 붉은색으로 변하였다.
(라) Y를 이용하여 (가)∼(다)를 반복하였더니 같은 결과를 얻었다.

이 실험 결과를 해석한 내용으로 옳은 것만을 〈보기〉에서 있는 대로 고른 것은? (단, X와 Y는 임의의 원소 기호이다.)

보기

ㄱ. 알칼리 금속은 물속에 보관할 수 있다.
ㄴ. 알칼리 금속은 공기 중의 산소와 빠르게 반응한다.
ㄷ. 알칼리 금속과 물이 반응한 뒤 수용액은 염기성을 띤다.

① ㄱ　　　　② ㄴ　　　　③ ㄱ, ㄷ
④ ㄴ, ㄷ　　　⑤ ㄱ, ㄴ, ㄷ

05

∞ 04강 | 원소의 주기성 48쪽

그림은 원자 A~C의 전자 배치를 모형으로 나타낸 것이다.

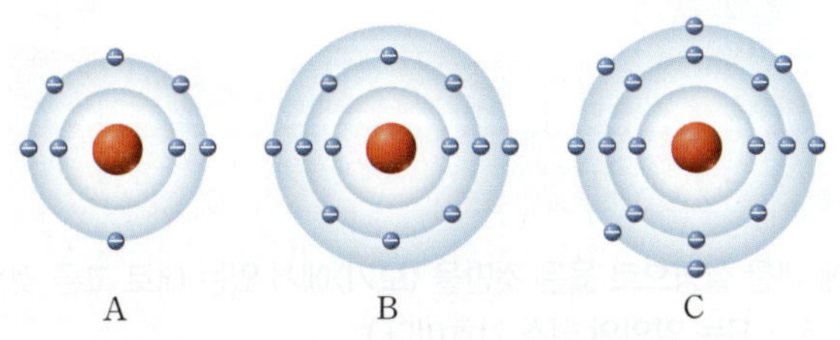

A~C에 대한 설명으로 옳은 것만을 〈보기〉에서 있는 대로 고른 것은? (단, A~C는 임의의 원소 기호이다.)

보기
ㄱ. 비금속 원소는 2가지이다.

ㄴ. $\dfrac{\text{원자가 전자 수}}{\text{전자 껍질 수}}$가 1보다 큰 원소는 2가지이다.

ㄷ. 안정한 이온이 되었을 때 전자 배치가 모두 같다.

① ㄱ　　　　② ㄷ　　　　③ ㄱ, ㄴ

④ ㄴ, ㄷ　　　⑤ ㄱ, ㄴ, ㄷ

06

∞ 04강 | 원소의 주기성 48쪽

표는 원자 X~Z의 전자 배치에 대한 자료를 나타낸 것이다.

원자	X	Y	Z
원자가 전자 수	a	1	b
전자가 들어 있는 전자 껍질 수	c	3	d
전자 수	1	e	5

$\dfrac{d+e}{a+b+c}$는? (단, X~Z는 임의의 원소 기호이다.)

① $\dfrac{1}{2}$　　　② 1　　　③ $\dfrac{7}{5}$

④ 2　　　⑤ $\dfrac{13}{5}$

07

∞ 04강 | 원소의 주기성 48쪽

표는 2, 3주기 원자 W~Z의 원자가 전자 수를 나타낸 것이다. 원자 번호는 X>W>Z이다.

원자	W	X	Y	Z
원자가 전자 수	1	2	7	7

이에 대한 설명으로 옳은 것만을 〈보기〉에서 있는 대로 고른 것은? (단, W~Z는 임의의 원소 기호이다.)

보기
ㄱ. Z는 3주기 원소이다.

ㄴ. W와 Y는 같은 주기 원소이다.

ㄷ. W^+과 X^{2+}의 전자 배치는 모두 네온(Ne)과 같다.

① ㄱ　　　　② ㄷ　　　　③ ㄱ, ㄴ

④ ㄴ, ㄷ　　　⑤ ㄱ, ㄴ, ㄷ

08

∞ 05강 | 이온 결합과 공유 결합 56쪽

그림은 나트륨(Na) 원자와 염소(Cl) 원자가 결합하여 염화 나트륨(NaCl)을 생성하는 과정을 모형으로 나타낸 것이다.

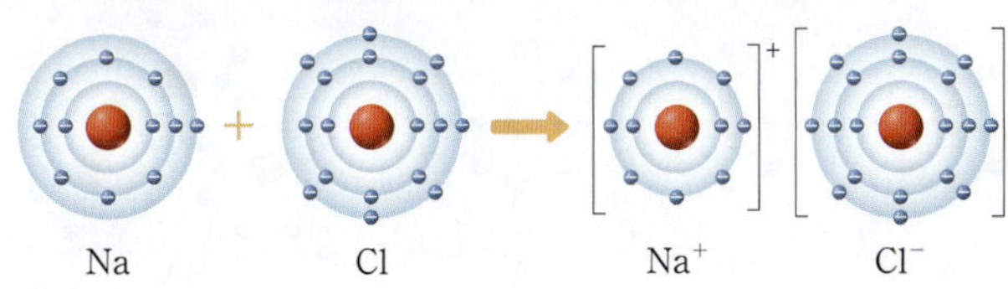

이에 대한 설명으로 옳은 것만을 〈보기〉에서 있는 대로 고르시오.

보기
ㄱ. Na과 Cl는 같은 주기 원소이다.

ㄴ. Na 원자는 전자를 잃고, Cl 원자는 전자를 얻어 NaCl이 형성된다.

ㄷ. NaCl을 이루는 양이온과 음이온의 개수비는 1:1이다.

① ㄱ　　　　② ㄷ　　　　③ ㄱ, ㄴ

④ ㄴ, ㄷ　　　⑤ ㄱ, ㄴ, ㄷ

09

∞ 05강 | 이온 결합과 공유 결합 56쪽

그림은 물(H_2O)과 산화 마그네슘(MgO)의 화학 결합 모형을 나타낸 것이다.

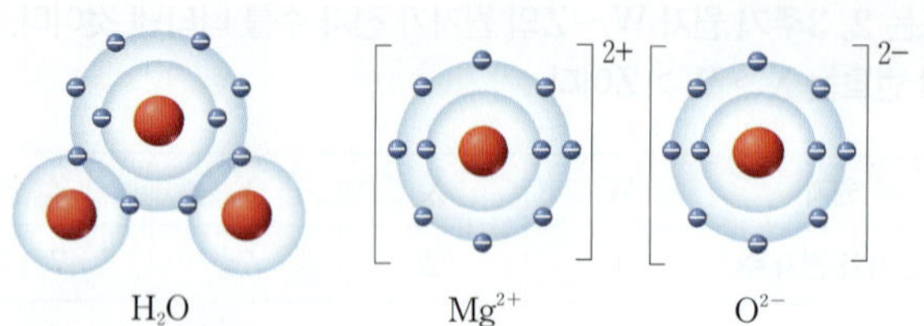

이에 대한 설명으로 옳은 것만을 〈보기〉에서 있는 대로 고른 것은?

보기
ㄱ. H_2O의 공유 전자쌍 수는 2이다.
ㄴ. MgO은 이온 결합으로 형성된 물질이다.
ㄷ. H_2O과 MgO에서 H, O, Mg은 모두 네온(Ne)과 같은 전자 배치를 한다.

① ㄱ   ② ㄴ   ③ ㄷ
④ ㄱ, ㄴ   ⑤ ㄱ, ㄴ, ㄷ

10

∞ 05강 | 이온 결합과 공유 결합 56쪽

그림은 A와 B가 결합하여 화합물 BA_2를 생성하는 과정을 모형으로 나타낸 것이다.

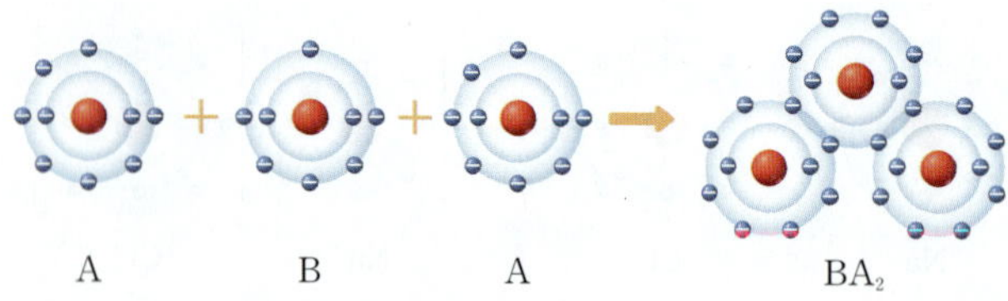

이에 대한 설명으로 옳은 것만을 〈보기〉에서 있는 대로 고른 것은? (단, A와 B는 임의의 원소 기호이다.)

보기
ㄱ. A와 B는 모두 2주기 원소이다.
ㄴ. A^-과 B^{2+}의 정전기적 인력으로 결합이 형성된다.
ㄷ. 공유 전자쌍 수는 $A_2 > B_2$이다.

① ㄱ   ② ㄷ   ③ ㄱ, ㄴ
④ ㄴ, ㄷ   ⑤ ㄱ, ㄴ, ㄷ

11

∞ 05강 | 이온 결합과 공유 결합 56쪽

그림은 주기율표의 일부를 나타낸 것이다.

주기 \ 족	1	2	13	14	15	16	17	18
1	A							B
2				C				
3		D						E

이에 대한 설명으로 옳은 것만을 〈보기〉에서 있는 대로 고른 것은? (단, A~E는 임의의 원소 기호이다.)

보기
ㄱ. AE는 공유 결합 물질이다.
ㄴ. CA_4에서 A는 B와 같은 전자 배치를 한다.
ㄷ. 고체 상태에서 DE_2와 CE_4는 모두 전기 전도성이 있다.

① ㄱ   ② ㄷ   ③ ㄱ, ㄴ
④ ㄴ, ㄷ   ⑤ ㄱ, ㄴ, ㄷ

12

∞ 05강 | 이온 결합과 공유 결합 56쪽

표는 18족 원소를 제외한 1, 2주기 원자 X~Z의 전자가 들어 있는 전자 껍질 수(a)와 원자가 전자 수(b)의 합을 나타낸 것이다.

원자	X	Y	Z
$a+b$	2	3	8

이에 대한 설명으로 옳은 것만을 〈보기〉에서 있는 대로 고른 것은? (단, X~Z는 임의의 원소 기호이다.)

보기
ㄱ. X와 Z는 이온 결합을 형성한다.
ㄴ. Y와 Z가 결합한 화합물의 화학식은 Y_2Z이다.
ㄷ. Z의 안정한 이온은 네온(Ne)과 같은 전자 배치를 한다.

① ㄱ   ② ㄷ   ③ ㄱ, ㄴ
④ ㄴ, ㄷ   ⑤ ㄱ, ㄴ, ㄷ

13
∞ 04강 | 원소의 주기성 48쪽

알칼리 금속을 석유나 액체 파라핀에 넣어서 보관하는 까닭을 알칼리 금속의 반응성과 관련지어 설명하시오.

14
∞ 04강 | 원소의 주기성 48쪽

다음은 18족 원소를 제외한 2, 3주기 원소 A∼D에 대한 자료이다.

- A와 B는 알칼리 금속이다.
- 전자가 들어 있는 전자 껍질 수는 B와 C가 같다.
- 원자가 전자 수는 C>D이다.
- 화합물 B_2D를 이루는 이온은 모두 네온(Ne)과 같은 전자 배치를 한다.

A∼D의 원자 번호를 각각 쓰시오. (단, A∼D는 임의의 원소 기호이다.)

15
∞ 04강 | 원소의 주기성 48쪽

그림은 3가지 물질을 기준에 따라 구분하는 과정을 나타낸 것이다.

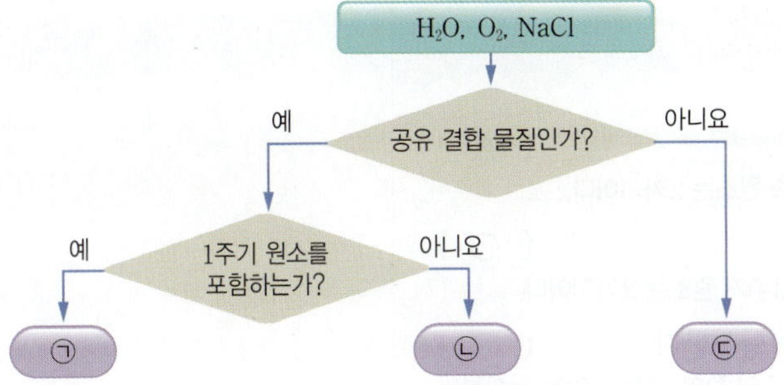

㉠∼㉢이 각각 무엇인지 쓰고, 그 까닭을 설명하시오.

16
∞ 05강 | 이온 결합과 공유 결합 56쪽

그림은 화합물 AB_2와 CA를 화학 결합 모형으로 나타낸 것이다.

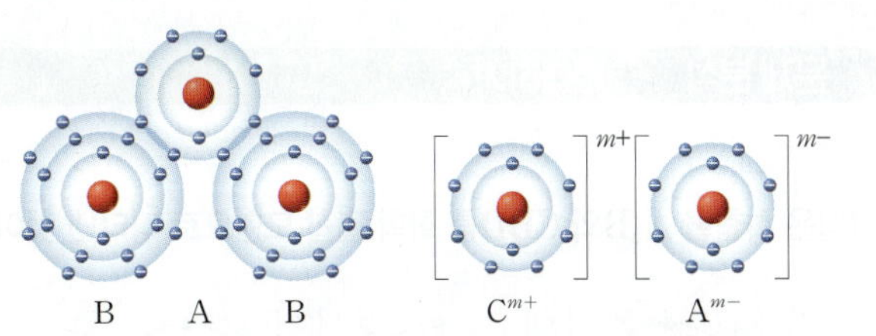

A∼C의 원자가 전자 수를 각각 쓰고, 그 까닭을 설명하시오. (단, A∼C는 임의의 원소 기호이다.)

17
∞ 05강 | 이온 결합과 공유 결합 56쪽

다음은 원소 A∼C로 이루어진 2가지 물질 (가)와 (나)에 대한 자료이다.

- (가)는 이온 결합, (나)는 공유 결합 물질이다.
- (가)와 (나)의 화학식은 각각 AB, CB_2이다.
- (가)와 (나)를 구성하는 원자는 모두 네온(Ne)과 같은 전자 배치를 한다.
- B와 C의 원자가 전자 수는 5보다 크다.

(가)와 (나)를 화학 결합 모형으로 각각 나타내시오. (단, A∼C는 임의의 원소 기호이다.)

18
∞ 05강 | 이온 결합과 공유 결합 56쪽

다음은 물질 A와 B의 전기 전도성을 알아보는 실험이다. A와 B는 각각 황산 구리(Ⅱ)($CuSO_4$)와 포도당($C_6H_{12}O_6$) 중 하나이고, ㉠과 ㉡은 각각 고체와 수용액 중 하나이다.

| 실험 과정 |

(가) (㉠) 상태의 A와 B를 홈판의 서로 다른 홈에 넣고, 전기 전도성 측정기로 전류가 흐르는지 확인한다.

(나) (㉡) 상태의 A와 B를 홈판의 서로 다른 홈에 넣고, 전기 전도성 측정기로 전류가 흐르는지 확인한다.

| 실험 결과 |

물질		A	B
전기 전도성	㉠	×	×
	㉡	×	○

(○: 전류가 흐름, ×: 전류가 흐르지 않음.)

A와 B, ㉠과 ㉡이 각각 무엇인지 그 까닭과 함께 설명하시오.

출제 경향 주기율표, 원자의 전자 배치 모형 등의 자료를 제시하고 제시한 자료에서 각각의 원소를 파악하게 한 후, 원소의 주기성과 화학 결합에 관련된 내용을 묻는 통합적인 문제가 주로 출제된다.

문제 분석 ▶ 연습하기

수능 기출 변형

그림은 화합물 A_2B와 CBD를 화학 결합 모형으로 나타낸 것이다.

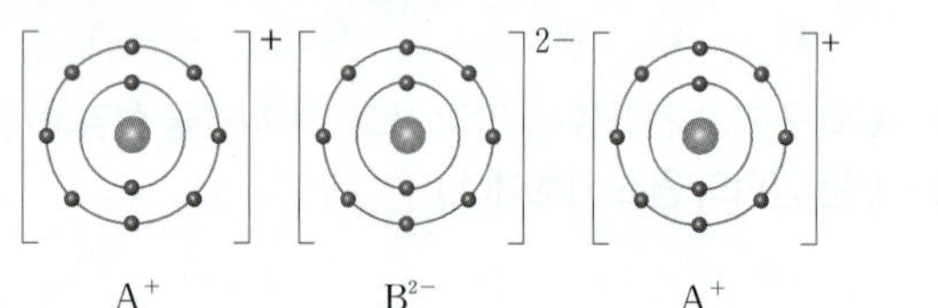

이에 대한 설명으로 옳은 것만을 〈보기〉에서 있는 대로 고른 것은? (단, $A \sim D$는 임의의 원소 기호이다.)

보기

ㄱ. $A \sim D$ 중 1족 원소는 1가지이다.
ㄴ. $A \sim D$ 중 3주기 원소는 2가지이다.
ㄷ. A와 D는 1 : 1의 개수비로 결합하여 안정한 화합물을 형성한다.

① ㄱ ② ㄴ ③ ㄱ, ㄷ ④ ㄴ, ㄷ ⑤ ㄱ, ㄴ, ㄷ

출제 의도 화학 결합 모형으로부터 원소의 종류를 알아내어 주기율표에서의 위치, 원소들이 형성하는 결합의 종류를 추론하는 문제이다.

1 핵심 개념 파악하기

Point 금속 원소의 양이온과 비금속 원소의 음이온 사이의 화학 결합은 이온 결합, 비금속 원소 사이의 화학 결합은 공유 결합이다.

금속 원소의 원자는 전자를 잃으면 양이온이 되고, 비금속 원소의 원자는 전자를 얻으면 음이온이 된다. 이온 결합은 이들 사이의 정전기적 인력으로 형성된다. 공유 결합은 비금속 원소의 원자들이 전자를 내놓아 전자쌍을 이루고, 그 전자쌍을 공유하여 형성된다.

05강 **2** 이온 결합과 공유 결합
↻ 57쪽

2 자료 분석하기

• A_2B에서 A^+과 B^{2-}이 이온 결합을 형성한다. → A는 3주기 1족 원소인 Na, B는 2주기 16족 원소인 O이다.
• CBD에서 C와 B는 전자쌍을 1개 공유하고, B와 D도 전자쌍을 1개 공유한다. → C의 원자가 전자 수는 1이므로 C는 1주기 1족 원소인 H이고, D의 원자가 전자 수는 7이므로 D는 3주기 17족 원소인 Cl이다.

3 〈보기〉 분석하기

ㄱ. $A \sim D$ 중 1족 원소는 1가지이다. (×)
  → A(Na)는 3주기 1족 원소, C(H)는 1주기 1족 원소이므로 1족 원소는 2가지이다.

ㄴ. $A \sim D$ 중 3주기 원소는 2가지이다. (○)
  → A(Na)는 3주기 1족 원소, D(Cl)는 3주기 17족 원소이므로 3주기 원소는 2가지이다.

ㄷ. A와 D는 1 : 1의 개수비로 결합하여 안정한 화합물을 형성한다. (○)
  → A(Na)는 3주기 1족 원소, D(Cl)는 3주기 17족 원소이므로 A와 D가 결합한 안정한 화합물은 $A^+(Na^+)$과 $D^-(Cl^-)$이 1 : 1의 개수비로 이온 결합을 하여 형성된 AD(NaCl)이다.

정답 ④

1 교육청 기출 변형

다음은 금속 나트륨(Na)의 성질을 알아보기 위한 실험이다.

| 실험 과정 |

(가) 유리판 위에 Na을 올려놓고 칼로 자른 후 단면의 변화를 관찰한다.

(나) 물이 들어 있는 비커에 좁쌀 크기의 Na 조각을 넣고 물과 반응하는 모습을 관찰한다.

(다) (나)의 수용액에 페놀프탈레인 용액을 1~2방울 떨어뜨리고 수용액의 색 변화를 관찰한다.

| 실험 결과 |

(가)	단면의 은백색 광택이 곧 사라진다.
(나)	Na 조각이 물과 반응하여 ㉠ 기체가 발생한다.
(다)	수용액이 붉은색으로 변한다.

이에 대한 설명으로 옳은 것만을 〈보기〉에서 있는 대로 고른 것은?

보기
ㄱ. (가)에서 Na은 공기 중의 산소와 반응한다.
ㄴ. (나)에서 ㉠ 분자의 공유 전자쌍 수는 2이다.
ㄷ. Na과 물이 반응한 수용액은 염기성이다.

① ㄱ　　② ㄴ　　③ ㄷ　　④ ㄱ, ㄷ　　⑤ ㄴ, ㄷ

자료 분석 Tip
(가)에서는 Na이 산소와 반응하여 광택이 사라지고, (나)에서는 H_2가 생성되며, (다)에서는 수용액에 OH^-이 존재함을 알 수 있다.

2 수능 기출 변형

그림은 이온 X^+, Y^{2-}, Z^{2-}의 전자 배치를 모형으로 나타낸 것이다.

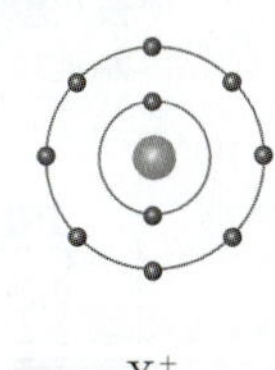

X^+

Y^{2-}

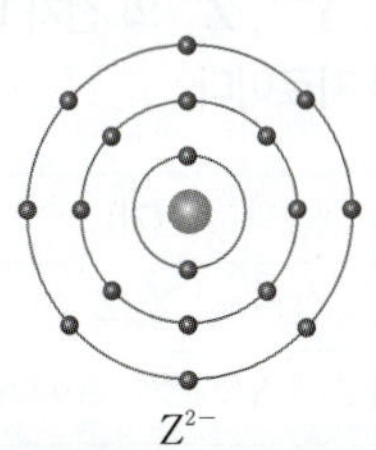

Z^{2-}

이에 대한 설명으로 옳은 것만을 〈보기〉에서 있는 대로 고른 것은? (단, X~Z는 임의의 원소 기호이다.)

보기
ㄱ. X와 Y는 같은 주기 원소이다.
ㄴ. X~Z의 원자가 전자 수 합은 13이다.
ㄷ. X와 Y는 1:2의 개수비로 결합하여 안정한 화합물을 형성한다.

① ㄱ　　② ㄴ　　③ ㄷ　　④ ㄱ, ㄴ　　⑤ ㄴ, ㄷ

자료 분석 Tip
X는 3주기 1족 원소, Y는 2주기 16족 원소, Z는 3주기 16족 원소이다.

3

그림은 원자 $W \sim Z$의 원자가 전자 수(a)와 전자가 들어 있는 전자 껍질 수(b)의 차($|a-b|$)를 나타낸 것이다. $W \sim Z$는 각각 리튬(Li), 플루오린(F), 나트륨(Na), 염소(Cl) 중 하나이다.

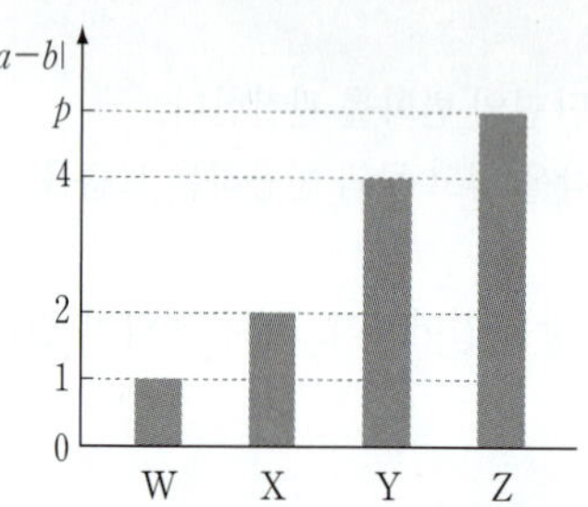

이에 대한 설명으로 옳은 것만을 〈보기〉에서 있는 대로 고른 것은?

보기

ㄱ. $p=5$이다.

ㄴ. 원자 번호는 $Z > X$이다.

ㄷ. W와 X를 물과 반응시키면 모두 수소(H_2) 기체가 발생한다.

① ㄱ   ② ㄴ   ③ ㄱ, ㄷ   ④ ㄴ, ㄷ   ⑤ ㄱ, ㄴ, ㄷ

이런 보기도 나온다!

ㄹ. Y와 Z는 모두 할로젠이다. ( )

ㅁ. X와 Y의 화학 결합은 공유 결합이다. ( )

ㅂ. WZ의 수용액은 전기 전도성이 있다. ( )

출제 의도 원자가 전자 수와 전자가 들어 있는 전자 껍질 수의 차를 이용하여 제시된 원소를 알아내는 문제이다.

자료 분석 Tip

원자가 전자 수는 Li과 Na이 1이고, F과 Cl는 7이다. 전자 껍질 수는 Li과 F이 2이고, Na과 Cl가 3이다.

4

그림은 원자 $X \sim Z$의 안정한 이온 X^{a+}, Y^{b+}, Z^{c-}의 전자 배치를 모형으로 나타낸 것이고, 표는 이온 결합 화합물 (가)와 (나)에 대한 자료이다.

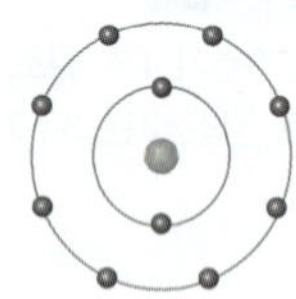

화합물	(가)	(나)
구성 원소	X, Z	Y, Z
이온 수 비	$X^{a+} : Z^{c-} = 2 : 3$	$Y^{b+} : Z^{c-} = 2 : 1$

이에 대한 설명으로 옳은 것만을 〈보기〉에서 있는 대로 고른 것은? (단, $X \sim Z$는 임의의 원소 기호이고, $a \sim c$는 3 이하의 자연수이다.)

보기

ㄱ. $c=2$이다.

ㄴ. X는 알루미늄(Al)이다.

ㄷ. 원자가 전자 수는 Z가 Y의 3배이다.

① ㄱ   ② ㄷ   ③ ㄱ, ㄴ   ④ ㄴ, ㄷ   ⑤ ㄱ, ㄴ, ㄷ

출제 의도 이온 결합 물질의 이온 수 비로부터 이온의 전하를 알아내고, 이를 이용해 원소의 종류를 추론하는 문제이다.

자료 분석 Tip

이온 결합 물질은 전기적으로 중성이므로 물질을 이루는 이온의 전하 총합은 0이다. 따라서 $a : c = 3 : 2$이고, $b : c = 1 : 2$이다.

5 평가원 기출 변형

그림은 원자 W ~ Z의 전자 배치를 모형으로 나타낸 것이다.

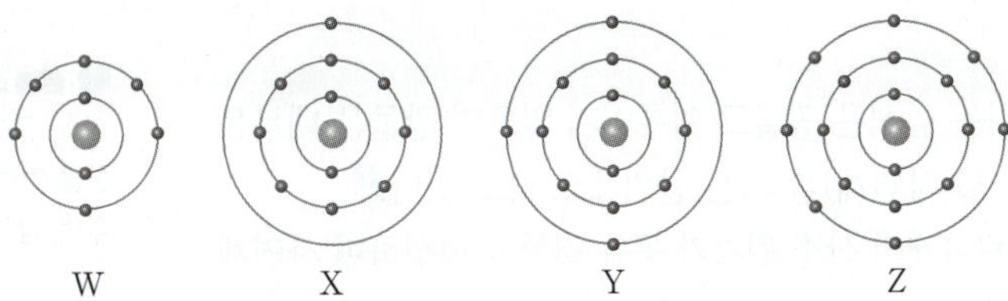

이에 대한 설명으로 옳은 것만을 〈보기〉에서 있는 대로 고른 것은? (단, W ~ Z는 임의의 원소 기호이다.)

보기
ㄱ. XZ의 수용액은 전기 전도성이 있다.
ㄴ. X_2W와 WZ_2는 화학 결합의 종류가 같다.
ㄷ. W와 Y는 2 : 3의 개수비로 결합하여 안정한 화합물을 형성한다.

① ㄱ ② ㄴ ③ ㄱ, ㄷ ④ ㄴ, ㄷ ⑤ ㄱ, ㄴ, ㄷ

이런 보기도 나온다!

ㄹ. W ~ Z 중 3주기 원소는 3가지이다. (   )
ㅁ. W_2의 공유 전자쌍 수는 1이다. (   )
ㅂ. Y와 Z는 1 : 3의 개수비로 결합하여 안정한 화합물을 형성한다. (   )

자료 분석 Tip
W는 2주기 16족 원소, X는 3주기 1족 원소, Y는 3주기 13족 원소, Z는 3주기 17족 원소이다.

6 교육청 기출 변형

그림 (가)는 고체 염화 나트륨(NaCl)의 구조를, (나)는 NaCl 수용액에 전원을 연결하였을 때 이온이 이동하는 모습을 모형으로 나타낸 것이다. ㉠과 ㉡은 각각 Na^+과 Cl^- 중 하나이다.

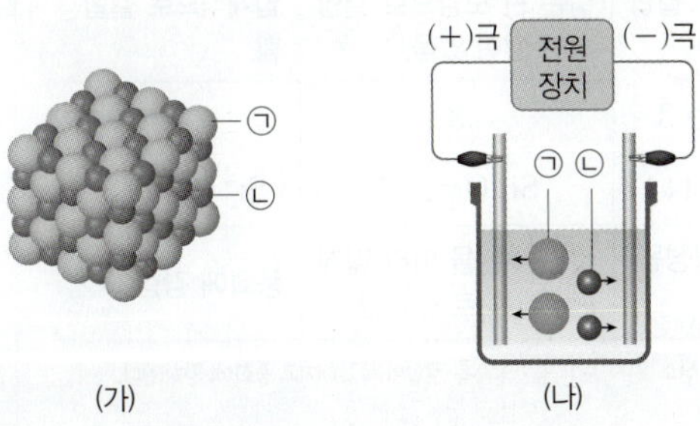

이에 대한 설명으로 옳은 것만을 〈보기〉에서 있는 대로 고른 것은?

보기
ㄱ. ㉠의 전자 배치는 아르곤(Ar)과 같다.
ㄴ. ㉡은 Na^+이다.
ㄷ. (가) 상태에서 NaCl은 전기 전도성이 있다.

① ㄱ ② ㄷ ③ ㄱ, ㄴ ④ ㄴ, ㄷ ⑤ ㄱ, ㄴ, ㄷ

출제 의도 이온 결합 물질인 염화 나트륨의 구조와 수용액에서 이온의 이동을 통해 각 입자의 종류를 알아내고 전자 배치를 추론하는 문제이다.

자료 분석 Tip
㉠은 (+)극 쪽으로 이동하므로 음이온인 Cl^-이고, ㉡은 (−)극 쪽으로 이동하므로 양이온인 Na^+이다.

06강 지각과 생명체 구성 물질

03 자연의 구성 물질

1 규산염 광물 〔자료〕 76쪽

(1) 규산염 광물의 기본 단위체 지각을 구성하는 암석은 광물로 이루어져 있으며 광물은 대부분 규소와 산소가 결합한 규산염 사면체(Si−O 사면체)를 기본 단위체로 하고 있다.❶
- 규산염 사면체: 규소 원자 1개를 중심으로 4개의 산소 원자가 공유 결합을 형성하며 사면체 구조를 이룬다.❷

(2) 규산염 사면체의 결합 규칙성 이웃한 규산염 사면체 사이에 산소 원자를 공유하며 결합한다.
→ 규산염 사면체가 규칙에 따라 반복적으로 결합하며 크고 복잡한 규산염 광물을 형성한다.

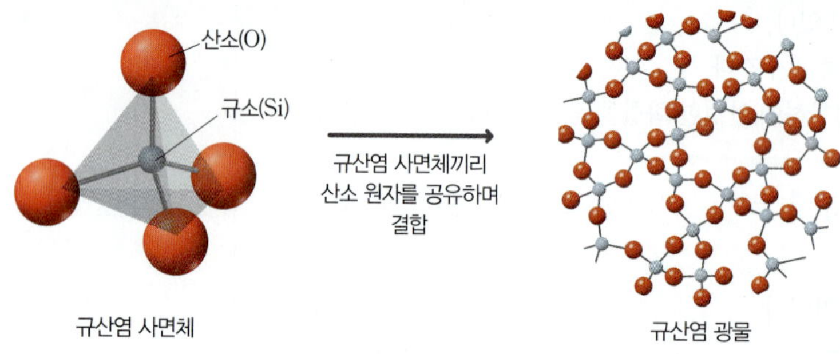

(3) 규산염 광물의 종류와 구조 규산염 사면체 사이에 공유하는 산소 원자 수에 따라 결합 구조가 달라져 다양한 광물이 형성된다.

구분	감람석	휘석	각섬석	흑운모	석영, 장석
	독립형 구조	단사슬 구조	복사슬 구조	판상 구조	*망상 구조
결합 구조					
기본 단위체 배열의 특징	독립적으로 존재함.	한 줄로 결합함.	두 줄로 결합함.	얇은 판 모양으로 결합하여 쌓여 있음.	입체적으로 결합함.
공유 산소 원자 수	0	2	2 또는 3	3	4
원자 수 비	Si:O=1:4	Si:O=1:3	Si:O=4:11	Si:O=2:5	Si:O=1:2
광물의 성질	잘 깨지고 풍화에 약함.	기둥 모양으로 결정이 형성됨. 2방향으로 쪼개짐.		쌓인 부분을 따라 얇게 판 모양으로 쪼개짐.	풍화에 강함.

└ 한 규산염 사면체가 주변 규산염 사면체와 공유하는 산소 원자의 수를 말하며, 공유 산소 원자 수가 증가할수록 결합이 복잡해지고 풍화에 강해진다.

2 단백질 〔자료〕 76쪽

(1) 단백질의 기본 단위체 단백질의 기본 단위체는 아미노산이다.❸❹

(2) 아미노산의 결합 규칙성 아미노산이 펩타이드결합으로 연결되어 폴리펩타이드를 형성한다.
① **펩타이드결합:** 아미노산 사이에 형성되는 공유 결합으로, 이웃한 2개의 아미노산 사이에서 1개의 물 분자가 빠져나가며 아미노산이 펩타이드결합으로 연결된다.
② 아미노산이 규칙에 따라 반복적으로 결합하며 크고 복잡한 단백질을 형성한다.

---

❶ 광물과 암석
산소, 규소 등의 원소가 결합하여 광물을 이루고, 광물이 모여 암석을 이루며, 암석이 모여 지각을 구성한다.

❷ 규소와 산소의 결합
원자가 전자 수가 4인 규소(Si)와 원자가 전자 수가 6인 산소(O)는 모두 비금속 원소이다. 따라서 규산염 사면체를 이루는 규소와 산소는 공유 결합을 형성한다.

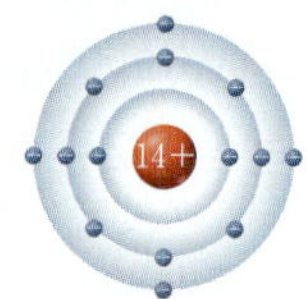
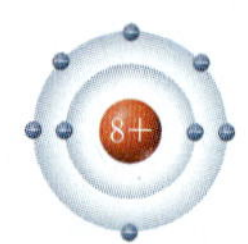

원자가 전자 수가 4인 규소(Si)는 최대 4개의 원자와 공유 결합을 형성한다.

❸ 탄소 화합물
생명체를 구성하는 주요 물질인 단백질, 지질, 핵산 등은 모두 탄소(C) 원자를 중심으로 수소, 산소, 질소 등의 원소가 결합한 탄소 화합물이다.

❹ 아미노산
단백질의 기본 단위체인 아미노산은 탄소(C), 수소(H), 산소(O), 질소(N) 원소로 이루어지며, 곁사슬(R)의 종류에 따라 약 20가지가 존재한다.

(3) 단백질의 형성

① 폴리펩타이드를 구성하는 아미노산의 종류와 수, 배열 순서에 따라 폴리펩타이드의 사슬이 구부러지고 접혀 고유한 입체 구조를 형성한다. 아미노산의 종류와 수에 따른 다양한 조합의 배열에 의해 단백질의 기능에 알맞은 입체 구조를 가진다.
② 단백질의 종류와 기능은 펩타이드결합으로 연결된 아미노산의 종류와 수, 배열 순서에 따라 결정된다.❺

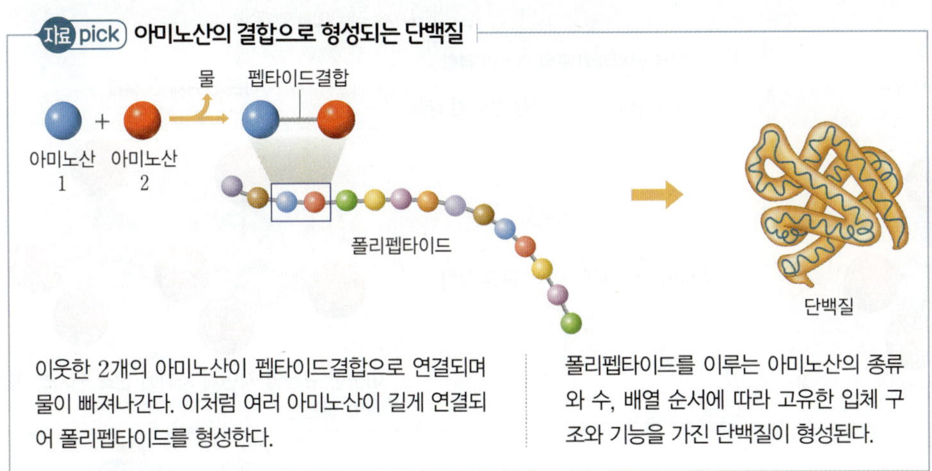

이웃한 2개의 아미노산이 펩타이드결합으로 연결되며 물이 빠져나간다. 이처럼 여러 아미노산이 길게 연결되어 폴리펩타이드를 형성한다.

폴리펩타이드를 이루는 아미노산의 종류와 수, 배열 순서에 따라 고유한 입체 구조와 기능을 가진 단백질이 형성된다.

❸ 핵산 [자료 76쪽]

(1) 핵산의 기본 단위체 핵산은 생명체에서 유전정보를 저장하거나 단백질의 합성에 관여하는 물질로, 핵산의 기본 단위체는 뉴클레오타이드이다.

(2) 뉴클레오타이드의 결합 규칙성 하나의 뉴클레오타이드에 포함된 인산이 다른 뉴클레오타이드에 포함된 당과 공유 결합 하면서 긴 사슬 모양의 폴리뉴클레오타이드를 형성한다.

① **뉴클레오타이드의 구조**: 인산, 당, 염기가 1 : 1 : 1로 결합한 구조이다.
② 뉴클레오타이드가 규칙에 따라 반복적으로 결합하며 크고 복잡한 핵산을 형성한다.

(3) 핵산의 종류 핵산에는 DNA와 RNA가 있다.

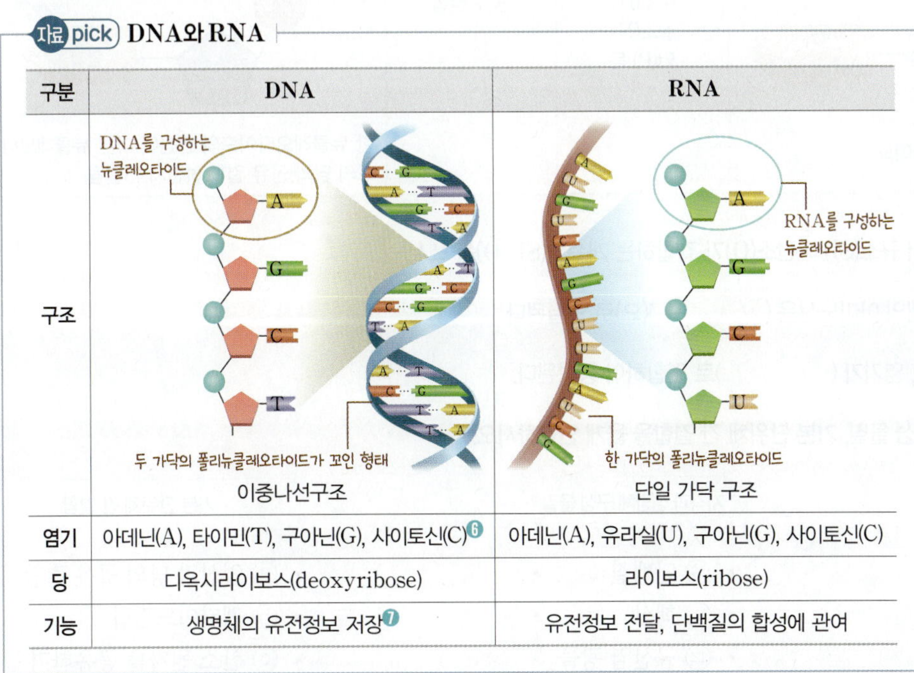

구분	DNA	RNA
구조	이중나선구조	단일 가닥 구조
염기	아데닌(A), 타이민(T), 구아닌(G), 사이토신(C)❻	아데닌(A), 유라실(U), 구아닌(G), 사이토신(C)
당	디옥시라이보스(deoxyribose)	라이보스(ribose)
기능	생명체의 유전정보 저장❼	유전정보 전달, 단백질의 합성에 관여

지각과 생명체 구성 물질의 기본 단위체 개념 74쪽, 75쪽

✖ 규산염 광물, 단백질, 핵산의 기본 단위체를 알아보자.

> 규산염 광물, 단백질, 핵산을 구성하는 원소의 종류는 다르지만 모두 비금속 원소로 이루어지므로 구성 원소 사이에 공유 결합이 형성된다.

구분	기본 단위체의 구조	기본 단위체의 구성 원소와 결합		기본 단위체 간 결합
		구성 원소	구성 원소 간 결합	
규산염 광물	규산염 사면체	규소(Si), 산소(O)	공유 결합	이웃한 규산염 사면체 사이에 산소 원자를 공유하며 결합함.
단백질	곁사슬 R / H H N / C / H / C O OH / 아미노기 / 카복실기 / 아미노산 탄소(C) 원소를 중심으로 결합한다.	탄소(C), 수소(H), 산소(O), 질소(N) 등	공유 결합	아미노산 1 + 아미노산 2 → 물 / 펩타이드결합 / 이웃한 아미노산이 펩타이드결합으로 연결됨.
핵산	DNA: 인산 / 디옥시라이보스 / 염기(A, T, G, C) RNA: 인산 / 라이보스 / 염기(A, U, G, C) 뉴클레오타이드	탄소(C), 산소(O), 수소(H), 질소(N), 인(P) 등	공유 결합	인산 / 당 / 염기 / 인산 / 당 / 염기 / 한 뉴클레오타이드의 인산이 다른 뉴클레오타이드의 당과 공유 결합 하면서 연결됨.

Q1 규산염 광물의 기본 단위체에서 규소(Si)와 산소(O)가 결합하는 개수비(Si : O)를 쓰시오.

Q2 단백질을 형성할 때 이웃한 2개의 아미노산은 (   )(으)로 연결된다.

Q3 핵산의 기본 단위체는 인산, 당, 염기가 (   )로 결합하여 형성된다.

Q4 기본 단위체, 지각과 생명체 구성 물질, 기본 단위체 간 결합을 옳게 연결하시오.

기본 단위체	지각과 생명체 구성 물질	기본 단위체 간 결합
(1) 아미노산 •	• ㉠ 단백질 •	• ⓐ 인산과 당의 공유 결합
(2) 규산염 사면체 •	• ㉡ 핵산 •	• ⓑ 펩타이드결합
(3) 뉴클레오타이드 •	• ㉢ 규산염 광물 •	• ⓒ 산소 원자를 공유하며 결합

Q1 1 : 4 **Q2** 펩타이드결합 **Q3** 1 : 1 : 1 **Q4** (1)-㉠-ⓑ (2)-㉢-ⓒ (3)-㉡-ⓐ

기본 탄탄 문제

개념 확인 초성 Quiz

1 지각과 생명체를 구성하는 물질들은 단위 역할을 하는 ㄱㅂ ㄷㅇㅊ 이/가 반복적으로 결합하여 형성된다.

2 지각을 구성하는 광물은 대부분 ㄱㅅ 와/과 산소가 결합한 규산염 사면체를 기본 단위체로 한다.

3 단백질의 기본 단위체는 ㅇㅁㄴㅅ 이다.

4 뉴클레오타이드는 ㅎㅅ 의 기본 단위체이다.

5 뉴클레오타이드는 인산, ㄷ, 염기가 $1:1:1$로 결합되어 있다.

---

1 규산염 광물

01 오른쪽 그림은 규산염 광물을 이루는 기본 단위체의 구조를 나타낸 것이다.

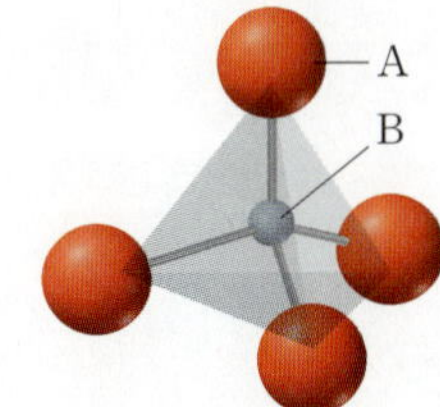

(1) A, B에 해당하는 원소의 이름과 원소 기호를 각각 쓰시오.

(2) 이온 결합과 공유 결합 중에서 A와 B 사이에 형성되는 결합은 어느 것인지 쓰시오.

---

2 단백질

02 단백질에 대한 설명으로 옳은 것은 ◯표, 옳지 않은 것은 ✕표 하시오.

(1) 단백질의 기본 단위체는 규소(Si)와 산소(O)로 이루어진다. (　　)

(2) 기본 단위체의 종류와 수가 같으면 단백질의 종류와 기능이 같다. (　　)

(3) 단백질은 머리카락, 근육 등 몸을 구성하는 주요 물질이며 항체의 구성 성분이다. (　　)

---

03 그림은 단백질이 형성되는 과정의 일부를 나타낸 것이다.

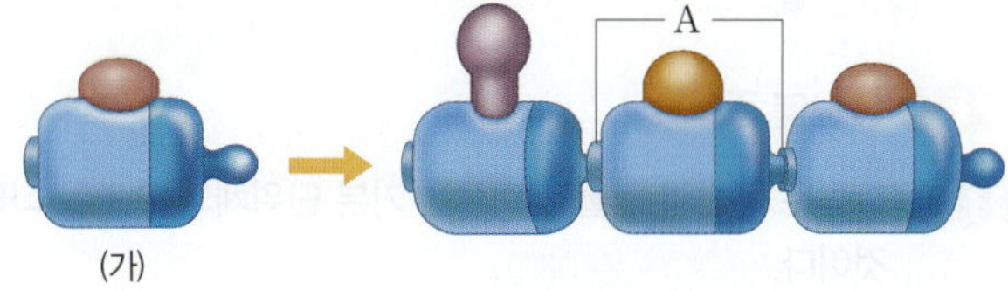

(1) 단백질의 기본 단위체인 (가)의 이름을 쓰시오.

(2) 단백질의 기본 단위체를 연결하는 결합인 A를 무엇이라고 하는지 쓰시오.

---

3 핵산

04 핵산에 대한 설명으로 옳은 것은 ◯표, 옳지 않은 것은 ✕표 하시오.

(1) 핵산의 종류에는 DNA와 RNA가 있다. (　　)

(2) 핵산의 기본 단위체는 인산, 당, 염기가 $1:1:1$로 결합한 구조이다. (　　)

(3) 핵산은 종류에 관계없이 기본 단위체의 구성 물질이 같다. (　　)

---

05 그림은 두 종류의 핵산 (가)와 (나)를 나타낸 것이다.

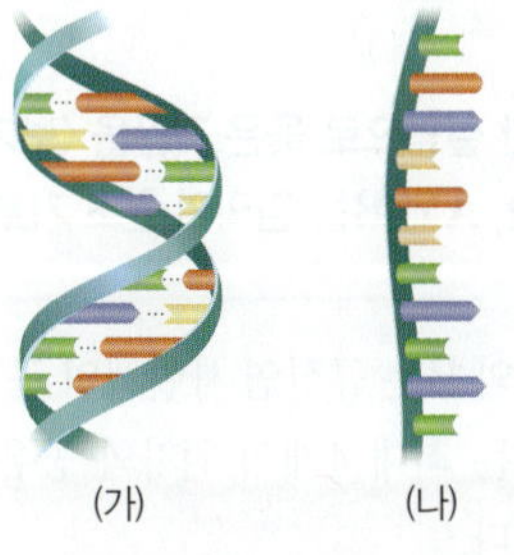

(1) (가)와 (나)를 공통으로 구성하는 기본 단위체의 이름을 쓰시오.

(2) (가)와 (나)는 DNA와 RNA 중에서 어느 것에 해당하는지 각각 쓰시오.

■ 규산염 광물

01 그림은 규산염 광물을 이루는 기본 단위체의 구조를 나타낸 것이다.

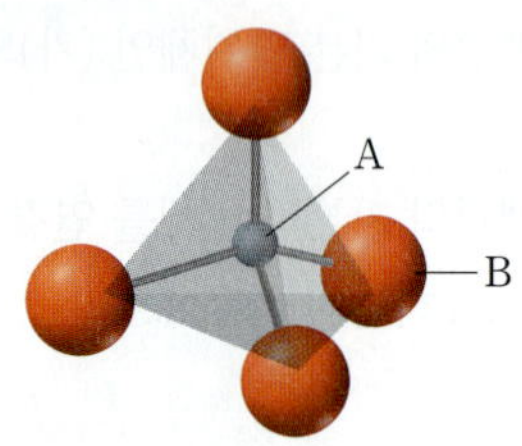

이에 대한 설명으로 옳은 것은?

① A는 산소(O)이다.
② B는 원자가 전자 수가 4이다.
③ A와 B 사이에 이온 결합이 형성된다.
④ 이 기본 단위체를 규산염 사면체라고 한다.
⑤ 기본 단위체 사이에 A를 공유하며 결합하여 규산염 광물을 형성한다.

02 그림은 원자 A와 B의 전자 배치를 모형으로 나타낸 것이다.

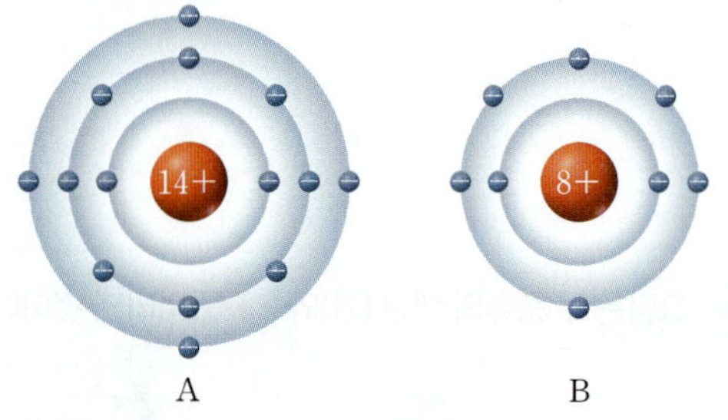

이에 대한 설명으로 옳은 것만을 〈보기〉에서 있는 대로 고른 것은? (단, A와 B는 임의의 원소 기호이다.)

보기
ㄱ. A와 B는 규산염 사면체의 구성 원소이다.
ㄴ. A는 최대 4개의 원자와 공유 결합을 형성할 수 있다.
ㄷ. 규산염 광물이 형성될 때 기본 단위체 사이에 B를 공유하며 결합한다.

① ㄱ　　　　② ㄷ　　　　③ ㄱ, ㄴ
④ ㄴ, ㄷ　　　⑤ ㄱ, ㄴ, ㄷ

03 그림은 어떤 규산염 광물의 결합 구조를 나타낸 것이다.

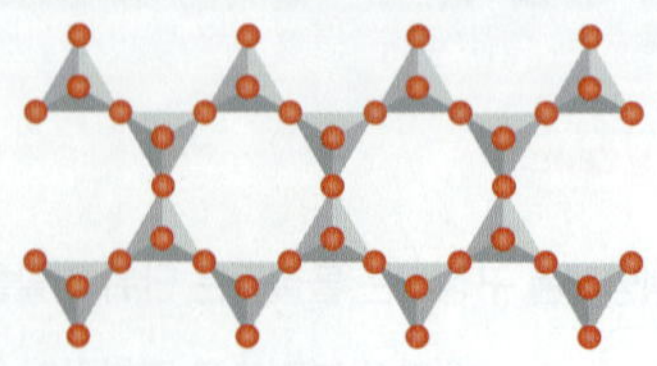

이에 대한 설명으로 옳은 것만을 〈보기〉에서 있는 대로 고른 것은?

보기
ㄱ. 단사슬 구조이다.
ㄴ. 기본 단위체는 규산염 사면체이다.
ㄷ. 각섬석에서 볼 수 있는 결합 구조이다.

① ㄱ　　　　② ㄷ　　　　③ ㄱ, ㄴ
④ ㄴ, ㄷ　　　⑤ ㄱ, ㄴ, ㄷ

04 그림은 규산염 사면체의 구조와 규산염 광물 (가), (나)의 결합 구조를 나타낸 것이다.

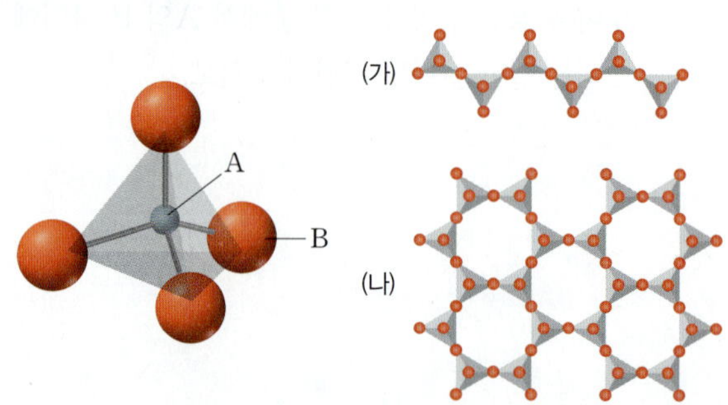

이에 대한 설명으로 옳은 것만을 〈보기〉에서 있는 대로 고른 것은?

보기
ㄱ. (가)와 (나)에서 각각의 규산염 사면체는 B를 공유한다.
ㄴ. (가)는 휘석에서 볼 수 있는 결합 구조이다.
ㄷ. (나)는 판 모양으로 얇게 쪼개지는 성질이 있다.

① ㄱ　　　　② ㄴ　　　　③ ㄱ, ㄷ
④ ㄴ, ㄷ　　　⑤ ㄱ, ㄴ, ㄷ

2 단백질

05 그림은 단백질에 대한 학생 A~C의 대화이다.

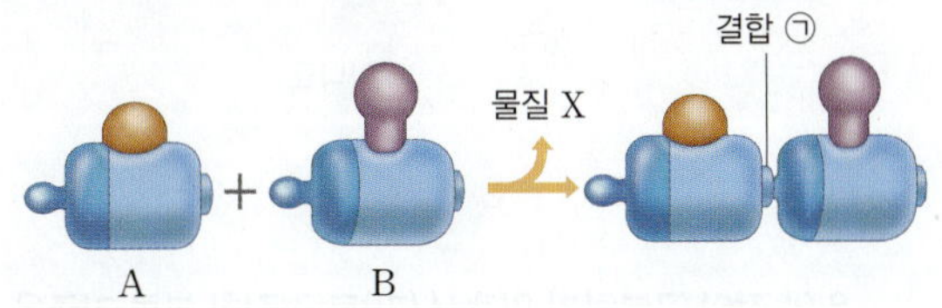

제시한 내용이 옳은 학생만을 있는 대로 고른 것은?

① A   ② B   ③ A, C
④ B, C   ⑤ A, B, C

★중요
06 그림은 단백질을 구성하는 기본 단위체 A와 B 사이의 결합 형성 과정을 나타낸 것이다.

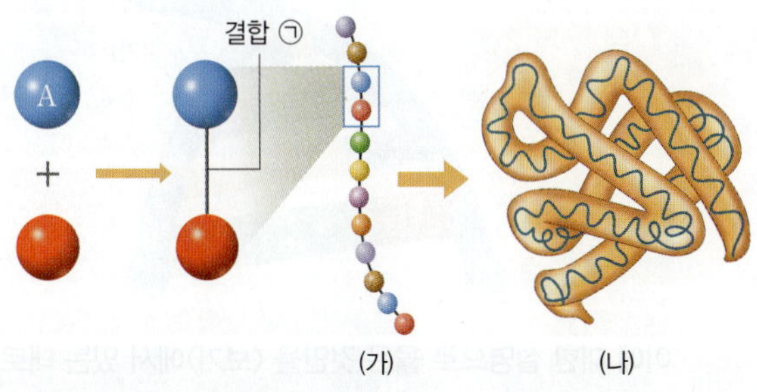

이에 대한 설명으로 옳은 것만을 〈보기〉에서 있는 대로 고른 것은?

보기
ㄱ. A와 B는 아미노산이다.
ㄴ. 물질 X는 탄소(C)와 산소(O)로 이루어져 있다.
ㄷ. 결합 ㉠은 펩타이드결합이다.

① ㄱ   ② ㄴ   ③ ㄷ
④ ㄱ, ㄷ   ⑤ ㄴ, ㄷ

07 그림은 생명체를 구성하는 물질 X의 일부를 나타낸 것이다.

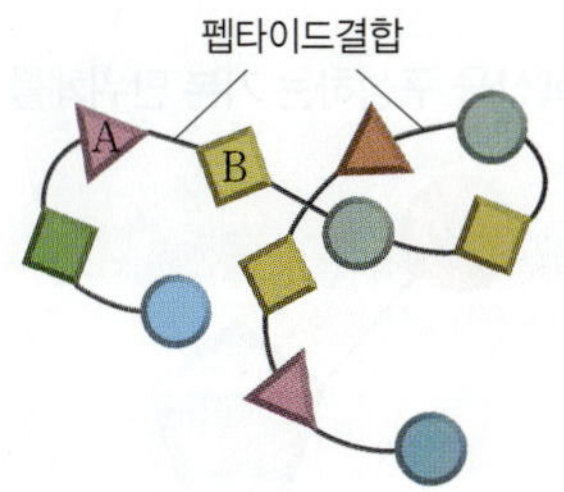

이에 대한 설명으로 옳은 것만을 〈보기〉에서 있는 대로 고른 것은?

보기
ㄱ. A와 B는 탄소(C), 수소(H), 산소(O), 질소(N) 원소를 포함한다.
ㄴ. 펩타이드결합은 공유 결합이다.
ㄷ. 물질 X는 머리카락, 근육 등을 구성한다.

① ㄱ   ② ㄷ   ③ ㄱ, ㄴ
④ ㄴ, ㄷ   ⑤ ㄱ, ㄴ, ㄷ

08 그림은 단백질의 형성 과정을 나타낸 것이다. A는 단백질의 기본 단위체이다.

이에 대한 설명으로 옳은 것은?

① A는 포도당이다.
② A와 같은 물질은 약 50가지가 있다.
③ 결합 ㉠이 형성될 때 물 분자(H_2O) 1개가 빠져나간다.
④ (가)는 단백질이다.
⑤ (가)를 구성하는 기본 단위체의 종류와 수가 같으면 같은 기능을 가진 (나)가 형성된다.

ㄹ 핵산

09 그림은 핵산을 구성하는 기본 단위체를 나타낸 것이다.

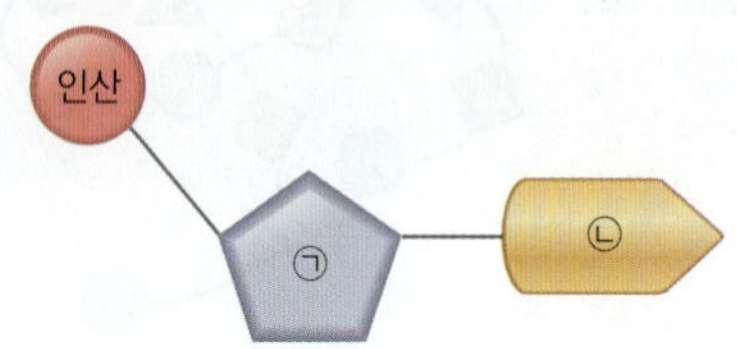

이 물질에 대한 설명으로 옳은 것만을 〈보기〉에서 있는 대로 고른 것은?

> **보기**
> ㄱ. 이 물질은 뉴클레오타이드이다.
> ㄴ. DNA와 RNA에서 ㉠은 같다.
> ㄷ. ㉡의 가짓수는 DNA에서가 RNA에서보다 많다.

① ㄱ   ② ㄴ   ③ ㄱ, ㄷ
④ ㄴ, ㄷ   ⑤ ㄱ, ㄴ, ㄷ

11 그림은 두 종류의 핵산 (가)와 (나)를 나타낸 것이다.

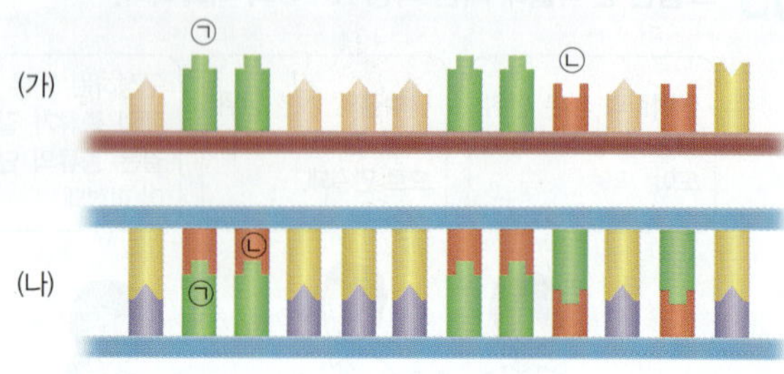

이에 대한 설명으로 옳은 것만을 〈보기〉에서 있는 대로 고른 것은?

> **보기**
> ㄱ. (가)와 (나)의 골격은 아미노산의 펩타이드결합으로 만들어진다.
> ㄴ. ㉠과 ㉡은 각각 아데닌(A)과 타이민(T) 중 하나이다.
> ㄷ. (나)는 염기 서열에 따라 다양한 유전정보를 저장한다.

① ㄱ   ② ㄷ   ③ ㄱ, ㄴ
④ ㄴ, ㄷ   ⑤ ㄱ, ㄴ, ㄷ

10 그림은 DNA의 일부를 나타낸 것이다. A는 아데닌, C는 사이토신이고, ㉠과 ㉡은 각각 타이민(T)과 구아닌(G) 중 하나이며, (가)는 핵산의 기본 단위체이다.

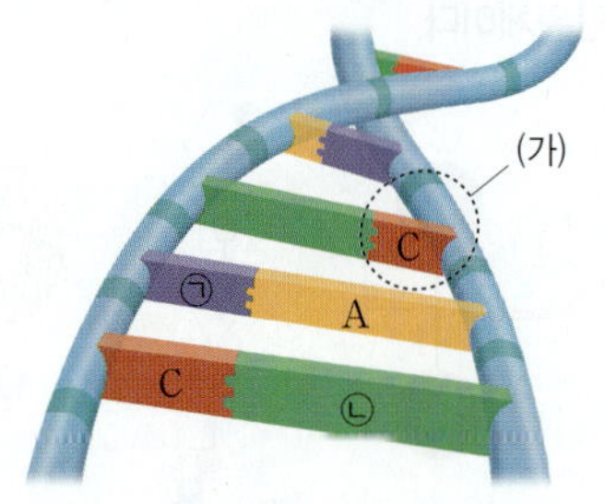

이에 대한 설명으로 옳은 것만을 〈보기〉에서 있는 대로 고른 것은?

> **보기**
> ㄱ. (가)는 인산, 당, 염기가 1 : 1 : 1로 결합한 구조이다.
> ㄴ. ㉠은 타이민(T)이다.
> ㄷ. ㉡은 RNA에는 없고, DNA에만 있는 염기이다.

① ㄱ   ② ㄷ   ③ ㄱ, ㄴ
④ ㄴ, ㄷ   ⑤ ㄱ, ㄴ, ㄷ

12 그림은 DNA와 RNA를 기준 (가)에 따라 구분하는 과정을 나타낸 것이다.

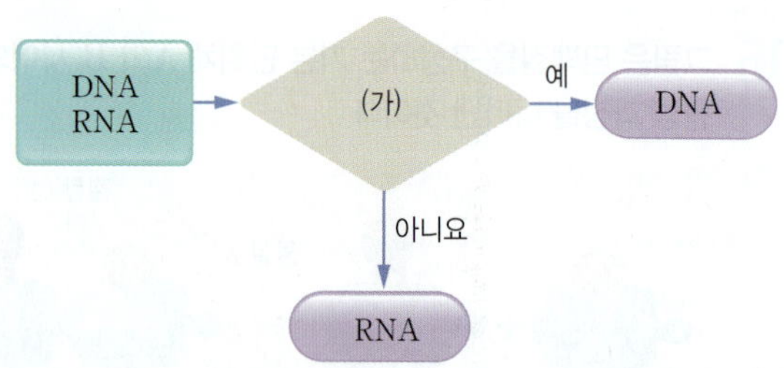

위와 같이 구분하기 위해서 (가)로 적절한 분류 기준을 〈보기〉에서 있는 대로 고른 것은?

> **보기**
> ㄱ. 이중나선구조인가?
> ㄴ. 기본 단위체를 구성하는 당이 라이보스인가?
> ㄷ. 기본 단위체를 구성하는 염기에 유라실(U)이 포함되어 있는가?

① ㄱ   ② ㄴ   ③ ㄷ
④ ㄱ, ㄴ   ⑤ ㄴ, ㄷ

단답형 · 서술형 문제

13 표는 규산염 광물의 다양한 결합 구조를 나타낸 것이다.

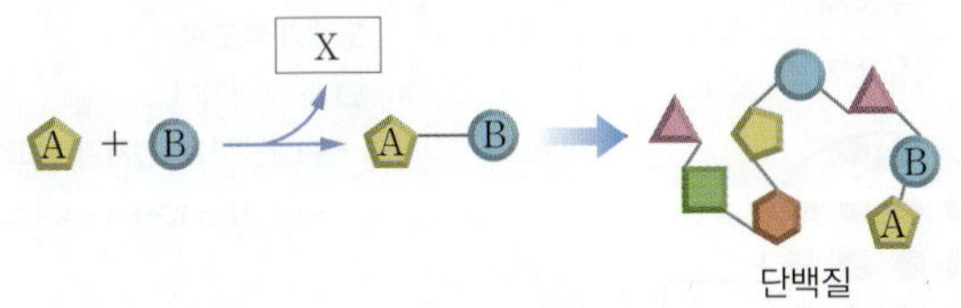

(1) 위 결합 구조를 이루는 기본 단위체는 무엇인지 쓰고, 기본 단위체를 이루는 결합의 종류를 포함하여 그 구조를 설명하시오.

(2) 위와 같이 다양한 규산염 광물이 형성되는 까닭을 설명하시오.

14 그림은 어떤 단백질을 구성하는 기본 단위체 A와 B의 결합 형성 과정을 나타낸 것이다.

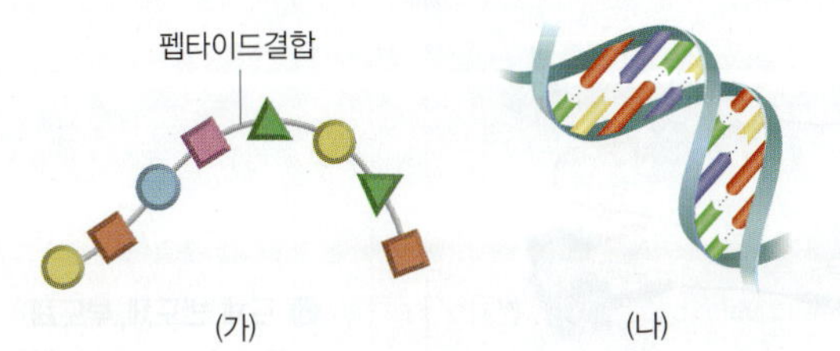

A와 B 사이에 형성되는 결합의 이름과 물질 X가 무엇인지 순서대로 쓰시오.

15 그림은 생명체를 구성하는 물질 (가)와 (나)를 나타낸 것이다.

(1) (가)와 (나)의 기본 단위체를 순서대로 쓰시오.

(2) (가)와 (나)의 형성 과정에서 나타나는 공통점을 1가지만 설명하시오.

16 다음 단어 및 구체적인 내용을 포함하여 DNA와 RNA의 차이점을 2가지 설명하시오.

> 뉴클레오타이드   당   염기

17 그림은 DNA의 일부를 모형으로 나타낸 것이다.

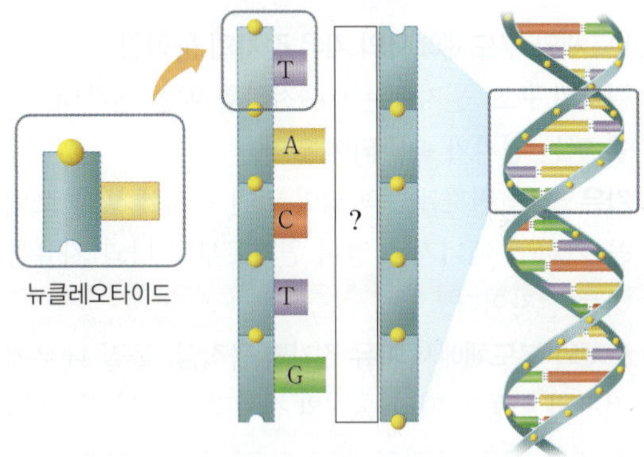

이중나선의 빈칸에 들어갈 염기를 위에서부터 순서대로 쓰고, 그렇게 생각한 까닭을 설명하시오.

18 그림은 생명체를 구성하는 3가지 물질을 기준 (가)와 (나)에 따라 구분하는 과정을 나타낸 것이다.

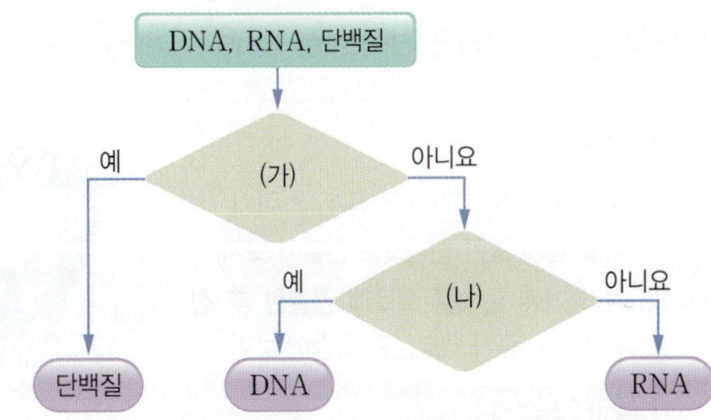

(1) (가)로 적절한 분류 기준을 기본 단위체와 관련지어 설명하시오.

(2) (나)로 적절한 분류 기준을 핵산의 구조와 관련지어 설명하시오.

물질의 전기적 성질

1 물질의 전기적 성질에 따른 구분

(1) 물질의 전기적 성질 자유 전자의 이동에 따른 전기적 성질에 따라 도체, 부도체, 반도체로 구분한다.❶

절연체라고도 한다.

약간의 불순물을 첨가하거나 에너지를 가한다.

구분	도체	부도체	반도체
특징	자유 전자가 많아 전류가 잘 흐르는 물질	자유 전자가 거의 없어 전류가 거의 흐르지 않는 물질	특정 조건에 따라 자유 전자가 생겨 전류가 흐르는 물질
예	구리, 알루미늄, 철	고무, 유리, 플라스틱	규소(Si), 저마늄(Ge)

(2) 도체와 부도체에서의 자유 전자의 움직임

① **원자의 구조**: 원자에는 (+)전하를 띠는 원자핵에 (−)전하를 띠는 전자가 속박되어 있다.

② **자유 전자**: 원자에 속박되어 있던 전자에 빛을 쪼이거나 열을 가하면 에너지를 얻어 원자로부터 나와 자유롭게 이동하는 전자이다.

③ **도체와 부도체에서 자유 전자의 움직임**: 물질 내부에서 자유 전자의 이동에 따라 물질의 전기적 성질이 다르다.

구분	도체	부도체
모형	자유 전자 / 전구 켜짐. / (−)극 (+)극	자유 전자 / 전구 꺼짐. / (−)극 (+)극
특징	원자핵에 속박되지 않은 자유 전자가 많아 전류가 잘 흐른다.	자유 전자가 거의 없어 전류가 잘 흐르지 않는다.

(3) 여러 가지 물질의 전기적 성질 비교하기❷  탐구 pick

ǀ 과정 ǀ

1. 그림과 같이 디지털 전류계, 스위치, 전지를 집게 달린 전선으로 연결해 보자.
2. 여러 가지 물체를 회로에 연결한 후 전류계에 전류가 흐르는지 측정해 보자.

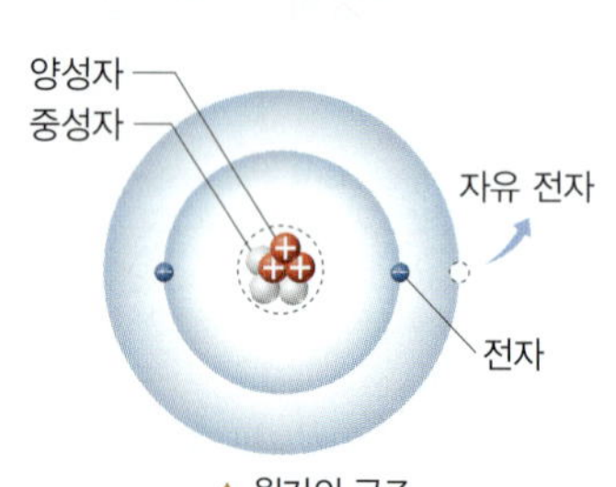

ǀ 결과 및 정리 ǀ

물체	나무	알루미늄	고무	철
전류 흐름 여부	×	○	×	○

- 전류가 흐르는 물체는 도체, 전류가 흐르지 않는 물체는 부도체이다.
- 발광 다이오드는 전지의 연결 방향에 따라 전류가 흘렀다 흐르지 않았다 한다.

---

❶ 자유 전자
원자핵에 속박되지 않고 물질 내를 자유롭게 이동하는 전자

암기 비법

도체와 부도체
도체는 자만하다.
→ 도체는 자유 전자가 많고, 부도체는 자유 전자가 거의 없다.

❷ 도체, 반도체, 부도체
- **도체**: 전기 저항이 매우 작아 전기가 잘 통하는 물질
- **반도체**: 전기를 통하는 정도가 도체와 부도체의 중간 정도인 물질
- **부도체**: 전기 저항이 매우 커서 전기가 잘 통하지 않는 물질

(1) 반도체 규소(Si)와 같이 전기 전도성이 도체와 부도체의 중간 정도인 물질이다. ❸
① **특성**: 저온에서는 전기 저항이 크지만 빛 또는 열에너지를 가하거나 불순물을 첨가하면 전기 저항이 작아져 전기 전도성이 증가한다. ❹
② **중요성**: 인공적인 조작으로 전기 전도성을 조절하여 어떤 경우에는 도체로, 어떤 경우에는 부도체로 변화시킬 수 있으므로, 전기 신호나 데이터를 처리할 수 있다.

(2) 반도체의 종류와 특징
① **순수 반도체**: 불순물이 없는 순수한 반도체로, 원자가 전자가 4개인 규소(Si)와 저마늄(Ge)이 대표적인 물질이다.

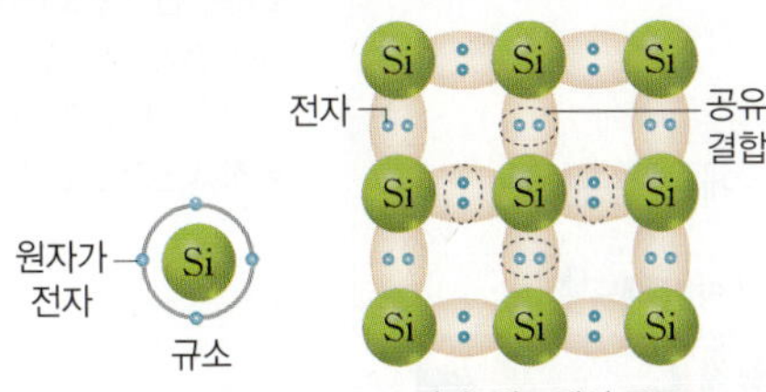

▲ 순수 반도체의 구조

② **불순물 반도체**: 순수 반도체에 불순물을 첨가(도핑)한 반도체로, p형 반도체와 n형 반도체가 있다. → 불순물 첨가로 남는 전자나 양공 ❺이 생겨 순수 반도체보다 전기 전도성이 좋다.

자료pick p형 반도체와 n형 반도체

구분	p형 반도체	n형 반도체
불순물	원자가 전자가 3개인 원소로, 알루미늄(Al), 붕소(B), 인듐(In), 갈륨(Ga) 등이 있다.	원자가 전자가 5개인 원소로, 인(P), 비소(As), 안티모니(Sb), 비스무트((Bi) 등이 있다.
원리	원자가 전자가 4개인 규소(Si)에 원자가 전자가 3개 붕소(B)를 첨가 → 원자 사이의 결합에 전자 1개가 부족하게 되어 빈 자리인 양공이 생긴다. ─ 양공이 전류를 흐르게 한다.	원자가 전자가 4개인 규소(Si)에 원자가 전자가 5개인 인(P)을 첨가 → 공유 결합에 참여하지 않은 남는 전자가 생긴다. ─ 전자가 전류를 흐르게 한다.

③ **반도체 소자**: 반도체 물질의 전기적 성질을 이용하기 위해 만든 전자 부품으로, 순수 반도체에 불순물을 첨가하여 만든다.

다이오드 ❻	발광 다이오드	트랜지스터	*집적 회로
전류를 한 방향으로만 흐르게 하는 정류 작용을 하므로 교류를 직류로 바꾸는 데 사용된다.	정류 작용과 전류가 흐를 때 빛을 방출하는 성질을 이용한다.	약한 신호를 큰 신호로 바꾸는 증폭 작용과 전류의 흐름을 조절하는 스위치 작용을 한다.	신호를 빨리 전달할 수 있어 데이터를 처리하거나 저장하는 장치에 사용한다.

매우 작게 만들 수 있고(소형화), 소비 전력이 작으며 열도 거의 발생하지 않는다.

시간에 따라 세기와 방향이 주기적으로 바뀌는 전류

전류가 한 방향으로만 흐르는 전류

컴퓨터와 같은 전자 기기의 핵심 부품인 메모리나 중앙 처리 장치(CPU)에 사용된다.

---

❸ **전기 전도성**
물질의 전기적인 성질을 나타내는 것으로 전기가 통하는 정도를 전기 전도성이라고 한다. 고체는 전기 전도성에 따라 도체, 반도체, 부도체로 구분한다.

❹ **물질의 온도와 비저항**
비저항은 물질의 전기적인 특성으로 물질의 종류와 온도에 따라 정해지는 물질의 고유한 값이다. 비저항이 클수록 전기 전도성은 작아진다. 금속과 같은 도체는 온도가 증가할수록 비저항이 커지지만, 반도체는 온도가 증가하면 비저항이 작아진다. 즉, 도체는 온도가 높을수록 전기 전도성이 작아지고, 반도체는 온도가 높을수록 전기 전도성이 증가한다.

❺ **양공**
전자가 이동하여 생긴 빈 자리를 양공이라고 한다. 이웃한 전자가 빈 자리를 채우면서 움직일 수 있기 때문에 (+)전하를 띤 입자와 같은 역할을 한다.

❻ **다이오드**
p형 반도체와 n형 반도체를 접합하여 만든 반도체 소자로, 한쪽 방향으로만 전류를 흐르게 하는 정류 작용을 한다.

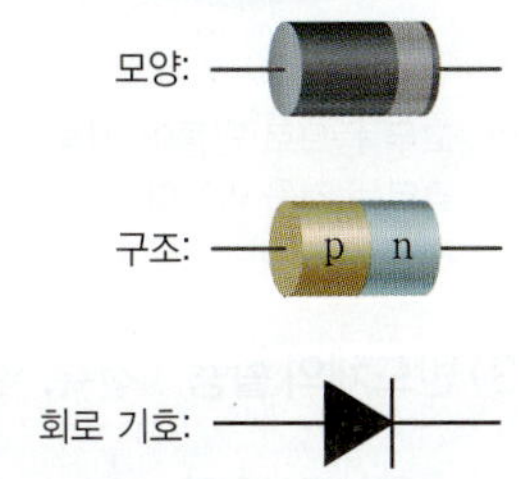

용어 뜻풀이
＊ **집적 회로**(모일 集, 쌓을 積, 돌 回, 길 路): 두 개 이상의 회로 소자를 기판 내에 서로 분리될 수 없도록 결합한 전자 회로이다.

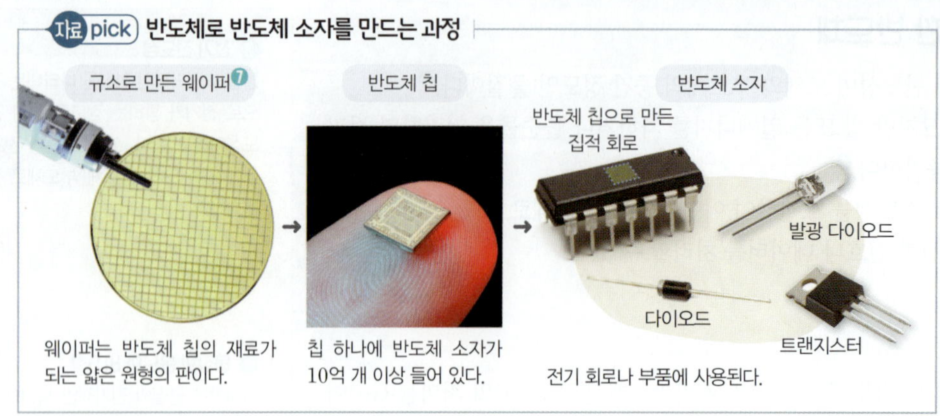

물질의 전기적 성질의 활용❽

(1) 도체의 활용　전류가 잘 흐르기 때문에 전선, 피뢰침, 정전기 방지 패드 등에 활용된다.
— 전기 전도성이 크다.

전선	피뢰침	정전기 방지 패드❾

구리 등으로 만들어 전선에 전류가 흐르도록 한다.	건물에 떨어지는 번개를 안전하게 대지로 흘려보내어 화재나 전기적 손상을 막는다.	전자 기기나 민감한 전자 부품을 다룰 때 발생할 수 있는 정전기를 방지하여 안전하게 작업할 수 있도록 한다.

(2) 부도체의 활용　전류가 거의 흐르지 않기 때문에 전선 피복*, 절연 장갑 등에 활용한다.
— 전기 전도성이 매우 작다.

전선의 피복	절연 장갑	반도체 기판의 코팅 물질

고무 등으로 만들어 전류가 외부로 흐르는 것을 막는다.	전기 작업 시 전류가 손을 통해 몸으로 흐르는 것을 방지한다.	전자 기기나 부품의 표면에 적용되어 전기적 특성을 조절하고 성능을 향상한다. —회로를 보호하고 오작동을 막는다.

(3) 반도체의 활용　전류, 빛 등 조건에 따라 달라지는 특성을 이용하여 반도체 소자에 이용된다.❿

영상 표시 장치	조명 장치	태양 전지	자율주행 자동차	스마트 기기
전류가 흐를 때 빛을 방출하는 성질을 이용하여 정보 표시 장치나 조명에 사용된다.		빛을 비출 때 전류가 흐르는 성질을 이용하여 전기 에너지를 생산한다.	열이 적게 발생하고 작은 전기 에너지로 작동하는 성질을 이용한다.	

---

❼ **반도체 소자의 재료**
규산염 광물에 포함되어 있는 규소가 반도체 소자의 재료가 되어 전자 회로나 부품에 사용된다.

❽ **도체와 부도체의 활용**
도체는 전기 전도성이 커 전기 부품이나 전기 장치를 연결하는 소재로 활용된다. 부도체는 전기 전도성이 매우 작아 전기 절연 소재로 활용된다.

❾ **정전기 방지 패드**
금속으로 만든 정전기 방지 패드에 손을 대면 손의 전자들이 정전기 방지 패드로 몰려가서 불꽃이 튀는 것을 막는다.

❿ **반도체를 활용한 센서**
- **온도, 습도 센서:** 온도와 습도의 변화에 의한 전기 전도도 변화를 감지한다.
- **적외선 센서:** 적외선에 의한 전기 전도도 변화를 감지한다.
- **압력 센서:** 압력에 의한 전기 전도도의 변화를 감지한다.

용어 뜻풀이
＊ **피복**(이불 被, 뒤집힐 覆): 물건을 보호하기 위해 겉을 씌운 것이다.

기본 탄탄 문제

개념 확인 초성 Quiz

1 도체, 부도체, 반도체는 ㅈ ㅇ ㅈ ㅈ 의 이동에 따른 전기적 성질에 따라 구분한다.

2 전기적 성질이 도체와 부도체의 중간 정도인 물질을 ㅂ ㄷ ㅊ (이)라고 한다.

3 반도체에 ㅂ ㅅ ㅁ 을/를 첨가하면 전기 전도성이 증가한다.

4 ㅂ ㄷ ㅊ ㅅ ㅈ 은/는 반도체 물질의 전기적 성질을 이용하기 위해 만든 전자 부품이다.

5 태양 전지는 빛을 비출 때 ㅈ ㄹ 이/가 흐르는 성질을 이용한다.

1 물질의 전기적 성질에 따른 구분

01 도체, 부도체, 반도체에 대한 설명으로 옳은 것은 ○표, 옳지 않은 것은 ×표 하시오.

(1) 자유 전자는 도체에서가 부도체에서보다 많다.
　　　　　　　　　　　　　　　　　　　(　　)

(2) 반도체는 온도가 높을수록 전기 전도성이 감소한다.
　　　　　　　　　　　　　　　　　　　(　　)

(3) 순수 반도체에 불순물을 첨가하면 전기 전도성이 감소한다. 　　　　　　　　　　　　(　　)

2 전기적 성질을 활용한 반도체

02 순수 반도체와 불순물 반도체에 대한 설명으로 옳은 것은 ○표, 옳지 않은 것은 ×표 하시오.

(1) 순수 반도체는 불순물 반도체보다 전기 전도성이 크다. 　　　　　　　　　　　　　　(　　)

(2) p형 반도체는 주로 양공이 전류를 흐르게 한다.
　　　　　　　　　　　　　　　　　　　(　　)

(3) n형 반도체는 주로 전자가 전류를 흐르게 한다.
　　　　　　　　　　　　　　　　　　　(　　)

(4) 순수 반도체인 규소(Si)의 원자가 전자는 5개이다.
　　　　　　　　　　　　　　　　　　　(　　)

(5) 순수 반도체에서 원자들은 공유 결합을 한다. (　　)

03 다음은 p형 반도체와 n형 반도체에 대한 설명이다. (　) 안에 들어갈 알맞은 말을 쓰시오.

> p형 반도체는 순수 반도체에 원자가 전자가 (㉠) 개인 원소를 첨가한 것이고, n형 반도체는 원자가 전자가 (㉡)개인 원소를 첨가한 것이다.

04 반도체의 종류와 반도체에 해당하는 모형을 옳게 연결하시오.

(1) 순수 반도체　　•

(2) n형 반도체　　•

(3) p형 반도체　　•

• ㉠ 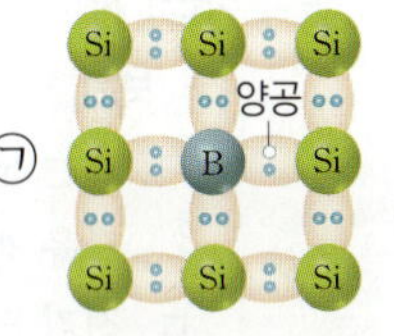

• ㉡ 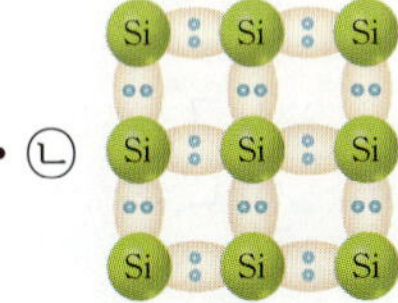

• ㉢ 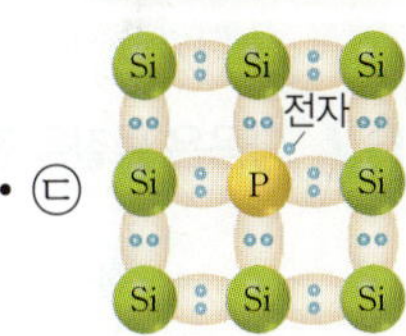

3 물질의 전기적 성질의 활용

05 도체, 부도체, 반도체의 활용 분야와 각 분야에 활용된 특성을 옳게 연결하시오.

(1) 전선의 피복　　•

(2) 조명 장치(LED)　•

(3) 피뢰침　　•

• ㉠ 전류가 흐를 때 빛을 방출한다.

• ㉡ 전류가 외부로 흐르는 것을 막는다.

• ㉢ 전류가 잘 흐르게 한다.

01 그림은 물질 A, B를 각각 전구와 전지에 연결했을 때, A, B 에서 자유 전자의 움직임을 나타낸 것이다. A, B는 모양이 같고, 도체와 부도체를 순서 없이 나타낸 것이다. A에 연결된 전구는 켜지지 않았고, B에 연결된 전구는 켜진다.

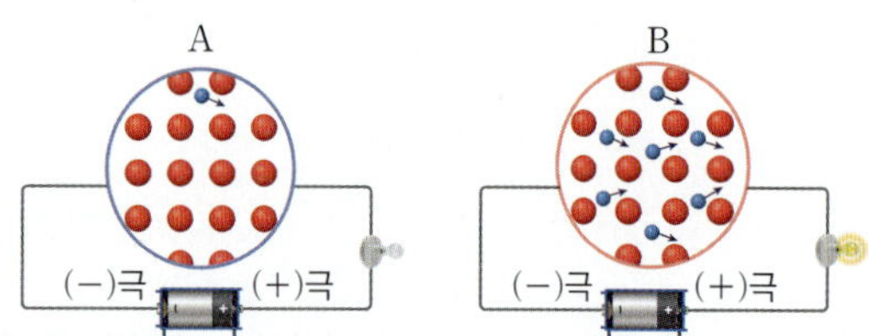

이에 대한 설명으로 옳은 것만을 〈보기〉에서 있는 대로 고른 것은?

보기

ㄱ. A는 도체이다.

ㄴ. 자유 전자는 A가 B보다 많다.

ㄷ. 전기 전도성은 A가 B보다 작다.

① ㄱ ② ㄷ ③ ㄱ, ㄴ
④ ㄴ, ㄷ ⑤ ㄱ, ㄴ, ㄷ

중요☆
02 다음은 물질을 전기적 성질에 따라 분류한 것이다.

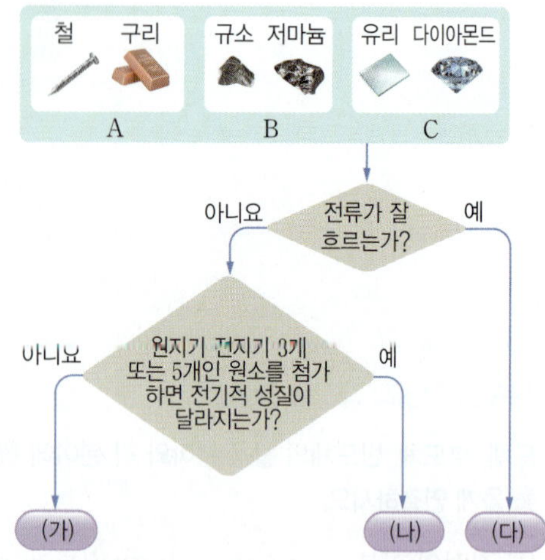

(가)~(다)에 해당하는 것을 옳게 짝 지은 것은?

	(가)	(나)	(다)		(가)	(나)	(다)
①	A	B	C	②	B	A	C
③	B	C	A	④	C	A	B
⑤	C	B	A				

03 그림은 고체 A, B, C의 전기 전도성을 비교한 것이다. A, B, C는 도체, 부도체, 반도체를 순서 없이 나타낸 것이다.

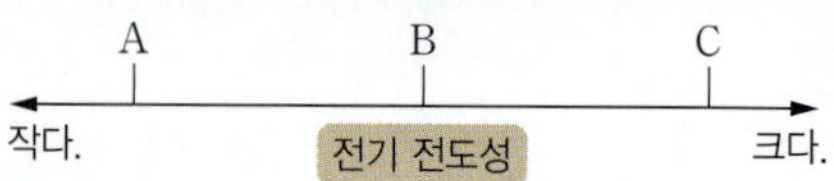

이에 대한 설명으로 옳은 것만을 〈보기〉에서 있는 대로 고른 것은?

보기

ㄱ. 자유 전자는 A가 C보다 적다.

ㄴ. 규소(Si)는 B에 해당한다.

ㄷ. C는 부도체이다.

① ㄱ ② ㄷ ③ ㄱ, ㄴ
④ ㄴ, ㄷ ⑤ ㄱ, ㄴ, ㄷ

04 다음은 전기적 성질을 알아보기 위한 실험이다.

| 실험 과정 |

(가) 동일한 모양의 원통형 막대 A, B, C는 도체, 반도체, 부도체를 순서 없이 나타낸 것이다.

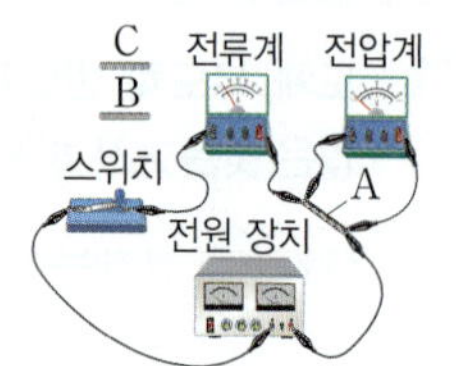

(나) 전원 장치에 A, 전압계, 전류계를 연결하여 회로를 구성한다.

(다) 스위치를 닫고, 전류계와 전압계의 측정값을 기록한다.

(라) A를 B 또는 C로 바꾼 다음 (다)를 반복한다.

| 실험 결과 |

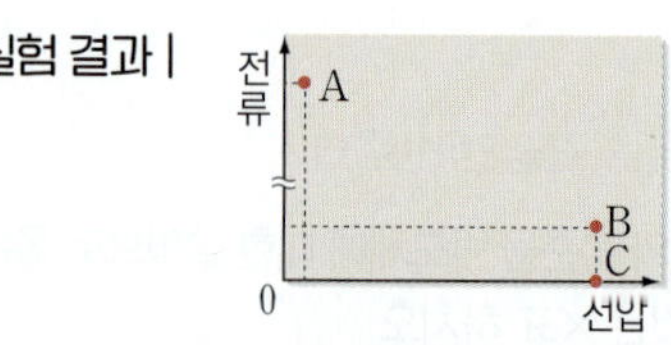

이에 대한 설명으로 옳은 것만을 〈보기〉에서 있는 대로 고른 것은?

보기

ㄱ. A는 반도체이다.

ㄴ. 전기 전도성은 A가 C보다 크다.

ㄷ. 단위 부피당 자유 전자의 수는 B가 C보다 많다.

① ㄱ ② ㄴ ③ ㄷ
④ ㄱ, ㄴ ⑤ ㄴ, ㄷ

2 전기적 성질을 활용한 반도체

05 다음은 불순물 반도체 A에 대한 설명이다.

> A는 원자가 전자가 4개인 (㉠) 반도체에 원자가 전자가 (㉡)개인 원소를 첨가하여 전자가 많아지도록 한 것이다.

이에 대한 설명으로 옳은 것만을 〈보기〉에서 있는 대로 고른 것은?

> **보기**
> ㄱ. '순수'는 ㉠에 해당한다.
> ㄴ. ㉡은 3이다.
> ㄷ. A는 n형 반도체이다.

① ㄱ   ② ㄴ   ③ ㄷ
④ ㄱ, ㄷ   ⑤ ㄴ, ㄷ

06 그림 (가), (나)는 각각 전선과 다이오드를 나타낸 것이다. (가)의 A, B는 각각 전선 피복과 전선이다.

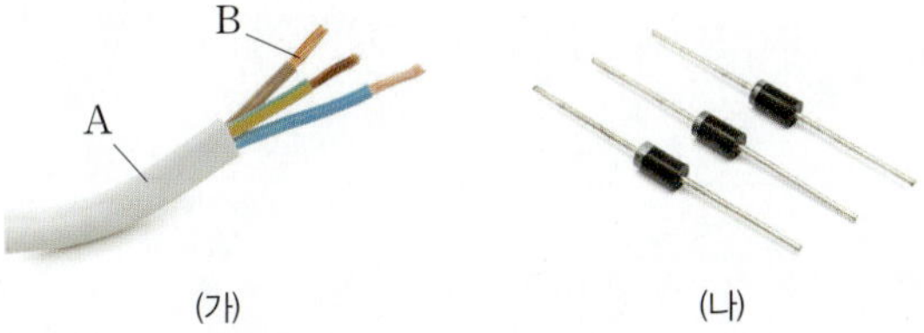

이에 대한 설명으로 옳은 것만을 〈보기〉에서 있는 대로 고른 것은?

> **보기**
> ㄱ. 전기 저항은 A가 B보다 크다.
> ㄴ. (나)는 반도체를 이용해서 만든 소자이다.
> ㄷ. (나)는 전류의 흐름을 조절하는 스위치 작용을 한다.

① ㄱ   ② ㄷ   ③ ㄱ, ㄴ
④ ㄴ, ㄷ   ⑤ ㄱ, ㄴ, ㄷ

07 그림 (가)~(다)는 불순물 반도체를 이용해 만든 장치를 나타낸 것이다.

이에 대한 설명으로 옳은 것만을 〈보기〉에서 있는 대로 고른 것은?

> **보기**
> ㄱ. (가)는 빛에너지를 전기 에너지로 전환한다.
> ㄴ. (나)는 정류 작용을 한다.
> ㄷ. (다)를 전원 장치에 연결하면 전류의 방향에 관계없이 빛이 방출된다.

① ㄱ   ② ㄷ   ③ ㄱ, ㄴ
④ ㄴ, ㄷ   ⑤ ㄱ, ㄴ, ㄷ

08 그림은 교류 입력 신호가 전기 소자 A를 지나 세기가 증폭된 전류로 출력되는 것을 나타낸 것이다.

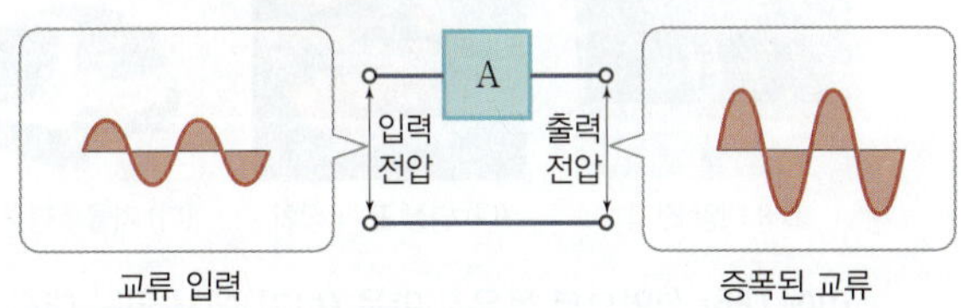

A에 대한 설명으로 옳은 것만을 〈보기〉에서 있는 대로 고른 것은?

> **보기**
> ㄱ. 다이오드이다.
> ㄴ. A는 전류가 흐르면 빛을 방출한다.
> ㄷ. 순수 반도체에 불순물을 첨가하여 만든다.

① ㄱ   ② ㄴ   ③ ㄷ
④ ㄱ, ㄴ   ⑤ ㄱ, ㄷ

09 다음은 반도체에 대한 설명이다.

> ⊙불순물 반도체는 ⓒ순수 반도체에 소량의 불순물을 첨가하여 만든 소재로 ⓒ태양 전지 등을 만드는 데 활용된다.

이에 대한 설명으로 옳은 것만을 〈보기〉에서 있는 대로 고른 것은?

> **보기**
> ㄱ. 전기 전도성은 ⊙이 ⓒ보다 좋다.
> ㄴ. ⓒ에 원자가 전자가 5개인 원소를 첨가하면 n형 반도체가 만들어진다.
> ㄷ. ⓒ은 전류가 흐르면 빛을 방출한다.

① ㄱ ② ㄴ ③ ㄷ ④ ㄱ, ㄴ ⑤ ㄴ, ㄷ

3 물질의 전기적 성질의 활용

10 다음의 성질을 활용하여 만든 것으로 가장 적절한 것은?

> • 전류가 몸을 통해 흐르는 것을 방지한다.
> • 전류가 외부로 흐르는 것을 막는다.

① 도선 ② 피뢰침 ③ 절연 장갑
④ 태양 전지 ⑤ 스마트 기기

중요
11 그림 (가)~(다)는 반도체를 사용한 제품을 나타낸 것이다.

  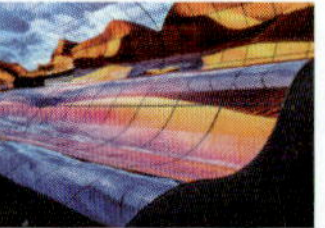 

(가) 태양 전지　(나) 영상 표시 장치　(다) 자율주행 자동차

이에 대한 설명으로 옳은 것만을 〈보기〉에서 있는 대로 고른 것은?

> **보기**
> ㄱ. (가)는 불순물 반도체를 이용한다.
> ㄴ. (나)는 빛을 비추면 전류가 흐르는 성질을 이용한다.
> ㄷ. (다)는 작은 전기 에너지로 작동하는 성질을 이용한다.

① ㄱ ② ㄴ ③ ㄷ ④ ㄱ, ㄴ ⑤ ㄱ, ㄷ

[12~13] 그림 (가)~(라)는 전자 부품이나 일상생활에서 사용되는 제품을 나타낸 것이다. 물음에 답하시오.

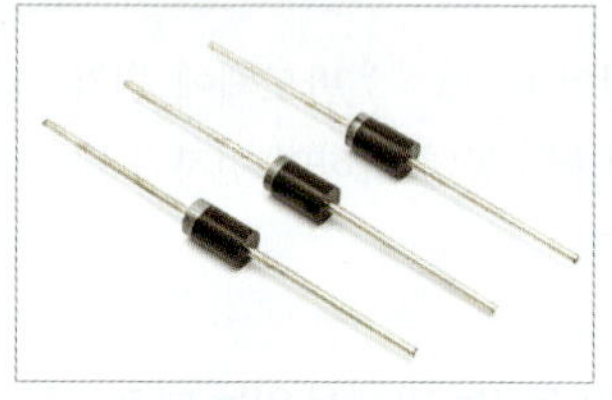

(가) 다이오드　　(나) LED 조명

(다) 태양 전지　　(라) 메모리, CPU

12 (가)~(라)에서 공통으로 사용되는 물질에 대한 설명으로 옳은 것만을 〈보기〉에서 있는 대로 고른 것은?

> **보기**
> ㄱ. 불순물을 첨가하면 전기 저항이 작아져 전류가 잘 흐른다.
> ㄴ. 고온에서는 전기 저항이 커서 전류가 거의 흐르지 않는다.
> ㄷ. 전기 저항이 도체와 부도체의 중간 정도인 물질로 규소가 대표적이다.

① ㄱ ② ㄴ ③ ㄷ ④ ㄱ, ㄷ ⑤ ㄴ, ㄷ

13 그림 (가)~(라)에 대한 설명으로 옳지 <u>않은</u> 것은?

① (가)는 직류를 교류로 바꿀 때 사용한다.
② (나)는 전류가 흐를 때 빛을 방출하는 성질을 이용한다.
③ (다)는 빛을 비출 때 전류가 흐르는 성질을 이용한다.
④ (라)는 전기 전도성을 조절하여 전기 신호를 처리하거나 데이터를 처리한다.
⑤ (가)~(라)는 모두 반도체를 이용한 것이다.

14 그림 (가), (나)는 각각 도체와 부도체에 속하는 물질을 순서 없이 나타낸 것이다.

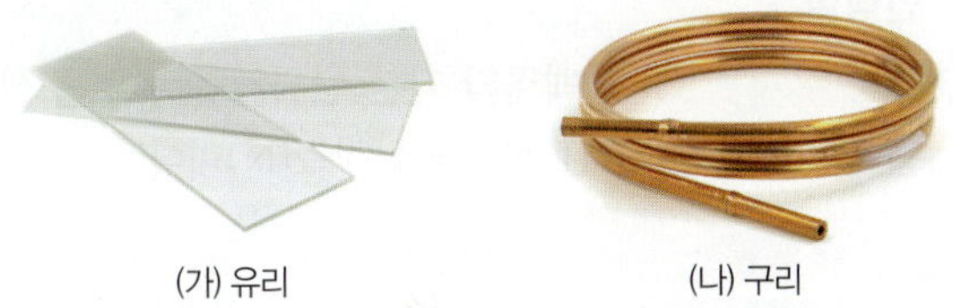

도체와 부도체에 해당하는 것을 (가)와 (나) 중에서 각각 쓰시오.

15 그림 (가), (나)와 같이 전압이 일정한 전원 장치에 동일한 모양의 원기둥 물체 A, B를 이용하여 회로를 구성하였다. 스위치를 닫았을 때 (가)에서는 전구가 켜졌고, (나)에서는 전구가 켜지지 않았다. A, B는 도체와 부도체 중 하나이다.

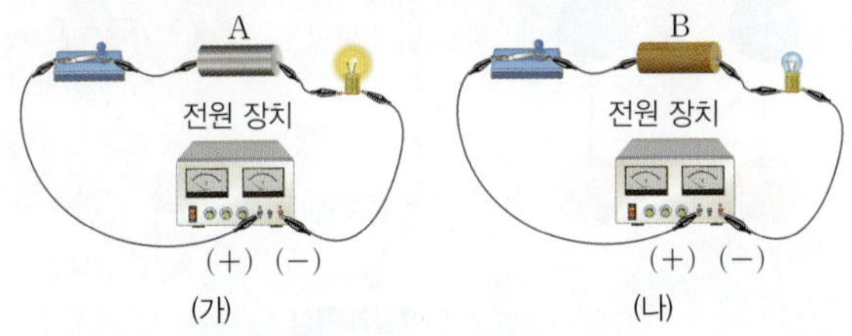

(1) A, B의 종류를 도체와 부도체 중에서 각각 쓰시오.

(2) (가), (나)에서 각각 전구가 켜지는 까닭과 켜지지 않는 까닭을 자유 전자와 관련지어 설명하시오.

16 그림은 각각 저마늄(Ge)으로 구성된 반도체 A와 저마늄(Ge)에 인(P)을 첨가한 반도체 B의 원자 주변의 전자 배열을 나타낸 것이다.

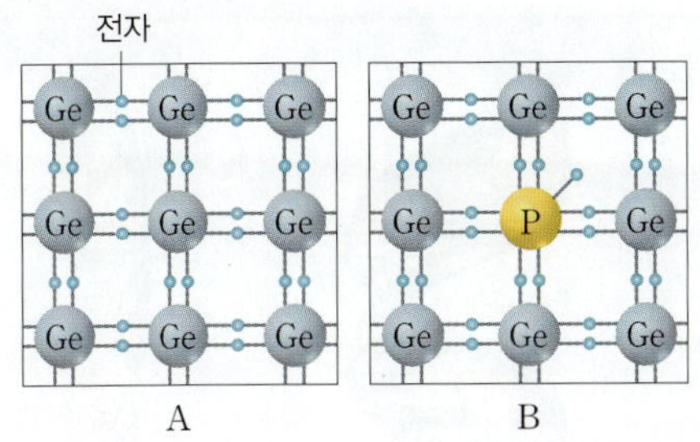

A와 B의 전기 전도성을 비교하고, 전기 전도성에 차이가 나는 까닭을 설명하시오.

17 그림은 전기 소자 A에 입력되는 전류와 출력되는 전류를 시간에 따라 나타낸 것이다.

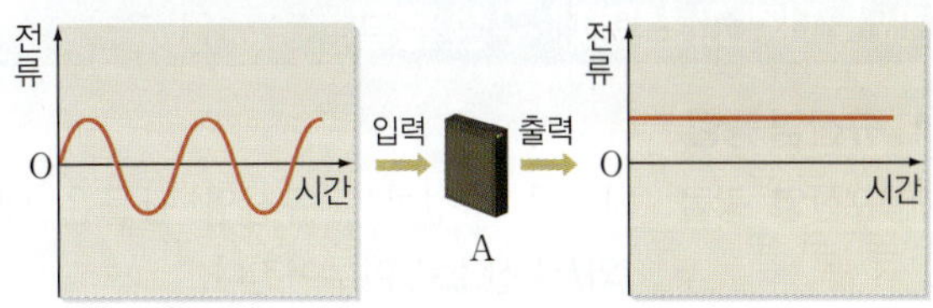

A의 이름을 쓰고, A의 주요 특징을 설명하시오.

18 그림은 p형 반도체와 n형 반도체를 이용하여 만든 반도체 소자를 나타낸 것이다.

각 소자의 주요 특징을 설명하시오.

19 다음은 뉴스 기사의 일부를 나타낸 것이다.

○○년 ○월 ○○일 01 : 40경 ○○○ 지하철 역사 전기실에서 전기선 작업 중이던 근로자가 감전되어 사망하는 사고가 발생했다. 전기실에서는 감전 위험이 높으므로 작업자는 ㉠ 장갑 등의 보호장구를 착용해야 한다.

(1) ㉠의 소재는 도체와 부도체 중에서 어떤 것이 적절한지 쓰시오.

(2) 도체와 부도체의 전기 전도성을 비교하고, 그 까닭을 자유 전자와 관련지어 설명하시오.

06강 지각과 생명체 구성 물질 74쪽

1. 규산염 광물

① **규산염 광물**: 지각을 구성하는 규산염 광물은 대부분 (**❶**)와/과 산소로 이루어진다.

② **규산염 (❷)**: 규산염 광물의 기본 단위체로 규소(Si)와 산소(O)가 1 : 4의 개수비로 공유 결합을 형성하며 사면체를 이룬다.

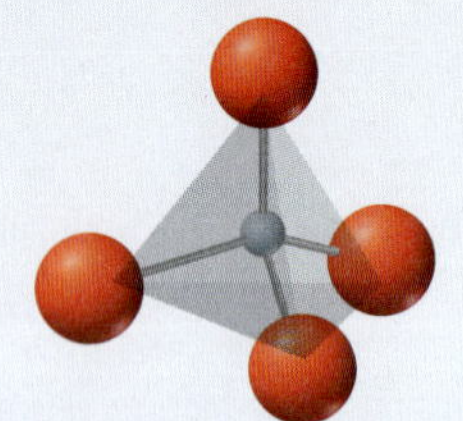

▲ 규산염 사면체

③ **다양한 광물의 형성**: 규산염 사면체는 이웃한 규산염 사면체와 (❸) 원자를 공유하며 결합한다. ➡ 공유한 산소 원자 수에 따라 결합 구조가 달라져 다양한 규산염 광물을 형성한다.

광물	결합 구조		특징
감람석	독립형 구조		규산염 사면체가 독립적으로 존재한다.
휘석	단사슬 구조		규산염 사면체끼리 2개의 산소를 공유하여 하나의 사슬 모양을 이룬다.
각섬석	복사슬 구조		규산염 사면체끼리 2개 또는 3개의 산소를 공유하여 2개의 사슬 모양을 이룬다.
흑운모	판상 구조		규산염 사면체끼리 3개의 산소를 공유하여 얇은 판 모양을 이룬다.
석영, 장석	망상 구조		규산염 사면체끼리 4개의 산소를 공유하여 입체적인 모양을 이룬다.

2. 단백질

① (**❹**): 단백질의 기본 단위체로 주요 구성 원소는 탄소(C), 수소(H), 산소(O), 질소(N)이다.

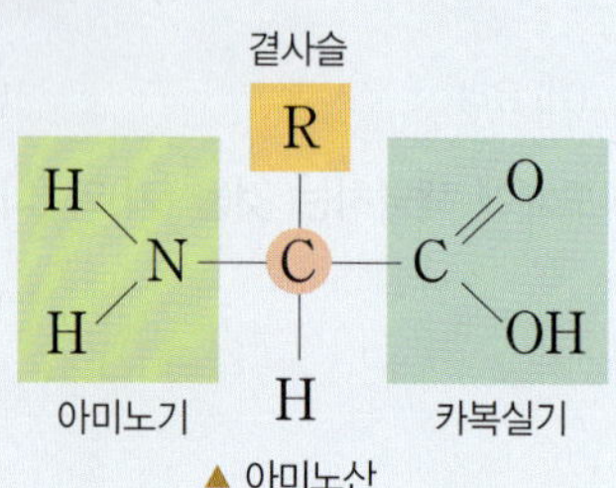

▲ 아미노산

② **단백질의 형성**: 여러 개의 아미노산이 (❺)결합으로 연결되며 폴리펩타이드를 형성한다. ➡ 폴리펩타이드가 구부러지고 접혀 고유의 입체 구조와 기능을 가진 단백질을 형성한다.

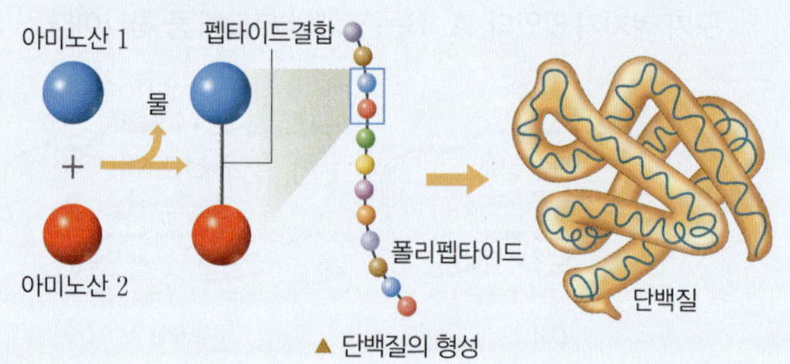

▲ 단백질의 형성

3. 핵산

① (**❻**): 핵산의 기본 단위체로 인산, 당, 염기가 1 : 1 : 1로 결합한 구조이다.

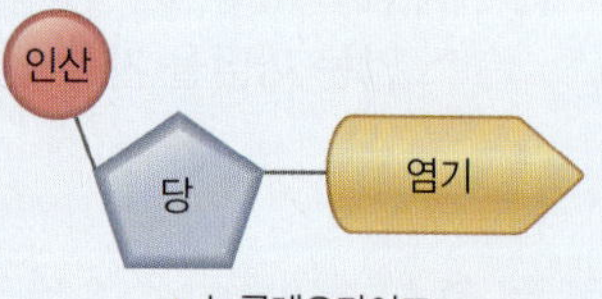

▲ 뉴클레오타이드

② **DNA와 RNA의 구성과 기능**

구분	당	염기	기능
(❼)	디옥시라이보스	A, T, G, C	유전정보 저장
RNA	라이보스	A, U, G, C	유전정보 전달

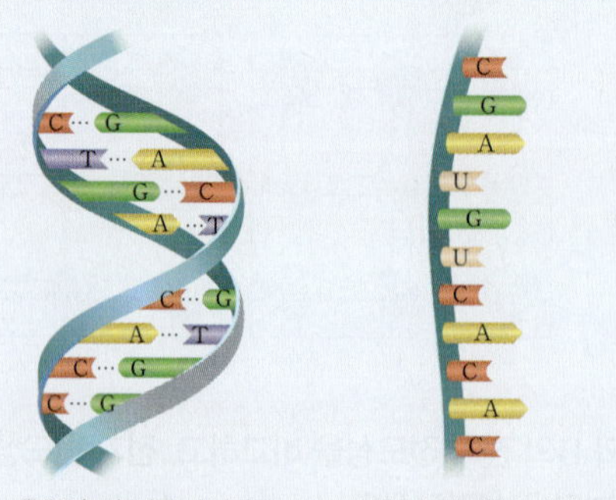

▲ DNA의 이중나선구조　　▲ RNA의 단일 가닥 구조

답 **❶** 규소 **❷** 사면체 **❸** 산소 **❹** 아미노산 **❺** 펩타이드 **❻** 뉴클레오타이드 **❼** DNA

1. 물질의 전기적 성질에 따른 구분

① 물질의 전기적 성질

구분	도체	(❶)	반도체
특징	(❷)가 많아 전류가 잘 흐르는 물질	자유 전자가 거의 없어 전류가 잘 흐르지 않는 물질	특정 조건에 따라 자유 전자가 생겨 전류가 흐르는 물질
예	구리, 알루미늄, 철	고무, 유리, 플라스틱	규소(Si), 저마늄(Ge)

② 도체와 부도체에서 자유 전자의 움직임

- 자유 전자: 원자에 속박되어 있던 전자에 빛을 쪼이거나 열을 가하면 에너지를 얻어 원자로부터 나와 자유롭게 이동하는 전자이다.
- 도체와 부도체에서 자유 전자의 움직임

구분	도체	부도체
모형	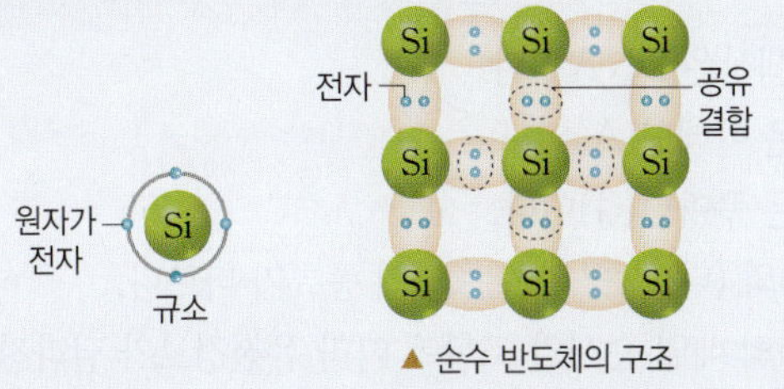	
특징	원자핵에 속박되지 않은 자유 전자가 (❸) 전류가 잘 흐른다.	자유 전자가 거의 없어 전류가 잘 흐르지 않는다.

2. 전기적 성질을 활용한 반도체

① **반도체**: 규소(Si)와 같이 전기 전도성이 도체와 부도체의 중간 정도인 물질이다.

② **순수 반도체**: 불순물이 없는 순수한 반도체로 원자가 전자가 (❹)개인 규소(Si)와 저마늄(Ge)이 대표적인 물질이다. ➡ 모든 원자가 전자가 (❺)을/를 하고 있어 고체 내에서 자유롭게 움직일 수 없으므로 전류가 잘 흐르지 않는다.

▲ 순수 반도체의 구조

③ **불순물 반도체**: 순수 반도체에 불순물을 첨가(도핑)한 반도체로, p형 반도체와 n형 반도체가 있다. ➡ 불순물 첨가로 순수 반도체보다 전기 전도성이 (❻).

구분	p형 반도체	n형 반도체
불순물	원자가 전자가 (❼)개인 원소	원자가 전자가 5개인 원소
원리	 원자가 전자가 4개인 규소(Si)에 원자가 전자가 3개인 붕소(B)를 첨가한다.	 원자가 전자가 4개인 규소(Si)에 원자가 전자가 5개인 인(P)을 첨가한다.

④ **반도체 소자**: 반도체 물질의 전기적 성질을 이용하기 위해 만든 전자 부품, 순수 반도체에 불순물을 첨가하여 만든다.

다이오드	발광 다이오드	(❽)	집적 회로
전류를 한 방향으로만 흐르게 하는 (❾) 작용을 한다.	정류 작용과 전류가 흐를 때 빛을 방출하는 성질을 이용한다.	증폭 작용과 전류의 흐름을 조절하는 데 사용한다.	신호를 빨리 전달할 수 있어 데이터를 처리하거나 저장하는 장치에 사용한다.

3. 물질의 전기적 성질의 활용

	전선	피뢰침	정전기 방지 패드
도체			
	전선의 피복	절연 장갑	반도체 기판의 코팅 물질
부도체			
	영상 표시 장치	태양 전지	자율 주행 자동차
반도체			

📋 ❶ 부도체 ❷ 자유 전자 ❸ 많아 ❹ 4 ❺ 공유 결합 ❻ 좋다 ❼ 3 ❽ 트랜지스터 ❾ 정류

01

∽ 06강 | 지각과 생명체 구성 물질 **74쪽**

그림 (가)는 규산염 광물을 이루는 기본 단위체의 구조를, (나)는 (가)의 A와 B 중에서 한 원자의 전자 배치를 나타낸 것이다.

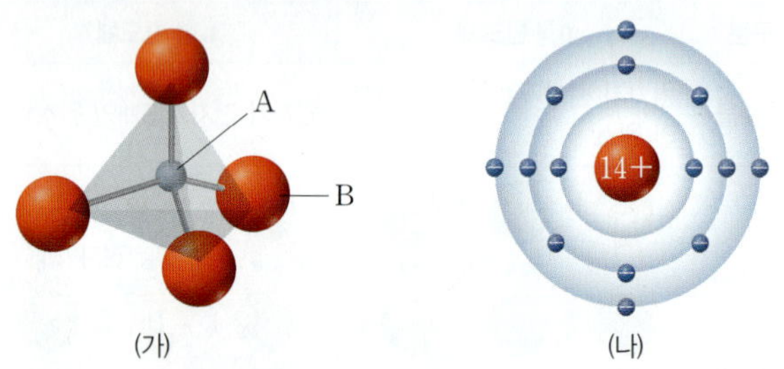

이에 대한 설명으로 옳은 것만을 〈보기〉에서 있는 대로 고른 것은?

보기
ㄱ. (가)는 규산염 사면체이다.
ㄴ. (나)는 B이다.
ㄷ. (가)에서 A와 B의 개수비는 1 : 3이다.

① ㄱ　　　　② ㄴ　　　　③ ㄱ, ㄷ
④ ㄴ, ㄷ　　　⑤ ㄱ, ㄴ, ㄷ

02

∽ 06강 | 지각과 생명체 구성 물질 **74쪽**

그림 (가)는 규산염 사면체의 구조를, (나)는 어떤 규산염 광물의 결합 구조를 나타낸 것이다.

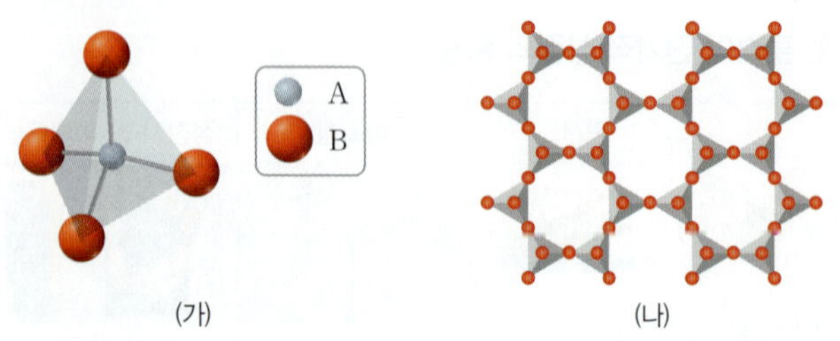

이에 대한 설명으로 옳은 것만을 〈보기〉에서 있는 대로 고른 것은?

보기
ㄱ. (가)에서 A는 규소(Si), B는 산소(O)이다.
ㄴ. (나)는 판상 구조이며 흑운모의 결합 구조이다.
ㄷ. (나)는 규산염 사면체끼리 2개의 A 원자를 공유한다.

① ㄱ　　　　② ㄷ　　　　③ ㄱ, ㄴ
④ ㄴ, ㄷ　　　⑤ ㄱ, ㄴ, ㄷ

03

∽ 06강 | 지각과 생명체 구성 물질 **74쪽**

그림은 서로 다른 단백질 A와 B의 형성 과정을 나타낸 것이다.

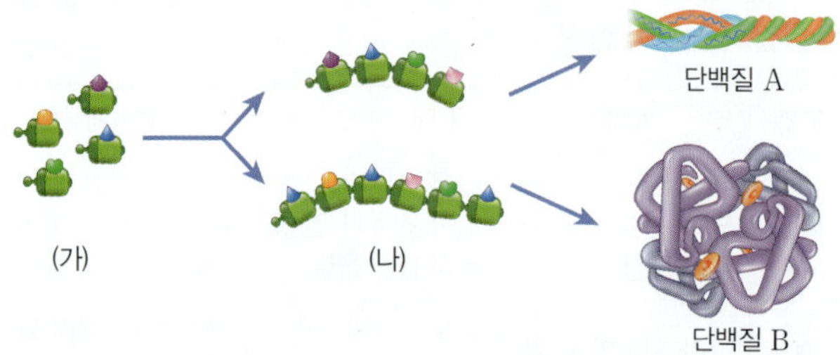

이에 대한 설명으로 옳은 것만을 〈보기〉에서 있는 대로 고른 것은?

보기
ㄱ. (가)는 폴리펩타이드이다.
ㄴ. (가)가 (나)를 형성하는 과정에서 이산화 탄소가 빠져나 간다.
ㄷ. 단백질의 종류는 (가)의 종류와 수, 배열 순서에 따라 달라진다.

① ㄱ　　　　② ㄷ　　　　③ ㄱ, ㄴ
④ ㄴ, ㄷ　　　⑤ ㄱ, ㄴ, ㄷ

04

∽ 06강 | 지각과 생명체 구성 물질 **74쪽**

그림은 생명체를 구성하는 핵산의 구조를 모형으로 나타낸 것이다. (나)와 (다)는 핵산을 구성하는 기본 단위체이다.

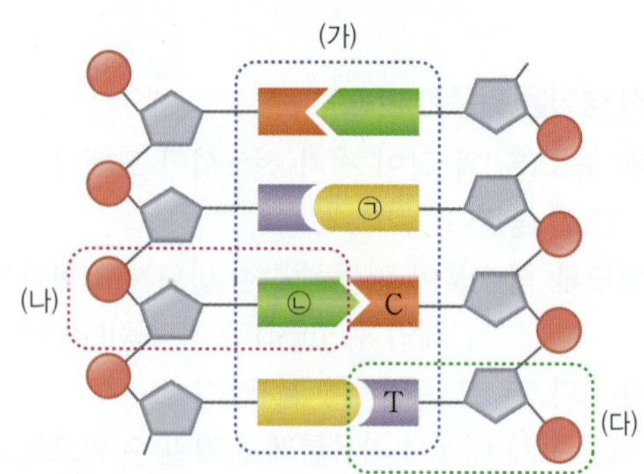

이에 대한 설명으로 옳지 않은 것은?

① 이 핵산은 DNA이다.
② ㉠은 아데닌(A)이다.
③ ㉡은 구아닌(G)이다.
④ (나)와 (다)를 구성하는 당의 종류가 다르다.
⑤ (가)의 배열 순서와 조합에 따라 유전정보가 달라진다.

05

∞ 06강 | 지각과 생명체 구성 물질 74쪽

그림은 생명체를 구성하는 물질 (가)~(다)의 구조를 나타낸 것이다. (가)~(다)는 각각 단백질, DNA, RNA 중 하나이고, ㉠~㉣은 각각 아데닌(A), 유라실(U), 타이민(T), 사이토신(C) 중 하나이다.

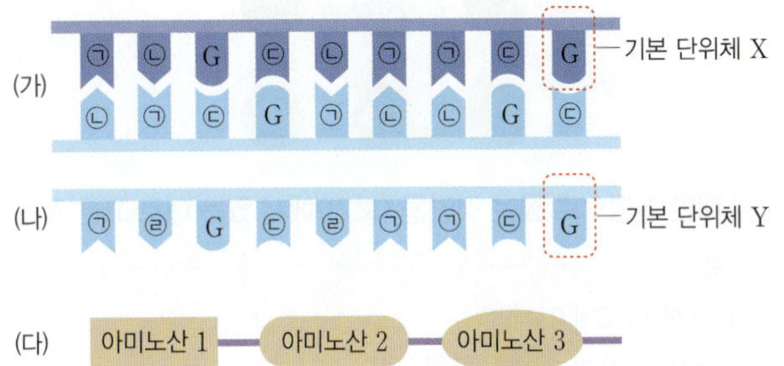

이에 대한 설명으로 옳은 것만을 〈보기〉에서 있는 대로 고른 것은?

보기
ㄱ. (다)는 효소, 호르몬 등의 주성분이다.
ㄴ. ㉠은 아데닌(A), ㉣은 유라실(U)이다.
ㄷ. 기본 단위체 X와 Y를 구성하는 물질은 같다.

① ㄱ   ② ㄷ   ③ ㄱ, ㄴ
④ ㄴ, ㄷ   ⑤ ㄱ, ㄴ, ㄷ

06

∞ 06강 | 지각과 생명체 구성 물질 74쪽

표 (가)는 생명체를 구성하는 물질 A와 B에서 특징 ㉠과 ㉡의 유무를, (나)는 특징 ㉠과 ㉡을 순서 없이 나타낸 것이다. A와 B는 각각 단백질과 DNA 중 하나이다.

구분	㉠	㉡
A	○	○
B	×	○

(○: 있음, ×: 없음.)

(가)

특징(㉠, ㉡)
• 유전정보를 저장한다.
• 구성 원소에 탄소(C)가 있다.

(나)

이에 대한 설명으로 옳은 것만을 〈보기〉에서 있는 대로 고른 것은?

보기
ㄱ. A의 기본 단위체는 아미노산이다.
ㄴ. B의 기본 단위체는 인산, 당, 염기가 1 : 1 : 1로 결합한 구조이다.
ㄷ. ㉠은 '유전정보를 저장한다.'이다.

① ㄱ   ② ㄴ   ③ ㄷ
④ ㄱ, ㄷ   ⑤ ㄴ, ㄷ

07

∞ 07강 | 물질의 전기적 성질 82쪽

다음은 고체의 전기적 성질에 대한 실험이다.

| 실험 과정 |

(가) 모양이 같은 고체 A, B를 준비한다. A, B는 도체 또는 부도체이다.
(나) 그림과 같이 A로 실험 장치를 구성하고 스위치를 닫은 후 검류계를 관찰한다.
(다) A를 B로 바꾸어 과정 (나)를 반복한다.

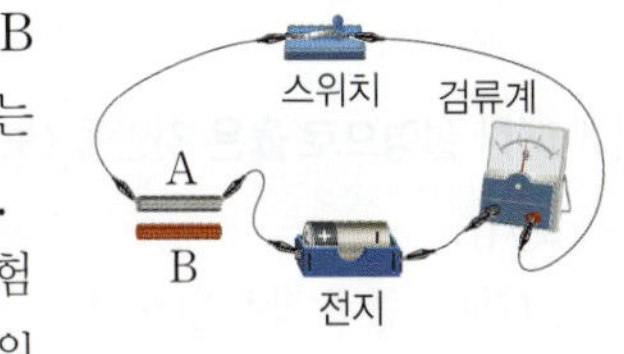

| 실험 결과 |

(나)	전류 흐르지 않음.
(다)	(㉠)

이에 대한 설명으로 옳은 것만을 〈보기〉에서 있는 대로 고른 것은?

보기
ㄱ. A는 부도체이다.
ㄴ. '전류 흐름.'은 ㉠에 해당한다.
ㄷ. 전기 전도성은 A가 B보다 크다.

① ㄱ   ② ㄴ   ③ ㄷ
④ ㄱ, ㄴ   ⑤ ㄴ, ㄷ

08

∞ 07강 | 물질의 전기적 성질 82쪽

그림은 반도체 소자를 나타낸 것이다.

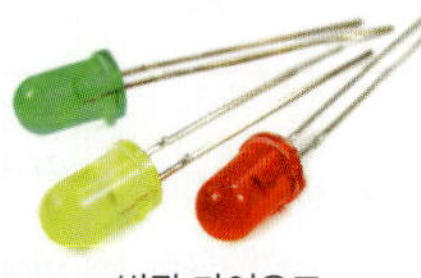

집적 회로   발광 다이오드

이에 대한 설명으로 옳은 것만을 〈보기〉에서 있는 대로 고른 것은?

보기
ㄱ. 전기 전도성은 도체보다 크다.
ㄴ. 규소(Si)는 반도체 소자의 재료로 사용된다.
ㄷ. 전류가 흐를 때 빛을 방출하는 성질을 이용할 수 있다.

① ㄱ   ② ㄴ   ③ ㄷ
④ ㄱ, ㄷ   ⑤ ㄴ, ㄷ

09

∞ 07강 | 물질의 전기적 성질 82쪽

그림 (가)~(다)는 반도체를 이용해 만든 장치를 나타낸 것이다.

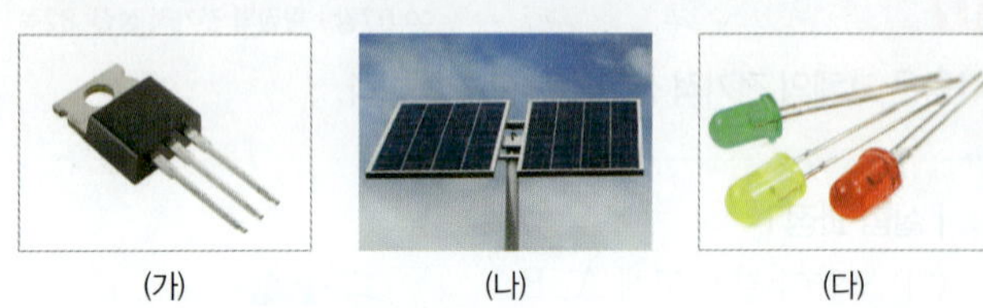

(가)   (나)   (다)

이에 대한 설명으로 옳은 것만을 〈보기〉에서 있는 대로 고른 것은?

보기
ㄱ. (가)는 증폭 작용을 한다.
ㄴ. (나)는 빛을 이용해 전기 에너지를 생산한다.
ㄷ. (다)는 전류의 흐름을 조절하는 스위치 작용을 한다.

① ㄱ   ② ㄷ   ③ ㄱ, ㄴ
④ ㄴ, ㄷ   ⑤ ㄱ, ㄴ, ㄷ

10

∞ 07강 | 물질의 전기적 성질 82쪽

그림은 반도체의 종류를 특성에 따라 분류한 것을 보고, 학생 A, B, C가 대화하는 것을 나타낸 것이다.

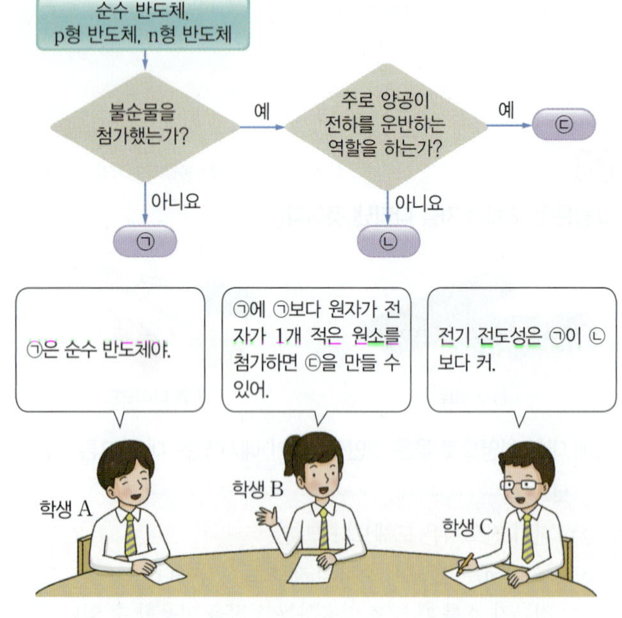

제시한 내용이 옳은 학생만을 있는 대로 고른 것은?

① A   ② C   ③ A, B
④ B, C   ⑤ A, B, C

11

∞ 07강 | 물질의 전기적 성질 82쪽

그림은 규소(Si)에 불순물 원소 a를 첨가한 반도체를 나타낸 것이다.

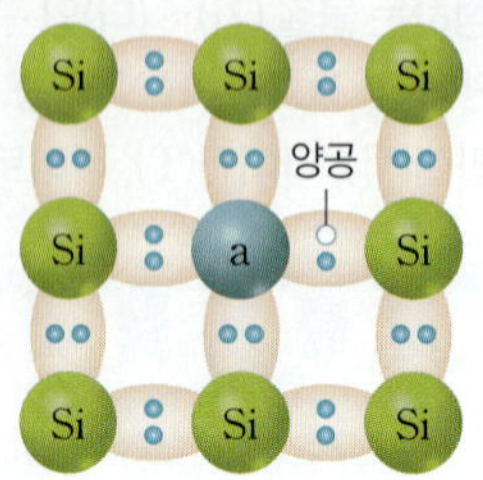

이에 대한 설명으로 옳은 것만을 〈보기〉에서 있는 대로 고른 것은?

보기
ㄱ. n형 반도체이다.
ㄴ. a의 원자가 전자는 3개이다.
ㄷ. a를 첨가하면 전기 전도성이 좋아진다.

① ㄱ   ② ㄴ   ③ ㄷ
④ ㄱ, ㄷ   ⑤ ㄴ, ㄷ

12

∞ 07강 | 물질의 전기적 성질 82쪽

그림 (가)~(다)는 각각 도체, 반도체, 부도체를 사용하여 만들어진 장치를 순서 없이 나타낸 것이다.

(가) 피뢰침   (나) 절연 장갑   (다) 태양 전지

이에 대한 설명으로 옳은 것만을 〈보기〉에서 있는 대로 고른 것은?

보기
ㄱ. (가)는 도체를 사용하여 만들어진 장치이다.
ㄴ. 전기 전도성은 (가)에서 사용된 물질이 (나)에서 사용된 물질보다 크다.
ㄷ. (다)는 반도체를 사용하여 만들어진다.

① ㄱ   ② ㄷ   ③ ㄱ, ㄴ
④ ㄴ, ㄷ   ⑤ ㄱ, ㄴ, ㄷ

:13
∞ 06강 | 지각과 생명체 구성 물질 74쪽

표는 지각과 생명체의 주요 구성 물질과 각 물질의 기본 단위체를 나타낸 것이다.

구분	지각	생명체	
구성 물질	규산염 광물	단백질	핵산
기본 단위체	(㉠)	아미노산	(㉡)

(1) ㉠에 알맞은 기본 단위체를 쓰시오.

(2) ㉡에 알맞은 기본 단위체를 쓰고, ㉡의 구조를 설명하시오.

(3) 위 표에서 알 수 있는 규산염 광물, 단백질, 핵산이 형성될 때의 공통점을 1가지만 설명하시오.

:14
∞ 06강 | 지각과 생명체 구성 물질 74쪽

다음은 어떤 생명체 구성 물질에 대한 설명이다. (   ) 안에 들어갈 알맞은 말을 쓰시오.

> 펩타이드결합으로 연결된 (㉠)의 종류와 수, 배열 순서가 달라지면 입체 구조가 달라져 (㉡)의 종류와 기능이 달라진다.

:15
∞ 06강 | 지각과 생명체 구성 물질 74쪽

그림 (가)는 단백질의 기본 단위체를, (나)는 핵산의 기본 단위체를 나타낸 것이다.

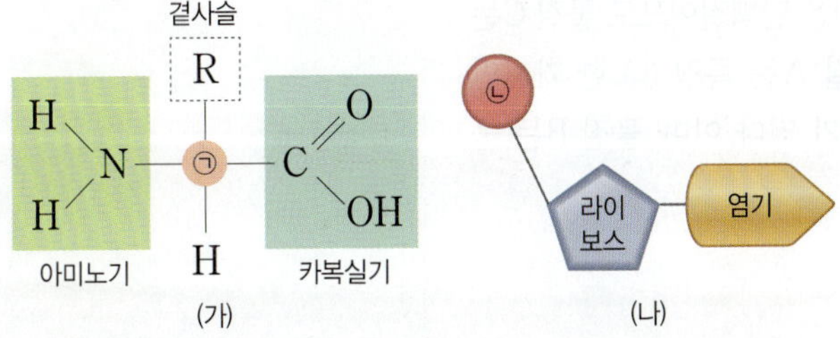

(1) ㉠에 알맞은 원소의 이름과 ㉡에 알맞은 명칭을 각각 쓰시오.

(2) (나)는 DNA와 RNA 중에서 어느 핵산의 기본 단위체인지 쓰고, 그렇게 생각한 까닭을 설명하시오.

:16
∞ 07강 | 물질의 전기적 성질 82쪽

그림은 고체 A, B를 전원, 저항, 스위치, 전류계에 연결하여 구성한 회로를 나타낸 것이다. 스위치를 닫기 전과 후에 저항에 흐르는 전류의 세기는 같다. A, B는 도체와 부도체를 순서 없이 나타낸 것이다.

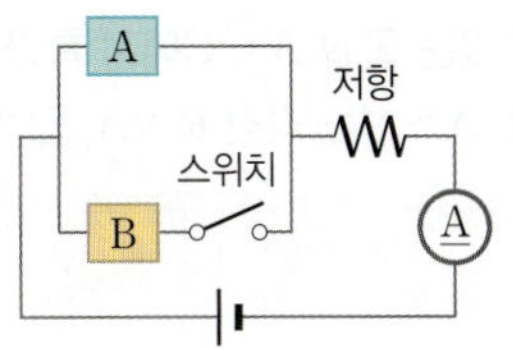

(1) A, B는 도체와 부도체 중에서 무엇인지 각각 쓰시오.

(2) 스위치를 닫기 전과 닫은 후 저항에 흐르는 전류의 세기가 같은 까닭을 설명하시오.

:17
∞ 07강 | 물질의 전기적 성질 82쪽

다음 설명에 해당하는 반도체 소자의 이름을 쓰시오.

> • 약한 신호를 큰 신호로 바꾸는 작용을 한다.
> • 전류의 흐름을 조절하는 스위치 작용을 한다.

:18
∞ 07강 | 물질의 전기적 성질 82쪽

다음은 가정에서 충전기를 사용하여 휴대 전화를 충전하는 것에 대한 설명이다.

> 발전소에서 생산된 전력은 세기와 방향이 주기적으로 변하는 교류로 가정에 공급된다. 휴대 전화는 민감한 소자로 구성되어 있어 전류의 세기가 변하면 소자가 손상될 수 있으므로 전류가 한 방향으로만 흐르는 직류를 사용한다. 따라서 휴대 전화 충전기에는 반도체로 만든 (㉠)이/가 필요하다.

㉠에 알맞은 전기 소자를 쓰고, 그렇게 생각한 까닭을 설명하시오.

03 자연의 구성 물질

출제 경향 기본 단위체의 결합으로 형성된 규산염 광물, 단백질, 핵산의 구조적 특징에 따른 물질의 차이를 통합적으로 묻는 문제가 주로 출제된다. 실험을 통해 물질을 전기 전도성에 따라 분류하고 반도체의 성질을 묻는 문제가 주로 출제된다.

문제 분석 **연습하기**

평가원 기출 변형

표 (가)는 생명체에 있는 물질 A~C에서 특징 ㉠과 ㉡의 유무를 나타낸 것이고, (나)는 ㉠과 ㉡을 순서 없이 나타낸 것이다. A~C는 각각 RNA, 단백질, 물 중 하나이다.

구분	㉠	㉡
A	×	○
B	×	×
C	○	○

(○: 있음, ×: 없음.)

(가)

특징(㉠, ㉡)

- 펩타이드결합이 있다.
- 구성 원소에 탄소(C)가 있다.

(나)

이에 대한 설명으로 옳은 것만을 〈보기〉에서 있는 대로 고른 것은?

보기

ㄱ. ㉠은 '펩타이드결합이 있다.'이다.
ㄴ. A의 기본 단위체는 뉴클레오타이드이다.
ㄷ. 인체에서 차지하는 비율은 C가 B보다 높다.

① ㄱ　　　② ㄴ　　　③ ㄷ　　　④ ㄱ, ㄴ　　　⑤ ㄴ, ㄷ

출제 의도 생명체를 구성하는 물질의 특징에 따라 각각의 물질을 추론하는 문제이다.

1 핵심 개념 파악하기

Point 단백질은 기본 단위체인 아미노산의 펩타이드결합으로 형성된다.

아미노산이 펩타이드결합으로 연결되므로 단백질에는 펩타이드결합이 있다.

06강 2 단백질　　C 74쪽

2 자료 분석하기

- 펩타이드결합이 있다. → 단백질
- 구성 원소에 탄소(C)가 있다. → RNA, 단백질

RNA, 단백질, 물 중에서 특징 ㉠, ㉡ 모두에 해당하는 것은 단백질이므로 물질 C는 단백질이고, 특징 ㉠은 '펩타이드결합이 있다.'이다. 물질 A는 특징 ㉡ 한 가지만 해당하므로 RNA이고, 특징 ㉡은 '구성 원소에 탄소(C)가 있다.'이며, 물질 B는 물이다.

3 〈보기〉 분석하기

ㄱ. ㉠은 '펩타이드결합이 있다.'이다. 　　(○)
→ 단백질은 아미노산이 펩타이드결합으로 연결되어 형성된다.

ㄴ. A의 기본 단위체는 뉴클레오타이드이다. 　　(○)
→ 핵산인 RNA의 기본 단위체는 뉴클레오타이드이다.

ㄷ. 인체에서 차지하는 비율은 C가 B보다 높다. 　　(×)
→ 물은 인체에서 차지하는 비율이 약 60~70 % 정도로 가장 많다.

정답 ④

1 수능 기출

표는 규산염 광물 A, B, C의 규산염 사면체 결합 구조와 원자 수의 비를 나타낸 것이다. A, B, C는 각각 석영, 휘석, 흑운모 중 하나이다.

광물	A	B	C
결합 구조			
원자 수의 비(Si : O)	(㉠)	( )	1 : 2

· 규소(Si) ○ 산소(O)

이에 대한 설명으로 옳은 것만을 〈보기〉에서 있는 대로 고른 것은?

보기
ㄱ. ㉠은 2 : 5이다.
ㄴ. B의 규산염 사면체 결합 구조는 판상 구조이다.
ㄷ. 이웃한 규산염 사면체끼리의 공유 산소 원자 수는 A가 C보다 많다.

① ㄱ   ② ㄴ   ③ ㄷ   ④ ㄱ, ㄴ   ⑤ ㄴ, ㄷ

이런 보기도 나온다!

ㄹ. A는 휘석이다.   (   )
ㅁ. B는 원자 수의 비(Si : O)가 1 : 4이다.   (   )
ㅂ. $\dfrac{\text{O 원자 수}}{\text{Si 원자 수}}$의 비가 A : C = 3 : 2이다.   (   )

자료 분석 Tip
제시된 결합 구조와 원자 수의 비(Si : O)로부터 규산염 광물의 종류를 알 수 있다.

2 교육청 기출

그림은 이중나선구조인 DNA의 일부를 나타낸 것이다.

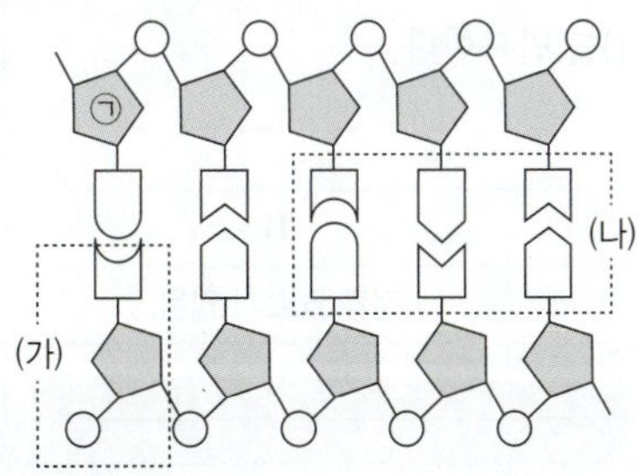

이에 대한 설명으로 옳은 것만을 〈보기〉에서 있는 대로 고른 것은?

보기
ㄱ. ㉠은 인산이다.
ㄴ. (가)는 뉴클레오타이드이다.
ㄷ. (나)에서 아데닌(A)의 수와 타이민(T)의 수는 같다.

① ㄱ   ② ㄴ   ③ ㄱ, ㄷ   ④ ㄴ, ㄷ   ⑤ ㄱ, ㄴ, ㄷ

자료 분석 Tip
DNA에서 염기는 2가지씩 상보적으로 결합한다.

3 교육청 기출 변형

다음은 생명체를 구성하는 물질 ㉠과 ㉡에 대한 자료이다. ㉠과 ㉡은 각각 단백질과 핵산 중 하나이다.

- ㉠은 유전정보를 저장하고 전달한다.
- ㉡의 기본 단위체는 아미노산이다.

이에 대한 설명으로 옳은 것만을 〈보기〉에서 있는 대로 고른 것은?

보기
ㄱ. ㉠은 핵산이다.
ㄴ. ㉡은 효소의 주성분이다.
ㄷ. ㉠과 ㉡은 모두 기본 단위체가 규칙에 따라 반복적으로 결합하며 형성된다.

① ㄱ　　　② ㄷ　　　③ ㄱ, ㄴ　　　④ ㄴ, ㄷ　　　⑤ ㄱ, ㄴ, ㄷ

출제 의도 제시된 자료로부터 단백질과 핵산을 구분하는 문제이다.

자료 분석 Tip
단백질은 몸을 구성하거나 효소나 호르몬 등의 주성분이다. 핵산은 유전정보를 저장하거나 전달하고 단백질 합성에 관여한다.

---

4 교육청 기출 변형

다음은 고체의 전기적 특성을 알아보기 위한 실험이다.

| 실험 과정 |
(가) 크기와 모양이 같은 고체 A, B를 준비한다. A, B는 도체 또는 부도체이다.
(나) 그림과 같이 다이오드와 A를 전지에 연결한다.
(다) 스위치를 닫고 전류가 흐르는지 관찰한 후, A를 B로 바꾸어 전류가 흐르는지 관찰한다.
(라) (나)에서 전지의 연결 방법을 반대로 하여 (다)를 반복한다.

| 실험 결과 |

고체	A	B
(다)의 결과	전류 흐름.	전류 흐르지 않음.
(라)의 결과	㉠	㉡

이에 대한 설명으로 옳은 것만을 〈보기〉에서 있는 대로 고른 것은?

보기
ㄱ. A는 부도체이다.
ㄴ. ㉠과 ㉡은 모두 '전류 흐르지 않음.'이다.
ㄷ. 전기 전도성은 A가 B보다 크다.

① ㄱ　　　② ㄴ　　　③ ㄷ　　　④ ㄱ, ㄴ　　　⑤ ㄴ, ㄷ

출제 의도 도체와 부도체의 전기적 성질을 비교하고, 다이오드의 특성을 알아내는 문제이다.

자료 분석 Tip
다이오드는 전류를 한 방향으로만 흐르게 하는 정류 작용을 한다.

5 교육청 기출 변형

그림 (가)는 저마늄(Ge)에 각각 인듐(In), 비소(As)를 도핑한 반도체 X, Y를 나타낸 것이다. 그림 (나)는 직류 전원, 스위치, X와 Y가 접합된 구조의 다이오드를 이용하여 회로를 구성하고 스위치를 연결하였더니 전구에서 빛이 방출되는 것을 나타낸 것이다.

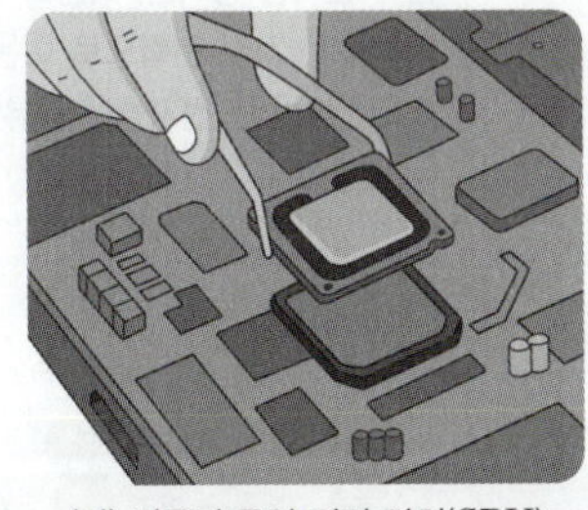

(가)

이에 대한 설명으로 옳은 것만을 〈보기〉에서 있는 대로 고른 것은?

보기
ㄱ. 원자가 전자는 인듐(In)이 비소(As)보다 많다.
ㄴ. Y는 n형 반도체이다.
ㄷ. 직류 전원의 방향을 바꾸어 연결하고 스위치를 닫아도 전구에서는 빛이 방출된다.

① ㄱ　　② ㄴ　　③ ㄷ　　④ ㄱ, ㄴ　　⑤ ㄴ, ㄷ

이런 보기도 나온다!

ㄹ. 인듐(In)의 원자가 전자는 3개이다.　(　)
ㅁ. 다이오드의 극을 바꾸어 연결하고 스위치를 닫아도 불이 켜진다.　(　)
ㅂ. X는 주로 양공이 전류를 흐르게 한다.　(　)

출제 의도 불순물 반도체를 만들기 위해 첨가되는 원소의 원자가 전자를 알고, 다이오드의 특성을 이해하는 문제이다.

자료 분석 Tip
p형 반도체는 양공이 많아지도록 도핑되었고, n형 반도체는 전자가 많아지도록 도핑되었다.

6 교육청 기출 변형

그림 (가), (나)는 반도체가 일상생활에서 이용되는 예를 나타낸 것이다.

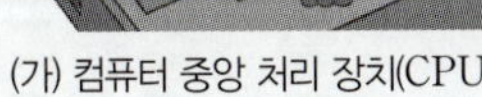
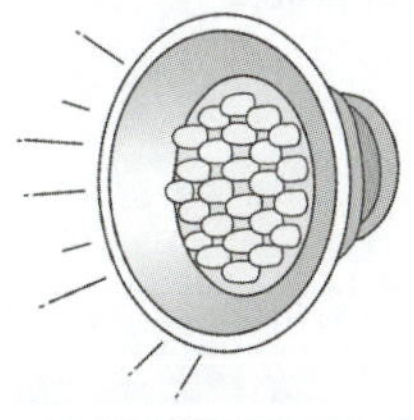

(가) 컴퓨터 중앙 처리 장치(CPU)　　(나) 발광 다이오드(LED)

반도체에 대한 대한 설명으로 옳은 것만을 〈보기〉에서 있는 대로 고른 것은?

보기
ㄱ. 특정 온도에서 전기 저항이 0이 된다.
ㄴ. 규소(Si)는 대표적인 반도체 물질이다.
ㄷ. 전기 에너지를 빛에너지로 전환하는 데 이용할 수 있다.

① ㄱ　　② ㄴ　　③ ㄷ　　④ ㄱ, ㄴ　　⑤ ㄴ, ㄷ

출제 의도 반도체가 활용되는 예를 통해 반도체의 특징을 묻는 문제이다.

자료 분석 Tip
반도체는 도체와 부도체의 중간적인 전기적 성질을 가지고 있다.

핵심 자료 모아 보기

01 원소의 생성

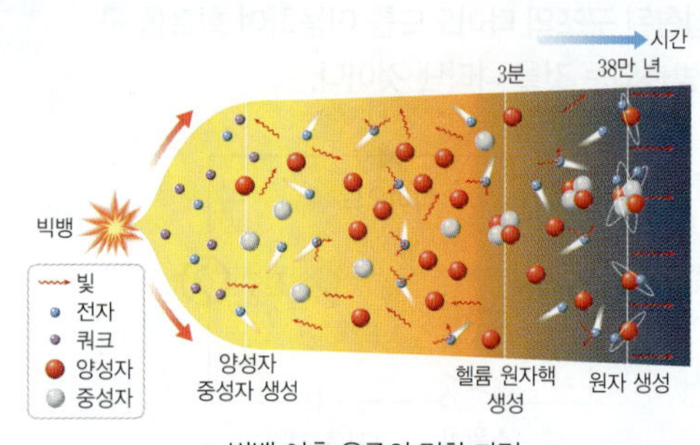

▲ 빅뱅 이후 우주의 진화 과정

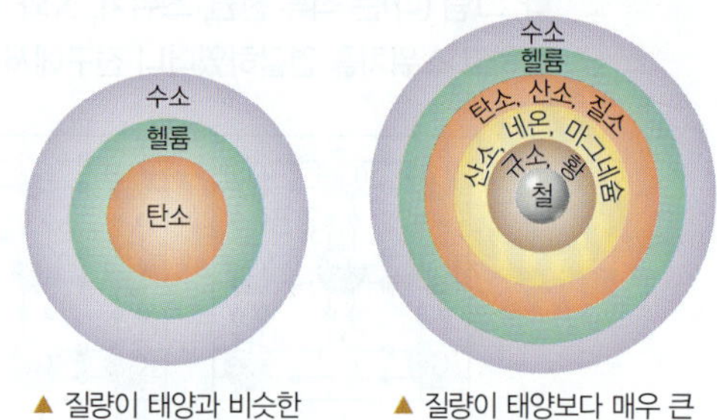

▲ 질량이 태양과 비슷한 별의 내부 구조

▲ 질량이 태양보다 매우 큰 별의 내부 구조

02강 우주 초기에 생성된 원소 ↻ 22쪽

약 138억 년 전 대폭발(빅뱅)이 일어나 우주가 탄생하였고, 우주 팽창에 따라 우주의 온도와 밀도가 감소하면서 여러 가지 물질이 생겨났다.

03강 별의 진화와 원소의 생성 ↻ 30쪽

별이 진화하는 과정에서 별 내부의 핵융합 반응을 통해 다양한 종류의 원소가 생성된다.

02 원소의 주기성과 화학 결합

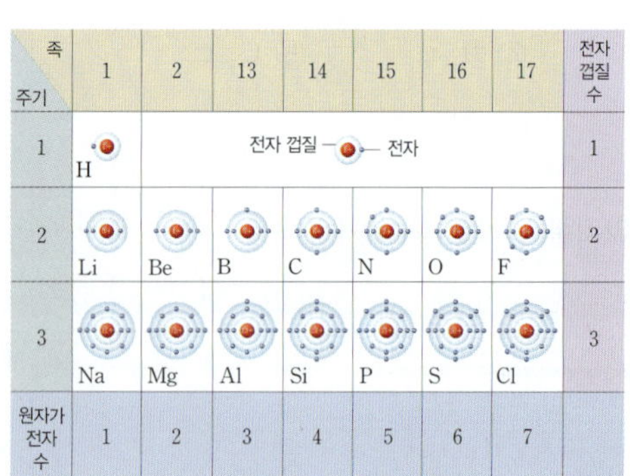

▲ 1~3주기 원자의 전자 배치

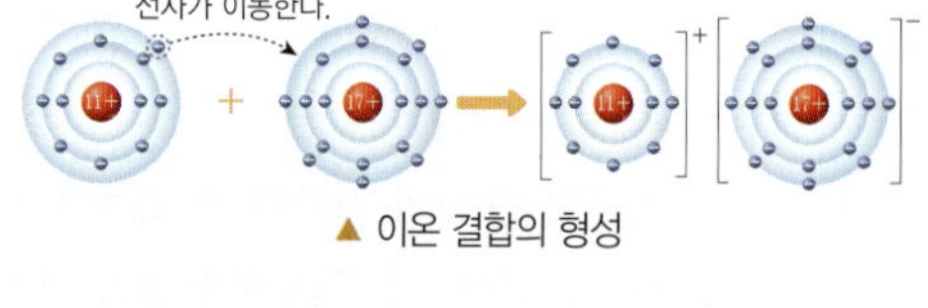

▲ 이온 결합의 형성

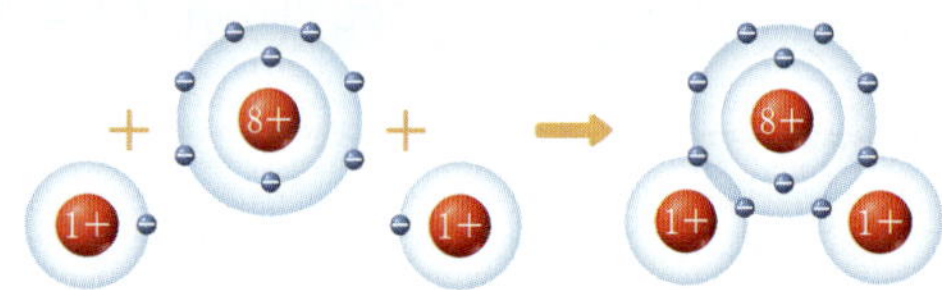

▲ 공유 결합의 형성

04강 원소의 주기성 ↻ 48쪽

원자의 전자 배치에서 같은 족에 속하는 원소들은 원자가 전자 수가 같아 화학적 성질이 유사하다.

05강 이온 결합과 공유 결합 ↻ 56쪽

금속 원자는 양이온, 비금속 원자는 음이온이 되고, 이들 사이의 정전기적 인력으로 이온 결합을 형성한다. 비금속 원소의 원자들은 전자쌍을 공유하여 공유 결합을 형성한다.

03 자연의 구성 물질

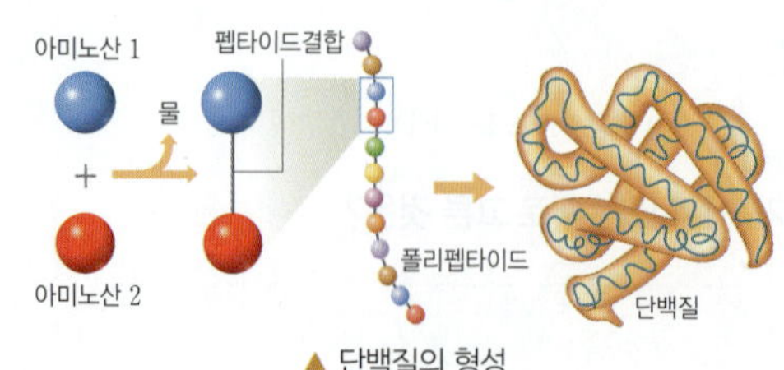

▲ 단백질의 형성

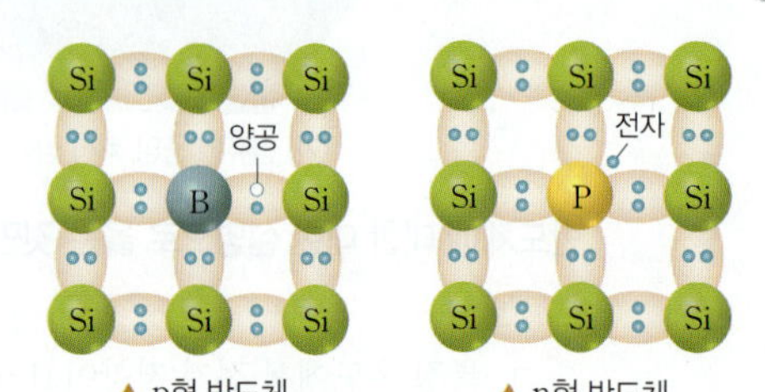

▲ p형 반도체

▲ n형 반도체

06강 지각과 생명체 구성 물질 ↻ 74쪽

여러 개의 아미노산이 규칙에 따라 반복적으로 결합해 단백질을 형성하는 것처럼 규산염 사면체는 규산염 광물을, 뉴클레오타이드는 핵산을 구성한다.

07강 물질의 전기적 성질 ↻ 82쪽

반도체는 규소(Si)와 같이 전기 전도성이 도체와 부도체의 중간 정도인 물질로, 순수 반도체에 불순물을 첨가하면 전기 전도성이 좋아진다.

Ⅱ 물질과 규칙성

01 원소의 생성

:01

그림 (가)는 원소 A로만 이루어진 고온의 기체에서 나온 빛의 스펙트럼을, (나)는 여러 가지 원소가 혼합된 저온의 기체를 통과한 백열등 빛의 스펙트럼을 나타낸 것이다.

이에 대한 설명으로 옳은 것만을 〈보기〉에서 있는 대로 고른 것은?

보기
ㄱ. (가)는 방출 스펙트럼, (나)는 흡수 스펙트럼이다.
ㄴ. (나)에는 원소 A가 포함되어 있다.
ㄷ. 백열등은 (나)의 검은색 선에 해당하는 파장의 빛을 방출하지 않는다.

① ㄱ   ② ㄷ   ③ ㄱ, ㄴ
④ ㄴ, ㄷ   ⑤ ㄱ, ㄴ, ㄷ

:02

그림은 우주에서 일어난 주요한 사건 (가)~(라)를 시간 순서대로 나타낸 것이다.

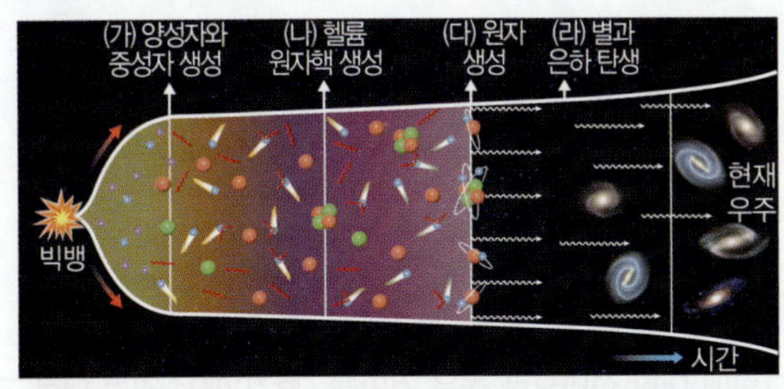

이에 대한 설명으로 옳은 것만을 〈보기〉에서 있는 대로 고른 것은?

보기
ㄱ. 전자는 (가)와 (나) 사이의 시기에 생성되었다.
ㄴ. 탄소는 (라) 이후에 우주에 출현하였다.
ㄷ. 우주에 존재하는 헬륨 원자핵의 질량비는 (나)~(다) 시기보다 (다)~(라) 시기에 높다.

① ㄱ   ② ㄴ   ③ ㄱ, ㄷ
④ ㄴ, ㄷ   ⑤ ㄱ, ㄴ, ㄷ

:03 서술형

그림은 질량이 태양과 비슷한 별의 중심부에서 핵융합 반응이 끝났을 때의 내부 구조를 나타낸 것이다.

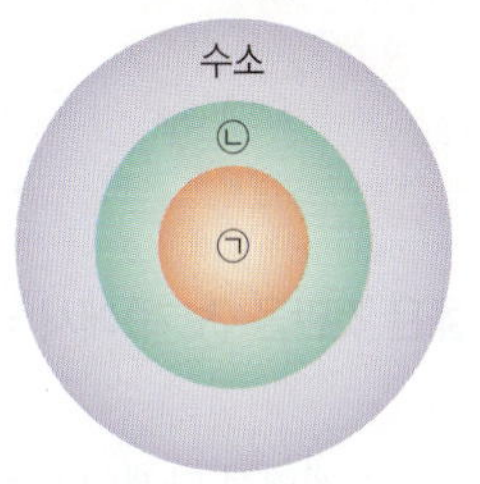

(1) ㉠, ⓒ에 해당하는 원소를 쓰시오.

(2) 현재 태양이 밝게 빛나는 까닭에 대해 설명하시오.

:04

그림은 수소와 헬륨으로만 이루어진 성운 A에서 시작된 별의 탄생과 진화 과정을 나타낸 것이다.

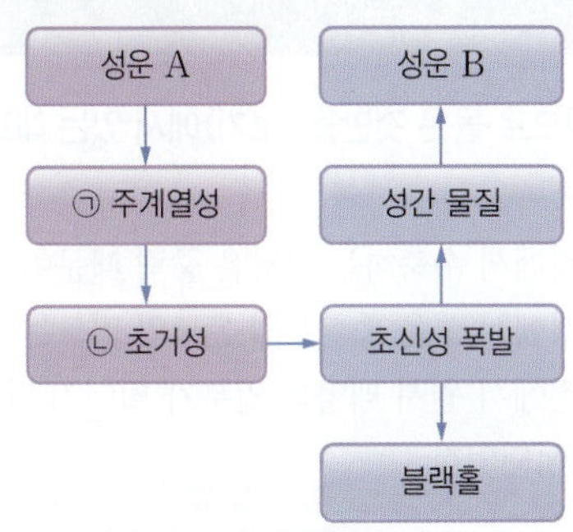

이에 대한 설명으로 옳은 것만을 〈보기〉에서 있는 대로 고른 것은?

보기
ㄱ. ㉠은 태양과 질량이 비슷한 별이다.
ㄴ. ⓒ에서는 규소 핵융합 반응이 일어날 수 있다.
ㄷ. 성운 B에는 금이 존재할 수 있다.

① ㄱ   ② ㄷ   ③ ㄱ, ㄴ
④ ㄴ, ㄷ   ⑤ ㄱ, ㄴ, ㄷ

05

그림은 질량이 태양과 비슷한 별이 진화하는 과정 중 어느 시기에 나타나는 별의 내부 구조이다.

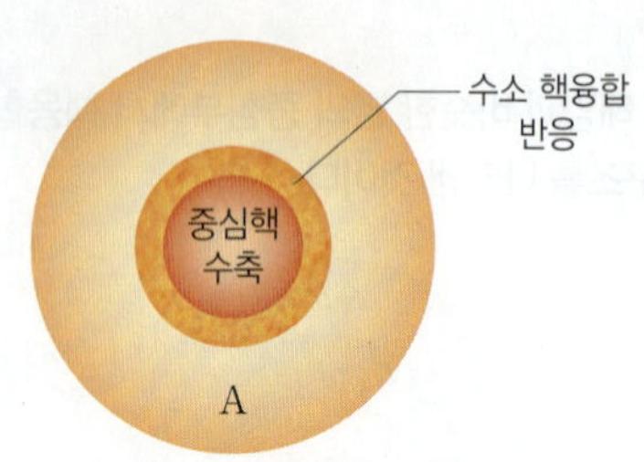

이에 대한 설명으로 옳은 것만을 〈보기〉에서 있는 대로 고른 것은?

> 보기
> ㄱ. 중심핵의 온도는 주계열성 단계일 때보다 높다.
> ㄴ. 수소 함량비는 중심핵이 A 영역보다 높다.
> ㄷ. 시간이 흐르면 중심핵에서 철이 만들어질 수 있다.

① ㄱ　　　　② ㄷ　　　　③ ㄱ, ㄴ
④ ㄴ, ㄷ　　　⑤ ㄱ, ㄴ, ㄷ

06

그림은 태양계의 형성 과정을 나타낸 것이다.

이에 대한 설명으로 옳은 것만을 〈보기〉에서 있는 대로 고른 것은?

> 보기
> ㄱ. (가) 과정에서 수축하는 까닭은 중력 때문이다.
> ㄴ. (나) 과정에서 성운 중심부의 온도와 밀도는 상승한다.
> ㄷ. (다) 과정에서 원시 태양의 일부가 떨어져 나와 원시 행성이 형성되었다.

① ㄱ　　　　② ㄷ　　　　③ ㄱ, ㄴ
④ ㄴ, ㄷ　　　⑤ ㄱ, ㄴ, ㄷ

07 서술형

지구를 구성하는 원소 중 질량비가 가장 큰 원소를 쓰고, 이 원소는 어떻게 생성되었는지를 설명하시오.

08

그림은 지구 진화 과정의 일부를 나타낸 것이다.

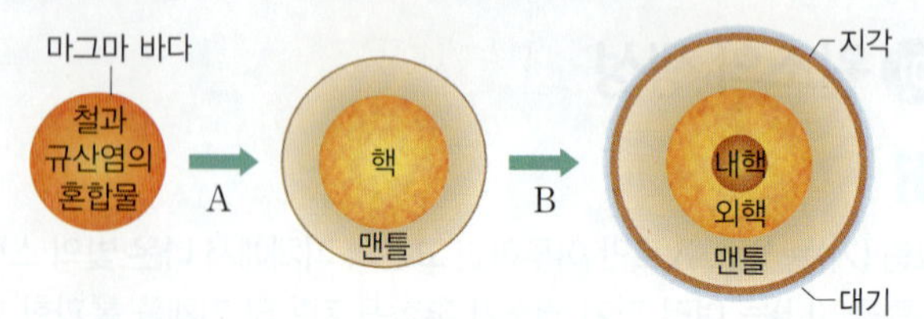

이에 대한 설명으로 옳은 것만을 〈보기〉에서 있는 대로 고른 것은?

> 보기
> ㄱ. A 과정에서 지구의 질량은 증가하였다.
> ㄴ. A 과정에서 철과 니켈 같은 무거운 물질은 지구 중심부로 이동하였다.
> ㄷ. B 과정에서 지구의 온도는 점점 높아졌다.

① ㄱ　　　　② ㄷ　　　　③ ㄱ, ㄴ
④ ㄴ, ㄷ　　　⑤ ㄱ, ㄴ, ㄷ

02 원소의 주기성과 화학 결합

[09~10] 그림은 원자 A~C의 전자 배치를 모형으로 나타낸 것이다. 물음에 답하시오.

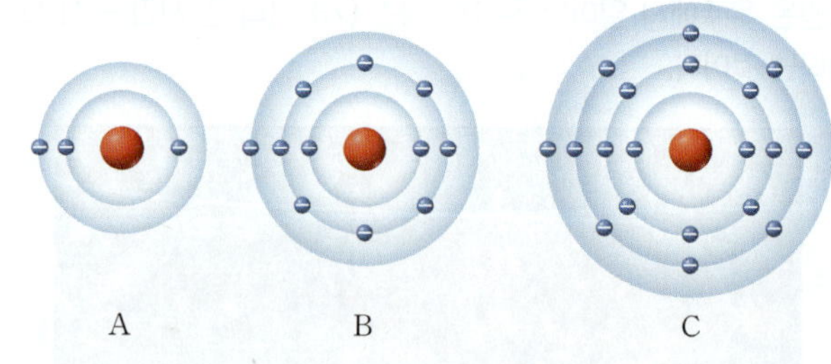

09

위 그림에 대한 설명으로 옳은 것만을 〈보기〉에서 있는 대로 고른 것은? (단, A~C는 임의의 원소 기호이다.)

> 보기
> ㄱ. A~C는 같은 족 원소이다.
> ㄴ. 반응성의 크기는 A＜B＜C이다.
> ㄷ. C가 안정한 이온이 될 때 아르곤(Ar)과 같은 전자 배치를 한다.

① ㄱ　　　　② ㄷ　　　　③ ㄱ, ㄴ
④ ㄴ, ㄷ　　　⑤ ㄱ, ㄴ, ㄷ

10 서술형

위 A~C의 유사한 성질을 2가지만 설명하시오.

11

오른쪽 그림은 이온 X^{n+}의 전자 배치를 모형으로 나타낸 것이다. 이에 대한 설명으로 옳은 것만을 〈보기〉에서 있는 대로 고른 것은? (단, X는 임의의 원소 기호이다.)

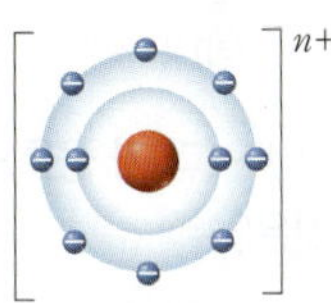

보기
ㄱ. X는 3주기 금속 원소이다.
ㄴ. $n=1$인 경우 X는 알칼리 금속이다.
ㄷ. $n=2$인 경우 X의 원자 번호는 13이다.

① ㄴ   ② ㄷ   ③ ㄱ, ㄴ
④ ㄱ, ㄷ   ⑤ ㄱ, ㄴ, ㄷ

12

그림은 이온 A^{2+}과 B^-의 전자 배치를 모형으로 나타낸 것이다.

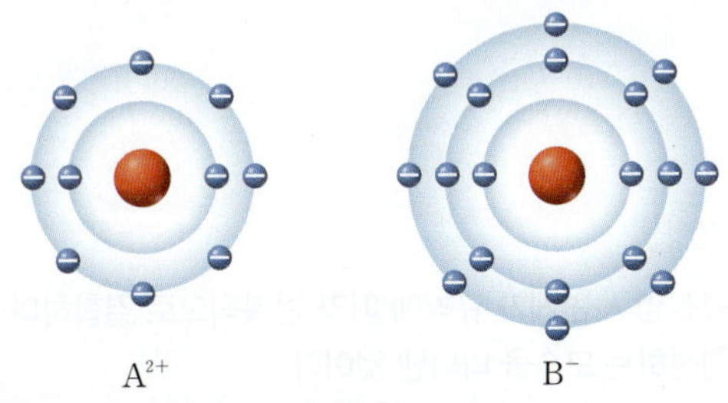

이에 대한 설명으로 옳은 것만을 〈보기〉에서 있는 대로 고른 것은? (단, A와 B는 임의의 원소 기호이다.)

보기
ㄱ. A는 금속 원소이다.
ㄴ. B는 원자가 전자 수가 7이다.
ㄷ. A와 B가 이온 결합을 하여 AB_2를 형성한다.

① ㄱ   ② ㄷ   ③ ㄱ, ㄴ
④ ㄴ, ㄷ   ⑤ ㄱ, ㄴ, ㄷ

13

다음은 주기율표의 일부와 원소 A~D에 대한 자료이다.

주기 \ 족	1	2	13	14	15	16	17	18
2								
3								

- A~D는 각각 빗금 친 부분의 원소 중 하나이다.
- A와 C는 같은 주기 원소이다.
- A와 B는 이온 결합을 형성한다.
- 안정한 이온이 될 때의 전자 수는 C가 가장 크다.

이에 대한 설명으로 옳은 것만을 〈보기〉에서 있는 대로 고른 것은? (단, A~D는 임의의 원소 기호이다.)

보기
ㄱ. A와 C는 이온 결합을 형성한다.
ㄴ. B와 D는 화학적 성질이 유사하다.
ㄷ. 원자가 전자 수가 가장 큰 것은 A이다.

① ㄱ   ② ㄷ   ③ ㄱ, ㄴ
④ ㄴ, ㄷ   ⑤ ㄱ, ㄴ, ㄷ

14 서술형

그림은 원자 A와 B의 전자 배치를 모형으로 나타낸 것이다. A와 B는 임의의 원소 기호이다.

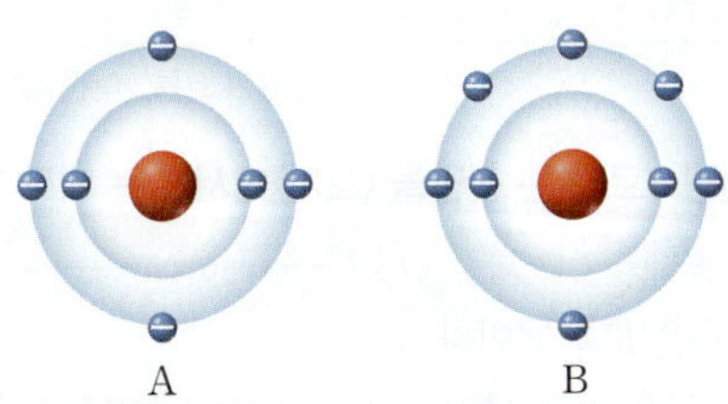

(1) A와 B의 주기와 원자가 전자 수를 각각 쓰시오.

(2) A와 B가 형성하는 안정한 화합물의 화학식과 공유 전자 쌍의 수를 포함하여 A와 B 사이에 화학 결합이 형성되는 과정을 설명하시오.

:15

그림은 화합물 AB와 CB를 모형으로 나타낸 것이다.

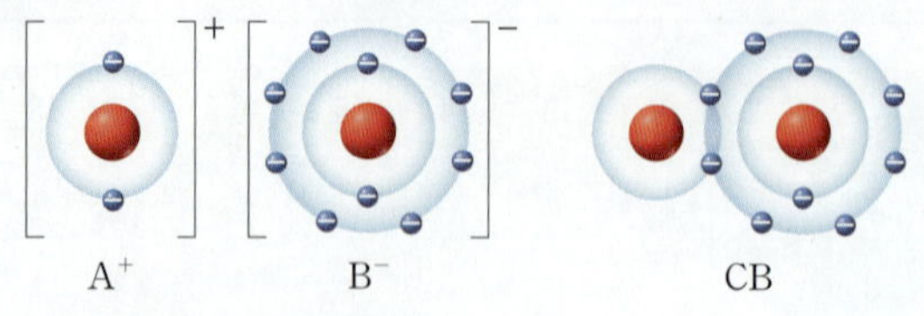

이에 대한 설명으로 옳은 것만을 〈보기〉에서 있는 대로 고른 것은? (단, A~C는 임의의 원소 기호이다.)

보기
ㄱ. A~C는 같은 주기 원소이다.
ㄴ. A와 C는 원자가 전자 수가 같다.
ㄷ. AB와 CB에서 B는 모두 네온(Ne)과 같은 전자 배치를 한다.

① ㄱ   ② ㄷ   ③ ㄱ, ㄴ
④ ㄴ, ㄷ   ⑤ ㄱ, ㄴ, ㄷ

:16

표는 원소 A~C로 이루어진 물질 (가)~(다)의 전기 전도성을 물질의 상태에 따라 비교한 실험 결과이다. A~C는 각각 칼륨(K), 염소(Cl), 산소(O) 중 하나이고, (다)는 실온에서 기체 상태로 존재한다.

물질		(가)	(나)	(다)
화학식		A_2B	AC	B_2
전기 전도성	고체 상태	×	㉠	
	수용액	○	㉡	×

(○: 전류가 흐름, ×: 전류가 흐르기 않음.)

이에 대한 설명으로 옳은 것만을 〈보기〉에서 있는 대로 고른 것은?

보기
ㄱ. ㉠과 ㉡은 모두 ×이다.
ㄴ. (다)는 공유 결합 물질이다.
ㄷ. (가)와 (나)에서 A는 아르곤(Ar)과 같은 전자 배치를 한다.

① ㄱ   ② ㄴ   ③ ㄱ, ㄷ
④ ㄴ, ㄷ   ⑤ ㄱ, ㄴ, ㄷ

03 자연의 구성 물질

:17

그림 (가)~(다)는 규산염 광물의 결합 구조를 나타낸 것이다.

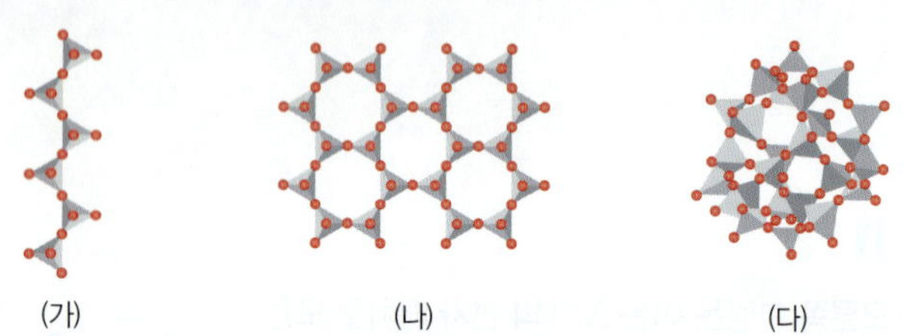

(가)   (나)   (다)

(가)~(다)가 공통으로 가지는 특징만을 〈보기〉에서 있는 대로 고른 것은?

보기
ㄱ. 기본 단위체는 규산염 사면체이다.
ㄴ. 쪼개짐이 없이 단단하고 풍화에 강하다.
ㄷ. 기본 단위체 간 공유하는 산소 원자 수가 3이다.

① ㄱ   ② ㄴ   ③ ㄷ
④ ㄱ, ㄴ   ⑤ ㄱ, ㄷ

:18 서술형

그림은 규산염 사면체가 규칙에 따라 반복적으로 결합하며 규산염 광물을 형성하는 모습을 나타낸 것이다.

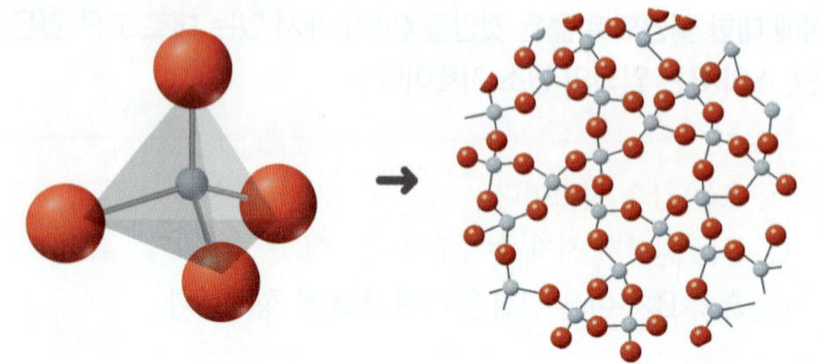

위 그림에서 알 수 있는 규산염 사면체의 결합 규칙성을 설명하시오.

19

그림 (가)와 (나)는 생명체를 구성하는 두 물질의 기본 단위체를 각각 나타낸 것이다.

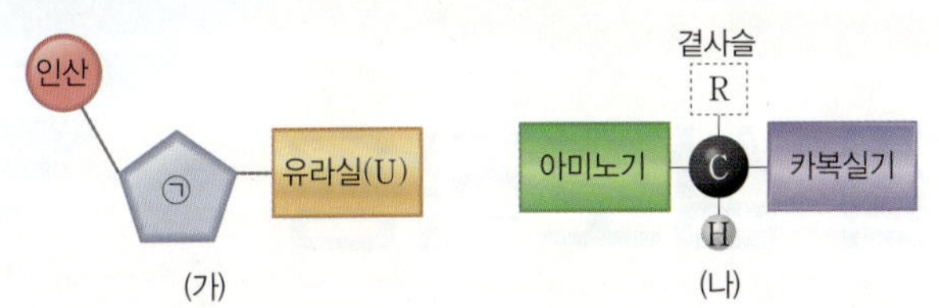

이에 대한 설명으로 옳은 것만을 〈보기〉에서 있는 대로 고른 것은?

> **보기**
> ㄱ. (가)는 DNA의 기본 단위체 중 하나이다.
> ㄴ. ㉠은 라이보스이다.
> ㄷ. (나)는 곁사슬(R)에 따라 종류가 달라진다.

① ㄱ 　　② ㄷ 　　③ ㄱ, ㄴ
④ ㄴ, ㄷ 　　⑤ ㄱ, ㄴ, ㄷ

20

그림은 생명체를 구성하는 3가지 물질을 구분하는 과정을 나타낸 것이다.

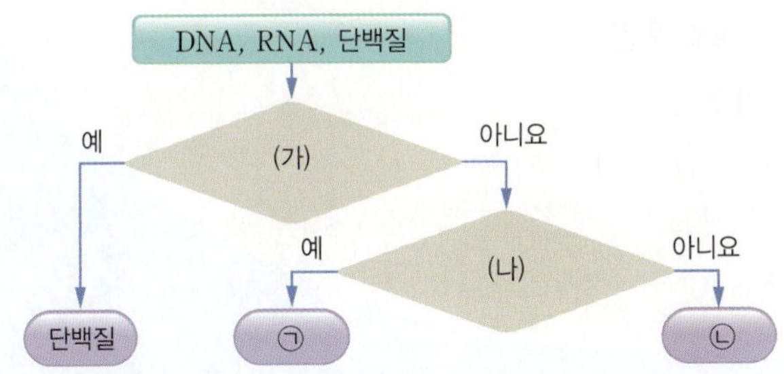

이에 대한 설명으로 옳은 것만을 〈보기〉에서 있는 대로 고른 것은?

> **보기**
> ㄱ. '기본 단위체에 탄소(C)가 포함되는가?'는 (가)로 적절하다.
> ㄴ. '기본 단위체가 반복적으로 결합하여 형성되는가?'는 (가)로 적절하다.
> ㄷ. (나)가 '기본 단위체의 염기 중에 유라실(U)이 포함되는가?'일 때 ㉠은 RNA이다.

① ㄱ 　　② ㄷ 　　③ ㄱ, ㄴ
④ ㄴ, ㄷ 　　⑤ ㄱ, ㄴ, ㄷ

21

오른쪽 그림은 반도체 소자를 활용한 부품을 나타낸 것이다.
이에 대한 설명으로 옳은 것만을 〈보기〉에서 있는 대로 고른 것은?

> **보기**
> ㄱ. 정류 작용을 한다.
> ㄴ. 순수 반도체에 불순물을 첨가하여 만든다.
> ㄷ. 데이터를 처리하거나 저장하는 데 이용된다.

① ㄱ 　　② ㄴ 　　③ ㄱ, ㄷ
④ ㄴ, ㄷ 　　⑤ ㄱ, ㄴ, ㄷ

22

그림 (가), (나)는 반도체를 이용해 만든 장치를 나타낸 것이다.

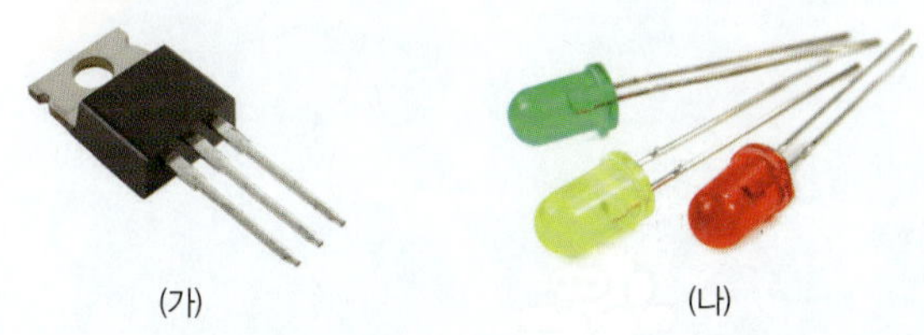

이에 대한 설명으로 옳은 것만을 〈보기〉에서 있는 대로 고른 것은?

> **보기**
> ㄱ. (가)는 정류 작용을 한다.
> ㄴ. (나)는 첨가하는 원소에 따라 방출되는 빛의 색을 다르게 할 수 있다.
> ㄷ. (가)와 (나)는 모두 p형 반도체만으로 만들어진다.

① ㄱ 　　② ㄴ 　　③ ㄷ
④ ㄱ, ㄴ 　　⑤ ㄴ, ㄷ

Ⅲ 시스템과 상호작용

이 단원 한 줄 요약 ______
우리가 살고 있는 세상은 각 구성 요소들이 서로 영향을 주고받으며 상호작용 하는 시스템으로 구성
되어 있다.

◆ 이 단원의 학습 연계

선수 학습

중학교
• 지권의 변화
• 중력
• 등속 운동
• 자유 낙하 운동
• 생물의 구성과 다양성
• 생식과 유전

이 단원의 학습
• 지구시스템의 구성과 상호작용
• 판 구조론과 지각 변동
• 중력장 내의 운동
• 충격량과 운동량
• 생명 시스템의 기본 단위
• 물질대사
• 유전자와 단백질

후속 학습

지구과학
• 지구의 역사와 한반도의 암석

물리학
• 힘과 운동

생명과학
• 생명 시스템의 구성
• 생명의 연속성과 다양성

생물의 유전
• 유전자와 유전물질
• 유전자의 발현

지구시스템과학
• 지구 탄생과 생동하는 지구

역학과 에너지
• 물체의 운동

세포와 물질대사
• 세포

기억 되살리기

이전에 배운 내용

통합과학1 이전에 배운 내용을 떠올리면서 빈칸에 들어갈 알맞은 말을 쓰시오.

1

◻◻◻은/는 태양과 태양 주위를 공전하는 모든 천체 및 이들이 차지하는 공간이다.

08강 지구시스템의 구성과 상호작용

2

지구 표면은 10여 개의 크고 작은 ◻(으)로 이루어져 있다.

09강 지권의 변화와 판 구조론

3

지구가 물체를 당기는 힘을 ◻◻(이)라고 한다.

10강 중력의 작용

4

등속 운동을 하는 물체는 속력이 ◻◻하다.

11강 역학 시스템과 안전

5

◻◻은/는 생물을 구성하는 구조적·기능적 기본 단위이다.

12강 생명 시스템에서의 화학 반응

6

◻◻◻은/는 세포를 둘러싸 세포의 안과 밖을 구분하며, 물질의 출입을 조절한다.

13강 세포막을 통한 물질 출입

7

DNA에서 유전정보를 저장하고 있는 부위를 ◻◻◻(이)라고 한다.

14강 세포 내 정보의 흐름

답 | 1 태양계 2 판 3 중력 4 일정 5 세포 6 세포막 7 유전자

08강 01 지구시스템 지구시스템의 구성과 상호작용

1 지구시스템

(1) 시스템 여러 구성 요소가 모여 *상호작용 하면서 균형을 유지하는 체계이다.

① **태양계**: 태양과 태양 주위를 공전하는 8개의 행성과 소행성, 왜소 행성 및 행성 주위를 공전하는 위성 등으로 이루어져 있다. _{태양계 천체들이 태양의 중력에 붙잡혀 태양 주위를 공전하면서 상호작용 하는 하나의 시스템을 이루고 있다.}

② **지구시스템**: 지구는 태양계라는 시스템의 구성 요소이면서 지구를 구성하는 기권, 수권, 지권, 생물권, 외권이 서로 상호작용 하는 또 하나의 시스템이다. _{지구는 유일하게 생명체가 존재하는 태양계 행성이다.}

(2) 지구에 생명체가 존재하는 까닭 생명체가 존재하는 데 필수적인 조건인 안정적인 에너지 공급원(태양)과 액체 상태의 물이 있기 때문이다.

① **태양으로부터의 적당한 거리**: 액체 상태의 물이 존재할 수 있는 표면 온도를 유지할 수 있다.

② **대기와 자기장의 존재**: 생명체가 안전하게 생존할 수 있는 환경을 조성한다. ❶

2 지구시스템의 구성 요소와 상호작용 자료 110쪽

(1) 지구시스템의 구성 요소 지구시스템은 기권, 수권, 지권, 생물권, 외권으로 이루어져 있다.

기권	• 지구 표면을 둘러싸고 있는 대기로, 지표에서 높이 약 1000 km까지 분포한다. • 기권은 높이에 따른 기온 분포를 기준으로 대류권, 성층권, 중간권, 열권으로 구분한다. • 기권의 역할: 온실 효과를 일으켜 생명체가 살기에 적당한 온도를 유지하고, 호흡과 광합성에 필요한 산소와 이산화 탄소를 공급한다. ❷
수권	• 해수, 빙하, 지하수, 강과 호수 등 지구에 존재하는 물로, 해수가 대부분을 차지한다. ❸ • 해수는 깊이에 따른 수온 분포를 기준으로 혼합층, 수온 약층, 심해층으로 구분한다. • 수권의 역할: 생명체가 살아가는 데 꼭 필요한 물질로, 생명체의 서식 공간이 되며, 해수의 순환으로 태양 에너지를 지구 전체에 고르게 분산하여 지구의 에너지 평형에 기여한다.
지권	• 지구의 표면과 내부를 포함한 영역이다. _{지권은 외권을 제외한 지구시스템에서 가장 많은 질량을 차지한다.} • 지각, 맨틀, 외핵, 내핵으로 구성되어 있다. ┌예 화산 활동 • 지권의 역할: 생명체의 서식 공간이 되며, 지표에서는 <u>다른 권역과의 상호작용</u>이 활발하다.
생물권	• 지구상에 존재하는 모든 생명체를 말하며, 기권, 수권, 지권에 걸쳐 분포한다. • 지구시스템의 구성 요소 중 가장 나중에 지구상에 등장하였다. • 주변 환경과 영향을 주고받으며 생명 현상을 유지한다.
외권	• 지구를 감싸고 있는 기권 밖의 영역이다. • 외권에서 오는 태양 에너지는 식물의 광합성에 이용되며, 대기와 해수를 순환시킨다.

(2) 지구시스템의 상호작용 지구시스템을 구성하는 각 요소는 상호작용을 하고 있으며, 이 과정에서 물질의 순환과 에너지의 흐름이 일어난다. ❹

근원 \ 영향	기권	수권	지권	생물권
기권	기단 사이의 상호작용	파도, 해류 발생	바람의 풍화, 침식, 운반 작용	호흡, 광합성, 포자 운반
수권	수증기 공급, 태풍 발생	해수의 혼합과 심층 순환	물과 빙하의 풍화, 침식, 운반 작용	수중 생물의 서식처 제공
지권	화산 가스 분출	지권의 물질 유입 (용해)	판의 운동, 지각 변동	육상 생물의 서식처 제공
생물권	호흡, 광합성, 증산 작용	수질 오염, 해양 오염	생물에 의한 풍화 작용	먹이 사슬 형성

• **지구시스템의 구성 요소**: 지구시스템은 기권, 수권, 지권, 생물권 등으로 이루어져 있다.

• **암석의 순환**: 암석은 주변 환경 변화에 따라 지표와 지구 내부에서 끊임없이 다른 암석으로 변화한다.

❶ **지구 대기와 자기장의 역할**
지구를 둘러싼 대기는 우주에서 유입되는 유성체와 자외선을 막아주며, 자기장은 우주선과 태양의 고에너지 입자를 막아준다. 따라서 대기와 자기장은 지표의 생명체를 보호한다.

❷ **기권의 구성**
질소와 산소가 전체 대기 부피의 약 99 %를 차지한다.

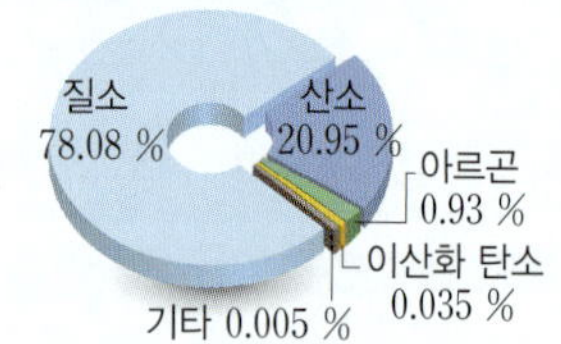

❸ **수권의 구성**
해수가 전체 수권 부피의 약 97.2 %를 차지한다.

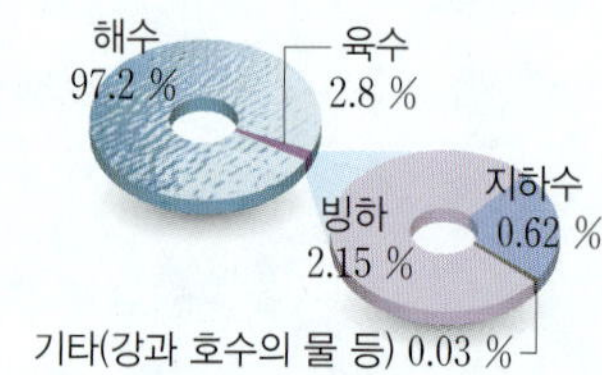

❹ **지구시스템의 상호작용**

지구시스템의 어느 한 권역에서 일어난 변화는 다른 권역에 영향을 줄 수 있다.

③ 지구시스템의 물질 순환과 에너지 흐름

(1) 지구시스템의 에너지원 태양 에너지, 지구 내부 에너지, *조력 에너지가 있다.

태양 에너지	• 태양에서 오는 에너지로, 지구시스템의 에너지원 중 가장 많은 양을 차지함. • 대기와 물을 순환시키며, 이 과정에서 날씨 변화와 지표의 변화가 나타남. • 생명활동에 필요한 에너지원으로 이용되며, 화석 연료의 근원이 됨.
지구 내부 에너지	• 지구 탄생 과정에서 축적된 열과 방사성 물질에서 방출된 열 • 지진, 화산 활동 등의 지각 변동을 일으키는 근원 에너지임.
조력 에너지	• 지구와 달, 지구와 태양 사이의 인력에 의해 생기는 에너지로, 밀물과 썰물을 일으킴. • 해안 지역의 생태계와 지형을 변화시킴.

(2) 물질의 순환과 에너지 흐름 물이나 탄소와 같은 물질은 지구시스템의 각 권역 사이를 이동하며 순환하고, 이 과정에서 지구시스템의 각 권역으로 에너지 흐름이 일어난다.

① **물의 순환**: 물은 상태 변화를 통해 지구시스템의 각 권역 사이를 끊임없이 순환하며, 태양 에너지를 지구 전체에 고르게 분산시켜 지구의 에너지 평형에 기여한다. ❺

수권, 생물권 → 기권	• 물이 태양 에너지를 흡수하면 증발하여 수증기가 되며, 이 과정에서 수권의 물이 기권으로 이동함. • 식물의 증산 작용을 통해 생물권의 물이 기권으로 이동함.
기권 → 지권, 수권, 생물권	• 수증기가 응결하여 구름이 되고 비나 눈의 형태로 물이 지표로 이동함. • 이동한 물의 일부는 생물체에 흡수됨.
지권 → 수권 → 기권	• 흐르는 물은 지형을 변화시키고 지권의 물질을 용해하여 바다로 운반함. • 지표의 물 중 일부는 증발하여 다시 기권으로 이동함.

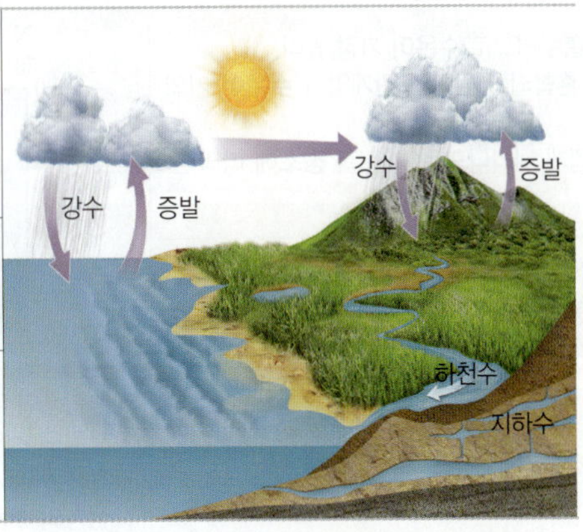

② **탄소의 순환**: 탄소는 생명체의 몸을 이루는 원소로, 지구상에서 다양한 형태로 존재하고 있으며, 지구시스템의 각 권역을 순환한다. ❻ → 이 과정에서 물질의 순환과 에너지 흐름이 나타난다.

자료 pick 탄소의 순환

지구 온난화와 탄소 순환: 화석 연료 연소 → 기권의 이산화 탄소 증가(기온 상승) → 수권의 수온 상승(이산화 탄소의 용해도 감소) → 해수에서 대기로 이산화 탄소 방출 → 기권의 이산화 탄소 증가(지구 온난화 가속)

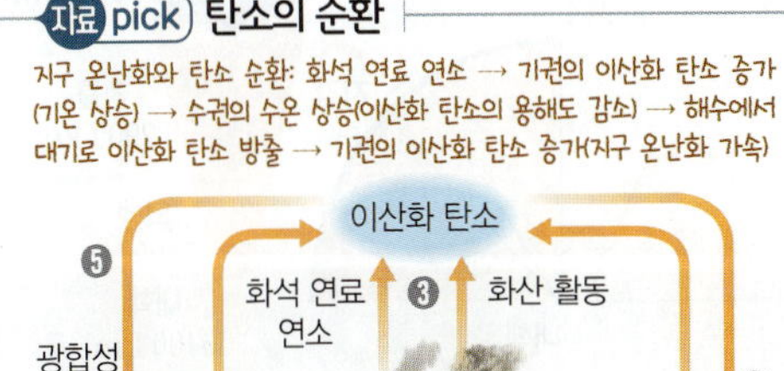

❶ 대기 중의 이산화 탄소가 해수에 용해되어 탄산 이온의 형태로 수권으로 이동

❷ 수권으로 이동한 탄소가 해저에 가라앉거나 해양 생물에 흡수되었다가 석회암의 형태로 지권에 저장

❸ 지권의 탄소는 화석 연료의 연소, 화산 활동 등에 의해 기권으로 이동

❹ 생물권의 탄소는 호흡을 통해 기권으로 이동

❺ 대기 중의 이산화 탄소는 생물의 광합성을 통해 생물권으로 이동

❻ 생물의 유해가 땅에 묻혀 화석 연료의 형태로 바뀌면서 생물권의 탄소가 지권으로 이동

암기 비법

지구시스템의 에너지원
지구시스템 에너지원의 에너지양 크기는 태내조이다.
→ 지구시스템 에너지원의 에너지양은 태양 에너지 > 지구 내부 에너지 > 조력 에너지 순이다.

❺ 물의 평형
지구시스템의 각 권역에서는 유입되는 물의 양과 유출되는 물의 양이 평형을 이루고 있으며, 지구시스템 전체에 존재하는 물의 양은 항상 일정하다.

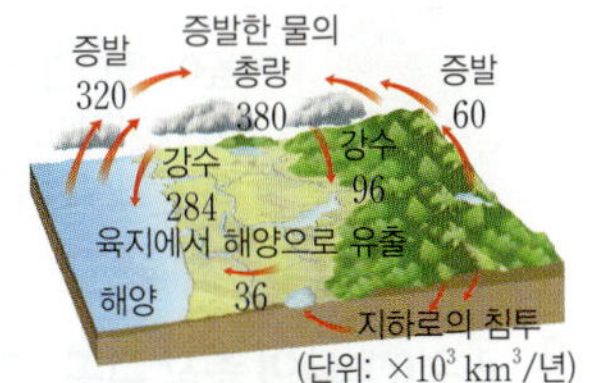

해양	• 유입량(320) = 강수(284) + 육지로부터 유입(36) • 유출량(320) = 증발(320)
육지	• 유입량(96) = 강수(96) • 유출량(96) = 증발(60) + 해양으로 유출(36)
대기	• 유입량(380) = 해양 증발(320) + 육지 증발(60) • 유출량(380) = 해양 강수(284) + 육지 강수(96)

❻ 지구시스템 내에서 탄소의 분포
탄소는 지구시스템 내에서 다양한 형태로 분포하고 있으며, 지권에 가장 많이 존재한다.

분포 영역	탄소의 형태
지권	석회암(탄산염), 화석 연료
기권	이산화 탄소
수권	탄산 이온
생물권	유기 화합물

용어 뜻풀이

✱ **상호작용**(서로 相, 함께 互, 일어날 作, 쓸 用): 각각의 작용이 서로 영향을 미치는 현상이다.

✱ **조력**(조수 潮, 힘 力): 밀물과 썰물 현상을 일으키는 힘이다.

기권, 수권, 지권의 층상 구조 개념 108쪽

1 기권의 층상 구조 높이에 따른 기온 분포를 기준으로 4개의 층으로 구분한다.

열권	• 높이 올라갈수록 기온이 높아진다. • 공기가 매우 희박하여 기온의 일교차가 매우 크다.
중간권	• 높이 올라갈수록 기온이 낮아진다. • 대류 현상은 일어나지만, 수증기가 거의 없어서 기상 현상은 나타나지 않는다.
성층권	• 높이 올라갈수록 기온이 높아지는 안정한 층이다. • 태양의 자외선을 흡수하는 오존층이 존재한다.
대류권	• 높이 올라갈수록 지구 복사 에너지 흡수량이 감소하여 기온이 낮아진다. • 대류 현상이 활발하고 수증기가 많아 기상 현상이 나타난다.

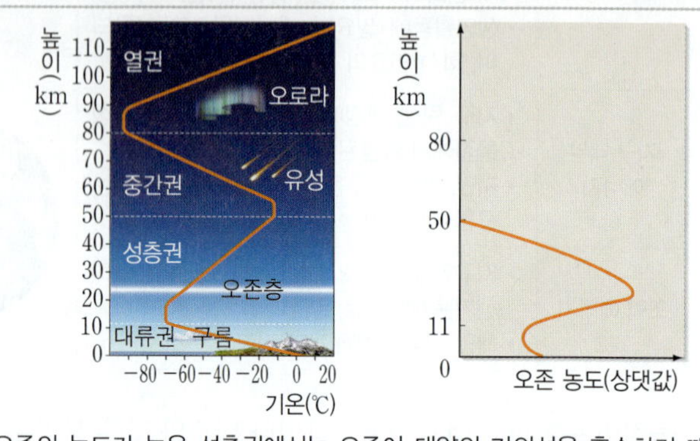

오존의 농도가 높은 성층권에서는 오존이 태양의 자외선을 흡수하기 때문에 높이 올라갈수록 기온이 높아진다.

2 수권(해수)의 층상 구조 깊이에 따른 수온 분포를 기준으로 3개의 층으로 구분한다.

혼합층	• 태양 복사 에너지를 흡수하므로 수온이 가장 높다. • 바람에 의해 해수가 혼합되어 깊이와 관계없이 수온이 거의 일정하다. • 바람이 강할수록 두껍게 나타나므로, 계절과 장소에 따라 두께가 달라진다.
수온 약층	• 수심이 깊어질수록 수온이 급격하게 낮아진다. • 대류와 같은 연직 운동이 잘 일어나지 않는 안정한 층으로 혼합층과 심해층 사이의 물질 교환과 에너지 흐름을 차단한다.
심해층	• 태양 복사 에너지가 도달하지 않아 수온이 낮고, 계절이나 깊이에 따른 수온 변화가 거의 없다. • 전체 해수 부피의 약 80 %를 차지한다.

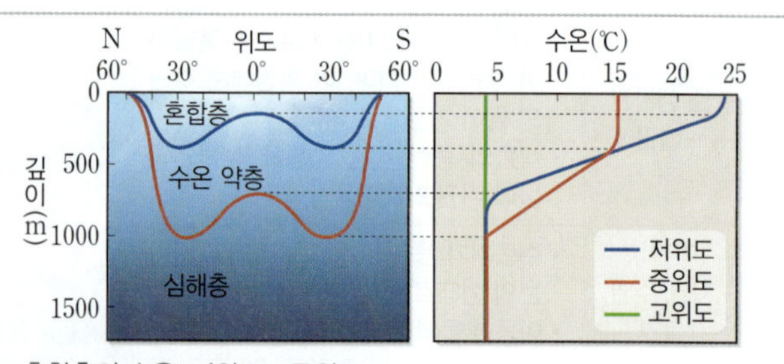

• 혼합층의 수온: 저위도 > 중위도
• 혼합층의 두께: 중위도 > 저위도
• 고위도 해역은 흡수하는 태양 에너지의 양이 적어 표층 수온이 낮고, 표층 해수가 심해로 가라앉아 심해층을 이루기도 한다. 따라서 표층과 심층의 수온 차이가 거의 없어 층상 구조가 발달하지 않는다.

3 지권의 층상 구조 구성 물질의 성분에 따라 3개의 층으로 구분한다.

지각	• 암석으로 이루어진 지구의 가장 겉 부분이다. • 해양 지각은 현무암질 암석으로, 대륙 지각은 화강암질 암석으로 이루어져 있다.
맨틀	• 지권 전체 부피의 약 80 %를 차지하며, 감람암질 암석으로 이루어져 있다. • 고체 상태이지만 유동성이 있어 오랜 시간에 걸쳐 천천히 움직여 대류가 일어난다.
핵	• 철과 니켈 등의 금속 성분으로 이루어져 있다. • 외핵은 액체 상태이며, 내핵은 고체 상태이다. • 외핵의 대류에 의해 지구 자기장이 형성된다.

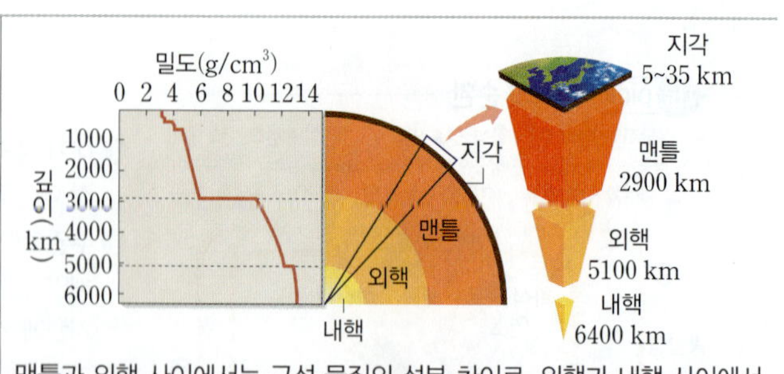

맨틀과 외핵 사이에서는 구성 물질의 성분 차이로, 외핵과 내핵 사이에서는 구성 물질의 상태 차이로 불연속적인 밀도 변화가 나타난다.

Q1 기권에서 대류 현상과 기상 현상이 모두 나타나는 층을 쓰시오.

Q2 수권에서 대류가 일어나지 않는 안정한 층을 쓰시오.

Q3 지권에서 구성 물질이 액체 상태인 층을 쓰시오.

답 **01** 대류권 **02** 수온 약층 **03** 외핵

개념 확인 초성 Quiz

1 여러 구성 요소가 모여 상호작용 하면서 균형을 유지하는 체계를 ⃞ㅅ ⃞ㅅ ⃞ㅌ (이)라고 한다.

2 지구시스템의 구성 요소에는 기권, 수권, 지권, ⃞ㅅ ⃞ㅁ ⃞ㄱ, 외권이 있다.

3 기권, 수권, 지권은 층이 나뉘는 ⃞ㅊ ⃞ㅅ ⃞ㄱ ⃞ㅈ 을/를 이루고 있다.

4 지구시스템의 에너지원에는 ⃞ㅌ ⃞ㅇ 에너지, 지구 내부 에너지, 조력 에너지가 있다.

5 물과 탄소는 지구시스템의 각 권역 사이를 이동하며 순환하고, ⃞ㅇ ⃞ㄴ ⃞ㅈ 흐름을 일으킨다.

1 지구시스템

01 다음은 태양계와 지구시스템에 대한 설명이다. (　　) 안에 들어갈 알맞은 말을 쓰시오.

> 태양계는 태양을 비롯하여 태양 주위를 공전하는 8개의 (㉠)와/과 소행성, 왜소 행성 및 행성 주위를 공전하는 위성 등으로 이루어진 하나의 시스템이다. 지구는 태양계를 이루는 구성 요소이면서 동시에 기권, 수권, 지권, 생물권 등의 구성 요소가 (㉡)하는 또 하나의 시스템이다.

2 지구시스템의 구성 요소와 상호작용

02 지구시스템의 구성 요소에 대한 설명으로 옳은 것은 ○표, 옳지 <u>않은</u> 것은 ×표 하시오.

(1) 기권은 높이에 따른 기온 변화를 기준으로 3개의 층으로 구분한다. 　　　　　　　　　　(　)

(2) 지권의 층상 구조에서 핵은 철과 니켈 등의 금속 성분으로 이루어져 있다. 　　　　　　(　)

(3) 수권의 층상 구조에서 가장 많은 부피를 차지하는 층은 심해층이다. 　　　　　　　　(　)

03 오른쪽 그림은 화산이 폭발하는 모습을 나타낸 것이다. 화산 가스 분출 과정에서 상호작용 하는 지구시스템의 구성 요소를 쓰시오.

3 지구시스템의 물질 순환과 에너지 흐름

04 지구시스템의 에너지원에 대한 설명을 옳게 연결하시오.

(1) 가장 많은 양을 차지하는 에너지원 　·　　　·　㉠ 조력 에너지

(2) 지진과 화산 활동을 일으키는 에너지원 　·　　　·　㉡ 태양 에너지

(3) 밀물과 썰물을 일으키는 에너지원 　·　　　·　㉢ 지구 내부 에너지

05 그림은 지구시스템에서 물이 순환하는 과정을 나타낸 것이다.

(1) 물의 순환을 일으키는 지구시스템의 에너지원을 쓰시오.

(2) 물이 증발할 때 지구시스템의 구성 요소 사이에서 일어나는 에너지의 흐름을 쓰시오.

06 다음은 육상 식물이 광합성을 할 때 탄소의 이동을 나타낸 것이다.

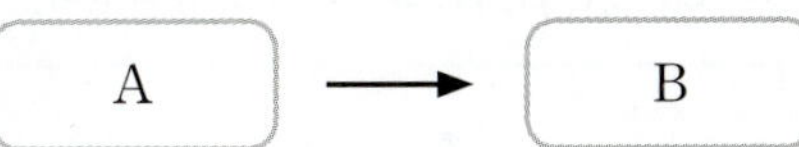

A와 **B**에 해당하는 지구시스템의 구성 요소를 각각 쓰시오.

1 지구시스템

01 태양계를 구성하는 여러 천체 중 지구에만 인간을 비롯한 생명체가 존재할 수 있는 조건으로 옳지 <u>않은</u> 것은?

① 표면에 액체 상태의 물이 풍부하게 존재한다.
② 태양으로부터 적당한 거리에 위치한다.
③ 태양이 안정적으로 에너지를 공급해 준다.
④ 자기장이 태양의 강한 자외선을 막아준다.
⑤ 대기의 온실 효과로 적당한 온도가 유지된다.

02 지구시스템에 대한 설명으로 옳은 것만을 〈보기〉에서 있는 대로 고른 것은?

보기
ㄱ. 기권, 수권, 지권만으로 이루어져 있다.
ㄴ. 구성 요소들 사이에 상호작용이 일어난다.
ㄷ. 태양계에 속하지 않는 시스템이다.

① ㄱ   ② ㄴ   ③ ㄱ, ㄷ
④ ㄴ, ㄷ   ⑤ ㄱ, ㄴ, ㄷ

2 지구시스템의 구성 요소와 상호작용

03 그림은 지구시스템의 구성 요소를 나타낸 것이다.

A~D에 대한 설명으로 옳은 것만을 〈보기〉에서 있는 대로 고른 것은?

보기
ㄱ. A는 A~D 중 가장 많은 질량을 차지한다.
ㄴ. B의 대부분은 강과 호수에 분포한다.
ㄷ. C는 A, B, D보다 먼저 형성되었다.

① ㄱ   ② ㄴ   ③ ㄱ, ㄷ
④ ㄴ, ㄷ   ⑤ ㄱ, ㄴ, ㄷ

중요 ☆
04 그림 (가)는 높이에 따른 기온 분포를, (나)는 번개의 모습을 나타낸 것이다.

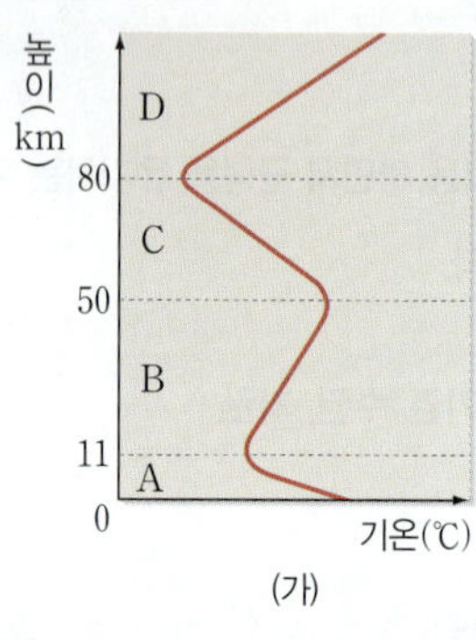

(가)   (나)

이에 대한 설명으로 옳지 <u>않은</u> 것은?

① A에서는 높이 올라갈수록 지구 복사 에너지의 흡수량이 적어진다.
② B에는 오존층이 존재한다.
③ C에서는 대류 현상과 기상 현상이 모두 일어난다.
④ D는 기온의 일교차가 가장 큰 층이다.
⑤ (나)는 A에서 발생하는 현상이다.

05 그림 (가)는 수권을 구성하는 ㉠과 ㉡의 비율을, (나)는 ㉠과 ㉡ 중 하나의 깊이에 따른 수온 분포를 나타낸 것이다. ㉠과 ㉡은 각각 육수와 해수 중 하나이다.

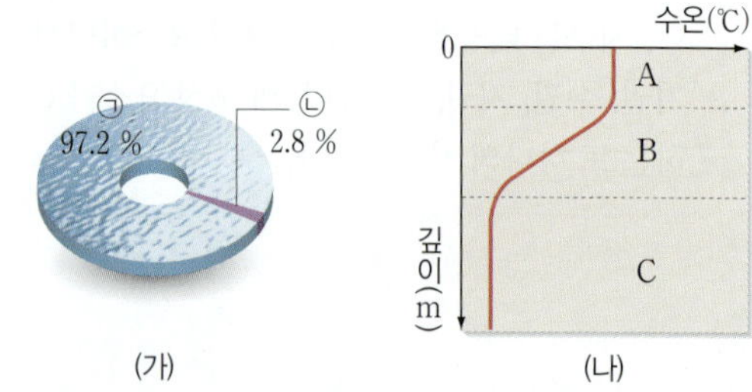

(가)   (나)

이에 대한 설명으로 옳은 것만을 〈보기〉에서 있는 대로 고른 것은?

보기
ㄱ. 해수는 ㉠이다.
ㄴ. 태양 에너지 흡수는 대부분 A층에서 일어난다.
ㄷ. B층은 A층과 C층 사이의 물질 교환과 에너지 흐름을 차단한다.

① ㄱ   ② ㄷ   ③ ㄱ, ㄴ
④ ㄴ, ㄷ   ⑤ ㄱ, ㄴ, ㄷ

06 그림은 지권의 구조와 밀도 분포를 나타낸 것이다.

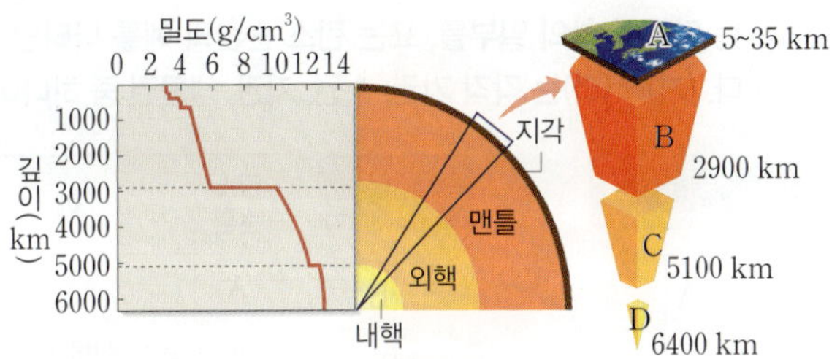

이에 대한 설명으로 옳지 <u>않은</u> 것은?

① A는 현무암질 암석으로 이루어진 해양 지각과 화강
암질 암석으로 이루어진 대륙 지각으로 구분한다.
② B를 이루는 물질의 성분은 A보다 C와 유사하다.
③ C와 D를 구분하는 기준은 물질의 상태이다.
④ D는 철과 니켈 등의 금속 성분으로 이루어져 있다.
⑤ 지구 내부로 갈수록 대체로 밀도가 커진다.

중요
07 그림은 위도별 해수의 층상 구조를 나타낸 것이다.

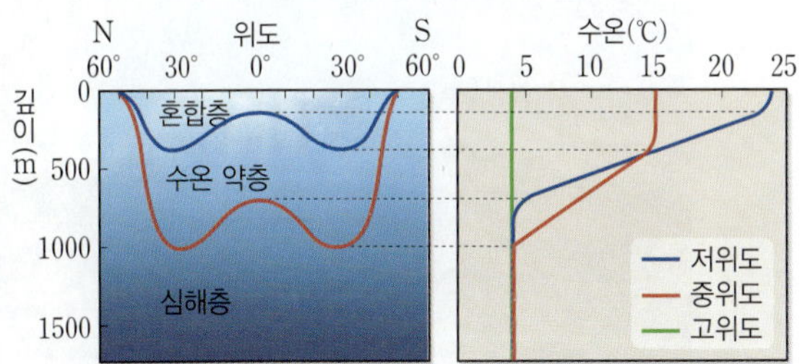

이에 대한 설명으로 옳은 것만을 〈보기〉에서 있는 대로 고른
것은?

보기
ㄱ. 혼합층의 수온은 저위도가 중위도보다 높다.
ㄴ. 바람은 대체로 중위도보다 저위도에서 강하게
분다.
ㄷ. 위도 60° 이상의 고위도 해역은 해수의 층상 구
조가 발달한다.

① ㄱ   ② ㄷ   ③ ㄱ, ㄴ
④ ㄴ, ㄷ   ⑤ ㄱ, ㄴ, ㄷ

08 생물권에 대한 설명으로 옳은 것만을 〈보기〉에서 있는 대로
고른 것은?

보기
ㄱ. 미생물을 포함한 지구상의 모든 생명체이다.
ㄴ. 지권과 수권에 존재하며, 기권에는 존재하지 않
는다.
ㄷ. 주변 환경과 영향을 주고받으며 생명 현상을 유
지한다.

① ㄱ   ② ㄴ   ③ ㄱ, ㄷ
④ ㄴ, ㄷ   ⑤ ㄱ, ㄴ, ㄷ

중요
09 그림은 지구시스템의 구성 요소 A~C와 상호작용의 예를
나타낸 것이다.

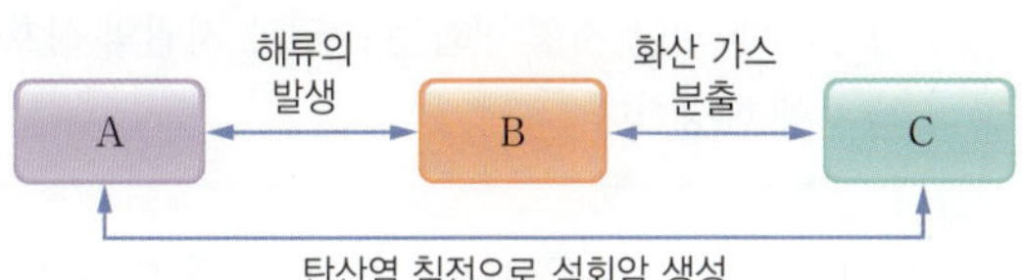

A~C에 해당하는 지구시스템의 구성 요소를 순서대로 옳게
나열한 것은?

① 기권, 수권, 지권   ② 기권, 지권, 수권
③ 수권, 지권, 기권   ④ 수권, 기권, 지권
⑤ 지권, 기권, 수권

10 오른쪽 그림은 지구시스템을
구성하는 요소들의 상호작용
을 나타낸 것이다.
A~C에 해당하는 예로 옳은
것만을 〈보기〉에서 있는 대
로 고른 것은?

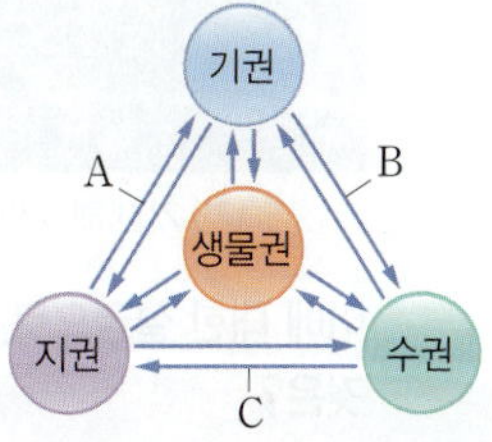

보기
ㄱ. A: 사막 지역의 모래 언덕 형성
ㄴ. B: 물의 증발로 인한 수증기 생성
ㄷ. C: 파도의 침식 작용으로 인한 해식 동굴 형성

① ㄱ   ② ㄷ   ③ ㄱ, ㄴ
④ ㄴ, ㄷ   ⑤ ㄱ, ㄴ, ㄷ

③ 지구시스템의 물질 순환과 에너지 흐름

11 그림은 지구시스템에서 일어나는 물의 순환을 나타낸 것이다. A, B는 육지에서 강수와 증발로 이동하는 물의 양이다.

이에 대한 설명으로 옳은 것만을 〈보기〉에서 있는 대로 고른 것은?

보기
ㄱ. $A = B + 36$이다.
ㄴ. 증발로 이동하는 물의 양은 육지가 바다보다 많다.
ㄷ. ㉠에 의한 지형 변화는 수권과 지권의 상호작용에 해당한다.

① ㄱ ② ㄴ ③ ㄷ
④ ㄱ, ㄷ ⑤ ㄴ, ㄷ

12 그림 (가)와 (나)는 지구시스템에서 일어나는 현상을 나타낸 것이다.

(가) 지진 해일 발생   (나) 태풍 발생

이에 대한 설명으로 옳은 것만을 〈보기〉에서 있는 대로 고른 것은?

보기
ㄱ. (가)의 근원 에너지는 지구 내부 에너지이다.
ㄴ. (가)에서 에너지는 지권에서 수권으로 이동한다.
ㄷ. (나)는 기권과 수권의 상호작용에 해당한다.

① ㄱ ② ㄷ ③ ㄱ, ㄴ
④ ㄴ, ㄷ ⑤ ㄱ, ㄴ, ㄷ

13 그림은 지구시스템의 구성 요소인 (가)~(라) 사이에 일어나는 탄소 순환의 일부를, 표는 탄소 순환의 예를 나타낸 것이다. (가)~(라)는 각각 기권, 수권, 지권, 생물권 중 하나이다.

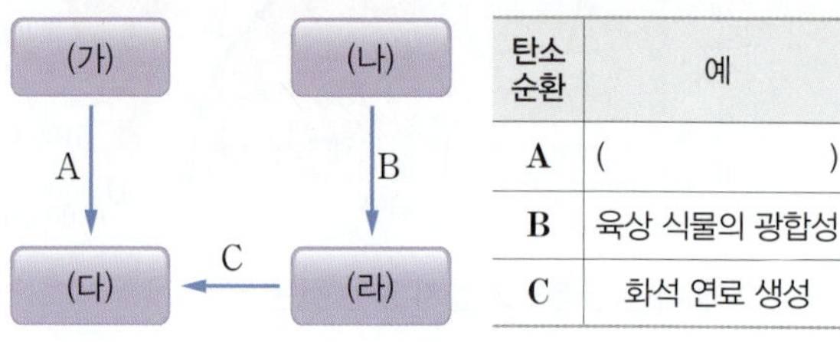

탄소 순환	예
A	( )
B	육상 식물의 광합성
C	화석 연료 생성

이에 대한 설명으로 옳은 것만을 〈보기〉에서 있는 대로 고른 것은?

보기
ㄱ. (가)는 수권이다.
ㄴ. 석회암 용해로 인한 동굴 형성은 A에 해당한다.
ㄷ. 지구시스템의 구성 요소 중 탄소가 가장 많이 존재하는 권역은 (라)이다.

① ㄱ ② ㄷ ③ ㄱ, ㄴ
④ ㄴ, ㄷ ⑤ ㄱ, ㄴ, ㄷ

14 그림은 지구시스템에서 탄소가 순환하는 과정의 일부를 나타낸 것이다.

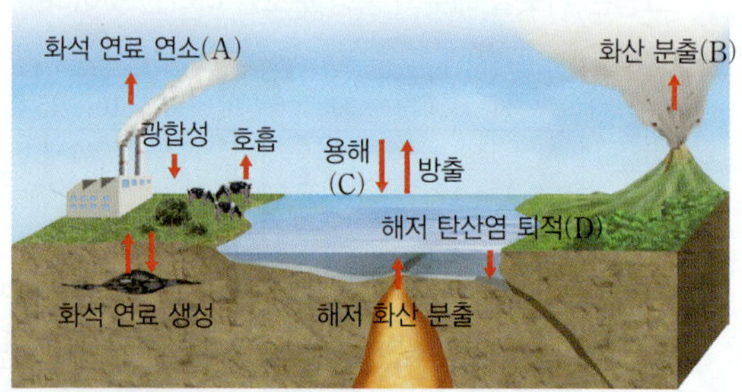

과정 A~D에 대한 설명으로 옳은 것만을 〈보기〉에서 있는 대로 고른 것은?

보기
ㄱ. A와 B는 지권과 기권의 상호작용에 해당한다.
ㄴ. C의 탄소 이동량이 많아지면 해양 산성화가 심해진다.
ㄷ. D 과정으로 인해 수권에 분포하는 탄소의 양은 많아진다.

① ㄱ ② ㄷ ③ ㄱ, ㄴ
④ ㄴ, ㄷ ⑤ ㄱ, ㄴ, ㄷ

15 그림 (가)와 (나)는 각각 높이에 따른 기온과 오존 농도의 분포를 나타낸 것이다.

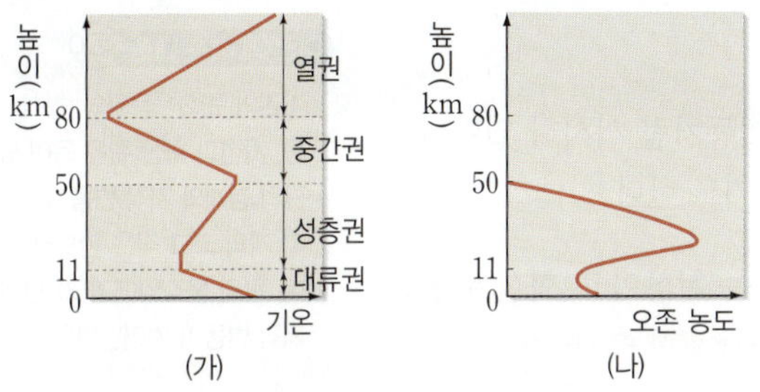

(가)의 성층권에서 높이 올라갈수록 기온이 높아지는 까닭을 (나)와 관련지어 설명하시오.

16 그림은 겨울철 동해의 혼합층 두께를 나타낸 것이다.

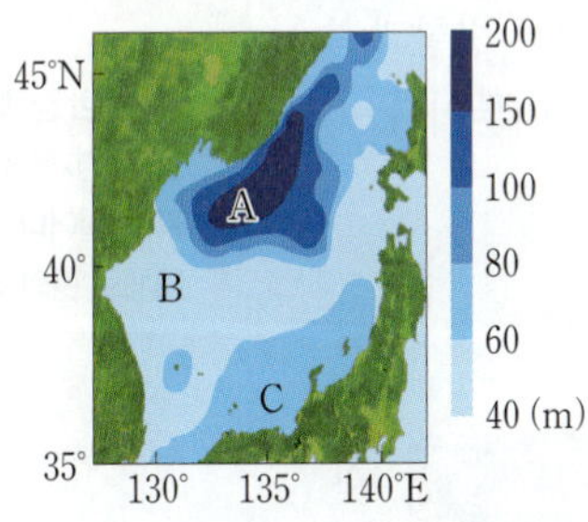

해역 A∼C 중 평균 풍속이 가장 클 것으로 예상되는 해역을 쓰고, 그렇게 생각한 까닭을 설명하시오.

17 그림 (가)∼(다)는 지구시스템에서 일어나는 여러 가지 자연 현상의 모습을 나타낸 것이다.

(가)∼(다)를 일으키는 지구시스템의 에너지원을 각각 쓰시오.

18 그림은 지구시스템에서 일어나는 물의 순환을 모식적으로 나타낸 것이다.

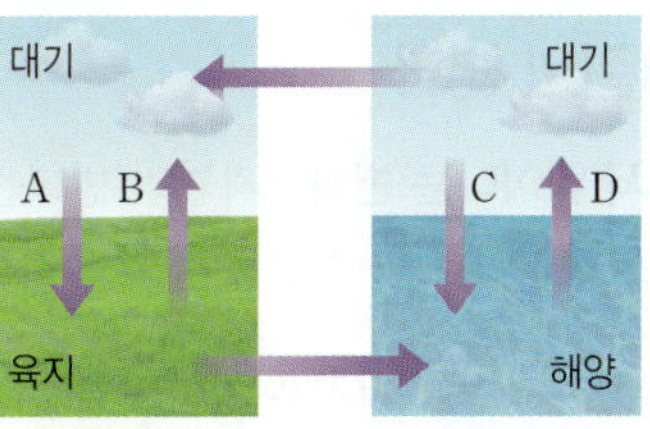

A∼D 중 에너지가 흡수되는 과정을 모두 쓰고, 지구시스템에서 물의 순환을 일으키는 근원 에너지를 쓰시오.

19 다음은 지구시스템에 분포하는 탄소에 대한 설명이다. ( ) 안에 들어갈 알맞은 말을 쓰시오.

> 탄소는 다양한 형태로 지구시스템의 각 권역에 분포한다. 기권에서는 (㉠)의 형태로, (㉡)에서는 탄산 이온의 형태로 존재한다. 지권의 탄소는 대부분 탄산염의 형태로 (㉢)에 포함되어 있거나, 유기물로부터 형성된 (㉣)에 포함되어 있다.

20 그림은 기권과 다른 권역 사이의 상호작용에 의한 탄소의 연간 이동량을 나타낸 것이다.

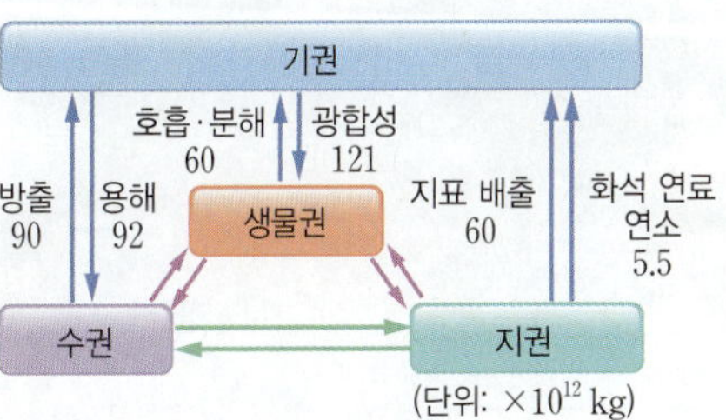

위와 같은 상태가 지속된다면 지구의 평균 기온은 어떻게 변화할지 기권의 탄소량 변화와 관련지어 설명하시오.

09강 ①지구시스템 지권의 변화와 판 구조론

1 지권의 변화

(1) 지권에서 일어나는 변화 지권의 변화는 바위의 풍화나 대륙의 이동처럼 서서히 일어나기도 하고, 지진이나 화산 활동 등의 지각 변동처럼 급격하게 일어나기도 한다.❶
┌ 지구 내부 에너지에 의해 일어난다.

(2) 지진과 화산 활동 지진은 지각의 일부가 끊어지면서 땅이 흔들리는 현상이고, 화산 활동은 지하의 마그마가 지표로 분출하는 현상이다. 지진과 화산 활동은 지권에서 일어나는 격렬한 지각 변동이다.

(3) 지진대와 화산대 지진과 화산 활동이 자주 발생하는 지역은 좁고 긴 띠 모양을 이룬다. → 지진대와 화산대의 분포는 대체로 일치한다.❷
① **지진대**: 지진이 자주 발생하는 지역
② **화산대**: 화산 활동이 자주 발생하는 지역

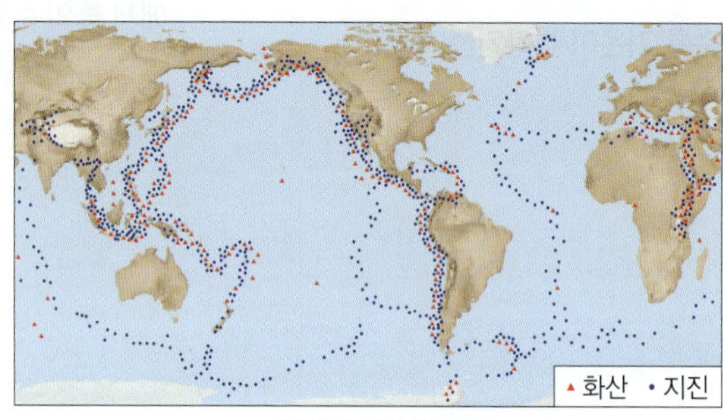

▲ 지진대와 화산대의 분포

2 판 구조론

(1) 판 구조론 지구 표면은 10여 개의 크고 작은 판으로 이루어져 있으며, 서로 다른 방향과 속도로 이동하는 판이 만나는 경계에서 다양한 지각 변동이 일어난다고 설명하는 이론이다.

(2) 판의 구조와 경계
① **판의 구조**

암석권 (판)	• 지각과 상부 맨틀의 일부를 포함한 두께 약 100 km의 단단한 부분이다. • 대륙 지각을 포함하는 대륙판과 해양 지각을 포함하는 해양판으로 구분한다.❸
연약권	• 암석권 아래 깊이 약 100∼400 km의 부분이다. • 부분 용융 상태로 맨틀 물질의 일부가 녹아 있어 유동성을 띠므로 맨틀 대류가 일어난다. 판은 유동성을 띠는 연약권 위에 떠 있으므로 맨틀 대류에 의해 움직일 수 있다.

▲ 판의 구조

② **판의 경계**: 판의 상대적 이동 방향에 따라 발산형 경계, 수렴형 경계, 보존형 경계로 나뉜다.❹

자료 pick 판의 분포와 판의 경계

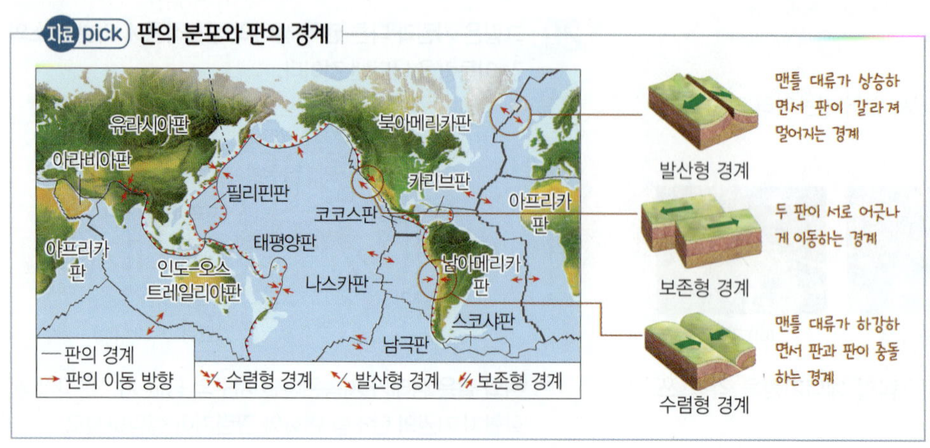

• **지권의 변화**: 풍화와 침식, 대륙의 이동, 지진과 화산 활동 등이 있다.
• **판의 경계와 지각 변동**: 지구 표면은 여러 개의 크고 작은 판으로 나뉘어 있으며, 판의 움직임에 따라 판의 경계에서 지각 변동이 일어난다.

❶ **지각 변동과 변동대**
지구 내부 에너지에 의해 일어나는 지진, 화산 활동, 습곡 산맥의 형성 등의 현상을 지각 변동이라고 하며, 지각 변동이 자주 일어나는 지역을 변동대라고 한다.

❷ **판의 경계와 지진대·화산대**
판의 경계에서 지진과 화산 활동이 자주 일어나므로 지진대와 화산대는 대체로 판의 경계와 일치한다.

❸ **해양 지각과 대륙 지각**
해양 지각은 현무암질 암석, 대륙 지각은 화강암질 암석으로 이루어져 있다. 해양 지각은 대륙 지각보다 두께가 얇고, 밀도가 크다.

❹ **판의 경계에서 서로 인접한 두 판의 상대적 이동 방향**
• **발산형 경계**: 판과 판이 갈라져 서로 멀어진다.
• **보존형 경계**: 판과 판이 서로 어긋나게 이동한다.
• **수렴형 경계**: 판과 판이 서로 충돌한다.

(3) 판의 경계와 지각 변동 [자료] 118쪽

변환 단층은 해령과 해령 사이에 발달하므로 대부분 해저에 위치하지만, 미국 서부의 산안드레아스 단층은 육지에 노출되어 있다.

판의 경계	인접한 판	특징	지각 변동
발산형 경계	해양판 – 해양판	*해령에서 새로운 해양 지각이 생성된다.	• 활발한 화산 활동 • 얕은 깊이에서 지진 발생
	대륙판 – 대륙판	대륙판이 갈라지면서 확장된다.(열곡대)	
보존형 경계	해양판 – 해양판 (또는 대륙판)	해령 축에 수직인 방향으로 변환 단층이 나타난다.	• 화산 활동이 거의 없음. • 얕은 깊이에서 지진 발생
수렴형 경계	해양판 – 대륙판	밀도가 큰 해양판이 밀도가 작은 대륙판 아래로 섭입하며 *해구와 *호상열도(또는 습곡 산맥)가 형성된다.	• 활발한 화산 활동 • 얕은 곳부터 깊은 곳까지 다양한 깊이에서 지진 발생
	해양판 – 해양판	두 해양판 중 밀도가 더 큰 해양판이 상대적으로 밀도가 작은 해양판 아래로 섭입하면서 해구와 호상열도가 형성된다.	
	대륙판 – 대륙판	밀도가 비슷한 두 대륙판이 충돌하여 습곡 산맥이 형성된다.❺	• 화산 활동이 거의 없음. • 지진이 자주 발생

B 지권의 변화가 지구시스템에 미치는 영향

(1) 화산 활동의 영향

① **화산 분출물**: 수증기와 이산화 탄소, 이산화 황 등 기체 상태의 물질인 화산 가스, 화산에서 분출되는 고체 상태의 물질인 화산 쇄설물, 암석이 용융된 마그마가 지표로 분출되면서 기체 성분이 빠져나간 액체 상태의 물질인 용암이 있다.
→ 화산 쇄설물은 크기에 따라 화산암괴, 화산력, 화산재 등으로 구분한다.

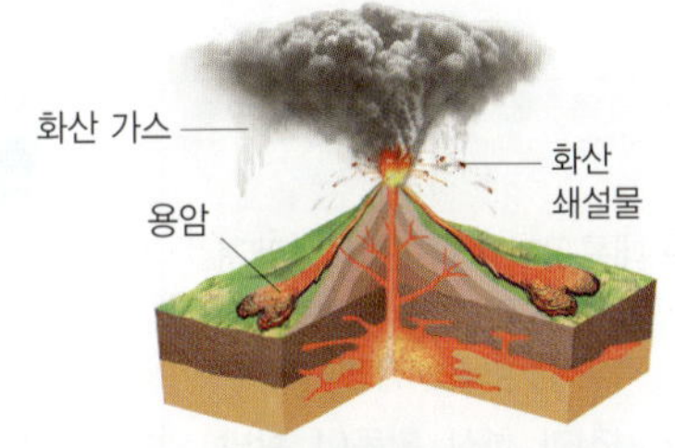

▲ 화산 폭발과 화산 분출물

② 화산 활동의 피해와 이용

화산 활동에 의한 피해(부정적 영향)❻	화산 활동의 이용(긍정적 영향)
• 용암이 흘러 인명과 재산 피해가 발생한다. • 화산 쇄설물과 화산 가스가 흘러내리면서 산사태가 발생한다. 지권에 영향 • 대기 중으로 방출된 화산재는 햇빛을 차단하므로 일시적으로 기온이 낮아진다. 기권에 영향 • 유독 가스가 방출되어 생명체에 피해를 주고, 토양과 물을 산성화시킨다. 생물권, 지권, 수권에 영향	• 화산 분출물이 쌓인 후 오랜 기간에 걸쳐 풍화 작용을 받으면 비옥한 토양이 만들어질 수 있다. • 화산 활동으로 형성된 다양한 지형과 온천은 관광 자원으로 활용될 수 있다. • 화산 활동이 일어나는 과정에서 유용한 광물이 생성되기도 한다. • 지열 에너지는 발전이나 난방에 이용할 수 있다.

(2) 지진의 영향

① 지진의 피해와 이용

지진에 의한 피해(부정적 영향)	지진의 이용(긍정적 영향)
• 산사태가 발생하거나 지표면이 갈라진다. 지권에 영향 • 가스 누출과 전기 누전으로 화재가 발생하여 인명 피해와 대기오염이 발생한다. 생물권, 기권에 영향 • 해저에서 지진이 일어나면 지진 해일로 인해 막대한 인명과 재산 피해가 발생하고, 해안 지역의 생태계에 큰 변화가 생긴다. 수권, 생물권에 영향	• 지진파를 분석하면 지구 내부 구조와 구성 물질에 대한 정보를 알아낼 수 있다. → 지구 내부의 지질 구조를 파악하여 댐이나 도로 등을 건설하기에 적합한 지역을 선정할 수 있다. • 지진파를 이용하여 석유와 천연가스를 비롯한 지하 자원을 탐사할 수 있다.

② 지진 피해 예방 대책

- 구조물이 지진에 견딜 수 있도록 내진 설계를 한다.
- 지진이 발생할 가능성이 높은 활성 단층이나 지반이 취약한 지역을 미리 파악한다.
- 지진 및 지진 해일 경보 시스템을 구축하고, 대피 훈련과 행동 요령을 숙지한다.❼

자료 여러 가지 판의 경계 개념 117쪽

다양한 판의 경계에서 발달하는 지형과 지각 변동을 알아보자.

1 발산형 경계

A. 해양판 – 해양판

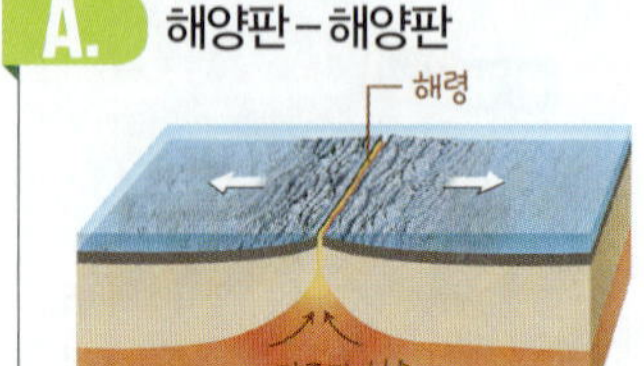

- 해양판과 해양판이 갈라져 서로 멀어지며 새로운 지각이 생성되는 경계이다.
- 지진과 화산 활동이 활발하게 일어난다.

☐ **대표적인 지형** 동태평양 해령 ➜ 태평양의 동쪽에 위치한 해저 산맥으로 태평양판과 나스카판이 서로 반대 방향으로 이동한다.

B. 대륙판 – 대륙판

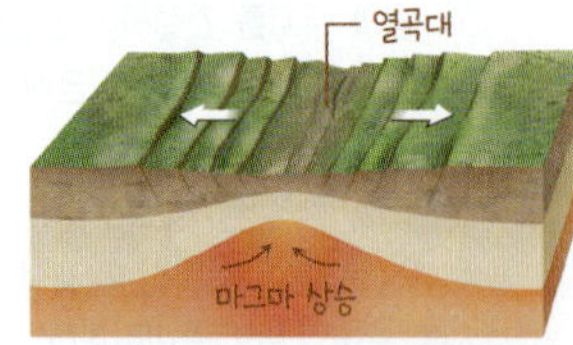

- 대륙판과 대륙판이 갈라져 서로 멀어지며 새로운 지각이 생성되는 경계이다.
- 지진과 화산 활동이 활발하게 일어난다.

☐ **대표적인 지형** 동아프리카 열곡대 ➜ 아프리카 대륙이 갈라져 분리되고 있는 곳이다.

2 보존형 경계

C. 해양판 – 해양판, 대륙판 – 해양판

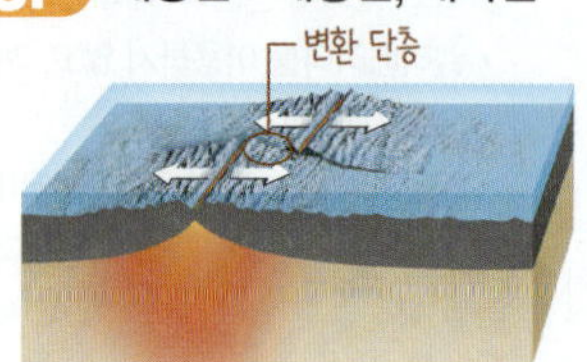

- 두 판이 서로 어긋나게 이동하는 경계이다.
- 지진이 자주 발생하지만 화산 활동은 거의 일어나지 않는다.

☐ **대표적인 지형** 산안드레아스 단층 ➜ 북아메리카판과 태평양판이 서로 어긋나게 이동하면서 형성된 변환 단층이다.

3 수렴형 경계

D. 대륙판 – 대륙판

- 대륙판과 대륙판이 서로 충돌하는 경계이다.
- 지진이 자주 발생하지만, 화산 활동은 거의 일어나지 않는다.

☐ **대표적인 지형** 히말라야산맥 ➜ 인도–오스트레일리아판과 유라시아판이 충돌하여 형성된 습곡 산맥이다.

E. 해양판 – 해양판

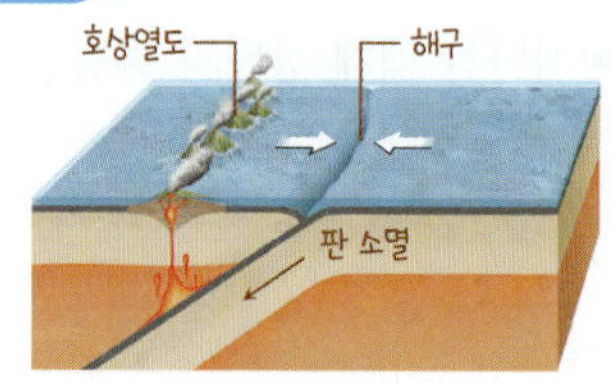

- 해양판이 다른 해양판 아래로 섭입하여 소멸하는 경계이다.
- 지진과 화산 활동이 활발하게 일어난다.

☐ **대표적인 지형** 마리아나 해구 ➜ 태평양판이 필리핀판 아래로 섭입하면서 형성되었다.

F. 해양판 – 대륙판

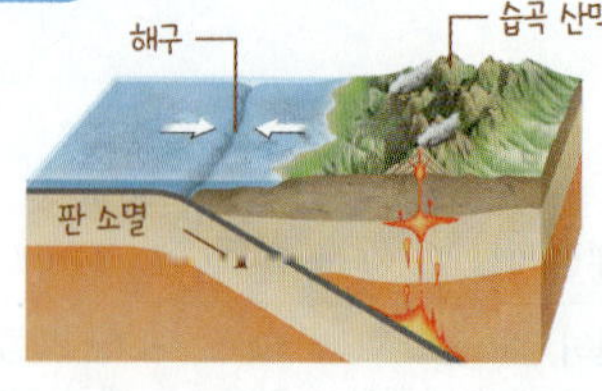

- 해양판이 대륙판 아래로 섭입하여 소멸하는 경계이다.
- 지진과 화산 활동이 활발하게 일어난다.

☐ **대표적인 지형** 페루–칠레 해구, 안데스산맥 ➜ 나스카판이 남아메리카판 아래로 섭입하면서 형성된 해구와 습곡 산맥이다.

Q1 A ~ F 중 화산 활동이 활발하게 일어나는 경계를 모두 고르시오.

Q2 수렴형 경계에서 발달하는 지형을 3가지 쓰시오.

Q3 동태평양 해령과 동아프리카 열곡대에서 나타나는 판의 경계 유형을 쓰시오.

답 Q1 A, B, E, F Q2 해구, 습곡 산맥, 호상열도 Q3 발산형 경계

개념 확인 초성 Quiz

1 화산 활동이 자주 발생하는 좁고 긴 띠 모양의 지역을 ㅎ ㅅ ㄷ (이)라고 한다.

2 판과 판이 만나는 경계에서 다양한 ㅈ ㄱ ㅂ ㄷ 이/가 일어난다.

3 판의 경계에는 발산형 경계, ㅅ ㄹ ㅎ 경계, 보존형 경계 가 있다.

4 화산 활동 시 대기 중으로 방출된 ㅎ ㅅ ㅈ 이/가 햇빛을 차단하여 일시적으로 기온이 낮아진다.

5 지진파를 분석하면 지구 ㄴ ㅂ ㄱ ㅈ 와/과 구성 물질 에 대한 정보를 알아낼 수 있다.

---

1 지권의 변화

01 지권의 변화에 대한 설명으로 옳은 것은 ○표, 옳지 <u>않은</u> 것 은 ✕표 하시오.

(1) 바위의 풍화나 대륙의 이동처럼 서서히 일어나는 현상은 지권의 변화에 해당하지 않는다. ( )

(2) 화산 활동이 일어날 때는 지구 내부 물질이 방출된다. ( )

(3) 화산대와 지진대는 좁고 긴 띠 모양으로 나타난다. ( )

---

2 판 구조론

02 다음은 판의 구조에 대한 설명이다. ( ) 안에 들어갈 알 맞은 말을 쓰시오.

> 판(암석권)은 (㉠)와/과 상부 맨틀의 일부를 포 함한 두께 약 100 km의 단단한 부분이며, 유동성을 띠는 (㉡) 위에 떠 있으므로 맨틀 대류에 의해 움직일 수 있다.

---

03 판의 경계에 대한 설명과 판의 경계 유형을 옳게 연결하시오.

(1) 판과 판이 갈라져 멀어지는 경계 · · ㉠ 발산형 경계

(2) 판과 판이 모여서 부딪히는 경계 · · ㉡ 보존형 경계

(3) 판과 판이 서로 어긋 나게 이동하는 경계 · · ㉢ 수렴형 경계

---

04 그림 (가)와 (나)는 각각 해양 지각의 생성과 소멸이 일어나 는 판의 경계이다. (가)와 (나)의 판의 경계에서 발달하는 대 표적인 해저 지형을 1가지씩 쓰시오.

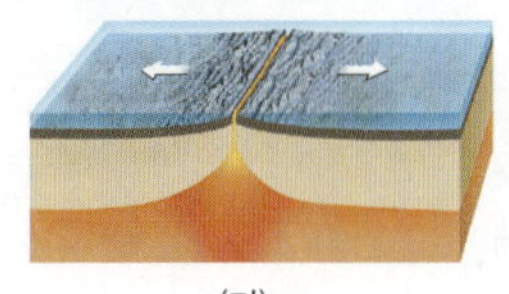
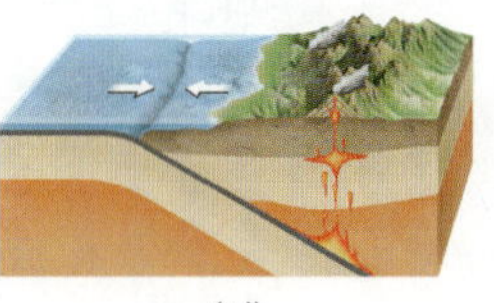

(가)　　　　　　　(나)

---

3 지권의 변화가 지구시스템에 미치는 영향

05 다음은 지권의 변화가 지구시스템에 미치는 영향과 관련된 현상이다.

> (가) 화산재가 햇빛을 차단하여 기온이 내려간다.
> (나) 화산에서 분출된 용암이 흘러 인명 피해가 발생 한다.
> (다) 땅의 진동으로 산사태가 일어나거나 지표면이 갈라진다.
> (라) 해저 지진으로 인해 지진 해일이 발생한다.

(1) (가)~(라)의 현상은 지권의 변화가 지구시스템의 구성 요소 중 어느 권역에 미치는 영향인지 각각 쓰 시오.

(2) (라)로 인한 피해를 줄이기 위한 대처 방안을 1가지 만 쓰시오.

01 그림 (가)~(다)는 지권에서 일어나는 변화와 관련된 현상을 나타낸 것이다.

(가) 풍화

(나) 화산 활동

(다) 지진

이에 대한 설명으로 옳은 것만을 〈보기〉에서 있는 대로 고른 것은?

보기
ㄱ. (가)는 (나)보다 급격하게 일어난다.
ㄴ. (나)는 발생 과정에서 지구 내부 물질이 방출된다.
ㄷ. (가)~(다)는 모두 지구 내부 에너지에 의해 일어난다.

① ㄱ   ② ㄴ   ③ ㄱ, ㄷ
④ ㄴ, ㄷ   ⑤ ㄱ, ㄴ, ㄷ

02 그림은 전 세계 주요 지진대와 화산대를 나타낸 것이다.

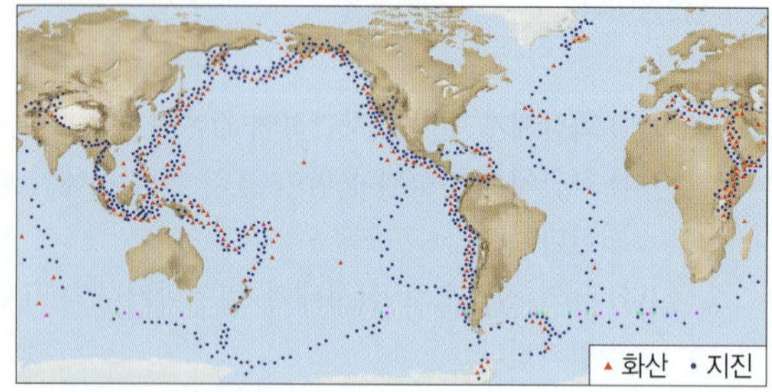

이에 대한 설명으로 옳지 <u>않은</u> 것은?

① 태평양 가장자리에는 화산대가 나타난다.
② 지진대와 화산대의 분포는 대체로 일치한다.
③ 지진은 특정한 지역에서 집중적으로 발생한다.
④ 지진이 발생한 지역은 모두 화산 활동도 활발하다.
⑤ 지진이 자주 발생하는 좁고 긴 띠 모양의 지역을 지진대라고 한다.

03 그림은 판의 구조를 나타낸 것이다.

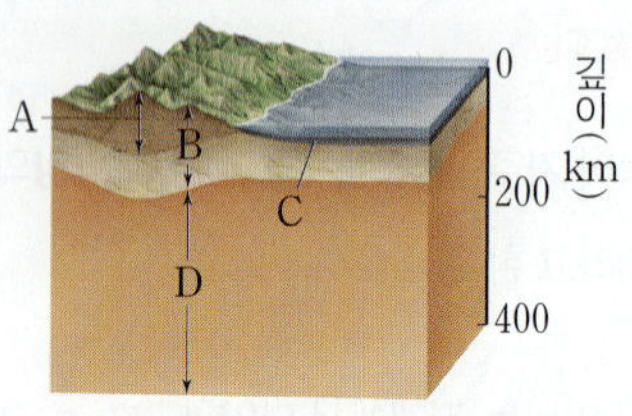

이에 대한 설명으로 옳은 것만을 〈보기〉에서 있는 대로 고른 것은?

보기
ㄱ. A는 대륙 지각, C는 해양 지각이다.
ㄴ. B는 암석권으로 판에 해당한다.
ㄷ. D는 부분 용융 상태로 맨틀 대류가 일어난다.

① ㄱ   ② ㄷ   ③ ㄱ, ㄴ
④ ㄴ, ㄷ   ⑤ ㄱ, ㄴ, ㄷ

[04~05] 그림 (가)~(다)는 인접한 두 해양판의 상대적인 이동 방향을 나타낸 것이다. 물음에 답하시오.

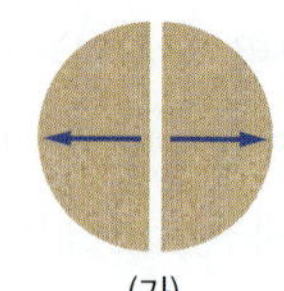
(가)

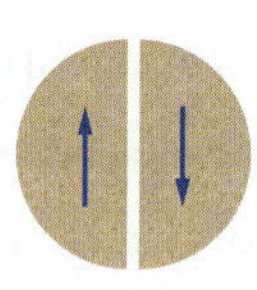
(나)

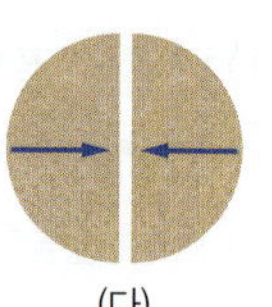
(다)

04 (가)~(다)에 해당하는 판의 경계를 옳게 짝 지은 것은?

	(가)	(나)	(다)
①	발산형 경계	수렴형 경계	보존형 경계
②	발산형 경계	보존형 경계	수렴형 경계
③	수렴형 경계	발산형 경계	보존형 경계
④	수렴형 경계	보존형 경계	발산형 경계
⑤	보존형 경계	발산형 경계	수렴형 경계

05 (가)~(다) 중 화산 활동이 활발하게 일어날 수 있는 판의 경계를 있는 대로 고른 것은?

① (가)   ② (나)   ③ (가), (다)
④ (나), (다)   ⑤ (가), (나), (다)

06 그림은 전 세계 주요 판의 경계와 이동 방향을 나타낸 것이다.

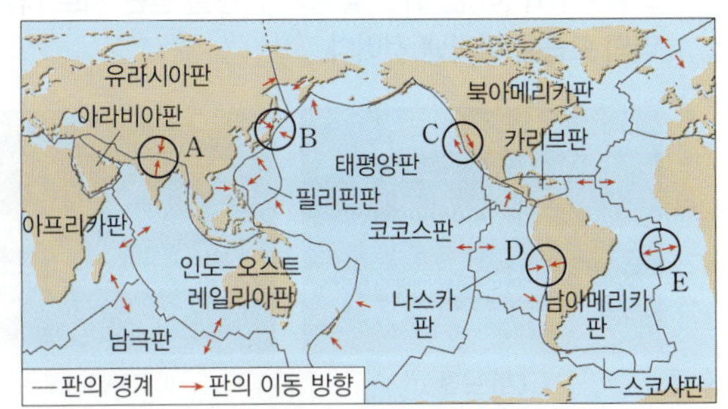

A~E 지역에 대한 설명으로 옳지 <u>않은</u> 것은?

① A와 D에서 습곡 산맥이 나타난다.
② B에서 판의 소멸이 일어난다.
③ C에서 지진은 주로 얕은 곳에서 발생한다.
④ D에서는 지진과 화산 활동이 모두 활발하다.
⑤ E는 맨틀 대류가 하강하는 곳이다.

07 그림은 종류가 서로 다른 판의 경계 A~C를 구분하는 과정을 나타낸 것이다.

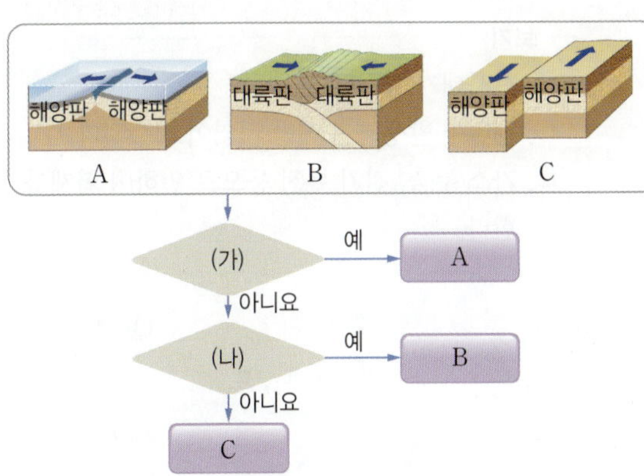

(가)와 (나)에 들어갈 내용으로 적절한 것을 〈보기〉에서 골라 옳게 짝 지은 것은?

보기
ㄱ. 새로운 지각이 생성되는가?
ㄴ. 맨틀 대류가 상승하는가?
ㄷ. 지진이 발생하는가?
ㄹ. 습곡 산맥이 형성되는가?

	(가)	(나)		(가)	(나)
①	ㄱ	ㄴ	②	ㄱ	ㄷ
③	ㄴ	ㄷ	④	ㄴ	ㄹ
⑤	ㄷ	ㄹ			

08 그림은 판의 경계에서 발달하는 지형 A, B, C를 나타낸 것이다.

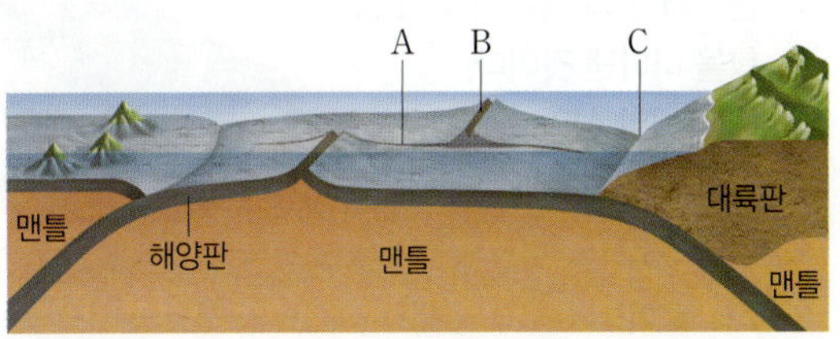

이에 대한 설명으로 옳은 것만을 〈보기〉에서 있는 대로 고른 것은?

보기
ㄱ. A는 발산형 경계에서 발달한다.
ㄴ. 해양 지각의 나이는 B에서 C로 갈수록 많아진다.
ㄷ. C에서는 밀도가 큰 해양판이 밀도가 작은 대륙판 아래로 섭입한다.

① ㄱ ② ㄴ ③ ㄱ, ㄷ
④ ㄴ, ㄷ ⑤ ㄱ, ㄴ, ㄷ

09 그림 (가)와 (나)는 판의 경계 부근에서 발생한 지진의 분포를 나타낸 것이다.

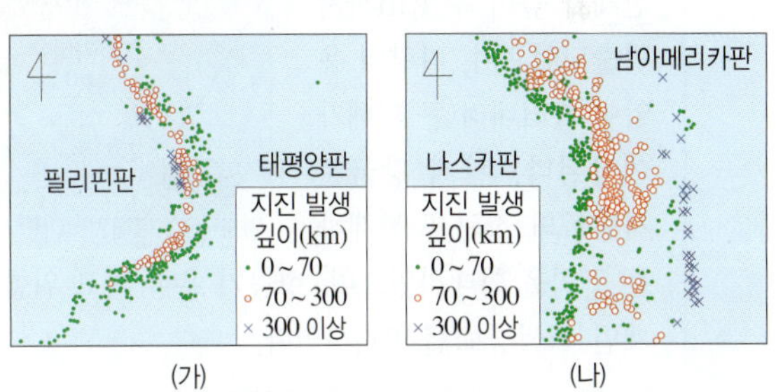

이에 대한 설명으로 옳은 것만을 〈보기〉에서 있는 대로 고른 것은?

보기
ㄱ. (가)와 (나)에서는 모두 해구가 발달한다.
ㄴ. (나)에서 남아메리카판은 나스카판보다 밀도가 크다.
ㄷ. (가)에서 화산은 주로 필리핀판에, (나)에서 화산은 주로 남아메리카판에 위치한다.

① ㄱ ② ㄴ ③ ㄷ
④ ㄱ, ㄷ ⑤ ㄴ, ㄷ

10 오른쪽 그림은 판의 경계 부근에서 판의 상대적 이동 방향을 나타낸 것이다.
이에 대한 설명으로 옳은 것만을 〈보기〉에서 있는 대로 고른 것은?

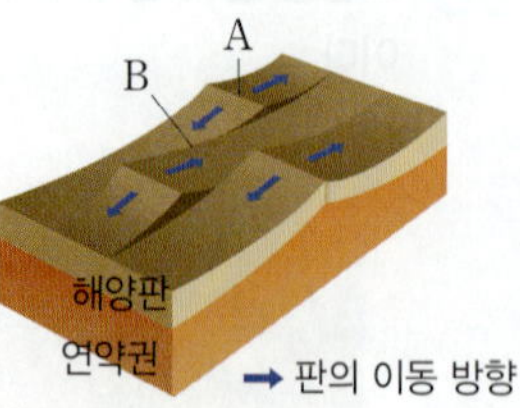

보기
ㄱ. A의 하부에서는 맨틀 대류가 상승한다.
ㄴ. B는 판이 소멸하는 곳이다.
ㄷ. A와 B에서는 모두 지진과 화산 활동이 활발하다.

① ㄱ　　　　② ㄴ　　　　③ ㄱ, ㄷ
④ ㄴ, ㄷ　　　⑤ ㄱ, ㄴ, ㄷ

3 지권의 변화가 지구시스템에 미치는 영향

11 다음은 어느 화산의 위치와 화산 폭발 시 보도된 기사 내용의 일부이다.

화산 폭발 과정에서 ㉠화산재가 높이 수 km까지 방출되었으며, 다량의 용암이 흘러내려 큰 피해가 예상된다. 관계 당국은 사람들의 접근을 통제하는 구역을 확대하였으며, 항공기 운항 최고 위험 단계인 '적색경보'를 발령하였다.

이에 대한 설명으로 옳은 것만을 〈보기〉에서 있는 대로 고른 것은?

보기
ㄱ. 판 경계 A는 수렴형 경계이다.
ㄴ. 화산 폭발로 인해 사회적, 경제적 피해가 발생할 수 있다.
ㄷ. ㉠으로 인해 지표에 도달하는 태양 에너지의 양이 감소할 것이다.

① ㄱ　　　　② ㄴ　　　　③ ㄱ, ㄷ
④ ㄴ, ㄷ　　　⑤ ㄱ, ㄴ, ㄷ

12 그림 (가)와 (나)는 화산 활동의 영향을 받는 서로 다른 두 지역의 모습을 나타낸 것이다.

(가) 온천　　　　(나) 화산재 퇴적

이에 대한 설명으로 옳은 것만을 〈보기〉에서 있는 대로 고른 것은?

보기
ㄱ. (가)는 관광 자원으로 활용할 수 있다.
ㄴ. (나) 지역은 영구히 농사를 지을 수 없다.
ㄷ. 화산 지대의 지열 에너지는 발전에 이용할 수 있다.

① ㄱ　　　　② ㄴ　　　　③ ㄱ, ㄷ
④ ㄴ, ㄷ　　　⑤ ㄱ, ㄴ, ㄷ

13 지진에 의해 발생할 수 있는 피해를 〈보기〉에서 있는 대로 고른 것은?

보기
ㄱ. 산사태가 일어난다.
ㄴ. 해일이 발생하여 해안 지역이 침수된다.
ㄷ. 가스 누출, 전기 누전 등으로 인하여 화재가 발생한다.

① ㄱ　　　　② ㄴ　　　　③ ㄱ, ㄷ
④ ㄴ, ㄷ　　　⑤ ㄱ, ㄴ, ㄷ

중요
14 다음은 지진이 발생했을 때 대처 방법에 대한 학생들의 대화이다.

제시한 내용이 옳은 학생만을 있는 대로 고른 것은?

① A　　　　② C　　　　③ A, B
④ B, C　　　⑤ A, B, C

단답형·서술형 문제

15 그림은 태평양과 대서양의 해저 지형의 단면을 나타낸 것이다.

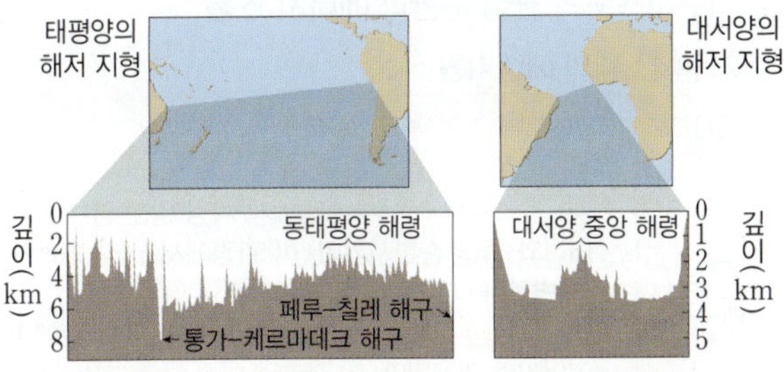

태평양 연안이 대서양 연안보다 지진과 화산 활동이 활발한 까닭을 해저 지형으로 알 수 있는 사실을 통해 설명하시오.

중요
16 그림은 전 세계 주요 판의 경계를 나타낸 것이다.

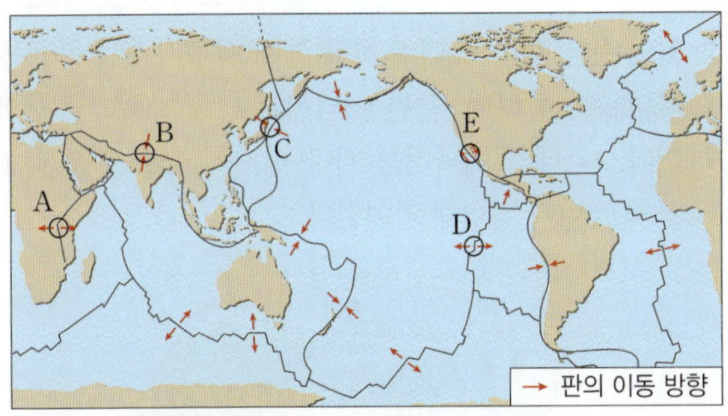

A~E에 형성된 지형을 각각 쓰시오.

17 다음은 맨틀의 운동으로 어떤 판의 경계가 형성되는 과정을 알아보기 위한 실험이다.

| 실험 과정 |
(가) 냄비에 우유를 붓고 표면에 코코아 가루를 뿌려 코코아 층을 만든다.
(나) 냄비를 가열하면서 일어나는 변화를 관찰한다.

| 실험 결과 |
코코아 층이 갈라진 틈으로 ㉠ 우유가 끓어오르고, ㉡ 코코아 층은 두 조각으로 나누어진 후 서로 멀어졌다.

㉠은 맨틀 물질, ㉡은 판에 해당한다고 가정하면 이 실험을 통해 형성 과정을 알 수 있는 판의 경계를 쓰시오.

중요
18 그림 (가)는 일본 주변에 있는 판의 경계를, (나)는 A와 B 지역에서 섭입하는 판의 깊이를 나타낸 것이다.

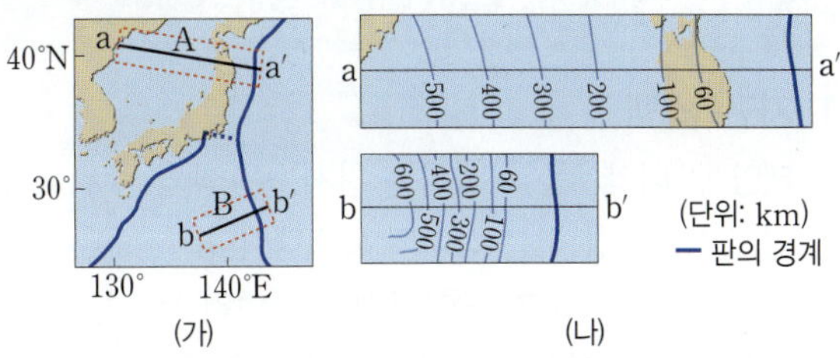

(1) A와 B 중에서 섭입하는 판의 기울기가 더 큰 지역은 어느 지역인지 쓰시오.

(2) (1)의 지역을 선택한 까닭을 설명하시오.

19 오른쪽 그림은 1991년 피나투보 화산 분출 전후 대기의 태양 복사 에너지 투과율 변화를 나타낸 것이다.
이 화산 분출 직후에 일어난 지구의 평균 기온 변화를 태양 복사 에너지양과 관련지어 설명하시오.

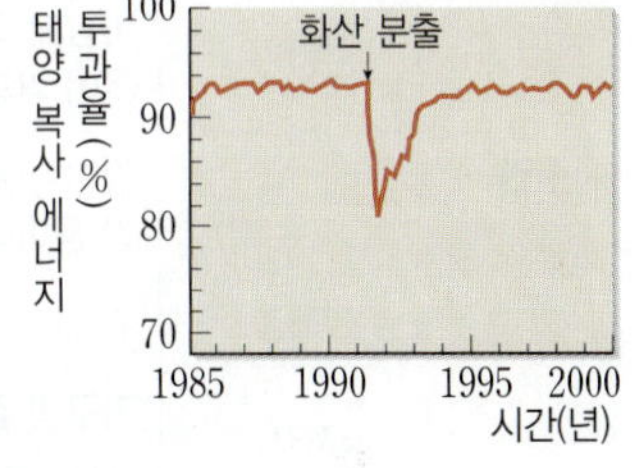

20 그림 (가)와 (나)는 백두산이 분출할 경우 화산재의 이동 방향과 화산재 농도를 계절에 따라 예측한 자료이다.

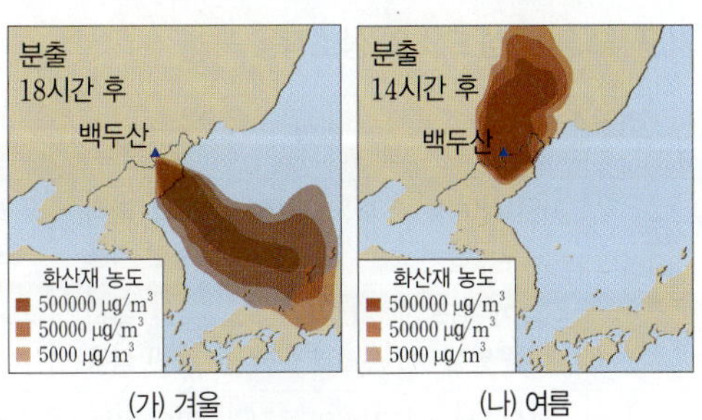

백두산이 분출하면 우리나라에 화산 폭발에 따른 사회적, 경제적 피해가 발생할 것이다. 여름과 겨울 중 어느 계절이 더 큰 피해가 발생할지 고르고, 그 까닭을 설명하시오.

08강 지구시스템의 구성과 상호작용 108쪽

1. 지구시스템

① **태양계**: 태양계를 구성하는 천체들은 태양 주위를 공전하면서 상호작용 하는 하나의 시스템이다.

② (**❶**): 지구를 구성하는 여러 요소들이 서로 영향을 주고받으면서 하나의 시스템을 이루고 있다.

2. 지구시스템의 구성 요소와 상호작용

① **지구시스템의 구성 요소**: 기권, 수권, 지권, 생물권, 외권

구분		설명
기권	(**❷**)	대류 현상이 활발하고 수증기가 많아 기상 현상이 나타난다.
	성층권	오존층이 존재하며, 높이 올라갈수록 기온이 높아지는 안정한 층이다.
	중간권	대류 현상은 일어나지만, 수증기가 거의 없어서 기상 현상은 나타나지 않는다.
	열권	공기가 매우 희박하여 기온의 일교차가 크다.
수권	혼합층	바람에 의한 혼합으로 깊이와 관계없이 수온이 거의 일정하다.
	(**❸**)	깊어질수록 수온이 급격하게 낮아지는 안정한 층이다.
	심해층	위도나 계절에 따른 수온 변화가 거의 없다.
지권	지각	지구의 겉 부분으로 해양 지각과 대륙 지각으로 구분한다.
	(**❹**)	감람암질 암석으로 이루어져 있으며, 지권에서 차지하는 부피가 가장 크다.
	핵	철과 니켈 같은 금속 성분으로 이루어져 있으며, 액체 상태의 외핵과 고체 상태의 내핵으로 구분한다.
생물권		지구상에 서식하는 모든 생명체로, 기권, 수권, 지권에 걸쳐 분포한다.
외권		기권 밖의 우주 공간을 말하며, 태양의 고에너지 입자와 우주선을 막아주는 자기장이 존재한다.

② **지구시스템 구성 요소의 상호작용 사례**

근원 \ 영향	기권	수권	지권	생물권
기권	기단 사이의 상호작용	파도, 해류 발생	풍화, 침식 운반 작용	호흡, 광합성, 포자 운반
수권	수증기 공급, 태풍 발생	해수의 혼합과 순환	풍화, 침식 운반 작용	수중 생물의 서식처 제공
지권	화산 가스 분출	지권의 물질 유입	판의 운동, 지각 변동	육상 생물의 서식처 제공
생물권	호흡, 광합성	수질 오염, 해양 오염	생물에 의한 풍화 작용	먹이 사슬 형성

3. 지구시스템의 물질 순환과 에너지 흐름

① **지구시스템의 에너지원**

종류	역할
태양 에너지	• 지구시스템의 에너지원 중에서 가장 많은 양을 차지한다. • 대기와 물을 순환시키며, 이 과정에서 날씨 변화와 지표의 변화가 나타난다. • 식물의 (**❺**)(으)로 흡수되어 생명활동에 필요한 에너지로 이용된다.
지구 내부 에너지	• 지구 탄생 과정에서 축적된 열과 방사성 물질에서 방출되는 열이다. • 대륙의 이동, 지진과 화산 활동의 근원 에너지이다.
조력 에너지	• 지구와 달, 지구와 태양 사이의 인력에 의해 생기는 에너지이다. • (**❻**)을/를 일으키고, 해안 지역의 생태계와 지형 변화에 영향을 미친다.

② **물의 순환**: 물은 상태 변화를 통해 지구시스템의 구성 요소 사이를 이동하며, 근원 에너지는 (**❼**) 에너지이다. → 태양 에너지를 지구 전체에 고르게 분산시켜 지구의 에너지 평형에 기여한다.

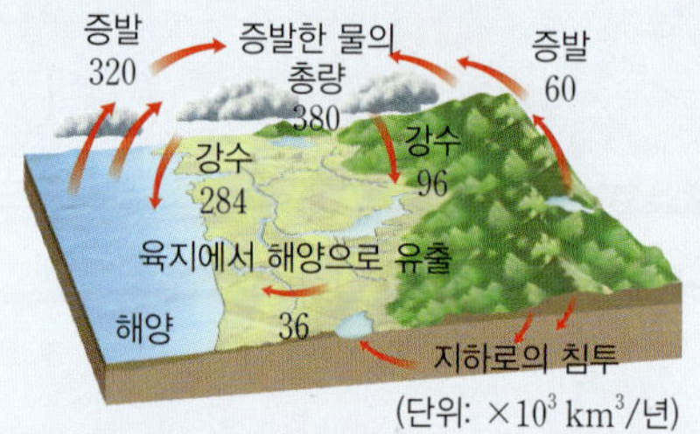

해양	유입량[강수(284)+육지에서 해양으로 유입(36)] =유출량[증발(320)]
육지	유입량[강수(96)] =유출량[증발(60)+육지에서 해양으로 유출(36)]
대기	유입량[해양 증발(320)+육지 증발(60)] =유출량[해양 강수(284)+육지 강수(96)]

③ **탄소의 순환**: 지구상에서 다양한 형태로 존재하는 탄소는 지구시스템의 각 권역을 순환하며, 이 과정에서 물질의 순환과 에너지 흐름이 나타난다.

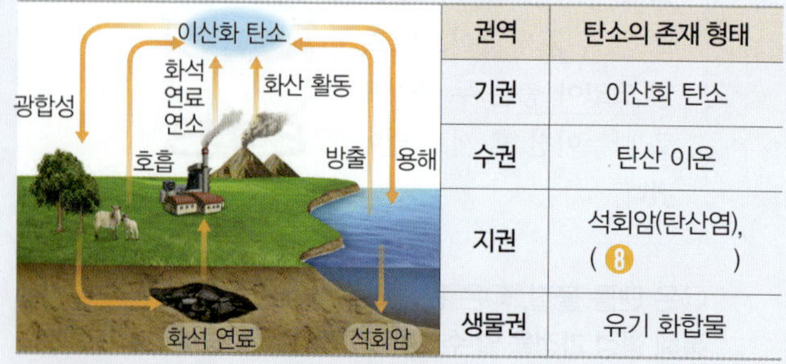

권역	탄소의 존재 형태
기권	이산화 탄소
수권	탄산 이온
지권	석회암(탄산염), (**❽**)
생물권	유기 화합물

답 ❶ 지구시스템 **❷** 대류권 **❸** 수온 약층 **❹** 맨틀 **❺** 광합성 **❻** 밀물과 썰물 **❼** 태양 **❽** 화석 연료

1. 지권의 변화

① **지진대**: 지진이 자주 발생하는 좁고 긴 띠 모양의 지역

② **화산대**: 화산 활동이 활발한 좁고 긴 띠 모양의 지역

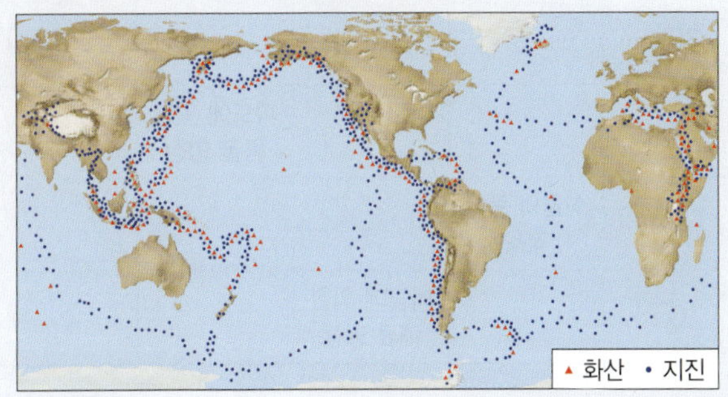

2. 판 구조론

① **판의 구조**: 지각과 상부 맨틀의 일부를 포함하는 두께 약 100 km의 단단한 부분을 암석권이라고 하며, 지구를 덮고 있는 10여 개의 암석권 조각을 (❶   )(이)라고 한다.

암석권 (판)	대륙 지각을 포함하는 대륙판과 해양 지각을 포함하는 해양판으로 구분한다.	
연약권	• 암석권 아래 깊이 약 100 ~400 km의 부분이다. • 맨틀 물질의 일부가 녹아 유동성을 띠므로 맨틀 대류가 일어난다. → 판 이동의 원동력이다.	

② **판의 운동과 지각 변동**: 서로 다른 방향과 속도로 이동하는 판이 서로 만나는 경계 부분에서 지진과 화산 활동 같은 지각 변동이 자주 일어난다. → 지진대와 화산대는 대체로 (❷   )와/과 일치한다.

3. 판의 경계와 지각 변동

① **발산형 경계**: 맨틀 대류가 (❸   )하면서 새로운 해양 지각이 생성되고 서로 분리되어 반대 방향으로 이동한다.

인접한 판	해양판–해양판	대륙판–대륙판
모식도		
지형	해령, 열곡	열곡대
지각 변동	지진, 화산 활동	
대표 지역	대서양 중앙 해령(G) 동태평양 해령(E)	동아프리카 열곡대(A)

② **보존형 경계**: 두 판이 서로 어긋나게 이동한다.

지형	(❹)	
지각 변동	지진	
대표 지역	산안드레아스 단층(D)	

③ **수렴형 경계**: 판과 판이 서로 충돌하는 경계로 맨틀 대류가 하강하며 판이 (❺   )한다.

인접한 판	대륙판–대륙판	
형성 지형	(❻)	
지각 변동	지진	
대표 지역	히말라야산맥(B)	
인접한 판	해양판–해양판	
형성 지형	해구, (❼)	
지각 변동	지진, 화산 활동	
대표 지역	마리아나 해구(C), 마리아나 제도	
인접한 판	해양판–대륙판	
형성 지형	해구, 습곡 산맥	
지각 변동	지진, 화산 활동	
대표 지역	페루–칠레 해구(F), 안데스산맥	

4. 지권의 변화가 지구시스템에 미치는 영향

화산 활동의 영향	피해	용암과 화산재에 의해 피해가 발생하고 토양과 물이 산성화되며, 햇빛이 차단되어 기온이 낮아진다.
	이용	화산재가 풍화되면 비옥한 토양이 생성되기도 한다. 화산 지형을 관광 자원으로 활용하거나 난방과 발전에 지열을 이용한다.
지진의 영향	피해	건물 붕괴, 산사태, 지진 해일 등이 일어나며, 화재와 같은 추가적인 피해가 발생한다.
	이용	지진파를 이용하여 지구 내부 구조를 연구하거나 (❽)을/를 탐사한다.

답 ❶ 판 ❷ 판의 경계 ❸ 상승 ❹ 변환 단층 ❺ 소멸 ❻ 습곡 산맥 ❼ 호상열도 ❽ 지하자원

01

∞ 08강 | 지구시스템의 구성과 상호작용 108쪽

그림 (가)와 (나)는 각각 기권과 수권의 층상 구조를 나타낸 것이다.

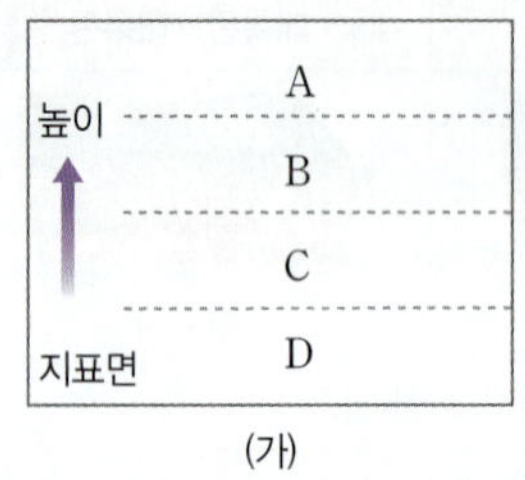
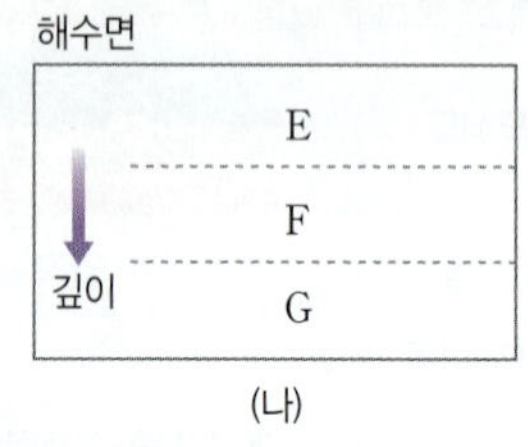

이에 대한 설명으로 옳지 <u>않은</u> 것은?

① (가)에서 기상 현상이 나타나는 층은 D이다.
② (가)에서 오존 농도가 가장 높은 층은 B이다.
③ (가)에서 기온의 일교차가 가장 큰 층은 A이다.
④ (나)에서 수온의 연교차는 E층이 G층보다 크다.
⑤ C층과 F층은 연직 운동이 거의 없는 안정한 층이다.

02

∞ 08강 | 지구시스템의 구성과 상호작용 108쪽

그림은 지권의 층상 구조를 나타낸 것이다.

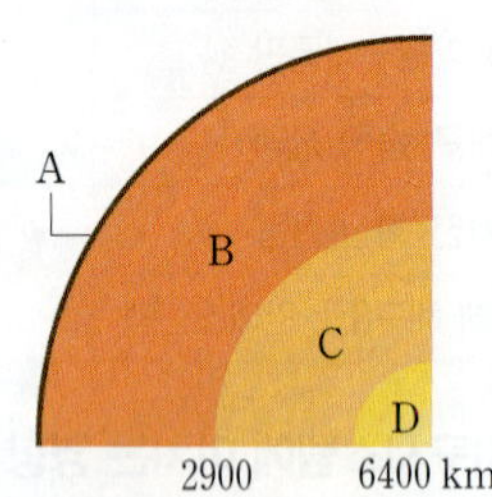

이에 대한 설명으로 옳은 것만을 〈보기〉에서 있는 대로 고른 것은?

보기
ㄱ. A는 암석으로 이루어진 지구의 가장 겉 부분이다.
ㄴ. B는 지권에서 차지하는 부피가 가장 크다.
ㄷ. C와 D는 서로 다른 성분으로 이루어져 있다.

① ㄱ　　　　② ㄷ　　　　③ ㄱ, ㄴ
④ ㄴ, ㄷ　　　⑤ ㄱ, ㄴ, ㄷ

03

∞ 08강 | 지구시스템의 구성과 상호작용 108쪽

표는 지구시스템의 구성 요소 사이에 일어나는 상호작용의 예를 나타낸 것이다.

구분	기권	수권	지권	생물권
지권				(㉠)
A			파도에 의한 동굴 형성	
B	식물의 증산 작용			
C		바람에 의한 해류 발생		

이에 대한 설명으로 옳은 것만을 〈보기〉에서 있는 대로 고른 것은?

보기
ㄱ. A는 기권이다.
ㄴ. '생물의 서식처 제공'은 ㉠에 해당한다.
ㄷ. 탄소가 C에서 B로 이동하는 예로는 광합성이 있다.

① ㄱ　　　　② ㄷ　　　　③ ㄱ, ㄴ
④ ㄴ, ㄷ　　　⑤ ㄱ, ㄴ, ㄷ

04

∞ 08강 | 지구시스템의 구성과 상호작용 108쪽

오른쪽 그림은 지구시스템에서 물이 순환하는 과정과 연간 이동량을 나타낸 것이다.
이에 대한 설명으로 옳은 것만을 〈보기〉에서 있는 대로 고른 것은?

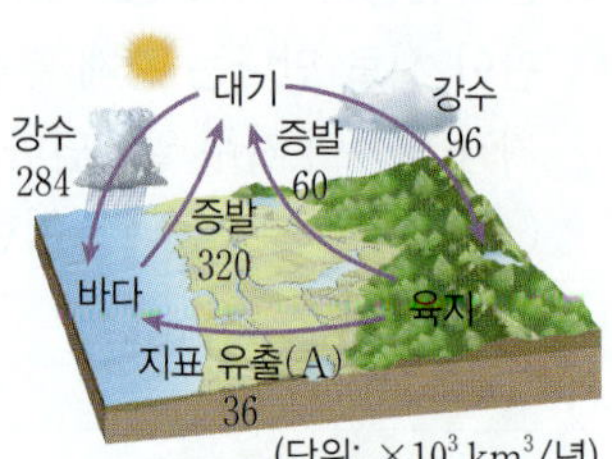

보기
ㄱ. A에 의해 지형의 변화가 일어난다.
ㄴ. 물의 순환을 일으키는 근원 에너지는 태양 에너지이다.
ㄷ. 1년 동안 바다에서 유출된 물의 양은 바다로 유입된 물의 양과 같다.

① ㄱ　　　　② ㄴ　　　　③ ㄱ, ㄷ
④ ㄴ, ㄷ　　　⑤ ㄱ, ㄴ, ㄷ

05

∞ 08강 | 지구시스템의 구성과 상호작용 108쪽

표는 지구시스템에 영향을 미치는 에너지원에 대한 설명이다. A, B, C는 각각 태양 에너지, 지구 내부 에너지, 조력 에너지 중 하나이다.

에너지원	단위 시간당 에너지양(W)	지구시스템에 미치는 영향
A	2.7×10^{12}	(㉡)
B	(㉠)	지진과 화산 활동
C	1.7×10^{17}	대기와 해수의 순환

이에 대한 설명으로 옳은 것만을 〈보기〉에서 있는 대로 고른 것은?

ㄱ. ㉠은 1.7×10^{17}보다 크다.
ㄴ. 파도에 의한 해안 침식은 ㉡에 해당한다.
ㄷ. 광합성을 통해 식물에 흡수되어 생명활동의 근원이 되는 에너지는 C이다.

① ㄱ　　　　② ㄷ　　　　③ ㄱ, ㄴ
④ ㄴ, ㄷ　　　⑤ ㄱ, ㄴ, ㄷ

06

∞ 08강 | 지구시스템의 구성과 상호작용 108쪽

그림 (가)는 지구시스템에서 탄소의 이동 경로를, (나)는 석회 동굴의 모습을 나타낸 것이다.

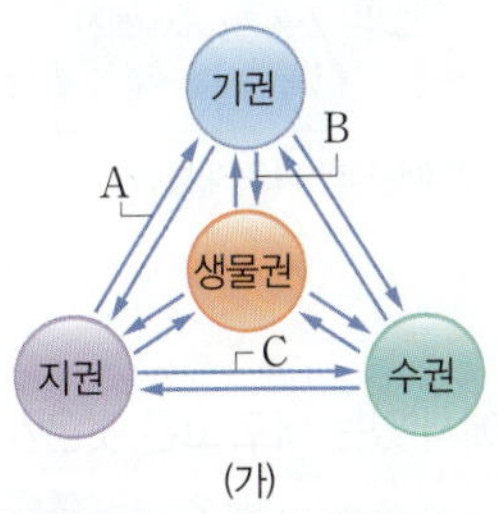

(가)

(나)

이에 대한 설명으로 옳은 것만을 〈보기〉에서 있는 대로 고른 것은?

ㄱ. A는 지구 온난화의 원인이 될 수 있다.
ㄴ. B는 에너지를 방출하는 현상이다.
ㄷ. (나)에서 ㉠의 형성 과정은 C에 해당한다.

① ㄱ　　　　② ㄴ　　　　③ ㄱ, ㄷ
④ ㄴ, ㄷ　　　⑤ ㄱ, ㄴ, ㄷ

07

∞ 09강 | 지권의 변화와 판 구조론 116쪽

그림은 지구 내부의 층상 구조 중 일부를 나타낸 것이다.

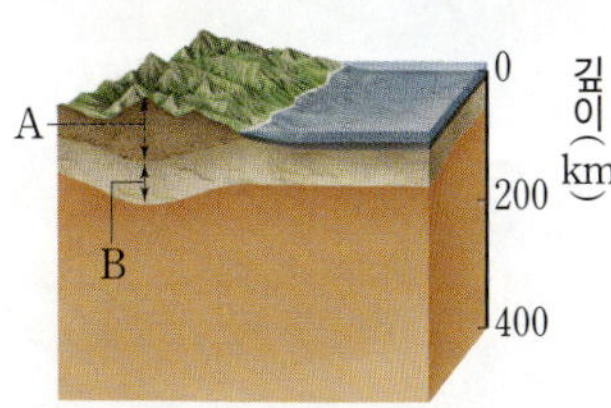

이에 대한 설명으로 옳은 것만을 〈보기〉에서 있는 대로 고른 것은?

ㄱ. A는 판에 해당한다.
ㄴ. A는 대륙이 해양보다 두껍다.
ㄷ. B의 대류에 의해 A가 이동한다.

① ㄱ　　　　② ㄴ　　　　③ ㄱ, ㄷ
④ ㄴ, ㄷ　　　⑤ ㄱ, ㄴ, ㄷ

08

∞ 09강 | 지권의 변화와 판 구조론 116쪽

그림은 판의 경계를 특징에 따라 구분하는 과정을 나타낸 것이다.

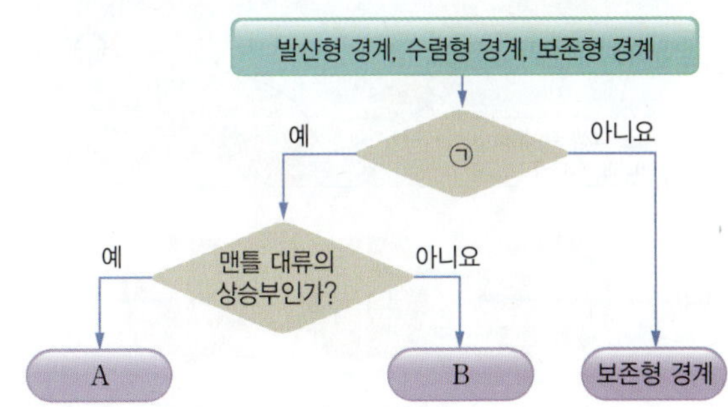

이에 대한 설명으로 옳은 것만을 〈보기〉에서 있는 대로 고른 것은?

ㄱ. '화산 활동이 활발한가?'는 ㉠으로 적합하다.
ㄴ. 해구는 A에서 발달하는 대표적인 해저 지형이다.
ㄷ. B에서는 두 판이 서로 멀어지는 방향으로 이동한다.

① ㄱ　　　　② ㄴ　　　　③ ㄱ, ㄷ
④ ㄴ, ㄷ　　　⑤ ㄱ, ㄴ, ㄷ

:09

∞ 09강 | 지권의 변화와 판 구조론 116쪽

그림은 전 세계에 분포하는 판의 경계를 나타낸 것이다.

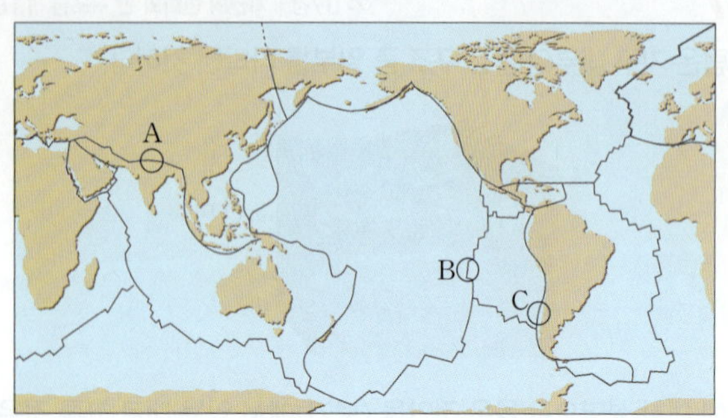

판의 경계 A∼C에 대한 설명으로 옳은 것은?

① A는 보존형 경계이다.

② B에서는 습곡 산맥이 발달한다.

③ C에서는 해구와 호상열도가 나타난다.

④ A, B, C 모두 화산 활동이 활발하다.

⑤ 지진이 발생하는 지점의 최대 깊이는 C가 B보다 깊다.

:10

∞ 09강 | 지권의 변화와 판 구조론 116쪽

그림 (가)는 어느 지역의 판 A∼C와 지진 발생 지점의 분포를, (나)는 서로 인접한 두 판의 상대적 이동 방향을 나타낸 것이다.

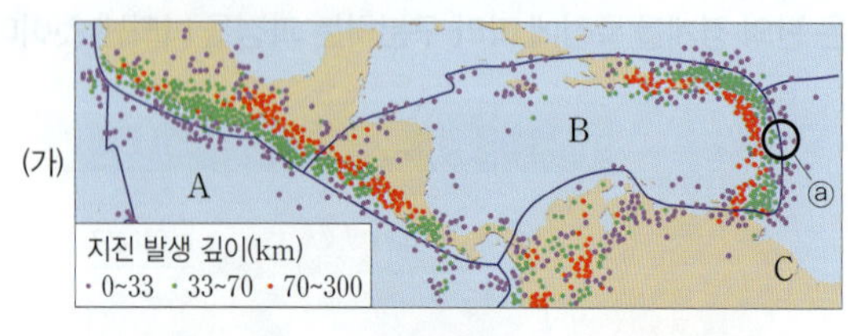

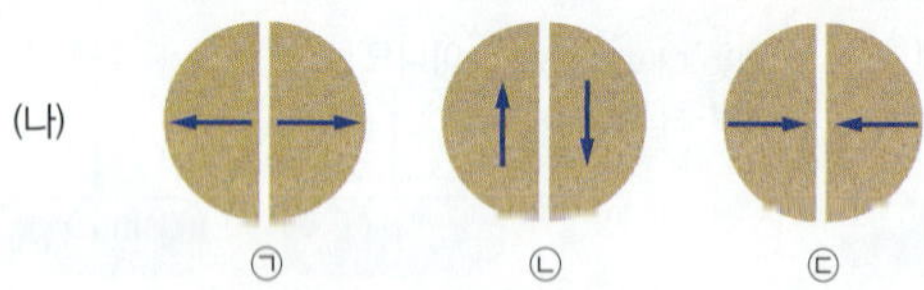

이에 대한 설명으로 옳은 것만을 〈보기〉에서 있는 대로 고른 것은?

> 보기
>
> ㄱ. 판 A에서는 화산 활동이 활발하다.
>
> ㄴ. 판 A∼C 중 밀도가 가장 큰 판은 B이다.
>
> ㄷ. ⓐ에서 판 B와 판 C의 상대적 이동 방향은 ㉢에 해당한다.

① ㄱ   ② ㄴ   ③ ㄷ

④ ㄱ, ㄴ   ⑤ ㄴ, ㄷ

:11

∞ 09강 | 지권의 변화와 판 구조론 116쪽

그림 (가)는 판의 경계에 위치한 지역 A, B와 주변 판들의 상대적 이동 방향을, (나)는 (가)의 A와 B에서 발달하는 지형 또는 지각 변동 ㉠∼㉢을 벤 다이어그램으로 나타낸 것이다.

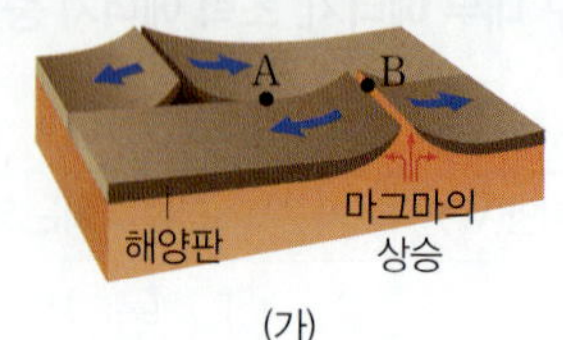

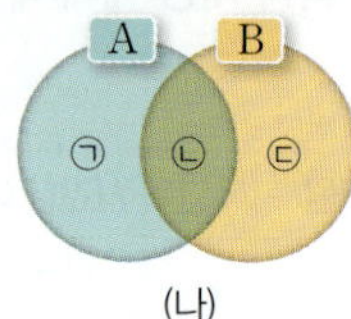

이에 대한 설명으로 옳은 것만을 〈보기〉에서 있는 대로 고른 것은?

> 보기
>
> ㄱ. A에서는 새로운 해양 지각이 생성된다.
>
> ㄴ. B에서는 판의 소멸이 일어난다.
>
> ㄷ. 변환 단층은 ㉠, 지진은 ㉡, 화산 활동은 ㉢에 속한다.

① ㄱ   ② ㄷ   ③ ㄱ, ㄴ

④ ㄴ, ㄷ   ⑤ ㄱ, ㄴ, ㄷ

:12

∞ 09강 | 지권의 변화와 판 구조론 116쪽

다음은 어느 학생이 지권의 변화가 지구시스템에 미치는 영향을 보여 주는 사례를 조사한 보고서의 일부이다.

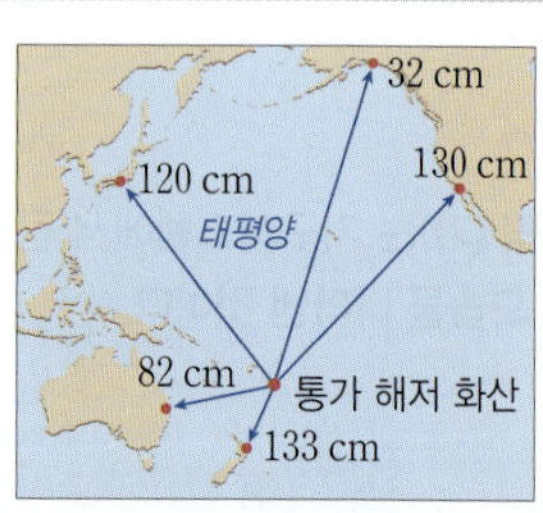

통가 해저 화산 폭발 시 발생한 지진으로 인해 태평양 연안에서는 ㉠지진 해일 경보가 발령된 지역도 있었으며, 화산 폭발 과정에서 분출된 화산 가스와 화산재로 인해 주변의 해양 생태계에 막대한 피해가 발생했다. ∼ (중략)

이에 대한 설명으로 옳은 것만을 〈보기〉에서 있는 대로 고른 것은?

> 보기
>
> ㄱ. ㉠의 주민들은 즉시 높은 곳으로 대피해야 한다.
>
> ㄴ. 해저 화산 폭발은 기권, 수권, 생물권에 모두 영향을 미쳤다.
>
> ㄷ. 해일에 의한 파도의 높이는 해저 화산과 가까운 곳일수록 높다.

① ㄱ   ② ㄷ   ③ ㄱ, ㄴ

④ ㄴ, ㄷ   ⑤ ㄱ, ㄴ, ㄷ

13
∞ 08강 | 지구시스템의 구성과 상호작용 108쪽

지구시스템의 구성 요소 중 온도를 기준으로 층을 구분할 수 있는 권역을 모두 쓰시오.

14
∞ 08강 | 지구시스템의 구성과 상호작용 108쪽

다음은 해수의 깊이에 따른 수온 분포를 알아보기 위한 실험 과정이다.

| 실험 과정 |

(가) 그림과 같이 온도계 구부의 깊이를 서로 다르게 설치한다.

(나) 가열 장치로 10분 동안 가열한 후, 깊이에 따른 수온을 측정한다.

(다) 가열 장치를 켜둔 상태에서 3분 동안 선풍기로 수면 위에 바람을 일으킨 후, 깊이에 따른 수온을 측정한다.

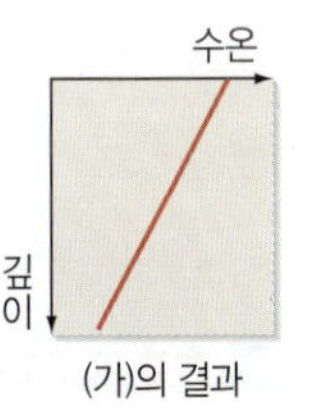
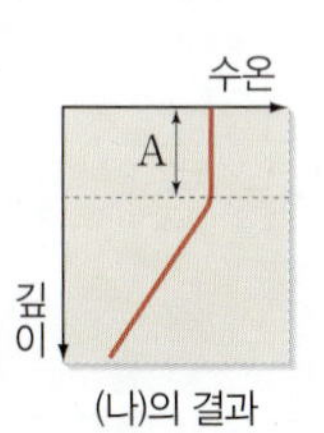

| 실험 결과 |

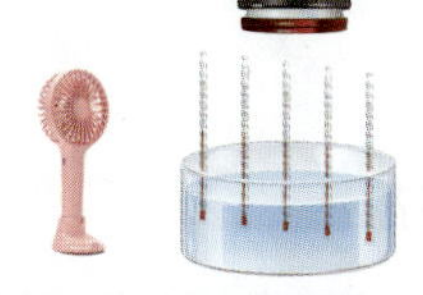

실험 과정 (다)에서 선풍기 바람을 더 강하게 할 때 A층의 두께는 어떻게 변화하는지 A층의 형성 과정과 관련지어 설명하시오.

15
∞ 08강 | 지구시스템의 구성과 상호작용 108쪽

그림은 물의 순환 과정을 나타낸 것이다.

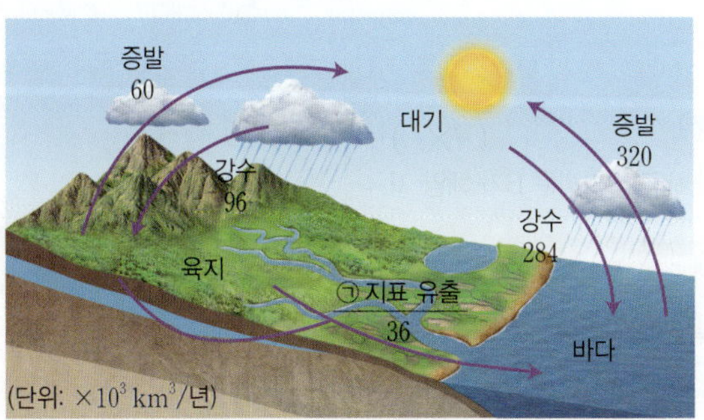

바다는 증발량이 강수량보다 많지만, 물의 양은 항상 일정하게 유지된다. 그 까닭을 ㉠과 관련지어 설명하시오.

16
∞ 09강 | 지권의 변화와 판 구조론 116쪽

그림은 판의 경계에서 나타나는 지형 A~D를 나타낸 것이다.

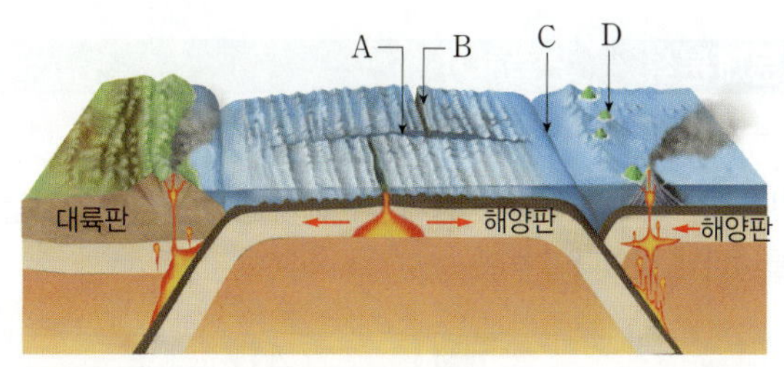

지형 A~D의 이름을 각각 쓰시오.

17
∞ 09강 | 지권의 변화와 판 구조론 116쪽

그림 (가)는 우리나라 주변에서 나타나는 판의 경계를, (나)는 지진의 발생 지점 분포를 A－B 단면상에서 나타낸 것이다.

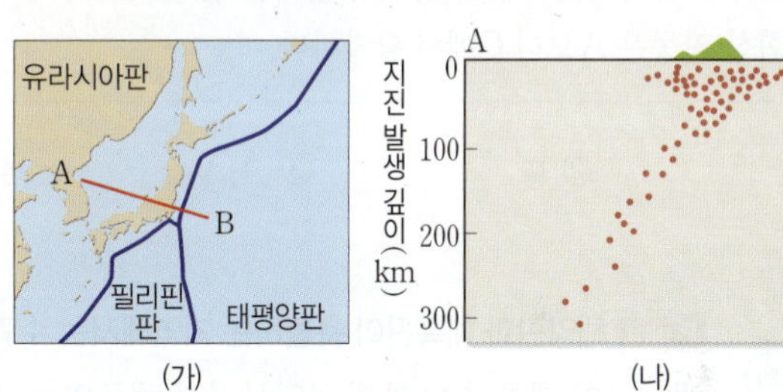

판의 경계에서 A 방향으로 갈수록 지진 발생 지점이 대체로 깊어지는 까닭을 유라시아판과 태평양판의 밀도 차이 및 판의 경계 부근에서 나타나는 맨틀 대류의 움직임과 관련지어 설명하시오.

18
∞ 09강 | 지권의 변화와 판 구조론 116쪽

그림은 대서양 해양 지각의 나이 분포를 나타낸 것이다.

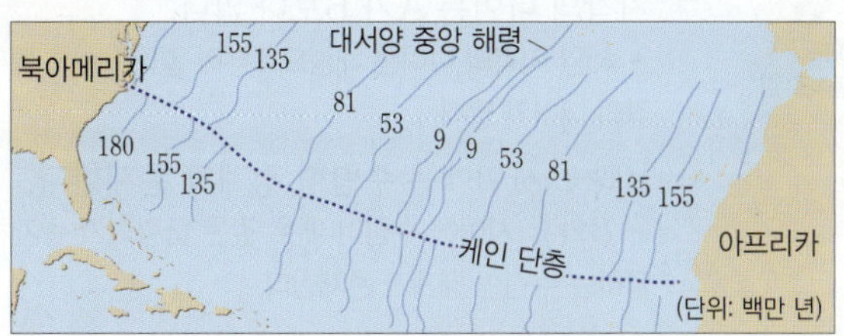

대서양 중앙 해령을 기준으로 해양 지각의 나이가 대칭적으로 분포하는 까닭을 판의 운동과 관련지어 설명하시오.

중단원 수능대비 문제 ⑴ 지구시스템

출제 경향 지진의 분포와 화산 활동 등의 자료를 제시하고 이와 관련된 지구시스템의 구성 요소와 상호작용 및 판의 경계별 특징과 내용을 묻는 통합적인 문제가 주로 출제된다.

수능 기출 변형

그림 (가)는 어느 지역의 판 경계 부근에서 발생한 지진 분포를, (나)는 (가)의 $X - X'$에 따른 지형의 단면을 나타낸 것이다.

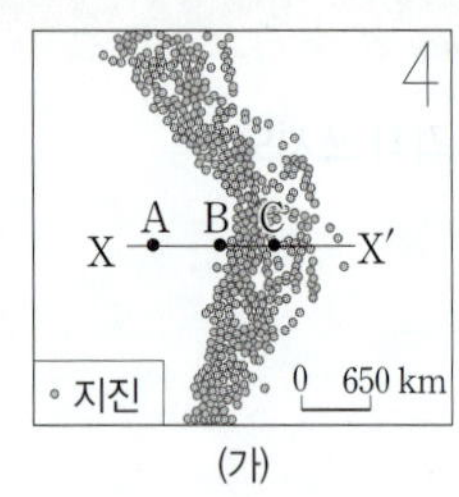
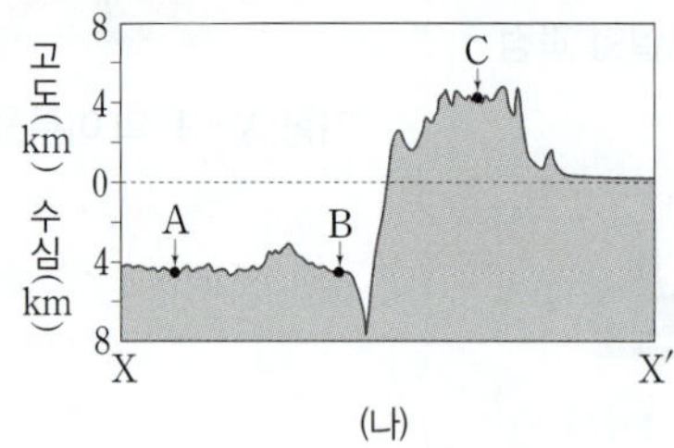

지역 A, B, C에 대한 설명으로 옳은 것만을 〈보기〉에서 있는 대로 고른 것은?

보기
ㄱ. 지각의 나이는 A가 B보다 많다.
ㄴ. B와 C 사이에는 수렴형 경계가 존재한다.
ㄷ. 화산 활동은 A보다 C에서 활발하다.

① ㄱ　　　② ㄷ　　　③ ㄱ, ㄴ　　　④ ㄴ, ㄷ　　　⑤ ㄱ, ㄴ, ㄷ

1 핵심 개념 파악하기

Point 해양판과 대륙판이 충돌하는 지역에서는 수렴형 경계가 나타난다.

해양판이 대륙판 아래로 섭입하면서 해구와 습곡 산맥(또는 호상열도)이 발달한다.

2 자료 분석하기

- B와 C 사이에서는 지진이 활발하게 일어난다. → 판의 경계가 존재할 가능성이 높다.
- B와 C 사이에 수심이 깊은 골짜기가 존재한다. → 해구가 발달하는 수렴형 경계가 존재한다.
- 밀도가 큰 판이 밀도가 작은 판 아래로 섭입하며 마그마가 생성된다. → 마그마에 의한 화산 활동은 밀도가 작은 판에서 활발하게 일어난다.

3 〈보기〉 분석하기

ㄱ. 지각의 나이는 A가 B보다 많다.　　　　　　　　　　(×)
　→ 해양 지각의 나이는 해령으로부터 멀어질수록 많아지므로, A보다 해구와 가까운 B가 해양 지각의 나이가 많다.

ㄴ. B와 C 사이에는 수렴형 경계가 존재한다.　　　　　　(○)
　→ B와 C 사이에 수심이 매우 깊은 골짜기가 존재하며, 지진이 활발하게 일어나므로 해구가 발달하는 수렴형 경계가 존재한다.

ㄷ. 화산 활동은 A보다 C에서 활발하다.　　　　　　　　(○)
　→ 밀도가 큰 해양판이 밀도가 작은 대륙판 아래로 섭입하며 마그마가 생성되므로 화산 활동은 대륙판에서 활발하게 일어난다.

09강 **2** 판 구조론

↻ 116쪽

정답 ④

1

교육청 기출 변형

그림은 높이에 따른 기온 변화를 기준으로 기권의 층상 구조를 나타낸 것이다.
A~C에 대한 설명으로 옳은 것만을 〈보기〉에서 있는 대로 고른 것은?

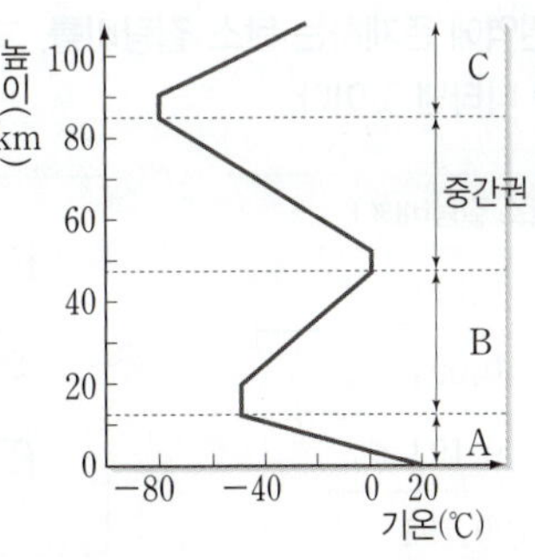

보기

ㄱ. A에서는 대류가 일어난다.
ㄴ. B에는 자외선을 차단하는 오존층이 있다.
ㄷ. 기온의 일교차는 C에서 가장 크다.

---

① ㄱ ② ㄴ ③ ㄱ, ㄷ ④ ㄴ, ㄷ ⑤ ㄱ, ㄴ, ㄷ

이런 보기도 나온다!

ㄹ. B는 공기의 연직 운동이 활발하다. ( )
ㅁ. 기상 현상이 나타나는 층은 A이다. ( )
ㅂ. 기권에서 기압이 가장 높은 층은 C이다. ( )

출제 의도 기권의 층상 구조에서 대류권, 성층권, 열권의 특징을 묻고 있는 문제이다.

자료 분석 Tip

대류권(A)과 중간권에서는 대류가 일어나며, 자외선을 막아주는 오존층은 성층권(B)에 존재한다. 열권(C)은 공기가 희박해서 기온의 일교차가 매우 크다.

2

교육청 기출 변형

그림 (가)는 지구시스템에서 물의 순환을, (나)는 지구시스템 구성 요소들의 상호작용을 나타낸 것이다.

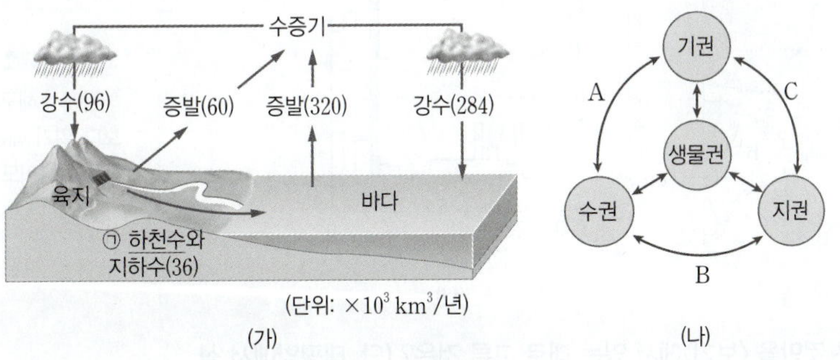

이에 대한 설명으로 옳은 것만을 〈보기〉에서 있는 대로 고른 것은?

보기

ㄱ. (가)의 바다에서 강수량과 증발량은 같다.
ㄴ. A의 예로 바람에 의한 해수의 혼합이 있다.
ㄷ. ㉠에 의한 암석의 침식은 B에 해당한다.

---

① ㄱ ② ㄷ ③ ㄱ, ㄴ ④ ㄴ, ㄷ ⑤ ㄱ, ㄴ, ㄷ

출제 의도 물의 순환 과정에서 암석의 침식과 같은 지표의 변화가 일어난다는 점을 지구시스템의 상호작용과 관련지어 추론하는 문제이다.

자료 분석 Tip

육지는 강수량이 증발량보다 많으며, 육지에서 남는 물이 ㉠의 하천수와 지하수의 형태로 바다로 유입된다. 이 과정에서 풍화와 침식 작용을 통해 지권의 변화가 일어난다.

3

표는 지구시스템의 각 권역에 존재하는 탄소 질량비를, 그림은 각 권역 사이에서 일어나는 탄소 순환 과정의 일부를 나타낸 것이다.

권역	탄소 질량비(%)
생물권	0.011
기권	0.004
수권	0.194
지권	99.791

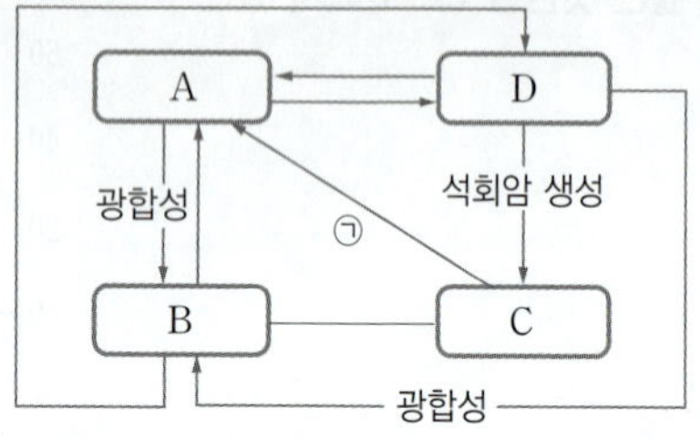

이에 대한 설명으로 옳은 것만을 〈보기〉에서 있는 대로 고른 것은?

보기
ㄱ. 수권은 B이다.
ㄴ. 화석 연료의 연소는 ㉠ 과정에 해당한다.
ㄷ. 탄소의 양은 A∼D 중 D에 가장 많다.

① ㄱ ② ㄴ ③ ㄱ, ㄷ ④ ㄴ, ㄷ ⑤ ㄱ, ㄴ, ㄷ

이런 보기도 나온다!

ㄹ. A의 탄소량이 많아지면 지구의 평균 기온은 높아질 것이다. (   )
ㅁ. B에서 탄소는 탄산 이온의 형태로 존재한다. (   )
ㅂ. ㉠ 과정의 예로 화산 폭발이 있다. (   )

4

그림 (가)는 판 경계와 해양판 A, B를 나타낸 것이고, (나)는 시간에 따른 A와 B의 확장 속도를 순서 없이 나타낸 것이다.

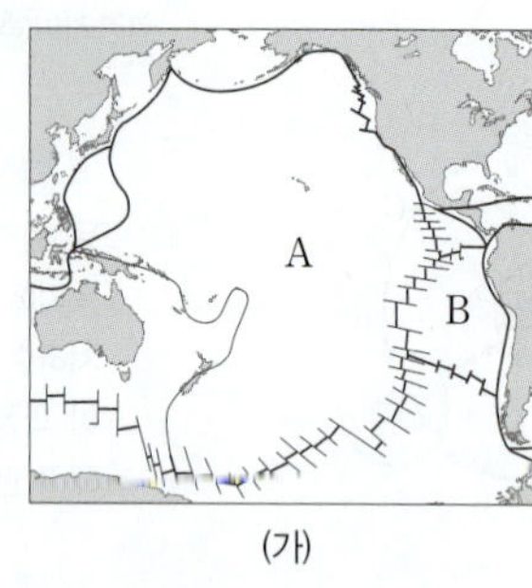

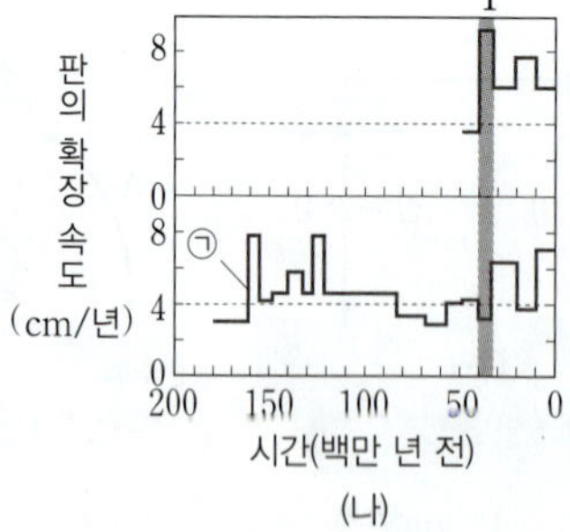

이 자료에 대한 설명으로 옳은 것만을 〈보기〉에서 있는 대로 고른 것은? (단, 태평양에서 심해 퇴적물이 쌓이는 속도는 일정하다.)

보기
ㄱ. ㉠은 A의 확장 속도에 해당한다.
ㄴ. T 기간에 판의 확장 속도는 A가 B보다 빠르다.
ㄷ. T 기간에 생성된 판 위에 쌓인 심해 퇴적물의 두께는 A가 B보다 약 3배 두껍다.

① ㄱ ② ㄴ ③ ㄷ ④ ㄱ, ㄴ ⑤ ㄱ, ㄷ

자료 분석 Tip
광합성을 통해 탄소는 생물권으로 이동하므로 B는 생물권이다. 석회암 생성 과정에서 탄소는 지권으로 이동하므로 C는 지권이다. 따라서 D는 수권이고, A는 기권이다.

자료 분석 Tip
해령에서 해구까지의 거리는 A가 B보다 멀기 때문에 가장 오래된 해양 지각의 나이도 A가 B보다 많다.

5

그림 (가)와 (나)는 남아메리카와 아프리카 주변에서 발생한 지진의 발생 지점 분포를 나타낸 것이다.

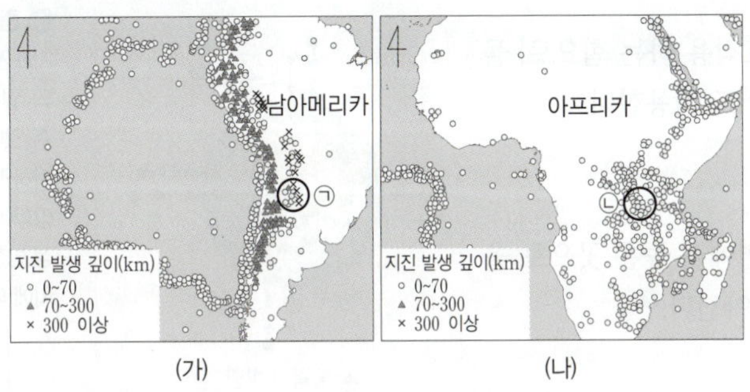

지역 ㉠과 ㉡에 대한 설명으로 옳은 것만을 〈보기〉에서 있는 대로 고른 것은?

> **보기**
> ㄱ. ㉠의 하부에는 맨틀 대류의 하강류가 있다.
> ㄴ. ㉡에서는 발산형 경계가 나타난다.
> ㄷ. 지진 발생 지점의 평균 깊이는 ㉠이 ㉡보다 깊다.

① ㄱ ② ㄷ ③ ㄱ, ㄴ ④ ㄴ, ㄷ ⑤ ㄱ, ㄴ, ㄷ

이런 보기도 나온다!

ㄹ. ㉠의 하부에서 마그마가 생성될 수 있다. (   )
ㅁ. ㉡에서는 습곡 산맥이 나타난다. (   )
ㅂ. ㉠과 ㉡에서는 모두 화산 활동이 활발하게 일어난다. (   )

 판의 경계에서 발생하는 지진의 특징을 지진이 발생한 깊이와 관련지어 발산형 경계와 수렴형 경계가 나타나는 곳을 구분하는 문제이다.

자료 분석 Tip

발산형 경계에서 발생하는 지진은 주로 지진 발생 지점의 깊이가 얕고, 수렴형 경계에서 발생하는 지진은 지진 발생 지점의 깊이가 다양하다. 특히 해양판과 대륙판이 만나는 수렴형 경계에서는 해양판이 대륙판 아래로 섭입하므로 판의 경계에서 대륙 쪽으로 갈수록 대체로 지진 발생 지점이 깊어진다.

6

그림은 질문 카드를 사용하여 판의 경계에서 나타나는 지형을 분류하는 과정이다. 질문 카드는 (가), (나), (다) 중 두 개만 사용하며 A, B, C는 각각 제시된 세 지형 중 하나이다.

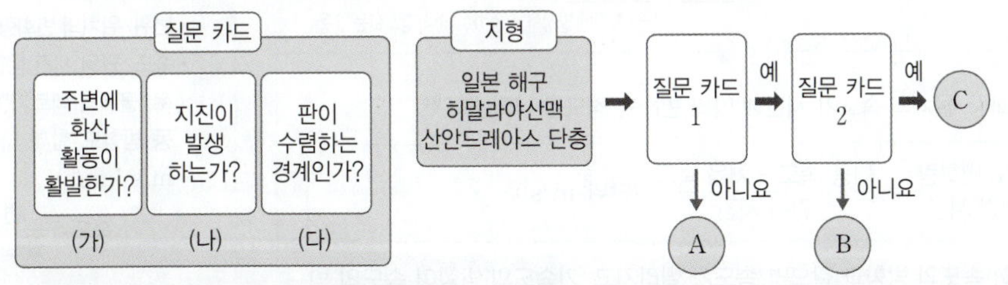

이에 대한 설명으로 옳은 것만을 〈보기〉에서 있는 대로 고른 것은?

> **보기**
> ㄱ. B는 산안드레아스 단층이다.
> ㄴ. C는 대륙판과 해양판의 경계이다.
> ㄷ. 위에서 사용하지 않은 질문 카드는 (나)이다.

① ㄱ ② ㄷ ③ ㄱ, ㄴ ④ ㄴ, ㄷ ⑤ ㄱ, ㄴ, ㄷ

 판의 경계에서 발달하는 지형을 구분하고, 지진과 화산 활동 같은 지각 변동은 주로 판의 경계 부근에서 일어난다는 점을 묻고 있는 문제이다.

자료 분석 Tip

해구와 습곡 산맥은 수렴형 경계에서, 변환 단층은 보존형 경계에서 발달하는 대표적인 지형이다. 대륙판과 대륙판이 충돌하는 수렴형 경계와 보존형 경계에서는 지진은 활발하지만, 화산 활동은 거의 일어나지 않는다.

10강 중력의 작용

1 중력

(1) 중력 질량이 있는 모든 물체 사이에 상호작용 하는 힘으로, 물체가 서로 접촉해 있거나 멀리 떨어져 있어도 작용한다.

① **지구의 중력**: 지구가 물체를 당기는 힘
- 방향: 지구 중심 방향(= *연직 방향)❶
- 크기: 물체의 질량이 클수록 크고, 지표면에서 높은 곳으로 올라갈수록, 극에서 적도 쪽으로 갈수록 작아진다.❷

② **무게**: 물체에 작용하는 중력의 크기
- 단위로는 N(뉴턴)을 사용하고, 지표면 근처에서 질량이 1 kg인 물체의 무게는 약 9.8 N이다.
- 측정 장소에 따라 달라진다. → 천체의 질량과 크기에 따라 중력의 크기가 다르다. 달에서 물체의 무게를 측정하면 지구에서 측정한 값의 $\frac{1}{6}$ 배가 된다.

③ **중력의 크기**: 두 물체 A와 B 사이에 작용하는 중력의 크기는 A와 B의 질량이 클수록, A와 B 사이의 거리가 가까울수록 크다.

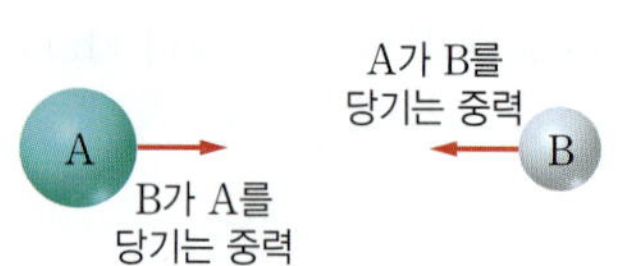

(2) 중력이 작용하여 나타나는 현상 중력은 다양한 자연 현상을 일으키고 생명체의 생명 활동에도 영향을 준다.
① 비나 눈이 내린다.
② 물이 높은 곳에서 낮은 곳으로 떨어진다.
③ 달이 지구를 공전한다.

2 지표면 근처에서의 운동

(1) 힘과 물체의 운동

┌ 속력과 운동 방향이 일정한 운동으로 등속도 운동이라고도 한다.
① **물체에 힘이 작용하지 않을 때**: 정지 상태를 유지하거나 등속 직선 운동을 한다.
② **물체에 일정한 힘이 작용할 때**: 속도가 일정하게 변하는 등가속도 운동을 한다.
└ 속력이 일정하게 증가하거나 감소하는 운동

자료 pick 가속도

가속도: 단위 시간 동안 속도의 변화량, 물체의 속도가 시간에 따라 변하는 정도를 나타낸다.❸

$$가속도 = \frac{속도\ 변화량}{걸린\ 시간} = \frac{나중\ 속도 - 처음\ 속도}{걸린\ 시간} \quad (단위: m/s^2)$$

① **가속도의 방향**: 가속도의 방향이 속도의 방향과 같으면 속도가 빨라지고, 가속도의 방향이 속도의 방향과 반대이면 속도가 느려진다.❹
② **가속도 운동**: 물체의 속도가 변하는 운동

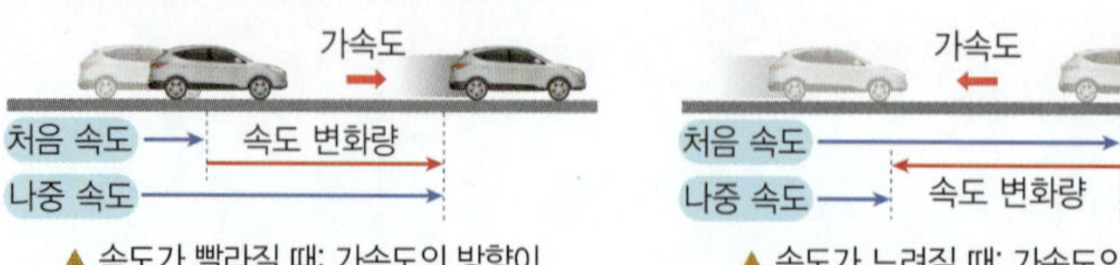

---

❶ 중력의 방향
지표면의 좁은 영역에서는 중력이 거의 일정한 방향으로 작용한다고 볼 수 있다. 그러나 지구가 구형임을 고려하면 지구상의 지점에 따라 중력 방향이 달라진다. 즉, 중력은 지구 중심 방향으로 작용하므로 지구상의 위치에 따라 중력 방향이 달라진다.

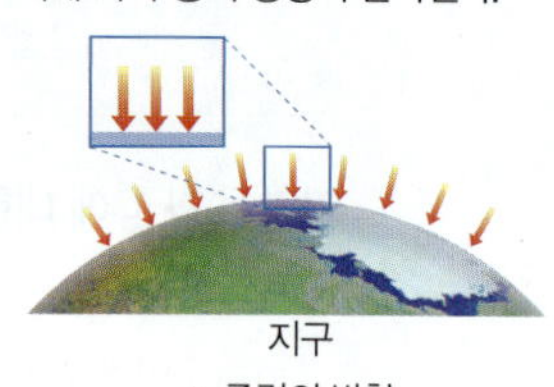

❷ 지표면에서 중력의 크기
지구는 완전한 구가 아니라 약간 납작한 타원 모양이다. 따라서 지표면에서 중력의 크기는 반지름이 가장 작은 극 지방에서 가장 크고, 반지름이 가장 큰 적도에서 가장 작다.

❸ 변위와 속도
- 변위: 위치의 변화량
- 속도: 단위 시간 동안 물체의 변위로, 물체의 빠르기뿐만 아니라 운동 방향도 함께 나타낸다. (단위: m/s, km/h)

$$속도 = \frac{변위}{걸린\ 시간}$$

❹ 가속도의 방향
뉴턴 운동 제2법칙(힘=질량×가속도)에서 물체에 작용하는 알짜힘의 방향은 가속도의 방향과 같다.

(2) 자유 낙하 운동   물체가 중력만을 받으며 낙하하는 운동이다.

① 자유 낙하 하는 물체: 일정한 크기의 중력이 작용하므로 물체는 등가속도 운동을 한다.

　• 물체의 속력: 매초 약 9.8 m/s씩 빨라진다.

　• 물체의 운동 방향: 중력의 방향과 같은 연직 방향이다.

② 중력 가속도: 중력이 작용하는 운동의 가속도로, 질량과 관계없이 약 $9.8 \ m/s^2$이다. ❺

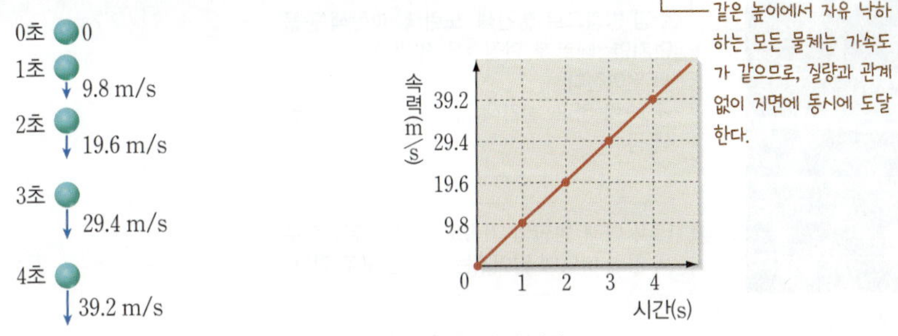

같은 높이에서 자유 낙하 하는 모든 물체는 가속도가 같으므로, 질량과 관계없이 지면에 동시에 도달한다.

▲ 자유 낙하 하는 물체의 시간에 따른 속력 변화

(3) 수평 방향으로 던진 물체의 운동   수평 방향으로의 등속 직선 운동과 연직 방향으로의 등가속도 운동이 합쳐진 포물선 운동을 한다. 탐구 137쪽

① 수평 방향 운동: 수평 방향으로는 힘이 작용하지 않으므로 속력이 일정하다.

② 연직 방향 운동: 연직 방향으로는 일정한 중력이 작용하므로 속력이 일정하게 증가하는 등가속도 운동을 한다.

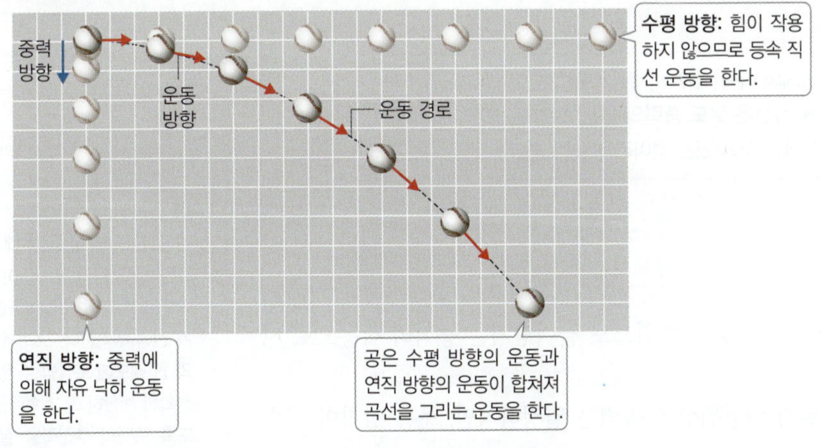

자료 pick **자유 낙하 운동과 수평 방향으로 던진 물체의 운동 비교**

자유 낙하 운동	구분	수평 방향으로 던진 물체의 운동	
		수평 방향	연직 방향
중력	힘	없음.	중력
일정하게 증가	속도	일정	일정하게 증가
일정(중력 가속도)	가속도	0	일정(중력 가속도)
등가속도 운동	운동 ❻	등속 직선 운동	등가속도 운동
기울기=$9.8 \ m/s^2$	운동 그래프	일정	기울기=$9.8 \ m/s^2$

---

❺ **공기 중과 진공 중에서 낙하 운동**

• 공기 중: 중력 외에 운동 방향과 반대 방향으로 공기 저항력이 작용하며, 깃털의 경우 쇠공보다 공기 저항력의 영향을 더 많이 받는다. → 깃털이 쇠공보다 늦게 떨어진다.

• 진공 중: 중력만 작용하므로 물체의 종류에 관계없이 속력이 일정하게 증가한다. → 깃털과 쇠공이 동시에 떨어진다.

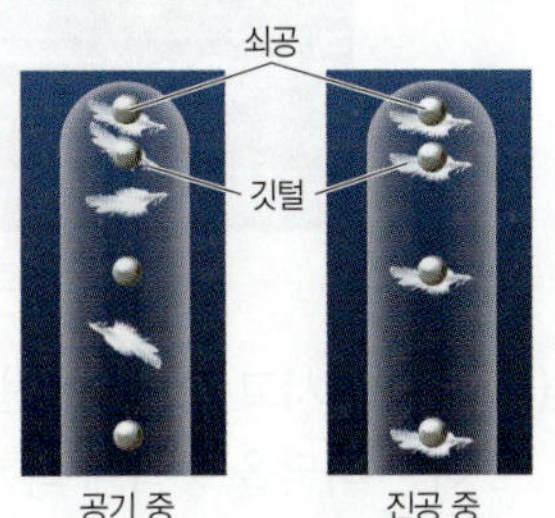

▲ 깃털과 쇠공의 낙하 운동

암기 비법

수평 방향으로 던진 물체의 운동
수평 방향으로 던진 물체는 수평 등속, 연직 등가
→ 수평 방향으로는 등속 직선 운동, 연직 방향으로는 등가속도 운동을 한다.

❻ **물체의 운동**

• 등속 직선 운동: 속력과 운동 방향이 일정한 운동

• 등가속도 운동: 단위 시간당 속도 변화량, 즉 가속도가 일정한 운동

용어 뜻풀이

✳ **상호작용**(서로 相, 서로 互, 지을 作, 쓸 用): 물체의 변화와 운동이 독립하지 않고 서로 작용을 미치는 것을 말한다.

✳ **연직**(납 鉛, 곧을 直): 지면에 대해 물체를 매단 실이 수직을 이룬 상태로, 연직 방향은 중력의 방향을 의미한다.

ㅌ 중력에 의한 지구 주위에서의 운동

(1) 수평 방향으로 속력을 다르게 던진 물체의 운동 수평 방향의 속력이 크면 같은 시간 동안 더 많이 이동한다. → 물체를 수평 방향으로 던진 속력이 빠를수록 수평 방향으로 더 많이 이동한다.❼

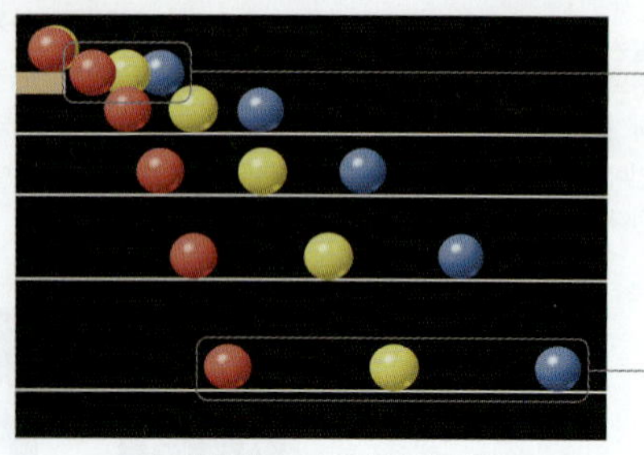

▲ 수평 방향으로 던진 물체의 운동

(2) 뉴턴의 *사고 실험 뉴턴은 사고 실험을 통해 달이 지구로 떨어지지 않고 지구 주위를 공전하는 까닭을 중력에 의한 운동으로 설명했다.

> **자료 pick** 달의 운동과 뉴턴의 사고 실험
>
> 공기 저항을 무시할 때 높은 산꼭대기에서 수평 방향으로 던진 물체는 수평 방향으로는 등속 직선 운동을 하고, 연직 방향으로는 자유 낙하 운동을 하여 포물선을 그리며 지구를 향해 떨어진다. 이때 물체를 점점 더 빠른 속력으로 던지면 물체는 점점 더 멀리 가서 떨어지고, 어떤 특정한 속력으로 던지면 지구가 둥글기 때문에 물체가 땅에 닿지 않고 지구 주위를 원운동하게 된다.
>
> 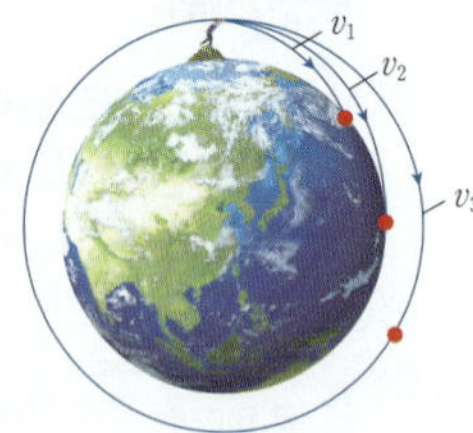
>
>
> 물체의 속력 비교: $v_1 < v_2 < v_3$
> → 뉴턴은 달도 중력의 작용으로 계속 아래로 떨어지는 운동을 하고 있는 것이라고 설명하였다.
>
> ▲ 뉴턴의 사고 실험

(3) 지구 주위에서 달과 인공위성의 운동 지구 중심 방향으로 끌어당기는 중력의 작용으로 지구 주위를 원운동한다.❽

① **운동 방향**: 지구 주위를 원운동하는 달과 인공위성은 속력은 일정하지만, 운동 방향이 계속 변하는 가속도 운동을 한다.❾

② **가속도 방향**: 달과 인공위성에 작용하는 중력 방향이 지구 중심 방향이므로 가속도 방향은 지구 중심을 향하는 방향이다.

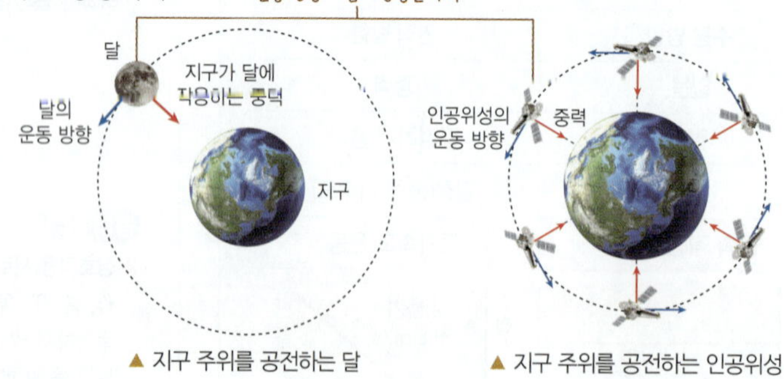

▲ 지구 주위를 공전하는 달　　▲ 지구 주위를 공전하는 인공위성

(4) 지구 중심 방향의 가속도 운동 자유 낙하 운동, 수평 방향으로 던진 물체의 운동, 지구 주위를 공전하는 원운동은 지구 중력에 의한 지구 중심 방향의 가속도 운동이다.
→ 태양계에 속하는 다양한 천체의 운동도 중력에 의한 상호작용이다.

---

❼ **수평 방향으로 던진 물체와 속력**
수평 방향으로 물체를 던지는 속력이 클수록 물체는 더 멀리 날아가지만, 처음 높이가 같으면 바닥에 도달할 때까지 걸린 시간은 같다.

❽ **원운동**
물체가 원을 그리며 도는 운동으로 원의 중심 방향으로 힘이 작용하여 운동 방향이 계속 바뀐다.

❾ **인공위성**
인공위성을 쏘아 올릴 때 속력이 빠르면 우주 공간으로 날아가 버리고, 반대로 속력이 느리면 궤도에 오르기 전에 추락한다. 그래서 지구 주위의 원 궤도에 도달할 수 있는 속력을 정확히 계산하고 그 속력을 낼 수 있도록 로켓의 추진력을 잘 조절해야 한다.

용어 뜻풀이
＊ **사고**(생각할 思, 조사할 考) **실험**: 실제로 실험을 하지 않고 머릿속으로 단순화된 실험 장치와 조건을 가정하고 추론하여 수행하는 실험이다.

탐구 자유 낙하와 수평 방향으로 던진 물체의 운동 비교하기 개념 135쪽

과정

❶ 동시 낙하 장치에 공 A는 자유 낙하, 공 B는 수평 방향으로 운동하도록 놓는다.

❷ 동시 낙하 장치를 작동해 두 공이 동시에 운동하는 모습을 동영상으로 촬영하여 두 공의 운동을 한 장의 사진으로 변환한다.

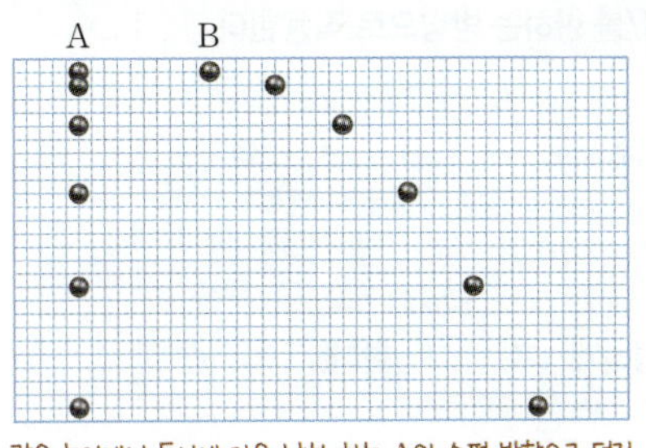

같은 높이에서 동시에 자유 낙하 하는 A와 수평 방향으로 던진 B는 동시에 바닥에 도달한다.

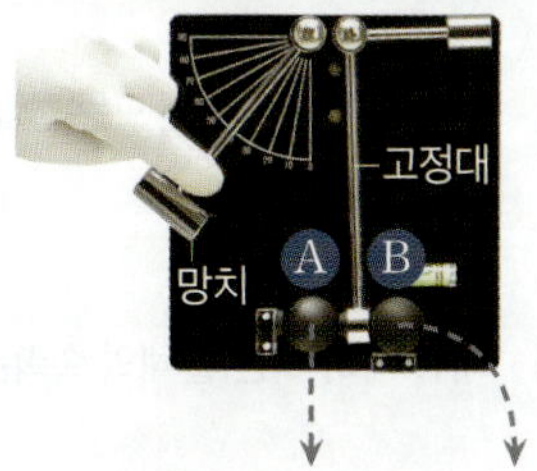

망치를 들어 올린 뒤 놓으면 A는 자유 낙하 하고, B는 수평 방향으로 운동하도록 하는 장치이다.

결과

1. 자유 낙하 하는 A는 연직 방향으로 구간 거리가 일정하게 증가한다. ➡ 연직 방향 속도가 일정하게 증가하는 운동을 한다.

시간(s)	0~0.1	0.1~0.2	0.2~0.3	0.3~0.4	0.4~0.5
연직 방향 구간 거리(m)	0.05	0.15	0.25	0.35	0.45

2. 수평 방향으로 던진 B는 수평 방향의 구간 거리가 일정하고, 연직 방향으로 구간 거리가 일정하게 증가한다. ➡ 수평 방향 속도는 일정하고, 연직 방향 속도는 일정하게 증가한다.

시간(s)	0~0.1	0.1~0.2	0.2~0.3	0.3~0.4	0.4~0.5
수평 방향 구간 거리(m)	0.25	0.25	0.25	0.25	0.25
연직 방향 구간 거리(m)	0.05	0.15	0.25	0.35	0.45

정리

1. 자유 낙하 하는 물체에는 연직 방향의 중력만 작용해 중력에 의한 가속도 운동을 한다.

2. 수평 방향으로 던진 물체의 연직 방향 운동은 자유 낙하 하는 물체와 같고, 수평 방향으로는 힘이 작용하지 않으므로 속력이 일정한 등속 운동을 한다.

바른답·알찬풀이 49쪽

탐구 확인문제

01 위 실험에 대한 설명으로 옳은 것은 ○표, 옳지 않은 것은 ×표 하시오.

(1) 물체에 작용하는 중력의 방향은 A와 B가 같다. ( )

(2) 지면에는 A가 B보다 먼저 도달한다. ( )

(3) 낙하하는 동안 A와 B의 연직 방향의 속력 변화는 같다. ( )

(4) 낙하하는 동안 가속도의 크기는 A와 B가 같다. ( )

02 B의 운동에 대한 설명으로 옳지 않은 것은? (단, 공기 저항은 무시한다.)

① A와 지면에 동시에 도달한다.

② 낙하하는 동안 속력이 증가한다.

③ 물체에 작용하는 힘의 크기는 일정하다.

④ 수평 방향의 속력은 일정하게 감소한다.

⑤ 연직 방향의 속력은 1초에 9.8 m/s씩 빨라진다.

기본 탄탄 문제

개념 확인 초성 Quiz

1 지구의 중력은 지구 ㅈ ㅅ 을/를 향하는 방향으로 작용한다.

2 중력은 질량을 가진 모든 물체 사이에 서로 ㅅ ㅎ ㅈ ㅇ 하는 힘이다.

3 자유 낙하 하는 물체의 속력은 일정하게 ㅈ ㄱ 한다.

4 수평 방향으로 던져진 물체의 ㅅ ㅍ 방향 속력은 일정하고, ㅇ ㅈ 방향 속력은 일정하게 증가한다.

5 달이나 인공위성의 가속도 방향은 ㅈ ㄱ ㅈ ㅅ 방향이다.

---

1 중력

01 중력에 대한 설명으로 옳은 것은 ○표, 옳지 <u>않은</u> 것은 ✕표 하시오.

(1) 중력은 연직 방향으로 작용한다. ( )
(2) 중력은 다른 행성에서는 작용하지 않는다. ( )
(3) 물체에 작용하는 중력의 크기를 무게라고 한다. ( )
(4) 지표면에서 물체에 작용하는 중력의 크기는 측정하는 장소에 관계없이 항상 일정하다. ( )
(5) 지표면 근처에서 질량이 1 kg인 물체에 작용하는 중력의 크기는 약 9.8 N이다. ( )

---

2 지표면 근처에서의 운동

02 그림과 같이 직선 도로에서 10 m/s의 속력으로 달리던 자동차가 브레이크를 밟은 후 등가속도 직선 운동을 하여 2초 후 정지하였다.

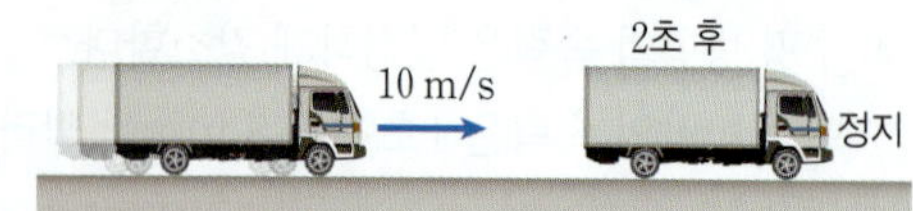

자동차의 가속도의 크기는 몇 m/s^2인지 쓰시오.

---

03 자유 낙하 운동에 대한 설명으로 옳은 것은 ○표, 옳지 <u>않은</u> 것은 ✕표 하시오.

(1) 자유 낙하 하는 동안 물체에 작용하는 중력의 크기는 감소한다. ( )
(2) 자유 낙하 하는 질량이 1 kg인 물체에 작용하는 중력의 크기는 약 9.8 N이다. ( )
(3) 자유 낙하 하는 물체의 가속도는 일정하게 증가한다. ( )
(4) 자유 낙하 하는 물체의 운동 방향과 중력의 방향은 같다. ( )

---

04 다음은 수평 방향으로 던져진 공의 운동을 설명한 것이다. ( ) 안에 들어갈 알맞은 말을 고르시오.

> 공은 수평 방향으로 ㉠(등가속도, 등속 직선) 운동을 하고, 연직 방향으로 ㉡(자유 낙하, 등속 직선) 운동을 한다. 수평 방향으로 공을 던지는 속력이 클수록 지면에서 더 ㉢(멀리, 짧게) 날아간다.

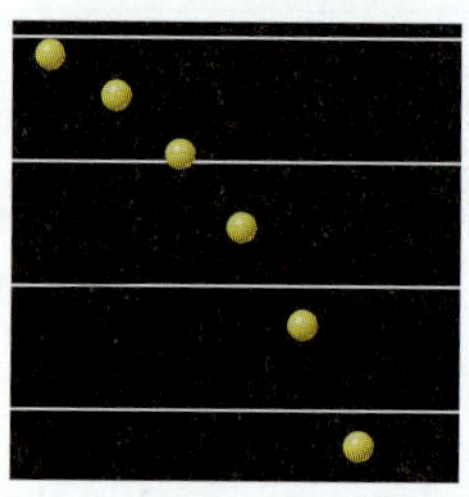

---

3 중력에 의한 지구 주위에서의 운동

05 그림은 지표면 근처의 같은 높이에서 수평 방향으로 발사한 물체 A, B, C의 운동 경로를 나타낸 것이다.

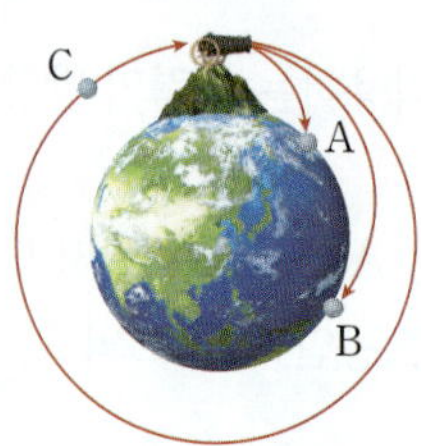

A, B, C 중 수평 방향으로 발사한 속력이 가장 큰 물체를 쓰시오. (단, 공기 저항은 무시한다.)

1 중력

01 중력에 대한 설명으로 옳은 것만을 〈보기〉에서 있는 대로 고른 것은?

> **보기**
> ㄱ. 질량이 클수록 물체 사이에 작용하는 중력의 크기는 크다.
> ㄴ. 지표면 근처에서 물체에 작용하는 중력의 방향은 연직 방향이다.
> ㄷ. 물체 사이의 거리가 멀수록 물체 사이에 작용하는 중력의 크기는 증가한다.

① ㄱ   ② ㄷ   ③ ㄱ, ㄴ
④ ㄴ, ㄷ   ⑤ ㄱ, ㄴ, ㄷ

2 지표면 근처에서의 운동

02 그림은 직선 운동을 하는 자동차의 위치를 0.2초 간격으로 나타낸 것이다.

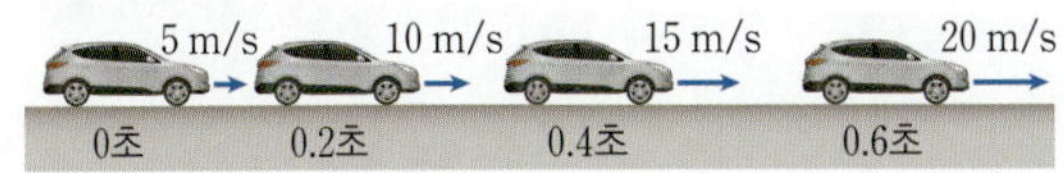

자동차의 가속도의 크기는?

① 10 m/s^2 ② 15 m/s^2 ③ 20 m/s^2
④ 25 m/s^2 ⑤ 30 m/s^2

03 자유 낙하 운동에 대한 설명으로 옳은 것만을 〈보기〉에서 있는 대로 고른 것은?

> **보기**
> ㄱ. 운동 방향과 중력의 방향은 같다.
> ㄴ. 물체가 운동하는 동안 속력은 일정하게 증가한다.
> ㄷ. 물체의 질량이 클수록 가속도의 크기는 증가한다.

① ㄱ   ② ㄷ   ③ ㄱ, ㄴ
④ ㄴ, ㄷ   ⑤ ㄱ, ㄴ, ㄷ

04 오른쪽 그림은 시간 $t=0$일 때, 점 O에서 가만히 놓은 물체가 자유 낙하 운동을 하며 점 P, Q를 지나는 것을 나타낸 것이다. 물체의 속력은 P, Q에서 각각 v, $3v$이다.
이에 대한 설명으로 옳은 것만을 〈보기〉에서 있는 대로 고른 것은?

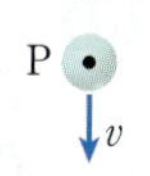
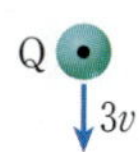

> **보기**
> ㄱ. 물체에 작용하는 중력의 방향은 P에서와 Q에서가 같다.
> ㄴ. 물체에 작용하는 중력의 크기는 P에서가 Q에서보다 크다.
> ㄷ. O에서 P까지 운동하는 데 걸린 시간은 P에서 Q까지 운동하는 데 걸린 시간의 $\dfrac{1}{2}$배이다.

① ㄱ   ② ㄴ   ③ ㄷ
④ ㄱ, ㄴ   ⑤ ㄱ, ㄷ

05 그림은 수평 방향으로 물체 A를 던지는 순간 같은 높이에서 물체 B를 가만히 놓았을 때, A, B의 운동 경로를 나타낸 것이다. 질량은 A가 B보다 작다.

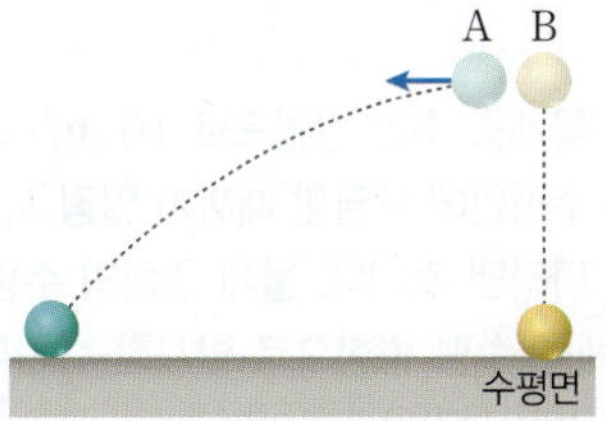

이에 대한 설명으로 옳은 것만을 〈보기〉에서 있는 대로 고른 것은? (단, 물체의 크기와 공기 저항은 무시한다.)

> **보기**
> ㄱ. A의 수평 방향 속력은 일정하게 증가한다.
> ㄴ. 물체가 운동하는 동안 연직 방향의 가속도는 A와 B가 같다.
> ㄷ. 수평면에는 B가 A보다 먼저 도달한다.

① ㄱ   ② ㄴ   ③ ㄷ
④ ㄱ, ㄴ   ⑤ ㄴ, ㄷ

06 그림은 물체 A를 가만히 놓는 순간 같은 높이에서 물체 B를 수평 방향으로 던지는 순간의 모습을 나타낸 것이다. 기준선 P는 수평면과 나란하고, 질량은 A와 B가 같다.

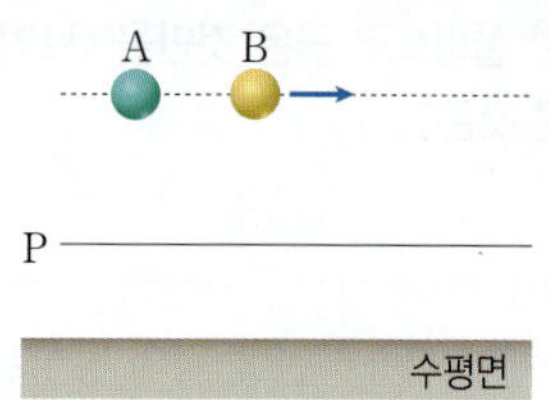

이에 대한 설명으로 옳은 것만을 〈보기〉에서 있는 대로 고른 것은? (단, 물체의 크기, 공기 저항은 무시한다.)

┌─ 보기 ┐
ㄱ. A와 B는 동시에 P를 지난다.
ㄴ. P를 지날 때, 물체에 작용하는 중력의 크기는 A와 B가 같다.
ㄷ. P를 지날 때, B에 작용하는 중력의 방향과 B의 운동 방향은 같다.

① ㄱ　　　　② ㄴ　　　　③ ㄷ
④ ㄱ, ㄴ　　　⑤ ㄱ, ㄷ

07 그림은 물체를 수평 방향으로 **10 m/s**의 속력으로 던진 순간부터 수평면에 도달할 때까지 일정 시간 간격으로 물체의 위치를 나타낸 것이다. 물체 위치의 수평 거리 간격은 L이다. 물체를 수평 방향으로 발사한 순간부터 지면에 도달할 때까지 걸린 시간은 **1초**이다.

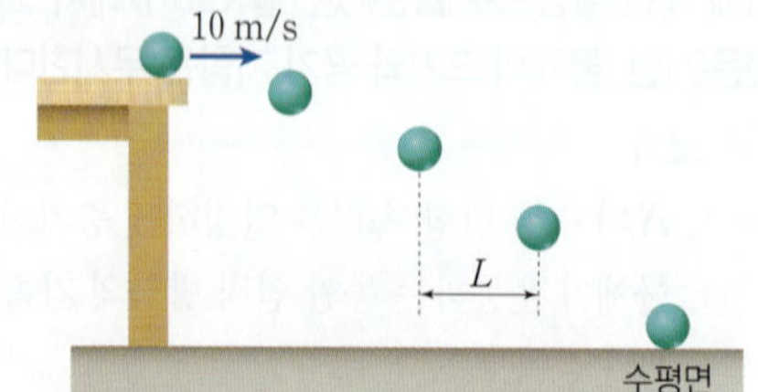

L은? (단, 물체의 크기, 공기 저항은 무시한다.)

① 0.5 m　　　② 1 m　　　③ 1.5 m
④ 2 m　　　　⑤ 2.5 m

08 그림은 쇠구슬 발사 장치로 A를 가만히 놓는 순간 B를 수평 방향으로 발사시켰을 때 A, B가 수평면에 도달할 때까지의 운동 경로를 나타낸 것이다.

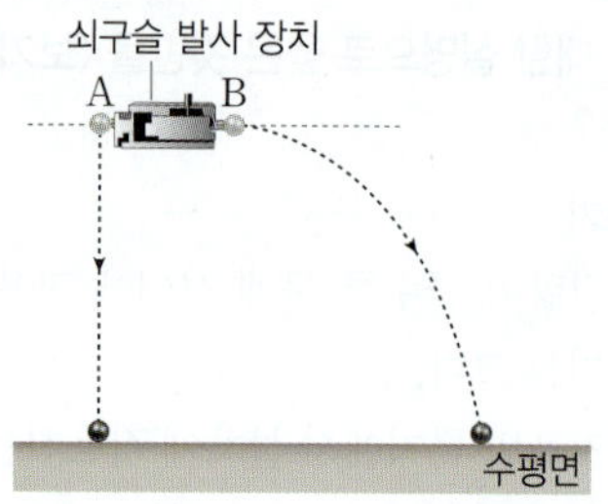

이에 대한 설명으로 옳은 것만을 〈보기〉에서 있는 대로 고른 것은? (단, 물체의 크기, 공기 저항은 무시한다.)

┌─ 보기 ┐
ㄱ. A에 작용하는 중력의 방향은 A의 운동 방향과 같다.
ㄴ. 물체가 낙하하는 동안 같은 높이에서 연직 방향의 속력은 A와 B가 같다.
ㄷ. A와 B는 수평면에 동시에 도달한다.

① ㄱ　　　　② ㄴ　　　　③ ㄱ, ㄷ
④ ㄴ, ㄷ　　　⑤ ㄱ, ㄴ, ㄷ

09 그림은 물체 A를 가만히 놓는 순간 같은 높이에서 물체 B를 수평 방향으로 **10 m/s**의 속력으로 던지는 것을 나타낸 것이다. B가 수평면에 도달할 때까지 수평 방향으로 이동한 거리는 **25 m**이다.

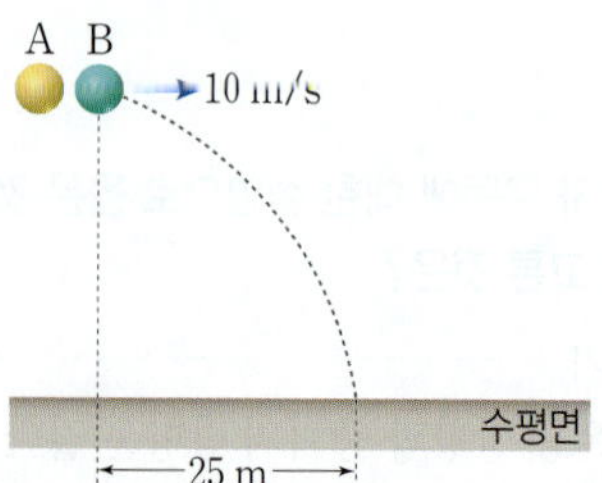

A가 수평면에 도달하는 순간의 속력은? (단, 중력 가속도는 **10 m/s²**이고, 공기 저항은 무시한다.)

① 10 m/s　　　② 15 m/s　　　③ 20 m/s
④ 25 m/s　　　⑤ 30 m/s

E 중력에 의한 지구 주위에서의 운동

중요
10 오른쪽 그림과 같이 지표면 근처의 같은 높이에서 수평 방향으로 질량이 같은 세 공 A, B, C를 던졌을 때, A와 B는 지표면으로 떨어지고 C는 지구 주위를 원 궤도를 따라 운동하였다.

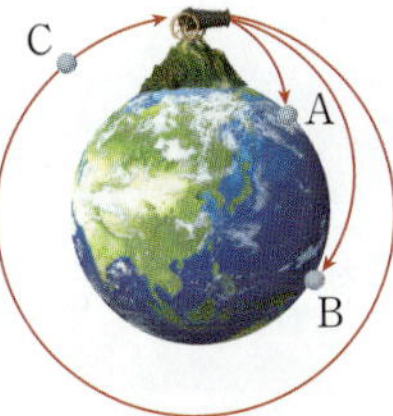

이에 대한 설명으로 옳은 것만을 〈보기〉에서 있는 대로 고른 것은?

> **보기**
> ㄱ. A는 낙하하는 동안 지구 중심을 향하는 방향으로 자유 낙하 운동을 한다.
> ㄴ. 발사 속력은 A가 B보다 크다.
> ㄷ. C에 작용하는 중력의 방향은 C의 운동 방향과 수직이다.

① ㄱ   ② ㄴ   ③ ㄷ
④ ㄱ, ㄴ   ⑤ ㄱ, ㄷ

11 그림은 행성 표면으로부터 높이 h인 곳에서 수평 방향으로 질량이 같은 물체 A, B를 던졌을 때의 운동 경로를 나타낸 것이다.

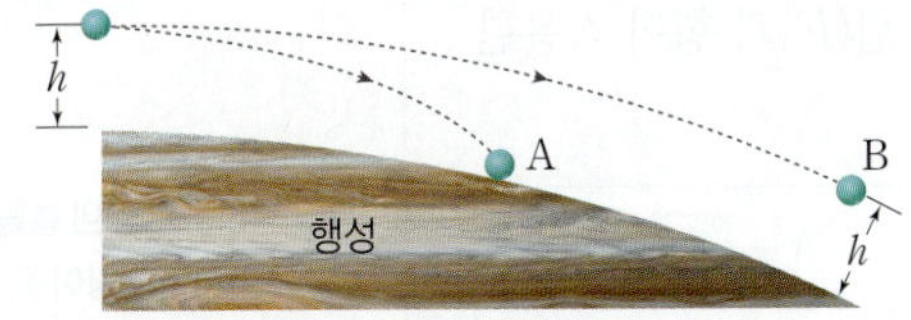

이에 대한 설명으로 옳은 것만을 〈보기〉에서 있는 대로 고른 것은?

> **보기**
> ㄱ. A, B의 가속도 방향은 같다.
> ㄴ. 물체를 던진 속력은 A가 B보다 크다.
> ㄷ. 운동하는 동안 물체에 작용하는 중력의 크기는 A가 B보다 크다.

① ㄱ   ② ㄷ   ③ ㄱ, ㄴ
④ ㄴ, ㄷ   ⑤ ㄱ, ㄴ, ㄷ

12 그림과 같이 수평면으로부터 높이가 각각 $2h$, h인 지점에서 가만히 놓은 물체 A, B가 자유 낙하 운동을 하여 수평면에 도달한다. A, B의 질량은 각각 m, $2m$이다. A, B를 가만히 놓은 순간부터 수평면에 도달할 때까지 걸린 시간은 각각 t_A, t_B이다.

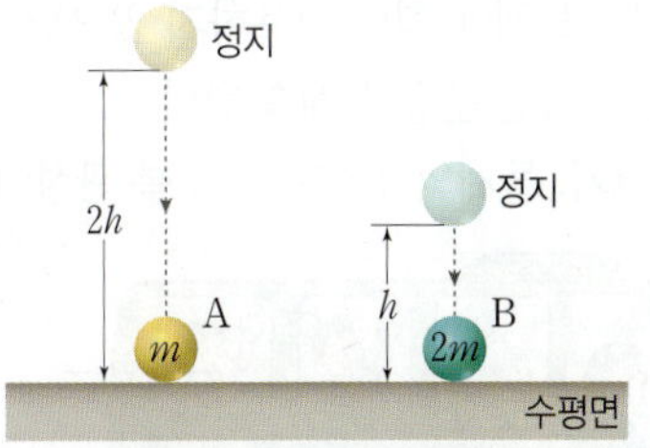

(1) t_A, t_B를 등호 또는 부등호를 이용하여 비교하시오.

(2) 수평면에 도달하는 순간 A와 B의 속력을 비교하여 설명하시오.

13 그림은 물체 A를 가만히 놓는 순간 같은 높이에 있는 물체 B와 C를 동시에 각각 수평 방향으로 던졌을 때, A, B, C의 운동을 나타낸 것이다. A, B, C의 질량은 각각 m_A, m_B, m_C이고, $m_A = m_B < m_C$이다. 이때 수평 방향으로 날아간 거리는 C가 B보다 크며 물체의 크기와 공기 저항은 무시한다.

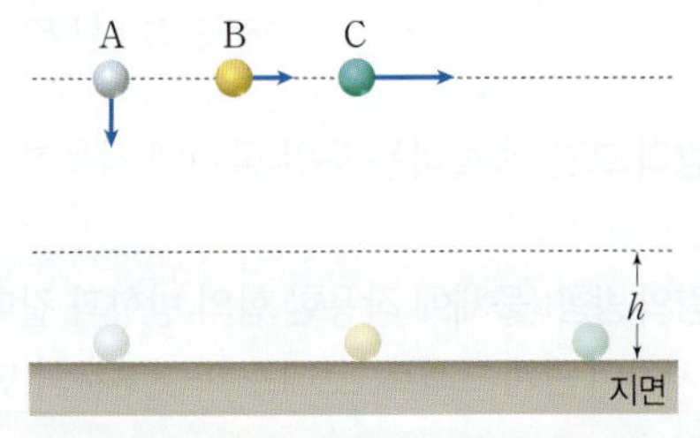

(1) B가 C보다 작은 물리량을 2가지 설명하시오.

(2) A~C가 지면으로부터 높이 h인 곳을 통과하는 순간, 세 물체의 물리량을 비교했을 때 같은 것만을 2가지 설명하시오.

11강 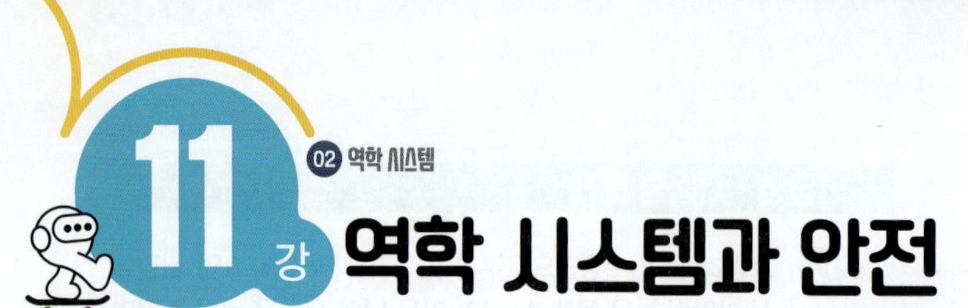 역학 시스템과 안전

1 관성과 운동량

(1) 관성 물체가 현재의 운동 상태를 계속 유지하려는 성질이다.

① **관성 법칙**: 물체에 힘이 작용하지 않으면 정지해 있던 물체는 계속 정지해 있고, 움직이던 물체는 등속 직선 운동을 계속 한다.

② **관성의 크기**: 물체의 질량이 클수록 관성이 크다.❶

정지한 버스가 갑자기 출발할 경우

버스는 앞으로 움직이지만 사람의 몸은 정지 상태를 유지하려는 관성 때문에 뒤로 쏠린다.

달리던 버스가 갑자기 멈추는 경우

버스는 멈추지만 사람의 몸은 앞으로 가던 운동 상태를 유지하려는 관성 때문에 앞으로 쏠린다.

(2) 운동량 운동하는 물체의 운동 효과를 나타내는 양으로, 물체의 질량(m)과 속도(v)의 곱으로 나타낸다.

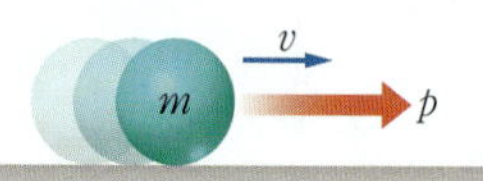

$$운동량(p) = 질량(m) \times 속도(v) \ [단위: kg \cdot m/s]❷$$

① **운동량의 크기**: 물체의 질량이 클수록, 속도의 크기가 클수록 크며, 운동량의 크기가 클수록 물체가 충돌할 때 나타나는 효과가 크다.❸

② **운동량의 방향**: 속도의 방향과 같다. 운동량＝질량×속도로, 속도는 방향을 가지므로 운동량의 방향은 속도의 방향과 같다

2 충격량

(1) 충격량 물체가 받은 충격의 정도를 나타내는 양으로, 물체에 작용한 힘(F)과 힘이 작용한 시간($\varDelta t$)의 곱으로 나타낸다.

$$충격량(I) = 힘(F) \times 시간(\varDelta t) \ [단위: N \cdot s]$$

① **충격량의 크기**: 충돌하는 동안 물체에 작용한 힘의 크기가 클수록, 힘이 작용한 시간이 길수록 크다.

② **충격량의 방향**: 물체에 작용한 힘의 방향과 같다. 그래프 형태와 관계없이 면적은 충격량을 나타낸다.

③ **힘과 시간의 관계 그래프**: 그래프 아랫부분의 면적은 충격량을 나타낸다.

▲ 힘의 크기가 일정한 경우

▲ 힘의 크기가 변하는 경우

---

❶ 물체의 질량과 관성
물체의 질량이 클수록 관성이 크므로 운동 상태를 변화시키기 어렵다.
예 • 질량이 큰 화물선은 항구에 진입할 때 쉽게 정지하기 어렵다.
• 질량이 큰 기차는 정지 상태에서 속력을 증가시키거나 달리던 상태에서 멈추기 어렵다.

❷ 운동량과 충격량의 단위

운동량의 단위	kg·m/s
충격량의 단위	N·s

❸ 낙하하는 공의 충돌 효과
공이 가진 운동량이 클수록 지면에서 받는 충돌 효과가 크나. 즉, 공을 떨어뜨리는 높이가 같을 때는 질량이 클수록 지면에서 충돌 효과가 크고 ((가)>(나)), 질량이 같을 때는 높은 곳에서 떨어뜨릴수록 지면에서 충돌 효과가 크다((나)<(다)).

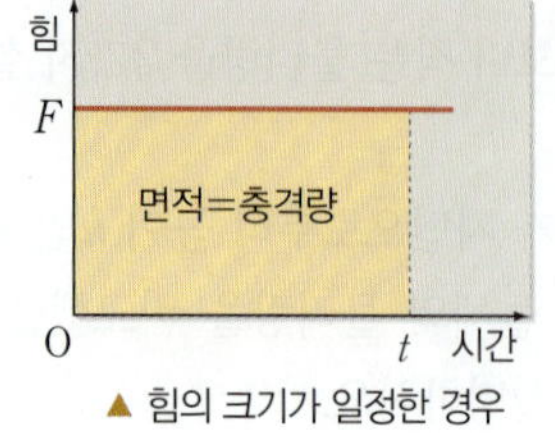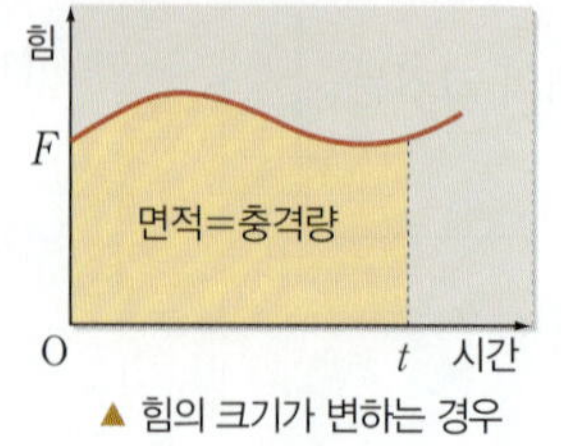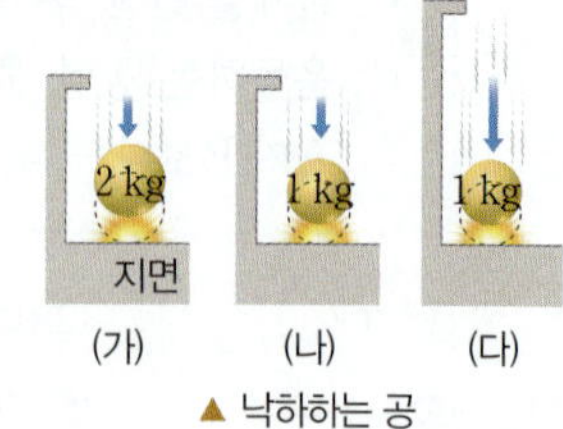

▲ 낙하하는 공

(2) 충격량과 운동량의 변화량의 관계❹ 자료 144쪽

① 물체가 받은 충격량은 운동량의 변화량과 같다.❺

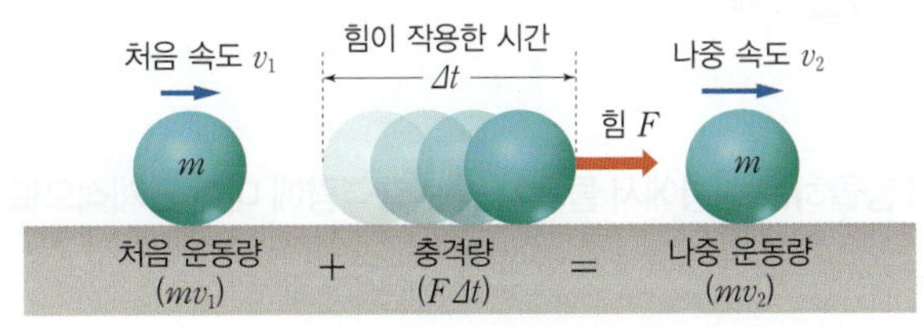

$$충격량 = 운동량의 변화량 = 나중 운동량 - 처음 운동량$$
$$F\Delta t = \Delta mv = mv_2 - mv_1$$

② 물체가 받은 충격량이 클수록 운동량의 변화가 더 크다.❻

③ 충돌과 안전장치

(1) 충돌할 때 작용하는 힘과 시간의 관계

① 충격량이 같을 때 작용한 힘은 충돌 시간에 반비례하므로, 충돌 시간이 길수록 작용하는 힘의 크기가 작아진다.

$$힘(F) = \frac{충격량(I)}{시간(\Delta t)}$$

자료 pick **충돌할 때 작용하는 힘과 충돌 시간의 비교**

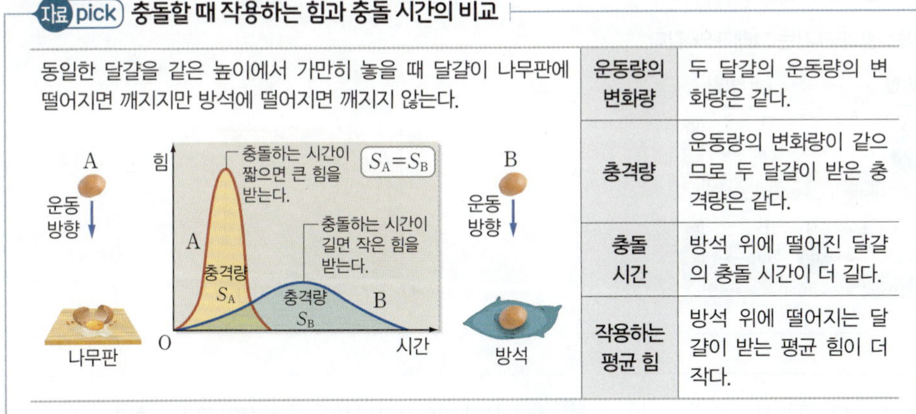

운동량의 변화량	두 달걀의 운동량의 변화량은 같다.
충격량	운동량의 변화량이 같으므로 두 달걀이 받은 충격량은 같다.
충돌 시간	방석 위에 떨어진 달걀의 충돌 시간이 더 길다.
작용하는 평균 힘	방석 위에 떨어지는 달걀이 받는 평균 힘이 더 작다.

② **충격(작용하는 힘)을 줄이는 방법**: 충돌할 때 힘을 받는 시간을 길게 하여 충격을 줄인다.

도로에 설치된 보호 난간	무릎 보호대와 안전모	운동 경기의 안전 매트
자동차가 충돌할 때 충돌 시간을 길게 하여 자동차가 받는 힘을 줄인다.	운동 중 충돌할 때 충돌 시간을 길게 하여 사람이 받는 힘을 줄인다.	높이뛰기 선수의 몸이 매트에 떨어질 때 충돌 시간을 길게 하여 사람이 받는 힘을 줄인다.

(2) 일상생활에서의 충돌 안전장치

① **관성에 의한 충돌 예방**: 안전띠를 착용한다.

② **충돌하는 시간을 길게 하여 충격 감소**
  - 자동차에 에어백과 범퍼 등을 장착한다.
  - 자전거를 탈 때 헬멧이나 보호대를 착용한다.

▲ 안전띠

▲ 범퍼

❹ **충격량과 운동량 변화량의 관계**
물체가 일정 시간 동안 힘을 받으면 힘을 받는 동안 속도가 변하므로, 충격량을 받은 물체의 운동량이 변한다.

암기 비법
충격량과 운동량 변화량의 관계
충운아, 나처럼 해봐.
→ 충격량 = 운동량의 변화량 = 나중 운동량 - 처음 운동량

❺ **충격량의 크기(운동량의 변화량의 크기)를 증가시키는 예**
① 힘을 크게 작용한다.
  • 축구공을 강하게 차면 축구공의 속력이 더 빨라진다.
② 힘을 받는 시간을 길게 한다.
  • 대포(또는 총신)의 길이가 길수록 포탄(총알)의 속력이 더 빨라진다.
  • 야구 방망이를 앞으로 밀며 끝까지 휘두르면 공의 속력이 더 빨라진다.

❻ **물체가 받은 충격량의 방향**
물체가 운동 방향으로 충격량을 받으면 운동량의 크기가 증가하고, 운동 반대 방향으로 충격량을 받으면 운동량의 크기가 감소한다.

용어 뜻풀이
• **운동량**(옮길 運, 움직일 動, 양 量): 운동하는 물체의 운동 효과를 나타내는 물리량이다.
• **충격량**(부딪칠 衝, 부딪칠 擊, 양 量): 물체가 받는 충격의 정도를 나타내는 물리량이다.

운동량과 충격량의 관계 _{개념} 143쪽

✳ 물체가 충돌할 때 두 물체의 물리량을 비교하고, 벽에 충돌하는 상황에서 물체가 받는 충격량에 대해 단계적으로 자세히 알아보자.

1 충돌하는 두 물체의 물리량 비교

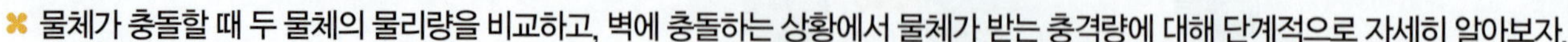

충돌 시 작용하는 힘의 크기	충돌 시간	충격량의 크기	운동량 변화량의 크기	속도 변화량의 크기
같다. ➡ 작용 반작용 관계	같다. ➡ 접촉 시간이 같다.	같다. ➡ 힘의 크기와 힘을 받은 시간이 같다.	같다. ➡ 충격량의 크기가 같다.	질량이 작을수록 크다.

2 운동 방향이 변하는 물체가 받는 충격량 해석하기

상황
- 질량이 $2m$인 물체 A가 v_0의 속력으로 벽에 충돌한 후 충돌 전과 반대 방향으로 속력 v_0으로 운동한다.
- 질량이 m인 물체 B가 v_0의 속력으로 벽에 충돌한 후 충돌 전과 반대 방향으로 속력 $\frac{1}{2}v_0$으로 운동한다.
- A와 B가 시간에 따라 받는 힘의 크기는 그래프와 같다.

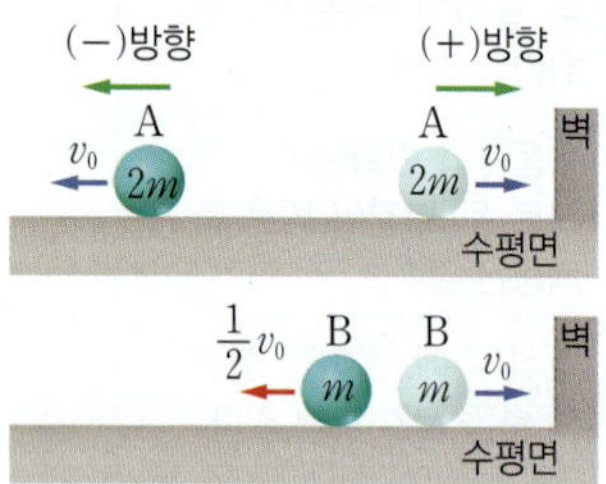

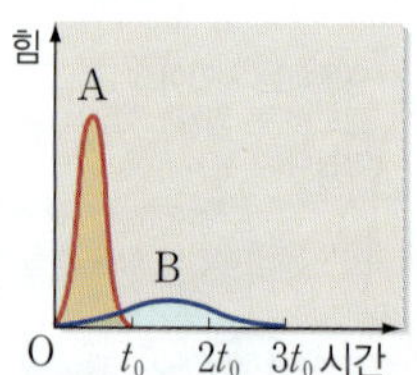

---

① A가 벽으로부터 받은 충격량의 크기 구하기

- A가 벽을 향해 운동할 때 물체의 운동량: $+2mv_0$
- A가 벽에 충돌한 후 물체의 운동량: (㉠   )
- A가 벽으로부터 받은 충격량의 크기
  =A의 운동량의 변화량의 크기
  $= |-2mv_0-(+2mv_0)|$
  $= 4mv_0$

② B가 벽으로부터 받은 충격량의 크기 구하기

- B가 벽을 향해 운동할 때 물체의 운동량: (㉡   )
- B가 벽에 충돌한 후 물체의 운동량: $-\frac{1}{2}mv_0$
- B가 벽으로부터 받은 충격량의 크기
  =B의 운동량의 변화량의 크기
  $= \left|-\frac{1}{2}mv_0-(+mv_0)\right| = \frac{3}{2}mv_0$

⇨ A와 B가 벽에 충돌하는 과정에서 벽으로부터 받는 충격량의 방향은 충돌 전의 운동 방향과 반대이다.

⇨ 벽으로부터 받은 충격량의 크기는 A가 B의 (㉢   )배이다.

---

③ A가 벽으로부터 받은 평균 힘의 크기

- A가 벽으로부터 힘을 받는 시간: t_0
- A가 벽으로부터 받은 평균 힘의 크기$=\dfrac{4mv_0}{t_0}$

④ B가 벽으로부터 받은 평균 힘의 크기

- B가 벽으로부터 힘을 받는 시간: $3t_0$
- B가 벽으로부터 받은 평균 힘의 크기=(㉣   )

⇨ 벽으로부터 받은 평균 힘의 크기는 A가 B의 (㉤   )배이다.

답 ㉠ $-2mv_0$ ㉡ $+mv_0$ ㉢ $\dfrac{8}{3}$ ㉣ $\dfrac{mv_0}{2t_0}$ ㉤ 8

기본 탄탄 문제

1 ⎡ㄱ⎤⎡ㅅ⎤ 은/는 물체가 현재 운동 상태를 유지하려는 성질이다.

2 운동량은 물체의 질량과 ⎡ㅅ⎤⎡ㄷ⎤ 의 곱이다.

3 ⎡ㅊ⎤⎡ㄱ⎤⎡ㄹ⎤ 은/는 물체에 작용한 힘과 힘이 작용한 시간의 곱이다.

4 물체에 작용한 충격량이 클수록 물체의 ⎡ㅇ⎤⎡ㄷ⎤⎡ㄹ⎤ 변화량이 크다.

5 에어백은 충돌 사고 발생 시 ⎡ㅊ⎤⎡ㄷ⎤⎡ㅅ⎤⎡ㄱ⎤ 을/를 길게 하여 힘의 크기를 줄여 피해를 줄인다.

1 관성과 운동량

01 다음은 관성에 대한 설명이다. (   ) 안에 들어갈 알맞은 말을 쓰시오.

> 관성은 물체가 현재의 (㉠) 상태를 계속 유지하려는 성질로, 물체의 (㉡)이/가 클수록 크다.

02 운동량에 대한 설명으로 옳은 것은 ○표, 옳지 <u>않은</u> 것은 ✕표 하시오.

(1) 운동하는 물체의 질량이 작을수록 운동량의 크기는 크다. (   )

(2) 운동하는 물체의 속도의 크기가 클수록 운동량의 크기는 크다. (   )

(3) 물체가 다른 물체와 충돌할 때 운동량의 크기가 작을수록 물체의 모양이나 운동 상태를 크게 변화시킨다. (   )

2 충격량

03 다음은 운동량과 충격량의 관계를 설명한 것이다. (   ) 안에 들어갈 알맞은 말을 쓰시오.

> 물체가 다른 물체와 충돌할 때 받는 충격량이 클수록 물체의 운동량이 (㉠)게 변한다. 이때 물체가 받는 충격량은 물체의 (㉡) 변화량과 같다.

04 수평면에 정지해 있는 물체에 10 N의 힘을 3초 동안 계속 가했을 때 물체가 받는 충격량의 크기는 몇 N·s인지 쓰시오.

3 충돌과 안전장치

05 그림은 운동하는 물체가 벽에 충돌하는 순간부터 정지할 때까지 물체가 받는 힘의 크기를 힘이 작용하는 시간에 따라 나타낸 것이다.

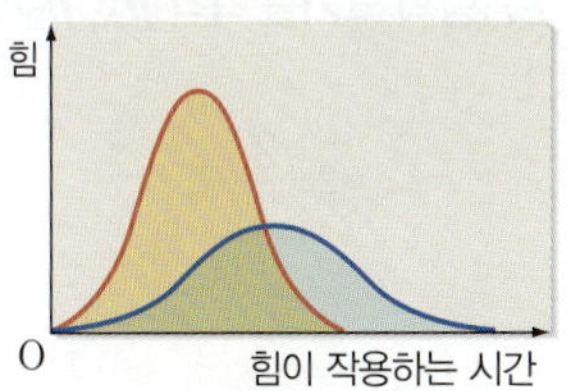

힘과 시간 축이 이루는 면적이 나타내는 물리량을 쓰시오.

06 다음은 우리 주변의 안전장치를 나타낸 것이다.

> • 안전모　　　　• 에어백　　　　• 범퍼
> • 충돌 방지 센서 • 후방 감지 센서

물체가 충돌할 때 힘을 받는 시간을 길게 함으로써 사람이 받는 힘의 크기를 작게 하여 피해를 줄이는 안전장치를 3가지 골라 쓰시오.

1 관성과 운동량

01 관성과 관련 있는 현상으로 옳은 것만을 〈보기〉에서 있는 대로 고른 것은?

> 보기
>
> ㄱ. 큰 힘으로 던진 공이 더 멀리 날아간다.
> ㄴ. 정지해 있던 버스가 갑자기 출발할 때 몸이 버스의 운동 방향과 반대 방향으로 쏠린다.
> ㄷ. 움직이는 자전거의 페달을 밟지 않아도 얼마 동안 계속 달린다.

① ㄱ   ② ㄴ   ③ ㄷ
④ ㄱ, ㄷ   ⑤ ㄴ, ㄷ

02 그림은 마찰이 없는 수평면에서 A, B가 같은 방향으로 일정한 속력 2 m/s, 5 m/s로 직선 운동을 하는 것을 나타낸 것이다. A, B의 질량은 각각 3 kg, 2 kg이다.

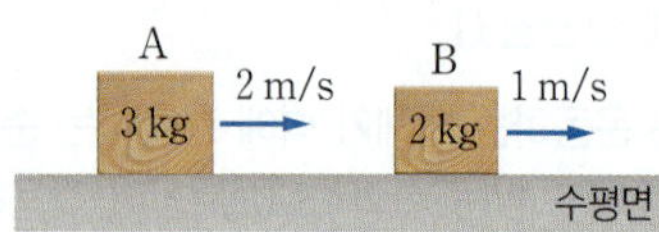

A, B의 운동량의 크기를 각각 p_A, p_B라고 할 때, $\dfrac{p_A}{p_B}$는?

① $\dfrac{1}{2}$ ② $\dfrac{2}{3}$ ③ $\dfrac{3}{2}$

④ $\dfrac{5}{2}$ ⑤ 3

2 충격량

중요

03 그림과 같이 2 m/s의 속력으로 운동하는 질량이 10 kg인 물체에 운동 방향과 같은 방향으로 15 N의 힘을 2초 동안 작용하였다.

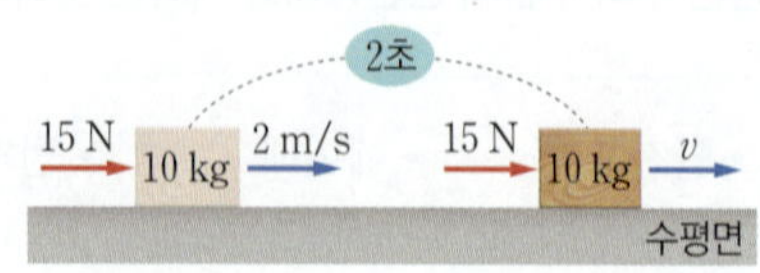

v는?

① 3 m/s   ② 4 m/s   ③ 5 m/s
④ 6 m/s   ⑤ 7 m/s

04 그림은 수평면에서 직선 운동을 하는 물체의 운동량을 시간에 따라 나타낸 것이다. 물체의 질량은 5 kg이다.

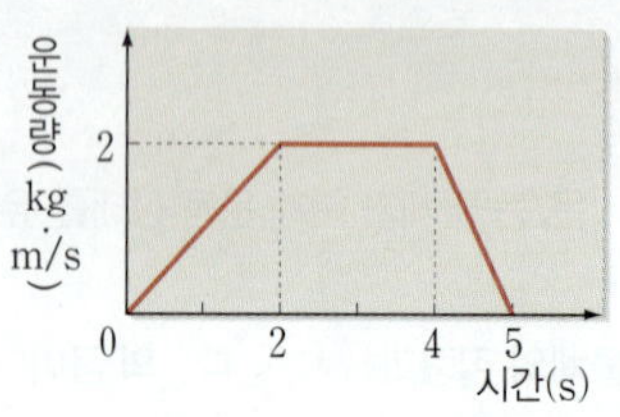

이에 대한 설명으로 옳은 것만을 〈보기〉에서 있는 대로 고른 것은?

> 보기
>
> ㄱ. 0초부터 2초까지 물체에 작용한 힘의 크기는 2 N이다.
> ㄴ. 3초일 때, 물체의 속력은 0.4 m/s이다.
> ㄷ. 4초부터 5초까지 물체가 받은 충격량의 크기는 2 N·s이다.

① ㄱ   ② ㄴ   ③ ㄷ
④ ㄱ, ㄷ   ⑤ ㄴ, ㄷ

05 그림 (가)는 마찰이 없는 수평면에서 물체 A, B가 같은 방향으로 각각 3 m/s, 1 m/s의 속력으로 운동하는 것을 나타낸 것이다. 그림 (나)는 B의 속력을 시간에 따라 나타낸 것이다. A, B의 질량은 각각 2 kg, 1 kg이다.

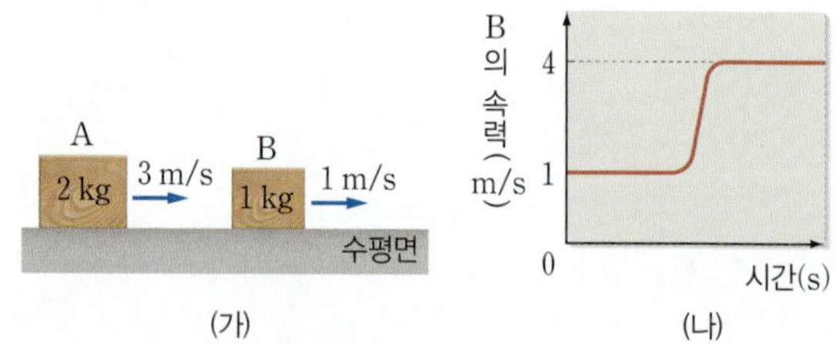

이에 대한 설명으로 옳은 것만을 〈보기〉에서 있는 대로 고른 것은? (단, 공기 저항은 무시한다.)

> 보기
>
> ㄱ. A와 B가 충돌하기 전 운동량의 크기는 A가 B보다 크다.
> ㄴ. 충돌 과정에서 B가 A로부터 받은 충격량의 크기는 4 kg·m/s이다.
> ㄷ. 충돌 후 속력은 B가 A의 2배이다.

① ㄱ   ② ㄴ   ③ ㄷ
④ ㄱ, ㄷ   ⑤ ㄴ, ㄷ

중요 06

그림 (가)는 마찰이 없는 수평면에서 질량이 4 kg인 물체가 5 m/s의 일정한 속력으로 직선 운동을 하는 것을 나타낸 것이다. 그림 (나)는 물체의 운동 방향으로 힘 F를 작용한 순간부터 F의 크기를 시간에 따라 나타낸 것이다.

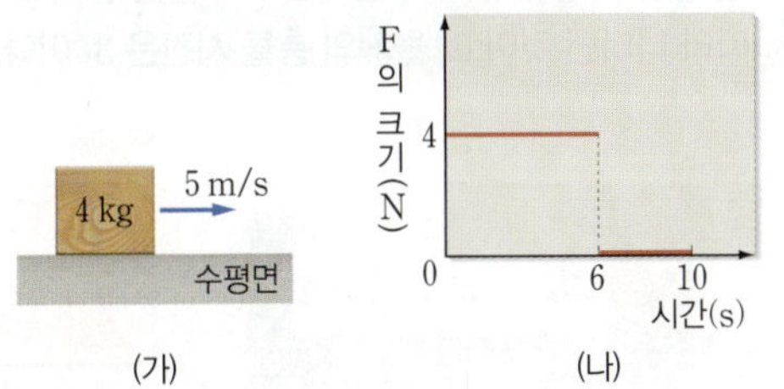

이에 대한 설명으로 옳은 것만을 〈보기〉에서 있는 대로 고른 것은?

보기
ㄱ. 1초일 때, 물체의 속력은 6 m/s이다.
ㄴ. 물체의 운동량의 크기는 3초일 때가 1초일 때의 $\frac{4}{3}$배이다.
ㄷ. 0초부터 10초까지 물체가 받은 충격량의 크기는 44 N·s이다.

① ㄱ
② ㄷ
③ ㄱ, ㄴ
④ ㄱ, ㄷ
⑤ ㄴ, ㄷ

07

그림은 마찰이 없는 수평면에서 물체 A가 정지해 있는 물체 B를 향해 속력 v로 등속 직선 운동을 하는 것을 나타낸 것이다. A와 B가 충돌한 후 A는 정지한다. A, B의 질량은 각각 m, $3m$이다.

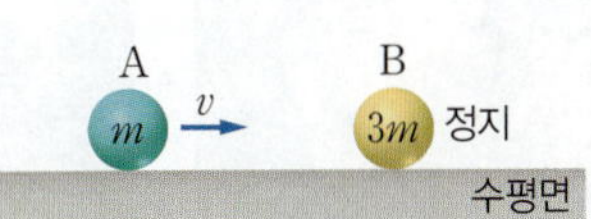

이에 대한 설명으로 옳은 것만을 〈보기〉에서 있는 대로 고른 것은?

보기
ㄱ. B에 충돌하기 전 A의 운동량의 크기는 mv이다.
ㄴ. 충돌 과정에서 A가 B로부터 받은 충격량의 크기는 mv이다.
ㄷ. 충돌 후 B의 속력은 $\frac{1}{6}v$이다.

① ㄱ
② ㄷ
③ ㄱ, ㄴ
④ ㄴ, ㄷ
⑤ ㄱ, ㄴ, ㄷ

08

그림은 마찰이 없는 수평면에서 물체 A가 정지해 있는 물체 B를 향해 일정한 속력 v로 운동하는 모습을 나타낸 것이고, (나)는 A와 B가 충돌한 후 같은 방향으로 운동하는 것을 나타낸 것이다. 질량은 A가 B의 2배이고, 충돌 후 물체의 속력은 B가 A의 2배이다.

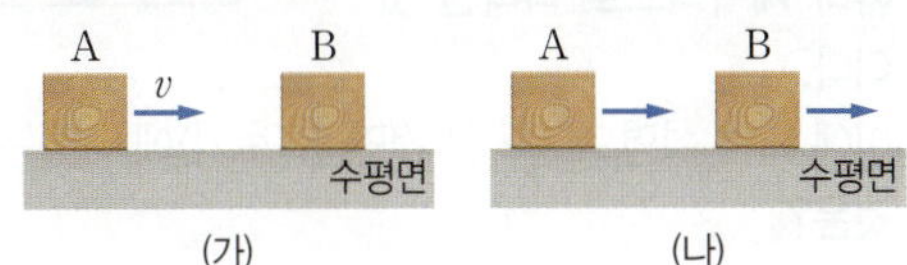

이에 대한 설명으로 옳은 것만을 〈보기〉에서 있는 대로 고른 것은? (단, A와 B는 동일 직선상에서 운동하며, 공기 저항은 무시한다.)

보기
ㄱ. 충돌 과정에서 A가 B로부터 받은 충격량의 크기는 B가 A로부터 받은 충격량의 크기보다 크다.
ㄴ. A의 운동량의 크기는 충돌 전이 충돌 후의 2배이다.
ㄷ. 충돌 후 B의 속력은 v이다.

① ㄱ
② ㄴ
③ ㄷ
④ ㄱ, ㄷ
⑤ ㄴ, ㄷ

충돌과 안전장치

09

그림과 같이 정지해 있는 질량이 0.15 kg인 야구공에 방망이로 0.01초 동안 힘을 작용하였더니 야구공의 속력이 60 m/s가 되었다.

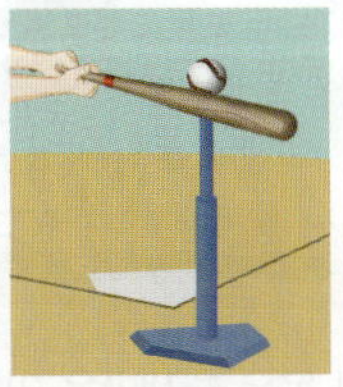

방망이가 야구공에 작용한 평균 힘의 크기는?

① 0.09 N
② 100 N
③ 300 N
④ 500 N
⑤ 900 N

10 오른쪽 그림은 투수가 던진 동일한 공 A, B가 포수의 글러브에 닿을 때부터 정지할 때까지의 속도를 시간에 따라 개략적으로 나타낸 것이다.

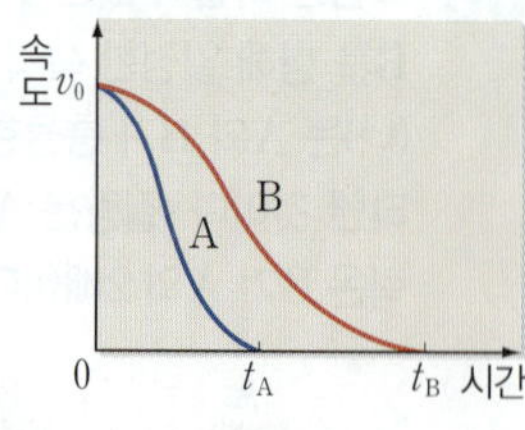

이에 대한 설명으로 옳은 것만을 〈보기〉에서 있는 대로 고른 것은?

> 보기
>
> ㄱ. 글러브에 닿기 직전 야구공의 운동량의 크기는 A가 B보다 크다.
> ㄴ. 공이 글러브에 닿는 순간부터 정지할 때까지 공이 글러브로부터 받은 충격량의 크기는 A가 B보다 작다.
> ㄷ. 공이 글러브로부터 받는 평균 힘의 크기는 A가 B보다 크다.

① ㄱ   ② ㄷ   ③ ㄱ, ㄴ
④ ㄴ, ㄷ   ⑤ ㄱ, ㄴ, ㄷ

11 그림은 뜀틀을 넘은 선수가 착지할 때 무릎을 굽히는 모습을 보고 학생 A, B, C가 대화하는 모습을 나타낸 것이다.

제시한 내용이 옳은 학생만을 있는 대로 고른 것은? (단, 선수가 지면에 착지하는 순간의 속력은 일정하다.)

① A   ② B   ③ C
④ A, C   ⑤ B, C

12 그림 (가)는 마찰이 없는 수평면에서 질량이 m인 물체 A가 벽을 향해 속력 $2v$로 등속도 운동을 하다가 벽에 충돌한 후 속력 v로 등속도 운동을 하는 것을 나타낸 것이다. 그림 (나)는 충돌 과정에서 벽이 물체로부터 받은 힘의 크기를 시간에 따라 나타낸 것이고, 물체의 충돌 시간은 $3t$이다.

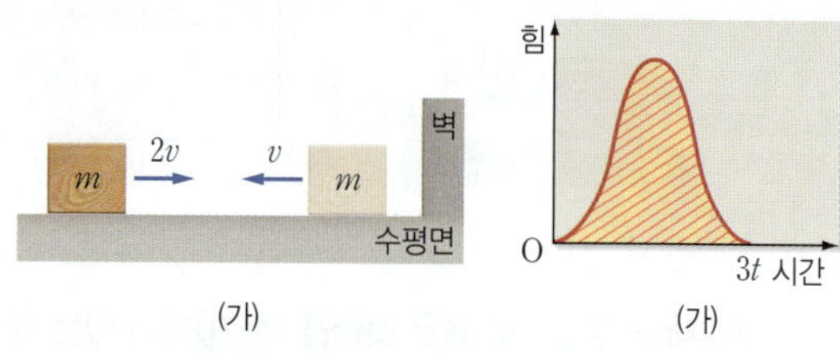

이에 대한 설명으로 옳은 것만을 〈보기〉에서 있는 대로 고른 것은? (단, 공기 저항은 무시한다.)

> 보기
>
> ㄱ. 물체의 운동량의 크기는 벽에 충돌하기 전이 충돌한 후의 2배이다.
> ㄴ. (나)에서 빗금친 부분의 면적은 $2mv$이다.
> ㄷ. 충돌하는 동안 물체가 벽으로부터 받은 평균 힘의 크기는 $\dfrac{mv}{3t}$이다.

① ㄱ   ② ㄴ   ③ ㄷ
④ ㄱ, ㄴ   ⑤ ㄱ, ㄷ

13 그림 (가)와 (나)는 자동차의 충돌 사고를 대비한 안전장치를 나타낸 것이다.

(가) 에어백   (나) 범퍼

(가)와 (나)에서 공통으로 적용되는 원리로 옳은 것만을 〈보기〉에서 있는 대로 고른 것은?

> 보기
>
> ㄱ. 힘을 받는 시간을 길게 한다.
> ㄴ. 물체가 받는 힘의 크기를 감소시킨다.
> ㄷ. 물체의 운동량의 크기를 크게 한다.

① ㄱ   ② ㄷ   ③ ㄱ, ㄴ
④ ㄴ, ㄷ   ⑤ ㄱ, ㄴ, ㄷ

단답형 · 서술형 문제

14 그림과 같이 학교 주변 도로에서는 안전을 위하여 자동차가 천천히 운행하도록 규정 속도를 정해 안내하고 있다.

자동차의 속도를 제한하는 까닭을 자동차의 운동량과 관련 지어 설명하시오.

15 정지해 있는 질량이 $0.04\ \text{kg}$인 골프공에 골프채를 이용하여 0.01초 동안 힘을 작용하였더니 골프공의 속력이 $125\ \text{m/s}$가 되었다. 골프채가 골프공에 작용한 평균 힘의 크기는 몇 N인지 구하시오.

16 그림은 마찰이 없는 수평면에서 물체 A, B가 같은 속력 v로 운동하다가 A는 벽과 충돌한 후 반대 방향으로 운동하고, B는 벽과 충돌한 후 정지한 모습을 나타낸 것이다. A, B의 질량은 각각 $2m$, m이다. 물체가 벽에 충돌하는 과정에서 벽으로부터 받은 충격량의 크기는 A가 B의 3배이다.

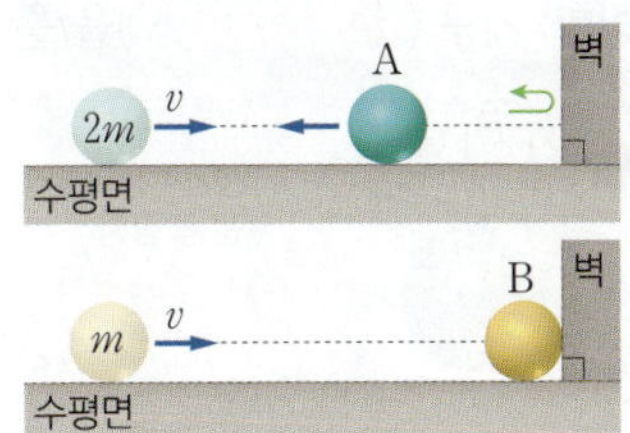

벽에 충돌한 후 A의 속력을 구하시오.

17 그림은 인체 모형을 이용한 자동차 충돌 실험을 나타낸 것이다. 표는 충돌 실험에서 인체 모형이 충돌한 지점과 충돌 시간을 나타낸 것이다. 충돌 과정에서 속도 변화량의 크기는 (가), (나)에서 모두 같다.

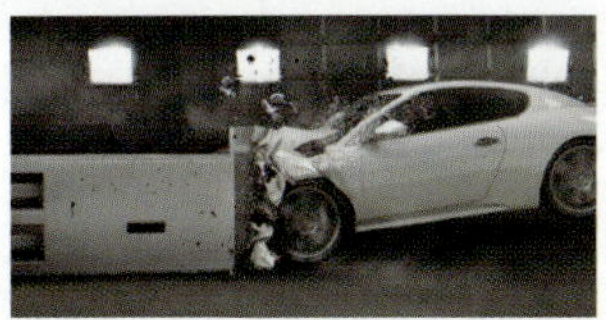

실험	안전띠	에어백	인체 모형이 충돌한 지점	인체 모형이 충돌 지점에 접촉 후 정지할 때까지 걸린 시간
(가)	착용	없음	안전띠	0.3초
(나)	착용	작동	에어백	1초

(가)와 (나)의 충돌 과정에서 인체 모형이 받는 평균 힘의 크기를 비교하고, 그 까닭을 설명하시오. (단, 자동차와 인체 모형의 질량은 모두 동일하다.)

18 그림은 선수 A, B가 코치와 권투 훈련을 하는 모습을 나타낸 것이다. 날아오는 펀치를 피할 여유가 없을 때, A는 '매도 먼저 맞는 것이 낫다.'며 앞으로 다가서며 맞았고, B는 '매를 맞는 건 무섭다.'며 뒤로 물러서며 맞았다. 선수의 얼굴에 코치의 권투 장갑이 닿는 속력은 A와 B가 같다.

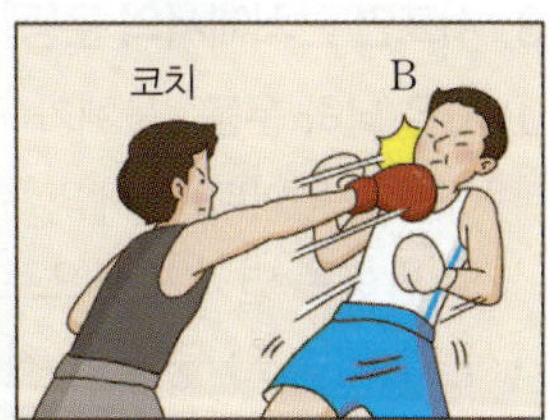

(1) 펀치를 맞는 과정에서 선수 A, B에게 작용하는 평균 힘의 크기를 등호 또는 부등호를 이용하여 비교하시오.

(2) 코치가 권투 장갑을 착용하지 않을 때와 착용할 때 선수가 받는 평균 힘의 크기를 비교하고, 그 까닭을 설명하시오.

10강 중력의 작용 134쪽

1. 중력

① **중력**: 질량이 있는 물체 사이에 상호작용 하는 힘으로, 물체가 서로 접촉해 있거나 멀리 있어도 작용한다. 물체의 질량이 클수록, 두 물체 사이의 거리가 가까울수록 중력의 크기는 (**❶**   ).

② **지구의 중력**: 지구가 물체를 당기는 힘이다.

방향	지구 중심 방향	
크기	• 지표면에서 높은 곳으로 올라갈수록 작아진다. • 극지방에서가 적도 지방에서보다 작다.	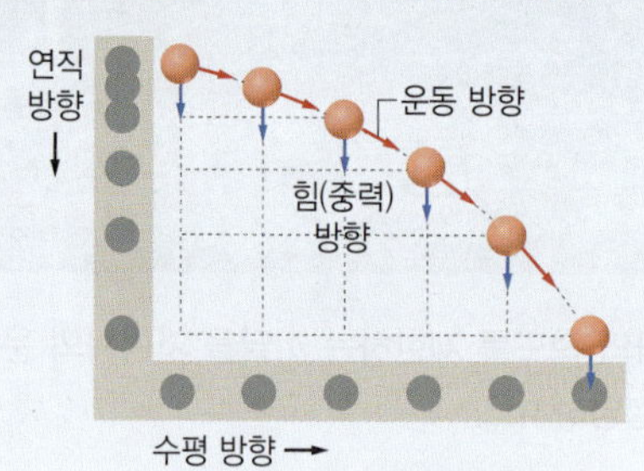 ▲ 지구의 중력

2. 힘과 물체의 운동

① **힘이 작용하지 않을 때와 작용할 때 물체의 운동**

물체에 힘이 작용하지 않을 때	정지 상태를 유지하거나 등속 직선 운동을 한다.
물체에 일정한 힘이 작용할 때	속도가 일정하게 변하는 (**❷**) 운동을 한다.

② **가속도**: 단위 시간당 (**❸**   )이고, 단위는 m/s² 이다.

$$가속도 = \frac{속도\ 변화량}{걸린\ 시간}$$

3. 지표면 근처에서의 운동

① **자유 낙하 운동**: 물체가 (**❹**   )만을 받으며 낙하하는 운동이다. 물체의 운동 방향과 물체에 작용하는 중력의 방향은 연직 방향으로 같다.

• **중력 가속도**: 중력이 작용하는 운동의 가속도로, 질량과 관계없이 약 9.8 m/s²이다.

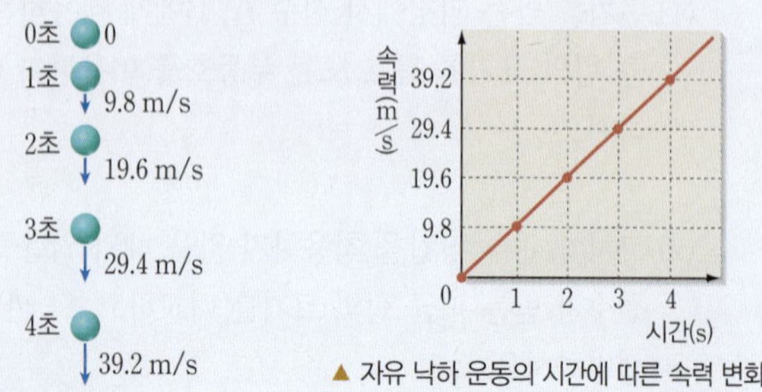

▲ 자유 낙하 운동의 시간에 따른 속력 변화

② **수평 방향으로 던진 물체의 운동**

• **수평 방향**: 힘이 작용하지 않으므로 등속 직선 운동을 한다.
• **연직 방향**: 일정한 중력이 작용하므로 물체의 속력이 일정하게 증가하는 (**❺**   ) 운동을 한다.

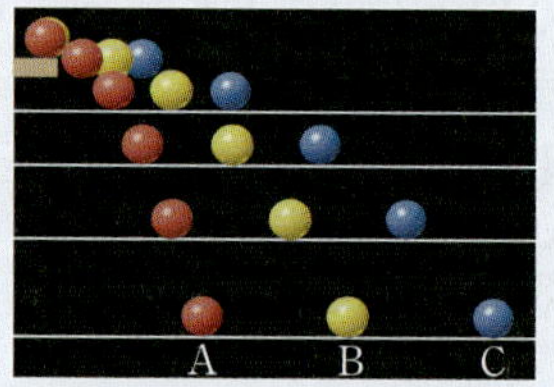

▲ 수평 방향으로 던진 물체의 운동

4. 중력에 의한 지구 주위에서의 운동

① **수평 방향으로 던진 물체의 운동**: 수평 방향의 속력이 크면 같은 시간 동안 더 많이 이동한다. ⇨ 물체를 수평 방향으로 던진 속력이 (**❻**   )수록 수평 방향으로 더 많이 이동한다.

② **뉴턴의 사고 실험**: 공기 저항을 무시할 때, 물체를 충분히 큰 속력으로 던지면 물체는 지구 표면에 닿지 않고 지구 주위를 계속 돌 수 있다.(물체의 속력 비교: $v_1 < v_2 < v_3$)

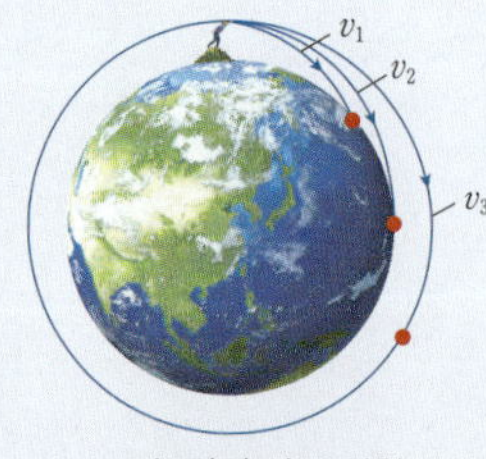

▲ 뉴턴의 사고 실험

5. 지구 주위에서의 달과 인공위성의 운동
지구 중심 방향으로 끌어당기는 중력의 영향으로 지구 주위를 원운동한다.

① **운동 방향**: 운동 방향이 계속 변하는 가속도 운동을 한다.
② **가속도의 방향**: 지구 (**❼**   )을/를 향하는 방향이다.

▲ 지구 주위를 공전하는 달   ▲ 지구 주위를 공전하는 인공위성

답 ❶ 크다 ❷ 등가속도 ❸ 속도 변화량 ❹ 중력 ❺ 등가속도 ❻ 클 ❼ 중심

1. 관성

① (❶ 　　　): 물체가 현재의 운동 상태를 유지하려고 하는 성질

② **관성 법칙**: 물체에 힘이 작용하지 않으면 정지해 있던 물체는 계속 정지해 있고, 움직이던 물체는 등속 직선 운동을 계속 한다.

③ **관성의 크기**: 질량이 클수록 관성이 크다.

④ **관성에 의한 현상**

버스가 갑자기 출발하면 승객이 뒤로 넘어진다. ⇨ 버스는 이동하는데 승객은 제자리에 있으려 하기 때문	버스가 갑자기 정지하면 승객이 앞으로 넘어진다. ⇨ 버스는 정지하는데 승객은 나아가던 방향으로 계속 움직이려 하기 때문

2. 운동량　물체의 운동 효과를 나타내는 양이다.

① **운동량의 크기**: (❷ 　　　)와/과 속도의 곱이다. 운동량의 크기가 클수록 물체가 충돌할 때 나타나는 효과가 크다.

> 운동량(p)＝물체의 질량(m)×속도(v) [단위: kg·m/s]

② **운동량의 방향**: 속도의 방향과 같다.

3. 충격량　물체가 받은 충격의 정도를 나타내는 양이다.

① **충격량의 크기**: 물체에 작용한 힘과 힘이 작용한 시간의 곱이다. 충돌하는 동안 물체에 작용한 힘의 크기가 클수록, 힘이 작용한 (❸ 　　　)이/가 길수록 크다.

> 충격량(I)＝힘(F)×시간(Δt) [단위: N·s]

② **충격량의 방향**: 물체에 작용한 힘의 방향과 같다.

③ **힘과 시간의 관계 그래프**: 힘 – 시간 그래프 아랫부분의 면적은 (❹ 　　　)이다.

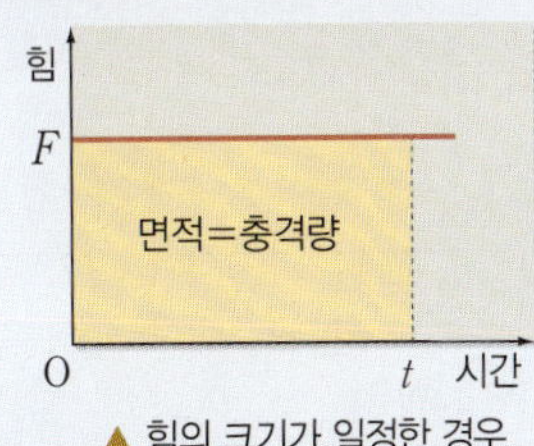

▲ 힘의 크기가 일정한 경우

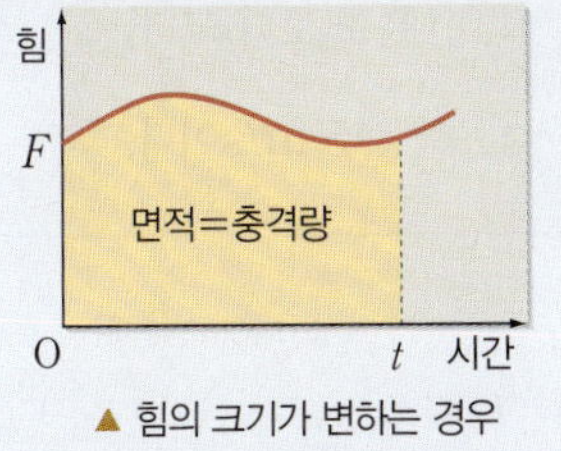

▲ 힘의 크기가 변하는 경우

4. 충격량과 운동량 변화량의 관계　충격량은 운동량의 (❺ 　　　)와/과 같다.

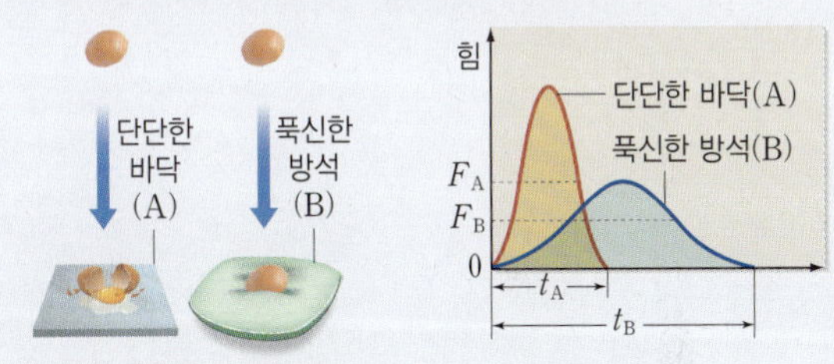

> 충격량＝운동량의 변화량＝나중 운동량 − 처음 운동량
> $$F\Delta t = \Delta mv = mv_2 - mv_1$$

5. 충돌과 안전장치

① **충돌할 때 작용하는 힘과 시간의 관계**: 충격량이 같을 때 작용한 힘은 충돌 시간에 반비례하므로 충돌 시간이 길수록 작용하는 힘의 크기가 작아진다.

② **단단한 바닥과 푹신한 방석으로 떨어지는 달걀**

그래프 아랫부분의 면적	A에서와 B에서가 같다.
달걀이 받은 충격량의 크기	A에서와 B에서가 같다.
달걀이 힘을 받는 시간	A에서 B에서보다 작다.
달걀이 받은 평균 힘의 크기	A에서가 B에서보다 (❻ 　　　).

③ **충격(작용하는 힘)을 줄이는 방법**: 충돌할 때 힘을 받는 시간을 (❼ 　　　) 하여 충격을 줄인다.

도로의 보호 난간	무릎 보호대와 안전모	안전 매트
자동차가 충돌할 때 충돌 시간을 길게 하여 자동차가 받는 힘을 줄인다.	운동 중 충돌할 때 충돌 시간을 길게 하여 사람이 받는 힘을 줄인다.	선수의 몸이 매트에 떨어질 때 충돌 시간을 길게 하여 사람이 받는 힘을 줄인다.

④ **일상생활에서의 충돌 안전장치**

- 관성에 의한 충돌 예방: 안전띠를 착용한다.
- 충돌하는 시간을 길게 하여 충격 감소: 에어백, 범퍼 등

답 ❶ 관성 ❷ 질량 ❸ 시간 ❹ 충격량 ❺ 변화량 ❻ 크다 ❼ 길게

:01

∞ 10강 | 중력의 작용 134쪽

그림은 질량이 있는 두 물체 A, B 사이에 상호작용 하는 힘을 나타낸 것이다.

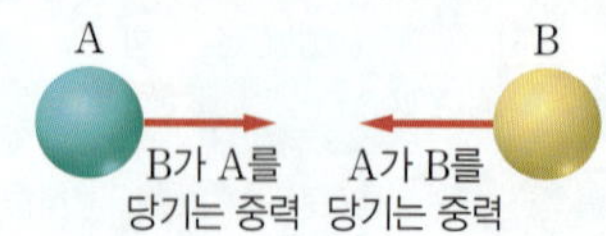

이에 대한 설명으로 옳은 것만을 〈보기〉에서 있는 대로 고른 것은?

보기
ㄱ. A, B의 질량이 클수록 작용하는 힘의 크기가 커진다.
ㄴ. A, B 사이의 거리가 가까울수록 작용하는 힘의 크기가 작아진다.
ㄷ. A, B가 서로 접촉해 있거나 멀리 떨어져 있어도 작용한다.

① ㄱ   ② ㄴ   ③ ㄱ, ㄷ
④ ㄴ, ㄷ   ⑤ ㄱ, ㄴ, ㄷ

:02

∞ 10강 | 중력의 작용 134쪽

표는 어느 지역에서 질량이 각각 2 kg, 4 kg인 물체 A와 B의 무게를 측정하는 장소의 높이를 변화시키면서 측정한 결과이다.

높이(m)	0	500	1000	1500
A의 무게(N)	19.600	19.597	19.594	19.591
B의 무게(N)	39.200	39.194	39.188	39.182

위 결과를 해석한 것으로 옳은 것만을 〈보기〉에서 있는 대로 고른 것은?

보기
ㄱ. 무게는 물체의 질량에 비례한다.
ㄴ. 중력의 크기는 지표면으로부터 높이 올라갈수록 작아진다.
ㄷ. 이 지역의 지표면 근처에서 중력 가속도의 크기는 9.8 m/s²이다.

① ㄱ   ② ㄷ   ③ ㄱ, ㄴ
④ ㄴ, ㄷ   ⑤ ㄱ, ㄴ, ㄷ

:03

∞ 10강 | 중력의 작용 134쪽

자유 낙하 운동을 하는 물체의 속력을 시간에 따라 나타낸 것으로 가장 적절한 것은?

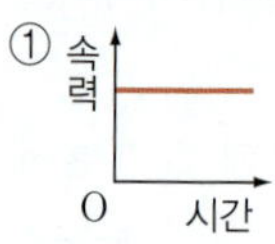

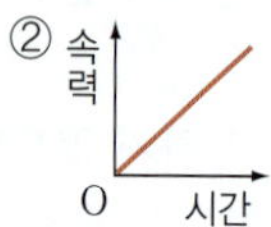

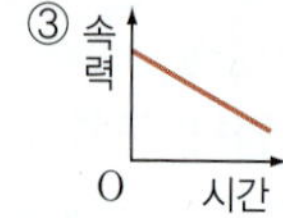

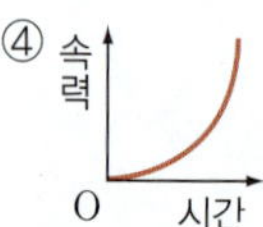

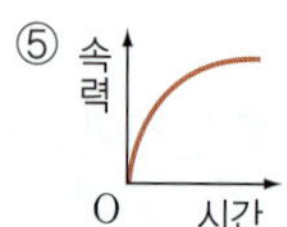

:04

∞ 10강 | 중력의 작용 134쪽

그림은 높이가 h인 지점에서 물체를 수평 방향으로 속력 v로 던졌더니 수평 방향으로 이동한 거리가 R인 것을 나타낸 것이다. 물체를 수평 방향으로 던진 순간부터 물체가 수평면에 도달할 때까지 걸린 시간은 T이다. 표는 h, v, R, T를 나타낸 것이다.

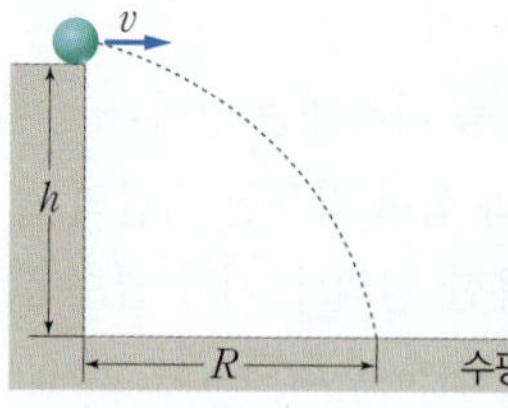

h	v	R	T
10 m	5 m/s	x_0	㉡
15 m	5 m/s	㉠	t_0

이에 대한 설명으로 옳은 것만을 〈보기〉에서 있는 대로 고른 것은? (단, 물체의 크기, 공기 저항은 무시한다.)

보기
ㄱ. 물체가 낙하하는 동안 물체에 작용하는 중력의 크기는 감소한다.
ㄴ. ㉠은 x_0보다 크다.
ㄷ. $\dfrac{x_0}{㉡}=5$ m/s이다.

① ㄱ   ② ㄴ   ③ ㄷ
④ ㄱ, ㄷ   ⑤ ㄴ, ㄷ

:05

∞ 10강 | 중력의 작용 134쪽

그림과 같이 물체 A를 가만히 놓는 순간 같은 높이에서 물체 B를 수평 방향으로 속력 v로 던졌다.

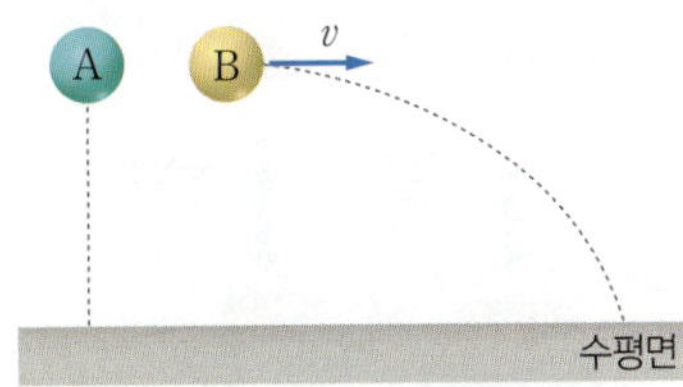

이에 대한 설명으로 옳은 것만을 〈보기〉에서 있는 대로 고른 것은? (단, 공기 저항은 무시한다.)

보기
ㄱ. A가 낙하하는 동안 A의 운동 방향과 A에 작용하는 중력의 방향은 같다.
ㄴ. 수평면에 도달하는 순간 B의 수평 방향의 속력은 v보다 크다.
ㄷ. 가속도의 크기는 A가 B보다 작다.

① ㄱ   ② ㄴ   ③ ㄷ
④ ㄱ, ㄷ   ⑤ ㄴ, ㄷ

:06

∞ 10강 | 중력의 작용 134쪽

그림과 같이 책상 위에 자와 동전 A, B를 올려놓고 손으로 자의 끝부분을 수평 방향으로 쳤더니, A는 자유 낙하 운동을 하고, B는 수평 방향으로 던져진 운동을 하였다.

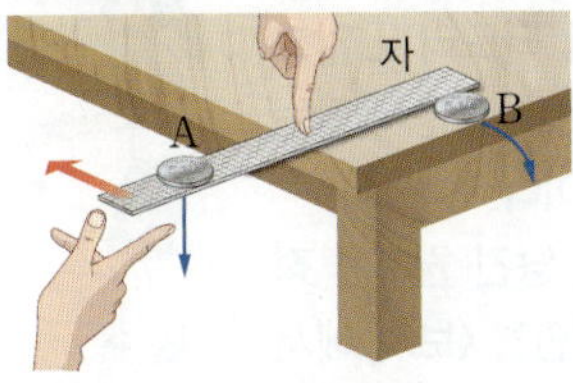

이에 대한 설명으로 옳은 것만을 〈보기〉에서 있는 대로 고른 것은? (단, 공기 저항은 무시한다.)

보기
ㄱ. 낙하하는 동안, 동전에 작용하는 힘의 방향은 A와 B가 같다.
ㄴ. 낙하하는 동안, 가속도의 크기는 A가 B보다 작다.
ㄷ. 수평면에는 A와 B가 동시에 도달한다.

① ㄱ   ② ㄴ   ③ ㄷ
④ ㄱ, ㄷ   ⑤ ㄴ, ㄷ

:07

∞ 10강 | 중력의 작용 134쪽

그림은 물체 A를 가만히 놓는 순간 같은 높이에서 물체 B와 C를 동시에 수평 방향으로 던지는 것을 나타낸 것이다. 물체를 수평 방향으로 던지는 순간부터 수평면에 도달할 때까지 수평 방향으로 진행한 거리는 B가 C보다 작다.

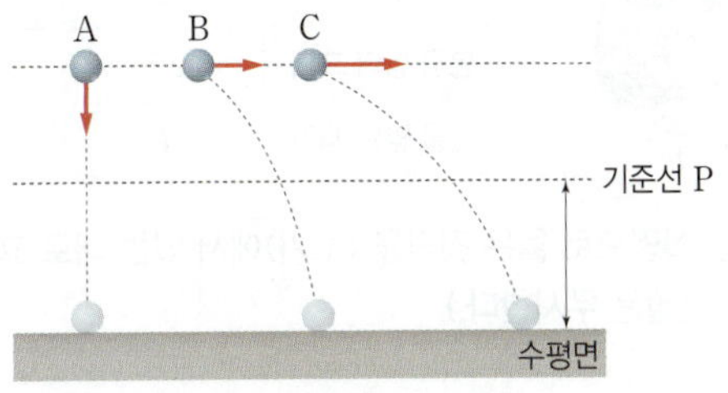

A~C가 수평면과 나란한 기준선 P를 통과하는 순간에 대한 설명으로 옳은 것만을 〈보기〉에서 있는 대로 고른 것은?

보기
ㄱ. A와 B는 P를 동시에 지난다.
ㄴ. B와 C에 작용하는 중력의 방향은 같다.
ㄷ. P에서 연직 방향의 속력은 B가 C보다 작다.

① ㄱ   ② ㄷ   ③ ㄱ, ㄴ
④ ㄴ, ㄷ   ⑤ ㄱ, ㄴ, ㄷ

:08

∞ 11강 | 역학 시스템과 안전 142쪽

질량이 10 kg인 물체 A가 2 m/s의 일정한 속력으로 직선 운동을 한다. 질량이 5 kg인 물체 B의 운동량의 크기가 A의 운동량의 크기와 같을 때 B의 속력은?

① 1 m/s   ② 2 m/s   ③ 3 m/s
④ 4 m/s   ⑤ 6 m/s

:09

∞ 11강 | 역학 시스템과 안전 142쪽

오른쪽 그림은 정지해 있던 물체에 작용하는 힘의 크기를 시간에 따라 나타낸 것이다.
2초부터 4초까지 물체의 운동량 변화량의 크기는?

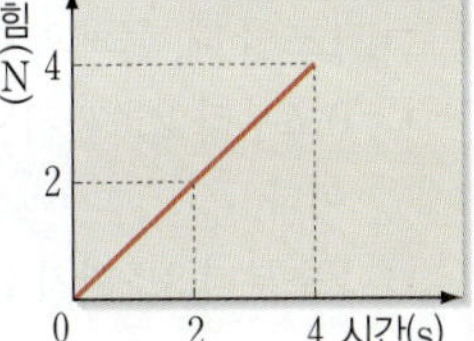

① 2 kg·m/s   ② 4 kg·m/s   ③ 6 kg·m/s
④ 8 kg·m/s   ⑤ 10 kg·m/s

:10

그림은 빨대를 입에 물고 부는 쪽의 입구에 면봉을 넣은 다음 수평 방향으로 부는 것을 나타낸 것이다. 표는 면봉을 넣는 위치를 동일하게 유지하고 부는 세기를 달리하여 불었을 때, 면봉이 빨대를 빠져나갈 때까지 받은 평균 힘의 크기와 힘을 받는 시간을 나타낸 것이다. 면봉의 질량은 (가)에서가 (나)에서보다 작다.

구분	(가)	(나)
평균 힘의 크기	$2F$	F
힘을 받는 시간	t	t

이에 대한 설명으로 옳은 것만을 〈보기〉에서 있는 대로 고른 것은? (단, 모든 마찰은 무시한다.)

> **보기**
> ㄱ. 빨대를 빠져나갈 때까지 면봉이 받는 충격량의 크기는 (가)에서와 (나)에서가 같다.
> ㄴ. 빨대를 빠져나가는 순간 면봉의 속력은 (가)에서가 (나)에서보다 크다.
> ㄷ. 빨대를 빠져 나온 면봉에 작용하는 중력의 크기는 (가)에서와 (나)에서가 같다.

① ㄱ   ② ㄴ   ③ ㄷ
④ ㄱ, ㄴ   ⑤ ㄴ, ㄷ

:11

오른쪽 그림은 수평면에서 직선 운동을 하는 질량이 $2\,\text{kg}$인 물체의 운동량을 시간에 따라 나타낸 것이다. 이에 대한 설명으로 옳은 것만을 〈보기〉에서 있는 대로 고른 것은?

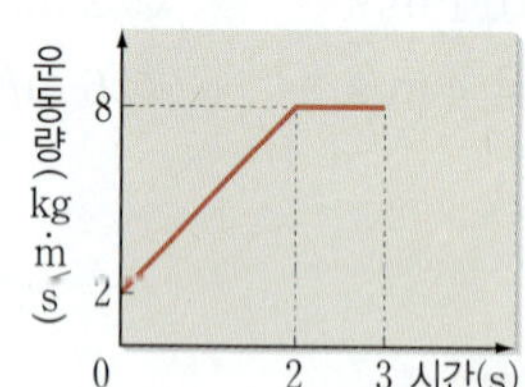

> **보기**
> ㄱ. 1초일 때, 물체의 속력은 $2.5\,\text{m/s}$이다.
> ㄴ. 0초부터 2초까지 물체가 받은 평균 힘의 크기는 $3\,\text{N}$이다.
> ㄷ. 2초부터 3초까지 물체에 작용한 힘의 크기는 증가한다.

① ㄱ   ② ㄷ   ③ ㄱ, ㄴ
④ ㄴ, ㄷ   ⑤ ㄱ, ㄴ, ㄷ

:12

그림 (가), (나)와 같이 질량이 같은 두 달걀을 같은 높이에서 가만히 놓았더니 단단한 바닥과 푹신한 바닥 위에 각각 떨어졌다. 바닥에 충돌한 후 달걀의 속력은 0이다. (가)에서 달걀은 바닥에 닿을 때 깨졌으나 (나)에서 달걀은 바닥에 닿을 때 깨지지 않았다.

이에 대한 설명으로 옳은 것만을 〈보기〉에서 있는 대로 고른 것은?

> **보기**
> ㄱ. 바닥에 충돌하기 직전 달걀의 운동량의 크기는 (가)에서와 (나)에서가 같다.
> ㄴ. 바닥에 충돌하는 동안 달걀이 받은 충격량의 크기는 (가)에서와 (나)에서가 같다.
> ㄷ. 바닥에 충돌하는 동안 달걀이 받는 평균 힘의 크기는 (가)에서가 (나)에서보다 크다.

① ㄱ   ② ㄷ   ③ ㄱ, ㄴ
④ ㄴ, ㄷ   ⑤ ㄱ, ㄴ, ㄷ

:13

오른쪽 그림은 학생 A가 던진 물풍선을 학생 B가 터뜨리지 않고 받기 위해 손을 뒤로 빼면서 받는 모습을 나타낸 것이다.
B가 하는 행동에 담긴 원리가 적용된 예로 옳은 것만을 〈보기〉에서 있는 대로 고른 것은?

① ㄱ   ② ㄴ   ③ ㄱ, ㄷ
④ ㄴ, ㄷ   ⑤ ㄱ, ㄴ, ㄷ

1 평가원 기출 변형

그림은 지표면 근처에서 가만히 놓은 물체가 점 p, q, r를 순서대로 지나며 낙하하는 모습을 나타낸 것이다. 물체의 운동 시간은 p에서 q까지가 q에서 r까지의 3배이다.

이에 대한 설명으로 옳은 것만을 〈보기〉에서 있는 대로 고른 것은?

보기

ㄱ. 물체에 작용하는 중력의 크기는 p에서와 q에서가 같다.
ㄴ. 물체에 작용하는 중력의 방향은 p, q, r에서가 모두 같다.
ㄷ. 물체의 속도 변화량의 크기는 p에서가 q까지가 q에서 r까지의 6배이다.

① ㄱ ② ㄷ ③ ㄱ, ㄴ ④ ㄴ, ㄷ ⑤ ㄱ, ㄴ, ㄷ

정지
p
q
r
지표면

출제 의도 자유 낙하 하는 물체에 작용하는 중력과 속도 변화량을 묻는 문제이다.

자료 분석 Tip
자유 낙하 하는 물체에 작용하는 중력의 방향과 운동 방향은 같다.

2 교육청 기출 변형

그림과 같이 동일한 높이에서 가만히 놓은 물체 A와 수평 방향으로 던진 물체 B, C가 각각 운동 경로를 따라 운동한다. 수평 도달 거리는 C가 B보다 크다.

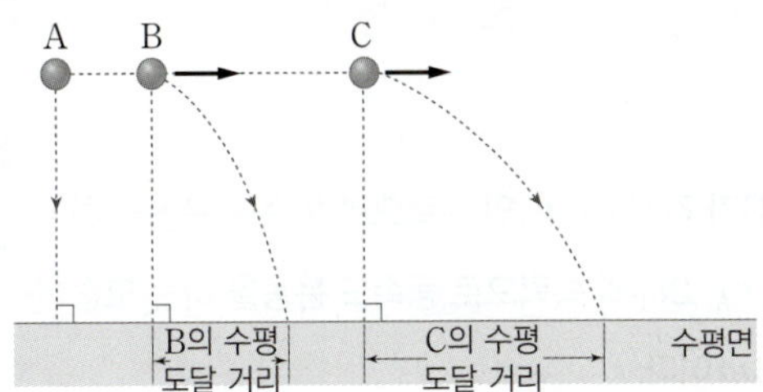

이에 대한 설명으로 옳은 것만을 〈보기〉에서 있는 대로 고른 것은? (단, 물체의 크기, 공기 저항은 무시한다.)

보기

ㄱ. 운동을 시작한 순간부터 수평면에 도달할 때까지 걸린 시간은 A와 B가 같다.
ㄴ. B에 작용하는 중력의 방향은 B의 운동 방향과 같다.
ㄷ. 물체의 수평 방향 속력은 B가 C보다 작다.

① ㄱ ② ㄴ ③ ㄷ ④ ㄱ, ㄷ ⑤ ㄴ, ㄷ

이런 보기도 나온다!

ㄹ. 수평면에 도달하는 순간 연직 방향의 속력은 B와 C가 같다. (   )
ㅁ. B를 수평 방향으로 던진 순간부터 수평면에 도달할 때까지 B의 수평 방향 속력은 증가한다. (   )
ㅂ. 연직 방향의 가속도의 크기는 B와 C가 같다. (   )

출제 의도 자유 낙하 운동 하는 물체와 수평 방향으로 던진 물체의 운동의 속력과 중력을 비교하는 문제이다.

자료 분석 Tip
수평 방향으로 던진 물체에 수평 방향으로 작용하는 힘은 0이므로 수평 방향 속력은 일정하다.

3

그림과 같이 0초일 때 물체 A를 수평 방향으로 속력 v로 던지는 순간 물체 B를 가만히 놓으면 2초일 때 A와 B가 만난다. 0초부터 2초까지 A가 수평 방향으로 이동한 거리는 10 m이다.
이에 대한 설명으로 옳은 것만을 〈보기〉에서 있는 대로 고른 것은? (단, 물체의 크기와 공기 저항은 무시한다.)

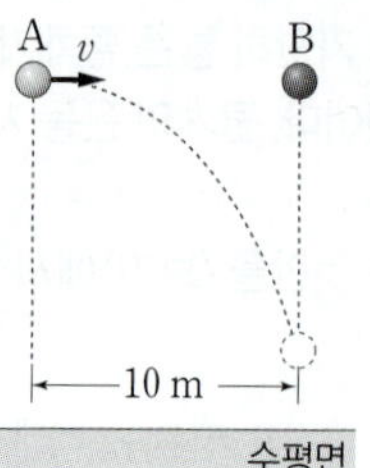

> 보기
>
> ㄱ. $v=5$ m/s이다.
> ㄴ. 1초일 때, A와 B 사이의 거리는 5 m이다.
> ㄷ. 1초일 때 연직 방향의 속력은 A가 B보다 크다.

① ㄱ   ② ㄷ   ③ ㄱ, ㄴ   ④ ㄴ, ㄷ   ⑤ ㄱ, ㄴ, ㄷ

이런 보기도 나온다!

ㄹ. 물체에 작용하는 중력의 방향은 A와 B가 같다. (　　)
ㅁ. 1초일 때, A의 수평 방향 속력은 v보다 크다. (　　)
ㅂ. 1초일 때 연직 방향의 가속도의 크기는 A가 B보다 작다. (　　)

출제 의도 수평 방향으로 던진 물체와 자유 낙하 운동 하는 물체의 연직 방향 속력이 같다는 것을 알아내는 문제이다.

자료 분석 Tip

A와 B에 작용하는 중력은 연직 방향으로 같고, A의 연직 방향 운동은 자유 낙하 운동과 같다.

4

그림 (가)는 마찰이 없는 수평면에서 물체 A, B가 각각 v_A, v_B의 속력으로 등속도 운동을 하는 모습을, (나)는 A와 B가 충돌한 후 각각 $\frac{1}{3}v_A$, $2v_B$의 속력으로 등속도 운동을 하는 모습을 나타낸 것이다. A, B의 질량은 각각 $2m$, $3m$이다.

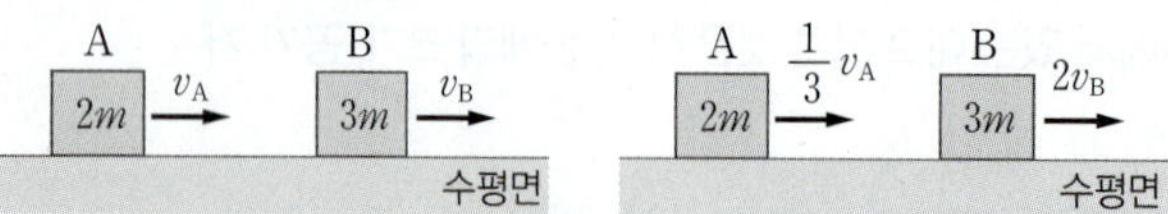

이에 대한 설명으로 옳은 것만을 〈보기〉에서 있는 대로 고른 것은? (단, A, B는 동일 직선상에서 운동하고, 공기 저항은 무시한다.)

> 보기
>
> ㄱ. 충돌 과정에서 A가 B로부터 받은 힘의 방향은 B가 A로부터 받은 힘의 방향과 반대이다.
> ㄴ. 충돌 과정에서 A의 운동량 변화량의 크기는 B의 운동량 변화량의 크기보다 크다.
> ㄷ. $\dfrac{v_A}{v_B}=2$이다.

① ㄱ   ② ㄷ   ③ ㄱ, ㄴ   ④ ㄴ, ㄷ   ⑤ ㄱ, ㄴ, ㄷ

출제 의도 물체의 충돌 과정에서 서로에게 작용한 충격량의 크기는 같다는 것을 알고, 충돌 후 A, B의 속력을 구하는 문제이다.

자료 분석 Tip

충돌 과정에서 A가 받은 충격량의 크기와 B가 받은 충격량의 크기는 같다.

5 〔평가원 기출 변형〕

그림 (가)와 같이 마찰이 없는 수평면에서 v_0의 속력으로 등속도 운동을 하던 물체 A, B가 벽과 충돌한 후, A는 충돌 전과 반대 방향으로 v_0의 속력으로 운동하고 B는 정지한다. 그림 (나)는 A, B가 충돌하는 동안 벽으로부터 받은 힘의 크기를 시간에 따라 나타낸 것이다. A, B의 질량은 각각 m, $2m$이고, 충돌 시간은 각각 t_0, $3t_0$이다.

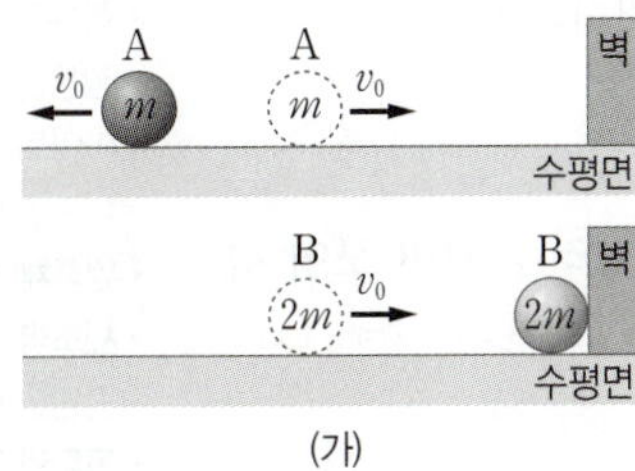

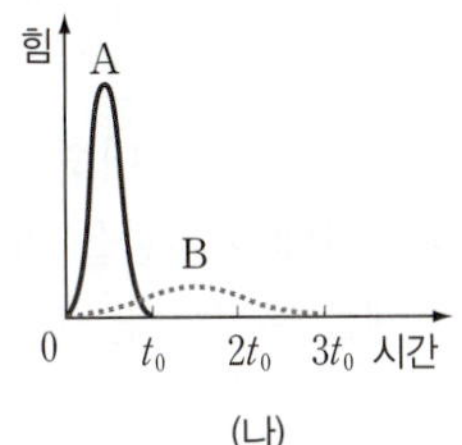

이에 대한 설명으로 옳은 것만을 〈보기〉에서 있는 대로 고른 것은? (단, A는 동일 직선상에서 운동하고, 공기 저항은 무시한다.)

〔 보기 〕

ㄱ. 벽에 충돌하기 전 운동량의 크기는 B가 A의 2배이다.

ㄴ. B가 충돌하는 동안 벽으로부터 받은 충격량의 크기는 mv_0이다.

ㄷ. 충돌하는 동안 벽으로부터 받은 평균 힘의 크기는 A가 B의 3배이다.

① ㄱ　　　② ㄴ　　　③ ㄷ　　　④ ㄱ, ㄷ　　　⑤ ㄴ, ㄷ

자료 분석 Tip

A가 벽으로부터 힘을 받는 시간은 t_0이고, B가 벽으로부터 힘을 받는 시간은 $3t_0$이다.

---

6 〔평가원 기출 변형〕

그림 A, B, C는 충격량과 관련된 예를 나타낸 것이다.

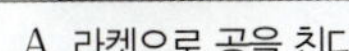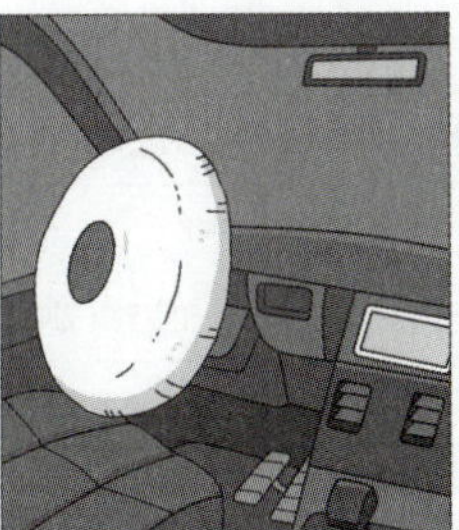

A. 라켓으로 공을 친다.　　B. 충돌할 때 에어백이 펴진다.　　C. 활시위를 당겨 화살을 쏜다.

이에 대한 설명으로 옳은 것만을 〈보기〉에서 있는 대로 고른 것은?

〔 보기 〕

ㄱ. A에서 라켓의 속력을 더 크게 하여 공을 치면 공의 운동량의 크기는 커진다.

ㄴ. B에서 에어백은 탑승자가 힘을 받는 시간을 길게 한다.

ㄷ. C에서 활시위를 더 당기면 활시위가 받는 충격량의 크기는 커진다.

① ㄱ　　　② ㄷ　　　③ ㄱ, ㄷ　　　④ ㄴ, ㄷ　　　⑤ ㄱ, ㄴ, ㄷ

자료 분석 Tip

A와 C는 충돌 시간을 길게 하여 운동량의 변화량의 크기를 증가시키는 것이고, B는 충돌 시간을 길게 하여 평균 힘의 크기를 감소시키는 것이다.

12강 생명 시스템에서의 화학 반응

1 생명 시스템을 구성하는 세포

(1) 생명 시스템 생명체는 빛, 공기, 물 등의 주변 환경 요인 및 다른 생명체와 상호작용 하며 다양한 생명활동을 하는 하나의 시스템을 이루는데, 이를 생명 시스템이라고 한다.

(2) 다세포 생물의 구성 단계 다세포 생물은 모양과 기능이 비슷한 세포가 모여 조직을 이루고, 여러 조직이 모여 고유한 형태와 기능을 나타내는 기관을 이루며, 여러 기관이 모여 정교한 체제를 갖추고 독립적인 생활을 하는 개체를 구성한다. 동물에는 조직계가 없고, 식물에는 기관계가 없다.

(3) 세포 생명 시스템을 구성하는 기본 단위이자 생명 유지에 필요한 화학 반응이 일어나는 기능적 단위이다.❶ 모든 생물은 세포로 이루어져 있다.

① **동물 세포와 식물 세포의 공통점**: 핵, 세포막, 세포질로 이루어져 있으며, 세포질에는 마이토콘드리아, 라이보솜 등과 같이 고유한 기능을 하는 세포소기관이 있다.

② **동물 세포와 식물 세포의 차이점**: 식물 세포에는 동물 세포에 없는 엽록체, 세포벽 등이 있다.

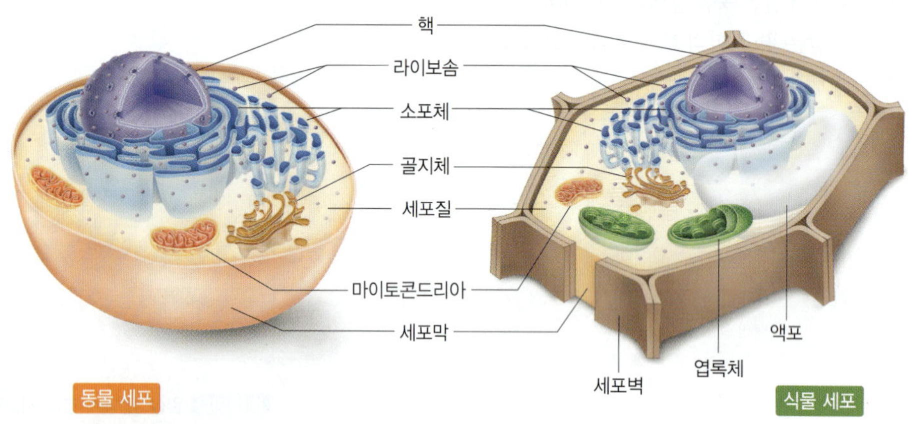

③ **세포소기관의 종류와 기능**❷

구분	기능
핵	유전물질인 DNA가 있으며, 세포의 생명활동을 조절한다. 핵막으로 둘러싸여 있다.
라이보솜	아미노산을 연결해 단백질을 합성한다. 소포체에 붙어 있거나 세포질에 흩어져 있다.
소포체	라이보솜에서 합성한 단백질을 운반하는 통로 역할을 한다. 일부는 핵막과 연결되어 있다.
골지체	세포에서 합성한 단백질을 세포 밖으로 분비하는 데 관여한다.
마이토콘드리아	생명활동에 필요한 에너지를 생성하는 세포호흡이 일어난다.
세포막	주변 환경과 세포를 구분하는 경계이며, 세포 안팎으로 물질이 출입하는 것을 조절한다.
세포벽	식물 세포에서 세포막 바깥을 싸고 있는 두껍고 단단한 구조물로, 세포를 보호하고 모양을 유지해 준다.
엽록체	식물 세포에 있으며, 빛에너지를 흡수해 포도당을 합성하는 광합성이 일어난다.
액포	영양분, 색소, 노폐물 등을 저장하며, 세포의 생장과 삼투압 유지에 관여한다.

④ **세포소기관의 상호작용**: 세포소기관에서는 DNA 합성, 광합성, 세포호흡, 단백질합성 등의 다양한 화학 반응이 일어나며, 여러 세포소기관은 유기적으로 상호작용 하여 생명체가 생존하는 데 필요한 생명활동을 수행한다.❸

이전에 배운 내용

• **세포**: 생물을 구성하는 구조적·기능적 기본 단위이다.
• **핵**: 유전물질이 들어 있어 세포의 생명 활동을 조절한다.
• **마이토콘드리아**: 생명활동에 필요한 에너지를 만든다.
• **엽록체**: 광합성이 일어나 양분을 만든다.
• **세포벽**: 세포막 바깥을 둘러싼 두껍고 단단한 벽으로, 세포를 보호한다.
• **동물의 구성 단계**: 세포 → 조직 → 기관 → 기관계 → 개체의 단계를 거쳐 구성된다.
• **식물의 구성 단계**: 세포 → 조직 → 조직계 → 기관 → 개체의 단계를 거쳐 구성된다.

❶ **세포와 생명 시스템**
생명 시스템의 기본 단위인 세포는 여러 세포소기관이 상호작용 하여 생명활동이 일어나는 하나의 생명 시스템이다.

❷ **막의 유무에 따른 세포소기관의 구분**
• **막으로 둘러싸여 있는 세포소기관**: 핵, 소포체, 골지체, 마이토콘드리아, 엽록체, 액포
• **막으로 둘러싸여 있지 않은 세포소기관**: 라이보솜

❸ **세포소기관의 상호작용 예**
핵 속에 있는 DNA의 유전정보에 따라 라이보솜에서 단백질을 합성하고, 합성된 단백질은 소포체와 골지체를 통해 세포 밖으로 분비된다.

2 물질대사

(1) *물질대사 생명체에서 일어나는 물질을 합성하고 분해하는 모든 화학 반응이다. ➡ 생명 시스템이 유지되려면 생명활동에 필요한 물질과 에너지가 끊임없이 공급되어야 하므로 물질대사가 원활하게 일어나야 한다.

① 물질대사의 특징
- 물질대사에는 반드시 효소가 관여한다.
- 물질대사는 에너지 출입이 함께 일어난다.❹
- 물질대사는 반응이 단계적으로 일어난다.

② 물질대사의 구분

물질 합성 반응	물질 분해 반응
• 작고 간단한 물질을 크고 복잡한 물질로 합성하는 반응이다. • 반응에 필요한 에너지를 흡수하는 흡열 반응이다. 예 광합성, 단백질합성 등	• 크고 복잡한 물질을 작고 간단한 물질로 분해하는 반응이다. • 반응 결과 에너지를 방출하는 발열 반응이다. 예 세포호흡, 소화 등

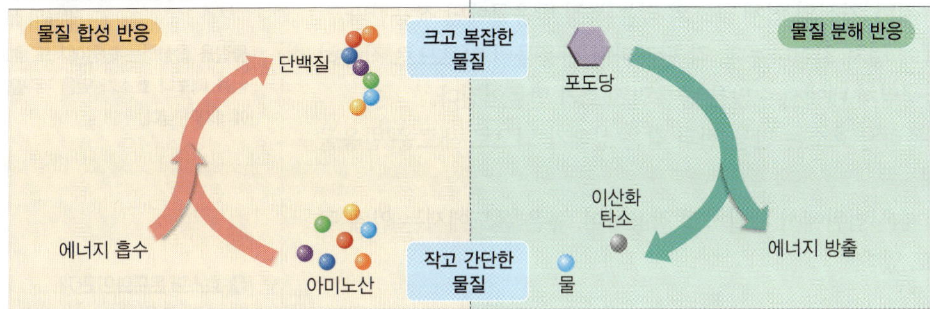

③ 여러 가지 물질대사의 예
- 우리 몸이 성장할 때 DNA 및 성장에 필요한 물질을 합성하는 화학 반응이 일어난다.
- 소화효소가 관여하는 화학 반응에 의해 음식물 속 영양소가 분해된다.
- 세포호흡 과정에서 영양소가 분해되어 근육 운동에 필요한 에너지를 생성하는 화학 반응이 일어난다.
- 이자를 이루는 세포에서는 소화에 필요한 소화효소와 인슐린과 같은 호르몬이 합성된다.
- 피하 조직에 있는 모근에서는 케라틴 단백질을 합성하여 털을 만든다.
- 간에서는 알코올이나 암모니아 같은 독성 물질을 분해하고, 쓸개즙을 합성한다.

(2) 물질대사(세포호흡)와 생명체 밖의 화학 반응(연소) 비교

세포호흡	연소
• 효소가 관여한다. • 체온(약 37 ℃) 정도의 낮은 온도에서 일어난다. • 에너지가 단계적으로 소량씩 방출된다.	• 효소가 관여하지 않는다. • 400 ℃ 이상의 높은 온도에서 일어난다. • 다량의 에너지가 한꺼번에 방출된다.

(3) 효소 생명체 내에서 화학 반응이 빠르게 일어나도록 도와주는 생체촉매로, 주성분은 단백질이다. ➡ 생명체에서는 효소의 작용으로 생명을 유지하는 데 필요한 물질과 에너지를 효율적으로 얻을 수 있다. 효소는 생명 시스템이 유지되게 한다.

---

❹ 물질대사에서의 에너지 출입

- **물질 합성 반응**: 반응물의 에너지가 생성물의 에너지보다 작아 에너지를 흡수하는 반응이 일어난다(흡열 반응).

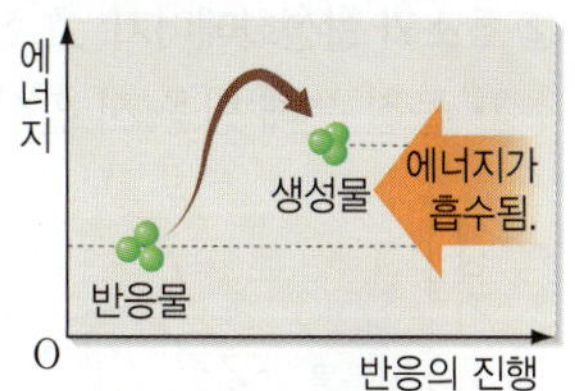

- **물질 분해 반응**: 반응물의 에너지가 생성물의 에너지보다 커서 에너지를 방출하는 반응이 일어난다(발열 반응).

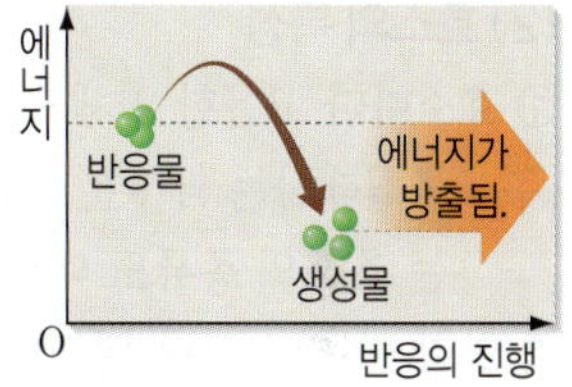

암기 비법

물질대사
물질 합성 반응은 합성, 물질 분해 반응은 분해이다.
→ 물질을 합성할 때 에너지를 흡수하고, 물질을 분해할 때 에너지를 방출한다.

용어 뜻풀이

✳ **물질대사**(만물 物, 바탕 質, 대신할 代, 사례할 謝): 생명 현상을 유지하기 위해 생명체 내에서 일어나는 모든 화학 반응이다.

✳ **촉매**(닿을 觸, 중매 媒): 화학 반응에서 자신은 변하지 않으면서 화학 반응이 일어나는 속도를 조절하는 물질이다.

(1) 활성화에너지 화학 반응이 일어나는 데 필요한 최소한의 에너지이다.

① **화학 반응과 활성화에너지:** 화학 반응은 일정한 양 이상의 에너지를 가진 반응물들이 충돌하여 일어나므로 화학 반응이 일어나려면 반응물이 활성화에너지 이상의 에너지를 가져야 한다.

② **효소와 활성화에너지:** 효소는 활성화에너지를 낮추어 화학 반응이 빠르게 일어나게 한다. ❺❻

• 물질 분해 반응 시 활성화에너지

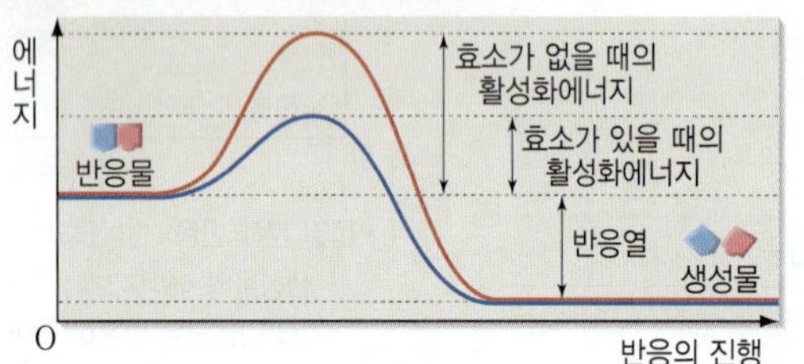

• 효소가 없을 때보다 효소가 있을 때 활성화에너지가 낮다. ➜ 효소가 활성화에너지를 낮추어 체온 정도의 낮은 온도에서도 화학 반응이 빠르게 일어나게 한다.
• 반응열은 반응물과 생성물의 에너지 차이로, 효소의 유무에 관계없이 일정하다.

(2) 효소의 특성

① 효소마다 고유한 입체 구조를 가지며, 자신의 입체 구조와 맞는 특정 반응물에만 작용한다.

• 물질대사는 대부분 여러 단계에 걸쳐 일어나는데, 각 단계마다 반응물이 다르므로 작용하는 효소의 종류도 다르다. ➜ 생명체 내에서 수많은 종류의 효소가 만들어진다.

② 화학 반응이 끝난 뒤 생성물과 분리된 효소는 반응 전과 같은 상태가 되므로 새로운 반응물과 결합해 다시 반응에 이용된다.

③ 효소의 주성분은 단백질이므로 체온 범위에서 활발하게 작용하며, 높은 온도에서는 입체 구조가 변해 촉매 기능을 잃을 수도 있다. ❼

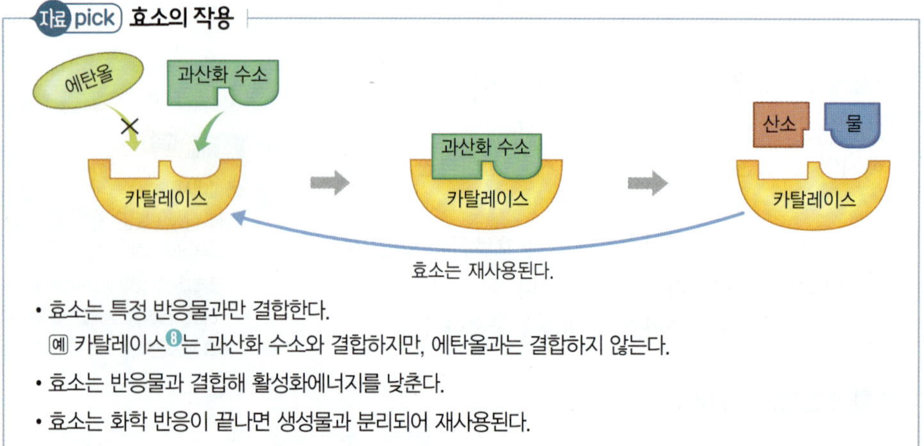

• 효소는 특정 반응물과만 결합한다.
  예 카탈레이스 ❽는 과산화 수소와 결합하지만, 에탄올과는 결합하지 않는다.
• 효소는 반응물과 결합해 활성화에너지를 낮춘다.
• 효소는 화학 반응이 끝나면 생성물과 분리되어 재사용된다.

(3) 일상생활에서 효소를 활용하는 화학 반응 효소는 생명체 안에서 뿐만 아니라 생명체 밖에서도 작용하므로 일상생활의 여러 분야에서 활용된다.

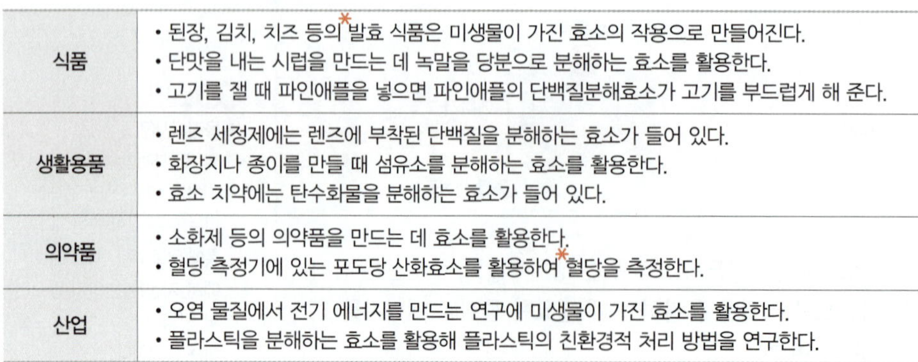

식품	• 된장, 김치, 치즈 등의 발효 식품은 미생물이 가진 효소의 작용으로 만들어진다. • 단맛을 내는 시럽을 만드는 데 녹말을 당분으로 분해하는 효소를 활용한다. • 고기를 잴 때 파인애플을 넣으면 파인애플의 단백질분해효소가 고기를 부드럽게 해 준다.
생활용품	• 렌즈 세정제에는 렌즈에 부착된 단백질을 분해하는 효소가 들어 있다. • 화장지나 종이를 만들 때 섬유소를 분해하는 효소를 활용한다. • 효소 치약에는 탄수화물을 분해하는 효소가 들어 있다.
의약품	• 소화제 등의 의약품을 만드는 데 효소를 활용한다. • 혈당 측정기에 있는 포도당 산화효소를 활용하여 혈당을 측정한다.
산업	• 오염 물질에서 전기 에너지를 만드는 연구에 미생물이 가진 효소를 활용한다. • 플라스틱을 분해하는 효소를 활용해 플라스틱의 친환경적 처리 방법을 연구한다.

---

❺ 활성화에너지와 반응 속도
활성화에너지가 낮을수록 반응할 수 있는 분자 수가 많아지므로 화학 반응이 빠르게 일어난다.

❻ 물질 합성 반응 시 활성화에너지

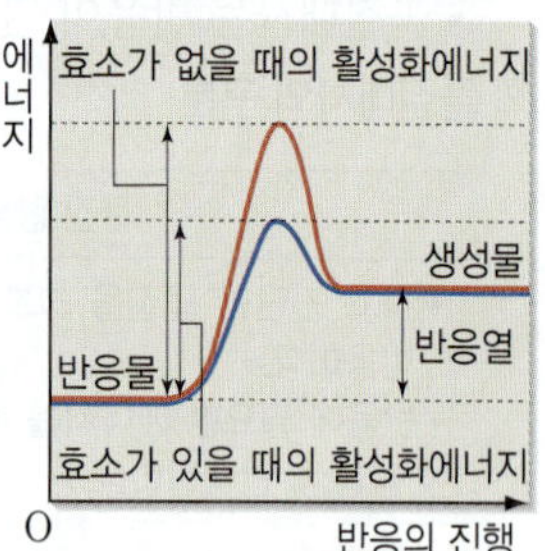

물질을 합성하는 반응에서도 효소가 없을 때보다 효소가 있을 때 활성화에너지가 낮다.

❼ 효소와 온도와의 관계
단백질이 주성분인 효소는 반응 속도가 최대가 되는 최적 온도가 있으며, 온도가 이보다 높아지면 단백질의 입체 구조가 변해 효소가 촉매 기능을 잃는다.

❽ 카탈레이스
카탈레이스는 과산화 수소와 결합해 과산화 수소를 물과 산소로 분해하는 효소이다. 카탈레이스는 혈액에 존재하는 세포, 감자 세포 등 대부분의 세포에 풍부하게 들어 있다. 상처 부위를 과산화 수소수로 소독하면 거품이 발생하는데, 이는 혈액 속 카탈레이스가 작용하기 때문이다.

※ **발효**(술 괼 醱, 삭힐 酵): 미생물이 산소가 없는 상태에서 유기물을 분해하여 인간에게 이로운 물질을 만드는 작용이다.

※ **혈당**(피 血, 엿 糖): 혈액 속에 포함되어 있는 당(포도당)이다.

효소 작용의 원리에 관한 실험하기 개념 162쪽

과정

❶ 홈판의 홈 1과 2에 3 % 과산화 수소수를, 홈 3에 3 % 에탄올을 3 mL씩 각각 넣는다.

❷ 홈 1에는 증류수 10방울을, 홈 2와 3에는 감자즙 10방울을 넣은 뒤 각각 거품이 발생하는지 관찰하고 결과를 기록한다.

· 감자즙
감자즙은 생감자를 강판에 간 다음 거즈로 걸러 만든다. 감자즙에는 카탈레이스가 풍부하게 들어 있다.

· 카탈레이스
카탈레이스의 작용으로 화학 반응이 일어나면 산소가 생성되어 거품이 발생한다.

결과

홈	1	2	3
넣은 용액	3 % 과산화 수소수 + 증류수 10방울	3 % 과산화 수소수 + 감자즙 10방울	3 % 에탄올 + 감자즙 10방울
실험 결과	거품이 발생하지 않음.	거품이 발생함.	거품이 발생하지 않음.

정리

1. 거품이 발생하는 까닭: 감자즙 속의 카탈레이스가 과산화 수소와 결합해 산소가 발생했기 때문이다. ➡ 카탈레이스는 과산화 수소와 결합해 과산화 수소를 물과 산소로 분해하는 효소이다.

2. 카탈레이스 유무에 따른 과산화 수소의 분해 속도: 카탈레이스가 없을 때보다 있을 때 과산화 수소가 빠르게 분해된다. ➡ 효소는 활성화에너지를 낮추어 화학 반응이 빠르게 일어나게 한다.

3. 카탈레이스의 반응물: 카탈레이스는 과산화 수소와 결합하지만, 에탄올과는 결합하지 않는다. ➡ 효소는 그 구조가 맞는 특정 반응물과만 결합해 작용한다.

바른답·알찬풀이 58쪽

탐구 확인문제

01 위 실험에 대한 설명으로 옳은 것은 ○표, 옳지 <u>않은</u> 것은 ×표 하시오.

(1) 감자즙 속의 카탈레이스가 없을 때보다 있을 때 거품이 많이 발생한다. ( )

(2) 감자즙 속의 카탈레이스와 결합해 거품을 발생시키는 물질은 에탄올이다. ( )

(3) 반응이 끝난 홈 2에 3 % 과산화 수소수 1 mL를 더 넣으면 거품이 다시 발생한다. ( )

02 카탈레이스에 대한 설명으로 옳은 것만을 〈보기〉에서 있는 대로 고르시오.

보기

ㄱ. 카탈레이스의 주성분은 탄수화물이다.

ㄴ. 카탈레이스는 과산화 수소와 결합해 과산화 수소를 물과 산소로 분해한다.

ㄷ. 카탈레이스는 화학 반응의 활성화에너지를 높여 주는 역할을 한다.

기본 탄탄 문제

개념 확인 초성 Quiz

1 생명 시스템을 구성하는 기본 단위이자 생명 유지에 필요한 화학 반응이 일어나는 기능적 단위를 ㅅ ㅍ (이)라고 한다.

2 생명체에서 일어나는 물질을 합성하고 분해하는 모든 화학 반응을 ㅁ ㅈ ㄷ ㅅ (이)라고 한다.

3 생명체 내에서 화학 반응이 빠르게 일어나도록 도와주는 생체촉매를 ㅎ ㅅ (이)라고 한다.

4 효소는 ㅎ ㅅ ㅎ ㅇ ㄴ ㅈ 을/를 낮추어 화학 반응이 빠르게 일어나게 한다.

5 효소의 주성분은 ㄷ ㅂ ㅈ 이며, 그 구조에 맞는 특정 반응물과만 결합해 작용한다.

1 생명 시스템을 구성하는 세포

01 그림은 어떤 식물 세포의 구조를 나타낸 것이다. A~D는 각각 핵, 라이보솜, 마이토콘드리아, 세포막 중 하나이다.

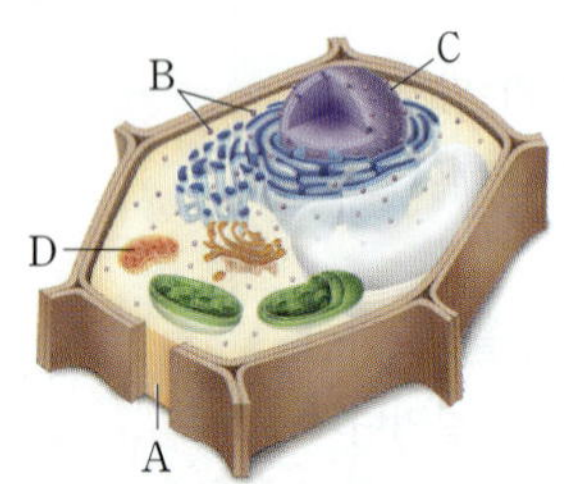

이에 대한 설명으로 옳은 것은 ○표, 옳지 <u>않은</u> 것은 ×표 하시오.

(1) A는 세포막, C는 마이토콘드리아이다. (   )
(2) B는 아미노산을 연결해 단백질을 합성한다. (   )
(3) D에서 생명활동에 필요한 에너지를 생성하는 세포 호흡이 일어난다. (   )

2 물질대사

02 물질대사에 대한 설명으로 옳은 것은 ○표, 옳지 <u>않은</u> 것은 ×표 하시오.

(1) 효소가 관여한다. (   )
(2) 에너지 출입 없이 일어난다. (   )
(3) 400 ℃ 이상의 높은 온도에서 일어난다. (   )

3 효소 작용의 원리

03 오른쪽 그림은 과산화 수소가 분해되는 반응에서 효소 A가 있을 때와 없을 때의 에너지 변화를 나타낸 것이다.

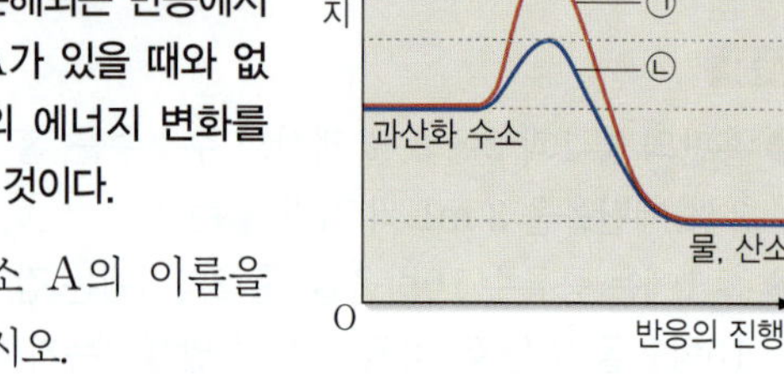

(1) 효소 A의 이름을 쓰시오.

(2) ㉠과 ㉡ 중에서 효소 A가 있을 때의 에너지 변화는 어느 것인지 쓰시오.

04 그림은 효소의 작용을 나타낸 것이다. A~C는 각각 반응물, 생성물, 효소 중 하나이다.

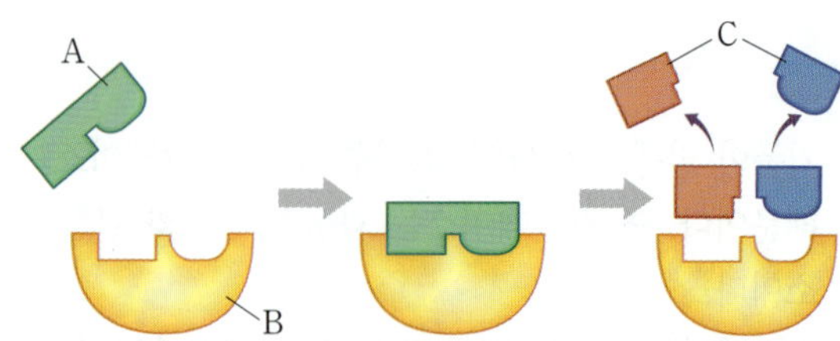

A~C의 이름을 각각 쓰시오.

05 효소에 대한 설명으로 옳은 것은 ○표, 옳지 <u>않은</u> 것은 ×표 하시오.

(1) 효소는 특정 반응물과만 결합해 작용한다. (   )
(2) 효소는 반응물과 결합해 활성화에너지를 높인다. (   )
(3) 화학 반응이 끝난 효소는 구조가 바뀌므로 다시 반응에 이용되지 않는다. (   )

생명 시스템을 구성하는 세포

01 다세포 생물을 이루는 세포에 대한 설명으로 옳지 <u>않은</u> 것은?

① 생명 시스템을 구성하는 기본 단위이다.
② 유전정보를 저장하고 있는 유전물질이 있다.
③ 식물과 동물을 이루는 세포는 모두 세포막을 가진다.
④ 여러 세포소기관은 유기적으로 상호작용 하여 생명 활동을 수행한다.
⑤ 모양과 기능이 비슷한 세포가 모여 기관을 이루고, 여러 기관이 모여 조직을 형성한다.

02 그림은 동물 세포의 구조를 나타낸 것이다. A~C는 핵, 골지체, 라이보솜을 순서 없이 나타낸 것이다.

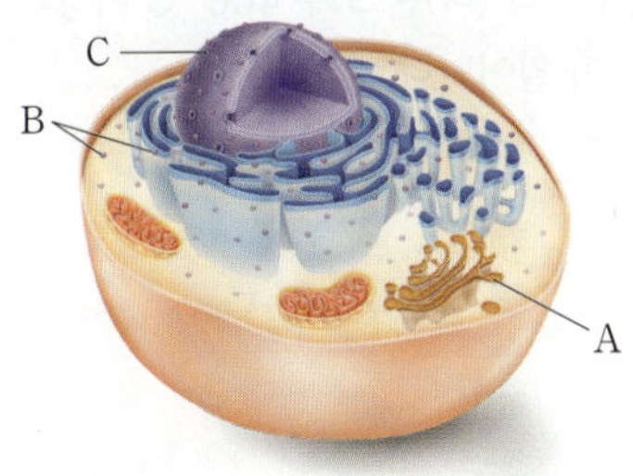

이에 대한 설명으로 옳은 것만을 〈보기〉에서 있는 대로 고른 것은?

보기
ㄱ. A는 골지체이다.
ㄴ. B에는 유전물질이 있어 세포의 생명활동을 조절한다.
ㄷ. C는 라이보솜이다.

① ㄱ   ② ㄷ   ③ ㄱ, ㄴ
④ ㄴ, ㄷ   ⑤ ㄱ, ㄴ, ㄷ

03 세포소기관에 대한 설명으로 옳은 것은?

① 핵에는 유전물질인 DNA가 들어 있다.
② 세포벽은 동물 세포와 식물 세포에 모두 있다.
③ 라이보솜은 빛에너지를 흡수해 포도당을 합성한다.
④ 엽록체에서 세포의 생명활동에 필요한 에너지가 생성된다.
⑤ 마이토콘드리아는 소포체에서 운반된 단백질을 변형하여 세포 밖으로 분비한다.

04 그림은 어떤 세포소기관의 모습을 나타낸 것이다.

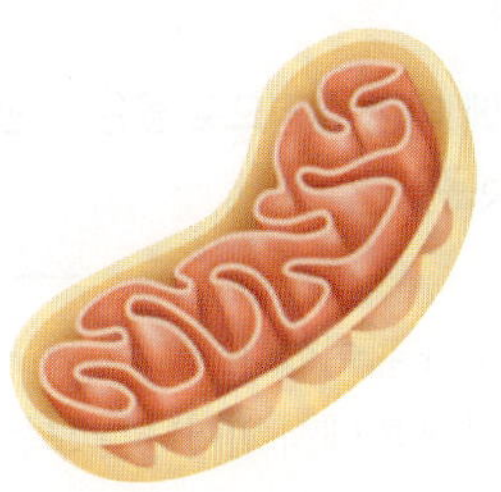

이에 대한 설명으로 옳은 것만을 〈보기〉에서 있는 대로 고른 것은?

보기
ㄱ. 빛에너지를 흡수해 포도당을 합성한다.
ㄴ. 생명활동에 필요한 에너지가 생성된다.
ㄷ. 동물 세포에는 있고, 식물 세포에는 없다.

① ㄱ   ② ㄴ   ③ ㄱ, ㄷ
④ ㄴ, ㄷ   ⑤ ㄱ, ㄴ, ㄷ

05 다음은 세포소기관 (가)~(다)의 기능을 설명한 것이다.

• (가)는 세포를 둘러싸고 있으며, 세포 안팎의 물질 출입을 조절한다.
• (나)에서 단백질을 합성한다.
• (다)는 일부가 핵막과 연결되어 있으며, 단백질을 운반하는 통로 역할을 한다.

(가)~(다)에 해당하는 세포소기관의 이름을 옳게 짝 지은 것은?

	(가)	(나)	(다)
①	세포막	엽록체	마이토콘드리아
②	세포벽	엽록체	라이보솜
③	세포막	라이보솜	소포체
④	세포벽	라이보솜	마이토콘드리아
⑤	세포막	마이토콘드리아	엽록체

2 물질대사

06 물질대사에 대한 설명으로 옳은 것만을 〈보기〉에서 있는 대로 고른 것은?

> **보기**
> ㄱ. 효소가 관여한다.
> ㄴ. 생명체 밖에서 일어나는 모든 화학 반응이다.
> ㄷ. 물질을 합성하는 반응이 일어날 때 에너지를 흡수한다.

① ㄱ   ② ㄴ   ③ ㄱ, ㄷ
④ ㄴ, ㄷ   ⑤ ㄱ, ㄴ, ㄷ

중요
07 그림은 생명체에서 일어나는 화학 반응 (가)와 (나)를 나타낸 것이다.

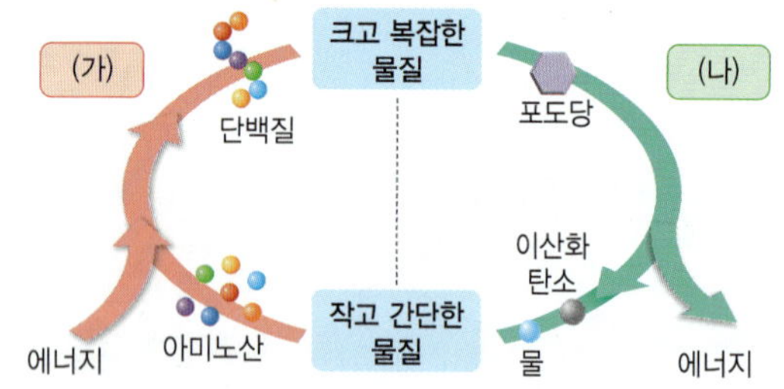

이에 대한 설명으로 옳은 것만을 〈보기〉에서 있는 대로 고른 것은?

> **보기**
> ㄱ. (가)와 (나)는 모두 물질대사이다.
> ㄴ. (가)가 일어날 때 에너지를 방출한다.
> ㄷ. 소화관에서 영양소가 소화효소에 의해 분해되는 화학 반응은 (나)의 예에 해당한다.

① ㄱ   ② ㄴ   ③ ㄱ, ㄷ
④ ㄴ, ㄷ   ⑤ ㄱ, ㄴ, ㄷ

08 물질대사의 예로 옳지 <u>않은</u> 것은?

① 이자에서 인슐린이 합성된다.
② 간에서 독성 물질이 분해된다.
③ 모근에서 케라틴 단백질이 합성된다.
④ 세포호흡이 일어나 에너지가 생성된다.
⑤ 폐포에서 모세혈관으로 산소가 이동한다.

09 그림 (가)와 (나)는 다람쥐가 땅콩을 먹어 에너지를 얻는 모습과 땅콩이 연소되는 모습을 각각 나타낸 것이다.

이에 대한 설명으로 옳은 것만을 〈보기〉에서 있는 대로 고른 것은?

> **보기**
> ㄱ. (가)에서는 세포호흡이 일어난다.
> ㄴ. (가)와 (나)에서는 모두 에너지가 단계적으로 방출된다.
> ㄷ. (가)와 (나)는 모두 400 °C 이상의 온도에서 반응이 일어난다.

① ㄱ   ② ㄴ   ③ ㄷ
④ ㄱ, ㄷ   ⑤ ㄴ, ㄷ

3 효소 작용의 원리

10 그림은 어떤 화학 반응에서의 에너지 변화를 나타낸 것이다. ㉠과 ㉡은 각각 효소가 있을 때와 없을 때 중 하나이다.

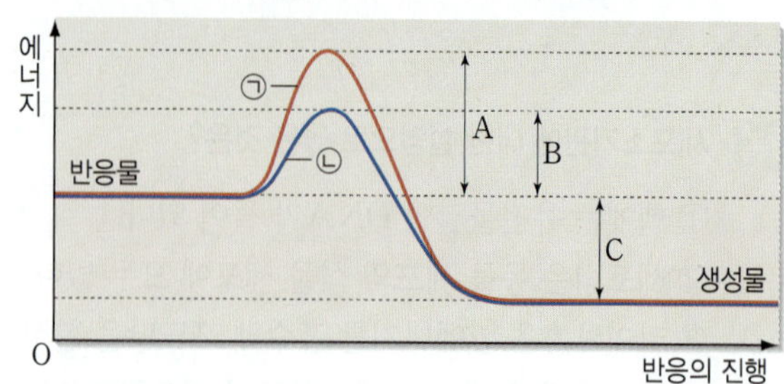

효소가 있을 때 이 화학 반응의 활성화에너지로 옳은 것은?

① A   ② B   ③ C
④ A+C   ⑤ B+C

11 효소에 대한 설명으로 옳지 <u>않은</u> 것은?

① 화학 반응이 끝난 뒤 소모되지 않고 재사용된다.

② 효소는 반응물과 결합해 활성화에너지를 낮춘다.

③ 효소는 자신의 입체 구조와 맞는 반응물과만 결합한다.

④ 생명체 안에서만 작용하고 생명체 밖에서는 작용하지 않는다.

⑤ 생명체에서 일어나는 화학 반응을 조절하여 생명 시스템이 유지되게 한다.

중요
12 그림은 생명체에서 일어나는 어떤 화학 반응에서 효소의 작용을 나타낸 것이다. A~C는 반응물, 생성물, 효소를 순서 없이 나타낸 것이다.

이에 대한 설명으로 옳은 것만을 〈보기〉에서 있는 대로 고른 것은?

보기
ㄱ. A는 생성물, C는 반응물이다.
ㄴ. B의 주성분은 단백질이다.
ㄷ. 이 화학 반응에서는 에너지가 방출된다.

① ㄱ   ② ㄷ   ③ ㄱ, ㄴ
④ ㄱ, ㄷ   ⑤ ㄴ, ㄷ

13 그림은 어떤 효소 세제의 성분표를 나타낸 것이다.

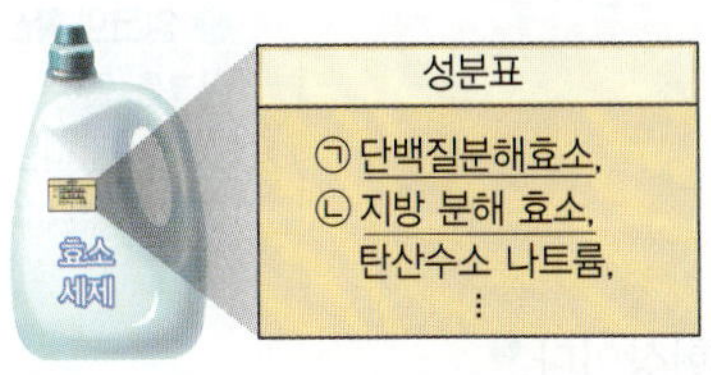

이에 대한 설명으로 옳은 것만을 〈보기〉에서 있는 대로 고른 것은?

보기
ㄱ. ㉠은 단백질을 합성하는 반응을 촉매한다.
ㄴ. 이 효소 세제에는 단백질이 포함되어 있다.
ㄷ. ㉡은 지방을 분해하는 반응의 활성화에너지를 높인다.

① ㄱ   ② ㄴ   ③ ㄱ, ㄷ
④ ㄴ, ㄷ   ⑤ ㄱ, ㄴ, ㄷ

14 그림은 어떤 식물 세포의 구조를 나타낸 것이다. A~C는 각각 라이보솜, 엽록체, 마이토콘드리아 중 하나이다.

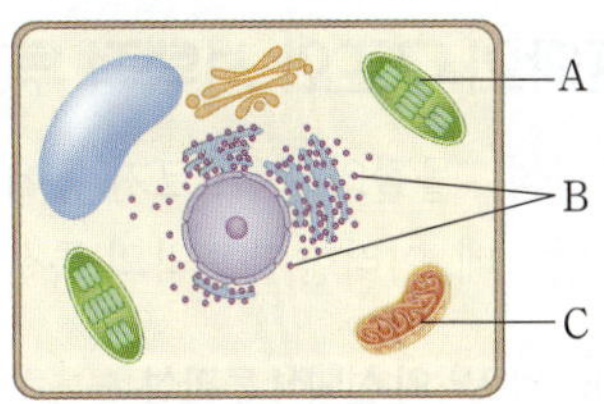

(1) A~C의 이름을 각각 쓰시오.

(2) A~C의 기능을 각각 설명하시오.

15 그림은 어떤 화학 반응 (가)와 (나)를 나타낸 것이다.

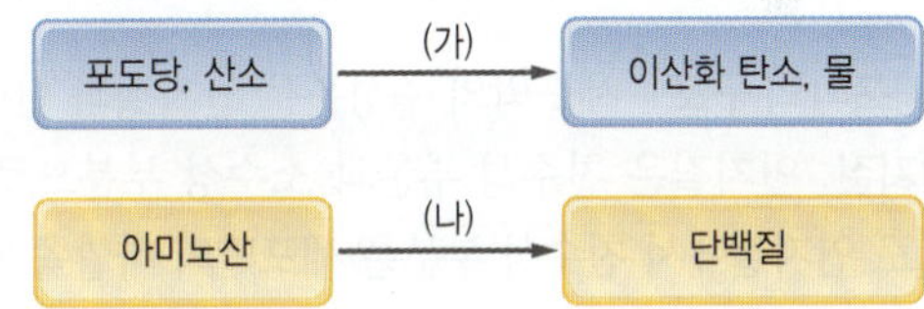

(1) (가)와 (나)의 공통점을 1가지만 설명하시오.

(2) (가)와 (나)에서의 에너지 출입을 각각 설명하시오.

중요
16 감자즙에 들어 있는 카탈레이스를 이용한 과산화 수소의 분해를 알아보기 위해 시험관 (가)~(다)에 각각 표와 같이 물질을 넣고 반응 여부를 확인했다.

구분	(가)	(나)	(다)
넣은 물질	3 % 과산화 수소수 + 증류수	3 % 과산화 수소수 + 감자즙	3 % 에탄올 + 감자즙
반응 여부	×	○	×

(○: 반응함, ×: 반응하지 않음.)

(1) (가)와 (나) 중 (나)에서 반응이 일어난 까닭을 활성화에너지와 연관 지어 설명하시오.

(2) (나)와 (다) 중 (다)에서 반응이 일어나지 않은 까닭을 다음 용어를 모두 포함하여 설명하시오.

카탈레이스	과산화 수소	에탄올

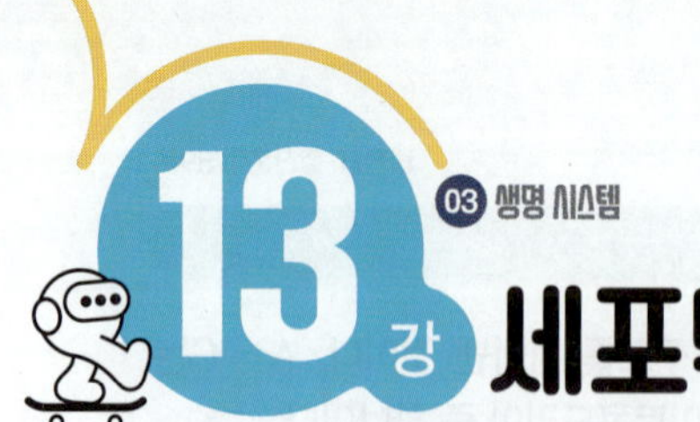

13강 세포막을 통한 물질 출입

1 세포막의 구조와 선택적 투과성

(1) *선택적 투과성 물질의 종류, 크기 등에 따라 어떤 물질은 잘 투과시키고 어떤 물질은 잘 투과시키지 않는데, 이러한 세포막의 특성을 선택적 투과성이라고 한다. 세포 안팎으로의 물질 출입을 조절하여 세포가 생명활동을 원활히 유지하도록 해 준다.

자료 pick 세포막의 선택적 투과성

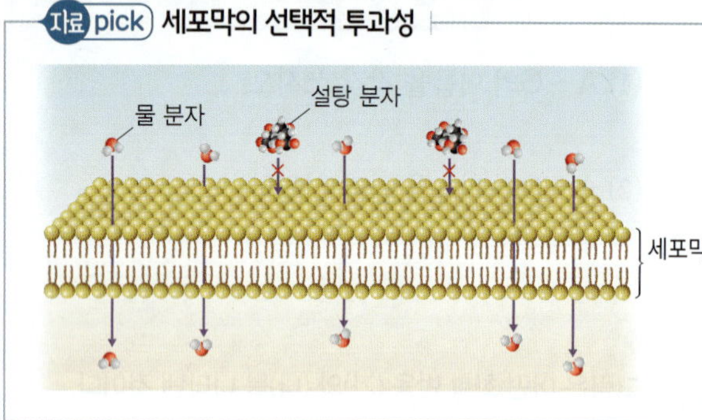

- 크기가 작은 물 분자는 세포막을 투과하여 이동할 수 있다.
- 크기가 큰 설탕 분자는 세포막을 투과하기 어렵다.
- 세포막은 물질의 종류와 크기에 따라 투과시키는 정도가 다르다.

(2) **세포막의 구조** 세포막의 주성분은 인지질과 단백질이다.❶

① **인지질**: 인지질은 친수성 부분과 소수성 부분으로 되어 있다.❷ 세포 안과 밖은 물이 풍부하므로 인지질에서 친수성 부분은 세포막의 바깥쪽에 배열되어 수용성 환경과 접해 있고 소수성 부분은 안쪽으로 서로 마주 보고 배열되어 있다. ➡ 세포막은 인지질 이중층 구조를 형성한다.

② **막단백질**: 막을 구성하는 막단백질은 인지질 이중층에 파묻혀 있거나 관통하고 있다.

2 세포막을 통한 물질의 이동

(1) *확산 분자가 무작위로 움직여 농도가 높은 곳에서 낮은 곳으로 이동하는 현상이다.❸

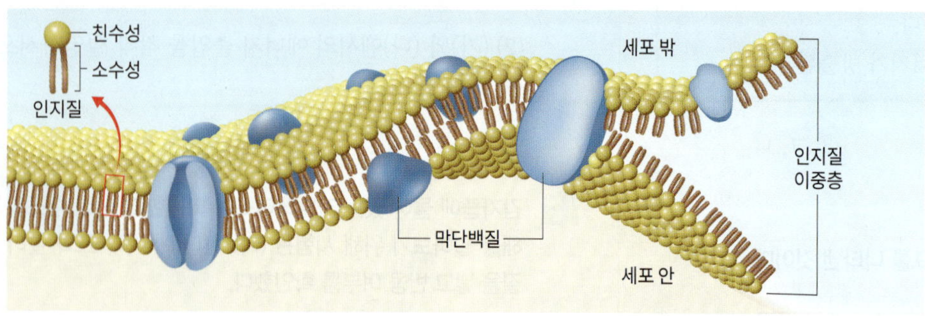

인지질 이중층을 통한 확산	막단백질을 통한 확산
• 물질이 인지질 이중층을 직접 통과한다. • 이동 물질: 크기가 작은 기체 분자(산소, 이산화 탄소 등), 지용성 물질, 지질 입자 등	• 물질이 막단백질을 통해 이동한다. • 이동 물질: 크기가 큰 친수성 물질(포도당, 아미노산 등), 전하를 띤 이온(나트륨 이온, 칼륨 이온 등) 등

이전에 배운 내용
• 세포막: 세포를 둘러싸 세포의 안과 밖을 구분하며, 물질의 출입을 조절한다.

❶ **세포막의 유동성**
세포막을 구성하는 인지질과 단백질은 한자리에 고정되어 있는 것이 아니라 움직일 수 있다.

❷ **인지질의 구조와 특성**

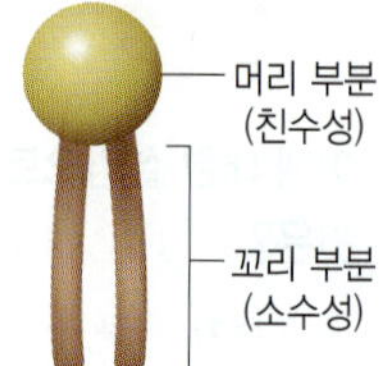

인지질은 물과 잘 섞이는 성질을 띠는 친수성 부위와 물과 잘 섞이지 않는 성질을 띠는 소수성 부위를 함께 가지고 있다.

❸ **잉크의 확산**
잉크를 물에 떨어뜨리면 물 전체가 잉크 색을 띠는 것도 잉크 입자가 확산하기 때문이다.

암기 비법

확산
인지질 이중층을 통한 확산은 산이지,
막단백질을 통한 확산은 이아포이다.
➡ 인지질 이중층은 산소, 이산화 탄소, 지용성 물질이 통과하고, 막단백질은 이온, 아미노산, 포도당이 통과한다.

(2) *삼투❹ 　세포막을 경계로 하여 세포 안팎의 용질의 농도가 다를 때, 물 분자가 세포막을 통해 용질의 농도가 낮은 곳에서 높은 곳으로 이동하는 현상으로, 용질 입자의 크기가 커서 세포막을 통과할 수 없을 때 일어난다. 탐구 170쪽

① 식물 세포에서 일어나는 삼투

세포 안보다 용질의 농도가 낮은 용액❺	세포 안과 용질의 농도가 같은 용액❺	세포 안보다 용질의 농도가 높은 용액❺
물　　물	물　　물	물　　물 — 세포막 — 세포벽
세포 안으로 들어오는 물의 양이 많아 세포의 부피가 커져 팽팽해진다. 세포벽이 있어 터지지 않는다.	세포 안팎으로 이동하는 물의 양이 같아 세포의 부피가 변하지 않는다. 물의 이동은 계속 일어난다.	세포 밖으로 빠져나가는 물의 양이 많아 세포질의 부피가 작아져 세포막과 세포벽이 분리된다.

② 동물 세포(적혈구)에서 일어나는 삼투

세포 안보다 용질의 농도가 낮은 용액	세포 안과 용질의 농도가 같은 용액	세포 안보다 용질의 농도가 높은 용액
물　　물	물　　물	물　　물
세포 안으로 들어오는 물의 양이 많아 세포의 부피가 커져 부풀어 오르다가 터질 수 있다.	세포 안팎으로 이동하는 물의 양이 같아 세포의 부피가 변하지 않는다. 물의 이동은 계속 일어난다.	세포 밖으로 빠져나가는 물의 양이 많아 세포의 부피가 작아져 쭈그러든다.

③ 삼투 알아보기 　탐구 pick

┃ 과정 및 결과 ┃

1. 물 분자는 통과하지만 설탕 분자는 통과하지 못하는 선택적 투과가 가능한 막을 U자관에 장치한다.

2. 과정 및 결과 1의 U자관의 한쪽에는 농도가 낮은 설탕 용액을, 다른 쪽에는 농도가 높은 설탕 용액을 같은 양씩 넣는다.

3. 일정 시간이 지난 뒤 농도가 낮은 설탕 용액을 넣은 쪽의 수면 높이는 낮아졌고, 농도가 높은 설탕 용액을 넣은 쪽의 수면 높이는 높아졌다.

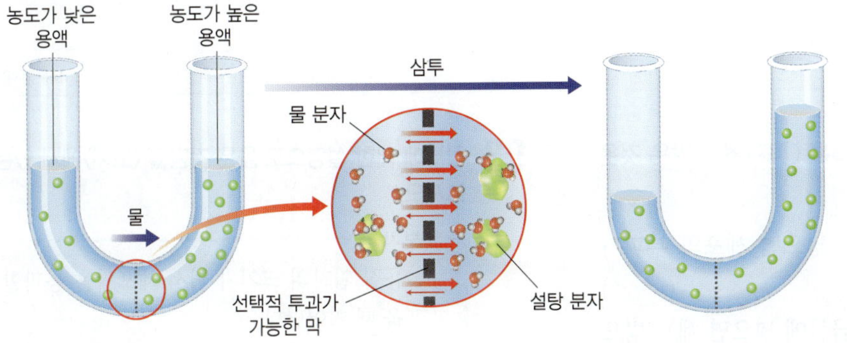

┃ 정리 ┃

물 분자는 통과하고 설탕 분자는 통과하지 않는 선택적 투과가 가능한 막에서 물의 농도가 높은 쪽(농도가 낮은 설탕 용액)에서 물의 농도가 낮은 쪽(농도가 높은 설탕 용액)으로 용매인 물이 이동하는 삼투가 일어났다.

---

❹ 삼투의 예
• 과일에 설탕을 뿌리면 과일 밖으로 물이 빠져나와 과일 절임이 된다.
• 배추를 소금물에 담가 두면 배추에서 물이 빠져나와 배추가 숨이 죽는다.
• 식물의 뿌리털이 토양의 물을 흡수한다.
• 콩팥의 세뇨관에서 모세혈관으로 물이 재흡수된다.

❺ 저장액, 등장액, 고장액
세포질 용액을 기준으로 하여 세포질 용액보다 농도가 낮은 용액을 저장액, 세포질 용액과 농도가 같은 용액을 등장액, 세포질 용액보다 농도가 높은 용액을 고장액이라고 한다.

용어 뜻풀이

✳ 선택적 투과성(가릴 選, 가릴 擇, 과녁 的, 통할 透, 지날 過, 성질 性): 물질의 종류에 따라 생체막의 투과성이 달라지는 현상이다.

✳ 확산(넓힐 擴, 흩어질 散): 흩어져 널리 퍼진다.

✳ 삼투(스며들 滲, 통할 透): 농도가 다른 두 용액을 반투과성 막으로 막아 놓았을 때 용질의 농도가 낮은 쪽에서 높은 쪽으로 용매(물)가 이동하는 현상이다.

막을 통한 물질의 이동과 세포막의 역할 탐구 개념 169쪽

세포막을 통한 물질의 이동을 실험으로 확인하고, 세포의 생명 활동을 유지하기 위한 세포막의 역할을 설명할 수 있다.

과정

❶ 2개의 적양파 표피 조각 중 중 1개는 증류수가 들어 있는 페트리접시에, 다른 1개는 10 % 소금물이 들어 있는 페트리접시에 5분 동안 담근다.

❷ 적양파 표피 조각을 각각 꺼내 현미경 표본으로 만들고 현미경으로 관찰한다.

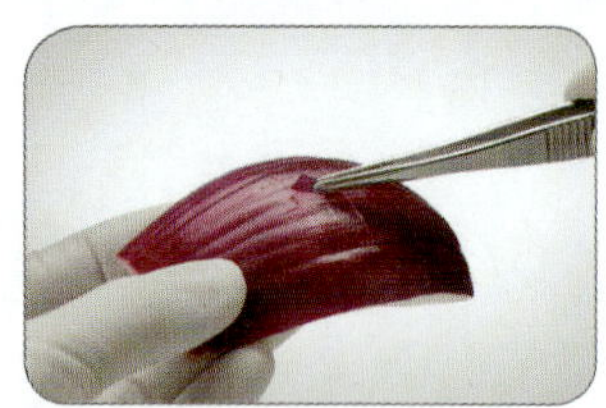

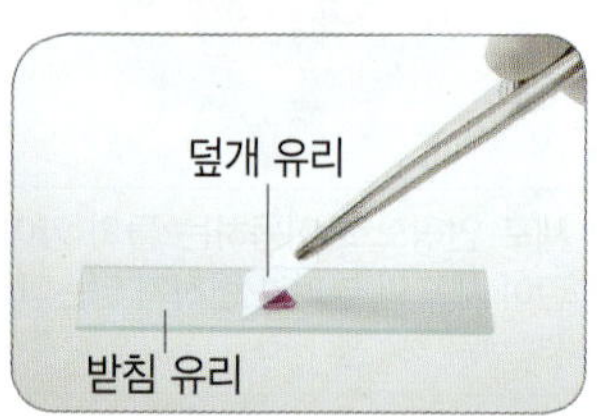

결과 및 정리

1. 적양파 표피세포에서 일어난 변화

구분	증류수 (세포 안보다 용질의 농도가 낮은 용액)	10 % 소금물 (세포 안보다 용질의 농도가 높은 용액)
적양파 표피세포의 모습		
관찰 결과	물이 세포 안으로 들어와 세포의 부피가 커지고 팽팽해진다.	물이 세포 밖으로 빠져나가면서 세포질의 부피가 작아져 세포막이 세포벽에서 분리된다.

- 세포 안과 용질의 농도가 같은 용액에서의 적양파 표피세포의 모습

세포 안팎으로 이동하는 물의 양이 같아 세포의 부피가 변하지 않는다.

2. 세포막을 경계로 세포 안팎의 농도가 다른 두 용액이 있을 때 물 분자가 세포막을 통해 용질의 농도가 낮은 곳에서 높은 곳으로 이동하는 삼투가 일어난다.

3. 세포막의 선택적 투과성으로 인해 세포는 세포 안팎으로의 물질의 출입을 조절함으로써 생명 활동을 유지할 수 있다.

탐구 확인 문제

바른답·알찬풀이 62쪽

01 위 실험에 대한 설명으로 옳은 것은 ○표, 옳지 <u>않은</u> 것은 ✕표 하시오.

(1) 양파 표피세포를 증류수에 넣으면 세포의 부피가 작아진다. ( )

(2) 양파 표피세포를 10 % 소금물에 넣으면 세포 밖으로 빠져나가는 물의 양보다 세포 안으로 들어오는 물의 양이 많다. ( )

(3) 양파 표피세포를 10 % 소금물에 넣으면 세포막이 세포벽에서 분리된다. ( )

02 삼투에 대한 설명으로 옳은 것만을 〈보기〉에서 있는 대로 고르시오.

보기

ㄱ. 용질 입자의 크기가 커서 세포막을 통과할 수 없을 때 일어난다.

ㄴ. 세포막을 경계로 용질의 농도가 높은 곳에서 낮은 곳으로 용질이 이동하는 현상이다.

ㄷ. 적혈구를 증류수에 넣으면 적혈구 밖으로 빠져나가는 물의 양이 많아 적혈구의 부피가 작아진다.

기본 탄탄 문제

개념 확인 초성 Quiz

1 물질의 종류, 크기에 따라 어떤 물질은 잘 투과시키고 어떤 물질은 잘 투과시키지 않는데, 이러한 세포막의 특성을 ㅅ ㅌ ㅈ ㅌ ㄱ ㅅ (이)라고 한다.

2 세포막의 주성분은 인지질과 ㄷ ㅂ ㅈ 이다.

3 세포막은 ㅇ ㅈ ㅈ ㅇ ㅈ ㅊ 구조를 형성한다.

4 포도당과 아미노산은 막단백질을 통해 ㅎ ㅅ 한다.

5 물 분자는 세포막을 경계로 용질의 농도가 낮은 곳에서 높은 곳으로 이동하는데, 이를 ㅅ ㅌ (이)라고 한다.

1 세포막의 구조와 선택적 투과성

01 그림은 세포막의 구조를 나타낸 것이다. A와 B는 각각 막단백질과 인지질 중 하나이다.

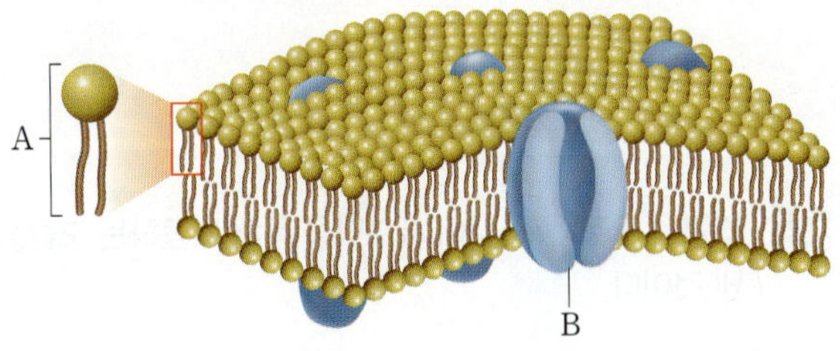

A와 B의 이름을 각각 쓰시오.

02 세포막의 구조에 대한 설명으로 옳은 것은 ○표, 옳지 않은 것은 ×표 하시오.

(1) 막단백질은 인지질 이중층 곳곳에 있다. ( )

(2) 세포막에서 인지질의 소수성 부분은 세포막의 바깥쪽에 배열되어 있고, 친수성 부분은 안쪽으로 서로 마주 보고 배열되어 있다. ( )

2 세포막을 통한 물질의 이동

03 오른쪽 그림은 물질 ㉠이 세포막을 통해 확산하는 모습을 나타낸 것이다. 세포 외부와 세포 내부 중에서 ㉠의 농도가 더 높은 곳은 어느 것인지 쓰시오.

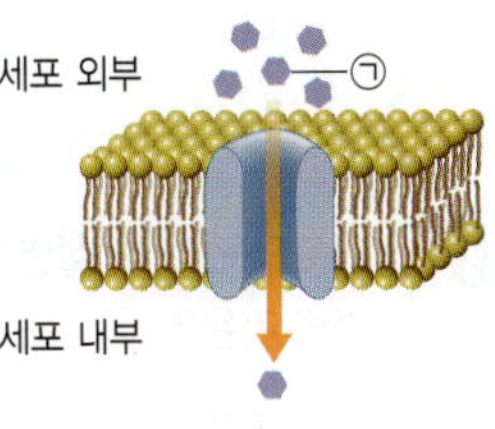

04 오른쪽 그림은 세포막을 통해 물질이 이동하는 방식을 나타낸 것이다. 이와 같은 방식으로 이동하는 물질만을 〈보기〉에서 있는 대로 고르시오.

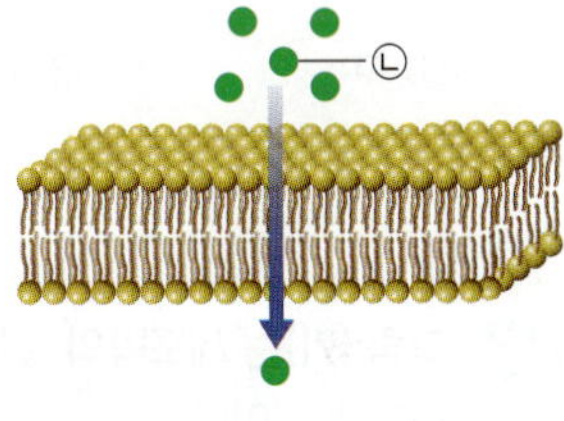

보기	
ㄱ. 포도당	ㄴ. 아미노산
ㄷ. 이산화 탄소	ㄹ. 나트륨 이온

05 다음은 양파 표피세포에서 일어난 변화를 설명한 것이다. ( ) 안에 들어갈 알맞은 말을 고르시오.

> 양파 표피세포를 ㉠ (증류수, 소금물)에 넣으면 세포 ㉡ (안, 밖)으로 이동하는 물의 양이 많아져 세포질의 부피가 작아진다.

06 적혈구에서 일어나는 삼투에 대한 설명으로 옳은 것은 ○표, 옳지 않은 것은 ×표 하시오.

(1) 적혈구를 증류수에 넣으면 적혈구의 부피가 커진다. ( )

(2) 적혈구를 10 % 소금물에 넣으면 적혈구 밖으로 빠져나가는 물의 양보다 적혈구 안으로 들어오는 물의 양이 많아진다. ( )

1 세포막의 구조와 선택적 투과성

01 세포막에 대한 설명으로 옳은 것만을 〈보기〉에서 있는 대로 고른 것은?

> **보기**
> ㄱ. 세포막의 구성 성분에는 단백질이 있다.
> ㄴ. 선택적 투과성이 있어 물질의 출입을 조절한다.
> ㄷ. 세포막을 구성하는 인지질에는 친수성 부분과 소수성 부분이 있다.

① ㄱ   ② ㄴ   ③ ㄱ, ㄷ
④ ㄴ, ㄷ   ⑤ ㄱ, ㄴ, ㄷ

중요
02 그림 (가)는 세포막의 일부를, (나)는 (가)를 구성하는 물질을 나타낸 것이다.

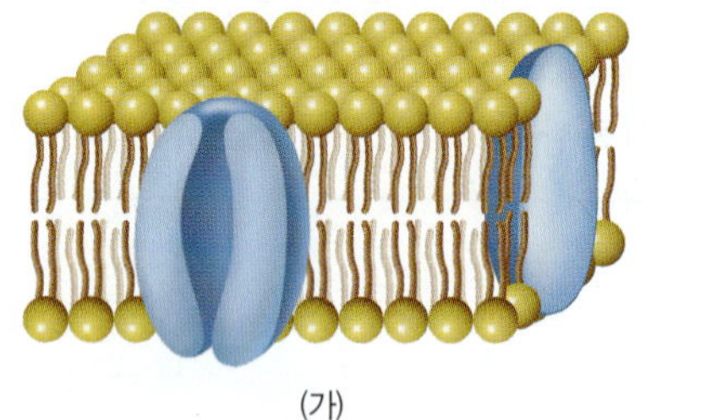

(가)   (나)

이에 대한 설명으로 옳지 <u>않은</u> 것은?

① (가)는 선택적 투과성을 나타낸다.
② (가)는 세포 바깥을 둘러싸고 있다.
③ (가)에는 인지질 이중층 구조가 있다.
④ (나)는 인지질이다.
⑤ (나)에서 물에 대한 친화력은 ㉠ 부분이 ㉡ 부분보다 작다.

2 세포막을 통한 물질의 이동

03 인지질 이중층을 직접 통과하는 물질만을 〈보기〉에서 있는 대로 고른 것은?

> **보기**
> ㄱ. 산소
> ㄴ. 아미노산
> ㄷ. 칼륨 이온

① ㄱ   ② ㄱ, ㄴ   ③ ㄱ, ㄷ
④ ㄴ, ㄷ   ⑤ ㄱ, ㄴ, ㄷ

04 그림은 세포막을 통해 물질이 이동하는 모습을 나타낸 것이다.

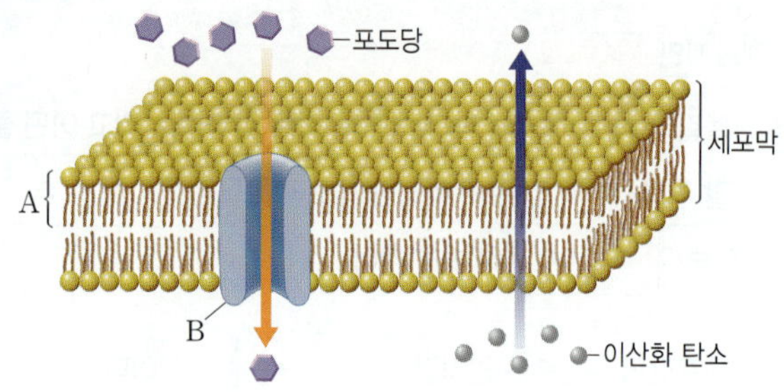

이에 대한 설명으로 옳지 <u>않은</u> 것은?

① A는 인지질이다.
② B를 이루는 기본 단위체는 아미노산이다.
③ 세포막은 친수성을 띠는 물질로만 구성된다.
④ 세포막은 세포 안팎의 물질 출입을 조절한다.
⑤ 포도당과 이산화 탄소의 이동 방식은 모두 확산이다.

중요
05 그림은 물질 ㉠과 ㉡이 세포막을 통해 이동하는 모습을 나타낸 것이다.

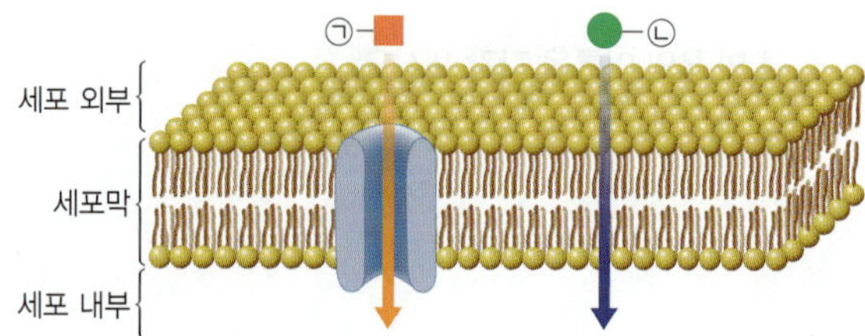

이에 대한 설명으로 옳은 것만을 〈보기〉에서 있는 대로 고른 것은?

> **보기**
> ㄱ. ㉠에 해당하는 물질로는 아미노산이 있다.
> ㄴ. ㉡의 농도는 세포 외부에서가 세포 내부에서보다 높다.
> ㄷ. 세포막을 통한 물질의 이동 방식은 물질의 종류에 관계없이 동일하다.

① ㄱ   ② ㄷ   ③ ㄱ, ㄴ
④ ㄴ, ㄷ   ⑤ ㄱ, ㄴ, ㄷ

06 그림은 세포막을 통한 물질 이동 방식 A와 B를 나타낸 것이다.

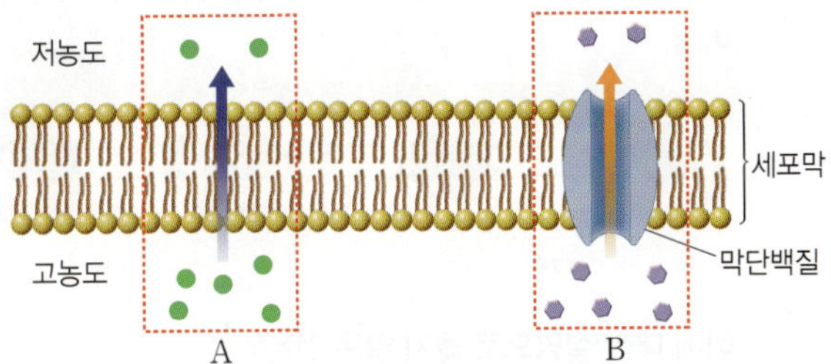

이에 대한 설명으로 옳은 것만을 〈보기〉에서 있는 대로 고른 것은?

> **보기**
> ㄱ. A와 B는 모두 확산에 해당한다.
> ㄴ. A는 물질이 인지질 이중층을 직접 통과한다.
> ㄷ. 폐포와 모세혈관 사이에서 일어나는 기체 교환은 B의 예에 해당한다.

① ㄱ 　　② ㄷ 　　③ ㄱ, ㄴ
④ ㄴ, ㄷ 　　⑤ ㄱ, ㄴ, ㄷ

07 그림은 세포막을 통한 물질의 이동 방식을 나타낸 것이다.

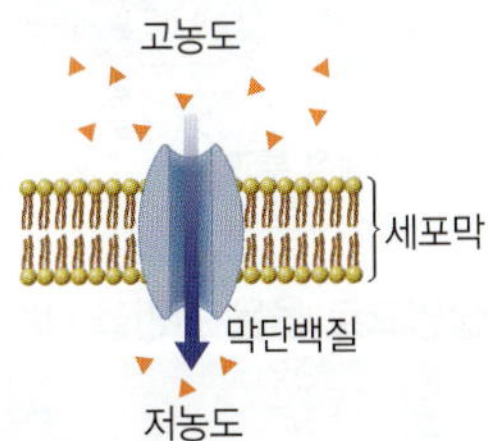

위와 같은 방식으로 이동하는 물질로 옳은 것만을 있는 대로 고르면? (정답 3개)

① 산소
② 포도당
③ 아미노산
④ 이산화 탄소
⑤ 나트륨 이온

08 그림은 어떤 식물 세포를 소금물에 넣고 일정 시간이 지난 후의 모습을 나타낸 것이다.

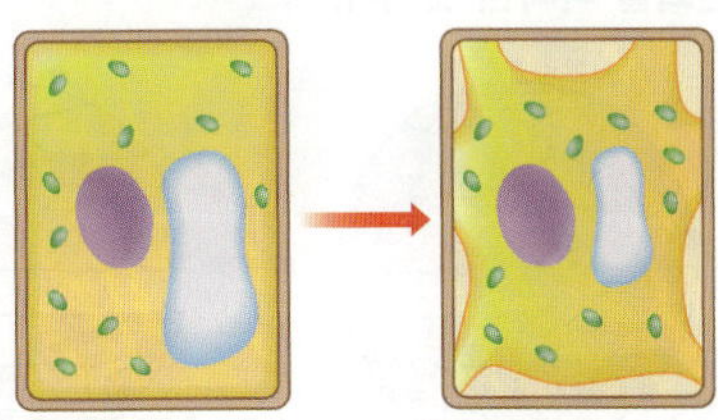

이에 대한 설명으로 옳은 것만을 〈보기〉에서 있는 대로 고른 것은?

> **보기**
> ㄱ. 세포질의 부피가 커진다.
> ㄴ. 세포막과 세포벽이 분리된다.
> ㄷ. 세포 안팎으로 물의 이동이 일어난다.

① ㄱ 　　② ㄴ 　　③ ㄱ, ㄷ
④ ㄴ, ㄷ 　　⑤ ㄱ, ㄴ, ㄷ

중요
09 삼투에 대한 설명으로 옳은 것은?

① 식물의 뿌리털이 토양의 물을 흡수할 때 삼투가 일어 난다.
② 적혈구를 소금물에 넣으면 삼투가 일어나 세포막과 세포벽이 분리된다.
③ 세포막을 경계로 용질의 농도가 높은 곳에서 낮은 곳으로 용질이 이동하는 현상이다.
④ 설탕 분자와 물 분자가 모두 막을 통과할 수 있을 때 물 분자가 막을 통해 이동하는 현상이다.
⑤ 양파 표피세포를 증류수에 넣으면 삼투가 일어나 세 포의 부피가 커져 부풀어 오르다가 터진다.

10 삼투의 예로 옳은 것만을 〈보기〉에서 있는 대로 고른 것은?

> **보기**
> ㄱ. 배추를 소금물에 절인다.
> ㄴ. 혈액에서 조직세포로 포도당이 이동한다.
> ㄷ. 조직세포에서 모세혈관으로 이산화 탄소가 이동 한다.

① ㄱ 　　② ㄱ, ㄴ 　　③ ㄱ, ㄷ
④ ㄴ, ㄷ 　　⑤ ㄱ, ㄴ, ㄷ

11 그림은 어떤 용액에 일정 시간 동안 넣어 둔 양파 표피세포의 변화를 나타낸 것이다.

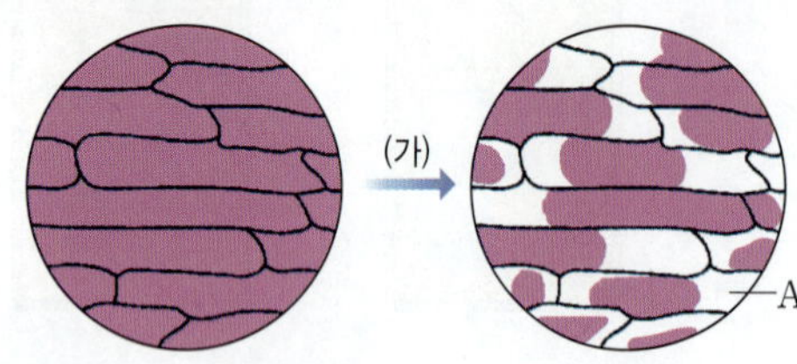

이에 대한 설명으로 옳은 것만을 〈보기〉에서 있는 대로 고른 것은?

보기
ㄱ. 과정 (가)에서 물이 삼투에 의해 이동하였다.
ㄴ. 이 용액의 농도는 양파 표피세포 안의 농도보다 낮다.
ㄷ. 세포 A에서 세포막의 일부가 세포벽과 분리되어 있다.

① ㄱ
② ㄷ
③ ㄱ, ㄴ
④ ㄱ, ㄷ
⑤ ㄴ, ㄷ

12 그림 (가)는 어떤 식물 세포의 모습을, (나)는 이 식물 세포를 용액 ㉠에 넣고 일정 시간이 지났을 때의 모습을 나타낸 것이다. ㉠은 증류수와 20 % 소금물 중 하나이고, A와 B는 세포막과 세포벽을 순서 없이 나타낸 것이다.

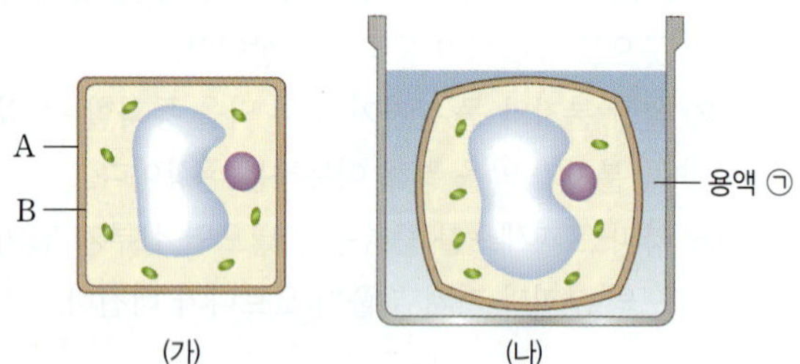

이에 대한 설명으로 옳은 것만을 〈보기〉에서 있는 대로 고른 것은?

보기
ㄱ. ㉠은 20 % 소금물이다.
ㄴ. (가)의 세포를 ㉠에 넣으면 B를 통해 세포 밖에서 안으로 물이 이동한다.
ㄷ. (나)에서 세포가 터지지 않은 까닭은 A와 관련이 있다.

① ㄱ
② ㄴ
③ ㄷ
④ ㄱ, ㄷ
⑤ ㄴ, ㄷ

13 그림 (가)와 (나)는 적혈구를 증류수에 넣었을 때의 변화와 10 % 소금물에 넣었을 때의 변화를 순서 없이 나타낸 것이다.

이에 대한 설명으로 옳지 <u>않은</u> 것은?

① (가)에서는 물이 적혈구 밖으로 빠져나간다.
② (가)는 적혈구를 10 % 소금물에 넣었을 때의 변화이다.
③ (가)와 (나)에서는 모두 삼투가 일어난다.
④ (나)에서는 적혈구가 부풀어 오르다가 터졌다.
⑤ (나)에서는 적혈구 안으로의 물의 이동만 있다.

14 그림은 막을 통한 물질의 이동을 알아보기 위한 실험의 결과를 나타낸 것이다. 물질 A와 B는 각각 설탕 분자와 물 분자 중 하나이다.

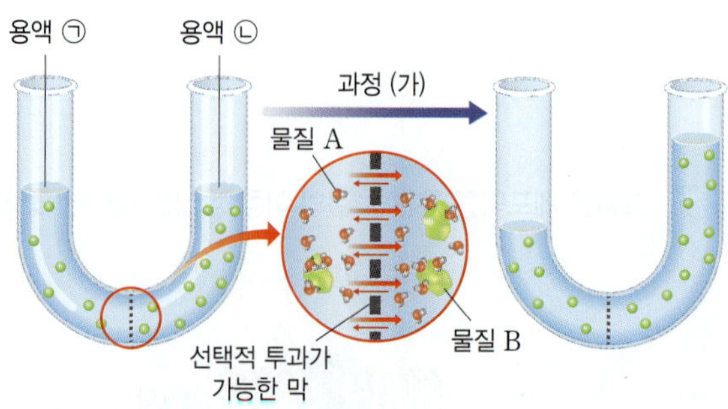

이에 대한 설명으로 옳은 것만을 〈보기〉에서 있는 대로 고른 것은?

보기
ㄱ. 용액 ㉠의 농도는 용액 ㉡의 농도보다 높다.
ㄴ. 과정 (가)에서 삼투에 의해 물질 A가 이동하였다.
ㄷ. 설탕 분자와 물 분자에 대한 막의 투과성은 서로 다르다.

① ㄱ
② ㄷ
③ ㄱ, ㄴ
④ ㄴ, ㄷ
⑤ ㄱ, ㄴ, ㄷ

단답형·서술형 문제

15 그림은 세포막을 통한 물질 A와 B의 이동을 나타낸 것이다. A는 단백질로 된 (가)를 통해 이동하고, B는 인지질로 된 (나)를 통해 이동한다. A와 B는 각각 산소와 아미노산 중 하나이다.

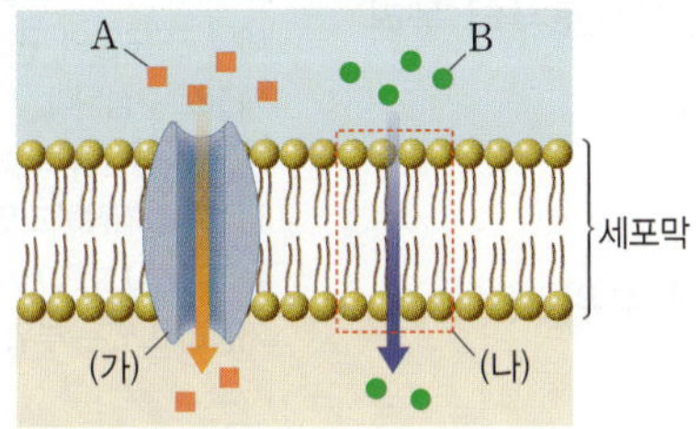

(1) A와 B의 이름을 각각 쓰시오.

(2) (나)에서 인지질이 이중층을 형성하는 까닭을 인지질의 구조와 연관 지어 설명하시오.

16 다음은 세포막을 통한 물질 이동의 예이다.

> (가) 소장 융털에서 일어나는 칼륨 이온의 흡수
> (나) 폐포와 모세혈관 사이에서 일어나는 산소와 이산화 탄소의 기체 교환

(가)와 (나)에서의 물질 이동 방식은 무엇인지 세포막을 구성하는 성분을 포함하여 각각 쓰시오.

17 그림은 세포막을 통한 물질의 이동 방식 (가)와 (나)를 나타낸 것이다.

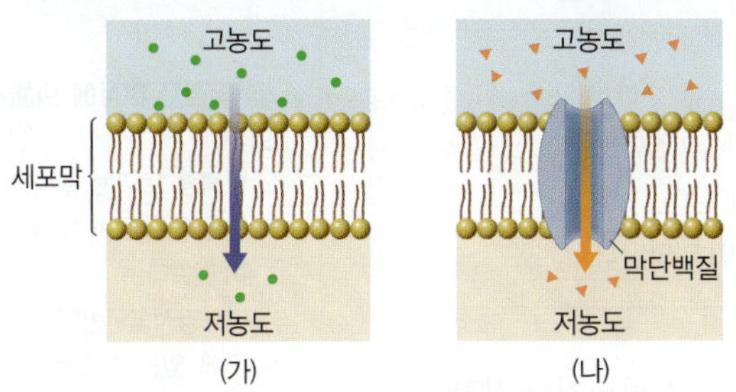

(가)와 (나)의 공통점과 차이점을 각각 1가지씩 설명하시오.

18 다음은 막을 통한 물질의 이동과 관련된 실험이다. ㉠과 ㉡은 각각 '감소'와 '증가' 중 하나이다.

> **| 실험 과정 |**
> (가) 겉껍데기를 제거한 같은 크기의 달걀 2개를 준비하고 각각의 질량을 측정한다.
> (나) 비커 A에는 증류수를, B에는 10 % 소금물을 300 mL씩 각각 넣는다.
> (다) 비커 A와 B에 각각 (가)의 달걀을 넣고 일정 시간이 지난 후 달걀을 꺼내 질량을 측정한다.
> **| 실험 결과 |**
> 달걀의 질량은 A에서 ㉠하고 B에서 ㉡하였다.

㉠과 ㉡은 무엇인지 각각 쓰고, 그렇게 생각한 까닭을 막을 통한 물질의 이동과 연관 지어 설명하시오.

19 배추를 소금물에 담가 두면 배추가 숨이 죽는 까닭을 설명하시오.

20 그림은 정상 적혈구를 적혈구 안과 용질의 농도가 같은 용액(생리식염수)에 넣었을 때의 적혈구 모양을 나타낸 것이다.

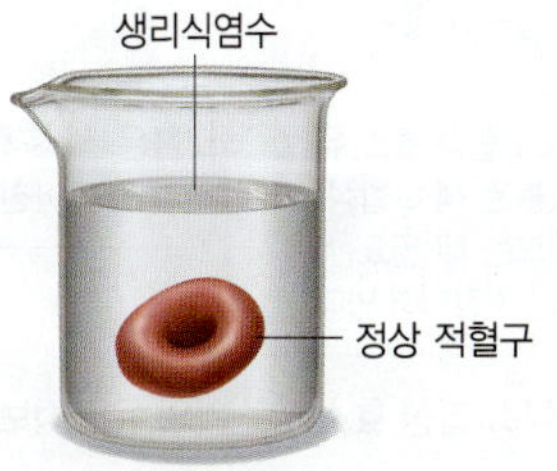

정상 적혈구를 증류수에 넣었을 때의 모양 변화를 예측하고, 그렇게 생각한 까닭을 다음 용어를 모두 포함하여 설명하시오.

> 세포벽   세포막   삼투

14강 세포 내 정보의 흐름

1 유전자와 단백질

(1) 형질과 유전정보 생물이 나타내는 여러 가지 특징을 형질[1]이라고 하며, 부모로부터 물려받은 유전형질은 염색체의 DNA에 저장되어 있는 유전정보에 의해 결정된다.

(2) 유전자와 단백질의 관계

① **유전자[2]**: DNA에서 각각의 형질에 대한 유전정보가 저장되어 있는 특정 부위로, 하나의 DNA에는 수많은 유전자가 각각 정해진 위치에 있다.

② **유전자와 단백질의 관계**: 각 유전자에는 특정한 단백질을 만드는 데 필요한 유전정보가 저장되어 있다. → 유전자에 의해 만들어진 단백질의 작용으로 형질이 나타난다.

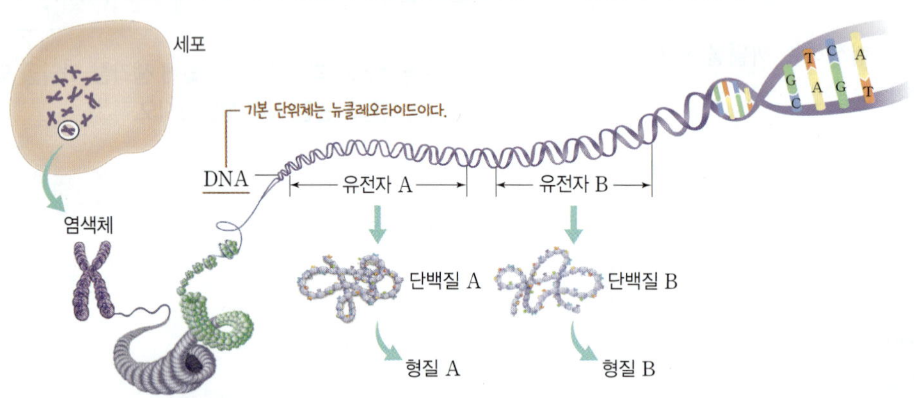

(3) 유전자, 단백질, 형질 사이의 관계 하나의 생명체는 유전자를 가지며, 세포 내에서 서로 다른 유전자의 유전정보를 이용해 다양한 단백질이 만들어진다. 단백질의 작용으로 영양소의 소화, 적혈구의 산소 운반 등과 같은 생명활동이 일어나고, 피부색, 혈액형 등과 같은 형질이 나타난다.

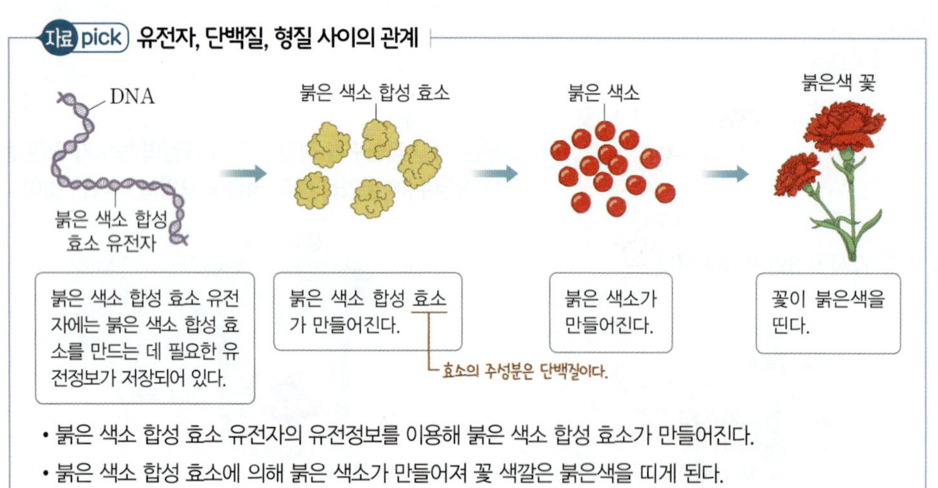

- 붉은 색소 합성 효소 유전자의 유전정보를 이용해 붉은 색소 합성 효소가 만들어진다.
- 붉은 색소 합성 효소에 의해 붉은 색소가 만들어져 꽃 색깔은 붉은색을 띠게 된다.
- → 유전자의 유전정보에 따라 단백질이 합성되며, 이 단백질의 작용으로 형질이 나타난다.

(4) 유전자 이상과 유전병[3] 특정 유전자에 이상이 생기면 특정 효소가 결핍되거나 세포를 구성하는 단백질이 정상적으로 만들어지지 않아 유전병이 나타날 수 있다.

---

[1] 형질
생물의 모양, 크기, 성질과 같은 고유한 특징을 말한다.
예 고양이의 털 무늬, 사람의 머리카락 색깔 등

[2] 유전자
어떤 형질을 결정하는 유전정보가 저장된 DNA의 특정 염기서열로, 유전자에 저장된 유전정보는 특정한 단백질의 아미노산서열에 대한 정보이다.

[3] 유전자 이상에 의해 생긴 증상의 예
- 백색증 토끼는 멜라닌 합성 효소를 만들지 못해 털색이 희고 눈 색이 빨갛다.
- 낫모양적혈구빈혈증 환자는 적혈구에 있는 헤모글로빈 단백질에 이상이 생겨 적혈구가 낫 모양으로 변형되어 있다.

(1) 생명중심원리 세포에서 이루어지는 유전정보의 흐름을 설명하는 원리로, 세포 내에서 DNA의 유전정보는 RNA를 거쳐 단백질로 전달된다.

① **전사**: DNA의 정보를 이용해 RNA가 합성되는 과정으로, 핵 속에서 일어난다.

② **번역**: RNA의 정보를 이용해 단백질이 합성되는 과정으로, 세포질의 라이보솜에서 일어난다.

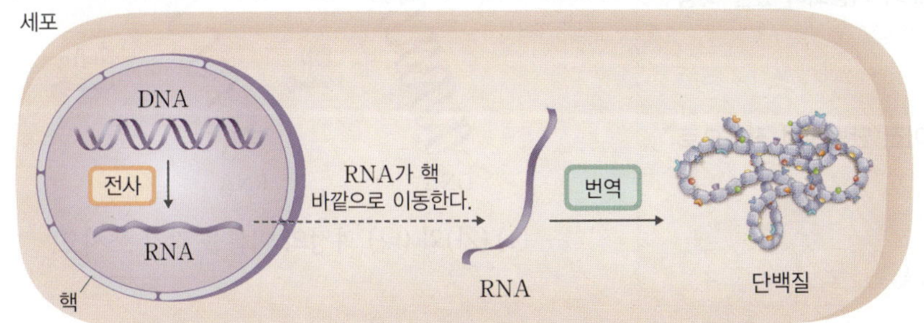

(2) 유전정보의 저장과 유전부호

① **유전정보의 저장**: DNA는 염기인 아데닌(A), 사이토신(C), 구아닌(G), 타이민(T)을 각각 갖는 4종류의 뉴클레오타이드가 다양한 순서로 배열되어 유전정보를 저장한다. 유전정보에는 단백질을 구성하는 아미노산서열이 저장되어 있다.

② **유전부호** ❹❺ 3염기조합과 코돈은 각각 64종류가 있다.

3염기조합 ❻	DNA에서 1개의 아미노산을 지정하는 연속된 3개의 염기이다. → DNA의 유전부호
코돈 ❻	RNA에서 1개의 아미노산을 지정하는 연속된 3개의 염기이다. → RNA의 유전부호

(3) 전사와 번역

전사	• DNA의 유전자에 저장된 유전정보가 RNA로 전달되는 과정이다. • 이중나선을 이루던 DNA가 2개의 단일 가닥으로 풀어지고, 분리된 두 가닥 중 한쪽 가닥을 틀로 하여 DNA와 상보적인 염기서열을 갖는 RNA가 합성된다. • DNA의 염기 아데닌(A), 타이민(T), 구아닌(G), 사이토신(C)은 각각 RNA의 염기 유라실(U), 아데닌(A), 사이토신(C), 구아닌(G)으로 전사된다.
번역	• 전사가 일어나 만들어진 RNA의 유전정보에 따라 단백질이 합성되는 과정이다. • 전사된 RNA는 핵에서 나와 세포질에 있는 라이보솜과 결합하며, 라이보솜에서는 RNA의 코돈에 따라 아미노산이 순서대로 결합하여 단백질이 합성된다.

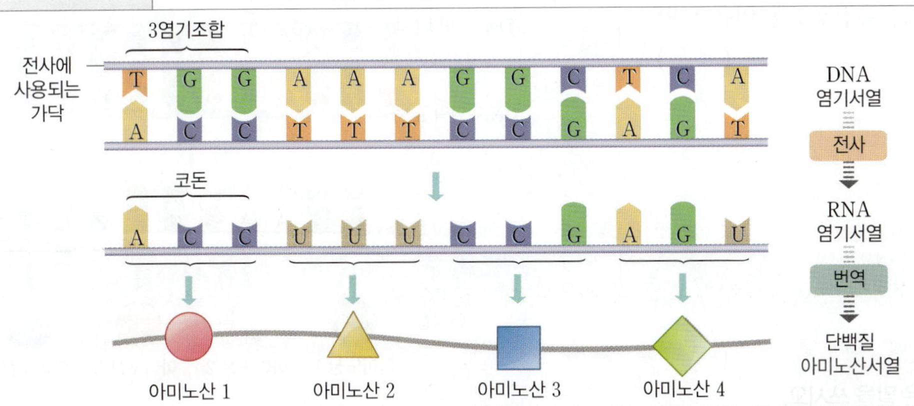

(4) 세포 내 유전정보의 흐름과 생명 시스템 유전자마다 염기서열이 다르므로 서로 다른 유전자로부터 전사와 번역의 과정을 거쳐 각기 다른 종류의 단백질이 합성된다. 합성된 단백질은 머리카락, 근육을 구성하거나 효소의 주성분으로 물질대사를 촉진하는 등 생명 시스템 유지를 위해 특정한 기능을 수행한다.

<hr>

암기 비법

전사와 번역
전사는 전알합, 번역은 번단합이다.
→ 전사는 R(알)NA가 합성되는 과정이고, 번역은 단백질이 합성되는 과정이다.

❹ **유전부호가 3개의 염기로 이루어진 까닭**
DNA를 구성하는 4종류의 염기를 3개씩 조합하면 4^3=64가지의 조합을 만들 수 있으므로 약 20종류의 아미노산을 모두 지정할 수 있다.

❺ **유전부호 체계의 공통성**
지구상의 모든 생명체는 동일한 유전부호 체계를 사용한다.

❻ **3염기조합과 코돈**
DNA의 3염기조합이 전사되면 RNA의 코돈이 된다. 전사에 사용되는 DNA 가닥의 염기 A은 RNA의 염기 U에 대응되므로 코돈에는 T 대신 U이 있다.

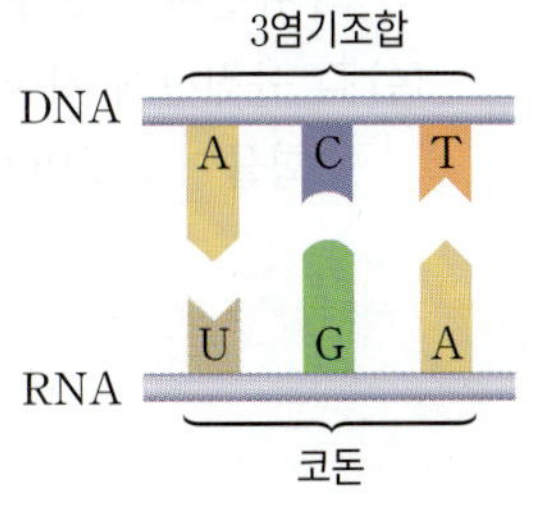

용어 뜻풀이

✻ **전사**(옮길 轉, 베낄 寫): DNA의 유전정보가 RNA로 옮겨지는 과정이다.

✻ **번역**(번역할 飜, 통역할 譯): RNA의 유전정보에 따라 단백질이 합성되는 과정이다.

기본 탄탄 문제

1 DNA에서 각각의 형질에 대한 유전정보가 저장되어 있는 특정 부위를 ㅇ ㅈ ㅈ (이)라고 한다.

2 세포 내에서 유전정보를 이용해 만들어진 단백질의 작용으로 ㅎ ㅈ 이/가 나타난다.

3 세포 내에서 유전정보는 DNA → RNA → ㄷ ㅂ ㅈ 의 순으로 흐른다.

4 RNA에서 1개의 아미노산을 지정하는 연속된 3개의 염기로 이루어진 유전부호를 ㅋ ㄷ (이)라고 한다.

5 DNA로부터 RNA가 합성되는 과정을 ㅈ ㅅ , RNA로부터 단백질이 합성되는 과정을 ㅂ ㅇ (이)라고 한다.

▌ 유전자와 단백질

01 유전자, 단백질, 형질에 대한 설명으로 옳은 것은 ○표, 옳지 않은 것은 ×표 하시오.

(1) 형질은 생물이 나타내는 여러 가지 특징이다. (　　)
(2) 형질을 결정하는 유전정보는 염색체의 DNA에 저장되어 있다. (　　)
(3) 유전자는 유전정보가 저장된 부위로, DNA에는 1개의 유전자가 있다. (　　)
(4) 각 유전자에 저장되어 있는 유전정보를 이용해 탄수화물이 만들어진다. (　　)

02 다음 (　　) 안에 들어갈 알맞은 말을 쓰시오.

> 특정 유전자에 이상이 생기면 특정 효소가 결핍되거나 세포를 구성하는 단백질이 정상적으로 만들어지지 않아 (　　)이/가 나타날 수 있다.

▌ 세포 내 유전정보의 흐름

03 그림은 어떤 세포에서 일어나는 유전정보의 흐름을 나타낸 것이다.

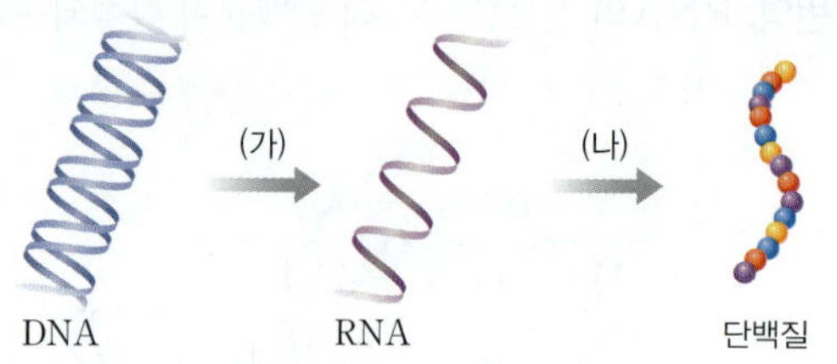

(1) (가)와 (나) 과정의 이름을 각각 쓰시오.

(2) (가)와 (나) 과정이 일어나는 세포소기관의 이름을 순서대로 쓰시오.

04 유전부호에 대한 설명으로 옳은 것은 ○표, 옳지 않은 것은 ×표 하시오.

(1) 코돈은 총 64종류가 있다. (　　)
(2) DNA의 유전부호를 코돈이라고 한다. (　　)
(3) 3염기조합이 ACT라면 이에 대응하는 코돈은 TGA 이다. (　　)
(4) RNA에서 연속된 3개의 염기가 아미노산 1개를 지정한다. (　　)

05 그림은 DNA의 유전정보로부터 단백질이 합성되는 과정을 나타낸 것이다. (단, 돌연변이는 고려하지 않는다.)

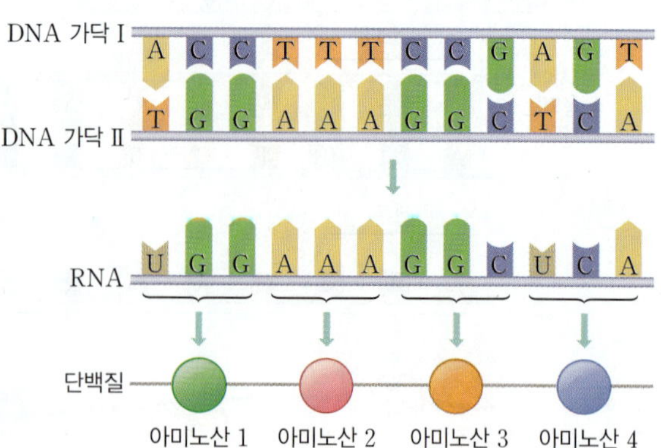

(1) DNA 가닥 I과 II 중에서 전사에 사용된 가닥은 어느 것인지 쓰시오.

(2) 아미노산 4를 지정하는 코돈을 왼쪽에서부터 순서대로 쓰시오.

1 유전자와 단백질

01 유전자, 단백질, 형질에 대한 설명으로 옳지 <u>않은</u> 것은?

① 단백질의 작용으로 형질이 나타난다.
② 하나의 DNA에는 유전자 1개가 정해진 위치에 있다.
③ 유전자에 저장된 유전정보에 따라 단백질이 합성된다.
④ 유전정보가 저장된 DNA의 특정 부위를 유전자라고 한다.
⑤ 부모로부터 물려받은 유전형질은 DNA에 저장된 유전정보에 의해 결정된다.

02 (중요) 그림은 어떤 사람의 체세포에 있는 유전자와 단백질의 관계를 나타낸 것이다.

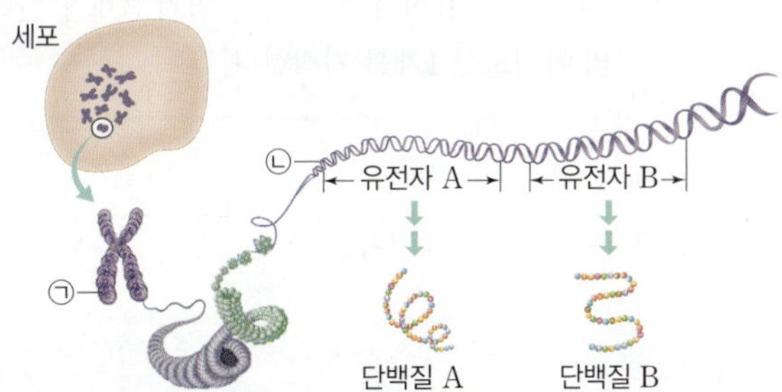

이에 대한 설명으로 옳은 것만을 〈보기〉에서 있는 대로 고른 것은?

> **보기**
> ㄱ. ⓐ은 염색체이다.
> ㄴ. ⓛ의 기본 단위체는 뉴클레오타이드이다.
> ㄷ. 유전자 A에는 단백질 A에 대한 정보가 저장되어 있다.

① ㄱ   ② ㄴ   ③ ㄱ, ㄷ
④ ㄴ, ㄷ   ⑤ ㄱ, ㄴ, ㄷ

03 다음은 형질이 나타나는 과정에 대한 설명이다. ⓐ에 알맞은 말로 옳은 것은?

> 유전자에는 특정한 (ⓐ)을/를 만드는 데 필요한 유전정보가 저장되어 있으며, (ⓐ)의 작용으로 형질이 나타난다.

① 포도당   ② 인지질   ③ 단백질
④ 지방산   ⑤ 뉴클레오타이드

04 (중요) 그림은 유전자 ⓐ에 의해 꽃 색깔이 붉은색을 띠게 되는 과정을 나타낸 것이다.

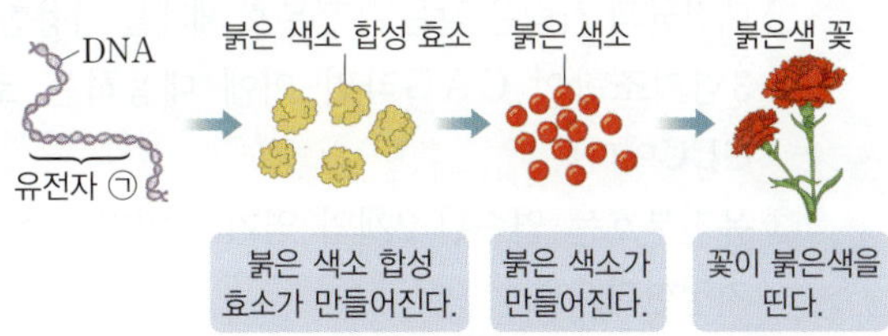

이에 대한 설명으로 옳은 것만을 〈보기〉에서 있는 대로 고른 것은?

> **보기**
> ㄱ. 붉은 색소 합성 효소의 주성분은 단백질이다.
> ㄴ. ⓐ에는 붉은 색소 합성 효소에 대한 유전정보가 저장되어 있다.
> ㄷ. ⓐ의 유전정보를 이용해 만들어진 붉은 색소 합성 효소의 작용으로 꽃 색깔이 나타난다.

① ㄱ   ② ㄴ   ③ ㄱ, ㄷ
④ ㄴ, ㄷ   ⑤ ㄱ, ㄴ, ㄷ

2 세포 내 유전정보의 흐름

05 그림은 사람의 세포 내 유전정보의 흐름을 나타낸 것이다. ⓐ과 ⓛ은 각각 번역과 전사 중 하나이다.

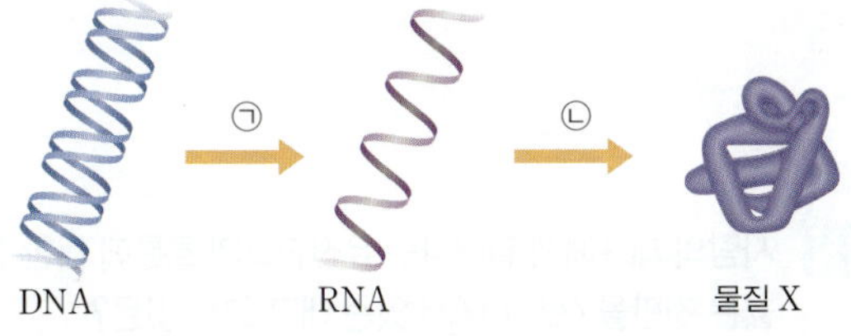

이에 대한 설명으로 옳은 것만을 〈보기〉에서 있는 대로 고른 것은?

> **보기**
> ㄱ. ⓐ은 번역이다.
> ㄴ. ⓛ은 라이보솜에서 일어난다.
> ㄷ. 물질 X는 핵산의 한 종류이다.

① ㄱ   ② ㄴ   ③ ㄷ
④ ㄱ, ㄴ   ⑤ ㄴ, ㄷ

06 유전부호에 대한 설명으로 옳지 <u>않은</u> 것은?

① 대장균과 사람은 같은 유전부호 체계를 사용한다.
② 3염기조합이 CAG라면 이에 대응하는 코돈은 GUC이다.
③ 유전부호는 연속된 2개의 염기가 아미노산 1개를 지정한다.
④ DNA의 유전부호는 3염기조합, RNA의 유전부호는 코돈이다.
⑤ 유전부호는 64종류이므로 약 20종류의 아미노산을 모두 지정할 수 있다.

07 그림은 세포 내 유전정보의 흐름을 나타낸 것이다. (가)와 (나)는 단백질과 DNA 중 하나이다.

이에 대한 설명으로 옳은 것만을 〈보기〉에서 있는 대로 고른 것은?

보기
ㄱ. (가)는 염색체를 구성한다.
ㄴ. (나)의 작용으로 형질이 나타난다.
ㄷ. ㉠에서 RNA의 코돈에 따라 뉴클레오타이드가 순서대로 결합한다.

① ㄱ　　　② ㄷ　　　③ ㄱ, ㄴ
④ ㄱ, ㄷ　　　⑤ ㄴ, ㄷ

08 사람의 세포에서 일어나는 유전정보의 흐름에 대한 설명으로 옳은 것만을 〈보기〉에서 있는 대로 고른 것은?

보기
ㄱ. 전사와 번역은 모두 핵 속에서 일어난다.
ㄴ. DNA의 유전정보가 RNA를 거쳐 단백질로 전달된다.
ㄷ. DNA와 RNA의 유전부호는 모두 뉴클레오타이드의 염기로 구성된다.

① ㄱ　　　② ㄴ　　　③ ㄱ, ㄷ
④ ㄴ, ㄷ　　　⑤ ㄱ, ㄴ, ㄷ

09 그림은 세포에서 일어나는 유전정보의 흐름을 나타낸 것이다.

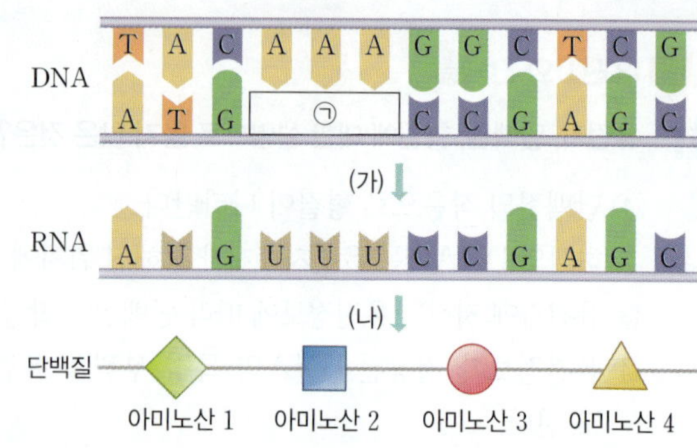

이에 대한 설명으로 옳은 것만을 〈보기〉에서 있는 대로 고른 것은? (단, 돌연변이는 고려하지 않는다.)

보기
ㄱ. (가)는 번역이다.
ㄴ. ㉠의 염기서열은 TTT이다.
ㄷ. (나)에서는 RNA의 연속된 염기 3개가 단백질의 아미노산 1개를 지정한다.

① ㄱ　　　② ㄴ　　　③ ㄷ
④ ㄱ, ㄷ　　　⑤ ㄴ, ㄷ

10 그림은 어떤 세포에서 일어나는 유전정보의 흐름을, 표는 일부 코돈이 지정하는 아미노산을 나타낸 것이다.

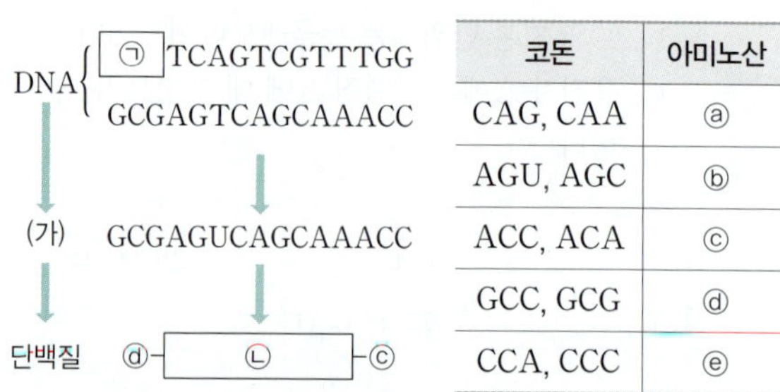

코돈	아미노산
CAG, CAA	ⓐ
AGU, AGC	ⓑ
ACC, ACA	ⓒ
GCC, GCG	ⓓ
CCA, CCC	ⓔ

이에 대한 설명으로 옳은 것만을 〈보기〉에서 있는 대로 고른 것은? (단, 돌연변이는 고려하지 않는다.)

보기
ㄱ. (가)는 RNA이다.
ㄴ. ㉠에서 구아닌(G)의 수는 2개이다.
ㄷ. ㉡의 아미노산서열은 ⓑ-ⓔ-ⓐ이다.

① ㄱ　　　② ㄷ　　　③ ㄱ, ㄴ
④ ㄴ, ㄷ　　　⑤ ㄱ, ㄴ, ㄷ

11 그림은 세포에서 일어나는 유전정보의 흐름을 나타낸 것이다.

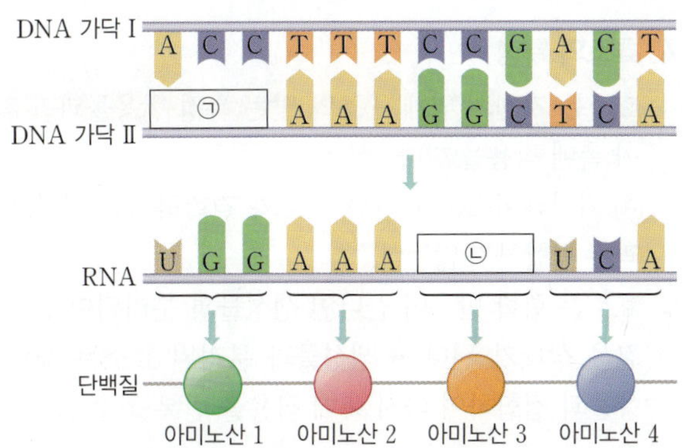

이에 대한 설명으로 옳은 것만을 〈보기〉에서 있는 대로 고른 것은? (단, 돌연변이는 고려하지 않는다.)

보기
ㄱ. ㉠의 염기서열은 TGG이다.
ㄴ. ㉡은 아미노산 3을 지정하는 코돈이다.
ㄷ. DNA 가닥 Ⅰ과 Ⅱ 중에서 전사에 사용된 가닥은 Ⅱ이다.

① ㄱ   ② ㄷ   ③ ㄱ, ㄴ
④ ㄴ, ㄷ   ⑤ ㄱ, ㄴ, ㄷ

12 다음은 당나귀의 털색이 갈색을 띠게 되는 과정을 나타낸 것이다.

(가) 유전자 A로부터 멜라닌 합성 효소가 생성된다.
(나) 멜라닌 합성 효소에 의해 많은 양의 멜라닌이 합성된다.
(다) 멜라닌에 의해 당나귀의 털색이 갈색을 띤다.

이에 대한 설명으로 옳은 것만을 〈보기〉에서 있는 대로 고른 것은?

보기
ㄱ. 유전자 A에는 멜라닌의 유전정보가 저장되어 있다.
ㄴ. (나)에서 번역이 일어난다.
ㄷ. 멜라닌 합성 효소에 의해 당나귀의 털색 형질이 나타난다.

① ㄱ   ② ㄷ   ③ ㄱ, ㄴ
④ ㄴ, ㄷ   ⑤ ㄱ, ㄴ, ㄷ

13 그림은 어떤 세포에서 일어나는 유전정보 흐름의 일부를 나타낸 것이다. (단, 돌연변이는 고려하지 않는다.)

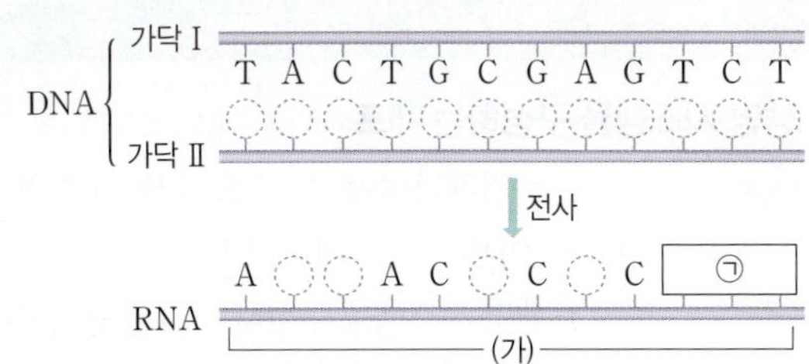

(1) DNA 가닥 Ⅰ과 Ⅱ 중에서 전사에 사용된 가닥은 어느 것인지 쓰시오.

(2) ㉠의 염기서열을 쓰시오.

(3) (가)에 있는 코돈의 개수를 쓰고, 그렇게 생각한 까닭을 설명하시오.

14 그림은 세포에서 일어나는 유전정보의 흐름을 나타낸 것이다. ㉠~㉣은 각각 아데닌(A), 유라실(U), 타이민(T), 사이토신(C) 중 하나이다. (단, 돌연변이는 고려하지 않는다.)

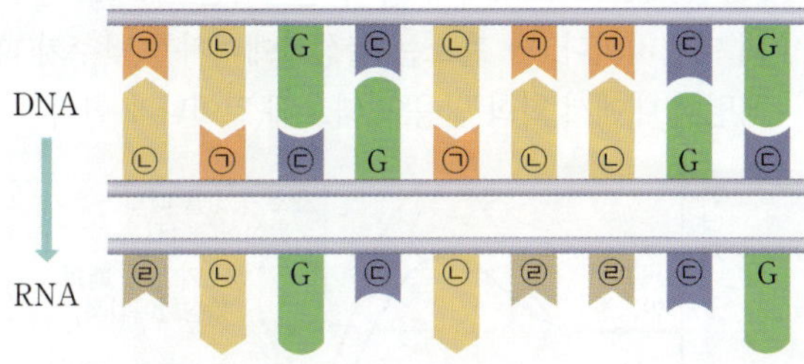

㉠~㉣ 중에서 유라실(U)은 어느 것인지 고르고, 그렇게 생각한 까닭을 설명하시오.

중단원 핵심정리 03 생명 시스템

12강 생명 시스템에서의 화학 반응　160쪽

1. 생명 시스템을 구성하는 세포

① (**❶** 　　　): 생명체가 주변 환경 요인 및 다른 생명체와 상호작용 하면서 이루는 하나의 시스템이다.

② (**❷** 　　　): 생명 시스템을 구성하는 기본 단위이자 생명 유지에 필요한 화학 반응이 일어나는 기능적 단위이다.

③ 동물과 식물을 구성하는 세포는 핵, 세포막, 세포질로 이루어져 있으며, 세포질에는 고유한 기능을 하는 여러 세포소기관이 있다.

2. 물질대사

① (**❸** 　　　): 생명체에서 일어나는 물질을 합성하고 분해하는 모든 화학 반응이다.

② 물질대사의 구분

물질 합성 반응	작고 간단한 물질을 크고 복잡한 물질로 합성하는 반응으로, 에너지를 흡수한다(흡열 반응). 예 광합성, 단백질합성 등
물질 분해 반응	크고 복잡한 물질을 작고 간단한 물질로 분해하는 반응으로, 에너지를 방출한다(발열 반응). 예 세포호흡, 소화 등

③ 여러 가지 물질대사의 예

- 우리 몸이 성장할 때 DNA 및 성장에 필요한 물질을 합성하는 화학 반응이 일어난다.
- 소화효소가 관여하는 화학 반응에 의해 음식물 속 영양소가 분해된다.
- 세포호흡 과정에서 영양소가 분해되고 근육 운동에 필요한 에너지를 생성하는 화학 반응이 일어난다.

3. 효소와 활성화에너지

① 효소: 생명체 내에서 화학 반응이 빠르게 일어나도록 도와주는 (**❹** 　　　)이다.

② (**❺** 　　　): 화학 반응이 일어나는 데 필요한 최소한의 에너지이다. ➡ 효소는 활성화에너지를 낮추기 때문에 생명체 내에서 화학 반응이 빠르게 일어나게 한다.

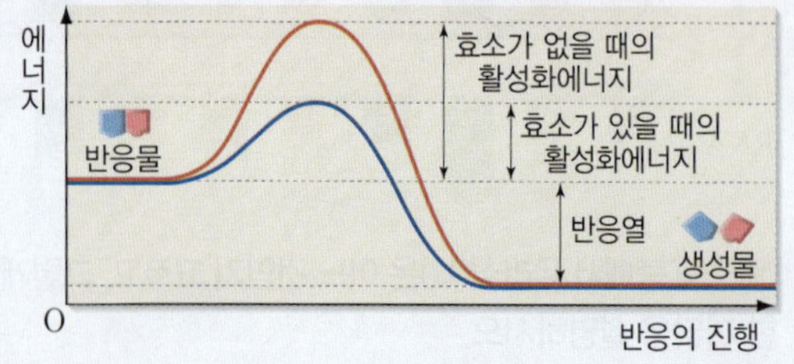

4. 효소의 특성

① 효소는 자신의 입체 구조와 맞는 특정 반응물과만 결합하여 촉매 작용을 한다.
　예 카탈레이스는 과산화 수소와 결합하지만 다른 반응물과는 결합하지 않는다.

② 효소는 화학 반응이 끝나면 생성물과 분리되어 반응 전과 같은 상태가 된다. ➡ 생성물과 분리된 효소는 새로운 반응물과 결합하여 다시 촉매 작용을 반복할 수 있다.

5. 효소의 활용

식품	• 된장, 김치, 치즈, 빵 등의 발효 식품 • 시럽(녹말 분해 효소) • 파인애플(단백질분해효소)
생활용품	• 렌즈 세정제(단백질분해효소) • 화장지, 종이(섬유소 분해 효소) • 효소 치약(탄수화물 분해 효소)
(**❻** 　)	• 소화제(소화효소) • 혈당 측정기(포도당 산화효소)
산업	• 오염 물질에서 전기 에너지를 만드는 연구 • 플라스틱의 친환경적 처리 방법 연구(플라스틱 분해 효소)

13강 세포막을 통한 물질 출입　168쪽

1. 선택적 투과성　물질의 종류, 크기 등에 따라 어떤 물질은 잘 투과시키고 어떤 물질은 잘 투과시키지 않는 세포막의 특성이다.

2. 세포막

① 세포막: 세포와 세포를 둘러싸고 있는 환경 사이에서 물질의 출입을 조절한다.

② 세포막의 구조

(**❼** 　)	친수성 부분은 세포막의 바깥쪽에 배열되어 수용성 환경과 접해 있고, 소수성 부분은 안쪽으로 서로 마주 보고 배열되어 있다. ➡ 세포막은 인지질 이중층 구조를 형성한다.
막단백질	인지질 이중층에 파묻혀 있거나 관통하고 있다.

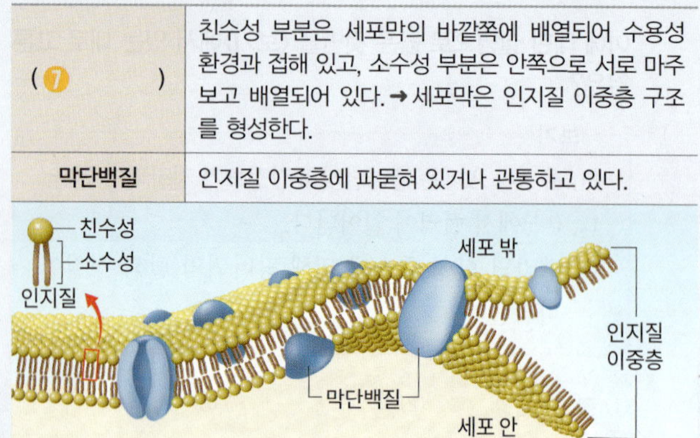

答 ❶ 생명 시스템 ❷ 세포 ❸ 물질대사 ❹ 생체촉매 ❺ 활성화에너지 ❻ 의약품 ❼ 인지질

3. 확산

① **확산**: 분자가 무작위로 움직여 농도가 높은 곳에서 낮은 곳으로 이동하는 현상이다.

② 확산의 종류

인지질 이중층을 통한 확산	(**❶**)을/를 통한 확산
• 물질이 인지질 이중층을 직접 통과하는 방식이다.	• 물질이 막단백질을 통해 이동하는 방식이다.
• 이동 물질: 크기가 작은 기체 분자(산소, 이산화 탄소 등), 지용성 물질, 지질 입자 등	• 이동 물질: 크기가 큰 친수성 물질(포도당, 아미노산 등), 전하를 띤 이온(나트륨 이온, 칼륨 이온 등) 등

4. 삼투

① **삼투**: (**❷**) 분자가 세포막을 통해 용질의 농도가 낮은 곳에서 높은 곳으로 이동하는 현상이다. → 용질 입자의 크기가 커서 세포막을 통과할 수 없을 때 일어난다.

② 식물 세포에서의 삼투

세포 안보다 용질의 농도가 낮은 용액	세포 안과 용질의 농도가 같은 용액	세포 안보다 용질의 농도가 높은 용액
세포 안으로 물이 들어와 세포가 팽팽해진다.	세포의 부피가 변하지 않는다.	세포 밖으로 물이 빠져나가 세포막과 세포벽이 분리된다.

③ 동물 세포(적혈구)에서의 삼투

(**❸**)	세포 안과 용질의 농도가 같은 용액	세포 안보다 용질의 농도가 높은 용액
세포 안으로 물이 들어와 세포가 부풀어 오르다가 터질 수 있다.	세포의 부피가 변하지 않는다.	세포 밖으로 물이 빠져나가 세포가 쭈그러든다.

1. 유전자와 단백질

① (**❹**): 생물이 나타내는 여러 가지 특징이다.

② (**❺**): 형질을 결정하는 유전정보가 저장된 DNA의 특정 부위로, 하나의 DNA에는 수많은 유전자가 각각 정해진 위치에 있다.

③ 유전자, 단백질, 형질 사이의 관계: 유전자에 저장된 유전정보에 따라 다양한 종류의 단백질이 합성되고, 이 단백질의 작용으로 형질이 나타난다.

2. 세포 내 유전정보의 흐름

① 유전정보의 흐름: 세포에서 유전정보는 DNA에서 RNA를 거쳐 단백질로 전달된다.

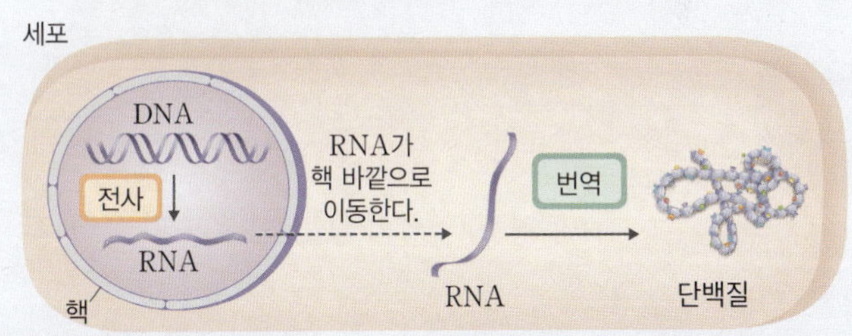

② 유전정보의 저장: 유전자의 DNA 염기서열에 단백질을 구성하는 아미노산서열이 저장되어 있다.

③ 유전부호 체계의 공통성: 지구에 사는 거의 모든 생명체는 동일한 유전부호(3염기조합, 코돈)를 사용한다.

3염기조합	DNA에서 1개의 아미노산을 지정하는 연속된 3개의 염기로, DNA의 유전부호이다.
(**❻**)	RNA에서 1개의 아미노산을 지정하는 연속된 3개의 염기로, RNA의 유전부호이다.

④ 전사와 번역

(**❼**)	DNA의 유전정보가 RNA로 전달되는 과정이다.
번역	RNA의 유전정보에 따라 단백질이 합성되는 과정이다.

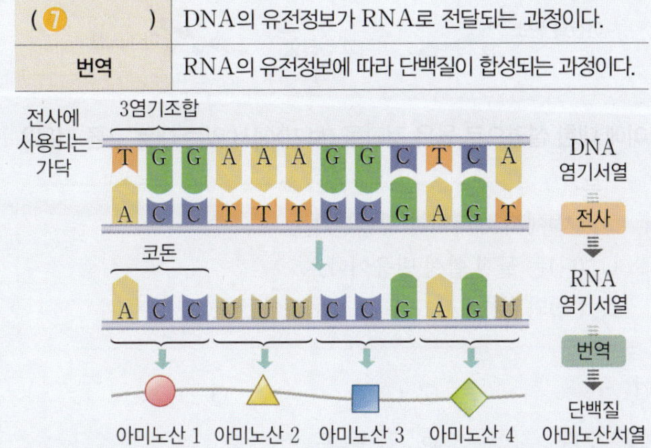

답 ❶ 막단백질 ❷ 물 ❸ 세포 안보다 용질의 농도가 낮은 용액 ❹ 형질 ❺ 유전자 ❻ 코돈 ❼ 전사

01

∞ 12강 | 생명 시스템에서의 화학 반응 160쪽

세포소기관에 대한 설명으로 옳은 것만을 있는 대로 고르면?

(정답 2개)

① 핵은 유전정보의 저장과 생명활동의 조절을 담당한다.
② 소포체에는 유전물질이 있으며, 단백질합성에 관여한다.
③ 마이토콘드리아에서는 광합성이 일어나 포도당이 합성된다.
④ 소포체 표면에 붙어 있는 라이보솜은 단백질합성에 관여한다.
⑤ 엽록체에서는 포도당이 분해되어 에너지가 생성되는 세포 호흡이 일어난다.

03

∞ 12강 | 생명 시스템에서의 화학 반응 160쪽

그림은 어떤 효소 반응을 나타낸 것이다. A~C는 각각 반응물, 생성물, 효소 중 하나이다.

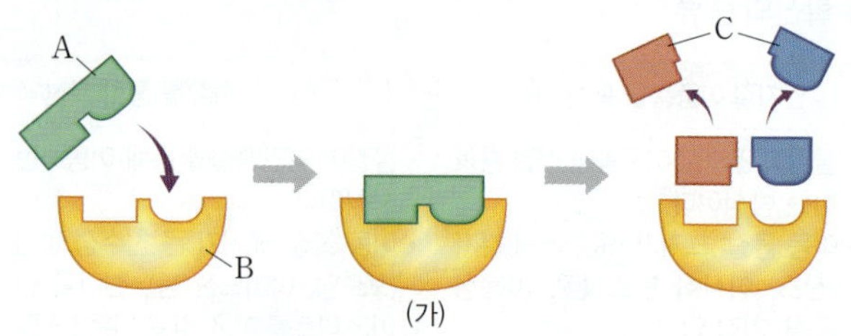

이에 대한 설명으로 옳은 것만을 〈보기〉에서 있는 대로 고른 것은?

> 보기
> ㄱ. 한 분자당 에너지양은 A가 C보다 작다.
> ㄴ. B는 반응이 끝나면 재사용된다.
> ㄷ. (가)일 때 B는 반응의 활성화에너지를 높인다.

① ㄱ   ② ㄴ   ③ ㄷ
④ ㄴ, ㄷ   ⑤ ㄱ, ㄴ, ㄷ

02

∞ 12강 | 생명 시스템에서의 화학 반응 160쪽

그림은 세포에서 일어나는 물질대사를 나타낸 것이다.

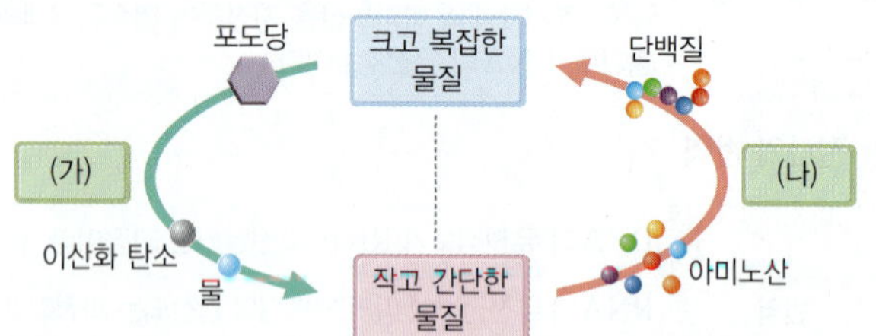

이에 대한 설명으로 옳은 것만을 〈보기〉에서 있는 대로 고른 것은?

> 보기
> ㄱ. (가)에서 에너지가 방출된다.
> ㄴ. (나)는 물질 합성 반응이다.
> ㄷ. (가)와 (나)에서 모두 효소가 관여한다.

① ㄱ   ② ㄴ   ③ ㄱ, ㄷ
④ ㄴ, ㄷ   ⑤ ㄱ, ㄴ, ㄷ

04

∞ 12강 | 생명 시스템에서의 화학 반응 160쪽

그림은 어떤 화학 반응에서 효소 X가 있을 때와 없을 때의 에너지 변화를 나타낸 것이다.

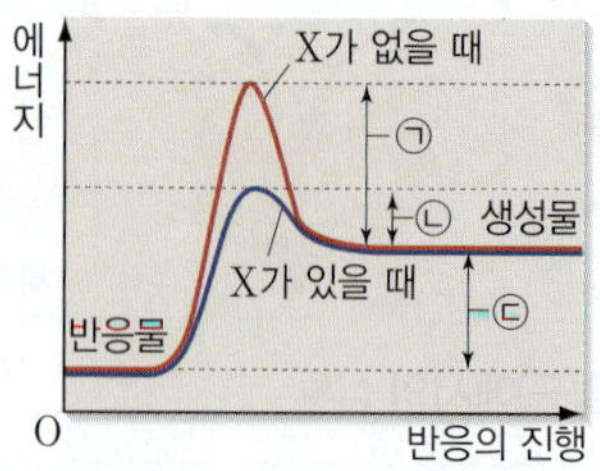

이에 대한 설명으로 옳은 것만을 〈보기〉에서 있는 대로 고른 것은?

> 보기
> ㄱ. 이 반응에서는 물질이 합성된다.
> ㄴ. X가 없을 때보다 있을 때 ㉢은 감소한다.
> ㄷ. X가 있을 때 반응의 활성화에너지는 ㉡이다.

① ㄱ   ② ㄴ   ③ ㄱ, ㄷ
④ ㄴ, ㄷ   ⑤ ㄱ, ㄴ, ㄷ

05

다음은 효소의 작용을 확인하기 위한 실험이다.

(가) 시험관 A∼C에 3 % 과산화 수소수를 각각 5 mL씩 넣는다.

(나) B에는 감자 조각을, C에는 생간 조각을 넣고 각 시험관에서 ㉠ 거품이 발생하는지 관찰한다.

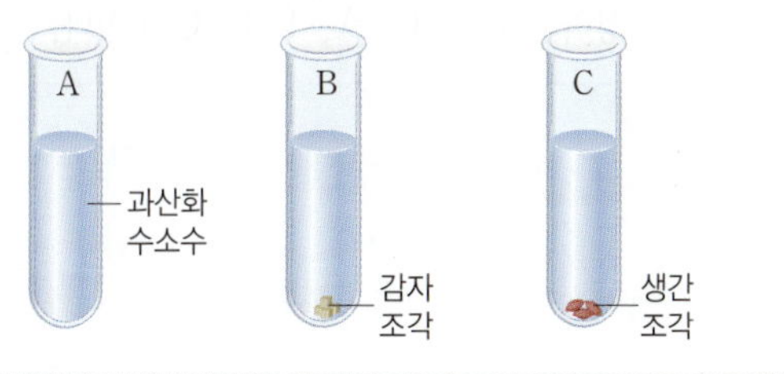

이에 대한 설명으로 옳은 것만을 〈보기〉에서 있는 대로 고른 것은?

보기

ㄱ. B와 C에는 모두 카탈레이스가 있다.

ㄴ. ㉠에 산소가 있다.

ㄷ. 감자 조각 대신 익힌 감자 조각을 넣어도 같은 결과를 얻을 수 있다.

① ㄱ   ② ㄷ   ③ ㄱ, ㄴ

④ ㄴ, ㄷ   ⑤ ㄱ, ㄴ, ㄷ

06

다음은 생활 속에서 효소가 활용되는 사례에 대한 학생 A∼C의 대화이다.

제시한 내용이 옳은 학생만을 있는 대로 고른 것은?

① A   ② C   ③ A, B

④ B, C   ⑤ A, B, C

07

그림은 세포막의 구조를 나타낸 것이다.

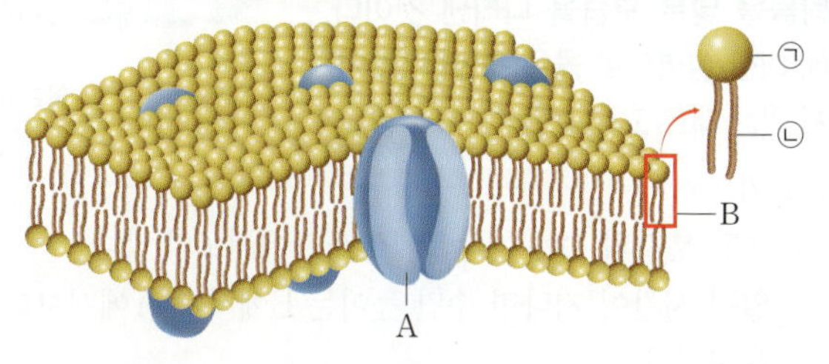

이에 대한 설명으로 옳은 것만을 〈보기〉에서 있는 대로 고른 것은?

보기

ㄱ. A의 기본 단위체는 지방산이다.

ㄴ. ㉠은 ㉡보다 물과의 친화력이 크다.

ㄷ. A와 B는 모두 물질의 출입을 조절하는 데 관여한다.

① ㄱ   ② ㄴ   ③ ㄱ, ㄷ

④ ㄴ, ㄷ   ⑤ ㄱ, ㄴ, ㄷ

08

그림은 세포막을 통한 물질 A와 B의 이동을 나타낸 것이다.

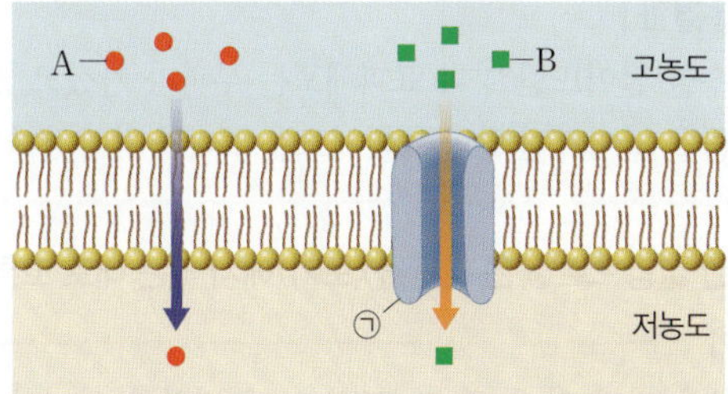

이에 대한 설명으로 옳은 것만을 〈보기〉에서 있는 대로 고른 것은?

보기

ㄱ. ㉠은 인지질이다.

ㄴ. A와 B의 이동 방식은 모두 확산이다.

ㄷ. 세포막을 통한 B의 이동에는 마이토콘드리아에서 생성된 에너지가 사용된다.

① ㄱ   ② ㄴ   ③ ㄷ

④ ㄴ, ㄷ   ⑤ ㄱ, ㄴ, ㄷ

:09

∞ 13강 | 세포막을 통한 물질 출입 168쪽

오른쪽 그림은 설탕은 통과하지 못하지만 물은 통과할 수 있는 반투과성 막을 장치한 U자관의 양쪽에 농도가 서로 다른 설탕물을 넣은 모습을 나타낸 것이다. 이에 대한 설명으로 옳은 것만을 〈보기〉에서 있는 대로 고른 것은?

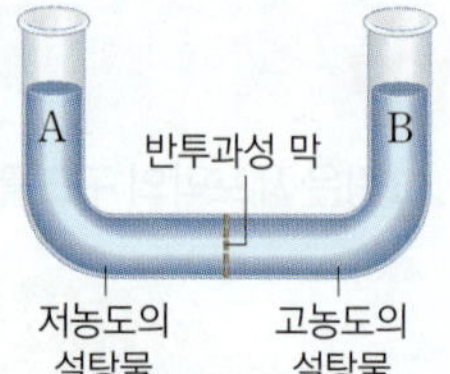

| 보기 |

ㄱ. 설탕 분자의 수는 항상 B에서가 A에서보다 많다.
ㄴ. 일정 시간이 지나면 수면 높이는 B에서가 A에서보다 높아진다.
ㄷ. A와 B의 설탕물 농도가 같아지면 반투과성 막을 통한 물의 이동은 없다.

① ㄱ   ② ㄴ   ③ ㄷ
④ ㄱ, ㄴ   ⑤ ㄱ, ㄴ, ㄷ

:10

∞ 13강 | 세포막을 통한 물질 출입 168쪽

다음은 양파 표피세포를 이용한 실험이다.

| 실험 과정 |

(가) 양파의 표피 조각으로 2개의 현미경 표본을 만들어 현미경으로 관찰한다.
(나) 1개의 현미경 표본에는 증류수를, 나머지 현미경 표본에는 10 % 소금물을 떨어뜨리고 일정 시간이 지난 후 현미경으로 관찰한다.

| 실험 결과 |

증류수를 떨어뜨린 양파 표피세포는 부피가 커졌고, 10 % 소금물을 떨어뜨린 양파 표피세포는 부피가 작아졌다.

이에 대한 설명으로 옳은 것만을 〈보기〉에서 있는 대로 고른 것은?

| 보기 |

ㄱ. 실험 결과 양파 표피세포의 부피 변화가 일어난 것은 삼투 때문이다.
ㄴ. 증류수를 떨어뜨린 양파 표피세포는 세포막이 세포벽과 분리되었다.
ㄷ. 10 % 소금물을 떨어뜨린 양파 표피세포에서는 세포 바깥쪽으로 이동하는 물의 양이 세포 안쪽으로 이동하는 물의 양보다 적다.

① ㄱ   ② ㄷ   ③ ㄱ, ㄴ
④ ㄴ, ㄷ   ⑤ ㄱ, ㄴ, ㄷ

:11

∞ 14강 | 세포 내 정보의 흐름 176쪽

그림은 사람의 세포에서 일어나는 유전정보의 흐름을 나타낸 것이다.

이에 대한 설명으로 옳은 것만을 〈보기〉에서 있는 대로 고른 것은?

| 보기 |

ㄱ. (가) 과정은 핵 속에서 일어난다.
ㄴ. (나) 과정은 라이보솜에서 일어난다.
ㄷ. ㉠을 구성하는 염기에는 A, T, G, C이 있다.

① ㄱ   ② ㄷ   ③ ㄱ, ㄴ
④ ㄴ, ㄷ   ⑤ ㄱ, ㄴ, ㄷ

:12

∞ 14강 | 세포 내 정보의 흐름 176쪽

그림은 DNA의 유전정보에 따라 단백질이 합성되는 과정을 나타낸 것이다.

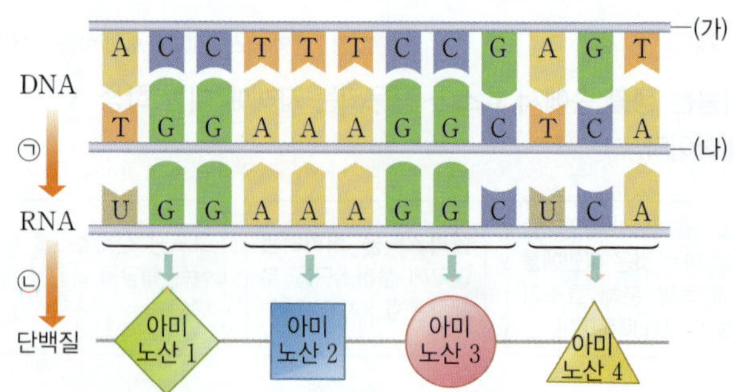

이에 대한 설명으로 옳지 <u>않은</u> 것은?

① ㉠은 전사, ㉡은 번역이다.
② ㉡에서 펩타이드결합이 형성된다.
③ (가)와 (나) 중에서 전사에 사용된 가닥은 (가)이다.
④ 아미노산 1과 아미노산 2를 지정하는 유전부호는 같다.
⑤ 유전자 이상으로 아미노산 3이 다른 아미노산으로 바뀌면 단백질의 입체 구조가 변할 수 있다.

:13

∞ 12강 | 생명 시스템에서의 화학 반응 160쪽

그림은 카탈레이스의 작용을 나타낸 것이다.

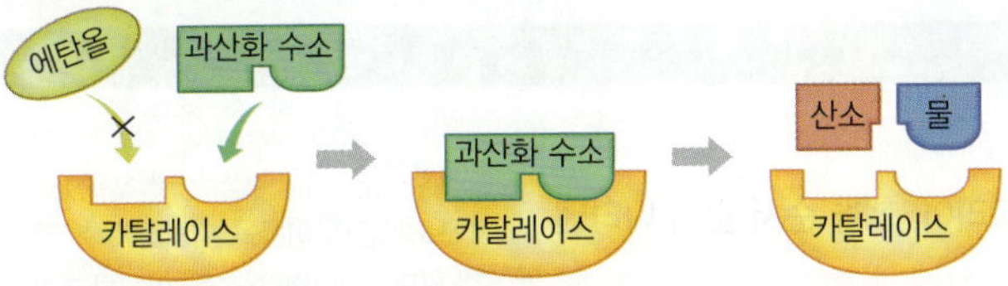

카탈레이스가 과산화 수소와는 반응하지만, 에탄올과는 반응하지 않는 까닭을 효소의 구조와 관련지어 설명하시오.

:14

∞ 12강 | 생명 시스템에서의 화학 반응 160쪽

다음은 과산화 수소의 분해 실험이다.

| 실험 과정 |

(가) 삼각 플라스크 A와 B에 과산화 수소를 각각 15 mL씩 넣는다.

(나) 삼각 플라스크 A에는 ㉠을, B에는 ㉡을 각각 5 mL씩 넣고 거품이 발생하는지 관찰한다. ㉠과 ㉡은 각각 감자즙과 증류수 중 하나이다.

| 실험 결과 |

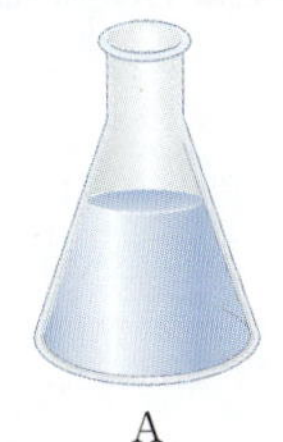
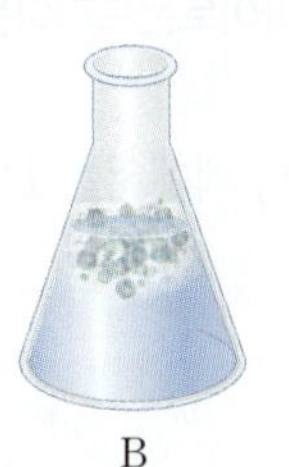

(1) ㉠과 ㉡은 무엇인지 각각 쓰시오.

(2) 삼각 플라스크 B에서 거품이 발생한 까닭을 설명하시오.

:15

∞ 13강 | 세포막을 통한 물질 출입 168쪽

식물에 비료를 너무 많이 주면 식물이 말라 죽는 일이 발생할 수 있다. 그 까닭을 식물의 뿌리 세포에서 일어나는 물질 이동과 관련 지어 설명하시오.

:16

∞ 13강 | 세포막을 통한 물질 출입 168쪽

그림은 세포막을 통한 물질 A와 B의 이동 방식을 나타낸 것이다. A는 크기가 작은 지용성 물질이며, B는 크기가 큰 수용성 물질이다.

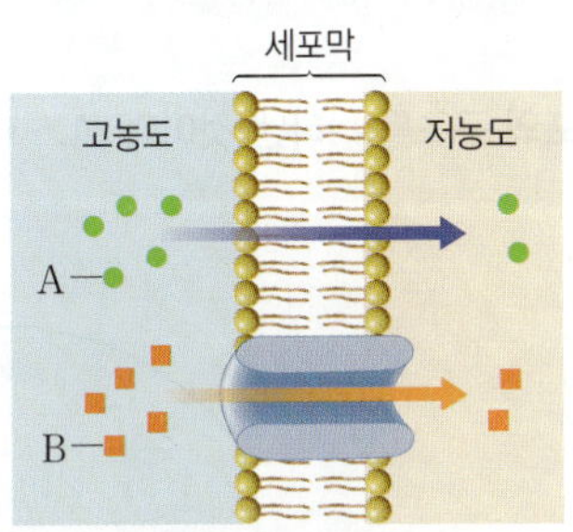

물질 A와 B가 세포막을 통해 이동하는 방식이 다른 까닭을 세포막의 구조와 연관 지어 설명하시오.

:17

∞ 14강 | 세포 내 정보의 흐름 176쪽

다음은 어떤 유전자에서 DNA의 이중 가닥 중 전사에 사용되는 가닥의 염기서열을 나타낸 것이다.

TGGAAAGGCTCA

전사가 일어나 만들어지는 RNA의 염기서열을 쓰고, 이 RNA에 몇 개의 코돈이 있는지 그렇게 생각한 까닭과 함께 설명하시오.

:18

∞ 14강 | 세포 내 정보의 흐름 176쪽

표는 DNA의 유전부호가 몇 개의 연속된 염기로 이루어져 있는지에 대한 가설 (가)~(다)를 나타낸 것이다. 생명체를 구성하는 아미노산은 약 20종류이다.

(가)	(나)	(다)
1개의 염기가 1개의 아미노산을 지정한다.	연속된 2개의 염기가 1개의 아미노산을 지정한다.	연속된 3개의 염기가 1개의 아미노산을 지정한다.

(가)~(다) 중에서 어느 것이 유전부호로 적절한지 고르고, 그렇게 생각한 까닭을 설명하시오.

출제 경향 세포의 구조, 효소의 작용, 세포막을 통한 물질 출입, 세포 내 정보의 흐름 등에 관한 자료를 제시하고, 제시한 자료를 분석하게 한 후, 각 자료와 관련된 내용을 묻는 문제가 주로 출제된다.

문제 분석 · 연습하기

수능 기출 변형

그림은 동물 세포의 구조를 나타낸 것이다. A~C는 라이보솜, 마이토콘드리아, 핵을 순서 없이 나타낸 것이다.

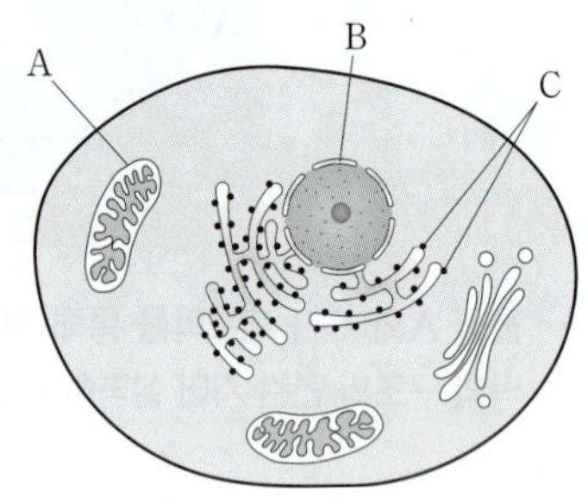

이에 대한 설명으로 옳은 것만을 〈보기〉에서 있는 대로 고른 것은?

보기
ㄱ. A는 라이보솜이다.
ㄴ. B는 유전물질을 갖는다.
ㄷ. C에서 단백질합성이 일어난다.

① ㄱ　　　② ㄴ　　　③ ㄷ　　　④ ㄱ, ㄴ　　　⑤ ㄴ, ㄷ

출제 의도 동물 세포의 구조에서 각 세포소기관의 이름을 파악하게 한 후, 각 세포소기관의 특성을 이해하고 있는지를 묻는 문제이다.

1 핵심 개념 파악하기

Point 라이보솜은 소포체 표면에 붙어 있거나 세포질에 흩어져 있고, 마이토콘드리아는 내부에 주름진 구조가 있다.

라이보솜에서는 단백질합성이, 마이토콘드리아에서는 세포호흡이, 핵에서는 DNA가 복제되는 등의 화학 반응이 일어난다.

12강 🔴 생명 시스템을 구성하는 세포　　　↻ 160쪽

2 자료 분석하기

• 동물 세포는 세포막으로 둘러싸여 있으며, 핵, 라이보솜, 소포체, 골지체, 마이토콘드리아 등의 세포소기관으로 이루어져 있다.
• A는 마이토콘드리아, B는 핵, C는 라이보솜이다.

3 〈보기〉 분석하기

ㄱ. A는 라이보솜이다.　　　　　　　　　　　　　　(×)
→ A는 마이토콘드리아로, 내부에 주름진 구조가 있다.

ㄴ. B는 유전물질을 갖는다.　　　　　　　　　　　　(○)
→ B는 핵으로, 핵에는 유전물질인 DNA가 있어 세포의 생명활동을 조절한다.

ㄷ. C에서 단백질합성이 일어난다.　　　　　　　　　(○)
→ C는 라이보솜으로, 아미노산을 연결해 단백질을 합성한다.

정답 ⑤

1 　평가원 기출 변형

그림은 식물 세포의 구조를 나타낸 것이다. A～C는 핵, 골지체, 소포체를 순서 없이 나타낸 것이다.

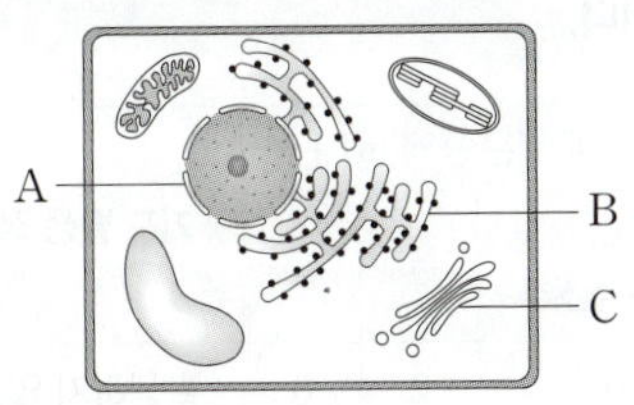

이에 대한 설명으로 옳은 것만을 〈보기〉에서 있는 대로 고른 것은?

보기
ㄱ. A에서 전사가 일어난다.
ㄴ. B의 표면에 라이보솜이 부착되어 있다.
ㄷ. C는 소포체이다.

① ㄱ　　　② ㄷ　　　③ ㄱ, ㄴ　　　④ ㄴ, ㄷ　　　⑤ ㄱ, ㄴ, ㄷ

이런 보기도 나온다!

ㄹ. A에는 DNA가 있다.　　　　　　　　　　　(　　)
ㅁ. B는 골지체이다.　　　　　　　　　　　　(　　)
ㅂ. 동물 세포에는 C가 없다.　　　　　　　　(　　)

출제 의도　식물 세포에 있는 세포소기관의 구조와 기능을 묻는 문제이다.

자료 분석 Tip
식물 세포는 핵, 라이보솜, 소포체, 골지체, 마이토콘드리아, 엽록체, 액포 등으로 이루어져 있다.

2 　수능 기출 변형

다음은 식물 세포의 세포소기관에 대한 자료이다. (가)와 (나)는 각각 마이토콘드리아와 엽록체 중 하나이다.

• (가)에서 ㉠광합성이 일어난다.
• (나)에서 ㉡세포호흡이 일어난다.

이에 대한 설명으로 옳은 것만을 〈보기〉에서 있는 대로 고른 것은?

보기
ㄱ. (가)는 엽록체이다.
ㄴ. (나)에서 물질대사가 일어난다.
ㄷ. ㉠과 ㉡에서 모두 효소가 관여한다.

① ㄱ　　　② ㄴ　　　③ ㄱ, ㄷ　　　④ ㄴ, ㄷ　　　⑤ ㄱ, ㄴ, ㄷ

출제 의도　광합성과 세포호흡이 일어나는 세포소기관이 각각 무엇인지와 물질대사에 효소가 관여한다는 것을 확인하는 문제이다.

자료 분석 Tip
엽록체에서는 광합성이, 마이토콘드리아에서는 세포호흡이 일어난다. 광합성과 세포호흡은 모두 세포 내에서 일어나는 화학 반응인 물질대사이다. 물질대사에는 효소가 관여한다.

3 교육청 기출 변형

그림은 효소가 없을 때 과산화 수소 분해 반응의 에너지 변화를 나타낸 것이다. 표는 3 % 과산화 수소수가 든 시험관 A와 B에 각각 ㉠과 ㉡ 중 하나를 넣었을 때 기포 발생 결과를 나타낸 것이다. ㉠과 ㉡은 각각 감자즙과 증류수 중 하나이다.

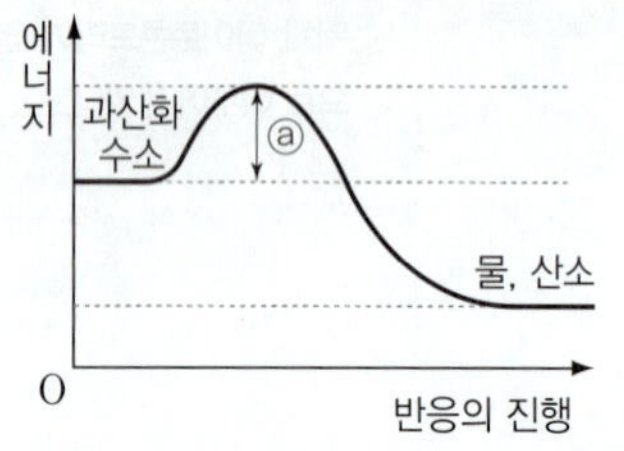

시험관	시험관에 넣은 용액(mL)			기포 발생 결과
	3 % 과산화 수소수	㉠	㉡	
A	10	2	0	발생하지 않음.
B	10	0	2	발생함.

이에 대한 설명으로 옳은 것만을 〈보기〉에서 있는 대로 고른 것은? (단, 표에서 제시된 조건 이외의 다른 조건은 동일하다.)

보기
ㄱ. ㉠은 감자즙이다.
ㄴ. ㉡에는 ⓐ를 증가시키는 물질이 들어 있다.
ㄷ. 과산화 수소의 분해 속도는 B에서가 A에서보다 빠르다.

① ㄱ   ② ㄴ   ③ ㄷ   ④ ㄱ, ㄴ   ⑤ ㄴ, ㄷ

4 교육청 기출 변형

다음은 어떤 과일에 들어 있는 효소 A와 B에 대한 자료이다.

> A는 단백질 분해 반응을, B는 지방 분해 반응을 촉진하므로 기름진 고기를 먹을 때 이 과일을 함께 먹으면 소화에 도움이 된다.

이에 대한 설명으로 옳은 것만을 〈보기〉에서 있는 대로 고른 것은?

보기
ㄱ. A의 주성분은 단백질이다.
ㄴ. 단백질의 분해 반응에서 A는 소모된다.
ㄷ. B는 지방 분해 반응의 활성화에너지를 감소시킨다.

① ㄱ   ② ㄴ   ③ ㄱ, ㄷ   ④ ㄴ, ㄷ   ⑤ ㄱ, ㄴ, ㄷ

5 교육청 기출 변형

그림은 세포막을 통한 물질 A와 B의 이동을 나타낸 것이다. A와 B는 각각 산소와 포도당 중 하나이다.

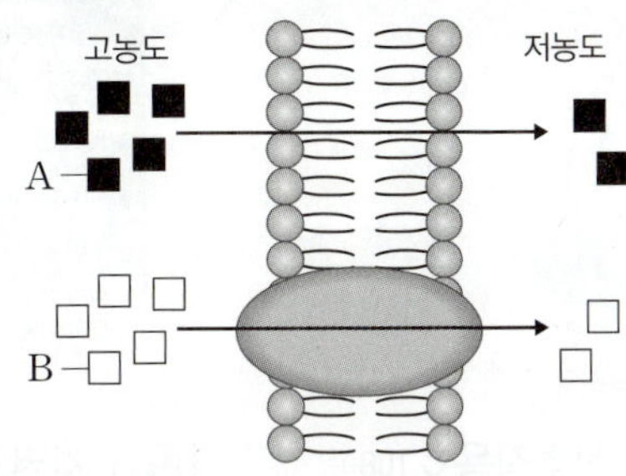

이에 대한 설명으로 옳은 것만을 〈보기〉에서 있는 대로 고른 것은?

보기

ㄱ. A는 인지질 이중층을 통해 확산한다.
ㄴ. B의 이동에 탄수화물이 이용된다.
ㄷ. B는 포도당이다.

① ㄱ   ② ㄴ   ③ ㄱ, ㄷ   ④ ㄴ, ㄷ   ⑤ ㄱ, ㄴ, ㄷ

6 교육청 기출 변형

그림은 어떤 세포에서 일어나는 유전정보의 흐름을, 표는 일부 코돈이 지정하는 아미노산을 나타낸 것이다.

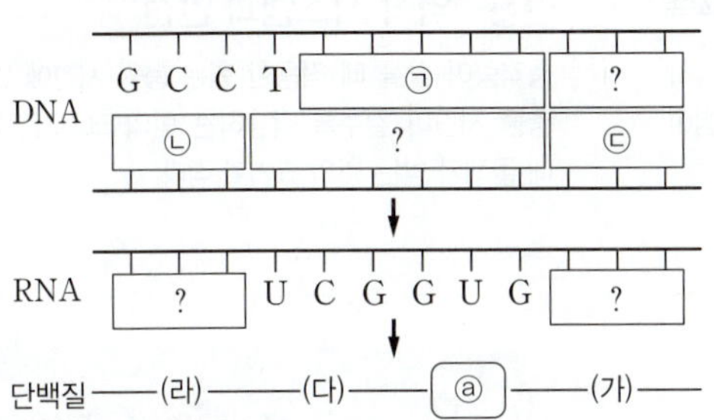

코돈	아미노산
AUG	(가)
CAC	(나)
UCG	(다)
GCC	(라)
GUG	(마)

이에 대한 설명으로 옳은 것만을 〈보기〉에서 있는 대로 고른 것은? (단, 제시된 코돈만 이용하며, 돌연변이는 고려하지 않는다.)

보기

ㄱ. ⓐ는 (나)이다.
ㄴ. ㉠에서 타이민(T)의 수는 ㉡에서 구아닌(G)의 수의 2배이다.
ㄷ. ㉢의 염기서열은 TAC이다.

① ㄱ   ② ㄴ   ③ ㄷ   ④ ㄱ, ㄷ   ⑤ ㄴ, ㄷ

이런 보기도 나온다!

ㄹ. ㉠의 염기서열은 GCCAC이다.   (   )
ㅁ. ㉡과 ㉢의 염기서열에는 모두 사이토신(C)이 있다.   (   )
ㅂ. ⓐ와 (가)의 연결은 라이보솜에서 일어났다.   (   )

01 지구시스템

▲ 지구시스템의 상호작용

▲ 판의 분포와 판의 경계

08강 **지구시스템의 구성과 상호작용** ↻ 108쪽

지구시스템을 구성하는 각 요소는 상호작용을 하고 있으며, 이 과정에서 물질의 순환과 에너지의 흐름이 일어난다.

09강 **지권의 변화와 판 구조론** ↻ 116쪽

지구 표면은 10여 개의 크고 작은 판으로 이루어져 있으며, 서로 다른 방향과 속도로 이동하는 판이 만나는 경계에서 다양한 지각 변동이 일어난다.

02 역학 시스템

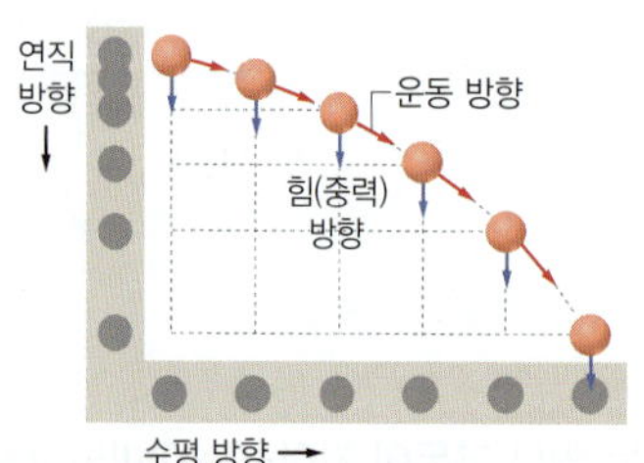

▲ 수평 방향으로 던진 물체의 운동

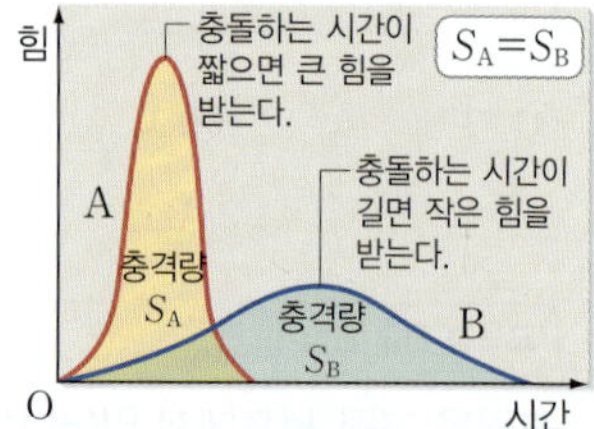

▲ 충돌할 때 작용하는 힘과 시간의 관계

10강 **중력의 작용** ↻ 134쪽

수평 방향으로 던져진 물체는 연직 방향으로는 자유 낙하 운동과 같은 등가속도 운동을 하고, 수평 방향으로는 힘이 작용하지 않으므로 등속 직선 운동을 한다.

11강 **역학 시스템과 안전** ↻ 142쪽

충격량이 같을 때 작용한 힘은 충돌 시간에 반비례하므로, 충돌 시간이 길수록 작용하는 힘의 크기가 작아져 충돌할 때 물체가 받는 힘의 크기가 작다.

03 생명 시스템

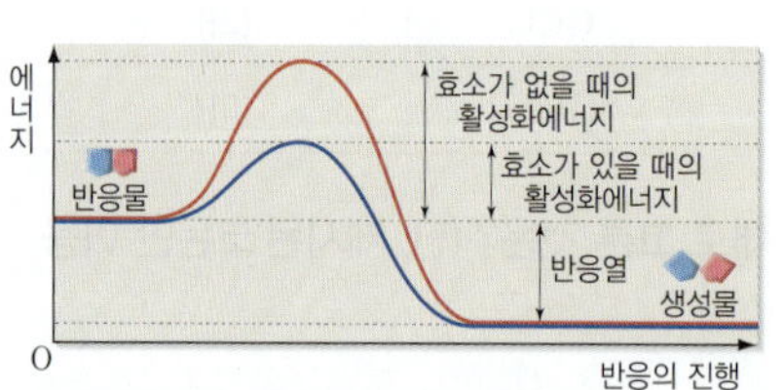

▲ 효소가 있을 때와 없을 때의 활성화에너지

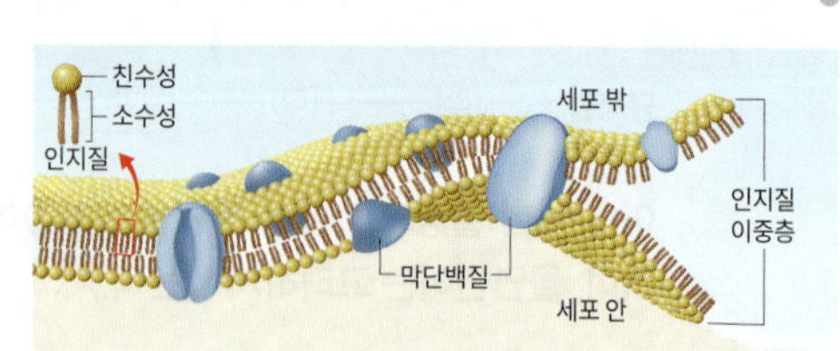

▲ 세포막의 구조

12강 **생명 시스템에서의 화학 반응** ↻ 160쪽

효소가 없을 때보다 효소가 있을 때 활성화에너지가 낮다. 효소는 활성화에너지를 낮추어 화학 반응이 빠르게 일어나게 한다.

13강 **세포막을 통한 물질 출입** ↻ 168쪽

세포막에서 인지질은 친수성 부분과 소수성 부분으로 되어 있고, 막단백질은 인지질 이중층에 파묻혀 있거나 관통하고 있다.

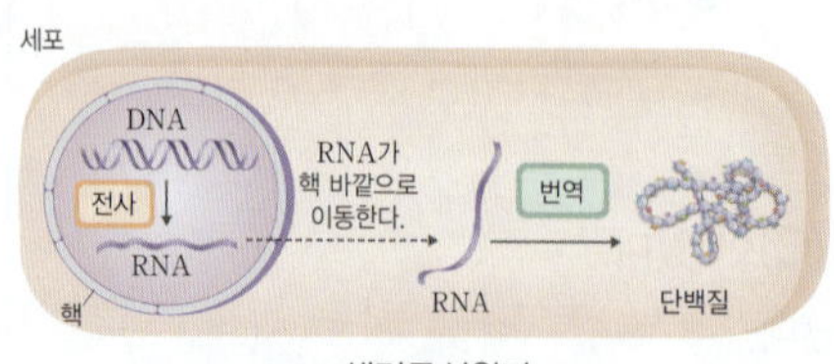

▲ 생명중심원리

14강 **세포 내 정보의 흐름** ↻ 176쪽

세포에서 유전정보는 DNA에서 RNA를 거쳐 단백질로 전달된다.

대단원 평가 문제

Ⅲ 시스템과 상호작용

01 지구시스템

01

그림 (가)~(다)는 지구시스템의 구성 요소인 기권, 수권, 지권을 나타낸 것이다.

(가) 기권   (나) 수권   (다) 지권

(가)~(다)에 대한 설명으로 옳은 것만을 〈보기〉에서 있는 대로 고른 것은?

보기
ㄱ. 모두 층상 구조가 나타난다.
ㄴ. (가)의 성층권과 (나)의 수온 약층은 대류가 활발하다.
ㄷ. 생물권은 (가)~(다)에 걸쳐 분포한다.

① ㄱ   ② ㄴ   ③ ㄱ, ㄷ
④ ㄴ, ㄷ   ⑤ ㄱ, ㄴ, ㄷ

02

그림은 지구에서 물이 이동하는 과정을 모식적으로 나타낸 것이다.
이에 대한 설명으로 옳은 것만을 〈보기〉에서 있는 대로 고른 것은?

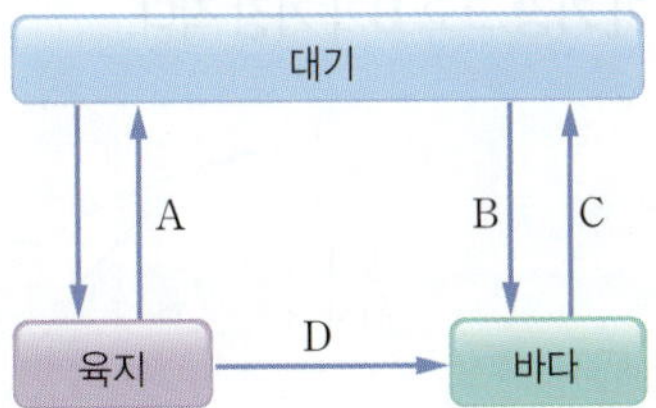

보기
ㄱ. A는 에너지 방출이, B는 에너지 흡수가 일어난다.
ㄴ. 이동하는 물의 양은 C가 B보다 많다.
ㄷ. D는 지표의 변화를 일으킨다.

① ㄱ   ② ㄷ   ③ ㄱ, ㄴ
④ ㄴ, ㄷ   ⑤ ㄱ, ㄴ, ㄷ

03 서술형

화석 연료 사용량이 증가할 때 지권, 기권, 지구 전체의 탄소량은 각각 어떤 변화가 일어나는지 탄소의 순환과 관련지어 설명하시오.

04

그림은 지구시스템을 이루는 구성 요소들의 상호작용을, 표는 ㉠~㉢에 해당하는 상호작용의 예를 나타낸 것이다. A~C는 각각 지권, 기권, 생물권 중 하나이다.

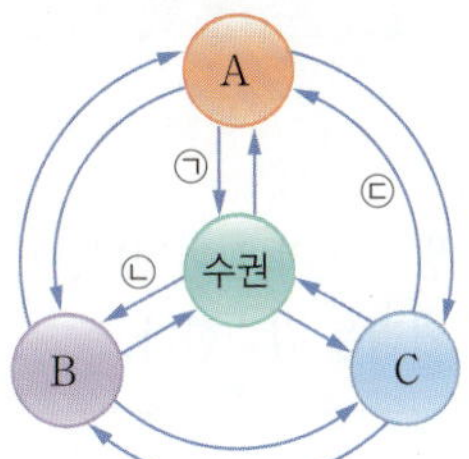

상호작용	예
㉠	해수의 혼합층 형성
㉡	하천수에 의한 지형 변화
㉢	( )

이에 대한 설명으로 옳은 것만을 〈보기〉에서 있는 대로 고른 것은?

보기
ㄱ. A는 기권이다.
ㄴ. 탄소의 양은 B가 C보다 많다.
ㄷ. 식물의 광합성으로 인한 산소 배출은 ㉢의 예에 해당한다.

① ㄱ   ② ㄷ   ③ ㄱ, ㄴ
④ ㄴ, ㄷ   ⑤ ㄱ, ㄴ, ㄷ

05

그림 (가)는 태평양 주변에서 최근 1만 년 이내에 분출한 적이 있는 화산의 분포를, (나)는 A~C 중 어느 한 지역의 지진 발생 지점 분포를 나타낸 것이다.

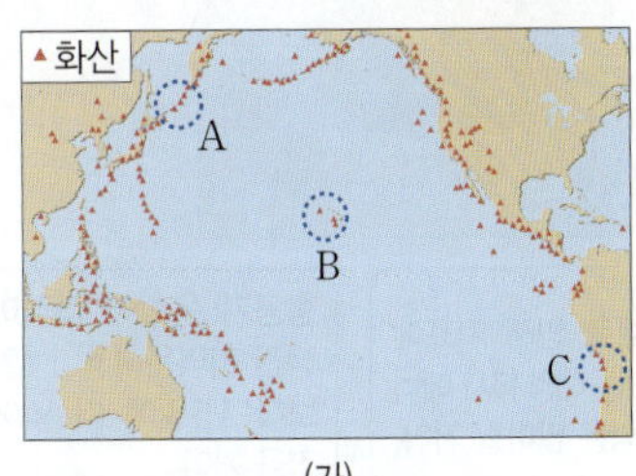

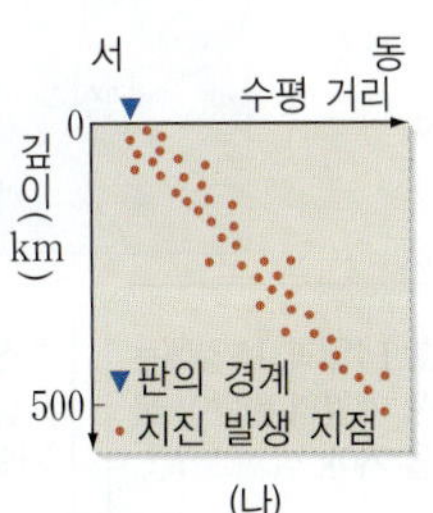

이에 대한 설명으로 옳은 것만을 〈보기〉에서 있는 대로 고른 것은?

보기
ㄱ. A에서는 맨틀 대류의 하강이 나타난다.
ㄴ. B의 화산은 발산형 경계에 위치한다.
ㄷ. (나)는 C의 지진 발생 지점 분포이다.

① ㄱ   ② ㄴ   ③ ㄱ, ㄷ
④ ㄴ, ㄷ   ⑤ ㄱ, ㄴ, ㄷ

06

오른쪽 그림은 북아메리카 서해안 지역에서 해령, 해구, 변환 단층의 분포를 나타낸 것이다.
지역 A~D에 대한 설명으로 옳은 것만을 〈보기〉에서 있는 대로 고른 것은?

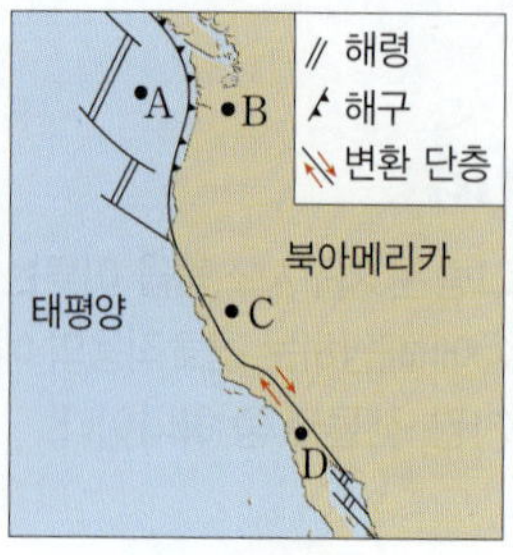

보기
ㄱ. 지각의 두께는 A가 B보다 두껍다.
ㄴ. 해구에서 B 쪽으로 갈수록 지진 발생 깊이가 깊어진다.
ㄷ. 시간이 지남에 따라 C와 D 사이의 거리는 감소한다.

① ㄱ　　　　② ㄷ　　　　③ ㄱ, ㄴ
④ ㄴ, ㄷ　　　⑤ ㄱ, ㄴ, ㄷ

07

다음은 어느 해 4월에 발생한 아이슬란드 화산 폭발에 관한 자료와 이를 보며 학생들이 나눈 대화이다.

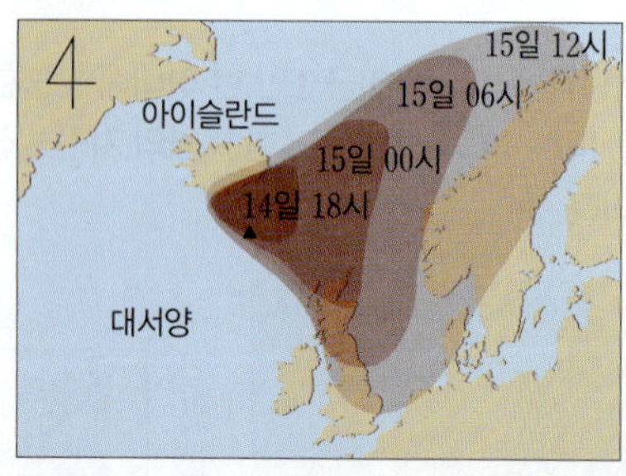

제시한 의견이 옳은 학생만을 있는 대로 고른 것은?

① A　　　　② C　　　　③ A, B
④ B, C　　　⑤ A, B, C

02 역학 시스템

08

오른쪽 그림은 자유 낙하 운동을 하는 물체의 위치를 일정한 시간 간격으로 나타낸 것이다.
이에 대한 설명으로 옳은 것만을 〈보기〉에서 있는 대로 고른 것은?

보기
ㄱ. 물체에 작용하는 중력의 크기는 일정하다.
ㄴ. 물체에 작용하는 중력의 방향은 연직 방향이다.
ㄷ. 물체가 낙하하는 동안 물체의 운동량의 크기는 일정하게 증가한다.

① ㄱ　　　　② ㄷ　　　　③ ㄱ, ㄴ
④ ㄴ, ㄷ　　　⑤ ㄱ, ㄴ, ㄷ

09

그림은 수평 방향으로 던져진 물체 A, B, C가 수평면에 도달하는 것을 나타낸 것이다. 수평 방향으로 던진 발사 위치의 높이는 A가 B와 C보다 낮고, B와 C가 같다. A, B, C를 수평 방향으로 던진 순간부터 수평면에 도달할 때까지 수평 방향으로 이동한 거리는 C가 가장 크고 B가 가장 작다.

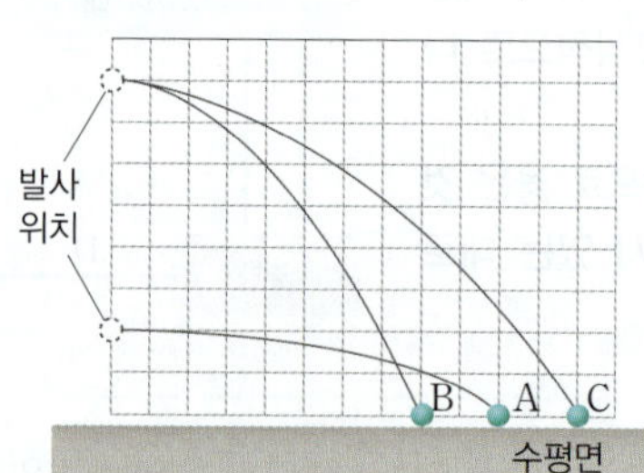

이에 대한 설명으로 옳은 것만을 〈보기〉에서 있는 대로 고른 것은?

보기
ㄱ. 수평 방향으로 던진 순간부터 수평면에 도달할 때까지 걸린 시간은 A가 B보다 작다.
ㄴ. 수평 방향으로 던진 속력은 A가 B보다 크다.
ㄷ. 수평면에 도달하는 순간 연직 방향의 속력은 B와 C가 같다.

① ㄱ　　　　② ㄷ　　　　③ ㄱ, ㄴ
④ ㄴ, ㄷ　　　⑤ ㄱ, ㄴ, ㄷ

10

오른쪽 그림과 같이 지구의 P 지점에서 포탄 A, B를 수평 방향으로 각각 v_A, v_B의 속력으로 발사했더니, A는 원 궤도를 따라 운동하고 B는 타원 궤도를 따라 운동한다. 질량은 A와 B가 같다. 이에 대한 설명으로 옳은 것만을 〈보기〉에서 있는 대로 고른 것은? (단, 지구의 모양을 완전한 구라고 가정하고, 공기 저항은 무시한다.)

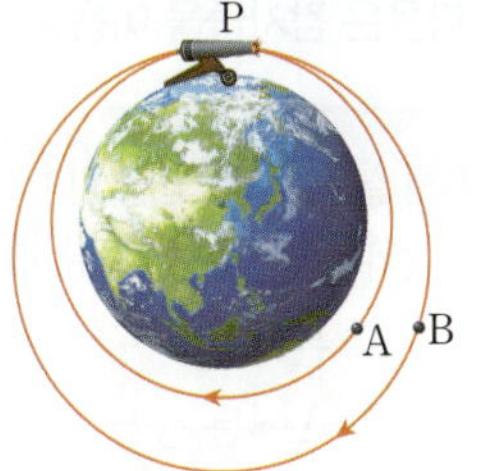

보기

ㄱ. $v_A < v_B$이다.
ㄴ. A가 원 궤도를 따라 운동하는 동안 A에 작용하는 중력의 방향은 일정하다.
ㄷ. 발사 위치로부터 가장 멀리 떨어진 지점을 지나는 순간, 물체에 작용하는 중력의 크기는 A가 B보다 크다.

① ㄱ   ② ㄴ   ③ ㄱ, ㄴ
④ ㄱ, ㄷ   ⑤ ㄴ, ㄷ

11

그림 (가)는 마찰이 없는 수평면에서 물체 A, B가 각각 $2v$, v의 일정한 속력으로 직선 운동을 하다가 벽과 충돌한 후 정지한 모습을 나타낸 것이다. 그림 (나)는 A, B가 벽으로부터 받은 힘을 시간에 따라 나타낸 것이다. 그래프 아랫부분의 면적은 각각 S, $2S$이고, 벽과 충돌한 순간부터 정지할 때까지 걸린 시간은 t, $2t$이다.

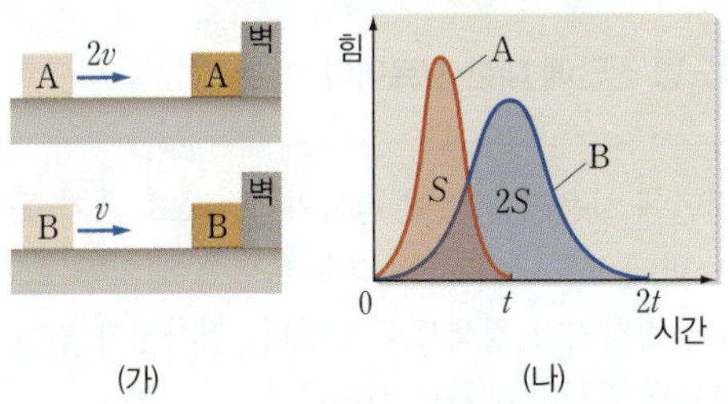

이에 대한 설명으로 옳은 것만을 〈보기〉에서 있는 대로 고른 것은?

보기

ㄱ. 벽에 충돌하기 전 물체의 운동량의 크기는 A가 B보다 크다.
ㄴ. 질량은 B가 A의 4배이다.
ㄷ. 충돌할 때, 물체가 벽으로부터 받은 평균 힘의 크기는 A가 B보다 크다.

① ㄱ   ② ㄴ   ③ ㄷ
④ ㄱ, ㄷ   ⑤ ㄴ, ㄷ

12 서술형

그림은 운동하던 야구공을 야구 방망이로 쳐서 반대 방향으로 날려 보내는 모습을 나타낸 것이다.

야구공을 더 멀리 날려 보내기 위한 방법을 야구공이 받는 충격량과 관련지어 2가지 설명하시오.

13

그림 (가)는 질량이 같은 달걀을 같은 높이에서 가만히 놓아 방석과 유리판 위에 떨어뜨린 모습을 나타낸 것이고, (나)는 (가)에서 달걀이 충돌하는 동안 받은 힘을 시간에 따라 순서 없이 나타낸 것이다. 이때 S_A, S_B는 각각 A와 B 의 그래프 아랫부분의 면적이다.

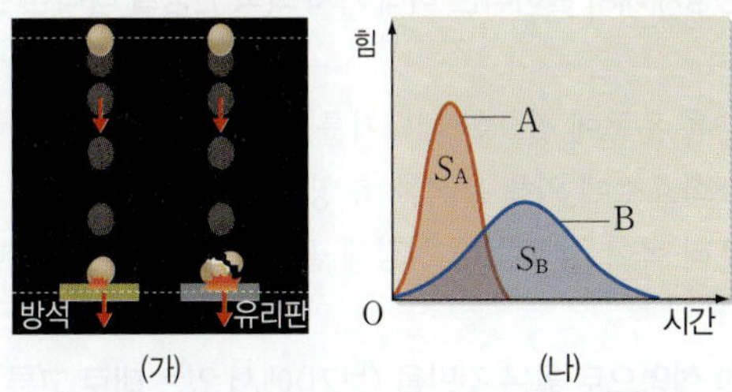

이에 대한 설명으로 옳은 것만을 〈보기〉에서 있는 대로 고른 것은? (단, 공기 저항은 무시한다.)

보기

ㄱ. $S_A = S_B$이다.
ㄴ. 바닥과 충돌하기 직전 두 달걀의 운동량은 같다.
ㄷ. 유리판에 충돌하는 경우를 나타낸 그래프는 B이다.

① ㄱ   ② ㄷ   ③ ㄱ, ㄴ
④ ㄴ, ㄷ   ⑤ ㄱ, ㄴ, ㄷ

03 생명 시스템

14

그림 (가)와 (나)는 세포의 구조를 나타낸 것이다. A~C는 각각 핵, 라이보솜, 마이토콘드리아 중 하나이다.

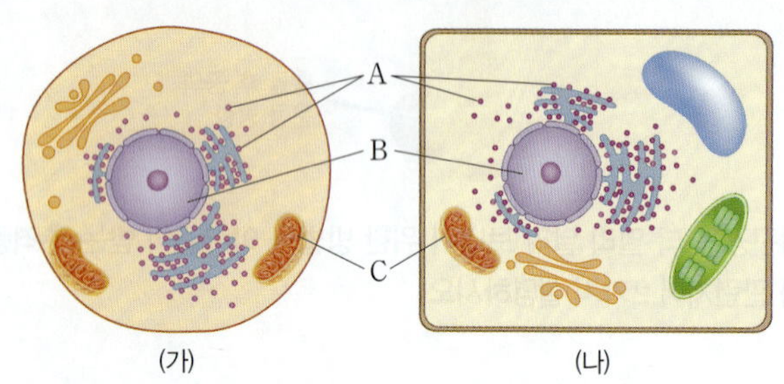

이에 대한 설명으로 옳은 것은?

① A는 마이토콘드리아이다.
② B에는 유전물질이 있다.
③ C에서 광합성이 일어난다.
④ (가)는 식물 세포, (나)는 동물 세포이다.
⑤ A~C는 모두 막으로 둘러싸인 세포소기관이다.

15

다음은 생명체에서 일어나는 여러 가지 화학 반응을 나타낸 것이다.

(가) 근육 운동에 필요한 에너지를 생성한다.
(나) 소화효소에 의해 음식물 속 영양소가 분해된다.
(다) 우리 몸이 성장할 때 성장에 필요한 물질을 합성한다.

이에 대한 설명으로 옳은 것만을 〈보기〉에서 있는 대로 고른 것은?

| 보기 |
ㄱ. (가)에서 에너지를 생성하기 위해 영양소의 분해 반응이 일어난다.
ㄴ. (나)에서 소화 작용이 일어날 때 에너지가 흡수된다.
ㄷ. (다)에서 성장에 필요한 물질을 합성할 때 에너지가 방출된다.

① ㄱ　　　　② ㄷ　　　　③ ㄱ, ㄴ
④ ㄴ, ㄷ　　　⑤ ㄱ, ㄴ, ㄷ

16 （서술형）

다음은 감자즙을 이용한 효소 반응에 대한 실험이다.

| 실험 과정 및 결과 |
(가) 시험관 A와 B에 ⊙ 3 % 과산화 수소수를 5 mL씩 넣는다.
(나) A에는 증류수 1 mL를, B에는 감자즙 1 mL를 넣은 직후 일정 시간 동안 A와 B에 기포가 발생하는지를 관찰한다.
(다) 관찰 결과 A에서는 기포가 발생하지 않았고, B에서는 기포가 발생하였다.

(1) (다)의 A와 B 중에서 남아 있는 과산화 수소의 양이 많은 시험관은 어느 것인지 쓰시오.

(2) (가)에서 ⊙ 대신 에탄올을 사용했다면 (다)와 동일한 관찰 결과를 얻을 수 있는지 여부를 그렇게 생각한 까닭과 함께 설명하시오.

17

다음은 당뇨병 진단에 대한 자료이다.

건강 진단에 사용되는 소변 검사지에는 효소 A가 들어 있으며, 소변에 포도당이 있는 경우 효소 A에 의해 포도당이 산화되어 검사지가 청색으로 변한다. 검사지가 진한 청색이면 당뇨병 검사를 추가로 진행한다.

효소 A에 대한 설명으로 옳은 것만을 〈보기〉에서 있는 대로 고른 것은?

| 보기 |
ㄱ. 주성분은 단백질이다.
ㄴ. 포도당이 산화되는 반응을 촉매한다.
ㄷ. 포도당 산화 반응에서 소모되어 사라진다.

① ㄱ　　　　② ㄷ　　　　③ ㄱ, ㄴ
④ ㄴ, ㄷ　　　⑤ ㄱ, ㄴ, ㄷ

18

그림은 세포막의 구조를 나타낸 것이다. ㉠과 ㉡은 각각 막단백질과 인지질 중 하나이다.

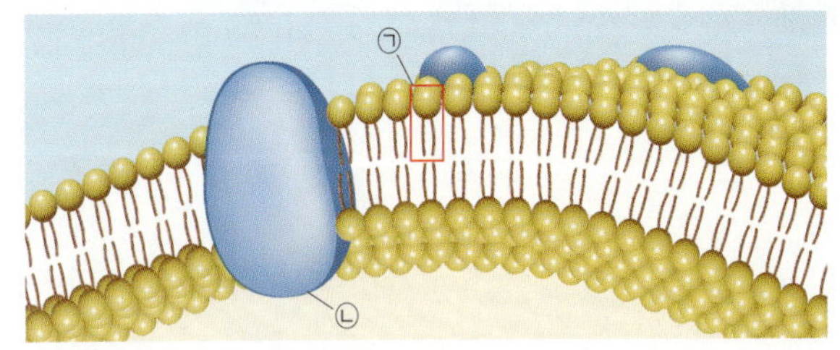

이에 대한 설명으로 옳지 <u>않은</u> 것은?

① 세포막은 선택적 투과성을 가진다.
② 세포막은 인지질 이중층 구조를 가진다.
③ ㉠에는 친수성 부위와 소수성 부위가 모두 있다.
④ ㉠을 통해 세포막을 통과하는 물질에는 포도당이 있다.
⑤ ㉡은 세포막을 관통하고 있는 막단백질이다.

19 서술형

다음은 물 분자는 통과하고 설탕 분자는 통과하지 못하는 인공막을 이용한 물질의 이동 실험이다.

| 실험 과정 및 결과 |

(가) 20 % 설탕 수용액이 일정량 들어 있는 인공막 주머니 X를 용액이 새지 않도록 묶고 X의 부피를 측정한 다음, 증류수가 들어 있는 비커에 넣는다.

(나) 일정 시간 후 X의 부피를 측정하였더니 X의 부피가 변화하였음을 확인하였다.

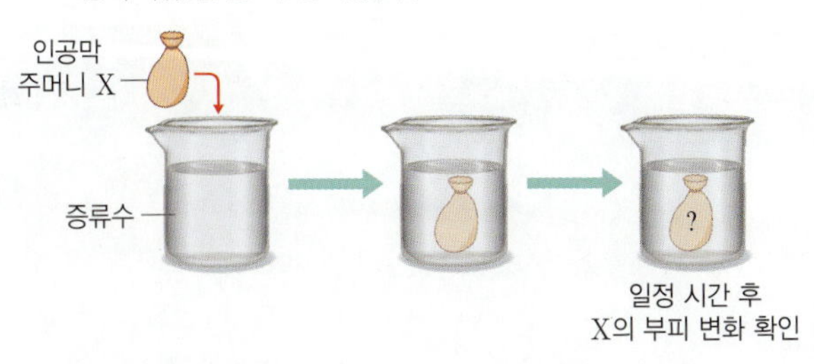

(나)에서 인공막 주머니 X의 부피는 어떻게 변화했는지 쓰고, 그렇게 생각한 까닭을 세포막을 통한 물질의 이동과 연관 지어 설명하시오.

20

다음은 세포 내 유전정보의 흐름을 나타낸 것이다.

이에 대한 설명으로 옳은 것만을 〈보기〉에서 있는 대로 고른 것은?

보기
ㄱ. DNA는 뉴클레오타이드로 구성된다.
ㄴ. (가) 과정에서 DNA의 염기 아데닌(A)에 상보적인 RNA의 염기는 유라실(U)이다.
ㄷ. (나) 과정에서는 라이보솜이 관여한다.

① ㄱ   ② ㄷ   ③ ㄱ, ㄴ
④ ㄴ, ㄷ   ⑤ ㄱ, ㄴ, ㄷ

21

그림 (가)~(다)는 각각 DNA, RNA, 단백질을 순서 없이 나타낸 것이다.

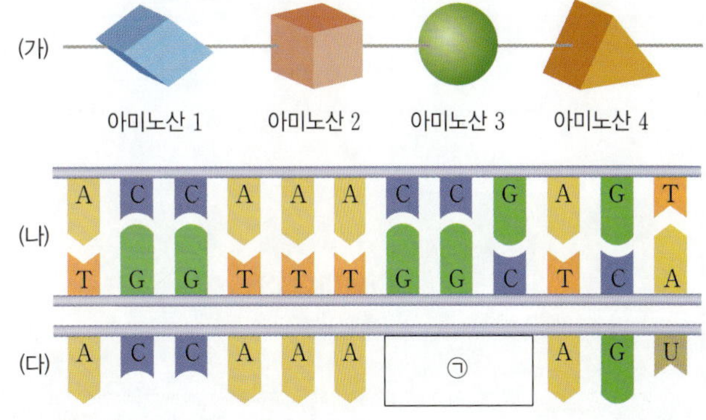

이에 대한 설명으로 옳은 것만을 〈보기〉에서 있는 대로 고른 것은?

보기
ㄱ. (가)~(다)를 유전정보의 흐름에 따라 나열하면 (다) → (나) → (가)이다.
ㄴ. ㉠의 염기서열은 CCG이다.
ㄷ. (다)에 코돈이 있다.

① ㄱ   ② ㄴ   ③ ㄷ
④ ㄴ, ㄷ   ⑤ ㄱ, ㄴ, ㄷ

CHECK LIST

SUMMARY

메모
CHECK LIST
SUMMARY

엔픽

통합과학1

시험대비편

Mirae N 에듀

시험 대비편

개념 확인하기 01강 | 과학의 기초

01 다음 ( ) 안에 들어갈 알맞은 말을 쓰시오.

> 자연을 탐구할 때는 자연 현상이 일어나는 시간과 공간의 크기 범위인 (㉠)을/를 고려하여 적절한 단위를 사용해야 한다. 자연 세계는 크게 인간이 직접 경험할 수 있는 크기 이상의 (㉡) 세계와 원자 수준의 (㉢) 세계로 나눈다.

[02~06] 기본량과 단위에 대한 설명으로 옳은 것은 ◯표, 옳지 <u>않은</u> 것은 ✕표 하시오.

02 기본량은 여러 가지 물리량 중 기본이 되는 물리량이다.
(   )

03 기본량은 다른 기본량의 조합을 이용해 나타낼 수 있다.
(   )

04 속력은 기본량 중 하나이다. (   )

05 국제도량형총회에서 시간과 길이를 포함하여 7가지의 기본량을 정했다. (   )

06 국제단위계에서 온도의 단위는 ℃이다. (   )

[07~10] 각 기본량과 기본 단위를 옳게 연결하시오.

07 시간 • • ㉠ m(미터)

08 질량 • • ㉡ s(초)

09 길이 • • ㉢ A(암페어)

10 전류 • • ㉣ kg(킬로그램)

11 다음 ( ) 안에 들어갈 알맞은 말을 쓰시오.

> 속력의 단위는 (㉠)의 단위인 m(미터)와 (㉡)의 단위인 s(초)를 이용해 나타낼 수 있다.

12 측정 표준의 유용성과 필요성으로 적절한 것만을 〈보기〉에서 있는 대로 고르시오.

> 보기
> ㄱ. 산업 분야간 협업에 유용하다.
> ㄴ. 측정 도구 없이도 측정이 가능하다.
> ㄷ. 신뢰할 수 있는 측정 결과를 얻을 수 있다.

13 일상생활에서 측정 표준을 사용한 사례로 적절한 것만을 〈보기〉에서 있는 대로 고르시오.

> 보기
> ㄱ. 방 넓이는 5평이고 가로 길이는 4 m이다.
> ㄴ. 내가 친 셔틀콕의 최고 속력은 91 m/s이다.
> ㄷ. 오늘 낮 최고 온도는 30 ℃이고 일교차는 6 ℃이다.

14 그림은 센서를 이용해 사람이 감지할 수 없는 신호를 측정하여 컴퓨터에서 처리할 수 있는 신호로 변환한 것을 나타낸 것이다.

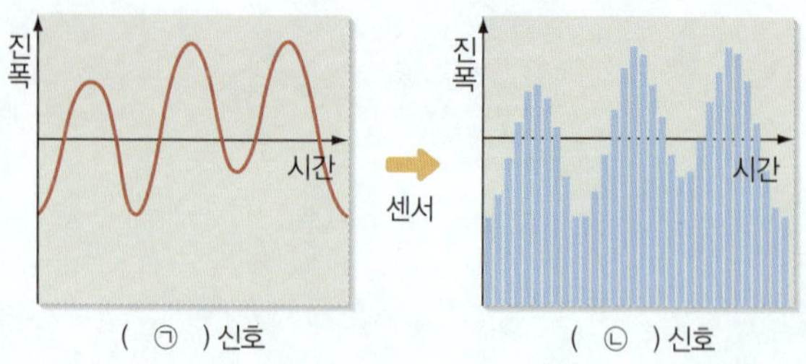

㉠, ㉡에 해당하는 신호의 종류를 쓰시오.

02강 | 우주 초기에 생성된 원소

[01~03] 스펙트럼의 이름과 모습을 옳게 연결하시오.

01 연속 스펙트럼 ·  · ㉠

02 방출 스펙트럼 ·  · ㉡

03 흡수 스펙트럼 ·  · ㉢

[04~07] 스펙트럼에 대한 설명으로 옳은 것은 ○표, 옳지 않은 것은 ✕표 하시오.

04 태양의 스펙트럼은 연속 스펙트럼이다. (   )

05 흡수 스펙트럼에 나타나는 흡수선은 원소가 특정 파장의 빛을 흡수하기 때문이다. (   )

06 별의 스펙트럼을 분석하면 별의 구성 원소를 알아낼 수 있다. (   )

07 스펙트럼 분석을 통해 우주에는 헬륨이 가장 많다는 것을 알아냈다. (   )

08 다음 (   ) 안에 들어갈 알맞은 말을 쓰시오.

> 물질은 원자로 이루어져 있고 원자는 (㉠)와/과 전자로 이루어져 있다. (㉠)은/는 양성자와 (㉡)(으)로 이루어져 있으며, 양성자와 (㉡)은/는 (㉢)(으)로 이루어져 있다.

[09~10] 그림은 빅뱅 우주론에 따른 우주의 변화를 나타낸 것이다. 옳은 것은 ○표, 옳지 않은 것은 ✕표 하시오.

09 시간이 흐를수록 우주의 온도는 높아진다. (   )

10 시간이 흐를수록 우주의 밀도는 감소한다. (   )

[11~14] 그림은 우주 초기의 입자 생성 과정을 나타낸 것이다. 옳은 것은 ○표, 옳지 않은 것은 ✕표 하시오.

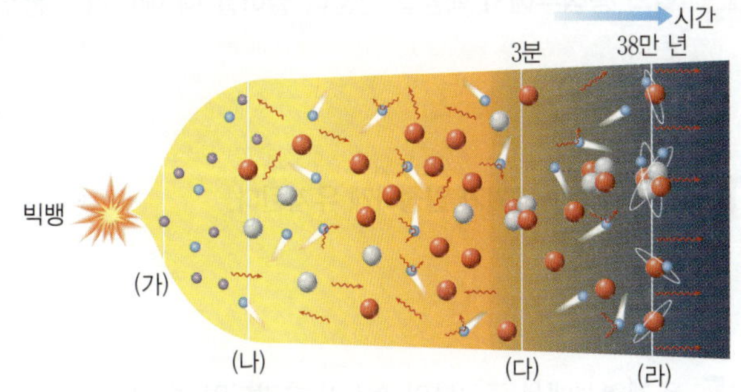

11 (가) 시기에 기본 입자인 쿼크와 전자가 생성되었다. (   )

12 (나) 시기에 양성자와 중성자가 결합해 헬륨 원자핵이 생성되었다. (   )

13 우주 배경 복사는 (다) 시기에 생성되었다. (   )

14 (라) 시기에 수소와 헬륨의 질량비는 약 3 : 1이다. (   )

개념 확인하기 **03**강 | 별의 진화와 원소의 생성

01 다음 (　　) 안에 들어갈 알맞은 말을 쓰시오.

> 수소, 헬륨, 먼지 등으로 이루어진 성간 물질이 한 곳에 모여 (　㉠　)을/를 형성한다. (　㉠　)에 성간 물질이 계속 모이면 (　㉡　)에 의해 수축하면서 원시별이 만들어진다. (　㉡　) 수축이 계속되어 중심부의 온도가 1000 만 K 이상이 되면 (　㉢　) 핵융합 반응이 시작된다.

[02~05] 별의 진화에 대한 설명으로 옳은 것은 ○표, 옳지 <u>않은</u> 것은 ×표 하시오.

02 별의 중심부에서 수소 핵융합 반응이 일어나면 헬륨이 만들어진다. (　　)

03 별의 중심부에서 핵융합 반응이 일어날 때 에너지가 흡수된다. (　　)

04 주계열성은 크기가 일정하게 유지된다. (　　)

05 주계열성에서 중심부의 수소가 고갈되면 중심부의 헬륨핵은 팽창한다. (　　)

06 그림은 중심부에서 핵융합 반응이 끝난 질량이 다른 두 별의 내부 구조를 나타낸 것이다.

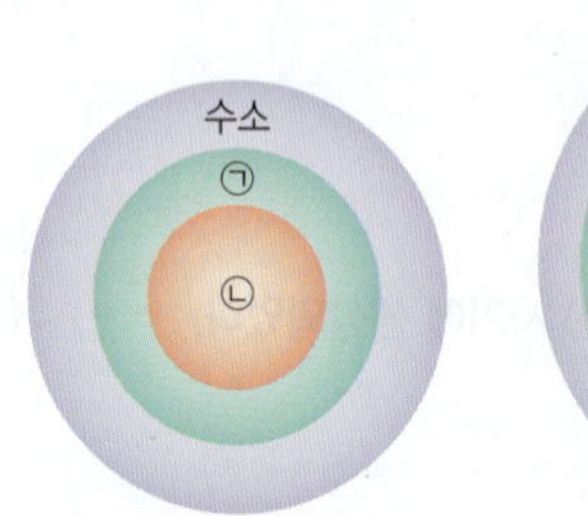

질량이 태양과 비슷한 별

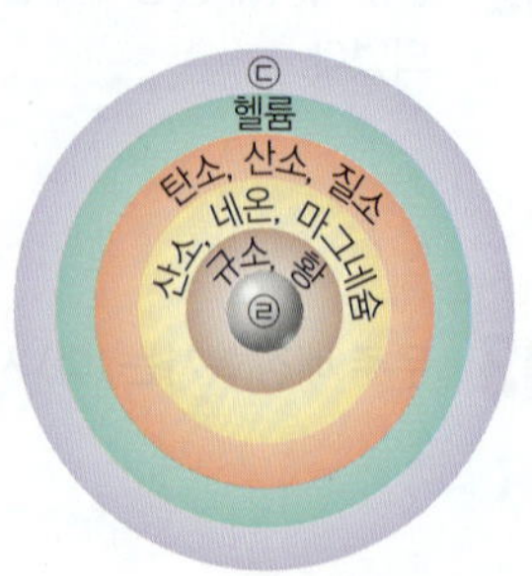

질량이 태양보다 매우 큰 별

㉠~㉣에 들어갈 원소를 쓰시오.

07 금, 은, 우라늄 등 철보다 무거운 원소는 별의 진화 과정 중 어느 과정에서 만들어지는지 쓰시오.

08 태양계 형성 과정을 순서대로 나열하시오.

> (가) 태양계 성운 형성
> (나) 미행성체 형성과 원시 행성 형성
> (다) 태양계 성운의 수축과 회전
> (라) 태양계 형성
> (마) 원시 태양 형성

[09~14] 태양계와 지구의 형성에 대한 설명으로 옳은 것은 ○표, 옳지 <u>않은</u> 것은 ×표 하시오.

09 지구형 행성은 주로 암석과 금속으로 이루어졌다. (　　)

10 목성형 행성은 지구형 행성보다 태양과의 거리가 가깝다. (　　)

11 지구는 형성 과정 중 표면이 모두 녹은 적이 있었다. (　　)

12 지구 중심부의 밀도는 지구 표면의 밀도보다 크다. (　　)

13 최초의 생명체는 육지에서 탄생했다. (　　)

14 지구와 생명체를 구성하는 원소는 우주와 별의 진화 과정을 통해 생성되었다. (　　)

04강 | 원소의 주기성

[01~04] 다음은 주기율표에 대한 설명이다. (   ) 안에 들어갈 알맞은 말을 쓰시오.

01 현대 주기율표는 원소를 (   ) 순서대로 배열하였다.

02 주기율표의 가로줄을 (㉠   )(이)라고 하고, 세로줄을 (㉡   )(이)라고 한다.

03 원자의 전자 배치에서 전자가 들어 있는 (   ) 수가 같은 원소는 같은 가로줄에 속한다.

04 같은 세로줄에 속하는 원소는 원자의 전자 배치에서 (   ) 수가 같다.

[05~08] 〈보기〉는 몇 가지 원소의 원소 기호이고, 그림은 주기율표의 원소를 3가지로 구분한 것이다. 물음에 답하시오.

보기
ㄱ. 수소(H)   ㄴ. 칼륨(K)   ㄷ. 플루오린(F)
ㄹ. 헬륨(He)   ㅁ. 네온(Ne)   ㅂ. 나트륨(Na)
ㅅ. 마그네슘(Mg)   ㅇ. 염소(Cl)   ㅈ. 리튬(Li)

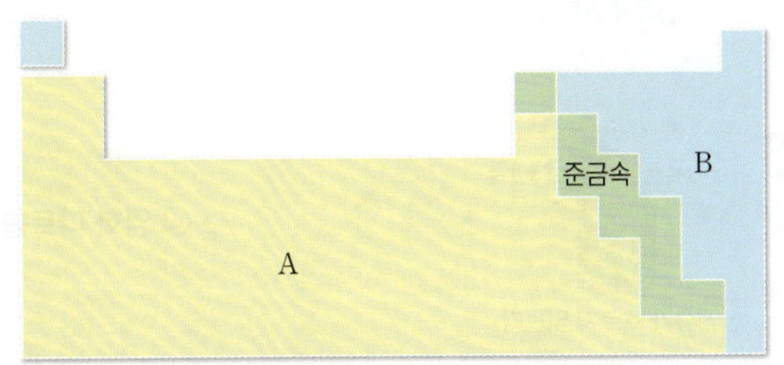

05 〈보기〉에서 할로젠을 있는 대로 고르시오.

06 〈보기〉에서 알칼리 금속을 있는 대로 고르시오.

07 〈보기〉에서 A 영역에 해당하는 원소를 있는 대로 고르시오.

08 〈보기〉에서 B 영역에 해당하는 원소를 있는 대로 고르시오.

[09~11] 그림은 주기율표에서 원소를 묶은 영역 (가)~(다)를 나타낸 것이다. 각각에 해당하는 원소가 포함된 영역을 고르시오.

09 알칼리 금속이다.   (   )

10 물과 격렬하게 반응하고, 반응한 뒤 수용액은 염기성을 띤다.
                          (   )

11 원자가 전자 수가 7이다.   (   )

12 다음 (   ) 안에 들어갈 알맞은 숫자를 쓰시오.

> 원자의 첫 번째 전자 껍질에는 최대 (㉠   )개의 전자가 채워지고, 원자 번호 3~18번에 해당하는 원자의 두 번째와 세 번째 전자 껍질에는 최대 (㉡   ) 개의 전자가 채워진다.

[13~15] 그림은 원자 A~D의 전자 배치를 모형으로 나타낸 것이다. 각각에 해당하는 원자를 있는 대로 고르시오. (단, A~D는 임의의 원소 기호이다.)

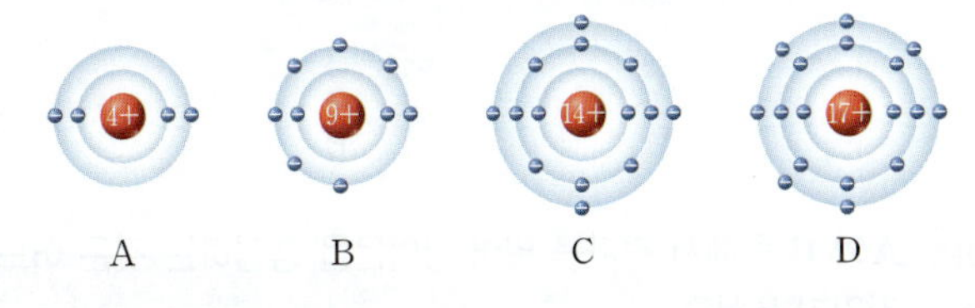

13 원자가 전자 수가 4이다.   (   )

14 2주기 원소이다.   (   )

15 화학적 성질이 유사하다.   (   )

05강 | 이온 결합과 공유 결합

[01~03] 다음은 화학 결합에 대한 설명이다. (   ) 안에 들어갈 알맞은 숫자나 말을 쓰시오.

01 18족이 아닌 원소들은 (   )족 원소와 같은 전자 배치를 하여 안정해지려는 경향이 있다.

02 이온 결합은 양이온과 음이온 사이에 (   ) 인력이 작용하여 형성되는 화학 결합이다.

03 공유 결합은 원자들이 (   )을/를 공유하여 형성되는 화학 결합이다.

[04~05] 다음은 이온의 형성에 대한 설명이다. (   ) 안에 들어갈 알맞은 말을 고르시오.

04 금속 원소의 원자는 전자를 (잃어, 얻어) 18족 원소와 같은 전자 배치를 한다.

05 비금속 원소의 원자는 전자를 (잃어, 얻어) 18족 원소와 같은 전자 배치를 한다.

[06~08] 그림은 원자 A, B의 전자 배치를 모형으로 나타낸 것이다. 물음에 답하시오. (단, A와 B는 임의의 원소 기호이다.)

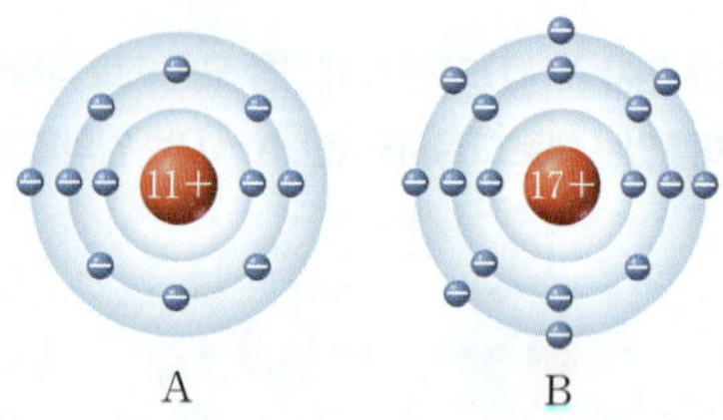

06 A와 B 중에서 전자를 잃어 양이온을 형성하는 것은 어느 것인지 쓰시오.

07 A와 B 중에서 18족 원소인 아르곤(Ar)과 같은 전자 배치를 하는 이온을 형성하는 것은 어느 것인지 쓰시오.

08 A와 B 사이의 결합으로 형성된 물질의 화학식을 쓰시오.

[09~11] 그림은 원자 A, B의 전자 배치를 모형으로 나타낸 것이다. 이에 대한 설명으로 옳은 것은 ○표, 옳지 <u>않은</u> 것은 ×표 하시오. (단, A와 B는 임의의 원소 기호이다.)

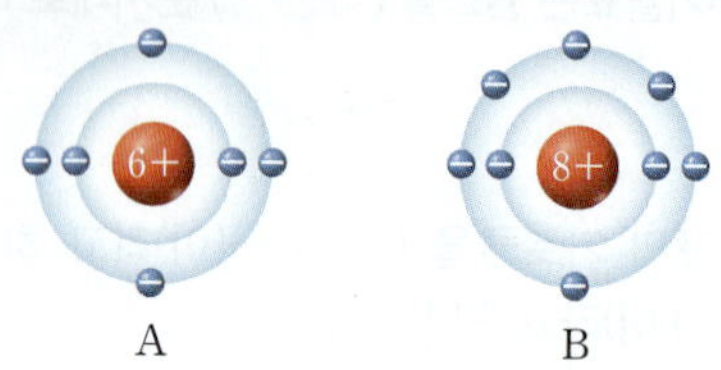

09 A와 B는 모두 비금속 원소이다. (   )

10 A와 B 사이에 형성되는 결합의 종류는 이온 결합이다. (   )

11 A와 B 사이의 결합으로 생성된 물질의 화학식은 AB_2 이다. (   )

[12~13] 수용액에 전원을 연결했을 때의 모습이 각각 어떤 물질에 해당하는지 옳게 연결하시오.

12

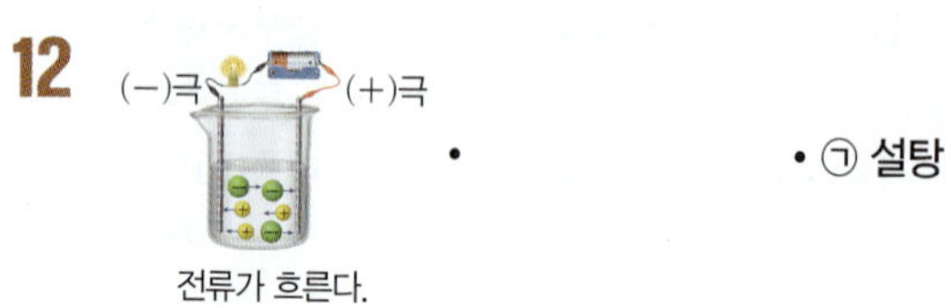

· · ㉠ 설탕

13

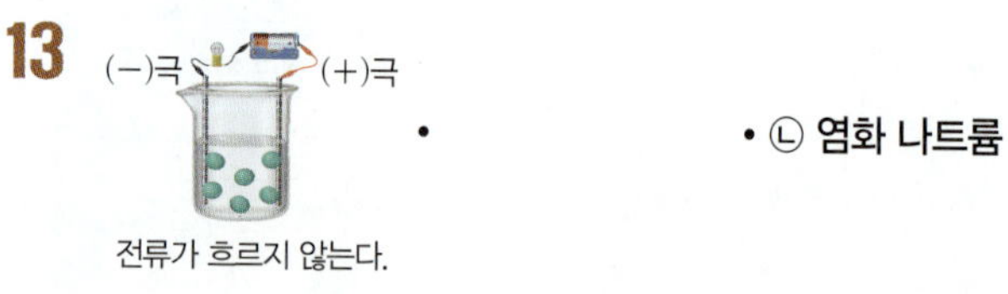

· · ㉡ 염화 나트륨

[14~15] 〈보기〉는 몇 가지 물질의 화학식을 나타낸 것이다. 물음에 답하시오.

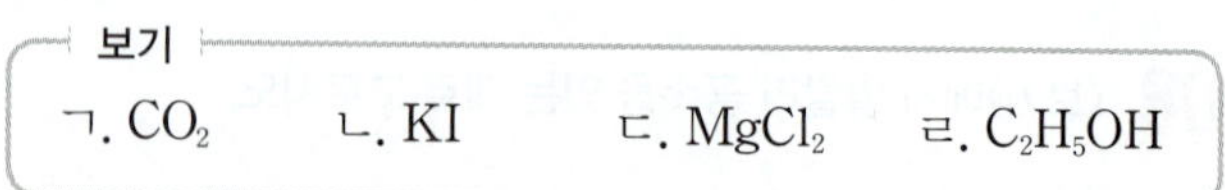

보기			
ㄱ. CO_2	ㄴ. KI	ㄷ. $MgCl_2$	ㄹ. C_2H_5OH

14 〈보기〉에서 공유 결합 물질을 있는 대로 고르시오.

15 〈보기〉에서 액체 상태 및 수용액에서 전원을 연결하면 전류가 흐르는 물질을 있는 대로 고르시오.

06강 지각과 생명체 구성 물질

[01~03] 그림은 규산염 광물의 기본 단위체인 규산염 사면체를 나타낸 것이다. 이에 대한 설명으로 옳은 것은 ○표, 옳지 <u>않은</u> 것은 ✕표 하시오.

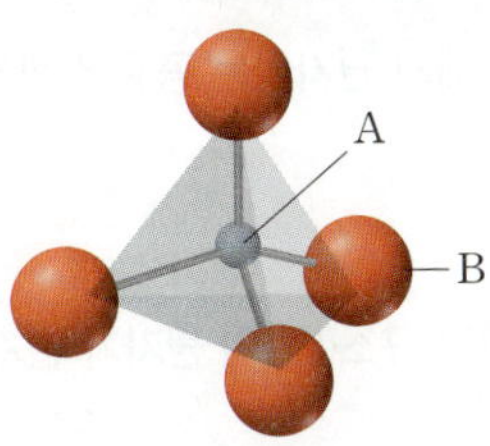

01 A는 규소(Si)이고, B는 산소(O)이다. ( )

02 A와 B는 공유 결합을 한다. ( )

03 규산염 광물을 형성할 때 이웃한 규산염 사면체 사이에 A 원자를 공유하며 결합한다. ( )

[04~06] 규산염 광물과 결합 구조를 옳게 연결하시오.

04 휘석 •

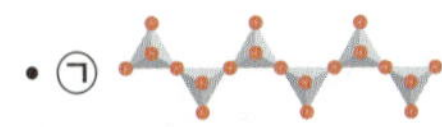
• ㉠

05 각섬석 •

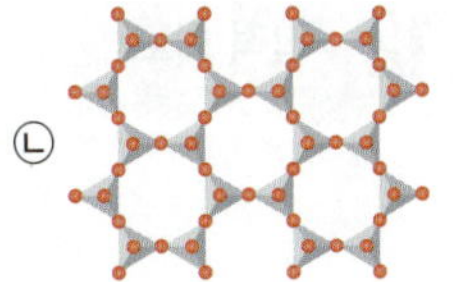
• ㉡

06 흑운모 •

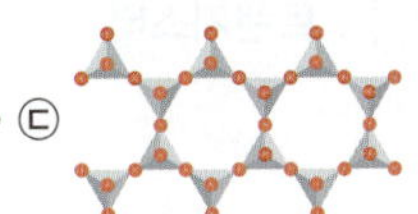
• ㉢

[07~09] 그림은 단백질을 구성하는 기본 단위체 A와 B 사이의 결합 과정을 나타낸 것이다. 물음에 답하시오.

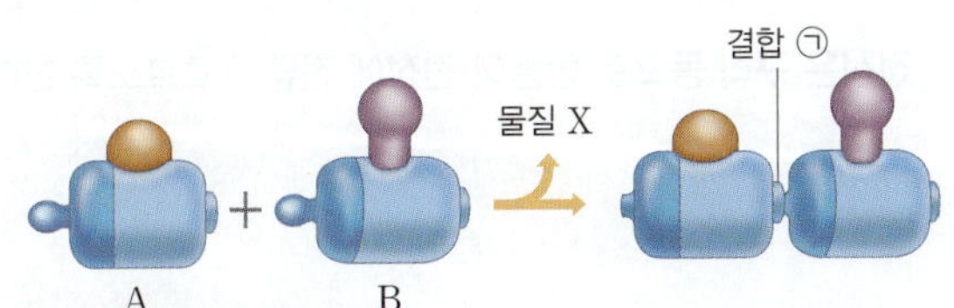

07 A와 B는 어떤 물질인지 쓰시오.

08 A와 B 사이에 형성되는 결합 ㉠을 쓰시오.

09 이 과정에서 빠져나가는 물질 X를 쓰시오.

[10~12] 그림은 뉴클레오타이드의 구조를 모형으로 나타낸 것이다. 이에 대한 설명으로 옳은 것은 ○표, 옳지 <u>않은</u> 것은 ✕표 하시오.

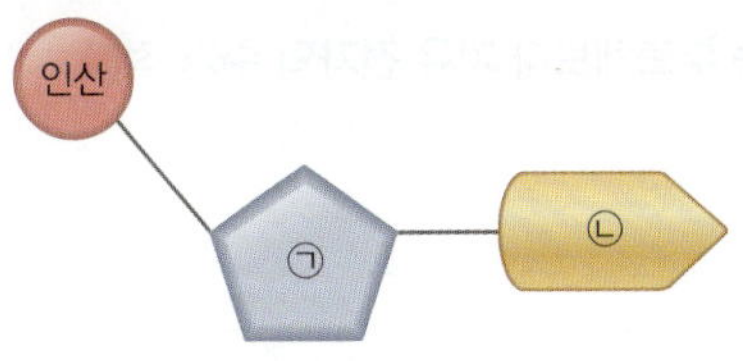

10 핵산의 기본 단위체이다. ( )

11 ㉠은 염기, ㉡은 당이다. ( )

12 DNA와 RNA는 ㉠의 종류가 다르다. ( )

[13~14] 그림 (가)와 (나)는 각각 DNA와 RNA 중 하나이다. 물음에 답하시오.

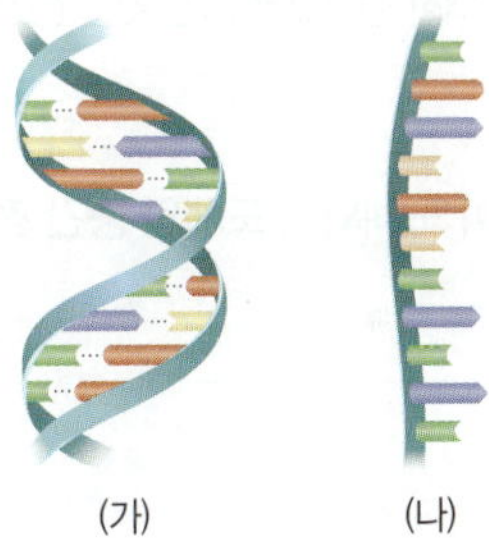

13 (가)의 구조를 무엇이라고 하는지 쓰시오.

14 (가)와 (나)는 DNA와 RNA 중에서 어느 것인지 각각 쓰시오.

[15~17] 다음 설명이 단백질에 해당하면 '단', RNA에 해당하면 'R', DNA에 해당하면 'D'라고 쓰시오.

15 유전정보를 전달하는 역할을 한다. ( )

16 유전정보를 저장하는 역할을 한다. ( )

17 기본 단위체의 종류와 수, 배열 순서에 따라 그 종류와 기능이 결정된다. ( )

개념 확인하기 **07**강 | 물질의 전기적 성질

[01~03] 물질의 전기적 성질에 대한 설명으로 옳은 것은 ○표, 옳지 <u>않은</u> 것은 ✕표 하시오.

01 도체는 부도체보다 자유 전자의 수가 적다. (　　)

02 전기 도선의 피복은 도체로 만든다. (　　)

03 부도체에서 전류가 잘 흐르지 못하는 까닭은 전자가 원자핵으로부터 쉽게 벗어날 수 없기 때문이다. (　　)

[04~06] 반도체에 대한 설명으로 옳은 것은 ○표, 옳지 <u>않은</u> 것은 ✕표 하시오.

04 전기 전도성이 도체와 부도체의 중간 정도인 물질이다. (　　)

05 전기 전도성을 감소시키기 위해 불순물을 첨가한다. (　　)

06 전자 또는 양공이 주로 전류를 흐르게 한다. (　　)

07 다음은 반도체에 대한 설명이다. (　　) 안에 들어갈 알맞은 말을 쓰시오.

> (　㉠　) 반도체는 순수 반도체에 원자가 전자가 5개인 원소를 첨가하여 (　㉡　)이/가 많아지도록 한 것이다.

[08~10] 순수 반도체에 대한 설명으로 옳은 것은 ○표, 옳지 <u>않은</u> 것은 ✕표 하시오.

08 순수 반도체에서 원자들은 공유 결합을 한다. (　　)

09 순수 반도체인 규소(Si)의 원자가 전자는 5개이다. (　　)

10 전기 전도성은 불순물 반도체가 순수 반도체보다 좋다. (　　)

[11~13] 반도체 소자와 활용된 반도체의 특성을 옳게 연결하시오.

11 다이오드　　•　　•㉠ 약한 신호를 큰 신호로 바꾼다.

12 집적 회로　　•　　•㉡ 교류를 직류로 바꾼다.

13 트랜지스터　　•　　•㉢ 전기 신호 및 데이터를 처리한다.

[14~16] 도체의 성질을 활용한 물체는 '도', 반도체의 성질을 활용한 물체는 '반', 부도체의 성질을 활용한 물체는 '부'로 표시하시오.

14 전선은 구리 등으로 만들어 전선에 전류가 흐르도록 한다. (　　)

15 절연 장갑은 전기 작업 시 전류가 손을 통해 몸으로 흐르는 것을 방지한다. (　　)

16 태양 전지는 빛을 비출 때 전류가 흐르는 성질을 이용한다. (　　)

개념 확인하기 08강 | 지구시스템의 구성과 상호작용

01 다음 (　　　) 안에 들어갈 알맞은 말을 쓰시오.

> 지구시스템의 구성 요소에는 기권, (　㉠　), 지권, 생물권, 외권이 있으며, 각각의 구성 요소가 (　㉡　) 하는 과정에서 물질의 순환과 에너지의 흐름이 나타난다.

[02~05] 그림 (가)는 기권의 높이에 따른 기온 분포를, (나)는 해수의 깊이에 따른 수온 분포를 나타낸 것이다. 물음에 답하시오.

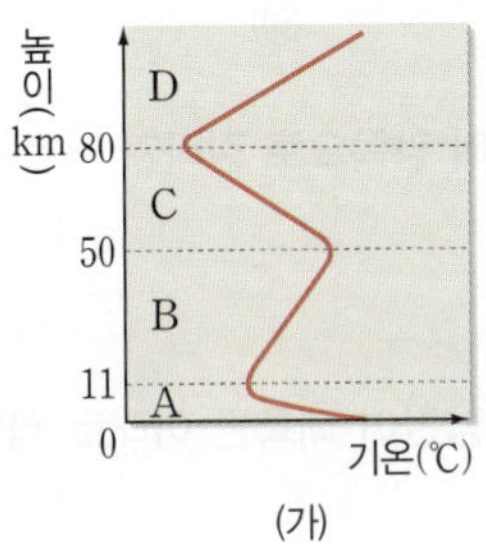
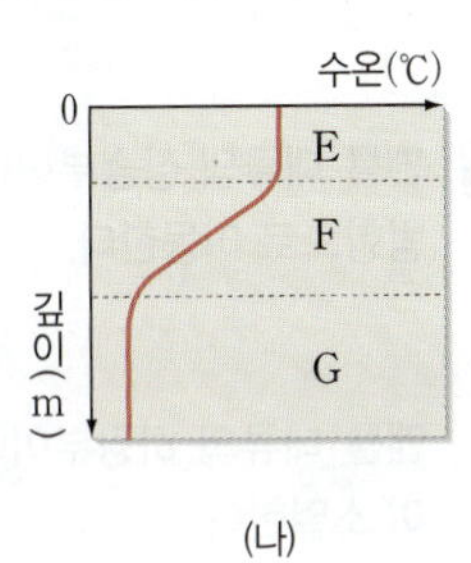

02 (가)에서 A~D층의 이름을 각각 쓰시오.

03 (나)에서 E~G층의 이름을 각각 쓰시오.

04 (가)에서 대류가 일어나는 층을 모두 골라 기호로 쓰시오. (　　　)

05 (나)에서 태양 에너지를 가장 많이 흡수하는 층을 골라 기호로 쓰시오. (　　　)

[06~07] 오른쪽 그림은 지권의 구조를 나타낸 것이다. 물음에 답하시오.

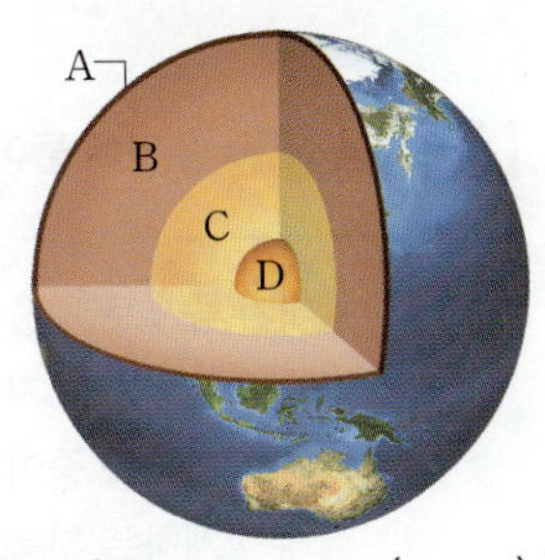

06 A~D층의 이름을 각각 쓰시오.

07 액체 상태인 층을 골라 기호로 쓰시오. (　　　)

08 다음은 지구시스템의 상호작용을 나타낸 것이다.

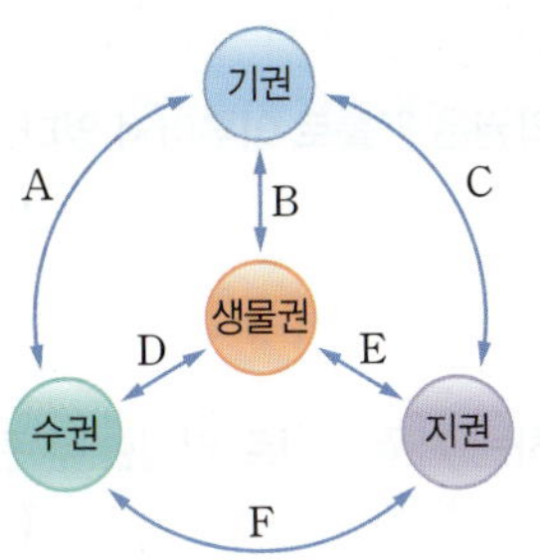

> (가) 화산 가스 방출
> (나) 지진에 의한 해일 발생
> (다) 바닷물의 탄산 이온을 이용한 해양 생물의 골격 형성

(가)~(다)의 현상은 어떤 상호작용에 해당하는지 A~F 중에서 골라 쓰시오.

[09~11] 다음 현상의 근원 에너지가 태양 에너지이면 '태', 지구 내부 에너지이면 '지', 조력 에너지이면 '조'라고 쓰시오.

09 대기와 해수의 순환이 일어난다. (　　　)

10 밀물과 썰물에 의해 해수면의 높이가 변한다. (　　　)

11 대륙이 이동하고 지진과 화산 활동이 일어난다. (　　　)

[12~14] 지구시스템에서 일어나는 물질의 순환과 에너지 흐름에 대한 설명으로 옳은 것은 ○표, 옳지 <u>않은</u> 것은 ✕표 하시오.

12 물의 순환을 일으키는 근원 에너지는 태양 에너지이다. (　　　)

13 하천수나 지하수의 형태로 육지의 물이 바다로 이동하는 과정에서 지형을 변화시킨다. (　　　)

14 화석 연료가 생성될 때 탄소는 지권에서 생물권으로 이동한다. (　　　)

09강 | 지권의 변화와 판 구조론

[01~04] 판 구조론과 지각 변동에 대한 설명으로 옳은 것은 ○표, 옳지 않은 것은 ✕표 하시오.

01 암석권은 지각으로, 연약권은 맨틀로 이루어져 있다.
( )

02 판의 경계 유형을 구분하는 기준은 서로 인접한 두 판의 상대적인 이동 방향이다.
( )

03 지진대와 화산대는 좁고 긴 띠 모양으로 나타나며, 지진대와 화산대의 분포는 대체로 일치한다.
( )

04 판의 경계에서는 모두 지진과 화산 활동이 활발하게 일어난다.
( )

[05~07] 판의 상대적인 이동 방향과 판의 경계 유형을 옳게 연결하시오.

05 
• ⓐ 발산형 경계

06 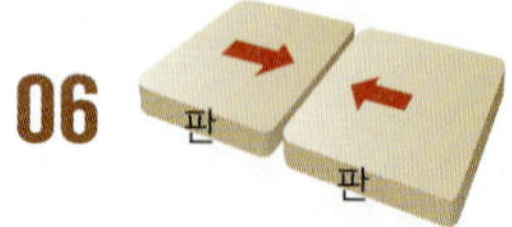
• ⓑ 수렴형 경계

07 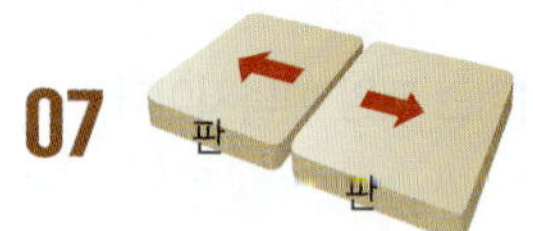
• ⓒ 보존형 경계

08 발산형 경계에서 나타나는 지형을 〈보기〉에서 있는 대로 고르시오.

> **보기**
> ㄱ. 해령 ㄴ. 해구
> ㄷ. 열곡대 ㄹ. 습곡 산맥
> ㅁ. 변환 단층

[09~12] 그림 (가)~(라)는 판의 경계를 모식적으로 나타낸 것이다. 각각의 특징에 해당하는 판의 경계를 찾아 기호를 쓰시오.

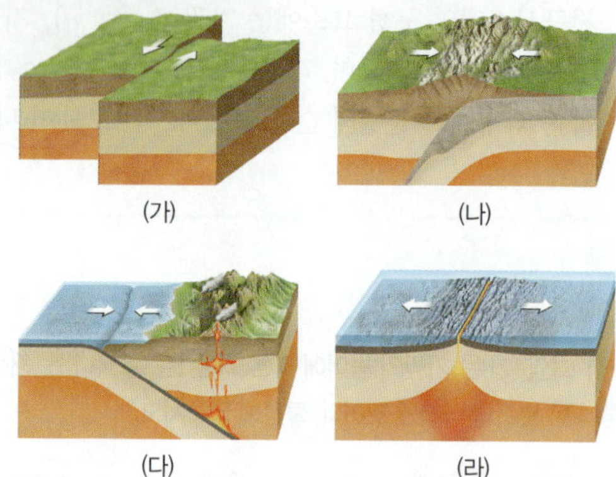

09 맨틀 대류의 상승부이며, 판이 양쪽으로 갈라져 서로 반대 방향으로 이동한다.
( )

10 맨틀 대류의 하강부이며, 해양판이 대륙판 아래로 섭입하여 소멸한다.
( )

11 두 판이 서로 어긋나게 스치며 이동한다.
( )

12 대륙판과 대륙판이 충돌하여 습곡 산맥이 형성된다.
( )

13 다음은 밀도가 서로 다른 두 판이 충돌하는 판의 경계에서 일어나는 현상이다. ( ) 안에 들어갈 알맞은 말을 고르시오.

> 밀도가 서로 다른 두 판이 충돌하면 밀도가 ⓐ (큰, 작은) 판이 밀도가 ⓑ (큰, 작은) 판 아래로 내려가는 섭입이 일어난다.

14 다음 ( ) 안에 들어갈 알맞은 말을 쓰시오.

> • 대기 중으로 방출된 (ⓐ)은/는 햇빛을 차단하여 일시적으로 기온이 낮아진다.
> • 지진 피해를 줄이기 위해 건축물이 지진에 잘 견디게 설계하는 것을 (ⓑ)(이)라고 한다.

개념 확인하기 **10**강 | 중력의 작용

[01~04] 중력에 대한 설명으로 옳은 것은 ○표, 옳지 <u>않은</u> 것은 ✕표 하시오.

01 질량이 클수록 물체에 작용하는 중력의 크기는 크다.
( )

02 질량이 있는 물체 사이에 상호작용 하는 힘이다. ( )

03 지구 주위를 공전하는 달에 작용하는 중력의 방향은 달의 운동 방향과 같다. ( )

04 지구 중력의 크기는 지표면에서 높은 곳으로 올라갈수록 커진다. ( )

05 다음은 중력에 의한 물체의 운동을 설명한 것이다. ( ) 안에 들어갈 알맞은 말을 쓰시오.

> 지표면 근처에서 자유 낙하 하는 물체의 운동은 매초 속력이 일정하게 (㉠)하는 (㉡) 운동을 한다.

06 다음은 수평 방향으로 던진 물체의 운동에 대한 설명이다. ( ) 안에 들어갈 알맞은 말을 쓰시오.

> 오른쪽 그림은 수평 방향으로 던진 물체의 위치를 일정한 시간 간격으로 나타낸 것이다. 물체는 수평 방향으로는 (㉠) 운동을 하고, 연직 방향으로는 (㉡) 운동을 한다.

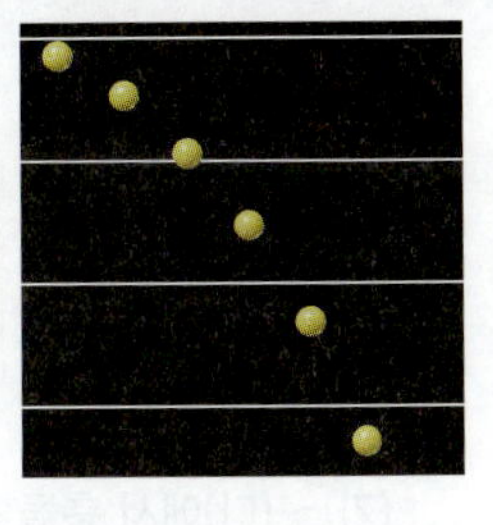

[07~09] 그림은 물체 A를 가만히 놓는 순간 같은 높이에서 물체 B를 수평 방향으로 던졌을 때, A와 B의 위치를 일정한 시간 간격으로 나타낸 것이다. A, B의 운동에 대한 설명으로 옳은 것은 ○표, 옳지 <u>않은</u> 것은 ✕표 하시오. (단, 물체의 크기, 공기 저항은 무시한다.)

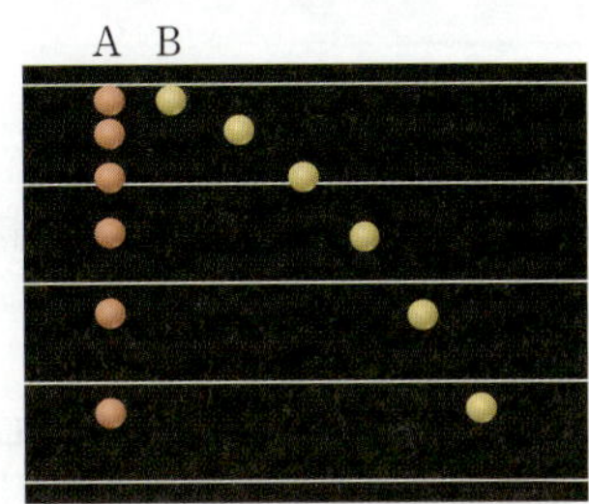

07 수평면에는 A가 B보다 먼저 도달한다. ( )

08 A와 B에 작용하는 중력의 방향은 같다. ( )

09 B를 더 큰 속력으로 수평 방향으로 던지면 수평면에는 B가 A보다 먼저 도달한다. ( )

10 다음은 뉴턴의 사고 실험에 대한 설명이다. ( ) 안에 들어갈 알맞은 말을 쓰시오.

> 뉴턴은 달이 지구로 떨어지지 않고 지구 주위를 공전하는 까닭을 ( )에 의한 운동으로 설명하였다.

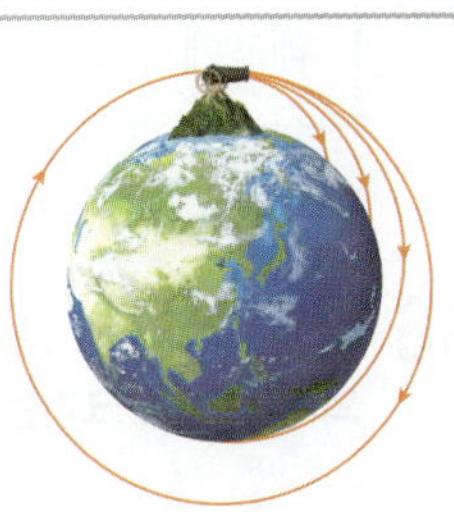

[11~12] 다음은 지구 주위를 공전하는 물체의 운동에 대한 설명이다. ( ) 안에 들어갈 알맞은 말을 쓰시오.

11 지구 주위를 공전하는 물체는 모두 지구로부터 ( )을/를 받는다.

12 지구 주위를 공전하는 물체는 지구 중심 방향의 ( ) 운동을 한다.

개념 확인하기 **11강** 역학 시스템과 안전

01 다음 (   ) 안에 들어갈 알맞은 말을 쓰시오.

> (㉠)은/는 물체가 현재의 운동 상태를 계속 유지
> 하려는 성질이고, 물체의 (㉡)이/가 클수록 크다.

[02~04] 운동량에 대한 설명으로 옳은 것은 ○표, 옳지 <u>않은</u> 것은 ✕표
하시오.

02 운동하는 물체의 질량을 속도로 나눈 양이다.　(　　)

03 운동량이 클수록 물체가 충돌할 때 나타나는 효과가 크다.
　(　　)

04 물체에 작용하는 힘의 방향이 물체의 운동 방향과 같으면
물체의 운동량의 크기는 증가한다.　(　　)

05 다음은 충돌 과정에서 물체에 작용하는 힘과 시간에 대한
설명이다. (   ) 안에 들어갈 알맞은 말을 쓰시오.

> 물체에 작용하는 힘과 힘이 작용한 시간의 곱을
> (㉠)(이)라고 하며, 힘을 시간에 따라 나타낸 그
> 래프에서 그래프 아랫부분의 (㉡)와/과 같다.

06 질량이 5 kg인 물체가 2 m/s의 속력으로 운동한다. 물체
의 운동량의 크기는 몇 kg·m/s인지 쓰시오.

07 물체에 5 N의 힘이 3초 동안 작용했을 때 물체가 받은 충
격량의 크기는 몇 N·s인지 쓰시오.

08 물체에 10 N의 힘이 5초 동안 작용했을 때 물체의 운동량
의 변화량의 크기는 몇 kg·m/s인지 쓰시오.

09 마찰이 없는 수평면에서 2 m/s의 속력으로 운동하던 질량
이 2 kg인 물체에 운동 방향으로 10 N·s의 충격량이 작
용했을 때, 물체의 속력은 몇 m/s인지 쓰시오.

10 그림 (가)는 단단한 바닥과 푹신한 방석에 각각 달걀을 같
은 높이에서 가만히 놓는 모습을 나타낸 것이고, (나)는 두
경우의 달걀이 충돌할 때 받는 힘을 시간에 따라 나타낸 것
이다.

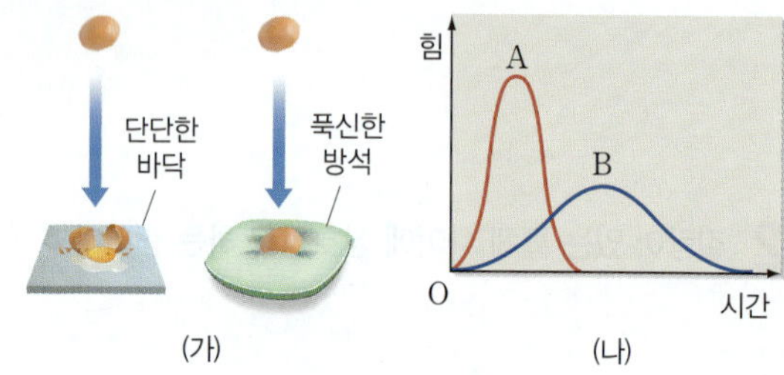

A와 B는 각각 어디로 떨어진 달걀이 받는 힘을 시간에 따
라 나타낸 것인지 쓰시오.

11 다음은 물체가 충돌할 때 물체에 작용하는 힘과 시간의 관
계를 설명한 것이다. (   ) 안에 들어갈 알맞은 말을 고
르시오.

> 물체에 작용한 충격량이 같을 때 충돌 시간이 ㉠(길,
> 짧을)수록 물체가 받는 힘이 ㉡(커져, 작아져) 물체
> 가 충격을 적게 받는다.

12 충돌할 때 물체가 받는 힘의 크기를 감소시키는 예를 〈보기〉
에서 있는 대로 고르시오.

> ┌ 보기 ┐
> ㄱ. 자전거 안장에 용수철을 부착한다.
> ㄴ. 번지 점프를 할 때 늘어나는 줄을 사용한다.
> ㄷ. 야구 선수가 공을 칠 때 방망이를 끝까지 휘두
> 　른다.

13 그림 (가)~(다)는 충돌 관련 안전장치를 나타낸 것이다.

(가) 보호 난간　　(나) 보호대와 안전모　　(다) 안전 매트

(가)~(다)에서 충돌할 때 물체가 받는 힘의 크기를 줄이기
위해 증가시키는 물리량은 무엇인지 쓰시오.

12강 | 생명 시스템에서의 화학 반응

01 다음 (　　　) 안에 들어갈 알맞은 말을 쓰시오.

> 생명체는 주변 환경 요인 및 다른 생명체와 상호작용하면서 하나의 시스템을 이루고 있다. 이를 (　㉠　)(이)라고 하며, (　㉠　)을/를 구성하는 기본 단위는 (　㉡　)이다.

[02~05] 그림 (가)와 (나)는 세포의 구조를 나타낸 것이다. (가)와 (나)는 각각 식물 세포와 동물 세포 중 하나이다. 물음에 답하시오.

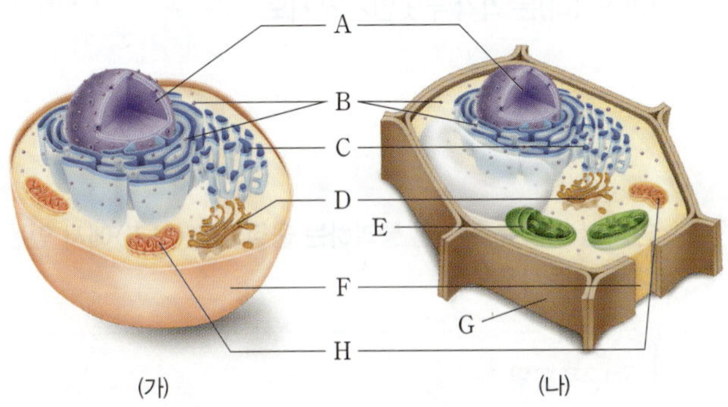

02 (가)와 (나)는 각각 무엇인지 쓰시오.

03 세포소기관 A~H의 이름을 각각 쓰시오.

04 유전물질인 DNA가 있어 세포의 생명활동을 조절하는 세포소기관의 기호를 쓰시오.　(　　　)

05 세포호흡이 일어나는 세포소기관의 기호를 쓰시오.　(　　　)

06 다음은 물질대사에 대한 설명이다. (　　　) 안에 들어갈 알맞은 말을 고르시오.

> 작고 간단한 물질을 크고 복잡한 물질로 합성하는 반응에서는 에너지가 ㉠(흡수, 방출)되고, 크고 복잡한 물질을 작고 간단한 물질로 분해하는 반응에서는 에너지가 ㉡(흡수, 방출)된다.

07 생명체에서 활성화에너지를 낮추어 화학 반응이 빠르게 일어나도록 도와주는 물질을 무엇이라고 하는지 쓰시오.

08 그림은 효소의 유무에 따른 에너지의 변화를 나타낸 것이다. 표의 (　　　) 안에 들어갈 알맞은 기호를 쓰시오.

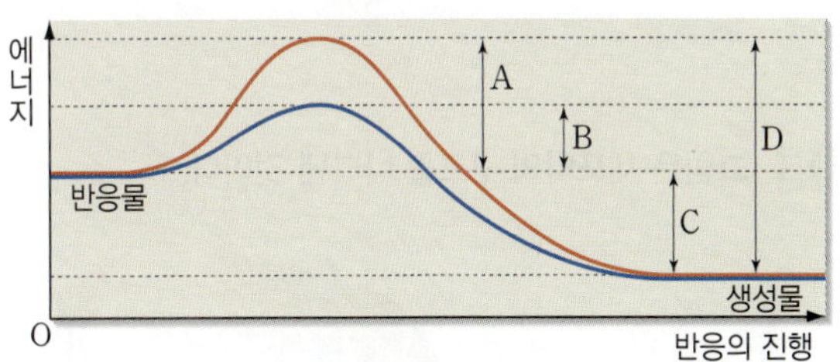

구분	활성화에너지	반응열
효소가 있을 때	(㉠)	C
효소가 없을 때	(㉡)	(㉢)

09 그림은 어떤 효소의 작용을 나타낸 것이다. A~C는 각각 반응물, 생성물, 효소 중 하나이다.

A~C는 각각 무엇인지 쓰시오.

[10~12] 각 효소의 활용 사례와 이용되는 효소를 옳게 연결하시오.

10 혈당 측정기　•　　　•㉠ 단백질분해효소

11 종이　•　　　•㉡ 섬유소 분해 효소

12 렌즈 세정제　•　　　•㉢ 포도당 산화효소

13장 세포막을 통한 물질 출입

[01~02] 다음 ( ) 안에 들어갈 알맞은 말을 쓰시오.

01 ( )은/는 세포와 세포를 둘러싸고 있는 환경 사이에서 물질의 출입을 조절한다.

02 물질의 종류, 크기 등에 따라 물질의 이동 방식이 다르게 나타나는 세포막의 특성을 ( )(이)라고 한다.

03 그림은 세포막의 구조를 나타낸 것이다.

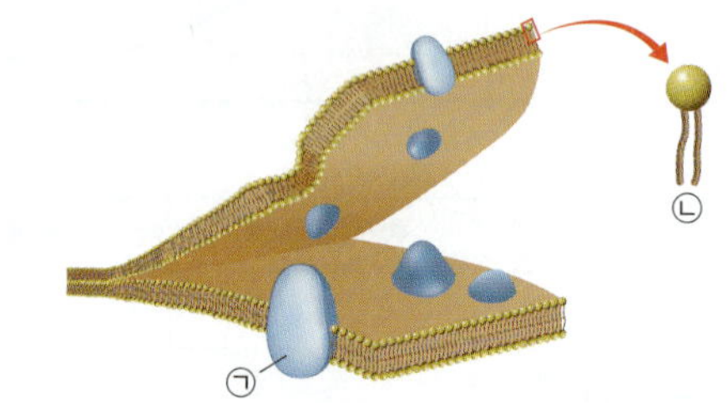

㉠과 ㉡은 각각 무엇인지 쓰시오.

[04~07] 세포막에 대한 설명으로 옳은 것은 ○표, 옳지 <u>않은</u> 것은 ✕표 하시오.

04 인지질 이중층 구조를 이루고 있다. ( )

05 세포막의 주성분은 인지질과 탄수화물이다. ( )

06 물질의 종류에 따라 선택적으로 투과시킨다. ( )

07 아미노산은 인지질 이중층을 직접 통과한다. ( )

08 다음은 세포막을 통한 물질의 이동 방식과 관련된 설명이다. ( ) 안에 들어갈 알맞은 말을 고르시오.

> 크기가 작은 물질이나 지용성 물질은 세포막을 경계로 농도가 ㉠(낮은, 높은) 곳에서 ㉡(낮은, 높은) 곳으로 인지질 이중층을 직접 통과한다.

09 그림은 세포막을 통한 물질의 이동 방식 (가)와 (나)를 나타낸 것이다. (가)와 (나)는 각각 막단백질을 통한 확산과 인지질 이중층을 통한 확산 중 하나이다.

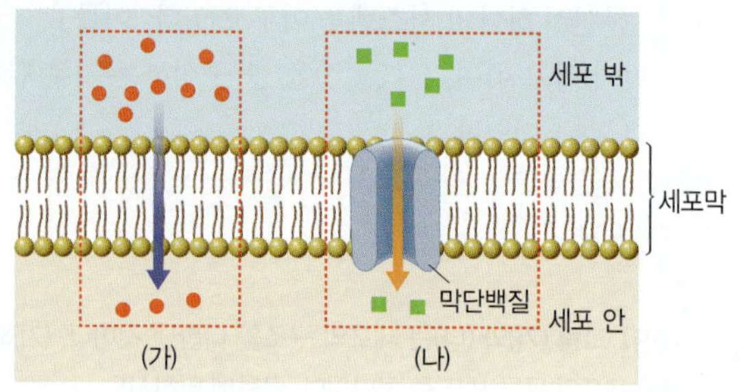

(가)와 (나)는 각각 무엇인지 쓰시오.

10 인지질 이중층을 직접 통과하는 물질만을 〈보기〉에서 있는 대로 고르시오.

> 보기
> ㄱ. 포도당
> ㄴ. 나트륨 이온
> ㄷ. 이산화 탄소

11 세포막을 경계로 하여 세포 안팎의 용질의 농도가 다를 때, 물 분자가 세포막을 통해 용질의 농도가 낮은 곳에서 높은 곳으로 이동하는 현상을 무엇이라고 하는지 쓰시오.

12 표는 적혈구를 농도가 서로 다른 용액 (가)~(다)에 각각 넣고 일정 시간이 지난 후의 모습을 나타낸 것이다. (가)~(다)는 각각 저장액, 등장액, 고장액 중 하나이다.

구분	(가)	(나)	(다)
적혈구			

(가)~(다)는 각각 무엇인지 쓰시오.

14강 | 세포 내 정보의 흐름

[01~03] 다음 (   ) 안에 들어갈 알맞은 말을 쓰시오.

01 고양이의 털 무늬, 사람의 머리카락 색깔 등과 같이 생물이 나타내는 여러 가지 특징을 (   )(이)라고 한다.

02 (   )은/는 DNA에서 각각의 형질에 대한 유전정보가 저장되어 있는 특정 부위이다.

03 DNA의 유전정보가 RNA로 전달되는 과정을 (   ), RNA의 유전정보에 따라 단백질이 합성되는 과정을 (   )(이)라고 한다.

[04~05] 그림은 사람의 세포에서 일어나는 세포 내 유전정보의 흐름을 나타낸 것이다. 물음에 답하시오.

04 (가)와 (나)가 일어나는 세포소기관의 이름을 순서대로 쓰시오.

05 ㉠에 들어갈 알맞은 말을 쓰시오.

[06~08] 유전부호에 대한 설명으로 옳은 것은 ○표, 옳지 <u>않은</u> 것은 ✕표 하시오.

06 DNA에서 연속된 3개의 염기가 1개의 아미노산을 지정한다. (   )

07 RNA의 코돈 1개가 아미노산 1개를 지정한다. (   )

08 유전부호는 약 20종류의 아미노산을 모두 지정할 수 없다. (   )

09 다음은 유전부호에 대한 설명이다. (   ) 안에 들어갈 알맞은 말을 고르시오.

- ㉠ (3염기조합, 코돈)은 1개의 아미노산을 지정하는 DNA의 연속된 3개의 염기이다.
- ㉡ (3염기조합, 코돈)은 1개의 아미노산을 지정하는 RNA의 연속된 3개의 염기이다.

[10~11] 그림은 어떤 DNA 이중 가닥 중 한 가닥의 염기서열을 나타낸 것이다. 물음에 답하시오.

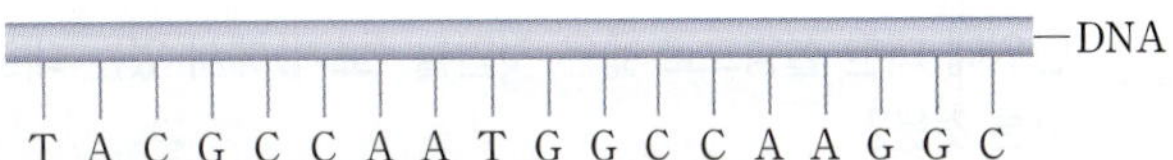

10 3염기조합의 최대 개수는 몇 개인지 쓰시오.

11 이 DNA 가닥으로부터 전사되어 만들어지는 RNA의 염기서열을 왼쪽에서부터 순서대로 쓰시오.

[12~13] 그림은 세포에서 일어나는 유전정보의 흐름을 나타낸 것이다. (가)와 (나)는 각각 번역과 전사 중 하나이다. 물음에 답하시오.

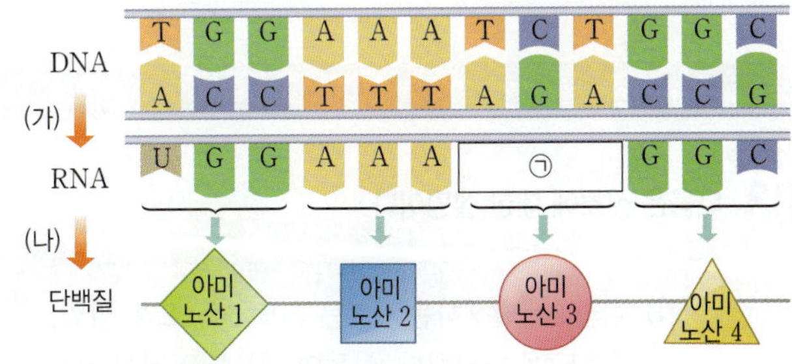

12 (가)와 (나)는 각각 무엇인지 쓰시오.

13 ㉠의 염기서열을 쓰시오.

난이도 하

01 다음 물리량 중 기본량이 <u>아닌</u> 것은?

① 전자의 전하량
② 태양 표면의 온도
③ 스마트 기기의 질량
④ 야구공이 날아간 시간
⑤ 안드로메다 은하까지의 거리

02 단위에 대한 설명으로 옳은 것만을 〈보기〉에서 있는 대로 고른 것은?

보기
ㄱ. 측정한 물리량을 숫자로 나타내기 위해 필요하다.
ㄴ. 과학기술이 발달해도 단위의 정의와 측정 방법은 바뀌지 않는다.
ㄷ. 측정 대상의 규모와 상관없이 국제단위계의 기본 단위를 사용한다.

① ㄱ   ② ㄴ   ③ ㄷ
④ ㄱ, ㄷ   ⑤ ㄴ, ㄷ

난이도 중

서술형

03 다음은 신호에 대한 설명이다.

(가) 자연에서 발생하는 신호는 온도, 빛, 소리, 압력, 가속도 등 다양하다. 이들의 대부분은 값이 연속적으로 변하는 (㉠)이다.
(나) 오늘날에는 0과 1로 이루어진 (㉡)을/를 이용한 정보 통신 기술의 발달로 대량의 정보를 신속하고 빠르게 전송하거나 처리할 수 있다.

센서의 역할을 ㉠, ㉡에 들어갈 용어를 이용해서 설명하시오.

04 다음 (가)~(라)는 여러 가지 규모의 측정 사례이다.

(가) 화석이나 주변 암석에 들어 있는 방사성 물질을 이용하여 화석이 생성된 시기를 알아낸다.
(나) 원자시계를 이용하여 $\frac{1}{수십억}$ 초까지 측정한다.
(다) 원자힘 현미경으로 흑연 표면의 탄소 원자 크기를 측정한다.
(라) 달 주변을 도는 탐사선에 레이저를 쏘아 지구와 달까지의 거리를 측정한다.

이에 대한 설명으로 옳은 것만을 〈보기〉에서 있는 대로 고른 것은?

보기
ㄱ. (가)와 (다)는 거시 세계 규모이다.
ㄴ. (다)와 (라)는 기본량 중 길이에 해당한다.
ㄷ. 측정 대상의 규모에 따라 측정 도구를 선택한다.

① ㄱ   ② ㄴ   ③ ㄷ
④ ㄱ, ㄷ   ⑤ ㄴ, ㄷ

05 그림은 노트북 컴퓨터에 관한 정보를 나타낸 것이다.

제품 상세 정보	
정격 전류	2 A
배터리 용량	4000 mAh
최대 사용 시간	10 시간 20 분
중앙 처리 장치 (CPU) 온도	평균 43 ℃
질량	약 1.6 kg

이에 대한 설명으로 옳은 것만을 〈보기〉에서 있는 대로 고른 것은?

보기
ㄱ. 세로 길이는 0.237 m이다.
ㄴ. 온도는 국제단위계의 기본 단위로 나타내었다.
ㄷ. 배터리 용량은 시간과 전류를 조합한 유도량이다.

① ㄱ   ② ㄴ   ③ ㄱ, ㄷ
④ ㄴ, ㄷ   ⑤ ㄱ, ㄴ, ㄷ

06 그림은 어림과 측정을 통해 눈금실린더 안의 액체의 부피를 확인하는 모습을 나타낸 것이다.

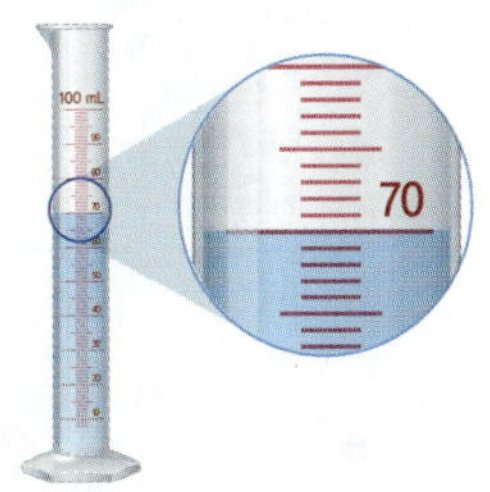

이에 대한 설명으로 옳은 것만을 〈보기〉에서 있는 대로 고른 것은?

보기
ㄱ. 어림은 근거 없이 막연하게 수행하는 활동이다.
ㄴ. 측정할 때는 적절한 단위와 도구를 사용해야 한다.
ㄷ. 길이를 측정할 때 측정 도구의 눈금과 일치하지 않으면 어림한다.

① ㄱ ② ㄷ ③ ㄱ, ㄴ
④ ㄱ, ㄷ ⑤ ㄴ, ㄷ

07 다음은 일상생활에서 정보에 대한 설명이다.

(가) 사회 관계망 서비스(SNS)를 이용해 ㉠사진이나 영상 등을 여러 사람과 공유할 수 있다.
(나) 영상이나 소리 등의 정보를 실시간으로 주고받으며 의사소통할 수 있다.
(다) 원격으로 제어 가능한 ㉡센서로 관측한 자료를 실시간으로 공유하고 분석할 수 있다.

이에 대한 설명으로 옳은 것만을 〈보기〉에서 있는 대로 고른 것은?

보기
ㄱ. ㉠은 아날로그 정보로 이루어져 있다.
ㄴ. (나)는 카메라나 마이크와 같은 센서가 필요하다.
ㄷ. ㉡은 디지털 정보 통신 기술을 이용해 전달된다.

① ㄱ ② ㄴ ③ ㄱ, ㄷ
④ ㄴ, ㄷ ⑤ ㄱ, ㄴ, ㄷ

08 다음은 조선 시대의 측정 기구에 대한 설명이다.

(가) 앙부일구는 시반면에 생긴 영침 그림자의 길이와 위치를 이용해 시간을 측정하는 해시계이다. 정밀한 해시계를 만들기 위해서는 관측 지점의 위도를 정확하게 알아야 하고 오랫동안 태양의 운동을 관측하고 기록해야 한다.
(나) 조선 시대 암행어사는 유척을 이용해 지방 관리가 정확하고 공정한 측정 도구를 이용하는지 감시할 수 있었다. 유척의 네 면에는 쓰임새에 따라 기준이 되는 다섯 가지 자가 새겨져 있다.

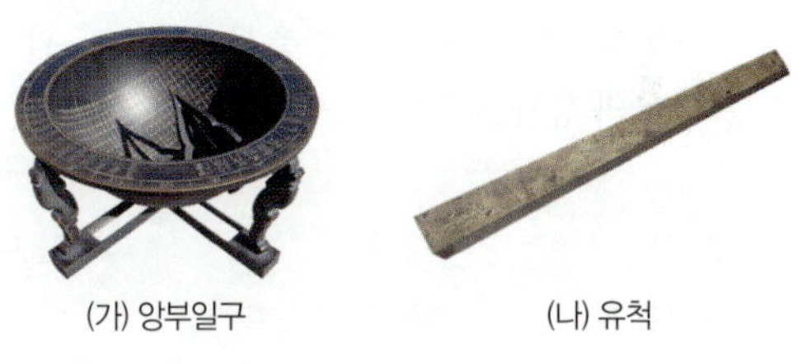

(가) 앙부일구 (나) 유척

이에 대한 설명으로 옳은 것만을 〈보기〉에서 있는 대로 고른 것은?

보기
ㄱ. 앙부일구는 천체의 운동을 이용해 시간을 측정한다.
ㄴ. 유척은 길이의 측정 표준이다.
ㄷ. 앙부일구와 유척은 정확한 측정을 위한 노력의 결과이다.

① ㄴ ② ㄷ ③ ㄱ, ㄴ
④ ㄱ, ㄷ ⑤ ㄱ, ㄴ, ㄷ

서술형

09 다음은 디지털 기반 정보 통신 기술의 발달에 관한 글이다.

아날로그 신호가 디지털 신호로 변환되면서 많은 양의 데이터를 빠르게 주고 받을 수 있게 되었다. 또 센서를 이용해 실시간으로 정보를 수집하고 전송할 수 있게 되었다. 그 결과 세계를 연결하는 데이터 통신 시대가 열렸다.

디지털 정보의 활용 사례를 2가지 설명하시오.

난이도 하

01 그림 (가)와 (나)는 방출 스펙트럼과 연속 스펙트럼을 순서 없이 나타낸 것이다.

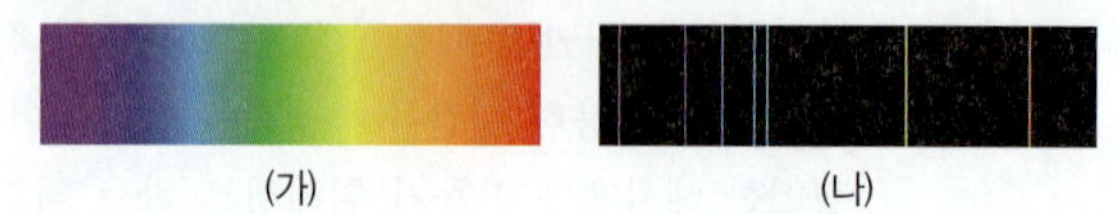

(가)   (나)

이에 대한 설명으로 옳은 것만을 〈보기〉에서 있는 대로 고른 것은?

| 보기 |

ㄱ. 연속 스펙트럼은 (가)이다.
ㄴ. 고온, 고밀도의 광원에서 나온 빛이 프리즘을 통과할 때 나타나는 스펙트럼은 (나)이다.
ㄷ. (나)에서 나타나는 방출선의 개수는 원소의 종류와 상관없이 동일하다.

① ㄱ   ② ㄴ   ③ ㄱ, ㄷ
④ ㄴ, ㄷ   ⑤ ㄱ, ㄴ, ㄷ

02 빅뱅 우주론에서 시간의 흐름에 따라 우주의 질량, 우주의 크기, 우주의 밀도는 어떻게 변화하는지 옳게 짝 지은 것은?

	우주의 질량	우주의 크기	우주의 밀도
①	일정	증가	증가
②	일정	증가	감소
③	증가	증가	증가
④	증가	일정	감소
⑤	감소	일정	일정

서술형

03 그림은 태양과 수소 방전관에서 나온 빛을 분광기로 관찰할 때의 모습을 나타낸 것이다.

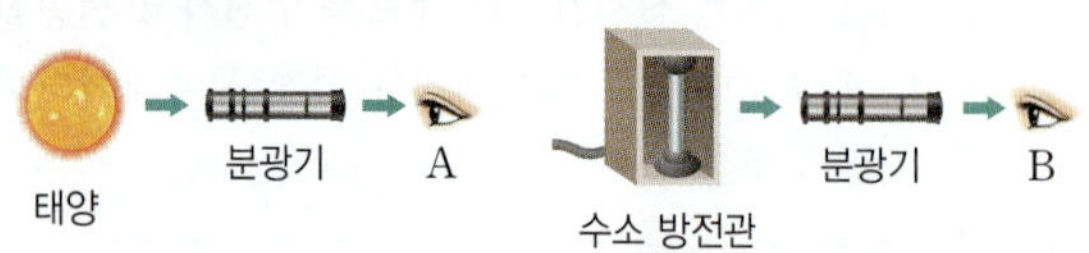

A와 B에서 관찰되는 스펙트럼의 종류를 설명하시오.

04 그림은 빅뱅 이후 우주에서 원자가 생성되는 과정의 일부를 순서 없이 나타낸 것이다.

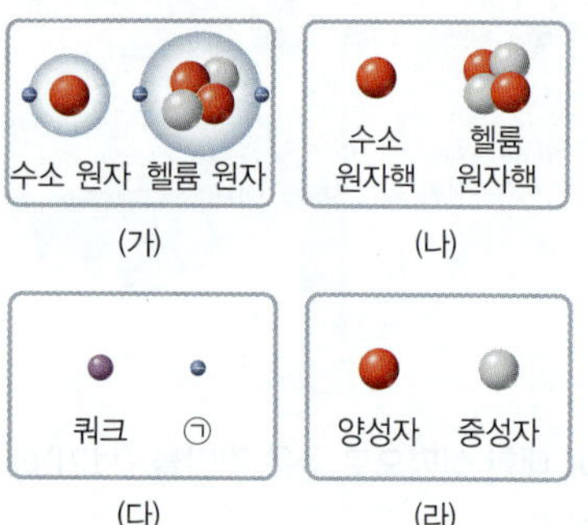

이에 대한 설명으로 옳은 것만을 〈보기〉에서 있는 대로 고르시오.

| 보기 |

ㄱ. ㉠은 전자이다.
ㄴ. 수소 원자핵은 양성자 1개로 이루어져 있다.
ㄷ. 원자가 생성되는 과정은 (다) → (라) → (나) → (가)이다.

05 그림 (가)와 (나)는 우주의 나이 10만 년과 38만 년일 때 우주의 일부 모습을 순서 없이 나타낸 것이다.

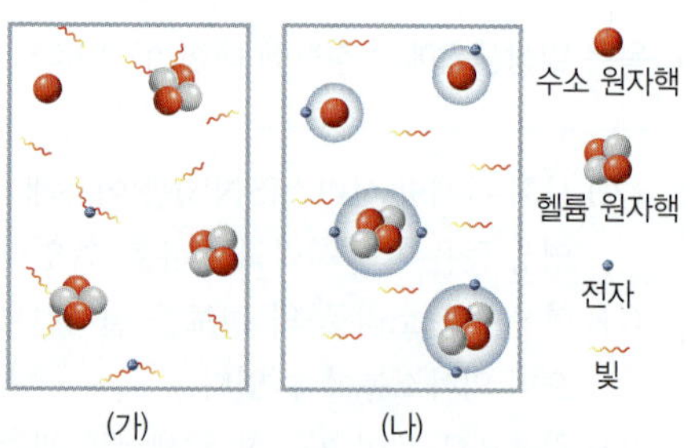

이에 대한 설명으로 옳은 것만을 〈보기〉에서 있는 대로 고른 것은?

| 보기 |

ㄱ. 우주의 나이 10만 년일 때의 모습은 (가)이다.
ㄴ. (나) 시기에 빛과 물질이 분리되어 우주는 투명해졌다.
ㄷ. (가) 시기에 수소 원자핵과 헬륨 원자핵의 질량비는 약 3 : 1이다.

① ㄱ   ② ㄷ   ③ ㄱ, ㄴ
④ ㄴ, ㄷ   ⑤ ㄱ, ㄴ, ㄷ

06 그림은 태양계가 형성되는 과정을 순서 없이 나타낸 것이다.

(가) 미행성체 형성

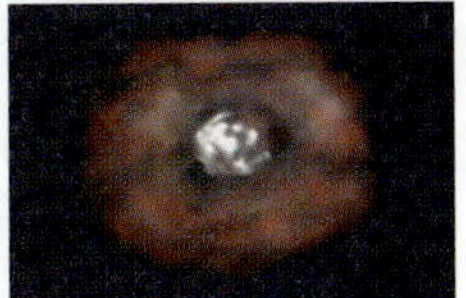

(나) 태양계 성운 형성

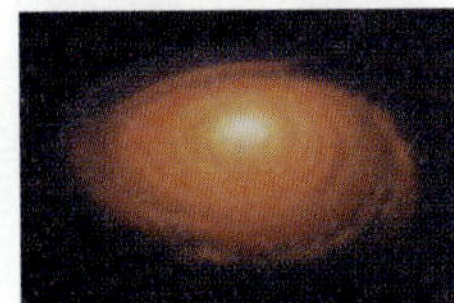

(다) 원시 태양과 원시 원반 형성

(라) 원시 행성 형성

태양계가 형성된 순서를 옳게 나열한 것은?

① (가) → (나) → (라) → (다)
② (나) → (다) → (가) → (라)
③ (나) → (가) → (다) → (라)
④ (다) → (가) → (나) → (라)
⑤ (다) → (나) → (가) → (라)

07 그림 (가)와 (나)는 각각 현재와 미래 어느 시점의 태양 내부 구조를 순서 없이 나타낸 것이다. A와 B는 각각 수소 핵융합 반응과 헬륨 핵융합 반응이 일어나는 영역 중 하나이다.

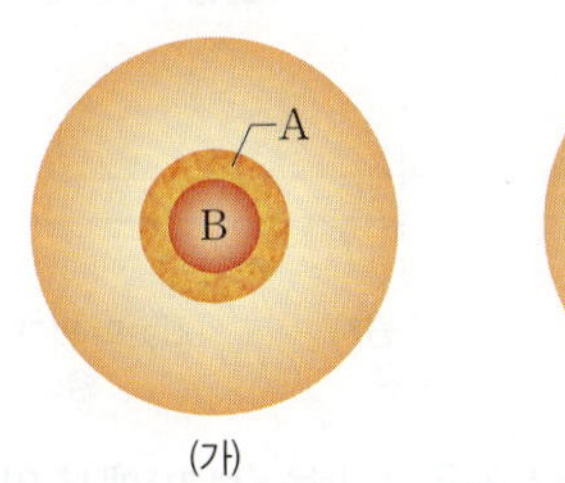

(가)

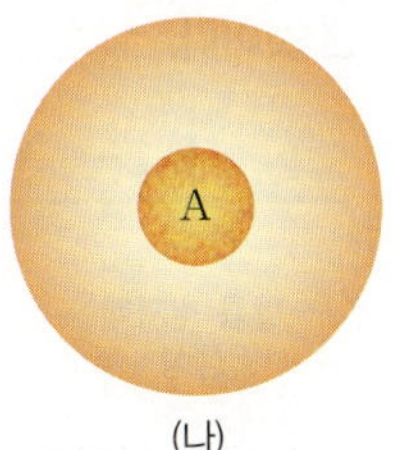

(나)

이에 대한 설명으로 옳은 것만을 〈보기〉에서 있는 대로 고른 것은?

> 보기
> ㄱ. 현재 태양의 내부 구조는 (가)이다.
> ㄴ. A는 수소 핵융합 반응이 일어나는 영역이다.
> ㄷ. 평균 온도는 B가 A보다 높다.

① ㄱ
② ㄷ
③ ㄱ, ㄴ
④ ㄴ, ㄷ
⑤ ㄱ, ㄴ, ㄷ

08 그림은 지구 진화 단계의 일부를 순서 없이 나타낸 것이다.

마그마 바다 형성	원시 지각과 원시 바다의 형성	핵과 맨틀의 분리
(가)	(나)	(다)

이에 대한 설명으로 옳은 것만을 〈보기〉에서 있는 대로 고른 것은?

> 보기
> ㄱ. 진화 순서는 (가) → (나) → (다) 순이다.
> ㄴ. 지구 중심부의 밀도는 (가)보다 (다)에서 크다.
> ㄷ. (나)에서 원시 바다는 대기 중의 수증기가 비로 내려 형성되었다.

① ㄱ
② ㄷ
③ ㄱ, ㄴ
④ ㄴ, ㄷ
⑤ ㄱ, ㄴ, ㄷ

09 그림 (가)~(다)는 우주, 지구, 사람을 구성하는 주요 원소의 질량비를 순서 없이 나타낸 것이다.

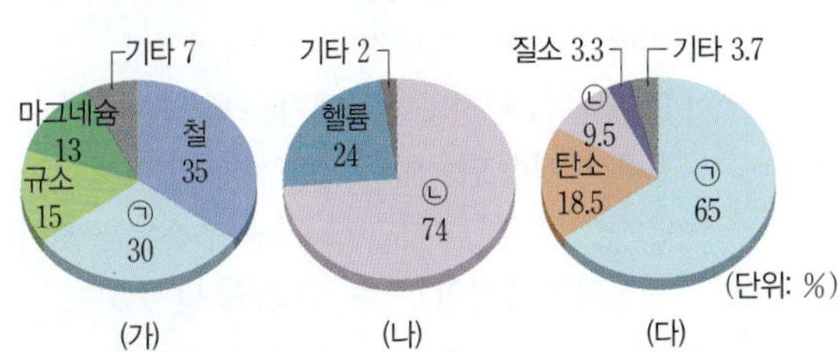

이에 대한 설명으로 옳은 것만을 〈보기〉에서 있는 대로 고른 것은?

> 보기
> ㄱ. ㉠은 산소이다.
> ㄴ. ㉤은 우주의 나이 약 38만 년일 때 생성되었다.
> ㄷ. 사람을 구성하는 주요 원소의 질량비는 (다)이다.

① ㄱ
② ㄷ
③ ㄱ, ㄴ
④ ㄴ, ㄷ
⑤ ㄱ, ㄴ, ㄷ

서술형

10 그림은 어느 별의 스펙트럼과 원소 A, B의 스펙트럼을 나타낸 것이다.

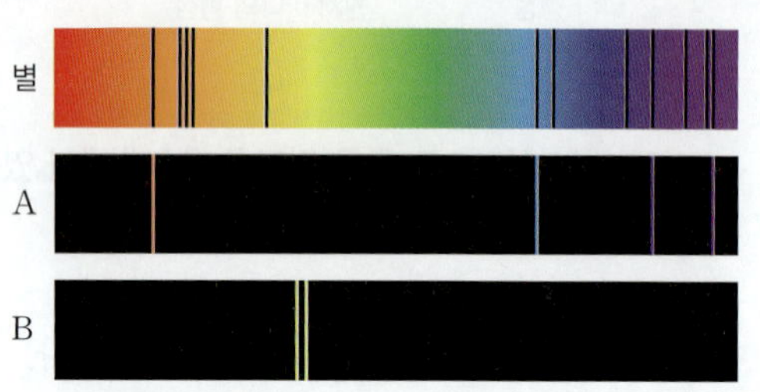

이 별의 구성 성분으로 A와 B가 포함되어 있는지 판단하고, 그렇게 생각한 까닭을 설명하시오.

11 다음은 우주론이 확립되는 과정에서 중요한 역할을 한 과학자 A~C에 대한 설명이다.

- A: 현재 우주를 이루고 있는 기본적인 입자들은 빅뱅 직후에 만들어졌다고 주장하였다.
- B: 우주가 팽창하면서 생기는 빈 공간에서 새로운 물질이 계속 만들어진다고 주장하였다.
- C: 통신 실험을 하던 중 빅뱅 우주론을 지지하는 결정적인 증거인 (㉠)을/를 발견했다.

이에 대한 설명으로 옳은 것만을 〈보기〉에서 있는 대로 고른 것은?

> **보기**
> ㄱ. A는 우주의 온도가 점점 낮아진다고 설명하였다.
> ㄴ. A와 B 모두 우주는 팽창한다고 설명하였다.
> ㄷ. 우주 배경 복사는 ㉠에 해당한다.

① ㄱ　　　　② ㄷ　　　　③ ㄱ, ㄴ
④ ㄴ, ㄷ　　　⑤ ㄱ, ㄴ, ㄷ

12 그림은 여러 외부 은하를 관측하여 구한 은하 A~I의 성간 기체에 존재하는 원소의 질량비를 나타낸 것이다.

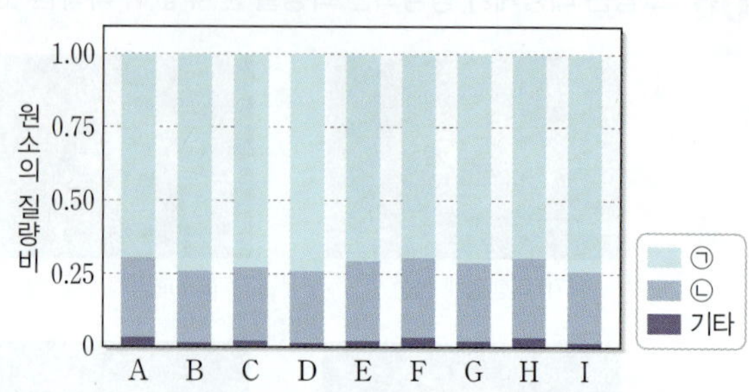

이에 대한 설명으로 옳은 것만을 〈보기〉에서 있는 대로 고른 것은?

> **보기**
> ㄱ. ㉠은 수소이다.
> ㄴ. ㉡은 헬륨 핵융합 반응을 통해 만들어지는 원소이다.
> ㄷ. 외부 은하의 스펙트럼 관측으로 외부 은하를 구성하는 원소의 질량비를 구할 수 있다.

① ㄱ　　　　② ㄴ　　　　③ ㄱ, ㄷ
④ ㄴ, ㄷ　　　⑤ ㄱ, ㄴ, ㄷ

13 그림은 빅뱅 이후 일어난 주요 사건을 시간 순서대로 나타낸 것이다.

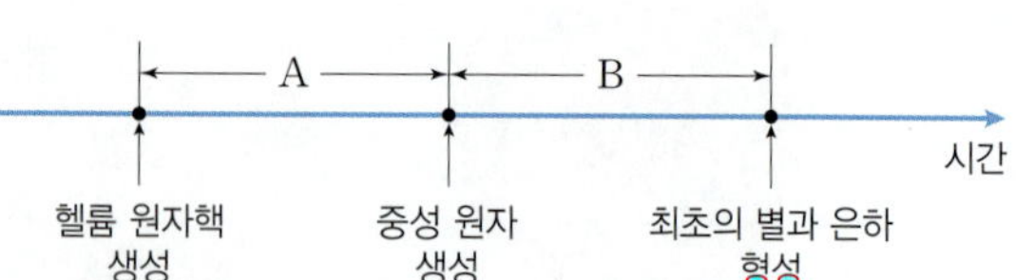

이에 대한 설명으로 옳은 것만을 〈보기〉에서 있는 대로 고른 것은?

> **보기**
> ㄱ. A 기간에 우주에서 전자가 생성되었다.
> ㄴ. B 기간에 우주에 가장 많은 원자는 헬륨이다.
> ㄷ. B 기간 동안 우주 배경 복사 온도는 3000 K 이하이다.

① ㄱ　　　　② ㄷ　　　　③ ㄱ, ㄴ
④ ㄴ, ㄷ　　　⑤ ㄱ, ㄴ, ㄷ

14 그림은 중심부에서 핵융합 반응이 끝난 두 별 (가)와 (나)의 내부 구조를 나타낸 것이다.

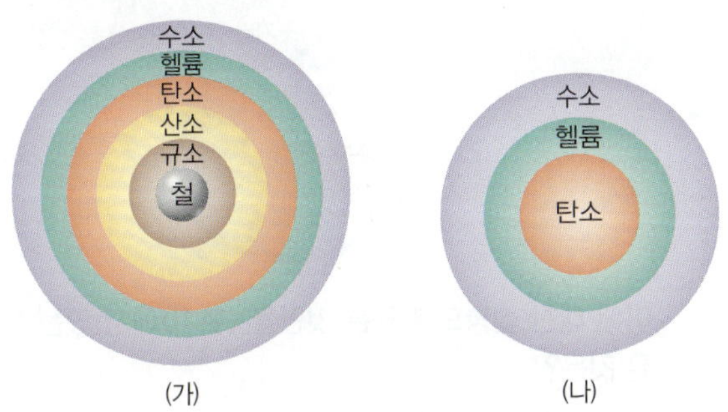

이에 대한 설명으로 옳은 것만을 〈보기〉에서 있는 대로 고른 것은?

보기
ㄱ. 별의 질량은 (가)가 (나)보다 크다.
ㄴ. 중심부의 온도는 (가)와 (나)가 같다.
ㄷ. (가)와 (나)는 시간이 지나도 새로운 원소를 생성하지 않는다.

① ㄱ 　② ㄷ 　③ ㄱ, ㄴ
④ ㄴ, ㄷ 　⑤ ㄱ, ㄴ, ㄷ

15 그림은 태양에서 일어나는 수소 핵융합 반응을 모식적으로 나타낸 것이다. 수소 원자핵 1개와 헬륨 원자핵 1개의 질량은 각각 m, M이다.

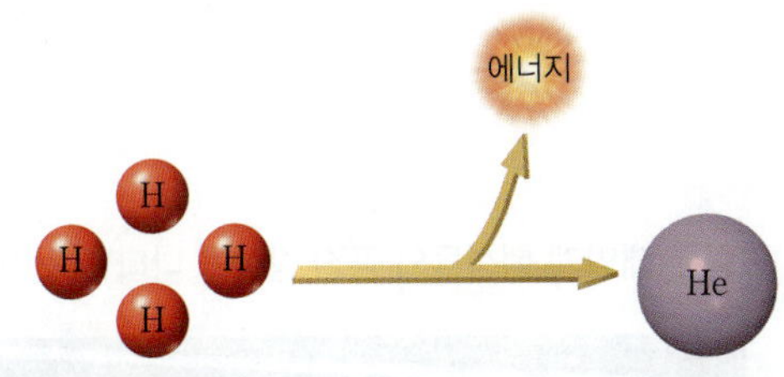

이에 대한 설명으로 옳은 것만을 〈보기〉에서 있는 대로 고른 것은?

보기
ㄱ. 4m > M이다.
ㄴ. 수소 핵융합 반응은 태양 전체에서 일어난다.
ㄷ. 태양에서 발생한 에너지는 전부 지구로 전달된다.

① ㄱ 　② ㄷ 　③ ㄱ, ㄴ
④ ㄴ, ㄷ 　⑤ ㄱ, ㄴ, ㄷ

서술형

16 별의 중심부에서 헬륨 핵융합 반응으로 생성되는 원소와 핵융합 반응 과정 중에 일어나는 에너지의 출입에 대해 설명하시오.

17 오른쪽 그림은 태양계의 형성 과정을 단계별로 나타낸 것이다. 이에 대한 설명으로 옳은 것만을 〈보기〉에서 있는 대로 고른 것은?

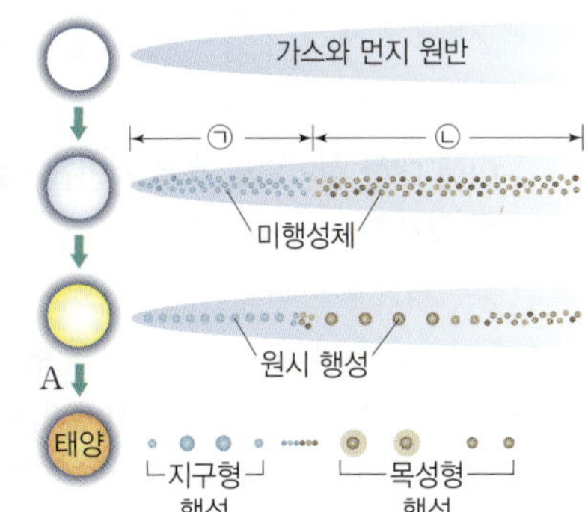

보기
ㄱ. 원반의 먼지에는 철과 니켈이 포함되어 있다.
ㄴ. 미행성체들을 구성하는 물질의 평균 밀도는 ㉠이 ㉡보다 크다.
ㄷ. A 과정에서 원시 지구의 질량은 증가한다.

① ㄱ 　② ㄷ 　③ ㄱ, ㄴ
④ ㄴ, ㄷ 　⑤ ㄱ, ㄴ, ㄷ

18 그림 (가), (나)는 질량이 다른 두 별의 진화 과정을 나타낸 것이다. (가)와 (나) 중 하나는 질량이 태양과 비슷한 별의 진화 과정이다.

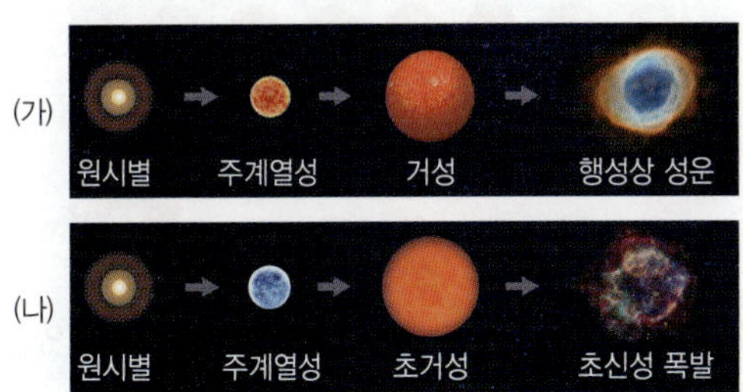

이에 대한 설명으로 옳은 것만을 〈보기〉에서 있는 대로 고른 것은?

보기
ㄱ. 질량은 (가)의 별이 (나)의 별보다 크다.
ㄴ. 태양은 (가)와 같은 과정으로 진화한다.
ㄷ. 철보다 무거운 원소는 (나) 과정으로 생성된다.

① ㄱ 　② ㄷ 　③ ㄱ, ㄴ
④ ㄴ, ㄷ 　⑤ ㄱ, ㄴ, ㄷ

19 그림은 빅뱅 이후 태양계와 지구가 형성되기까지의 여러 사건을 순서대로 나타낸 것이다.

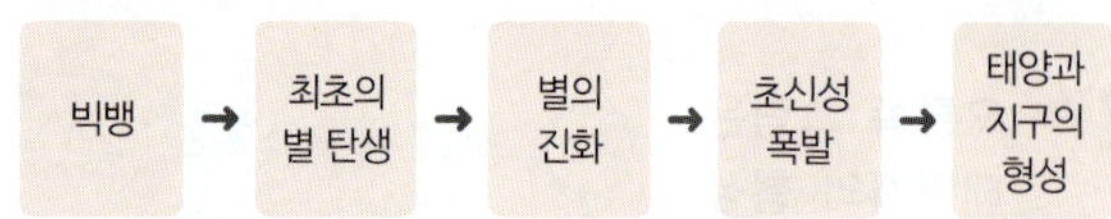

이에 대한 설명으로 옳은 것만을 〈보기〉에서 있는 대로 고른 것은?

> **보기**
> ㄱ. 최초의 별은 주로 수소와 헬륨으로 이루어졌다.
> ㄴ. 초신성 폭발 과정에서 철이 만들어진다.
> ㄷ. 초신성 폭발로 방출된 물질들의 일부는 태양과 지구를 형성한 재료가 되었다.

① ㄱ ② ㄴ ③ ㄱ, ㄷ
④ ㄴ, ㄷ ⑤ ㄱ, ㄴ, ㄷ

20 그림은 우주 초기에 양성자와 중성자가 결합하여 X 원자핵이 만들어지는 과정을 개수비로 나타낸 것이다.

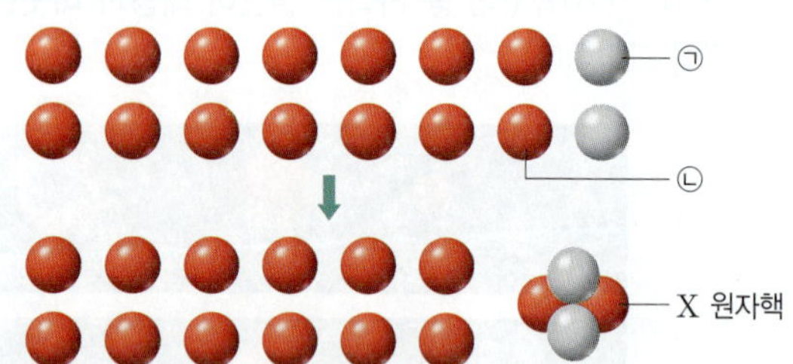

이에 대한 설명으로 옳은 것만을 〈보기〉에서 있는 대로 고른 것은?

> **보기**
> ㄱ. ㉠은 중성자, ㉡은 양성자이다.
> ㄴ. 이 과정 이후에 X 원자핵은 더 이상 만들어지지 않는다.
> ㄷ. 이 과정 이후 우주에 존재하는 수소 원자핵의 총 개수는 X 원자핵 총 개수의 3배가 되었다.

① ㄱ ② ㄴ ③ ㄱ, ㄷ
④ ㄴ, ㄷ ⑤ ㄱ, ㄴ, ㄷ

21 그림은 사람과 지구를 구성하는 원소의 질량비 중 하나를 나타낸 것이다.

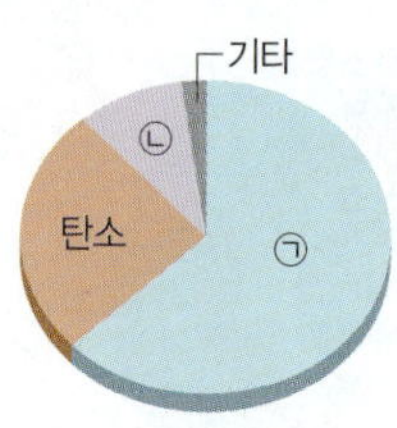

이에 대한 설명으로 옳은 것만을 〈보기〉에서 있는 대로 고른 것은?

> **보기**
> ㄱ. 사람을 구성하는 원소의 질량비이다.
> ㄴ. ㉡은 별의 내부에서 핵융합 반응을 통해 만들어진다.
> ㄷ. ㉠ 원자 1개와 ㉡ 원자 1개가 결합하면 중성 분자가 된다.

① ㄱ ② ㄷ ③ ㄱ, ㄴ
④ ㄴ, ㄷ ⑤ ㄱ, ㄴ, ㄷ

서술형

22 그림은 태양계 행성들의 공전 방향을 나타낸 것이다.

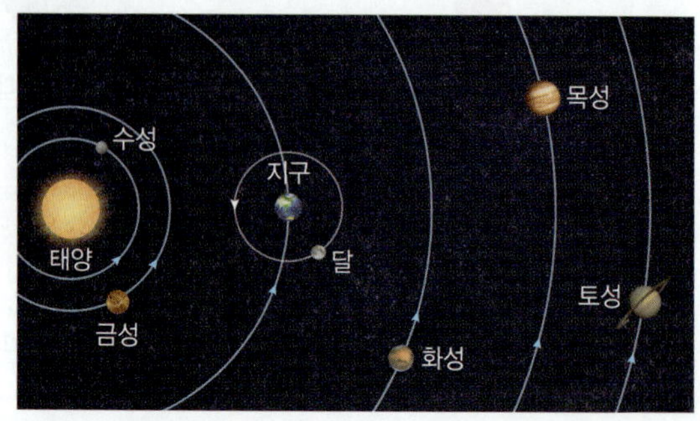

태양계 행성들의 공전 방향이 모두 같은 까닭을 태양계 형성 과정과 관련하여 설명하시오.

02 원소의 주기성과 화학 결합

01 주기율표의 원소에 대한 설명으로 옳은 것은?

① 비금속 원소는 대부분 전기가 잘 통한다.
② 비금속 원소는 대부분 실온에서 고체 상태이다.
③ 금속 원소는 전자를 얻어 음이온이 되기 쉽다.
④ 금속 원소는 대부분 주기율표의 오른쪽에 위치한다.
⑤ 금속 원소는 외부에서 힘을 가하면 부서지지 않고 모양만 변한다.

[02~03] 그림은 주기율표에서 원소를 성질에 따라 3가지로 구분한 것이다. 물음에 답하시오.

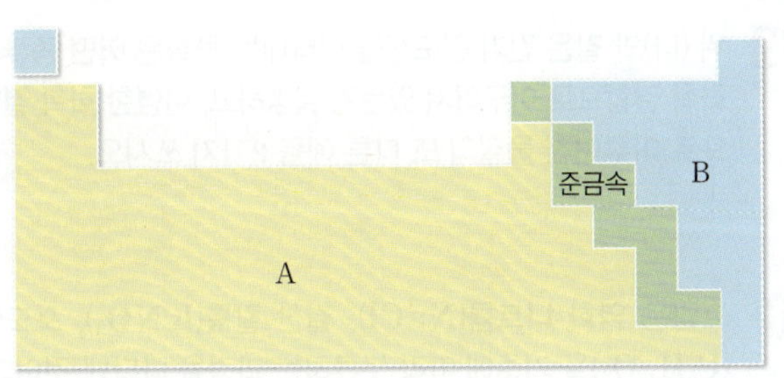

02 A에 속하는 원소의 성질에 대한 설명으로 옳은 것만을 〈보기〉에서 있는 대로 고른 것은?

보기
ㄱ. 전기가 잘 통한다.
ㄴ. 전자를 잃어 양이온이 되기 쉽다.
ㄷ. 외부에서 힘을 가해 늘리거나 얇게 펼 수 없다.

① ㄱ　　　　② ㄷ　　　　③ ㄱ, ㄴ
④ ㄴ, ㄷ　　　⑤ ㄱ, ㄴ, ㄷ

서술형
03 B에 속하는 원소의 공통적인 성질을 2가지 설명하시오. (단, 18족 원소는 제외한다.)

04 다음은 알칼리 금속 X의 성질을 알아보는 실험이다.

| 실험 과정 |
(가) X를 물기가 없는 페트리접시에 올려놓고 칼로 자른 뒤 단면을 관찰한다.
(나) 시험관에 물을 절반 정도 채우고 작은 크기로 자른 X 조각을 넣은 뒤, 시험관 입구에 점화기 불꽃을 가까이 하고 관찰한다.

| 실험 결과 |
• (가)에서 X를 칼로 자른 단면의 광택이 사라졌다.
• (나)에서 X가 물과 격렬하게 반응하며 기포가 발생하고, 시험관 입구에 불꽃을 가까이 했을 때 '펑' 소리가 났다.

이 실험을 통해 확인할 수 있는 금속 X의 성질로 옳은 것만을 〈보기〉에서 있는 대로 고른 것은? (단, X는 임의의 원소 기호이다.)

보기
ㄱ. 무른 금속이다.
ㄴ. 산소와 잘 반응하지 않는다.
ㄷ. 물과 반응한 뒤 수용액은 염기성을 띤다.

① ㄱ　　　　② ㄴ　　　　③ ㄱ, ㄷ
④ ㄴ, ㄷ　　　⑤ ㄱ, ㄴ, ㄷ

05 그림은 이온 X^{2-}의 전자 배치를 모형으로 나타낸 것이다.

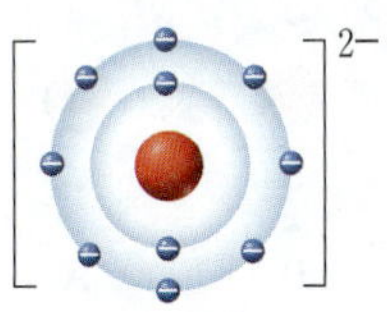

X에 대한 설명으로 옳은 것만을 〈보기〉에서 있는 대로 고른 것은? (단, X는 임의의 원소 기호이다.)

보기
ㄱ. 2주기 원소이다.
ㄴ. 비금속 원소이다.
ㄷ. 원자가 전자 수는 6이다.

① ㄱ　　　　② ㄷ　　　　③ ㄱ, ㄴ
④ ㄴ, ㄷ　　　⑤ ㄱ, ㄴ, ㄷ

06 그림은 화합물 AB의 화학 결합 모형을 나타낸 것이다.

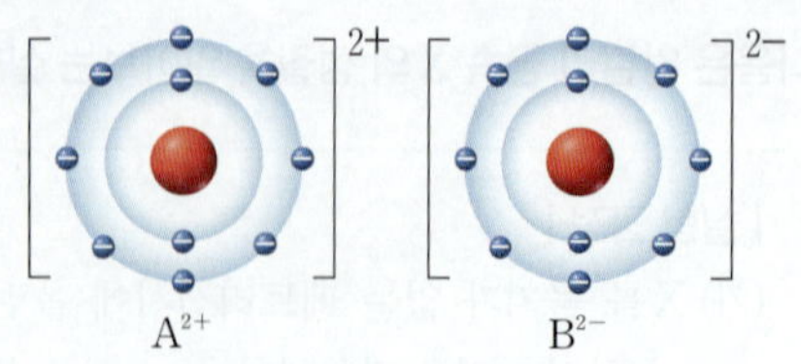

이에 대한 설명으로 옳은 것만을 〈보기〉에서 있는 대로 고른 것은? (단, A와 B는 임의의 원소 기호이다.)

보기
ㄱ. A와 B는 같은 주기 원소이다.
ㄴ. B_2의 공유 전자쌍 수는 2이다.
ㄷ. 원자가 전자 수는 B가 A의 3배이다.

① ㄱ   ② ㄷ   ③ ㄱ, ㄴ
④ ㄴ, ㄷ   ⑤ ㄱ, ㄴ, ㄷ

07 그림은 화합물 AB_2의 화학 결합 모형을 나타낸 것이다.

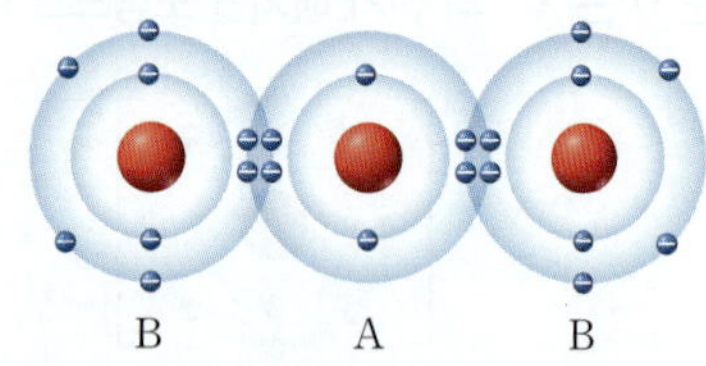

이에 대한 설명으로 옳은 것만을 〈보기〉에서 있는 대로 고른 것은? (단, A와 B는 임의의 원소 기호이다.)

보기
ㄱ. A와 B는 같은 주기 원소이다.
ㄴ. 원자가 전자 수는 A가 B보다 크다.
ㄷ. AB_2는 고체 상태에서 전기 전도성이 있다.

① ㄱ   ② ㄴ   ③ ㄷ
④ ㄱ, ㄷ   ⑤ ㄴ, ㄷ

[08~09] 표는 물질 (가)~(다)의 전기 전도성을 알아보는 실험 결과를 나타낸 것이다. (가)~(다)는 각각 염화 칼륨(KCl), 설탕($C_{12}H_{22}O_{11}$), 포도당($C_6H_{12}O_6$) 중 하나이다. 물음에 답하시오.

물질		(가)	(나)	(다)
전기 전도성	고체	×	×	㉠
	수용액	㉡	○	㉢

(○: 전류가 흐름, ×: 전류가 흐르지 않음.)

08 위의 실험 결과에 대한 설명으로 옳은 것만을 〈보기〉에서 있는 대로 고른 것은?

보기
ㄱ. ㉠과 ㉡은 '×'이다.
ㄴ. ㉢은 '○'이다.
ㄷ. (나)는 염화 칼륨(KCl)이다.

① ㄱ   ② ㄴ   ③ ㄱ, ㄷ
④ ㄴ, ㄷ   ⑤ ㄱ, ㄴ, ㄷ

서술형
09 위 (나)와 같은 전기 전도성을 나타내는 물질은 어떤 종류의 화학 결합으로 이루어져 있는지 설명하고, 설명한 화학 결합으로 이루어진 물질의 또 다른 예를 2가지 쓰시오.

10 그림은 염화 나트륨($NaCl$), 질산 칼륨(KNO_3), 포도당($C_6H_{12}O_6$)을 기준에 따라 분류하는 과정을 나타낸 것이다.

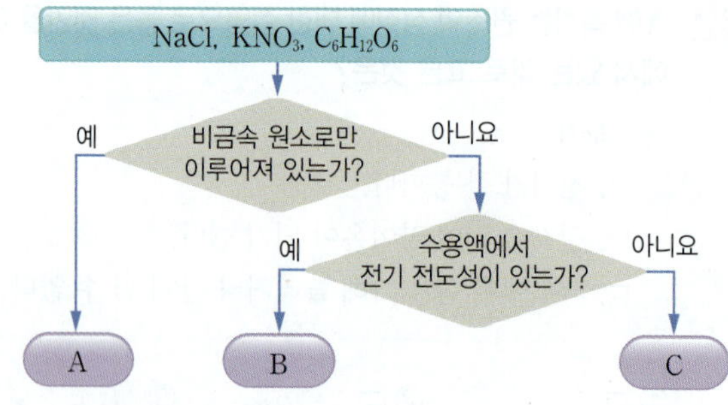

이에 대한 설명으로 옳은 것만을 〈보기〉에서 있는 대로 고른 것은? (단, A~C에 해당하는 물질의 가짓수는 0~2이다.)

보기
ㄱ. A에 해당하는 물질은 포도당이다.
ㄴ. B에 해당하는 물질은 2가지이다.
ㄷ. C에 해당하는 물질은 1가지이다.

① ㄱ   ② ㄷ   ③ ㄱ, ㄴ
④ ㄴ, ㄷ   ⑤ ㄱ, ㄴ, ㄷ

난이도 **중**

11 그림은 주기율표에서 원소를 3가지씩 묶은 영역 (가)~(다)를 나타낸 것이다.

주기＼족	1	2	13	14	15	16	17	18
1								
2								(다)
3	(가)						(나)	
4								

이에 대한 설명으로 옳은 것만을 〈보기〉에서 있는 대로 고른 것은?

> **보기**
> ㄱ. (가)에 속하는 원소는 물과 반응하여 수소 기체를 발생시킨다.
> ㄴ. (나)에 속하는 원소는 실온에서 고체 상태이다.
> ㄷ. (다)에 속하는 원소는 전자를 얻어 음이온이 되기 쉽다.

① ㄱ   ② ㄴ   ③ ㄷ
④ ㄴ, ㄷ   ⑤ ㄱ, ㄴ, ㄷ

12 표는 2, 3주기 원자 A~C의 원자가 전자 수를 나타낸 것이다. 원자 번호는 A<B<C이다.

원자	A	B	C
원자가 전자 수	1	6	2

이에 대한 설명으로 옳은 것만을 〈보기〉에서 있는 대로 고른 것은? (단, A~C는 임의의 원소 기호이다.)

> **보기**
> ㄱ. A와 B는 같은 주기 원소이다.
> ㄴ. CB는 이온 결합 물질이다.
> ㄷ. A_2B에서 A와 B는 모두 네온(Ne)의 전자 배치를 한다.

① ㄱ   ② ㄷ   ③ ㄱ, ㄴ
④ ㄴ, ㄷ   ⑤ ㄱ, ㄴ, ㄷ

[13~14] 다음은 금속 A와 B의 성질을 알아보기 위한 실험이다. 물음에 답하시오. (단, A와 B는 임의의 원소 기호이다.)

| 실험 과정 |
(가) A와 B를 칼로 자른 후 단면의 변화를 관찰한다.
(나) 물이 들어 있는 두 시험관에 작게 자른 A와 B를 각각 넣고 반응을 관찰한다.
(다) (나)의 두 시험관에서 발생한 기체를 각각 모아 점화기의 불꽃을 가까이 해 본다.
(라) (나)에서 반응이 끝난 두 시험관에 페놀프탈레인 용액을 2~3방울 떨어뜨린 후 색 변화를 관찰한다.

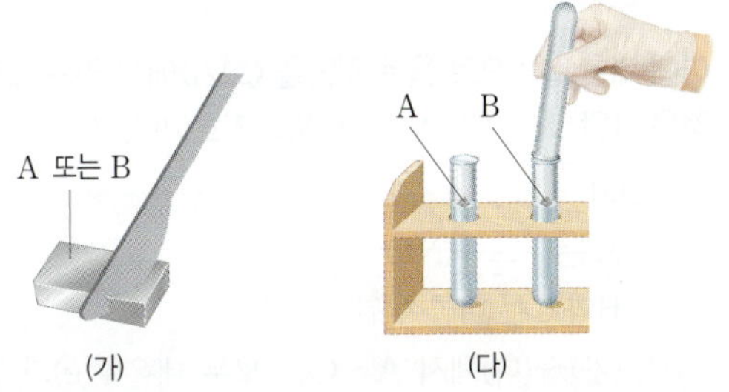

| 실험 결과 |
• (가)에서 A와 B 모두 금속의 단면이 광택을 잃었다.
• (나)에서 A와 B 모두 물 표면에서 격렬하게 반응하며 기포가 발생했다.
• (다)에서 두 시험관 모두 시험관 입구에 불꽃을 가까이 했을 때 '펑' 소리가 났다.
• (라)에서 두 시험관 모두 수용액이 붉은색으로 변했다.

13 이 실험을 통해 알 수 있는 금속 A와 B의 공통적인 성질에 대한 설명으로 옳은 것은?

① 단단한 금속이다.
② 물보다 밀도가 크다.
③ 공기 중의 질소와 반응한다.
④ 물과 반응하여 수소 기체가 발생한다.
⑤ 물과 반응한 뒤 수용액은 산성을 나타낸다.

서술형

14 A 또는 B로 적절한 원소를 3가지 쓰고, 3가지 원소의 원자의 전자 배치에서 공통적인 특징을 설명하시오.

15 그림은 원자 A~C의 전자 배치를 모형으로 나타낸 것이고, 표는 A~C로 이루어진 화합물 (가)~(다)의 화학식을 나타낸 것이다.

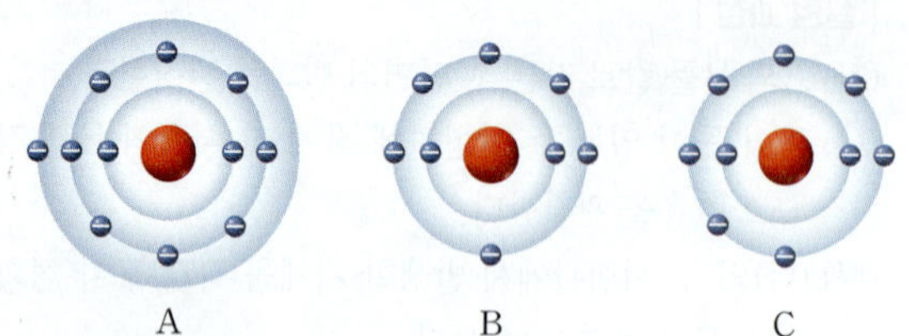

화합물	(가)	(나)	(다)
화학식	A_2B	AC	BC_2

이에 대한 설명으로 옳은 것만을 〈보기〉에서 있는 대로 고른 것은? (단, A~C는 임의의 원소 기호이다.)

> 보기
> ㄱ. A는 나트륨(Na)이다.
> ㄴ. B와 C는 비금속 원소이다.
> ㄷ. (가)~(다)에서 A~C는 모두 네온(Ne)과 같은 전자 배치를 한다.

① ㄱ   ② ㄷ   ③ ㄱ, ㄴ
④ ㄴ, ㄷ   ⑤ ㄱ, ㄴ, ㄷ

16 그림은 화합물 A_2B와 CA_4를 화학 결합 모형으로 나타낸 것이다.

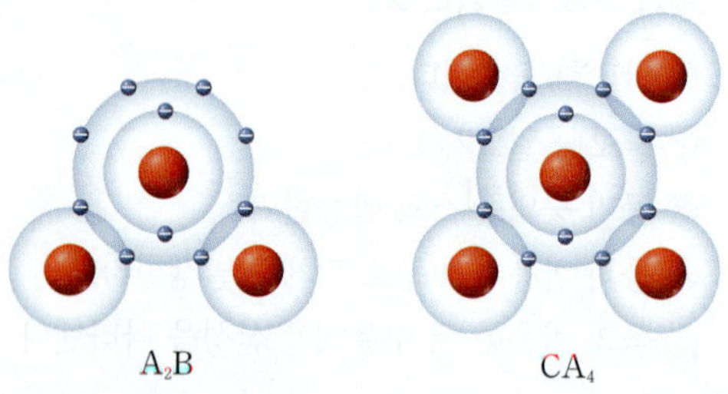

이에 대한 설명으로 옳은 것만을 〈보기〉에서 있는 대로 고른 것은? (단, A~C는 임의의 원소 기호이다.)

> 보기
> ㄱ. A는 1주기 1족 원소이다.
> ㄴ. B의 안정한 이온은 B^-이다.
> ㄷ. C의 원자가 전자 수는 4이다.

① ㄱ   ② ㄴ   ③ ㄷ
④ ㄱ, ㄷ   ⑤ ㄴ, ㄷ

17 그림은 화합물 AB_2의 화학 결합 모형을 나타낸 것이다. A와 B는 임의의 원소 기호이다.

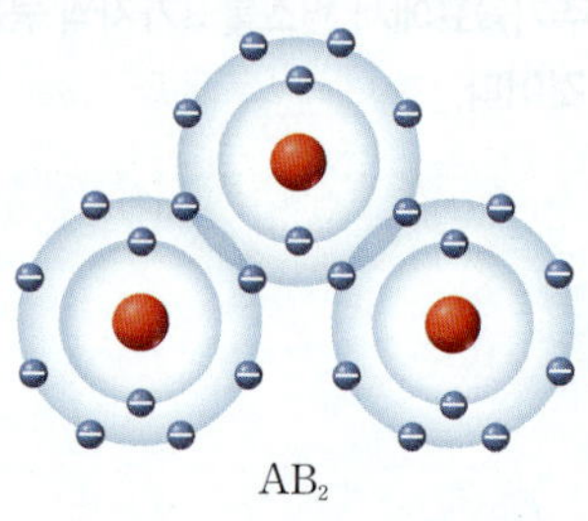

(1) A와 B는 각각 어떤 원소인지 각 원소의 주기와 원자가 전자 수를 포함하여 설명하시오.

(2) A_2와 B_2를 각각 화학 결합 모형으로 나타내고, 공유 전자쌍 수를 설명하시오.

18 그림은 이온 A^{2+}, B^-, C^{2-}의 전자 배치를 모형으로 나타낸 것이다.

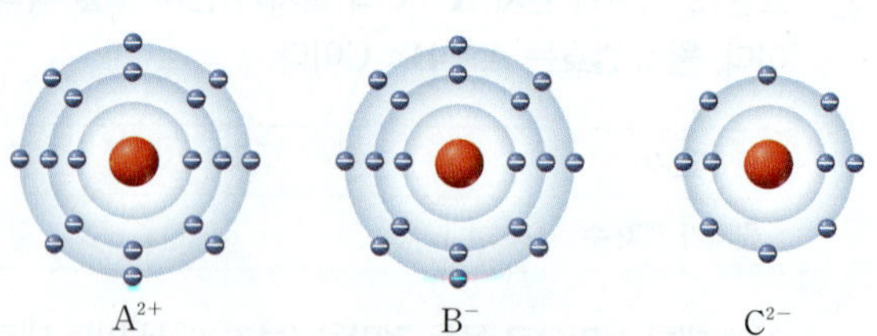

이에 대한 설명으로 옳은 것만을 〈보기〉에서 있는 대로 고른 것은? (단, A~C는 임의의 원소 기호이다.)

> 보기
> ㄱ. A와 B는 같은 주기 원소이다.
> ㄴ. AB_2는 수용액에서 전기 전도성이 있다.
> ㄷ. CB_2의 공유 전자쌍 수는 2이다.

① ㄱ   ② ㄷ   ③ ㄱ, ㄴ
④ ㄴ, ㄷ   ⑤ ㄱ, ㄴ, ㄷ

19 다음은 원소를 분류하는 기준 (가)~(다)이고, 그림은 원소 A~E를 (가)~(다)에 따라 분류한 결과를 나타낸 것이다. A~E는 각각 Li, O, F, Mg, Cl 중 하나이다.

| 분류 기준 |
(가) 전자가 들어 있는 전자 껍질 수
(나) 안정한 이온이 되었을 때 이온의 전하량의 절댓값
(다) 실온에서의 상태

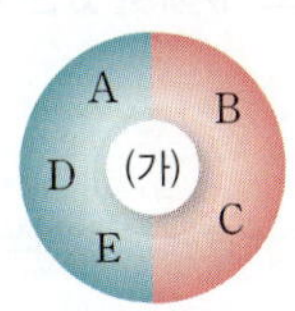 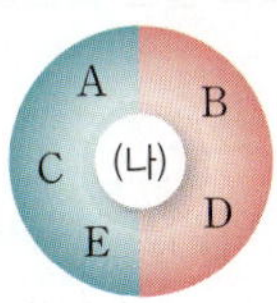 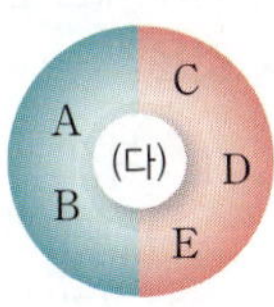

이에 대한 설명으로 옳은 것만을 〈보기〉에서 있는 대로 고른 것은?

| 보기 |
ㄱ. A의 양성자수는 3이다.
ㄴ. A와 D로 이루어진 안정한 물질의 화학식은 AD_2이다.
ㄷ. C와 E는 원자가 전자 수가 같다.

① ㄱ ② ㄴ ③ ㄱ, ㄷ
④ ㄴ, ㄷ ⑤ ㄱ, ㄴ, ㄷ

20 그림은 원자 A~F의 원자가 전자 수와 전자가 들어 있는 전자 껍질 수를 나타낸 것이다.

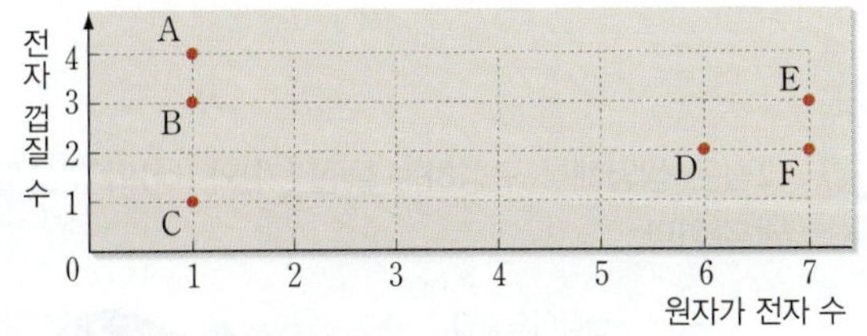

이에 대한 설명으로 옳은 것만을 〈보기〉에서 있는 대로 고르시오. (단, A~F는 임의의 원소 기호이다.)

| 보기 |
ㄱ. 비금속 원소는 4가지이다.
ㄴ. A~C는 화학적 성질이 비슷하다.
ㄷ. C_2D와 BF를 이루는 결합의 종류는 같다.

21 그림은 주기율표의 일부를, 표는 A~D로 이루어진 안정한 화합물 (가)~(라)의 화학식을 나타낸 것이다.

족 주기	1	2	13	14	15	16	17	18
2	A					B		
3		C					D	

화합물	(가)	(나)	(다)	(라)
화학식	A_xB	CD_2	B_2	BD_x

(가)~(라)에 대한 설명으로 옳은 것만을 〈보기〉에서 있는 대로 고른 것은? (단, A~D는 임의의 원소 기호이다.)

| 보기 |
ㄱ. $x=2$이다.
ㄴ. (가)와 (나)는 수용액에서 전기 전도성이 있다.
ㄷ. 공유 전자쌍 수는 (다)와 (라)가 같다.

① ㄱ ② ㄷ ③ ㄱ, ㄴ
④ ㄴ, ㄷ ⑤ ㄱ, ㄴ, ㄷ

22 다음은 2, 3주기 원소 A~D에 대한 자료이다. A~D는 임의의 원소 기호이다.

- A와 B는 1족 원소이고, C와 D는 비금속 원소이다.
- B와 D는 전자가 들어 있는 전자 껍질 수가 같다.
- A와 D로 이루어진 안정한 물질의 화학식은 AD 이다.
- B와 C는 2 : 1의 개수비로 이온 결합을 형성하며 각 이온은 네온(Ne)과 같은 전자 배치를 한다.

(1) A~D는 각각 어떤 원소인지 쓰시오.

(2) C_2와 D_2의 공유 전자쌍 수를 각각 설명하시오.

(3) B와 D로 이루어진 물질의 고체 상태와 수용액에서의 전기 전도성을 화학 결합과 관련지어 설명하시오.

II. 물질과 규칙성

03 자연의 구성 물질

01 그림은 규산염 광물인 휘석과 흑운모의 결합 구조를 나타낸 것이다. A와 B는 각각 규소(Si)와 산소(O) 중 하나이다.

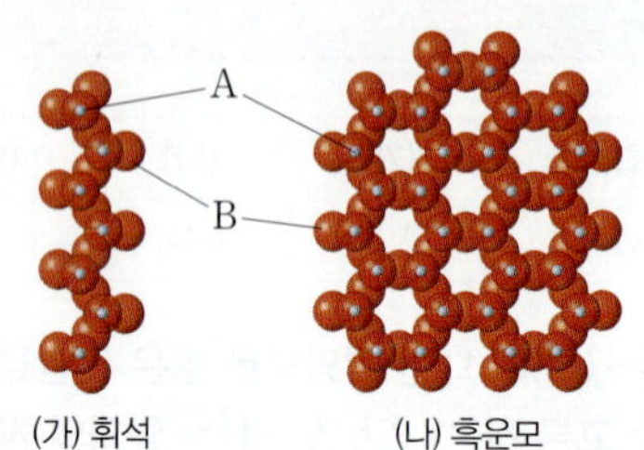

(가) 휘석　　　　(나) 흑운모

이에 대한 설명으로 옳은 것만을 〈보기〉에서 있는 대로 고른 것은?

> **보기**
> ㄱ. A는 산소(O)이다.
> ㄴ. (가)와 (나)는 모두 규산염 사면체로 이루어진다.
> ㄷ. (나)는 물리적 힘에 의해 쪼개지지 않는다.

① ㄱ　　　　　② ㄴ　　　　　③ ㄱ, ㄴ
④ ㄱ, ㄷ　　　　⑤ ㄴ, ㄷ

02 그림은 단백질인 헤모글로빈과 케라틴의 입체 구조와 기본 단위체의 결합 형태를 나타낸 것이다. A와 B는 각 물질의 기본 단위체이다.

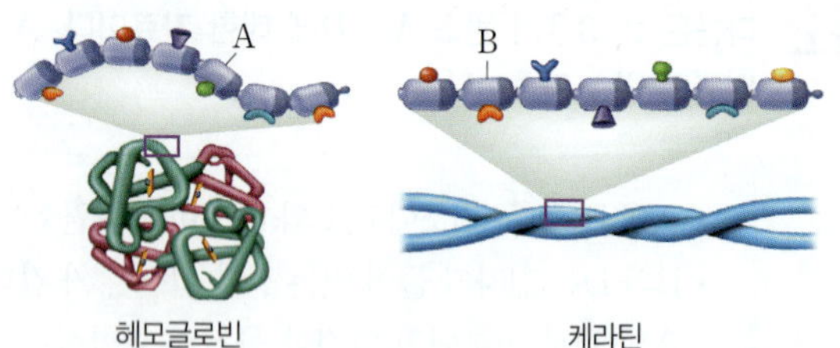

헤모글로빈　　　　　　케라틴

이에 대한 설명으로 옳은 것만을 〈보기〉에서 있는 대로 고른 것은?

> **보기**
> ㄱ. A와 B는 아미노산이다.
> ㄴ. A와 B의 구성 원소는 규소(Si)와 산소(O)이다.
> ㄷ. 헤모글로빈과 케라틴은 기본 단위체 간 결합 방식이 다르다.

① ㄱ　　　　　② ㄴ　　　　　③ ㄱ, ㄷ
④ ㄴ, ㄷ　　　　⑤ ㄱ, ㄴ, ㄷ

03 그림은 두 종류의 핵산 (가)와 (나)의 구조를 나타낸 것이다.

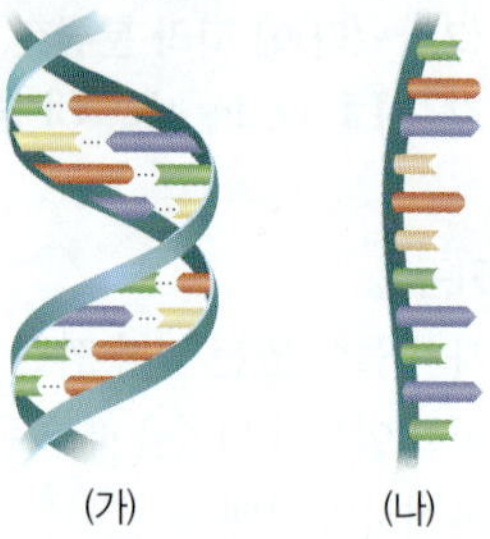

(가)　　　　(나)

이에 대한 설명으로 옳은 것만을 〈보기〉에서 있는 대로 고른 것은?

> **보기**
> ㄱ. (가)와 (나)의 기본 단위체는 뉴클레오타이드이다.
> ㄴ. (가)는 이중나선구조이다.
> ㄷ. (나)는 유전정보를 저장한다.

① ㄱ　　　　　② ㄷ　　　　　③ ㄱ, ㄴ
④ ㄴ, ㄷ　　　　⑤ ㄱ, ㄴ, ㄷ

서술형

04 그림은 생명체를 구성하는 물질 (가)와 (나)의 구조를 나타낸 것이다.

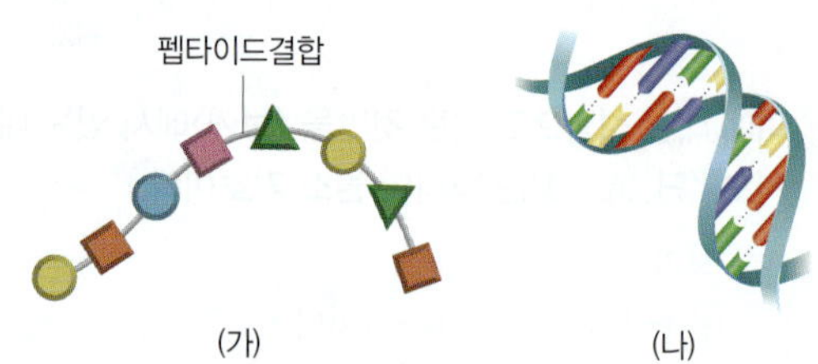

(가)와 (나)의 공통점과 차이점을 각각 1가지씩 설명하시오.

05 다음은 도체, 부도체, 반도체의 특징을 순서 없이 나타낸 것이다.

> (가) 전기 사고를 예방할 수 있는 전선의 피복 등에 이용되며, 고무, 플라스틱 등이 대표적이다.
> (나) 전류가 잘 흐르지 않던 물질에 불순물을 섞어서 전류를 잘 흐르게 할 수 있다.
> (다) 자유 전자의 수가 많아 전류가 잘 흐른다.

(가), (나), (다)에 해당하는 것을 옳게 짝 지은 것은?

	(가)	(나)	(다)
①	도체	부도체	반도체
②	도체	반도체	부도체
③	부도체	도체	반도체
④	부도체	반도체	도체
⑤	반도체	도체	부도체

06 그림 (가)와 (나)는 각각 철과 나무로 된 물체 A, B를 전원 장치에 연결한 것을 나타낸 것으로, A에만 전류가 흘렀다.

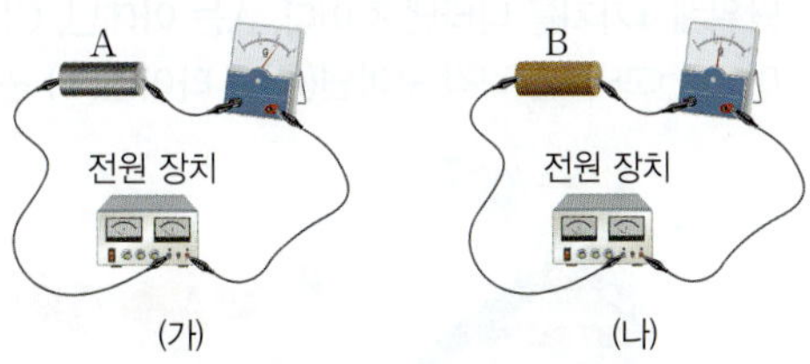

이에 대한 설명으로 옳은 것만을 〈보기〉에서 있는 대로 고른 것은?

> **보기**
> ㄱ. 자유 전자는 A가 B보다 많다.
> ㄴ. B는 부도체이다.
> ㄷ. (가)와 (나)는 모두 전원 장치의 극을 바꿔 연결할 때, 전류가 흐른다.

① ㄱ 　② ㄷ 　③ ㄱ, ㄴ
④ ㄴ, ㄷ 　⑤ ㄱ, ㄴ, ㄷ

07 그림 (가), (나)는 각각 다이오드와 트랜지스터를 나타낸 것이다.

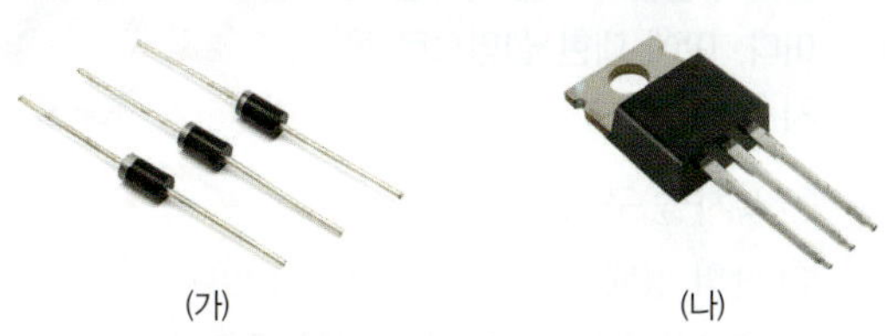

이에 대한 설명으로 옳은 것만을 〈보기〉에서 있는 대로 고른 것은?

> **보기**
> ㄱ. (가)는 정류 작용을 한다.
> ㄴ. (나)는 증폭 작용을 한다.
> ㄷ. (가), (나)는 모두 n형 반도체만으로 만든다.

① ㄱ 　② ㄷ 　③ ㄱ, ㄴ
④ ㄴ, ㄷ 　⑤ ㄱ, ㄴ, ㄷ

08 그림 (가)는 회로에 입력되는 전류를 시간에 따라 나타낸 것이고, (나)는 (가)의 신호가 전기 소자 A, B에서 출력되는 전류를 시간에 따라 나타낸 것이다. A, B는 각각 다이오드와 트랜지스터 중 하나이다.

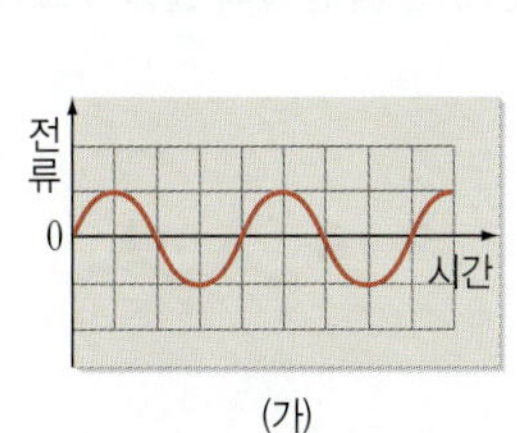

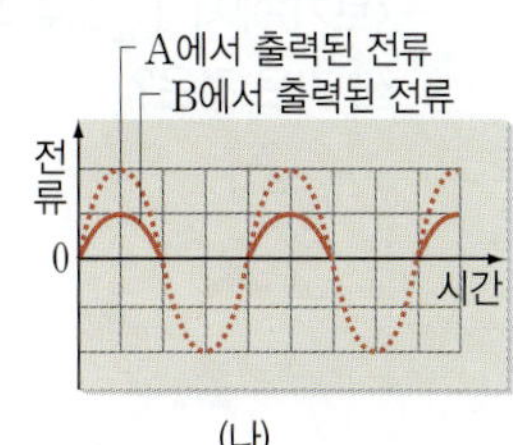

이에 대한 설명으로 옳은 것만을 〈보기〉에서 있는 대로 고른 것은?

> **보기**
> ㄱ. A는 다이오드이다.
> ㄴ. B는 정류 작용을 한다.
> ㄷ. A와 B는 모두 순수 반도체로만 만든다.

① ㄱ 　② ㄴ 　③ ㄷ
④ ㄱ, ㄴ 　⑤ ㄱ, ㄷ

09 오른쪽 그림은 어떤 규산염 광물의 결합 구조를 나타낸 것이다. 이에 대한 설명으로 옳지 <u>않은</u> 것은?

① 복사슬 구조이다.

② 판의 형태로 쪼개지는 성질이 있다.

③ 흑운모에서 볼 수 있는 결합 구조이다.

④ 규산염 사면체를 기본 단위체로 한다.

⑤ 기본 단위체 사이에 산소(O) 원자를 공유하며 결합한다.

10 표는 규산염 광물을 분류하기 위한 기준 (가)~(다)를, 그림은 기준 (가)~(다)에 따라 규산염 광물을 분류한 벤다이어그램을 나타낸 것이다.

구분	분류 기준
(가)	규산염 사면체가 기본 단위체이다.
(나)	규산염 사면체 사이에 산소 원자를 3개 이상 공유하며 결합한다.
(다)	얇은 판 모양이다.

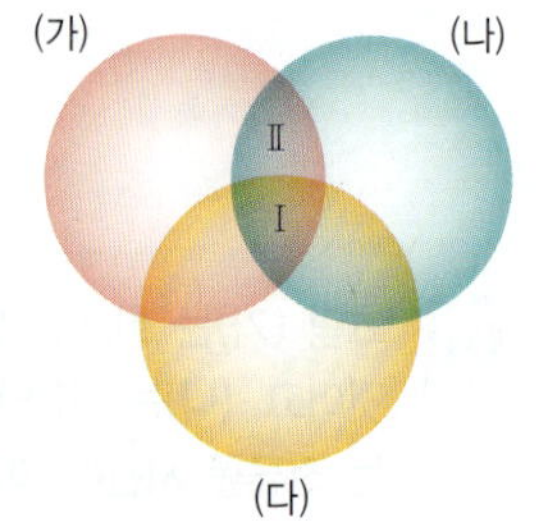

〈보기〉에서 Ⅰ, Ⅱ로 적절한 규산염 광물의 결합 구조를 옳게 짝 지은 것은?

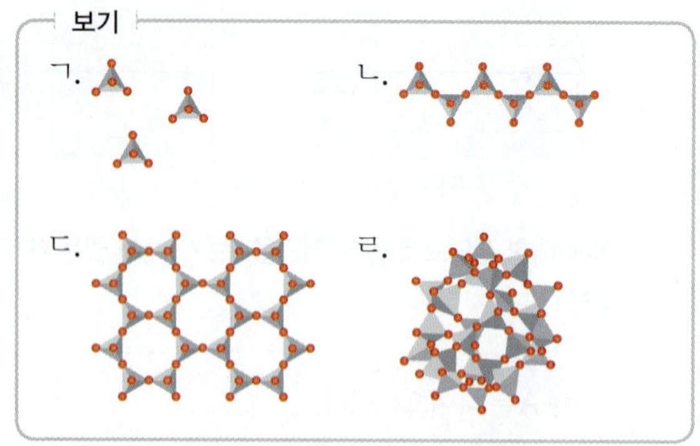

	Ⅰ	Ⅱ			Ⅰ	Ⅱ
①	ㄱ	ㄴ		②	ㄱ	ㄷ
③	ㄴ	ㄷ		④	ㄷ	ㄴ
⑤	ㄷ	ㄹ				

11 그림은 단백질 X가 만들어질 때 기본 단위체 A와 B가 결합하는 과정을 나타낸 것이다.

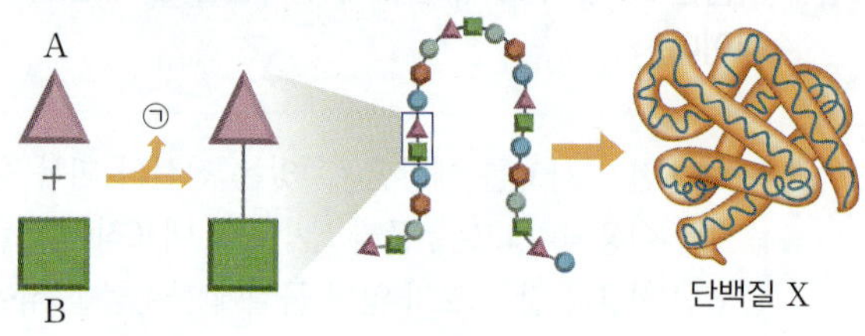

이에 대한 설명으로 옳은 것만을 〈보기〉에서 있는 대로 고른 것은?

보기
ㄱ. ㉠은 물(H_2O)이다.
ㄴ. A와 B 사이에 펩타이드결합이 형성된다.
ㄷ. 단백질 X는 유전정보를 저장하는 역할을 한다.

① ㄱ   ② ㄷ   ③ ㄱ, ㄴ
④ ㄴ, ㄷ   ⑤ ㄱ, ㄴ, ㄷ

서술형

12 그림 (가)는 핵산 중 하나를, (나)는 (가)를 구성하는 기본 단위체 4가지를 나타낸 것이다. A는 아데닌, C는 사이토신이고, ㉠과 ㉡은 각각 구아닌(G)과 타이민(T) 중 하나이다.

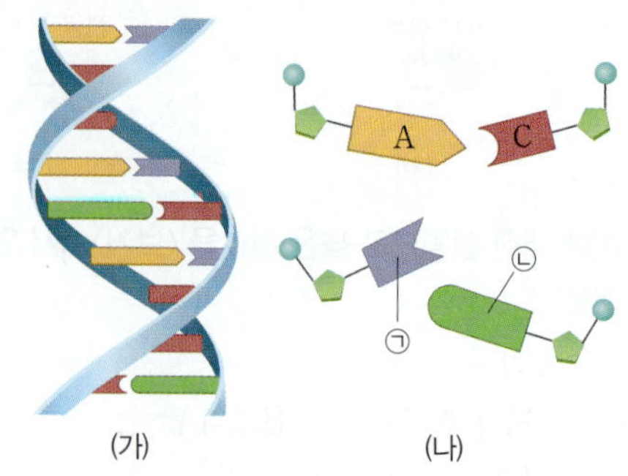

(1) 핵산의 기본 단위체인 (나)를 무엇이라고 하는지 쓰고, 그 구조를 설명하시오.

(2) (나)에서 ㉠과 ㉡이 나타내는 물질은 각각 무엇인지 설명하시오.

13 그림은 모양이 같은 물질 A, B를 스위치 S, 전류계, 전압이 일정한 전원 장치에 연결한 회로를 나타낸 것이다. 표는 S를 열거나 닫았을 때 전류계에 흐르는 전류의 세기를 나타낸 것이다. A, B는 각각 도체와 부도체 중 하나이다.

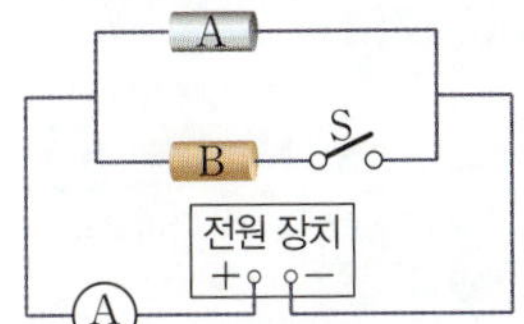

S	전류의 세기
열림	5 A
닫힘	5 A

이에 대한 설명으로 옳은 것만을 〈보기〉에서 있는 대로 고른 것은?

보기
ㄱ. A는 도체이다.
ㄴ. 전기 전도도는 A가 B보다 작다.
ㄷ. 자유 전자의 수는 A가 B보다 적다.

① ㄱ   ② ㄴ   ③ ㄷ
④ ㄱ, ㄴ   ⑤ ㄱ, ㄷ

14 그림은 각각 규소(Si)로 구성된 순수 반도체 X와 규소(Si)에 인듐(In)을 첨가한 반도체 Y의 원자 주변의 전자 배열을 나타낸 것이다.

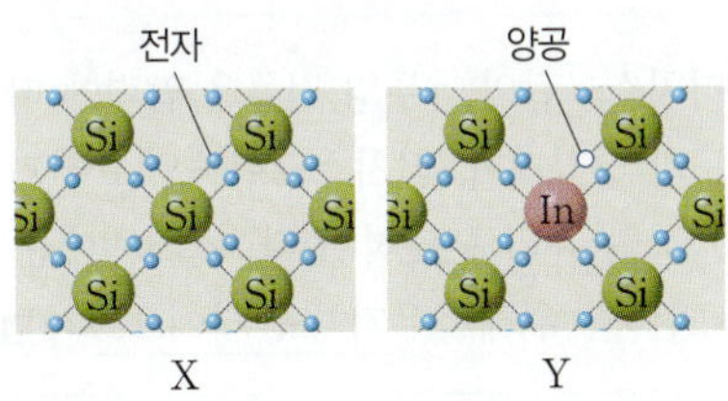

이에 대한 설명으로 옳은 것만을 〈보기〉에서 있는 대로 고른 것은?

보기
ㄱ. 인듐(In)의 원자가 전자는 3개이다.
ㄴ. Y는 주로 전자가 전류를 흐르게 한다.
ㄷ. 전기 전도성은 Y가 X보다 좋다.

① ㄱ   ② ㄴ   ③ ㄷ
④ ㄱ, ㄷ   ⑤ ㄴ, ㄷ

15 그림은 저마늄(Ge)에 인듐을 첨가한 반도체 X의 원자 주변의 전자 배열을 나타낸 것이다.

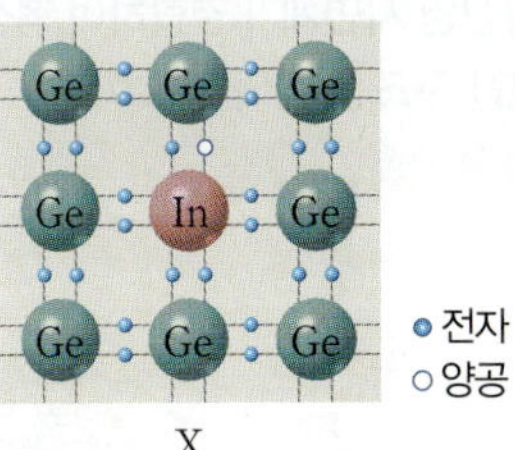

이에 대한 설명으로 옳은 것만을 〈보기〉에서 있는 대로 고른 것은?

보기
ㄱ. X는 p형 반도체이다.
ㄴ. X는 주로 양공이 전류를 흐르게 한다.
ㄷ. 인듐(In)의 원자가 전자는 4개이다.

① ㄱ   ② ㄷ   ③ ㄱ, ㄴ
④ ㄴ, ㄷ   ⑤ ㄱ, ㄴ, ㄷ

서술형

16 표는 제품을 구성하는 물질 A~C의 성질을 나타낸 것이다. A~C는 각각 도체, 부도체, 반도체 중 하나이다.

물질	성질
A	전류가 흐를 때 빛을 방출하는 성질이 있다.
B	전선에 전류가 흐르도록 한다.
C	전자 기기나 부품의 표면에 적용되어 회로를 보호하고 오작동을 막아 준다.

A~C는 각각 무엇인지 쓰고, A~C의 전기적 성질을 활용한 예를 1가지씩 설명하시오.

난이도 상

17 그림은 규산염 사면체가 결합하여 형성된 규산염 광물 (가)와 (나)의 결합 구조를 나타낸 것이다.

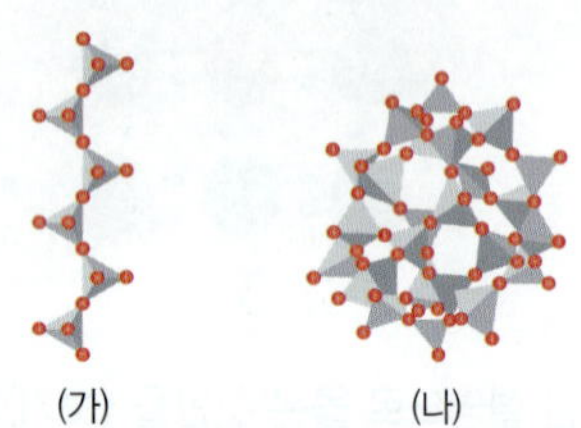

(가)   (나)

이에 대한 설명으로 옳은 것만을 〈보기〉에서 있는 대로 고른 것은?

> **보기**
> ㄱ. (가)는 석영의 결합 구조이다.
> ㄴ. (나)는 (가)보다 풍화에 강하다.
> ㄷ. 이웃한 규산염 사면체 사이에 공유하는 산소(O) 원자의 수는 (가) : (나) = 1 : 2이다.

① ㄱ   ② ㄷ   ③ ㄱ, ㄴ
④ ㄴ, ㄷ   ⑤ ㄱ, ㄴ, ㄷ

18 그림은 DNA와 RNA의 구조를 나타낸 것이다. ㉠~㉢은 아데닌(A), 타이민(T), 유라실(U) 중 하나이며, (가)와 (나)는 뉴클레오타이드이다.

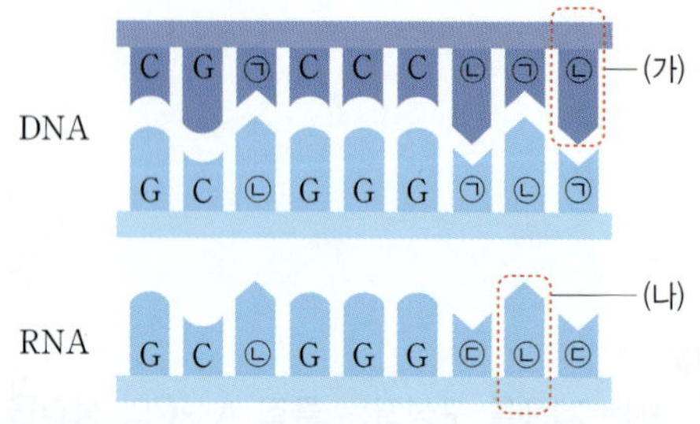

이에 대한 설명으로 옳은 것만을 〈보기〉에서 있는 대로 고른 것은?

> **보기**
> ㄱ. ㉡은 유라실(U)이다.
> ㄴ. DNA에서 ㉠과 ㉡의 개수비는 1 : 1이다.
> ㄷ. (가)와 (나)는 같은 물질로 구성되어 있다.

① ㄱ   ② ㄴ   ③ ㄱ, ㄷ
④ ㄴ, ㄷ   ⑤ ㄱ, ㄴ, ㄷ

19 그림은 규소(Si)에 불순물 a를 첨가한 반도체 A를 구성하는 원소와 원자 주변의 전자 배열을 나타낸 것이다. A, B는 p형 반도체와 n형 반도체를 순서 없이 나타낸 것이다.

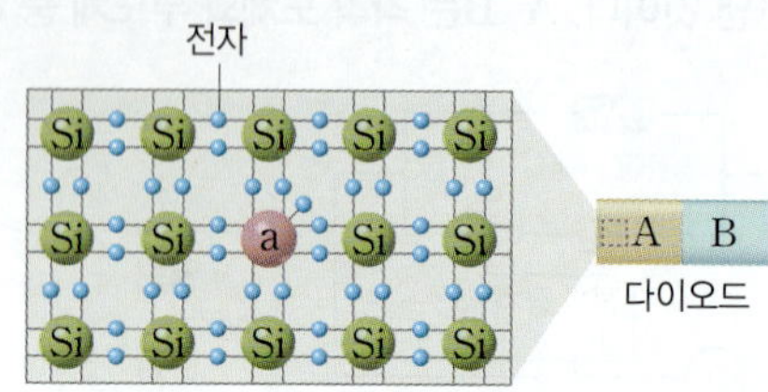

이에 대한 설명으로 옳은 것만을 〈보기〉에서 있는 대로 고른 것은?

> **보기**
> ㄱ. 원자가 전자는 규소(Si)가 a보다 많다.
> ㄴ. A는 n형 반도체이다.
> ㄷ. B는 주로 양공이 전류를 흐르게 한다.

① ㄱ   ② ㄴ   ③ ㄷ
④ ㄱ, ㄴ   ⑤ ㄴ, ㄷ

20 다음은 스마트 기기의 터치스크린에 대한 설명이다.

> 터치스크린의 ㉠투명 전극은 압력에 따라 전기 전도도가 달라지며, 터치스크린을 보호하기 위해 표면은 ㉡강화 유리로 덮혀 있다. 스크린에는 다양한 색을 표현하기 위해 ㉢유기 발광 다이오드가 탑재되어 있다.

이에 대한 설명으로 옳은 것만을 〈보기〉에서 있는 대로 고른 것은?

> **보기**
> ㄱ. ㉠에는 반도체가 포함되어 있다.
> ㄴ. 전기 전도성은 ㉠이 ㉡보다 작다.
> ㄷ. ㉢에서는 빛에너지가 전기 에너지로 전환된다.

① ㄱ   ② ㄴ   ③ ㄷ
④ ㄱ, ㄴ   ⑤ ㄴ, ㄷ

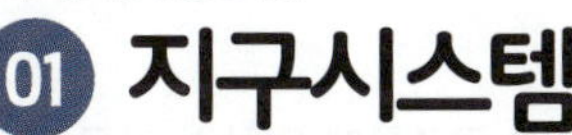

실력 점검하기

Ⅲ. 시스템과 상호작용

01 지구시스템

난이도 하

01 다음 설명에 해당하는 지구시스템의 구성 요소로 옳은 것은?

> • 온도 변화를 기준으로 4개의 층으로 구분한다.
> • 우주에서 유입되는 유성체와 자외선을 차단한다.
> • 온실 효과를 일으켜 생명체가 살기에 적당한 온도를 유지한다.

① 수권　　　② 기권　　　③ 지권
④ 외권　　　⑤ 생물권

02 그림 (가)와 (나)는 각각 해수와 지구 내부의 층상 구조를 나타낸 것이다.

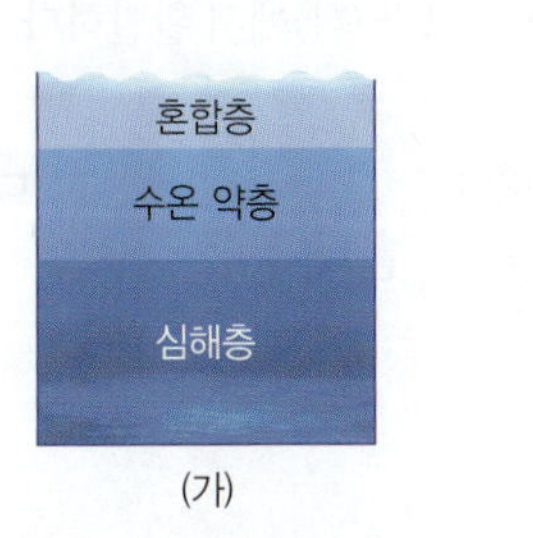
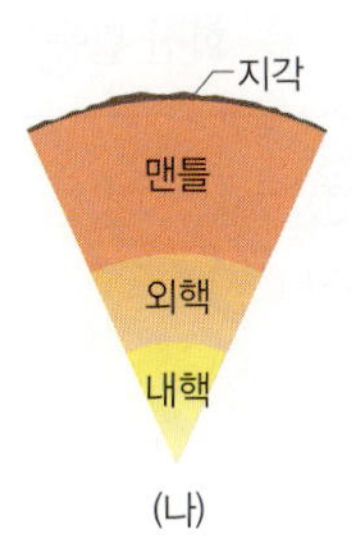

이에 대한 설명으로 옳지 <u>않은</u> 것은?

① (가)의 혼합층은 바람의 영향으로 형성된다.
② (가)의 심해층은 수온 변화가 거의 없다.
③ (나)의 외핵은 액체 상태이다.
④ (나)에서 내핵은 지각보다 밀도가 크다.
⑤ (가)와 (나)는 온도를 기준으로 층을 구분한 것이다.

서술형

03 기권에서 대류권과 중간권은 대류에 의한 공기의 연직 운동이 잘 일어나지만, 기상 현상은 대류권에서만 나타난다. 중간권에서 대류가 일어나는 까닭과 기상 현상이 나타나지 않는 까닭을 각각 설명하시오.

04 그림은 지구시스템의 에너지원을 나타낸 것이다.

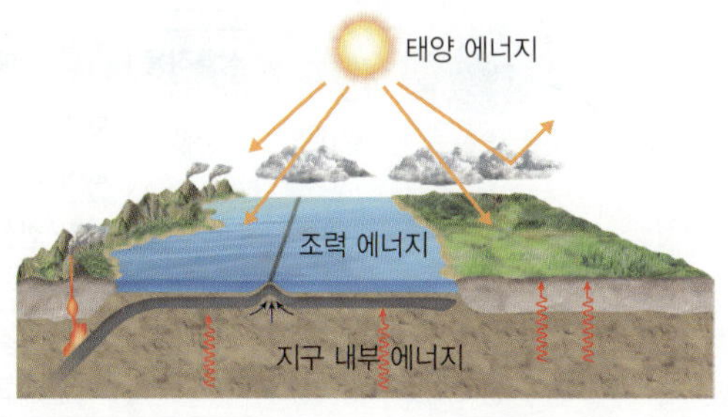

이에 대한 설명으로 옳은 것만을 〈보기〉에서 있는 대로 고르시오.

> **보기**
> ㄱ. 지구시스템에서 가장 많은 양을 차지하는 에너지원은 태양 에너지이다.
> ㄴ. 조력 에너지는 밀물과 썰물 현상을 일으켜 해수면의 높이를 변화시킨다.
> ㄷ. 지표에서 일어나는 풍화와 침식 작용의 근원 에너지는 지구 내부 에너지이다.

05 그림은 1년 동안 육지와 바다에서 물이 증발하는 양을 100이라고 할 때, 지구 전체의 평균적인 물의 순환을 나타낸 것이다.

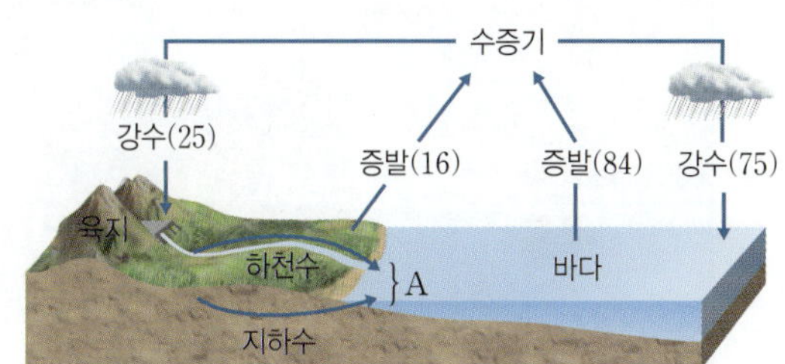

이에 대한 설명으로 옳은 것만을 〈보기〉에서 있는 대로 고른 것은?

> **보기**
> ㄱ. A의 양은 9이다.
> ㄴ. 물이 증발할 때 에너지는 수권에서 기권으로 이동한다.
> ㄷ. 육지는 강수량이 증발량보다 많아서 시간이 지날수록 물의 양이 많아진다.

① ㄱ　　　② ㄷ　　　③ ㄱ, ㄴ
④ ㄴ, ㄷ　　　⑤ ㄱ, ㄴ, ㄷ

06 그림은 지구시스템 구성 요소들의 상호작용 A~C를, 표는 상호작용 A~C의 예를 순서 없이 ㉠~㉢으로 나타낸 것이다.

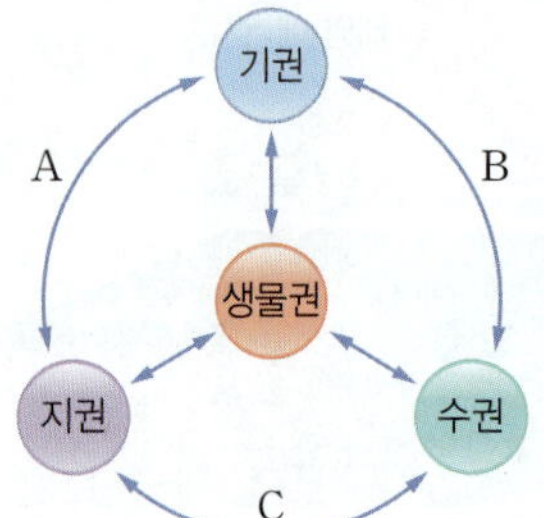

상호작용	예
㉠	모래 먼지로 인한 황사 발생
㉡	해저 화산 분출로 해수에 염류 유입
㉢	해수의 증발로 인한 태풍 발생

A~C를 ㉠~㉢과 옳게 짝 지은 것은?

	A	B	C
①	㉠	㉡	㉢
②	㉠	㉢	㉡
③	㉡	㉠	㉢
④	㉡	㉢	㉠
⑤	㉢	㉡	㉠

07 그림은 전 세계에 위치한 지진대와 화산대의 위치를 나타낸 것이다.

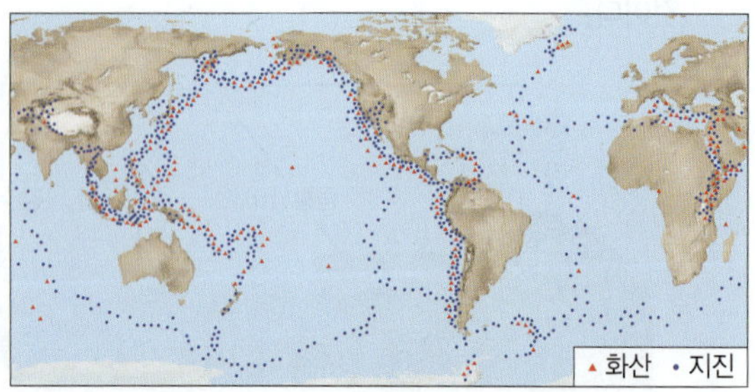

이에 대한 설명으로 옳은 것만을 〈보기〉에서 있는 대로 고른 것은?

보기
ㄱ. 지진과 화산 활동은 항상 같은 지점에서 발생한다.
ㄴ. 지진대와 화산대는 특정 지역에 좁고 긴 띠 모양으로 분포한다.
ㄷ. 지진대와 화산대가 대체로 일치하는 것은 지진과 화산 활동이 판 경계에서 자주 발생하기 때문이다.

① ㄱ ② ㄷ ③ ㄱ, ㄴ
④ ㄴ, ㄷ ⑤ ㄱ, ㄴ, ㄷ

08 판 구조론에 의하면 지구 표면은 **10**여 개의 크고 작은 판으로 이루어져 있고, 판이 서로 다른 방향과 속도로 이동하면서 판의 경계에서 지진과 화산 활동 같은 지각 변동이 발생한다. 판의 이동이 일어날 수 있는 까닭을 설명하시오.

09 그림 (가)와 (나)는 서로 다른 판의 경계를 모식적으로 나타낸 것이다.

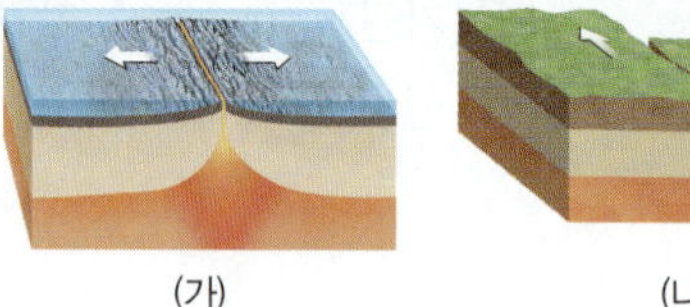

이에 대한 설명으로 옳은 것만을 〈보기〉에서 있는 대로 고른 것은?

보기
ㄱ. (가)는 해구가 발달한다.
ㄴ. (나)는 보존형 경계이다.
ㄷ. 화산 활동은 (가)보다 (나)에서 활발하다.

① ㄱ ② ㄴ ③ ㄱ, ㄷ
④ ㄴ, ㄷ ⑤ ㄱ, ㄴ, ㄷ

10 다음은 지권의 변화가 지구시스템에 미치는 영향에 대한 학생들의 대화이다.

제시한 내용이 옳은 학생만을 있는 대로 고른 것은?

① A ② B ③ C
④ A, B ⑤ A, C

11 그림은 기권의 높이에 따른 기온 분포를 나타낸 것이다.

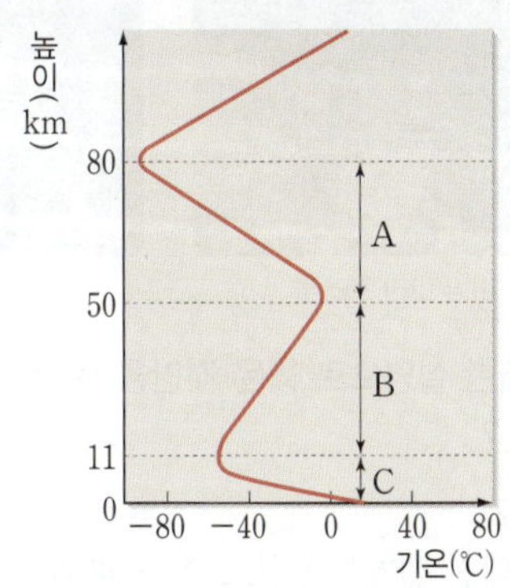

A~C층과 밀접하게 관련된 연구 주제를 옳게 연결한 것을 〈보기〉에서 있는 대로 고른 것은?

보기
ㄱ. A층: 오로라의 발생 과정 연구
ㄴ. B층: 오존 구멍의 크기 변화 연구
ㄷ. C층: 우박의 발생 과정 연구

① ㄱ　　　　② ㄴ　　　　③ ㄱ, ㄷ
④ ㄴ, ㄷ　　　⑤ ㄱ, ㄴ, ㄷ

12 그림 (가)와 (나)는 지권의 변화된 모습을 나타낸 것이다.

(가) 곡류　　　　　　(나) 갯벌

(가)와 (나)의 형성 과정에서 나타나는 공통점에 해당하는 것으로 옳은 것만을 〈보기〉에서 있는 대로 고른 것은?

보기
ㄱ. 수권과 지권의 상호작용에 해당한다.
ㄴ. 형성 과정에서 태양의 영향을 받았다.
ㄷ. 근원 에너지는 지구 내부 에너지이다.

① ㄱ　　　　② ㄷ　　　　③ ㄱ, ㄴ
④ ㄴ, ㄷ　　　⑤ ㄱ, ㄴ, ㄷ

13 그림은 지구시스템의 각 구성 요소에 존재하는 탄소의 양과 이동을 나타낸 것이다. A는 지권에 존재하는 탄소의 양이다.

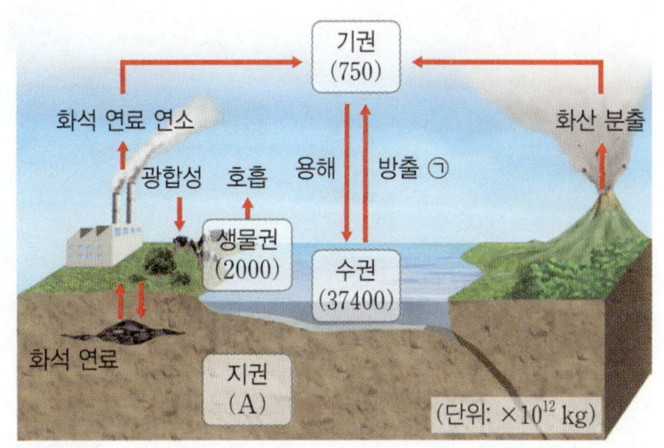

이에 대한 설명으로 옳은 것만을 〈보기〉에서 있는 대로 고른 것은?

보기
ㄱ. A=750+2000+37400이다.
ㄴ. 해수의 온도가 상승하면 ㉠의 양이 증가한다.
ㄷ. 지권과 기권의 상호작용을 통해 이동하는 탄소량이 증가하면 지구 전체의 탄소량은 증가할 것이다.

① ㄱ　　　　② ㄴ　　　　③ ㄷ
④ ㄱ, ㄴ　　　⑤ ㄴ, ㄷ

14 그림은 판의 경계 A~C와 맨틀 대류를 나타낸 것이다.

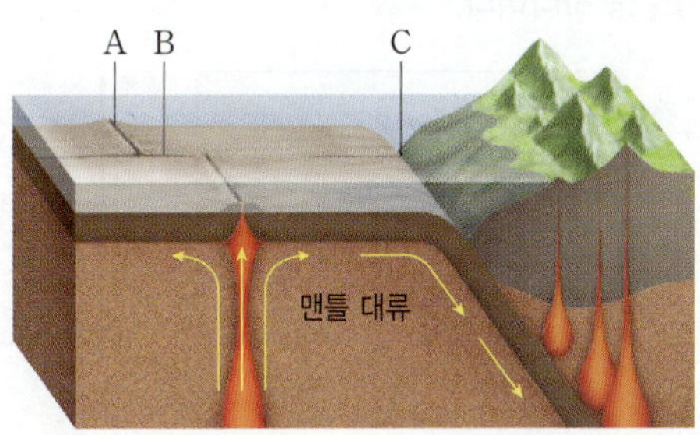

이에 대한 설명으로 옳은 것만을 〈보기〉에서 있는 대로 고른 것은?

보기
ㄱ. A는 새로운 해양 지각이 생성되는 곳이다.
ㄴ. B는 지진과 화산 활동이 활발한 판의 경계이다.
ㄷ. C에서 대륙 쪽으로 갈수록 지진이 발생하는 깊이는 점차 얕아진다.

① ㄱ　　　　② ㄷ　　　　③ ㄱ, ㄴ
④ ㄴ, ㄷ　　　⑤ ㄱ, ㄴ, ㄷ

15 그림은 전 세계 주요 판의 경계와 판의 상대적 이동 방향을 나타낸 것이다.

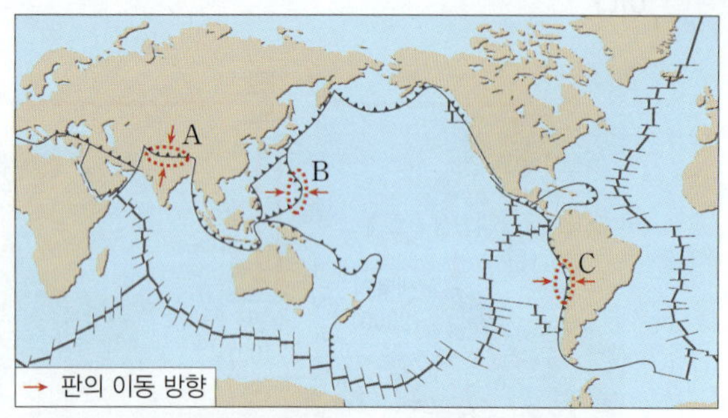

A, B, C 지역에 대한 설명으로 옳지 않은 것은?

① A와 C에서는 습곡 산맥이 발달한다.
② B와 C에서는 해양판의 섭입이 일어난다.
③ A, B, C는 지진과 화산 활동이 활발하다.
④ A, B, C의 하부에는 맨틀 대류가 하강한다.
⑤ A, B, C에서 나타나는 판의 경계는 수렴형 경계이다.

16 그림 (가)는 대서양에서 판 경계 A와 시추 지점 $P_1 \sim P_7$을, (나)는 각 지점에서 가장 오래된 퇴적물의 연령을 판 경계로부터의 거리에 따라 나타낸 것이다. ㉠과 ㉡은 각각 P_1과 P_7 중 하나이다.

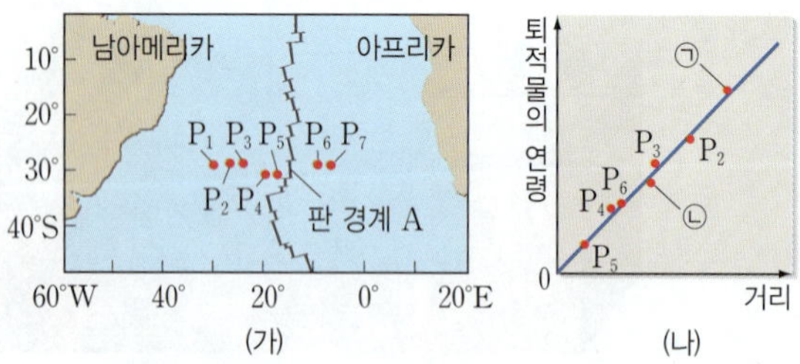

이에 대한 설명으로 옳은 것만을 〈보기〉에서 있는 대로 고른 것은?

> **보기**
> ㄱ. ㉠은 P_7이다.
> ㄴ. A는 발산형 경계이다.
> ㄷ. 해저 퇴적물의 두께는 P_1에서 P_5로 갈수록 두꺼워진다.

① ㄱ 　② ㄴ 　③ ㄱ, ㄷ
④ ㄴ, ㄷ 　⑤ ㄱ, ㄴ, ㄷ

17 그림 (가)와 (나)는 지진과 화산 활동의 영향을 나타낸 것이다.

(가) 무너진 구조물　　　(나) 화산재

이에 대한 설명으로 옳은 것만을 〈보기〉에서 있는 대로 고른 것은?

> **보기**
> ㄱ. 내진 설계는 (가)로 인한 피해를 줄이기 위한 대책에 해당한다.
> ㄴ. (나)는 용암보다 더 넓은 지역에 걸쳐 피해를 일으킨다.
> ㄷ. 지진과 화산 활동은 모두 주변 지형을 변화시킨다.

① ㄱ 　② ㄷ 　③ ㄱ, ㄴ
④ ㄴ, ㄷ 　⑤ ㄱ, ㄴ, ㄷ

18 다음은 어느 학생이 칠레 칼부코 화산 분출에 대하여 작성한 보고서의 일부이다.

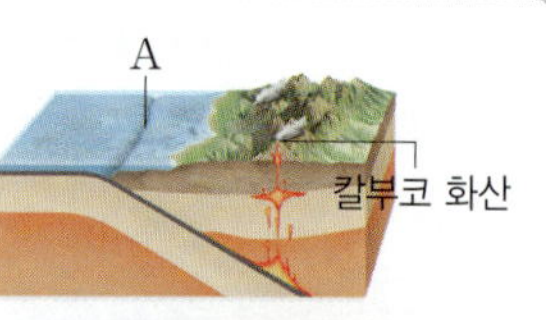

> • 칼부코 화산은 안데스산맥에 위치함.
> • 화산 분출 과정에서 많은 양의 화산재가 방출됨.
> • 칠레 정부는 주민 대피령과 휴교령을 내렸으며, 주변 국가에서는 항공기 운항이 중단되고, 농작물 피해가 발생함.

이에 대한 설명으로 옳은 것만을 〈보기〉에서 있는 대로 고른 것은?

> **보기**
> ㄱ. A에서는 호상열도가 발달한다.
> ㄴ. 칼부코 화산 하부에서는 해양판이 소멸한다.
> ㄷ. 화산 활동으로 인한 사회적, 경제적 피해는 여러 국가에 걸쳐 발생할 수 있다.

① ㄱ 　② ㄴ 　③ ㄱ, ㄷ
④ ㄴ, ㄷ 　⑤ ㄱ, ㄴ, ㄷ

19 그림은 북반구 어느 해역에서 1년 동안 측정한 수심별 수온을 나타낸 것이다.

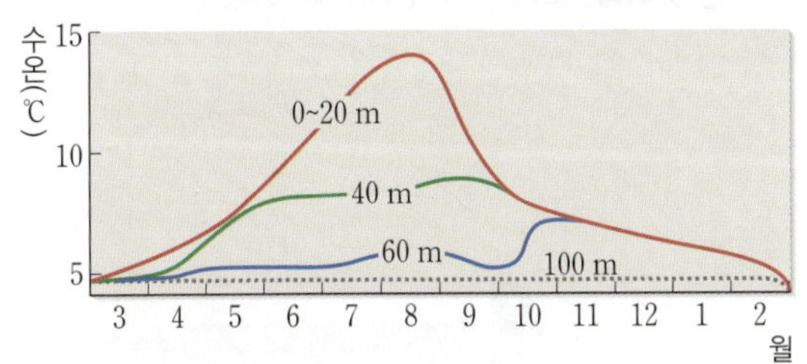

이에 대한 설명으로 옳은 것만을 〈보기〉에서 있는 대로 고른 것은?

보기
ㄱ. 바람의 세기는 8월보다 12월에 강하다.
ㄴ. 수온의 연교차는 수심 40 m보다 수심 100 m에서 크다.
ㄷ. 5월에는 수심 약 20~40 m 사이에 수온 약층이 나타난다.

① ㄱ   ② ㄴ   ③ ㄷ
④ ㄱ, ㄴ   ⑤ ㄱ, ㄷ

20 그림 (가)는 판의 경계 부근에 위치한 두 지점 A와 B를, (나)는 두 판의 밀도와 이동 방향을 나타낸 것이다.

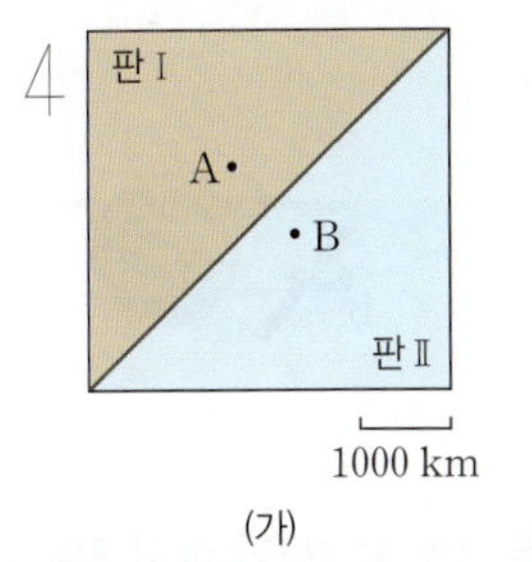

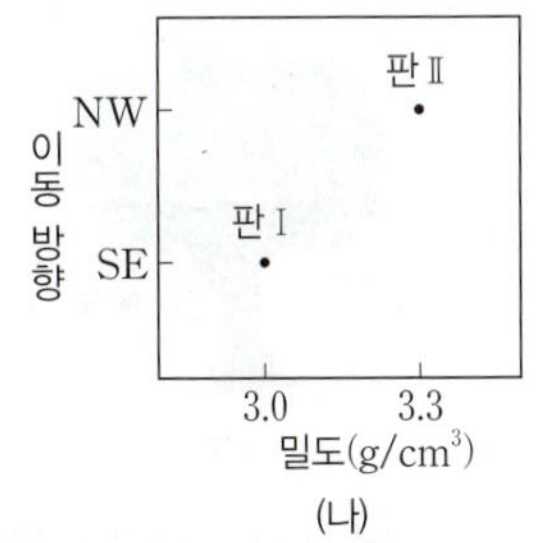

이에 대한 설명으로 옳은 것만을 〈보기〉에서 있는 대로 고른 것은?

보기
ㄱ. 시간이 지날수록 A와 B는 서로 멀어진다.
ㄴ. 화산은 대체로 판 Ⅰ보다 판 Ⅱ에 분포한다.
ㄷ. (가)에서 지진은 얕은 곳부터 깊은 곳까지 다양한 깊이에서 발생한다.

① ㄱ   ② ㄷ   ③ ㄱ, ㄴ
④ ㄴ, ㄷ   ⑤ ㄱ, ㄴ, ㄷ

21 그림은 태평양과 남아메리카 지역에 위치한 판의 경계 부근에서 지진의 분포와 지진 발생 깊이를 나타낸 것이다.

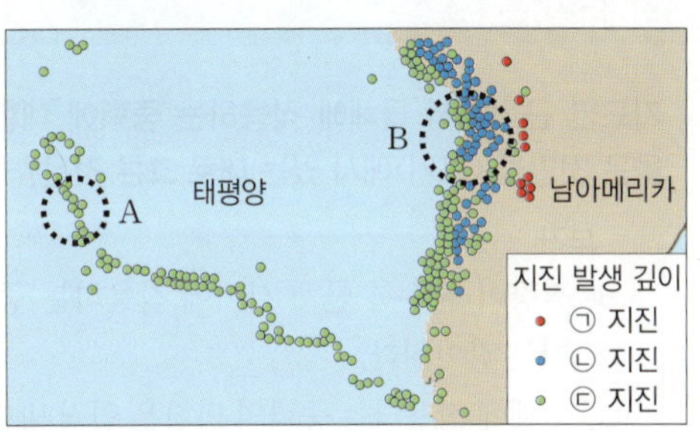

이에 대한 설명으로 옳은 것만을 〈보기〉에서 있는 대로 고른 것은?

보기
ㄱ. 지진 발생 깊이는 ㉠ 지진이 ㉢ 지진보다 깊다.
ㄴ. 인접한 두 판의 밀도 차는 B 지역이 A 지역보다 크다.
ㄷ. 해저 퇴적물의 두께는 A 지역에서 B 지역으로 갈수록 두꺼워진다.

① ㄱ   ② ㄷ   ③ ㄱ, ㄴ
④ ㄴ, ㄷ   ⑤ ㄱ, ㄴ, ㄷ

22 그림은 같은 방향으로 이동하는 두 해양판 A와 B의 경계와 지진 발생 지점의 분포를, 표는 판의 이동 방향과 속력을 나타낸 것이다.

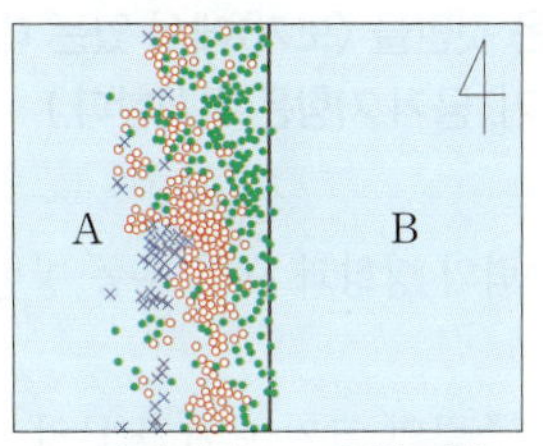

구분	A	B
이동 방향	서쪽	서쪽
이동 속력 (cm/년)	5	㉠

이에 대한 설명으로 옳은 것만을 〈보기〉에서 있는 대로 고른 것은?

보기
ㄱ. ㉠은 5보다 크다.
ㄴ. 밀도는 판 A가 판 B보다 크다.
ㄷ. 판의 경계 하부에 맨틀 대류의 상승류가 존재한다.

① ㄱ   ② ㄷ   ③ ㄱ, ㄴ
④ ㄴ, ㄷ   ⑤ ㄱ, ㄴ, ㄷ

02 역학 시스템

01 지표면 근처에서 물체에 작용하는 중력에 대한 설명으로 옳은 것만을 〈보기〉에서 있는 대로 고른 것은?

> **보기**
> ㄱ. 질량이 클수록 물체 사이에 작용하는 중력의 크기는 작아진다.
> ㄴ. 물체에 작용하는 중력의 방향은 연직 방향이다.
> ㄷ. 자유 낙하 하는 물체에 작용하는 중력의 크기는 일정하다.

① ㄱ　　　　② ㄷ　　　　③ ㄱ, ㄴ
④ ㄴ, ㄷ　　　⑤ ㄱ, ㄴ, ㄷ

02 그림은 물체 A, B를 같은 높이에서 동시에 가만히 놓은 것을 나타낸 것이다. A, B의 질량은 각각 $2m$, m이다.

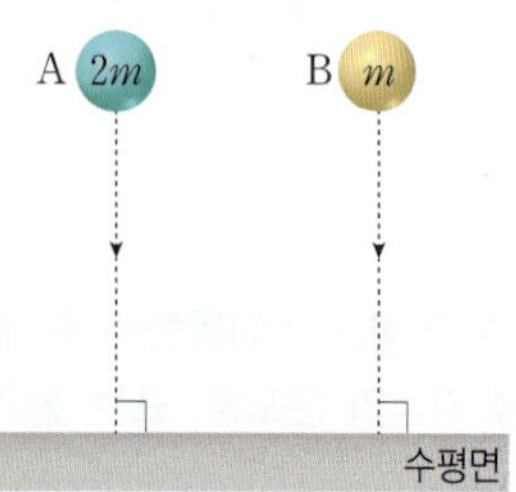

이에 대한 설명으로 옳은 것만을 〈보기〉에서 있는 대로 고른 것은? (단, 물체의 크기, 공기 저항은 무시한다.)

> **보기**
> ㄱ. A에 작용하는 중력의 방향과 A의 운동 방향은 같다.
> ㄴ. 물체에 작용하는 중력의 크기는 A가 B의 2배이다.
> ㄷ. 수평면에는 A가 B보다 먼저 도달한다.

① ㄱ　　　　② ㄷ　　　　③ ㄱ, ㄴ
④ ㄴ, ㄷ　　　⑤ ㄱ, ㄴ, ㄷ

서술형

03 자유 낙하 하는 물체의 속력이 일정하게 증가하는 까닭을 운동 방향과 관련지어 설명하시오.

04 그림은 수평 방향으로 물체 A를 던지는 순간 같은 높이에서 물체 B를 가만히 놓았을 때, A, B의 운동 경로를 나타낸 것이다. 질량은 A가 B보다 크다.

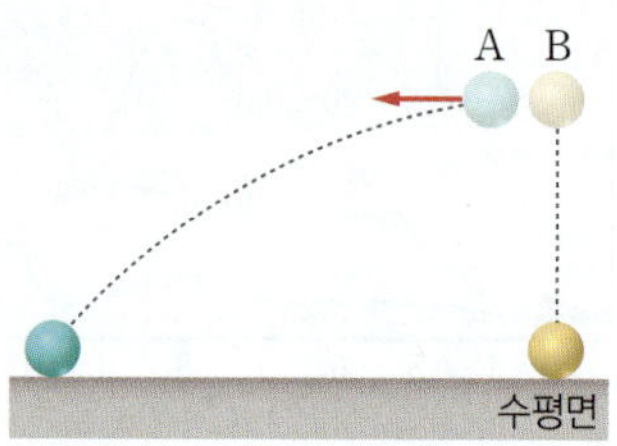

이에 대한 설명으로 옳은 것만을 〈보기〉에서 있는 대로 고른 것은? (단, 물체의 크기와 공기 저항은 무시한다.)

> **보기**
> ㄱ. A의 수평 방향 속력은 일정하다.
> ㄴ. 물체에 작용하는 중력의 크기는 A가 B보다 크다.
> ㄷ. 낙하하는 동안 연직 방향의 가속도 크기는 A가 B보다 크다.

① ㄱ　　　　② ㄷ　　　　③ ㄱ, ㄴ
④ ㄴ, ㄷ　　　⑤ ㄱ, ㄴ, ㄷ

05 그림 (가)는 연직 아래로 떨어지고 있는 사과 A의 모습을 나타낸 것이고, (나)는 지구 주위를 일정한 속력으로 원운동하는 인공위성 B의 모습을 나타낸 것이다.

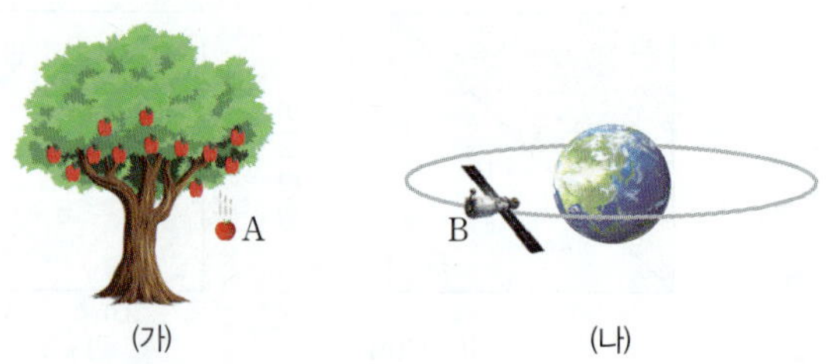

이에 대한 설명으로 옳은 것만을 〈보기〉에서 있는 대로 고른 것은? (단, 공기 저항은 무시한다.)

> **보기**
> ㄱ. 낙하하는 동안 A에 작용하는 중력의 크기는 증가한다.
> ㄴ. A는 낙하하면서 속력이 일정하게 증가한다.
> ㄷ. B에 작용하는 중력의 방향과 B의 운동 방향은 같다.

① ㄴ　　　　② ㄷ　　　　③ ㄱ, ㄴ
④ ㄱ, ㄷ　　　⑤ ㄴ, ㄷ

06 관성과 관련 있는 현상으로 옳은 것만을 〈보기〉에서 있는 대로 고른 것은?

> **보기**
> ㄱ. 달리던 버스가 갑자기 정지할 때 몸이 버스의 앞쪽으로 쏠린다.
> ㄴ. 정지해 있는 축구공을 큰 힘으로 차면 공이 더 멀리 날아간다.
> ㄷ. 움직이는 자전거의 페달을 밟지 않아도 얼마 동안 계속 달린다.

① ㄱ ② ㄴ ③ ㄷ
④ ㄱ, ㄷ ⑤ ㄴ, ㄷ

07 직선상에서 질량이 1000 kg인 자동차가 20 m/s의 속력으로 달릴 때, 자동차의 운동량의 크기는?

① 50 kg·m/s ② 200 kg·m/s
③ 500 kg·m/s ④ 2000 kg·m/s
⑤ 20000 kg·m/s

08 그림은 수평면에서 직선 운동을 하는 질량이 4 kg인 물체의 운동량을 시간에 따라 나타낸 것이다.

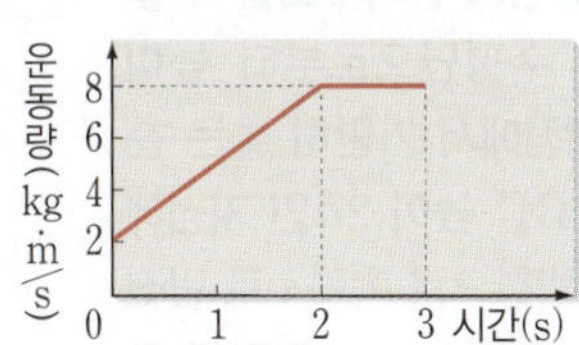

이에 대한 설명으로 옳은 것만을 〈보기〉에서 있는 대로 고른 것은?

> **보기**
> ㄱ. 물체의 속력은 1초일 때가 2초일 때보다 작다.
> ㄴ. 0초부터 2초까지 물체가 받은 충격량의 크기는 8 N·s이다.
> ㄷ. 물체에 작용하는 힘의 크기는 1.5초일 때가 2.5초일 때보다 크다.

① ㄱ ② ㄴ ③ ㄷ
④ ㄱ, ㄷ ⑤ ㄴ, ㄷ

09 다음은 범퍼카에 대한 설명이다. (   ) 안에 들어갈 알맞은 말을 쓰시오.

> 범퍼카는 서로 부딪치면서 놀 수 있는 놀이기구이다. 충돌할 때 범퍼카가 받는 (㉠)은/는 범퍼카의 운동량의 변화량과 같다. 이때 고무로 된 범퍼는 힘을 받는 시간을 (㉡) 하여 범퍼카에 작용하는 평균 (㉢)의 크기를 감소시킨다.

10 그림 (가)와 (나)는 자동차의 충돌 사고를 대비한 안전장치를 나타낸 것이다.

(가) 범퍼

(나) 보호 난간

(가)와 (나)에 공통으로 적용되는 원리로 옳은 것만을 〈보기〉에서 있는 대로 고른 것은?

> **보기**
> ㄱ. 힘을 받는 시간을 짧게 한다.
> ㄴ. 운전자가 받는 평균 힘의 크기를 감소시킨다.
> ㄷ. 자동차가 받은 충격량의 크기를 감소시킨다.

① ㄱ ② ㄴ ③ ㄷ
④ ㄱ, ㄷ ⑤ ㄴ, ㄷ

11 오른쪽 그림은 질량이 $2\,kg$인 물체를 높이 $2\,m$인 곳에서 가만히 놓았을 때 물체의 위치를 일정한 시간 간격으로 나타낸 것이다.
이 물체의 운동에 대한 설명으로 옳은 것만을 〈보기〉에서 있는 대로 고른 것은?

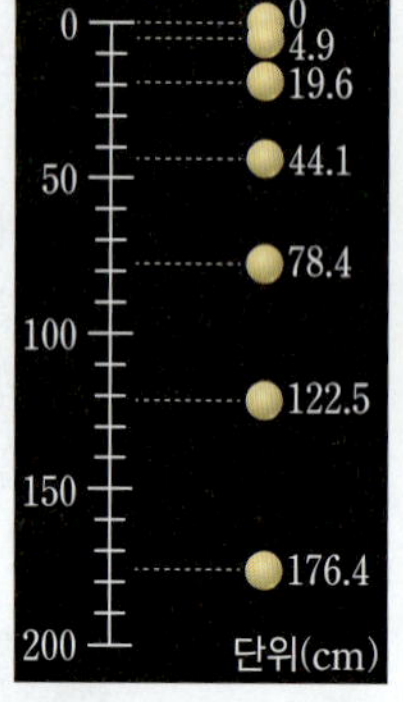

보기
ㄱ. 1초 후 물체의 속력은 $9.8\,m/s$이다.
ㄴ. 물체에는 힘이 작용하지 않는다.
ㄷ. 질량이 2배인 물체를 자유 낙하 시키면 물체의 가속도가 2배가 된다.

① ㄱ   ② ㄴ   ③ ㄱ, ㄴ
④ ㄴ, ㄷ   ⑤ ㄱ, ㄴ, ㄷ

12 그림은 동일한 높이에서 동시에 물체 A, B를 수평 방향으로 던진 것을 나타낸 것이다. 수평면에 도달할 때까지 수평 도달 거리는 B가 A보다 크다.

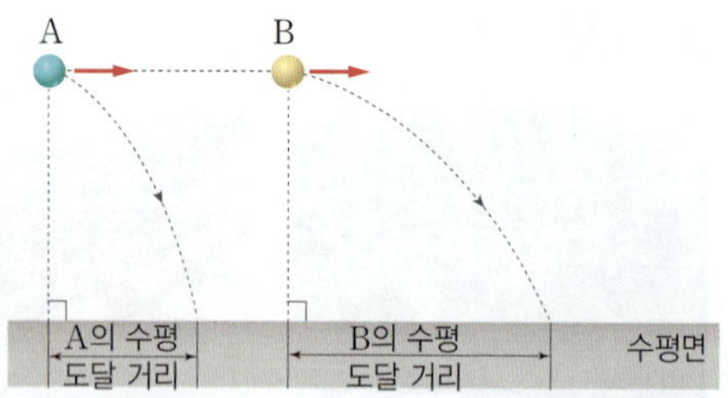

이에 대한 설명으로 옳은 것만을 〈보기〉에서 있는 대로 고른 것은? (단, 물체의 크기, 공기 저항은 무시한다.)

보기
ㄱ. 수평면에는 A가 B보다 먼저 도달한다.
ㄴ. 수평 방향으로 던진 속력은 A가 B보다 작다.
ㄷ. 수평면에 도달하는 순간 연직 방향의 속력은 A와 B가 같다.

① ㄱ   ② ㄴ   ③ ㄷ
④ ㄱ, ㄴ   ⑤ ㄴ, ㄷ

13 수평 방향으로 던진 물체의 운동에서 수평 방향과 연직 방향의 운동의 차이를 물체에 작용하는 힘과 관련지어 설명하시오. (단, 공기 저항은 무시한다.)

14 오른쪽 그림과 같이 같은 높이에서 물체 A를 가만히 놓는 순간 물체 B를 수평 방향으로 v의 속력으로 던졌다.
이에 대한 설명으로 옳은 것만을 〈보기〉에서 있는 대로 고른 것은? (단, 물체의 크기, 공기 저항은 무시한다.)

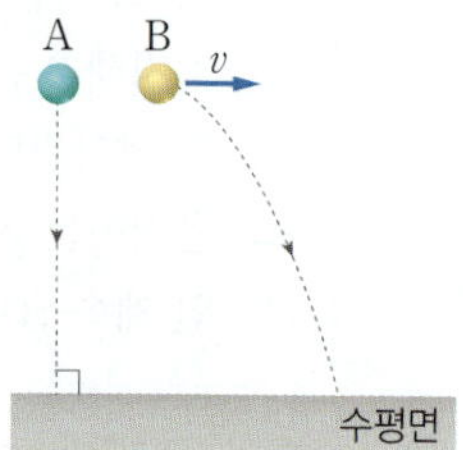

보기
ㄱ. 물체에 작용하는 중력의 방향은 A와 B가 같다.
ㄴ. B가 수평면에 도달하는 순간 B의 수평 방향 속력은 v보다 크다.
ㄷ. 수평면에 도달하는 순간 연직 방향의 속력은 A와 B가 같다.

① ㄱ   ② ㄴ   ③ ㄷ
④ ㄱ, ㄷ   ⑤ ㄴ, ㄷ

15 오른쪽 그림과 같이 0초일 때 물체 A를 수평면으로부터 높이 $3h$인 지점에서 가만히 놓는 순간 물체 B를 높이 $2h$인 지점에서 수평 방향으로 속력 v로 던졌다. B는 4초일 때 수평면에 도달하며, 0초부터 4초까지 B가 수평 방향으로 이동한 거리는 $20\,m$이다.
이에 대한 설명으로 옳은 것만을 〈보기〉에서 있는 대로 고른 것은? (단, 물체의 크기, 공기 저항은 무시한다.)

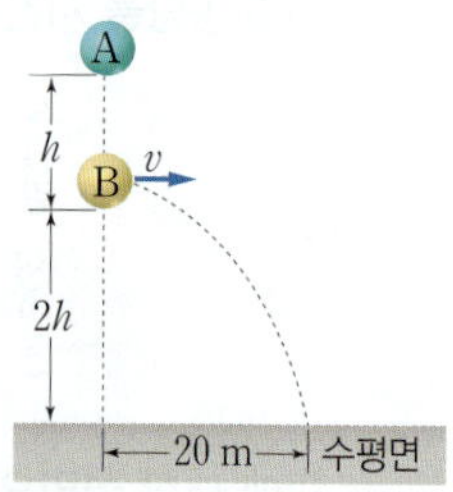

보기
ㄱ. $v=5\,m/s$이다.
ㄴ. 1초일 때, 연직 방향의 속력은 A가 B보다 크다.
ㄷ. 4초일 때, A의 높이는 h이다.

① ㄱ   ② ㄴ   ③ ㄷ
④ ㄱ, ㄴ   ⑤ ㄱ, ㄷ

16 그림은 정지해 있던 물체에 작용하는 힘을 시간에 따라 나타낸 것이다.

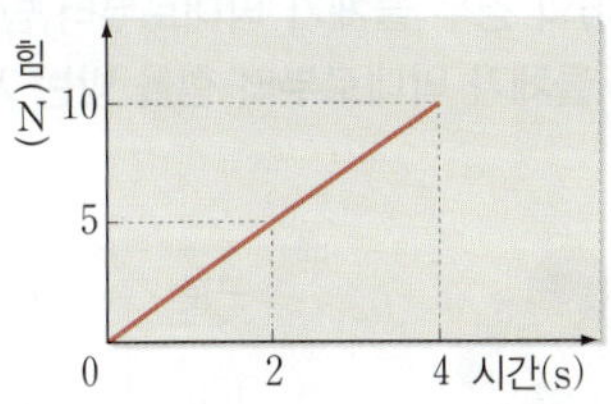

2초부터 4초까지 물체의 운동량 변화량의 크기를 구하시오.

17 그림과 같이 물체 A, B가 수평면과 나란한 책상 면에서 서로 반대 방향으로 각각 등속 직선 운동을 한 후 책상 면을 떠나 수평면에 도달한다. 책상 면에서 운동량의 크기는 B가 A의 2배이고, A, B가 책상 면을 떠나는 순간부터 수평면에 도달할 때까지 수평 방향으로 이동한 거리는 각각 L, $2L$이다.

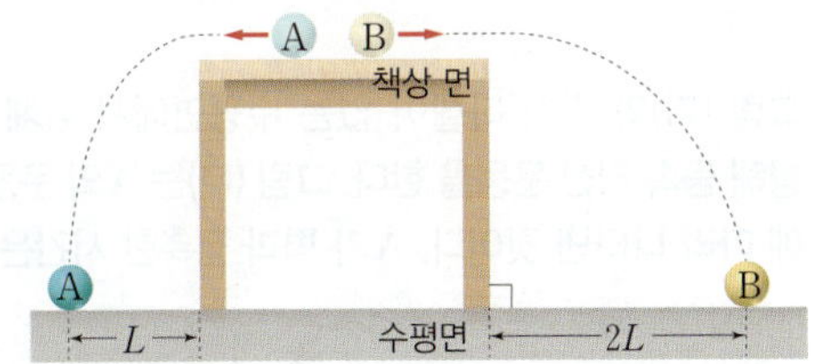

이에 대한 설명으로 옳은 것만을 〈보기〉에서 있는 대로 고른 것은? (단, 물체의 크기, 공기 저항은 무시한다.)

보기

ㄱ. 책상 면에서 속력은 A와 B가 같다.
ㄴ. 책상 면을 떠나는 순간부터 수평면에 도달할 때까지 물체에 작용하는 힘의 방향은 A와 B가 같다.
ㄷ. 질량은 A와 B가 같다.

① ㄱ ② ㄴ ③ ㄷ
④ ㄱ, ㄴ ⑤ ㄴ, ㄷ

18 그림은 마찰이 없는 수평면에서 A, B가 같은 방향으로 일정한 속력 2 m/s, 4 m/s로 직선 운동을 하는 것을 나타낸 것이다. A, B의 질량은 각각 3 kg, 2 kg이다.

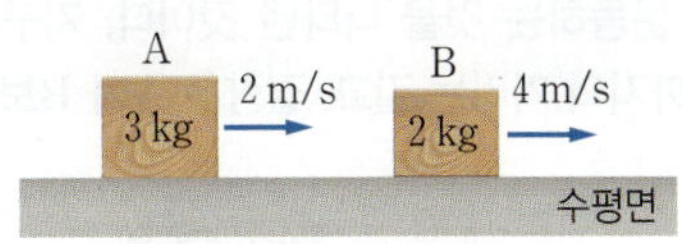

A, B의 운동량의 크기를 각각 p_A, p_B라고 할 때, $\dfrac{p_A}{p_B}$는?

① $\dfrac{1}{4}$ ② $\dfrac{1}{2}$ ③ $\dfrac{3}{4}$

④ 1 ⑤ $\dfrac{5}{4}$

19 그림 (가)는 0초일 때 마찰이 없는 수평면에 정지해 있는 물체에 수평면과 나란하게 일정한 방향으로 힘 F가 작용하는 모습을, (나)는 F의 크기를 시간에 따라 나타낸 것이다. 2초일 때 물체의 속력은 v_1, 6초일 때 물체의 속력은 v_2이다.

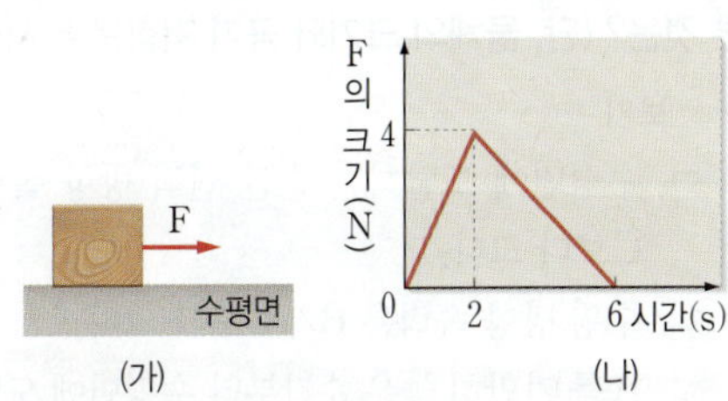

$\dfrac{v_1}{v_2}$은? (단, 공기 저항은 무시한다.)

① $\dfrac{1}{5}$ ② $\dfrac{1}{4}$ ③ $\dfrac{1}{3}$

④ $\dfrac{2}{5}$ ⑤ $\dfrac{1}{2}$

20 그림은 물체 A, B가 각각 점 p, q를 지나며 지구 중심을 향해 운동하는 것을 나타낸 것이다. 지구의 중심으로부터 p, q까지의 거리는 같고, 질량은 A가 B보다 작다.

이에 대한 설명으로 옳은 것만을 〈보기〉에서 있는 대로 고른 것은? (단, A, B에는 지구에 의한 중력만 작용한다.)

보기
ㄱ. A는 p를 지난 후 지구에 도달할 때까지 속력이 일정하게 감소한다.
ㄴ. 물체에 작용하는 중력의 방향은 A와 B가 같다.
ㄷ. p에서 A에 작용하는 중력의 크기는 q에서 B에 작용하는 중력의 크기보다 작다.

① ㄱ ② ㄴ ③ ㄷ
④ ㄱ, ㄷ ⑤ ㄴ, ㄷ

21 그림은 지표면 근처에서 가만히 놓은 물체 A, A와 같은 높이에서 수평 방향으로 던진 물체 B, B보다 낮은 높이에서 수평 방향으로 던진 물체 C의 운동 경로를 나타낸 것이다.

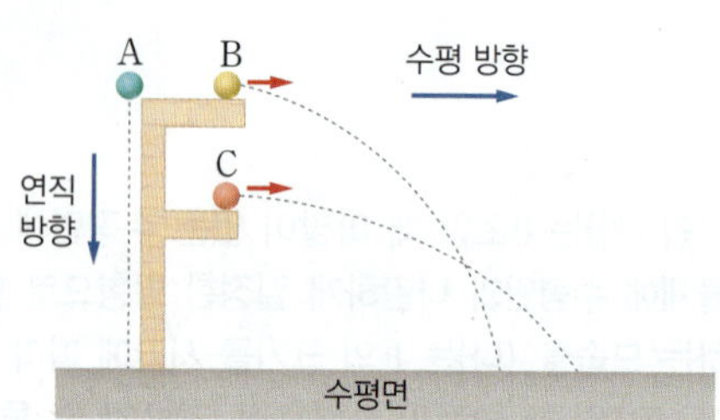

이에 대한 설명으로 옳은 것만을 〈보기〉에서 있는 대로 고른 것은? (단, 물체의 크기와 공기 저항은 무시한다.)

보기
ㄱ. 수평면에 도달하는 순간 연직 방향 속력은 A가 C보다 크다.
ㄴ. 수평 방향 속력은 B가 C보다 크다.
ㄷ. A를 가만히 놓은 순간부터 수평면에 도달할 때까지 걸린 시간은 C를 수평 방향으로 던진 순간부터 수평면에 도달할 때까지 걸린 시간보다 작다.

① ㄱ ② ㄴ ③ ㄷ
④ ㄱ, ㄴ ⑤ ㄱ, ㄷ

22 그림은 막대를 이용하여 수평면에 정지해 있는 물체를 수평 방향으로 치는 모습이다. 표는 막대로 물체를 치는 (가), (나), (다)의 경우 물체가 막대로부터 받는 평균 힘의 크기 $F_{평균}$와 물체가 막대로부터 힘을 받는 시간 t를 나타낸 것이다.

구분	$F_{평균}$	t
(가)	$\frac{1}{2}F_0$	t_0
(나)	F_0	$2t_0$
(다)	$2F_0$	t_0

이에 대한 설명으로 옳은 것만을 〈보기〉에서 있는 대로 고른 것은? (단, 물체의 크기, 모든 마찰과 공기 저항은 무시한다.)

보기
ㄱ. 막대로 물체를 친 직후 물체의 운동량의 크기는 (가)에서가 (다)에서보다 크다.
ㄴ. 막대로 물체를 치는 동안 물체가 막대로부터 받는 충격량의 크기는 (나)에서와 (다)에서가 같다.
ㄷ. (나)와 (다)를 이용하여 자동차 에어백의 충격 흡수 원리를 설명할 수 있다.

① ㄱ ② ㄴ ③ ㄷ
④ ㄱ, ㄷ ⑤ ㄴ, ㄷ

23 그림 (가)와 같이 마찰이 없는 수평면에서 물체 A가 벽을 향해 등속 직선 운동을 한다. 그림 (나)는 A의 운동량을 시간에 따라 나타낸 것이다. A가 벽과 접촉한 시간은 t_0이다.

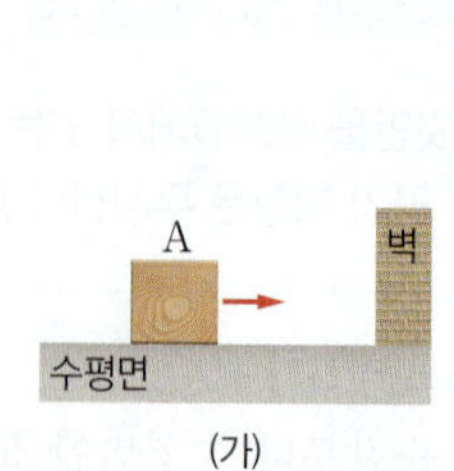

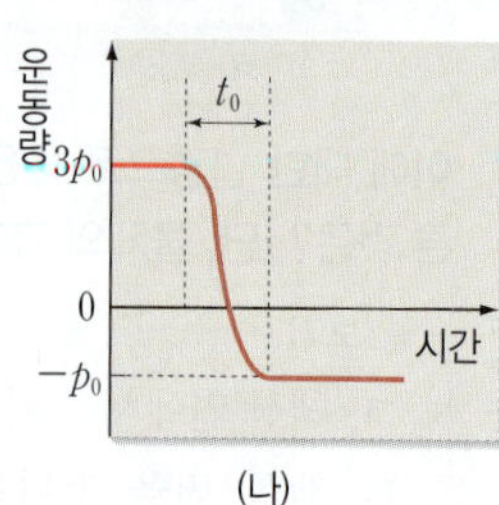

충돌할 때, A가 벽으로부터 받은 평균 힘의 크기는? (단, A는 직선상에서 운동한다.)

① $\frac{p_0}{4t_0}$ ② $\frac{p_0}{2t_0}$ ③ $\frac{p_0}{t_0}$
④ $\frac{2p_0}{t_0}$ ⑤ $\frac{4p_0}{t_0}$

Ⅲ. 시스템과 상호작용

03 생명 시스템

01

그림은 어떤 식물 세포의 구조를 나타낸 것이다.

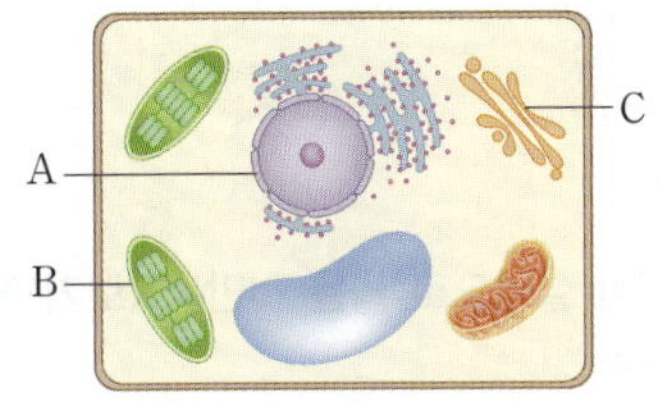

A~C의 이름을 옳게 짝 지은 것은?

	A	B	C
①	핵	엽록체	소포체
②	핵	엽록체	골지체
③	핵	마이토콘드리아	골지체
④	마이토콘드리아	소포체	골지체
⑤	마이토콘드리아	엽록체	소포체

02

그림은 어떤 화학 반응에서의 에너지 변화를 나타낸 것이다. A와 B는 각각 효소가 있을 때와 없을 때 중 하나이다.

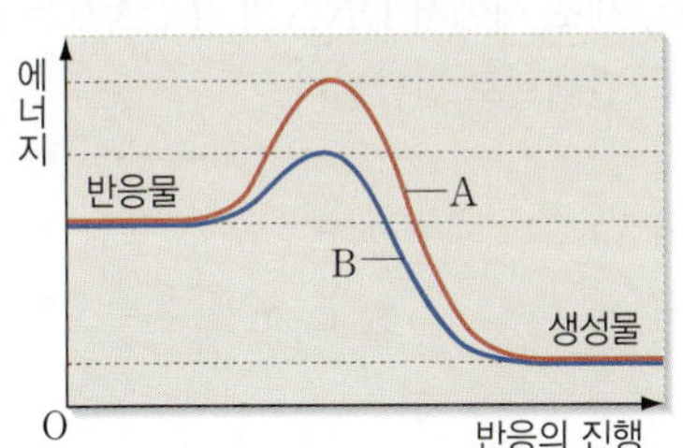

이에 대한 설명으로 옳은 것만을 〈보기〉에서 있는 대로 고른 것은?

> **보기**
> ㄱ. B는 효소가 있을 때이다.
> ㄴ. 활성화에너지는 A가 B보다 낮다.
> ㄷ. 생성물의 생성 속도는 A가 B보다 빠르다.

① ㄱ   ② ㄴ   ③ ㄱ, ㄷ
④ ㄴ, ㄷ   ⑤ ㄱ, ㄴ, ㄷ

03

그림은 세포소기관 (가)와 (나)의 구조를 나타낸 것이다. (가)와 (나)는 각각 마이토콘드리아와 엽록체 중 하나이다.

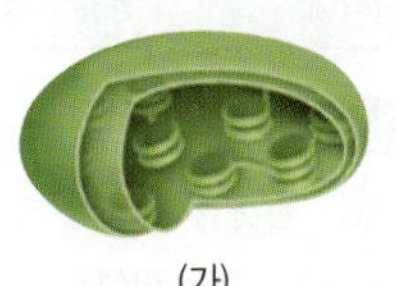 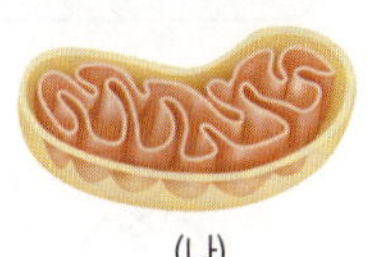

이에 대한 설명으로 옳은 것만을 〈보기〉에서 있는 대로 고른 것은?

> **보기**
> ㄱ. (가)는 엽록체이다.
> ㄴ. (나)는 동물 세포에 없다.
> ㄷ. (가)와 (나)에서 모두 물질대사가 일어난다.

① ㄱ   ② ㄴ   ③ ㄱ, ㄷ
④ ㄴ, ㄷ   ⑤ ㄱ, ㄴ, ㄷ

04

일상생활에서 효소가 이용된 사례로 옳지 <u>않은</u> 것은?

① 포도당 산화효소를 이용해 혈당을 측정한다.
② 큰 감자를 반으로 잘라서 찌면 큰 덩어리일 때보다 빨리 익는다.
③ 녹말을 당분으로 분해하는 효소를 이용해 단맛을 내는 시럽을 만든다.
④ 플라스틱을 분해하는 효소를 이용해 플라스틱의 친환경적 처리 방법을 연구한다.
⑤ 고기를 양념에 잴 때 파인애플을 넣으면 고기를 이루는 단백질의 일부가 분해되어 고기가 연해진다.

05

그림은 A와 B에 각각 과산화 수소수를 3방울씩 떨어뜨린 후 A에는 증류수를, B에는 감자즙을 1방울씩 떨어뜨렸을 때 기포 발생 여부를 나타낸 것이다.

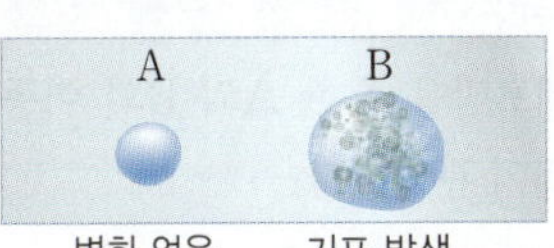

A와 B에 각각 과산화 수소수를 추가로 떨어뜨리면 기포가 발생하는지를 그 까닭과 함께 설명하시오.

06 다음은 세포막의 구조와 세포막을 통한 물질의 이동에 대한 학생 A~C의 대화이다.

제시한 내용이 옳은 학생만을 있는 대로 고른 것은?

① A ② C ③ A, B
④ B, C ⑤ A, B, C

07 그림은 물질 A와 B가 세포막을 통해 이동하는 모습을 나타낸 것이다. A와 B는 각각 이산화 탄소와 칼륨 이온 중 하나이다.

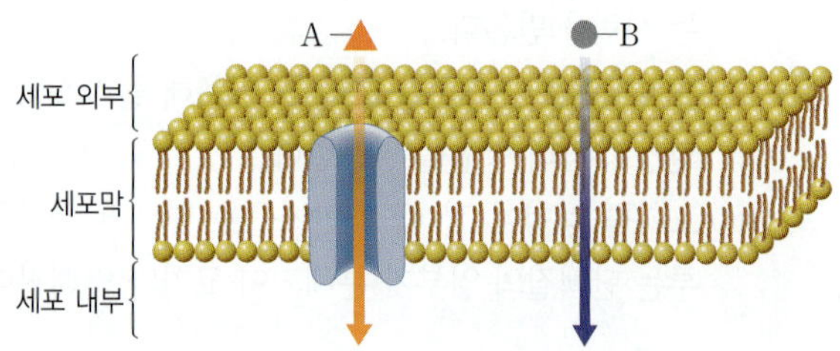

이에 대한 설명으로 옳은 것만을 〈보기〉에서 있는 대로 고른 것은?

보기
ㄱ. A는 칼륨 이온이다.
ㄴ. B의 농도는 세포 내부에서가 세포 외부에서보다 높다.
ㄷ. 세포막을 통한 A와 B의 이동에는 모두 막단백질이 관여한다.

① ㄱ ② ㄷ ③ ㄱ, ㄴ
④ ㄴ, ㄷ ⑤ ㄱ, ㄴ, ㄷ

08 그림은 사람의 세포에서 유전정보로부터 단백질이 합성되는 과정을 나타낸 것이다.

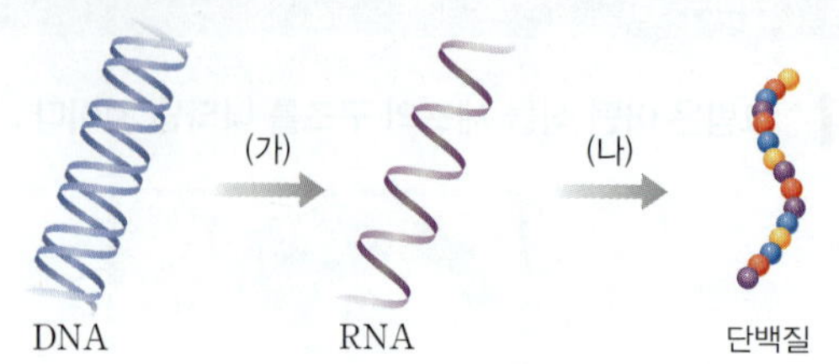

이에 대한 설명으로 옳은 것만을 〈보기〉에서 있는 대로 고른 것은?

보기
ㄱ. (가)는 소포체에서 일어난다.
ㄴ. (나)는 전사이다.
ㄷ. RNA는 뉴클레오타이드로 구성된다.

① ㄱ ② ㄷ ③ ㄱ, ㄴ
④ ㄱ, ㄷ ⑤ ㄴ, ㄷ

09 세포 내에서 일어나는 유전정보의 흐름에 대한 설명으로 옳은 것만을 〈보기〉에서 있는 대로 고른 것은?

보기
ㄱ. 생명체의 종류에 따라 유전부호 체계가 다르다.
ㄴ. DNA는 유전정보를 전달하고, RNA는 유전정보를 저장하는 역할을 한다.
ㄷ. 세포 내에서 DNA의 유전정보는 RNA를 거쳐 단백질로 전달된다.

① ㄱ ② ㄷ ③ ㄱ, ㄴ
④ ㄱ, ㄷ ⑤ ㄴ, ㄷ

10 그림은 DNA로부터 전사되어 만들어진 RNA의 염기서열을 나타낸 것이다.

이 RNA의 전사에 사용된 DNA 가닥의 염기서열을 쓰시오.

11 그림은 어떤 동물 세포의 구조를 나타낸 것이다. A~D는 각각 핵, 라이보솜, 세포막, 마이토콘드리아 중 하나이다.

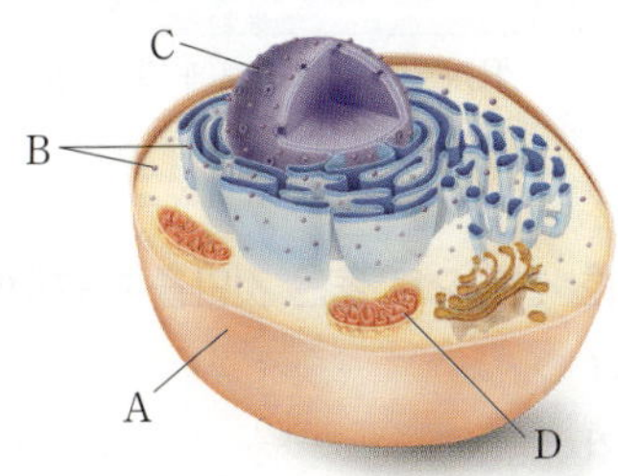

이에 대한 설명으로 옳은 것만을 〈보기〉에서 있는 대로 고른 것은?

> **보기**
> ㄱ. A와 B는 모두 인지질 이중층 구조를 가진다.
> ㄴ. B와 D에서 모두 물질대사가 일어난다.
> ㄷ. C에서 전사가 일어난다.

① ㄱ   　② ㄷ   　③ ㄱ, ㄴ
④ ㄱ, ㄷ   　⑤ ㄴ, ㄷ

서술형

12 표는 세포 A와 B에서 세포소기관의 유무를 나타낸 것이다. A와 B는 각각 동물 세포와 식물 세포 중 하나이며, ㉠과 ㉡은 마이토콘드리아와 엽록체를 순서 없이 나타낸 것이다.

세포소기관 세포	㉠	㉡
A	○	?
B	×	○

(○: 있음, ×: 없음.)

(1) A와 B, ㉠과 ㉡은 각각 무엇인지 쓰고, 그렇게 생각한 까닭을 설명하시오.

(2) ㉠과 ㉡에서 일어나는 물질대사를 각각 설명하시오.

13 그림은 생명체에서 일어나는 화학 반응 (가)와 (나)를 나타낸 것이다. ㉠과 ㉡은 모두 효소이다.

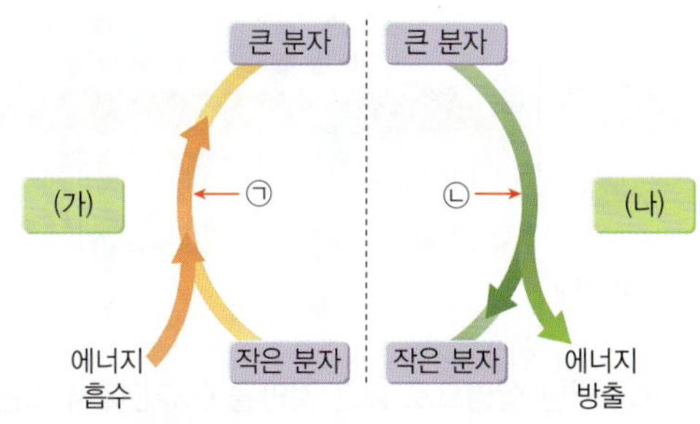

이에 대한 설명으로 옳지 **않은** 것은?

① 광합성은 (가)의 예에 해당한다.
② (가)와 (나)는 모두 물질대사이다.
③ (가)는 물질 합성 반응, (나)는 물질 분해 반응이다.
④ ㉠과 ㉡은 모두 반응의 활성화에너지를 낮추는 역할을 한다.
⑤ 모근에서 케라틴 단백질이 합성되어 머리카락이 자라는 것은 (나)의 예에 해당한다.

14 그림은 어떤 화학 반응에서 효소 A의 작용을 나타낸 것이다.

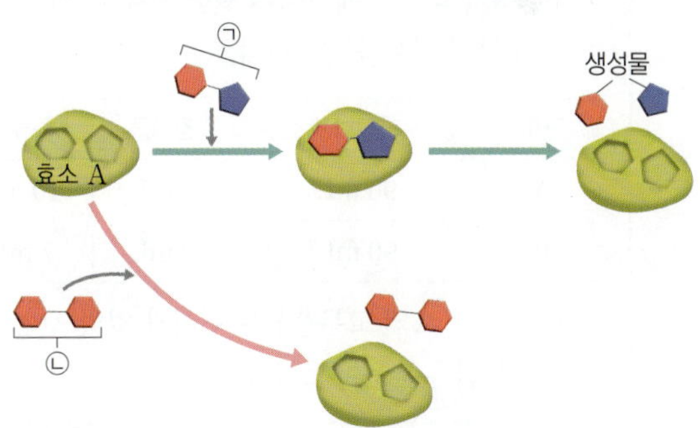

이에 대한 설명으로 옳은 것만을 〈보기〉에서 있는 대로 고른 것은?

> **보기**
> ㄱ. 효소 A의 작용으로 에너지가 흡수된다.
> ㄴ. 효소 A는 화학 반응에서 반복적으로 사용된다.
> ㄷ. 효소 A는 ㉡과 결합하여 화학 반응의 활성화에너지를 낮춘다.

① ㄱ   　② ㄴ   　③ ㄱ, ㄷ
④ ㄴ, ㄷ   　⑤ ㄱ, ㄴ, ㄷ

15 그림은 세포막을 통해 물질 A와 B가 이동하는 과정을 나타낸 것이다.

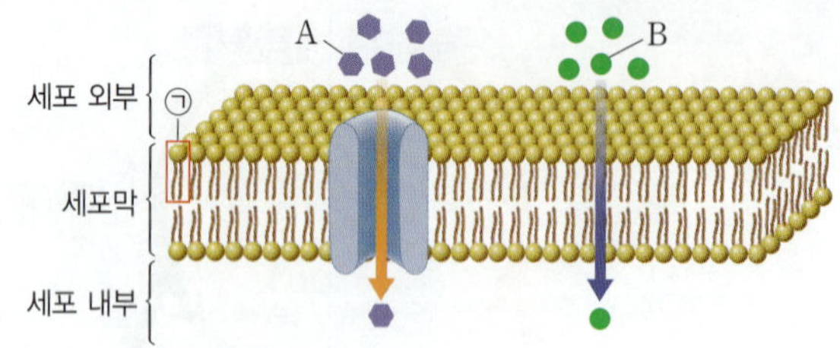

이에 대한 설명으로 옳은 것만을 〈보기〉에서 있는 대로 고른 것은?

> 보기
> ㄱ. ㉠은 인지질이다.
> ㄴ. A에 해당하는 물질에는 산소가 있다.
> ㄷ. B의 농도는 세포 외부에서가 세포 내부에서보다 낮다.

① ㄱ　　　② ㄴ　　　③ ㄱ, ㄷ
④ ㄴ, ㄷ　　　⑤ ㄱ, ㄴ, ㄷ

16 다음은 감자즙을 이용한 과산화 수소의 분해 실험이다.

> | 실험 과정 및 결과 |
> • 삼각 플라스크 A와 B에 표와 같이 물질을 넣은 후, 각각의 입구에 고무풍선을 끼우고 일정 시간 동안 부피 변화를 관찰한다.
>
> | 구분 | 5 % 과산화 수소수 | 감자즙 | 증류수 |
> |---|---|---|---|
> | A | 90 mL | 0 mL | 10 mL |
> | B | 90 mL | 3 mL | 7 mL |
>
> • 관찰 결과 A의 고무풍선은 변화가 없었으며, B의 고무풍선은 부풀어 올랐다.

이에 대한 설명으로 옳은 것만을 〈보기〉에서 있는 대로 고른 것은? (단, 제시된 조건 이외의 모든 조건은 동일하다.)

> 보기
> ㄱ. 감자즙 속에는 카탈레이스가 들어 있다.
> ㄴ. 활성화에너지는 A에서가 B에서보다 높다.
> ㄷ. B의 부풀어 오른 고무풍선 안의 기체에는 산소가 있다.

① ㄱ　　　② ㄷ　　　③ ㄱ, ㄴ
④ ㄴ, ㄷ　　　⑤ ㄱ, ㄴ, ㄷ

17 표는 사람의 세포에서 유전정보로부터 단백질이 합성되는 과정의 특징을 나타낸 것이다. (가)와 (나)는 번역과 전사를 순서 없이 나타낸 것이다.

구분	특징
(가)	RNA의 유전정보에 따라 아미노산을 연결한다.
(나)	?

이에 대한 설명으로 옳은 것만을 〈보기〉에서 있는 대로 고른 것은?

> 보기
> ㄱ. (가)는 핵에서 일어난다.
> ㄴ. (나)는 전사이다.
> ㄷ. (나)가 (가)보다 먼저 일어난다.

① ㄱ　　　② ㄴ　　　③ ㄱ, ㄷ
④ ㄴ, ㄷ　　　⑤ ㄱ, ㄴ, ㄷ

서술형

18 다음은 선천성 대사 이상 질환인 페닐케톤뇨증에 대한 설명이다.

> 효소 합성에 필요한 유전정보를 저장하고 있는 유전자의 이상으로 효소가 결핍되면 물질대사가 제대로 일어나지 않아 질병이 나타나는데, 이를 '선천성 대사 이상 질환'이라고 한다. 선천성 대사 이상 질환인 페닐케톤뇨증을 앓고 있는 사람은 페닐알라닌 분해 효소가 몸속에서 만들어지지 않아 몸속에 페닐알라닌이 축적되고, 이는 신경 발달을 저해한다.

페닐케톤뇨증이 나타나는 과정을 유전자와 단백질의 관계, 물질대사와 관련지어 설명하시오.

19 그림은 카탈레이스에 의한 반응에서의 에너지 변화를 나타낸 것이다.

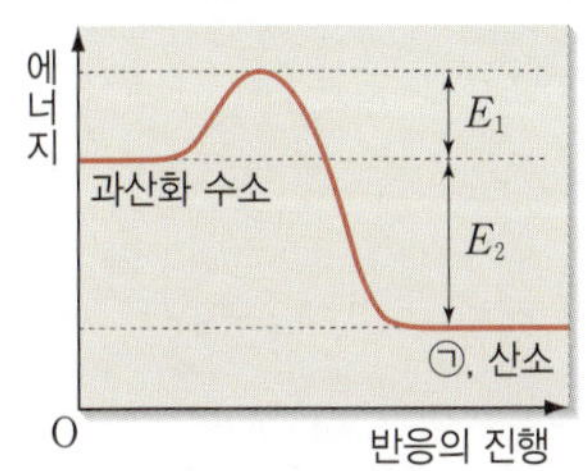

이에 대한 설명으로 옳은 것만을 〈보기〉에서 있는 대로 고른 것은?

보기
ㄱ. ㉠은 물이다.
ㄴ. 활성화에너지는 E_1이다.
ㄷ. 카탈레이스는 과산화 수소가 분해되는 속도를 감소시킨다.

① ㄴ ② ㄷ ③ ㄱ, ㄴ
④ ㄱ, ㄷ ⑤ ㄱ, ㄴ, ㄷ

20 그림 (가)와 (나)는 양파 표피세포에 설탕물 A를 떨어뜨린 후 현미경으로 관찰하였을 때의 변화를 나타낸 것이다.

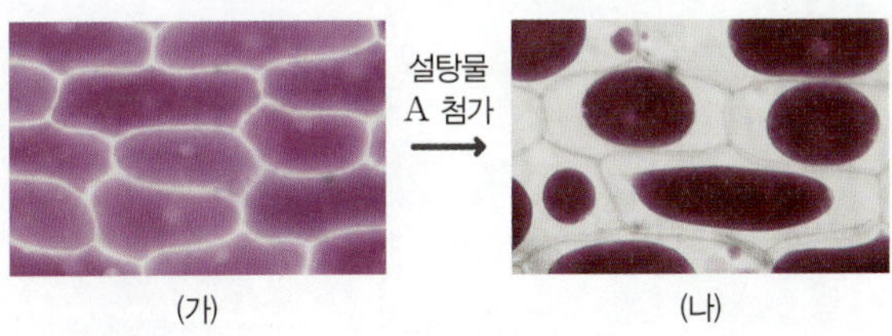

이에 대한 설명으로 옳은 것만을 〈보기〉에서 있는 대로 고른 것은?

보기
ㄱ. (나)에서 세포질의 부피가 커진다.
ㄴ. 설탕물 A의 농도는 양파 표피세포 내부의 농도보다 높다.
ㄷ. (가) → (나)에서 $\dfrac{\text{세포 밖으로 빠져나가는 물의 양}}{\text{세포 안으로 들어오는 물의 양}}$ 은 1보다 작다.

① ㄱ ② ㄴ ③ ㄱ, ㄷ
④ ㄴ, ㄷ ⑤ ㄱ, ㄴ, ㄷ

21 다음은 막을 통한 물질의 이동을 알아보기 위한 실험이다.

| 실험 과정 |
(가) 2개의 비커에 10 % 소금물, 20 % 소금물을 각각 200 mL씩 넣는다.
(나) 겉껍데기를 제거한 같은 크기의 달걀 A와 B의 질량을 측정한다.
(다) 10 % 소금물이 든 비커에 달걀 A를 넣고, 20 % 소금물이 든 비커에 달걀 B를 넣은 후 일정 시간 동안 둔다.
(라) 달걀 A와 B를 꺼내 각각의 질량을 측정한다.

| 실험 결과 |

달걀	A	B
질량 변화(g)	−1.6	−3.2

(1) 달걀 A와 B를 넣은 비커에서 공통적으로 일어난 막을 통한 물질의 이동 방식은 무엇인지 쓰시오.

(2) 실험 결과 달걀에서 빠져나간 물의 양은 달걀 A와 B 중 어느 것에서 더 많은지 그 까닭과 함께 설명하시오.

22 그림은 어떤 세포에서 일어나는 유전정보의 흐름을, 표는 일부 코돈이 지정하는 아미노산을 나타낸 것이다.

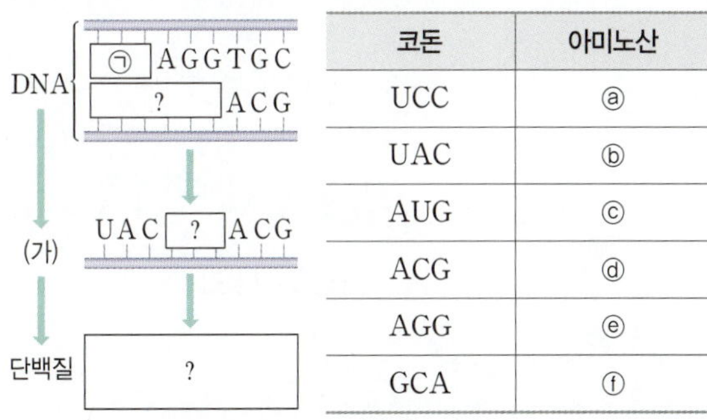

코돈	아미노산
UCC	ⓐ
UAC	ⓑ
AUG	ⓒ
ACG	ⓓ
AGG	ⓔ
GCA	ⓕ

이에 대한 설명으로 옳은 것만을 〈보기〉에서 있는 대로 고른 것은? (단, 돌연변이는 고려하지 않는다.)

보기
ㄱ. ㉠은 ATG이다.
ㄴ. (가)에는 타이민(T)이 있다.
ㄷ. 단백질의 아미노산서열은 ⓑ－ⓐ－ⓓ이다.

① ㄱ ② ㄴ ③ ㄱ, ㄷ
④ ㄴ, ㄷ ⑤ ㄱ, ㄴ, ㄷ

CHECK LIST

SUMMARY

고등 도서 안내

문학 입문서

손쉬운

작품 이해에서 문제 해결까지
손쉬운 비법을 담은 문학 입문서

현대 문학, 고전 문학

비주얼 개념서

룩 LOOK

이미지 연상으로 필수 개념을 쉽게 익히는
비주얼 개념서

국어	문법
영어	분석독해

수학 개념 기본서

수학중심

개념과 유형을 한 번에 잡는 강력한
개념 기본서

수학Ⅰ, 수학Ⅱ, 확률과 통계, 미적분, 기하

수학 문제 기본서

유형중심

체계적인 유형별 학습으로 실전에서 강력한
문제 기본서

수학Ⅰ, 수학Ⅱ, 확률과 통계, 미적분

사회·과학 필수 기본서

개념 학습과 유형 학습으로 내신과 수능을 잡는
필수 기본서

엔픽

[2022 개정]

사회	통합사회1, 통합사회2*, 한국사1, 한국사2*
과학	통합과학1, 통합과학2, 물리학*, 화학*, 생명과학*, 지구과학*

*2025년 상반기 출간 예정

NEW 올리드

[2015 개정]

사회	한국지리, 사회·문화, 생활과 윤리, 윤리와 사상
과학	물리학Ⅰ, 화학Ⅰ, 생명과학Ⅰ, 지구과학Ⅰ

기출 분석 문제집

완벽한 기출 문제 분석으로 시험에 대비하는 1등급 문제집

1등급 만들기

[2022 개정]

수학	공통수학1, 공통수학2, 대수, 확률과 통계*, 미적분Ⅰ*
사회	통합사회1, 통합사회2*, 한국사1, 한국사2*, 세계시민과 지리, 사회와 문화, 세계사, 현대사회와 윤리
과학	통합과학1, 통합과학2

*2025년 상반기 출간 예정

[2015 개정]

국어	문학, 독서
수학	수학Ⅰ, 수학Ⅱ, 확률과 통계, 미적분, 기하
사회	한국지리, 세계지리, 생활과 윤리, 윤리와 사상, 사회·문화, 정치와 법, 경제, 세계사, 동아시아사
과학	물리학Ⅰ, 화학Ⅰ, 생명과학Ⅰ, 지구과학Ⅰ, 물리학Ⅱ, 화학Ⅱ, 생명과학Ⅱ, 지구과학Ⅱ

엔픽

통합과학1

바른답 알찬풀이

Mirae N 에듀

바른답 · 알찬풀이

바른답·알찬풀이

I 과학의 기초

기본 탄탄 문제

12쪽

1 규모 **2** 세슘 원자시계 **3** 기본량 **4** 측정 표준 **5** 디지털

01 ㉠ 시간, ㉡ 미시 **02** ㉠ 시간, ㉡ 질량, ㉢ A **03** (1) ○
(2) ✕ (3) ○ (4) ○ **04** ㉠ 길이, ㉡ 측정 표준 **05** (1) ✕ (2) ○
(3) ○ (4) ✕

01　　　　　　　　　　　　　　　답 ㉠ 시간, ㉡ 미시

자연 현상은 시간과 공간의 규모에 따라 거시 세계와 미시 세계
로 구분한다.

02　　　　　　　　　　　답 ㉠ 시간, ㉡ 질량, ㉢ A

㉠ s(초)는 시간의 기본 단위이다.
㉡ kg(킬로그램)은 질량의 기본 단위이다.
㉢ 전류의 기본 단위는 A(암페어)이다.

기본량	시간	길이	질량	전류	온도
단위	s	m	kg	A	K

03　　　　　　　　答 (1) ○ (2) ✕ (3) ○ (4) ○

(1) 과학에서는 기본량마다 측정의 기본이 되는 단위를 정해 사
용한다.
(2) 농도는 질량과 길이를 조합해 나타내는 유도량이다.
(3) 속력은 길이를 시간으로 나눈 값이다.
(4) 부피와 넓이는 모두 길이를 이용해 나타낸다.

04　　　　　　　　　답 ㉠ 길이, ㉡ 측정 표준

㉠ 미터원기는 길이의 측정 표준이었다. 현재는 빛의 속력을 이
용해 1 m를 정의한다.
㉡ 측정 표준은 어떤 물리량을 측정하는 기준으로 쓰기 위해 단
위를 정의하고 재현하는 방법과 체계를 정리한 것이다.

05　　　　　　　答 (1) ✕ (2) ○ (3) ○ (4) ✕

(1) 물리량이 연속적으로 변하는 자연계에서 발생하는 신호는 대
부분 아날로그 신호이다.
(2) 센서는 인간의 감각을 대신해 아날로그 신호를 감지하여 디지
털 신호로 변환해 준다.
(3) 센서를 이용하면 인간의 감각으로 직접 감지할 수 없는 신호
도 측정할 수 있다.
(4) 현대 문명은 디지털 신호를 이용하는 정보 통신 기술을 기반
으로 한다.

실력 쑥쑥 문제

13~15쪽

01 ①　**02** ③　**03** ③　**04** ①　**05** ⑤　**06** ②　**07** ①
08 ③　**09** ④　**10** ④　**11** ①　**12** ⑤　**13** ④

단답형·서술형 문제

14 예시답안 세슘 원자시계, 세슘 원자시계는 세슘 원자에서 나오
는 빛의 진동수를 이용하여 시간을 정밀하게 측정한다.

15 (1) 답 온도 (2) 예시답안 A와 B가 교실의 온도를 이야기할 때
서로 다른 단위를 사용했기 때문이다.

16 예시답안 인간의 감각으로 감지할 수 없는 자연계의 신호를 측
정한다. 아날로그 신호를 디지털 신호로 변환하여 전송한다.

01　　　　　　　　　　　　　　　　　　답 ①

②, ③, ④ 자연 현상은 규모에 따라 인간의 감각으로 직접 관찰
할 수 없는 작은 세계인 미시 세계와 인간이 일상적으로 경험하는
크기 이상의 거시 세계로 구분할 수 있다. 자연 현상을 탐구할 때
는 대상의 규모를 고려하여 측정 도구와 단위를 결정해야 한다.
⑤ 구름과 비 같은 기상 현상은 사람이 일상적으로 경험하는 거
시 세계에서 일어나는 자연 현상이다.
오답 피하기 ① 미시 세계의 길이 단위로는 nm(나노미터) 이하의
단위가 적절하다.

개념 더하기 거시 세계와 미시 세계의 길이 단위

구분	거시 세계	미시 세계
설명	인간이 일상적으로 경험하는 크기 이상의 세계 예 동물, 나무, 태양계, 우주 등	인간의 감각으로 직접 관찰할 수 없는 작은 세계 예 원자, 분자, 세포 등
길이 단위	m, km, AU, pc 등	nm, Å 등
측정 방법	레이저나 GPS, 천체 망원경 등을 사용	전자 현미경과 같은 측정 도구를 사용

02　　　　　　　　　　　　　　　　　　답 ③

ㄱ. 과거에는 지구의 자전이나 공전, 태양의 일주 운동 등 주기적
으로 반복되는 자연 현상을 이용해 시간을 정했다.
ㄴ. 오늘날에는 세슘 원자시계를 이용해 시간을 정확하게 측정
한다.
오답 피하기 ㄷ. 손가락 마디의 길이는 사람마다 달라서 길이를 일
정하게 측정하기 어렵다.

03　　　　　　　　　　　　　　　　　　답 ③

(가) 앙부일구는 태양의 운동을 이용해 시간을 측정하는 장치이
므로 거시 세계의 탐구 도구로 적절하다.
(나) 전자 현미경은 빛보다 짧은 전자의 물질파를 이용해 미시
세계의 물체를 관측하는 도구이다.
(다) 디지털 자는 거시 세계의 물체의 크기를 측정하기에 적절
하다.

앙부일구는 태양의 운동을 이용해 시간과 날짜(절기)를 알려 주는 해시계이다. 태양이 아침에 동쪽에서 떠올라 서쪽으로 이동하면 영침의 그림자 끝은 시반면을 따라 서쪽에서 동쪽으로 이동한다. 그래서 그림자 끝의 위치를 보면 대략적인 시간을 알 수 있다.

04
답 ①

물체의 높이나 크기, 거리 등은 길이에 해당한다. 수소 원자의 크기는 미시 세계의 길이, 백두산의 높이와 서울에서 부산까지 거리는 거시 세계의 길이이다.

05
답 ⑤

국제도량형총회에서는 여러 물리량 중에서 시간, 길이, 질량, 온도, 전류, 물질량, 광도를 기본량으로 정하였다.
⑤ 과학에서는 기본량마다 기본이 되는 단위를 국제 단위로 정해 사용한다.
오답 피하기 ① 질량비로 나타낸 농도는 단위가 없는 유도량이다.
② 전류는 기본량이지만 전압과 에너지는 유도량이다.
③ 기본량은 과학 연구뿐만 아니라 일상생활, 산업계 등 인간 생활의 모든 분야에서 기본적으로 활용된다.
④ 기본량은 여러 물리량 중 기본이 되는 것으로, 다른 양을 나타낼 때 기본이 된다.

06
답 ②

속력은 단위 시간당 이동 거리로, 이동 거리를 걸린 시간으로 나눈 값이다. 따라서 속력을 나타내기 위해서는 길이와 시간이 필요하다.

07
답 ①

②, ③, ④, ⑤ 교실의 미세먼지 농도 측정, 혈압 측정, 약속 시간 또는 신체 크기에 맞는 옷을 정할 때는 원활한 의사소통을 위해 기준이 되는 단위와 측정 방법 등 측정 표준이 필요하다.
오답 피하기 ① 고양이의 귀여움을 묘사하는 것은 각자의 느낌을 언어를 통해 표현하는 것으로, 측정 표준과는 거리가 멀다.

08
답 ③

ㄱ. 측정 표준은 정확하고 일관성 있는 측정을 위해 측정 단위, 측정 방법, 측정 기구 등을 정한 것이다.
ㄴ. 어림은 대상이 되는 물리량의 크기를 대략 가늠하고 추론하여 근사값을 얻는 활동이다. 이를 통해 효율적인 측정 도구와 방법을 선택할 수 있다.

오답 피하기 ㄷ. 측정할 때는 대상의 규모를 고려하여 적절한 측정 단위를 선택해야 한다. 동전과 같은 작은 물체의 크기를 측정할 때는 m 단위보다 cm 단위가 더 적절하다.

09
답 ④

어림은 도구 없이 물리량의 대략적인 값을 가늠하는 활동이고 측정은 적당한 단위와 도구를 이용하여 물리량을 재는 활동이다. 정확하고 일관성 있는 측정을 위해서 측정 표준을 확립해야 한다.

10
답 ④

④ 자연계의 신호를 측정하여 분석하면 그 속에 담긴 정보를 얻을 수 있다.
오답 피하기 ① 자연의 변화에 관한 정보와 에너지가 주변으로 전달되는 것이 신호이다.
②, ③ 자연계의 신호는 대부분 연속적인 아날로그 신호이다.
⑤ 현대 문명은 디지털 신호를 이용하는 정보 통신 기술을 기반으로 발달하였다.

11
답 ①

ㄱ. 열화상 카메라는 사람의 몸에서 나오는 적외선을 감지하여 사람의 체온 정보를 얻고, 이를 화면에 표시한다.
오답 피하기 ㄴ. 사람의 몸에서 나오는 적외선은 크기가 연속적으로 변하는 아날로그 신호이다.
ㄷ. ㉢은 신호를 분석하여 얻은 정보에 해당한다.

12
답 ⑤

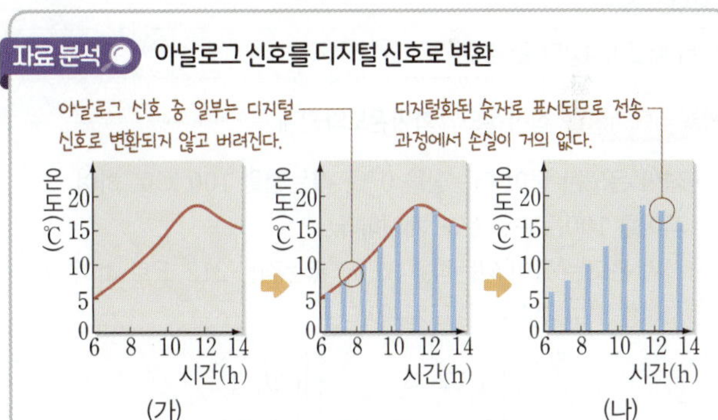

- 연속적인 아날로그 신호 중 디지털 신호로 변환되는 순간의 신호 외에는 버려진다. → 신호의 손실이 발생한다.
- 측정 간격을 좁게 할수록 원래의 아날로그 신호에 가까운 디지털 신호를 얻을 수 있다. → 정보의 양이 많아져 처리하고 전송하는 데 시간과 저장 공간이 증가한다.
- 디지털 신호를 다시 아날로그 신호로 변환할 때 측정되지 않은 부분은 추론하여 값을 부여하므로 원래 아날로그 신호와는 달리 왜곡되는 부분이 생긴다.

ㄱ. 열화상 카메라는 온도 신호를 감지하는 센서이다.
ㄴ. 아날로그 신호를 디지털 신호로 변환할 때 연속적인 물리량을 모두 디지털 신호로 변환할 수는 없으므로 아날로그 신호 중 디지털 신호로 변환되지 않는 부분이 생겨 정보의 손실이 발생한다.

ㄷ. 디지털 신호는 0과 1의 디지털 형태로 이루어져 정보의 전달 과정에서 손실이 거의 없다.

13

교통 정보가 일상생활에 활용되는 과정은 다음과 같다.
(나) 센서를 이용해 신호를 관측한다. → (라) 교통 정보 시스템을 이용해 전송된 신호를 분석한다. → (다) 실시간 교통 정보를 제공한다. → (가) 우리는 이 정보를 확인하여 일상생활에 활용할 수 있다.

14

현대에는 세슘 원자시계를 이용하여 시간을 측정한다. 세슘 원자시계는 세슘 원자에서 나오는 특정 파장의 빛의 진동수를 이용하여 시간을 정밀하게 측정한다.

채점 기준	배점(%)
㉠을 정확하게 쓰고, 세슘 원자시계의 측정 원리를 옳게 설명한 경우	100
원자시계의 측정 원리만 옳게 설명한 경우	50
㉠만 정확하게 쓴 경우	30

15

(1) 기본량 중에서 온도에 관해 대화하고 있다.
(2) A와 B가 교실의 온도를 이야기할 때 섭씨(℃)와 화씨(℉) 단위를 사용하면서 의사소통 과정에서 혼란이 생겼다.

채점 기준	배점(%)
A, B가 대화할 때 서로 다른 단위를 사용했다는 것을 옳게 설명한 경우	100
단위 때문이라고만 한 경우	50

개념 더하기 섭씨 온도와 화씨 온도의 관계

- 섭씨 온도는 물이 어는점을 0 ℃, 끓는점을 100 ℃로 하여 그 사이를 100등분 한 온도 체계이다.
- 화씨 온도는 물이 어는점을 32 ℉, 끓는점을 212 ℉로 하여 그 사이를 180등분 한 온도 체계이다.

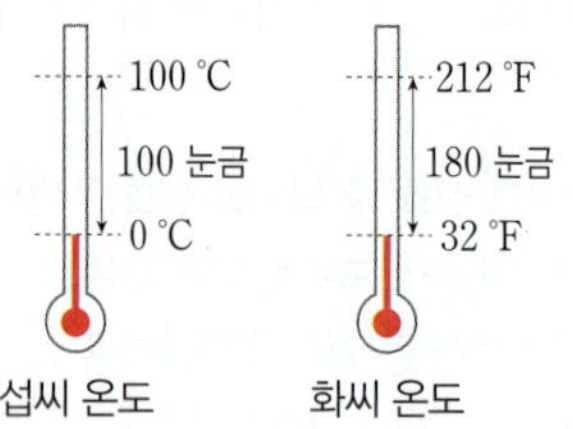

16

센서를 이용하면 인간의 감각으로 감지할 수 없는 자연계의 신호까지 측정할 수 있다. 또 자연계의 아날로그 신호를 디지털 신호로 변환하여 처리하고 전송할 수 있다.

채점 기준	배점(%)
센서의 역할 2가지를 모두 옳게 설명한 경우	100
센서의 역할 1가지만 옳게 설명한 경우	50

---

01 ②   02 ③   03 ㉠ 측정 표준, ㉡ 시간   04 ③   05 ④
06 ①   07 ④   08 ③   09 ①   10 **예시 답안** 빛 신호가 광센서에서 전기 신호로 변환되고, ADC에서 디지털 신호로 변환되어 저장 장치에 디지털 정보로 저장된다.   11 ②   12 **예시 답안** 전송 과정에서 정보가 거의 손상되지 않고 오랫동안 보존할 수 있다. 많은 양의 정보를 가공하고 처리하기 쉽다.   13 ③

01
답 ②

㉠은 앙부일구, ㉡은 세슘 원자시계이다.
① 앙부일구는 낮 동안의 태양의 운동을 이용해 시간을 측정한다.
③, ④ 세슘 원자시계는 세슘 원자에서 방출되는 빛의 진동수를 이용하여 시간을 정밀하게 측정한다. 국제도량형총회에서 정한 시간의 측정 표준에서는 1초를 세슘 원자에서 방출되는 빛이 9192631770번 진동하는 시간으로 정한다.
⑤ 세슘 원자시계를 이용하면 매우 정밀하게 시간을 측정할 수 있어 각종 전자 장비를 사용하는 현대 문명에 필수적이다.
오답 피하기 ② 앙부일구의 영침이 정확하게 북극성을 가리키도록 설치해야 하므로 위도에 따라 영침의 각이 다르도록 해야 한다.

02
답 ③

ㄱ. 나비 날개가 파랗게 보이는 것은 사람의 눈으로 관측 가능한 거시 세계의 현상이다.
ㄴ. 날개 표면의 독특한 구조는 매우 작은 크기로 미시 세계의 현상이다. 따라서 이를 탐구할 때는 탐구 대상의 규모를 고려하여 미시 세계를 탐구하는 방법을 적용해야 한다.
오답 피하기 ㄷ. ㉡은 매우 작은 크기로, 현미경을 이용해야만 관찰할 수 있다.

개념 더하기 모르포 나비의 색과 미세 구조

- 모르포 나비는 날개 표면의 미세 구조인 광구조 때문에 독특한 색이 나타난다. 현미경으로 날개를 확대해 보면 기와를 얹은 듯한 규칙적인 배열이 여러 층을 이루고 있다.
- 날개 표면의 미세 구조에서 반사되는 빛들이 서로 간섭하여 특정 색이 강하게 나타난다. 이는 마치 투명한 비누막에서 특정 빛이 강하게 보이는 무늬가 형성되는 것과 비슷하다. 그래서 보는 위치에 따라 강하게 나타나는 빛의 파장이 달라 모르포 나비의 날개 색이 조금씩 다르게 보인다.

모르포 나비

03

답 ㉠ 측정 표준, ㉡ 시간

측정 표준은 물리량을 측정할 때 기준이 되는 기본 단위를 포함하여 측정 방법, 측정 도구, 표준 물질 등에 관한 규정이다. 예를 들어 시간의 기본 단위인 1초는 세슘 원자에서 나온 빛의 진동수를 이용하여 정한다.

개념 더하기 1초의 역사

• 인류는 시간을 정밀하게 정의하고 정확하게 측정하기 위해 꾸준히 노력해 왔다.
• 1956년까지는 1초를 지구 자전을 이용해 1일(평균 태양일)의 $\dfrac{1}{86400}$로 정의했다.
• 국제도량형국은 지구의 공전을 기준으로 1년(태양년)의 $\dfrac{1}{31556926.9747}$로 정의했다.
• 1967년 국제도량형국은 세슘−133에서 방출되는 특정 빛의 9192631770번 주기의 지속 시간으로 정했다. 세슘 원자시계는 이를 구현한 것이다.

04

답 ③

기본량은 시간, 길이, 질량, 온도, 전류, 물질량, 광도의 7가지이고, 이들 기본량의 조합으로 나타내는 물리량을 유도량이라고 한다.
③ 전류의 기본 단위는 A(암페어)이다.
오답 피하기 ① 길이의 기본 단위는 m(미터)이다.
② 시간은 s(초)를 기본 단위로 하는 기본량이다.
④ 넓이는 길이를 이용하여 나타내는 유도량으로 m^2를 기본 단위로 한다.
⑤ 밀도는 질량과 길이를 이용하여 나타내는 유도량이다.

05

답 ④

자료 분석 고대 이집트의 길이 측정 표준

• 고대 이집트에서는 파라오의 팔꿈치부터 가운뎃손가락 끝까지의 길이에 손바닥의 폭을 더해 '로열 이집트 큐빗'이라는 단위를 정했다.
• 이는 길이의 측정 표준을 정하고자 했던 이집트인들의 노력의 결과이다.
• 이집트인들은 이 단위를 피라미드 건설을 포함한 다양한 길이의 측정에 활용하였다.

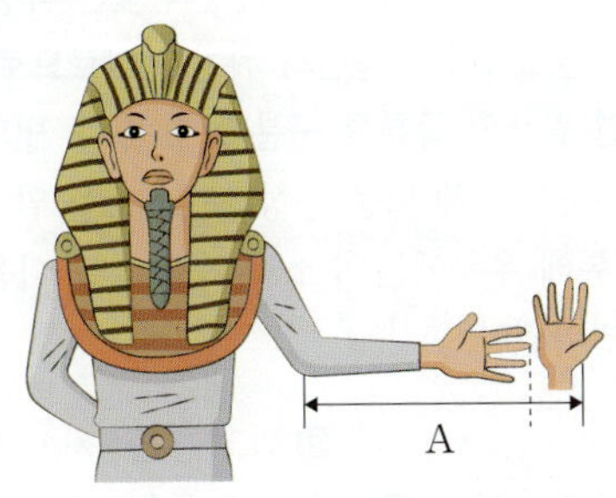

ㄱ. A는 길이를 측정하는 기본 단위를 규정한 것으로, 고대 이집트의 길이 측정 표준이다.

ㄷ. 부피는 기본량 중 길이를 이용해 나타낼 수 있으므로 A를 이용해 돌의 부피를 나타낼 수 있다.
오답 피하기 ㄴ. A는 기본량 중 길이의 단위이다.

06

답 ①

ㄱ. 기본량은 7가지로, 시간, 길이, 질량, 온도, 전류, 물질량, 광도가 있다.
오답 피하기 ㄴ. 국제단위계에서 질량의 기본 단위는 kg(킬로그램)이다. $1\,\mu g = 10^{-9}\,kg$이다.
ㄷ. 미세먼지 농도의 단위는 $\mu g/m^3$이므로 질량과 부피를 이용해 나타낼 수 있다. 부피는 길이를 이용해 나타내는 유도량이다. 따라서 미세먼지의 농도는 기본량 중 질량과 길이를 이용해 나타낸다.

07

답 ④

ㄴ, ㄷ. 측정 표준을 사용하면 신뢰할 수 있는 측정 결과를 얻을 수 있고, 과학자나 산업 분야에서 서로 효율적인 의사소통을 할 수 있어 분야 사이의 협업에 측정 표준이 유용하게 활용된다.
오답 피하기 ㄱ. 측정 표준은 기본량을 포함한 유도량에도 정의할 수 있다. 예를 들어 층간 소음을 측정할 때는 측정 단위, 측정 도구, 측정 방법 등에 관한 기준을 정해 측정한다.

08

답 ③

ㄱ. 측정 표준에는 측정 단위뿐만 아니라 측정 도구, 측정 방법 등이 포함되어 있다. 측정 표준 능력을 높이기 위해서는 측정 장비와 측정 방법을 표준화할 필요가 있다.
ㄴ. 부품 제조사끼리 의사소통을 할 때 측정 표준을 사용하지 않으면 측정값을 자신이 단위계에 맞춰 환산해야 하는 등 의사소통에 어려움을 겪게 된다. 또 부품들끼리 규격이 맞지 않아 사용할 수 없는 경우도 발생할 수 있다.
오답 피하기 ㄷ. 국제 무역이 발달하고 여러 나라의 사람들이 소통하고 협업하는 현대 사회의 특성을 고려한다면 가급적 국제적으로 정한 국제단위계를 사용하는 것이 바람직하다.

09

답 ①

ㄴ. 압력은 단위 면적당 작용하는 힘이므로 압력 센서를 이용하면 화면을 누르는 힘의 크기를 측정할 수 있다.
오답 피하기 ㄱ. 소리는 공기의 떨림을 통해 전달되므로 공기의 떨림은 소리 센서를 이용하여 감지할 수 있다.
ㄷ. 사람의 몸에서 나오는 적외선은 열에너지를 전달하므로 온도 센서를 이용하여 관측할 수 있다. 광센서는 가시광선을 검출할 때 사용한다.

10

디지털카메라의 렌즈는 빛을 모아 광센서에 초점을 맞추어 주고, 광센서는 광전 효과를 이용하여 빛 신호를 전기 신호로 변환한다. 이 신호는 ADC에서 디지털 신호로 변환되고, 저장 장치에 저장된다.

채점 기준	배점(%)
주어진 용어를 모두 사용하여 신호 변환 과정을 옳게 설명한 경우	100
용어를 일부만 사용해서 신호 변환 과정을 옳게 설명한 경우 용어 한 개당	25

11

답 ②

ㄴ. (나)는 (가)에서 측정한 아날로그 신호를 분석하여 디지털 정보로 변환한 것이다.

[오답 피하기] ㄱ. 이 장소에서 나는 소음은 소리 신호이다. 자연계의 소리 신호는 연속적인 아날로그 신호이다.

ㄷ. 소음 측정기는 아날로그 신호인 소리를 측정하여 디지털 신호로 변환하여 전송한다.

12

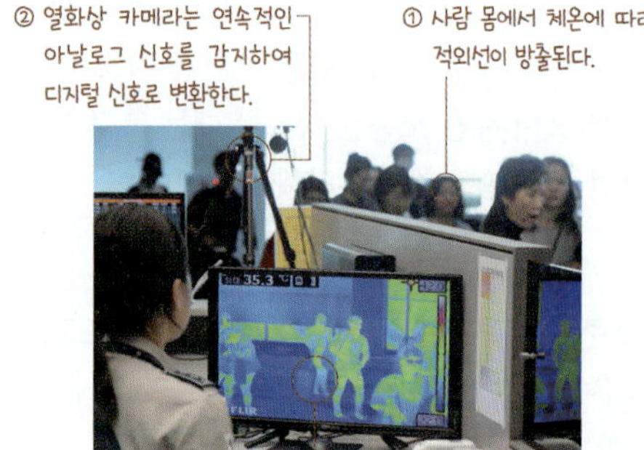

사람 몸에서 방출되는 적외선은 사람의 맨눈으로는 감지할 수 없는 아날로그 신호이다. 이러한 신호를 감지할 수 있는 열화상 카메라는 체온을 다양한 색으로 변환하여 화면에 나타낸다. → 이러한 정보를 이용하면 사람의 건강 상태를 확인할 수 있다.

디지털 정보는 전송 과정에서 거의 손상되지 않고 오랫동안 보존할 수 있다. 또한 많은 양의 정보를 가공하고 처리하기 쉽다.

채점 기준	배점(%)
디지털 정보의 장점을 2가지 모두 옳게 설명한 경우	100
디지털 정보의 장점을 1가지만 옳게 설명한 경우	50

13

답 ③

교통카드와 단말기는 전자기파를 이용해 서로 디지털 신호를 주고받는다.

ㄱ. 단말기와 교통 카드는 디지털 정보를 주고받으며 버스 요금에 관한 정보를 얻고 분석하여 처리한다.

ㄴ. 교통카드에는 전자기파를 감지할 수 있는 전자기 센서가 포함되어 있다.

[오답 피하기] ㄷ. 단말기와 교통카드는 전자기파 중 마이크로파를 이용한다. 적외선은 주로 열에너지를 전달하는 전자기파이다.

II 물질과 규칙성

01 원소의 생성

02강 우주 초기에 생성된 원소

탐구 확인 문제
24쪽

01 (1) ○ (2) × (3) ○ (4) ×　　**02** ③

01

답 (1) ○ (2) × (3) ○ (4) ×

백열등의 스펙트럼은 연속 스펙트럼, 수소, 헬륨, 네온의 스펙트럼은 방출 스펙트럼이 관찰된다. 스펙트럼 관찰은 다른 빛이 들어오지 않도록 어두운 장소에서 실험해야 하며, 각각의 원소마다 방출선의 위치가 서로 다르게 나타난다.

02

답 ③

수소 기체 방전관에서는 고온의 기체에서 빛이 방출되므로 방출 스펙트럼이 관찰된다.

기본 탄탄 문제
25쪽

1 스펙트럼	2 분광기	3 흡수	4 빅뱅	5 헬륨

01 A: 방출 스펙트럼, B: 연속 스펙트럼, C: 흡수 스펙트럼
02 (1) × (2) ○ (3) ○ (4) ○　　**03** 쿼크 → 중성자 → 원자핵 → 원자　　**04** (1) ① 38, ⓛ 3000 (2) 수소, 헬륨　　**05** (1) ○ (2) ○ (3) × (4) × (5) ○

01

답 A: 방출 스펙트럼, B: 연속 스펙트럼, C: 흡수 스펙트럼

색이 연속적으로 나타나는 것은 연속 스펙트럼, 연속 스펙트럼에 검은색 선이 있는 것은 흡수 스펙트럼, 검은 바탕에 밝은 방출선이 있는 것은 방출 스펙트럼이다.

02

답 (1) × (2) ○ (3) ○ (4) ○

빨간색 빛은 파장이 약 700 nm, 파란색 빛은 파장이 약 450~500 nm이다. 원소마다 방출선의 위치가 다르므로 방출 스펙트럼을 분석하면 원소의 종류를 구분할 수 있다. 별의 스펙트럼에 나타나는 흡수선을 통해 별을 구성하는 원소를 알 수 있다. 스펙트럼 분석을 통해 우주에는 수소가 가장 많고 다음으로 헬륨이 많다는 것을 알아냈다.

03

답 쿼크 → 중성자 → 원자핵 → 원자

쿼크가 결합해 양성자와 중성자가 생성되고, 양성자와 중성자가 결합해 원자핵이 생성되었다. 이후 원자핵과 전자가 결합해 원자가 생성되었다.

04

답 (1) ㉠ 38, ㉡ 3000 (2) 수소, 헬륨

(1) 우주 배경 복사는 빅뱅 후 약 38만 년이 지났을 때 우주의 온도가 약 3000 K으로 낮아지며 원자가 생성될 때 방출되었다.

(2) 우주 배경 복사가 만들어질 때는 우주에 수소 원자핵과 헬륨 원자핵만 존재하고 있었으므로 전자와 결합하여 만들어진 원자는 수소와 헬륨만 존재했다. 이때 수소 원자핵(양성자)과 헬륨 원자핵이 전자와 결합하여 수소와 헬륨이 만들어졌다.

05

답 (1) ○ (2) ○ (3) × (4) × (5) ○

우주는 약 138억 년 전에 대폭발(빅뱅)하여 만들어졌고, 팽창하면서 온도가 점점 낮아지고 있다. 빅뱅 직후 우주가 팽창하기 시작하면서 최초로 만들어진 입자는 쿼크와 전자이다. 빅뱅 후 약 3분이 지났을 때 헬륨 원자핵이 만들어졌고 이때는 원자핵과 전자가 결합하지 않은 상태이므로 빛이 전자의 방해를 받아 자유롭게 진행할 수 없어서 우주는 불투명한 상태였다.

실력 쑥쑥 문제

26~29쪽

01 ③	02 ⑤	03 ②	04 ③	05 ②	06 ③	07 ③
08 ②	09 ⑤	10 ⑤	11 ②	12 ②	13 ①	14 ③
15 ③						

단답형·서술형 문제

16 **답** 사과 → 원자 → 원자핵 → 중성자 → 쿼크

17 **예시 답안** 약 12 : 1, 헬륨 원자핵은 수소 원자핵보다 4배 무거우므로 질량비가 약 3 : 1이 되기 위해서는 개수비는 약 12 : 1이어야 한다.

18 **예시 답안** 밀도는 질량을 부피로 나눈 값이다. 우주의 부피는 커지는데 질량은 변화가 없으므로 우주의 밀도는 감소한다.

19 (1) **답** 우주 배경 복사, 약 3000 K (2) **답** 수소, 헬륨

20 **답** (가) → (다) → (나)

21 **예시 답안** 천체의 스펙트럼을 분석하면 천체를 구성하는 원소를 알아낼 수 있다.

01

답 ③

ㄱ. 가시광선 영역에서 파장이 가장 긴 빛은 빨간색 빛이고, 적외선은 빨간색 빛보다 파장이 길다. 따라서 가시광선은 적외선보다 파장이 짧다.

ㄴ. 가시광선 영역에서 빨간색 빛은 파장이 가장 길고, 보라색 빛은 파장이 가장 짧다.

오답 피하기 ㄷ. 스펙트럼에 나타나는 검은색 선은 흡수선으로 빛이 흡수되었으므로 검은색으로 보인다.

02

답 ⑤

빛을 분광기를 통해 분산시켰을 때 가시광선 영역대의 모든 파장의 빛이 연속적으로 나타나는 것을 연속 스펙트럼이라고 한다. 빛이 저온의 기체를 통과하면 연속 스펙트럼 위에 검은색의 흡수선이 나타나는데, 이 스펙트럼에서는 검은색 선이 보이지 않는다.

03

답 ②

ㄴ. 수소의 스펙트럼은 방출 스펙트럼이다. 가시광선은 눈으로 볼 수 있는 빛이므로 스펙트럼에 보이는 밝은색 선은 모두 가시광선 영역의 빛이다.

오답 피하기 ㄱ. 파장은 보라색이 짧고 빨간색이 길므로 A가 B보다 파장이 짧다.

ㄷ. 수소의 밀도가 증가하더라도 밝은색 선의 개수는 변하지 않고 일정하다.

04

답 ③

ㄱ. A에서 출발한 빛이 프리즘을 통과한 후 방출 스펙트럼이 나타나므로 A는 고온의 기체이다.

ㄴ. 그림에 나타난 스펙트럼은 검은 바탕에 방출선이 있는 것으로 보아 방출 스펙트럼이다.

오답 피하기 ㄷ. 원소의 종류가 달라지면 스펙트럼에 나타나는 밝은색 방출선의 위치만 달라지는 것이 아니라 개수도 모두 다르게 나타난다.

개념 더하기 ⊕ 방출 스펙트럼과 흡수 스펙트럼의 원리

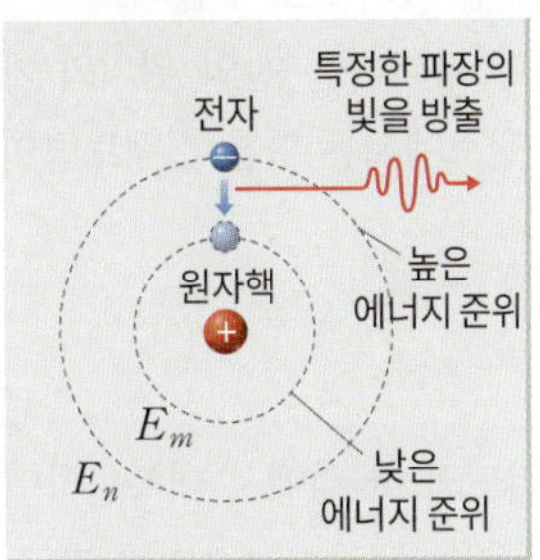

방출 스펙트럼의 원리

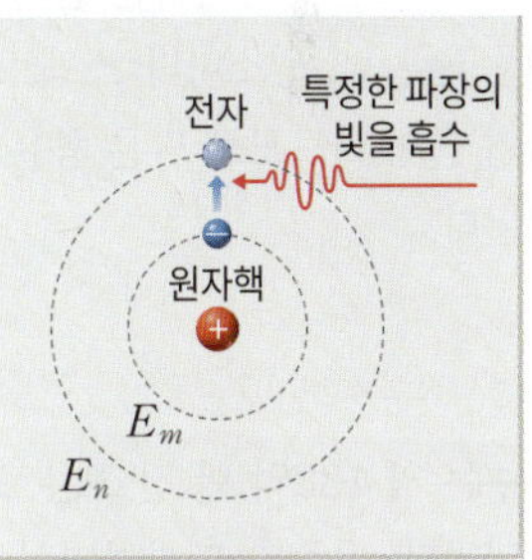

흡수 스펙트럼의 원리

- 원자 속에 있는 전자는 원자핵으로부터 일정 거리 떨어진 특정한 궤도에만 존재할 수 있으며, 이 궤도에서 전자가 갖는 에너지를 에너지 준위라고 한다.
- 방출 스펙트럼에서 특정 파장에 밝은색 선이 나타나는 까닭: 원자핵 주위에 있는 전자가 에너지 준위가 다른 곳으로 이동할 때 에너지 준위의 차이에 해당하는 에너지를 빛으로 방출하거나 흡수한다. 스펙트럼에 나타나는 밝은색 선은 전자가 에너지 준위가 높은 곳에서 낮은 곳으로 이동할 때 방출한 특정 파장의 빛이 나타나는 것이다.
- 원소마다 방출 스펙트럼이 다른 까닭: 원소마다 전자의 수가 다르고 전자의 에너지 준위도 다르므로 방출하거나 흡수하는 빛의 파장이 달라진다.

05

ㄴ. (가)에서는 고온, 고밀도의 광원에서 출발한 빛이 프리즘을
통과했으므로 연속 스펙트럼이 나타난다. (나)에서는 (가)와 같
은 고온, 고밀도의 광원에서 출발한 빛이 저온의 기체를 지나는
과정에서 특정 파장의 빛이 흡수되므로 연속 스펙트럼을 배경으
로 흡수선이 나타나는 흡수 스펙트럼이 나타난다.

오답 피하기 ㄱ. 프리즘은 빛을 굴절시켜 스펙트럼이 나타나게 하는
장치이다.

ㄷ. (나)에서 저온의 기체는 종류에 따라 다른 파장의 빛을 흡수
하기 때문에 기체의 종류가 달라지면 흡수선이 나타나는 위치도
달라진다.

06

ㄱ. A는 흡수 스펙트럼, B는 방출 스펙트럼이므로, A는 별의 스
펙트럼이고 B는 헬륨의 스펙트럼이다.

ㄴ. B에서 나타나는 방출선과 같은 파장의 흡수선이 A에서 나타
나는 것으로 보아 별의 대기에는 헬륨이 포함되어 있다는 것을
알 수 있다.

오답 피하기 ㄷ. 별의 스펙트럼에서는 헬륨의 스펙트럼과는 다른 위
치에 흡수선이 나타나는 것으로 보아 이 별의 대기는 헬륨 이외
의 원소도 포함하고 있다는 것을 알 수 있다.

07

ㄱ. A는 선이 촘촘하고 많은 것으로 보아 네온의 스펙트럼, B는
A보다 선의 개수가 적은 것으로 보아 헬륨의 스펙트럼이다.

ㄴ. 스펙트럼에 나타나는 선의 개수는 A가 B보다 많다.

오답 피하기 ㄷ. 원소마다 스펙트럼에 나타나는 선의 위치와 개수,
굵기 등이 다르므로 다른 종류의 원소에서는 다른 스펙트럼이 관
찰된다.

08

우주는 약 138억 년 전 고온, 고밀도의 한 점에서 대폭발하여 시
작되었다. 우주가 팽창하면서 우주의 온도는 점점 낮아지고, 물
질이 새롭게 생성되지 않기 때문에 우주의 밀도는 감소한다. 우
주 초기에 방출된 빛(우주 배경 복사)은 우주가 팽창하면서 파장
이 점점 길어지고 있다.

09

ㄱ. (가)는 빅뱅(대폭발) 우주론으로, 빅뱅 우주론에 따르면 우주
는 한 점에서 시작되었다.

ㄴ. (나)는 정상 우주론으로, 과거에 비해 은하의 개수가 많아진
것으로 보아 새로운 물질이 계속 생겨나는 우주론이라는 것을 알
수 있다.

ㄷ. (가)와 (나) 모두 과거에 비해 우주의 크기가 커졌으므로 우
주는 팽창하고 있다는 것을 알 수 있다.

빅뱅 우주론	정상 우주론
우주가 한 점에서 탄생한 이후 지금까지 팽창하여 현재에 이르렀다는 이론이다. 우주의 질량은 일정하므로 팽창하면서 우주의 온도와 밀도는 감소한다.	우주는 영구불변하므로 우주 탄생의 순간은 생각할 수 없고, 우주는 팽창하고 있다는 이론이다. 우주의 밀도는 일정하므로 팽창하면서 우주의 온도는 일정하고 질량은 증가한다.

→ 빅뱅 우주론이 예측하였던 수소와 헬륨의 질량비가 약 $3:1$이
라는 것과 우주 배경 복사가 관측되면서 빅뱅 우주론이 현재
정설로 믿어지고 있다.

10

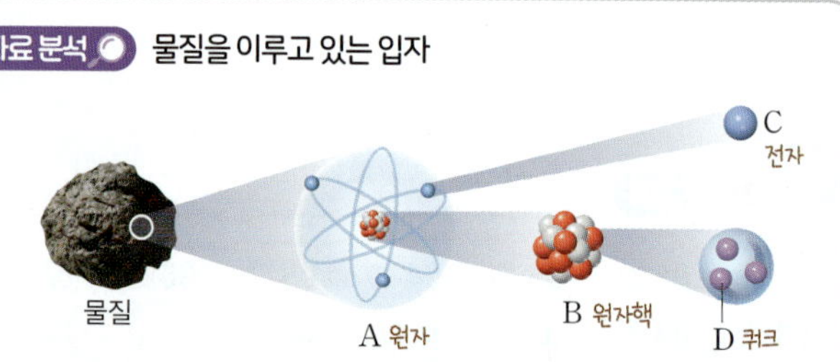

• 쿼크(D)와 전자(C)는 더 이상 쪼개지지 않는 가장 작은 기본 입
자이다.

• 중성자와 양성자는 쿼크가 모여서 만들어졌다.

• 수소 원자핵은 양성자 1개로, 나머지 원자핵들은 양성자와 중성
자가 모여서 만들어졌다.

• 원자(A)는 원자핵(B)과 전(C)가 결합하여 만들어졌고, 원자핵
(D)에 존재하는 양성자(양전하)의 수와 전자(음전하)의 수가 같
으므로 전기적으로 중성이다.

• 원자(A)가 모여 분자가 되고, 분자가 우리 눈에 보일 정도로 많
이 모여 있으면 우리가 보는 물질이 된다.

ㄱ. A는 원자, B는 원자핵, C는 전자, D는 쿼크이다.

ㄴ. 원자핵은 양성자와 중성자로 이루어져 있다.

ㄷ. 전자와 쿼크는 물질을 구성하는 기본 입자이다.

11

빅뱅 직후 기본 입자인 쿼크와 전자가 생성되었고, 쿼크가 결합
하여 양성자와 중성자가 생성되었다. 빅뱅 후 약 3분이 지났을
때 양성자와 중성자가 결합하여 헬륨 원자핵이 만들어졌고, 약
38만 년이 지났을 때 원자핵과 전자가 결합하여 수소 원자와 헬
륨 원자가 생성되었다.

12 답 ③

우주에서 가장 많은 양을 차지하는 원소는 우주 형성 초기에 생성된 수소(H)이고, 두 번째로 많은 양을 차지하는 원소는 우주 형성 초기에 생성된 헬륨(He)이다.

13 답 ①

ㄱ. (가)는 헬륨 원자핵, (나)는 수소 원자핵이다. 수소 원자핵은 양성자 1개로 이루어져 있고, 헬륨 원자핵은 양성자 2개와 중성자 2개로 이루어져 있으므로 A는 중성자, B는 양성자이다.

오답 피하기 ㄴ. 수소 원자핵은 헬륨 원자핵보다 먼저 생성되었다.

ㄷ. 현재 우주에서 수소 원자핵과 헬륨 원자핵의 질량비는 약 3 : 1이므로, (가)와 (나)의 질량비는 약 1 : 3이다.

14 답 ③

ㄷ. 쿼크와 전자가 만들어진 이후에 양성자와 중성자가 생성되었으므로 (나) 시기가 (가) 시기보다 이전이다. 우주는 팽창하고 있으므로 우주의 크기는 (가) 시기가 (나) 시기보다 크다.

오답 피하기 ㄱ. 우주 배경 복사는 원자가 생성되면서 방출되었으므로 중성자와 양성자가 분리되어 존재하는 (가) 시기에는 존재하지 않았다.

ㄴ. 빅뱅 후 약 3분이 되었을 때 헬륨 원자핵이 생성되었다. 쿼크와 전자만 존재하는 (나) 시기는 빅뱅 직후이다.

15 답 ③

(가)는 시간에 따라 물리량의 변화가 없으므로 우주의 질량, (나)는 시간에 따라 물리량이 감소하므로 우주의 온도, (다)는 시간에 따라 물리량이 증가하므로 우주의 부피이다.

16 답 사과 → 원자 → 원자핵 → 중성자 → 쿼크

물질의 입자가 큰 것부터 순서대로 나열하면 사과, 원자, 원자핵, 중성자, 쿼크 순서이다.

17

수소 원자핵과 헬륨 원자핵의 개수비는 약 12 : 1이다. 수소 원자핵은 양성자 1개로 이루어져 있고, 헬륨 원자핵은 양성자 2개와 중성자 2개로 이루어져 있으므로 헬륨 원자핵은 수소 원자핵보다 약 4배 무겁다. 그러므로 질량비가 약 3 : 1이 되려면 개수비는 약 12 : 1이어야 한다.

채점 기준	배점(%)
개수비를 옳게 쓰고, 그 까닭에 헬륨 원자핵의 질량이 수소 원자핵의 질량보다 약 4배 크다는 것을 포함하여 설명한 경우	100
개수비와 까닭 중 1가지만 옳게 쓴 경우	50

18

빅뱅 우주론에 따르면 우주는 시간이 흐를수록 팽창함에 따라 부피는 커지지만, 질량은 일정하다. 밀도는 질량을 부피로 나눈 값이므로 우주의 밀도는 감소한다.

채점 기준	배점(%)
부피 변화와 질량 변화를 이용하여 밀도의 변화를 옳게 설명한 경우	100
부피 변화와 질량 변화 중 1가지만 사용하여 밀도 변화를 설명한 경우	50

19 답 (1) 우주 배경 복사, 약 3000 K (2) 수소, 헬륨

(1) 그림은 우주 배경 복사의 모습이고, 우주 배경 복사가 만들어질 당시 우주의 온도는 약 3000 K이다.

(2) 우주 배경 복사가 만들어질 당시 우주의 온도가 약 3000 K으로 낮아졌을 때 원자핵과 전자가 결합하여 원자가 생성되었다. 이때 생성된 입자는 수소 원자와 헬륨 원자이므로 그 때 우주에 존재하는 원소는 수소와 헬륨이다.

개념 더하기 우주 배경 복사

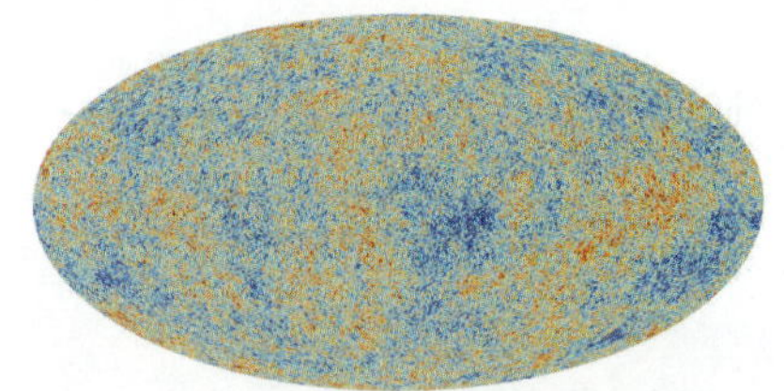

- 우주 배경 복사는 빅뱅 후 약 38만 년이 지났을 때 우주의 온도가 약 3000 K으로 낮아지며 원자핵과 전자가 결합하여 원자가 생성될 때 방출된 빛이다. 우주 전역에서 원자가 만들어지며 우주의 모든 곳에서 빛이 복사라는 방식으로 방출되었기 때문에 우주 배경 복사라고 한다.
- 우주가 팽창하면서 우주의 온도는 낮아지므로 우주 배경 복사의 온도도 낮아진다.
- 그림은 플랑크 위성이 관측한 우주 배경 복사로 붉은색은 우주에서 온도가 미세하게 높은 곳이고, 파란색은 우주에서 온도가 미세하게 낮은 곳이다. 현재 관측되는 우주 배경 복사의 온도는 약 2.7 K이다.

20 답 (가) → (다) → (나)

양성자와 중성자가 결합하여 헬륨 원자핵이 생성되었고, 원자핵과 전자가 결합하여 원자가 생성되었다. 따라서 생성된 순서는 (가) → (다) → (나)이다.

21

원소마다 고유한 스펙트럼을 가지므로 천체의 스펙트럼을 분석하면 천체를 구성하는 원소를 알아낼 수 있다.

채점 기준	배점(%)
천체의 스펙트럼을 분석한다는 설명과 원소마다 스펙트럼이 다르게 나타난다는 설명이 모두 있는 경우	100
천체의 스펙트럼을 분석한다는 설명과 원소마다 스펙트럼이 다르게 나타난다는 설명 중 1가지만 있는 경우	50

기본 탄탄 문제
33쪽

1 성운 **2** 수소 핵융합 **3** 탄소 **4** 초신성 폭발 **5** 산소

01 (1) × (2) × (3) ○ (4) ○ **02** ㉠ 탄소, ㉡ 헬륨, ㉢ 수소
03 (다) → (나) → (라) → (가)
04 크기: 지구형 행성 < 목성형 행성, 밀도: 지구형 행성 > 목성형 행성
05 (다) → (가) → (나) → (라) **06** (1) × (2) ○ (3) × (4) ○

01
답 (1) × (2) × (3) ○ (4) ○

(1) 수소 핵융합 반응은 별의 중심부 온도가 약 1000만 K 이상이 되면 시작된다.
(2) 질량이 태양과 비슷한 별의 중심부에서는 탄소까지 생성될 수 있고, 질량이 태양보다 매우 큰 별의 중심부에서 철까지 생성될 수 있다.
(3) 질량이 태양과 비슷한 별은 주계열성 → 거성 → 행성상 성운, 백색왜성 순서로 진화하며, 질량이 태양보다 매우 큰 별은 주계열성 → 초거성 → 초신성 폭발 → 중성자별 또는 블랙홀 순서로 진화한다.
(4) 원시별이 중력 수축을 계속하면 별 내부의 온도는 상승한다.

02
답 ㉠: 탄소, ㉡: 헬륨, ㉢: 수소

질량이 태양과 비슷한 별은 중심부에서 수소 핵융합 반응을 통해 헬륨이 만들어지고, 헬륨 핵융합 반응을 통해 탄소가 만들어진다.

03
답 (다) → (나) → (라) → (가)

태양계 성운이 형성되고 수축하면서 회전하기 시작했다. 성운의 회전 속도가 빨라지면서 중심부에 원시 태양이 만들어지고 이후 미행성체와 원시 행성이 형성되었다. 최종적으로 태양계가 형성되었다.

04
답 크기: 지구형 행성 < 목성형 행성, 밀도: 지구형 행성 > 목성형 행성

지구형 행성은 상대적으로 반지름과 질량이 작고 밀도가 크며, 목성형 행성은 상대적으로 반지름과 질량이 크고 밀도가 작다.

05
답 (다) → (가) → (나) → (라)

미행성체가 충돌해 만들어진 원시 지구는 미행성체의 충돌에 의한 열과 온실 효과로 마그마 바다가 형성되었고, 철과 니켈 등의 무거운 물질은 가라앉고 산소, 규소 등의 가벼운 물질은 위로 떠올라 핵과 맨틀이 분리되었다. 이후 지표가 식으면서 원시 지각과 바다가 형성되었다.

06
답 (1) × (2) ○ (3) × (4) ○

맨틀은 가벼운 물질(규소와 산소 등), 핵은 무거운 물질(철과 니켈 등)로 이루어져 있다. 최초의 생명체는 강한 자외선으로부터 안전한 환경인 바다에서 탄생하였다. 지구에는 철이 약 35 %로 가장 많고, 생명체에는 산소가 약 65 %로 가장 많다.

실력 쑥쑥 문제
34~37쪽

01 ③ **02** ④ **03** ③ **04** ⑤ **05** ② **06** ① **07** ⑤
08 ③ **09** ④ **10** ④ **11** ④ **12** ② **13** ④ **14** ③
15 ②

단답형·서술형 문제

16 예시 답안 지구형 행성은 금속과 암석이 주요 구성 성분이고, 목성형 행성은 수소와 헬륨이 주요 구성 성분이다.
17 예시 답안 주계열성은 내부 기체 압력에 의한 힘과 중력이 평형을 이루고 있으므로 크기가 변하지 않는다.
18 예시 답안 원시 지구가 마그마 바다(액체 상태)가 되어 무거운 물질은 가라앉고, 가벼운 물질은 떠올랐기 때문이다.
19 (1) 답 ㉠ 철, ㉡ 산소 (2) 예시 답안 질량이 태양과 비슷한 별은 중심부의 온도가 철이 생성될 만큼 높아지지 못하기 때문이다.
20 답 초신성 폭발 과정에서 생성된다.
21 답 3 : 1
22 (1) 답 A 영역이 팽창한다. (2) 예시 답안 헬륨 핵융합 반응이 일어나 탄소가 만들어진다.

01
답 ③

① 우주 공간에는 수소와 헬륨, 먼지 등으로 이루어진 성간 물질이 있고, 성간 물질이 구름처럼 모여 성운을 형성한다.
② 성운은 중력에 의해 수축하여 원시별이 만들어진다.
③ 원시별은 중심부에서 핵융합 반응이 일어나지 않는다. 원시별의 에너지원은 중력 수축에 의한 에너지이다.
④ 원시별이 수축하면 밀도와 온도가 높아진다.
⑤ 성운에서 성간 물질이 계속 모여들면 중력 수축이 일어나 중심부의 밀도와 온도가 높아진다.

02
답 ④

ㄴ. 주계열성은 수소 핵융합 반응으로 발생한 에너지를 빛의 형태로 방출하고 있다.
ㄷ. 주계열성은 중심부에서 수소 핵융합 반응이 일어나는 별이다.
오답 피하기 ㄱ. 주계열성의 질량이 클수록 핵융합 반응 효율이 커지기 때문에 수명이 짧다.

03
답 ③

ㄱ. 수소 원자핵은 양성자이므로 A는 양성자, B는 중성자이다.
ㄷ. 수소 핵융합 반응은 수소 원자핵 4개가 융합하여 헬륨 원자핵 1개가 만들어지는 반응이다.
오답 피하기 ㄴ. 수소 핵융합 반응이 일어나는 과정에서 질량 손실이 일어나고 손실된 질량만큼 에너지가 방출된다.

04

답 ⑤

자료 분석 ○ **별에 작용하는 힘**

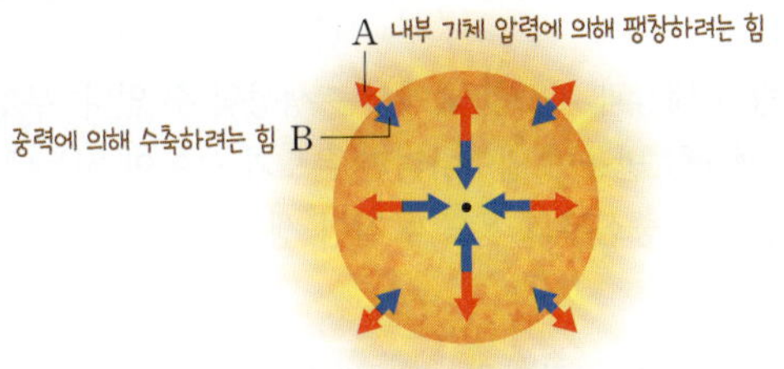

- 별은 중심부의 온도가 매우 높다. 물질은 온도가 높아지면 팽창하려는 성질이 있으므로 A는 내부 기체 압력에 의해 팽창하려는 힘이다.
- 중심부에서 수소 핵융합 반응이 일어나는 주계열성은 A와 B가 평형을 이루고 있어 별의 크기가 변하지 않는다.
- 원시별은 A보다 B가 크기 때문에 수축한다.

ㄱ. A는 내부 기체 압력에 의한 힘, B는 중력이다.
ㄴ. A와 B의 크기는 같고 방향은 반대이기 때문에 힘의 평형을 이루고 있다.
ㄷ. 이 별은 중력과 내부 기체 압력에 의한 힘이 평형을 이루고 있으므로 크기가 일정하게 유지된다.

05

답 ②

수소, 헬륨과 같은 기체와 먼지 등으로 이루어진 것은 성간 물질이다. 성운은 중력에 의해 수축하여 원시별이 만들어진다.

06

답 ①

ㄱ. 우주에 존재하는 물질은 대부분 수소와 헬륨이므로 성운도 주로 수소와 헬륨으로 이루어져 있다.
오답 피하기 ㄴ. 성운에는 먼지와 같은 고체 물질이 포함되어 있다.
ㄷ. 성운 내부에서 밀도가 큰 영역이 중력에 의해 수축하여 별을 형성한다.

07

답 ⑤

ㄱ. 중심에 철이 생성된 것으로 보아 질량이 태양보다 매우 큰 별의 중심부 구조이다.
ㄴ. 무거운 원소일수록 더 높은 온도에서 핵융합 반응이 일어나므로 중심부로 갈수록 온도가 높아진다.
ㄷ. 철은 안정한 원소이기 때문에 핵융합 반응을 하지 않는다.

08

답 ③

ㄱ. 별의 중심부에서 수소 핵융합 반응이 끝나면 중심부의 수소는 모두 고갈되고 핵융합 반응에 의해 생성된 헬륨만 존재한다.
ㄴ. 헬륨으로 이루어진 핵이 수축하면서 발생한 에너지에 의해 중심부를 둘러싼 수소층의 온도가 약 1000만 K 이상으로 상승하게 되고, 중심부를 둘러싼 수소층에서 수소 핵융합 반응이 일어난다.
오답 피하기 ㄷ. 중심부를 둘러싼 수소층에서 수소 핵융합 반응이 시작되면 별은 팽창하여 거성이 된다.

09

답 ④

④ 질량이 태양보다 매우 큰 별의 내부에서는 원소의 핵융합 반응이 연속적으로 일어나 최종적으로 철까지 만들어진다.
오답 피하기 ① 별의 질량이 클수록 중심부에서 무거운 원소를 만들 수 있다.
② 별의 진화 과정은 질량에 따라 다르다.
③ 질량이 태양과 비슷한 별의 중심부에서는 헬륨 핵융합 반응까지만 일어난다.
⑤ 금이나 우라늄은 태양보다 질량이 훨씬 큰 별의 진화 단계 중 초신성 폭발 단계에서 만들어진다.

10

답 ④

태양은 (다) 원시별 단계 → (나) 주계열성 단계 → (라) 헬륨핵 수축 단계 → (가) 탄소핵 형성 단계 순서로 진화한다.

11

답 ④

태양계는 태양계 성운이 수축 및 회전하면서 중심부에 원시 태양이, 주변부에 원시 원반이 형성되었고, 원시 원반에서 미행성체가 형성되고 서로 충돌하면서 원시 행성으로 성장하였으며 최종적으로 태양계가 형성되었다.

12

답 ②

ㄷ. 지구형 행성은 태양에서 상대적으로 가까운 곳에, 목성형 행성은 태양에서 먼 곳에 형성되었다.
오답 피하기 ㄱ. 회전하는 성운의 중심부에는 원시 태양이, 원반에서는 원시 행성이 형성되었다.
ㄴ. 지구형 행성은 주로 암석과 금속 성분으로 이루어져 있고, 목성형 행성은 주로 기체 성분으로 이루어져 있다.

13

답 ④

④ 맨틀은 산소와 규소 등의 가벼운 물질로 이루어져 있고, 핵은 철과 니켈 등의 무거운 물질로 이루어져 있다.
오답 피하기 ①, ② 원시 지구는 현재보다 반지름이 작았으며 표면이 모두 녹아 마그마 바다 상태였던 적이 있다.
③ 지구 중심부는 철과 니켈 등의 금속으로 이루어져 있다.
⑤ 원시 지구가 형성된 후 미행성체의 충돌로 온도가 상승하여 마그마 바다가 되었다가 미행성체 충돌이 줄어들면서 온도가 낮아져 원시 지각이 형성되었다.

14

답 ③

ㄱ. 원시 지구가 형성된 이후 미행성체가 충돌하면서 발생한 열로 마그마 바다 상태가 되어 핵과 맨틀의 분리가 일어났으므로 (가) → (나) 과정에서 지구의 온도는 대체로 상승하였다.
ㄷ. 원시 지각이 형성된 이후 대기 중의 수증기가 응결하여 비로 내려 원시 바다가 만들어졌다.
오답 피하기 ㄴ. 최초의 생명체는 (다) 단계 이후에 원시 바다가 형성되면서 탄생하였다.

ㄴ. 탄소는 질량이 태양과 비슷한 별의 내부에서 헬륨 핵융합 반
응을 통해 만들어질 수 있다.

오답 피하기 ㄱ. ㉠은 탄소이다.

ㄷ. 생명체를 구성하는 주요 원소 중 9.5 %를 차지하는 수소는
우주 초기에 만들어진 원소로, 핵융합 반응으로 만들어진 원소가
아니다.

> **개념 더하기** ⊕ **지구와 생명체를 구성하는 주요 원소**
>
> • 지구를 구성하는 주요 원소는 철>산소>규소이다.
> • 생명체를 구성하는 주요 원소는 산소>탄소>수소이다.
> • 철, 산소, 탄소, 규소는 별의 진화 과정에서 생성되어 우주로 퍼
>   져 나간 원소이다.
> • 수소는 우주 초기에 생성되었으며, 그 이후에는 생성되지 않았다.

16

태양과 가까운 곳에 형성된 지구형 행성은 주로 암석과 금속으로
이루어져 있으며 반지름이 작고 밀도가 크다. 태양과 먼 곳에 형
성된 목성형 행성은 주로 수소와 헬륨으로 이루어져 있으며 반지
름이 크고 밀도가 작다.

채점 기준	배점(%)
지구형 행성과 목성형 행성의 구성 성분을 모두 옳게 설명한 경우	100
지구형 행성과 목성형 행성의 구성 성분 중 1가지만 옳게 설명한 경우	50

17

주계열성은 중심부에서 수소 핵융합 반응이 일어나는 별로, 내부
기체 압력에 의한 힘과 중력이 평형을 이루고 있으므로 크기가
일정하게 유지된다.

채점 기준	배점(%)
힘 2가지를 모두 쓰고 두 힘이 평형 상태라는 것을 설명한 경우	100
힘의 종류만 쓰거나 힘의 명칭 없이 두 힘이 평형 상태라는 내용만 설명한 경우	50

18

미행성체의 충돌로 열이 발생하면서 지구가 마그마 바다(액체 상
태)가 되었기 때문에 무거운 물질은 중심부로 가라앉고, 가벼운
물질은 떠올라 핵과 맨틀로 분리될 수 있었다.

채점 기준	배점(%)
지구가 마그마 바다(액체 상태)가 된 적이 있기 때문이라는 내용의 설명과 무거운 물질은 가라앉고 가벼운 물질은 떠올랐다는 내용을 모두 포함하여 설명한 경우	100
액체 상태가 된 적이 있다는 설명과 무거운 물질은 가라앉고 가벼운 물질은 떠올랐다는 내용 중 1가지만 설명한 경우	50

19

(1) 지구 전체를 구성하는 주요 원소 중 질량비가 가장 높은 원소
는 철이고 두 번째로 높은 원소는 산소이다. 따라서 ㉠은 철, ㉡
은 산소이다.

(2) 철은 질량이 태양과 비슷한 별에서는 생성될 수 없다. 무거운
원소일수록 핵융합 반응이 일어나려면 온도가 높아야 하는데 태
양은 질량이 작아 중심부의 온도가 철이 생성될 만큼 높아지지
못하기 때문이다.

채점 기준	배점(%)
질량이 작아 중심부의 온도가 높아지지 못하기 때문이라고 설명한 경우	100
질량이 작기 때문이라고만 설명한 경우	50

20

답 초신성 폭발 과정에서 생성된다.

철보다 무거운 원소는 초신성 폭발 과정에서 발생하는 막대한 에
너지에 의해 핵융합 반응이 일어나 생성된다.

21

답 3 : 1

헬륨 원자핵은 양성자 2개와 중성자 2개가 결합하여 생성되고
남은 양성자는 수소 원자핵이 된다. 따라서 수소 원자핵과 헬륨
원자핵의 개수비는 12 : 1이고, 질량비는 3 : 1이다.

22

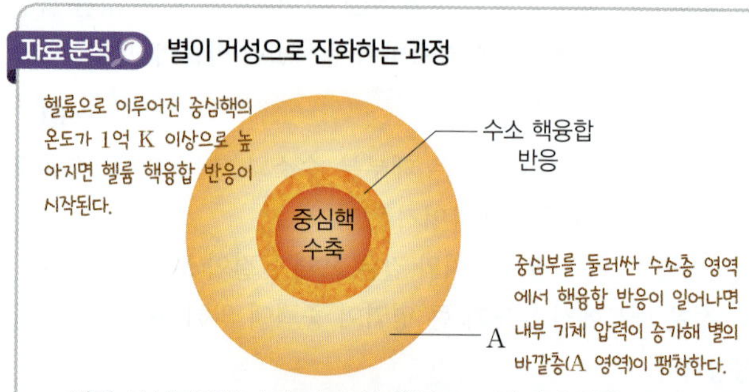

• 별의 중심부에서 수소가 모두 헬륨으로 변하면 핵은 중력 수축
한다.
• 헬륨핵이 수축하면서 발생한 열에 의해 핵을 둘러싼 수소층 영
역의 온도가 1000만 K 이상으로 올라가 수소 핵융합 반응이
일어난다.
• 수소층 영역의 핵융합 반응에서 발생한 열에 의해 별의 바깥층
(A 영역)이 팽창한다.

(1) 중심부를 둘러싼 수소층 영역에서 핵융합 반응이 일어나면
내부 기체 압력이 증가해 A 영역이 팽창한다.

(2) 중심핵은 수축하다 온도가 1억 K이 넘으면 헬륨 핵융합 반응
이 일어나고, 헬륨 핵융합 반응의 결과 탄소가 만들어진다.

채점 기준	배점(%)
헬륨 핵융합 반응이 일어나 탄소가 생성된다는 것을 옳게 설명한 경우	100
헬륨 핵융합 반응과 탄소 중 1가지만 옳게 쓴 경우	50

실전 문제

40~43쪽

| 01 ④ | 02 ③ | 03 ② | 04 ② | 05 ⑤ | 06 ① | 07 ① |
| 08 ③ | 09 ④ | 10 ① | 11 ④ | 12 ⑤ | 13 ③ | 14 ⑤ |

단답형·서술형 문제

15 (1) **답** 연속 스펙트럼 (2) **예시 답안** 연속 스펙트럼에 검은색 선 (흡수선)이 나타난다.

16 (1) **예시 답안** 시간이 흐름에 따라 우주의 온도와 밀도는 낮아지고, 질량은 일정하게 유지된다. (2) **답** 수소, 헬륨

17 **예시 답안** 질량, 질량이 클수록 별의 수명이 짧아진다.

18 **예시 답안** 태양을 만든 태양계 성운은 초신성 폭발의 잔해에서 생겨난 성운으로, 태양의 생성 당시부터 헬륨보다 무거운 원소를 포함하고 있기 때문이다.

19 **예시 답안** 지구형 행성은 A와 B이고, 목성형 행성은 C와 D이다.

20 (1) **예시 답안** 산소와 탄소는 별의 중심부에서 핵융합 반응을 통해 생성되었고, 수소는 우주 초기에 양성자와 전자가 결합하여 생성되었다.

(2) **예시 답안** 수권, 수권은 물로 이루어져 있으므로 생명체를 구성하는 주요 원소 중 수소, 산소와 관련된 원소이다.

01
답 ④

ㄴ. 헬륨 원자핵은 중성자 2개와 양성자 2개로 이루어져 있어 양성자 1개로 이루어진 수소 원자핵보다 약 4배 무겁다.

ㄷ. 우주에 존재하는 수소와 헬륨의 질량비는 약 3 : 1이다.

오답 피하기 ㄱ. ㉠은 수소, ㉡은 헬륨이다.

02
답 ③

A와 B의 스펙트럼에서 관찰되는 방출선이 별의 스펙트럼에서 같은 위치에 흡수선으로 나타나는 것으로 보아 별에는 원소 A와 B가 포함되어 있다는 것을 알 수 있다.

03
답 ②

자료 분석 빅뱅 우주론에서의 우주의 변화

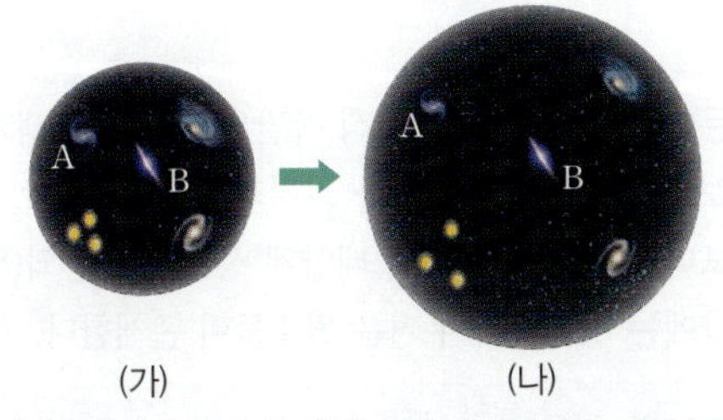

- 그림에서 (가)와 (나)에 존재하는 은하의 개수는 동일하다. ➜ 우주의 질량은 일정하다.
- (가)보다 (나)에서 우주의 부피가 크다. ➜ 우주의 밀도는 감소한다.
- 우주 공간이 팽창하면서 우주 배경 복사의 파장도 함께 길어진다.

ㄴ. 우주는 팽창하고 있으므로 은하 사이의 거리는 멀어지고 있다.

오답 피하기 ㄱ. 빅뱅 우주론에서 우주의 밀도는 시간이 흐를수록 감소하고 있다. 변하지 않는 물리량은 우주의 질량이다.

ㄷ. 우주가 팽창하면서 우주 배경 복사의 파장도 길어지고 있다. 따라서 우주 배경 복사의 파장은 (가)보다 (나)에서 길다.

04
답 ②

(가)는 원자핵과 전자가 따로 움직이고 있는 것으로 보아 빅뱅 후 약 38만 년이 지나기 전의 모습이고, (나)는 헬륨 원자와 수소 원자가 존재하는 것으로 보아 빅뱅 후 약 38만 년 후의 모습이다.

ㄴ. 우주는 빅뱅 이후 계속 팽창하면서 온도가 낮아졌으므로 (나) 시기의 온도가 (가) 시기보다 낮다.

오답 피하기 ㄱ. 우주 배경 복사는 원자가 생성된 (나) 시기에 방출되었다.

ㄷ. 우주의 나이는 원자핵이 생성된 (가) 시기가 원자가 생성된 (나) 시기보다 적다.

05
답 ⑤

(가)는 성운, (나)는 원반과 원시별이 형성된 모습이다.

ㄱ. 성운은 주로 수소와 헬륨으로 이루어져 있다.

ㄴ. 성운이 중력 수축하여 원반과 원시별이 형성되므로 시간 순서는 (가) → (나)이다.

ㄷ. 성운의 일부분이 수축하여 원시별이 형성되므로 성운의 지름(A)이 원반의 지름(B)보다 크다.

06
답 ①

ㄱ. ㉠은 탄소, ㉡은 철이다.

오답 피하기 ㄴ. 탄소는 철보다 가벼운 원소이다.

ㄷ. (가)는 질량이 태양과 비슷한 별의 중심부 구조이고, (나)는 질량이 태양보다 매우 큰 별의 중심부 구조이다.

07
답 ①

원시별은 내부 기체 압력에 의한 힘보다 중력이 크므로 수축하고, 주계열성은 중력과 내부 기체 압력에 의한 힘이 평형을 이루어 일정한 크기를 유지한다.

08
답 ③

ㄱ. (가)에서 성운이 중력에 의해 수축하면서 성운 내부의 온도는 상승한다.

ㄴ. (나)에서 원시별이 수축하며 밀도가 증가하기 때문에 내부 기체 압력에 의한 힘은 증가한다.

오답 피하기 ㄷ. (가)와 (나)의 주요 에너지원은 중력 수축에 의한 에너지이다.

09
답 ④

주계열성은 별의 중심부에서 수소 핵융합 반응이 일어난다. 중심부 바깥 부분에서는 온도가 낮아 수소 핵융합 반응이 일어나지 않는다.

10

답 ①

ㄱ. 수소 핵융합 반응이 일어나기 위해서는 온도가 1000만 K 이상이어야 한다.

오답 피하기 ㄴ. 수소 핵융합 반응은 주계열성의 중심부에서 일어나는 반응이다. 원시별의 중심부에서는 수소 핵융합 반응이 일어나지 않는다.

ㄷ. 수소 핵융합 반응이 일어나면 손실된 질량만큼 에너지로 방출되므로 수소 4개의 질량의 합은 헬륨 1개의 질량보다 크다.

11

답 ④

ㄴ. 초신성이 폭발할 때 철보다 무거운 금, 은, 우라늄 등의 원소가 만들어지므로 초신성 잔해에는 철보다 무거운 원소가 존재한다.

ㄷ. (나)에서는 탄소핵이 수축하지만, (가)에서는 철로 이루어진 핵이 수축하고 중력도 (가)의 중심에서 더 크므로 핵의 밀도는 (가)가 (나)보다 클 것이다.

오답 피하기 ㄱ. 초신성 잔해는 태양보다 질량이 매우 큰 별의 진화 단계에서 나타난다.

12

답 ⑤

태양에서 비교적 가까운 지구형 행성의 주요 구성 성분은 암석과 금속이고, 태양에서 먼 목성형 행성의 주요 구성 성분은 기체이다.

13

답 ③

ㄱ. 태양계를 형성한 성운은 초신성의 폭발 잔해로 철, 금, 은 등 다양한 원소들이 포함되어 있었다.

ㄷ. 지구를 구성하는 원소는 철, 산소, 규소, 마그네슘 등으로 대부분 별 내부의 핵융합 반응으로 생성된 것이다.

오답 피하기 ㄴ. 지구의 구성 원소는 철과 산소가 가장 많은 양을 차지한다.

14

답 ⑤

자료 분석 ● 지구의 진화 과정

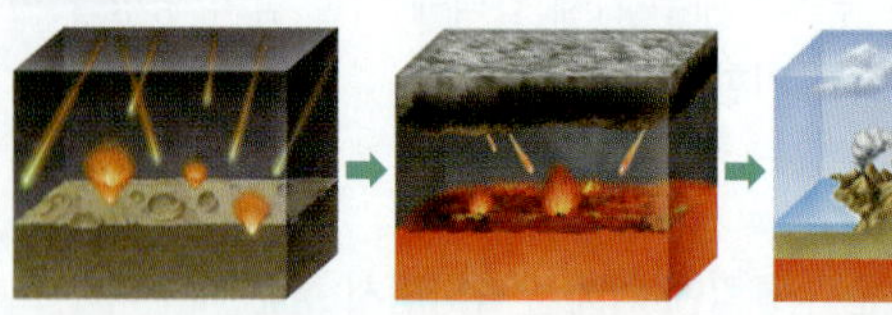

• (가) → (나) 과정: 미행성체의 충돌에 의해 발생한 열로 지구의 온도는 상승했다. → 지구 표면이 녹아 마그마 바다가 형성되었다.

• (나): 액체 상태인 마그마 바다에서는 무거운 물질(금속 성분)이 가라앉고 가벼운 물질(규산염 물질)이 위로 떠올라 핵과 맨틀이 분리되었다.

• (나) → (다) 과정: 지구 공전 궤도에 있는 미행성체들이 대부분 지구와 충돌하면서 미행성체의 충돌이 줄어 지구의 표면 온도가 감소하였다. → 지표면이 식어 원시 지각을 형성하였다.

ㄱ. 미행성체 충돌이 일어나던 (가) → (나) 단계에서는 지구 표면의 온도가 계속 높아졌고, 미행성체의 충돌이 감소한 (나) → (다) 단계에서는 지구 표면의 온도가 낮아졌다.

ㄴ. 마그마 바다 단계에서 무거운 물질이 지구 중심부로 가라앉아 핵을 형성하면서 지구 중심부의 밀도는 높아졌다.

ㄷ. 원시 지구는 미행성체와 계속 충돌하였기 때문에 질량이 증가하였다.

15

(1) 고온, 고밀도의 광원에서 방출된 빛이 프리즘을 통과하면 연속 스펙트럼이 나타난다.

(2) 고온, 고밀도의 광원에서 방출된 빛이 저온의 기체를 통과한 후에 프리즘을 통과하면 연속 스펙트럼에 흡수선이 나타난다.

채점 기준	배점(%)
(1)과 (2)를 모두 옳게 쓴 경우	100
(1)과 (2) 중 1가지만 옳게 쓴 경우	50

16

(1) 빅뱅 이후 시간이 흘러 우주가 팽창함에 따라 우주의 온도와 밀도는 낮아지고, 질량은 일정하게 유지된다.

채점 기준	배점(%)
온도, 질량, 밀도의 변화를 모두 옳게 설명한 경우	100
온도, 질량, 밀도의 변화 중 2가지만 옳게 설명한 경우	60
온도, 질량, 밀도의 변화 중 1가지만 옳게 설명한 경우	30

(2) 빅뱅 후 약 38만 년이 지났을 때는 원자핵과 전자가 결합해 수소와 헬륨이 생성되었으므로, 우주에 존재하는 원소는 수소와 헬륨이다.

17

별의 수명을 결정하는 물리량은 질량이고, 질량이 클수록 에너지가 빠르게 소모되어 별의 수명이 짧아진다.

채점 기준	배점(%)
물리량과 물리량에 따른 별의 수명을 모두 옳게 설명한 경우	100
물리량과 물리량에 따른 별의 수명 중 1가지만 옳게 설명한 경우	50

18

태양을 만든 태양계 성운은 초신성 폭발의 잔해에서 생겨난 성운으로 태양보다 무거운 별의 진화 과정과 초신성 폭발 과정에서 생긴 헬륨보다 무거운 원소들이 태양계 성운에 포함되어 있었다. 따라서 태양에는 헬륨보다 무거운 원소들이 존재한다.

채점 기준	배점(%)
태양계 성운이 초신성 폭발의 잔해에서 생겨난 성운이라는 내용을 포함하여 옳게 설명한 경우	100
태양 생성 당시 헬륨보다 무거운 원소가 이미 포함되어 있었다고만 설명한 경우	50

19

자료 분석 지구형 행성과 목성형 행성

반지름과 질량이 작고 밀도가 크다. → 지구형 행성

반지름과 질량이 크고 밀도가 작다. → 목성형 행성

행성	A	B	C	D
반지름 (지구=1)	0.53	0.95	9.45	11.21
질량 (지구=1)	0.11	0.85	95.31	318.26
밀도 (지구=1)	0.71	0.95	0.13	0.24

- A는 화성으로 반지름은 지구의 약 $\frac{1}{2}$, 질량은 지구의 약 $\frac{1}{10}$ 이며, 밀도는 지구보다 약간 작다.
- B는 금성으로 반지름과 질량, 밀도가 모두 지구와 비슷하다.
- C는 토성으로 반지름은 지구의 약 10배, 질량은 약 95배이며, 밀도는 지구의 약 $\frac{1}{10}$ 로 매우 작다.
- D는 목성으로 반지름은 지구의 약 11배, 질량은 지구의 약 318배로 태양계를 구성하는 다른 모든 행성들을 합한 질량보다 크다.

반지름과 질량이 작고 밀도가 지구와 비슷한 지구형 행성은 A와 B이고, 반지름과 질량이 크고 밀도가 지구보다 훨씬 작은 목성형 행성은 C와 D이다.

채점 기준	배점(%)
지구형 행성과 목성형 행성을 옳게 구분한 경우	100
지구형 행성과 목성형 행성 중 1가지만 옳게 구분한 경우	50

20

(1) 산소와 탄소는 별의 중심부에서 핵융합 반응을 통해 생성되었고, 수소는 우주 초기에 양성자와 전자가 결합하여 생성되었다.

채점 기준	배점(%)
산소, 탄소, 수소의 생성 과정을 모두 옳게 설명한 경우	100
산소, 탄소, 수소의 생성 과정 중 2가지만 옳게 설명한 경우	60
산소, 탄소, 수소의 생성 과정 중 1가지만 옳게 설명한 경우	30

(2) 최초의 생명체가 탄생한 권역은 수권이다. 수권은 물로 이루어져 있고 물은 수소 원자 2개와 산소 원자 1개로 이루어져 있으므로 생명체를 구성하는 주요 원소 중 수소, 산소와 관련된 원소이다.

채점 기준	배점(%)
수권과 권역과 관련된 원소 2가지를 모두 옳게 쓴 경우	100
수권과 권역과 관련된 원소 1가지만 옳게 쓴 경우	70
수권만 쓴 경우	50

중단원 수능 대비 문제

1 ②	2 ②	3 ③	4 ②	5 ②	6 ③

1 　답 ②

ㄷ. 우주 배경 복사는 우주의 나이가 약 38만 년일 때, 원자가 생성되며 방출되었다. (가)에서는 우주 배경 복사가 관찰되므로 우주의 나이가 38만 년보다 많다는 것을 알 수 있다.

오답 피하기 ㄱ. 빅뱅 우주론에서 물질의 양은 항상 일정하므로 시간의 흐름에 따라 우주가 팽창하면서 밀도는 감소한다.

ㄴ. 우주 배경 복사의 파장은 우주가 팽창하면서 길어진다.

2 　답 ②

ㄴ. ㉠에서 나타나는 흡수선과 ㉡에서 나타나는 방출선은 수소 기체에 의한 것이므로 선의 위치(파장)는 같다.

오답 피하기 ㄱ. ㉠은 연속 스펙트럼을 가진 빛이 상대적으로 저온인 수소 기체를 통과하여 나타나는 흡수 스펙트럼이다. ㉡은 방출 스펙트럼이다.

ㄷ. 지구에서 관찰하는 태양의 스펙트럼 종류는 ㉠과 같다.

이런 보기도 나온다! 　답 ㄹ.○ ㅁ.✕ ㅂ.✕

ㄹ. ㉢은 백열등과 같은 고온, 고밀도의 광원에서 나온 빛이 프리즘을 통과해서 나타나는 스펙트럼이므로 연속 스펙트럼이다.

ㅁ. ㉡은 방출 스펙트럼으로 고온의 수소 기체가 방출하는 빛이 프리즘을 통과할 때 나타난다.

ㅂ. 원소마다 방출선의 위치는 다르므로 헬륨 기체 방전관에서 나온 빛의 스펙트럼에서 나타나는 방출선의 위치는 ㉡과 다르다.

3 　답 ③

ㄱ. 중심부에서 수소 핵융합 반응이 일어나고 있는 (나)는 주계열성, (가)는 중심부에서 헬륨 핵융합 반응이 일어나고 있는 주계열성 이후의 단계이므로 태양의 나이는 (가)가 더 많다.

ㄴ. 헬륨 핵융합 반응을 통해 탄소가 만들어진다.

오답 피하기 ㄷ. A 영역은 온도가 1000만 K에 도달하지 못해 수소 핵융합 반응이 일어나지 않는 영역으로 수소 핵융합 반응에 의한 에너지를 받아 팽창하는 영역이다.

이런 보기도 나온다! 　답 ㄹ.○ ㅁ.✕ ㅂ.○

ㄹ. (가)에서 A 영역이 팽창하는 주계열 이후 단계이므로 태양의 크기는 (가)가 (나)보다 크다.

ㅁ. (가)에서는 중심부의 수소가 모두 헬륨으로 바뀌었고, 중심부를 둘러싼 수소층도 수소 핵융합 반응을 하고 있으므로 (가)보다 (나)에서 수소의 질량비가 크다.

ㅂ. 현재 태양은 주계열성 단계에 있으므로 (나)와 같은 내부 구조를 가지고 있다.

4 답 ②

ㄴ. (다)는 태양계 성운으로 성운의 기체 성분은 주로 수소와 헬륨이다.

오답 피하기 ㄱ. 태양계는 (다) 태양계 성운 → (가) 원시 태양과 미행성체 형성 → (나) 태양계 형성 순으로 형성되었다.

ㄷ. ㉠은 태양에서 멀리 떨어진 목성형 행성, ㉡은 태양에 가까운 지구형 행성이다. 목성형 행성은 주로 기체 성분, 지구형 행성은 암석과 금속 성분으로 이루어져 있으므로 행성의 평균 밀도는 지구형 행성이 목성형 행성보다 크다.

> **개념 더하기** 지구형 행성과 목성형 행성의 차이
>
> | 구분 | 지구형 행성 | 목성형 행성 |
> | --- | --- | --- |
> | 자전 주기 | 길다. | 짧다. |
> | 위성 수 | 없거나 적다. | 많다. |
> | 고리 유무 | 없다. | 있다. |
> | 표면 성분 | 딱딱한 암석 | 기체(수소, 헬륨 등) |
> | 대기 성분 | 질소, 산소, 이산화 탄소 등 | 수소, 헬륨, 메테인, 암모니아 등 |

5 답 ②

원시 지구는 지금보다 크기가 작았다. 미행성체가 충돌하면서 원시 지각이 형성될 때까지 지구의 크기가 계속 증가하였다.

ㄷ. 원시 지구는 미행성체의 충돌(A)로 온도가 상승하여 마그마 바다가 형성(B)되고, 미행성체의 충돌이 줄어들면서 온도가 하강하여 원시 지각이 형성(C)되었다.

오답 피하기 ㄱ. A보다 B의 크기가 더 큰 것으로 보아 지구의 질량은 B가 A보다 크다.

ㄴ. 마그마는 액체 상태이고, 원시 지각은 고체 상태이므로 지구 표면의 온도는 B가 C보다 높았다.

6 답 ③

㉠은 산소, ㉡은 규소, ㉢은 수소이다.

ㄱ. 두 번째로 많은 원소가 탄소인 (나)가 사람을 구성하는 원소의 질량비를 나타낸 것이다.

ㄴ. 규산염 사면체는 규소 1개와 산소 4개로 이루어져 있으므로 ㉠(산소)과 ㉡(규소)은 규산염 사면체의 구성 원소이다.

오답 피하기 ㄷ. ㉢은 수소로 원자가 전자가 1개이다. 원자가 전자가 4개인 것은 규소이다.

> **이런 보기도 나온다!** 답 ㄹ. ✕ ㅁ. ◯ ㅂ. ✕
>
> ㄹ. 규산염 사면체는 ㉡(규소) 1개와 ㉠(산소) 4개로 이루어져 있다.
>
> ㅁ. 현재 우주에 가장 많은 원소는 수소(㉢)이다.
>
> ㅂ. 산소(㉠)는 별의 내부에서 생성되지만 수소(㉢)는 우주 초기에만 생성되고 별의 내부에서는 생성되지 않는다.

⑫ 원소의 주기성과 화학 결합

04강 원소의 주기성

탐구 확인문제 51쪽

01 (1) ◯ (2) ◯ (3) ✕ (4) ✕　　**02** ④

01 답 (1) ◯ (2) ◯ (3) ✕ (4) ✕

(1) 알칼리 금속은 공기 중의 산소와 빠르게 반응한다.

(2) 리튬, 나트륨, 칼륨 등의 알칼리 금속은 유사한 화학적 성질을 가진다.

(3) 알칼리 금속과 물이 반응할 때 수소 기체가 발생한다.

(4) 알칼리 금속은 원자의 전자 배치에서 원자가 전자 수가 1로 같으므로 유사한 화학적 성질을 가진다.

02 답 ④

ㄱ. 실험 ❸에서 알칼리 금속과 물이 격렬하게 반응하는 것을 알 수 있다.

ㄷ. 실험 ❸에서 페놀프탈레인 용액의 색 변화로 알칼리 금속이 물과 반응한 뒤 수용액은 염기성을 띠는 것을 알 수 있다.

오답 피하기 ㄴ. 알칼리 금속을 작은 크기로 자를 때 알칼리 금속이 칼로 자를 수 있을 정도로 무른 것을 알 수 있다.

기본 탄탄 문제 52쪽

1 주기율표　**2** 족　**3** 알칼리 금속　**4** 할로젠　**5** 원자가 전자

01 금속 원소: C, 비금속 원소: A, B, D　　**02** (1) ✕ (2) ✕ (3) ◯ (4) ◯　　**03** (1) ◯ (2) ✕ (3) ◯ (4) ✕　　**04** 17족　　**05** 9

01 답 금속 원소: C, 비금속 원소: A, B, D

주기율표에서 금속 원소는 왼쪽과 가운데에 위치하고, 비금속 원소는 대부분 오른쪽에 위치한다. 1주기 1족 원소인 A는 수소(H)이므로 비금속 원소이다.

02 답 (1) ✕ (2) ✕ (3) ◯ (4) ◯

(1) 주기율표에서 원소들은 원자 번호 순서와 화학적 성질을 기준으로 배열되어 있다.

(2) 주기율표의 1주기에 위치한 원소는 총 2개이고, 2주기에 위치한 원소는 총 8개이다.

(3) 주기율표의 가로줄을 주기라고 하며 1~7주기까지 있다. 또 주기율표의 세로줄을 족이라고 하며 1~18족까지 있다.

(4) 주기율표에서 화학적 성질이 유사한 원소들이 일정한 원자 번호의 간격으로 반복되므로 원소의 주기성이 나타난다.

03 답 (1) ◯ (2) ✕ (3) ◯ (4) ✕

(1) 알칼리 금속은 주기율표의 1족에서 수소를 제외한 금속 원소이다.

(2) 알칼리 금속은 다른 금속에 비해 무르기 때문에 칼로 쉽게 잘린다.

(3) 알칼리 금속은 물과 격렬하게 반응하여 수소 기체를 발생시킨다.

(4) 알칼리 금속은 산소나 물과 쉽게 반응하므로 석유 또는 파라핀에 넣어서 보관한다.

04
답 17족

제시된 성질은 할로젠의 유사한 성질이다. 할로젠은 주기율표의 17족에 속하는 플루오린(F), 염소(Cl), 브로민(Br), 아이오딘(I) 등의 원소이다.

05
답 9

A는 1주기 1족 원소로 원자가 전자 수가 1이고, B는 2주기 13족 원소로 전자 수가 5이므로 원자 번호가 5이다. C는 3주기 14족 원소로 전자 껍질 수가 3이다. 따라서 ㉠은 5, ㉡은 3, ㉢은 1이므로 ㉠+㉡+㉢은 9이다.

실력 쑥쑥 문제

53~55쪽

| 01 ① | 02 ③ | 03 ④ | 04 ⑤ | 05 ① | 06 ③ | 07 ⑤ |
| 08 ④ | 09 ② | 10 ③ | 11 ⑤ | | | |

단답형·서술형 문제

12 **답** (가) ㄴ, (나) ㄱ

13 **예시 답안** 알칼리 금속과 물이 격렬하게 반응하고, 반응 후 수용액은 염기성을 띤다.

14 (1) **예시 답안** A와 B, C와 D, A와 B는 전자가 들어 있는 전자 껍질 수가 2로 같은 2주기 원소이고, C와 D는 전자가 들어 있는 전자 껍질 수가 3으로 같은 3주기 원소이다.

(2) **예시 답안** B와 D, B와 D는 원자가 전자 수가 7로 같은 17족 원소이므로 화학적 성질이 유사하다.

01
답 ①

비금속 원소는 광택이 없고, 대부분 열을 잘 전달하지 않으며, 전기가 잘 통하지 않는다. 또 비금속 원소는 주기율표에서 대부분 오른쪽에 위치한다. 탄소, 질소, 산소는 비금속 원소이다.

02
답 ③

A는 수소(H), B는 리튬(Li), C는 플루오린(F), D는 나트륨(Na), E는 아르곤(Ar)이다.

ㄱ. 비금속 원소는 A(H), C(F), E(Ar)이므로 3가지이다.

ㄴ. B(Li)와 D(Na)는 같은 족 원소이므로 화학적 성질이 유사하다.

오답 피하기 ㄷ. C(F)와 E(Ar)는 화학적 성질이 유사하지 않다.

03
답 ④

ㄴ. 17족 원소는 원자가 전자 수가 7인 비금속 원소이므로 전자 1개를 얻어 안정해지려는 경향이 커서 음이온이 되기 쉽다.

ㄷ. 주기율표에서 같은 족 원소들은 원자가 전자 수가 같으므로 화학적 성질이 유사하다.

오답 피하기 ㄱ. 주기율표의 1족 원소 중에서 수소(H)를 제외한 금속 원소를 알칼리 금속이라고 한다.

04
답 ⑤

ㄱ. 알칼리 금속인 리튬(Li)은 물과 격렬하게 반응한다.

ㄴ. 페놀프탈레인 용액은 염기성에서 붉은색으로 변하므로 반응 후 수용액은 염기성을 띤다.

ㄷ. 나트륨(Na)은 리튬(Li)과 같은 알칼리 금속이므로 화학적 성질이 유사하다. 따라서 나트륨으로 실험해도 같은 결과를 얻을 수 있다.

05
답 ①

ㄱ. 나트륨과 같은 알칼리 금속은 칼로 잘릴 만큼 무른 성질이 있다.

오답 피하기 ㄴ. 나트륨의 단면이 광택을 잃는 것은 공기 중의 산소와 반응하기 때문이다.

ㄷ. 알칼리 금속이 산소와 반응하여 광택을 잃는 반응이 일어날 때 알칼리 금속에서 산소로 전자가 이동한다. 따라서 나트륨은 전자를 잃는다.

06
답 ③

ㄱ. (가)~(라)를 이루는 원소는 각각 F, Cl, Br, I으로 모두 주기율표의 17족에 속하는 원소인 할로젠이다.

ㄴ. 할로젠은 원자 번호가 클수록 색이 진해지므로 원소의 원자 번호는 F<Cl<Br<I이다. 따라서 원자 번호는 (가)가 가장 작다.

오답 피하기 ㄷ. Br과 I은 같은 17족 원소이지만 주기가 다르다. Br은 3주기 17족 원소이고, I은 4주기 17족 원소이다.

07
답 ⑤

자료 분석 주기율표의 원소

주기 \ 족	1	2	13	14	15	16	17	18
1								헬륨(He)-A
2	B-리튬(Li)					플루오린(F)-C	D
3	E-나트륨(Na)						염소(Cl)-F	네온(Ne)

• B(Li)와 E(Na)는 1족에 속하는 금속 원소인 알칼리 금속이다.
• C(F)와 F(Cl)는 17족에 속하는 원소인 할로젠이다.
• A(He)와 D(Ne)는 18족 원소이며, 비금속 원소이다.

A는 헬륨(He), B는 리튬(Li), C는 플루오린(F), D는 네온(Ne), E는 나트륨(Na), F는 염소(Cl)이다.

⑤ C(F)와 F(Cl)는 17족에 속하는 원소인 할로젠이므로 실온에서 2개의 원자가 결합한 분자로 존재하며 특유의 색을 띤다.

오답 피하기 ① A(He)와 D(Ne)는 18족 원소이다.
②, ③ B(Li)와 E(Na)는 1족에 속하는 금속 원소인 알칼리 금속이다. 알칼리 금속은 물과 격렬하게 반응한다.
④ C(F)는 수소(H_2)와 반응하여 할로젠화 수소를 생성한다.

08
답 ④
ㄱ, ㄴ. A는 전자가 들어 있는 전자 껍질 수가 2, 원자가 전자 수가 1이므로 2주기 1족 원소인 리튬(Li)이다. 리튬은 1족에 속하는 금속 원소이므로 알칼리 금속이다.
오답 피하기 ㄷ. A(Li)의 원자가 전자 수는 1이다.

09
답 ②
A는 전자가 들어 있는 전자 껍질 수가 2, 원자가 전자 수가 5이므로 2주기 15족 원소인 질소(N)이다. B는 전자가 들어 있는 전자 껍질 수가 3, 원자가 전자 수가 3이므로 3주기 13족 원소인 알루미늄(Al)이다.
ㄷ. A(N)는 비금속 원소, B(Al)는 금속 원소이다.
오답 피하기 ㄱ. A(N)는 2주기 원소, B(Al)는 3주기 원소이다.
ㄴ. 원자가 전자 수는 A(N)가 5, B(Al)가 3이므로 A>B이다.

10
답 ③
A는 수소(H), B는 산소(O), C는 플루오린(F), D는 나트륨(Na)이다.
ㄱ. 금속 원소는 D(Na) 1가지이다.
ㄴ. 2주기 원소는 전자가 들어 있는 전자 껍질 수가 2이므로 B(O)와 C(F)의 2가지이다.
오답 피하기 ㄷ. A(H)와 D(Na)는 모두 주기율표의 1족에 속하는 원소이지만, A(H)는 비금속 원소이고 D(Na)는 알칼리 금속으로 화학적 성질이 다르다.

11
답 ⑤

자료 분석 주기율표와 원자의 전자 배치

족 주기	1	2	13	14	15	16	17
2				㉠		㉡	
3	㉢—금속 원소						㉣

• ㉠~㉣ 중에서 금속 원소는 주기율표의 왼쪽에 위치한 ㉢이다.
  → ㉢은 B이다.
• A와 B의 원자가 전자 수의 합은 8이다.
  → ㉣은 A이다.
• 원자 번호는 D>C이다.
  → ㉠은 C, ㉡은 D이다.

㉠~㉣ 중에서 금속 원소인 ㉢은 B이다. A와 B의 원자가 전자 수의 합이 각각 8이므로 원자가 전자 수가 7인 ㉣은 A이다. C와 D의 원자 번호는 D>C이므로 ㉠은 C, ㉡은 D이다.

12
답 (가) ㄴ, (나) ㄱ
Na은 3주기 원소이고, Li, F, Ne은 2주기 원소이다. 따라서 기준 (가)로 적절한 것은 '3주기 원소인가?'이다. 기준 (나)는 Li에만 해당하는 분류 기준이므로 '알칼리 금속인가?'가 적절하다.

13
페놀프탈레인 용액을 떨어뜨린 물에 알칼리 금속을 넣어 반응시키면 알칼리 금속과 물이 반응한 뒤 수용액의 액성을 알 수 있다.

채점 기준	배점(%)
알칼리 금속과 물이 격렬하게 반응하는 것과 반응 후 수용액의 액성을 모두 옳게 설명한 경우	100
2가지 중 1가지만 설명한 경우	50

개념 더하기 실험을 통해 알 수 있는 알칼리 금속의 성질

실험 과정	알칼리 금속의 성질
알칼리 금속을 칼로 잘라 단면을 관찰한다.	알칼리 금속은 칼로 자를 수 있을 만큼 무르고, 공기 중의 산소와 빠르게 반응한다.
페놀프탈레인 용액을 떨어뜨린 물에 알칼리 금속을 넣고 불꽃을 가까이 한다.	• 알칼리 금속은 물과 격렬하게 반응한다. • 알칼리 금속과 물이 반응할 때 수소 기체가 발생하고, 반응 후 수용액은 염기성을 띤다.

14

자료 분석 원자의 전자 배치

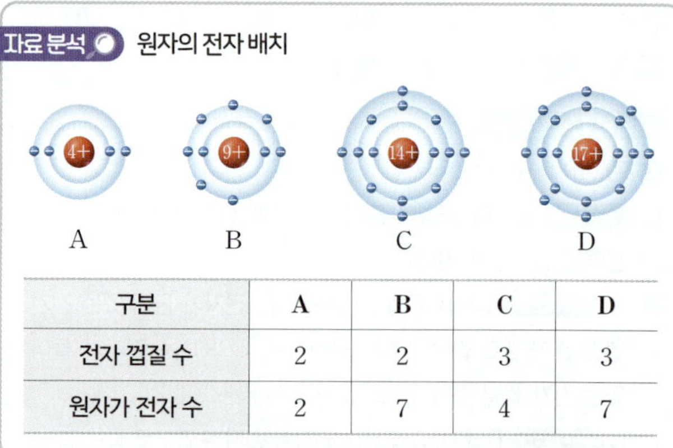

구분	A	B	C	D
전자 껍질 수	2	2	3	3
원자가 전자 수	2	7	4	7

(1) 같은 주기에 속하는 원소는 원자의 전자 배치에서 전자가 들어 있는 전자 껍질 수가 같다.

채점 기준	배점(%)
A와 B, C와 D를 모두 고르고, 전자 껍질 수가 각각 2와 3으로 같기 때문이라고 옳게 설명한 경우	100
2가지 중 1가지만 옳게 고른 경우	50

(2) 같은 족에 속하는 원소는 원자의 전자 배치에서 원자가 전자 수가 같으므로 화학적 성질이 유사하다.

채점 기준	배점(%)
B와 D를 고르고, 원자가 전자 수가 7로 같기 때문이라고 옳게 설명한 경우	100
B와 D만 옳게 고른 경우	50

탐구 확인문제   59쪽

01 (1) × (2) × (3) ○ (4) ○   **02** ②

01   답 (1) × (2) × (3) ○ (4) ○

(1) 물은 전기 전도성이 없다.

(2) 이온 결합 물질은 고체 상태에서 이온이 이동할 수 없으므로 전기 전도성이 없다.

(3) 공유 결합 물질은 전기적으로 중성인 분자로 이루어져 있으므로 고체 상태에서 전기 전도성이 없다.

(4) 수용액에서 전기 전도성을 비교하여 공유 결합 물질인 설탕과 이온 결합 물질인 황산 구리(Ⅱ), 염화 나트륨을 구별할 수 있다.

02   답 ②

ㄴ. 수용액에서 설탕은 전기 전도성이 없고, 소금(염화 나트륨)은 전기 전도성이 있다. 따라서 수용액의 전기 전도성을 비교하여 두 물질을 구별할 수 있다.

오답 피하기 ㄱ, ㄷ. 소금(염화 나트륨)과 설탕은 모두 흰색 고체이고, 고체 상태에서 모두 전기 전도성이 없다.

기본 탄탄 문제   60쪽

1 안정	**2** 이온 결합	**3** 공유 결합	**4** 수용액	**5** 화학 결합

01 (1) ○ (2) × (3) ×   **02** (1) F^-, Mg^{2+} (2) Ne, Ne
03 ㉠ 나트륨 이온(Na^+), ㉡ 염화 이온(Cl^-), ㉢ 정전기적 인력
04 (1) H_2O (2) 공유 결합 (3) 2   **05** ㄷ, ㄹ

01   답 (1) ○ (2) × (3) ×

(1) 헬륨, 네온, 아르곤은 주기율표의 18족 원소이다.

(2) 18족 원소는 가장 바깥 전자 껍질에 2개 또는 8개의 전자가 채워져 있어 이온을 형성하지 않는다.

(3) 18족 원소는 화학적으로 안정하여 다른 원소와 잘 반응하지 않는다.

02   답 (1) F^-, Mg^{2+} (2) Ne, Ne

(1), (2) F은 전자 1개를 얻어서 F^-이 되어 18족 원소인 Ne과 같은 전자 배치를 한다. Mg은 전자 2개를 잃어서 Mg^{2+}이 되어 18족 원소인 Ne과 같은 전자 배치를 한다.

03 답 ㉠ 나트륨 이온(Na^+), ㉡ 염화 이온(Cl^-), ㉢ 정전기적 인력
양이온인 나트륨 이온(Na^+)과 음이온인 염화 이온(Cl^-)이 정전기적 인력으로 이온 결합 하여 염화 나트륨(NaCl)을 형성한다.

04   답 (1) H_2O (2) 공유 결합 (3) 2

(1) 물은 수소 원자 2개와 산소 원자 1개로 이루어져 있다.

(2), (3) 물은 산소 원자 1개가 수소 원자 2개와 각각 1개씩 총 2개의 전자쌍을 공유하여 결합한 공유 결합 물질이다.

05   답 ㄷ, ㄹ

물질 X는 이온 결합 물질로 수용액에서 이온이 이동할 수 있어 전원 장치를 연결하면 전류가 흐른다. 설탕, 포도당은 공유 결합 물질이고, 염화 나트륨, 질산 칼륨은 이온 결합 물질이므로 물질 X로 적절한 것은 염화 나트륨(ㄷ)과 질산 칼륨(ㄹ)이다.

실력 쑥쑥 문제   61~63쪽

01 ③	**02** ③	**03** ①	**04** ③	**05** ⑤	**06** ④	**07** ①
08 ③	**09** ⑤	**10** ⑤	**11** ①			

단답형·서술형 문제

12 예시 답안 A는 원자가 전자 수가 1인 금속 원소이고, B는 원자가 전자 수가 7인 비금속 원소이다. 따라서 A는 전자 1개를 잃어 A^+이 되고, B는 전자 1개를 얻어 B^-이 되며, A^+과 B^- 사이에 정전기적 인력이 작용하여 이온 결합을 형성한다.

13 예시 답안 B_2, B는 전자 1개를 얻어 네온(Ne)과 같은 전자 배치를 하므로 원자가 전자 수가 7이다. 따라서 2개의 B 원자가 1개의 전자쌍을 공유하여 결합하므로 화학식은 B_2이고, 공유 전자쌍 수는 1이다.

14 예시 답안 염화 나트륨 수용액에는 양이온과 음이온이 존재하므로 전원을 연결하면 이온이 이동하여 전류가 흐른다. 반면 설탕 수용액에는 전기적으로 중성인 분자만 존재하므로 전원을 연결했을 때 전하를 띤 입자의 이동이 일어나지 않아 전류가 흐르지 않는다.

01   답 ③

ㄱ, ㄴ. 18족 원소는 화학적으로 안정하여 다른 원소와 잘 반응하지 않아 비활성 기체라고 한다.

오답 피하기 ㄷ. 18족 원소에는 헬륨(He), 네온(Ne), 아르곤(Ar) 등이 있다. 플루오린(F), 염소(Cl), 브로민(Br), 아이오딘(I)은 17족 원소인 할로젠이다.

02   답 ③

A는 He, B는 Li, C는 Ne, D는 Mg, E는 Cl이다.

ㄱ. A(He)는 18족 원소로 다른 원소와 잘 반응하지 않는다.

ㄴ. B(Li)는 전자 1개를 잃고 A(He)와 같은 전자 배치를 하여 안정한 이온이 된다.

오답 피하기 ㄷ. D(Mg)와 E(Cl)가 화학 결합을 형성할 때 D는 C(Ne)와 같은 전자 배치를 하고, E는 18족 원소인 Ar과 같은 전자 배치를 한다.

03

답 ①

① Ne은 2주기 18족 원소이다. 전자 2개를 얻어 Ne과 같은 전자 배치를 하는 원소는 2주기 16족 원소인 O이다.

오답 피하기 ② F은 전자 1개를 얻어 Ne과 같은 전자 배치를 한다.

③ Mg은 전자 2개를 잃어 Ne과 같은 전자 배치를 한다.

④ S은 전자 2개를 얻어 Ar과 같은 전자 배치를 한다.

⑤ Cl는 전자 1개를 얻어 Ar과 같은 전자 배치를 한다.

04

답 ③

ㄱ, ㄴ. 금속 원소의 원자는 전자를 잃어 양이온이 되고, 비금속 원소의 원자는 전자를 얻어 음이온이 된 후, 이들 사이의 정전기적 인력으로 이온 결합이 형성된다. 염화 나트륨은 나트륨 이온과 염화 이온이 결합한 이온 결합 물질이다.

오답 피하기 ㄷ. 이온 결합 물질은 분자로 존재하지 않고, 양이온과 음이온이 일정한 개수비로 결합하여 규칙적인 배열의 입체 구조를 이룬다.

개념 더하기 ✚ 염화 나트륨의 구조

염화 나트륨($NaCl$)에서 나트륨 이온(Na^+)과 염화 이온(Cl^-)은 $1:1$의 개수비로 결합하여 규칙적인 배열의 입체 구조를 이루고 있다.

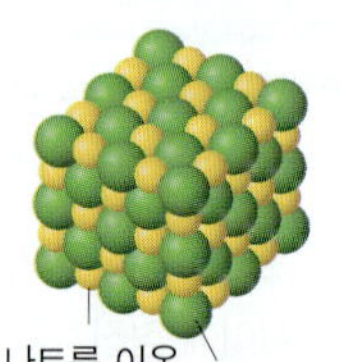

05

답 ⑤

자료 분석 🔍 이온 결합

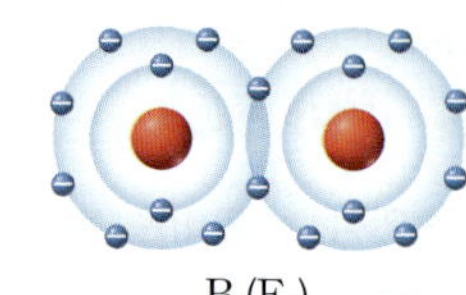

• AB는 A^{2+}과 B^{2-}이 정전기적 인력으로 결합하여 형성된 이온 결합 물질이다.

• A는 원자가 전자 수가 2인 금속 원소, B는 원자가 전자 수가 6인 비금속 원소이다.

• A^{2+}과 B^{2-}은 모두 Ne과 같은 전자 배치를 한다.

ㄱ. AB는 A^{2+}과 B^{2-}이 결합하여 형성된 이온 결합 물질이다.

ㄴ, ㄷ. 금속 원소인 A 원자는 전자 2개를 잃어 A^{2+}이 되고, 비금속 원소인 B 원자는 전자 2개를 얻어 B^{2-}이 되며, A^{2+}과 B^{2-} 사이에 정전기적 인력이 작용하여 AB가 형성된다.

06

답 ④

ㄴ. NaCl에서 Na^+과 Cl^-은 $1:1$의 개수비로 결합한다.

ㄷ. ㉠(Cl^-)과 ㉡(Na^+)은 서로 반대되는 전하를 띠므로 두 이온 사이에는 정전기적 인력이 작용한다.

오답 피하기 ㄱ. ㉠은 (−)전하를 띠므로 염화 이온(Cl^-)이다.

07

답 ①

자료 분석 🔍 공유 결합

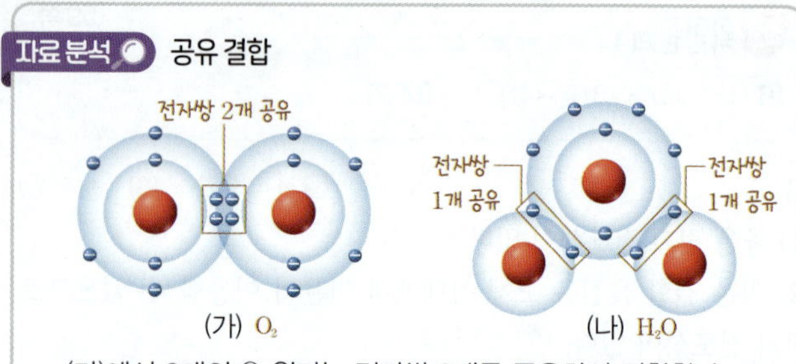

• (가)에서 2개의 O 원자는 전자쌍 2개를 공유하여 결합한다.

• (나)에서 1개의 O 원자는 2개의 H 원자와 각각 전자쌍 1개씩 총 2개의 전자쌍을 공유하여 결합한다.

ㄱ. (가)는 O 원자 2개가 공유 결합 한 O_2이고, (나)는 H 원자 2개와 O 원자 1개가 공유 결합 한 H_2O이다.

오답 피하기 ㄴ. 공유 전자쌍 수는 (가)와 (나)가 모두 2로 같다.

ㄷ. (가)와 (나)에서 O 원자는 전자쌍 2개를 공유하여 Ne과 같은 전자 배치를 하고, (나)에서 H 원자는 각각 전자쌍 1개를 공유하여 He과 같은 전자 배치를 한다.

08

답 ③

A는 3주기 1족 원소인 Na, B는 2주기 17족 원소인 F이다.

ㄱ, ㄴ. A는 금속인 Na, B는 비금속인 F이므로 AB(NaF)는 이온 결합 물질이다. AB(NaF)를 이루는 A^+(Na^+)과 B^-(F^-)은 모두 Ne과 같은 전자 배치를 한다.

오답 피하기 ㄷ. B_2(F_2)에서 2개의 B 원자는 1개의 전자쌍을 공유하여 결합한다.

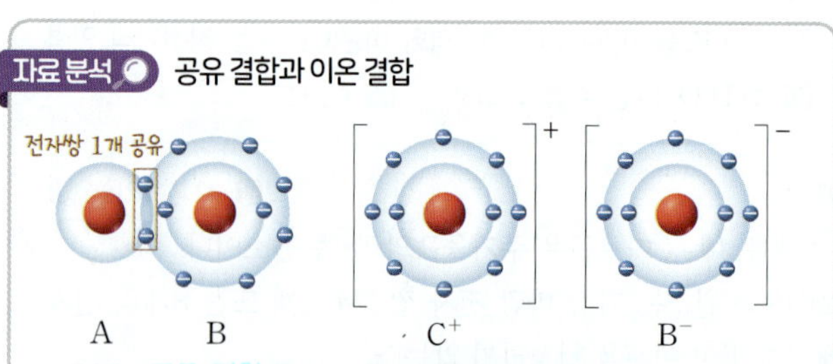

09

답 ⑤

자료 분석 🔍 공유 결합과 이온 결합

• AB는 공유 결합 물질, CB는 이온 결합 물질이다.

• AB의 공유 전자쌍 수는 1이므로 A는 1주기 1족 원소, B는 2주기 17족 원소이다.

• C는 전자를 1개 잃어 C^+이 되므로 3주기 1족 원소이다.

ㄱ. A와 B는 공유 결합을 하므로 모두 비금속 원소이다.

ㄴ. A는 B와 전자쌍 1개를 공유하여 He과 같은 전자 배치를 하므로 원자가 전자 수가 1이다. C는 전자 1개를 잃고 C^+이 되어 B^-과 이온 결합을 형성하므로 원자가 전자 수가 1이다.

ㄷ. AB는 전자쌍을 공유하는 공유 결합, CB는 양이온과 음이온이 결합한 이온 결합으로 이루어져 있다.

10
답 ⑤

ㄱ, ㄴ. 포도당, 설탕, 에탄올은 모두 비금속 원소로만 이루어진 공유 결합 물질이다.

ㄷ. 포도당, 설탕, 에탄올은 수용액 상태에서 전기적으로 중성인 분자로 존재하므로 이들 물질의 수용액은 전기 전도성이 없다.

11
답 ①

ㄱ. 두 물질에 전류가 흐르는지 확인하는 장치로는 전기 전도성 측정기가 적절하다.

오답 피하기 ㄴ. (나)에서 B 수용액에만 전류가 흘렀으므로 A는 공유 결합 물질인 포도당이고, B는 이온 결합 물질인 염화 칼슘이다.

ㄷ. B는 염화 칼슘이므로 금속 원소인 칼슘을 포함한다.

12

A는 3주기 1족 원소인 Na이고, B는 3주기 17족 원소인 Cl이다. A는 금속 원소이고 B는 비금속 원소이므로 A는 양이온, B는 음이온이 되어 정전기적 인력이 작용하여 이온 결합을 형성한다.

채점 기준	배점(%)
A, B 원자가 이온이 되고 정전기적 인력이 작용하여 이온 결합을 형성한다는 것을 옳게 설명한 경우	100
이온 결합을 형성한다고만 설명한 경우	50

13

AB는 이온 결합 물질이고, AB에서 B는 전자 1개를 얻어 Ne과 같은 전자 배치를 하는 B^-이 된 것이므로 원자가 전자 수가 7임을 알 수 있다. 따라서 2개의 B로 이루어진 분자는 B 원자 사이에 전자쌍 1개를 공유하여 형성되는 B_2이다.

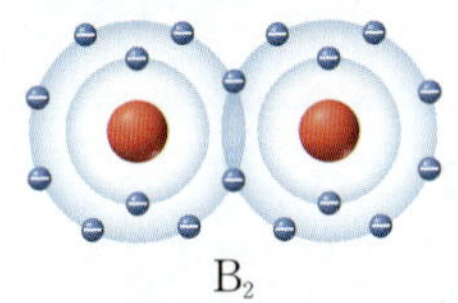

채점 기준	배점(%)
분자의 화학식을 옳게 쓰고, 공유 전자쌍 수를 옳게 설명한 경우	100
분자의 화학식을 옳게 썼지만 공유 전자쌍 수에 대한 설명이 옳지 않은 경우	50

14

염화 나트륨 수용액에는 양이온과 음이온이 존재하고, 설탕 수용액에는 전하를 띠지 않는 분자만 존재한다. 따라서 염화 나트륨 수용액은 전기 전도성이 있고, 설탕 수용액은 전기 전도성이 없다.

채점 기준	배점(%)
전기 전도성을 옳게 비교하고, 그 까닭을 이온의 이동으로 옳게 설명한 경우	100
전기 전도성을 옳게 비교하고, 그 까닭을 염화 나트륨 수용액에는 이온이 있기 때문이라고 설명한 경우	80
두 수용액의 전기 전도성만 옳게 비교한 경우	50

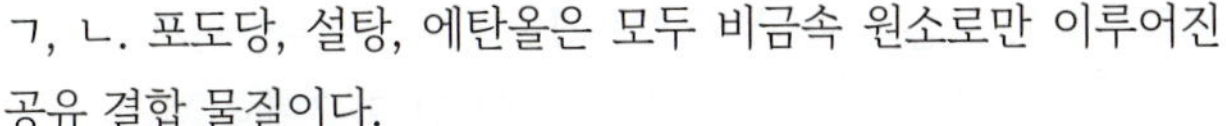

01 ③	02 ④	03 ④	04 ④	05 ③	06 ⑤	07 ④
08 ⑤	09 ④	10 ①	11 ③	12 ④		

단답형·서술형 문제

13 예시 답안 알칼리 금속은 물과 격렬하게 반응하여 수소 기체를 발생시키고 공기 중의 산소와도 빠르게 반응하므로 물과 산소가 닿지 않는 곳에 보관해야 한다. 석유와 액체 파라핀은 물과 섞이지 않는 물질이고 산소를 차단할 수 있으므로 알칼리 금속을 보관하기에 적절하다.

14 답 A: 3, B: 11, C: 17, D: 8

15 예시 답안 ㉠ H_2O, ㉡ O_2, ㉢ NaCl, H_2O과 O_2는 공유 결합 물질이고, NaCl은 이온 결합 물질이므로 ㉢은 NaCl이다. ㉠은 1주기 원소인 H를 포함하는 H_2O이고, ㉡은 O_2이다.

16 예시 답안 A: 6, B: 7, C: 2, AB_2에서 A는 2개의 B와 각각 1개씩 총 2개의 전자쌍을 공유하여 네온(Ne)과 같은 전자 배치를 하므로 원자가 전자 수는 A가 6, B가 7이다. CA에서 $m=2$이므로 C의 원자가 전자 수는 2이다.

17 답 해설 참조

18 예시 답안 황산 구리(Ⅱ)는 이온 결합 물질, 포도당은 공유 결합 물질이므로 A와 B 모두 전류가 흐르지 않는 상태인 ㉠은 고체이고, B만 전류가 흐르는 ㉡은 수용액이다. 이때 A는 고체 상태와 수용액에서 모두 전류가 흐르지 않으므로 포도당이고, B는 고체 상태에서는 전류가 흐르지 않지만 수용액에서 전류가 흐르므로 황산 구리(Ⅱ)이다.

01
답 ③

ㄱ. (가)의 철, 금, 구리는 모두 금속 원소이고, (나)의 질소, 수소, 플루오린은 모두 비금속 원소이다.

ㄷ. 금속 원소는 광택이 있고, 비금속 원소는 대부분 광택이 없으므로 '광택이 있는가?'는 원소를 (가)와 (나)로 구분하는 기준으로 적절하다.

오답 피하기 ㄴ. 금속 원소는 전기가 잘 통하지만, 비금속 원소는 대부분 전기가 잘 통하지 않는다.

02
답 ④

A는 수소(H), B는 산소(O), C는 나트륨(Na), D는 염소(Cl)이다.

ㄴ. B(O)는 2주기 16족 원소이므로 원자가 전자 수가 6이고, D(Cl)는 3주기 17족 원소이므로 원자가 전자 수가 7이다. 따라서 원자가 전자 수는 B<D이다.

ㄷ. C(Na)와 D(Cl)는 3주기 원소이므로 전자가 들어 있는 전자 껍질 수가 같다.

오답 피하기 ㄱ. A(H)와 C(Na)는 모두 주기율표의 1족에 속하지만, A(H)는 비금속 원소이고 C(Na)는 알칼리 금속으로 화학적 성질이 다르다.

03 답 ④

A는 리튬(Li), B는 탄소(C), C는 플루오린(F), D는 나트륨(Na), E는 염소(Cl), F는 아르곤(Ar)이다.
① A(Li)와 D(Na)는 알칼리 금속이다.
② B(C)는 2주기 14족 원소이므로 원자가 전자 수가 4이다.
③ C(F)와 E(Cl)는 할로젠이다.
⑤ A와 D가 물과 반응하면 수소 기체가 발생한다.
[오답 피하기] ④ D는 3주기 1족 원소이므로 전자 1개를 잃으면 2주기 18족 원소인 네온(Ne)과 같은 전자 배치를 한다.

04 답 ④

ㄴ. (가)에서 금속의 단면의 광택이 곧 사라지는 것으로 보아 공기 중의 산소와 빠르게 반응함을 알 수 있다.
ㄷ. (다)에서 알칼리 금속과 반응한 수용액에 페놀프탈레인 용액을 떨어뜨렸을 때 붉은색으로 변한 것으로 보아 알칼리 금속과 물이 반응한 뒤 수용액은 염기성을 띠는 것을 알 수 있다.
[오답 피하기] ㄱ. (나)에서 알칼리 금속은 물과 격렬하게 반응하므로 물이 닿지 않도록 석유나 액체 파라핀에 넣어서 보관해야 한다.

05 답 ③

A는 2주기 16족 원소인 산소(O)이고, B는 3주기 2족 원소인 마그네슘(Mg)이며, C는 3주기 17족 원소인 염소(Cl)이다.
ㄱ. A~C 중 비금속 원소는 A(O)와 C(Cl) 2가지이다.
ㄴ. $\dfrac{원자가\ 전자\ 수}{전자\ 껍질\ 수}$ 는 A(O)가 $\dfrac{6}{2}=3$, B(Mg)가 $\dfrac{2}{3}$, C(Cl)가 $\dfrac{7}{3}$이므로 $\dfrac{원자가\ 전자\ 수}{전자\ 껍질\ 수}$가 1보다 큰 원소는 A와 C 2가지이다.
[오답 피하기] ㄷ. A가 전자 2개를 얻어 생성된 A^{2-}과 B가 전자 2개를 잃어 생성된 B^{2+}은 Ne과 같은 전자 배치를 하지만, C가 전자 1개를 얻어 생성된 C^-은 Ar과 같은 전자 배치를 한다.

06 답 ⑤

자료 분석 원자가 전자 수와 전자 껍질 수

원자	X H	Y Na	Z B
원자가 전자 수	a 1	1	b 3
전자가 들어 있는 전자 껍질 수	c 1	3	d 2
전자 수	1	e 11	5

• 전자 수가 1인 X는 1주기 1족 원소인 수소(H)이다.
• Y는 전자가 들어 있는 전자 껍질 수가 3이고, 원자가 전자 수가 1이므로 3주기 1족 원소인 나트륨(Na)이다.
• Z는 전자 수가 5이므로 2주기 13족 원소인 붕소(B)이다.

X(H)는 1주기 1족 원소이므로 $a=1$, $c=1$이다. Y(Na)는 원자 번호가 11번이므로 $e=11$이다. Z(B)는 2주기 13족 원소이므로 $b=3$, $d=2$이다. 따라서 $\dfrac{d+e}{a+b+c}=\dfrac{13}{5}$이다.

07 답 ④

W는 1족, X는 2족, Y와 Z는 17족 원소이다. 원자 번호는 X>W>Z이므로 X는 3주기 2족 원소인 마그네슘(Mg), W는 3주기 1족 원소인 나트륨(Na), Z는 2주기 17족 원소인 플루오린(F)이다. 따라서 Y는 3주기 17족 원소인 염소(Cl)이다.
ㄴ. W(Na)와 Y(Cl)는 3주기 원소이다.
ㄷ. W(Na)는 3주기 1족 원소이고, X(Mg)는 3주기 2족 원소이므로 $W^+(Na^+)$과 $X^{2+}(Mg^{2+})$은 2주기 18족 원소인 네온(Ne)과 같은 전자 배치를 한다.
[오답 피하기] ㄱ. Z(F)는 2주기 원소이다.

08 답 ⑤

ㄱ. Na과 Cl는 전자가 들어 있는 전자 껍질 수가 3인 3주기 원소이다.
ㄴ. Na 원자는 전자 1개를 잃어 Na^+이 되고, Cl 원자는 전자 1개를 얻어 Cl^-이 되며, Na^+과 Cl^-이 정전기적 인력으로 결합하여 NaCl이 형성된다.
ㄷ. NaCl에서 Na^+과 Cl^-은 1 : 1의 개수비로 결합한다.

09 답 ④

H_2O은 공유 결합 물질이고, MgO은 이온 결합 물질이다.
ㄱ. H_2O에서 O는 H 원자 2개와 각각 전자쌍 1개씩을 공유하여 결합한다. 따라서 H_2O의 공유 전자쌍 수는 2이다.
ㄴ. MgO은 Mg^{2+}과 O^{2-}의 이온 결합으로 형성된 물질이다.
[오답 피하기] ㄷ. H_2O의 O, MgO의 Mg^{2+}과 O^{2-}은 모두 Ne과 같은 전자 배치를 하고, H_2O의 H는 He과 같은 전자 배치를 한다.

10 답 ①

자료 분석 공유 결합

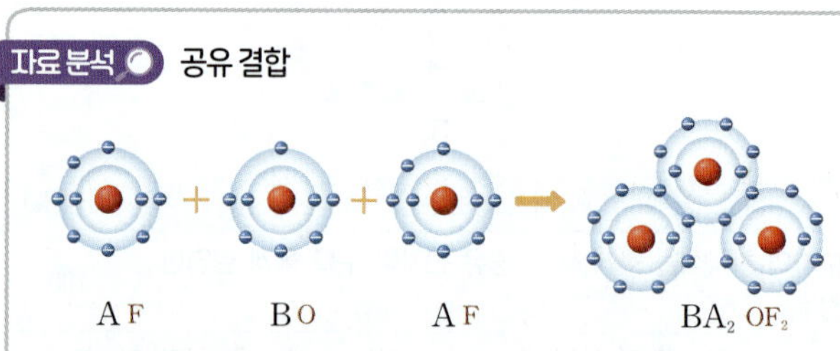

• A와 B는 각각 2주기 17족 원소, 2주기 16족 원소인 F과 O이다.
• Ne과 같은 전자 배치를 하기 위해 A는 1개, B는 2개의 전자를 얻어야 한다.

ㄱ. A(F)와 B(O)에서 전자가 들어 있는 전자 껍질 수는 2이므로 A와 B는 모두 2주기 원소이다.
[오답 피하기] ㄴ. $BA_2(OF_2)$는 공유 결합 물질이다.
ㄷ. 공유 전자쌍 수는 $A_2(F_2)$가 1이고 $B_2(O_2)$는 2이다. 따라서 공유 전자쌍 수는 $B_2>A_2$이다.

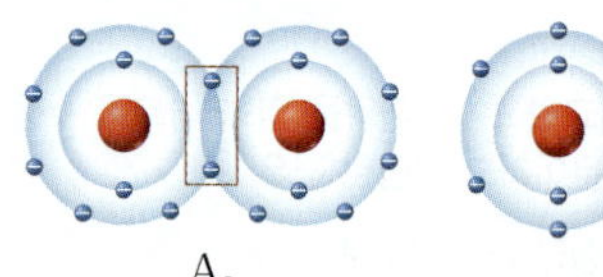

11

답 ③

A는 수소(H), B는 헬륨(He), C는 탄소(C), D는 마그네슘(Mg),
E는 염소(Cl)이다.

ㄱ. AE(HCl)는 비금속 원소로 이루어져 있으므로 공유 결합 물질이다.

ㄴ. CA_4(CH_4)에서 A(H)는 1주기 18족 원소인 B(He)와 같은 전자 배치를 한다.

[오답 피하기] ㄷ. 이온 결합 물질인 DE_2($MgCl_2$)과 공유 결합 물질인 CE_4(CCl_4)은 모두 고체 상태에서 전기 전도성이 없다.

12

답 ④

[자료 분석] 전자가 들어 있는 전자 껍질 수와 원자가 전자 수

• a는 전자가 들어 있는 전자 껍질 수이고, b는 원자가 전자 수일 때 18족 원소를 제외한 1, 2주기 원자의 a, b, $a+b$는 다음과 같다.

1, 2주기 원자	H	Li	Be	B	C	N	O	F
a	1	2	2	2	2	2	2	2
b	1	1	2	3	4	5	6	7
$a+b$	2	3	4	5	6	7	8	9

• 주어진 조건에 맞는 X는 H, Y는 Li, Z는 O임을 알 수 있다.

ㄴ. Y(Li)는 Y^+(Li^+)이 되고, Z(O)는 Z^{2-}(O^{2-})이 되어 이온 결합을 형성하므로 Y와 Z가 결합한 화합물의 화학식은 Y_2Z(Li_2O)이다.

ㄷ. Z(O)의 안정한 이온인 Z^{2-}(O^{2-})은 2주기 18족 원소인 네온(Ne)과 같은 전자 배치를 한다.

[오답 피하기] ㄱ. X(H)와 Z(O)는 공유 결합을 형성한다.

13

알칼리 금속은 물과 격렬하게 반응하고, 공기 중의 산소와도 빠르게 반응하므로 석유나 액체 파라핀에 넣어서 보관해야 한다.

채점 기준	배점(%)
알칼리 금속이 물과 공기 중의 산소와의 반응성이 크기 때문이라고 옳게 설명한 경우	100
알칼리 금속의 반응성을 설명할 때 물과 산소 중 1가지만 언급한 경우	70

14

답 A: 3, B: 11, C: 17, D: 8

A와 B는 2, 3주기 알칼리 금속이므로 리튬(Li)과 나트륨(Na) 중 하나이다. B와 C는 전자가 들어 있는 전자 껍질 수가 같으므로 같은 주기 원소이다. B_2D를 이루는 이온은 B^+과 D^{2-}이고, 두 이온의 전자 배치가 2주기 18족 원소인 네온(Ne)과 같으므로 B는 3주기 1족 원소인 나트륨(Na)이고, D는 2주기 16족 원소인 산소(O)이다. 따라서 A는 리튬(Li)이다. 원자가 전자 수는 C>D이므로 C는 3주기 17족 원소인 염소(Cl)이다.

15

NaCl은 이온 결합 물질이므로 ㉢은 NaCl이다. H_2O은 1주기 원소인 H와 2주기 원소인 O를 포함하고, O_2는 2주기 원소인 O만 포함한다. 따라서 ㉠은 H_2O이고, ㉡은 O_2이다.

채점 기준	배점(%)
㉠~㉢을 쓰고, 그 까닭을 옳게 설명한 경우	100
㉠~㉢만 옳게 쓴 경우	50

16

A의 안정한 이온은 A^{2-}이므로 A는 2주기 16족 원소인 O이다.
B의 원자가 전자 수는 7이므로 B는 3주기 17족 원소인 Cl이다.
C의 안정한 이온은 C^{2+}이므로 C는 3주기 2족 원소인 Mg이다.

채점 기준	배점(%)
A~C의 원자가 전자 수를 쓰고, 그 까닭을 옳게 설명한 경우	100
A~C의 원자가 전자 수만 옳게 쓴 경우	50

17

답 (가)

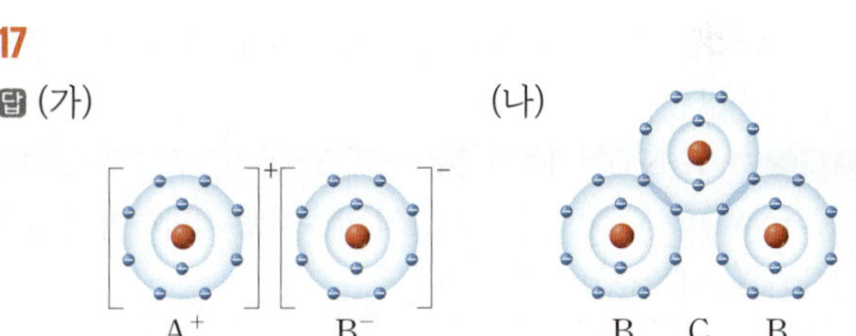

(가)와 (나)에 공통으로 들어 있는 B는 Ne과 같은 전자 배치를 하므로 O 또는 F이다. 만약 B가 O라면 C는 탄소(C)이어야 하고 탄소의 원자가 전자 수는 4이므로 조건에 맞지 않는다. 따라서 B는 F이고, A는 Na이며, C는 O이다.

18

황산 구리(Ⅱ)는 이온 결합 물질로 고체 상태에서 전기 전도성이 없고, 수용액에서 전기 전도성이 있다. 포도당은 공유 결합 물질로 고체 상태와 수용액에서 모두 전기 전도성이 없다.

채점 기준	배점(%)
A와 B, ㉠과 ㉡을 모두 쓰고, 그 까닭을 옳게 설명한 경우	100
A와 B, ㉠과 ㉡만 옳게 쓴 경우	50

[개념 더하기] 수용액에서의 전기 전도성

이온 결합 물질의 수용액에는 양이온과 음이온이 존재하므로 전기 전도성이 있고, 공유 결합 물질의 수용액에는 전기적으로 중성인 분자만 존재하므로 전기 전도성이 없다.

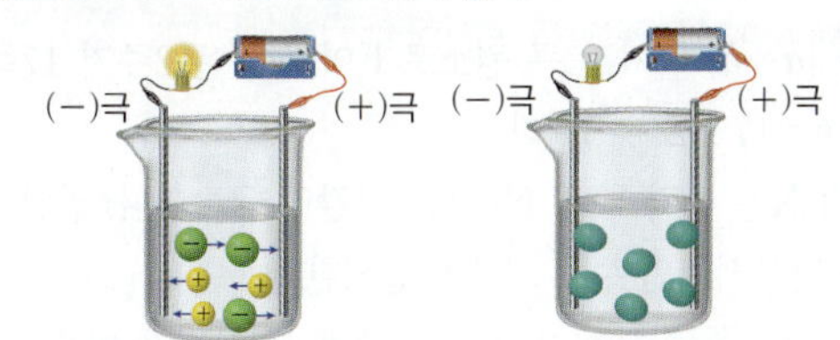

| **1** ④ | **2** ② | **3** ③ | **4** ③ | **5** ① | **6** ③ |

1
답 ④

ㄱ. (가)에서 단면의 광택이 사라지는 것은 Na이 공기 중의 산소와 반응하기 때문이다.

ㄷ. (다)에서 페놀프탈레인 용액을 떨어뜨린 수용액이 붉은색으로 변하므로 Na과 물이 반응한 수용액은 염기성임을 알 수 있다.

오답 피하기 ㄴ. (나)에서 Na이 물과 반응하면 수소(H_2) 기체가 발생한다. 수소(H)는 원자가 전자 수가 1이므로 2개의 수소 원자가 1개의 전자쌍을 공유하여 결합한다. 따라서 수소 분자(H_2)의 공유 전자쌍 수는 1이다.

2
답 ②

X는 3주기 1족 원소인 나트륨(Na), Y는 2주기 16족 원소인 산소(O), Z는 3주기 16족 원소인 황(S)이다.

ㄴ. X~Z의 원자가 전자 수는 각각 1, 6, 6이므로 원자가 전자 수 합은 13이다.

오답 피하기 ㄱ. X(Na)는 3주기 원소이고, Y(O)는 2주기 원소이다.

ㄷ. $X^+(Na^+)$과 $Y^{2-}(O^{2-})$은 2 : 1의 개수비로 결합하여 안정한 화합물인 $X_2Y(Na_2O)$를 형성한다.

3
답 ③

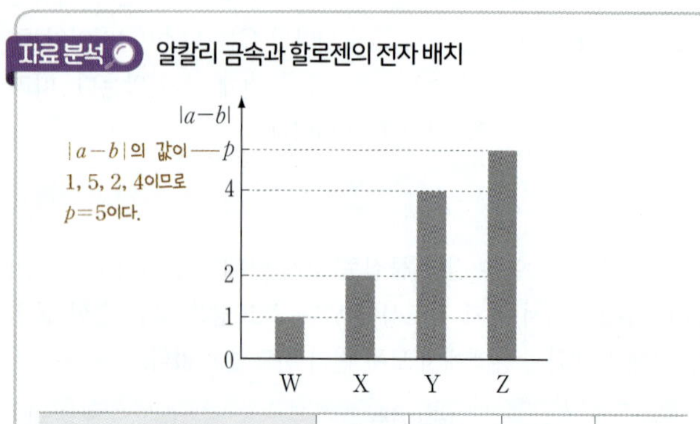

원소	Li	F	Na	Cl
원자가 전자 수(a)	1	7	1	7
전자가 들어 있는 전자 껍질 수(b)	2	2	3	3
$|a-b|$	1	5	2	4

• W는 Li, X는 Na, Y는 Cl, Z는 F이다.

ㄱ. Z는 $|a-b|$가 가장 큰 원소로 F이다. F은 2주기 17족 원소이므로 $p=|7-2|=5$이다.

ㄷ. W와 X는 각각 Li과 Na으로 알칼리 금속이다. 알칼리 금속을 물과 반응시키면 수소 기체가 발생한다.

오답 피하기 ㄴ. X는 원자 번호 11인 Na, Z는 원자 번호 9인 F이므로 원자 번호는 X>Z이다.

답 ㄹ. ○ ㅁ. × ㅂ. ○

ㄹ. Y는 Cl, Z는 F이므로 Y와 Z는 모두 할로젠이다.

ㅁ. X는 Na, Y는 Cl이므로 X와 Y의 화학 결합은 이온 결합이다.

ㅂ. WZ(LiF)는 이온 결합 물질이므로 WZ의 수용액은 전기 전도성이 있다.

4
답 ③

화합물	(가)	(나)
구성 원소	X, Z	Y, Z
이온 수 비	$X^{a+} : Z^{c-} = 2 : 3$	$Y^{b+} : Z^{c-} = 2 : 1$

• (가)에서 이온 수 비는 $X^{a+} : Z^{c-} = 2 : 3$이므로 $a : c = 3 : 2$이다.
• (나)에서 이온 수 비는 $Y^{b+} : Z^{c-} = 2 : 1$이므로 $b : c = 1 : 2$이다.
• $a \sim c$는 3 이하의 자연수이므로 $a=3$, $b=1$, $c=2$이다.
  → X는 3주기 13족, Y는 3주기 1족, Z는 2주기 16족 원소이다.

ㄱ. 이온 수 비로부터 $a : c = 3 : 2$이고, $b : c = 1 : 2$이므로 $a=3$, $b=1$, $c=2$이다.

ㄴ. X는 3주기 13족 원소인 알루미늄(Al)이다.

오답 피하기 ㄷ. 원자가 전자 수는 Y(Na)와 Z(O)가 각각 1, 6이므로 Z가 Y의 6배이다.

5
답 ①

W는 O, X는 Na, Y는 Al, Z는 Cl이다.

ㄱ. XZ(NaCl)는 이온 결합 물질이므로 수용액에서 전기 전도성이 있다.

오답 피하기 ㄴ. $X_2W(Na_2O)$는 이온 결합 물질이고, $WZ_2(OCl_2)$는 공유 결합 물질이다.

ㄷ. W(O)와 Y(Al)가 결합할 때 W는 전자를 2개 얻어 $W^{2-}(O^{2-})$이 되고, Y는 전자 3개를 잃어 $Y^{3+}(Al^{3+})$이 되므로 W^{2-}과 Y^{3+}이 3 : 2의 개수비로 결합하여 안정한 화합물인 $Y_2W_3(Al_2O_3)$을 형성한다.

답 ㄹ. ○ ㅁ. × ㅂ. ○

ㄹ. W~Z 중 3주기 원소는 X, Y, Z의 3가지이다.

ㅁ. W는 원자가 전자 수가 6이므로 W_2의 공유 전자쌍 수는 2이다.

ㅂ. Y와 Z가 안정한 화합물을 형성할 때 $Y^{3+}(Al^{3+})$과 $Z^-(Cl^-)$이 1 : 3의 개수비로 결합한다.

6
답 ③

ㄱ, ㄴ. (나)에서 ㉠은 (+)극 쪽으로 이동하므로 음이온인 Cl^-이다. Cl^-의 전자 배치는 3주기 18족 원소인 아르곤(Ar)과 같다. (나)에서 ㉡은 (−)극 쪽으로 이동하므로 양이온인 Na^+이다.

오답 피하기 ㄷ. (가)의 고체 상태에서 NaCl은 전기 전도성이 없다.

03 자연의 구성 물질

기본 탄탄 문제

77쪽

1 기본 단위체 **2** 규소 **3** 아미노산 **4** 핵산 **5** 당

01 (1) A: 산소, O, B: 규소, Si (2) 공유 결합 **02** (1) × (2) ×
(3) ○ **03** (1) 아미노산 (2) 펩타이드결합 **04** (1) ○ (2) ○
(3) × **05** (1) 뉴클레오타이드 (2) (가) DNA, (나) RNA

01　　　　　　　답 (1) A: 산소, O, B: 규소, Si (2) 공유 결합
(1), (2) 규산염 광물의 기본 단위체인 규산염 사면체는 규소(Si)
를 중심으로 4개의 산소(O)가 공유 결합 하여 형성된다.

02　　　　　　　답 (1) × (2) × (3) ○
(1) 단백질의 기본 단위체인 아미노산은 탄소(C)를 중심으로 수
소(H), 산소(O), 질소(N) 등의 원소가 결합해 이루어진다. 규산
염 사면체는 규소(Si)와 산소(O)로 이루어진다.
(2) 기본 단위체인 아미노산의 종류와 수가 같더라도 배열 순서
가 달라지면 단백질의 입체 구조가 달라져 단백질의 종류와 기능
도 달라진다.
(3) 단백질은 머리카락, 근육, 뼈 등 몸을 구성하는 주요 물질이며
효소, 호르몬, 항체 등을 구성하는 주성분이다.

03　　　　　　　답 (1) 아미노산 (2) 펩타이드결합
(1) 단백질의 기본 단위체는 아미노산이다.
(2) 아미노산은 펩타이드결합으로 연결되어 폴리펩타이드를 형
성하고, 폴리펩타이드가 구부러지고 접혀 고유한 입체 구조를 형
성하며 단백질의 종류와 기능이 결정된다.

04　　　　　　　답 (1) ○ (2) ○ (3) ×
(1) 핵산의 종류에는 유전정보 저장 물질인 이중나선구조의
DNA와 유전정보 전달 물질인 단일 가닥 구조의 RNA가 있다.
(2) 핵산의 기본 단위체인 뉴클레오타이드는 인산, 당, 염기가
1 : 1 : 1로 결합한 구조이다.
(3) DNA와 RNA는 뉴클레오타이드를 구성하는 당과 염기의
종류가 각각 다르다. DNA의 뉴클레오타이드를 구성하는 당은
디옥시라이보스이고 염기는 아데닌(A), 타이민(T), 구아닌(G),
사이토신(C)이다. RNA의 뉴클레오타이드를 구성하는 당은 라
이보스이고 염기는 아데닌(A), 유라실(U), 구아닌(G), 사이토신
(C)이다.

05　　　　답 (1) 뉴클레오타이드 (2) (가) DNA, (나) RNA
(1) 핵산의 기본 단위체는 뉴클레오타이드이다.
(2) (가)는 두 가닥의 폴리뉴클레오타이드가 꼬여 있는 이중나선
구조이므로 DNA이고, (나)는 한 가닥의 폴리뉴클레오타이드로
된 단일 가닥 구조이므로 RNA이다.

실력 쑥쑥 문제

78～81쪽

01 ④　**02** ⑤　**03** ④　**04** ⑤　**05** ②　**06** ④　**07** ⑤
08 ③　**09** ①　**10** ③　**11** ②　**12** ①

단답형·서술형 문제

13 (1) 예시 답안 규산염 사면체, 규소(Si) 원자 1개를 중심으로 4개
의 산소(O) 원자가 공유 결합을 형성하며 사면체 구조를 이룬다.
(2) 예시 답안 규산염 사면체 사이에 공유하는 산소 원자 수에
따라 결합 구조가 달라지면서 다양한 규산염 광물이 형성된다.

14 답 펩타이드결합, 물(H_2O)

15 (1) 답 아미노산, 뉴클레오타이드
(2) 예시 답안 기본 단위체가 규칙에 따라 반복적으로 결합하며
크고 복잡한 물질을 형성한다.

16 예시 답안 DNA의 뉴클레오타이드를 구성하는 당은 디옥시라
이보스이고, RNA의 뉴클레오타이드를 구성하는 당은 라이
보스이다. DNA의 뉴클레오타이드를 구성하는 염기는 아데
닌(A), 타이민(T), 구아닌(G), 사이토신(C)이고, RNA의 뉴클
레오타이드를 구성하는 염기는 아데닌(A), 유라실(U), 구아닌
(G), 사이토신(C)이다.

17 예시 답안 ATGAC, DNA의 뉴클레오타이드를 구성하는
염기인 아데닌(A)은 항상 타이민(T)과 상보적으로 결합하고,
구아닌(G)은 항상 사이토신(C)과 상보적으로 결합하기 때문
이다.

18 (1) 예시 답안 단백질의 기본 단위체는 아미노산이고, 핵산의 기
본 단위체는 뉴클레오타이드이므로 (가)로 적절한 분류 기준은
'기본 단위체가 아미노산인가?'이다.
(2) 예시 답안 DNA의 구조는 이중나선구조이고, RNA의 구
조는 단일 가닥 구조이므로 (나)로 적절한 분류 기준은 '이중나
선구조인가?'이다.

01　　　　　　　답 ④
규산염 광물의 기본 단위체는 규산염 사면체로 규소(Si) 원자 1개
를 중심으로 4개의 산소(O) 원자가 결합한다. 따라서 A는 규소
(Si)이고, B는 산소(O)이다.
④ 규산염 광물의 기본 단위체를 규산염 사면체라고 한다.
오답 피하기 ① A는 규산염 사면체의 중심 원자인 규소(Si)이다.
② B는 산소(O)이다. 산소는 16족 원소이므로 원자가 전자 수가
6이다.
③ A(Si)와 B(O)는 모두 비금속 원소이므로 A와 B 사이에 공
유 결합이 형성된다.
⑤ 규산염 광물의 기본 단위체인 규산염 사면체가 결합할 때
이웃한 규산염 사면체 사이에 B(O)를 공유하며 결합하여 규산
염 광물을 형성한다. 규산염 사면체 사이에 공유하는 산소 원자
수에 따라 결합 구조가 달라지면서 다양한 규산염 광물이 형성
된다.

02

답 ⑤

A는 원자가 전자 수가 4인 규소(Si)이고, B는 원자가 전자 수가 6인 산소(O)이다.

ㄱ. A(Si)와 B(O)는 규산염 광물의 기본 단위체인 규산염 사면체를 구성하는 원소이다.

ㄴ. A는 원자가 전자 수가 4이므로 최대 4개의 원자와 공유 결합을 형성할 수 있다.

ㄷ. 규산염 사면체는 이웃한 규산염 사면체 사이에 B(O)를 공유하며 결합하여 규산염 광물을 형성한다.

03

답 ④

제시된 규산염 광물의 구조는 규산염 사면체가 두 줄로 결합하고 있으므로 복사슬 구조이다.

ㄴ. 규산염 광물의 기본 단위체는 규산염 사면체이다.

ㄷ. 복사슬 구조는 각섬석에서 볼 수 있는 결합 구조이다.

오답 피하기 ㄱ. 규산염 사면체가 두 줄로 결합한 복사슬 구조이다.

개념 더하기 ➕ 규산염 광물의 결합 구조

독립형 구조	규산염 사면체가 산소를 공유하지 않고 독립적으로 존재한다.
단사슬 구조	규산염 사면체끼리 2개의 산소를 공유하며 하나의 사슬 모양을 이룬다.
복사슬 구조	규산염 사면체끼리 2개 또는 3개의 산소를 공유하며 두 개의 사슬 모양을 이룬다.
판상 구조	규산염 사면체끼리 3개의 산소를 공유하며 얇은 판 모양이 쌓인 형태를 이룬다.
망상 구조	규산염 사면체끼리 4개의 산소를 공유하며 입체적인 모양을 이룬다.

➜ 규산염 사면체 사이에 공유하는 산소 원자 수가 많아질수록 결합 구조가 복잡해지고, 풍화에 강해진다.

04

답 ⑤

규산염 사면체에서 A는 규소(Si), B는 산소(O)이다.

ㄱ. 규산염 사면체는 이웃한 규산염 사면체 사이에 B(O)를 공유하며 결합하여 (가), (나)와 같은 규산염 광물을 형성한다.

ㄴ. (가)는 단사슬 구조로 휘석에서 볼 수 있는 구조이다.

ㄷ. (나)는 규산염 사면체가 얇은 판 모양으로 결합한 것이 쌓여 있는 판상 구조이다. 판상 구조는 쌓인 부분을 따라 판 모양으로 얇게 쪼개지는 성질이 있다.

05

답 ②

• 학생 B: 단백질의 기본 단위체인 아미노산은 이웃한 아미노산과 펩타이드결합으로 연결된다.

오답 피하기 • 학생 A: 단백질의 기본 단위체는 아미노산이다.

• 학생 C: 단백질을 구성하는 아미노산의 종류가 같더라도 아미노산의 수, 배열 순서에 따라 입체 구조가 달라지므로 단백질의 종류가 달라진다.

06

답 ④

ㄱ. 단백질을 구성하는 기본 단위체인 A와 B는 아미노산이다.

ㄷ. 결합 ㉠은 아미노산 사이의 결합이므로 펩타이드결합이다.

오답 피하기 ㄴ. 2개의 아미노산 사이에 펩타이드결합이 형성될 때 1개의 물 분자(H_2O)가 빠져나간다. 따라서 물질 X는 수소(H)와 산소(O)로 이루어진 물(H_2O)이다.

개념 더하기 ➕ 축합 중합 반응

• 중합(Polymerization) 반응: 간단한 분자들이 결합하여 거대한 물질을 만드는 반응이다.

• 축합 중합 반응: 기본 단위체끼리 결합하면서 자신의 일부를 잃는 반응이다. 예 펩타이드결합

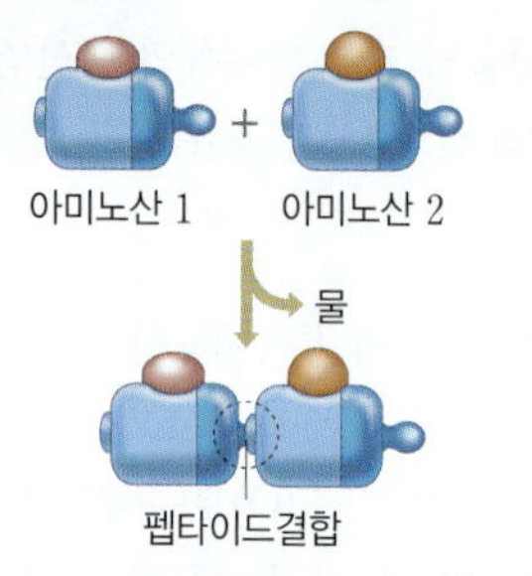

07

답 ⑤

물질 X는 펩타이드결합으로 연결되어 있으므로 단백질이고, A와 B는 단백질의 기본 단위체인 아미노산이다.

ㄱ. 아미노산인 A와 B를 구성하는 주요 원소는 탄소(C), 수소(H), 산소(O), 질소(N)이다.

ㄴ. 펩타이드결합은 아미노산 사이에 형성되는 공유 결합이다.

ㄷ. 단백질은 머리카락, 근육 등 우리 몸의 주요 구성 물질이다.

08

답 ③

자료 분석 🔍 단백질의 형성 과정

• A는 단백질의 기본 단위체이다.

➜ A는 아미노산이고, 결합 ㉠은 펩타이드결합이다.

• (가)는 아미노산이 길게 연결된 폴리펩타이드이고, (나)는 단백질이다.

➜ (가)가 구부러지고 접혀 고유한 입체 구조를 형성하고 그에 따라 (나)의 종류와 기능이 결정된다.

③ 결합 ㉠은 펩타이드결합이다. 이웃한 2개의 아미노산 사이에 펩타이드결합이 형성될 때 물 분자(H_2O) 1개가 빠져나간다.

 ① 단백질의 기본 단위체인 A는 아미노산이다.
② 아미노산은 곁사슬의 종류에 따라 약 20가지가 있다.
④ (가)는 폴리펩타이드이고, (나)는 단백질이다.
⑤ 폴리펩타이드를 구성하는 아미노산의 종류와 수가 같더라도
아미노산의 배열 순서에 따라 입체 구조가 달라지므로 단백질의
종류와 기능이 달라진다.

09
답 ①

ㄱ. 핵산의 기본 단위체는 인산, 당, 염기가 1 : 1 : 1로 결합한 뉴
클레오타이드이다.

 ㄴ. 뉴클레오타이드에서 ㉠은 당이다. DNA의 뉴클레
오타이드를 구성하는 당은 디옥시라이보스이고, RNA의 뉴클레
오타이드를 구성하는 당은 라이보스로 서로 다르다.

ㄷ. 뉴클레오타이드에서 ㉡은 염기이다. DNA의 뉴클레오타이
드를 구성하는 염기는 아데닌(A), 타이민(T), 구아닌(G), 사이
토신(C)이고, RNA의 뉴클레오타이드를 구성하는 염기는 아데
닌(A), 유라실(U), 구아닌(G), 사이토신(C)으로 종류가 다르지
만 가짓수는 4로 같다.

10
답 ③

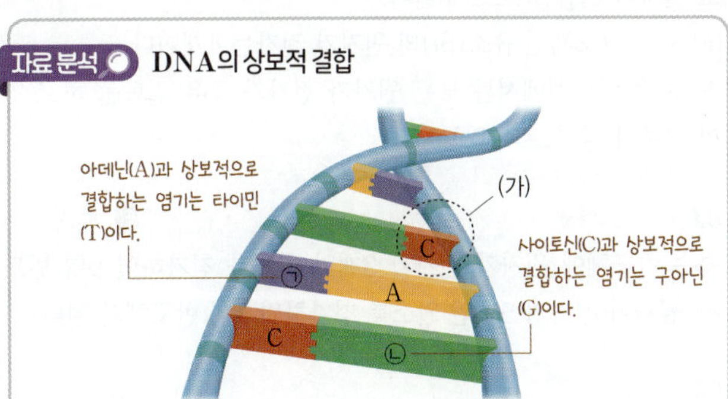

• (가)는 인산, 당, 염기가 1 : 1 : 1로 결합한 구조의 뉴클레오타이
드이다.
• DNA에서 아데닌(A)은 항상 타이민(T)과 상보적으로 결합하고,
사이토신(C)은 항상 구아닌(G)과 상보적으로 결합한다.
→ ㉠은 타이민(T)이고, ㉡은 구아닌(G)이다.

ㄱ. (가)는 뉴클레오타이드이므로 인산, 당, 염기가 1 : 1 : 1로 결
합한 구조이다.
ㄴ. DNA에서 아데닌(A)은 항상 타이민(T)과 상보적으로 결합
하고, 구아닌(G)은 항상 사이토신(C)과 상보적으로 결합한다. 따
라서 아데닌(A)과 결합하고 있는 염기인 ㉠은 타이민(T)이다.
 ㄷ. 사이토신(C)과 결합하고 있는 ㉡은 구아닌(G)으로
DNA와 RNA에 모두 있는 염기이다. RNA에는 없고 DNA에만
있는 염기는 타이민(T)이다.

11
답 ②

(가)는 단일 가닥 구조이므로 RNA이고, (나)는 이중나선구조이
므로 DNA이다.
ㄷ. DNA는 염기 서열에 따라 다양한 유전정보를 저장한다.

 ㄱ. 핵산의 기본 골격은 하나의 뉴클레오타이드에 포함
된 인산이 다른 뉴클레오타이드에 포함된 당과 공유 결합 하면서
길게 연결되어 만들어진다.
ㄴ. ㉠과 ㉡은 DNA와 RNA에 공통으로 존재하는 염기이므로
아데닌(A), 구아닌(G), 사이토신(C) 중 하나이다. (나)에서 ㉠과
㉡이 상보적으로 결합하므로 ㉠과 ㉡은 각각 구아닌(G)과 사이
토신(C) 중 하나이다.

12
답 ①

ㄱ. DNA는 이중나선구조이고, RNA는 단일 가닥 구조이므로
'이중나선구조인가?'는 (가)로 적절하다.
 ㄴ, ㄷ. 뉴클레오타이드를 구성하는 당이 라이보스인
것과 염기에 유라실(U)이 포함되어 있는 것은 RNA이다. 따라
서 (가)가 '기본 단위체를 구성하는 당이 라이보스인가?' 또는
'기본 단위체를 구성하는 염기에 유라실(U)이 포함되어 있는가?'
라면 '예'에 해당하는 것은 RNA이고, '아니요'에 해당하는 것은
DNA이다.

13

(1) 규산염 광물의 기본 단위체는 규산염 사면체이다. 규산염 사
면체는 규소(Si) 원자 1개와 산소(O) 원자 4개가 공유 결합을 형
성하면서 사면체 구조를 이룬다.

채점 기준	배점(%)
규산염 사면체를 쓰고, 규소 1개와 산소 4개가 공유 결합을 형성하며 사면체 구조를 이룬다고 설명한 경우	100
규산염 사면체만 옳게 쓴 경우	30

(2) 규산염 광물을 이루는 규산염 사면체는 서로 산소 원자를 공
유하며 결합하여 다양한 결합 구조를 이룬다.

채점 기준	배점(%)
규산염 사면체 사이에 공유하는 산소 원자 수에 따라 결합 구조가 달라진다고 설명한 경우	100
규산염 사면체끼리 다양한 구조를 이루며 결합한다고만 설명한 경우	50

14
답 펩타이드결합, 물(H_2O)

단백질의 기본 단위체는 아미노산이다. 이웃한 2개의 아미노산 사
이에 펩타이드결합이 형성되면서 1개의 물 분자가 빠져나간다.

15

(1) (가)는 단백질이므로 (가)의 기본 단위체는 아미노산이고,
(나)는 DNA이므로 (나)의 기본 단위체는 뉴클레오타이드이다.
(2) 단백질과 DNA의 기본 단위체는 규칙에 따라 반복적으로 결
합하며 크고 복잡한 물질을 형성한다.

채점 기준	배점(%)
기본 단위체가 규칙에 따라 반복적으로 결합한다고 설명한 경우	100
단순히 기본 단위체가 결합한다고만 설명한 경우	50

16

DNA와 RNA는 뉴클레오타이드를 구성하는 당과 염기의 종류가 각각 다르다.

채점 기준	배점(%)
DNA와 RNA의 뉴클레오타이드를 구성하는 당과 염기의 종류를 포함하여 차이점을 구체적으로 설명한 경우	100
DNA와 RNA의 뉴클레오타이드를 구성하는 당과 염기의 종류가 다르다고만 설명한 경우	50

17

DNA의 뉴클레오타이드를 구성하는 염기인 아데닌(A)은 항상 타이민(T)과 상보적으로 결합하고, 구아닌(G)은 항상 사이토신(C)과 상보적으로 결합한다. 따라서 제시된 그림의 이중나선의 빈칸에 들어갈 염기는 위에서부터 ATGAC이다.

채점 기준	배점(%)
염기를 순서대로 옳게 쓰고, DNA의 뉴클레오타이드를 구성하는 염기인 아데닌(A)과 타이민(T), 구아닌(G)과 사이토신(C)이 각각 상보적으로 결합하기 때문이라고 설명한 경우	100
염기만 순서대로 옳게 쓴 경우	50

18

(1) 단백질의 기본 단위체는 아미노산이고, 핵산의 기본 단위체는 뉴클레오타이드이다.

채점 기준	배점(%)
기본 단위체와 관련지어 (가)로 적절한 분류 기준을 설명한 경우	100
(가)의 분류 기준으로는 적절하지만 기본 단위체와 관련이 없는 경우	50

(2) DNA는 이중나선구조이고, RNA는 단일 가닥 구조이다.

채점 기준	배점(%)
DNA와 RNA의 구조와 관련지어 (나)로 적절한 분류 기준을 설명한 경우	100
(나)의 분류 기준으로는 적절하지만 핵산의 구조와 관련이 없는 경우	50

개념 더하기 · 단백질과 핵산의 비교

구분	기본 단위체	구조	기능
단백질	아미노산	아미노산의 종류, 수, 배열 순서에 따라 다름.	몸을 구성하거나 효소, 호르몬 등의 주성분
DNA	뉴클레오타이드 • 당: 디옥시라이보스 • 염기: A, T, G, C	이중나선 구조	유전정보 저장
RNA	뉴클레오타이드 • 당: 라이보스 • 염기: A, U, G, C	단일 가닥 구조	유전정보 전달 및 단백질의 합성

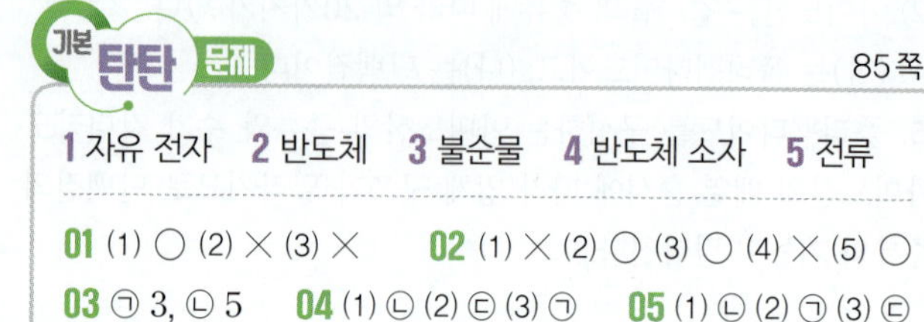

01 (1) ○ (2) × (3) ×   **02** (1) × (2) ○ (3) ○ (4) × (5) ○
03 ㉠ 3, ㉡ 5   **04** (1) ㉡ (2) ㉢ (3) ㉠   **05** (1) ㉡ (2) ㉠ (3) ㉢

01
답 (1) ○ (2) × (3) ×

(1) 도체는 부도체보다 자유 전자가 많아 전류가 잘 흐른다.
(2) 반도체는 온도가 높을수록 전기 전도성이 증가한다.
(3) 순수 반도체에 불순물을 첨가하여 전기 전도성을 증가시킨다.

02
답 (1) × (2) ○ (3) ○ (4) × (5) ○

(1) 불순물 반도체는 전기 전도성을 좋게 하기 위해 순수 반도체에 불순물을 첨가한 것이다.
(2) p형 반도체는 양공이 많아지도록 불순물을 첨가한 것이고, 주로 양공이 전류를 흐르게 한다.
(3) n형 반도체는 전자가 많아지도록 불순물을 첨가한 것이고, 주로 전자가 전류를 흐르게 한다.
(4) 순수 반도체인 규소(Si)의 원자가 전자는 4개이다.
(5) 순수 반도체에서는 모든 원자가 전자가 공유 결합을 하고 있어 전류가 잘 흐르지 않는다.

03
답 ㉠ 3, ㉡ 5

순수 반도체에 원자가 전자가 3개인 원소를 첨가하면 p형 반도체, 원자가 전자가 5개인 원소를 첨가하면 n형 반도체가 된다.

04
답 (1) ㉡ (2) ㉢ (3) ㉠

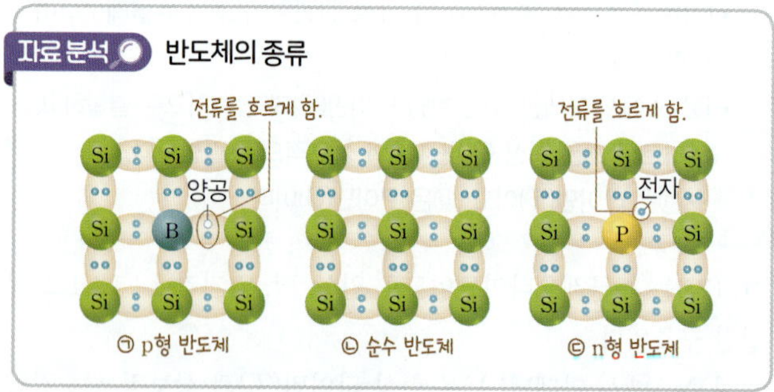

순수 반도체는 불순물이 첨가되지 않은 반도체이다. p형 반도체는 양공이 많아지도록 불순물을 첨가한 반도체이고, n형 반도체는 전자가 많아지도록 불순물을 첨가한 반도체이다.

05
답 (1) ㉡ (2) ㉠ (3) ㉢

(1) 전선의 피복은 고무 등으로 만들어 전류가 외부로 흐르는 것을 막는다.
(2) LED는 전류가 흐를 때 빛을 방출하는 성질을 이용한다.
(3) 피뢰침은 건물에 떨어지는 번개를 안전하게 대지로 흘려보내 건물의 화재나 전기적 손상을 막는다.

실력 쑥쑥 문제

| 01 ② | 02 ⑤ | 03 ③ | 04 ⑤ | 05 ④ | 06 ③ | 07 ① |
| 08 ③ | 09 ④ | 10 ③ | 11 ⑤ | 12 ④ | 13 ① | |

단답형·서술형 문제

14 답 도체: (나), 부도체: (가)

15 (1) 답 A: 도체, B: 부도체

(2) 예시 답안 A에는 자유 전자가 많아 전류가 잘 흘러 전구에 불이 켜진다. B에는 자유 전자가 거의 없어 전류가 흐르지 않아 전구에 불이 켜지지 않는다.

16 예시 답안 전기 전도성은 B가 A보다 좋다. A는 전자가 공유 결합하여 속박되어 있고, B는 공유 결합하지 않은 전자 1개가 이동하여 전류를 흐르게 하기 때문이다.

17 예시 답안 다이오드, 다이오드는 전류를 한 방향으로만 흐르게 하는 정류 작용을 한다.

18 예시 답안 • 다이오드: 전류를 한 방향으로만 흐르게 하는 정류 작용을 한다.
• 트랜지스터: 약한 신호를 큰 신호로 바꾸는 증폭 작용을 한다.
• 발광 다이오드: 전류가 흐를 때 빛을 방출한다.

19 (1) 부도체

(2) 예시 답안 전기 전도성은 도체가 부도체보다 좋다. 도체는 자유 전자가 많고 부도체는 자유 전자가 거의 없기 때문이다.

01

답 ②

ㄷ. A는 부도체이고 B는 도체이므로 전기 전도성은 A가 B보다 작다.

오답 피하기 ㄱ. A에 연결된 전구는 켜지지 않았으므로 A는 전류가 잘 흐르지 않는 부도체이고, B에 연결된 전구는 켜졌으므로 도체이다.

ㄴ. 자유 전자는 도체가 부도체보다 많다.

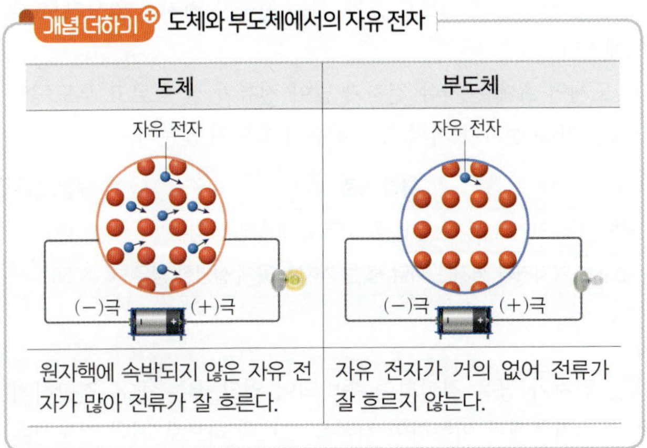

개념 더하기 도체와 부도체에서의 자유 전자

도체	부도체
원자핵에 속박되지 않은 자유 전자가 많아 전류가 잘 흐른다.	자유 전자가 거의 없어 전류가 잘 흐르지 않는다.

02

답 ⑤

A는 도체, B는 순수 반도체, C는 부도체이다.

(가) 부도체인 C에 원소를 첨가하면 전기적 성질이 달라지는 것은 아니다. – C

(나) 원자가 전자가 3개 또는 5개인 원소를 첨가하여 전기적 성질이 달라지는 것은 순수 반도체인 B이다. – B

(다) 전류가 잘 흐르는 것은 도체인 A이다. – A

03

답 ③

ㄱ. A는 전기 전도성이 가장 작으므로 부도체이고 C는 전기 전도성이 가장 큰 도체이다. 따라서 B는 도체와 부도체의 중간 성질을 갖는 반도체이다. 자유 전자의 수는 부도체(A)가 도체(C)보다 적다.

ㄴ. B는 반도체이므로 규소(Si)는 B에 해당한다.

오답 피하기 ㄷ. C는 도체이다.

04

답 ⑤

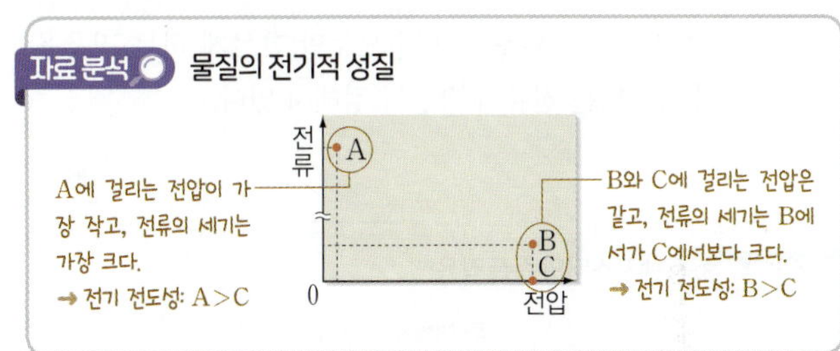

자료 분석 물질의 전기적 성질

ㄴ. C는 전원 장치의 전압이 가장 클 때 전류의 세기가 가장 작으므로 C는 부도체이다. 따라서 A와 C의 중간적인 전기적 성질을 가지고 있는 B는 반도체이다. 따라서 전기 전도성은 A가 C보다 크다.

ㄷ. 전기 전도성은 B가 C보다 크므로 자유 전자의 수는 B가 C보다 많다.

오답 피하기 ㄱ. 회로에 A를 연결할 때 전류의 세기가 가장 크므로 A는 도체이다.

05

답 ④

ㄱ. 불순물 반도체는 순수 반도체에 불순물을 첨가하여 만든 것이다. 따라서 ㉠은 순수이다.

ㄷ. 원자가 전자가 4개인 순수 반도체에 원자가 전자가 5개인 원소를 첨가하여 남는 전자가 생기는 불순물 반도체는 n형 반도체이다.

오답 피하기 ㄴ. 원자가 전자가 5개인 원소를 첨가하면 공유 결합에 참여하지 않는 남는 전자가 생기므로 전자가 많아진다.

06

답 ③

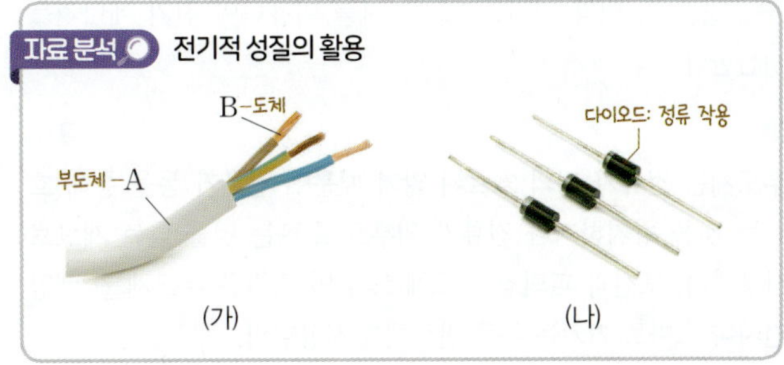

자료 분석 전기적 성질의 활용

ㄱ. 전선 피복(A)은 부도체이고, 전선(B)은 도체이므로 전기 저항은 A가 B보다 크다.

ㄴ. (나)는 다이오드로, 반도체를 이용해서 만든 소자이다.

오답피하기 ㄷ. 다이오드는 전류를 한 방향으로만 흐르게 하는 정류 작용을 한다. 전류의 흐름을 조절하는 스위치 작용을 하는 것은 트랜지스터이다.

07 답 ①

(가)는 태양 전지, (나)는 트랜지스터, (다)는 발광 다이오드(LED)이다.

ㄱ. 태양 전지는 빛에너지를 전기 에너지로 전환하므로 빛을 비추면 전류가 흐른다.

오답피하기 ㄴ. 트랜지스터는 약한 전류와 전압을 크게 하는 증폭 작용과 전류의 흐름을 조절하는 스위치 작용을 한다. 정류 작용을 하는 것은 다이오드이다.

ㄷ. 발광 다이오드는 전류를 한 방향으로만 흐르게 하는 작용을 하므로, 빛이 방출되는 전류의 방향이 정해져 있다.

08 답 ③

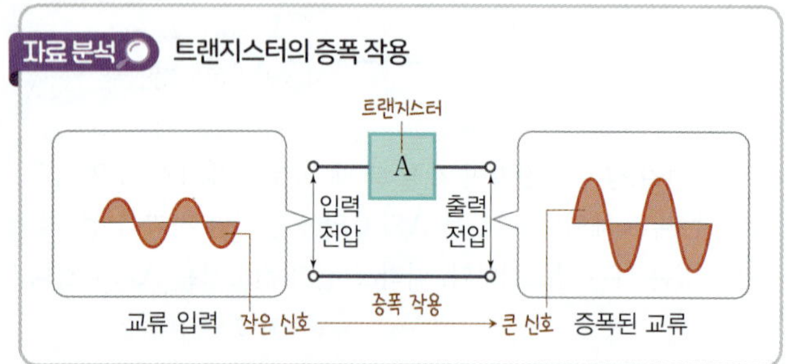

ㄷ. 트랜지스터는 불순물 반도체인 p형 반도체와 n형 반도체를 이용해서 만들어진 반도체 소자이다.

오답피하기 ㄱ. A는 증폭 작용을 하는 트랜지스터이다.

ㄴ. 전류가 흐르면 빛을 방출하는 반도체 소자는 발광 다이오드(LED)이다.

09 답 ④

ㄱ. 불순물 반도체는 순수 반도체에 불순물을 첨가하여 전기 전도성을 좋게 만든 것이다. 따라서 전기 전도성은 불순물 반도체가 순수 반도체보다 좋다.

ㄴ. 순수 반도체에 원자가 전자가 3개인 원소를 첨가하면 p형 반도체가 만들어지고, 원자가 전자가 5개인 원소를 첨가하면 n형 반도체가 만들어진다.

오답피하기 ㄷ. 태양 전지는 빛에너지를 이용하여 전기 에너지를 생산한다.

10 답 ③

부도체는 전류가 거의 흐르지 않기 때문에 전류가 몸을 통해 흐르는 것을 방지하거나 전류가 외부로 흐르는 것을 막는 재료로 사용한다. 도선과 피뢰침은 도체를, 절연 장갑은 부도체를, 태양 전지나 스마트 기기는 주로 반도체를 사용한다.

11 답 ⑤

ㄱ. (가)는 반도체를 활용하므로 불순물 반도체를 이용한다.

ㄷ. 자율주행 자동차는 열이 적게 발생하고 작은 전기 에너지로 작동하는 성질을 이용한다.

오답피하기 ㄴ. 전류가 흐를 때 빛을 방출하는 성질을 이용하여 정보 표시 장치나 조명에 사용된다.

12 답 ④

(가)~(라)에 공통으로 사용되는 물질은 반도체이다.

ㄱ. 반도체에 불순물을 첨가하면 전기 저항이 작아져 전기 전도성이 좋아진다.

ㄷ. 반도체는 전기 저항이 도체와 부도체의 중간 정도이며, 규소가 대표적인 물질이다.

오답피하기 ㄴ. 반도체에 열을 가하면 전기 저항이 작아져 전류가 잘 흐른다.

13 답 ①

② LED 조명은 전류가 흐를 때 빛을 방출하는 성질을 이용하여 정보 표시 장치나 조명에 사용된다.

③ 태양 전지는 빛을 비출 때 전류가 흐르는 성질을 이용하여 전기 에너지를 생산한다.

④ 집적 회로는 전기 전도성을 조절하여 전기 신호를 처리하거나 데이터를 처리한다. 컴퓨터와 같은 전자 기기의 핵심 부품인 메모리나 중앙 처리 장치(CPU)에 사용된다.

⑤ (가)~(라)에 공통으로 사용되는 물질은 반도체이다.

오답피하기 ① 다이오드는 전류를 한 방향으로만 흐르게 하므로 교류를 직류로 바꾸어 공급하는 데 사용된다.

14 답 도체: (나), 부도체: (가)

도체는 전류가 잘 흐르는 물질로 구리, 알루미늄, 철 등이 있고, 부도체는 전류가 거의 흐르지 않는 물질로 유리, 고무, 플라스틱 등이 있다.

15 답 A: 도체, B: 부도체

(1) A는 전구가 켜지므로 도체, B는 전구가 켜지지 않으므로 부도체이다.

(2) 도체인 A에는 자유 전자가 많아 전류가 잘 흐르고 부도체인 B에는 자유 전자가 거의 없어 전류가 흐르지 않는다.

채점 기준	배점(%)
전구가 켜지거나 꺼지는 까닭을 모두 옳게 설명한 경우	100
전구가 켜지거나 꺼지는 까닭 중 한 가지만 옳게 설명한 경우	50

16

A는 전자가 공유 결합하여 속박되어 있고, B는 공유 결합하지 않은 전자 1개가 이동하여 전류를 흐르게 하므로 전기 전도성은 B가 A보다 좋다.

채점 기준	배점(%)
전기 전도성을 비교하고 그 까닭을 옳게 설명한 경우	100
전기 전도성만 옳게 비교한 경우	50

개념 더하기 ➕ p형 반도체와 n형 반도체

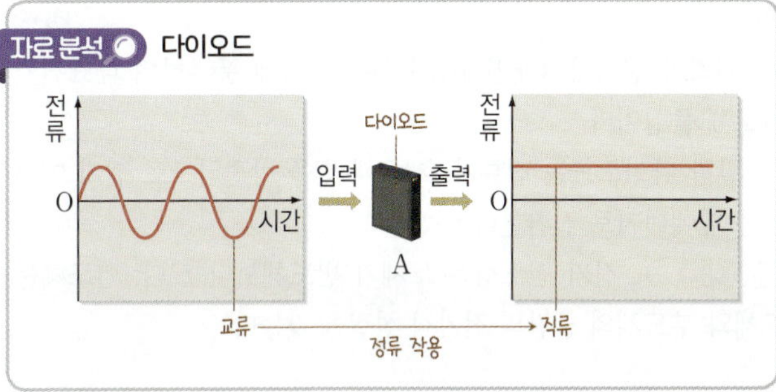

p형 반도체	n형 반도체
규소(Si)에 원자가 전자가 3개인 붕소(B)를 첨가하면 빈 자리인 양공이 생긴다. → 주로 양공이 전류를 흐르게 한다.	규소(Si)에 원자가 전자가 5개인 인(P)을 첨가하면 남는 전자가 생긴다. → 주로 전자가 전류를 흐르게 한다.

17

자료 분석 · 다이오드

전류를 한 방향으로만 흐르게 하는 정류 작용을 하므로 A는 다이오드이다.

채점 기준	배점(%)
A의 이름과 특징인 정류 작용을 옳게 설명한 경우	100
A의 이름만 옳게 쓴 경우	50

18

다이오드는 전류를 한 방향으로만 흐르게 하는 정류 작용을 한다. 트랜지스터는 약한 신호를 큰 신호로 바꾸는 증폭 작용을 한다. 발광 다이오드는 전기 신호를 빛 신호로 변환한다.

채점 기준	배점(%)
소자 3개의 특징을 모두 옳게 설명한 경우	100
소자 2개의 특징만 옳게 설명한 경우	60
소자 1개의 특징만 옳게 설명한 경우	30

19

(1) 전기 작업 시 전류가 손을 통해 몸으로 흐르는 것을 방지해야 하므로 절연 장갑의 소재는 부도체이어야 한다.

(2) 도체는 자유 전자가 많아 전류가 잘 흐르고 부도체는 자유 전자가 거의 없으므로 전류가 흐르지 않는다.

채점 기준	배점(%)
전기 전도성을 자유 전자를 사용하여 옳게 비교하고 설명한 경우	100
전기 전도성의 비교만 옳은 경우	40

적중 실전 문제

01 ①	02 ③	03 ②	04 ④	05 ③	06 ③	07 ④
08 ⑤	09 ③	10 ③	11 ⑤	12 ⑤		

단답형·서술형 문제

13 (1) **답** 규산염 사면체

(2) **예시 답안** 뉴클레오타이드, 인산, 당, 염기가 1 : 1 : 1로 결합한 구조이다.

(3) **예시 답안** 규산염 광물, 단백질, 핵산은 기본 단위체가 규칙에 따라 반복적으로 결합하며 형성된다.

14 **답** ㉠ 아미노산, ㉡ 단백질

15 (1) **답** ㉠ 탄소(C), ㉡ 인산

(2) **예시 답안** RNA, DNA의 뉴클레오타이드를 구성하는 당은 디옥시라이보스이고, RNA의 뉴클레오타이드를 구성하는 당은 라이보스이기 때문이다.

16 (1) **답** A: 도체, B: 부도체

(2) **예시 답안** 스위치를 닫았을 때 도체인 A에는 전류가 흐르고 부도체인 B에는 전류가 흐르지 않으므로 저항에 흐르는 전류의 세기는 스위치를 닫기 전과 닫은 후가 같다.

17 **답** 트랜지스터

18 **예시 답안** 다이오드, 휴대 전화 충전기는 가정에 공급된 교류를 배터리에 공급되는 직류로 변환해야 하므로 정류 작용을 하는 다이오드가 필요하다.

01 　　　　　　　　　　　　　**답** ①

(가)에서 A는 규소(Si), B는 산소(O)이다. (나)는 원자 번호가 14번이며 3주기 14족 원소인 규소(Si) 원자의 전자 배치이다.

ㄱ. (가)는 규산염 광물의 기본 단위체인 규산염 사면체이다.

오답 피하기 ㄴ. (나)는 A(Si)이다.

ㄷ. A(Si)는 원자가 전자 수가 4이므로 최대 4개의 원자와 공유 결합을 할 수 있다. 따라서 규산염 사면체에서 A(Si)와 B(O)의 개수비는 1 : 4이다.

02 　　　　　　　　　　　　　**답** ③

ㄱ. 규산염 사면체의 중심 원자인 A는 규소(Si)이고, A에 4개가 결합하고 있는 원자인 B는 산소(O)이다.

ㄴ. (나)는 규산염 사면체가 얇은 판 모양으로 결합해 쌓여 있는 판상 구조로 흑운모의 결합 구조이다.

오답 피하기 ㄷ. (나)의 판상 구조에서 이웃한 규산염 사면체 사이에 3개의 B(O) 원자를 공유하며 결합한다.

03 　　　　　　　　　　　　　**답** ②

ㄷ. 아미노산의 종류와 수, 배열 순서에 따라 고유한 입체 구조를 형성하며 그에 따라 단백질의 종류와 기능이 결정된다.

오답 피하기 ㄱ. (가)는 단백질의 기본 단위체인 아미노산이고, (나)는 (가)가 길게 연결된 폴리펩타이드이다.

ㄴ. (가)가 (나)를 형성하는 과정은 아미노산이 펩타이드결합으로 길게 연결되는 과정이다. 아미노산 사이에 펩타이드결합이 형성될 때 물(H_2O)이 빠져나간다.

04　　답 ④

제시된 핵산은 이중나선구조이므로 DNA이다. DNA의 염기인 아데닌(A)은 항상 타이민(T)과 상보적으로 결합하고, 구아닌(G)은 항상 사이토신(C)과 상보적으로 결합한다. DNA에서 염기인 (가)의 배열 순서와 조합에 따라 유전정보가 달라진다. (나)와 (다)는 모두 DNA의 뉴클레오타이드이므로 (나)와 (다)를 구성하는 당의 종류는 디옥시라이보스로 같다.

05　　답 ③

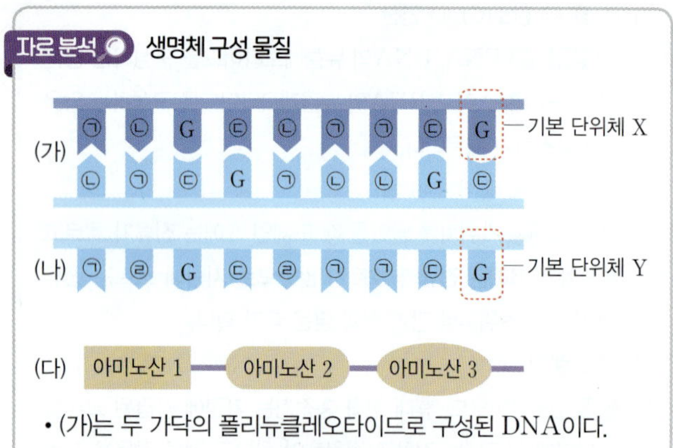

- (가)는 두 가닥의 폴리뉴클레오타이드로 구성된 DNA이다.
- (나)는 한 가닥의 폴리뉴클레오타이드로 구성된 RNA이다.
- (다)는 아미노산이 연결되어 형성된 단백질이다.

(가)는 DNA이고, (나)는 RNA이며, (다)는 아미노산을 기본 단위체로 하므로 단백질이다.

ㄱ. 단백질은 효소, 호르몬, 항체 등을 구성하는 주성분이다.

ㄴ. DNA의 염기인 아데닌(A)은 항상 타이민(T)과 상보적으로 결합하고, 구아닌(G)은 항상 사이토신(C)과 상보적으로 결합한다. (가)에서 ㉢은 구아닌(G)과 상보적으로 결합하므로 사이토신(C)이고 ㉠과 ㉡은 서로 상보적으로 결합하므로 아데닌(A)과 타이민(T) 중 하나이다. ㉠은 (가)와 (나)에 모두 존재하는데 아데닌(A)은 DNA와 RNA에 모두 존재하므로 ㉠은 아데닌(A)이고, ㉡은 타이민(T)이며, (나)에만 존재하는 ㉣은 유라실(U)이다.

오답 피하기 ㄷ. 기본 단위체 X는 DNA의 뉴클레오타이드이고, 기본 단위체 Y는 RNA의 뉴클레오타이드이다. X와 Y는 구성하는 염기가 구아닌(G)으로 같지만, X의 당은 디옥시라이보스이고 Y의 당은 라이보스로 구성하는 당이 다르다.

06　　답 ③

ㄷ. 단백질과 DNA는 모두 구성 원소에 탄소(C)가 있지만 유전정보를 저장하는 물질은 DNA뿐이다. 따라서 특징 ㉠, ㉡에 모두 해당하는 A는 DNA이고, 특징 ㉡에만 해당하는 B는 단백질이며, 특징 ㉠은 '유전정보를 저장한다.'이고, 특징 ㉡은 '구성 원소에 탄소(C)가 있다.'이다.

오답 피하기 ㄱ. A는 DNA이므로 A의 기본 단위체는 뉴클레오타이드이다.

ㄴ. B는 단백질이므로 B의 기본 단위체는 아미노산이다. 인산, 당, 염기가 1 : 1 : 1로 결합한 구조인 뉴클레오타이드는 핵산의 기본 단위체이다.

07　　답 ④

ㄱ. A를 연결했을 때 검류계에 전류가 흐르지 않았으므로 A는 부도체이다.

ㄴ. A가 부도체이므로 B는 도체이다. 따라서 (다)에서는 전류가 흐른다.

오답 피하기 ㄷ. A는 부도체이고 B는 도체이므로 전기 전도성은 A가 B보다 작다.

08　　답 ⑤

ㄴ. 원자가 전자가 4개인 규소(Si)는 지각에 풍부하며 대표적인 반도체 물질이다.

ㄷ. 발광 다이오드는 전류가 흐를 때 빛을 방출하므로 전기 에너지를 빛에너지로 전환한다.

오답 피하기 ㄱ. 전기 전도성은 도체가 반도체보다 크다. 반도체는 도체와 부도체의 중간의 전기적 성질을 갖는다.

09　　답 ③

(가)는 트랜지스터, (나)는 태양 전지, (다)는 발광 다이오드이다.

ㄱ. 트랜지스터는 신호의 세기를 증가시키는 증폭 작용을 한다.

ㄴ. 태양 전지는 빛을 비출 때 전류가 흐르는 성질을 이용해 전기 에너지를 생산한다.

오답 피하기 ㄷ. 발광 다이오드는 전류를 한 방향으로만 흐르게 하는 작용을 한다.

개념 더하기　반도체의 활용

트랜지스터	태양 전지	발광 다이오드
약한 신호를 큰 신호로 바꾸는 증폭 작용과 전류의 흐름을 조절하는 스위치 작용을 한다.	빛을 비출 때 전류가 흐르는 성질을 이용하여 전기 에너지를 생산하는 데 사용된다.	정류 작용과 전류가 흐를 때 빛을 방출하는 성질을 이용하여 정보 표시 장치나 조명에 사용된다.

10　　답 ③

A: 도핑하지 않은 반도체는 순수 반도체이다. 따라서 ㉠은 순수 반도체이다.

B: 주로 양공이 전하를 운반하는 것은 p형 반도체이다. 따라서 ㉡은 n형 반도체이고 ㉢은 p형 반도체이다. 순수 반도체보다 원자가 전자가 1개 적은 원소를 첨가하면 p형 반도체가 만들어진다.

오답 피하기 C: 전기 전도성은 순수 반도체가 n형 반도체보다 작다.

11
답 ⑤

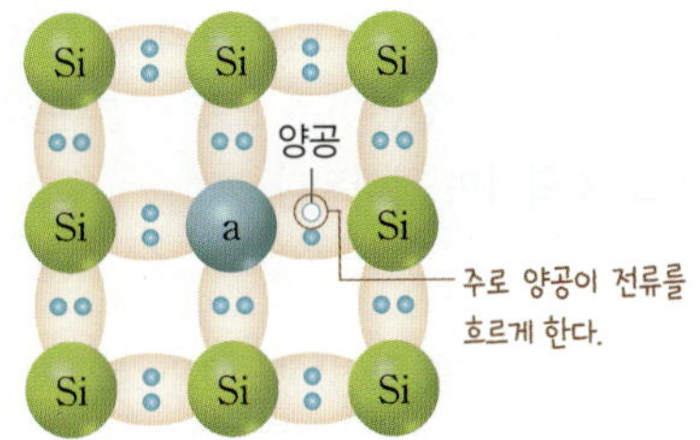

원자가 전자가 4개인 규소(Si)에 원자가 전자가 3개인 원소를 첨가하면 규소(Si)에 비해 전자가 1개 부족하여 전자가 비어 있는 자리인 양공이 생긴다.

ㄴ. a를 첨가했을 때 원자 사이의 결합에 전자 1개가 부족하여 양공이 생긴 것이다. 따라서 a의 원자가 전자는 3개이다.
ㄷ. 순수 반도체에 불순물을 첨가하면 전기 전도성이 증가한다.
오답 피하기 ㄱ. 양공이 많아지도록 불순물을 첨가한 반도체이므로 p형 반도체이다.

12
답 ⑤

ㄱ. 피뢰침은 전기가 잘 통하는 도체로 만들어진다.
ㄴ. 절연 장갑은 부도체를 사용하여 만들어진다. 따라서 전기 전도성은 (가)에서 사용된 물질인 도체가 (나)에서 사용된 부도체보다 크다.
ㄷ. 태양 전지는 빛을 받으면 전기 에너지를 발생시키는 반도체를 사용하여 만들어진다.

13

(1) 규산염 광물의 기본 단위체는 규산염 사면체이다.
(2) 핵산의 기본 단위체는 인산, 당, 염기가 1 : 1 : 1로 결합한 뉴클레오타이드이다.

채점 기준	배점(%)
뉴클레오타이드를 쓰고, 인산, 당, 염기가 1 : 1 : 1로 결합한 구조임을 옳게 설명한 경우	100
뉴클레오타이드만 옳게 쓴 경우	40

(3) 규산염 광물, 단백질, 핵산은 기본 단위체가 규칙에 따라 반복적으로 결합하며 형성되는 물질이다.

채점 기준	배점(%)
기본 단위체가 규칙에 따라 반복적으로 결합하며 형성된다고 설명한 경우	100
단순히 기본 단위체가 결합한다고만 설명한 경우	50

14
답 ㉠ 아미노산, ㉡ 단백질

단백질의 종류와 기능은 입체 구조에 따라 결정되며 입체 구조는 단백질을 구성하는 아미노산의 종류와 수, 배열 순서에 따라 달라진다.

15

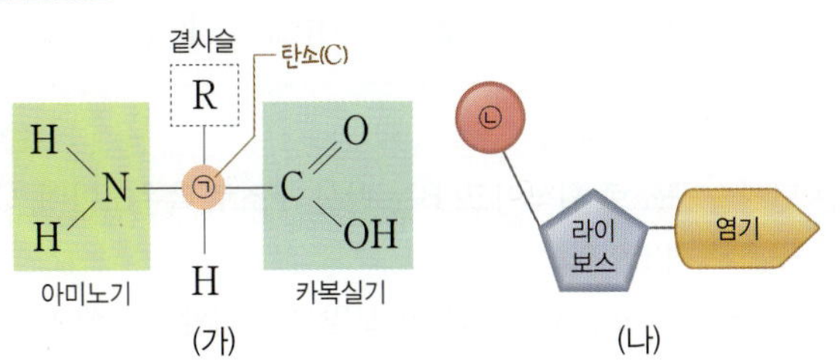

• (가)는 아미노산이다.
→ 아미노산의 중심 원소인 ㉠은 탄소(C)이다.
• (나)는 핵산의 기본 단위체인 뉴클레오타이드이다.
→ 뉴클레오타이드는 인산, 당, 염기가 1 : 1 : 1로 결합한 구조이므로 ㉡은 인산이다.
→ (나)를 구성하는 당이 라이보스이므로 (나)는 RNA의 뉴클레오타이드이다.

(1) 아미노산의 중심 원소는 탄소(C)이고, 뉴클레오타이드는 인산, 당, 염기가 1 : 1 : 1로 결합한 구조이다.
(2) DNA와 RNA는 뉴클레오타이드를 구성하는 당이 서로 다르다.

채점 기준	배점(%)
RNA를 쓰고, 뉴클레오타이드를 구성하는 당이 라이보스이기 때문임을 옳게 설명한 경우	100
RNA를 옳게 썼으나 그 까닭에 대한 설명이 미흡한 경우	50

16

(1) 스위치를 열었을 때 A에는 전류가 흐르므로 A는 도체이다.
(2) 스위치를 닫았을 때 도체인 A에는 전류가 흐르고 부도체인 B에는 전류가 흐르지 않으므로 저항에 흐르는 전류의 세기는 스위치를 닫기 전과 닫은 후가 같다.

채점 기준	배점(%)
A, B의 종류와 관련지어 그 까닭을 옳게 설명한 경우	100
A, B의 종류만 옳게 쓴 경우	50

17
답 트랜지스터

트랜지스터는 약한 신호를 큰 신호로 바꾸는 증폭 작용과 전류의 흐름을 조절하는 스위치 작용을 한다.

18

휴대 전화 충전기는 가정에 공급된 교류를 배터리에 공급되는 직류로 변환해야 한다. 따라서 교류를 직류로 바꾸는 정류 작용을 하는 다이오드가 필요하다.

채점 기준	배점(%)
㉠의 종류를 쓰고, ㉠이 필요한 까닭을 정류 작용과 관련지어 옳게 설명한 경우	100
㉠의 종류만 옳게 쓴 경우	40

| 1 ② | 2 ④ | 3 ⑤ | 4 ⑤ | 5 ② | 6 ⑤ |

1 답 ②

A는 단사슬 구조로 휘석이고, B는 판상 구조로 흑운모이며, C는 망상 구조로 석영이다.

ㄴ. B는 규산염 사면체가 얇은 판 모양으로 결합하여 쌓여 있는 판상 구조이다.

오답 피하기 ㄱ. 단사슬 구조에서 원자 수의 비(Si : O)는 1 : 3이므로 ㉠은 1 : 3이다.

ㄷ. 이웃한 규산염 사면체끼리의 공유 산소 원자 수는 망상 구조인 C가 단사슬 구조인 A보다 많다.

> **이런 보기도 나온다!** 답 ㄹ. ○ ㅁ. × ㅂ. ○
>
> ㄹ. A는 단사슬 구조를 갖는 규산염 광물이므로 휘석이다.
>
> ㅁ. B에서 원자 수의 비(Si : O)는 2 : 5이다.
>
> ㅂ. 규산염 사면체의 원자 수의 비(Si : O)는 단사슬 구조(A)에서 1 : 3이고, 망상 구조(C)에서 1 : 2이다. 따라서 $\dfrac{O\ 원자\ 수}{Si\ 원자\ 수}$의 비는
> $A : C = \dfrac{3}{1} : \dfrac{2}{1} = 3 : 2$이다.

2 답 ④

> **자료 분석** **DNA 모형**
>
> 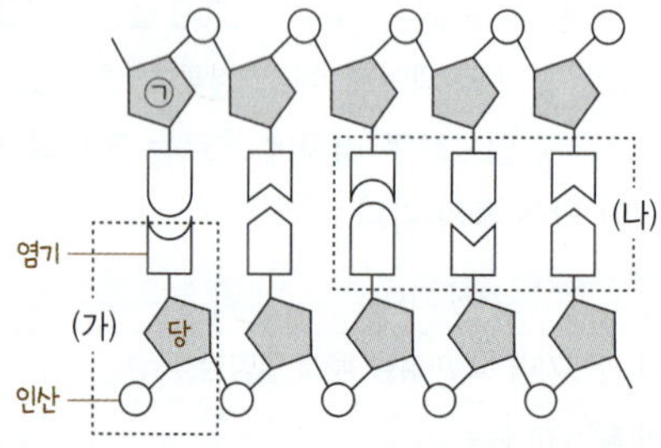
>
>
> - (가)는 DNA의 기본 단위체인 뉴클레오타이드이다.
>   → 뉴클레오타이드는 인산, 당, 염기가 1 : 1 : 1로 결합된 구조이다.
> - (나)는 DNA를 구성하는 염기이다.
>   → DNA의 염기는 아데닌(A)과 타이민(T), 구아닌(G)과 사이토신(C)이 각각 상보적으로 결합하므로 개수비가 1 : 1이다.

ㄴ. (가)는 인산, 당, 염기가 1 : 1 : 1로 결합한 DNA의 기본 단위체로 뉴클레오타이드이다.

ㄷ. DNA의 염기인 아데닌(A)은 항상 타이민(T)과 상보적으로 결합하므로 DNA를 구성하는 아데닌(A)과 타이민(T)의 수는 같다.

오답 피하기 ㄱ. ㉠은 DNA의 뉴클레오타이드를 구성하는 당이므로 디옥시라이보스이다.

3 답 ⑤

ㄱ. 핵산은 유전정보를 저장하고 전달하는 물질이고, 단백질의 기본 단위체는 아미노산이다. 따라서 ㉠은 핵산, ㉡은 단백질이다.

ㄴ. 단백질(㉡)은 효소나 호르몬 등의 주성분이다.

ㄷ. 핵산(㉠)과 단백질(㉡)은 모두 기본 단위체가 규칙에 따라 반복적으로 결합하며 형성된다.

4 답 ⑤

ㄴ. 다이오드는 전류를 한 방향으로만 흐르게 하므로 (라)에서 전지의 연결 방법을 반대로 하면 A에는 전류가 흐르지 않는다. 또한 B는 부도체이므로 (라)에서 B를 연결하면 회로에는 전류가 흐르지 않는다.

ㄷ. A는 도체, B는 부도체이므로 전기 전도성은 A가 B보다 크다.

오답 피하기 ㄱ. (다)에서 A를 연결하면 전류가 흐르므로 A는 도체이다.

5 답 ②

> **자료 분석** **다이오드의 정류 작용**
>
> 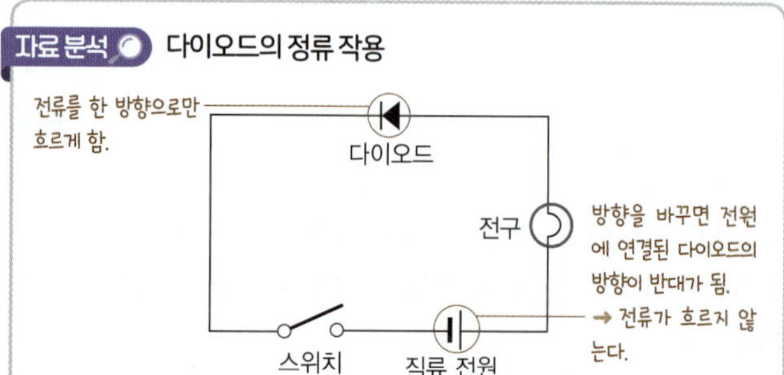
>

ㄴ. Y는 전자가 많아지도록 도핑한 반도체이므로 n형 반도체이다.

오답 피하기 ㄱ. X는 저마늄(Ge)에 인듐(In)을 첨가하여 양공이 생겼으므로 인듐(In)의 원자가 전자는 3개이다. Y는 저마늄(Ge)에 비소(As)를 첨가하여 전자가 생겼으므로 비소(As)의 원자가 전자는 5개이다. 따라서 원자가 전자는 인듐(In)이 비소(As)보다 적다.

ㄷ. 다이오드는 전류를 한 방향으로만 흐르게 하므로 직류 전원의 방향을 바꾸면 전류가 흐르지 않아 전구에서는 빛이 방출되지 않는다.

> **이런 보기도 나온다!** 답 ㄹ. ○ ㅁ. × ㅂ. ○
>
> ㄹ. X는 양공이 생겼으므로 인듐(In)의 원자가 전자는 3개이다.
>
> ㅁ. 다이오드는 전류를 한 방향으로만 흐르게 하므로 다이오드의 극을 바꾸어 연결하면 전류가 흐르지 않는다.
>
> ㅂ. p형 반도체인 X는 주로 양공이 전류를 흐르게 한다.

6 답 ⑤

ㄴ. 규소(Si)는 원자가 전자가 4개로, 대표적인 반도체 물질이다.

ㄷ. 반도체는 발광 다이오드와 같이 전기 에너지를 빛에너지로 전환하는 데 이용할 수 있다.

오답 피하기 ㄱ. 반도체는 온도가 높아질수록 전기 전도성이 커진다.

01 ① **02** ② **03** (1) ㉠ 탄소, ㉡ 헬륨 (2) [예시 답안] 태양 중심부에서 일어나는 수소 핵융합 반응에 의해 에너지를 방출하고 있기 때문이다. **04** ④ **05** ① **06** ③ **07** [예시 답안] 철, 철은 태양보다 질량이 매우 큰 별의 진화 과정 중에 일어나는 핵융합 반응으로 생성되었다. **08** ③ **09** ⑤ **10** [예시 답안] 밀도가 작다. 칼로 잘릴만큼 무르다. 공기 중의 산소와 빠르게 반응한다. 실온에서 물과 격렬하게 반응한다. 물과 반응한 뒤 수용액은 염기성을 띤다. 중 2가지 **11** ③ **12** ⑤ **13** ① **14** (1) A: 2주기, 4, B: 2주기, 6 (2) [예시 답안] A 원자 1개가 B 원자 2개와 각각 2개씩, 총 4개의 전자쌍을 공유하며 결합하여 안정한 화합물인 AB_2를 형성한다. **15** ④ **16** ④ **17** ① **18** [예시 답안] 이웃한 규산염 사면체 사이에 산소(O) 원자를 공유하며 결합한다. **19** ④ **20** ② **21** ④ **22** ②

01

답 ①

ㄱ. (가)는 검은 바탕에 밝은색 방출선이 보이는 방출 스펙트럼, (나)는 연속 스펙트럼에 검은색 흡수선이 보이는 흡수 스펙트럼이다.

[오답 피하기] ㄴ. (가)의 방출선과 같은 파장의 선이 (나)에 나타나지 않는 것으로 보아 혼합된 저온의 기체에는 A가 포함되어 있지 않다.

ㄷ. 백열등은 모든 파장의 빛을 방출하지만 저온의 혼합 기체가 특정 파장의 빛을 흡수하여 (나)의 흡수선이 나타난 것이다.

02

답 ②

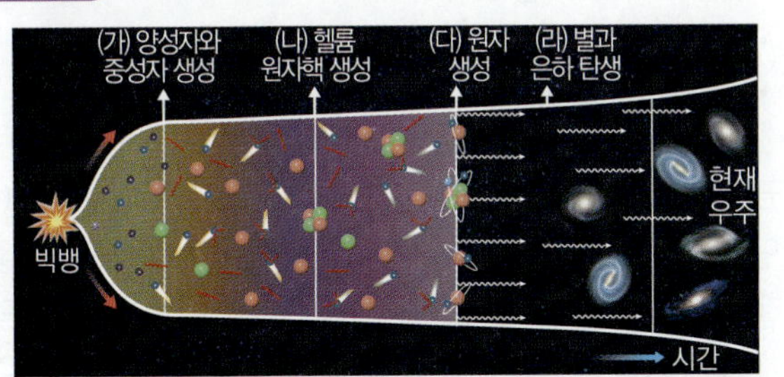

- 빅뱅 후 우주의 온도가 낮아지면서 최초로 생성된 기본 입자는 쿼크와 전자이다.
- 쿼크가 모여 중성자와 양성자가 생성되었다. 양성자 1개는 수소 원자핵이다.
- 빅뱅 후 3분 무렵에 양성자 2개와 중성자 2개가 모여 헬륨 원자핵이 생성되었다.
- 빅뱅 후 약 38만 년 후 우주의 온도가 약 3000 K으로 낮아졌을 때 원자핵과 전자가 결합하여 중성 원자가 생성되었다. 이때 우주에 존재하는 원자는 수소와 헬륨이며 질량비는 약 3 : 1이다.

ㄴ. 헬륨보다 무거운 원소들은 별의 진화 과정에서 생성된다. (라) 이전까지는 우주에 수소와 헬륨만 존재했다. 탄소는 별의 내부에서 핵융합 반응에 의해 생성되는 원소이므로 (라) 이후에 우주에 출현하였다.

[오답 피하기] ㄱ. 쿼크와 전자는 기본 입자로 우주에 가장 먼저 출현한 입자이다. 전자는 (가) 이전에 생성되었다.

ㄷ. (나)에서 헬륨 원자핵이 생성되고 더 이상 원자핵이 만들어지지 않다가 (라) 이후에 별의 내부에서 수소 핵융합 반응을 통해 헬륨이 만들어지기 시작하였다. 그러므로 (나)~(다) 시기와 (다)~(라) 시기에 헬륨 원자핵의 질량비는 같다.

03

(1) 중심부의 ㉠은 탄소, 중심부를 둘러싼 ㉡은 헬륨이다.

(2) 태양은 주계열성으로 현재 태양의 중심부에서 일어나는 수소 핵융합 반응에 의해 에너지를 방출하고 있다.

채점 기준	배점(%)
수소 핵융합 반응과 에너지 방출을 모두 옳게 쓴 경우	100
수소 핵융합 반응과 에너지 방출 중 1가지만 옳게 쓴 경우	50

04

답 ④

ㄴ. 초거성에서는 규소 핵융합 반응을 통해 철이 만들어질 수 있다.

ㄷ. 초신성 폭발에서 철보다 무거운 금, 은, 우라늄과 같은 원소가 만들어지므로 초신성 잔해로 만들어진 성운 B에는 금이 포함되어 있을 수 있다.

[오답 피하기] ㄱ. 초신성 폭발 단계가 있는 것으로 보아 태양보다 질량이 매우 큰 별의 진화 과정이다.

05

답 ①

ㄱ. 중심핵이 수축하면서 온도가 상승하므로 중심핵의 온도는 주계열성 단계일 때보다 높다. 온도가 상승하여 1억 K 이상이 되면 헬륨 핵융합 반응이 시작된다.

[오답 피하기] ㄴ. 중심핵 수축은 중심부에 수소가 모두 고갈되어 헬륨으로만 이루어져 있을 때 일어나므로 중심핵의 수소 함량 비율은 0 %이고, A 영역에는 수소가 존재한다.

ㄷ. 질량이 태양과 비슷한 별은 중심핵에서 탄소까지만 만들어진다. 철은 질량이 태양보다 훨씬 큰 별의 내부에서 만들어진다.

06

답 ③

ㄱ. 성운은 밀도가 커지면서 중력에 의해 수축한다.

ㄴ. 중력에 의해 수축하면서 성운 중심부로 기체와 티끌이 모여들어 온도와 밀도가 상승한다.

[오답 피하기] ㄷ. 원시 행성은 원반에 형성된 미행성체들의 충돌과 병합으로 형성되었다.

07

지구에 가장 많은 원소는 철이다. 철은 태양보다 질량이 매우 큰 별의 진화 과정 중에 일어나는 규소 핵융합 반응으로 생성되었다.

채점 기준	배점(%)
지구에 가장 많은 원소와 철이 생성되는 과정을 모두 옳게 설명한 경우	100
지구에 가장 많은 원소와 철이 생성되는 과정 중 1가지만 옳게 설명한 경우	50

08 　답 ③

ㄱ. A 과정에서 지구의 크기가 커진 것으로 보아 미행성체가 계속 충돌하면서 지구의 질량이 증가했다는 것을 알 수 있다.

ㄴ. A 과정에서 철과 니켈 같은 무거운 금속 성분은 가라앉아 핵이 형성되었고, 규소와 산소 같은 가벼운 성분은 떠올라 맨틀이 형성되었다.

오답 피하기 ㄷ. 액체 상태인 마그마 바다에서 고체 상태인 원시 지각이 형성된 것으로 보아 B 과정에서 지구의 온도는 점점 낮아졌다는 것을 알 수 있다.

09 　답 ⑤

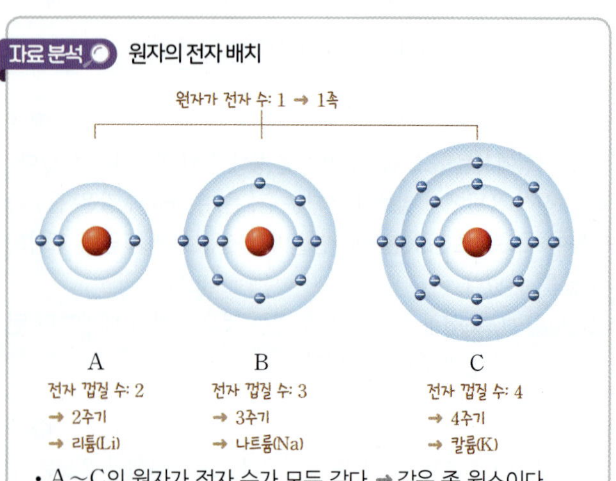

자료 분석 ◯ 원자의 전자 배치

• A~C의 원자가 전자 수가 모두 같다. → 같은 족 원소이다.
• A~C는 모두 전자 1개를 잃고 +1의 전하를 띠는 양이온이 되기 쉽다.

A는 리튬(Li), B는 나트륨(Na), C는 칼륨(K)이므로 A~C는 1족 원소 중에서 수소(H)를 제외한 금속 원소인 알칼리 금속이다.

ㄱ. A~C는 원자가 전자 수가 모두 1로 같은 1족 원소이다.

ㄴ. 알칼리 금속은 원자 번호가 클수록 반응성이 크다. 따라서 반응성의 크기는 A(Li)<B(Na)<C(K)이다.

ㄷ. C(K)는 전자 1개를 잃고 $C^+(K^+)$이 될 때 18족 원소인 아르곤(Ar)과 같은 전자 배치를 한다.

10

알칼리 금속은 밀도가 작고 무른 금속이며, 반응성이 커서 공기 중의 산소나 물과 쉽게 반응하는 성질이 있다.

채점 기준	배점(%)
알칼리 금속의 유사한 성질 2가지를 모두 옳게 설명한 경우	100
1가지만 옳게 설명한 경우	50

11 　답 ③

ㄱ. 양이온인 X^{n+}은 전자를 잃고 2주기 18족 원소인 네온(Ne)과 같은 전자 배치를 하므로 X는 3주기 금속 원소이다.

ㄴ. n은 원자가 잃은 전자 수를 나타낸다. 네온의 원자 번호가 10이므로 $n=1$인 경우 X의 원자 번호는 11이며 3주기 1족 원소이다. 따라서 X는 나트륨(Na)이고 알칼리 금속에 해당한다.

오답 피하기 ㄷ. $n=2$인 경우 X의 원자 번호는 12이다.

12 　답 ⑤

A^{2+}이 2주기 18족 원소인 네온(Ne)의 전자 배치를 하므로 A는 3주기 2족 원소인 마그네슘(Mg)이다. B^-이 3주기 18족 원소인 아르곤(Ar)의 전자 배치를 하므로 B는 3주기 17족 원소인 염소(Cl)이다.

ㄱ. A(Mg)는 금속 원소이다.

ㄴ. B(Cl)는 원자가 전자 수가 7이다.

ㄷ. $A^{2+}(Mg^{2+})$과 $B^-(Cl^-)$은 1 : 2의 개수비로 결합할 때 전기적으로 중성이므로 A와 B가 이온 결합을 하여 $AB_2(MgCl_2)$를 형성한다.

13 　답 ①

자료 분석 ◯ 주기율표에서 원소의 위치

주기 ＼ 족	1	2	13	14	15	16	17	18
2						F→		
3		←Mg					Cl→	Ne

• 빗금 친 부분의 원소는 2주기 17족 원소인 플루오린(F), 2주기 18족 원소인 네온(Ne), 3주기 2족 원소인 마그네슘(Mg), 3주기 17족 원소인 염소(Cl)이다.
• F, Mg, Cl 중에서 안정한 이온이 될 때의 전자 수가 가장 큰 것은 Cl이므로 C는 Cl이다.
• A는 C(Cl)와 같은 주기 원소이므로 Mg이다.
• B는 A(Mg)와 이온 결합을 형성하므로 F이고, D는 Ne이다.

빗금 친 원소는 플루오린(F), 네온(Ne), 마그네슘(Mg), 염소(Cl)이다. Ne을 제외하고 안정한 이온이 될 때의 전자 수는 F과 Mg이 10, Cl가 18이므로 A는 Mg, B는 F, C는 Cl, D는 Ne이다.

ㄱ. A(Mg)는 금속 원소이고, C(Cl)는 비금속 원소이므로 이온 결합을 형성한다.

오답 피하기 ㄴ, ㄷ. B(F)와 C(Cl)는 17족 원소이므로 원자가 전자 수가 7로 같아 화학적 성질이 유사하다. D(Ne)는 18족 원소이고, A(Mg)의 원자가 전자 수는 2이다.

개념 더하기 ➕ 18족 원소의 원자가 전자 수

18족 원소는 원자의 전자 배치에서 가장 바깥 전자 껍질에 2개 또는 8개의 전자가 채워져 있지만, 대부분 다른 원소와 반응을 하지 않으므로 원자가 전자 수를 0으로 한다.

14

(1) A는 2주기 14족 원소로 원자가 전자 수가 4이고, B는 2주기 16족 원소로 원자가 전자 수가 6이다.

(2) A와 B는 비금속 원소이므로 전자쌍을 공유하며 공유 결합을 형성하는데, 원자가 전자 수가 각각 4와 6이므로 A 원자 1개와 B 원자 2개가 4개의 전자쌍을 공유하여 AB_2를 형성한다.

채점 기준	배점(%)
AB_2를 포함하여 A 원자 1개가 B 원자 2개와 4개의 전자쌍을 공유하며 결합한다고 설명한 경우	100
AB_2와 공유 전자쌍의 수 중 한 가지만 포함해 설명한 경우	50

15

답 ④

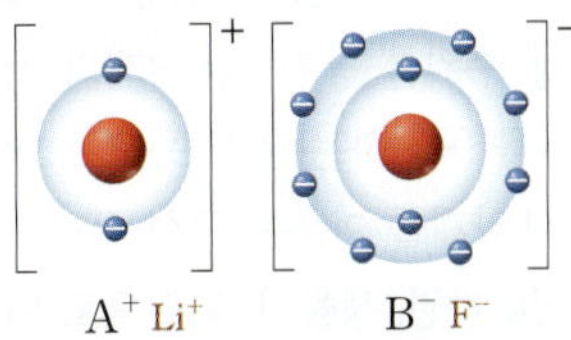
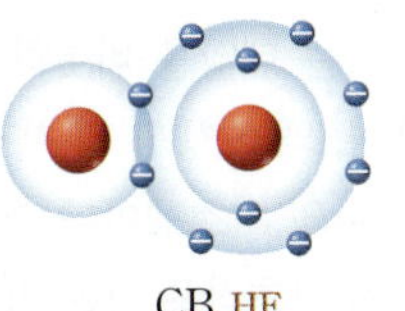

- A는 전자 1개를 잃어 헬륨(He)과 같은 전자 배치를 하므로 2주기 1족 원소인 리튬(Li)이다.
- B는 전자 1개를 얻어 네온(Ne)과 같은 전자 배치를 하므로 2주기 17족 원소인 플루오린(F)이다.
- C는 1주기 1족 원소인 수소(H)이다.

A는 리튬(Li), B는 플루오린(F), C는 수소(H)이다.

ㄴ. A(Li)와 C(H)는 원자가 전자 수가 1로 같다.

ㄷ. B(F)는 AB(LiF)에서는 전자 1개를 얻어 $B^-(F^-)$이 되고, CB(HF)에서는 C(H)와 전자를 공유하며 18족 원소인 네온(Ne)과 같은 전자 배치를 하여 안정해진다.

오답 피하기 ㄱ. A(Li)와 B(F)는 2주기 원소이고, C(H)는 1주기 원소이다.

16

답 ④

물질	(가)	(나)	(다)
화학식	A_2B	AC	B_2
전기 전도성 · 고체 상태	× 이온 결합 물질	㉠	공유 결합 물질
전기 전도성 · 수용액	○	㉡	× 공유 결합 물질

(○: 전류가 흐름, ×: 전류가 흐르지 않음.)

- K, Cl, O가 형성할 수 있는 이온 결합 물질은 KCl과 K_2O이고, Cl, O가 형성할 수 있는 공유 결합 물질은 O_2, Cl_2와 OCl_2이다.
- (가)는 수용액에서 전기 전도성이 있는 이온 결합 물질이고, 화학식이 A_2B이므로 K_2O이다. ➡ A는 K, B는 O이다.
- (다)는 공유 결합 물질인 O_2이다.
- C는 Cl이므로 (나)의 AC는 이온 결합 물질인 KCl이다.

(가)는 K_2O, (다)는 O_2이므로 A는 칼륨(K), B는 산소(O), C는 염소(Cl)이며, (나)는 KCl이다.

ㄴ. (다)는 비금속 원소인 B(O)로 구성된 공유 결합 물질로, 수용액에서 전류가 흐르지 않는다.

ㄷ. 칼륨(K)은 4주기 1족 원소이므로 (가)와 (나)에서 A(K)는 전자 1개를 잃어 $A^+(K^+)$이 되고, 3주기 18족 원소인 아르곤(Ar)과 같은 전자 배치를 한다.

오답 피하기 ㄱ. (나)는 금속 원소인 A(K)와 비금속 원소인 C(Cl)로 이루어진 이온 결합 물질이다. 이온 결합 물질은 고체 상태에서 전기 전도성이 없지만, 액체 상태 및 수용액에서 전기 전도성이 있으므로 ㉠은 ×, ㉡은 ○이다.

17

답 ①

(가)는 단사슬 구조인 휘석, (나)는 판상 구조인 흑운모, (다)는 망상 구조인 석영이다.

ㄱ. 규산염 광물의 기본 단위체는 규산염 사면체이다.

오답 피하기 ㄴ, ㄷ. 기본 단위체인 규산염 사면체 간 공유하는 산소 원자 수는 (가)가 2, (나)가 3, (다)가 4이다. 기본 단위체 간 공유하는 산소 원자 수가 증가할수록 결합이 복잡해지고 풍화에 강해지므로 쪼개짐이 없이 단단하고 풍화에 강한 것은 (다)의 특징이다. (가)와 (나)는 쉽게 쪼개진다.

18

규산염 사면체는 이웃한 규산염 사면체 사이에 산소(O) 원자를 공유하며 반복적으로 결합하여 규산염 광물을 형성한다.

채점 기준	배점(%)
규산염 사면체 사이에 산소(O) 원자를 공유하며 결합한다고 설명한 경우	100
산소(O) 원자를 명확하게 제시하지 않고 공유 결합을 형성한다고만 설명한 경우	50

19

답 ④

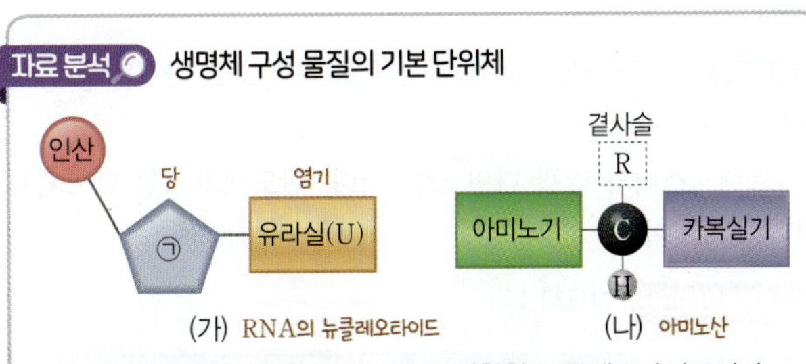

- (가)는 인산, 당, 염기가 1 : 1 : 1로 결합한 뉴클레오타이드이다.
  - ➡ 유라실(U)은 RNA에만 존재하는 염기이다.
  - ➡ ㉠은 RNA의 뉴클레오타이드를 구성하는 당인 라이보스이다.
- (나)는 단백질의 기본 단위체인 아미노산이다.
  - ➡ 아미노산은 곁사슬에 따라 약 20가지가 존재한다.

ㄴ. (가)는 인산, 당, 염기가 1 : 1 : 1로 결합한 뉴클레오타이드이다. (가)의 염기가 RNA에만 존재하는 유라실(U)이므로 (가)를 구성하는 당인 ㉠은 라이보스이다.

ㄷ. (나)는 단백질을 구성하는 기본 단위체인 아미노산으로 곁사슬(R)에 따라 약 20가지가 존재한다.

오답피하기 ㄱ. (가)는 RNA의 기본 단위체 중 하나이다.

20
답 ②

ㄷ. 핵산의 두 종류인 DNA와 RNA는 기본 단위체가 뉴클레오타이드인 것은 같지만 DNA의 뉴클레오타이드를 구성하는 염기는 아데닌(A), 타이민(T), 구아닌(G), 사이토신(C)이고, RNA의 뉴클레오타이드를 구성하는 염기는 아데닌(A), 유라실(U), 구아닌(G), 사이토신(C)이다. 즉, 유라실(U)은 RNA에만 존재하는 염기이므로 (나)가 '기본 단위체의 염기 중에 유라실(U)이 포함되는가?'일 때 ⊙은 RNA이다.

오답피하기 ㄱ, ㄴ. 핵산의 기본 단위체인 뉴클레오타이드와 단백질의 기본 단위체인 아미노산은 모두 탄소(C)를 포함하고, 핵산과 단백질은 모두 기본 단위체가 반복적으로 결합하여 형성된다. 따라서 '기본 단위체에 탄소(C)가 포함되는가?'와 '기본 단위체가 반복적으로 결합하여 형성되는가?'는 핵산과 단백질을 구분하는 분류 기준인 (가)로 적절하지 않다.

21
답 ④

ㄴ. 반도체 소자는 반도체 물질의 전기적 성질을 이용하기 위해 만든 전자 부품으로, 순수 반도체에 불순물을 첨가하여 만든다. 반도체 소자에는 다이오드, 트랜지스터, 집적 회로 등이 있다.

ㄷ. 집적 회로는 신호를 빨리 전달할 수 있어 데이터를 처리하거나 저장하는 장치에 사용한다. 집적 회로에는 약한 신호를 큰 신호로 바꿀 수 있는 트랜지스터가 포함되어 있다.

오답피하기 ㄱ. 그림은 집적 회로(메모리)를 나타낸 것이다. 전류를 한 방향으로만 흐르게 하여 교류를 직류로 바꾸는 정류 작용을 하는 것은 다이오드이다.

22
답 ②

ㄷ. 발광 다이오드에 첨가하는 원소에 따라 방출되는 빛의 색이 다르다.

오답피하기 ㄱ. 트랜지스터는 약한 신호를 큰 신호로 바꾸는 증폭 작용을 한다.

ㄷ. 트랜지스터와 발광 다이오드는 p형 반도체와 n형 반도체를 결합한 장치이다.

개념 더하기 ➕ 반도체 소자

구분	트랜지스터	발광 다이오드
특징	약한 신호를 큰 신호로 바꾸는 증폭 작용과 전류의 흐름을 조절하는 스위치 작용을 한다.	전류를 한 방향으로 흐르게 하는 정류 작용과 전류가 흐를 때 빛을 방출하는 성질을 이용한다.

Ⅲ 시스템과 상호작용

01 지구시스템

08강 지구시스템의 구성과 상호작용

111쪽

1 시스템   **2** 생물권   **3** 층상 구조   **4** 태양   **5** 에너지

01 ⊙ 행성, ⓒ 상호작용   **02** (1) ✕ (2) ○ (3) ○
03 지권 – 기권   **04** (1) ⓒ (2) ⓒ (3) ⊙   **05** (1) 태양 에너지
(2) 수권 → 기권   **06** A: 기권, B: 생물권

01
답 ⊙ 행성, ⓒ 상호작용

태양계는 태양을 비롯하여 태양 주위를 공전하는 8개의 행성과 소행성, 왜소 행성 및 행성 주위를 공전하는 위성 등으로 이루어진 하나의 시스템이다. 지구는 태양계를 이루는 구성 요소이면서 동시에 상호작용 하는 기권, 수권, 지권, 생물권, 외권으로 이루어진 또 하나의 시스템이다.

02
답 (1) ✕ (2) ○ (3) ○

(1) 기권은 높이에 따른 기온 변화를 기준으로 4개의 층(대류권, 성층권, 중간권, 열권)으로 구분한다.
(2) 핵은 철과 니켈 등의 금속 성분으로 이루어져 있으며, 외핵은 액체 상태이고, 내핵은 고체 상태이다.
(3) 수권의 층상 구조에서 심해층은 전체 해수 부피의 약 80 %로 가장 큰 비율을 차지한다.

03
답 지권 – 기권

화산 가스 분출은 지권이 기권에 영향을 미치는 상호작용에 해당한다.

04
답 (1) ⓒ (2) ⓒ (3) ⊙

지구시스템의 에너지원 중에서 가장 많은 양을 차지하는 것은 태양 에너지이며, 지진과 화산 활동을 일으키는 에너지원은 지구 내부 에너지이고, 밀물과 썰물을 일으키는 에너지원은 조력 에너지이다.

05
답 (1) 태양 에너지 (2) 수권 → 기권

지구시스템에서 물의 순환을 일으키는 근원 에너지는 태양 에너지이다. 지구시스템에서 물이 순환하면서 증발이 일어나는 과정에서 물이 태양 에너지를 흡수하여 수증기가 되므로 에너지 흐름은 수권에서 기권으로 일어난다.

06
답 A: 기권, B: 생물권

광합성은 식물이 대기 중의 이산화 탄소를 흡수하여 포도당과 같은 영양분을 만드는 것이다. 따라서 탄소는 기권에서 생물권으로 이동한다.

| 01 ④ | 02 ② | 03 ① | 04 ③ | 05 ⑤ | 06 ② | 07 ① |
| 08 ③ | 09 ④ | 10 ② | 11 ④ | 12 ⑤ | 13 ① | 14 ③ |

단답형·서술형 문제

15 예시 답안 성층권에 존재하는 오존층에서 태양의 자외선을 흡수하기 때문이다.

16 예시 답안 A, 혼합층은 바람이 강할수록 두껍게 형성되기 때문이다.

17 답 (가) 조력 에너지, (나) 태양 에너지, (다) 지구 내부 에너지

18 답 B, D, 태양 에너지

19 답 ㉠ 이산화 탄소, ㉡ 수권, ㉢ 석회암, ㉣ 화석 연료

20 예시 답안 기권의 탄소 유입량이 유출량보다 많으므로 대기 중 이산화 탄소량이 증가해 지구의 평균 기온은 상승할 것이다.

01 　답 ④

① 지구에는 다른 태양계 행성과 달리 표면에 액체 상태의 물이 풍부하게 존재한다.

② 지구는 태양으로부터 적당한 거리에 위치하므로 액체 상태의 물이 존재할 수 있는 표면 온도가 유지된다.

③ 태양은 지구에 사는 생명체가 필요한 에너지를 안정적으로 공급해 준다.

④ 태양의 자외선을 막아주는 것은 대기 중에 있는 오존층의 역할이다. 자기장은 태양으로부터 유입되는 고에너지 입자와 우주선을 막아준다.

⑤ 대기는 온실 효과를 일으키며, 이로 인해 적당한 온도가 유지된다.

02 　답 ②

ㄴ. 지구시스템을 이루고 있는 기권, 수권, 지권, 생물권 등의 구성 요소 사이에는 상호작용이 일어나며, 이를 통해 물질의 순환과 에너지의 흐름이 일어난다.

오답 피하기 ㄱ. 지구시스템을 이루는 구성 요소에는 기권, 수권, 지권, 생물권, 외권이 있다.

ㄷ. 지구시스템은 태양계라는 시스템의 구성 요소이면서 지구를 구성하는 기권, 수권, 지권, 생물권 등이 상호작용 하는 또 하나의 시스템이다.

03 　답 ①

A는 지권, B는 수권, C는 생물권, D는 기권이다.

ㄱ. A는 지권으로 A~D 중 가장 많은 질량을 차지한다.

오답 피하기 ㄴ. 수권의 대부분은 바다에 분포하는 해수이다. 강이나 호수와 같이 육지에 분포하는 물은 매우 적다.

ㄷ. C는 생물권으로 지구 탄생 과정에서 다른 권역이 모두 형성된 이후 가장 나중에 형성되었다.

04 　답 ③

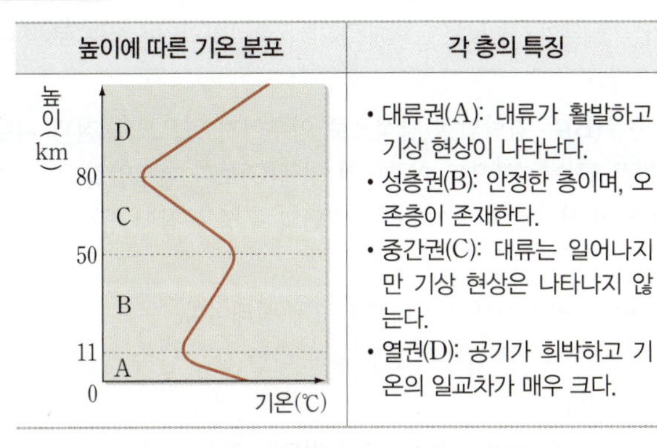

A는 대류권, B는 성층권, C는 중간권, D는 열권이다.

① 대류권(A)에서는 높이 올라갈수록 지구 복사 에너지의 흡수량이 적어지므로 기온이 낮아진다.

② 오존층은 성층권(B)에 존재한다.

③ 중간권(C)에서는 대류가 일어나지만, 수증기가 거의 없어서 기상 현상은 나타나지 않는다.

④ 열권(D)은 공기가 희박하여 낮과 밤의 기온 차가 매우 크게 나타난다.

⑤ (나)와 같은 번개는 기상 현상에 해당하므로 대류권인 A에서 발생한다.

05 　답 ⑤

A는 혼합층, B는 수온 약층, C는 심해층이다.

ㄱ. 수권의 대부분은 해수이다. 따라서 해수는 ㉠이고, 육수는 ㉡이다.

ㄴ. 바다에서 태양 에너지의 흡수는 대부분 해수면에 가까운 혼합층(A)에서 일어난다.

ㄷ. 수온 약층(B)은 깊이가 깊어질수록 수온이 낮아지는 안정한 층으로 대류와 같은 연직 운동이 거의 일어나지 않기 때문에 혼합층(A)과 심해층(C) 사이의 물질 교환과 에너지 흐름을 차단한다.

06
답 ②

A는 지각, B는 맨틀, C는 외핵, D는 내핵이다.
① 지각(A)은 해양 지각과 대륙 지각으로 구분할 수 있다. 해양 지각은 현무암질 암석으로, 대륙 지각은 화강암질 암석으로 이루어져 있다.
② 맨틀(B)은 감람암질 암석으로 이루어져 있으므로 철과 니켈과 같은 금속 성분으로 이루어진 외핵(C)보다 현무암질 또는 화강암질 암석으로 이루어진 지각(A)과 구성 물질의 성분이 유사하다.
③ 외핵은 액체 상태이고 내핵은 고체 상태이다.
④ 외핵(C)과 내핵(D)은 모두 철과 니켈 같은 금속 성분으로 이루어져 있다.
⑤ 지각-맨틀-외핵-내핵 순으로 밀도가 점차 커진다.

07
답 ①

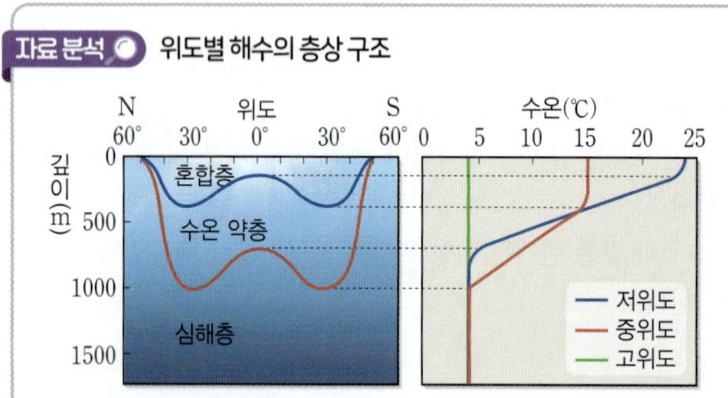

• 혼합층의 수온은 태양 에너지 흡수량이 많은 저위도 해역에서 가장 높다.
• 혼합층의 두께는 바람이 강하게 부는 중위도 해역에서 가장 두껍다.
• 고위도 해역은 표층 수온이 낮고, 차가운 표층 해수가 가라앉아 심해층을 형성하기도 한다. → 표층과 심층의 수온 차이가 거의 없어서 층상 구조가 나타나지 않는다.

ㄱ. 혼합층은 태양 에너지를 직접 흡수한다. 따라서 혼합층의 수온은 태양 에너지를 많이 흡수하는 저위도가 중위도보다 높다.
오답 피하기 ㄴ. 바람이 강하게 불수록 혼합층이 두껍게 형성된다. 따라서 혼합층이 두껍게 나타나는 중위도가 저위도보다 바람이 강하다.
ㄷ. 위도 60° 이상의 고위도 해역은 표층과 심층의 수온 차이가 거의 없어서 층상 구조가 나타나지 않는다.

08
답 ③

ㄱ. 생물권은 미생물을 포함한 지구상의 모든 생명체를 의미한다.
ㄷ. 생물권은 기권, 수권, 지권 등 주변 환경과 영향을 주고받으며 생명 현상을 유지한다.
오답 피하기 ㄴ. 생물권은 기권, 수권, 지권에 걸쳐 분포한다.

09
답 ④

해류의 발생은 기권과 수권의 상호작용이고, 화산 가스 분출은 지권과 기권의 상호작용이므로 공통으로 겹치는 B는 기권이다. 탄산염 침전으로 석회암이 생성되는 과정은 수권과 지권의 상호작용이므로 A는 수권, C는 지권이다.

10
답 ②

ㄷ. 파도의 침식 작용으로 인해 해식 동굴이 형성되는 과정은 수권과 지권의 상호작용 중 수권이 지권에 영향을 주는 현상이므로 C에 해당한다.
오답 피하기 ㄱ. 사막 지역의 모래 언덕 형성은 기권과 지권의 상호작용이지만 기권이 지권에 영향을 주는 현상이므로 A와 반대 방향 화살표에 해당한다.
ㄴ. 물의 증발로 인한 수증기 생성은 기권과 수권의 상호작용이지만 수권이 기권에 영향을 주는 현상이므로 B와 반대 방향 화살표에 해당한다.

11
답 ④

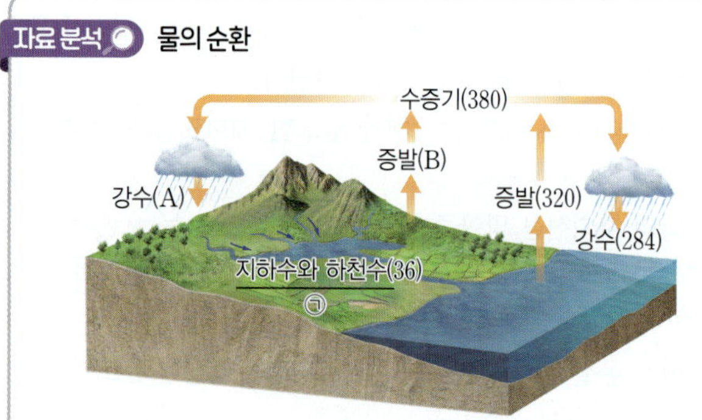

• 육지와 바다에서 증발을 통해 이동한 물의 양과 대기의 수증기량은 서로 같으므로 B=380−320=60이다.
• 육지로 유입되는 물의 양과 육지에서 유출되는 물의 양은 서로 같으므로 A=B+36=60+36=96이다.
• 육지의 남는 물은 지하수와 하천수(㉠)의 형태로 다시 바다로 유입된다. → 이동 과정에서 지표의 지형을 변화시킨다. (수권과 지권의 상호작용)

ㄱ. 육지로 유입되는 물의 양은 A(강수량)이며, 육지에서 유출되는 물의 양은 B(증발량)+36(지하수와 하천수의 형태로 바다로 유출되는 물의 양)이다. 육지의 물 유입량과 유출량은 같으므로 A=B+36이다.
ㄷ. ㉠은 육지의 남는 물이 지하수와 하천수를 통해 바다로 유입되는 것으로, 이동 과정에서 수권과 지권의 상호작용을 통해 지표의 지형을 변화시킨다.
오답 피하기 ㄴ. 대기 중의 수증기로 존재하는 물의 양은 380인데, 바다에서 증발하는 물의 양은 320이므로 육지에서 증발하는 물의 양(B)은 60이다. 따라서 증발로 이동하는 물의 양은 육지가 바다보다 적다.

12 답 ⑤

ㄱ. (가)의 지진 해일은 해저 지진에 의해 발생하므로 근원 에너지는 지구 내부 에너지이다.

ㄴ. (가)의 지진 해일은 해저 지진에서 방출되는 에너지가 해수에 전달되어 발생하므로, 이때 에너지는 지권에서 수권으로 이동한다.

ㄷ. 태풍은 열대 해상에서 증발한 수증기가 응결할 때 발생하는 열에 의해 발생한다. 따라서 (나)의 태풍 발생은 기권과 수권의 상호 작용에 해당한다.

13 답 ①

ㄱ. 육상 식물이 광합성을 할 때 탄소는 (나) 기권에서 (라) 생물권으로 이동하며, 화석 연료 생성 과정에서 탄소는 (라) 생물권에서 (다) 지권으로 이동한다. 따라서 (가)는 수권, (나)는 기권, (다)는 지권, (라)는 생물권이다.

오답 피하기 ㄴ. 석회암 용해로 인한 동굴 형성은 탄소가 지권에서 수권으로 이동하는 현상이므로 탄소가 수권에서 지권으로 이동하는 과정인 A에 해당하지 않는다.

ㄷ. 지구시스템의 구성 요소 중 탄소가 가장 많이 존재하는 권역은 (다) 지권이다.

14 답 ③

자료 분석 탄소의 순환

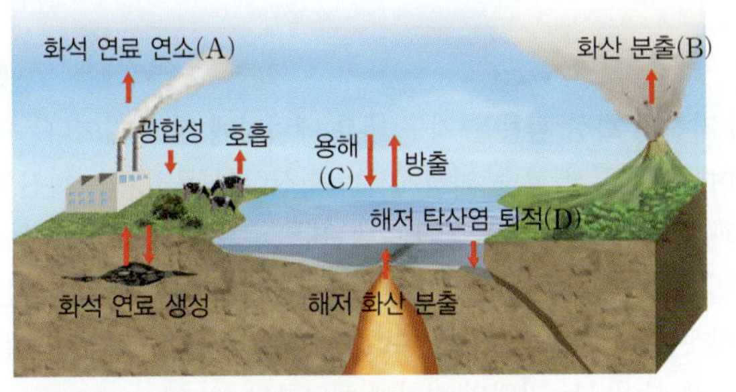

- 화석 연료 연소: 지권에서 기권으로 탄소 이동
- 광합성: 기권에서 생물권으로 탄소 이동
- 호흡: 생물권에서 기권으로 탄소 이동
- 화석 연료 생성: 생물권에서 지권으로 탄소 이동
- 용해: 기권에서 수권으로 탄소 이동 (수온이 낮을수록 증가)
- 방출: 수권에서 기권으로 탄소 이동 (수온이 높을수록 증가)
- 해저 탄산염 퇴적: 수권에서 지권으로 탄소 이동
- 해저 화산 분출: 지권에서 수권으로 탄소 이동
- 화산 분출: 지권에서 기권으로 탄소 이동

ㄱ. 화석 연료의 연소(A)와 화산 분출(B)을 통해 지권의 탄소가 기권으로 이동한다.

ㄴ. C는 대기 중 이산화 탄소가 바다에 용해되는 현상이며, 이로 인해 바닷물에 탄산 이온이 많아지면 해양 산성화가 심해진다.

오답 피하기 ㄷ. 해저 탄산염 퇴적 과정(D)에서는 수권에서 지권으로 탄소가 이동해 석회암이 형성되므로 수권의 탄소량은 적어지고, 지권의 탄소량은 많아진다.

15

(나)의 그래프를 살펴보면 오존의 농도가 높은 오존층이 성층권에 위치하고 있다. 오존층은 태양의 자외선을 흡수하기 때문에 성층권에서는 높이 올라갈수록 기온이 높아진다.

채점 기준	배점(%)
성층권에 오존층이 존재한다는 것과 오존층에서 태양 에너지를 흡수한다는 것을 모두 옳게 설명한 경우	100
성층권에 오존층이 존재한다는 것과 오존층에서 태양 에너지를 흡수한다는 것 중에서 1가지만 옳게 설명한 경우	50

16

바람에 의해 해수가 혼합되어 깊이에 관계없이 수온이 거의 일정한 혼합층은 바람이 강할수록 두껍게 형성된다. 따라서 해역 A~C 중 혼합층이 가장 두껍게 발달한 해역 A가 평균 풍속이 가장 클 것이다.

채점 기준	배점(%)
혼합층의 형성 과정을 통해 바람의 세기와 혼합층의 두께 사이의 관계를 옳게 설명한 경우	100
바람의 세기만 제시하여 설명한 경우	50

17 답 (가) 조력 에너지, (나) 태양 에너지, (다) 지구 내부 에너지

밀물과 썰물은 조력 에너지에 의해 일어나며, 집중 호우는 태양 에너지에 의해 일어난다. 지진은 지구 내부 에너지에 의해 일어난다.

18 답 B, D, 태양 에너지

에너지 흡수 과정은 증발에 해당하는 B와 D이며, 물의 순환을 일으키는 근원 에너지는 태양 에너지이다.

19 답 ㉠ 이산화 탄소, ㉡ 수권, ㉢ 석회암, ㉣ 화석 연료

탄소는 기권에서는 이산화 탄소의 형태로, 수권에서는 탄산 이온의 형태로 존재한다. 지권에서는 대부분 탄산염의 형태로 석회암에 포함되어 있거나, 유기물로부터 형성된 화석 연료에 포함되어 있다.

20

기권으로 유입되는 탄소의 양은 215.5이고, 기권에서 유출되는 탄소의 양은 213이다. 대기 중 탄소는 이산화 탄소의 형태로 존재하기 때문에 기권으로 유입되는 탄소가 더 많은 상태가 지속된다면 지구의 평균 기온은 상승할 것이다.

채점 기준	배점(%)
기권의 탄소 유입량과 유출량을 옳게 비교하고, 기권에 존재하는 탄소의 영향을 옳게 설명한 경우	100
기권의 탄소 유입량과 유출량의 비교 없이 기권에 존재하는 탄소의 영향만 옳게 설명한 경우	50

기본 탄탄 문제

119쪽

> **1** 화산대 **2** 지각 변동 **3** 수렴형 **4** 화산재 **5** 내부 구조
>
> **01** (1) × (2) ○ (3) ○ **02** ㉠ 지각, ㉡ 연약권 **03** (1) ㉠ (2) ㉢
> (3) ㉡ **04** (가) 해령, (나) 해구 **05** (1) (가) 기권, (나) 생물권,
> (다) 지권, (라) 수권 (2) 방파제를 건설하여 바닷물의 유입을 막는
> 다. 지진 해일 경보 발령 시 신속하게 높은 곳으로 대피한다. 등

01 답 (1) × (2) ○ (3) ○

(1) 지권의 변화에는 지진과 화산 활동처럼 급격하게 일어나는
지각 변동과 더불어 바위의 풍화나 대륙의 이동처럼 서서히 일어
나는 현상도 포함된다.
(2) 화산 활동이 일어날 때는 화산 쇄설물, 용암, 화산 가스와 같
은 지구 내부 물질이 방출된다.
(3) 지진과 화산 활동은 좁고 긴 띠 모양을 이루는 특정 지역에서
집중적으로 발생한다.

02 답 ㉠ 지각, ㉡ 연약권

암석권은 지각과 상부 맨틀의 일부를 포함한 두께 약 100 km의
단단한 부분이며, 암석권 아래에는 맨틀 대류가 일어나는 연약권
이 있다.

03 답 (1) ㉠ (2) ㉢ (3) ㉡

(1) 발산형 경계는 판과 판이 갈라져 멀어지는 경계로, 판이 갈라
지는 틈 사이로 마그마가 솟아올라 새로운 지각이 형성된다.
(2) 수렴형 경계는 판과 판이 모여서 부딪히는 경계로, 판과 판이
서로 충돌하거나 밀도가 큰 판이 밀도가 작은 판 아래로 섭입하
여 소멸한다.
(3) 보존형 경계는 판과 판이 서로 어긋나게 이동하는 경계로, 판
의 생성이나 소멸이 일어나지 않는다.

04 답 (가) 해령, (나) 해구

(가)는 새로운 해양 지각이 생성되는 발산형 경계이다. (가)와 같
은 판의 경계에서 발달하는 해저 지형으로는 해령이 있다. (나)는
해양판의 소멸이 일어나는 수렴형 경계로 (나)와 같은 판의 경계
에서 발달하는 해저 지형으로는 해구가 있다.

05 답 (1) (가) 기권, (나) 생물권, (다) 지권, (라) 수권 (2) 해설 참조

(1) (가)는 화산재로 인해 기온이 내려갔으므로 기권에 미치는 영
향, (나)는 인명 피해가 발생했으므로 생물권에 미치는 영향, (다)
는 땅이 영향을 받았으므로 지권에 미치는 영향, (라)는 지진 해
일이 발생했으므로 수권에 미치는 영향이다.
(2) 방파제를 건설하여 바닷물의 유입을 막는다. 지진 해일 경보
발령 시 신속하게 높은 곳으로 대피한다.

실력 쑥쑥 문제

120~123쪽

> **01** ② **02** ④ **03** ⑤ **04** ② **05** ③ **06** ⑤ **07** ④
> **08** ④ **09** ④ **10** ① **11** ⑤ **12** ③ **13** ⑤ **14** ③

단답형·서술형 문제

15 예시 답안 태평양 연안에서는 해구가 발달하는 수렴형 경계를
볼 수 있고, 대서양 연안은 해구가 없는 것으로 보아 판의 경
계가 아니므로 태평양 연안이 대서양 연안보다 지진과 화산
활동이 활발하다.

16 답 A: 동아프리카 열곡대, B: 히말라야산맥(습곡 산맥), C: 일
본 해구, D: 동태평양 해령, E: 산안드레아스 단층(변환 단층)

17 답 발산형 경계

18 (1) 답 B
(2) 예시 답안 판의 경계로부터 수평 거리가 같은 지점을 기준
으로 할 때 B 지역은 A 지역보다 판이 더 깊은 곳에 위치하기
때문이다.

19 예시 답안 화산 분출 직후 대기의 태양 복사 에너지 투과율이
낮아지므로 지표에 도달하는 태양 복사 에너지의 양이 감소한
다. 따라서 1991년 화산 분출 직후 지구의 평균 기온은 낮아
졌을 것이다.

20 예시 답안 겨울, 계절풍의 영향으로 인해 여름보다는 겨울에 화
산재가 남쪽으로 퍼지는 경향이 나타나기 때문이다.

01 답 ②

ㄴ. 지진과 화산 활동은 지구 내부 에너지에 의해 일어나는 현상
이며, 특히 화산 분출 과정에서는 화산 쇄설물, 용암, 화산 가스
등과 같은 지구 내부 물질이 방출된다.

오답 피하기 ㄱ. 바위의 풍화나 대륙의 이동은 서서히 일어나는 지
권의 변화에 해당하고, 지진이나 화산 활동 같은 지각 변동은 급
격하게 일어나는 지권의 변화에 해당한다.
ㄷ. 지진과 화산 활동의 근원 에너지는 지구 내부 에너지이다. 지
표에서 일어나는 풍화와 침식 작용은 주로 물과 바람에 의해 일
어나므로 근원 에너지는 태양 에너지이다.

02 답 ④

① 태평양 가장자리는 판의 경계에 해당하므로 화산 활동이 활
발한 화산대가 나타난다.
② 지진과 화산 활동은 대체로 판의 경계에서 일어나므로 지진
대와 화산대의 분포는 대체로 일치한다.
③ 지진과 화산 활동은 특정한 지역에서 집중적으로 발생한다.
④ 지진이 자주 발생하는 지역과 화산 활동이 자주 발생하는 지
역은 서로 비슷하지만, 지진이 발생한 지역에서 모두 화산 활동
이 발생하는 것은 아니다.
⑤ 지진이 자주 발생하는 지역은 좁고 긴 띠 모양을 이루며, 이를
지진대라고 한다.

03

답 ⑤

ㄱ. A는 대륙 지각, C는 해양 지각이다. 대륙 지각이 해양 지각보다 두껍다.

ㄴ. B는 지각과 상부 맨틀의 일부를 포함하는 두께 약 100 km의 단단한 부분으로 암석권(판)에 해당한다.

ㄷ. D는 암석권 아래로 깊이 약 100~400 km에 해당하는 연약권이다. 연약권은 부분 용융 상태로 유동성을 띠므로 맨틀 대류가 일어난다.

개념 더하기 ➕ 암석권과 연약권

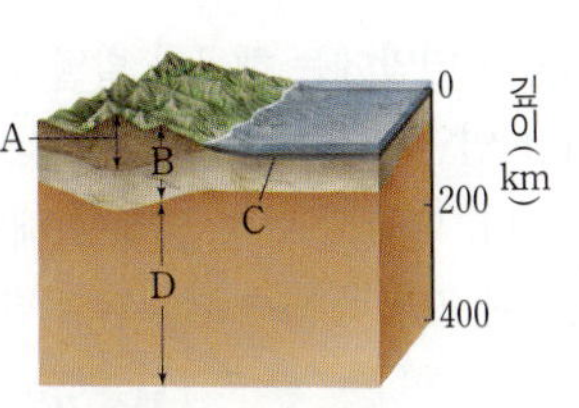

- 지각: 대륙 지각(A)과 해양 지각(C)으로 구분한다. 화강암질 암석으로 이루어진 대륙 지각은 현무암질 암석으로 이루어진 해양 지각보다 두껍고, 밀도가 작다.
- 암석권(B): 지각과 상부 맨틀의 일부를 포함하는 두께 약 100 km의 단단한 부분이다. → 판에 해당한다.
- 연약권(D): 암석권 아래 깊이 약 100~400 km에 해당하는 부분이다. 연약권은 구성 물질의 일부가 녹아 있는 부분 용융 상태로 유동성을 띠므로 맨틀 대류가 일어난다. → 맨틀 대류는 판 이동의 원동력이다.

04

답 ②

(가)는 판과 판이 갈라져 멀어지는 발산형 경계, (나)는 판과 판이 서로 어긋나게 이동하는 보존형 경계, (다)는 판과 판이 충돌하는 수렴형 경계이다.

05

답 ③

(가)의 발산형 경계와 (다)의 수렴형 경계에서는 지진과 화산 활동이 모두 활발하다. (나)의 보존형 경계에서는 지진은 자주 발생하지만, 화산 활동은 거의 일어나지 않는다.

06

답 ⑤

① A는 대륙판과 대륙판이 만나는 수렴형 경계로 습곡 산맥(히말라야산맥)이 형성되며, D는 해양판과 대륙판이 만나는 수렴형 경계로 해구와 습곡 산맥(안데스산맥)이 형성된다.

② B는 대륙판과 해양판이 만나는 수렴형 경계로 일본 해구가 위치한다. 해구에서는 섭입하는 해양판의 소멸이 일어난다.

③ C는 보존형 경계로 변환 단층이 나타난다. 변환 단층에서는 화산 활동은 거의 일어나지 않으며, 주로 깊이가 얕은 곳에서 지진이 활발하게 발생한다.

④ D는 해양판과 대륙판이 만나 밀도가 큰 해양판이 밀도가 작은 대륙판 아래로 섭입하는 수렴형 경계이다. 화산 활동이 활발하게 일어나고, 얕은 곳부터 깊은 곳까지 다양한 깊이에서 지진이 발생한다.

⑤ E는 대서양 중앙 해령이 나타나는 곳으로 발산형 경계에 해당한다. 발산형 경계에서는 맨틀 대류가 상승한다.

07

답 ⑤

A는 발산형 경계이므로 (가)에 해당하는 질문은 지각의 생성이나 맨틀 대류의 상승과 관련이 있으며, B는 수렴형 경계이므로 (나)에 해당하는 질문은 습곡 산맥의 형성과 관련이 있다. 판의 경계에서는 모두 지진이 자주 발생하므로 '지진이 발생하는가?'는 판의 경계를 구분하는 질문으로 적합하지 않다.

08

답 ④

ㄴ. 해양 지각은 해령에서 생성되어 해구에서 소멸하므로 해령(B)에서 해구(C)로 갈수록 해양 지각의 나이가 많아진다.

ㄷ. C는 해양판과 대륙판이 만나는 수렴형 경계이며, 밀도가 큰 해양판이 밀도가 작은 대륙판 아래로 내려가는 섭입이 일어난다.

오답 피하기 ㄱ. A는 해령과 해령 사이에서 해령 축에 수직인 방향으로 나타나는 변환 단층이다. 변환 단층은 판의 생성이나 소멸이 일어나지 않는 보존형 경계에서 발달한다.

개념 더하기 ➕ 판의 경계에서 발달하는 지형

- 변환 단층: 판의 생성이나 소멸이 일어나지 않는 보존형 경계에서 발달하는 지형이다. → 주로 얕은 곳에서 지진이 자주 발생하지만, 화산 활동은 거의 일어나지 않는다.
- 해령: 발산형 경계에서 발달하는 지형으로 맨틀 대류가 상승하는 곳이며, 새로운 해양 지각이 생성된다. → 지진과 화산 활동이 모두 활발하며, 지진은 주로 얕은 곳에서 발생한다.
- 해구: 수렴형 경계에서 발달하는 지형으로 맨틀 대류가 하강하는 곳이며, 해양판이 섭입하여 소멸한다. → 지진과 화산 활동이 모두 활발하며, 지진은 얕은 곳에서 깊은 곳까지 다양한 깊이에서 발생한다.

09

답 ④

자료 분석 🔎 섭입이 일어나는 수렴형 경계

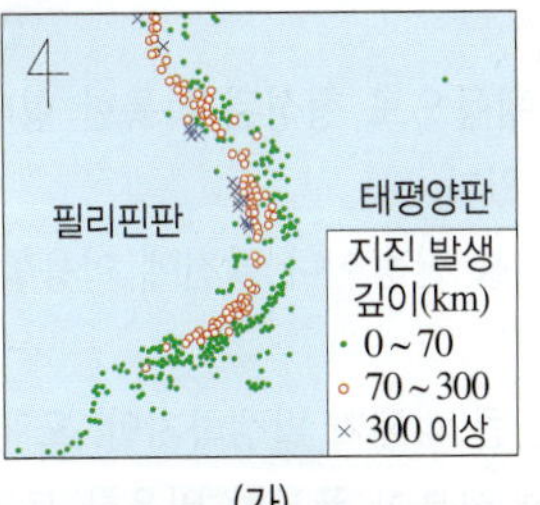

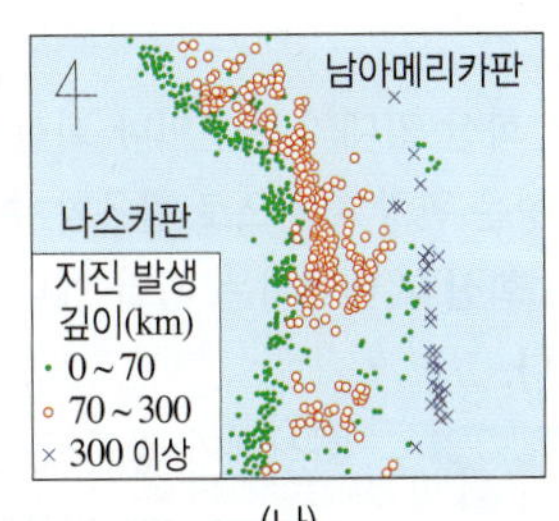

- (가): 태평양판에서 필리핀판 방향으로 갈수록 지진 발생 깊이가 점차 깊어진다. → 태평양판이 필리핀판 아래로 섭입하며 해구가 형성된다. → 판의 밀도는 태평양판이 필리핀판보다 크다. → 화산은 주로 필리핀판에 분포한다.
- (나): 나스카판에서 남아메리카판 방향으로 갈수록 지진 발생 깊이가 점차 깊어진다. → 나스카판이 남아메리카판 아래로 섭입하며 해구가 형성된다. → 판의 밀도는 나스카판이 남아메리카판보다 크다. → 화산은 주로 남아메리카판에 분포한다.

ㄱ. (가)와 (나) 모두 판의 경계 부근에서 발생한 지진의 깊이가 얕은 곳에서 깊은 곳까지 다양하게 분포하는 것으로 보아 두 지역은 판의 섭입이 일어나는 수렴형 경계에 해당한다. 따라서 (가)와 (나)에서 공통으로 발달하는 지형은 해구이다.

ㄷ. 섭입이 일어나는 판의 경계에서 화산 활동은 밀도가 작아 섭입되지 않는 판에서 활발하게 일어난다. (가)에서는 태평양판이 필리핀판 아래로 섭입하고, (나)에서는 나스카판이 남아메리카판 아래로 섭입한다. 따라서 (가)에서 화산은 주로 필리핀판에, (나)에서 화산은 주로 남아메리카판에 위치한다.

오답 피하기 ㄴ. 지진 발생 깊이가 얕은 곳에서 깊은 곳 쪽으로 밀도가 큰 판의 섭입이 일어나므로 (가)에서는 필리핀판보다 태평양판이, (나)에서는 남아메리카판보다 나스카판이 판의 경계에서 상대적으로 밀도가 더 크다.

10 답 ①

ㄱ. A는 해령이 나타나는 곳으로 발산형 경계에 해당한다. 발산형 경계에서는 맨틀 대류가 상승한다.

오답 피하기 ㄴ. B는 변환 단층이 나타나는 곳으로, 보존형 경계에 해당하므로 판의 생성이나 소멸은 일어나지 않는다.

ㄷ. 해령(A)에서는 지진과 화산 활동이 모두 활발하지만, 변환 단층(B)에서는 화산 활동은 거의 일어나지 않고 지진만 자주 발생한다.

11 답 ⑤

ㄱ. 판 경계 A에서 유라시아판과 인도-오스트레일리아판이 충돌하고 있으므로 A는 수렴형 경계이다.

ㄴ. 화산 폭발로 인해 접근 통제 구역 확대, 항공기 운항 차질 등 사회적, 경제적 피해가 발생한다.

ㄷ. 대기 중으로 방출된 화산재는 햇빛을 반사하거나 산란시키므로 지표면에 도달하는 태양 에너지의 양은 감소한다.

12 답 ③

ㄱ. 화산 지대의 온천이나 화산 활동으로 형성된 독특한 형태의 지형은 관광 자원으로 활용할 수 있다.

ㄷ. 화산 지대에서는 지열 에너지를 난방이나 발전에 이용할 수 있다.

오답 피하기 ㄴ. 화산재가 쌓인 곳은 큰 피해가 발생하지만, 오랜 시간이 지나면 식물 생장에 필요한 성분이 풍부한 비옥한 토양이 형성되기도 한다.

13 답 ⑤

ㄱ. 지진이 발생하면 땅의 진동으로 산사태가 일어날 수 있다.

ㄴ. 해저 지진으로 인해 지진 해일이 발생하면 해안 지역이 바닷물에 의해 침수된다.

ㄷ. 지진이 일어나면 가스 누출이나 전기 누전 등으로 인하여 화재와 같은 추가적인 피해가 발생하는 경우가 많다.

14 답 ③

• 학생 A: 지진에 의한 진동을 느끼면 즉시 탁자나 책상 밑으로 들어가 낙하하는 물건으로부터 신체를 보호한다.

• 학생 B: 지진에 의한 진동이 멈추면 건물 밖으로 대피해야 하는데, 이때 가능하다면 가스 밸브를 잠그고 전기를 차단하여 추가 피해가 발생하지 않도록 조치한다.

오답 피하기 • 학생 C: 엘리베이터는 작동이 멈추면 고립될 위험이 매우 크기 때문에 건물 밖으로 대피할 때는 계단을 이용한다.

15

태평양 연안에는 해구가 발달하는 수렴형 경계가 나타나지만, 대서양 연안에는 해구가 없는 것으로 보아 판의 경계에 해당하지 않는다. 따라서 판의 경계에 해당하는 태평양 연안이 대서양 연안보다 지진과 화산 활동이 활발하다.

채점 기준	배점(%)
태평양 연안이 해구가 발달하는 수렴형 경계이므로 판의 경계가 아닌 대서양 연안보다 화산 활동이 활발하다고 설명한 경우	100
두 해저 지형의 비교와 수렴형 경계에 대한 언급 없이 태평양 연안에 해구가 발달한 것만 설명한 경우	50

16

A는 발산형 경계인 동아프리카 열곡대, B는 수렴형 경계인 히말라야산맥, C는 수렴형 경계인 일본 해구, D는 발산형 경계인 동태평양 해령, E는 보존형 경계인 산안드레아스 단층이다.

17 답 발산형 경계

맨틀 대류가 상승하고, 판이 갈라져 서로 반대 방향으로 이동하는 발산형 경계의 형성 과정에 해당한다.

18

판의 경계로부터 수평 거리가 같은 지점을 기준으로 할 때 B 지역은 A 지역보다 판이 더 깊은 곳에 위치하므로 섭입하는 판의 기울기가 더 크다.

채점 기준	배점(%)
섭입하는 판의 기울기가 더 큰 지역을 옳게 쓰고, 그 까닭을 옳게 설명한 경우	100
섭입하는 판의 기울기가 더 큰 지역만 옳게 쓴 경우	50

19

화산 분출 직후에는 화산재에 의해 대기의 태양 복사 에너지 투과율이 낮아진다. 태양 복사 에너지 투과율이 낮아지면 지표에 도달하는 태양 복사 에너지의 양이 감소한다. 따라서 1991년 화산 분출 직후 지구의 평균 기온은 일시적으로 낮아졌을 것이다.

채점 기준	배점(%)
태양 복사 에너지양의 변화와 지구의 평균 기온 변화를 모두 옳게 설명한 경우	100
태양 복사 에너지양의 변화와 지구의 평균 기온 변화 중 1가지만 옳게 설명한 경우	50

20

계절풍의 영향으로 인해 여름보다 겨울에 화산재가 남쪽으로 퍼지는 경향이 나타나므로 우리나라에서 화산 폭발에 따른 사회적, 경제적 피해는 여름보다 겨울에 더 크게 발생할 가능성이 높다.

채점 기준	배점(%)
피해가 크게 발생하는 계절을 옳게 쓰고, 그 까닭을 옳게 설명한 경우	100
피해가 크게 발생하는 계절만 옳게 쓴 경우	50

126~129쪽

01 ② **02** ③ **03** ④ **04** ⑤ **05** ② **06** ① **07** ②
08 ① **09** ⑤ **10** ③ **11** ② **12** ③

단답형·서술형 문제

13 답 기권, 수권

14 예시 답안 선풍기가 일으킨 바람에 의해 물이 혼합되면서 깊이와 상관없이 수온이 거의 일정한 A층이 형성되기 때문에 바람이 강해지면 A층의 두께는 증가한다.

15 예시 답안 육지는 증발량보다 강수량이 많으므로 육지에서 남는 물이 지표 유출(㉠)을 통해 바다로 이동하기 때문이다.

16 답 A: 변환 단층, B: 해령, C: 해구, D: 호상열도

17 예시 답안 유라시아판보다 태평양판의 밀도가 크므로 태평양판이 유라시아판 아래로 섭입한다. 하강하는 맨틀 대류를 따라 판이 섭입하므로 A 방향으로 갈수록 지진이 발생하는 깊이가 대체로 깊어진다.

18 예시 답안 해령에서 생성된 해양 지각은 발산형 경계에서 나타나는 판의 운동을 따라 분리되어 서로 반대 방향으로 이동하기 때문이다.

01

답 ②

A는 열권, B는 중간권, C는 성층권, D는 대류권, E는 혼합층, F는 수온 약층, G는 심해층이다.
① 대류권(D)은 대류가 활발하고 수증기가 많아 기상 현상이 나타난다.
② 기권에서 오존층은 성층권에 위치하므로 오존 농도가 가장 높은 층은 C이다.
③ 열권(A)은 공기가 희박해 낮과 밤의 기온 차가 매우 크게 나타난다.
④ 혼합층(E)은 태양 에너지를 직접 흡수하므로 계절에 따라 수온 변화가 크지만, 심해층(G)은 항상 수온이 낮고 연중 수온 변화가 거의 나타나지 않는다.

⑤ 성층권(C)과 수온 약층(F)은 대류와 같은 연직 운동이 거의 일어나지 않는 안정한 층이다.

02

답 ③

ㄱ. A는 지각으로 암석으로, 이루어진 지구의 가장 겉 부분이다. 지각은 현무암질 암석으로 이루어진 해양 지각과, 화강암질 암석으로 이루어진 대륙 지각으로 구분할 수 있다.
ㄴ. B는 맨틀로 지권 전체 부피의 약 80 %를 차지하고 있다.
오답 피하기 ㄷ. C와 D는 각각 외핵과 내핵이다. 외핵과 내핵은 모두 철과 니켈 등의 금속 성분의 물질로 이루어져 있으며, 외핵은 액체 상태이고, 내핵은 고체 상태이다.

개념 더하기 ➕ **지권의 층상 구조**

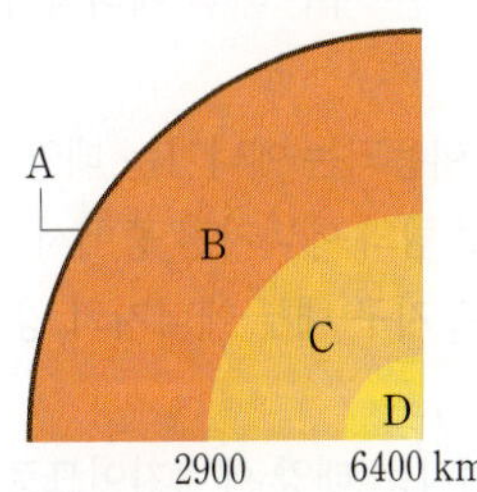

- 일반적으로 지권의 층상 구조는 구성 성분과 물리적 성질에 따라 지각, 맨틀, 외핵, 내핵 4개의 층으로 구분한다.
- 지각은 현무암질 암석의 해양 지각과 화강암질 암석의 대륙 지각으로 구분한다. ➡ 대륙 지각은 해양 지각보다 두껍고, 밀도가 작다.
- 맨틀은 감람암질 암석으로 이루어져 있으며, 지권에서 차지하는 부피가 가장 크다. ➡ 맨틀의 구성 성분은 핵보다 지각과 유사하다.
- 핵은 철과 니켈 등의 금속 성분의 물질로 이루어져 있으며, 외핵은 액체 상태이고, 내핵은 고체 상태이다.
- 액체 상태인 외핵을 구성하는 물질이 대류하면서 지구의 자기장이 형성되는 것으로 알려져 있다.
- 지권의 층상 구조에서 지구 내부에 있는 층일수록 밀도가 크다.
- 지각과 상부 맨틀의 일부를 포함한 두께 약 100 km의 구간을 암석권(판)이라고 하고, 암석권 아래 깊이 약 100~400 km의 구간을 연약권이라고 한다. ➡ 유동성을 띠는 연약권에서 맨틀 대류가 일어나면 연약권 위에 떠 있는 암석권이 이동하면서 판의 운동이 일어난다.

03

답 ④

ㄴ. 생물의 서식처 제공은 지권이 생물권에 영향을 줄 때 일어나는 현상이므로 ㉠에 해당한다.
ㄷ. 식물의 증산 작용은 생물권과 기권의 상호작용이므로 B는 생물권이고, 바람에 의한 해류 발생은 기권과 수권의 상호작용이므로 C는 기권이다. 따라서 광합성이 일어나는 과정에서 탄소는 기권(C)에서 생물권(B)으로 이동한다.
오답 피하기 ㄱ. 파도에 의한 동굴 형성은 수권과 지권의 상호작용에 해당하므로 A는 수권이다.

04

답 ⑤

ㄱ. A는 육지의 물(하천수나 지하수)이 바다로 흘러드는 과정이다. 이 과정에서 지표의 지형 변화가 일어난다.

ㄴ. 물의 순환은 증발과 강수를 통해 일어나며, 물이 증발할 때 태양 에너지를 흡수한다. 따라서 물 순환의 근원 에너지는 태양 에너지이다.

ㄷ. 바다로 유입되는 물의 양은 강수량과 육지에서 바다로 이동하는 지표 유출량의 합으로 이는 바다에서 유출되는 물의 양인 증발량과 같다.

05

답 ②

C는 대기와 해수의 순환을 일으키는 태양 에너지이고, B는 지진과 화산 활동을 일으키는 지구 내부 에너지이며, A는 조력 에너지이다.

ㄷ. 식물의 광합성에 이용되는 에너지는 태양 에너지(C)이다.

[오답 피하기] ㄱ. 지구시스템의 에너지원 중에서 태양 에너지가 가장 많은 양을 차지하므로 지구 내부 에너지의 양인 ㉠은 1.7×10^{17} 보다 작다.

ㄴ. 파도의 근원 에너지는 태양 에너지이므로 파도에 의한 해안 침식은 조력 에너지가 지구시스템에 미치는 영향인 ㉡에 해당하지 않는다.

06

답 ①

ㄱ. A는 지권에서 기권으로 탄소가 이동하는 경로이므로, 화석 연료의 연소를 통해 이산화 탄소가 방출되는 과정에 해당한다. 따라서 A는 지구 온난화의 원인이 될 수 있다.

[오답 피하기] ㄴ. B와 같이 탄소가 기권에서 생물권으로 이동하는 현상에는 광합성이 있다. 광합성 과정에서는 태양 에너지가 흡수된다.

ㄷ. ㉠과 같은 종유석은 물에 용해되었던 탄산 칼슘 성분이 다시 침전되어 형성된 것으로, 이 과정에서 탄소는 C와 반대 방향인 수권에서 지권으로 이동한다.

07

답 ②

ㄴ. A는 지각이며, 대륙 지각이 해양 지각보다 두껍다.

[오답 피하기] ㄱ. A는 지각, B는 암석권 중 상부 맨틀의 일부이다. 판은 A와 B를 합친 부분에 해당한다.

ㄷ. 맨틀 대류는 암석권 아래에 있는 연약권에서 일어난다.

08

답 ①

맨틀 대류의 상승부인 A는 발산형 경계이고, B는 수렴형 경계이다.

ㄱ. 보존형 경계에서 지진은 자주 발생하지만 화산 활동은 거의 일어나지 않는다. '따라서 화산 활동이 활발한가?'는 ㉠으로 적합하다.

[오답 피하기] ㄴ. 해구는 수렴형 경계(B)에서 발달하는 대표적인 해저 지형이다.

ㄷ. 발산형 경계(A)에서는 두 판이 서로 멀어지는 방향으로 이동하고, 수렴형 경계(B)에서는 두 판이 가까워지면서 충돌한다.

09

답 ⑤

⑤ B는 해령이 발달하는 발산형 경계이며, C는 해양판이 대륙판 아래로 섭입하면서 해구가 발달하는 수렴형 경계이다. 해령에서 지진은 주로 얕은 깊이에서 발생하며, 해구에서 지진은 얕은 곳부터 깊은 곳까지 다양한 깊이에서 발생한다. 따라서 지진이 발생하는 지점의 최대 깊이는 C가 B보다 깊다.

[오답 피하기] ① A는 대륙판과 대륙판이 충돌하여 습곡 산맥이 형성되는 수렴형 경계이다.

② B에서는 새로운 해양 지각이 생성되는 해령이 발달한다.

③ C는 해양판이 대륙판 아래로 섭입하는 수렴형 경계로 해구와 습곡 산맥이 나타난다. C에서 형성되는 습곡 산맥은 안데스산맥이다.

④ 화산 활동은 해령이 형성되는 B와 해구가 형성되는 C에서 활발하며, A와 같이 대륙판과 대륙판이 만나서 습곡 산맥이 형성되는 지역은 화산 활동이 거의 일어나지 않는다.

개념 더하기 ➕ 발산형 경계와 수렴형 경계

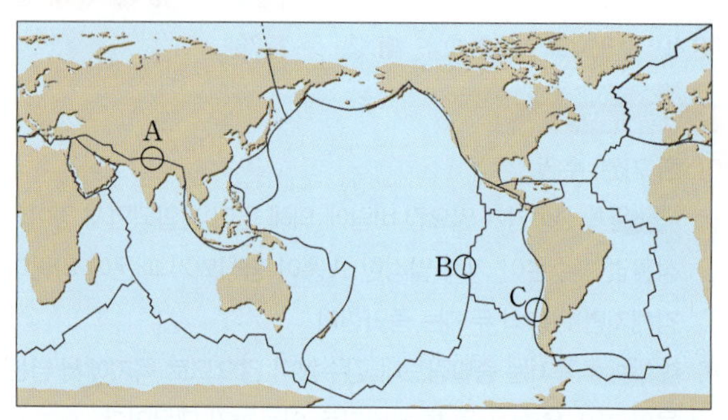

• A: 대륙판과 대륙판이 서로 충돌하여 습곡 산맥(히말라야산맥)이 형성되는 수렴형 경계이다. ➡ 지진은 자주 발생하지만, 화산 활동은 거의 일어나지 않는다.

• B: 해양판인 태평양판과 나스카판이 분리되어 서로 멀어지는 발산형 경계이다. ➡ 맨틀 대류가 상승하며, 해양판과 해양판이 갈라져 서로 멀어지며 새로운 해양 지각이 생성되는 해령이 발달한다.

• C: 해양판인 나스카판과 대륙판인 남아메리카판이 서로 충돌하는 수렴형 경계이다. ➡ 밀도가 큰 해양판이 밀도가 작은 대륙판 아래로 내려가는 섭입이 일어난다. ➡ 맨틀 대류가 하강하며, 판이 소멸하는 해구가 발달한다. ➡ 판이 섭입할 때 얕은 곳부터 깊은 곳까지 다양한 깊이에서 지진이 발생한다.

10

답 ③

ㄷ. ⓐ는 판 B와 판 C가 만나는 수렴형 경계이므로 두 판의 상대적 이동 방향은 ㉢에 해당한다.

[오답 피하기] ㄱ. 판 A는 판 B 아래로 섭입하므로 판 A에서는 화산 활동이 일어나지 않는다.

ㄴ. 판 A와 판 C는 판 B 아래로 섭입한다. 수렴형 경계에서 두 판의 밀도가 다르면 밀도가 큰 판이 밀도가 작은 판 아래로 섭입한다. 따라서 판 B는 판 A와 판 C보다 밀도가 작다.

11

<답>②

ㄷ. A는 보존형 경계로 변환 단층이 발달하며, 지진은 활발하지만 화산 활동은 거의 일어나지 않는다. B는 발산형 경계로 해령이 발달하며 지진과 화산 활동이 모두 활발하게 일어난다. 따라서 A와 B의 공통적인 특징인 지진은 ⓒ에, A에만 나타나는 변환 단층은 ㉠에, B에만 나타나는 화산 활동은 ⓒ에 속한다.

오답 피하기 ㄱ, ㄴ. A는 보존형 경계로 판의 생성이나 소멸이 일어나지 않으며, B는 발산형 경계로 새로운 해양 지각이 생성된다.

12

<답>③

ㄱ. 지진 해일 경보가 발령되면 즉시 높은 곳으로 대피하여 인명 피해를 예방한다.

ㄴ. 해저 화산 폭발 과정에서 화산재와 화산 가스가 분출되었으므로 기권과 수권에 영향을 미쳤으며, 해양 생태계 피해가 발생하였으므로 생물권에도 영향을 미쳤다.

오답 피하기 ㄷ. 해일에 의한 파도의 높이는 해저 화산으로부터의 거리보다는 각 지역의 해저 지형의 영향이 더 크다.

13

<답>기권, 수권

지구시스템의 구성 요소 중 층상 구조를 이루는 권역은 기권, 수권, 지권이며, 온도를 기준으로 층을 구분할 수 있는 권역은 기권과 수권이다.

14

선풍기를 켜면 선풍기가 일으킨 바람에 의해 수면 근처의 물이 혼합되면서 깊이와 상관없이 수온이 거의 일정한 A층이 형성된다. 바람이 강해지면 더 깊은 곳까지 물이 혼합되므로 A층의 두께는 증가한다.

채점 기준	배점(%)
바람의 세기와 혼합층의 두께 사이의 관계를 혼합층의 형성 과정과 관련지어 옳게 설명한 경우	100
단순히 바람의 세기만으로 혼합층의 두께를 설명한 경우	50

15

바다는 증발량이 강수량보다 많지만, 육지는 증발량보다 강수량이 많다. 따라서 육지의 증발량과 강수량의 차이만큼 육지에서 남는 물이 지표 유출(㉠)을 통해 바다로 이동한다. 따라서 바다는 물의 양이 항상 일정하게 유지된다.

채점 기준	배점(%)
바다와 육지의 증발량과 강수량 사이의 관계를 물의 순환과 관련지어 옳게 설명한 경우	100
바다의 유입량과 유출량이 같다는 점만 설명한 경우	50

16

A는 판과 판이 서로 어긋나게 이동하는 변환 단층, B는 새로운 지각이 생성되는 해령, C는 밀도가 큰 판이 밀도가 작은 판 아래로 섭입하는 해구, D는 수렴형 경계에서 발달하는 호상열도이다.

17

대륙판인 유라시아판보다 해양판인 태평양판의 밀도가 크므로 판의 경계에서 태평양판이 유라시아판 아래로 섭입한다. 하강하는 맨틀 대류를 따라 판이 내려가면서 지진이 발생하기 때문에 판의 경계에서 A 방향으로 갈수록 지진이 발생하는 지점의 깊이가 대체로 깊어진다.

채점 기준	배점(%)
두 판의 밀도 차이와 판의 경계에서 나타나는 맨틀 대류의 움직임을 모두 옳게 설명한 경우	100
두 판의 밀도 차이와 판의 경계에서 나타나는 맨틀 대류의 움직임 중 1가지만 옳게 설명한 경우	50

18

해령에서는 새로운 해양 지각이 생성된 후 발산형 경계에서 나타나는 판의 운동을 따라 분리되어 서로 반대 방향으로 이동한다. 따라서 해령에서 멀어질수록 해양 지각의 나이가 많아지는 대칭적인 분포가 나타난다.

채점 기준	배점(%)
발산형 경계에서 일어나는 판의 운동과 관련지어 옳게 설명한 경우	100
판의 운동을 제시하지 않고 해령을 중심으로 나타나는 대칭적인 나이 분포만 설명한 경우	50

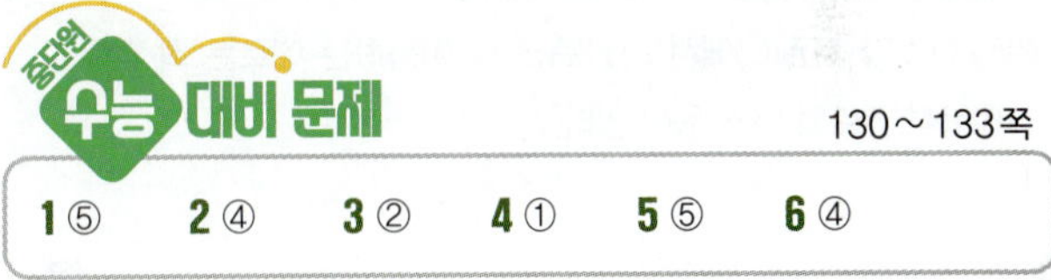

1 ⑤	2 ④	3 ②	4 ①	5 ⑤	6 ④

1

<답>⑤

ㄱ. 대류권(A)은 높이 올라갈수록 기온이 낮아지므로 대류가 활발하게 일어난다.

ㄴ. 성층권(B)에 존재하는 오존층은 태양으로부터 오는 강한 자외선을 흡수하여 차단한다.

ㄷ. 열권(C)은 공기가 희박하여 낮과 밤의 기온 차가 매우 크게 나타난다.

이런 보기도 나온다! <답>ㄹ. × ㅁ. ○ ㅂ. ×

ㄹ. 성층권(B)은 높이 올라갈수록 기온이 높아지므로 대류와 같은 공기의 연직 운동이 일어나지 않는 안정한 층이다.

ㅁ. 기상 현상은 대류가 일어나고 수증기가 많이 존재하는 대류권(A)에서 나타난다.

ㅂ. 공기의 밀도는 높이 올라갈수록 작아지므로 C층은 기권에서 기압이 가장 낮은 층이다.

2 답 ④

ㄴ. A는 기권과 수권의 상호작용이므로 바람에 의한 해수 혼합은 A의 예로 적합하다.

ㄷ. 하천수(㉠)에 의한 암석의 침식은 수권과 지권의 상호작용(B)에 해당한다.

오답 피하기 ㄱ. 바다에서 강수량(284)은 증발량(320)보다 적고, 육지에서 강수량(96)은 증발량(60)보다 많다. 육지에서 남는 물이 바다로 유입되어 물의 양은 일정하게 유지된다.

3 답 ②

광합성 과정에서 탄소는 기권 또는 수권에서 생물권으로 이동하므로 B는 생물권이다. 석회암 생성 과정에서 탄소는 수권 또는 생물권에서 지권으로 이동하는데 B가 생물권이므로 D는 수권이고, C는 지권이며, A는 기권이다.

ㄴ. 화석 연료의 연소 과정에서 이산화 탄소가 발생한다. 따라서 화석 연료의 연소는 탄소가 지권(C)에서 기권(A)으로 이동하는 ㉠에 해당한다.

오답 피하기 ㄱ. 수권은 D이다.

ㄷ. 지구시스템에서 탄소는 지권(C)에 가장 많이 분포한다.

> **이런 보기도 나온다!** 답 ㄹ. ○ ㅁ. × ㅂ. ○
>
> ㄹ. 기권(A)에서 탄소는 이산화 탄소의 형태로 존재하므로 기권에 존재하는 탄소의 양이 많아지면 온실 효과에 의해 지구의 평균 기온은 높아질 것이다.
>
> ㅁ. 생물권(B)에서 탄소는 유기 화합물의 형태로 존재한다. 탄소가 탄산 이온의 형태로 존재하는 권역은 수권(D)이고, 지권(C)에서는 석회암이나 화석 연료의 형태로 존재한다.
>
> ㅂ. 탄소가 지권(C)에서 기권(A)으로 이동하는 예로는 화산 폭발과 화석 연료의 연소 등이 있다.

4 답 ①

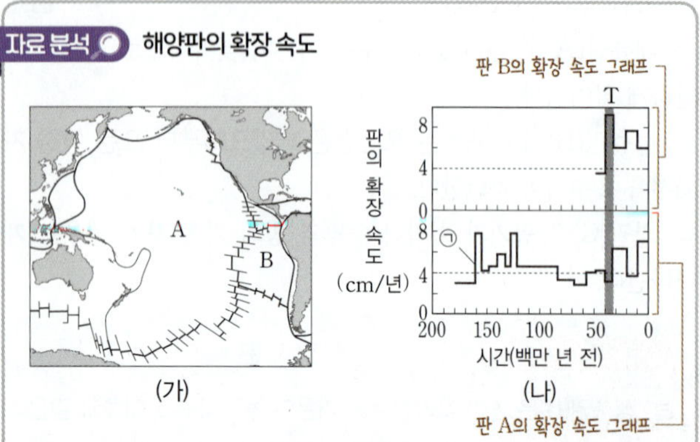

위쪽 그래프에서 가장 오래된 해양 지각의 나이는 약 5천만 년이고, 아래쪽 그래프에서 가장 오래된 해양 지각의 나이는 약 1억 8천만 년이다. → 동태평양 해령에서 상대적으로 가까운 B의 확장 속도 그래프가 위쪽 그래프, 동태평양 해령에서 상대적으로 먼 A의 확장 속도 그래프가 아래쪽 그래프이다.

ㄱ. 판 A와 판 B는 모두 동태평양 해령에서 생성되어 반대 방향으로 이동하고 있다. 동태평양 해령에서 해구까지의 거리는 A가 B보다 멀기 때문에 가장 오래된 해양 지각의 나이는 A가 B보다 많다. 따라서 판의 확장 속도가 더 오랜 기간동안 제시된 ㉠은 A에 해당한다.

오답 피하기 ㄴ. T 기간에 A의 확장 속도는 4 cm/년보다 느리고, B의 확장 속도는 8 cm/년보다 빠르다.

ㄷ. 심해 퇴적물이 쌓이는 두께는 판의 확장 속도와는 무관하며, 해양 지각의 나이와 퇴적물의 두께는 서로 비례하므로 심해 퇴적물이 쌓이는 속도가 일정하다면 해양 지각의 나이가 같은 지점은 심해 퇴적물의 두께가 같다.

5 답 ⑤

ㄱ. ㉠은 수렴형 경계에서 밀도가 큰 판이 밀도가 작은 판 아래로 섭입하면서 지진이 발생하는 지점이 깊어지는 곳이므로, 맨틀 대류의 하강류가 나타난다.

ㄴ. ㉡은 동아프리카 열곡대가 위치하는 발산형 경계로 대륙판과 대륙판이 갈라지는 곳이다.

ㄷ. ㉠과 같이 판의 섭입이 일어나는 수렴형 경계에서는 얕은 곳에서부터 깊은 곳까지 다양한 깊이의 지점에서 지진이 발생하고, ㉡과 같이 판과 판이 서로 멀어지는 발산형 경계에서는 지진이 주로 얕은 깊이에서 발생한다. 따라서 지진이 발생한 지점의 평균 깊이는 ㉠이 ㉡보다 깊다.

> **이런 보기도 나온다!** 답 ㄹ. ○ ㅁ. × ㅂ. ○
>
> ㄹ. ㉠의 하부에서는 해양판이 대륙판 아래로 섭입하는 과정에서 마그마가 생성된다.
>
> ㅁ. ㉡에서는 대륙판과 대륙판이 갈라지는 열곡대가 나타난다. 습곡 산맥은 수렴형 경계에서 발달한다.
>
> ㅂ. ㉠은 해양판이 대륙판 아래로 섭입하는 수렴형 경계, ㉡은 발산형 경계이므로 모두 화산 활동이 활발하게 일어난다.

6 답 ④

일본 해구는 해양판과 대륙판이 만나는 수렴형 경계, 히말라야산맥은 대륙판과 대륙판이 만나는 수렴형 경계, 산안드레아스 단층은 보존형 경계에서 나타나는 지형이다. 질문 카드 1에 (다), 질문 카드 2에 (가)를 배치하면 A는 산안드레아스 단층, B는 히말라야산맥, C는 일본 해구로 분류할 수 있다.

ㄴ. C는 일본 해구이므로 대륙판과 해양판이 만나는 경계이다.

ㄷ. 판의 경계에서는 모두 지진이 활발하게 발생하므로 '지진이 발생하는가?'와 같은 질문은 판의 경계를 구분하는 데 적합하지 않다. 따라서 사용하지 않은 질문 카드는 (나)이다.

오답 피하기 ㄱ. A는 산안드레아스 단층, B는 히말라야산맥, C는 일본 해구이다.

10강 중력의 작용

탐구 확인 문제

01 (1) ◯ (2) ✕ (3) ◯ (4) ◯　　**02** ④

01

답 (1) ◯ (2) ✕ (3) ◯ (4) ◯

(1) A와 B의 중력의 방향은 지구 중심 방향으로 같다.

(2) A와 B의 연직 방향의 처음 속력은 0으로 같고, 연직 방향의 가속도는 A와 B가 같으므로 지면에는 동시에 도달한다.

(3) A와 B의 연직 방향의 가속도가 같으므로 연직 방향의 속력 변화는 같다.

(4) 가속도의 크기는 중력 가속도로 A와 B가 같다.

02

답 ④

수평 방향으로는 힘이 작용하지 않으므로 수평 방향의 속력은 일정하다.

기본 탄탄 문제

1 중심　　**2** 상호작용　　**3** 증가　　**4** 수평, 연직　　**5** 지구 중심

01 (1) ◯ (2) ✕ (3) ◯ (4) ✕ (5) ◯　　**02** 5 m/s²　　**03** (1) ✕
(2) ◯ (3) ✕ (4) ◯　　**04** ㉠ 등속 직선, ㉡ 자유 낙하, ㉢ 멀리
05 C

01

답 (1) ◯ (2) ✕ (3) ◯ (4) ✕ (5) ◯

(2) 중력은 질량이 있는 모든 물체 사이에 상호작용 하는 힘으로, 다른 행성에서도 작용한다.

(4) 중력은 지표면에서 높은 곳으로 올라갈수록 작아지고, 적도에서 극지방으로 갈수록 커진다.

02

답 5 m/s²

2초 동안 자동차의 속력은 10 m/s 감소했으므로 자동차의 가속도의 크기는 $\left|\dfrac{0-10}{2}\right| = 5(\text{m/s}^2)$이다.

03

답 (1) ✕ (2) ◯ (3) ✕ (4) ◯

(1) 자유 낙하 운동 하는 물체에 작용하는 중력의 크기는 일정하다.

(3) 자유 낙하 하는 물체의 가속도는 일정하다.

04

답 ㉠ 등속 직선, ㉡ 자유 낙하, ㉢ 멀리

수평 방향으로 던져진 공은 수평 방향으로 등속 직선 운동을 하고, 연직 방향으로 자유 낙하 운동을 한다. 수평 방향으로 공을 던지는 속력이 클수록 지면에서 더 멀리 날아간다.

05

답 C

지표면에 떨어질 때까지 멀리 날아갈수록 수평 방향 속력이 크다. 발사 속력은 C가 가장 크고, A가 가장 작다.

실력 쑥쑥 문제

01 ③　　**02** ④　　**03** ③　　**04** ⑤　　**05** ②　　**06** ④　　**07** ⑤
08 ⑤　　**09** ④　　**10** ⑤　　**11** ①

단답형·서술형 문제

12 (1) **답** $t_A > t_B$ (2) **예시 답안** 두 물체의 처음 속도와 가속도의 크기는 같고, 수평면에 도달할 때까지 걸린 시간은 A가 B보다 크다. 따라서 수평면에 도달하는 순간의 속력은 A가 B보다 크다.

13 (1) **예시 답안** 물체에 작용하는 중력의 크기, 수평 방향으로 던진 속력 (2) **예시 답안** 물체의 연직 방향의 속력, 연직 방향의 가속도, 물체에 작용하는 중력의 방향

01

답 ③

ㄱ. 물체의 질량이 클수록 물체에 작용하는 중력의 크기는 커진다.

ㄴ. 지구에 의한 중력은 지구 중심을 향하는 방향이고, 지표면 근처에서 물체에 작용하는 중력의 방향은 연직 방향이다.

오답 피하기 ㄷ. 물체 사이의 거리가 가까울수록 물체 사이에 작용하는 중력의 크기는 증가한다.

02

답 ④

자동차의 속력을 시간에 따라 나타내면 다음과 같다.

시간(초)	0	0.2	0.4	0.6
속도의 크기	5 m/s	10 m/s	15 m/s	20 m/s
속도의 변화량		5 m/s	5 m/s	5 m/s

자동차는 0.2초마다 속도가 5 m/s씩 증가하므로 가속도의 크기는 $\dfrac{5 \text{ m/s}}{0.2 \text{ s}} = 25 \text{ m/s}^2$이다.

개념 더하기 ⊕ 가속도

• 가속도: 단위 시간 동안 속도의 변화량이다.

$$\text{가속도} = \frac{\text{속도 변화량}}{\text{걸린 시간}} = \frac{\text{나중 속도} - \text{처음 속도}}{\text{걸린 시간}} \quad (\text{단위: m/s}^2)$$

03

답 ③

ㄱ. 자유 낙하 하는 물체에 작용하는 중력의 방향과 운동 방향은 지구 중심 방향으로 같다.

ㄴ. 자유 낙하 하는 물체에 작용하는 중력의 크기는 일정하므로 물체의 속력은 일정하게 증가한다.

오답 피하기 ㄷ. 자유 낙하 운동을 하는 물체의 가속도는 질량에 관계없이 중력 가속도로 일정하다.

04

답 ⑤

ㄱ. 물체에 작용하는 중력의 방향은 연직 방향으로 같다.

ㄷ. 물체의 가속도의 크기는 일정하다. O에서 P까지 운동하는 데 걸린 시간을 t_1, P에서 Q까지 운동하는 데 걸린 시간을 t_2라고 하면, $\dfrac{v-0}{t_1} = \dfrac{3v-v}{t_2}$이므로 $t_1 = \dfrac{1}{2} t_2$이다.

 ㄴ. 자유 낙하 하는 물체에 작용하는 중력의 크기는 일정하다.

05 답 ②

ㄴ. A와 B에는 연직 방향으로 중력이 작용하므로 연직 방향의 가속도의 크기는 같다.

 ㄱ. A에 수평 방향으로 작용하는 힘은 0이므로 A의 수평 방향 속력은 일정하다. A는 수평 방향으로 등속 직선 운동을 한다.

ㄷ. 운동하는 동안 A와 B의 연직 방향의 처음 속력, 가속도의 크기는 같으므로 나중 속력도 같다. 따라서 A와 B는 수평면에 동시에 도달한다.

06 답 ④

ㄱ. A를 가만히 놓은 지점과 B를 수평 방향으로 던진 지점의 높이는 같다. A와 B의 연직 방향의 처음 속력은 같고, 연직 방향의 가속도의 크기는 A와 B가 같으므로 물체가 운동하는 동안 A와 B의 높이는 항상 같다.

ㄴ. 질량은 A와 B가 같으므로 물체에 작용하는 중력의 크기는 같다.

 ㄷ. B는 곡선 경로를 따라 운동하고, B에 작용하는 중력은 연직 방향이다. 따라서 P에서 B에 작용하는 중력의 방향과 B의 운동 방향은 같지 않다.

07 답 ⑤

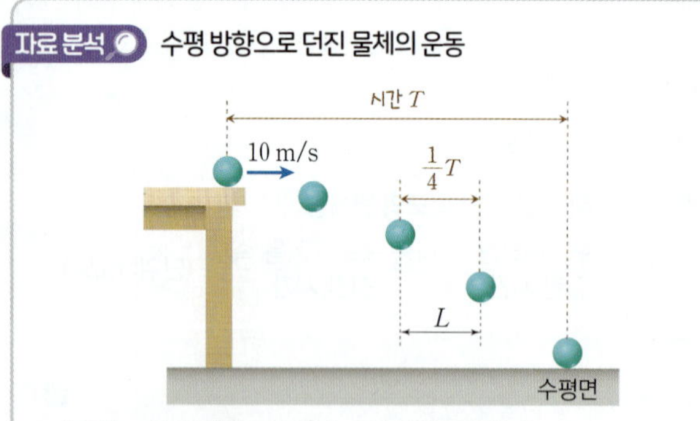

물체를 수평 방향으로 던진 순간부터 수평면에 도달할 때까지 걸린 시간은 1초이고, 수평 방향으로는 10 m/s의 일정한 속력으로 운동하므로 수평면에 도달할 때까지 수평 방향으로 이동한 거리는 10 m이다. 물체의 위치 사이의 시간 간격은 1초$\times\frac{1}{4} = 0.25$초이므로 $L = 10 \text{ m/s} \times 0.25 \text{ s} = 2.5 \text{ m}$이다.

08 답 ⑤

ㄱ. A에 작용하는 중력의 방향은 연직 방향이고, A는 직선 운동을 한다. 따라서 A에 작용하는 중력의 방향은 A의 운동 방향과 같다.

ㄴ. A를 가만히 놓는 순간과 B가 수평 방향으로 발사되는 순간 연직 방향은 속력은 0이다. 연직 방향의 가속도의 크기는 A와 B가 같으므로 물체가 낙하하는 동안 같은 높이에서 연직 방향의 속력은 A와 B가 같다.

ㄷ. A와 B는 쇠구슬 발사 장치에서 발사되므로 운동을 시작하는 위치가 같고, 가속도의 크기는 A와 B가 같으므로 수평면에는 A와 B가 동시에 도달한다.

09 답 ④

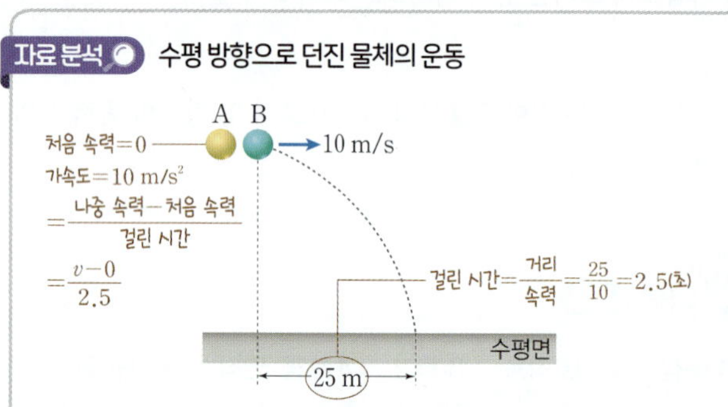

B는 수평 방향으로 등속 직선 운동을 하고, B가 수평 방향으로 이동한 거리는 25 m이므로 B를 던진 순간부터 수평면에 도달할 때까지 걸린 시간은 $\frac{25}{10} = 2.5$(초)이다. A의 처음 속력은 0이고, A의 가속도의 크기는 10 m/s²이므로 수평면에 도달하는 순간의 속력을 v라고 하면 $10 = \dfrac{v-0}{2.5}$에서 $v = 25$ m/s이다.

10 답 ⑤

ㄱ. A는 수평 방향으로 발사되었으므로 지구 중심을 향하는 방향으로는 자유 낙하 운동을 한다.

ㄷ. C에 작용하는 중력의 방향은 지구 중심을 향하는 방향이다. C는 원 궤도를 따라서 운동하므로 C에 작용하는 중력의 방향은 C의 운동 방향과 수직이다.

 ㄴ. 지표면에 도달할 때까지 수평 방향으로 이동한 거리는 A가 B보다 작으므로 발사 속력은 A가 B보다 작다.

11 답 ①

ㄱ. A, B는 행성의 중력에 의해 포물선 운동을 하므로 가속도 방향은 행성 중심 방향으로 같다.

 ㄴ. B가 A보다 수평 방향으로 이동한 거리가 더 크므로 물체를 던진 속력은 B가 A보다 크다.

ㄷ. A, B의 질량이 같으므로 운동하는 동안 중력의 크기는 A와 B가 같다.

12

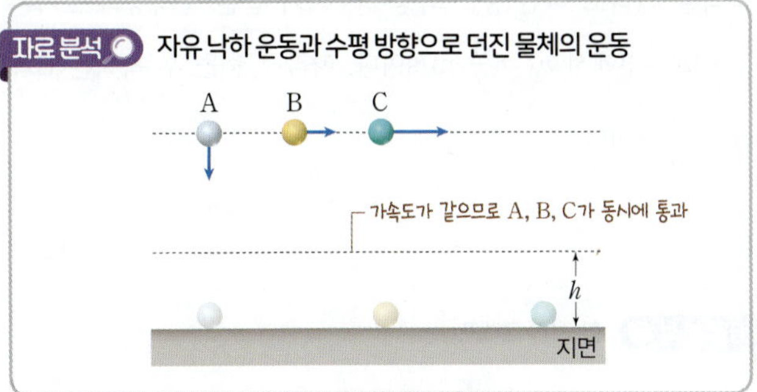

- 높이: A>B → 수평면 도달 시간: A>B
- 속도 변화량=가속도×걸린 시간이고 A와 B의 처음 속도와 가속도는 같다. → 나중 속도: A>B

(1) 물체를 가만히 놓은 지점의 높이는 A가 B보다 크므로 수평면에 도달할 때까지 걸린 시간은 A가 B보다 크다. 따라서 $t_A > t_B$이다.

(2) 물체의 처음 속도와 가속도의 크기는 같고, 수평면에 도달할 때까지 걸린 시간은 A가 B보다 크므로 수평면에 도달하는 순간의 속력은 A가 B보다 크다.

채점 기준	배점(%)
속력의 비교를 그 까닭과 함께 옳게 설명한 경우	100
속력의 비교만 옳은 경우	50

13

(1) B는 C보다 질량이 작고, 수평 방향 이동 거리도 작으므로 물체에 작용하는 중력의 크기, 수평 방향으로 던진 속력은 B가 C보다 작다.

채점 기준	배점(%)
물리량을 2가지 모두 옳게 쓴 경우	100
물리량을 1가지만 옳게 쓴 경우	50

(2) 같은 높이에서는 물체의 연직 방향의 속력, 연직 방향의 가속도, 물체에 작용하는 중력의 방향이 같다.

채점 기준	배점(%)
물리량을 2가지 모두 옳게 쓴 경우	100
물리량을 1가지만 옳게 쓴 경우	50

기본 탄탄 문제

145쪽

1 관성 2 속도 3 충격량 4 운동량 5 충돌 시간

01 ㉠ 운동, ㉡ 질량   02 (1) ✕ (2) ◯ (3) ✕   03 ㉠ 크, ㉡ 운동량   04 30 N·s   05 충격량(또는 운동량의 변화량)
06 안전모, 에어백, 범퍼

01
답 ㉠ 운동, ㉡ 질량

관성은 물체가 원래의 운동 상태를 계속 유지하려는 성질이다.

02
답 (1) ✕ (2) ◯ (3) ✕

(1) 운동하는 물체의 운동량의 크기는 질량과 속도의 크기에 비례한다.
(3) 물체의 운동량의 크기가 클수록 물체가 충돌할 때 나타나는 효과가 크다.

03
답 ㉠ 크, ㉡ 운동량

물체가 받는 충격량만큼 운동량이 변하므로, 충격량은 운동량의 변화량과 같다.

04
답 30 N·s

충격량은 힘과 시간의 곱이다. 충격량=10 N×3 s=30 N·s이다.

05
답 충격량(또는 운동량의 변화량)

힘-시간 그래프에서 힘과 시간 축이 이루는 면적은 물체가 받은 충격량과 같다.

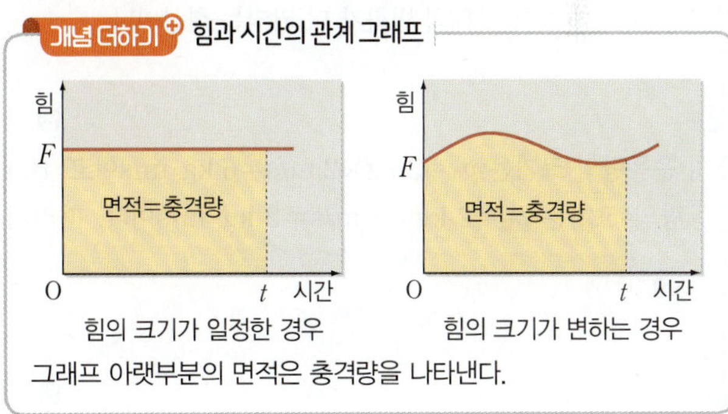

그래프 아랫부분의 면적은 충격량을 나타낸다.

06
답 안전모, 에어백, 범퍼

충돌 시간을 길게 하면 충돌 시 받는 힘의 크기를 줄일 수 있다.

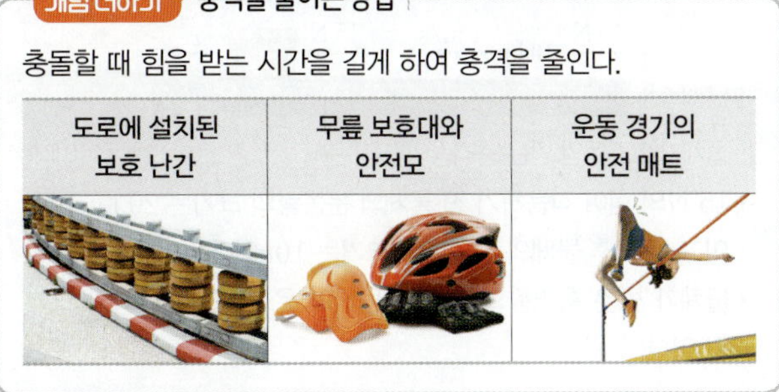

01 ⑤	02 ⑤	03 ③	04 ⑤	05 ①	06 ③	07 ③
08 ⑤	09 ⑤	10 ②	11 ④	12 ①	13 ③	

단답형·서술형 문제

14 예시 답안 자동차의 운동량은 속도에 비례하므로, 속도가 작을수록 운동량이 작아져서 충돌할 때 충격량이 작아 피해를 줄일 수 있기 때문이다.

15 답 500 N

16 답 $\dfrac{1}{2}v$

17 예시 답안 충돌 과정에서 충격량의 크기는 (가)에서와 (나)에서가 같고, 힘을 받는 시간은 (가)에서가 (나)에서보다 작다. 따라서 충돌 과정에서 인체 모형이 받는 평균 힘의 크기는 (가)에서가 (나)에서보다 크다.

18 (1) 답 A>B (2) 예시 답안 권투 장갑을 착용하면 장갑이 얼굴에 닿는 순간부터 멈출 때까지 걸리는 시간이 길어지므로 권투 장갑을 착용할 때가 착용하지 않을 때보다 평균 힘의 크기가 더 작다.

01

답 ⑤

ㄴ. 정지해 있던 버스가 출발할 때 사람의 몸은 정지 상태를 유지하려는 관성에 의해 뒤로 쏠린다.

ㄷ. 움직이는 자전거의 페달을 밟지 않아도 운동 상태를 유지하려는 관성에 의해 얼마 동안 계속 달릴 수 있다.

오답 피하기 ㄱ. 큰 힘으로 던진 공이 더 멀리 날아가는 것은 큰 힘을 작용했을 때 운동 상태의 변화가 더 커지는 현상이다.

02

답 ⑤

A의 운동량의 크기는 $p_A=3\,\text{kg}\times2\,\text{m/s}=6\,\text{kg·m/s}$이고, B의 운동량의 크기는 $p_B=2\,\text{kg}\times1\,\text{m/s}=2\,\text{kg·m/s}$이다. 따라서 $\dfrac{p_A}{p_B}=3$이다.

03

답 ③

자료 분석 충격량과 운동량의 변화량

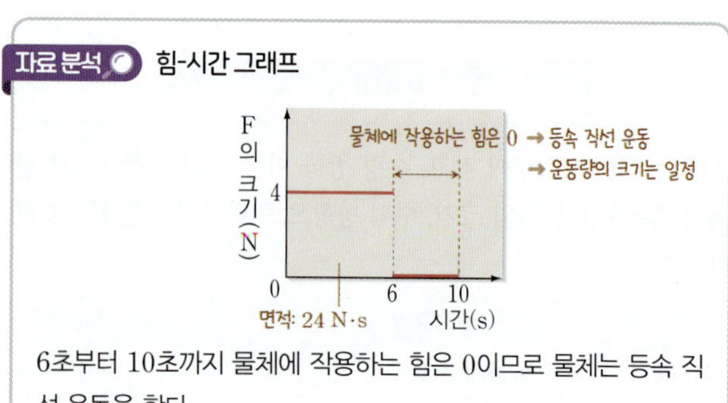

- 물체가 2초 동안 받은 충격량의 크기는 15 N×2 s=30 N·s이다.
- 15 N의 힘이 작용하기 전 물체의 운동량의 크기는 20 kg·m/s이고, 2초 후 물체의 운동량의 크기는 10v이다.
- 물체가 받은 충격량의 크기는 물체의 운동량의 변화량의 크기와 같다.

물체의 운동 방향으로 15 N의 힘이 2초 동안 작용했으므로 물체가 받은 충격량의 크기는 15 N×2 s=30 N·s이다. 물체가 받은 충격량의 크기는 물체의 운동량의 변화량의 크기와 같으므로 $10v-20=30$에서 $v=5$ m/s이다.

04

답 ⑤

ㄴ. 운동량은 질량과 속도의 곱이다. 3초일 때 운동량의 크기는 2 kg·m/s이므로 물체의 속력은 $\dfrac{2\,\text{kg·m/s}}{5\,\text{kg}}=0.4$ m/s이다.

ㄷ. 4초부터 5초까지 물체가 받은 충격량의 크기는 운동량의 변화량이므로 $2-0=2(\text{kg·m/s})=2$ N·s이다.

오답 피하기 ㄱ. 0초부터 2초까지 물체가 받은 충격량의 크기는 2 N·s이고, 물체가 힘을 받은 시간은 2초이다. 따라서 0초부터 2초까지 물체에 작용한 힘의 크기는 $\dfrac{2\,\text{N·s}}{2\,\text{s}}=1$ N이다.

05

답 ①

ㄱ. 충돌하기 전 A의 운동량의 크기는 2 kg×3 m/s=6 kg·m/s이고 B의 운동량의 크기는 1 kg×1 m/s=1 kg·m/s이다. 따라서 충돌하기 전 운동량의 크기는 A가 B보다 크다.

오답 피하기 ㄴ. 충돌 후 B의 속력은 4 m/s이므로 B의 운동량의 크기는 1 kg×4 m/s=4 kg·m/s이다. 따라서 B가 A로부터 받은 충격량의 크기는 4 kg·m/s−1 kg·m/s=3 kg·m/s이다.

ㄷ. A가 B로부터 받은 힘의 방향은 충돌 전 A의 운동 방향과 반대이므로 충돌 과정에서 A의 속력은 감소한다. 충돌한 후 A의 속력을 v_A라고 하면 충돌 과정에서 A가 받은 충격량의 크기는 $6-2v_A=3$에서 $v_A=\dfrac{3}{2}$ m/s이다. 따라서 충돌 후 속력은 B가 A의 $\dfrac{8}{3}$배이다.

06

답 ③

자료 분석 힘-시간 그래프

6초부터 10초까지 물체에 작용하는 힘은 0이므로 물체는 등속 직선 운동을 한다.

ㄱ. 0초일 때 물체의 운동량의 크기는 4 kg×5 m/s=20 kg·m/s이다. 0초부터 1초까지 물체가 받은 충격량의 크기는 4 N×1 s=4 N·s이므로 1초일 때 물체의 운동량의 크기는 20 kg·m/s+4 kg·m/s=24 kg·m/s이다. 따라서 1초일 때 물체의 속력은 $\dfrac{24\,\text{kg·m/s}}{4\,\text{kg}}=6$ m/s이다.

ㄴ. 3초일 때 물체의 운동량의 크기는 $20 \text{ kg·m/s} + 12 \text{ kg·m/s}$ $= 32 \text{ kg·m/s}$이다. 따라서 물체의 운동량의 크기는 3초일 때가 1초일 때의 $\dfrac{4}{3}$배이다.

오답 피하기 ㄷ. 0초부터 6초까지 물체가 받은 충격량의 크기는 $4 \text{ N} \times 6 \text{ s} = 24 \text{ N·s}$이고, 6초부터 10초까지 힘은 0이므로 물체가 받은 충격량은 0이다. 따라서 0초부터 10초까지 물체가 받은 충격량의 크기는 $24 \text{ N·s} + 0 = 24 \text{ N·s}$이다.

07 답 ③

ㄱ. A의 질량은 m이고, 충돌 전 A의 속력은 v이므로 충돌 전 A의 운동량의 크기는 mv이다.

ㄴ. 충돌 후 A는 정지했으므로 충돌 과정에서 A가 B로부터 받은 충격량의 크기는 mv이다.

오답 피하기 ㄷ. 충돌 과정에서 A가 받은 충격량의 크기는 B가 받은 충격량의 크기와 같다. 충돌 후 B의 속력을 v_B라고 하면, $3mv_B = mv$에서 $v_B = \dfrac{1}{3}v$이다.

08 답 ⑤

자료 분석 충격량과 운동량의 변화량

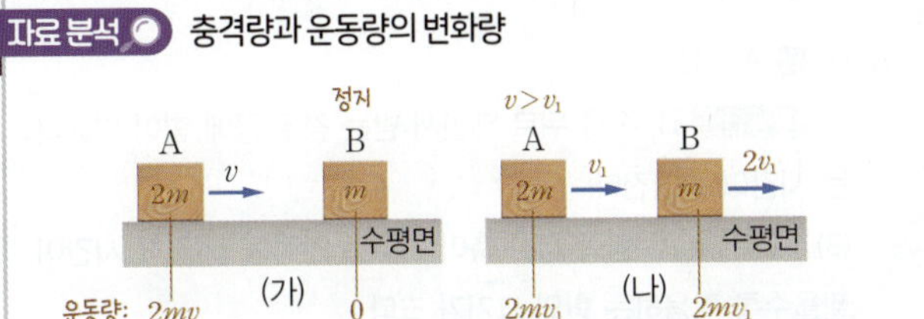

• A가 B에 충돌할 때, B로부터 받은 충격량의 방향은 충돌 전 A의 운동 방향과 반대 방향이므로 $v > v_1$이다.
• 충돌 과정에서 A가 받은 충격량의 크기는 $2mv - 2mv_1$이고, B가 받은 충격량의 크기는 $m(2v_1)$이다.
• A와 B가 충돌하는 과정에서 받은 힘의 크기는 같고 방향은 반대이므로 충격량의 크기는 같고 방향은 반대이다.

ㄴ. 질량은 A가 B의 2배이므로 A의 질량을 $2m$이라고 하면 B의 질량은 m이다. 충돌 후 물체의 속력은 B가 A의 2배이므로 A의 속력을 v_1이라고 하면, B의 속력은 $2v_1$이다. A가 B로부터 받은 충격량의 방향과 B가 A로부터 받은 충격량의 방향은 서로 반대이므로 $2mv - 2mv_1 = m(2v_1) - 0$에서 $2mv = 4mv_1$이므로 $v_1 = \dfrac{1}{2}v$이다. 따라서 충돌 전 A의 운동량의 크기는 $2mv$이고, 충돌 후 A의 운동량의 크기는 $2m \times \dfrac{1}{2}v = mv$이므로 충돌 전이 충돌 후의 2배이다.

ㄷ. 충돌 후 B의 속력은 $2v_1 = 2 \times \dfrac{1}{2}v = v$이다.

오답 피하기 ㄱ. 충돌 과정에서 A가 B에 작용하는 힘의 크기와 B가 A에 작용하는 힘의 크기는 같다. 따라서 A가 B로부터 받은 충격량의 크기와 B가 A로부터 받은 충격량의 크기는 같다.

09 답 ⑤

방망이에 충돌한 후 야구공의 운동량의 크기는 $0.15 \text{ kg} \times 60 \text{ m/s}$ $= 9 \text{ kg·m/s}$이므로 야구공이 방망이로부터 받은 충격량의 크기는 9 N·s이다. 야구공이 방망이로부터 힘을 받는 시간은 0.01초이므로 야구공이 방망이로부터 받은 평균 힘의 크기는 $\dfrac{9 \text{ N·s}}{0.01 \text{ s}} = 900 \text{ N}$이다.

10 답 ②

ㄷ. 공이 받은 충격량의 크기는 A와 B가 같고, 글러브로부터 힘을 받는 시간은 A가 B보다 작다. 따라서 공이 글러브로부터 받는 평균 힘의 크기는 A가 B보다 크다.

오답 피하기 ㄱ. 글러브에 닿기 직전 야구공의 속력은 A와 B가 v_0으로 같으므로 운동량의 크기는 A와 B가 같다.

ㄴ. 공이 글러브에 닿는 순간부터 정지할 때까지 공의 속도 변화량의 크기는 A와 B가 같다. 따라서 공이 글러브로부터 받은 충격량의 크기는 A와 B가 같다.

11 답 ④

A: 중력의 크기는 질량에 비례하므로 선수에게 작용하는 중력의 크기는 일정하다.

C: 착지할 때 무릎을 굽히면 지면으로부터 힘을 받는 시간이 길어져 충돌 시 선수가 받는 힘의 크기가 감소한다.

오답 피하기 B: 운동량의 변화량은 속력의 변화량에 비례하므로 운동량의 변화량의 크기는 무릎을 굽히는 것과는 관계없다.

12 답 ①

자료 분석 운동 방향이 변하는 물체가 받는 충격량

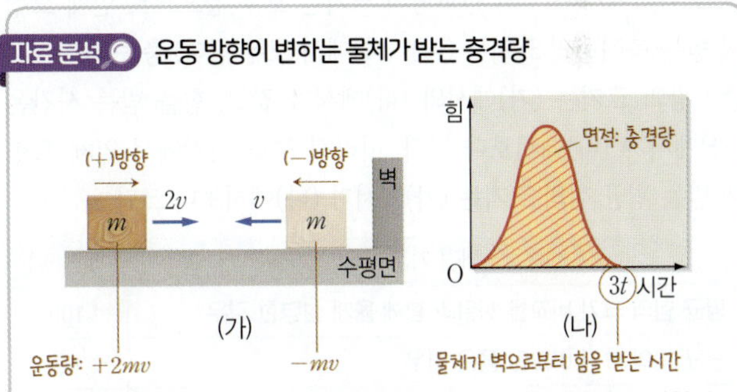

• 운동량은 방향을 포함하는 물리량이므로 운동 방향에 유의한다.
• 물체가 벽을 향해 운동하는 방향을 (+)라 하고, 벽에 충돌한 후 물체의 운동 방향을 (−)라고 하면, 물체가 벽으로부터 받은 충격량의 크기는 $|-mv - 2mv| = 3mv$이다.

ㄱ. 충돌하기 전 물체의 운동량의 크기는 $2mv$이고, 충돌한 후 물체의 운동량의 크기는 mv이다. 따라서 물체의 운동량의 크기는 벽에 충돌하기 전이 충돌한 후의 2배이다.

오답 피하기 ㄴ. (나)에서 빗금친 부분의 면적은 물체가 받은 충격량의 크기이므로 $|-mv - 2mv| = 3mv$이다.

ㄷ. 물체가 벽으로부터 힘을 받는 시간은 $3t$이므로 물체가 벽으로부터 받은 평균 힘의 크기는 $\dfrac{3mv}{3t} = \dfrac{mv}{t}$이다.

13

답 ③

ㄱ, ㄴ. 에어백과 범퍼는 물체가 힘을 받는 시간을 길게 하여 물체가 받는 평균 힘의 크기를 감소시킨다.

오답 피하기 ㄷ. 운동량의 크기는 속력과 질량에 비례한다. 에어백과 범퍼는 물체의 운동량의 크기를 크게 하는 것과는 관계없다.

14

자동차의 운동량은 질량×속도이다. 따라서 속도에 비례하므로, 속도가 작을수록 운동량이 작아져서 충돌할 때 충격량이 작아 피해를 줄일 수 있다.

채점 기준	배점(%)
속도와 운동량, 충격량을 이용하여 옳게 설명한 경우	100
속도와 운동량으로만 설명한 경우	50

15

답 500 N

운동량의 변화량＝충격량이다. 따라서 $0.04\ \text{kg} \times 125\ \text{m/s} = F \times 0.01\ \text{s}$에서 $F = 500\ \text{N}$이다.

16

답 $\frac{1}{2}v$

벽에 충돌한 A의 속력을 v_A라고 하면, 벽으로부터 A가 받은 충격량의 크기는 $2mv + 2mv_\text{A}$이고, B가 받은 충격량의 크기는 mv이다. 벽으로부터 받은 충격량의 크기는 A가 B의 3배이므로 $2mv + 2mv_\text{A} = 3mv$에서 $v_\text{A} = \frac{1}{2}v$이다.

17

충돌 과정에서 속도의 변화량의 크기는 모두 같으므로 인체 모형이 받는 충격량의 크기는 (가), (나)에서 모두 같다. 충돌 과정에서 충격량의 크기는 (가)에서와 (나)에서가 같고, 힘을 받는 시간은 (가)에서가 (나)에서보다 작다. 따라서 충돌 과정에서 인체 모형이 받는 평균 힘의 크기는 (가)에서가 (나)에서보다 크다.

채점 기준	배점(%)
평균 힘의 크기 비교를 까닭과 함께 옳게 설명한 경우	100
평균 힘의 크기 비교만 옳은 경우	40

18

(1) 충격량이 같을 때 A와 같이 앞으로 다가가면서 맞으면 힘을 받는 시간이 짧아지므로 선수에게 작용하는 평균 힘의 크기가 더 크다.

(2) 권투 장갑을 착용하면 장갑이 얼굴에 닿는 순간부터 멈출 때까지 걸리는 시간이 길어지므로 선수에게 작용하는 평균 힘의 크기가 감소한다.

채점 기준	배점(%)
선수에게 작용한 평균 힘의 크기 비교와 까닭을 시간과 관련지어 옳게 설명한 경우	100
선수에게 작용한 평균 힘의 크기 비교만 옳은 경우	50

152～155쪽

| 01 ③ | 02 ⑤ | 03 ② | 04 ⑤ | 05 ① | 06 ④ | 07 ③ |
| 08 ④ | 09 ③ | 10 ② | 11 ③ | 12 ⑤ | 13 ③ | |

단답형·서술형 문제

14 예시 답안 수평 방향으로는 힘이 작용하지 않으므로 물체는 속력이 일정한 등속 직선 운동을 하고, 연직 방향으로는 중력이 작용하므로 물체는 속력이 일정하게 증가하는 등가속도 운동을 한다.

15 예시 답안 A, B, C에는 연직 방향으로 중력이 작용하므로, 연직 방향의 가속도는 모두 중력 가속도와 같고 바닥에 도달하는 시간도 같다.

16 예시 답안 두 자동차가 받는 충격량의 크기는 같다. 충격량의 크기가 같을 때, 질량이 작을수록 속도 변화량의 크기가 크므로 속도 변화량의 크기는 소형 승용차 운전자가 대형 트럭 운전자보다 크다.

17 예시 답안 4초 동안 인공위성이 받은 충격량의 크기는 $800\ \text{kg} \times (25\ \text{m/s} - 20\ \text{m/s}) = F \times 4\ \text{s} = 4000\ \text{N·s}$이다. 따라서 힘의 크기 $F = \dfrac{4000\ \text{N·s}}{4\ \text{s}} = 1000\ \text{N}$이다.

18 (1) 답 A＝B

(2) 예시 답안 B, 손을 뒤로 빼면서 받는 경우 공에 힘이 작용하는 시간이 길어진다.

(3) 예시 답안 A, 힘과 시간 축이 이루는 면적이 같을 때 시간이 짧을수록 작용하는 힘의 크기가 크다.

01

답 ③

ㄱ, ㄷ. 중력은 두 물체의 질량이 클수록 크게 작용하고, 서로 접촉해 있거나 멀리 떨어져 있어도 작용한다.

오답 피하기 ㄴ. 중력은 두 물체 사이의 거리가 가까울수록 크게 작용한다.

02

답 ⑤

ㄱ. 각 높이에서 질량이 2배인 B의 무게가 A의 2배이므로 무게는 질량에 비례한다.

ㄴ. 중력의 크기는 무게이고, 표에서 무게는 높이 올라갈수록 작아진다.

ㄷ. 지표면 근처에서 질량 2 kg인 물체의 무게가 19.6 N이므로 중력 가속도는 $\dfrac{19.6\ \text{N}}{2\ \text{kg}} = 9.8\ \text{m/s}^2$이다.

03

답 ②

자유 낙하 운동은 시간이 지남에 따라 속력이 일정하게 증가하는 등가속도 운동이다. 따라서 물체는 속력이 일정하게 증가하는 운동을 하므로 속력이 일정하게 증가하는 그래프를 찾으면 ②이다.

04 답 ⑤

ㄴ. 수평 방향의 속력이 일정할 때, 수평 방향으로 던진 지점의 높이가 높을수록 수평면에 도달할 때까지 걸린 시간이 길어서 더 멀리 이동한다. 따라서 ㉠은 x_0보다 크다.

ㄷ. 물체는 수평 방향으로 등속 직선 운동을 하므로 $x_0 = 5$ m/s $\times$ ㉡이다. 따라서 $\dfrac{x_0}{㉡} = 5$ m/s이다.

오답 피하기 ㄱ. 물체에 작용하는 중력은 질량에 비례하므로 물체가 낙하하는 동안 물체에 작용하는 중력의 크기는 일정하다.

05 답 ①

ㄱ. A의 운동 방향과 A에 작용하는 중력의 방향은 연직 방향으로 같다.

오답 피하기 ㄴ. 수평 방향으로 던져진 B는 낙하하는 동안 수평 방향의 속력이 일정하다. 따라서 수평면에 도달하는 순간 B의 수평 방향 속력은 v이다.

ㄷ. A와 B에는 중력만 작용하므로 가속도의 크기는 중력 가속도로 같다.

06 답 ④

ㄱ. 낙하하는 동안 동전에 작용하는 힘은 중력이다. 따라서 동전에 작용하는 힘의 방향은 같다.

ㄷ. A와 B가 각각 자와 책상에서 떨어지는 순간 연직 방향의 속력은 0으로 같고, 가속도의 크기는 A와 B가 같다. 따라서 수평면에는 A와 B가 동시에 도달한다.

오답 피하기 ㄴ. 낙하하는 동안 동전의 가속도의 크기는 A와 B가 중력 가속도로 같다.

07 답 ③

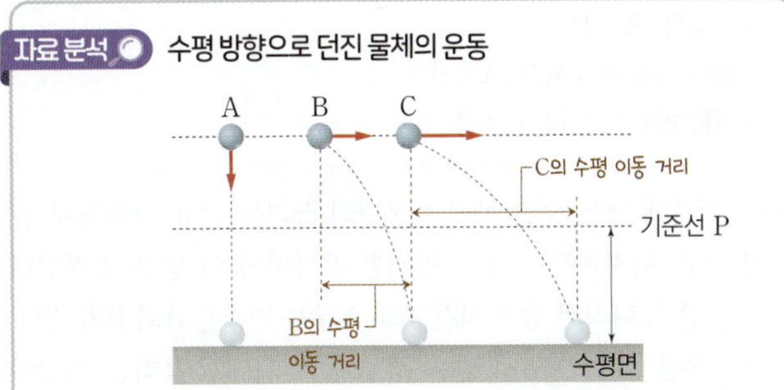

자료 분석 수평 방향으로 던진 물체의 운동

• B와 C를 수평 방향으로 던지는 순간 B와 C의 연직 방향 속력은 0이다.

• 같은 높이에서 수평 방향으로 던진 B와 C는 수평면에 동시에 도달한다.

• 수평면에 도달할 때까지 수평 이동 거리는 B가 C보다 작으므로 수평 방향 속력은 B가 C보다 작다.

ㄱ. B와 C를 수평 방향으로 던지는 순간 연직 방향의 속력은 0으로 같다. 연직 방향의 가속도는 A와 B가 같으므로 A와 B는 P를 동시에 지난다.

ㄴ. B와 C에 작용하는 중력의 방향은 연직 방향으로 같다.

오답 피하기 ㄷ. B와 C의 연직 방향의 운동은 자유 낙하 운동과 같으므로 연직 방향의 속력은 B와 C가 같다.

08 답 ④

A의 운동량의 크기는 10 kg $\times 2$ m/s $= 20$ kg·m/s이다. B의 질량은 5 kg이므로 B의 속력을 v라고 하면, $v = \dfrac{20 \text{ kg·m/s}}{5 \text{ kg}} = 4$ m/s이다.

09 답 ③

물체의 운동량의 변화량의 크기는 물체가 받은 충격량의 크기와 같다. 힘과 시간 축이 이루는 면적은 물체가 받은 충격량이므로 2초부터 4초까지 물체의 운동량의 변화량의 크기는 $(2+4) \times 2 \times \dfrac{1}{2} = 6$(kg·m/s)이다.

10 답 ②

자료 분석 충격량과 운동량의 변화량

$(m < M)$

구분	(가)	(나)
평균 힘의 크기	$2F$	F
힘을 받는 시간	t	t

충격량: $2Ft$ > Ft

빠져나가는 순간 속력: $\dfrac{2Ft}{m}$ > $\dfrac{Ft}{M}$

ㄴ. 면봉이 받는 충격량의 크기는 (가)에서가 (나)에서보다 크므로 운동량의 변화량은 (가)에서가 (나)에서보다 크다. 면봉의 질량은 (가)에서가 (나)에서보다 작으므로 빨대를 빠져나가는 순간 면봉의 속력은 (가)에서가 (나)에서보다 크다.

오답 피하기 ㄱ. (가)에서 면봉에 작용하는 충격량의 크기는 $2Ft$이고, (나)에서 면봉에 작용하는 충격량의 크기는 Ft이다.

ㄷ. 면봉의 질량은 (가)에서가 (나)에서보다 작으므로 면봉에 작용하는 중력의 크기는 (가)에서가 (나)에서보다 작다.

11 답 ③

ㄱ. 1초일 때 물체의 운동량의 크기는 5 kg·m/s이므로 물체의 속력은 $\dfrac{5 \text{ kg·m/s}}{2 \text{ kg}} = 2.5$ m/s이다.

ㄴ. 0초부터 2초까지 물체가 받은 충격량의 크기는 운동량의 변화량의 크기와 같다. 따라서 0초부터 2초까지 물체가 받은 충격량은 $(8-2)$N·s $= 6$ N·s이다. 물체가 힘을 받는 시간은 2초이므로 0초부터 2초까지 물체가 받은 평균 힘의 크기는 $\dfrac{6 \text{ N·s}}{2 \text{ s}} = 3$ N이다.

오답 피하기 ㄷ. 2초부터 3초까지 물체의 운동량의 크기는 일정하므로 물체는 등속 직선 운동을 한다. 따라서 2초부터 3초까지 물체에 작용하는 평균 힘은 0이다.

12

답 ⑤

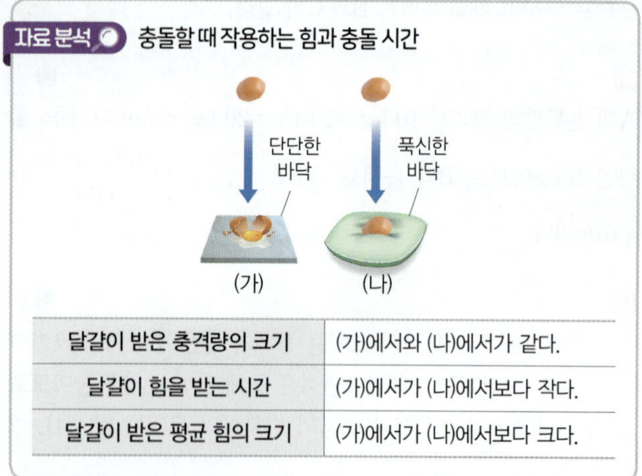

달걀이 받은 충격량의 크기	(가)에서와 (나)에서가 같다.
달걀이 힘을 받는 시간	(가)에서가 (나)에서보다 작다.
달걀이 받은 평균 힘의 크기	(가)에서가 (나)에서보다 크다.

ㄱ. 달걀이 바닥에 닿을 때까지 낙하한 거리는 (가)에서와 (나)에서가 같으므로 바닥에 충돌하기 직전 달걀의 운동량의 크기는 (가)에서와 (나)에서가 같다.

ㄴ. 충격량은 물체의 운동량의 변화량과 같다. 바닥에 충돌한 후 달걀의 속력은 (가)에서와 (나)에서 모두 0이므로 바닥에 충돌하는 동안 달걀이 받는 충격량의 크기는 (가)에서와 (나)에서가 같다.

ㄷ. (가)에서 달걀은 깨졌고, (나)에서 달걀은 깨지지 않았으므로 바닥에 충돌하는 동안 달걀이 받는 평균 힘의 크기는 (가)에서가 (나)에서보다 크다.

13

답 ③

ㄱ. 사람이 푹신한 매트 위로 낙하하는 것은 힘을 받는 시간을 길게 하여 사람이 받는 평균 힘의 크기를 감소시킨다.

ㄷ. 무릎을 굽히면서 착지하는 것은 무릎이 힘을 받는 시간을 길게 하여 무릎이 받는 평균 힘의 크기를 감소시킨다.

오답 피하기 ㄴ. 긴 총으로 먼 표적을 맞히는 것은 총알이 힘을 받는 시간을 길게 하여 총알의 충격량의 크기를 증가시키는 것이다.

14

수평 방향으로는 힘이 작용하지 않으므로 물체는 속력이 일정한 등속 직선 운동을 하고, 연직 방향으로는 중력이 작용하므로 물체는 속력이 일정하게 증가하는 등가속도 운동을 한다.

채점 기준	배점(%)
수평 성분과 연직 성분의 운동을 모두 옳게 설명한 경우	100
수평 성분과 연직 성분의 운동 중 1가지만 옳게 설명한 경우	50

15

A, B, C에는 연직 방향으로 중력이 작용하므로, 연직 방향의 가속도는 모두 중력 가속도와 같다. 따라서 바닥에 도달하는 시간도 같다.

채점 기준	배점(%)
가속도와 바닥에 도달하는 시간을 모두 옳게 설명한 경우	100
가속도와 바닥에 도달하는 시간 중 1가지만 옳게 설명한 경우	50

16

두 차가 충돌할 때 받는 힘은 작용 반작용 관계이므로 두 힘의 크기는 같다. 충돌 시간이 같으므로 두 자동차가 받는 충격량의 크기는 같다. 충격량의 크기가 같을 때, 질량이 작을수록 속도 변화량의 크기가 크므로 속도 변화량의 크기는 소형 승용차의 운전자가 대형 트럭 운전자보다 크다.

채점 기준	배점(%)
충격량의 크기가 같다는 것과 관련지어 옳게 설명한 경우	100
충격량의 크기가 같기 때문이라고만 설명한 경우	50

17

4초 동안 인공위성이 받은 충격량의 크기는 $800 \text{ kg} \times (25 \text{ m/s} - 20 \text{ m/s}) = F \times 4 \text{ s} = 4000 \text{ N} \cdot \text{s}$이다. 이를 정리하면, 힘의 크기 $F = \dfrac{4000 \text{ N} \cdot \text{s}}{4 \text{ s}} = 1000 \text{ N}$이다.

채점 기준	배점(%)
힘의 크기와 풀이 과정이 모두 옳은 경우	100
힘의 크기만 옳게 쓴 경우	50

18

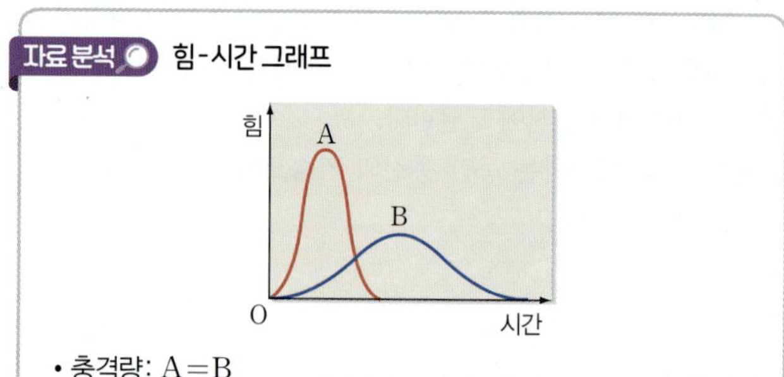

- 충격량: $A = B$
- 힘이 작용하는 시간: $A < B$
- 작용하는 평균 힘: $A > B$

(1) 글러브에 닿는 순간 공의 운동량의 크기는 같고, 글러브로 들어간 공은 정지하므로 공이 정지할 때까지 공이 받은 충격량의 크기는 같다. 따라서 힘이 시간 축과 이루는 면적은 A와 B가 같다.

(2) B, 손을 뒤로 빼면서 받는 경우 공에 힘이 작용하는 시간이 길어진다.

채점 기준	배점(%)
손을 뒤로 빼면서 받는 경우와 까닭을 모두 옳게 설명한 경우	100
손을 뒤로 빼면서 받는 경우만 옳게 고른 경우	50

(3) A, 힘과 시간 축이 이루는 면적이 같을 때 시간이 짧을수록 작용하는 힘의 크기가 크다.

채점 기준	배점(%)
힘이 더 큰 경우와 까닭을 모두 옳게 설명한 경우	100
힘이 더 큰 경우만 옳게 고른 경우	50

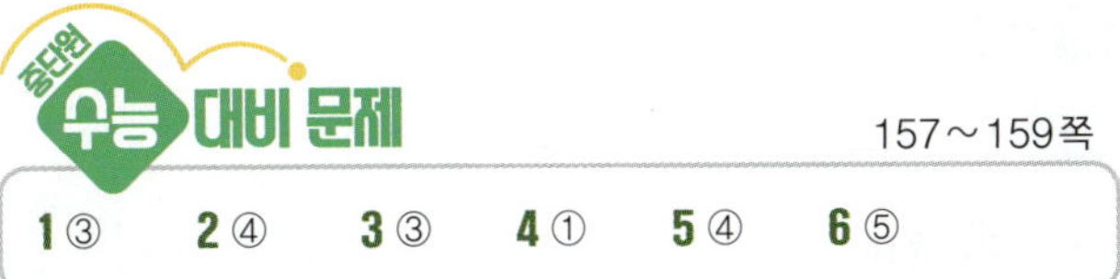

| 1 ③ | 2 ④ | 3 ③ | 4 ① | 5 ④ | 6 ⑤ |

1 답 ③

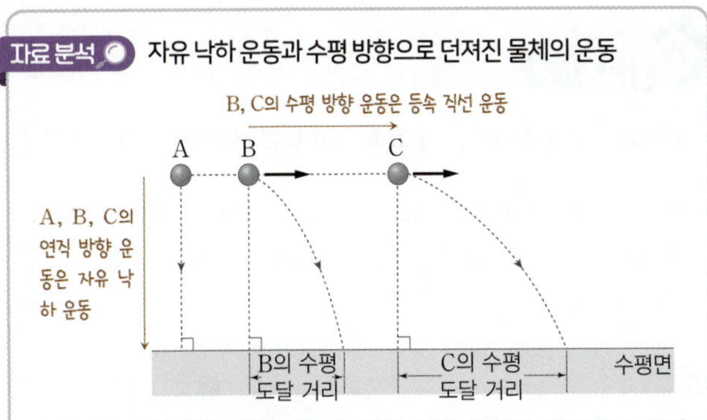

자료 분석 **자유 낙하 하는 물체**

ㄱ. 물체에 작용하는 중력의 크기는 질량에 비례하므로 p, q, r에서가 모두 같다.

ㄴ. 물체에 작용하는 중력의 방향은 연직 방향으로 일정하다.

오답 피하기 ㄷ. 물체의 가속도의 크기는 $\dfrac{\text{속도 변화량}}{\text{걸린 시간}}$이다. 따라서 물체의 속도 변화량의 크기는 p에서 q까지가 q에서 r까지의 3배이다.

2 답 ④

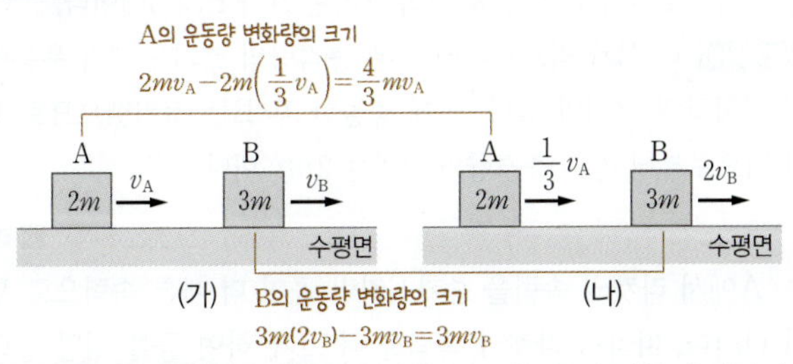

자료 분석 **자유 낙하 운동과 수평 방향으로 던져진 물체의 운동**

• A, B, C의 연직 방향 운동은 자유 낙하 운동과 같으므로 수평면에는 A, B, C가 동시에 도달한다.

• B, C의 수평 방향 이동 거리는 C가 B보다 크다. → 수평 방향의 속력은 C가 B보다 크다.

ㄱ. A를 가만히 놓은 지점과 B를 수평 방향으로 던진 지점의 높이는 같다. B의 연직 방향의 운동은 자유 낙하 운동과 같고, A를 가만히 놓은 순간 B를 수평 방향으로 던졌으므로 수평면에는 A와 B가 동시에 도달한다.

ㄷ. B와 C가 낙하하는 동안 수평 방향의 속력은 일정하다. B와 C를 수평 방향으로 동시에 던진 순간부터 수평면에 도달할 때까지 걸린 시간은 같다. 수평면에 도달할 때까지 수평 방향으로 이동한 거리는 B가 C보다 작으므로 물체의 수평 방향 속력은 B가 C보다 작다.

오답 피하기 ㄴ. B에 작용하는 중력의 방향은 연직 방향이고, B는 곡선 경로를 따라 운동한다. 따라서 B에 작용하는 중력의 방향과 B의 운동 방향은 같지 않다.

이런 보기도 나온다! 답 ㄹ. ○ ㅁ. ✕ ㅂ. ○

ㄹ. B와 C의 연직 방향의 운동은 자유 낙하 운동과 같으므로 수평면에 도달하는 순간 연직 방향의 속력은 B와 C가 같다.

ㅁ. 수평 방향으로 B에 작용하는 힘은 0이므로 B의 수평 방향 속력은 일정하다.

ㅂ. B와 C에는 연직 방향으로 중력이 작용하므로 연직 방향의 가속도는 B와 C가 같다.

3 답 ③

ㄱ. A가 낙하하는 동안 수평 방향으로 A에 작용하는 힘은 0이므로 A의 수평 방향 속력은 일정하다. A가 2초 동안 수평 방향으로 이동한 거리는 10 m이므로 $v = \dfrac{10\ \text{m}}{2\ \text{s}} = 5\ \text{m/s}$이다.

ㄴ. A를 수평 방향으로 던진 지점의 높이와 B를 가만히 놓은 지점의 높이는 같고, A의 연직 방향의 운동은 자유 낙하 운동과 같으므로 A와 B가 충돌할 때까지 높이는 같다. A의 수평 방향 속력은 5 m/s이므로 1초 동안 수평 방향으로 이동한 거리는 5 m이다.

오답 피하기 ㄷ. A의 연직 방향의 운동은 자유 낙하 운동과 같으므로 1초일 때 A와 B의 연직 방향의 속력은 같다.

이런 보기도 나온다! 답 ㄹ. ○ ㅁ. ✕ ㅂ. ✕

ㄹ. 물체에 작용하는 중력의 방향은 연직 방향으로 같다.

ㅁ. A의 수평 방향 속력은 일정하므로 1초일 때 A의 수평 방향 속력은 v이다.

ㅂ. A와 B의 연직 방향의 가속도의 크기는 중력 가속도로 같다.

4 답 ①

자료 분석 **충격량과 운동량의 변화량**

• 충돌 과정에서 A가 받은 충격량의 크기는 B가 받은 충격량의 크기와 같다.

• A와 B가 충돌할 때 B가 A에 작용하는 힘의 방향은 충돌 전 A의 운동 방향과 반대이다. → 충돌 과정에서 A의 속력은 감소

• A와 B가 충돌할 때 A가 B에 작용하는 힘의 방향은 충돌 전 B의 운동 방향과 같다. → 충돌 과정에서 B의 속력은 증가

ㄱ. 충돌 과정에서 A가 B에 작용한 힘과 B가 A에 작용한 힘은 작용 반작용 관계이다. 충돌 과정에서 A가 B로부터 받은 힘의 방향은 B가 A로부터 받은 힘의 방향과 반대이다.

오답 피하기 ㄴ. 충돌 과정에서 A가 B에 작용한 충격량의 크기는 B가 A에 작용한 충격량의 크기와 같다. 물체가 받은 충격량은 운동량 변화량과 같으므로 충돌 과정에서 A의 운동량 변화량의 크기는 B의 운동량 변화량의 크기와 같다.

ㄷ. 충돌 과정에서 B가 받은 충격량의 크기는 $3m(2v_B)-3mv_B$ $=3mv_B$이고, A가 받은 충격량의 크기는 $2mv_A-2m\left(\dfrac{1}{3}v_A\right)=$ $\dfrac{4}{3}mv_A$이다. 충돌 과정에서 A가 B에 작용한 충격량의 크기는 B가 A에 작용한 충격량의 크기와 같으므로 $\dfrac{4}{3}mv_A=3mv_B$에서 $\dfrac{v_A}{v_B}=\dfrac{9}{4}$이다.

5 답 ④

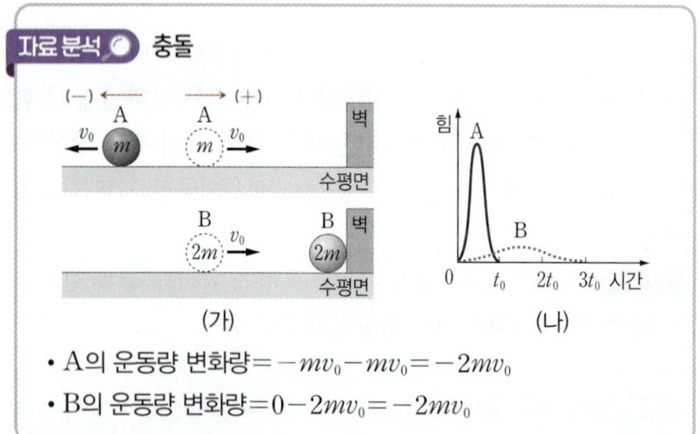

ㄱ. 벽에 충돌하기 전 A의 운동량의 크기는 mv_0이고 B의 운동량의 크기는 $2mv_0$이다. 따라서 벽에 충돌하기 전 운동량의 크기는 B가 A의 2배이다.

ㄷ. A가 벽으로부터 받은 평균 힘의 크기는 $\dfrac{2mv_0}{t_0}$이고, B가 벽으로부터 받은 평균 힘의 크기는 $\dfrac{2mv_0}{3t_0}$이다. 따라서 충돌하는 동안 벽으로부터 받은 평균 힘의 크기는 A가 B의 3배이다.

오답 피하기 ㄴ. B가 벽으로부터 받은 충격량의 크기는 B의 운동량의 변화량의 크기와 같다. 벽에 충돌한 후 B는 정지했으므로 B가 벽으로부터 받은 충격량의 크기는 $2mv_0$이다.

6 답 ⑤

ㄱ. A에서 라켓의 속력을 증가시키면 공이 더 빠른 속력으로 튕겨 나간다. 따라서 라켓의 속력을 더 크게 하여 공을 치면 공의 운동량의 크기는 증가한다.

ㄴ. B에서 에어백은 힘을 받는 시간을 증가시킴으로써 탑승자가 받는 평균 힘의 크기를 감소시킨다.

ㄷ. C에서 활시위를 더 당기면 활사위를 떠나는 순간 화살의 속력이 커진다. 따라서 활시위를 더 당기면 활시위가 받는 충격량의 크기는 커진다.

---

03 생명 시스템

12강 생명 시스템에서의 화학 반응

탐구 확인문제 163쪽

01 (1) ○ (2) × (3) ○　　**02** ㄴ

01 답 (1) ○ (2) × (3) ○

(1) 감자즙 속의 카탈레이스는 과산화 수소 분해 반응의 활성화에너지를 낮추어 과산화 수소가 빠르게 분해되도록 한다. 따라서 감자즙 속의 카탈레이스가 없을 때보다 있을 때 거품이 많이 발생한다.

(2) 카탈레이스의 입체 구조와 맞는 물질은 에탄올이 아닌 과산화 수소이다. 따라서 감자즙 속의 카탈레이스와 결합해 거품을 발생시키는 물질은 과산화 수소이다.

(3) 카탈레이스는 화학 반응이 끝난 후에도 변하지 않으므로 다시 반응에 이용된다.

02 답 ㄴ

ㄴ. 카탈레이스는 과산화 수소와 결합해 과산화 수소를 물과 산소로 분해하는 효소이다.

오답 피하기 ㄱ. 효소인 카탈레이스의 주성분은 단백질이다.

ㄷ. 카탈레이스는 과산화 수소 분해 반응의 활성화에너지를 낮추어 화학 반응이 빠르게 일어나게 한다.

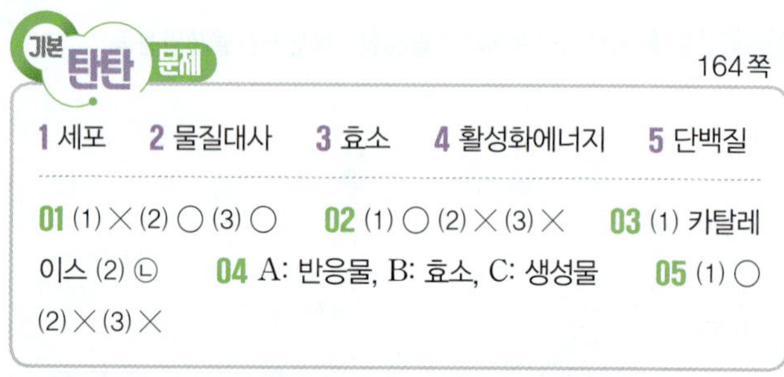

기본 탄탄 문제 164쪽

1 세포　　**2** 물질대사　　**3** 효소　　**4** 활성화에너지　　**5** 단백질

01 (1) × (2) ○ (3) ○　　**02** (1) ○ (2) × (3) ×　　**03** (1) 카탈레이스 (2) ㉡　　**04** A: 반응물, B: 효소, C: 생성물　　**05** (1) ○ (2) × (3) ×

01 답 (1) × (2) ○ (3) ○

(1) A는 세포막, B는 라이보솜, C는 핵, D는 마이토콘드리아이다.

(2), (3) 아미노산을 연결해 단백질을 합성하는 장소는 라이보솜(B)이고, 세포호흡이 일어나는 장소는 마이토콘드리아(D)이다.

02 답 (1) ○ (2) × (3) ×

(1), (2) 생명체에서 일어나는 화학 반응인 물질대사에는 효소가 관여하며, 에너지 출입이 함께 일어난다.

(3) 물질대사에는 효소가 관여하므로 체온 정도의 낮은 온도에서 반응이 일어난다.

03 답 (1) 카탈레이스 (2) ㉡

과산화 수소 분해 반응을 촉진하는 효소 A는 카탈레이스이다. 카탈레이스는 과산화 수소 분해 반응의 활성화에너지를 낮추어 과산화 수소를 물과 산소로 빠르게 분해한다. 따라서 ㉠은 카탈레이스가 없을 때, ㉡은 카탈레이스가 있을 때의 에너지 변화이다.

04

답 A: 반응물, B: 효소, C: 생성물

효소는 반응 전후에 변하지 않으므로 B가 효소이다. 반응물은 효소와 일시적으로 결합하는 물질이므로 A가 반응물, C가 생성물이다. 효소(B)는 반응물(A)과 일시적으로 결합하여 활성화에너지를 낮추며, 화학 반응이 끝나면 효소는 생성물(C)과 분리되어 반응 전과 같은 상태가 된다.

05

답 (1) ○ (2) × (3) ×

(1) 효소마다 입체 구조가 다르고, 자신의 입체 구조와 맞는 물질에만 작용하기 때문에, 효소는 특정 반응물과만 결합해 작용한다.
(2) 효소는 그 구조에 맞는 특정 반응물과 일시적으로 결합하여 반응의 활성화에너지를 낮춘다.
(3) 화학 반응이 끝난 효소는 구조와 성질이 변하지 않으므로 새로운 반응물과 결합해 다시 반응에 이용된다.

 문제

165~167쪽

| 01 ⑤ | 02 ① | 03 ① | 04 ② | 05 ③ | 06 ① | 07 ③ |
| 08 ⑤ | 09 ① | 10 ② | 11 ④ | 12 ⑤ | 13 ② | |

단답형·서술형 문제

14 (1) 답 A: 엽록체, B: 라이보솜, C: 마이토콘드리아
(2) 예시 답안 엽록체(A)에서는 빛에너지를 흡수해 포도당을 합성하는 광합성이 일어나고, 라이보솜(B)에서는 아미노산을 연결해 단백질을 합성하며, 마이토콘드리아(C)에서는 생명활동에 필요한 에너지를 생성하는 세포호흡이 일어난다.

15 (1) 예시 답안 (가)와 (나)는 모두 효소가 관여하는 물질대사이다.
(2) 예시 답안 (가)에서는 에너지가 방출되고, (나)에서는 에너지가 흡수된다.

16 (1) 예시 답안 감자즙에 들어 있는 효소인 카탈레이스가 과산화 수소 분해 반응의 활성화에너지를 낮추어 과산화 수소가 빠르게 분해되어 산소가 발생했기 때문이다.
(2) 예시 답안 감자즙에 들어 있는 카탈레이스는 과산화 수소와는 결합하지만 에탄올과는 결합하지 않기 때문이다.

01

답 ⑤

① 세포는 생명 시스템을 구성하는 구조적·기능적 기본 단위이다.
② 세포의 핵에는 유전물질인 DNA가 있다.
③ 동식물뿐만 아니라 모든 생물을 이루는 세포는 세포막을 가진다.
④ 여러 세포소기관은 유기적으로 상호작용 하여 생명체가 생존하는 데 필요한 생명활동을 수행한다.
오답 피하기 ⑤ 다세포 생물은 모양과 기능이 비슷한 세포가 모여 조직을 이루고, 여러 조직이 모여 고유한 형태와 기능을 나타내는 기관을 이루며, 여러 기관이 모여 개체를 구성한다.

02

답 ①

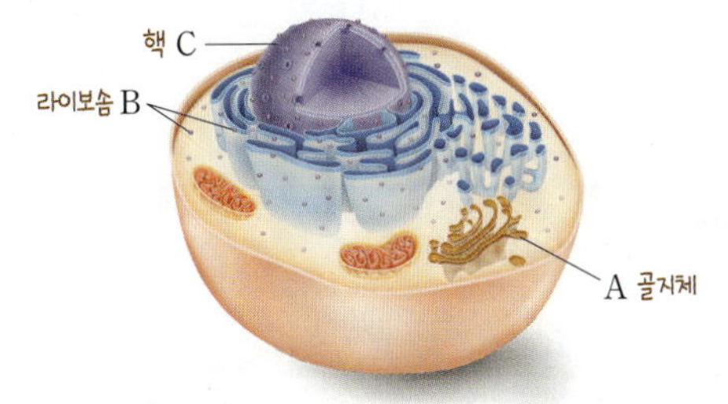

• A는 골지체로, 세포에서 합성한 단백질을 세포 밖으로 분비하는 데 관여한다.
• B는 라이보솜으로, 단백질을 합성한다.
• C는 핵으로, 유전물질(DNA)이 있어 생명활동을 조절한다.

ㄱ. A는 세포에서 합성한 단백질을 세포 밖으로 분비하는 데 관여하는 골지체이다.
오답 피하기 ㄴ. B는 단백질을 합성하는 라이보솜이다. 유전물질이 있어 세포의 생명활동을 조절하는 세포소기관은 핵(C)이다.
ㄷ. C는 핵이다.

03

답 ①

① 핵에는 유전정보가 담긴 유전물질인 DNA가 들어 있다.
오답 피하기 ② 세포벽은 동물 세포에는 없고 식물 세포에만 있다.
③ 빛에너지를 흡수하여 포도당을 합성하는 광합성이 일어나는 세포소기관은 엽록체이다.
④ 세포의 생명활동에 필요한 에너지를 생성하는 세포호흡이 일어나는 세포소기관은 마이토콘드리아이다.
⑤ 소포체에서 운반된 단백질을 변형하여 세포 밖으로 분비하는 세포소기관은 골지체이다.

04

답 ②

이 세포소기관은 막 안쪽에 주름진 막 구조를 가지고 있으므로 마이토콘드리아이다.
ㄴ. 마이토콘드리아에서는 생명활동에 필요한 에너지를 생성하는 세포호흡이 일어난다.
오답 피하기 ㄱ. 빛에너지를 흡수해 포도당을 합성하는 화학 반응은 광합성이며, 광합성은 엽록체에서 일어난다.
ㄷ. 마이토콘드리아는 동물 세포와 식물 세포에 모두 있다.

05

답 ③

세포를 둘러싸고 있으며, 세포 안팎으로 물질이 출입하는 것을 조절하는 세포소기관은 세포막이며, 단백질을 합성하는 세포소기관은 라이보솜이다. 핵막과 연결되어 있으며, 단백질을 운반하는 통로 역할을 하는 세포소기관은 소포체이다.

06

답 ③

ㄱ. 물질대사는 생명체에서 물질을 합성하고 분해하는 모든 화학 반응이며, 화학 반응을 조절하는 물질인 효소가 관여한다.

ㄷ. 물질대사에서 물질을 합성하는 반응이 일어날 때는 에너지를 흡수하고, 물질을 분해하는 반응이 일어날 때는 에너지를 방출한다.

오답 피하기 ㄴ. 물질대사는 생명체 내에서 일어나는 모든 화학 반응이다.

07

답 ③

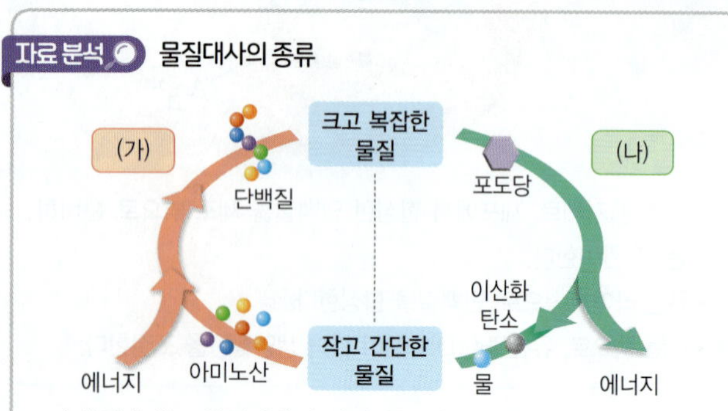

- (가)와 (나)는 생명체에서 일어나는 화학 반응이다. → (가)와 (나)는 모두 물질대사이다.
- (가)는 에너지를 흡수하고, (나)는 에너지를 방출한다. → (가)는 물질 합성 반응, (나)는 물질 분해 반응이다.
- (가)와 (나)에는 모두 효소가 관여한다.

ㄱ. (가)와 (나)는 모두 생명체에서 일어나는 화학 반응이므로 물질대사이다.

ㄷ. 소화관에서 영양소가 소화효소에 의해 분해되는 화학 반응은 크고 복잡한 물질이 작고 간단한 물질로 분해되는 화학 반응이므로 (나)의 예에 해당한다.

오답 피하기 ㄴ. (가)는 물질 합성 반응으로 에너지를 흡수하고, (나)는 물질 분해 반응으로 에너지를 방출한다.

08

답 ⑤

①, ②, ③, ④ 이자에서 인슐린과 같은 호르몬이 합성되는 반응, 간에서 알코올이나 암모니아 같은 독성 물질이 분해되는 반응, 모근에서 케라틴 단백질이 합성되는 반응, 세포호흡이 일어나 에너지가 생성되는 반응은 모두 생명체 내에서 일어나는 화학 반응이므로, 물질대사이다.

오답 피하기 ⑤ 폐포에서 모세혈관으로 산소가 이동하는 것은 확산에 의한 것으로, 효소가 관여하지 않는다. 따라서 물질대사에 해당하지 않는다.

09

답 ①

ㄱ. (가)에서는 다람쥐가 생명활동에 필요한 에너지를 물질대사인 세포호흡을 통해 얻는다.

오답 피하기 ㄴ. (가)에서 일어나는 물질대사에서는 에너지가 단계적으로 소량씩 방출되지만 (나)에서 일어나는 연소에서는 빛에너지와 열에너지가 한꺼번에 방출된다.

ㄷ. (가)는 효소가 관여하므로 체온 정도의 낮은 온도에서 반응이 일어나지만 (나)는 400 °C 이상의 높은 온도에서 반응이 일어난다.

물질대사	연소
• 효소가 관여한다. • 체온 정도의 낮은 온도에서 일어난다. • 에너지가 단계적으로 소량씩 방출된다.	• 효소가 관여하지 않는다. • 400 °C 이상의 높은 온도에서 일어난다. • 다량의 에너지가 한꺼번에 방출된다.

10

답 ②

활성화에너지는 화학 반응이 일어나는 데 필요한 최소한의 에너지이며, 효소는 활성화에너지를 낮추어 화학 반응의 속도를 증가시킨다. 따라서 효소가 없을 때(㉠)의 활성화에너지는 A이고, 효소가 있을 때(㉡)의 활성화에너지는 B이다. C는 반응물과 생성물의 에너지 차이인 반응열로, 효소의 유무에 관계없이 일정하다.

- 화학 반응이 일어나는 데 필요한 최소한의 에너지를 활성화에너지라고 한다.
- 화학 반응은 일정한 양 이상의 에너지를 가진 반응물들이 충돌하여 일어나므로 화학 반응이 일어나려면 반응물이 활성화에너지 이상의 에너지를 가져야 한다.
- 활성화에너지가 낮을수록 반응할 수 있는 분자 수가 많아지므로 화학 반응이 빠르게 일어난다.

11

답 ④

①, ②, ③ 효소는 자신의 입체 구조와 맞는 반응물과만 결합해 활성화에너지를 낮추며, 반응이 끝나면 생성물과 분리된다. 생성물과 분리된 효소는 반응 전과 같은 상태가 되므로 반응이 끝난 뒤 소모되지 않고 재사용된다.

⑤ 효소는 생체촉매로, 생명체에서 일어나는 화학 반응을 조절하여 생명 시스템이 유지되게 한다.

오답 피하기 ④ 효소는 생명체 안에서 뿐만 아니라 생명체 밖에서도 작용하므로 일상생활의 여러 분야에서 활용된다.

12

답 ⑤

- A는 효소와 결합하므로 반응물이다.
- B는 반응 전후에 변하지 않으므로 효소이다.
- C는 반응물(A)이 2개의 물질로 분해되었으므로 생성물이다.
- 이 화학 반응에서는 반응물(A)이 2개의 생성물(C)로 분해되었으므로 에너지가 방출된다.

ㄴ. 효소(B)의 주성분은 단백질이다.

ㄷ. 이 화학 반응에서는 반응물(A)이 2개의 생성물(C)로 분해되
었으므로 에너지가 방출된다.

오답 피하기 ㄱ. A는 반응물, C는 생성물이다.

13
답 ②

자료 분석 ○ 효소의 활용 사례

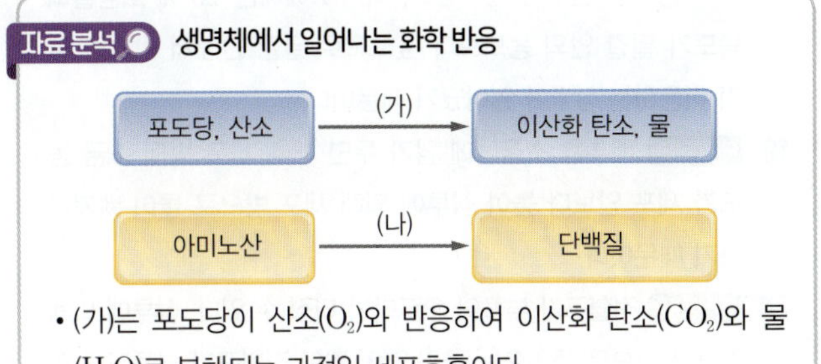

효소 세제에 들어 있는 단백질분해효소(㉠)와 지방 분해 효소(㉡)
가 섬유에 붙어 있는 때의 주성분인 단백질과 지방의 분해를 도와
준다.

ㄴ. 이 효소 세제에는 효소가 들어 있으며, 효소의 주성분은 단백
질이다.

오답 피하기 ㄱ. 단백질분해효소(㉠)는 단백질을 구성하는 아미노
산 사이의 공유 결합(펩타이드결합)을 끊어 단백질을 분해하는
반응을 촉매한다.

ㄷ. 지방 분해 효소(㉡)는 지방을 분해하는 반응의 활성화에너지
를 낮춘다.

14

(1) A는 엽록체, B는 라이보솜, C는 마이토콘드리아이다.

(2) 엽록체(A)에서는 빛에너지를 흡수해 포도당을 합성하는 과
정인 광합성이 일어난다. 라이보솜(B)은 소포체 표면에 붙어 있
거나 세포질에 흩어져 있으며, 아미노산을 연결해 단백질을 합성
한다. 마이토콘드리아(C)에서는 생명활동에 필요한 에너지를 생
성하는 세포호흡이 일어난다.

채점 기준	배점(%)
A~C의 기능을 모두 옳게 설명한 경우	100
A~C의 기능 중 2가지만 옳게 설명한 경우	60
A~C의 기능 중 1가지만 옳게 설명한 경우	30

15

자료 분석 ○ 생명체에서 일어나는 화학 반응

• (가)는 포도당이 산소(O_2)와 반응하여 이산화 탄소(CO_2)와 물
(H_2O)로 분해되는 과정인 세포호흡이다.
• (나)는 아미노산이 단백질로 합성되는 과정이다.

(1) (가)는 포도당이 이산화 탄소와 물로 분해되는 과정인 세포호흡
이고, (나)는 단백질이 합성되는 과정이다. 세포호흡(가)과 단백
질의 합성(나)은 모두 생명체에서 일어나는 화학 반응이므로 물질
대사이고, 물질대사에는 효소가 관여한다.

채점 기준	배점(%)
(가)와 (나)의 공통점을 2가지 모두 옳게 설명한 경우	100
(가)와 (나)의 공통점을 1가지만 옳게 설명한 경우	50

(2) (가)는 물질 분해 반응이므로 에너지가 방출되고, (나)는 물질
합성 반응이므로 에너지가 흡수된다.

채점 기준	배점(%)
(가)와 (나)에서의 에너지 출입을 모두 옳게 설명한 경우	100
(가)와 (나)에서의 에너지 출입 중 1가지만 옳게 설명한 경우	50

개념 더하기 ✚ 물질대사

• 물질대사는 생명체에서 일어나는 물질을 합성하고 분해하는 모
든 화학 반응이다.
• 작고 간단한 물질을 크고 복잡한 물질로 합성하는 반응과 크고
복잡한 물질을 작고 간단한 물질로 분해하는 반응으로 구분하며,
물질대사가 일어날 때는 반드시 에너지 출입이 함께 일어난다.
• 생명체는 물질대사를 통해 물질과 에너지를 얻으므로 생명활동
을 위해서는 반드시 물질대사가 일어나야 한다.
• 물질대사가 체온 정도의 낮은 온도에서 활발하게 일어날 수 있
는 것은 생체촉매인 효소가 관여하기 때문이다.

16

(1) (가)에서는 과산화 수소가 물과 산소로 분해되는 데 촉매 역
할을 하는 효소인 카탈레이스가 없어 산소가 발생되지 않았다.
(나)에서는 감자즙에 들어 있는 효소인 카탈레이스가 과산화 수
소 분해 반응의 활성화에너지를 낮추어 과산화 수소가 빠르게 분
해되어 산소가 발생했다.

채점 기준	배점(%)
(가)와 (나) 중 (나)에서 반응이 일어난 까닭을 활성화에너지와 연관 지어 옳게 설명한 경우	100
(가)와 (나) 중 (나)에서 반응이 일어난 까닭을 활성화에너지를 언급하지 않고 설명한 경우	50

(2) 카탈레이스는 자신의 입체 구조와 일치하는 구조를 가진 과산
화 수소하고만 결합하며, 에탄올과는 결합하지 않는다. 따라서
에탄올과 감자즙이 있는 (다)에서는 반응이 일어나지 않는다.

채점 기준	배점(%)
(나)와 (다) 중 (다)에서 반응이 일어나지 않은 까닭을 제시된 용어를 모두 포함하여 옳게 설명한 경우	100
(나)와 (다) 중 (다)에서 반응이 일어나지 않은 까닭을 제시된 용어 중 2가지만 포함하여 설명한 경우	60
(나)와 (다) 중 (다)에서 반응이 일어나지 않은 까닭을 제시된 용어 중 1가지만 포함하여 설명한 경우	30

탐구 확인문제 170쪽

01 (1) × (2) × (3) ○ **02** ㄱ

01 답 (1) × (2) × (3) ○

(1) 양파 표피세포를 증류수에 넣으면 세포 안으로 들어오는 물의 양이 많아 세포의 부피가 커진다.
(2), (3) 양파 표피세포를 10 % 소금물에 넣으면 세포 밖으로 빠져나가는 물의 양이 많아 세포막이 세포벽에서 분리된다.

02 답 ㄱ

ㄱ. 삼투는 용질 입자의 크기가 커서 세포막을 통과할 수 없을 때 일어난다.

오답 피하기 ㄴ. 삼투는 세포막을 경계로 용질의 농도가 낮은 곳에서 높은 곳으로 용매인 물 분자가 이동하는 현상이다.
ㄷ. 적혈구를 증류수에 넣으면 적혈구 안으로 들어오는 물의 양이 많아 적혈구의 부피가 커져 부풀어 오르다가 터질 수 있다.

기본 탄탄 문제 171쪽

1 선택적 투과성 **2** 단백질 **3** 인지질 이중층 **4** 확산
5 삼투

01 A: 인지질, B: 막단백질 **02** (1) ○ (2) × **03** 세포 외부
04 ㄷ **05** ㉠ 소금물, ㉡ 밖 **06** (1) ○ (2) ×

01 답 A: 인지질, B: 막단백질

세포막은 인지질 이중층에 막단백질이 파묻혀 있거나 관통하고 있다.

02 답 (1) ○ (2) ×

(1) 세포막을 구성하는 막단백질은 인지질 이중층 곳곳에 있다.
(2) 세포 안과 밖은 물이 풍부하므로 인지질의 친수성 부분은 세포막의 바깥쪽에 배열되어 있고, 소수성 부분은 안쪽으로 서로 마주 보고 배열되어 있다.

03 답 세포 외부

확산은 물질이 농도가 높은 곳에서 낮은 곳으로 이동하는 현상이므로 세포 외부에서가 세포 내부에서보다 ㉠의 농도가 높다.

04 답 ㄷ

이산화 탄소와 같이 크기가 작은 기체 분자는 인지질 이중층을 직접 통과하지만, 포도당, 아미노산, 나트륨 이온 등과 같은 물질은 인지질 이중층을 직접 통과하기 어려우므로 막단백질을 통해 이동한다.

05 답 ㉠ 소금물, ㉡ 밖

양파 표피세포를 소금물에 넣으면 세포 안보다 밖이 용질의 농도가 높기 때문에 세포 밖으로 이동하는 물의 양이 많아져 세포질의 부피가 작아진다.

06 답 (1) ○ (2) ×

(1) 적혈구를 증류수에 넣으면 적혈구 안으로 들어오는 물의 양이 많아 적혈구의 부피가 커진다.
(2) 적혈구를 10 % 소금물에 넣으면 적혈구 밖으로 빠져나가는 물의 양이 많아 적혈구의 부피가 작아진다.

실력 쑥쑥 문제 172～175쪽

01 ⑤ **02** ⑤ **03** ① **04** ③ **05** ③ **06** ③
07 ②, ③, ⑤ **08** ④ **09** ① **10** ① **11** ④ **12** ⑤
13 ⑤ **14** ④

단답형·서술형 문제

15 (1) 답 A: 아미노산, B: 산소
(2) 예시 답안 인지질의 구조에는 친수성 부분과 소수성 부분이 있으며, 친수성인 머리 부분은 수용성 환경인 세포막의 바깥쪽에 배열되어 있고, 소수성인 꼬리 부분은 안쪽으로 서로 마주 보고 배열되어 있기 때문이다.

16 답 (가) 막단백질을 통한 확산, (나) 인지질 이중층을 통한 확산

17 예시 답안 ·공통점: (가)와 (나)는 모두 물질이 농도가 높은 곳에서 낮은 곳으로 이동하는 확산이다.
·차이점: (가)에서는 물질의 이동에 막단백질이 관여하지 않지만, (나)에서는 물질의 이동에 막단백질이 관여한다.

18 예시 답안 ㉠은 증가, ㉡은 감소이다. 비커 A에서는 증류수의 농도가 달걀 안의 농도보다 낮으므로 달걀 밖에서 안으로 물이 이동하는 삼투가 일어났고, 비커 B에서는 10 % 소금물의 농도가 달걀 안의 농도보다 높으므로 달걀 안에서 밖으로 물이 이동하는 삼투가 일어났기 때문이다.

19 예시 답안 배추를 소금물에 담가 두면 배추 세포 밖의 소금 농도가 세포 안보다 높아 삼투에 의해 세포 밖으로 물이 빠져나가기 때문이다.

20 예시 답안 적혈구가 부풀어 오르다가 터질 수 있다. 삼투에 의해 적혈구 안으로 들어오는 물의 양이 많아 적혈구가 부풀어 오르다가 세포벽이 없어 세포막이 터질 수 있기 때문이다.

01
답 ⑤

ㄱ. 세포막의 주성분은 인지질과 단백질이다.

ㄴ. 세포막은 선택적 투과성이 있어 세포 안팎으로 물질의 출입을 조절한다.

ㄷ. 세포막을 구성하는 인지질의 머리 부분은 물과 친화력이 강한 친수성이고, 꼬리 부분은 물과 친화력이 약한 소수성이다.

02
답 ⑤

자료 분석 세포막의 구조

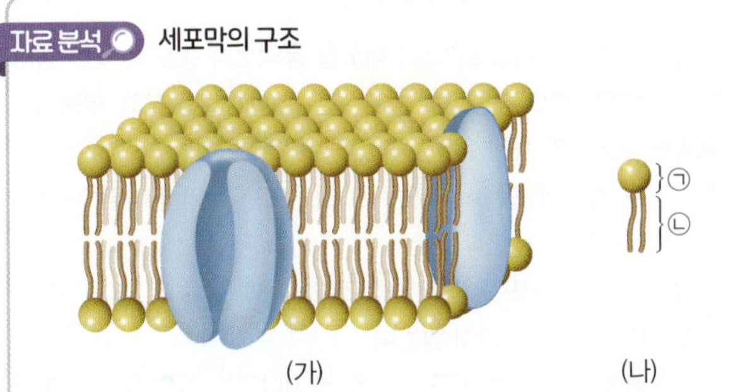

(가) (나)

- 세포막(가)에서 인지질의 꼬리 부분은 안쪽으로 서로 마주 보고, 머리 부분은 바깥쪽으로 배열되어 있다. → 세포막은 인지질 이중층 구조를 형성한다.
- (나)에서 ㉠은 친수성인 머리 부분, ㉡은 소수성인 꼬리 부분이다. → (나)는 인지질이다.

① 세포막(가)은 선택적 투과성이 있어 세포 안팎으로의 물질 출입을 조절한다.

② 세포막(가)은 세포를 둘러싸 세포의 안과 밖을 구분한다.

③ 세포막(가)에서 인지질의 머리 부분은 바깥쪽으로 배열되고, 꼬리 부분은 안쪽으로 서로 마주 보고 배열되어 이중층을 형성한다.

④ (나)는 친수성인 머리 부분과 소수성인 꼬리 부분으로 구분되므로 인지질이다.

오답 피하기 ⑤ 인지질(나)에서 ㉠은 친수성 부분, ㉡은 소수성 부분이다. 따라서 물에 대한 친화력은 ㉠ 부분이 ㉡ 부분보다 크다.

03
답 ①

산소, 이산화 탄소와 같은 크기가 작은 기체 분자는 인지질 이중층을 직접 통과하여 확산하고, 포도당, 아미노산 등과 같은 크기가 큰 친수성 물질과 전하를 띤 이온은 막단백질을 통해 확산한다.

04
답 ③

① A는 이중층을 이루는 인지질이다.

② B는 막단백질이며, 단백질의 기본 단위체는 아미노산이다.

④ 세포막은 선택적 투과성이 있어 세포 안팎의 물질 출입을 조절한다.

⑤ 포도당과 이산화 탄소는 모두 농도가 높은 곳에서 낮은 곳으로 세포막을 통과하므로 이동 방식은 확산이다.

오답 피하기 ③ 세포막을 구성하는 인지질의 머리 부분은 친수성, 꼬리 부분은 소수성을 띤다.

05
답 ③

자료 분석 세포막을 통한 물질의 출입

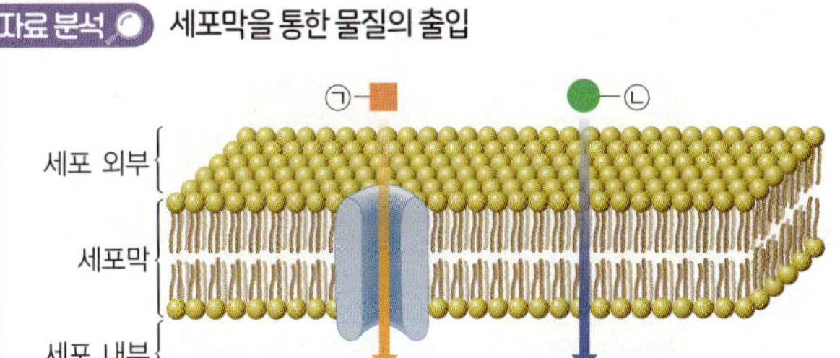

- 물질 ㉠과 ㉡은 모두 확산에 의해 세포막을 통과한다.
- 확산은 분자가 무작위로 움직여 농도가 높은 곳에서 낮은 곳으로 이동하는 현상이다. → 물질 ㉠과 ㉡의 농도는 세포 외부에서가 세포 내부에서보다 높다.
- 물질 ㉠은 막단백질을 통해 이동하고, 물질 ㉡은 인지질 이중층을 직접 통과한다.

ㄱ. 물질 ㉠은 막단백질을 통해 이동하는 물질이며, 이 물질에는 아미노산, 포도당, 이온 등이 있다.

ㄴ. 물질 ㉡은 확산에 의해 인지질 이중층을 직접 통과하며, 확산은 분자가 무작위로 움직여 농도가 높은 곳에서 낮은 곳으로 이동하는 현상이다. 따라서 ㉡의 농도는 세포 외부에서가 세포 내부에서보다 높다.

오답 피하기 ㄷ. 세포막은 모든 물질을 통과시키지 않고 선택적으로 통과시키는 선택적 투과성을 가진다. 따라서 세포막을 통한 물질의 이동 방식은 물질의 종류, 크기 등에 따라 다르다.

06
답 ③

ㄱ, ㄴ. A는 인지질 이중층을 통한 확산이고, B는 막단백질을 통한 확산이다.

오답 피하기 ㄷ. 폐포와 모세혈관 사이에서 일어나는 산소와 이산화 탄소의 기체 교환은 인지질 이중층을 통한 확산(A)의 예에 해당한다.

개념 더하기 확산의 종류

확산은 분자가 무작위로 움직여 농도가 높은 곳에서 낮은 곳으로 이동하는 현상이다.

인지질 이중층을 통한 확산	• 물질이 인지질 이중층을 직접 통과하는 방식 • 이동 물질: 크기가 작은 분자(산소, 이산화 탄소 등), 지용성 물질, 지질 입자 등
막단백질을 통한 확산	• 물질이 막단백질을 통해 이동하는 방식 • 이동 물질: 크기가 큰 친수성 물질(포도당, 아미노산 등), 전하를 띤 이온(나트륨 이온, 칼륨 이온 등) 등

07
답 ②, ③, ⑤

그림은 물질이 막단백질을 통해 세포막을 통과하는 모습이며, 이와 같은 방식으로 세포막을 통과하는 물질은 포도당, 아미노산 등과 같이 크기가 크고 친수성을 띠는 물질이나 나트륨 이온, 칼륨 이온 등과 같이 전하를 띤 이온이다. 산소와 이산화 탄소는 세포막의 인지질 이중층을 직접 통과한다.

08

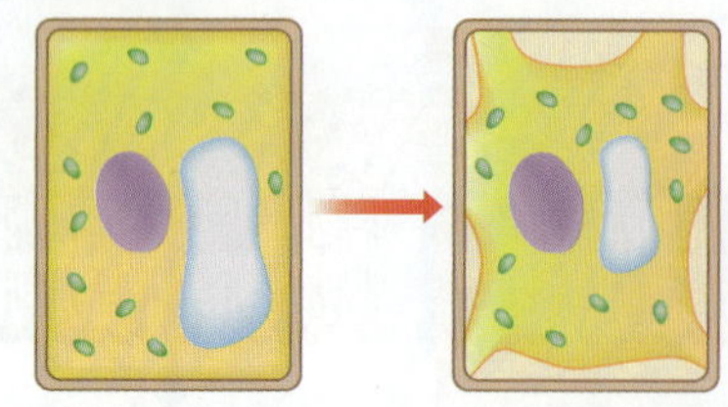

자료 분석 식물 세포에서 일어나는 삼투

- 소금물은 세포 안보다 용질의 농도가 높은 용액(고장액)이다.
- 식물 세포를 소금물에 넣으면 물 분자가 세포막을 통해 용질의 농도가 낮은 세포 안에서 용질의 농도가 높은 세포 밖으로 이동하는 삼투가 일어난다. → 세포 안으로 들어오는 물의 양보다 세포 밖으로 빠져나가는 물의 양이 많아 세포질의 부피가 작아져 세포막과 세포벽이 분리된다.

ㄴ. 소금물은 식물 세포 안보다 용질의 농도가 높은 용액이므로 식물 세포를 소금물에 넣으면 삼투에 의해 세포 밖으로 빠져나가는 물의 양이 많아 세포질의 부피가 작아져 세포막과 세포벽이 분리된다.

ㄷ. 세포막을 통한 물의 이동은 세포 안팎으로 일어나며, 식물 세포를 소금물에 넣으면 세포 안으로 들어오는 물의 양보다 세포 밖으로 빠져나가는 물의 양이 더 많다.

오답 피하기 ㄱ. 식물 세포를 소금물에 넣으면 세포질의 부피가 작아진다.

09

답 ①

① 토양의 이온 농도가 뿌리털 세포 안의 농도보다 낮으므로 식물의 뿌리털은 삼투에 의해 토양의 물을 흡수한다.

오답 피하기 ② 적혈구를 소금물에 넣으면 삼투가 일어나 쭈그러든다. 적혈구와 같은 동물 세포는 세포벽이 없다.

③ 삼투는 세포막을 경계로 농도 차이가 나는 두 용액이 있을 때, 용질의 농도가 낮은 곳에서 높은 곳으로 용매인 물 분자가 이동하는 현상이다.

④ 삼투는 용질인 설탕 분자는 막을 통과할 수 없고 용매인 물 분자는 막을 통과할 수 있을 때, 물 분자가 막을 통해 이동하는 현상이다.

⑤ 양파 표피세포를 증류수에 넣으면 세포 안으로 들어오는 물의 양이 많아 세포의 부피가 커지지만 세포벽이 있어 터지지는 않는다.

10

답 ①

ㄱ. 배추를 소금물에 넣으면 삼투가 일어나 배추에서 빠져나오는 물의 양이 많아 배추가 숨이 죽는다.

오답 피하기 ㄴ. 혈액에서 조직세포로의 포도당 이동은 막단백질을 통한 확산의 예이다.

ㄷ. 조직세포에서 모세혈관으로의 이산화 탄소 이동은 인지질 이중층을 통한 확산의 예이다.

11

답 ④

ㄱ, ㄷ. 일정 시간 후 양파 표피세포의 세포막이 세포벽과 분리되어 있는 것은 이 용액의 농도가 양파 표피세포 안의 농도보다 높아 과정 (가)에서 세포 밖으로 빠져나가는 물의 양이 많기 때문이다. 따라서 과정 (가)에서 물이 삼투에 의해 이동하였고, 세포 A에서 세포막이 세포벽과 분리되어 있다.

오답 피하기 ㄴ. 이 용액의 농도는 양파 표피세포 안의 농도보다 높다.

개념 더하기 저장액, 등장액, 고장액

- 세포질 용액을 기준으로 하여 세포질 용액보다 농도가 낮은 용액을 저장액, 세포질 용액과 농도가 같은 용액을 등장액, 세포질 용액보다 농도가 높은 용액을 고장액이라고 한다.
- 저장액에 넣은 세포는 세포 안으로 들어오는 물의 양이 많아 세포 안의 농도가 낮아진다.
- 등장액에 넣은 세포는 세포 안팎으로 이동하는 물의 양이 같아 세포 안의 농도가 변하지 않는다.
- 고장액에 넣은 세포는 세포 밖으로 빠져나가는 물의 양이 많아 세포 안의 농도가 높아진다.

12

답 ⑤

A는 세포벽, B는 세포막이다.

ㄴ. 식물 세포의 부피가 (가)에서보다 (나)에서 커졌다. 이를 통해 ㉠이 세포 안보다 용질의 농도가 낮아 삼투에 의해 물이 세포막(B)을 통해 세포 밖에서 안으로 이동했음을 알 수 있다.

ㄷ. 식물 세포에는 세포벽(A)이 있어 세포가 팽창해도 터지지 않는다.

오답 피하기 ㄱ. (나)에서 세포의 부피가 커진 것은 ㉠이 세포 안보다 용질의 농도가 낮은 용액이어서 삼투에 의해 세포 안으로 들어오는 물의 양이 많아졌기 때문이다. 따라서 ㉠은 증류수이다.

13

답 ⑤

자료 분석 삼투에 의한 적혈구의 모양 변화

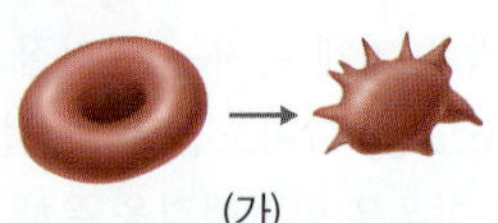

(가)

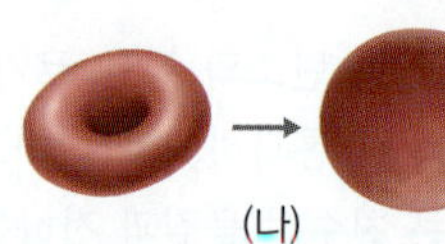

(나)

- (가)에서 적혈구 모양이 쭈그러든 것은 적혈구를 10 % 소금물에 넣었기 때문이다. → 적혈구 밖으로 빠져나가는 물의 양이 많아 적혈구의 부피가 작아졌다.
- (나)에서 적혈구의 세포막이 터진 것은 적혈구를 증류수에 넣었기 때문이다. → 적혈구 안으로 들어오는 물의 양이 많아 적혈구의 부피가 커져 부풀어 오르다가 세포막이 터졌다.

① (가)에서는 적혈구 밖으로 빠져나가는 물의 양이 많아 적혈구가 쭈그러들었다.

② (가)는 적혈구를 10 % 소금물에, (나)는 적혈구를 증류수에 넣었을 때의 변화이다.

③ (가)와 (나)에서는 모두 물 분자가 세포막을 경계로 용질의 농도가 낮은 곳에서 높은 곳으로 이동하는 삼투가 일어났다.

④ (나)에서는 적혈구 밖으로 빠져나가는 물의 양보다 안으로 들어오는 물의 양이 많아 적혈구가 부풀어 오르다가 터졌다.

오답 피하기 ⑤ (나)에서 적혈구 안과 밖으로의 물의 이동은 모두 일어난다.

14 답 ④

자료 분석 삼투

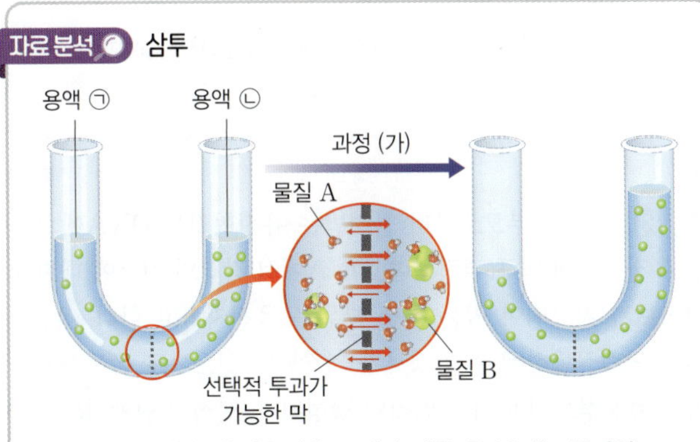

• 선택적 투과가 가능한 막은 크기가 작은 물 분자는 통과하고 크기가 큰 설탕 분자는 통과하지 못한다. → 물질 A는 물 분자, 물질 B는 설탕 분자이다.
• 과정 (가)에서 물 분자(물질 A)가 설탕물의 농도가 낮은 용액에서 설탕물의 농도가 높은 용액으로 이동하는 삼투가 일어난다. → 용액 ㉠의 농도는 용액 ㉡의 농도보다 낮다.

ㄴ. 과정 (가)에서 설탕 분자(물질 B)가 통과하지 못한 막에서 물 분자(물질 A)가 이동하는 삼투가 일어났다.

ㄷ. 설탕 분자는 막을 통과하지 못하고, 물 분자는 막을 통과한다. 따라서 설탕 분자와 물 분자에 대한 막의 투과성은 서로 다르다.

오답 피하기 ㄱ. 삼투가 일어난 결과 용액 ㉡의 수면이 높아졌으므로 용액 ㉠의 농도는 용액 ㉡의 농도보다 낮다.

15

(1) A는 막단백질(가)을 통해 이동하고, B는 인지질 이중층을 직접 통과하므로 A는 아미노산, B는 산소이다.

(2) 인지질은 물과 잘 섞이는 친수성인 머리 부분과 물과 잘 섞이지 않는 소수성인 꼬리 부분으로 이루어져 있다. 세포막은 인지질의 머리 부분이 세포막의 바깥쪽을 향하고, 꼬리 부분이 안쪽으로 서로 마주 보고 배열되어 있어 이중층을 형성한다.

채점 기준	배점(%)
인지질이 이중층을 형성하는 까닭을 인지질의 구조와 연관 지어 옳게 설명한 경우	100
인지질이 친수성 부분과 소수성 부분을 함께 가지고 있기 때문이라고만 설명한 경우	50

16 답 (가) 막단백질을 통한 확산, (나) 인지질 이중층을 통한 확산
(가)에서는 칼륨 이온이 막단백질을 통해 확산하고, (나)에서는 산소와 이산화 탄소가 인지질 이중층을 통해 확산한다.

17

(가)는 크기가 비교적 작은 기체 분자가 인지질 이중층을 직접 통과하는 확산이고, (나)는 크기가 비교적 큰 친수성 물질이 인지질 이중층을 직접 통과하기 어려워 막단백질을 통해 이동하는 확산이다.

채점 기준	배점(%)
(가)와 (나)의 공통점과 차이점을 각각 1가지씩 옳게 설명한 경우	100
(가)와 (나)의 공통점과 차이점 중 1가지만 옳게 설명한 경우	50

18

겉껍데기를 제거한 달걀을 증류수에 넣으면 달걀 안으로 물이 들어오는 삼투가 일어나 달걀의 질량은 증가한다. 반면, 겉껍데기를 제거한 달걀을 10 % 소금물에 넣으면 달걀 밖으로 물이 빠져나가는 삼투가 일어나 달걀의 질량은 감소한다. 따라서 ㉠은 '증가', ㉡은 '감소'이다.

채점 기준	배점(%)
㉠과 ㉡을 모두 옳게 쓰고, 그렇게 생각한 까닭을 막을 통한 물질의 이동과 연관 지어 옳게 설명한 경우	100
㉠과 ㉡만 옳게 쓴 경우	50

19

배추를 소금물에 담가 두면 배추에서 물이 빠져나가 배추가 숨이 죽는 것은 삼투의 예이다.

채점 기준	배점(%)
배추 세포 밖의 소금 농도가 더 높아 삼투에 의해 세포 밖으로 물이 빠져나가기 때문이라고 옳게 설명한 경우	100
배추 세포에서 물이 빠져나가기 때문이라고만 설명한 경우	50

20

정상 적혈구를 증류수에 넣으면 적혈구 세포막 안쪽의 농도가 바깥쪽보다 높은 상태가 되어 삼투에 의해 적혈구 안으로 들어오는 물의 양이 많아진다. 그 결과 적혈구의 부피가 커져 부풀어 오르다가 세포벽이 없어 세포막이 터질 수 있다.

채점 기준	배점(%)
적혈구의 모양 변화 예측과 그렇게 생각한 까닭을 제시된 용어를 모두 포함하여 옳게 설명한 경우	100
적혈구의 모양 변화 예측만 옳게 설명한 경우	50

개념 더하기 적혈구에서 일어나는 삼투

• 적혈구를 저장액에 넣으면 세포 안으로 들어오는 물의 양이 많아 세포의 부피가 커져 부풀어 오르다가 터질 수 있다.
• 적혈구를 등장액에 넣으면 세포 안팎으로 이동하는 물의 양이 같아 세포의 부피가 변하지 않는다.
• 적혈구를 고장액에 넣으면 세포 밖으로 빠져나가는 물의 양이 많아 세포의 부피가 작아져 쭈그러든다.

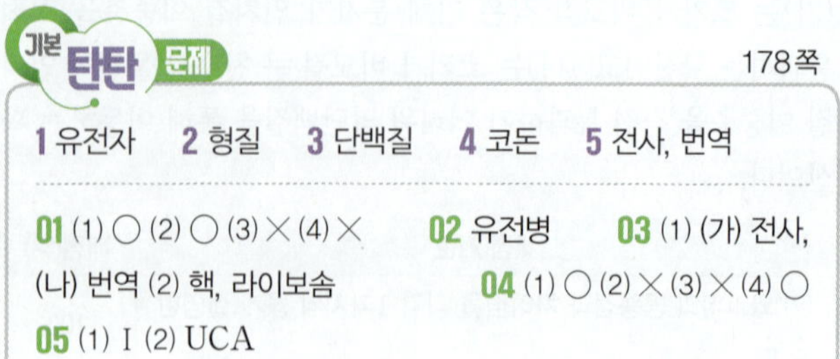

기본 탄탄 문제   178쪽

1 유전자   **2** 형질   **3** 단백질   **4** 코돈   **5** 전사, 번역

01 (1) ○ (2) ○ (3) × (4) ×   **02** 유전병   **03** (1) (가) 전사,
(나) 번역 (2) 핵, 라이보솜   **04** (1) ○ (2) × (3) × (4) ○
05 (1) Ⅰ (2) UCA

01
답 (1) ○ (2) ○ (3) × (4) ×
(1) 고양이의 털 무늬, 사람의 머리카락 색깔과 같이 생물이 나타
내는 여러 가지 특징을 형질이라고 한다.
(2) 형질을 결정하는 유전정보는 염색체를 구성하는 DNA의 특
정 염기서열인 유전자에 저장되어 있다.
(3) 유전자는 형질에 대한 유전정보가 저장된 DNA의 특정 부위
로, 하나의 DNA에는 수많은 유전자가 각각 정해진 위치에 있다.
(4) 유전자에는 단백질을 구성하는 아미노산의 종류와 배열 순서
에 대한 정보가 저장된다. 따라서 유전자에 저장된 유전정보에
따라 단백질이 합성된다.

02
답 유전병
특정 유전자에 이상이 생기면 특정 효소가 결핍되거나 세포를 구
성하는 단백질이 정상적으로 만들어지지 않아 유전병이 나타날
수 있다.

03
답 (1) (가) 전사, (나) 번역 (2) 핵, 라이보솜
핵에서는 DNA의 유전정보가 RNA로 옮겨지는 전사(가)가 일
어나고, 라이보솜에서는 RNA의 정보를 이용해 단백질이 합성
되는 번역(나)이 일어난다.

04
답 (1) ○ (2) × (3) × (4) ○
(1) 유전부호는 4종류의 염기조합이 약 20종류의 아미노산을 지정
해야 하므로 연속된 3개의 염기로 구성된다. 따라서 유전부호의
종류는 총 64종류(＝4×4×4)가 있다.
(2) DNA의 유전부호는 3염기조합, RNA의 유전부호는 코돈이다.
(3) DNA의 염기 A, G, C, T은 각각 RNA의 염기 U, C, G, A
에 대응된다. 따라서 3염기조합이 ACT라면, 이에 대응하는 코
돈은 UGA이다.
(4) DNA와 RNA 모두 연속된 3개의 염기가 아미노산 1개를
지정한다.

05
답 (1) Ⅰ (2) UCA
(1) DNA의 염기 A, T, G, C은 각각 RNA의 염기 U, A, C, G으
로 전사된다. RNA의 염기서열이 UGG AAA GGC UCA이므로
이 RNA의 전사에 사용된 DNA 가닥의 염기서열은 ACC TTT
CCG AGT이다. 따라서 전사에 사용된 DNA 가닥은 Ⅰ이다.
(2) 코돈은 RNA의 유전부호이다. 따라서 아미노산 4를 지정하
는 RNA의 코돈은 UCA이다.

01 ②   **02** ⑤   **03** ③   **04** ⑤   **05** ②   **06** ③   **07** ③
08 ④   **09** ⑤   **10** ①   **11** ③   **12** ②

단답형·서술형 문제
13 (1) **답** Ⅰ (2) **답** AGA (3) **예시 답안** 4개, RNA에서 코돈은 연
속된 3개의 염기로 이루어져 있고, (가)에는 12개의 염기가 있
으므로 코돈의 개수는 4개이다.
14 **예시 답안** ㉣, 유라실(U)은 DNA에는 없고 RNA에만 있으므
로 RNA에만 있는 ㉣이 유라실(U)이다.

01
답 ②
①, ③, ④, ⑤ 부모로부터 물려받은 유전형질은 DNA에 저장
된 유전정보에 의해 결정되며, DNA에서 각각의 형질에 대한 유
전정보가 저장되어 있는 특정 부위를 유전자라고 한다. 유전자
에는 단백질합성에 관한 정보가 저장되어 있으므로 유전자에 저
장된 유전정보에 따라 단백질이 합성된다. 합성된 단백질의 작용
으로 형질이 나타난다.
오답 피하기 ② 하나의 DNA에는 수많은 유전자가 각각 정해진 위
치에 있다.

02
답 ⑤

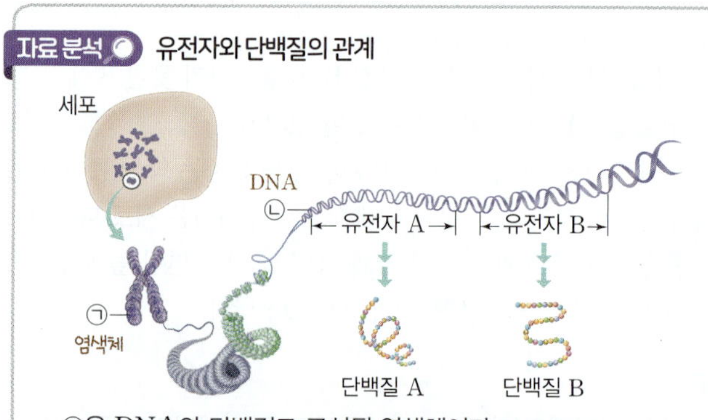
자료 분석 유전자와 단백질의 관계

• ㉠은 DNA와 단백질로 구성된 염색체이다.
• ㉡은 이중나선구조의 DNA이다.
• 하나의 DNA에는 수많은 유전자가 있으며, 각각의 유전자에
  저장된 유전정보에 따라 서로 다른 단백질이 합성된다.

ㄱ. ㉠은 두 가닥의 염색 분체로 이루어진 염색체이다.
ㄴ. 염색체를 구성하는 ㉡은 DNA이며, DNA는 핵산의 한 종류
이다. 따라서 DNA(㉡)의 기본 단위체는 뉴클레오타이드이다.
ㄷ. 유전자 A로부터 단백질 A가 합성되므로 유전자 A에는 단백
질 A에 대한 정보가 저장되어 있다.

03
답 ③
유전자에는 특정한 단백질을 만드는 데 필요한 유전정보가 저장
되어 있으며, 이 단백질의 작용으로 형질이 나타난다. 따라서 ㉠
은 단백질이다.

04
답 ⑤

ㄱ. 생체촉매인 효소의 주성분은 단백질이다.

ㄴ. 유전자 ㉠의 유전정보를 이용해 붉은 색소 합성 효소가 만들어지므로 유전자 ㉠에는 붉은 색소 합성 효소에 대한 유전정보가 저장되어 있다.

ㄷ. 유전자 ㉠(붉은 색소 합성 효소 유전자)의 유전정보를 이용해 붉은 색소 합성 효소가 만들어지고, 붉은 색소 합성 효소의 작용에 의해 붉은 색소가 만들어진다. 그 결과 형질인 꽃 색깔은 붉은색을 띤다.

05
답 ②

ㄴ. ㉡은 RNA의 유전정보를 이용해 단백질(물질 X)이 합성되는 과정이므로 번역이다. 번역은 세포질에 있는 세포소기관인 라이보솜에서 일어난다.

오답 피하기 ㄱ. ㉠은 DNA로부터 RNA가 만들어지는 과정이므로 전사이다.

ㄷ. ㉡(번역)에서 단백질이 합성되므로 물질 X는 단백질이다. 핵산에는 DNA와 RNA가 있다.

06
답 ③

① 대장균과 사람 등 지구상의 대부분의 생명체는 같은 유전부호 체계를 사용한다.

② DNA의 염기 A, C, G, T은 각각 RNA의 염기 U, G, C, A과 상보적으로 결합한다. 따라서 DNA의 3염기조합이 CAG라면 이에 대응하는 RNA의 코돈은 GUC이다.

④ DNA의 유전부호는 3염기조합, RNA의 유전부호는 코돈이다.

⑤ 유전부호는 연속된 3개의 염기로 구성되며, 4종류의 염기 조합에 의해 유전부호의 종류는 총 64종류($=4 \times 4 \times 4$)가 된다. 따라서 유전부호는 약 20종류의 아미노산을 모두 지정할 수 있다.

오답 피하기 ③ 유전부호는 연속된 3개의 염기가 1개의 아미노산을 지정한다.

07
답 ③

ㄱ. (가)는 DNA이며, DNA는 염색체를 구성하는 성분이다.

ㄴ. (나)는 단백질이며, 단백질의 작용으로 형질이 나타난다.

오답 피하기 ㄷ. ㉠은 RNA의 코돈에 따라 아미노산이 순서대로 결합하여 단백질이 합성되는 과정인 번역이다. 뉴클레오타이드는 핵산의 기본 단위체이다.

08
답 ④

ㄴ. DNA의 유전정보는 RNA로 전달되고, RNA의 유전정보에 따라 단백질이 합성된다. 따라서 DNA의 유전정보가 RNA를 거쳐 단백질로 전달된다.

ㄷ. DNA와 RNA의 기본 단위체는 뉴클레오타이드이며, DNA와 RNA를 구성하는 뉴클레오타이드의 4종류의 염기가 배열된 순서가 특정 아미노산을 지정하는 유전부호가 된다. 따라서 DNA와 RNA의 유전부호는 모두 뉴클레오타이드의 염기로 구성된다.

오답 피하기 ㄱ. 전사는 핵 속에서, 번역은 세포질의 라이보솜에서 일어난다.

09
답 ⑤

자료 분석 세포 내 유전정보의 흐름

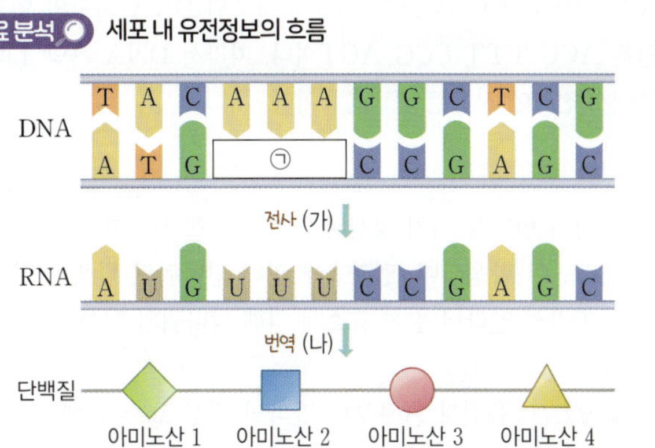

• (가)는 DNA의 유전정보가 RNA로 전달되는 과정인 전사이고, (나)는 전사된 RNA의 유전정보에 따라 단백질이 합성되는 과정인 번역이다.

• DNA의 두 가닥 중 한 가닥의 염기서열을 주형으로 하여 상보적인 염기를 가진 RNA가 합성된다. DNA의 A, T, G, C은 각각 RNA의 U, A, C, G으로 전사된다.

• RNA의 염기서열은 AUG UUU CCG AGC이므로 전사에 사용된 DNA 가닥의 염기서열은 TAC AAA GGC TCG이다.

• DNA의 한쪽 가닥의 염기서열이 AAA이면 상보적으로 결합하는 다른 쪽 가닥의 염기서열(㉠)은 TTT이다.

• 유전부호(3염기조합, 코돈)의 연속된 3개의 염기가 1개의 아미노산을 지정한다.

ㄴ. ㉠의 염기서열은 TTT이다.

ㄷ. 번역(나)에서 합성된 단백질을 구성하는 아미노산은 4개이므로, RNA의 연속된 염기 3개가 단백질의 아미노산 1개를 지정한다.

오답 피하기 ㄱ. (가)는 전사, (나)는 번역이다.

10
답 ①

ㄱ. 세포 내 유전정보의 흐름은 DNA → RNA → 단백질이므로 (가)는 RNA이다.

오답 피하기 ㄴ. DNA를 이루는 염기쌍은 A과 T이, G과 C이 결합한다. DNA의 한쪽 가닥의 염기서열이 GCG이므로 다른 쪽 가닥의 염기서열(㉠)은 CGC이다. 따라서 ㉠에서 구아닌(G)의 수는 1개이다.

ㄷ. RNA(가)에서 코돈은 GCG AGU CAG CAA ACC 순이므로 이로부터 합성된 아미노산서열은 ⓓ-ⓑ-ⓐ-ⓐ-ⓒ이다. 따라서 ㉡의 아미노산서열은 ⓑ-ⓐ-ⓐ이다.

11
답 ③

ㄱ. DNA에서 아데닌(A)과 타이민(T)이 결합하고, 구아닌(G)과 사이토신(C)이 결합한다. 따라서 DNA 가닥 Ⅰ과 상보적으로 결합하는 DNA 가닥 Ⅱ에서 ㉠의 염기서열은 TGG이다.

ㄴ. RNA에서 코돈은 연속된 3개의 염기로 구성되므로 ㉡은 아미노산 3을 지정하는 코돈이다.

[오답 피하기] ㄷ. DNA의 염기 A, C, G, T은 각각 RNA의 염기 U, G, C, A에 대응된다. 따라서 전사된 RNA의 염기서열은 UGG AAA GGC UCA이므로 전사에 사용된 DNA 가닥의 염기서열은 ACC TTT CCG AGT이다. 따라서 DNA 가닥 Ⅰ과 Ⅱ 중에서 전사에 사용된 가닥은 Ⅰ이다.

12
답 ②

ㄷ. 전사와 번역을 거쳐 합성된 단백질인 멜라닌 합성 효소에 의해 멜라닌이 합성되며, 멜라닌에 의해 당나귀의 털색이 갈색을 띤다. 따라서 멜라닌 합성 효소에 의해 당나귀의 털색 형질이 나타난다.

[오답 피하기] ㄱ. 유전자 A로부터 멜라닌 합성 효소가 생성되므로 유전자 A에는 멜라닌 합성 효소의 유전정보가 저장되어 있다.
ㄴ. (가)에서 유전자 A를 이용해 RNA가 합성되는 전사가 일어나고 RNA를 이용해 단백질인 멜라닌 합성 효소가 합성되는 번역이 일어난다.

13

(1) RNA의 염기 아데닌(A), 사이토신(C)에 대응하는 DNA의 염기는 각각 타이민(T), 구아닌(G)이다. RNA의 염기 A, C은 각각 DNA의 염기 T, G에 대응되므로 전사에 사용된 DNA 가닥은 Ⅰ이다.
(2) DNA의 염기 타이민(T), 사이토신(C)에 대응하는 RNA의 염기는 각각 아데닌(A), 구아닌(G)이다. 따라서 DNA 가닥 Ⅰ의 TCT에 대응하는 RNA의 ㉠은 AGA이다.
(3) 코돈은 번역에 사용되는 RNA에서 아미노산을 암호화하는 연속된 3개의 염기이다. (가)에는 12개의 염기가 있으므로 (가)에 있는 코돈의 개수는 4개이다.

채점 기준	배점(%)
(가)에 있는 코돈의 개수를 쓰고, 그렇게 생각한 까닭을 옳게 설명한 경우	100
(가)에 있는 코돈의 개수만 옳게 쓴 경우	50

14

DNA를 구성하는 염기에는 A, T, G, C이 있고, RNA를 구성하는 염기에는 U, A, C, G이 있다. 유라실(U)은 DNA에는 없고 RNA에만 있는 염기이며, ㉣은 RNA에만 있다. 따라서 ㉣은 유라실(U)이다. DNA에서 G과 상보적으로 결합하는 ㉢은 C이고, RNA의 ㉣(U)에 대응되는 DNA의 ㉡은 A이므로 ㉠은 T이다.

채점 기준	배점(%)
㉣이 유라실(U)이라고 쓰고, 그렇게 생각한 까닭을 옳게 설명한 경우	100
㉣이 유라실(U)이라고만 쓴 경우	50

01 ①, ④	02 ⑤	03 ②	04 ③	05 ③	06 ④
07 ④	08 ②	09 ④	10 ①	11 ③	12 ④

단답형·서술형 문제

13 [예시 답안] 효소는 자신의 입체 구조와 맞는 특정 반응물과만 결합하여 작용하기 때문이다.

14 (1) **답** ㉠ 증류수, ㉡ 감자즙 (2) [예시 답안] 감자즙에 들어 있는 카탈레이스가 과산화 수소를 물과 산소로 분해하기 때문이다.

15 [예시 답안] 비료를 너무 많이 주면 흙 속의 농도가 뿌리 세포 안의 농도보다 높아져 삼투에 의해 뿌리 세포 안에서 밖으로 물이 빠져나가기 때문이다.

16 [예시 답안] 세포막은 인지질 이중층에 막단백질이 파묻혀 있거나 관통하고 있는 구조이다. A는 크기가 작고 지용성이므로 인지질 이중층을 직접 통과할 수 있지만, B는 크기가 크고 수용성이므로 세포막의 인지질 이중층을 직접 통과하기 어려워 막단백질을 통해 이동한다.

17 [예시 답안] ACCUUUCCGAGU, 코돈은 연속된 3개의 염기로 이루어지므로 12개의 염기로 이루어진 이 RNA에는 4개의 코돈이 있다.

18 [예시 답안] (다), 4종류의 염기로 약 20종류의 아미노산을 지정해야 하는데, (가)는 4종류의 아미노산만, (나)는 16종류의 아미노산만 지정할 수 있으며, (다)는 64종류의 아미노산을 지정할 수 있기 때문이다.

01
답 ①, ④

① 핵에는 유전정보가 저장되어 있는 DNA가 있어 세포의 생명 활동을 조절한다.
④ 소포체 표면에 붙어 있는 라이보솜은 작은 알갱이 모양으로 단백질을 합성한다.

[오답 피하기] ② 유전물질인 DNA는 핵에 있다. 소포체는 라이보솜에서 합성한 단백질을 골지체나 세포 밖으로 운반한다.
③ 광합성이 일어나 포도당이 합성되는 세포소기관은 엽록체이다.
⑤ 포도당이 분해되어 에너지가 생성되는 세포호흡은 마이토콘드리아에서 일어난다.

02
답 ⑤

ㄱ, ㄴ. (가)는 물질 분해 반응으로 에너지를 방출하고, (나)는 물질 합성 반응으로 에너지를 흡수한다.
ㄷ. (가)와 (나)는 모두 물질대사이며, 물질대사에는 효소가 관여한다.

03
답 ②

A는 반응물, B는 효소, C는 생성물이다.
ㄴ. 효소(B)는 화학 반응 과정에서 변화하지 않으므로 반응이 끝나면 새로운 반응물과 결합하여 촉매 작용을 반복한다.

오답 피하기 ㄱ. 반응물(A)이 효소(B)의 작용으로 2개의 생성물(C)로 분해되었으므로 이 반응에서는 에너지가 방출되었다. 따라서 한 분자당 에너지양은 반응물(A)이 생성물(C)보다 크다.

ㄷ. (가)일 때 효소(B)는 반응의 활성화에너지를 낮춘다.

04
답 ③

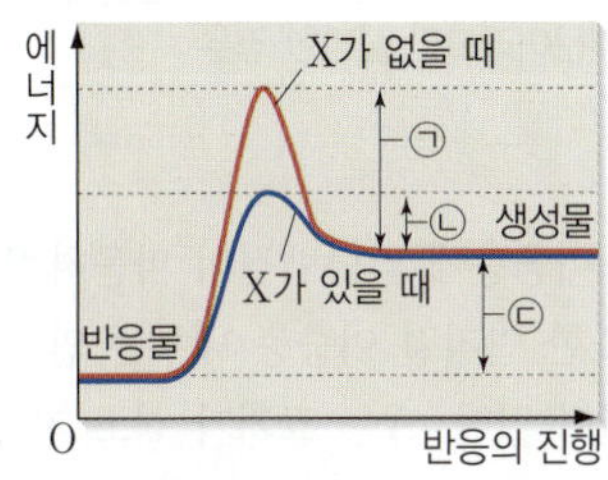

자료 분석 활성화에너지와 화학 반응

• 반응물의 에너지가 생성물의 에너지보다 작으므로 화학 반응에서 에너지가 흡수되었다. ➡ 물질을 합성하는 반응이다.
• ㉠은 효소 X가 없을 때 반응이 일어나는 데 필요한 최소한의 에너지인 활성화에너지, ㉡은 효소 X가 있을 때 반응이 일어나는 데 필요한 최소한의 에너지인 활성화에너지이다.
• ㉢은 반응물과 생성물의 에너지 차이(반응열)이며, 효소의 유무와 관계없이 일정하다.

ㄱ. 반응물에서 생성물이 될 때 에너지가 흡수되므로 이 반응에서는 물질이 합성된다.

ㄷ. 효소는 활성화에너지를 낮추어 화학 반응의 속도를 빠르게 한다. 따라서 X가 있을 때 반응의 활성화에너지는 ㉡이다.

오답 피하기 ㄴ. 효소 X의 유무와 관계없이 ㉢은 일정하다.

05
답 ③

ㄱ. 감자 조각과 생간 조각에는 과산화 수소를 물과 산소로 분해하는 반응을 촉진하는 효소인 카탈레이스가 들어 있다. A에서는 과산화 수소의 분해 반응이 거의 일어나지 않아 거품이 발생하지 않고, B와 C에서는 각각 감자 조각과 생간 조각에서 카탈레이스의 작용으로 과산화 수소의 분해 반응이 일어나 거품이 발생한다.

ㄴ. 거품(㉠)에는 과산화 수소의 분해로 생성된 산소가 있다.

오답 피하기 ㄷ. 효소의 주성분은 단백질이며, 단백질은 높은 온도에서 구조가 변하여 그 기능을 잃는다. 따라서 감자에 열을 가해 익히면 카탈레이스가 촉매 기능을 잃어 과산화 수소의 분해 반응이 일어나지 않아 거품이 발생하지 않는다.

06
답 ④

학생 B: 플라스틱을 친환경적으로 처리하기 위해 플라스틱 분해 효소를 이용한다.

학생 C: 포도당 산화효소는 혈당 측정기에 이용된다.

오답 피하기 학생 A: 고기를 잴 때 파인애플을 넣는 것은 단백질분해 효소인 브로멜라인이 들어 있기 때문이다. 브로멜라인은 고기의 단백질을 아미노산으로 분해하여 고기를 부드럽게 만들어 준다.

07
답 ④

A는 막단백질, B는 인지질이다.

ㄴ. 인지질의 ㉠은 물과 잘 섞이는 친수성 부위이고, ㉡은 물과 잘 섞이지 않는 소수성 부위이다. 따라서 ㉠은 ㉡보다 물과의 친화력이 크다.

ㄷ. 세포막에서는 물질의 종류, 크기 등에 따라 막단백질(A)을 통해 이동하거나 인지질(B) 이중층을 직접 통과한다. 따라서 막단백질(A)과 인지질(B)은 모두 물질의 출입을 조절하는 데 관여한다.

오답 피하기 ㄱ. 막단백질(A)은 막을 이루는 단백질이며, 단백질의 기본 단위체는 아미노산이다.

08
답 ②

ㄴ. A는 인지질 이중층을 직접 통과하여 확산하고, B는 막단백질(㉠)을 통해 확산한다.

오답 피하기 ㄱ. ㉠은 세포막을 관통하고 있는 막단백질로, 물질이 이동하는 통로가 된다.

ㄷ. 막단백질(㉠)을 통한 물질의 확산은 농도 차이에 의해 물질이 스스로 이동하는 것이므로 에너지가 사용되지 않는다.

09
답 ④

ㄱ. A에는 저농도의 설탕물이 있고, B에는 고농도의 설탕물이 있으므로 설탕 분자의 수는 B에서가 A에서보다 많다. 설탕 분자는 반투과성 막을 통과하지 못하므로 삼투가 일어나도 A와 B에서의 설탕 분자의 수는 변하지 않는다. 따라서 설탕 분자의 수는 항상 B에서가 A에서보다 많다.

ㄴ. A보다 B의 설탕물 농도가 높으므로 물 분자가 반투과성 막을 통해 저농도의 설탕물에서 고농도의 설탕물로 이동하는 삼투가 일어난다. 따라서 일정 시간이 지나면 수면 높이는 B에서가 A에서보다 높아진다.

오답 피하기 ㄷ. 물 분자는 반투과성 막을 통해 이동하므로 삼투에 의해 A와 B의 설탕물 농도가 같아지면 반투과성 막을 통해 양쪽으로 이동하는 물의 양이 같아진다. 즉, 양쪽 방향으로의 물의 이동은 항상 있다.

10
답 ①

ㄱ. 양파 표피세포를 증류수, 10 % 소금물에 각각 넣었을 때 세포의 부피가 변한 것은 삼투가 일어났기 때문이다.

오답 피하기 ㄴ. 증류수를 떨어뜨린 양파 표피세포에서는 증류수가 양파 표피세포 내부보다 용질의 농도가 낮으므로 세포 안으로 들어오는 물의 양이 세포 밖으로 빠져나가는 물의 양보다 많아 세포의 부피가 커진다. 따라서 세포막이 세포벽과 분리되지 않는다.

ㄷ. 10 % 소금물을 떨어뜨린 양파 표피세포에서는 10 % 소금물이 양파 표피세포 내부보다 용질의 농도가 높으므로 세포 밖으로 빠져나가는 물의 양이 세포 안으로 들어오는 물의 양보다 많다. 그 결과 세포의 부피가 작아지면서 세포막이 세포벽과 분리된다.

11　

(가)는 전사, (나)는 번역, ㉠은 RNA이다.
ㄱ, ㄴ. (가)는 DNA로부터 RNA(㉠)가 합성되는 과정이므로
전사이고, (나)는 RNA(㉠)의 유전정보에 따라 단백질이 합성되
는 과정이므로 번역이다. (가)는 핵 속에서 일어나고, (나)는 세포
질에 있는 라이보솜에서 일어난다.
오답 피하기 　ㄷ. RNA(㉠)를 구성하는 염기에는 A, U, G, C이 있다.

12　

① ㉠은 핵 속에서 일어나는 전사, ㉡은 세포질의 라이보솜에서
일어나는 번역이다.
② 번역(㉡) 과정에서 RNA의 유전정보에 따라 아미노산을 연
결하여 단백질이 만들어지므로 아미노산과 아미노산 사이의 결
합인 펩타이드결합이 형성된다.
③ 전사된 RNA의 염기서열이 UGG AAA GGC UCA이므로,
이에 대응하는 DNA의 염기서열은 ACC TTT CCG AGT이다.
따라서 (가)와 (나) 중에서 전사에 사용된 가닥은 (가)이다.
⑤ 단백질의 입체 구조는 단백질을 구성하는 아미노산의 종류와
배열 순서에 의해 결정된다. 따라서 유전자 이상으로 아미노산 3
이 다른 아미노산으로 바뀌면 단백질의 입체 구조가 변할 수 있다.
오답 피하기 　④ 아미노산 1을 지정하는 DNA의 3염기조합은
ACC, 아미노산 2를 지정하는 DNA의 3염기조합은 TTT이다.
따라서 아미노산 1과 아미노산 2를 지정하는 유전부호는 서로
다르다.

13

카탈레이스는 자신의 입체 구조와 맞는 반응물에만 작용한다. 그
림에서 과산화 수소는 카탈레이스의 입체 구조와 맞는 구조를 가
지고 있어 카탈레이스와 결합하여 물과 산소로 분해된다. 반면,
에탄올은 카탈레이스의 입체 구조와 맞지 않으므로 카탈레이스
와 결합할 수 없다.

채점 기준	배점(%)
카탈레이스가 자신의 입체 구조와 맞는 과산화 수소에만 작용한다는 내용을 포함하여 옳게 설명한 경우	100
카탈레이스의 입체 구조와 관련지어 설명하지 않고, 카탈레이스가 과산화 수소하고만 결합하기 때문이라고 설명한 경우	60

14

(1) 감자즙을 넣은 삼각 플라스크에서 과산화 수소의 분해 반응이
활발히 일어나 거품(산소)이 발생한다. 따라서 ㉠은 증류수, ㉡은
감자즙이다.
(2) 감자즙에 들어 있는 카탈레이스는 과산화 수소를 물과 산소
로 분해하는 반응을 촉매한다.

채점 기준	배점(%)
카탈레이스가 과산화 수소를 물과 산소로 분해하여 거품이 발생했다고 옳게 설명한 경우	100
산소가 발생했기 때문이라고만 설명한 경우	40

15

식물에 비료를 너무 많이 주면 흙 속의 이온 농도가 뿌리 세포 안
의 이온 농도보다 높아져 삼투에 의해 뿌리 세포 밖으로 빠져나
가는 물의 양이 많아진다. 그 결과 식물이 말라 죽을 수 있다.

채점 기준	배점(%)
식물의 뿌리 세포에서 일어나는 물의 이동을 삼투와 연관 지어 옳게 설명한 경우	100
식물의 뿌리 세포에서 일어나는 물의 이동을 언급하지 않고 삼투가 일어났기 때문이라고만 설명한 경우	40

16

세포막은 인지질 이중층에 막단백질이 파묻혀 있거나 관통하고
있는 구조이다. 또한 인지질 이중층 내부는 인지질의 소수성 꼬
리 부분이 배열되어 있다. A는 크기가 작고 지용성이므로 세포
막의 인지질 이중층을 직접 통과할 수 있지만, B는 크기가 크고
수용성이므로 세포막의 인지질 이중층을 직접 통과하기 어려워
막단백질을 통해 이동한다.

채점 기준	배점(%)
물질 A와 B의 세포막을 통한 이동 방식이 다른 까닭을 세포막의 구조와 연관 지어 옳게 설명한 경우	100
물질 A와 B의 세포막을 통한 이동 방식이 다른 까닭을 세포막의 구조를 언급하지 않고 설명한 경우	50

17

RNA의 염기 아데닌(A), 사이토신(C), 유라실(U), 구아닌(G)에
대응하는 DNA의 염기는 각각 타이민(T), 구아닌(G), 아데닌
(A), 사이토신(C)이다. 제시된 DNA의 염기서열이 TGGAAA
GGCTCA이므로, 이로부터 전사된 RNA의 염기서열은 ACC
UUUCCGAGU이다. 코돈은 연속된 3개의 염기로 이루어진 유
전부호이다. 전사된 RNA의 염기서열은 12개의 염기로 이루어
져 있으므로, 이 RNA에는 4개의 코돈이 있다.

채점 기준	배점(%)
전사된 RNA의 염기서열을 옳게 쓰고, 코돈의 개수와 그렇게 판단한 까닭을 모두 옳게 설명한 경우	100
전사된 RNA의 염기서열만 옳게 쓴 경우	50

18

자료 분석 　유전부호의 특징 추론하기

(가)	(나)	(다)
1개의 염기가 1개의 아미노산을 지정한다.　→ 4종류의 유전부호가 만들어진다.	연속된 2개의 염기가 1개의 아미노산을 지정한다.　→ 16종류(=4×4)의 유전부호가 만들어진다.	연속된 3개의 염기가 1개의 아미노산을 지정한다.　→ 64종류(=4×4×4)의 유전부호가 만들어진다.

(다)와 같이 DNA의 염기를 3개씩 조합하여 유전부호를 만들면
약 20종류의 아미노산을 모두 지정할 수 있다.

DNA의 4종류의 염기로 약 20종류의 아미노산을 모두 지정해야
하는데, (가)는 4종류의 아미노산만, (나)는 16종류의 아미노산
만 지정할 수 있으며, (다)는 64종류의 아미노산을 지정할 수 있
기 때문이다.

채점 기준	배점(%)
(다)가 유전부호로 적절하며, 그렇게 생각한 까닭을 옳게 설명한 경우	100
(다)가 유전부호로 적절하다고만 쓴 경우	50

중단원 수능 대비 문제

189~191쪽

1 ③ 2 ⑤ 3 ③ 4 ③ 5 ③ 6 ③

1
답 ③

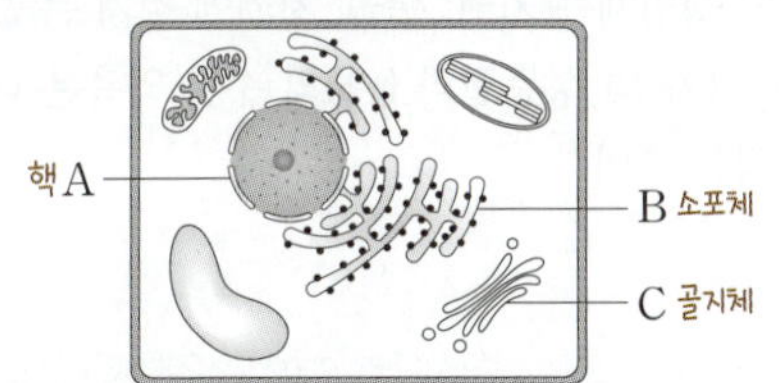

- A는 핵으로, 유전물질인 DNA가 있으며 세포의 생명활동을
조절한다.
- B는 소포체로, 라이보솜에서 합성한 단백질을 운반하는 통로
역할을 한다.
- C는 골지체로, 세포에서 합성한 단백질을 세포 밖으로 분비하
는 데 관여한다.

ㄱ. A는 핵이며, DNA의 유전정보가 RNA로 옮겨지는 전사가
일어난다.
ㄴ. B는 소포체이며, 소포체(B)의 표면에는 단백질합성 장소인
라이보솜이 부착되어 있다.
오답 피하기 ㄷ. C는 세포에서 합성한 단백질을 세포 밖으로 분비하
는 데 관여하는 골지체이다.

이런 보기도 나온다!
답 ㄹ. ○ ㅁ. × ㅂ. ×

ㄹ. 핵(A)에는 유전물질인 DNA가 있어 세포의 생명활동을 조절
한다.
ㅁ. 핵막의 일부와 연결된 주름진 모양의 주머니 형태인 세포소기관
B는 소포체이다. 골지체는 여러 개의 납작한 주머니가 포개져 있
는 형태로, C이다.
ㅂ. 단백질을 세포 밖으로 분비하는 데 관여하는 골지체(C)는 식물
세포뿐만 아니라 동물 세포에도 있다.

2
답 ⑤

ㄱ. 광합성(㉠)이 일어나는 (가)는 엽록체, 세포호흡(㉡)이 일어
나는 (나)는 마이토콘드리아이다.
ㄴ. 광합성(㉠)과 세포호흡(㉡)은 모두 세포 내에서 일어나는 화
학 반응이므로 물질대사이다. 따라서 엽록체(가)와 마이토콘드리
아(나)에서는 모두 물질대사가 일어난다.
ㄷ. 광합성(㉠)과 세포호흡(㉡)은 모두 물질대사이며, 물질대사
에는 효소가 관여한다.

3
답 ③

ㄷ. 감자즙(㉡)에는 활성화에너지(ⓐ)를 감소시키는 카탈레이스
가 들어 있으므로 시험관 B에서 과산화 수소 분해 반응이 빠르게
일어나 기포(산소)가 발생한다. 따라서 과산화 수소의 분해 속도
는 B에서가 A에서보다 빠르다.
오답 피하기 ㄱ. ㉠은 증류수, ㉡은 감자즙이다.
ㄴ. 감자즙(㉡)에는 카탈레이스가 들어 있으며, 카탈레이스는 활
성화에너지(ⓐ)를 감소시켜 과산화 수소가 물과 산소로 분해되
는 반응을 촉진한다.

4
답 ③

ㄱ. 효소 A와 B의 주성분은 단백질이다.
ㄷ. 효소 B는 지방 분해 반응의 활성화에너지를 감소시켜 지방
분해 반응을 촉진한다.
오답 피하기 ㄴ. 효소는 반응 전후 변하지 않으므로 단백질의 분해
반응에서 A는 소모되지 않고 재사용된다.

개념 더하기 효소의 특성

- 효소는 자신의 입체 구조와 맞는 특정 반응물에만 작용한다.
- 효소는 반응 전후에 변하지 않으므로 반응이 끝나면 새로운 반
응물과 결합해 반복적으로 사용된다.
- 효소의 주성분은 단백질이므로 체온 범위에서 활발하게 작용하며,
높은 온도에서는 입체 구조가 변해 촉매 기능을 잃을 수도 있다.

5
답 ③

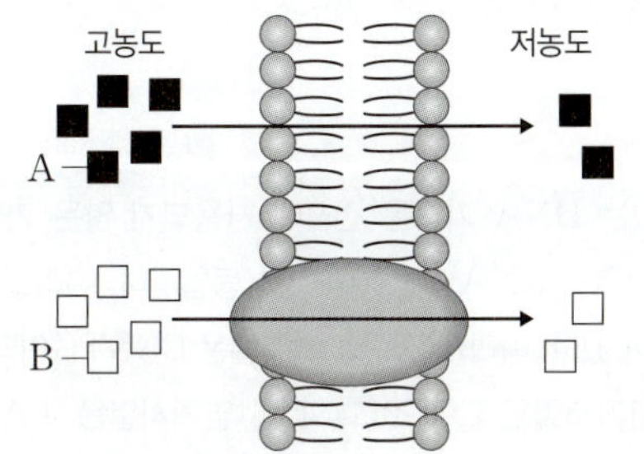

- A와 B는 모두 농도가 높은 곳에서 낮은 곳으로 이동하므로 확
산에 의해 세포막을 통과한다.
- A는 인지질 이중층을 직접 통과하여 확산한다.
- B는 막단백질을 통해 확산한다.

ㄱ. A는 인지질 이중층을 직접 통과하여 확산하므로 산소이다.

ㄷ. B는 인지질 이중층을 직접 통과하지 않고 막단백질을 통해 이동하므로 포도당이다.

오답 피하기 ㄴ. 세포막에서 포도당(B)의 이동 통로 역할을 하는 것은 막단백질이다.

6 　　　　　　　　　　　　답 ③

자료 분석 　세포 내 유전정보의 흐름

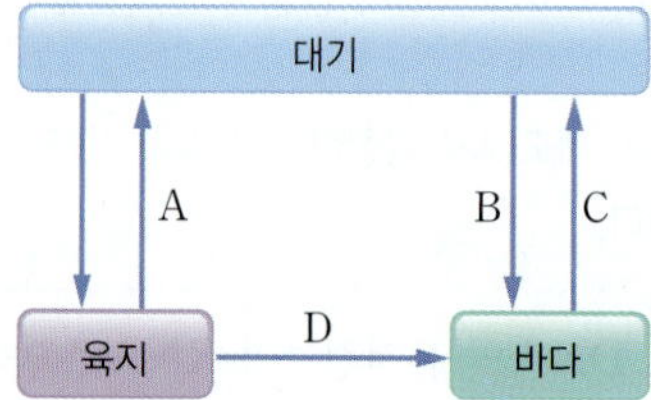

코돈	아미노산
AUG	(가)
CAC	(나)
UCG	(다)
GCC	(라)
GUG	(마)

- DNA의 염기 A, T, G, C에 대응하는 RNA의 염기는 각각 U, A, C, G이다. DNA 이중 가닥 중 전사된 RNA의 U에 대응하는 A을 가진 DNA 가닥이 전사에 사용된 가닥이다. → ㉡과 ㉢이 있는 DNA 가닥이 전사에 사용되었고, ㉠의 염기서열은 CGGTG이다.
- 전사에 사용되지 않은 DNA 가닥의 염기서열 일부가 GCC이다. → DNA에서 A은 T과, G은 C과 염기쌍을 이루므로 ㉡의 염기서열은 CGG이다.
- 아미노산 (가)를 지정하는 코돈은 AUG이다. → ㉢의 염기서열인 아미노산 (가)를 지정하는 3염기조합은 TAC이다.
- 아미노산 ⓐ를 지정하는 코돈은 GUG이다. → ⓐ는 (마)이다.

ㄷ. 아미노산 (가)를 지정하는 RNA의 코돈은 AUG이므로 DNA의 3염기조합은 TAC이다. 따라서 ㉢의 염기서열은 TAC이다.

오답 피하기 ㄱ. 아미노산 ⓐ를 지정하는 코돈은 GUG이므로 ⓐ는 (마)이다.

ㄴ. ㉠은 CGGTG이므로 타이민(T)의 수가 1이고, ㉡은 CGG이므로 구아닌(G)의 수가 2이다. 따라서 ㉠에서 타이민(T)의 수는 ㉡에서 구아닌(G)의 수의 $\frac{1}{2}$ 배이다.

이런 보기도 나온다! 　　답 ㄹ.✕ ㅁ.◯ ㅂ.◯

ㄹ. ㉠이 있는 DNA 가닥은 전사에 사용되지 않은 가닥이므로 ㉠의 염기서열은 RNA의 염기서열과 동일하며, 유라실(U) 대신 타이민(T)이 있다. 따라서 ㉠의 염기서열은 CGGTG이다.

ㅁ. ㉡의 염기서열은 CGG이고, ㉢의 염기서열은 TAC이므로 ㉡과 ㉢의 염기서열에는 모두 사이토신(C)이 있다.

ㅂ. RNA의 유전정보를 이용해 아미노산을 연결하여 단백질을 합성하는 과정은 라이보솜에서 일어난다. 따라서 아미노산 ⓐ와 아미노산 (가)의 연결은 라이보솜에서 일어났다.

01 ③　　02 ④　　03 예시 답안 지권의 탄소량은 감소하며, 기권의 탄소량은 증가한다. 하지만 탄소가 순환하므로 지구 전체의 탄소량은 일정하다.　04 ⑤　　05 ③　　06 ④　　07 ②　　08 ⑤　　09 ⑤　　10 ④　　11 ②　　12 예시 답안 야구 방망이가 공에 가하는 힘을 크게 한다. 야구 방망이가 공에 힘을 가하는 시간을 길게 한다.　13 ③　　14 ②　　15 ①　　16 (1) A
(2) 예시 답안 감자즙에 들어 있는 카탈레이스는 자신의 입체 구조와 맞는 과산화 수소하고만 결합해 활성화에너지를 낮추어 과산화 수소 분해 반응을 촉매한다. 따라서 에탄올을 사용하면 카탈레이스가 에탄올과 결합하지 않아 기포가 발생하지 않는다.　17 ③　18 ④　　19 예시 답안 X의 부피는 증가하였다. X의 안쪽 용질의 농도가 바깥쪽 용질의 농도보다 높아 삼투에 의해 물이 X의 바깥쪽에서 안쪽으로 들어왔기 때문이다.　20 ⑤　　21 ④

01 　　　　　　　　　　　　답 ③

ㄱ. 기권, 수권, 지권은 모두 층상 구조가 나타난다.

ㄷ. 지구상의 생명체는 기권, 수권, 지권에 걸쳐 분포한다.

오답 피하기 ㄴ. (가)의 성층권과 (나)의 수온 약층은 대류가 일어나지 않는 안정한 층이다.

02 　　　　　　　　　　　　답 ④

자료 분석 　물의 순환

- 육지와 바다의 물이 대기로 이동하는 증발(A, C)이 일어날 때 태양 에너지가 흡수된다. → 물 순환의 근원 에너지는 태양 에너지이다.
- 바다에서 유출되는 물의 양(C)과 바다로 유입되는 물의 양(B+D)은 서로 같다. → 이동하는 물의 양은 C가 B보다 많다.
- 육지에서 바다로 이동하는 물(D)은 주로 하천수와 지하수의 형태를 띠며, 이동 과정에서 풍화와 침식 작용을 통해 지표의 변화를 일으킨다. → 수권과 지권의 상호작용

ㄴ. 바다에서는 증발(C)을 통해 이동하는 물의 양이 강수(B)를 통해 이동하는 물의 양보다 많다.

ㄷ. D는 하천수와 지하수 형태로 육지에서 바다로 이동하는 물이며, 이동 과정에서 풍화와 침식 작용을 통해 지표를 변화시킨다.

오답 피하기 ㄱ. A는 증발이므로 에너지 흡수가, B는 강수이므로 에너지 방출이 일어난다.

03

화석 연료를 사용하면 지권의 탄소가 기권으로 이동하므로 화석 연료 사용량이 증가하면 지권의 탄소량은 감소하며, 기권의 탄소량은 증가한다. 하지만 지구시스템의 구성 요소 사이에서 탄소가 순환하므로 지구 전체의 탄소량은 일정하다.

채점 기준	배점(%)
지권과 기권, 지구 전체의 탄소량 변화를 모두 옳게 설명한 경우	100
지권과 기권의 탄소량 변화와 지구 전체의 탄소량 변화 중 1가지만 옳게 설명한 경우	50

04

답 ⑤

ㄱ. 해수의 혼합층 형성은 기권이 수권에 영향을 줄 때 나타나는 현상이므로 A는 기권이다.

ㄴ. 하천수에 의한 지형 변화는 수권과 지권의 상호작용에 해당하므로 B는 지권이고, 나머지는 C는 생물권이다. 따라서 분포하는 탄소의 양은 지권(B)이 생물권(C)보다 많다.

ㄷ. 식물의 산소 배출은 생물권이 기권에 영향을 주는 현상이므로 ⓒ의 예에 해당한다.

05

답 ③

ㄱ. A는 대륙판과 해양판이 만나는 수렴형 경계로 해구가 형성되며, 맨틀 대류가 하강하는 곳이다.

ㄷ. (나)는 밀도가 큰 판이 밀도가 작은 판 아래로 섭입하는 판의 경계 부근에서 나타나는 지진의 분포이며, 섭입하는 판은 서에서 동으로 이동한다. 따라서 (나)는 C의 지진 발생 지점 분포이다.

오답 피하기 ㄴ. 화산 활동은 주로 판의 경계 부근에서 일어나지만, B와 같이 판의 경계가 아닌 지역에서 일어나기도 한다.

06

답 ④

자료 분석 판의 경계별 특징

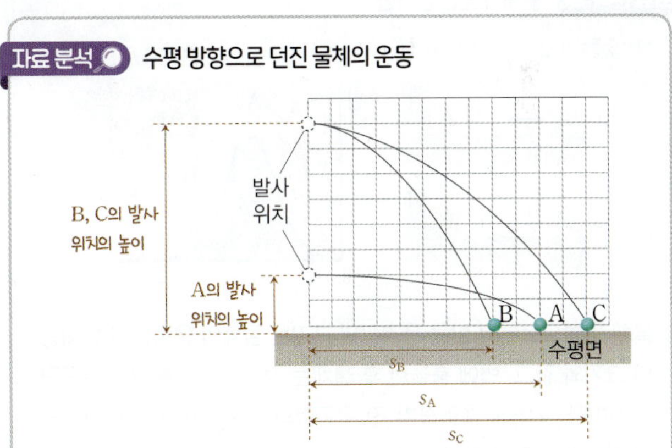

• A는 해령과 해구 사이에 위치하므로 해양 지각에 해당한다.

• B는 해구에서 대륙 쪽에 위치하므로 B의 하부에서는 판의 섭입이 일어난다.

• C와 D 사이에 나타나는 변환 단층은 산안드레아스 단층이다. 변환 단층은 대부분 해령 축에 수직인 방향으로 발달하기 때문에 주로 바다에 위치하지만, 산안드레아스 단층은 육지에 노출된 변환 단층이다.

ㄴ. 해구에서는 밀도가 큰 판이 밀도가 작은 판 아래로 섭입하므로 해구에서 대륙 방향인 B 쪽으로 갈수록 섭입하는 판을 따라 지진이 발생하는 지점의 깊이가 깊어진다.

ㄷ. C와 D는 변환 단층에서 서로 어긋나게 이동하는 두 판에 위치하므로 북아메리카판과 태평양판의 이동 방향으로 볼 때 두 지점 사이의 거리는 시간이 지남에 따라 감소한다.

오답 피하기 ㄱ. A는 해양 지각에 속한 지역이고, B는 대륙 지각에 속한 지역이므로, A의 두께는 B의 두께보다 얇다.

07

답 ②

• 학생 C: 화산재는 4월 14일보다 15일에 더 넓은 지역으로 퍼졌으므로 항공기 운항에 차질이 생긴 지역도 더 넓어졌을 것이다.

오답 피하기 • 학생 A: 화산재는 주로 아이슬란드의 동쪽으로 퍼져 나갔으므로 서풍 계열의 바람이 불었다.

• 학생 B: 대기 중으로 올라간 화산재는 햇빛을 반사하거나 산란시키므로 지표에 도달하는 태양 복사 에너지의 양은 감소한다.

08

답 ⑤

ㄱ. 중력의 크기는 질량에 비례하므로, 물체에 작용하는 중력의 크기는 일정하다.

ㄴ. 물체에 작용하는 중력의 방향은 연직 방향으로 일정하다.

ㄷ. 물체가 낙하하는 동안 물체의 속력은 일정하게 증가하므로 물체의 운동량의 크기는 일정하게 증가한다.

09

답 ⑤

자료 분석 수평 방향으로 던진 물체의 운동

• A, B, C를 수평 방향으로 던진 순간부터 수평면에 도달할 때까지 걸린 시간을 각각 t_A, t_B, t_C라고 하면, $t_A < t_B = t_C$이다.

• A, B, C를 수평 방향으로 던진 속력을 각각 v_A, v_B, v_C라고 하면 $s_A = v_A t_A$, $s_B = v_B t_B$, $s_C = v_C t_C$이고, $s_B < s_A < s_C$이다. $t_A < t_B = t_C$이므로 $v_B < v_C$이고 $v_B < v_A$이다.

ㄱ. 물체를 수평 방향으로 던진 지점의 높이는 A가 B보다 작으므로 수평면에 도달할 때까지 걸린 시간은 A가 B보다 작다.

ㄴ. $s_A > s_B$이고, 수평면에 도달할 때까지 걸린 시간은 A가 B보다 작다. 따라서 수평 방향으로 던진 속력은 A가 B보다 크다.

ㄷ. B와 C의 발사 위치는 같으므로 수평면에 도달하는 순간 연직 방향의 속력은 B와 C가 같다.

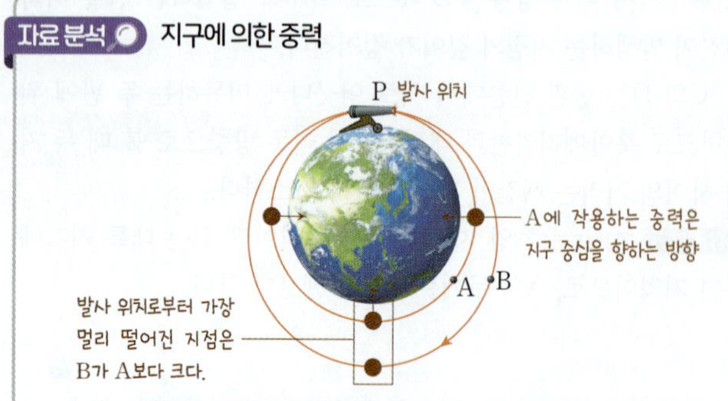

- A에 작용하는 중력의 방향은 지구 중심 방향이고, 원 궤도를 따라 운동하는 동안 지구 중심을 향하는 방향은 계속 변한다.
- 지구에 의한 중력의 크기는 지구로부터 거리가 멀수록 작아진다.

ㄱ. A는 원운동을 하고, B는 타원 궤도를 따라 운동하므로 발사 속력은 A가 B보다 작다. 즉, $v_A < v_B$이다.

ㄷ. 질량은 A와 B가 같다. 발사 위치로부터 가장 멀리 떨어진 지점은 B가 A보다 크므로 물체에 작용하는 중력의 크기는 A>B이다.

오답 피하기 ㄴ. A에 작용하는 중력의 방향은 지구 중심을 향하는 방향이다. 따라서 A가 원 궤도를 따라 운동하는 동안 A에 작용하는 중력의 방향은 계속 변한다.

11　답 ②

물체가 벽으로부터 받은 충격량의 크기는 물체의 운동량의 변화량의 크기와 같고, 벽에 충돌한 후 물체는 정지하므로 물체의 운동량은 0이다. → 벽에 충돌하기 전 운동량의 크기=물체가 벽으로부터 받은 충격량의 크기

ㄴ. A, B의 질량을 각각 m_A, m_B라고 하면, $S = m_A(2v)$이고 $2S = m_B v$이다. 이를 정리하면, $m_B = 4m_A$이다.

오답 피하기 ㄱ. A와 B는 벽에 충돌한 후 정지하였으므로 벽에 충돌하기 전 물체의 운동량의 크기는 벽으로부터 받은 충격량의 크기와 같다. 벽으로부터 받은 충격량의 크기는 A가 B보다 작으므로 벽에 충돌하기 전 물체의 운동량의 크기는 A가 B보다 작다.

ㄷ. A가 벽으로부터 받은 평균 힘의 크기는 $\dfrac{S}{t}$이고, B가 벽으로부터 받은 평균 힘의 크기는 $\dfrac{2S}{2t} = \dfrac{S}{t}$이다. 따라서 충돌할 때 물체가 벽으로부터 받은 평균 힘의 크기는 A와 B가 같다.

12

야구공이 받는 충격량이 클수록 운동량의 변화량이 커서 반대 방향으로 더 멀리 날아간다.

채점 기준	배점(%)
공을 멀리 보내기 위한 방법을 2가지 모두 옳게 설명한 경우	100
공을 멀리 보내기 위한 방법을 1가지만 옳게 설명한 경우	50

13　답 ③

ㄱ, ㄴ. 충돌 직전 두 달걀의 속력과 질량이 같으므로 두 달걀의 운동량은 같다. 충돌 후 두 달걀이 모두 정지하므로 충돌 후 운동량은 0이다. 따라서 운동량의 변화량이 같아서 충격량이 같다. 힘-시간 그래프 아랫부분의 면적은 충격량이므로 $S_A = S_B$이다.

오답 피하기 ㄷ. 유리판의 경우 충돌 시간이 짧아 힘을 크게 받아 달걀이 깨졌으므로 그래프 A에 해당한다.

14　답 ②

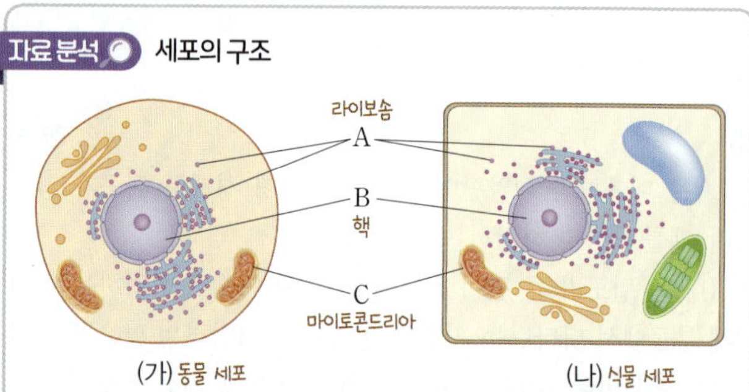

- (가)는 세포벽과 엽록체가 없으므로 동물 세포이고, (나)는 식물 세포이다.
- A는 단백질합성이 일어나는 라이보솜, B는 유전물질인 DNA가 있어 세포의 생명활동을 조절하는 핵, C는 세포호흡이 일어나는 마이토콘드리아이다.

② B는 핵이며, 핵(B)에는 유전물질인 DNA가 있다.

오답 피하기 ① A는 라이보솜이다.

③ C는 마이토콘드리아이며, 세포호흡이 일어난다.

④ (가)는 동물 세포이고, (나)는 식물 세포이다.

⑤ 핵(B)과 마이토콘드리아(C)는 모두 막으로 둘러싸인 세포소기관이다. 반면, 라이보솜(B)은 막으로 둘러싸여 있지 않은 세포소기관이다.

15　답 ①

ㄱ. (가)에서 근육 운동에 필요한 에너지는 마이토콘드리아에서 일어나는 세포호흡을 통해 얻을 수 있다. 세포호흡은 포도당을 분해하여 근육 운동에 필요한 에너지를 생성하는 화학 반응이다.

오답 피하기 ㄴ. (나)에서 소화효소에 의해 음식물 속 영양소가 분해되는 화학 반응에서는 에너지가 방출되는 발열 반응이 일어난다.

ㄷ. (다)에서 성장에 필요한 물질을 합성하는 화학 반응에서는 에너지가 흡수되는 흡열 반응이 일어난다.

16

⑴ 감자즙에는 과산화 수소를 물과 산소로 분해하는 반응을 촉매하는 효소인 카탈레이스가 들어 있다. 감자즙을 넣은 시험관 B에서 산소가 포함된 기포가 발생한다. A에서는 기포가 발생하지 않았고, B에서는 기포가 발생하였으므로 B에서 과산화 수소가 물과 산소로 분해되었음을 알 수 있다. 따라서 남아 있는 과산화 수소의 양은 A에서가 B에서보다 많다.

⑵ 감자즙에 들어 있는 카탈레이스는 자신의 입체 구조와 맞는 과산화 수소하고만 결합해 활성화에너지를 낮추어 과산화 수소 분해 반응을 촉매한다. 에탄올은 카탈레이스의 입체 구조와 맞는 구조를 가지고 있지 않기 때문에 에탄올을 사용하면 카탈레이스가 에탄올과 결합하지 않아 과산화 수소의 분해 반응이 일어나지 않으므로 기포가 발생하지 않는다.

채점 기준	배점(%)
에탄올을 사용하면 카탈레이스가 에탄올과 결합하지 않아 기포가 발생하지 않는다고 옳게 설명한 경우	100
기포가 발생하지 않는다고만 설명한 경우	50

17

답 ③

ㄱ. 효소 A는 포도당 산화효소로, 주성분은 단백질이다.

ㄴ. 효소 A(포도당 산화효소)는 포도당 산화 반응의 활성화에너지를 낮추어 포도당이 산화되는 반응을 빠르게 일어나게 해 준다.

오답 피하기 ㄷ. 효소는 반응 전후에 변하지 않으므로 효소 A는 포도당 산화 반응에서 소모되어 사라지지 않고 재사용된다.

18

답 ④

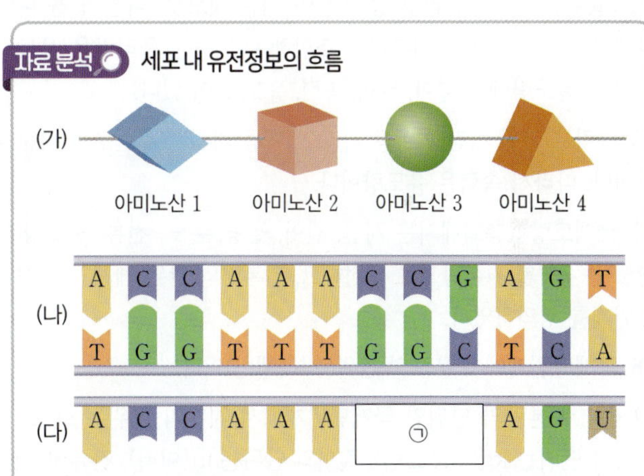

- 세포막은 인지질(㉠)과 막단백질(㉡)로 구성되어 있다.
- 인지질(㉠)에서 친수성을 띠는 머리 부분은 세포막의 바깥쪽에 배열되어 수용성 환경과 접해 있고, 소수성을 띠는 꼬리 부분은 안쪽으로 서로 마주 보고 배열되어 있다. ➡ 세포막은 인지질 이중층 구조를 형성한다.
- 막단백질(㉡)은 인지질 이중층에 파묻혀 있거나 관통하고 있다.

① 세포막은 물질의 종류, 크기 등에 따라 물질의 이동 방식이 다르게 나타나는 선택적 투과성을 가진다.

② 세포막은 인지질 이중층 구조를 가진다.

③ ㉠은 인지질이며, 물과 잘 섞이는 친수성인 머리 부분과 물과 잘 섞이지 않는 소수성인 꼬리 부분이 있다.

⑤ ㉡은 세포막을 관통하고 있는 막단백질이다.

오답 피하기 ④ 포도당은 친수성이고 크기가 큰 물질이어서 인지질(㉠) 이중층을 직접 통과하기 어렵고, 막단백질(㉡)을 통해 이동한다.

19

X의 안쪽 용질의 농도가 바깥쪽 용질의 농도보다 높아 삼투에 의해 물이 X의 바깥쪽에서 안쪽으로 더 많이 들어왔다. 그 결과 X의 부피는 증가하였다.

채점 기준	배점(%)
X의 부피 변화를 옳게 쓰고, 그렇게 생각한 까닭을 세포막을 통한 물질의 이동과 연관 지어 옳게 설명한 경우	100
X의 부피 변화만 옳게 쓴 경우	50

20

답 ⑤

(가)는 전사, (나)는 번역이다.

ㄱ. DNA의 기본 단위체는 뉴클레오타이드이다.

ㄴ. 전사(가) 과정에서 DNA의 염기 A, T, G, C에 대하여 각각 염기 U, A, C, G을 갖는 뉴클레오타이드가 순서대로 연결되어 RNA가 만들어진다.

ㄷ. 번역(나) 과정은 세포질의 라이보솜에서 일어난다.

21

답 ④

- (가)의 기본 단위체는 아미노산이다. ➡ (가)는 단백질이다.
- (나)의 기본 단위체는 뉴클레오타이드이고, 뉴클레오타이드의 염기 종류는 A, T, G, C이며, (나)는 이중 가닥 구조이다. ➡ (나)는 DNA이다.
- (다)의 기본 단위체는 뉴클레오타이드이고, 뉴클레오타이드의 염기 종류는 A, U, G, C이며, (다)는 단일 가닥 구조이다. ➡ (다)는 RNA이다.

ㄴ. RNA(다)의 염기서열은 ACC AAA ㉠ AGU이므로 RNA(다)를 만드는 데 사용한 DNA(나)의 염기서열은 TGG TTT GGC TCA이다. 따라서 DNA의 GGC에 대응하는 ㉠의 염기서열은 CCG이다.

ㄷ. 코돈은 RNA의 유전부호이므로 RNA인 (다)에 코돈이 있다.

오답 피하기 ㄱ. 세포 내 유전정보는 DNA(나) → RNA(다) → 단백질(가) 순으로 흐른다.

개념 확인하기

01 ㉠ 규모, ㉡ 거시, ㉢ 미시 02 ○ 03 × 04 × 05 ○
06 × 07 ㉡ 08 ㉣ 09 ㉠ 10 ㉢ 11 ㉠ 길이,
㉡ 시간 12 ㄱ, ㄷ 13 ㄴ, ㄷ 14 ㉠ 아날로그, ㉡ 디지털

01 자연을 탐구할 때는 자연 현상이 일어나는 시간과 공간의 크기인 규모를 고려하여 적절한 단위를 사용해야 한다. 자연 세계 중 인간의 감각으로 직접 인식이 가능한 크기 이상을 거시 세계라고 하고, 원자 수준의 작은 세계를 미시 세계라고 한다.

02 기본량은 여러 가지 물리량 중 기본이 되는 것이다.

기본량	시간	길이	질량	전류	온도
단위	s (초)	m (미터)	kg (킬로그램)	A (암페어)	K (켈빈)

03 기본량은 여러 물리량 중 기본이 되는 것으로, 다른 양을 나타낼 때 기본이 된다. 기본량을 조합해 유도하는 물리량은 유도량이다. 유도량에는 넓이, 부피, 속력, 농도 등이 있다.

04 속력은 단위 시간당 이동 거리로, 이동 거리를 시간으로 나눈 값이다. 따라서 속력은 유도량이다.

05 국제도량형총회에서는 시간, 길이, 질량, 온도, 전류, 물질량, 광도 등 7개를 기본량으로 규정하고, 기본량의 단위 체계인 국제단위계를 정의하였다.

06 국제단위계에서 온도의 단위는 K(켈빈)이다.

07~10 기본량의 단위인 국제단위계에서 시간의 단위는 s(초), 질량의 단위는 kg(킬로그램), 길이의 단위는 m(미터), 전류의 단위는 A(암페어)이다.

11 유도량인 속력은 길이와 시간으로 나타낼 수 있으며, 단위는 길이 단위인 m와 시간 단위인 s를 이용하여 m/s로 나타낸다.

$$\text{속력}[\text{m/s}] = \frac{\text{이동 거리}[\text{m}]}{\text{시간}[\text{s}]}$$

12 측정 표준을 이용하면 신뢰할 수 있는 측정 결과를 얻을 수 있고, 안전하고 편리한 생활에 도움이 되며, 산업 분야나 과학자들간의 협업에 유용하다.

13 넓이는 길이의 단위를 이용하여 유도할 수 있다. 넓이의 측정 표준은 m^2이다.

14 센서는 자연계에서 발생하는 아날로그 신호를 감지하여 디지털 신호로 변환한다. 연속적인 아날로그 신호 중 디지털 신호로 변환되는 순간의 신호 외에는 버려진다. 측정 간격을 좁게 할수록 원래의 아날로그 신호에 가까운 디지털 신호를 얻을 수 있다.

01 ㉡ 02 ㉠ 03 ㉢ 04 × 05 ○ 06 ○ 07 ×
08 ㉠ 원자핵, ㉡ 중성자, ㉢ 쿼크 09 × 10 ○ 11 ○
12 × 13 × 14 ○

01 연속 스펙트럼은 보라색부터 빨간색까지 모든 파장의 빛이 연속적으로 나타나는 스펙트럼이다.

02 방출 스펙트럼은 검은 바탕에 특정 파장의 밝은색 방출선이 나타나는 스펙트럼이다.

03 흡수 스펙트럼은 연속 스펙트럼에 특정 파장에 검은색 흡수선이 나타나는 스펙트럼이다.

04 태양과 같은 별을 분광기로 관찰하면 별의 대기에 존재하는 기체가 특정 파장의 빛을 흡수하므로 흡수 스펙트럼이 관찰된다.

05 흡수 스펙트럼에 검은색 흡수선이 나타나는 까닭은 저온의 기체(원소)가 특정 파장의 빛을 흡수하기 때문이다.

06 별의 스펙트럼에 나타나는 흡수선의 파장을 통해 별의 대기에 존재하는 원소를 알아낼 수 있다.

07 스펙트럼 분석을 통해 우주에 가장 많이 존재하는 원소는 수소이고, 우주에 두 번째로 많이 존재하는 원소는 헬륨이라는 것을 알아낼 수 있었다.

08 물질은 원자로 이루어져 있고, 원자는 원자핵과 전자로 이루어져 있다. 원자핵은 양성자와 중성자로 이루어져 있으며, 양성자와 중성자는 쿼크로 이루어져 있다.

09 빅뱅 우주론에 따르면 시간이 흐르면서 우주의 크기는 증가하고 온도는 낮아진다.

10 빅뱅 우주론에 따르면 시간이 흐르면서 우주의 크기는 증가하는데 질량은 일정하게 유지된다. 따라서 시간이 흐를수록 우주의 밀도는 감소한다.

11 약 138억 년 전 대폭발(빅뱅)로 우주가 탄생한 직후 우주가 팽창하기 시작하면서 기본 입자인 쿼크와 전자가 만들어졌다.

12 (나) 시기에는 쿼크가 결합해 양성자와 중성자가 만들어졌다. 양성자와 중성자가 결합해 헬륨 원자핵이 만들어진 시기는 빅뱅이 일어나고 약 3분이 지났을 때이므로 (다) 시기이다.

13 우주 배경 복사는 우주의 나이가 약 38만 년인 (라) 시기에 우주의 온도가 약 3000 K으로 낮아지면서 원자가 생성될 때 형성되었다.

14 (라) 시기에 수소 원자와 헬륨 원자가 생성되었다. 따라서 (라) 시기에 우주에 존재하는 수소와 헬륨의 질량비는 약 3 : 1이다.

01 ㉠ 성운, ㉡ 중력, ㉢ 수소　**02** ○　**03** ✕　**04** ○　**05** ✕
06 ㉠ 헬륨, ㉡ 탄소, ㉢ 수소, ㉣ 철　**07** 초신성 폭발　**08** (가)
→ (다) → (마) → (나) → (라)　**09** ○　**10** ✕　**11** ○　**12** ○
13 ✕　**14** ○

01 성간 물질이 뭉쳐 구름처럼 보이는 깃을 성운이라고 한다. 성운의 온도가 낮고 밀도가 높으면 중력에 의해 수축하면서 원시별이 만들어지고, 원시별이 수축하면서 중심부 온도가 1000만 K 이상이 되면 수소 핵융합 반응이 시작되면서 주계열성이 된다.

02 수소 핵융합 반응은 4개의 수소가 결합해 1개의 헬륨이 생성되는 반응이다.

03 핵융합 반응이 일어나면 질량이 손실되고, 손실된 질량이 에너지로 전환되어 방출된다.

04 주계열성은 중력과 내부 기체 압력에 의한 힘이 평형을 이루어 크기가 일정하게 유지된다.

05 주계열성에서 중심부의 수소가 고갈되면 헬륨핵은 수축하다가 온도가 1억 K에 도달하면 헬륨 핵융합 반응이 시작된다.

06 질량이 태양과 비슷한 별은 맨 외곽에 수소, 중심부를 둘러싼 부위에서는 수소 핵융합 반응으로 생성된 헬륨, 중심부에는 헬륨 핵융합 반응으로 생성된 탄소가 존재한다. 질량이 태양보다 훨씬 큰 별은 맨 외곽에는 수소, 중심부에는 규소 핵융합 반응으로 생성된 철이 존재한다.

07 철보다 무거운 원소는 태양보다 질량이 매우 큰 별의 진화 과정 중 초신성 폭발 과정에서 생성된다.

08 태양계는 (가) 태양계 성운 형성 → (다) 태양계 성운의 수축과 회전 → (마) 중심부에 원시 태양 형성 → (나) 원반 주위에 미행성체와 미행성체의 충돌로 원시 행성 형성 → (라) 태양과 태양을 공전하는 천체(행성, 소행성, 혜성 등)로 이루어진 태양계 형성 순으로 만들어졌다.

09 지구형 행성은 핵에는 철과 니켈 등의 금속 성분이, 맨틀에는 규소와 산소 등의 암석 성분이 존재한다.

10 지구형 행성이 목성형 행성보다 태양과의 거리가 가깝다.

11 원시 지구는 미행성체 충돌에 의한 열에 의해 표면이 모두 녹은 마그마 바다가 형성된 적이 있다.

12 지구 중심부의 핵은 철과 니켈 등의 무거운 금속으로 이루어져 있고, 지구 표면의 지각은 금속보다 가벼운 규산염 광물로 이루어져 있다.

13 최초의 생명체는 자외선 때문에 위험한 육지보다 안전한 바다에서 탄생하였다.

14 지구와 생명체를 구성하는 원소 중 수소와 헬륨은 우주 초기에, 나머지 원소들은 별의 진화 과정에서 만들어졌다.

01 원자 번호　**02** ㉠ 주기, ㉡ 족　**03** 전자 껍질　**04** 원자가 전자　**05** ㄷ, ㅇ　**06** ㄴ, ㅂ, ㅈ　**07** ㄴ, ㅂ, ㅅ, ㅈ
08 ㄱ, ㄷ, ㄹ, ㅁ, ㅇ　**09** (가)　**10** (가)　**11** (나)　**12** ㉠ 2, ㉡ 8　**13** C　**14** A, B　**15** B, D

01 현대 주기율표는 원소들을 원자 번호 순서와 화학적 성질을 기준으로 배열한 표이다. 원소를 원자 번호 순으로 나열하다가 화학적 성질이 유사한 원소가 같은 세로줄에 오도록 배열하였다.

02 주기율표의 가로줄을 주기라고 하며 1~7주기로 구성되고, 주기율표의 세로줄을 족이라고 하며 1~18족으로 구성된다.

03 원자의 전자 배치에서 같은 주기 원소는 전자가 들어 있는 전자 껍질 수가 같다. 따라서 전자 껍질 수가 같은 원소는 같은 가로줄에 속한다.

04 원자의 전자 배치에서 같은 족 원소는 원자가 전자 수가 같다. 즉, 같은 세로줄에 속하는 원소는 원자의 전자 배치에서 원자가 전자 수가 같다.

05 할로젠은 플루오린(F), 염소(Cl), 브로민(Br), 아이오딘(I) 등의 17족 원소이다.

06 알칼리 금속은 리튬(Li), 나트륨(Na), 칼륨(K) 등 1족에 속하는 금속 원소이다.

07 주기율표의 A 영역은 금속 원소이다. 칼륨(K), 나트륨(Na), 마그네슘(Mg), 리튬(Li)은 금속 원소이다.

08 주기율표의 B 영역은 비금속 원소이다. 수소(H), 플루오린(F), 헬륨(He), 네온(Ne), 염소(Cl)는 비금속 원소이다.

09 알칼리 금속은 1족에서 수소를 제외한 금속 원소이므로 영역 (가)에 해당한다. 제시된 그림에서 영역 (나)는 할로젠이고, 영역 (다)는 18족 원소이다.

10 물과 격렬하게 반응하고, 반응한 뒤 수용액은 염기성을 띠는 것은 알칼리 금속의 성질이므로 영역 (가)에 해당한다.

11 17족 원소인 할로젠은 원자가 전자 수가 7이므로 영역 (나)에 해당한다.

12 원자의 첫 번째 전자 껍질에는 최대 2개의 전자가 채워지고, 원자 번호 3~18번에 해당하는 원자의 두 번째와 세 번째 전자 껍질에는 최대 8개의 전자가 채워진다.

13 원자가 전자는 가장 바깥 전자 껍질에 들어 있는 전자이므로 원자가 전자 수가 4인 원자는 C이다.

14 2주기 원소는 원자의 전자 배치에서 전자가 들어 있는 전자 껍질 수가 2로 같으므로 A와 B이다.

15 원자가 전자 수가 같은 원소는 주기율표의 같은 족에 속하며 유사한 화학적 성질을 가진다. B와 D는 원자가 전자 수가 7로 같으므로 화학적 성질이 유사하다.

01 18   **02** 정전기적   **03** 전자쌍   **04** 잃어   **05** 얻어
06 A   **07** B   **08** AB   **09** ○   **10** ×   **11** ○   **12** ㉡
13 ㉠   **14** ㄱ, ㄹ   **15** ㄴ, ㄷ

01 18족이 아닌 원소들은 18족 원소의 전자 배치와 같이 가장 바깥 전자 껍질에 2개 또는 8개의 전자를 채워 안정해지려는 경향이 있다.

02 양이온과 음이온 사이의 정전기적 인력으로 형성되는 화학 결합을 이온 결합이라고 한다.

03 원자들이 전자쌍을 공유하여 형성되는 화학 결합을 공유 결합이라고 한다.

04 금속 원소의 원자는 전자를 잃어 양이온이 되면서 18족 원소와 같은 전자 배치를 한다.

05 비금속 원소의 원자는 전자를 얻어 음이온이 되면서 18족 원소와 같은 전자 배치를 한다.

06 A는 금속 원소인 나트륨(Na)이고, B는 비금속 원소인 염소(Cl)이다. A(Na)는 원자가 전자 수가 1이므로 전자 1개를 잃어 양이온인 $A^+(Na^+)$을 형성하며 18족 원소인 네온(Ne)과 같은 전자 배치를 한다.

07 B(Cl)는 원자가 전자 수가 7이므로 전자 1개를 얻어 음이온인 $B^-(Cl^-)$을 형성하며 18족 원소인 아르곤(Ar)과 같은 전자 배치를 한다.

08 $A^+(Na^+)$과 $B^-(Cl^-)$은 1 : 1의 개수비로 이온 결합 하여 AB (NaCl)를 형성한다.

09 A는 2주기 14족 원소인 탄소(C)이고, B는 2주기 16족 원소인 산소(O)이다. A(C)와 B(O)는 모두 비금속 원소이다.

10 비금속 원소의 원자들은 서로 전자를 내놓아 전자쌍을 이루고, 그 전자쌍을 공유하여 공유 결합을 형성한다. A(C)와 B(O)는 비금속 원소이므로 A(C)와 B(O) 사이에 형성되는 결합의 종류는 공유 결합이다.

11 A(C)의 원자가 전자 수는 4이고, B(O)의 원자가 전자 수는 6이다. 따라서 A(C) 원자 1개는 B(O) 원자 2개와 각각 2개씩 전자쌍을 공유하며 결합해 $AB_2(CO_2)$를 이룬다.

12 제시된 그림은 수용액에 전원을 연결했을 때 전류가 흘러 전구의 불이 켜진 모습이다. 염화 나트륨과 같은 이온 결합 물질의 수용액에 전원을 연결하면 전류가 흐른다.

13 설탕 등 대부분의 공유 결합 물질은 수용액에 전원을 연결해도 전류가 흐르지 않는다.

14 공유 결합 물질은 비금속 원소로 이루어진다.

15 액체 상태 및 수용액에서 전기 전도성이 있는 물질은 이온 결합 물질이다. 이온 결합 물질은 금속 원소와 비금속 원소로 이루어진다.

01 ○   **02** ○   **03** ×   **04** ㉠   **05** ㉢   **06** ㉡   **07** 아미노산   **08** 펩타이드결합   **09** 물(H_2O)   **10** ○   **11** ×
12 ○   **13** 이중나선구조   **14** (가) DNA, (나) RNA   **15** R
16 D   **17** 단

01~02 규산염 사면체는 규소 원자 1개를 중심으로 4개의 산소 원자가 공유 결합을 형성하며 사면체 구조를 이룬다. 따라서 A는 규소(Si)이고, B는 산소(O)이다.

03 이웃한 규산염 사면체 사이에 제시된 그림의 B에 해당하는 산소(O) 원자를 공유하며 결합하여 규산염 광물을 형성한다.

04 휘석은 규산염 사면체가 한 줄로 결합한 단사슬 구조이므로 ㉠에 해당한다.

05 각섬석은 규산염 사면체가 두 줄로 결합한 복사슬 구조이므로 ㉢에 해당한다.

06 흑운모는 규산염 사면체가 얇은 판 모양으로 결합하여 쌓여 있는 판상 구조이므로 ㉡에 해당한다.

07 A와 B는 단백질의 기본 단위체이다. 단백질의 기본 단위체는 아미노산이다.

08 아미노산 사이에 형성되는 결합은 펩타이드결합이다. 여러 개의 아미노산이 펩타이드결합으로 연결되어 폴리펩타이드를 형성하고 고유한 입체 구조를 가진 단백질을 이룬다.

09 이웃한 2개의 아미노산 사이에서 1개의 물 분자가 빠져나가며 아미노산이 펩타이드 결합으로 연결된다.

10~11 핵산의 기본 단위체는 인산, 당, 염기가 1 : 1 : 1로 결합한 뉴클레오타이드이다. 따라서 ㉠은 당, ㉡은 염기이다.

12 DNA의 뉴클레오타이드를 구성하는 당은 디옥시라이보스이고, RNA의 뉴클레오타이드를 구성하는 당은 라이보스이다.

13 (가)의 구조는 두 가닥의 폴리뉴클레오타이드가 꼬인 형태의 이중나선구조이고, (나)의 구조는 한 가닥의 폴리뉴클레오타이드로 이루어진 단일 가닥 구조이다.

14 DNA는 이중나선구조이고, RNA는 단일 가닥 구조이므로 (가)는 DNA이고, (나)는 RNA이다.

15 RNA는 유전정보를 전달하거나 단백질의 합성에 관여하는 역할을 한다.

16 생명체의 유전정보는 DNA의 염기 서열에 저장되어 있다. DNA를 구성하는 염기는 아데닌(A), 타이민(T), 구아닌(G), 사이토신(C)의 4가지이므로 염기의 종류에 따른 4종류의 뉴클레오타이드가 다양한 순서로 결합하며 다양한 유전정보를 저장한다.

17 단백질의 종류와 기능은 펩타이드결합으로 연결된 아미노산의 종류와 수, 배열 순서에 따라 결정된다.

01 ✕   **02** ✕   **03** ◯   **04** ◯   **05** ✕   **06** ◯   **07** ㉠ n형, ㉡ 전자   **08** ◯   **09** ✕   **10** ◯   **11** ㉡   **12** ㉢   **13** ㉠   **14** 도   **15** 부   **16** 반

01 도체는 자유 전자가 많아 전류가 잘 흐르는 물질로, 구리, 알루미늄, 철 등이 있다.

02 전기 도선의 피복은 전류가 잘 흐르지 않는 부도체로 만든다.

03 부도체 내의 전자들은 원자에 속박되어 있어 자유롭게 움직이지 못한다. 따라서 자유 전자가 거의 없어 전류가 잘 흐르지 못한다.

04 반도체는 특정 조건에 따라 자유 전자가 생겨 전류가 흐르는 물질로, 전기적인 성질이 도체와 부도체의 중간 정도인 물질이다.

05 순수 반도체에 불순물을 첨가하면 전기 전도성이 좋아진다.

06 순수 반도체에 불순물을 첨가하면 남는 전자나 양공이 생겨 순수 반도체보다 전기 전도성이 좋다. 이러한 전자나 양공이 전류를 흐르게 한다.

07 n형 반도체는 순수 반도체에 원자가 전자가 5개인 원소를 도핑하여 전자가 많아지도록 한 것이며, p형 반도체는 순수 반도체에 원자가 전자가 3개인 원소를 도핑하여 양공이 많아지도록 한 것이다.

개념 더하기 ✚ **p형 반도체와 n형 반도체**

구분	p형 반도체	n형 반도체
불순물	원자가 전자가 3개인 원소	원자가 전자가 5개인 원소
원리	원자 사이의 결합에 전자 1개가 부족하게 되어 빈 자리인 양공이 생긴다.	공유 결합에 참여하지 않은 남는 전자가 생긴다.

08 순수 반도체는 모든 원자가 공유 결합을 하고 있다.

09 순수 반도체인 규소(Si)의 원자가 전자는 4개이다.

10 순수 반도체에 불순물을 첨가하면 남는 전자나 빈 자리인 양공이 생겨 전기 전도성이 좋아진다.

11 다이오드는 전류를 한 방향으로만 흐르게 하는 정류 작용을 하므로 교류를 직류로 바꾸는 데 사용된다.

12 집적 회로는 신호를 빨리 전달할 수 있어 데이터를 처리하거나 저장하는 장치에 사용한다.

13 트랜지스터는 약한 신호를 큰 신호로 바꾸는 증폭 작용과 전류의 흐름을 조절하는 스위치 작용을 한다.

14~16 도체는 전류가 잘 흐르기 때문에 전선, 피뢰침, 정전기 방지 패드 등에 활용된다. 부도체는 전류가 거의 흐르지 않기 때문에 전선 피복, 절연 장갑 등에 활용된다. 반도체는 전류, 빛 등 조건에 따라 전기적 특성이 달라지는 성질을 이용하여 반도체 소자에 이용한다.

01 ㉠ 수권, ㉡ 상호작용   **02** A: 대류권, B: 성층권, C: 중간권, D: 열권   **03** E: 혼합층, F: 수온 약층, G: 심해층   **04** A, C   **05** E   **06** A: 지각, B: 맨틀, C: 외핵, D: 내핵   **07** C   **08** (가)-C, (나)-F, (다)-D   **09** 태   **10** 조   **11** 지   **12** ◯   **13** ◯   **14** ✕

01 지구시스템은 기권, 수권, 지권, 생물권, 외권으로 이루어져 있으며, 각각의 구성 요소가 상호작용 하는 과정에서 물질의 순환과 에너지의 흐름이 나타난다.

02 기권은 지구 표면을 둘러싸고 있는 대기로, 높이에 따른 기온 분포에 따라 지표면으로부터 대류권(A), 성층권(B), 중간권(C), 열권(D)으로 구분한다.

03 해수의 층상 구조는 해수면으로부터 혼합층(E), 수온 약층(F), 심해층(G)으로 이루어져 있다.

04 기권에서 대류가 일어나는 층은 층의 하부보다 상부의 기온이 낮은 대류권(A)과 중간권(C)이다.

05 수권에서 태양 에너지의 흡수량이 가장 많은 층은 해수면과 가장 가까운 혼합층(E)이다.

06 지권은 구성 물질의 성분과 상태(또는 물리적 성질)에 따라 지표면으로부터 지각(A), 맨틀(B), 외핵(C), 내핵(D)으로 구분할 수 있다.

07 지구 내부의 층상 구조 중 액체 상태인 층은 외핵(C)이다.

08 (가)의 화산 가스 방출은 지권과 기권의 상호작용(C)이며, (나)의 지진에 의한 해일 발생은 지권과 수권의 상호작용(F)이고, (다)의 바닷물의 탄산 이온을 이용한 해양 생물의 골격 형성은 수권과 생물권의 상호작용(D)이다.

09 대기와 해수의 순환을 일으키는 근원 에너지는 태양 에너지이다.

10 밀물과 썰물에 의한 해수면의 높이 변화는 조력 에너지에 의해 일어난다.

11 대륙 이동 및 지진과 화산 활동 같은 지각 변동은 지구 내부 에너지에 의해 일어난다.

12 물의 순환을 일으키는 근원 에너지는 태양 에너지이다.

13 물의 순환 과정에서 육지의 남는 물이 하천수와 지하수의 형태로 바다로 이동하면서 풍화·침식 작용이 일어나므로 지형 변화를 일으킨다.

14 화석 연료의 생성은 탄소가 생물권에서 지권으로 이동하는 과정에 해당한다.

> **01** ✕　**02** ◯　**03** ◯　**04** ✕　**05** ㉢　**06** ㉡　**07** ㉠
> **08** ㄱ, ㄷ　**09** (라)　**10** (다)　**11** (가)　**12** (나)　**13** ㉠ 큰,
> ㉡ 작은　**14** ㉠ 화산재, ㉡ 내진 설계

01 암석권은 지각과 상부 맨틀의 일부를 합친 두께 약 100 km의 단단한 부분이며, 연약권은 암석권 아래 깊이 약 100~400 km 부분의 맨틀로 이루어져 있다.

02 판의 경계는 서로 인접한 두 판의 상대적인 이동 방향에 따라 판과 판이 갈라져 멀어지는 발산형 경계, 판과 판이 서로 어긋나게 이동하는 보존형 경계, 판과 판이 충돌하는 수렴형 경계로 구분한다.

03 지진대와 화산대는 지진과 화산 활동이 활발하게 일어나는 지역으로 좁고 긴 띠 모양으로 나타난다. 지진대와 화산대의 분포는 대체로 일치한다.

04 판과 판이 서로 어긋나게 이동하는 보존형 경계와 대륙판과 대륙판이 충돌하는 수렴형 경계에서는 지진은 자주 발생하지만 화산 활동은 거의 일어나지 않는다.

05 인접한 두 판이 서로 어긋나게 이동하는 판의 경계는 보존형 경계이다.

06 인접한 두 판이 충돌하는 판의 경계는 수렴형 경계이다.

07 인접한 두 판이 서로 멀어지는 방향으로 이동하는 판의 경계는 발산형 경계이다.

08 발산형 경계에서는 해령과 열곡대가 발달한다. 해구와 습곡 산맥이 발달하는 판의 경계는 수렴형 경계, 변환 단층이 발달하는 판의 경계는 보존형 경계이다.

09 맨틀 대류의 상승부이며, 판이 갈라져 서로 반대 방향으로 이동하는 판의 경계는 발산형 경계인 (라)이다.

10 맨틀 대류의 하강부이며, 해양판이 대륙판 아래로 섭입하여 소멸하는 판의 경계는 (다)이다.

11 두 판이 서로 어긋나게 스치며 이동하는 판의 경계는 보존형 경계인 (가)이다.

12 대륙판과 대륙판이 충돌하여 습곡 산맥이 형성되는 판의 경계는 (나)이다.

13 밀도가 서로 다른 두 판이 부딪히면 밀도가 큰 판이 밀도가 작은 판 아래로 내려가는 섭입이 일어난다.

14 화산 활동을 통해 대기 중으로 방출된 화산재는 햇빛을 차단하므로 화산 폭발 직후 일시적으로 기온이 낮아진다. 건축물이 지진에 잘 견디게 설계하는 것을 내진 설계라고 하며, 이는 지진 피해를 줄이기 위한 방안에 해당한다.

> **01** ◯　**02** ◯　**03** ✕　**04** ✕　**05** ㉠ 증가, ㉡ 등가속도
> **06** ㉠ 등속 직선, ㉡ 등가속도　**07** ✕　**08** ◯　**09** ✕
> **10** 중력　**11** 중력　**12** 가속도

01 중력은 물체의 질량이 클수록 크다.

02 중력은 질량이 있는 모든 물체 사이에 상호작용 하는 힘으로, 물체가 서로 접촉해 있거나 멀리 떨어져 있어도 작용한다.

03 달에 작용하는 중력의 방향은 지구 중심을 향하는 방향이므로 달의 운동 방향과 같지 않다.

04 지구 중심으로부터 거리가 멀어질수록 물체에 작용하는 중력의 크기는 감소한다. 중력의 크기는 지표면에서 높은 곳으로 올라갈수록, 극에서 적도 쪽으로 갈수록 작아진다.

05 자유 낙하 하는 물체는 일정한 크기의 중력이 작용하므로 등가속도 운동을 한다.

06 수평 방향으로 던진 물체는 수평 방향으로는 힘이 작용하지 않으므로 속력이 일정한 등속 직선 운동을 한다. 연직 방향으로는 일정한 중력이 작용하므로 속력이 일정하게 증가하는 등가속도 운동을 한다.

07 B의 연직 방향의 운동은 자유 낙하 운동과 같고, A를 가만히 놓은 지점과 B를 수평 방향으로 던진 지점의 높이는 같으므로 A와 B는 수평면에 동시에 도달한다.

08 A, B에 작용하는 중력의 방향은 연직 방향으로 같다.

09 수평 방향으로 던진 속력과 관계없이 A를 가만히 놓은 지점과 B를 수평 방향으로 던진 지점의 높이는 같으므로 수평면에 동시에 도달한다.

10 뉴턴은 사고 실험을 통해 달이 지구로 떨어지지 않고 지구 주위를 공전하는 까닭을 중력에 의한 운동으로 설명하였다.

개념 더하기 ➕ 뉴턴의 사고 실험

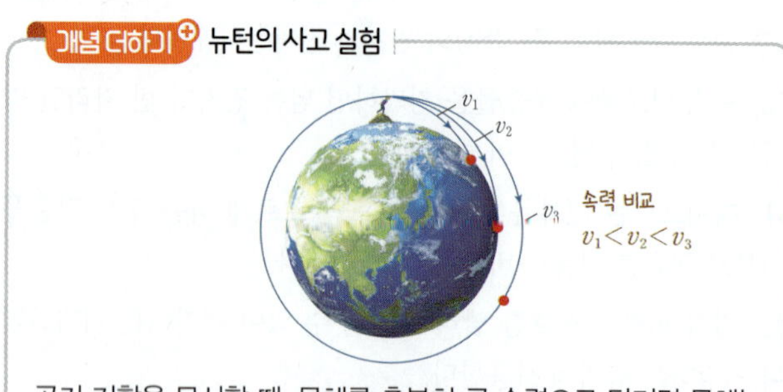

공기 저항을 무시할 때, 물체를 충분히 큰 속력으로 던지면 물체는 지구 표면에 닿지 않고 지구 주위를 계속 돌 수 있다.

11~12 자유 낙하 운동, 수평 방향으로 던진 물체의 운동, 지구 주위를 공전하는 원운동은 지구 중력에 의한 지구 중심 방향의 가속도 운동을 한다. 지구 중력에 의해 원운동하는 물체에 작용하는 중력 방향이 지구 중심 방향이므로 가속도 방향은 지구 중심을 향하는 방향이다.

01 ㉠ 관성, ㉡ 질량 **02** ✕ **03** ○ **04** ○ **05** ㉠ 충격량, ㉡ 면적 **06** 10 kg·m/s **07** 15 N·s **08** 50 kg·m/s **09** 7 m/s **10** A: 단단한 바닥, B: 푹신한 방석 **11** ㉠ 길, ㉡ 작아져 **12** ㄱ, ㄴ **13** 충돌 시간

01 관성은 물체가 운동 상태를 유지하려고 하는 성질로, 물체에 힘이 작용하지 않으면 정지해 있던 물체는 계속 정지해 있고, 움직이던 물체는 등속 직선 운동을 계속한다. 질량이 클수록 관성이 크다.

02 운동량은 물체의 운동 효과를 나타내는 양으로, 물체의 질량과 속도의 곱이다.

03 운동량의 크기가 클수록 물체가 충돌할 때 나타나는 효과가 크다.

04 힘의 방향이 물체의 운동 방향과 같으면 물체의 속력이 증가하므로 운동량의 크기가 증가한다.

05 충격량은 물체가 받은 충격의 정도를 나타내는 양으로, 물체에 작용한 힘과 힘이 작용한 시간의 곱으로 나타낸다. 힘과 시간의 관계 그래프에서 그래프 아랫부분의 면적은 충력량을 나타낸다.

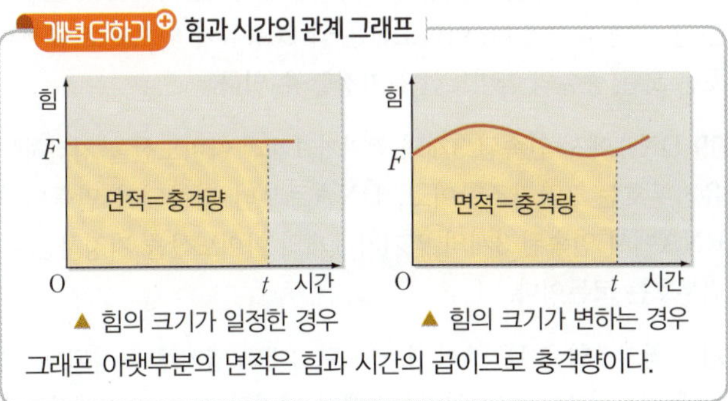
개념 더하기 ⊕ 힘과 시간의 관계 그래프

그래프 아랫부분의 면적은 힘과 시간의 곱이므로 충격량이다.

06 운동량의 크기 $= 5 \text{ kg} \times 2 \text{ m/s} = 10 \text{ kg·m/s}$

07 충격량의 크기 $= 5 \text{ N} \times 3 \text{ s} = 15 \text{ N·s}$

08 운동량의 변화량의 크기 = 충격량의 크기 $= 10 \text{ N} \times 5 \text{ s} = 50 \text{ kg·m/s}$

09 운동량의 변화량의 크기 = 충격량의 크기 $= 2 \text{ kg} \times (v-2) \text{m/s} = 10 \text{ N·s}$에서 속력 $v = 7 \text{ m/s}$이다.

10 푹신한 방석에 떨어진 달걀이 단단한 바닥에 떨어진 달걀보다 힘을 받는 시간이 더 길다.

11 충격량은 물체가 받은 충격의 정도를 나타내는 양으로, 물체에 작용한 힘과 힘이 작용한 시간의 곱이다. 충격량이 같을 때 힘이 작용한 시간이 길수록 물체가 받는 힘이 크다.

12 야구 선수가 방망이를 끝까지 휘두르는 것은 충격량을 증가시키는 예이다.

13 충격을 줄이려면 충돌할 때 힘을 받는 시간을 길게 한다.

01 ㉠ 생명 시스템, ㉡ 세포 **02** (가) 동물 세포, (나) 식물 세포 **03** A: 핵, B: 라이보솜, C: 소포체, D: 골지체, E: 엽록체, F: 세포막, G: 세포벽, H: 마이토콘드리아 **04** A **05** H **06** ㉠ 흡수, ㉡ 방출 **07** 효소 **08** ㉠ B, ㉡ A, ㉢ C **09** A: 반응물, B: 효소, C: 생성물 **10** ㉢ **11** ㉡ **12** ㉠

01 생명체는 빛, 공기, 물 등의 주변 환경 요인 및 다른 생명체와 상호작용 하며 다양한 생명활동을 하는 하나의 시스템을 이루는데, 이를 생명 시스템이라고 한다. 생명 시스템은 모두 세포로 이루어져 있다.

02 (나)에 엽록체와 세포벽이 있으므로 (나)는 식물 세포이고, (가)는 동물 세포이다.

03 A는 핵, B는 라이보솜, C는 소포체, D는 골지체, E는 엽록체, F는 세포막, G는 세포벽, H는 마이토콘드리아이다.

04 유전물질인 DNA가 있어 세포의 생명활동을 조절하는 세포소기관은 핵(A)이다.

05 생명활동에 필요한 에너지를 생성하는 세포호흡이 일어나는 세포소기관은 마이토콘드리아(H)이다.

06 생명체에서 일어나는 모든 화학 반응이 물질대사이며, 물질대사에는 작고 간단한 물질을 크고 복잡한 물질로 합성하는 반응과 크고 복잡한 물질을 작고 간단한 물질로 분해하는 반응이 있다. 물질을 합성할 때 에너지를 흡수하고, 물질을 분해할 때 에너지를 방출한다.

07 생명체 내에서 화학 반응이 빠르게 일어나도록 도와주는 생체촉매를 효소라고 한다. 효소는 활성화에너지를 낮추어 화학 반응이 빠르게 일어나게 한다.

08 활성화에너지는 화학 반응이 일어나는 데 필요한 최소한의 에너지이다. 효소는 활성화에너지를 낮추는 역할을 하므로 효소가 없을 때의 활성화에너지는 A, 효소가 있을 때의 활성화에너지는 B이다. 반응열은 반응물의 에너지와 생성물의 에너지 차이인 C이며, 효소의 유무와 관계없이 일정하다.

09 효소는 반응 전후에 변하지 않으므로 B이고, 효소와 일시적으로 결합하는 A는 반응물, 반응이 끝난 뒤 효소로부터 분리되는 C는 생성물이다.

10 혈당 측정기에 포도당 산화효소가 있어 혈액에 있는 포도당과 반응하면 포도당이 산화되면서 전류가 발생하고, 이 전류의 세기로 혈당량을 측정한다.

11 종이나 화장지를 만들 때 섬유소를 분해하는 효소를 활용한다.

12 렌즈 세정제에는 렌즈에 부착된 단백질을 분해하는 효소가 들어 있다.

01 세포막　**02** 선택적 투과성　**03** ㉠ 막단백질, ㉡ 인지질
04 ○　**05** ×　**06** ○　**07** ×　**08** ㉠ 높은, ㉡ 낮은
09 (가) 인지질 이중층을 통한 확산, (나) 막단백질을 통한 확산
10 ㄷ　**11** 삼투　**12** (가) 등장액, (나) 고장액, (다) 저장액

01 세포막은 주변 환경과 세포를 구분하는 경계로, 세포 안팎으로 물질이 출입하는 것을 조절한다.

02 세포막은 물질의 종류, 크기 등에 따라 어떤 물질은 잘 투과시키고 어떤 물질은 잘 투과시키지 않는 선택적 투과성의 특성을 가진다.

03 ㉠은 인지질 이중층에 파묻혀 있거나 관통하고 있는 막단백질이고, ㉡은 친수성인 머리 부분과 소수성인 꼬리 부분으로 구성된 인지질이다.

04~07 세포막은 선택적 투과성을 나타내며, 인지질의 친수성 부분이 세포막의 바깥쪽에 배열되고, 소수성 부분이 안쪽으로 서로 마주 보고 배열되어 인지질 이중층을 형성한다. 세포막의 주성분은 인지질과 단백질이며, 아미노산과 같이 비교적 크기가 크고 친수성을 띠는 물질은 인지질 이중층을 직접 통과하기 어려우므로 막단백질을 통해 이동한다. 인지질을 직접 통과하는 물질에는 크기가 작은 기체 분자, 지용성 물질, 지질 입자 등이 있다.

08 크기가 작은 물질이나 지용성 물질은 모두 인지질 이중층을 직접 통과하여 농도가 높은 곳에서 낮은 곳으로 확산한다.

09 (가)는 인지질 이중층을 통한 확산으로 막단백질이 관여하지 않는다. 반면, (나)는 막단백질을 통한 확산으로 막단백질이 관여한다.

10 이산화 탄소와 같이 크기가 작은 기체 분자는 인지질 이중층을 직접 통과하고, 포도당과 나트륨 이온은 막단백질을 통해 이동한다.

11 세포막을 경계로 하여 세포 안팎의 용질의 농도가 다를 때, 물 분자가 세포막을 통해 용질의 농도가 낮은 곳에서 높은 곳으로 이동하는 현상을 삼투라고 한다.

12 적혈구를 (가)에 넣었을 때 적혈구 안과 밖으로 이동하는 물의 양이 같으므로 (가)는 등장액이다. 등장액은 적혈구 안의 농도와 같으므로 적혈구는 부피가 변하지 않고 정상 모양을 유지한다. 적혈구를 (나)에 넣었을 때 적혈구 밖으로 빠져나가는 물의 양이 안으로 들어오는 물의 양보다 많으므로 (나)는 고장액이다. 고장액에 적혈구를 넣으면 적혈구의 부피가 감소하여 적혈구가 쭈그러든다. 적혈구를 (다)에 넣었을 때 적혈구 안으로 들어오는 물의 양이 밖으로 빠져나가는 물의 양보다 많으므로 (다)는 저장액이다. 저장액에 적혈구를 넣으면 적혈구의 부피가 커져 부풀어 오르다가 터질 수 있다.

01 형질　**02** 유전자　**03** 전사, 번역　**04** 핵, 라이보솜
05 단백질　**06** ○　**07** ○　**08** ×　**09** ㉠ 3염기조합,
㉡ 코돈　**10** 6개　**11** AUGCGGUUACCGGUUCCG
12 (가) 전사, (나) 번역　**13** UCU

01 형질은 생물의 모양, 크기, 성질과 같은 고유한 특징이다.

02 각각의 형질에 대한 유전정보가 저장되어 있는 DNA의 특정 부위를 유전자라고 한다. 하나의 DNA에는 수많은 유전자가 각각 정해진 위치에 있다.

03 DNA의 정보를 이용해 RNA가 합성되는 과정은 전사, RNA의 정보를 이용해 단백질이 합성되는 과정은 번역이다.

04~05 (가)는 전사이며, 핵 속에서 일어난다. (나)는 번역이며, 세포질의 라이보솜에서 일어난다. 번역(나)에서는 RNA의 정보를 이용해 단백질이 합성되므로 ㉠은 단백질이다.

06~08 유전부호는 유전정보에서 연속된 3개의 염기가 1개의 아미노산을 지정한다. DNA의 유전부호는 3염기조합, RNA의 유전부호는 코돈이며, 코돈 1개가 아미노산 1개를 지정한다. 염기는 4종류가 있고, 유전부호는 3개의 염기조합이므로 유전부호는 총 64종류가 있다. 아미노산은 약 20종류가 있으므로 유전부호는 모든 종류의 아미노산을 지정할 수 있다.

09 DNA에서 연속된 3개의 염기가 1개의 아미노산을 지정하는 유전부호는 3염기조합이고, DNA로부터 전사되어 만들어진 RNA에서 연속된 3개의 염기가 1개의 아미노산을 지정하는 유전부호는 코돈이다.

10 3염기조합은 DNA에서 연속된 3개의 염기로 구성된다. 그림에 제시된 DNA의 염기서열에서 염기의 개수는 18개이므로 3염기조합의 최대 개수는 6개이다.

11 전사 과정에서 DNA의 염기 아데닌(A), 타이민(T), 구아닌(G), 사이토신(C)은 각각 RNA의 염기 유라실(U), 아데닌(A), 사이토신(C), 구아닌(G)으로 전사된다. 따라서 제시된 DNA 가닥으로부터 전사가 일어나 만들어진 RNA의 염기서열은 AUGCGGUUACCGGUUCCG이다.

12 (가)에서 DNA 이중 가닥 중 한 가닥의 염기서열로부터 상보적인 염기서열을 갖는 RNA가 만들어지므로 (가)는 전사이다. (나)에서 RNA의 코돈에 따라 아미노산이 순서대로 결합하여 단백질이 합성되므로 (나)는 번역이다.

13 전사된 RNA의 염기서열은 전사에 사용된 DNA 가닥에 상보적이다. 따라서 전사가 일어나 만들어진 RNA의 염기서열이 UGG AAA ㉠ GGC이므로 전사에 사용된 DNA의 염기서열은 ACC TTT AGA CCG이다. ㉠과 상보적인 DNA의 염기서열이 AGA이므로 ㉠은 UCU이다.

I 과학의 기초

16~17쪽

01 ① 02 ① 03 예시 답안 센서는 아날로그 신호를 측정하여 디지털 신호로 변환한다. 04 ⑤ 05 ③ 06 ⑤ 07 ④ 08 ⑤ 09 예시 답안 사회 관계망 서비스를 통해 사진과 영상들을 공유할 수 있다. 인터넷을 통해 물건을 구입할 수 있다. 로봇을 이용해 다양한 작업을 수행할 수 있다.

01
답 ①

②, ③, ④, ⑤ 기본량에는 시간, 길이, 질량, 온도, 전류, 물질량, 광도의 7가지가 있다.

오답 피하기 ① 전하량은 전류와 시간을 조합하여 나타내는 유도량이다.

02
답 ①

ㄱ. 측정한 물리량을 숫자로 나타내려면 적절한 단위가 있어야 한다.

오답 피하기 ㄴ. 과학기술이 발달함에 따라 단위의 정의와 측정 방법이 더 엄밀하고 정확하게 바뀐다. 예를 들어 시간의 기본 단위인 1초는 과거에는 지구와 태양의 운동을 이용하여 정의하였으나 현재는 빛의 진동수로 세슘 원자시계를 이용해 정밀하게 측정한다.

ㄷ. 측정 대상의 규모를 고려하여 적절한 단위를 선택한다.

03

자연계에서 발생하는 신호는 대부분 값이 연속적으로 변하는 ㉠아날로그 신호이다. 오늘날에는 주로 0과 1로 이루어진 ㉡디지털 신호를 이용한 정보 통신 기술이 발달하였다. 센서는 이 과정에서 자연계의 신호를 감지하여 디지털 신호로 변환해 주는 역할을 한다.

채점 기준	배점(%)
㉠, ㉡에 들어갈 용어를 모두 사용하여 센서의 역할을 옳게 설명한 경우	100
㉠, ㉡에 들어갈 용어를 사용하지 않고 센서의 역할만 설명한 경우	50

개념 더하기 센서를 이용해 아날로그 신호를 디지털 신호로 변환

• 센서는 인간의 감각을 대신해 아날로그 신호를 감지하여 디지털 신호로 변환하는 장치이다.

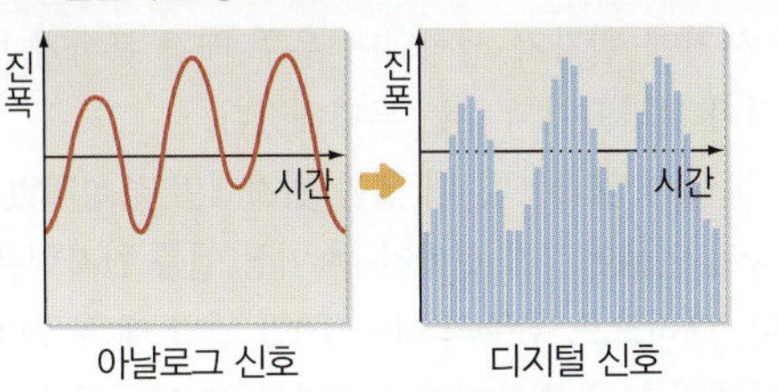

04
답 ⑤

자료 분석 거시 세계와 미시 세계의 기본량

(가) 화석이나 주변 암석에 들어 있는 방사성 물질을 이용하여 화석이 생성된 시기를 알아낸다.

(나) 원자시계를 이용하여 $\frac{1}{수십억}$ 초까지 측정한다.

(다) 원자힘 현미경으로 흑연 표면의 탄소 원자 크기를 측정한다.

(라) 달 주변을 도는 탐사선에 레이저를 쏘아 지구와 달까지의 거리를 측정한다.

구분	규모	기본량
(가)	거시 세계	시간
(나)	미시 세계	시간
(다)	미시 세계	길이
(라)	거시 세계	길이

ㄴ. (다), (라)는 탄소 원자의 크기, 지구와 달의 거리를 다루고 있으므로 길이를 측정하는 것이다.

ㄷ. 자연을 탐구할 때는 측정 대상의 규모를 고려하여 적절한 측정 도구를 선택해야 한다.

오답 피하기 ㄱ. (가), (라)는 거시 세계의 현상이고 (나), (다)는 미시 세계의 현상이다.

05
답 ③

자료 분석 노트북 컴퓨터에서 찾는 기본량

제품 상세 정보

정격 전류	2 A
배터리 용량	4000 mAh
최대 사용 시간	10 시간 20 분
중앙 처리 장치 (CPU) 온도	평균 43 ℃
질량	약 1.6 kg

• 제품 크기(cm) ➜ 길이
• 질량(kg) ➜ 질량
• 중앙처리장치 온도(℃) ➜ 온도
• 정격 전류(A) ➜ 전류
• 최대 사용 시간 ➜ 시간
• 배터리 용량 ➜ 단위인 mAh는 전류 단위인 mA와 시간 단위인 h를 조합하여 나타낸 것이다.

ㄱ. 1 cm=0.01 m이므로 세로 길이는 0.237 m이다.

ㄷ. 배터리 용량의 단위인 mAh는 전류 단위인 mA와 시간 단위인 h(시)를 조합하여 나타낸 것이다. 따라서 배터리 용량은 기본량 중 전류와 시간을 조합한 유도량이다.

오답 피하기 ㄴ. 국제단위계에 따른 온도의 기본 단위는 K(켈빈)이다.

06

어림은 측정 경험을 바탕으로 수행하는 활동이다. 액체의 부피를 측정할 때는 측정 대상의 부피를 어림한 뒤 적절한 용량의 측정 도구를 선택한다.

ㄴ. 측정할 때는 대상의 규모를 고려하여 적절한 측정 단위와 측정 도구를 사용한다.

ㄷ. 길이를 측정할 때 측정 도구의 최소 눈금보다 작은 값은 어림하여 측정한다.

오답 피하기 ㄱ. 어림은 측정 도구 없이 물리량을 대략적으로 가늠하고 논리적으로 추론하는 활동이다.

> **개념 더하기** 어림의 2가지 의미
>
> - 어림은 '대강 짐작으로 헤아림'이라는 뜻으로, 측정 도구 없이 물리량을 대략적으로 가늠하는 활동을 의미한다.
> - 측정 과정에서 측정 도구의 최소 눈금보다 작은 값은 최소 눈금의 $\frac{1}{10}$까지 눈어림하여 처리한다.
> - ㉠ 최소 눈금이 $1\,\text{mm}$인 자로 지우개의 길이를 측정할 때는 $57.3\,\text{mm}$와 같이 $0.1\,\text{mm}$까지 눈어림하여 기록한다.

07

답 ④

ㄴ. 영상이나 소리를 실시간으로 주고받기 위해서는 빛 신호나 소리 신호를 측정하여 디지털 신호로 변환해 주는 센서가 필요하다. 빛 신호는 광센서가 포함된 카메라로, 소리 신호는 소리 센서가 포함된 마이크로 측정할 수 있다.

ㄷ. 센서로 관측한 자료는 디지털 신호로 변환되어 정보 통신 기술을 이용해 전송한다.

오답 피하기 ㄱ. 사회 관계망 서비스를 이용해 전송되는 사진이나 영상은 디지털 정보이다.

08

답 ⑤

ㄱ. 앙부일구는 태양의 운동을 이용해 낮 동안 시간을 측정하는 해시계이다.

ㄴ. 유척은 조선 시대의 길이 표준이다.

ㄷ. 앙부일구와 유척은 물리량을 정확하게 측정하기 위해 만든 측정 표준이었다.

09

현대의 정보 통신은 인터넷이 널리 보급되면서 시간과 공간의 제약 없이 빠르게 디지털 정보를 공유할 수 있게 해 준다. 사회 관계망 서비스(SNS)를 통한 정보의 공유, 인터넷을 통한 물건 구매와 은행 거래, 로봇을 이용한 작업의 수행, 원격 교육 등 디지털 정보를 활용한 정보 통신의 발전은 현대 문명에 많은 영향을 미쳤다.

채점 기준	배점(%)
활용 사례를 2가지 옳게 설명한 경우	100
활용 사례를 1가지만 옳게 설명한 경우	50

Ⅱ 물질과 규칙성

01 원소의 생성

> **01** ① **02** ② **03** 예시 답안 A는 흡수 스펙트럼이, B는 방출 스펙트럼이 관찰된다. **04** ㄱ, ㄴ, ㄷ **05** ⑤ **06** ② **07** ④ **08** ④ **09** ⑤ **10** 예시 답안 A는 포함되어 있고 B는 포함되어 있지 않다. A의 방출선은 별의 흡수선과 위치가 일치하고 B의 방출선은 일치하지 않기 때문이다. **11** ⑤ **12** ③ **13** ② **14** ① **15** ① **16** 예시 답안 탄소, 에너지가 방출된다. **17** ⑤ **18** ④ **19** ③ **20** ① **21** ① **22** 예시 답안 태양계 성운이 한 방향으로 회전하면서 수축하여 태양계를 형성하였기 때문이다.

01

답 ①

ㄱ. (가)는 연속 스펙트럼, (나)는 방출 스펙트럼이다.

오답 피하기 ㄴ. 고온, 고밀도의 광원에서 나온 빛이 프리즘을 통과하면 연속 스펙트럼이, 고온의 기체에서 나온 빛이 프리즘을 통과하면 방출 스펙트럼이 나타난다.

ㄷ. 원소의 종류에 따라 방출선의 위치와 개수가 달라진다.

02

답 ②

빅뱅 우주론에서 시간이 흐를수록 우주의 질량은 일정하고 우주의 크기는 커지므로 우주의 밀도는 감소한다.

03

태양은 대기에 있는 기체 성분이 중심부에서 나온 빛 중 특정 파장을 흡수하였으므로 흡수 스펙트럼이, 수소 방전관은 고온의 기체가 방출하는 빛이므로 방출 스펙트럼이 관찰된다.

채점 기준	배점(%)
A와 B에서 관찰되는 스펙트럼을 모두 옳게 쓴 경우	100
A와 B에서 관찰되는 스펙트럼 중 1가지만 옳게 쓴 경우	50

04

답 ㄱ, ㄴ, ㄷ

ㄱ. ㉠에 해당하는 것은 전자이다.

ㄴ. 수소 원자핵은 양성자 1개로 이루어져 있다.

ㄷ. 쿼크가 결합하여 양성자와 중성자가 만들어지고, 양성자와 중성자가 결합하여 원자핵이 생성된다. 원자핵과 전자가 결합하면 원자가 생성된다.

05

답 ⑤

ㄱ. (가)는 원자핵과 전자가 분리되어 있는 것으로 보아 우주의 나이 10만 년일 때, (나)는 원자가 존재하는 것으로 보아 우주의 나이 38만 년일 때의 모습이다.

ㄴ. (나) 시기에 원자가 생성되며 우주 배경 복사가 방출되었고 빛과 물질이 분리되어 우주는 투명해졌다.

ㄷ. 우주의 나이 약 3분일 때 헬륨 원자핵이 생성되었고 별 내부에서 헬륨이 만들어지기 전까지 더 이상 헬륨 원자핵은 만들어지지 않았다. 그러므로 우주의 나이 10만 년일 때 우주에 존재하는 수소 원자핵과 헬륨 원자핵의 질량비는 약 3 : 1이다.

06 <답> ②

태양계는 태양계 성운이 중력에 의해 수축 및 회전하면서 중심부의 밀도가 높아져 원시 태양과 원시 원반을 형성하였고, 원시 원반에서 미행성체가 만들어진 후 미행성체가 뭉쳐 원시 행성을 형성하면서 만들어졌다.

07 <답> ④

태양은 현재 주계열성 단계에 있으므로 중심부에서 수소 핵융합 반응이 일어나고 있다.

ㄴ. 중심부에서 수소 핵융합 반응이 끝나면 중심부에 헬륨핵이 생성된다. 헬륨핵이 수축하면서 온도가 1억 K 이상으로 높아지면 헬륨 핵융합 반응이 일어난다. 그러므로 A는 수소 핵융합 반응, B는 헬륨 핵융합 반응이이 일어나는 영역이다.

ㄷ. 수소 핵융합 반응은 온도가 1000만 K 이상에서, 헬륨 핵융합 반응은 1억 K 이상에서 일어나므로 평균 온도는 B가 A보다 높다.

오답 피하기 ㄱ. (가)는 주계열성 이후 단계(거성 단계), (나)는 주계열성 단계의 모습이다. 태양은 현재 중심부에서 수소 핵융합 반응이 일어나는 주계열성이다.

08 <답> ④

ㄴ. (가)에서는 지구의 표면이 모두 녹아 암석과 금속의 혼합물 상태였다가 무거운 금속 성분이 가라앉아 핵이 되었고, 가벼운 규산염 성분은 떠올라 맨틀이 되었으므로 지구 중심부의 밀도는 (다)가 (가)보다 크다.

ㄷ. 원시 바다는 대기 중의 수증기가 비가 되어 내려서 형성되었다.

오답 피하기 ㄱ. 진화 순서는 (가) → (다) → (나)이다.

09 <답> ⑤

ㄱ. ㉠은 산소, ㉡은 수소이다.

ㄴ. 수소는 우주의 나이 약 38만 년일 때 수소 원자핵과 전자가 결합하여 생성되었다.

ㄷ. (다)는 두 번째로 많은 원소가 탄소인 것으로 보아 사람을 구성하는 주요 원소의 질량비임을 알 수 있다. (가)는 지구, (나)는 우주를 구성하는 주요 원소의 질량비이다.

10

이 별에는 원소 A는 포함되어 있고 원소 B는 포함되어 있지 않다. 그 까닭은 원소 A의 방출선은 별의 흡수선과 같은 위치에 나타나는데, 원소 B의 방출선은 별의 흡수선과 같은 위치에 나타나지 않기 때문이다.

채점 기준	배점(%)
구성 성분을 옳게 고르고, 까닭을 흡수선의 위치로 옳게 설명한 경우	100
구성 성분을 옳게 골랐으나, 까닭을 쓰지 못한 경우	50

11 <답> ⑤

ㄱ. A는 빅뱅 우주론을 주장한 과학자로 빅뱅 우주론은 우주가 팽창하면서 우주의 온도가 낮아진다고 설명하였다.

ㄴ. A는 빅뱅 우주론으로 우주는 팽창한다고 설명하였으며, B 또한 글에서 우주가 팽창한다고 설명하였다.

ㄷ. 우주 배경 복사의 관측과 수소와 헬륨의 질량비가 약 3 : 1인 것은 빅뱅 우주론의 증거이다.

12 <답> ③

ㄱ. 우주에 가장 많은 원소인 ㉠은 수소이다.

ㄷ. 외부 은하를 구성하는 원소의 질량비는 스펙트럼 관측을 통해 구할 수 있다.

오답 피하기 ㄴ. 우주에 두 번째로 많은 원소인 ㉡은 헬륨이다. 헬륨은 수소 핵융합 반응을 통해 만들어진다. 헬륨 핵융합 반응으로 만들어지는 원소는 탄소이다.

13 <답> ②

ㄷ. 중성 원자가 생성될 때 우주 배경 복사의 온도가 약 3000 K이었고, 이후 우주가 팽창하면서 온도는 계속 낮아졌다. 그러므로 B 기간의 우주 배경 복사 온도는 3000 K보다 낮다.

오답 피하기 ㄱ. 전자는 기본 입자로 A 이전에 쿼크와 함께 만들어졌다.

ㄴ. 우주에 가장 많은 원자는 수소이다.

14 <답> ①

ㄱ. 중심부에 철이 있는 것으로 보아 (가)는 태양보다 질량이 매우 큰 별이고, (나)는 질량이 태양과 비슷한 별이다.

오답 피하기 ㄴ. 핵융합 반응이 연쇄적으로 일어나려면 중심부의 온도가 높아야 하므로 헬륨 핵융합 반응까지만 일어난 (나)보다 규소 핵융합 반응까지 일어난 (가)가 중심부 온도가 더 높다.

ㄷ. (가)는 초신성 폭발을 하면서 철보다 무거운 원소를 생성하고, (나)는 더 이상 새로운 원소가 생성되지 않는다.

15 <답> ①

ㄱ. 수소 핵융합 반응이 일어날 때 질량 손실이 일어나고 손실된 질량이 에너지로 전환되어 방출되는 것이므로 수소 원자핵 4개의 질량의 합은 헬륨 원자핵 1개의 질량보다 크다.

오답 피하기 ㄴ. 수소 핵융합 반응은 온도가 약 1000만 K 이상인 태양의 중심부에서만 일어난다.

ㄷ. 태양에서 발생한 에너지의 일부가 지구로 전달된다.

16

헬륨 핵융합 반응이 일어나면 탄소가 만들어지고 핵융합 과정 중에 에너지가 방출된다.

채점 기준	배점(%)
생성 원소와 에너지 출입을 모두 옳게 설명한 경우	100
생성 원소와 에너지 출입 중 1가지만 옳게 설명한 경우	50

17 답 ⑤

ㄱ. 지구의 핵은 철과 니켈 등의 금속 물질로 이루어져 있다. 이는 지구를 만든 태양계 성운에 철과 니켈 성분이 포함되어 있었다는 뜻이다.

ㄴ. ㉠은 원시 태양에 가까운 곳으로 주로 암석과 금속의 무거운 성분이 남고, 수소와 헬륨과 같은 가벼운 성분은 원시 태양에서 먼 ㉡에 주로 분포하였다.

ㄷ. 원시 지구가 형성된 이후 지구 공전 궤도를 돌고 있던 미행성체들과 계속 충돌하면서 원시 지구의 크기와 질량은 증가하였다.

> **개념 더하기** 태양계의 형성
>
> 
>
>
> • 약 50억 년 전 기체와 먼지로 이루어진 태양계 성운은 주변에 있던 초신성 폭발의 영향으로 수축하면서 서서히 회전하기 시작했다.
> • 성운의 중심부는 기체와 먼지를 끌어들이면서 밀도가 큰 부분을 중심으로 성장하여 원시 태양이 되었다.
> • 회전하는 원반 내에서는 성운이 식으면서 크고 작은 미행성체가 수없이 생겨났다.
> • 미행성체를 이루는 물질은 원시 태양과의 거리에 따라 달라졌다. 온도가 높은 원시 태양 부근에서는 규소와 같은 암석 성분이나 철과 같은 금속 성분이 미행성체를 이루었고, 가벼운 원소들은 바깥쪽으로 밀려났다.

18 답 ④

ㄴ. (가)는 질량이 태양과 비슷한 별의 진화 과정이므로 태양은 (가)와 같은 과정으로 진화한다.

ㄷ. 철보다 무거운 원소는 (나)의 초신성 폭발 과정에서 핵융합 반응이 일어나 생성된다.

오답 피하기 ㄱ. (가)는 질량이 태양과 비슷한 별의 진화 과정이고, (나)는 초신성 폭발이 별의 진화 과정에 포함되어 있는 것으로 보아 질량이 태양보다 매우 큰 별의 진화 과정이다. 따라서 질량은 (가)의 별이 (나)의 별보다 크다.

19 답 ③

ㄱ. 빅뱅 후 초기 우주에서는 수소와 헬륨이 만들어졌고, 이 수소와 헬륨이 모여 최초의 별이 탄생하였다.

ㄷ. 태양계를 만든 성운은 초신성 폭발의 영향을 받아 형성되었으므로 태양과 지구에는 초신성 폭발로 방출된 물질들이 포함되어 있다.

오답 피하기 ㄴ. 초신성 폭발 과정에서는 철보다 무거운 원소들이 만들어진다.

20 답 ①

> **자료 분석** 수소와 헬륨의 질량비와 개수비
>
> 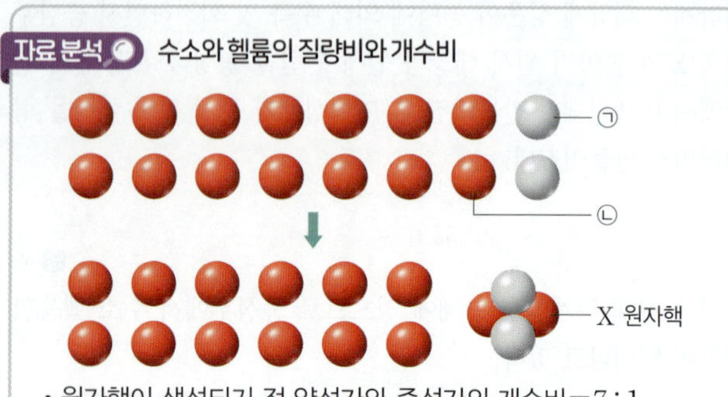
>
>
> • 원자핵이 생성되기 전 양성자와 중성자의 개수비=7 : 1
> → 양성자 2개와 중성자 2개가 결합하여 헬륨 원자핵 생성
> • 원자핵 생성 후, 수소 원자핵과 헬륨 원자핵의 개수비=12 : 1
> • 중성자와 양성자의 질량은 거의 같음.
> → 수소 원자핵과 헬륨 원자핵의 질량비=12 : 4=3 : 1

ㄱ. 초기 우주에는 양성자가 중성자보다 많이 존재했으므로 ㉠은 중성자, ㉡은 양성자이다.

오답 피하기 ㄴ. X 원자핵은 헬륨 원자핵이다. 헬륨 원자핵은 별의 내부에서 수소 핵융합 반응을 통해 만들어지므로 이 과정 이후에도 만들어지고 있다.

ㄷ. 수소 원자핵은 양성자 1개로 이루어져 있고, 헬륨 원자핵은 양성자 2개와 중성자 2개로 이루어져 있다. 이 과정이 끝나고 우주에 존재하는 수소 원자핵(양성자)은 12개, 헬륨 원자핵은 1개가 만들어지므로 수소 원자핵의 총 개수는 X 원자핵 총 개수의 12배이다.

21 답 ①

ㄱ. 그림에서 두 번째로 많은 원소가 탄소인 것으로 보아 사람을 구성하는 원소의 질량비를 나타낸 것이다. 지구를 구성하는 원소의 질량비에서 첫 번째로 많은 원소는 철이고, 두 번째로 많은 원소는 산소이다.

오답 피하기 ㄴ. 사람을 구성하는 원소의 질량비 중 가장 많은 ㉠은 산소, 세 번째로 많은 ㉡은 수소이다. 수소는 우주 초기에 대부분 생성되었고, 별의 내부에서 핵융합 반응 과정으로는 새롭게 생성되지 않는다.

ㄷ. 산소와 수소는 1 : 2로 결합하여 중성 분자인 물이 된다.

22

태양계 성운은 한 방향으로 회전하면서 수축하여 태양계를 형성하였다. 성운이 수축한 원반에서 행성이 탄생하였으므로 원반의 회전 방향이 행성의 공전 방향이 되어 모든 행성의 공전 방향은 같은 것이다.

채점 기준	배점(%)
태양계 성운이 한 방향으로 회전했다는 내용을 포함하여 설명한 경우	100
태양계 성운에서 탄생했다고만 설명한 경우	50

01 ⑤　　**02** ③　　**03** [예시 답안] 전자를 얻어 음이온이 되기 쉽다. 대부분 열을 잘 전달하지 않는다. 대부분 전기가 잘 통하지 않는다. 외부에서 힘을 가하면 부서지거나 쪼개진다. 중 2가지

04 ①　　**05** ⑤　　**06** ④　　**07** ①　　**08** ③　　**09** [예시 답안] 고체 상태에서는 전류가 흐르지 않지만 수용액에서 전류가 흐르는 물질은 이온 결합으로 이루어져 있다. 이온 결합 물질의 예로는 염화 나트륨(NaCl), 산화 마그네슘(MgO) 등이 있다.　　**10** ③

11 ①　　**12** ③　　**13** ④　　**14** [예시 답안] A 또는 B로 적절한 원소는 Li, Na, K 등이 있다. 이들은 모두 원자의 전자 배치에서 원자가 전자 수가 1이다.　　**15** ⑤　　**16** ④　　**17** (1) [예시 답안] A는 2주기 16족 원소인 산소(O)로 원자가 전자 수는 6이다. B는 2주기 17족 원소인 플루오린(F)으로 원자가 전자 수는 7이다. (2) [예시 답안] 해설 참조, A_2의 공유 전자쌍 수는 2이고 B_2의 공유 전자쌍 수는 1이다.　　**18** ④　　**19** ③　　**20** ㄱ　　**21** ⑤

22 (1) A: 리튬(Li), B: 나트륨(Na), C: 산소(O), D: 염소(Cl) (2) [예시 답안] $C_2(O_2)$의 공유 전자쌍 수는 2이고, $D_2(Cl_2)$의 공유 전자쌍 수는 1이다. (3) [예시 답안] B(Na)와 D(Cl)로 이루어진 물질인 BD(NaCl)는 이온 결합 물질이므로 고체 상태에서는 이온이 이동하지 못해 전기 전도성이 없지만, 수용액에서는 양이온과 음이온이 이동할 수 있어 전기 전도성이 있다.

01
답 ⑤

⑤ 금속 원소는 외부에서 힘을 가하면 부서지지 않고 모양만 변한다.

[오답 피하기] ①, ② 비금속 원소는 대부분 주기율표의 오른쪽에 위치하며, 전자를 얻어 음이온이 되기 쉽다. 비금속 원소는 대부분 전기가 잘 통하지 않고, 실온에서 기체 상태로 존재하는 원소가 많다.

③, ④ 금속 원소는 주기율표의 왼쪽과 가운데에 위치하며, 전자를 잃어 양이온이 되기 쉽다. 금속 원소는 실온에서 대부분 고체 상태로 존재한다. 또 광택이 있으며, 열을 잘 전달하고 전기가 잘 통한다.

02
답 ③

A에 속하는 원소는 금속 원소이다.

ㄱ, ㄴ. 금속 원소는 전기가 잘 통하고, 전자를 잃어 양이온이 되기 쉽다.

[오답 피하기] ㄷ. 금속은 외부에서 힘을 가하면 부서지지 않고 모양만 변하므로 늘리거나 얇게 펼 수 있다.

03

B에 속하는 원소는 비금속 원소이다. 18족 원소를 제외한 비금속 원소는 전자를 얻어 음이온이 되기 쉽다. 또 대부분 열을 잘 전달하지 않고 전기가 잘 통하지 않으며, 외부에서 힘을 가하면 부서지거나 쪼개진다.

채점 기준	배점(%)
비금속 원소의 특징 2가지를 모두 옳게 설명한 경우	100
비금속 원소의 특징을 1가지만 옳게 설명한 경우	50

04
답 ①

ㄱ. X는 칼로 자를 수 있을 만큼 무른 금속이다.

[오답 피하기] ㄴ. X를 자른 단면의 광택이 빠르게 사라지는 것을 통해 X가 공기 중의 산소와 빠르게 반응하는 것을 알 수 있다.

ㄷ. X와 물이 반응하여 생성된 기체에 불꽃을 가까이 하면 '펑' 소리를 내며 폭발하는 것을 통해 수소 기체가 발생한 것을 알 수 있지만, X가 물과 반응한 뒤 수용액이 염기성을 띠는 것은 이 실험만으로 알 수 없다.

05
답 ⑤

ㄱ. 전자를 2개 얻어 형성된 음이온이 네온(Ne)의 전자 배치를 갖는 원소 X는 2주기 16족 원소인 산소(O)이다.

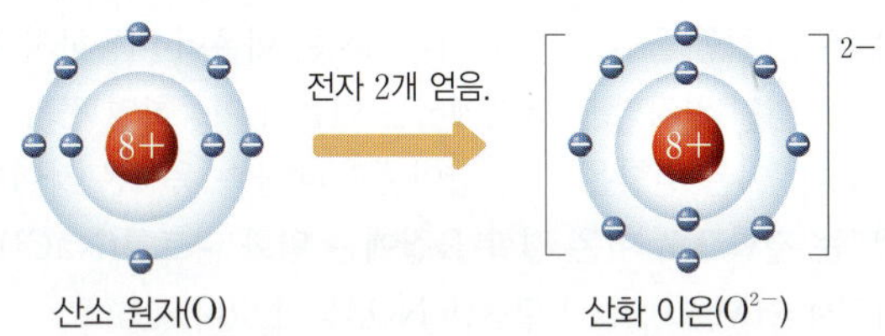

ㄴ. 산소는 16족 비금속 원소로 전자를 얻어 음이온을 형성한다.

ㄷ. 산소의 원자가 전자 수는 6이다.

06
답 ④

자료 분석 　이온 결합

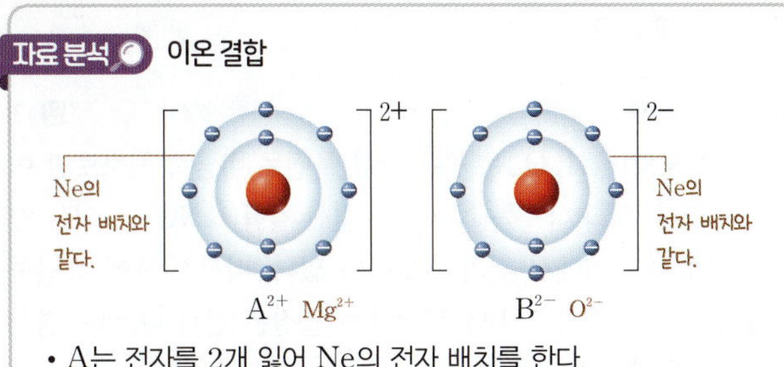

- A는 전자를 2개 잃어 Ne의 전자 배치를 한다.
  → A는 3주기 2족 원소인 Mg이다.
- B는 전자를 2개 얻어 Ne의 전자 배치를 한다.
  → B는 2주기 16족 원소인 O이다.

A는 3주기 2족 원소인 마그네슘(Mg)이고, B는 2주기 16족 원소인 산소(O)이다.

ㄴ. 2개의 B(O) 원자가 2개의 전자쌍을 공유하며 결합하여 $B_2(O_2)$를 형성한다.

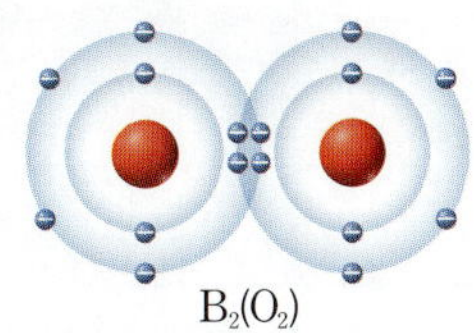

ㄷ. 원자가 전자 수는 A가 2, B가 6이므로 B가 A의 3배이다.

[오답 피하기] ㄱ. A는 3주기 원소, B는 2주기 원소이다.

07
답 ①

ㄱ. AB_2는 CO_2로 A는 탄소(C), B는 산소(O)이다. 탄소와 산소는 모두 2주기 원소이다.

오답피하기 ㄴ. A(C)는 14족 원소로 원자가 전자 수가 4이고, B(O)는 16족 원소로 원자가 전자 수가 6이다.

ㄷ. $AB_2(CO_2)$는 공유 결합 물질이므로 고체 상태에서 전기 전도성이 없다.

08
답 ③

ㄱ, ㄷ. 고체 상태에서는 전류가 흐르지 않고 수용액에서는 전류가 흐르는 (나)는 이온 결합 물질인 염화 칼륨이다. 따라서 (가)와 (다)는 각각 설탕과 포도당 중 하나이다. 설탕과 포도당은 공유 결합 물질로 고체 상태와 수용액에서 모두 전류가 흐르지 않으므로 ㉠, ㉢은 모두 '×'이다.

오답피하기 ㄴ. ㉡은 '×'이다.

09

(나)는 이온 결합 물질로, 고체 상태에서는 이온이 이동하지 못해 전기 전도성이 없지만, 수용액에서는 이온이 이동하여 전기 전도성이 있다. 이온 결합은 금속 양이온과 비금속 음이온 사이에서 형성되는 결합으로 이온 결합 물질에는 염화 나트륨(NaCl), 산화 마그네슘(MgO), 질산 칼륨(KNO_3)등이 있다.

채점 기준	배점(%)
결합의 종류와 이온 결합 물질의 예 2가지를 모두 옳게 설명한 경우	100
결합의 종류만 옳게 설명했거나 이온 결합 물질의 예 2가지만 옳게 설명한 경우	50

10
답 ③

ㄱ, ㄴ. 포도당($C_6H_{12}O_6$)은 공유 결합 물질로 비금속 원소로만 이루어져 있다. 염화 나트륨(NaCl)과 질산 칼륨(KNO_3)은 이온 결합 물질로 수용액에서 전기 전도성이 있다. 따라서 A에 해당하는 물질은 포도당이고, B에 해당하는 물질은 염화 나트륨, 질산 칼륨의 2가지이다.

오답피하기 ㄷ. 제시된 물질 중에서 C에 해당하는 것은 없다.

11
답 ①

(가)에 속하는 원소는 1족 알칼리 금속, (나)에 속하는 원소는 17족 할로젠, (다)에 속하는 원소는 18족 비활성 기체이다.

ㄱ. (가)에 속하는 원소는 1족 알칼리 금속으로 물과 격렬하게 반응하여 수소 기체를 발생시킨다.

오답피하기 ㄴ. (나)에 속하는 원소는 17족 할로젠으로 F_2, Cl_2는 실온에서 기체 상태이고, Br_2은 액체 상태이다.

ㄷ. (다)에 속하는 원소는 18족 비활성 기체로 전자를 잃거나 얻어 이온을 형성하지 않고 원자로 존재한다.

12
답 ③

원자 번호가 A<B<C이므로 A는 2주기 1족 원소인 리튬(Li), B는 2주기 16족 원소인 산소(O), C는 3주기 2족 원소인 마그네슘(Mg)임을 알 수 있다.

ㄱ. A(Li)과 B(O)는 모두 2주기 원소이다.

ㄴ. $B^{2-}(O^{2-})$과 $C^{2+}(Mg^{2+})$은 $1:1$의 개수비로 결합하여 이온 결합 물질인 CB(MgO)를 형성한다.

오답피하기 ㄷ. A_2B는 Li_2O로, Li^+은 He의 전자 배치를, O^{2-}은 Ne의 전자 배치를 한다.

13
답 ④

④ (다)에서 불꽃을 가까이 했을 때 '펑' 소리를 내며 폭발했으므로 수소 기체가 발생함을 알 수 있다.

오답피하기 ①, ③ (가)에서 칼로 잘리는 것을 통해 금속의 무른 성질을 확인할 수 있으며, 금속의 광택이 빠르게 사라지는 것을 통해 공기 중의 산소와 반응하는 것을 알 수 있다.

② (나)에서 금속 조각이 물의 표면에서 반응하므로 A, B는 물보다 밀도가 작음을 알 수 있다.

⑤ (라)에서 페놀프탈레인 용액을 떨어뜨린 수용액이 붉은색으로 변했으므로 수용액은 염기성임을 알 수 있다.

14

A와 B는 알칼리 금속으로, Li, Na, K 등이 있다. 알칼리 금속은 주기율표에서 수소를 제외한 1족 원소에 해당하며, 원자의 전자 배치에서 원자가 전자 수가 1이다.

채점 기준	배점(%)
알칼리 금속인 원소 3가지를 옳게 쓰고, 알칼리 금속의 전자 배치에서 공통적인 특징을 옳게 설명한 경우	100
알칼리 금속인 원소 3가지만 옳게 썼거나, 알칼리 금속의 전자 배치에서 공통적인 특징만 옳게 설명한 경우	50

15
답 ⑤

A는 3주기 1족 원소인 나트륨(Na), B는 2주기 16족 원소인 산소(O), C는 2주기 17족 원소인 플루오린(F)이다. 따라서 (가)는 Na_2O, (나)는 NaF, (다)는 OF_2이다.

ㄱ. A는 나트륨(Na)이다.

ㄴ. B(O)와 C(F)는 비금속 원소이다.

ㄷ. $A_2B(Na_2O)$, AC(NaF)를 이루고 있는 $A^+(Na^+)$, $B^{2-}(O^{2-})$, $C^-(F^-)$은 모두 Ne과 같은 전자 배치를 한다. $BC_2(OF_2)$에서 B(O) 원자는 2개의 C(F) 원자와 각각 1개씩 전자쌍을 공유하여 결합하고 B(O)와 C(F)는 모두 Ne과 같은 전자 배치를 한다.

16

답 ④

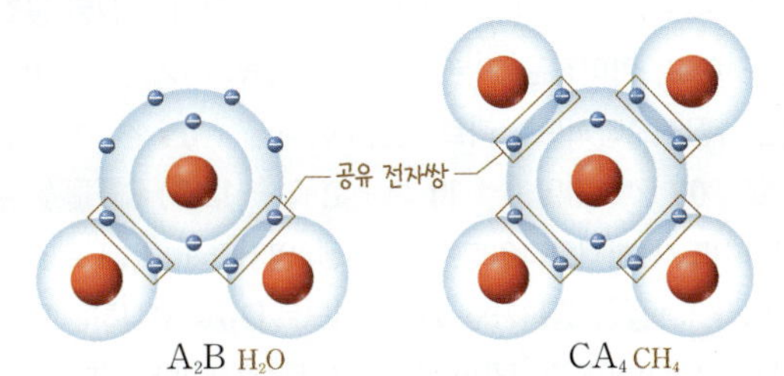

- A_2B에서 B는 2개의 A와 각각 1개의 전자쌍을 공유하여 Ne과 같은 전자 배치를 하고, A는 B와 1개의 전자쌍을 공유하여 He과 같은 전자 배치를 한다. → A는 1주기 1족 원소인 수소(H)이고, B는 2주기 16족 원소인 산소(O)이다.
- CA_4에서 C는 4개의 A와 각각 1개의 전자쌍을 공유하여 Ne과 같은 전자 배치를 한다. → C는 2주기 14족 원소인 탄소(C)이다.

ㄱ. A는 수소(H)로 1주기 1족 원소이다.

ㄷ. C는 탄소(C)로 원자가 전자 수는 4이다.

오답 피하기 ㄴ. B는 산소(O)로 전자 2개를 얻어 안정한 이온인 $B^{2-}(O^{2-})$이 된다.

17

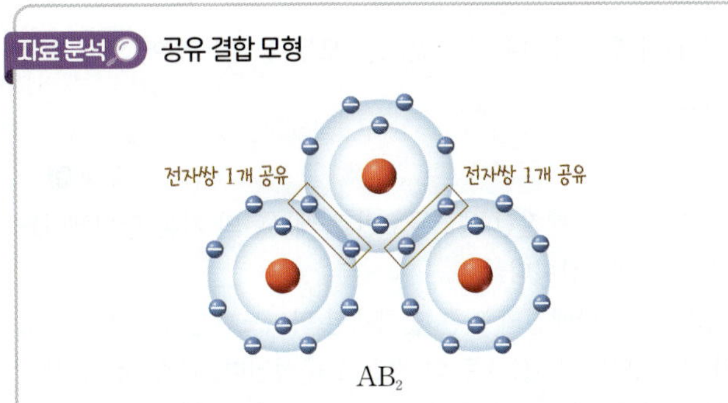

- A는 2개의 B와 각각 1개씩 총 2개의 전자쌍을 공유하므로 원자가 전자 수가 6이다.
- B는 A와 1개의 전자쌍을 공유하므로 원자가 전자 수가 7이다.

(1) A는 2개의 B와 전자쌍을 각각 1개씩 공유하여 Ne과 같은 전자 배치를 하므로 2주기 16족 원소인 산소(O)이다. B는 A와 전자쌍 1개를 공유하여 Ne과 같은 전자 배치를 하므로 2주기 17족 원소인 플루오린(F)이다.

채점 기준	배점(%)
원소의 주기와 원자가 전자 수를 포함하여 A와 B가 어떤 원소인지 옳게 설명한 경우	100
A와 B가 어떤 원소인지 옳게 설명했으나 원소의 주기와 원자가 전자 수 중 1가지를 언급하지 않은 경우	80
A와 B가 어떤 원소인지만 옳게 설명한 경우	50

(2) $A_2(O_2)$의 공유 전자쌍 수는 2, $B_2(F_2)$의 공유 전자쌍 수는 1이다.

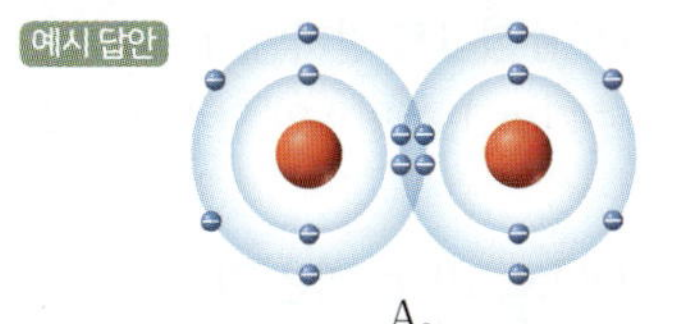
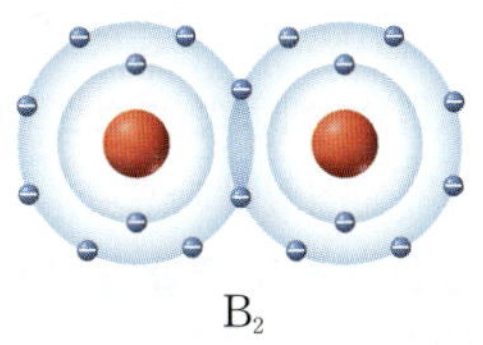

채점 기준	배점(%)
A_2와 B_2의 화학 결합 모형을 옳게 나타내고, 공유 전자쌍 수를 옳게 설명한 경우	100
A_2와 B_2 중 1가지의 화학 결합 모형과 공유 전자쌍 수만 옳게 설명한 경우	50

18

답 ④

전자 2개를 잃어 Ar과 같은 전자 배치를 하는 A는 4주기 2족 원소인 칼슘(Ca), 전자 1개를 얻어 Ar과 같은 전자 배치를 하는 B는 3주기 17족 원소인 염소(Cl), 전자 2개를 얻어 Ne과 같은 전자 배치를 하는 C는 2주기 16족 원소인 산소(O)이다.

ㄴ. $AB_2(CaCl_2)$는 이온 결합 물질이므로 수용액에서 전기 전도성이 있다.

ㄷ. $CB_2(OCl_2)$의 공유 전자쌍 수는 2이다.

오답 피하기 ㄱ. A(Ca)는 4주기 원소이고, B(Cl)는 3주기 원소이다.

19

답 ③

- 원자의 전자 배치에서 전자가 들어 있는 전자 껍질 수는 Li, O, F이 2이고, Mg, Cl가 3이다.

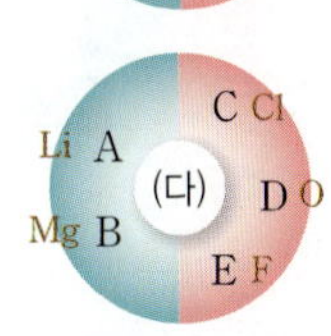

- 안정한 이온이 되었을 때 이온의 전하량의 절댓값은 Li, F, Cl가 1이고, O, Mg이 2이다.

- Li, Mg은 실온에서 고체 상태이고, O, F, Cl는 실온에서 기체 상태이다.

A는 리튬(Li), B는 마그네슘(Mg), C는 염소(Cl), D는 산소(O), E는 플루오린(F)이다.

ㄱ. A는 원자 번호, 즉 양성자수가 3인 리튬(Li)이다.

ㄷ. C(Cl)와 E(F)는 원자가 전자 수가 7인 17족 원소이다.

오답 피하기 ㄴ. A(Li)와 D(O)로 이루어진 안정한 물질은 $A_2D(Li_2O)$이다.

20

답 ㄱ

A는 칼륨(K), B는 나트륨(Na), C는 수소(H), D는 산소(O), E는 염소(Cl), F는 플루오린(F)이다.

ㄱ. 비금속 원소는 C(H), D(O), E(Cl), F(F)로 4가지이다.

오답 피하기 ㄴ. A~C는 원자가 전자 수가 1로 같지만, 1주기 1족인 C(H)는 비금속 원소로 다른 주기의 1족 원소인 알칼리 금속과 화학적 성질이 다르다.

ㄷ. C_2D는 공유 결합 물질인 H_2O이고, BF는 이온 결합 물질인 NaF이다.

21
답 ⑤

A는 리튬(Li), B는 산소(O), C는 마그네슘(Mg), D는 염소(Cl)이다. 따라서 (가)는 Li_2O, (나)는 $MgCl_2$, (다)는 O_2, (라)는 OCl_2이다.

ㄱ. Li과 O가 결합할 때 Li은 Li^+이, O는 O^{2-}이 되므로 두 이온은 2 : 1의 개수비로 결합하여 Li_2O을 형성한다. O와 Cl이 결합할 때는 O 1개와 Cl 2개가 공유 결합 하여 OCl_2 분자를 형성한다. 따라서 $x=2$이다.

ㄴ. (가)와 (나)는 이온 결합 물질이므로 수용액에서 전기 전도성이 있다.

ㄷ. (다)와 (라)에서 공유 전자쌍 수는 모두 2로 같다.

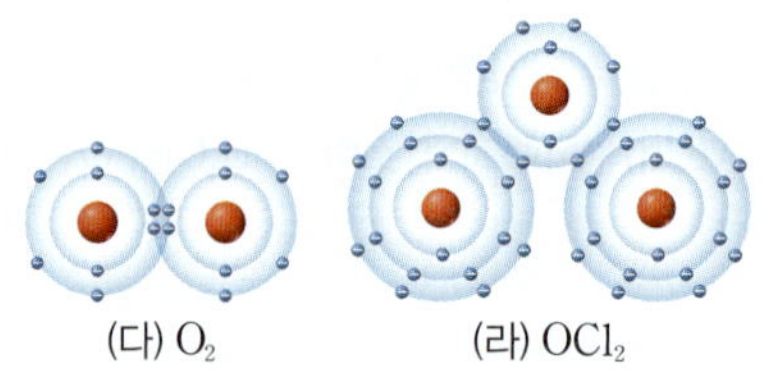

22

(1) B와 C가 2 : 1의 개수비로 이온 결합을 형성하며 각 이온은 Ne과 같은 전자 배치를 하므로 B는 3주기 1족 원소인 Na, C는 2주기 16족 원소인 O이고, A는 2주기 1족 원소인 Li이다. A와 D가 1 : 1의 개수비로 결합하므로 D는 17족 원소인데, B와 D의 전자 껍질 수가 같으므로 D는 3주기 17족 원소인 Cl이다.

(2) $C_2(O_2)$의 공유 전자쌍 수는 2, $D_2(Cl_2)$의 공유 전자쌍 수는 1이다.

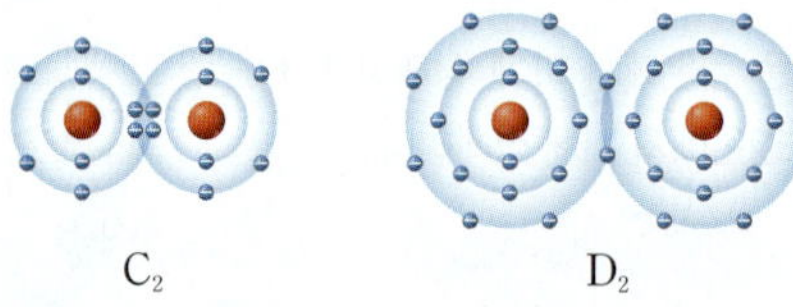

채점 기준	배점(%)
C_2와 D_2의 공유 전자쌍 수를 모두 옳게 설명한 경우	100
C_2와 D_2 중 1가지의 공유 전자쌍 수만 옳게 설명한 경우	50

(3) BD(NaCl)는 고체 상태에서는 이온이 강하게 결합하고 있어 이동이 자유롭지 않아 전기 전도성이 없지만, 수용액에서는 이온들이 자유롭게 이동할 수 있으므로 전기 전도성이 있다.

채점 기준	배점(%)
BD의 전기 전도성을 이온 결합의 특성과 관련지어 옳게 설명한 경우	100
BD의 전기 전도성을 옳게 설명했으나, 이온 결합과 관련짓지 못한 경우	70

03 자연의 구성 물질

01 ②　**02** ①　**03** ③　**04** 예시 답안 (가)와 (나)의 공통점은 기본 단위체가 규칙에 따라 반복적으로 결합하여 형성된 물질이라는 것이고, 차이점은 기본 단위체의 종류가 (가)는 아미노산, (나)는 뉴클레오타이드로 다르다는 것이다.　**05** ④　**06** ③　**07** ③　**08** ②　**09** ①　**10** ⑤　**11** ③　**12** (1) 예시 답안 뉴클레오타이드, 뉴클레오타이드는 인산, 당, 염기가 1 : 1 : 1로 결합한 구조이다. (2) 예시 답안 (가)는 DNA이므로 (가)를 구성하는 염기는 아데닌(A), 타이민(T), 구아닌(G), 사이토신(C)이다. 아데닌(A)은 항상 타이민(T)과 상보적으로 결합하고, 구아닌(G)은 항상 사이토신(C)과 상보적으로 결합하므로 (가)에서 아데닌(A)과 결합하는 ㉠은 타이민(T)이고, 사이토신(C)과 결합하는 ㉡은 구아닌(G)이다.　**13** ①　**14** ④　**15** ③　**16** 예시 답안 A는 반도체이고, 영상 표시 장치에 활용된다. B는 도체이고, 전선에 활용된다. C는 부도체이고, 절연 장갑 등에 활용된다.　**17** ④　**18** ②　**19** ⑤　**20** ①

01
답 ②

ㄴ. (가)와 (나)는 규산염 광물이므로 모두 기본 단위체인 규산염 사면체로 이루어진다.

오답 피하기 ㄱ. A는 규산염 사면체의 중심 원소이므로 규소(Si)이고, B는 규소와 결합한 산소(O)이다.

ㄷ. (가)의 휘석과 (나)의 흑운모는 모두 물리적 힘에 의해 쉽게 쪼개진다.

02
답 ①

ㄱ. A와 B는 단백질인 헤모글로빈과 케라틴의 기본 단위체이므로 모두 아미노산이다.

오답 피하기 ㄴ. 단백질의 기본 단위체인 아미노산은 탄소(C), 수소(H), 산소(O), 질소(N) 등의 원소로 구성된다. 규소(Si)와 산소(O)는 규산염 사면체의 구성 원소이다.

ㄷ. 아미노산 사이에는 공통으로 펩타이드결합이 형성된다. 따라서 단백질인 헤모글로빈과 케라틴에서 아미노산 간 결합 방식은 같다.

03
답 ③

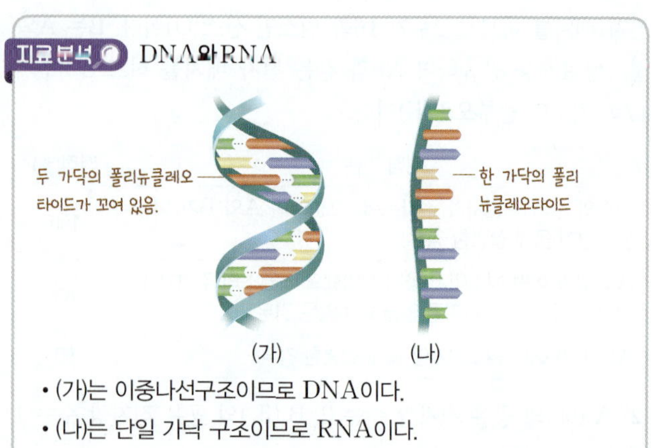

• (가)는 이중나선구조이므로 DNA이다.

• (나)는 단일 가닥 구조이므로 RNA이다.

ㄱ. DNA와 RNA는 모두 핵산이다. 핵산의 기본 단위체는 뉴클레오타이드이다.

ㄴ. (가)는 두 가닥의 폴레뉴클레오타이드가 꼬여 있는 이중나선 구조의 DNA이다.

오답 피하기 ㄷ. (가)는 유전정보를 저장하는 역할을 하고, (나)는 유전정보를 전달하거나 단백질의 합성에 관여하는 역할을 한다.

04

(가)는 아미노산이 펩타이드결합으로 연결된 단백질이고, (나)는 이중나선구조의 DNA이다.

채점 기준	배점(%)
아미노산과 핵산의 공통점과 차이점을 1가지씩 옳게 설명한 경우	100
공통점과 차이점 중에서 1가지만 옳게 설명한 경우	50

05

답 ④

부도체는 자유 전자가 거의 없어 전류가 잘 흐르지 않는 물질이며, 전기 사고 예방을 위한 절연 장갑 등에 활용된다.(가)

순수 반도체에 원자가 전자가 3개 또는 5개인 원소를 섞으면 전류가 잘 흐른다.(나)

도체는 자유 전자가 많아 전류가 잘 흐르는 물질이다.(다)

06

답 ③

ㄱ. A에만 전류가 흘렀으므로 도체이고, B는 전류가 흐르지 않았으므로 부도체이다. 도체는 부도체보다 자유 전자가 많다.

ㄴ. B는 전류가 흐르지 않았으므로 부도체이다.

오답 피하기 ㄷ. 도체는 전원 장치의 극의 연결에 관계없이 전류가 흐르고, 부도체는 전원 장치의 극의 연결에 관계없이 전류가 흐르지 않는다.

07

답 ③

ㄱ. 다이오드는 교류를 직류로 변환하는 정류 작용을 한다.

ㄴ. 트랜지스터는 신호의 세기를 증가시키는 증폭 작용을 한다.

오답 피하기 ㄷ. 다이오드와 트랜지스터는 p형 반도체와 n형 반도체를 접합하여 만든다.

08

답 ②

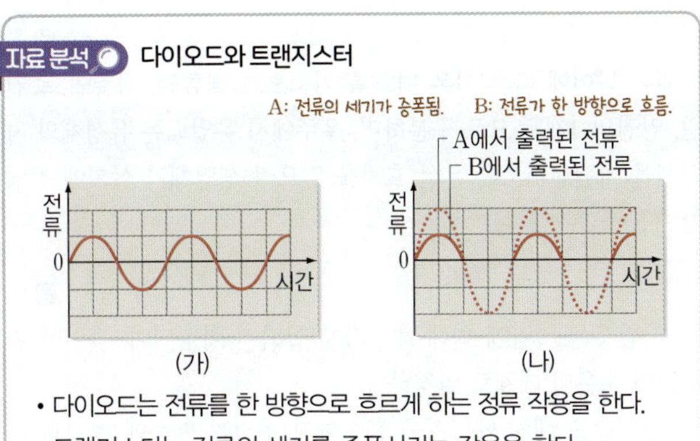

• 다이오드는 전류를 한 방향으로 흐르게 하는 정류 작용을 한다.
• 트랜지스터는 전류의 세기를 증폭시키는 작용을 한다.

ㄴ. B는 교류를 직류로 변환하는 정류 작용을 하는 다이오드이다.

오답 피하기 ㄱ. A에서 출력된 신호는 증폭되었으므로 A는 트랜지스터이다.

ㄷ. 다이오드와 트랜지스터는 모두 순수 반도체에 불순물을 첨가한 불순물 반도체로 만든다.

09

답 ①

규산염 광물의 기본 단위체는 규산염 사면체이고, 이웃한 규산염 사면체 사이에 산소(O) 원자를 공유하며 결합한다. 제시된 결합 구조는 규산염 사면체 사이에 3개의 산소 원자를 공유하는 판상 구조로 흑운모에서 볼 수 있는 결합 구조이다. 흑운모는 물리적 힘이 가해지면 얇은 판의 형태로 쪼개지는 성질이 있다.

10

답 ⑤

ㄱ은 독립형 구조, ㄴ은 단사슬 구조, ㄷ은 판상 구조, ㄹ은 망상 구조이다. 분류 기준 (가)는 모든 규산염 광물이 가지는 특징이고, ㄱ~ㄹ 중에서 분류 기준 (나)에 해당하는 것은 ㄷ과 ㄹ이며, 분류 기준 (다)에 해당하는 것은 ㄷ이므로 Ⅰ은 ㄷ, Ⅱ는 ㄹ이다.

11

답 ③

ㄱ, ㄴ. 단백질의 기본 단위체인 A와 B는 아미노산이다. A와 B 사이에 펩타이드결합이 형성되면서 물(H_2O)이 빠져나간다.

오답 피하기 ㄷ. 단백질은 머리카락, 근육 등을 구성하거나 효소, 호르몬, 항체 등의 주성분으로 이용된다. 유전정보를 저장하는 역할을 하는 것은 핵산 중 DNA이다.

12

(1) 핵산의 기본 단위체는 뉴클레오타이드이다.

채점 기준	배점(%)
뉴클레오타이드를 쓰고, 그 구조를 옳게 설명한 경우	100
뉴클레오타이드만 옳게 쓴 경우	40

(2) DNA의 염기인 아데닌(A)과 타이민(T), 구아닌(G)과 사이토신(C)은 각각 항상 상보적으로 결합한다.

채점 기준	배점(%)
㉠은 타이민(T)이고 ㉡은 구아닌(G)임을 염기의 상보적 결합을 통해 옳게 설명한 경우	100
㉠과 ㉡ 중에서 1가지만 옳게 설명한 경우	50

13

답 ①

ㄱ. S를 열었을 때 A에는 전류가 흐르므로 A는 도체이다. S를 닫았을 때도 전류의 세기는 같으므로 B는 전류가 흐르지 않는 부도체이다.

오답 피하기 ㄴ. 전기 전도도는 도체가 부도체보다 좋으므로 A가 B보다 크다.

ㄷ. 자유 전자의 수는 도체가 부도체보다 많으므로 A가 B보다 많다.

14

자료 분석 순수 반도체와 p형 반도체

- 순수 반도체는 불순물이 첨가되지 않고 규소(Si) 또는 저마늄 (Ge)으로만 구성된 반도체이다.
- p형 반도체는 전자 1개가 부족하여 빈 자리인 양공이 생긴다. 전자가 빈 자리를 채우는 과정에서 전류가 흐른다. 즉, 양공이 전류를 흐르게 한다.
- 전기 전도성은 불순물 반도체가 순수 반도체보다 좋다.

ㄱ. 규소(Si)의 원자가 전자는 4개이다. Y는 X에 인듐(In)을 첨 가하여 양공이 생겼으므로 인듐(In)의 원자가 전자는 3개이다.
ㄷ. 순수 반도체에 불순물을 첨가하면 전기 전도성이 좋아지므로 전기 전도성은 Y가 X보다 좋다.

오답 피하기 ㄴ. Y는 양공이 주로 전류를 흐르게 하므로 Y는 p형 반도체이다.

15

답 ③

ㄱ. X에는 공유 결합하는 전자가 1개 부족해 양공이 생겼으므로 X는 p형 반도체이다.
ㄴ. p형 반도체는 주로 양공이 전류를 흐르게 한다.

오답 피하기 ㄷ. p형 반도체에 첨가하는 불순물의 원자가 전자는 3개 이다.

16

A는 전류, 빛 등 조건에 따라 전기적 성질이 달라지는 특성을 이 용하는 반도체로, 영상 표시 장치, 조명 장치, 태양 전지, 자율주행 자동차, 스마트 기기 등에 활용된다. B는 전류가 잘 흐르는 성질 이 있는 도체로, 전선, 피뢰침, 정전기 방지 패드 등에 활용된다. C 는 전류가 거의 흐르지 않는 부도체로, 전선의 피복, 절연 장갑, 반 도체 기판의 코팅 물질 등에 활용된다.

채점 기준	배점(%)
A~C는 각각 무엇인지 쓰고, 활용한 예를 한 가지씩 옳게 쓴 경우	100
A~C는 각각 무엇인지만 옳게 쓴 경우	40

17

답 ④

(가)는 단사슬 구조이고, (나)는 망상 구조이다.
ㄴ, ㄷ. 이웃한 규산염 사면체 사이에 공유하는 산소(O) 원자의 수는 (가)가 2, (나)가 4이므로 (가) : (나)=1 : 2이다. 규산염 사 면체 사이에 공유하는 산소 원자의 수가 증가할수록 결합이 복잡 해지고 풍화에 강해지므로 (나)는 (가)보다 풍화에 강하다.

오답 피하기 ㄱ. (가)는 휘석, (나)는 석영의 결합 구조이다.

18

답 ②

ㄴ. ㉠과 ㉡은 DNA에서 상보적으로 결합하며 ㉠은 DNA에만 존재하므로 타이민(T)이고, ㉡은 아데닌(A)이다. DNA에서 상 보적으로 결합하는 염기의 개수비는 1 : 1이다.

오답 피하기 ㄱ. RNA에만 존재하는 유라실(U)은 ㉢이다.

ㄷ. (가)와 (나)는 구성하는 염기의 종류가 ㉡, 즉 아데닌(A)으로 같지만, 당의 종류가 다르다.

19

답 ⑤

ㄴ. A는 전자가 많아지도록 도핑한 n형 반도체이다.
ㄷ. B는 p형 반도체로, 주로 양공이 전류를 흐르게 한다.

오답 피하기 ㄱ. A는 a를 첨가하여 공유 결합하지 않는 전자가 생겼 으므로 a의 원자가 전자는 5개이다. 따라서 원자가 전자의 수는 a가 규소(Si)보다 많다.

20

답 ①

ㄱ. 투명 전극은 압력에 따라 전기적 성질이 달라지는 반도체가 포함되어 있다.

오답 피하기 ㄴ. ㉠은 반도체이고, ㉡은 부도체이다. 따라서 전기 전 도성은 ㉠이 ㉡보다 크다.

ㄷ. 유기 발광 다이오드에서는 전기 에너지가 빛에너지로 전환된다.

Ⅲ 시스템과 상호작용

01 지구시스템

33~37쪽

01 ② **02** ⑤ **03** 예시 답안 중간권은 높이 올라갈수록 기온이 낮아지기 때문에 대류가 일어난다. 하지만 수증기가 거의 없으므로 대류가 일어나더라도 기상 현상은 나타나지 않는다. **04** ㄱ, ㄴ
05 ③ **06** ② **07** ④ **08** 예시 답안 연약권은 부분 용융 상 태로 유동성을 띠고 있어 맨틀 대류가 일어나며, 이 때 연약권 위 에 떠있는 암석권이 이동하면서 판의 이동이 일어난다. **09** ②
10 ① **11** ④ **12** ③ **13** ② **14** ① **15** ③ **16** ②
17 ⑤ **18** ④ **19** ① **20** ② **21** ⑤ **22** ①

01

답 ②

기권은 높이에 따른 기온 변화를 기준으로 대류권, 성층권, 중간 권, 열권의 4개 층으로 구분하며, 우주에서 유입되는 유성체와 자 외선을 차단한다. 또, 온실 효과를 일으켜 생명체가 살기에 적당 한 온도를 유지한다.

02

답 ⑤

① 혼합층은 바람에 의해 해수가 혼합되어 형성되며, 깊이에 관 계없이 수온이 대체로 일정하다.
② 심해층은 태양 에너지를 흡수하지 못하기 때문에 계절과 위 도에 상관없이 항상 수온이 낮으므로 수온의 변화가 거의 없다.

③ 지권에서 외핵은 액체 상태의 물질로 이루어져 있다.

④ 지권에서는 지구 내부로 들어갈수록 밀도가 크다. 따라서 지권의 가장 안쪽에 위치한 내핵은 가장 바깥쪽에 위치한 지각보다 밀도가 크다.

⑤ (가)는 깊이에 따른 수온 변화를 기준으로, (나)는 구성 물질의 성분과 물리적 성질을 기준으로 층을 구분한 것이다.

03

중간권은 높이 올라갈수록 기온이 낮아진다. 따라서 아래쪽의 공기보다 위쪽의 공기가 더 무거우므로 대류 현상이 일어난다. 하지만 중간권에는 수증기가 거의 존재하지 않으므로 대류가 일어나더라도 기상 현상은 나타나지 않는다.

채점 기준	배점(%)
대류가 일어나는 까닭과 기상 현상이 나타나지 않는 까닭을 모두 옳게 설명한 경우	100
대류가 일어나는 까닭과 기상 현상이 나타나지 않는 까닭 중 1가지만 옳게 설명한 경우	50

04

답 ㄱ, ㄴ

ㄱ. 지구시스템의 에너지원인 태양 에너지, 지구 내부 에너지, 조력 에너지 중 가장 많은 양을 차지하는 에너지는 태양 에너지이다.

ㄴ. 태양과 달의 인력에 의해 발생하는 조력 에너지는 밀물과 썰물 현상을 일으키며, 이 과정에서 해수면의 높이가 변한다.

오답 피하기 ㄷ. 지표의 풍화와 침식 작용은 주로 바람과 물에 의해 일어나며, 근원 에너지는 태양 에너지이다.

05

답 ③

ㄱ. 육지로 유입되는 물의 양은 강수량 25이며, 육지에서 유출되는 물의 양은 16+A(=증발량+하천수와 지하수를 통해 바다로 이동하는 양)이다. 유입량과 유출량은 서로 같으므로 A의 양은 9이다.

ㄴ. 물이 에너지를 흡수하여 증발하면 기체 상태의 수증기가 되므로 증발을 통해 에너지는 수권에서 기권으로 이동한다.

오답 피하기 ㄷ. 육지는 강수량이 증발량보다 많지만, 남는 물은 하천수와 지하수의 형태로 바다로 유입되므로 육지에서 물의 양은 항상 일정하다.

06

답 ②

모래 먼지로 인한 황사 발생(㉠)은 지권과 기권의 상호작용에 해당하므로 A이고, 해저 화산 분출로 해수에 염류 유입(㉡)은 지권과 수권의 상호작용에 해당하므로 C이며, 해수의 증발로 인한 태풍 발생(㉢)은 수권과 기권의 상호작용에 해당하므로 B이다.

07

답 ④

ㄴ. 지진과 화산 활동이 자주 일어나는 지역을 지진대와 화산대라고 하며, 특정 지역에 좁고 긴 띠 모양으로 분포한다.

ㄷ. 지진과 화산 활동은 주로 판의 경계에서 활발하게 발생하므로 지진대와 화산대는 대체로 일치한다.

오답 피하기 ㄱ. 지진대와 화산대가 대체로 일치하지만, 지진과 화산 활동이 항상 같은 지점에서 발생하는 것은 아니다. 화산 활동이 일어날 때는 지진도 함께 발생하지만, 화산 활동 없이 지진만 발생하는 경우도 자주 나타난다.

08

연약권은 깊이 약 $100 \sim 400$ km 부분으로, 맨틀 물질의 일부가 녹아 유동성을 띠고 있어 맨틀 대류가 일어난다. 이때 연약권 위에 떠 있는 암석권이 이동하면서 판의 이동이 일어난다.

채점 기준	배점(%)
연약권의 물리적 특성과 맨틀 대류를 관련지어 옳게 설명한 경우	100
연약권의 물리적 특성을 설명하지 않고 판 이동의 원동력으로 맨틀 대류만 제시한 경우	50

09

답 ②

ㄴ. (나)는 판과 판이 서로 어긋나게 이동하는 보존형 경계로 변환 단층이 발달한다.

오답 피하기 ㄱ. (가)는 해양판과 해양판이 갈라져 서로 멀어지는 발산형 경계로 해령이 발달한다. 해구는 수렴형 경계에서 발달한다.

ㄷ. (가)와 같은 발산형 경계에서는 지진과 화산 활동이 모두 활발하며, (나)와 같은 보존형 경계에서는 지진은 활발하지만 화산 활동은 거의 일어나지 않는다.

개념 더하기 ➕ 발산형 경계와 보존형 경계

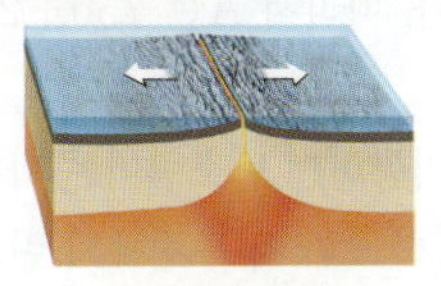

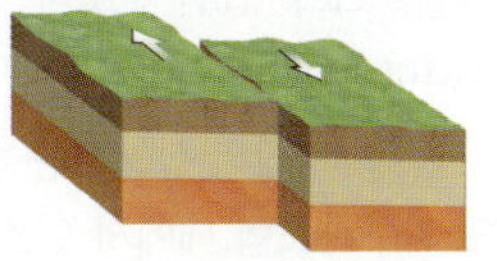

- 발산형 경계: 판과 판이 갈라져 서로 반대 방향으로 이동하는 경계로, 맨틀 대류가 상승하며 새로운 지각이 생성되는 해령이 발달한다. ➡ 지진과 화산 활동이 모두 활발하다.
- 보존형 경계: 판과 판이 서로 어긋나게 이동하는 경계로, 판의 생성이나 소멸이 일어나지 않으며, 변환 단층이 발달한다. ➡ 지진은 활발하지만, 화산 활동은 거의 일어나지 않는다.

10

답 ①

- 학생 A: 대기 중으로 방출된 화산재는 햇빛을 반사하거나 산란시키므로 대기를 통과하여 지표에 도달하는 태양 복사 에너지의 양이 감소한다. 따라서 화산 폭발 직후 일시적으로 기온이 낮아질 수 있다.

오답 피하기 · 학생 B: 산사태는 지진과 화산 활동에 의해 모두 발생할 수 있다.

- 학생 C: 지진과 화산 활동은 발생 과정에서 여러 가지 피해가 일어나므로 부정적인 영향이 크지만, 관광 자원으로 활용하거나 지구 내부 구조 연구에 활용할 수 있는 긍정적인 영향도 있다.

11 답 ④

ㄴ. B층은 성층권으로 오존층이 존재하므로 오존 구멍의 크기 변화 연구를 수행하기에 적합하다.

ㄷ. 우박은 기상 현상에 해당하므로 대류권에 해당하는 C층과 관련된 연구 주제로 적합하다.

오답 피하기 ㄱ. 오로라는 열권에서 발생하므로 중간권에 해당하는 A층과 관련된 연구 주제로는 적합하지 않다.

12 답 ③

ㄱ. 곡류는 하천에 의해, 갯벌은 바닷물에 의해 형성되므로 (가)와 (나)의 형성 과정은 모두 수권과 지권의 상호작용에 해당한다.

ㄴ. 곡류는 하천의 침식 작용에 의해 형성되므로 물의 순환과 밀접한 관련이 있으며, 근원 에너지는 태양 에너지이다. 갯벌은 밀물과 썰물에 의해 형성되므로 근원 에너지는 달과 태양의 인력에 의한 조력 에너지이다. 따라서 (가)와 (나)는 형성 과정에서 태양의 영향을 받았다.

오답 피하기 ㄷ. 하천의 침식으로 곡류가 형성되는 현상의 근원 에너지는 태양 에너지이며, 밀물과 썰물에 의해 갯벌이 형성되는 현상의 근원 에너지는 조력 에너지이다.

13 답 ②

ㄴ. 해수의 온도가 상승하면 기체의 용해도가 감소하므로 바닷물에 탄산 이온의 형태로 존재하던 탄소가 이산화 탄소 형태로 바뀌어 대기 중으로 방출되므로 ㉠의 양이 증가한다.

오답 피하기 ㄱ. 지권에 존재하는 탄소량은 다른 권역에 존재하는 탄소량을 모두 합친 것보다 훨씬 많다. 따라서 A는 750+2000 +37400보다 크다.

ㄷ. 지권과 기권의 상호작용을 통해 이동하는 탄소량이 증가하더라도 지구시스템 내에서 탄소가 순환하므로 지구 전체의 탄소량은 항상 일정하다.

14 답 ①

ㄱ. A는 맨틀 대류가 상승하는 발산형 경계로 해령이 발달한다. 해령에서는 새로운 해양 지각이 생성된다.

오답 피하기 ㄴ. B는 변환 단층이 발달하는 보존형 경계이다. 변환 단층에서는 지진은 자주 발생하지만, 화산 활동은 거의 일어나지 않는다.

ㄷ. C는 맨틀 대류가 하강하는 수렴형 경계로, 밀도가 큰 해양판이 밀도가 작은 대륙판 아래로 섭입한다. 따라서 판의 경계인 C에서 대륙 쪽으로 갈수록 판의 섭입으로 인해 지진이 발생하는 깊이는 점차 깊어진다.

15 답 ③

① A는 대륙판과 대륙판이 부딪히는 수렴형 경계로 습곡 산맥(히말라야산맥)이 발달하며, C는 해양판과 대륙판이 부딪히는 수렴형 경계로 해구와 함께 습곡 산맥(안데스산맥)이 발달한다.

② B는 밀도가 큰 해양판이 밀도가 작은 해양판 아래로, C는 해양판이 대륙판 아래로 섭입한다.

③ B와 C는 지진과 화산 활동이 모두 활발하지만, A는 두 대륙판이 충돌하는 수렴형 경계로 화산 활동은 거의 일어나지 않는다.

④, ⑤ A, B, C는 모두 수렴형 경계로 판의 경계 하부에서는 맨틀 대류가 하강한다.

16 답 ②

ㄴ. 판 경계 A를 기준으로 퇴적물의 연령 분포가 서로 대칭적으로 나타나므로 A는 발산형 경계에 해당한다.

오답 피하기 ㄱ. ㉠은 가장 오래된 퇴적물의 연령이 가장 많은 지점이므로 판의 경계에서 가장 멀리 떨어진 P_1이다.

ㄷ. 해저 퇴적물의 두께는 해령으로부터 멀어지는 방향인 P_5에서 P_1로 갈수록 두꺼워진다.

17 답 ⑤

ㄱ. 내진 설계는 진동을 버티고 붕괴를 막아 인명 피해를 줄이기 위한 건물 설계 방식으로 지진의 피해를 줄이기 위한 대책이다.

ㄴ. 화산재는 용암보다 훨씬 더 넓은 범위로 퍼져 나가므로 피해 발생 지역이 넓다.

ㄷ. 지진과 화산 활동에 의해 지형 변화가 일어난다.

18 답 ④

ㄴ. 칼부코 화산은 해양판인 나스카판이 대륙판인 남아메리카판 아래로 섭입하는 수렴형 경계 부근에 위치한다. 따라서 칼부코 화산 하부에서는 섭입하는 해양판의 소멸이 일어난다.

ㄷ. 화산 분출로 인해 많은 양의 화산재가 방출되고, 주민 대피령과 휴교령, 항공기 운항 중단, 농작물 피해 등으로 인해 여러 국가에서 사회적, 경제적 피해가 발생할 수 있다.

오답 피하기 ㄱ. A는 해양판과 대륙판이 만나는 판의 경계로 해구가 발달한다.

19 답 ①

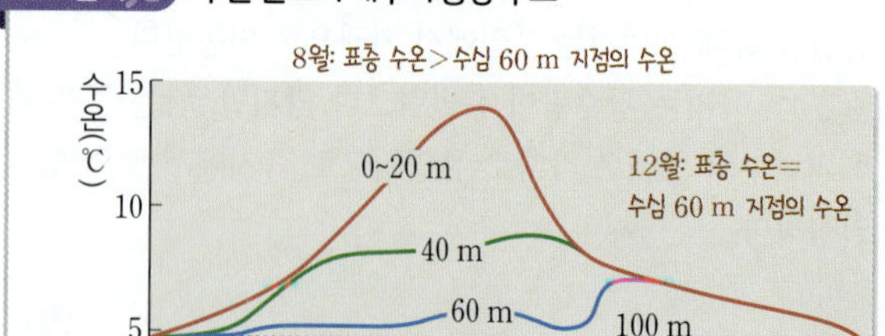

- 8월에는 표층 수온과 수심 60 m 지점의 수온 차가 크다. ➡ 혼합층은 0~20 m 사이에서 형성되며, 20~60 m 사이에 수온 약층이 발달한다.

- 12월에는 표층 수온과 수심 60 m 지점의 수온이 같다. ➡ 표층에서 수심 60 m 지점까지 혼합층이 형성된다.

- 5월에는 표층 수온과 수심 40 m 지점의 수온이 거의 같다. ➡ 표층에서 수심 40 m 지점까지 혼합층이 형성된다.

- 혼합층은 바람이 강할수록 두껍게 형성된다.

ㄱ. 8월에는 표층 수온이 약 14 ℃이고, 수심 60 m 지점의 수온은 약 6 ℃로 수온 차가 8 ℃ 정도이다. 하지만 12월에는 표층부터 수심 60 m 지점까지 수온이 약 7 ℃로 거의 일정하다. 따라서 12월은 8월보다 혼합층이 두껍게 형성되므로 바람의 세기는 8월보다 12월에 강하다.

오답 피하기 ㄴ. 수심 100 m 지점은 연중 수온이 거의 일정하므로 수온의 연교차가 수심 40 m 지점보다 작다.

ㄷ. 5월에는 0~20 m 구간의 수온과 수심 40 m 지점의 수온이 8 ℃ 정도로 비슷하므로 40 m 지점까지 깊이에 관계없이 수온이 거의 일정한 혼합층이 나타난다.

20 답 ②

ㄷ. 판 I의 이동 방향은 남동쪽이고, 판 II의 이동 방향은 북서쪽이므로 판 I과 판 II는 두 판이 서로 충돌하는 수렴형 경계를 형성하며, 밀도가 3.3 g/cm³으로 큰 판 II가 밀도가 3.0 g/cm³으로 작은 판 I 아래로 섭입한다. 따라서 판이 섭입하는 과정에서 지진은 얕은 곳부터 깊은 곳까지 다양한 깊이에서 발생한다.

오답 피하기 ㄱ. 판 I은 남동쪽으로, 판 II는 북서쪽으로 이동하며 수렴형 경계를 형성하므로 A와 B는 점차 가까워진다.

ㄴ. 섭입이 일어나는 수렴형 경계에서 화산 활동은 밀도가 작은 판에서 활발하게 일어나므로, 화산은 대체로 밀도가 큰 판 II보다 밀도가 작은 판 I에 분포한다.

21 답 ⑤

ㄱ. ㉠은 수렴형 경계에서 판이 섭입할 때 깊은 곳에서 발생하는 지진이며, ㉢은 주로 얕은 곳에서 발생하는 지진이다. 따라서 지진의 발생 깊이는 ㉠ 지진이 ㉢ 지진보다 깊다.

ㄴ. 대륙판과 해양판이 만나는 B 지역이 해양판과 해양판의 경계인 A 지역보다 인접한 두 판의 밀도 차가 크다.

ㄷ. A 지역은 발산형 경계 부근이므로 해령이 나타나고, B 지역은 수렴형 경계 부근이므로 해구가 나타난다. 해령에서 해구 쪽으로 갈수록 해양 지각의 나이가 많아지며 해저 퇴적물의 두께가 두꺼워진다.

22 답 ①

ㄱ. A와 B의 이동 방향은 모두 서쪽으로 같은 방향으로 이동하고 있는데 두 판의 경계에서 판 B가 판 A 아래로 섭입하므로 이동 속력은 판 B가 판 A보다 빠르다는 것을 알 수 있다. 따라서 ㉠은 5보다 크다.

오답 피하기 ㄴ. 판의 경계에서 판 A 방향으로 갈수록 지진이 발생하는 지점의 깊이가 천발 지진, 중발 지진, 심발 지진 순으로 점차 깊어지므로 판 B가 판 A 아래로 섭입하고 있다. 따라서 판의 밀도는 판 B가 판 A보다 크다.

ㄷ. 판 B가 판 A 아래로 섭입하는 수렴형 경계이므로 판의 경계 하부에서는 맨틀 대류가 하강한다.

01 ④	02 ③	03 예시 답안 물체의 운동 방향과 물체에 작용하는 중력의 방향이 같기 때문이다.

01 ④   02 ③   03 예시 답안 물체의 운동 방향과 물체에 작용하는 중력의 방향이 같기 때문이다.   04 ③   05 ①   06 ④
07 ⑤   08 ④   09 ㉠ 충격량, ㉡ 길게, ㉢ 힘   10 ②   11 ①
12 ⑤   13 예시 답안 수평 방향으로는 힘이 작용하지 않으므로 속력이 일정한 등속 직선 운동을 하고, 연직 방향으로는 크기가 일정한 중력이 작용하므로 등가속도 운동을 한다.   14 ④   15 ⑤
16 15 kg·m/s   17 ⑤   18 ③   19 ③   20 ③   21 ①
22 ⑤   23 ⑤

01 답 ④

ㄴ. 물체에 작용하는 중력의 방향은 연직 방향이다.

ㄷ. 자유 낙하 하는 물체의 질량은 일정하므로 물체에 작용하는 중력의 크기는 일정하다.

오답 피하기 ㄱ. 물체에 작용하는 중력의 크기는 질량에 비례한다.

02 답 ③

ㄱ. 가만히 놓은 물체는 연직 방향으로 운동한다. A에 작용하는 중력의 방향은 연직 방향이므로 A의 운동 방향과 A에 작용하는 중력의 방향은 같다.

ㄴ. 질량은 A가 B의 2배이므로 물체에 작용하는 중력의 크기는 A가 B의 2배이다.

오답 피하기 ㄷ. A와 B는 같은 높이에서 동시에 가만히 놓았으므로 A와 B는 동시에 수평면에 도달한다.

03

물체의 운동 방향과 물체에 작용하는 중력의 방향이 같으므로 물체의 속력은 일정하게 증가한다.

채점 기준	배점(%)
물체의 운동 방향과 물체에 작용하는 중력의 방향이 같기 때문이라고 옳게 설명한 경우	100
물체에 중력이 작용하기 때문이라고만 설명한 경우	50

04 답 ③

ㄱ. A에 수평 방향으로 작용하는 힘은 0이므로 A의 수평 방향 속력은 일정하다.

ㄴ. 질량은 A가 B보다 크므로 물체에 작용하는 중력의 크기는 A가 B보다 크다.

오답 피하기 ㄷ. A와 B에는 연직 방향으로 중력이 작용하므로 A와 B의 연직 방향의 가속도의 크기는 중력 가속도로 같다.

05 답 ①

ㄴ. A에는 운동 방향으로 중력이 작용하므로 낙하하는 동안 속력이 일정하게 증가한다.

오답 피하기 ㄱ. A에 작용하는 중력의 크기는 일정하다.

ㄷ. B에 작용하는 중력의 방향은 지구 중심을 향하는 방향이므로 B에 작용하는 중력의 방향과 B의 운동 방향은 같지 않다.

06
답 ④

ㄱ. 달리던 버스가 갑자기 멈출 때 사람의 몸은 운동 상태를 유지하려는 관성에 의해 버스 앞쪽으로 쏠린다.

ㄷ. 움직이는 자전거의 페달을 밟지 않아도 운동 상태를 유지하려는 관성에 의해 얼마 동안 계속 달릴 수 있다.

오답 피하기 ㄴ. 큰 힘으로 찬 공이 더 멀리 날아가는 것은 큰 힘을 작용했을 때 운동 상태의 변화가 더 커지는 현상이다.

07
답 ⑤

자동차의 운동량의 크기는 $1000\ kg \times 20\ m/s = 20000\ kg \cdot m/s$ 이다.

08
답 ④

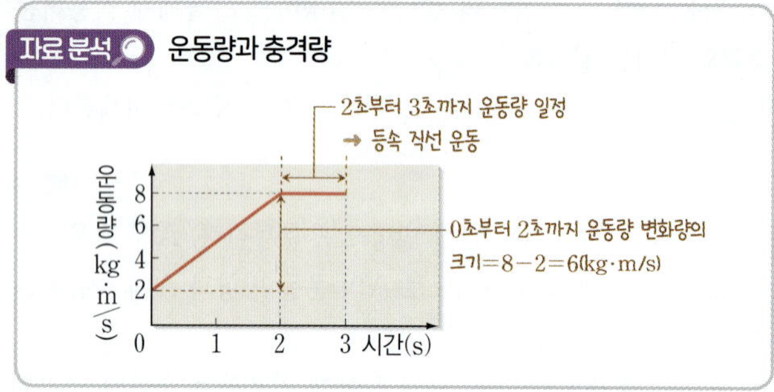

ㄱ. 물체의 운동량의 크기는 1초일 때가 2초일 때보다 작으므로 물체의 속력은 1초일 때가 2초일 때보다 작다.

ㄷ. 0초부터 2초까지 물체의 속력은 증가하므로 물체에는 힘이 작용하고, 2초부터 3초까지 운동량의 크기는 일정하므로 물체에 작용하는 힘은 0이다. 따라서 물체에 작용하는 힘의 크기는 1.5초일 때가 2.5초일 때보다 크다.

오답 피하기 ㄴ. 0초부터 2초까지 물체의 운동량의 변화량의 크기는 $8-2=6(kg/m/s)$이므로 0초부터 2초까지 물체가 받은 충격량의 크기는 $6\ N \cdot s$이다.

09
답 ㉠ 충격량, ㉡ 길게, ㉢ 힘

범퍼카가 받는 충격량은 운동량의 변화량과 같다. 이때 범퍼는 힘을 받는 시간을 길게 하여 범퍼카에 작용하는 평균 힘의 크기를 감소시킨다.

10
답 ②

ㄴ. 범퍼와 보호 난간은 자동차가 힘을 받는 시간을 길게 하여 자동차가 받는 평균 힘의 크기를 감소시킨다.

오답 피하기 ㄱ. 범퍼와 보호 난간은 운전자가 힘을 받는 시간을 길게 한다.

ㄷ. 범퍼와 보호 난간은 운전자가 받은 충격량의 크기를 변화시키는 것과는 관계없다.

11
답 ①

ㄱ. 자유 낙하 하는 물체의 속력은 매초 $9.8\ m/s$씩 증가하므로 1초 후 물체의 속력은 $9.8\ m/s$이다.

오답 피하기 ㄴ. 지표면 근처의 자유 낙하 하는 물체에는 일정한 크기의 중력이 계속 작용하여 등가속도 운동을 한다.

ㄷ. 공기의 저항 없이 자유 낙하 운동을 하는 물체는 물체의 질량에 관계없이 가속도가 $9.8\ m/s^2$으로 일정하다.

12
답 ⑤

ㄴ. 같은 시간 동안 수평 방향으로 이동한 거리는 A가 B보다 작으므로 수평 방향 속력은 A가 B보다 작다.

ㄷ. A와 B의 연직 방향의 운동은 자유 낙하 운동과 같다. 따라서 가속도가 같으므로 수평면에 도달하는 순간 연직 방향의 속력은 A와 B가 같다.

오답 피하기 ㄱ. 물체를 수평 방향으로 던진 지점의 높이는 A와 B가 같으므로 수평면에는 A와 B가 동시에 도달한다.

13

수평 방향으로 던진 물체는 수평 방향으로는 힘이 작용하지 않으므로 속력이 일정한 등속 직선 운동을 한다. 또한 연직 방향으로는 크기가 일정한 중력이 작용하므로 속력이 일정하게 증가하는 등가속도 운동을 한다.

채점 기준	배점(%)
수평 방향과 연직 방향의 운동을 힘과 연관지어 옳게 설명한 경우	100
수평 방향과 연직 방향의 운동 중 한 가지만 힘과 연관지어 옳게 설명한 경우	50

14
답 ④

ㄱ. A와 B에 작용하는 중력의 방향은 연직 방향으로 같다.

ㄷ. B의 연직 방향의 운동은 자유 낙하 운동과 같다. 따라서 수평면에 도달하는 순간 연직 방향의 속력은 A와 B가 같다.

오답 피하기 ㄴ. 수평 방향으로 B에 작용하는 힘은 0이므로 B의 수평 방향 속력은 일정하다. 따라서 B가 수평면에 도달하는 순간 B의 수평 방향 속력은 v이다.

15
답 ⑤

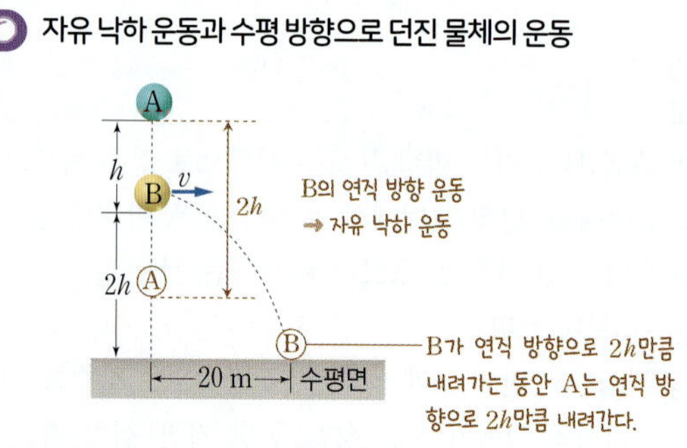

• 같은 시간 동안 연직 방향으로 내려간 거리는 A와 B가 같다.

• B가 수평면까지 연직 방향으로 $2h$ 만큼 내려가는 동안 A가 연직 방향으로 내려간 거리는 $2h$이다. 따라서 B가 수평면에 도달하는 순간 A의 높이는 h이다.

ㄱ. 4초 동안 B가 수평 방향으로 이동한 거리는 20 m이므로 $v=\dfrac{20}{4}=5$(m/s)이다.

ㄷ. 4초일 때 B는 수평면에 도달하므로 B가 0초부터 4초까지 연직 방향으로 이동한 거리는 $2h$이다. 따라서 A가 0초부터 4초까지 연직 방향으로 이동한 거리는 $2h$이다. A를 가만히 놓은 지점의 높이는 $3h$이므로 4초일 때 A의 높이는 h이다.

오답 피하기 ㄴ. B는 연직 방향으로 자유 낙하 운동을 한다. A를 가만히 놓는 순간 B를 수평 방향으로 던졌으므로 1초일 때 연직 방향의 속력은 A와 B가 같다.

16 답 ③

물체의 운동량의 변화량의 크기는 물체가 받은 충격량의 크기와 같다. 힘과 시간 축이 이루는 면적은 물체가 받은 충격량이므로 2초부터 4초까지 물체의 운동량의 변화량의 크기는 $(5+10)\times2\times\dfrac{1}{2}=15$(kg·m/s)이다.

17 답 ⑤

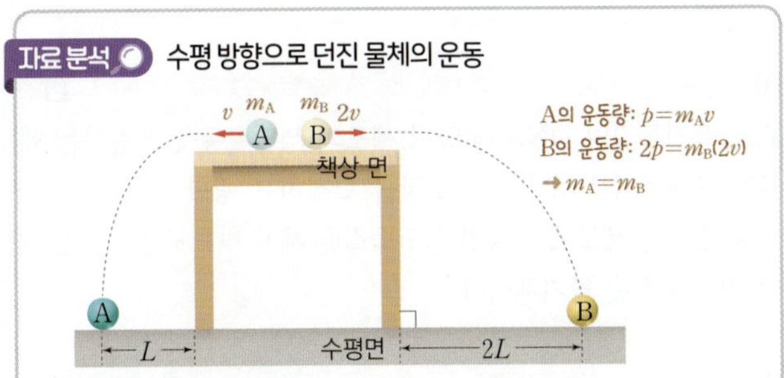

ㄴ. 책상 면을 떠나는 순간부터 수평면에 도달할 때까지 물체에 작용하는 힘은 중력이다. 중력의 방향은 연직 방향이다.

ㄷ. 책상 면에서 운동량의 크기는 B가 A의 2배이고, 책상 면에서 속력은 B가 A의 2배이다. 따라서 질량은 A와 B가 같다.

오답 피하기 ㄱ. 책상 면을 떠나는 순간부터 수평면에 도달할 때까지 걸린 시간은 A와 B가 같고, 수평 방향으로 이동한 거리는 B가 A의 2배이다. 따라서 책상 면에서 속력은 B가 A의 2배이다.

18 답 ③

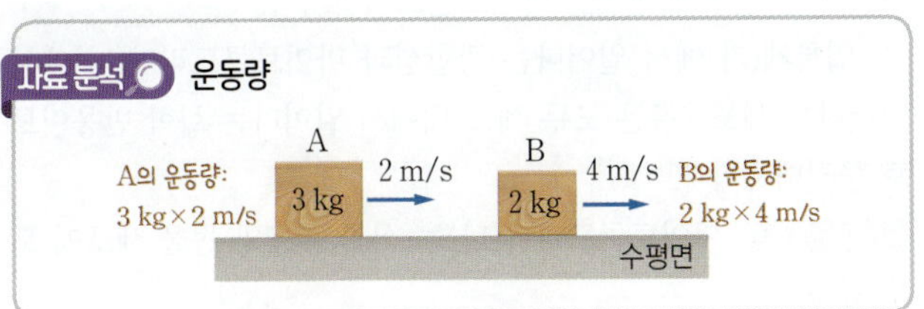

A의 운동량의 크기는 $p_A=3$ kg $\times2$ m/s $=6$ kg·m/s이고, B의 운동량의 크기는 $p_B=2$ kg $\times4$ m/s $=8$ kg·m/s이다. 따라서 $\dfrac{p_A}{p_B}=\dfrac{3}{4}$이다.

19 답 ③

0초부터 2초까지 물체가 받은 충격량의 크기는 $2\times4\times\dfrac{1}{2}=4$(N·s)이고, 0초부터 6초까지 물체가 받은 충격량의 크기는 $6\times4\times\dfrac{1}{2}=12$(N·s)이다. 물체가 받은 충격량의 크기는 운동량의 변화량의 크기와 같고, 0초일 때 물체는 정지해 있었다. 물체의 질량을 m이라고 하면, $mv_1=4$ kg·m/s이고, $mv_2=12$ kg·m/s이다. 따라서 $\dfrac{v_1}{v_2}=\dfrac{4}{12}=\dfrac{1}{3}$이다.

20 답 ③

ㄷ. 지구로부터 거리는 p와 q가 같고, 질량은 A가 B보다 작다. 따라서 p에서 A에 작용하는 중력의 크기는 q에서 B에 작용하는 중력의 크기보다 작다.

오답 피하기 ㄱ. A의 운동 방향과 A에 작용하는 중력의 방향은 같다. 따라서 A가 지구에 가까워지는 동안 A의 속력은 증가한다.

ㄴ. 물체에 작용하는 중력의 방향은 지구 중심을 향하는 방향이므로 물체에 작용하는 중력의 방향은 A와 B가 같지 않다.

21 답 ①

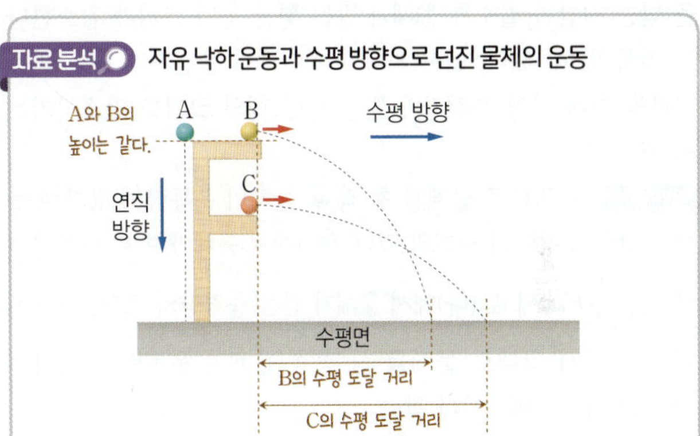

ㄱ. A를 가만히 놓은 지점의 높이는 C를 수평 방향으로 던진 지점의 높이보다 크다. C의 연직 방향의 운동은 자유 낙하 운동과 같으므로 수평면에 도달하는 순간 연직 방향 속력은 A가 C보다 크다.

오답 피하기 ㄴ. 물체를 수평 방향으로 던진 순간부터 수평면에 도달할 때까지 걸린 시간은 B가 C보다 크고 수평 방향 이동 거리는 B가 C보다 작다. B와 C는 수평 방향으로 속력이 일정한 운동을 하므로 수평 방향 속력은 B가 C보다 작다.

ㄷ. A를 가만히 놓은 지점의 높이는 C를 수평 방향으로 던진 지점의 높이보다 크므로 수평면에 도달할 때까지 걸린 시간은 A가 C보다 크다.

22

답 ⑤

구분	$F_{평균}$	t	충격량
(가)	$\frac{1}{2}F_0$	t_0	$\frac{1}{2}F_0 t_0$
(나)	F_0	$2t_0$	$2F_0 t_0$
(다)	$2F_0$	t_0	$2F_0 t_0$

ㄴ. 막대와 물체가 충돌할 때 막대가 받는 충격량의 크기는 물체가 받는 충격량의 크기와 같다. (나)에서 물체가 받는 충격량의 크기는 $2F_0 t_0$이다. 따라서 막대로 물체를 치는 동안 물체가 막대로부터 받는 충격량의 크기는 (나)에서와 (다)에서가 같다.

ㄷ. (나)와 (다)에서는 물체가 받는 충격량의 크기가 같을 때, 힘을 받는 시간이 길수록 물체가 받는 평균 힘의 크기가 감소한다는 것을 알 수 있다. 이는 자동차 에어백이 운전자가 힘을 받는 시간을 길게 하여 운전자가 받는 평균 힘의 크기를 감소시키는 원리와 같다.

오답 피하기 ㄱ. 막대로 물체를 친 직후 물체의 운동량의 크기는 물체가 받은 충격량의 크기와 같다. (가)에서 물체가 받은 충격량의 크기는 $\frac{1}{2}F_0 t_0$이고, (다)에서 물체가 받은 충격량의 크기는 $2F_0 t_0$이다. 따라서 막대로 물체를 친 직후 물체의 운동량의 크기는 (가)에서가 (다)에서보다 작다.

23

답 ⑤

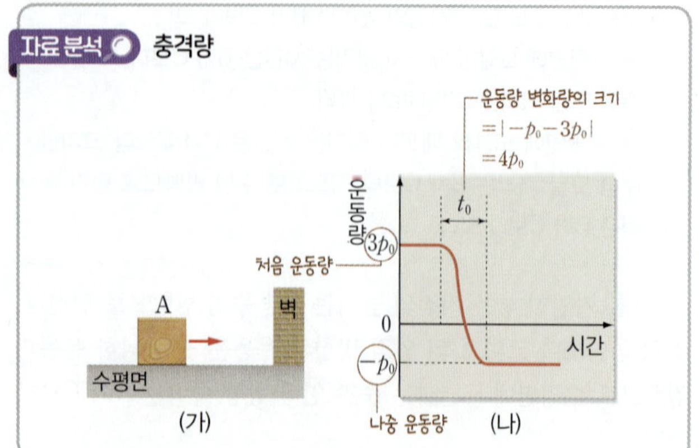

A가 벽으로부터 받은 충격량의 크기는 $|-p_0-3p_0|=4p_0$이고, A가 벽으로부터 힘을 받는 시간은 t_0이므로 A가 벽으로부터 받는 평균 힘의 크기는 $\dfrac{4p_0}{t_0}$이다.

43~47쪽

01 ②　　**02** ①　　**03** ③　　**04** ②　　**05** 예시 답안 A에는 카탈레이스가 없으므로 기포가 발생하지 않고, B에서는 카탈레이스가 소모되지 않기 때문에 반응이 끝난 후 남아 있는 카탈레이스에 의해 기포가 다시 발생한다.　　**06** ③　　**07** ①　　**08** ②　　**09** ②　　**10** TACCACGGG　　**11** ⑤　　**12** (1) 예시 답안 A는 식물 세포, B는 동물 세포, ㉠은 엽록체, ㉡은 마이토콘드리아이다. 엽록체(㉠)는 식물 세포(A)에는 있고 동물 세포(B)에는 없기 때문이다. (2) 예시 답안 엽록체(㉠)에서는 광합성이 일어나고, 마이토콘드리아(㉡)에서는 세포호흡이 일어난다.　　**13** ⑤　　**14** ②　　**15** ①　　**16** ⑤　　**17** ④　　**18** 예시 답안 페닐알라닌 분해 효소의 유전자 이상으로 단백질인 페닐알라닌 분해 효소가 만들어지지 않고, 그 결과 페닐알라닌이 분해되는 물질대사가 제대로 일어나지 않아 체내에 페닐알라닌이 축적되어 나타난다.　　**19** ③　　**20** ②　　**21** (1) 삼투 (2) 예시 답안 달걀 B는 A보다 높은 농도의 소금물에 넣었으므로 달걀에서 빠져나간 물의 양은 달걀 B에서가 A에서보다 많다.　　**22** ③

01

답 ②

A는 유전물질인 DNA가 있어 세포의 생명활동을 조절하는 핵, B는 빛에너지를 흡수해 포도당을 합성하는 광합성이 일어나는 엽록체, C는 세포에서 합성한 단백질을 세포 밖으로 운반하는 통로 역할을 하는 골지체이다.

02

답 ①

ㄱ. 활성화에너지는 화학 반응이 일어나는 데 필요한 최소한의 에너지이다. 효소는 활성화에너지를 낮추어 화학 반응이 빠르게 일어나게 한다. 활성화에너지는 A가 B보다 높으므로 A는 효소가 없을 때, B는 효소가 있을 때이다.

오답 피하기 ㄴ. 활성화에너지는 효소가 없을 때(A)가 효소가 있을 때(B)보다 높다.

ㄷ. 활성화에너지가 낮을수록 반응 속도가 더 빠르므로 생성물의 생성 속도는 효소가 있을 때(B)가 효소가 없을 때(A)보다 빠르다.

03

답 ③

ㄱ. (가)는 엽록체, (나)는 마이토콘드리아이다.

ㄷ. 엽록체(가)에서 일어나는 광합성과 마이토콘드리아(나)에서 일어나는 세포호흡은 모두 세포 내에서 일어나는 화학 반응이므로 물질대사이다.

오답 피하기 ㄴ. 마이토콘드리아(나)는 식물 세포와 동물 세포에 모두 있다.

04

답 ②

① 혈당 측정기에는 포도당 산화효소가 있어 혈액에 있는 포도당과 반응하면 전류가 발생하므로 혈당량을 측정할 수 있다.

③ 녹말을 당분으로 분해하는 효소를 이용해 단맛이 나는 시럽을 만든다.

④ 플라스틱을 분해하는 효소를 가진 미생물을 활용하여 플라스틱의 친환경적 처리 방법을 연구하고 있다.

⑤ 파인애플에는 단백질을 분해하는 효소가 있어 단백질의 일부가 분해되어 고기가 연해진다.

오답 피하기 ② 큰 감자를 반으로 자르면 표면적이 넓어져 열이 빨리 전달되기 때문에 빨리 익는 것이므로 효소를 이용한 사례가 아니다.

05

카탈레이스는 과산화 수소를 물과 산소로 분해하는 반응을 촉매하는 효소이다. 효소는 반응 전후에 구조가 변하지 않으므로 반복적으로 사용된다. A에는 카탈레이스가 없으므로 기포가 발생하지 않고, B에서는 카탈레이스가 소모되지 않기 때문에 반응이 끝난 후 남아 있는 카탈레이스에 의해 기포가 다시 발생한다.

채점 기준	배점(%)
A에서는 기포가 발생하지 않고, B에서는 기포가 발생한다는 것을 그 까닭과 함께 옳게 설명한 경우	100
A에서는 기포가 발생하지 않고, B에서는 기포가 발생한다고만 설명한 경우	50

06

답 ③

학생 A: 세포막의 주성분은 인지질과 단백질이다.

학생 B: 물질의 종류와 크기 등에 따라 어떤 물질은 쉽게 세포막을 통과하지만, 어떤 물질은 쉽게 통과하지 못한다. 이와 같이 세포막은 선택적 투과성을 나타낸다.

오답 피하기 학생 C: 나트륨 이온이나 칼륨 이온처럼 전하를 띠는 이온은 인지질 이중층을 직접 통과하기 어려워 막단백질을 통해 이동한다.

07

답 ①

자료 분석 · 세포막을 통한 물질 이동

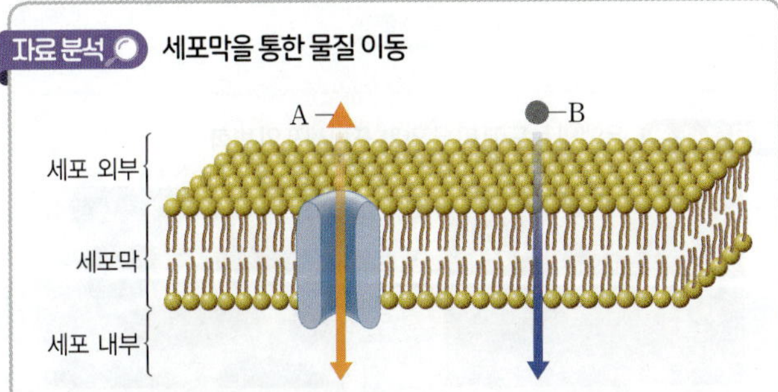

• A는 막단백질을 통해 세포막을 통과하므로 전하를 띠는 칼륨 이온이다.

• B는 인지질 이중층을 직접 통과하므로 크기가 작은 기체 분자인 이산화 탄소이다.

• A와 B는 모두 확산에 의해 세포 외부에서 세포 내부로 이동한다.
→ A와 B의 농도는 모두 세포 외부에서가 세포 내부에서보다 높다.

ㄱ. A는 막단백질을 통해 세포막을 통과하는 칼륨 이온, B는 인지질 이중층을 직접 통과하는 이산화 탄소이다.

오답 피하기 ㄴ. A와 B의 이동 방식은 모두 확산이므로 A와 B의 농도는 모두 세포 외부에서가 세포 내부에서보다 높다.

ㄷ. 세포막을 통한 A의 이동에만 막단백질이 관여한다.

08

답 ②

ㄷ. RNA는 핵산의 한 종류이며, 핵산의 기본 단위체는 뉴클레오타이드이다. 따라서 RNA는 뉴클레오타이드로 구성된다.

오답 피하기 ㄱ. (가)는 핵에서 일어나는 전사, (나)는 세포질의 라이보솜에서 일어나는 번역이다.

ㄴ. 전사는 DNA의 정보를 이용해 RNA가 합성되는 과정이므로 (가)이다. (나)는 RNA의 정보를 이용해 단백질이 합성되는 과정이므로 번역이다.

09

답 ②

ㄷ. 핵 속에서 DNA에 저장된 유전정보가 RNA로 전달되고, 세포질의 라이보솜에서 RNA의 유전정보에 따라 단백질이 합성된다.

오답 피하기 ㄱ. 지구상의 대부분의 생명체는 유전부호 체계가 동일하다.

ㄴ. DNA는 유전정보를 저장하고, RNA는 핵 속의 유전정보를 세포질로 전달한다.

10

답 TACCACGGG

DNA의 염기 아데닌(A), 구아닌(G), 사이토신(C), 타이민(T)은 각각 RNA의 염기 유라실(U), 사이토신(C), 구아닌(G), 아데닌(A)으로 전사된다. RNA의 염기서열이 AUGGUGCCC이므로 전사에 사용된 DNA 가닥의 염기서열은 TACCACGGG이다.

11

답 ⑤

A는 세포막, B는 라이보솜, C는 핵, D는 마이토콘드리아이다.

ㄴ. 라이보솜(B)에서는 단백질을 합성하는 화학 반응이 일어나고, 마이토콘드리아(D)에서는 포도당을 분해하여 생명활동에 필요한 에너지를 생성하는 세포호흡이 일어난다. 단백질합성과 세포호흡은 모두 생명체에서 일어나는 화학 반응이므로 물질대사이다.

ㄷ. 핵(C)에서 DNA로부터 RNA가 만들어지는 전사가 일어난다.

오답 피하기 ㄱ. 세포막(A)은 인지질 이중층 구조를 가지고 있지만, 라이보솜(B)은 인지질 이중층의 막 구조를 가지고 있지 않다.

12

(1) 동물 세포에 없고 식물 세포에만 있는 세포소기관은 엽록체이다. 따라서 A는 식물 세포, B는 동물 세포이고, ㉠은 엽록체, ㉡은 마이토콘드리아이다.

채점 기준	배점(%)
A와 B, ㉠과 ㉡을 옳게 쓰고, 그렇게 생각한 까닭을 옳게 설명한 경우	100
A와 B, ㉠과 ㉡만 옳게 쓴 경우	50

(2) 엽록체(㉠)에서는 빛에너지를 흡수해 포도당을 합성하는 광합성이 일어나고, 마이토콘드리아(㉡)에서는 생명활동에 필요한 에너지를 생성하는 세포호흡이 일어난다. 광합성과 세포호흡은 모두 생명체에서 일어나는 물질대사이다.

채점 기준	배점(%)
㉠과 ㉡에서 일어나는 물질대사를 모두 옳게 설명한 경우	100
㉠과 ㉡에서 일어나는 물질대사 중 1가지만 옳게 설명한 경우	50

13 　답 ⑤

①, ②, ③ (가)는 작은 분자로부터 큰 분자가 합성되므로 물질 합성 반응이고, (나)는 큰 분자가 작은 분자로 분해되므로 물질 분해 반응이다. (가)와 (나)는 모두 생명체에서 일어나는 화학 반응이므로 물질대사이다. 광합성은 식물이 빛에너지를 이용해 물과 이산화 탄소로부터 포도당을 합성하는 화학 반응이므로 (가)의 예에 해당한다.

④ ㉠과 ㉡은 모두 생체촉매인 효소이며, 효소는 반응의 활성화에너지를 낮추는 역할을 한다.

오답 피하기 ⑤ 모근에서 케라틴 단백질이 합성되어 머리카락이 자라는 것은 물질 합성 반응(가)의 예에 해당한다.

14 　답 ②

ㄴ. 효소 A는 화학 반응 전후에 변하지 않으므로 화학 반응에서 반복적으로 사용된다.

오답 피하기 ㄱ. 효소 A의 작용으로 반응물이 2개의 생성물로 분해되었으므로 효소 A는 물질이 분해되는 반응에 관여한다. 따라서 효소 A의 작용으로 에너지가 방출된다.

ㄷ. 효소 A와 반응물 ㉠의 입체 구조가 일치하므로 효소 A는 자신의 입체 구조와 맞는 반응물 ㉠과 일시적으로 결합하여 화학 반응의 활성화에너지를 낮춘다.

15 　답 ①

ㄱ. ㉠은 세포막을 구성하는 인지질이다.

오답 피하기 ㄴ. 산소는 인지질 이중층을 직접 통과하는 물질이므로 B에 해당한다.

ㄷ. 확산은 고농도에서 저농도로 물질이 이동하는 것이므로 B의 농도는 세포 외부에서가 세포 내부에서보다 높다.

16 　답 ⑤

ㄱ. 감자즙 속에는 과산화 수소를 분해하는 카탈레이스가 들어 있다.

ㄴ. 카탈레이스는 과산화 수소 분해 반응의 활성화에너지를 낮추어 산소 발생을 촉진한다. 따라서 과산화 수소 분해 반응의 활성화에너지는 카탈레이스가 없는 A에서가 카탈레이스가 있는 B에서보다 높다.

ㄷ. B에서 감자즙의 카탈레이스에 의해 과산화 수소의 분해가 빠르게 일어나 산소 기체가 발생하였고, 그 결과 고무풍선이 부풀어 올랐다.

17 　답 ④

ㄴ. (가)는 RNA의 유전정보에 따라 단백질이 합성되는 번역이므로 (나)는 전사이다.

ㄷ. 세포 내에서 유전정보는 DNA → RNA → 단백질 순으로 흐른다. 따라서 DNA의 정보를 이용해 RNA가 합성되는 전사(나)가 RNA의 정보를 이용해 단백질이 합성되는 번역(가)보다 먼저 일어난다.

오답 피하기 ㄱ. (가)는 번역 과정이므로 세포질의 라이보솜에서 일어난다.

18

효소의 주성분은 단백질이며, 단백질의 합성에 관한 유전정보는 유전자에 저장되어 있다. 유전자의 유전정보가 RNA로 전달되고, RNA의 유전정보에 따라 단백질이 만들어진다. 따라서 유전자에 이상이 생기면 단백질이 만들어지지 않거나 비정상적인 단백질이 만들어질 수 있다. 페닐케톤뇨증은 페닐알라닌 분해 효소의 유전자 이상으로 단백질인 페닐알라닌 분해 효소가 만들어지지 않고, 그 결과 페닐알라닌이 분해되는 물질대사가 제대로 일어나지 않아 체내에 페닐알라닌이 축적되어 나타난다.

채점 기준	배점(%)
페닐케톤뇨증이 나타나는 과정을 유전자와 단백질의 관계, 물질대사와 관련지어 모두 옳게 설명한 경우	100
페닐케톤뇨증이 나타나는 과정을 유전자와 단백질의 관계로만 설명한 경우	70

19 　답 ③

ㄱ. 카탈레이스는 과산화 수소가 물과 산소로 분해되는 반응의 속도를 증가시키는 효소이다. 따라서 ㉠은 물이다.

ㄴ. 과산화 수소가 분해될 때 에너지 장벽에 해당하는 에너지가 활성화에너지이므로 활성화에너지는 E_1이다.

오답 피하기 ㄷ. 카탈레이스는 과산화 수소가 분해되는 속도를 증가시킨다.

20 　답 ②

자료 분석 　용액의 농도에 따른 양파 표피세포의 변화

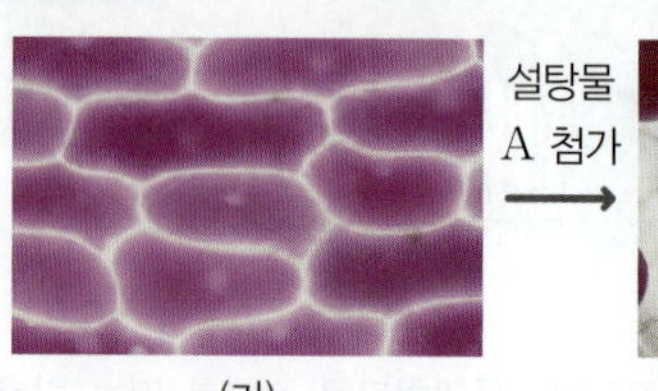

• (가)는 세포 내부와 농도가 같은 용액에 있을 때의 양파 표피세포의 모습으로, 세포 안팎으로 이동하는 물의 양이 같아 세포의 부피가 변하지 않는다.

• (나)에서 세포막이 세포벽과 분리된 것은 설탕물 A가 양파 표피세포 내부보다 농도가 높은 용액이어서 (가) → (나) 과정에서 양파 표피세포 밖으로 빠져나가는 물의 양이 많아졌기 때문이다.

ㄴ. (나)에서 세포막이 세포벽과 분리된 것을 통해 설탕물 A의 농도가 양파 표피세포 내부의 농도보다 높아 (가) → (나)에서 세포 밖으로 빠져나가는 물의 양이 세포 안으로 들어오는 물의 양보다 많다는 것을 알 수 있다.

오답 피하기 ㄱ. (나)에서 붉은색 부분인 세포질의 부피가 작아져 세포벽과 세포막이 분리되었다.

ㄷ. (가) → (나)에서 세포 밖으로 빠져나가는 물의 양이 세포 안으로 들어오는 물의 양보다 많으므로 $\dfrac{\text{세포 밖으로 빠져나가는 물의 양}}{\text{세포 안으로 들어오는 물의 양}}$ 은 1보다 크다.

21

(1) 달걀 A와 B의 질량 감소가 일어난 것은 소금물의 농도가 달걀 내부의 농도보다 높아 삼투에 의해 달걀 밖으로 이동하는 물의 양이 많아졌기 때문이다. 따라서 달걀 A와 B에서 공통적으로 일어난 막을 통한 물질의 이동 방식은 삼투이다.

(2) 달걀 B가 A보다 질량이 더 많이 감소한 것을 통해 달걀에서 빠져나간 물의 양은 달걀 B에서가 A에서보다 많음을 알 수 있다.

채점 기준	배점(%)
달걀 B는 A보다 높은 농도의 소금물에 넣었으므로 달걀에서 빠져나간 물의 양은 달걀 B에서가 A에서보다 많다고 옳게 설명한 경우	100
달걀에서 빠져나간 물의 양은 달걀 B에서가 A에서보다 많다고만 설명한 경우	50

22

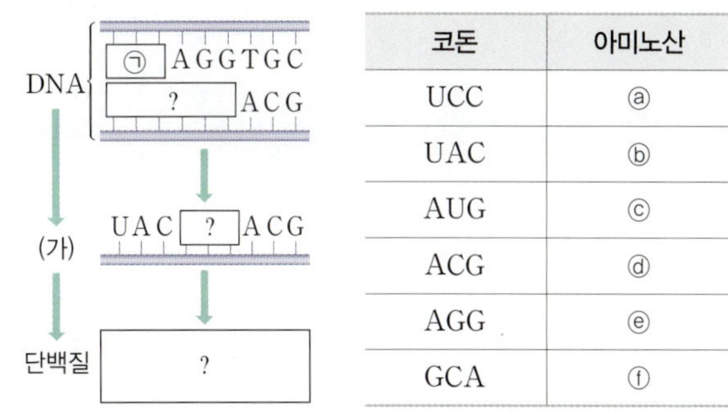

- 전사에 사용된 가닥의 염기서열은 RNA의 염기서열과 상보적이다. → ㄱ은 ATG이다.
- RNA에는 타이민(T) 대신 유라실(U)이 있다. → (가)는 RNA이다.
- RNA(가)의 염기서열은 UAC UCC ACG이다. → 단백질의 아미노산서열은 ⓑ－ⓐ－ⓓ이다.

(가)는 RNA이다.

ㄱ. ㄱ은 RNA(가)의 UAC와 상보적이므로 ㄱ은 ATG이다.

ㄷ. RNA(가)의 염기서열이 UAC UCC ACG이므로 단백질의 아미노산서열은 ⓑ－ⓐ－ⓓ이다.

오답 피하기 ㄴ. RNA(가)에는 타이민(T) 대신 유라실(U)이 있다.

CHECK LIST

SUMMARY

CHECK LIST

SUMMARY

실력 상승 문제집

파사쥬

대표 유형과 실전 문제로 내신과 수능을
동시에 대비하는 실력 상승 실전서

국어	국어, 문학, 독서
영어	기본영어, 유형구문, 유형독해, 20회 듣기모의고사, 25회 듣기 기본 모의고사
수학	수학Ⅰ, 수학Ⅱ, 확률과 통계, 미적분

수능 완성 문제집

수능 주도권

핵심 전략으로 수능의 기선을 제압하는
수능 완성 실전서

국어영역	문학, 독서, 언어와 매체, 화법과 작문
영어영역	독해편, 듣기편
수학영역	수학Ⅰ, 수학Ⅱ, 확률과 통계, 미적분

수능 기출 문제집

N기출

수능N 기출이 답이다!

국어영역	공통과목_문학, 공통과목_독서, 선택과목_화법과 작문, 선택과목_언어와 매체
영어영역	고난도 독해 LEVEL 1, 고난도 독해 LEVEL 2, 고난도 독해 LEVEL 3
수학영역	공통과목_수학Ⅰ+수학Ⅱ 3점 집중, 공통과목_수학Ⅰ+수학Ⅱ 4점 집중, 선택과목_확률과 통계 3점/4점 집중, 선택과목_미적분 3점/4점 집중, 선택과목_기하 3점/4점 집중

N기출 모의고사

수능의 답을 찾는 우수 문항 기출 모의고사

수학영역	공통과목_수학Ⅰ+수학Ⅱ, 선택과목_확률과 통계, 선택과목_미적분

미래엔 교과서 연계 도서

미래엔 교과서 자습서

교과서 예습 복습과 학교 시험 대비까지
한 권으로 완성하는 자율학습서

[2022 개정]

국어	공통국어1, 공통국어2*
영어	공통영어1, 공통영어2
수학	공통수학1, 공통수학2, 기본수학1, 기본수학2
사회	통합사회1, 통합사회2*, 한국사1, 한국사2*
과학	통합과학1, 통합과학2
제2외국어	중국어, 일본어
한문	한문

*2025년 상반기 출간 예정

[2015 개정]

국어	문학, 독서, 언어와 매체, 화법과 작문, 실용 국어
수학	수학Ⅰ, 수학Ⅱ, 확률과 통계, 미적분, 기하
한문	한문Ⅰ

미래엔 교과서 평가 문제집

학교 시험에서 자신 있게
1등급의 문을 여는 실전 유형서

[2022 개정]

국어	공통국어1, 공통국어2*
사회	통합사회1, 통합사회2*, 한국사1, 한국사2*
과학	통합과학1, 통합과학2

*2025년 상반기 출간 예정

[2015 개정]

국어	문학, 독서, 언어와 매체